国防科工委“十五”规划教材. 动力机械及工程热物理

航空发动机控制

（下册）

（系统部分）

樊思齐　主编

樊思齐　李华聪　樊　丁　等编著

西北工业大学出版社

北京航空航天大学出版社　北京理工大学出版社

哈尔滨工业大学出版社　哈尔滨工程大学出版社

内容简介

本书全面系统地阐述了航空发动机控制系统的理论、分析与设计方法。

全书分上、下两册。上册介绍航空发动机控制元件。下册讲述航空发动机控制系统，其内容分为两部分。第一部分介绍作为被控对象的各种类型的航空发动机及超声速进气道等的基本问题和控制规律；第二部分介绍航空发动机控制系统的分析与设计，以及超燃冲压发动机与控制的基本知识。其中，汲取了国内外近年来新的资料及研究成果，并结合科研实践，编入了大量的计算实例，每章后均有习题。

本书可作为高等院校航空动力与控制工程专业本科生教材，也可供相关专业研究生及工程技术人员参考。

图书在版编目(CIP)数据

航空发动机控制/樊思齐主编. —西安：西北工业大学出版社，2008.6(2024.12 重印)

国防科工委“十五”规划教材．动力机械及工程热物理

ISBN 978-7-5612-2161-7

Ⅰ.航… Ⅱ.樊… Ⅲ.航空发动机—控制系统—高等学校—教材 Ⅳ.V233.7

中国版本图书馆 CIP 数据核字(2006)第 131461 号

航空发动机控制(下册)

樊思齐 主编
责任编辑 王 璐
责任校对 季苏平
西北工业大学出版社出版发行
西安市友谊西路 127 号(710072)
发行部电话：029-88493844
http://www.nwpup.com
兴平市博闻印务有限公司印制 各地书店经销
开本：787 mm×960 mm 1/16
本册的印张：33.875 字数：738 千字
2008 年 6 月第 1 版 2024 年 12 月第 5 次印刷
ISBN 978-7-5612-2161-7
定价：120.00 元 (下册)78.00 元

国防科工委“十五”规划教材编委会

总　　序

国防科技工业是国家战略性产业，是国防现代化的重要工业和技术基础，也是国民经济发展和科学技术现代化的重要推动力量。半个多世纪以来，在党中央、国务院的正确领导和亲切关怀下，国防科技工业广大干部职工在知识的传承、科技的攀登与时代的洗礼中，取得了举世瞩目的辉煌成就；研制、生产了大量武器装备，满足了我军由单一陆军，发展成为包括空军、海军、第二炮兵和其他技术兵种在内的合成军队的需要，特别是在尖端技术方面，成功地掌握了原子弹、氢弹、洲际导弹、人造卫星和核潜艇技术，使我军拥有了一批克敌制胜的高技术武器装备，使我国成为世界上少数几个独立掌握核技术和外层空间技术的国家之一。国防科技工业沿着独立自主、自力更生的发展道路，建立了专业门类基本齐全，科研、试验、生产手段基本配套的国防科技工业体系，奠定了进行国防现代化建设最重要的物质基础；掌握了大量新技术、新工艺，研制了许多新设备、新材料，以“两弹一星”、“神舟”号载人航天为代表的国防尖端技术，大大提高了国家的科技水平和竞争力，使中国在世界高科技领域占有了一席之地。党的十一届三中全会以来，伴随着改革开放的伟大实践，国防科技工业适时地实行战略转移，大量军工技术转向民用，为发展国民经济做出了重要贡献。

国防科技工业是知识密集型产业，国防科技工业发展中的一切问题归根到底都是人才问题。50多年来，国防科技工业培养和造就了一支以“两弹一星”元勋为代表的优秀的科技人才队伍，他们具有强烈的爱国主义思想和艰苦奋斗、无私奉献的精神，勇挑重担，敢于攻关，为攀登国防科技高峰进行了创造性劳动，成为推动我国科技进步的重要力量。面向新世纪的机遇与挑战，高等院校在培养国防科技人才，产生和传播国防科技新知识、新思想，攻克国防基础科研和高技术研究难题当中，具有不可替代的作用。国防科工委高度重视，积极探索，锐意改革，大力推进国防科技教育特别是高等教育事业的发展。

高等院校国防特色专业教材及专著是国防科技人才培养当中重要的知识载体和教学工具，但受种种客观因素的影响，现有的教材与专著整体上已落后于当今国防科技的发展水平，不适应国防现代化的形势要求，对国防科技高层次人才的培养造成了相当不利的影响。为尽快改变这种状况，建立起质量上乘、品种齐全、特点突出、适应当代国防科技发展的国防特色专业教材体系，国防科工委全额资助编写、出版200种国防特色专业重点教材和专著。为保证教材及专著的质量，在广泛动员全国相关专业领域的专家学者竞投编著工作的基础上，以陈懋章、王泽山、陈一坚院士为代表的100多位专家、学者，对经各单位精选的近550种教材和专著进行了严格的评审，评选出近200种教材和学术专著，覆盖航空宇航科学与技术、控制科学与工程、仪器科学与工程、信息与通信技术、电子科学与技术、力学、材料科学与工程、机械工程、电气工程、兵器科学与技术、船舶与海洋工程、动力机械及工程热物理、光学工程、化学工程与技术、核科学与技术等学科领域。一批长期从事国防特色学科教学和科研工作的两院院士、资深专家和一线教师成为编著者，他们分别来自清华大学、北京航空航天大学、北京理工大学、华北工学院、沈阳航空工业学院、哈尔滨工业大学、哈尔滨工程大学、上海交通大学、南京航空航天大学、南京理工大学、苏州大学、华东船舶工业学院、东华理工学院、电子科技大学、西南交通大学、西北工业大学、西安交通大学等，具有较为广泛的代表性。在全面振兴国防科技工业的伟大事业中，国防特色专业重点教材和专著的出版，将为国防科技创新人才的培养起到积极的促进作用。

党的十六大提出，进入21世纪，我国进入了全面建设小康社会、加快推进社会主义现代化的新的发展阶段。全面建设小康社会的宏伟目标，对国防科技工业发展提出了新的更高的要求。推动经济与社会发展，提升国防实力，需要造就宏大的人才队伍，而教育是奠基的柱石。全面振兴国防科技工业必须始终把发展作为第一要务，落实科教兴国和人才强国战略，推动国防科技工业走新型工业化道路，加快国防科技工业科技创新步伐。国防科技工业为有志青年展示才华，实现志向，提供了缤纷的舞台，希望广大青年学子刻苦学习科学文化知识，树立正确的世界观、人生观、价值观，努力担当起振兴国防科技工业、振兴中华的历史重任，创造出无愧于祖国和人民的业绩。祖国的未来无限美好，国防科技工业的明天将再创辉煌。

张华祝

前　言

在飞行包线内，航空发动机随着工作环境和工作状态的变化，其气动热力过程将发生很大的变化，航空发动机控制的目的就是使其在任何变化的条件下都能稳定、可靠地工作，并充分发挥发动机的性能效益。由于航空发动机工作过程复杂多变，因此对发动机控制问题的研究比一般控制系统更为困难，尤其是随着飞机性能的日益提高，对航空发动机提出了更高的要求；而高性能的航空发动机，其控制系统则需要应用新的控制理论进行设计。《航空发动机控制》一书正是针对研究这些问题而编写的。学习本书将为从事航空发动机控制领域的研究工作打下一定的理论基础。

全书分为上、下两册。上册讲述航空发动机控制元件，共5章。主要介绍油泵、敏感元件、执行元件、放大元件。由于控制元件的特性直接影响控制系统的性能，掌握控制元件的基本知识对设计满意的控制系统至关重要，因此本书对航空发动机控制元件作了较详细的介绍。下册讲述航空发动机控制系统，共10章。其中，第2～4章介绍作为被控对象的各种类型的航空发动机及超声速进气道和矢量喷管使用性能方面的基本问题和控制规律，以及实时与非实时、线性与非线性数学模型的建模方法，这部分内容是航空发动机控制系统研究与设计的基础；第5～10章作为本书的重点，介绍航空发动机控制系统的分析与设计，包括基于经典控制理论的机械液压式控制系统和基于现代控制理论的多变量控制系统、线性变参数(LPV)控制系统、飞行/推进系统综合控制、航空发动机全权限数字式电子控制系统，以及超燃冲压发动机与控制的基本知识。两册的内容构成了航空发动机控制系统的理论、分析与设计的完整体系。

本书内容涉及控制理论、流体力学、计算机原理及航空发动机原理等方面的知识，是综合性比较强的教材。

在编写过程中，为保证内容的先进性，我们参阅了代表本学科最新发展动态的国内外著作和文献，总结并吸收了作者近年来的科研成果；结合科研实践编入了大量计算实例，以便于读者理论联系实际，融会贯通，举一反三，保证教材的实用性。在撰写中力求做到由浅入深、循序渐进、论述严谨、语言流畅、便于自学。

本书可作为航空推进系统控制理论与工程专业本科生教材，也可供该专业或有关专业研究生及从事航空发动机控制研究与设计的工程技术人员参考。

本书由樊思齐主编。上册第1章、第5章5.1至5.5节由樊思齐编写，第2,4章及第5章5.6节由李华聪编写，第3章由樊丁编写。下册第1章至第8章，第9章9.6节及第10章由樊思齐编写，第9章9.1至9.5节由樊丁编写，徐芸华编写了第2,3,5章的部分内容，孙护国、时瑞军、朱玉斌、任新宇分别参与了下册6.5节，6.6节和8.4节的编写。全书由樊思齐统一修改、定稿。

孟庆明教授、谢寿生教授对全书进行了审阅，提出了许多宝贵意见；吴丹、戚学锋、李吉等为本书的编写做了大量辅助工作，在此一并表示诚挚的感谢。

由于编者水平有限，书中不妥之处在所难免，希望读者指正。

作　者

2008年1月

下册目录

第1章 绪 论

航空推进系统也称为航空推进器或动力装置，它产生飞机飞行所需要的推力和力矩。航空推进系统包括进气道和发动机，喷管作为发动机的一个部件。但在飞行/推进系统综合控制中，喷管是单独的一部分，这时航空推进系统包括进气道、发动机和喷管。

航空推进控制系统由航空推进系统和控制器组成，如图1.1所示。在控制系统中航空推进系统作为被控制的对象。本书重点研究航空发动机控制。

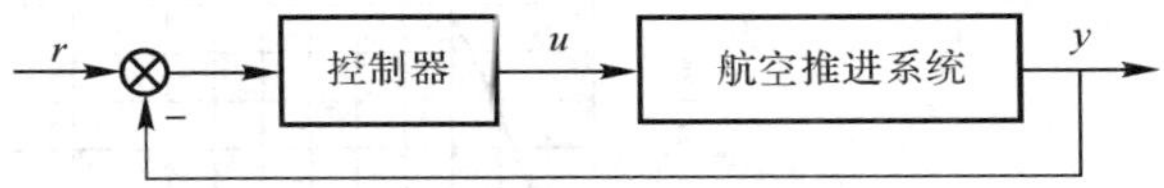

图1.1 航空推进控制系统方块图

1.1 航空发动机控制的目的和要求

1.1.1 航空发动机控制的目的

航空发动机的工作过程是极其复杂的气动热力过程，它的工作范围是如图1.2所示的整个飞行包线，图中横坐标表示飞行马赫数Ma，纵坐标表示飞行高度H，在飞行包线内，航空发动机随着其环境条件和工作状态（如最大状态、巡航状态、加力状态、加速及减速状态等）的变化，它的气动热力过程将发生很大的变化。对这样一个复杂且变化多的过程如不加以控制，航空发动机是根本不能正常工作的。航空发动机控制的目的就在于使其在任何环境条件和任何工作状态下都能稳定、可靠地运行，并且充分发挥其性能效益。

以下对进气道、发动机及喷管控制的目的分别作简要介绍。

1. 进气道

早期的飞机由于飞行速度不高，进气道均采用亚声速进气道，对这种进气道一般不需要控制。飞行马赫数 $Ma>1.5$ 的飞机必须采用超声速进气道。超声速进气道的性能受进口条件的影响很大，飞机飞行速度和飞行高度的变化、飞行姿态的变化以及武器发射等都将引起进气道气动阻力、总压损失发生很大的变化，甚至导致进气道工作不稳定。为保证超声速进气道在任何条件下都能处于良好的工作状态，必须对其进行控制。

对超声速进气道的控制就是当进口条件变化时，调节进气道的通道几何面积，以调节通过进气道的空气流量，使其与通过发动机的空气流量相匹配，减小进气道外阻力和总压损失。

2. 发动机

随着飞行条件和发动机工作状态的变化，发动机特性将发生很大的变化，在一定的条件下发动机可能出现不稳定的工作情况,如压气机喘振、燃烧室熄火、加力燃烧室振荡等。为此,必须对发动机进行控制,以保证发动机工作稳定,并保证发动机在任何条件下性能最佳。

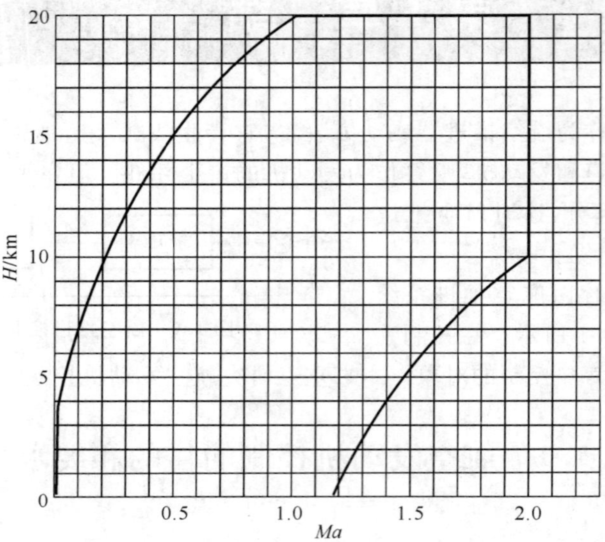

图 1.2　飞机的飞行包线

发动机控制就是利用选择的控制量(如燃油流量、尾喷口面积等)的控制作用,使发动机的某些参数(如发动机转速、压气机出口空气压力、涡轮进口燃气温度等)按需要的规律变化,从而保证发动机的性能。

3. 喷管

早期的航空发动机采用简单的收敛喷管,喷管的出口面积根据发动机的工作状态(如慢车状态、巡航状态、最大状态及加力状态等)加以确定,当飞行条件变化时对喷口面积不再进行调节。后期发展的航空发动机采用了收扩喷管(拉伐尔喷管),以便进一步提高排气速度,使发动机获得更大的推力。对于带有收扩喷管的发动机,随飞行条件的变化,喷管的喉部面积和出口面积也须相应地变化,以保证发动机稳定工作,同时使推力损失最小。

传统的喷管仅产生反作用推力,现代飞机不仅要求产生正向推力,还要求产生矢量推力和反推力,即根据飞机的不同飞行状态要求产生不同方向的推力,以便对飞机提供不同飞行姿态所需要的力和力矩,这对提高飞机的机动性和缩短起飞与降落距离有着十分重要的意义。由于矢量推力与飞机性能密切相关,因此矢量推力必须与飞机进行综合控制。

1.1.2　航空发动机对控制的要求

(1)飞机飞行状态的变化,如滑跑、起飞、爬高、平飞、加速飞行、减速飞行、下滑以及各种机动飞行，将引起航空发动机工作状态和特性产生很大的变化，控制系统应保证航空发动机在上述各种飞行状态下工作正常且可靠。

(2)保证发动机在最大非加力状态和作战状态下性能最优；在非加力时部分载荷巡航飞行时耗油率低，以提高经济性，增加航程和巡航时间；慢车状态时在保证发动机加速时间短和发动机工作稳定可靠的前提下使推力最小。

(3)当航空发动机由一种工作状态过渡到另一种工作状态时(如发动机加速、减速、接通与切断加力等)，能快速操纵，过渡时间要短，且不喘振、不熄火。

(4)当航空发动机受任何形式的干扰作用时(如强气流冲击、武器发射等)，控制系统应保证航空发动机不失稳，且能尽快地恢复到原状态。

(5)在飞行包线内，当航空发动机在任何条件下工作时，控制系统应保证航空发动机安全工作，发动机不超温、不超转、不超功率。

总之，控制系统应保证发动机工作稳定、安全可靠，达到发动机各种工作状态控制规律的要求。

1.2　航空发动机控制的发展

随着航空发动机的不断发展，航空发动机控制也在不断发展。这一发展可以大体归纳为：由基于经典控制理论的单变量控制系统发展到基于现代控制理论的多变量控制系统，由机械液压式控制系统发展到数字式电子控制系统，由进气道、发动机及喷管各部分单独控制发展到由三者组成的推进系统综合控制以及飞行/推进系统综合控制。未来的航空发动机控制将会由集中式控制系统发展为分布式控制系统。

1.2.1　航空发动机单变量控制和多变量控制

早期的航空发动机，由于飞机的飞行速度不高，发动机的推力不大，所以在航空推进系统中采用亚声速进气道和收敛喷管，并且不需要对进气道和喷管控制。这时的航空发动机采用的控制方案是当飞行条件变化时，根据测量的发动机进口压力，调节燃油流量，保持发动机转速基本不变的开环控制方案。由于这种控制方案的控制精度不高，因此在以后的发动机控制中不再作为主要的控制方案。

随着对发动机性能要求的提高和经典控制理论的完善，到 20 世纪 50 年代初，在发动机控制中应用了经典控制理论的闭环反馈控制原理，并成功地设计与实现了发动机转速反馈的闭环控制，使控制系统的控制精度和动态性能得到了很大的改善，发动机性能有了较大的提高。

经典的反馈控制理论在发动机控制中的应用是发动机研制与发展的一个重要阶段。虽然这种控制理论仅解决了单输入/单输出控制系统的设计，但这种设计方法简单，易于实现，并能保证发动机在一定使用范围内有较好的性能，因此，这种控制方法仍然应用于目前的许多发动机控制中。

现代航空发动机的工作范围在不断扩大,并要求在全飞行包线内都具有最佳性能,如高的控制精度,良好的稳定性,大的推力,低的耗油率,飞行条件变化或发动机工作状态变化时的动态过程时间尽可能短等。在这种情况下,仅用一个控制量控制发动机的一个参数的单输入/单输出控制系统是不可能实现这些要求的,为此,必须采用更多的控制变量以控制发动机更多的参数,这就构成了多输入/多输出的多变量控制系统。控制参数越多,控制回路就越多,在多回路控制系统中,任何一个回路中参数的变化,都将影响到其他回路,因此,各回路之间的交互影响成为多变量系统设计中的一个重要问题。利用经典的反馈控制理论虽然也可以设计多个单一反馈回路组成的多回路系统,然而这种多回路系统不仅结构十分复杂,而且难以解决多回路的交互影响,也就不可能保证系统的稳定性及动态性能。20 世纪 60 年代以来发展的现代控制理论为解决多变量控制系统设计奠定了理论基础,并且很快地在发动机控制中进行了应用研究。

20 世纪 70 年代初,美国对 F100 发动机进行了多变量控制系统研究。为了保证控制精度和发动机最佳性能,选择了 5 个需要控制的发动机参数。这 5 个参数是风扇转速、高压压气机转速、主燃烧室进口压力、加力燃烧室进口压力和主燃烧室燃油需用油量。在非加力状态下相应地选择了 5 个控制输入量,即主燃烧室燃油供油流量、喷口面积、风扇导流叶片弯度、高压压气机静子叶片安装角和高压压气机放气活门放气面积(控制放气量)。美国第四代发动机 F119 有 14 个控制回路。

如果希望发动机在起飞和超声速飞行时能产生最大推力,而在巡航飞行时耗油率最小,最好的方案是改变发动机的热力循环过程,使其在巡航飞行时按涡轮风扇发动机原理工作,以降低耗油率,而在起飞和超声速飞行时,通过改变发动机的几何通道面积来改变内、外涵的流量比(即涵道比),转为涡轮喷气发动机的工作状态,以产生最大推力,这就是变循环发动机。这种发动机的被控参数往往在 20 个以上,相应的控制变量也大大增加。仅仅作为控制变量的几何通道可调参数就包括尾喷管喉部面积及出口面积、涡轮导向器面积、外涵道出口面积、压气机放气活门面积、压气机静子叶片安装角、风扇导流叶片弯度等,还包括主燃油流量、加力燃油流量、涡轮间隙冷却空气量等。整个系统是异常复杂的多变量控制系统。

现代控制理论在航空发动机多变量控制中的应用研究已进行了大量的工作,其中研究较多的是下述几种控制方法。

1. 线性二次型最优控制

在发动机多变量控制系统中,最先研究的是线性二次型调节器(Linear Quadratic Regulator, LQR)。这种方法的优点是设计方法规范,设计的调节器具有解耦效果,从理论上讲这种方法可使控制性能最优,并能最大限度地利用发动机可变几何通道调整给定点。美国在 20 世纪 70 年代初即开展了这一研究。

这种方法的缺点如下:

(1)在飞行包线内必须建立许多工作点上的线性化模型,对每一个工作点都必须求解 Riccati 方程,以得到反馈增益矩阵。每一点的线性模型及反馈增益矩阵都必须存在计算机内,因此增加了对机载计算机存储量的要求,这对当时的计算机来讲难以满足这一要求。

(2)线性化工作点的数目总是有限的,而在飞行包线内其他各点的线性化模型及相应的反馈增益矩阵只能用插值方法得到。由于 LQR 方法对模型精度很敏感,用插值方法得到的近似模型的误差有可能导致系统性能不是最优的,甚至使系统不稳定。

(3)如果考虑在实际飞行过程中受到的约束,LQR 方法可能得不到最优解。

因此,LQR 方法在航空发动机控制中并未得到实际应用。

2. 自适应控制

航空发动机的特性随飞行条件和工作状态的变化将发生很大的变化,在这种情况下,采用何种控制方法保证系统性能始终最优或接近最优,是研究人员十分关注的问题。大量的研究表明,自适应控制(adaptive control)是解决这一问题的有效方法之一。在自适应控制中,研究得较多并经过飞行试验考核的方法是模型参考自适应控制(Model Reference Adaptive Control,MRAC)。其设计思想是随环境条件的变化,使航空发动机的性能按自适应控制规律渐近地跟踪参考模型的性能,或者使航空发动机的状态或输出渐近地跟踪参考模型的状态或输出,而参考模型具有期望的性能。

20 世纪 80 年代中期,美国在对 PW1128 发动机和 F15 飞机进行的飞行/推进系统综合控制的研究中即应用了模型参考自适应控制方法。通过飞行试验,证明了这种控制方法可提高发动机推力或降低耗油率。

3. 鲁棒控制

控制系统设计往往依赖于被控对象的数学模型,然而由于被控对象的工作过程相当复杂,在分析与设计中所能得到的数学模型只能是近似反映实际过程的数学模型,或简化的数学模型,很难建立准确的数学模型来描述实际过程。因此,在系统设计时必然带来这样的问题,即利用数学模型进行控制系统设计,总可以设计出一种较好的控制器使系统性能达到期望的要求,但是用这种控制器控制实际对象时,实际性能与期望性能并不一致。此外,被控对象的工况(工作状况的简称)、环境条件的变化、发动机性能衰退以及难以预先确知的随机干扰都将引起被控对象参数和特性的变化。以上诸因素所引起的系统特性的变化称为系统的不确定性。

系统不确定性将导致系统稳定性和动态性能产生很大的变化,因此它是系统设计时必须考虑的重要问题。在经典控制理论中,增益裕量和相位裕量就是考虑到这种不确定性而提出的设计指标。在多变量控制系统设计中则必须考虑参数灵敏度和系统的鲁棒性。参数灵敏度是指参数变化而引起的系统响应的变化,鲁棒性是指参数容许变化的有限范围及容许的外部干扰。当系统承受这样的参数变化或外部干扰时,仍保持良好的稳定性并且有良好的动态性能,即系统对参数变化和外部干扰不敏感,这样的系统称为具有鲁棒性的系统。这种系统的稳定性称为鲁棒稳定性,而动态和稳态性能称为性能鲁棒性。

航空发动机的不确定性更为突出,因此,航空发动机控制系统应是具有鲁棒性的系统。

(1) LQG/LTR 控制理论。20 世纪 80 年代以来,对鲁棒控制系统(robust control system)设计进行了大量研究,其中 LQG/LTR(Linear Quadratic Gaussian with Loop Transfer Recovery)是一种研究较多的方法。在航空发动机控制系统设计中,应用这种方法也开展了很多研究工作,例如,垂直起落飞机 V-22 上的涡轮轴发动机 Allison T406 的控制、F15 飞机与 F100EMD 发动机的飞行/推进系统综合控制,都对这种方法进行了研究,但实际应用仍存在一定问题。

(2) H_∞ 控制理论。H_∞ 控制理论是鲁棒控制理论的新发展,用这种控制理论设计的控制系统具有很好的鲁棒性,是十余年来控制理论研究的热点。许多研究人员在航空发动机控制以及飞行/推进系统综合控制的应用方面进行了研究,例如,对垂直短距离起落 (Short Take-Off and Vertical Landing,STOVL)超声速飞机和带有二维矢量喷管的发动机综合控制的研究。

(3)结构奇异值 μ 理论。系统的不确定性包括非结构不确定性和结构不确定性。H_∞ 控制理论对处理非结构不确定性控制系统是精确的和全面的,但是处理结构不确定性控制系统时,H_∞ 控制理论主要强调的是控制系统的鲁棒稳定性,因而处理控制系统的性能时偏于保守。主要原因是它以非结构不确定性和小增益原理为基础。1982 年 Doyle 提出了结构奇异值 μ 理论,该理论同时对鲁棒稳定性和鲁棒性能进行综合考虑,并在两者之间做出折中,弥补 H_∞ 最优控制的不足。结构奇异值 μ 理论是对控制系统输入、输出、传递函数、不确定性等进行回路整形,把实际控制问题归结为求结构奇异值 μ 的问题,以此来进行控制系统设计。利用结构奇异值 μ 作为控制系统设计性能指标的度量,可以克服设计上的保守性,能够把鲁棒稳定性和鲁棒性能结合起来考虑,从而设计出既满足鲁棒稳定性又满足鲁棒性能要求的控制系统。结构奇异值 μ 理论是解决具有结构不确定性控制系统设计最具有发展前途的鲁棒控制理论之一。

(4)固定阶控制器设计。当控制器阶次超过被控对象阶次与权系数矩阵阶次之和时,控制器即为高阶控制器。利用 H_∞ 控制理论和结构奇异值 μ 理论设计的控制器阶次太高,不便于实际应用。若采用降阶处理方法,则由于目前所应用的降阶处理方法还很不完善,降阶处理后控制系统往往存在非最小相位问题,并且系统性能和鲁棒性也往往得不到保证,甚至系统不稳定,因此系统设计时,往往不采用一般的降阶处理方法。

近年来,控制理论研究者提出了固定阶控制器的设计方法,即在控制系统设计时,对控制器阶数加一约束,使控制器阶数固定,这样设计的控制器阶数就不至于太高。目前研究较多的方法,一是基于 homotopy 算法的固定阶控制器设计方法;一是基于线性矩阵不等式(Linear Matrix Inequality,LMI)算法的固定阶控制器设计方法。两种方法都可将全阶 H_∞ 控制器设计问题转化为固定阶的静态输出反馈设计问题,所设计的控制系统性能基本能满足要求,它取决于固定阶控制器的阶次。

(5)QFT理论。美籍以色列学者Horowitz提出的一种立足于反馈控制系统工程应用设计的理论——定量反馈理论(Quantitative Feedback Theory,QFT)。这一理论将经典控制理论中的频域设计思想推广到具有不确定性被控对象的鲁棒控制设计,将被控对象的不确定性范围和闭环系统性能指标用定量的方式在Nichols图上形成边界,进而以开环频率曲线满足边界条件为要求,对系统进行设计与综合。该理论于20世纪60年代提出,70年代形成了基本的理论,90年代形成了完整的理论体系。过去因其计算烦琐等原因而未受到重视,近年来,由于计算机技术的发展,使得应用QFT设计控制系统逐渐成为一种有效的方法。

1984年,Horowitz和他的学生在美国空军的大力支持下采用QFT理论方法分析了具有参数不确定性的X-29飞机的多输入/多输出飞行控制系统。之后,飞机设计者应用QFT方法重新设计了F16战斗机的鲁棒飞行控制系统,并经过试飞验证获得了满意的结果。1992年,利用该方法设计的遥控无人机飞行控制系统完成了试飞。

QFT理论在航空发动机控制系统设计方面也取得很多成果,由美国空军资助IEC(Intelligent Engine Control)子项目——基于模型的发动机鲁棒控制——即应用QFT理论对发动机控制系统进行了设计。1999年,Edward Boje等对三输入/三输出GE16发动机设计了QFT控制器并取得了良好的效果。

QFT是从工程应用角度提出的,致力设计一个简单、低阶并具有最小带宽的控制器,日益受到了国际控制理论界的广泛重视。有文献介绍,QFT及μ理论是目前鲁棒控制领域中解决航空发动机全包线多变量鲁棒控制最有发展前景的设计方法。

4. LPV控制系统

以上介绍的控制方法是基于线性系统理论的控制方法。航空发动机是一个非常复杂的气动热力系统,描述这样一个系统只能用复杂的非线性数学模型。当用上述方法对航空发动机控制系统进行设计时,必须将非线性数学模型进行线性化处理,以得到其线性模型。然而,由于发动机工作的飞行包线很宽,在飞行包线内发动机特性变化很大,发动机的线性模型仅能描述一个小范围内的特性。为此,不得不将飞行包线划分为许多小区域,并建立每一小区域内的线性模型,利用每一区域内的线性模型进行控制器的设计,这样在飞行包线内将有参数不同的许多控制器。为此所带来的问题是小区域如何划分,以及发动机工作在不同区域时控制器如何平滑切换,这是需要深入研究的问题。

自20世纪90年代以来,国外对航空发动机控制问题开展了发动机线性变参数(Linear Parameter Varying,LPV)模型和增益调度控制技术(gain scheduled control techniques)的研究。这一研究的基本思想是对于非线性被控对象,利用LPV模型设计时变参数的增益调度控制器,当系统工作环境和工作状态变化时,利用时变参数调度不同的控制器,对被控对象进行控制。LPV控制是利用成熟的线性系统理论解决复杂的非线性系统控制问题的有效方法。

增益调度技术始于第二次世界大战后期,当时是为了解决B52飞机自动驾驶仪的稳定性设计和导弹制导问题而开始研究并实际应用的技术。这一技术当时是属于军事机密。20世纪70年代,这一技术应用于汽车发动机控制。20世纪80年代这一技术得到了进一步发展,并进一步应用于航空航天领域。到20世纪90年代,由于非线性控制系统设计问题仍存在较多的困难,因此从事控制理论的学者研究利用LPV模型设计增益调度控制器,以实现对非线性系统的控制。这一研究由早期的简单的增益调度技术发展为LPV控制技术。将LPV控制方法应用于航空发动机控制系统设计有着非常重要的意义,这是当前航空发动机控制研究的热点之一。例如,对GE21发动机、XTE46发动机、Spey发动机等均进行了LPV控制的研究。其LPV控制器设计采用了KQ(K—matrix compensator,Q—desired response)方法、QFT方法和LMI方法。

5. 模糊控制与神经网络控制

近年来,人工智能控制理论与技术的迅速发展,为非线性控制系统设计带来了生机,例如模糊控制、神经网络控制以及模糊神经网络控制等。

模糊控制是在控制方法上应用模糊集合论、模糊语言变量及模糊逻辑推理知识来模拟人的模糊思维方法,以便能够对某些无法用精确数学模型描述的对象或过程进行控制。模糊控制是一种非线性控制方法,工作范围宽,使用范围广,它不依赖于被控对象的数学模型。

神经网络控制是一种能够模仿人类作用的控制。它能以任意精度逼近任意非线性函数,对复杂的不确定性问题具有自适应和自学习能力,并具有很强的信息综合能力,能同时协调和处理多种输入信息的关系。

无论模糊控制还是神经网络控制都具有信息处理的并行机制,对解决复杂系统大规模计算问题非常有利。这两种控制对被控对象的特性变化不敏感,因而具有很强的鲁棒性。

虽然模糊控制和神经网络控制有许多优点,但模糊控制的模糊规则库建立至今没有有效的方法,只能凭经验选择,并通过试验反复调试,而神经网络控制则存在训练与学习问题。对于这两种控制仍然没有形成严密的理论体系和系统分析方法,控制器结构缺乏准确的确定原则,其系统稳定性还没有得到理论上的证明。正因为如此,目前这两种控制方法在航空发动机控制中的实际应用还存在许多尚未解决的问题,现在所进行的研究仅停留在仿真阶段。

1.2.2 航空发动机机械液压式控制器和数字式电子控制器

1. 机械液压式控制器的发展及局限性

航空发动机问世以来,一直采用机械液压式控制器。随着航空发动机的不断发展,机械液压式控制器的设计与制造技术也在不断发展,由于对控制功能要求的不断扩大与提高,使控制器的结构不断完善,目前机械液压式控制器已发展为能够实现比较复杂的发动机控制规律和具有较高控制精度的“计算装置”。此外,机械液压式控制器还具有抗电子干扰能力强的优点。当前正在应用的许多航空发动机,其控制系统仍然采用机械液压式控制器,因此这种控制器目前仍然有着重要作用。

机械液压式控制器在实现航空发动机单变量控制中具有一定的优越性。但是,正如前文所讲的，现代航空发动机要求控制更多的参数（变量），以提高其性能，若仍利用机械液压式控制器实现多变量控制，其结构将十分复杂，并且无法实现多回路解耦控制，也无法实现现代控制理论中各种复杂的控制方法。

2. 全权限数字式电子控制

随着电子计算机科学技术及其应用研究的不断发展，将计算机应用于控制器则完全可以实现航空发动机多变量控制。因此，在 20 世纪 60 年代，即开始研究并实现了以模拟式电子计算机作为控制器的发动机控制系统。例如，奥林巴斯 593 发动机控制系统，它的主要参数由模拟式电子计算机控制，只附加了某些机械液压式保护装置和辅助控制器。这种控制器的控制性能超过了机械液压式控制器。但是，模拟式电子计算机作为控制器，则存在电子元件漂移较大、对环境因素比较敏感等问题，使控制精度受到很大影响，同时存在模拟式电子元件可靠性较差以及程序修改受硬件限制等问题。因此，模拟式电子控制器并未得到进一步发展，在很短的时间内即被放弃使用。

近 20 年来，许多国家大力从事将数字式电子计算机应用于航空发动机控制器——数字式电子控制器——的研究，并取得了巨大的进展和成果。

数字式电子计算机的强大功能在于：

（1）数字式电子计算机具有高速运算和高速存储能力，并具有大的存储容量，能够实现现代控制理论中各种复杂而先进的控制算法，因此，将数字式电子计算机应用于控制器时，可保证航空发动机的高性能指标和高的控制精度要求。

（2）数字控制软件和控制算法易于修改和更换，极大地方便了控制系统的设计、试验和实际应用，从而缩短控制系统研制周期，降低研制费用。

（3）数字式电子计算机的逻辑判断功能使控制系统的各种限制与保护措施、故障隔离、容错控制、控制器切换等易于实现，因而可保证航空发动机工作的可靠性。

数字式电子控制器可实现发动机全部功能的控制，即全权限数字式电子控制（Full Authority Digital Electronic Control，FADEC）。所谓权限就是指直接行动的能力，全权限数字式电子控制是利用数字式电子控制系统的极限能力来完成系统所规定的全部任务。FADEC可在整个飞行包线内对发动机没有限制性规则，保证按照飞行员的意愿操纵发动机。对军用涡轮风扇发动机来讲，FADEC 的主要功能是保证实现发动机所要求的控制规律和不同的控制模式；实现对发动机全部控制变量（主燃油流量、加力燃油流量、尾喷口喉部面积及出口面积、风扇导流叶片弯度和压气机静子叶片安装角等）的准确控制；实现容错控制、状态监视和发动机超转、超温、失速/喘振等各种保护功能，以保证发动机运行安全；实现发动机燃烧室火焰探测、自动点火、自适应起动和飞行条件变化的自动补偿等功能。

3. 发动机控制与状态监视系统一体化

发动机状态监视系统包括发动机重要参数信息的采集、处理和存储，发动机气路参数趋势分析，发动机使用寿命监视，发动机振动监视，发动机滑油系统监视，发动机控制系统监视等。

数字式电子计算机在航空发动机状态监视与故障诊断技术的应用方面也显示了它强大的功能。它可以跟踪采集航空发动机运行中的上述信息,将采集的信息进行处理后,分析出航空发动机部件的性能退化情况;根据处理后的数据还可以对故障进行诊断,分析故障的起因、性质、部位及发展趋势,根据具体情况采取必要的维护措施。数字式电子状态监视与故障诊断系统对航空发动机早期故障征兆的及时发现与及时处理可避免事故的发生,保证飞行安全,同时还可以"视情维修",大大节省维修成本与维修时间,给使用部门和维修部门带来巨大的经济效益。数字式电子监视与诊断技术的采用是维修制度的重大改革。

正因为数字式电子控制器所具有的优点,目前航空技术先进的国家新研制的发动机均采用全权限数字式电子控制器,例如,美国的第四代飞机 F22 的 F119 发动机,即采用双通道容错控制的全权限数字式电子控制。

随着发动机 FADEC 的发展,发动机控制与状态监视的一体化已成为现实,这标志着不仅发动机控制,而且发动机状态监视和故障诊断已达到一个更高的水平。

1.2.3 航空推进系统各部分独立控制与综合控制

对于航空推进系统来讲,进气道、发动机和喷管各部分的工作密切相关、相互影响。进气道工作的不稳定必然影响到下游发动机的压气机及燃烧室等部件的工作;发动机各可变几何面积的变化以及压气机的失速与喘振也必然影响到上游进气道的工作;喷管节流面积的变化和推力方向的变化也将影响发动机性能。

对于飞机来讲,飞机的飞行速度、攻角、侧滑角对进气道进出口参数、总压恢复系数和进气道工作稳定性有很大的影响,而进气道出口参数的变化和工作稳定性又进一步影响到发动机;发动机推力的变化又直接影响着飞机的性能,例如飞行速度、爬升率、机动性和飞机的稳定性。

第四代作战飞机所追求的目标是能够超声速巡航和在大攻角过失速状态下亚声速机动飞行。在大攻角过失速状态下亚声速飞行时,由于飞行速度低,空气动力作用在飞机舵面上产生的力矩不大,因而飞机不可能有良好的机动性。为了获得飞机高度机动飞行所需要的力和力矩,就必须依靠喷管,使其不仅能提供沿飞行方向的推力,而且能提供不同方向的推力,即矢量推力。矢量推力能产生比飞机舵面大得多的力矩,足以保证飞机机动飞行的要求。矢量推力通过改变喷口气流方向而获得,这种喷管称为矢量喷管。因此,对第四代作战飞机,其性能与矢量喷管的工作及矢量推力控制有着直接关系。

通过以上分析可以知道,推进系统的各部分之间、飞机与推进系统之间存在着复杂的交互作用。传统的航空推进控制系统设计一般是各部分分别独立设计的,形成了各自独立的控制系统;传统的飞行控制系统设计也是将飞机控制与推进系统控制分别设计,形成了飞机控制系统、进气道控制系统和发动机控制系统。对于这样的控制,当某一个系统处于最佳状态时,其他系统不一定是最佳的,分析某一系统的工作时必须考虑到其他系统最差的工作情况,因而在系统设计时不得不将每一个系统的工作裕量加以放大。最重要的是系统之间的交互影响,在一定条件下可能首先导致其中某一系统工作不稳定，并可能进一步导致整个系统工作不稳定。由此可知，各部分独立设计时，一般很难使航空推进系统或飞机整体性能最优，甚至不可能保证整个系统的稳定性。

为了使整个系统性能最优和稳定性最好，就必须对各个部分进行综合控制，也称为一体化控制。对于进气道、发动机及喷管的综合控制称为推进系统综合控制（Integrated Propulsion Control System，IPCS）；对于飞机与推进系统的综合控制称为飞行/推进综合控制（Integrated Flight/Propulsion Control，IFPC）。

在推进系统综合控制研究方面，美国于1973—1976年利用安装在F111飞机上的进气道和TF30发动机进行了研究，研究结果证明了采用推进系统综合控制所带来的效益，包括飞行范围的扩大、快速节流响应的提高以及推力的加大等。1978年在YF12C飞机上采用推进系统综合控制提高了进气道稳定性，在保证推力的情况下降低了涡轮进口温度。

1983年美国NASA Ames研究中心制定并执行了高度综合数字电子控制HIDEC（Highly Integrated Digital Electronic Control）研究计划，利用F15飞机及F100EMD发动机对飞行/推进系统综合控制分几个阶段进行了多项研究，并取得了很大的成效。其中几项综合控制如下所述。

（1）发动机自适应控制模式（Adaptive Digital Engine Control System，ADECS－Ⅰ）。这种控制模式是将飞行攻角α、侧滑角β、飞行马赫数Ma等数据输入到数字式飞行控制计算机（Digital Flight Control Computer，DFCC）中，DFCC根据输入数据计算当前的和预测未来的进气道畸变度，以及发动机失速边界、最优性能压比π_E，计算结果输入到发动机数字式电子控制器（Digital Electronic Engine Control，DEEC），DEEC发出发动机压比上调指令，使发动机喷口面积减小，燃油流量增加，以提高发动机压比，增加发动机推力。这种模式的原理示于图1.3。

1986年对这种模式进行了飞行试验，试验表明，飞机在亚声速飞行时，推力增加了12%。发动机在加力状态，由于压比上调，使风扇效率和加力燃烧室效率提高，耗油率降低。推力的增加使飞机性能提高，例如从飞行高度为3 000 m爬升到12 000 m，爬升时间缩短了14%；在12 000 m高度平飞，加速度增加15%。由此可以看出这种控制模式所带来的性能效益。

（2）ADECS－Ⅱ控制模式，这种控制模式也称为恒定推力控制模式。这种模式的原理示于图1.4。它是用保持油门杆位置来保持推力恒定，同时用降低发动机空气流量、提高发动机压比的方法，降低耗油率，降低风扇涡轮进口温度（Fan Turbine Inlet Temperature，FTIT），提高发动机寿命。这种控制模式可以使耗油率降低3%，因此使航程增加。由于FTIT降低，可延长发动机寿命，并减小红外识别特征，提高飞机隐身能力。

（3）性能寻优控制（Performance Seeking Control，PSC）。这种控制的特点是系统中包括有不断修正的机载发动机模型、进气道模型和喷管模型，它们用于确定进气道、发动机及喷管的最佳工作位置。图1.5表示了这种控制的原理。

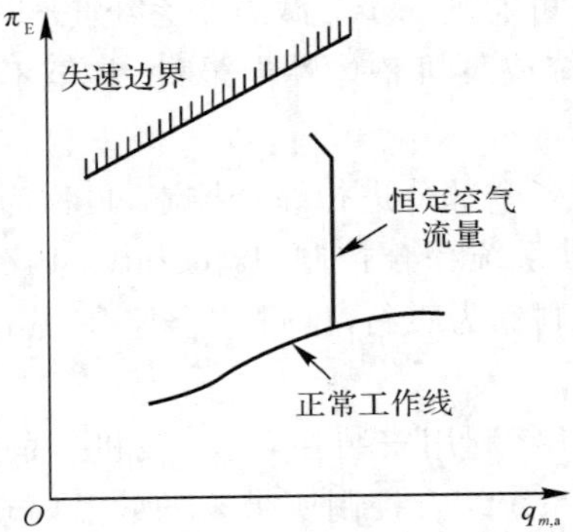

图 1.3　最优性能控制模式

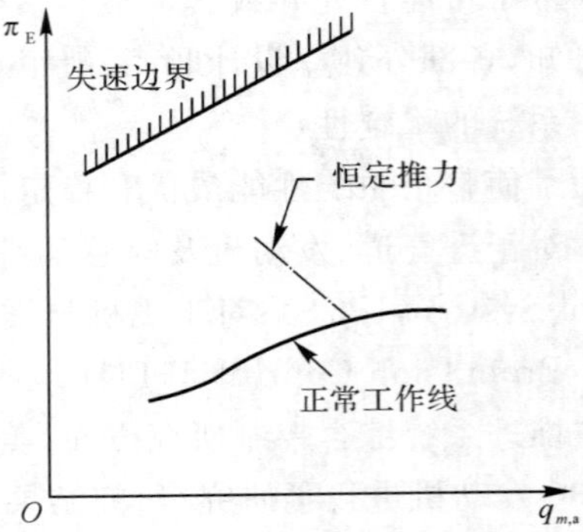

图 1.4　恒定推力控制模式

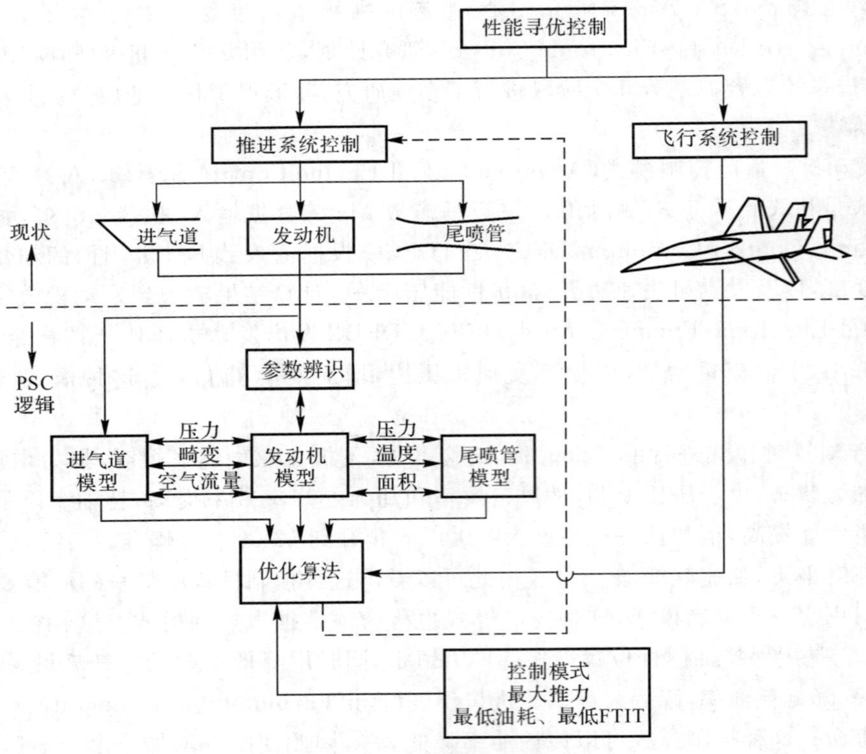

图 1.5　PSC 控制模式原理图

PSC 包括三种控制模式：最大推力控制模式，用于加速、爬升和突击时提供最大剩余推力；最低耗油率控制模式，用于飞机巡航飞行时使耗油率最低，以增加航程；最低风扇涡轮进口温度控制模式，目的是用降低温度的控制方法延长发动机使用寿命。

飞行试验表明，采用 PSC 控制使关键飞行状态的推力显著提高。对性能退化的发动机推力可增加 9%；对返修后的发动机推力可增加 15%；在飞行马赫数为 0.9、飞行高度为4 572 m 平飞并保持恒定推力时，涡轮进口温度降低 38℃ 以上，耗油率降低 3%。根据估计，当发动机在高功率状态时，每当涡轮进口温度降低 21℃ 时，涡轮的寿命将增加 1 倍。由此可见，采用 PSC 控制对提高发动机推力、延长发动机寿命是非常有效的。

性能寻优控制研究已达到实际应用水平，据 2004 年的有关资料介绍，美国将在 F22 飞机及 F119 发动机上应用这种控制模式。

飞行/推进系统控制的进一步发展是带矢量推力的飞行/推进系统综合控制。新一代作战飞机性能指标之一就是具有高的敏捷性，它取决于矢量推力及其控制技术。

(4) 高稳定性发动机控制。矢量推力技术的应用虽然提高了飞机的机动飞行能力，增强了飞机的作战效能，但机动飞行时大的飞行攻角和侧滑角，使发动机进口气流的畸变强度增大，从而严重影响到风扇及压气机的工作稳定性。为了保证风扇与压气机在大的畸变强度下能稳定工作，就必须使发动机具有较大的失速裕度，这就大大降低了发动机性能。为了解决这一问题，美国国家航空航天管理局(National Aeronautics and Space Administration，NASA)于 20 世纪 90 年代提出了高稳定性发动机控制(High Stability Engine Control，HISTEC)研究计划。该计划主要研究发动机进口稳态和动态畸变容限控制方法。该方法是利用飞行数据预测的飞行攻角及侧滑角和发动机进口压力传感器测量的压力，通过畸变估计系统实时地估计出畸变的类型和强度，根据估计结果确定失速裕度要求，并发出指令，由稳定性控制系统实时地调整失速裕度，以使发动机在安全可靠工作的前提下保证所需要的性能。

20 世纪 90 年代以来，美国对战斗机机体/推进系统一体化设计、先进的飞行控制技术和先进的推进系统控制技术进行了大量的研究，这些研究表明，采用这种设计方法和综合控制技术对改善战斗机的机动性、过失速飞行能力、起飞/降落性能、飞行可靠性和扩大飞行包线等方面均有明显效益。目前美国的 F22，JSF 以及俄罗斯 SU37 飞机均采用了矢量推力及综合控制技术。

1.2.4　传统的发动机控制与基于模型的智能数字发动机控制

20 世纪 90 年代美国国防部和 NASA 制订了综合高性能涡轮发动机技术(Integrated High Performance Turbine Engine Technology，IHPTET)研究计划，该项研究的目的是提高发动机性能并降低发动机重量，提高发动机推重比，研究计划的第三阶段的目标是使发动机推重比提高 1 倍，燃烧室温度提高 222℃(400℉)，生产成本降低 35%，价格降低 35%。

为实现 IHPTET 的目标，从控制观点考虑，应改变发动机的传统控制模式。在发动机传统的控制模式中，利用传感器测量反映发动机工作状态的可测量参数，例如风扇转速和发动机压比，并将测量信号反馈到控制系统输入端，构成闭环反馈回路，其工作原理如图 1.6 所示。

这种模式是采用控制发动机转速和发动机的压比，来间接控制发动机推力和失速裕度。这种间接控制模式对发动机推力和失速裕度控制是不准确的，因而发动机设计时不得不保持风扇失速裕度为15%～20%，压气机失速裕度为30%左右，以保证发动机安全运行，这就限制了发动机性能的充分发挥。

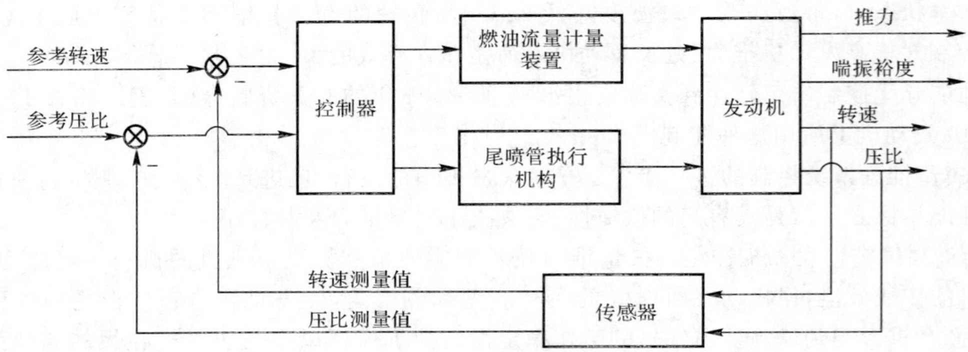

图 1.6　传统的发动机控制原理图

在 IHPTET 计划中包含了先进涡轮发动机控制研究，即基于模型的智能数字发动机控制(Model Based Intelligent Digital Engine Control，MoBIDEC)研究，这种控制模式直接控制发动机推力和失速裕度，其工作原理如图 1.7 所示。

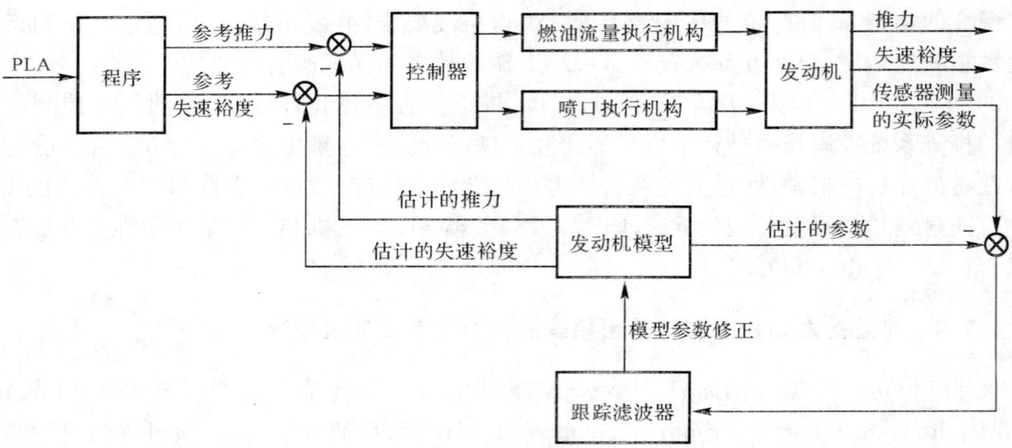

图 1.7　利用模型和跟踪滤波器直接控制发动机的推力和失速裕度的原理图

由图 1.7 可知，跟踪滤波器根据传感器测量的发动机有关参数修正机载发动机模型，使模型能在线反映发动机实际工作状态、不同批次发动机之间的差异和发动机性能的退化，因而修正后的发动机模型能与实际发动机匹配。由发动机模型计算出不可测的发动机推力和失速裕度，计算的推力和失速裕度与希望的参考推力和失速裕度比较后，其误差信号输入到数字式控制器，数字式控制器将按一定的控制算法运算后的信号输入到燃油流量执行机构和喷口面积执行机构，改变燃油流量和尾喷口面积，以使发动机达到所需要的推力或失速裕度。

基于模型的智能数字发动机控制有三种控制模式。

(1)基本模式，即直接推力控制模式。该模式使温度限制要求减小 24.5℃(44°R)，等价于同样重量的发动机推力增加 2%，发动机寿命增加 25%。

(2)性能模式。其中，最低耗油率控制模式在巡航飞行时使发动机耗油率减少 0.5%～1%；最大推力控制模式使发动机推力增加 1%～3%；最低风扇涡轮进口温度控制模式可使风扇涡轮进口温度降低，并减小红外特征。

(3)可操作性模式。根据飞行控制计算机预测的进气道畸变和发动机测量参数，计算风扇失速裕度，计算的失速裕度作为反馈参数以对发动机失速裕度进行直接闭环控制。该模式可使失速裕度要求减小 3%以上，相当于发动机推重比增加 1.5%以上。

由以上可以看出，采用三种控制模式使发动机性能得到相当大的提高。

实现上述三种控制模式的控制器，目前广泛研究的是增益调度控制器。为此首先需要建立线性变参数模型，在此基础上设计增益调度控制器和控制模式选择逻辑，然后，根据控制指令，或发动机工作状态参数，或飞行条件调度控制器增益，来改变控制器参数，以实现全飞行包线内控制模式的选择和发动机工作状态的控制。这就是基于模型的智能数字发动机控制。

1.2.5 航空发动机 FADEC 集中式控制与分布式控制

当前航空发动机 FADEC 均采用集中式控制系统，即将数字式电子控制器集中放置在专门设计的机箱中。传感器测量的信号通过导线传送至数字式电子控制器，数字式电子控制器按照一定的算法计算后，将输出信号再通过导线传送至执行机构。信号处理、控制算法的执行、通信、存储、余度管理完全由一台数字式电子控制器完成。这样的控制系统称为集中式控制系统。

采用集中式控制系统存在的主要问题如下：

(1)传感器分布在发动机的不同位置，传感器测量的信号通过导线传送至电子控制器，电子控制器的信号再通过导线将信号传送至发动机不同的执行机构。为消除电磁信号干扰，导线还需要屏蔽，这样的结构中导线的重量非常可观，它约占系统总重量的 16%。

(2)集中式控制系统的大部分工作主要由一台计算机完成。随着发动机控制参数的增加，控制算法愈来愈复杂，容错控制要求的提高，使系统复杂程度增加，计算机的工作负荷将越来越大，对 CPU 的要求越来越高，这将使数字控制系统研制难度增加，成本提高。

航空发动机 FADEC 未来的发展将可能采用分布式控制系统。分布式控制系统由一台计算机(对有冗余备份的可以是多台计算机)、智能化传感器和智能化执行机构组成。这些智能化传感器和智能化执行机构本身带有 CPU，具有部分信号处理与计算的功能，在工作过程中可以独立完成部分控制任务。

分布式控制系统的优点如下:

(1)由于智能化传感器和执行机构能独立完成部分控制任务,因而可以大大减少与计算机之间的连接导线,这将使控制系统的重量大大降低。

(2)由于智能化传感器与执行机构具有信号处理与转换、故障诊断、超限检查和自检以及计算功能,大大减轻了计算机的负担。

(3)智能化传感器和智能化执行机构均可以模块化,即传感器和执行机构与电子模块组装在一起,构成标准化电子模块。系统设计时可根据需要选择不同的模块,这将使数控系统的设计与研制难度降低,并使系统的可靠性和可维护性提高。

由于智能化传感器和智能化执行机构须直接安装在发动机上,它们的工作环境恶劣,尤其是处于高温下的电子模块,还需要解决模块耐高温的问题,而当前使用的硅芯片还满足不了这样的要求,这是分布式控制在实际应用中需要解决的核心技术之一。为解决这一问题需要研究耐高温的半导体材料,例如,砷化镓和铝化镓等,它们都是很有前途的耐高温半导体材料。

光纤技术在发动机控制中有着广泛的应用前景。光纤电缆极轻极薄,信号能够在光纤中双向同时传播,无须接地回路和没有产生电火花的危险,光纤电缆不受外界电磁等干扰的影响。所有这些优点对于提高发动机的推重比、控制算法实时计算、安全可靠工作都起着十分关键的作用。

一旦耐高温半导体材料的计算机芯片研制成功,将会使发动机分布式控制得以实现,同时将光纤技术应用于发动机控制系统,这将促进发动机控制、飞行/推进系统综合控制技术的应用获得巨大的发展。

1.3 航空发动机控制系统的基本类型

航空发动机控制系统按其采用控制器的类型是机械液压式控制器还是数字式电子控制器,分为机械液压式控制系统和数字式电子控制系统。现对这两种控制系统的基本组成与工作原理作一简单介绍。

1.3.1 机械液压式控制系统

简单的航空推进系统机械液压式控制方式的基本原理图如图 1.8 所示。它是由进气道控制系统和发动机控制系统组成的。

1. 进气道控制系统的基本控制原理

在这一控制系统中进气道作为被控对象。控制器由压力比传感器、放大器、电液伺服阀、作动筒、进气道斜板及斜板位置传感器组成。压力比传感器感受压气机出口静压力 $p_{s,3}$ 与进口静压力 $p_{s,2}$ 之比 $p_{s,3}/p_{s,2}$ 信号。实际上这一信号即是压气机的增压比,它反映通过发动机的空气流量。该信号经传感器后转换为相应的斜板希望位置信号。斜板希望位置信号与斜板位置传感器测量的斜板实际位置信号比较后，产生误差信号 e_1。误差信号 e_1 经放大器和电液伺服阀放大后，推动作动筒，作动筒将输出力和位移进一步放大后推动进气道斜板，使斜板角度 δ_2 向希望的位置变化。δ_2 的变化使进气道喉部面积和进气量变化，从而控制了通过进气道的空气流量 $q_{m,a}$，使其与通过发动机的空气流量相匹配，保持进气道总压恢复系数为一定值。

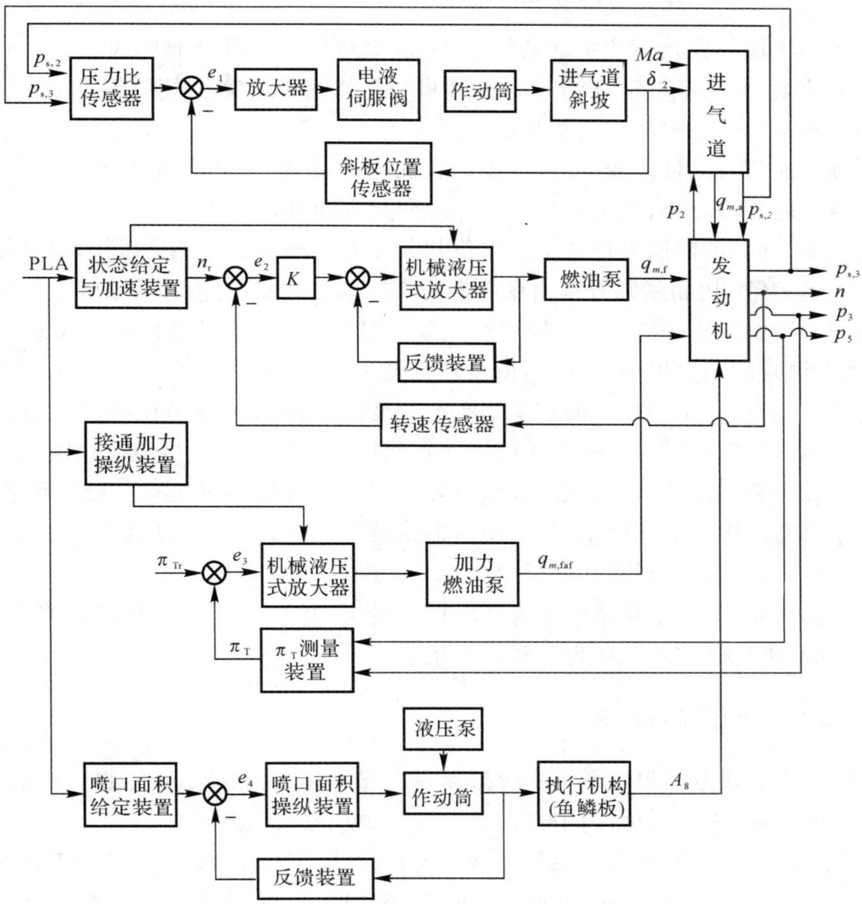

图 1.8 航空推进系统机械液压式控制方式原理图

在这一系统中，被控制参数为通过进气道的空气流量 $q_{m,a}$，执行机构为进气道斜板，斜板角度 δ_2 为控制量。由于通过进气道的空气流量难以测量，因此只能利用作动筒位置信号进行反馈。飞行马赫数 Ma 为进气道进口扰动量，发动机进口总压 p_2 对进气道是一反压，并作用于进气道。

2. 发动机控制系统基本控制原理

图 1.7 所示的发动机控制系统包括发动机转速控制系统、加力控制系统和尾喷口操纵系统。图中,PLA(Power Lever Angle) 表示发动机油门操纵杆角度,一定的油门操纵杆位置对应发动机一定的转速,也即对应发动机一定的工作状态。当 PLA 一定时,飞行条件的变化通过调节燃油流量 $q_{m,f}$ 来保持发动机转速不变。

当改变 PLA 时,通过状态给定装置改变转速参考输入 n_r。它与机械离心式转速传感器测量的发动机实际转速 n 比较后产生误差信号 e_2,该误差信号经机械液压式放大器放大后改变燃油泵的燃油流量,以控制发动机的转速 n,并将 n 调整到转速参考输入值 n_r 上。内回路的负反馈作用是改善系统的稳定性和动态品质。

当迅速推动油门操纵杆改变 PLA 使发动机加速时,加速控制装置给定加速控制规律,使燃油流量按给定的规律变化,使发动机按 $q_{m,f}$ 的变化规律进行加速。

当发动机加力时,油门操纵杆推至加力位置。压力比测量装置感受压气机出口压力 p_3 和涡轮出口压力 p_5,压力比测量装置输出反映涡轮实际膨胀比 π_T 的信号。该信号与保证发动机为最大转速的给定涡轮膨胀比 π_{T_r} 比较后产生误差信号 e_3,该信号经机械液压式放大器放大后,控制加力燃油泵的加力供油量 $q_{m,faf}$,使发动机处于加力工作状态。

一定的 PLA 对应一定的喷口面积。当需要改变喷口面积时,首先改变油门操纵杆位置,然后通过喷口面积给定装置给出一个与给定面积相应的信号。该信号与反映实际喷口面积的反馈信号比较后产生误差信号 e_4,该误差信号随喷口面积操纵装置工作。喷口面积操纵装置利用液压泵输出的高压油推动作动筒,作动筒带动执行机构,改变喷口鱼鳞板位置,从而改变喷口面积,使其与给定面积相等。

由以上分析可知,进气道控制系统为开环控制系统,发动机转速控制系统和加力控制系统为闭环控制系统,尾喷口控制系统为开环操纵系统。

1.3.2 数字式电子控制系统

航空发动机数字式电子控制系统由传感器、数字式电子控制器、执行机构、供油装置、油泵及被控对象组成,如图 1.9 所示,图中被控对象为双轴涡轮喷气发动机。

数字式电子控制系统的主要功能是在整个飞行包线内实现发动机稳态(慢车、巡航、最大和加力状态)和过渡态(起动、加速、减速、接通与切断加力状态)全权限控制和安全保护要求。

传感器测量发动机各有关参数,测量的各模拟信号经 A/D 转换后输入到数字式电子控制器。控制器实现各控制算法的计算,包括基准点调节、稳态控制算法、过渡态控制算法及各种保护逻辑。计算结果经 D/A 转换为模拟信号,输入到各执行机构,使控制量按控制器计算的规律变化,以控制发动机的各种工作状态。

主燃油控制和加力燃油控制的执行机构是两个电液伺服阀分别驱动主燃油计量装置和加力燃油计量装置。两个计量装置的位置分别控制主燃油泵和加力燃油泵输入到发动机主燃烧室和加力燃烧室的燃油流量。两个计量装置的位置分别由两个位置传感器测量，测量的信号反馈到数字式电子控制器，构成局部反馈，以提高系统的稳定性和动态品质。

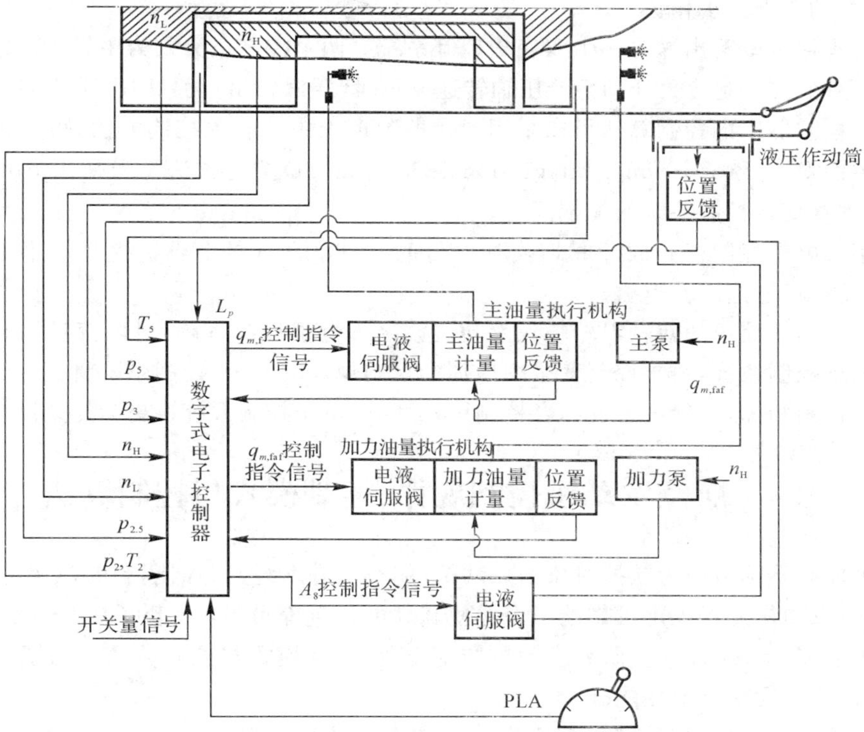

图 1.9 航空发动机数字式电子控制系统

喷口面积控制执行机构为液压作动筒。它的运动由电液伺服阀进行控制，并利用喷口液压泵输出的高压油加以驱动。液压作动筒的位置决定喷口面积的大小，该位置由位置传感器测量，测量的位置信号反馈到数字式电子控制器，构成局部反馈，以便提高控制精度和动态品质。

图 1.9 所示的系统是一个比较简单的数字式电子控制系统，它所实现的控制规律如下：

(1) 非加力稳态控制是主燃油流量 $q_{m,f}$ 控制发动机低压转子转速 n_L = 常数；喷口面积 A_8 控制低压涡轮出口温度 T_5 = 常数。

(2) 加力稳态控制是 $q_{m,f}$ 控制 n_L = 常数；当发动机进口温度 $T_2 < 288$ K 时，A_8 控制涡轮膨胀比 π_T = 常数，当 $T_2 \geqslant 288$ K 时，A_8 控制 T_5 = 常数；由操纵杆位置确定加力燃油流量 $q_{m,faf}$，以确定发动机加力比；当飞行条件变化时，根据高压压气机出口压力 p_3 对加力燃油流量进行开环补偿控制，以使加力比保持不变。

(3) 加速与减速控制是按照数字式电子控制器中预先设定的主燃油流量变化规律控制发

动机低压转子转速,使其按一定规律变化。

此外,在发动机工作过程中,需要对高压压气机出口压力 p_3 和高压转子转速 n_H 加以限制,以保证发动机安全工作。

从控制规律可以看出这是一个双变量控制系统。两个控制量分别为主燃油流量 $q_{m,f}$ 和喷口面积 A_8;两个被控制参数分别为低压轴转速 n_L 和低压涡轮出口温度 T_5 或涡轮膨胀比 π_T 。数字式电子控制器中的控制算法可以采用现代控制理论中的有关控制方法,也可以采用经典控制理论中的PID(Proportional Integrational Differantial)控制方法。当采用PID控制方法时,需要考虑双变量控制系统的解耦问题。

当数字式电子控制器有故障时切换到备份的机械液压式控制器。这是一个简单的控制器,仅保证发动机能运行并返航。

以上仅介绍了简单的双轴涡轮喷气发动机数字式电子控制系统,对多变量涡轮风扇发动机数字式电子控制系统,由于控制变量的增加和控制规律的复杂,控制系统将变得复杂。在推进系统综合控制和飞行/推进系统综合控制中,数字式电子控制系统将更为复杂。

1.4 航空发动机控制规律、控制模式与控制算法

发动机控制系统由作为被控对象的发动机(航空推进系统)与控制器构成(见图1.1)。在飞行包线内,发动机能否稳定可靠地工作并使其性能得到充分发挥,不仅取决于发动机设计,同时还取决于控制系统设计。研究发动机控制规律、控制模式与控制算法是为了更好地设计控制系统,以保证发动机的性能。

发动机控制规律是由苏联以及俄罗斯从发动机角度提出的保证发动机性能的控制要求。发动机控制模式是由美国从控制系统角度提出的保证发动机性能的控制方式或控制策略。因此,控制规律与控制模式是从不同角度对控制系统提出的要求,其含义往往是互相涵盖的。

以下简要介绍与控制系统设计有关的发动机控制规律、控制模式及控制算法的基本含义。

1.4.1 控制规律

1. 控制规律的基本意义

发动机控制规律是发动机所期望的性能及保证实现这种性能的控制量随飞行条件和发动机工作状态而变化的规律。

发动机性能由性能参数表征,如推力、耗油率等。

控制量是指决定发动机状态与性能,使其按期望要求而变化的物理量,如主燃油流量、加力燃油流量、尾喷口面积等几何可调参数。

发动机控制规律可以更确切地描述为随飞行条件和发动机工作状态的变化,发动机性能参数及控制这些性能参数的控制量所期望的变化规律。对控制系统而言,这些性能参数即被

控参数，只要这些性能参数在控制器的控制作用下，按期望的规律变化，发动机即可达到期望的性能。

由于发动机性能参数不能直接测量，因此一般控制系统并不能实现对性能参数的直接控制。实际的发动机控制系统是利用反映发动机性能的可测量的发动机状态参数作为被控参数，例如发动机转速、发动机主要特征截面的温度、压力、压比或它们的组合参数等。从这一意义上讲，发动机控制规律是随飞行条件和发动机工作状态的变化，发动机状态参数及控制这些状态参数的控制量所期望的变化规律。只要这些状态参数在控制器的控制作用下按期望的规律变化，发动机可基本上达到期望的性能。

2. 发动机基本的控制规律

航空发动机基本控制规律包括状态控制规律和过渡态控制规律。

(1)发动机状态控制规律。发动机状态控制规律也称为稳态控制规律。发动机状态控制规律是当发动机状态给定机构位置(即参考输入，如油门操纵杆位置)不变时，随飞行条件的变化，通过改变控制量，使发动机被控参数按期望的规律变化，以保证所期望的发动机性能。在这种条件下，发动机被控参数与控制量的变化规律称为状态控制规律。

发动机状态控制规律有最大不加力状态(也称中间状态)控制规律、加力状态控制规律、巡航状态控制规律、慢车状态控制规律等。

最大不加力状态控制规律是状态给定机构位置为“最大(不加力)位置”，当飞行条件变化时，使发动机不加力推力相对最大的被控参数与控制量的变化规律。

加力状态控制规律是状态给定机构位置为“加力位置”，当飞行条件变化时，使发动机加力推力相对最大的被控参数与控制量的变化规律。

巡航状态控制规律是状态给定机构位置为“巡航位置”，当飞行条件变化时，使发动机耗油率相对最低的被控参数与控制量的变化规律。

慢车状态控制规律是状态给定机构位置为“慢车位置”，在保证发动机一定加速性和安全可靠工作的前提下，使发动机推力最小的被控参数与控制量的变化规律。

不同的发动机有不同的控制规律要求。简单的发动机状态控制规律仅选择反映发动机性能的一个状态参数——转速——作为被控参数，在飞行包线内，随飞行条件的变化，通过控制作用使其保持为常数的规律。相应的，最大状态控制规律即保持最大转速不变的控制规律；巡航状态控制规律即保持巡航转速不变的控制规律；慢车状态控制规律即保持慢车转速不变的控制规律。虽然这种控制规律容易实现，但由于转速，这一个状态参数，并不能完全反映发动机的工作状态，也即发动机转速不变不等于发动机状态完全不变，因而这种控制规律不可能达到发动机最佳性能。

对于较为先进的航空发动机，选择发动机低压转子转速、高压转子转速、涡轮出口燃气温度或涡轮膨胀比等参数作为被控参数。在飞行包线内，根据反映飞行条件变化的发动机进口总温不同，通过控制作用使这些参数分别等于常数的规律，这种控制规律称为复合控制规律。

实现复合控制规律时在一定的进口总温区域需要两个控制量同时参与控制。显然,采用复合控制规律可以进一步发挥发动机的性能。

对于先进的航空发动机,采用更为复杂的状态控制规律,这种控制规律为了追求发动机更高的性能,利用更多的控制量(如燃油流量、尾喷管喉部面积、风扇导流叶片角、高压压气机静子叶片角,对于变循环发动机还包括改变涵道比的外涵出口引射活门面积等)控制发动机多个参数或它们的组合参数,使其按期望的规律变化。这种控制规律称为多变量控制规律。

对于控制系统来讲,实现上述各种状态控制规律的基本控制原理为闭环反馈控制。

(2)发动机过渡态控制规律。发动机过渡态控制规律是指改变发动机状态给定机构位置,使发动机在由一种工作状态过渡到另一种工作状态的过渡过程中,通过改变控制量使发动机被控参数按一定规律变化,以保证发动机过渡过程性能,被控参数及控制量在这一过程中的变化规律称为发动机过渡态控制规律。

过渡态控制规律包括起动控制规律、加速与减速控制规律、接通与切断加力控制规律。

不同的发动机有不同的过渡态控制规律。简单的过渡态控制规律是在过渡过程中,仅利用一个控制量控制发动机一个参数,使其按一定规律变化。复杂的过渡态控制规律是在过渡过程中,利用多个控制量控制发动机多个参数或组合参数,使其按一定规律变化。

过渡态控制规律的要求是在发动机安全可靠工作的前提下,使过渡过程时间最短,保证发动机的快速响应。

在实现发动机状态控制或过渡态控制时,发动机某一参数可能会超过其最大或最小允许值,例如高压涡轮进口温度、风扇或压气机失速裕度。为了保证发动机工作的安全可靠,需要通过改变控制量对这些参数加以限制。这些被限制的参数及控制量也有一定的变化规律,但这些规律均包括在状态控制规律或过渡态控制规律之中。

1.4.2 控制模式

控制模式是控制系统实现期望的控制性能要求或达到所追求的控制目标而采用的控制方式或控制策略。

控制模式的含义比较广泛,可以根据被控参数的不同而称为不同的控制模式,也可以根据控制系统中所采用的主要控制算法的不同而称为不同的控制模式。控制模式的名称往往反映控制系统的特点。

1. 被控参数不同的控制模式

(1)被控参数为发动机状态参数的控制模式。其控制方式是利用可测量的发动机状态参数(如发动机转速、发动机各特征截面的温度、压力等)作为被控参数,通过闭环反馈控制,使发动机状态参数达到期望值。系统的特点是被控参数为可测量的发动机状态参数。这种控制模式也称为基于传感器的控制模式(Sensor-Based Control, SBC),它是一种常规的控制模式。由于这种控制模式的被控参数不是发动机性能参数,而是反映发动机性能的状态参数,因此难以实现发动机性能的充分发挥。

根据测量的状态参数不同，这种控制模式可分为转速控制模式、温度控制模式、压力控制模式、压比控制模式、组合参数控制模式和相似参数控制模式等。

(2)被控参数为发动机性能参数的控制模式。其控制方式是控制系统中包含有机载自适应发动机数学模型，利用该数学模型计算不可测的发动机推力、耗油率等性能参数或根据进气道畸变计算不可测的风扇失速裕度作为被控参数，将计算的性能参数作为反馈参数，反馈到系统的输入端，与相应的性能参考输入比较，其误差信号通过控制器按一定控制算法计算后，改变控制量，使发动机性能达到期望的参考输入值。为了保证机载的发动机数学模型能够准确描述当前发动机实际状态，根据测量的发动机状态参数，利用跟踪滤波器(一般采用卡尔曼滤波器)计算发动机部件特性的变化，用于修正发动机数学模型。

该系统的特点是被控参数为发动机模型计算的发动机性能参数，系统中传感器测量的发动机状态参数不作为被控参数。由于系统中包含有机载自适应发动机数学模型，故这种控制模式也称为基于模型的控制模式(Model-Based Control，MBC)。

基于模型的控制模式包括直接推力控制模式、最小风扇失速裕度控制模式(也称可操作模式，operability control mode)和性能模式。而性能模式又包括最大推力控制模式、保持一定推力的最低耗油率控制模式和最低风扇涡轮进口温度控制模式(也称发动机最长寿命控制模式)等。由于这种控制模式可以根据飞行条件及控制指令将发动机性能参数控制在最佳值，因而可以最大限度地发挥发动机性能，达到最佳性能控制目标。

2. 控制算法不同的控制模式

由于系统设计时根据控制性能要求不同而采用不同的控制算法，因此也可以根据所采用的控制算法分为不同的控制模式，如最优化控制模式、自适应控制模式、PID控制模式、鲁棒控制模式等。这些控制算法反映了控制系统的控制方式和基本特点。

(1)最优化控制模式。在这种控制模式的控制系统中所采用的核心控制算法是最优化算法。也即对控制量 $q_{m,f}$，$q_{m,faf}$，A_8，φ_L，φ_H 等进行优化计算，得到控制量的最优变化规律，以达到某一优化目标函数的要求，例如使测量的转速、压力、温度与期望值之间的误差最小。这种控制模式的基本结构形式为常规的闭环反馈控制，仅控制器中所采用的控制算法为最优化算法。这种简单的优化控制模式只能以可测的发动机状态参数为优化变量，因而不能达到发动机性能最优。

如果在控制系统中安装有发动机机载自适应数学模型，则控制方式是利用可测的参数与机载模型计算的不可测参数(如空气流量等)作为优化变量，并以机载自适应数学模型计算的推力、耗油率、风扇失速裕度等性能参数的最佳值为优化目标函数，对控制量 $q_{m,f}$，A_8，φ_L，φ_H 等进行优化计算，来得到最优控制规律。这种最优化控制模式即性能优化控制模式，或性能寻优控制模式。在性能寻优控制模式中，如果以推力最大为优化目标函数，则称为最大推力控制模式；如果在保证一定推力不变条件下以耗油率最低为优化目标函数，则称为最低耗油率控制模式;如果在保证一定推力不变条件下以风扇涡轮进口温度最低为优化目标函数,则称为发动机最长寿命控制模式。这种控制模式的基本结构形式为:当控制指令要求进入性能寻优时,由测量发动机状态参数的传感器、估计发动机部件性能变化的卡尔曼滤波器模块、机载自适应发动机数学模型计算模块、优化计算模块、控制量转换模块、控制器、执行机构及发动机组成开环控制;当控制指令要求退出性能寻优时,由传感器、控制器、执行机构及发动机组成常规的闭环反馈控制。关于性能寻优控制模式将在第8章中作详细介绍。

(2)自适应控制模式。在这种控制模式的控制系统中所采用的核心控制算法是自适应算法。自适应控制又可以分为变增益自适应控制、模型参考自适应控制和自校正控制。对于模型参考自适应控制,其控制方式是利用自适应机构的计算,修正控制器参数或结构,通过控制作用,使发动机状态或输出渐近地跟踪参考模型的状态或输出。关于自适应控制将在第6章中详细介绍。

(3)PID控制模式、鲁棒控制模式。在这种控制模式的控制系统中所采用的核心控制算法分别是PID算法、鲁棒控制算法。

控制模式仅仅表示控制系统为实现某一控制目标而采用的一种控制方式。例如,在有些资料中将单变量控制系统称为单变量控制模式,多变量控制系统称为多变量控制模式;将开环控制系统称为开环控制模式,闭环反馈控制系统称为闭环反馈控制模式等。对于这种控制模式仅根据采用的控制方式的特点或基本结构形式而给予不同的名称。

1.4.3 控制算法

控制算法是控制系统实现控制规律或控制模式,达到系统性能要求所采用的计算方法,例如PID计算方法、最优控制计算方法、自适应控制计算方法、鲁棒控制计算方法、参数估计计算方法、模糊控制计算方法、神经网络控制计算方法、滑动模态控制计算方法等。同一种控制模式可以采用不同的计算方法。在同一控制模式中可以包括几种控制计算方法,例如在性能寻优控制模式中包括发动机参数估计计算方法和最优化计算方法。

1.5 航空发动机控制系统设计要求

航空发动机控制系统设计时必须满足四个方面的要求,即性能要求、可靠性要求、可维护性要求和质量要求。

1. 性能要求

在1.1节中已介绍了航空发动机对控制性能的要求,从控制系统分析与设计角度考虑,这些要求即为系统的稳定性、动态性能、稳态性能要求。

(1)稳定性。与一般控制系统比较,航空发动机的稳定性问题更为突出。航空发动机的工作状态变化范围宽,环境条件变化大,因此它的特性变化很大。在某些情况下,例如高空低速飞行时，它的特性变得很差；当机动飞行、武器发射时，航空发动机又在极为不利的条件下工作。这些情况给控制系统设计带来了苛刻的要求。控制系统设计必须保证系统在任何环境条件下以及受到任何形式的干扰作用时都具有良好的稳定性。

(2)动态性能。控制系统设计应保证系统具有良好的动态品质，即响应要快、超调小、振荡少；由一种工作状态到另一种工作状态的过渡态控制，过渡时间要短，并且平稳与可靠。

航空发动机的动态性能取决于所采用的控制方法。例如，发动机的加速，如果采用沿着接近于喘振边界线进行加速的方法，则发动机的加速时间最短，这意味着发动机可在最短的时间内获得最大的推力，然而加速过程又受到发动机工作必须绝对安全可靠的限制。因此，控制系统设计时不得不在高的动态性能指标与发动机安全工作要求之间进行折中。

(3)稳态性能。控制系统稳态性能要求即控制精度要求。控制系统设计时应保证系统有足够高的控制精度，以便保证航空发动机稳态性能的充分发挥和工作安全可靠，例如在发动机其他参数不变时，发动机转速降低1%，则推力将减小3%，对于最大推力为49 kN的发动机，相当于减小了1.47 kN的推力，这对发动机性能是一个很大的损失。

航空发动机控制系统的控制性能取决于所选择的控制方法、控制参数和对这些参数控制的精度。

2. 可靠性要求

航空发动机控制系统运行时，由于工作状态和环境条件的不断变化，实际存在的各种随机干扰因素的影响以及元件、部件的老化等问题使系统出现各种各样的故障，这些故障将影响到系统的性能，甚至影响到系统的正常工作。对于机械液压式控制系统，由于其工作频带低，当即将出现故障时，多数情况下，驾驶员能及时发现并能及时处理。然而对数字式电子控制系统，由于工作频带宽、运行速度快，在故障情况下驾驶员来不及反应，更不可能及时处理，因此，就提出了数字式电子控制系统的可靠性问题。随着航空发动机性能要求的不断提高，数字式电子控制系统愈来愈复杂，出现故障的概率也就增加，因而控制系统的可靠性要求也就愈来愈高。

可靠性是指系统及组成系统的元件和部件的功能在规定的时间内工作的稳定程度，也就是在规定的时间内，系统、元件、部件是否处于良好的工作状态，任何一个系统如果不具有可靠性或可靠性很差都是不能使用的。可靠性设计是控制系统设计极为重要的部分。

对于数字式电子控制系统，还需要考虑传感器损坏、信号传输线路断路、执行机构损坏、传感器因较强的外界干扰而引起的信号波动等硬故障和传感器飘移、随机噪声引起的信号变化等软故障。因此，系统设计时必须采取故障检测与隔离措施，并采用容错控制及余度控制技术，以保证系统的正常工作。

在航空航天领域内，控制系统的可靠性尤其重要，有时极其微小的故障也会带来灾难性的后果。美国“挑战者号”航天飞机空中爆炸，欧洲“阿利亚娜号”火箭发射失败，以及世界各国飞机的飞行事故都说明了系统可靠性的重要。只有成功地解决了可靠性问题，才能避免事故的发生。

3. 可维护性要求

可维护性是航空发动机控制系统设计的重要要求之一,发动机状态监控与故障诊断即是对维护性的重大发展。控制系统设计时必须把系统的可维护性放在首要位置考虑。在外场使用时必须便于检查,而在返修时必须便于分解,便于对有故障零部件和老化零部件的更换,便于重新安装与调试。不具有可维护性的系统实际上是降低了它的使用寿命,在经济上是一种损失。

4. 重量要求

控制系统的重量应尽可能轻,以满足发动机推重比要求,而推重比是发动机最重要的性能指标。为此,控制系统设计时应选择性能好的轻质元器件和材料。控制系统结构尽可能简单。

为了提高航空发动机的性能必须采用更为先进的控制模式和控制方法,然而先进的控制模式和控制方法的实际应用绝非一项轻而易举的工作,需要经过方案拟定、航空发动机数学模型研究、控制软件研究、硬件设计、控制系统仿真试验、台架试验、高空台试验、飞行试验等各个阶段的研究,最后才能对所设计的控制系统进行评估。其中每一阶段都需要进行大量的工作。在可靠性要求的实现方面必须经过可靠性设计、元部件可靠性试验及系统可靠性试验等。总之,先进的航空发动机控制系统设计是一项庞大的系统工程,涉及许多研究机构、从事各方面工作的研究人员以及他们协调一致的工作,从开始研制到投入使用往往需要几年,乃至十几年的时间。

1.6 国内航空发动机控制发展概况

1.6.1 机械液压式控制系统发展概况

我国在航空发动机控制研究方面已有50多年的历史。20世纪50年代中期,国内某发动机控制器设计与制造工厂即开始了机械液压式控制器的研制,之后,不断地改进、改型,并先后不断地研制了各种新型号的发动机控制器。几十年的发展,使我国对机械液压式控制器的研制经验积累丰富,技术水平已较高。目前我国正在使用的大部分型号的发动机,其控制器均为国内研制。对于高性能发动机的控制器,其中转速高、流量大而重量轻的燃油泵,精度高的燃油计量装置以及实现复杂控制规律的关键部件的设计技术,正在开展进一步研究。

1.6.2 数字式电子控制系统发展概况

国内对于航空发动机数字式电子控制的研究开始于20世纪70年代。1977年西北工业大学首先开展了该项研究工作,并在发动机试验台上对РД-20发动机进行了数字控制试验,取得了成功,这是国内对航空发动机数字式电子计算机控制的开创性研究。20世纪80年代中期，该校又对JT15D涡轮风扇发动机开展了进一步的数字式电子控制试验研究。与此同时，某研究所对某型发动机也进行了数字式电子控制试验研究。

20世纪80年代后期，国内有关研究所、工厂及学校合作开展了航空发动机数字式电子控制系统研究，为全面突破航空发动机全权限数字式电子控制系统各项关键技术，制订了研究与发展计划。该计划确定以某型发动机为验证机，研制数字式电子控制系统样机。经过各单位的努力与合作在完成了样机研制后，进行了发动机地面台架试验。

20世纪90年代以来，我国某航空动力控制系统研究所完成了设计比较完善、技术比较成熟的全权限数字式电子控制系统的研制，之后，对该系统进行了各项试验和试飞验证。所做的研究工作和取得的研究成果表明，我国已掌握了发动机数字控制技术，研制的数控系统已达到工程应用水平。

国内对现代控制理论在航空发动机控制中的应用研究，开始于20世纪80年代初期，20余年来对航空发动机自适应控制、鲁棒控制、神经网络控制、性能优化控制以及非线性控制等进行了较多的理论和应用探讨，取得了一定的进展。

习 题

1.1 为什么要对航空发动机控制？

1.2 航空发动机对控制有哪些基本要求？

1.3 为什么航空发动机需要由单变量控制向多变量控制发展？采用多变量控制时需要注意解决什么问题？

1.4 航空发动机机械液压式控制系统包括哪些基本组成部分？各部分有何功能？控制系统是依据什么原理工作的？

1.5 航空发动机数字式电子控制系统包括哪些基本组成部分？各部分的基本功能如何？

1.6 航空发动机机械液压式控制系统和数字式电子控制系统各有何特点？为什么需要由机械液压式控制系统向数字式电子控制系统方向发展？

1.7 飞机/推进系统为什么需要采用综合控制？

1.8 航空发动机控制系统与一般工业过程控制系统比较有哪些特点？

1.9 航空发动机控制系统设计时应满足的基本要求有哪些？

1.10 试画出一个简单的航空发动机机械液压式控制系统方块图和数字式电子控制系统方块图，并加以比较。

第2章　航空发动机基本使用性能

航空推进控制系统的分析与设计是一项极其复杂的工作，进行这方面的工作不仅需要深入掌握作为被控对象——航空推进系统——的特性，而且需要熟悉其使用特性。为此，本章对各类航空发动机的工作过程、特点、部件之间的共同工作及控制规律等使用性能方面的基本问题作一简要介绍，以作为航空推进系统控制研究的基础和预备知识。关于进气道的特性将在第4章中介绍。

航空推进系统由进气道、发动机及各种控制装置组成，如图2.1所示。

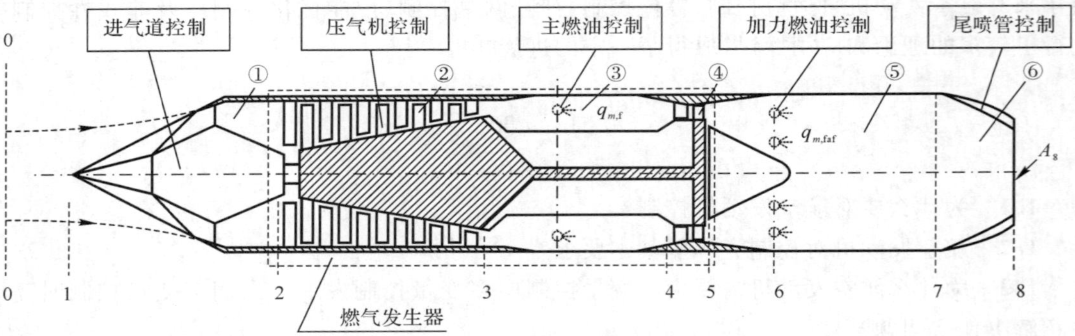

图2.1　航空推进系统示意图

2.1　涡轮喷气发动机的工作过程及性能参数

涡轮喷气（以下简称"涡喷"）发动机兼有两种功能。其一是热机的功能，即把加入发动机的燃油燃烧的热能转变为通过发动机气流的动能（机械能）；其二是推进器的功能，即把所获得的气体动能变成推力有用功（即推进功）。在发动机内，把燃油的化学能转变为机械能的过程称为发动机的工作过程。一些能够表征发动机工作过程的参数被称为工作过程参数。发动机的工作过程参数决定着发动机的使用特性，而且也决定着发动机作为被控对象的特性。

2.1.1　单轴涡喷发动机的工作过程及性能参数

1. *有效功* L_e *及热效率* η_t

L_e 和 η_t 是表征发动机热机效能的两个参数。

由图 2.1 可见，进入发动机的气流经进气道 ① 进入压气机 ②，压气机将空气压缩，经压缩的空气在燃烧室 ③ 内获得燃油燃烧产生的热能，使燃气温度急剧升高。由燃烧室排出的高能燃气流进入燃气涡轮 ④，在涡轮中气体膨胀对叶轮做功，将高能燃气的部分能量转变为转子轴上的机械功，带动压气机转子旋转，并带动各个附件。另一部分能量，即燃气涡轮发动机的可用能量，在尾喷管 ⑥ 中继续膨胀转变成有效功，表现为流过发动机气流动能的增加。压气机、涡轮和燃烧室组成燃气发生器，在加力式涡喷发动机中又称为核心发动机或主发动机。如果在加力燃烧室 ⑤ 中再补油燃烧，提高尾喷管燃气流温度，可进一步增大尾喷管排气速度，增大气流动能。图中除了航空推进系统的本体（包括进气道和发动机）外，还示出了保证航空推进系统正常而有效工作的控制装置。

图 2.2 所示为涡喷发动机的热力循环。H—2—3—4—5—8—H 为非加力状态的热力循环。它包括进气道和压气机内的多变压缩过程 H—2 和 2—3，压缩过程的增压比 $\pi_{C\Sigma}=\pi_I\pi_C=p_3/p_H$，其中 π_I 为进气道增压比，π_C 为压气机增压比；燃烧室内的不等压加热过程 3—4，由于燃烧室内的流阻和热阻损失使压力略有下降，$p_4=\sigma_b p_3$，温度由 T_3 上升至 T_4，σ_b 为燃烧室总压恢复系数；涡轮和尾喷管内的多变膨胀过程 4—5 和 5—8，图中假设气流在尾喷管内完全膨胀至外界压力 p_H，温度降至 T_8；8—H 为气流在发动机外的放热过程，温度由 T_8 降至 T_H。从燃烧室入口到尾喷管出口的多变膨胀过程 3—4—5—8 的膨胀比 $\pi_{p\Sigma}=p_3/p_H$。

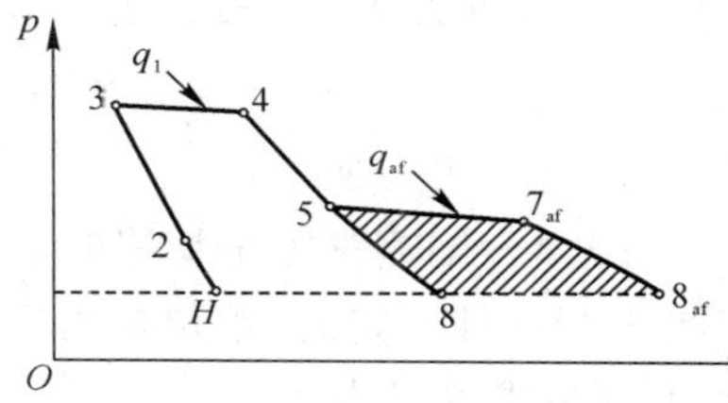

图 2.2　燃气涡轮发动机热力循环

(1) 有效功 L_e。 循环有效功是流过发动机 1 kg 空气的动能增量，等于热力循环的实际膨胀功与实际压缩功之差，即

$$L_e=\frac{v_8^2-v_0^2}{2}=L_{ad,p}\eta_p-\frac{L_{ad,C}}{\eta_C} \tag{2.1}$$

式中　$L_{ad,p}$ —— 膨胀过程的等熵功，即

$$L_{ad,p}=c_p'T_4\left(1-\frac{1}{\pi^{\frac{k'-1}{k'}}}\right) \tag{2.2}$$

$L_{ad,C}$—— 压缩过程的等熵功，即

$$L_{ad,C}=c_pT_H(\pi^{\frac{k-1}{k}}-1) \tag{2.3}$$

其中

$$\pi=\pi_{C\Sigma}=\pi_{p\Sigma}$$

(2) 循环热效率 η_t。 循环热效率是循环有效功与加给 1 kg 空气的燃料所具有的热能之比。η_t 表征发动机作为热机的效率。其计算式为

$$\eta_t=\frac{L_e}{q_0}=\frac{L_e}{q_1/\eta_b}=\frac{L_e\eta_b}{c_p(T_4-T_3)} \tag{2.4}$$

式中　q_0—— 加给 1 kg 空气的燃料所具有的热量；

q_1 ——1 kg 空气所获得的热量。

对 L_e 和 η_t 的分析表明,发动机的热机效能主要取决于两个因素,即加给流过发动机每1 kg空气的热量 q_1 及这些热量转变为可用功的有效程度。在部件效率给定的情况下,热量转变为功的有效性随增压比 $\pi_{C\Sigma}$ 的增大而提高,但另一方面,$\pi_{C\Sigma}$ 增加会使 T_3 增加,而 T_4 又要受限制,使加热量 q_1 随 $\pi_{C\Sigma}$ 的增加而减小。综合两方面影响,存在 $\pi_{C\Sigma}$ 的最佳值使有效功 L_e 达最大。由式(2.1)和式(2.4)可以导出,发动机的循环有效功 L_e 和热效率 η_t 在部件效率给定的情况下,取决于总增压比 $\pi_{C\Sigma}=\pi_I\pi_C$ 和加热比 $\theta=T_4/T_H$。当飞行条件给定时,L_e 和 η_t 就只取决于 π_C 和 T_4。π_C 和 T_4 对发动机的工作过程有决定性影响,是涡喷发动机的主要工作过程参数。

2. 主要性能参数

(1) 单位推力 F_s。其表达式为

$$F_s=v_8-v_0=\sqrt{2L_e+v_0^2}-v_0 \tag{2.5}$$

式中 v_0—— 飞行速度;

v_8—— 尾喷管完全膨胀时的排气速度。

当飞行条件一定时,单位推力取决于循环有效功。单位推力与有效功有单值关系,有效功最大时,单位推力也最大。

(2) 推力 F。其表达式为

$$F=q_{m,a}F_s \tag{2.6}$$

式中,$q_{m,a}$ 为空气流量($kg\cdot s^{-1}$)。

若略去流过发动机的燃气流量 $q_{m,g}$ 和空气流量的差别,近似认为 $q_{m,g}=q_{m,a}$,则流过发动机任意截面 i 的空气流量可用下式计算:

$$q_{m,a}=K_q\frac{p_iA_iq(\lambda_i)}{\sqrt{T_i}}\quad(kg\cdot s^{-1})$$

或

$$q_{m,a}=\rho_iA_iv_i$$

式中 K_q —— 用流量气动函数 $q(\lambda)$ 计算流量时的常数(对空气 $K_q=0.040\ 42$;对燃气 $K_q'=0.039\ 65$);

p_i, T_i——i 截面气流总压(Pa),气流总温(K);

ρ_i, v_i——i 截面气流密度($kg\cdot m^{-3}$),气流速度($m\cdot s^{-1}$);

A_i, $q(\lambda_i)$ ——i 截面流通面积(m^2),流量气动函数。

(3) 单位燃油消耗率(耗油率)sfc。单位燃油消耗率是产生1 N推力每1 h所消耗的燃油量,即

$$\mathrm{sfc}=\frac{3\ 600q_{m,f}}{F}=\frac{3\ 600\ f}{F_s} \tag{2.7}$$

式中,f 为相对燃油消耗量即油气比,$f=q_{m,f}/q_{m,a}$,$q_{m,f}$ 为燃油消耗量($kg\cdot s^{-1}$)。

(4) 推进效率 η_p。其表达式为

$$\eta_p=\frac{F_s v_0}{L_e}=\frac{(v_8-v_0)v_0}{\frac{v_8^2-v_0^2}{2}}=\frac{2}{1+\frac{v_8}{v_0}} \tag{2.8}$$

推进效率是推力的有用功(推进功)与发动机的循环有效功之比。喷气发动机为直接反作用式推进装置,飞行中要推力不为零,v_8 必须大于 v_0,所以推进效率总小于 1。单位推力 F_s 愈大,v_8-v_0 愈大,推进效率 η_p 愈小。

(5) 总效率 η_0。 总效率是发动机的推进功与加给发动机的燃油热量之比。它反映发动机作为热机和推进器的完善程度,是发动机的经济性指标。其表达式为

$$\eta_0=\frac{F_s v_0}{q_0}=\eta_t\eta_p \tag{2.9}$$

不难导出,在一定的飞行条件下,耗油率 sfc 与总效率成反比。耗油率是一定飞行速度下发动机的经济性指标。

(6) 推重比 F_G。 发动机推力与发动机自身重力之比称为发动机推重比,用 F_G 表示。其表达式为

$$F_G=\frac{F}{G}$$

式中,G 为发动机自身重力。

2.1.2　加力式涡喷发动机的工作过程及特点

当发动机处于最大状态工作而推力仍不能满足要求时,广泛采用在涡轮后的加力燃烧室内补油,利用主燃烧室的剩余氧气进行复燃,以提高尾喷管前的燃气温度,增大燃气从尾喷管喷出的速度,来提高发动机推力。

1. 加力状态的工作过程

带加力燃烧室的涡喷发动机热力循环如图 2.2 所示。图中,$5—7_{af}$ 是加力燃烧室的补燃加热过程。由于加力燃烧室有损失,总压 p_5 略有下降。温度由涡轮出口温度 T_5 上升至加力燃烧室的出口温度 $T_{7,af}$。 $7_{af}—8_{af}$ 为加力状态燃气流在尾喷管中完全膨胀至外界大气压 p_H 的多变过程。$8_{af}—H$ 为气流在机外的放热过程,温度由 $T_{8,af}$ 降至 T_H。 从 $H—2—3—4—5—7_{af}—8_{af}—H$ 包围的面积表示从循环功中减去总的损失后的功,即为加力状态涡喷发动机的循环有效功 $L_{e,af}$。

由于加力燃烧室中气体压力是经涡轮膨胀后的压力,比主燃烧室中的压力低得多,使加力燃烧室中热量的利用变差,热效率降低,耗油率加大。但是在高超声速飞行($Ma>3$)时,由于速度冲压很大,压气机出口温度 T_3 很高,当 T_4 一定时,主燃烧室加入的热量急剧减小,部件中的损失相对增大,热效率急剧降低。而加力燃烧室则因进口压力增高,使热量利用程度改善。这时,加力式涡喷发动机的热效率 $\eta_t=L_{e,af}/(q_0+q_{0,af})$ 可能大于非加力式涡喷发动机的热效率。

对加力式涡喷发动机,工作过程参数除 π_C 和 T_4 外,还应增加加力燃烧室温度 $T_{7,af}$。

2. 加力状态的工作特点

根据加力时流过涡轮喷嘴环的流量与流过尾喷管出口或喉部截面(收敛-扩张型)的流量相等,即

$$K_q'\frac{\sigma_{nb}p_4A_{nb}q(\lambda_{nb})}{\sqrt{T_4}}=K_q'\frac{\sigma_{af}\sigma_e p_5A_{8,af}q(\lambda_8)}{\sqrt{T_{7,af}}}$$

可得

$$\frac{p_4}{p_5}\sqrt{\frac{T_5}{T_4}}=\frac{\sigma_{af}\sigma_e A_{8,af}q(\lambda_8)}{\sigma_{nb}A_{nb}q(\lambda_{nb})}\sqrt{\frac{T_5}{T_{7,af}}}$$

因为

$$\frac{T_5}{T_4}=\left(\frac{p_5}{p_4}\right)^{\frac{n-1}{n}}$$

代入上式,整理得

$$\pi_T^{\frac{n+1}{2n}}=\frac{\sigma_{af}\sigma_e A_{8,af}q(\lambda_8)}{\sigma_{nb}A_{nb}q(\lambda_{nb})}\sqrt{\frac{T_5}{T_{7,af}}}\tag{2.10}$$

式中 σ_{nb} —— 涡轮进口至涡轮喷嘴环临界截面(喉部截面)的总压恢复系数;

σ_{af} —— 加力燃烧室总压恢复系数;

σ_e —— 尾喷管总压恢复系数;

n —— 气流在涡轮中膨胀的多变指数;

A_{nb} —— 涡轮喷嘴环临界截面积;

$A_{8,af}$ —— 加力状态时的尾喷口(或收敛-扩张喷管喉部)面积。

发动机在加力状态工作时,为了充分利用加力燃烧室的热量以便获得尽可能大的推力,燃气发生器须工作在最大状态,因此,在使用加力燃烧室时,应保持燃气发生器的工作状态不变,防止燃气发生器出现超负荷状态。要满足这个条件,加力燃烧室工作时必须保持涡轮膨胀比 π_T 不变。

发动机在加力状态工作时,尾喷管和涡轮喷嘴环均在临界以上状态工作,因此 $q(\lambda_{nb})=q(\lambda_8)=1$。若近似认为 σ_{nb},σ_{af} 和 σ_e 为常数,则式(2.10)可简化为

$$\pi_T^{\frac{n+1}{2n}}=K\frac{A_{8,af}}{\sqrt{\frac{T_{7,af}}{T_5}}}\tag{2.11}$$

式中,K 为常数。

由式(2.11)可见,加力时,要保持涡轮膨胀比 π_T 不变,尾喷管临界截面积 $A_{8,af}$ 应该和加力燃烧室中燃气加热比 $T_{7,af}/T_5$ 的二次方根成正比变化。

加力燃烧室工作时,所需增加的尾喷管临界截面积可由流量方程求出。由最大状态通过尾喷管临界截面积 A_8 的流量与加力状态通过尾喷管临界截面积 $A_{8,af}$ 的流量关系,得

$$K_q'\frac{\sigma_e p_5A_8}{\sqrt{T_5}}=K_q'\frac{\sigma_{af}\sigma_e p_5A_{8,af}}{\sqrt{T_{af}}}(1+f_{af})$$

式中，$f_{af}=\frac{q_{m,faf}}{q_{m,g5}}$，$q_{m,g5}$ 为涡轮出口燃气流量。

如果忽略加力燃油流量对通过尾喷管燃气流量的影响和加力燃烧室工作时从涡轮出口到尾喷管临界截面总压恢复系数的变化，则可得

$$\overline{A}_{8,af}=\frac{A_{8,af}}{A_8}\approx\sqrt{\frac{T_{7,af}}{T_5}} \tag{2.12}$$

加力式涡喷发动机的加力比 $\overline{F}_{af}$ 表示加力推力与不加力推力之比，即

$$\overline{F}_{af}=\frac{F_{af}}{F} \tag{2.13}$$

在地面试验台架条件下，$v_0=0$，若忽略加力燃烧室总压损失，则

$$\overline{F}_{af}=\sqrt{\frac{T_{7,af}}{T_5}}$$

为了提高飞机的机动飞行性能，满足飞机不同的加力推力要求，通常加力式涡喷发动机的加力比是可以改变的。这就要求尾喷口临界截面积 $A_{8,af}$ 随加力比（亦即 $T_{7,af}$）的不同而改变。

2.2　涡轮风扇发动机的工作过程及特点

涡轮风扇（以下简称“涡扇”）发动机已广泛用于亚声速远程客机和各种军用型飞机。此外，涡扇发动机还作为垂直起落和短距起落飞机的动力装置。在飞行范围宽广的超声速飞机上使用带加力燃烧室的涡扇发动机。

涡扇发动机分为单轴式、双轴式和三轴式三种，其中双轴式涡扇发动机应用最广泛。双轴式涡扇发动机也称双路式涡喷发动机或内外涵涡喷发动机。以下所讨论的涡扇发动机均指双轴式涡扇发动机。

涡扇发动机无论是理论还是实际结构都比其他类型发动机复杂得多，这是因为流过发动机内、外涵的两股气流之间存在着复杂的关系。但由于涡扇发动机经济性好，因而得到广泛应用。

2.2.1　分开排气的涡扇发动机

如图 2.3 所示，这种发动机有长、短外涵的结构形式，为了减少气流在外涵道中的损失，一般常用短外涵形式。

对这种发动机，为便于分析可把低压涡轮想象为被 TK 截面分成两部分。前面部分用来带动风扇的内涵部分（即低压压气机）；后面部分用来带动风扇的外涵部分，被称为风扇涡轮。而把高压涡轮和带动风扇内涵部分的低压涡轮部分合起来，称为压气机涡轮。这样一来，就可以把风扇发动机中相当于单路涡喷发动机中的燃气发生器分离出来，它包括风扇的内路部

分 —— 低压压气机、高压压气机、燃烧室和压气机涡轮。

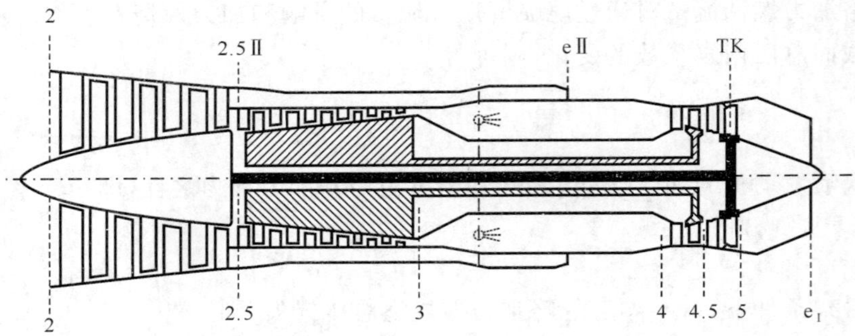

图 2.3　分开排气的涡扇发动机示意图

1. 可用能量和循环有效功

在分开排气的涡扇发动机中,燃烧室出口的燃气在假想的 TK 截面前的膨胀功,用于压缩内路空气,TK 截面燃气流具有的能量为可用能量。通常,把 1 kg 燃气从 TK 截面完全膨胀到外界大气压力 p_H 的等熵功,称为这种发动机的可用能量(或自由能),并用 L_{Cb} 表示。其表达式为

$$L_{\mathrm{Cb}} = v_{\mathrm{p}}' T_{\mathrm{TK}} \left(1 - \frac{1}{\pi_{\mathrm{Cb}}^{\frac{k'-1}{k'}}} \right) \tag{2.14}$$

式中

$$\pi_{\mathrm{Cb}} = \frac{p_{\mathrm{TK}}}{p_H}$$

可用能量与外路风扇的压缩功和内路尾喷管出口动能之间的关系为

$$L_{\mathrm{Cb}} = \frac{BL_{\mathrm{C\,II}}}{(1+f)\eta_{\mathrm{T\,II}}\ \eta_{\mathrm{m\,II}}} + \frac{v_{\mathrm{e\,I}}^2}{2\varphi_{\mathrm{e\,I}}^2} \tag{2.15}$$

式中　B —— 涵道比,$B = q_{m,\mathrm{a\,II}} / q_{m,\mathrm{a\,I}}$;

f —— 油气比,$f = q_{m,\mathrm{f}} / q_{m,\mathrm{a\,I}}$;

$\eta_{\mathrm{T\,II}}$ —— 风扇涡轮效率;

$\eta_{\mathrm{m\,II}}$ —— 可用能量传递给外路的机械效率;

$\varphi_{\mathrm{e\,I}}$ —— 内路喷管的速度系数;

$L_{\mathrm{C\,II}}$ —— 外路风扇的压缩功;

$v_{\mathrm{e\,I}}$ —— 内路气流在喷管中完全膨胀时的排气速度。

如果忽略通过内路的燃气流量与空气流量的差别及外路和内路的损失,式(2.15)可简化为

$$L_{\mathrm{Cb}} = BL_{\mathrm{C\,II}} + \frac{v_{\mathrm{e\,I}}^2}{2} \tag{2.16}$$

外路风扇压缩功 $L_{C\text{Ⅱ}}$ 通过风扇涡轮和风扇传给外路空气的机械能(分给外路的可用能量)用来增加外路空气的动能。由于外路的流动损失和摩擦损失,传给外路的有用机械能不能够全部转变为外路空气的动能,有一部分以热能形式随喷气流排出而损失掉。所以,有

$$L_{C\text{Ⅱ}}=\frac{v_{e\text{Ⅱ}}^2-v_0^2}{2}+h_{e\text{Ⅱ}}-h_0 \tag{2.17}$$

式中,$h_{e\text{Ⅱ}}$ 为外路喷出气流的焓,h_0 为外界空气的焓;$h_{e\text{Ⅱ}}-h_0$ 为外路以热能形式损失的能量。

分开排气的涡扇发动机流过内路 1 kg 空气流量的有效功,定义为内、外涵两股气流动能增量之和。如果忽略所加燃料对气流量的影响,循环有效功为

$$L_e=\frac{v_{e\text{Ⅰ}}^2-v_0^2}{2}+\frac{B(v_{e\text{Ⅱ}}^2-v_0^2)}{2} \tag{2.18}$$

如果忽略内、外两路的各种损失,则式(2.18)为

$$L_e=L_{Cb}-\frac{v_0^2}{2} \tag{2.19}$$

此式表明,在忽略燃气流量与空气流量的差别及两路损失后,循环有效功就等于发动机的可用能量与进入发动机气流所具有的动能之差。

涡扇发动机比涡喷发动机的推进效率高。涡扇发动机虽然会产生传动风扇及外涵流动过程中的附加损失,但涡扇发动机的附加损失要比涡喷发动机以高速排气造成的损失小。因此,新研制的航空发动机多是涡扇发动机。

分开排气的涡扇发动机和涡喷发动机一样,决定发动机的循环有效功和热效率的循环参数仍是总增压比 $\pi_{C\Sigma}=\pi_1\pi_{C\text{Ⅰ}}=\pi_1\pi_{CL}\pi_{CH}$ 和加热比 $\theta=T_4/T_H$。飞行条件及部件效率给定时,L_e 和 η_t 由内路增压比 $\pi_{C\text{Ⅰ}}$ 及涡轮前燃气温度 T_4 决定。

2. 可用能量在内、外两路间的最佳分配

由于涡扇发动机多了一个外涵和外涵风扇,因此就存在可用能量在两路间的最佳分配问题。影响两路间能量分配的参数是外路风扇增压比 $\pi_{C\text{Ⅱ}}$ 和涵道比 B。

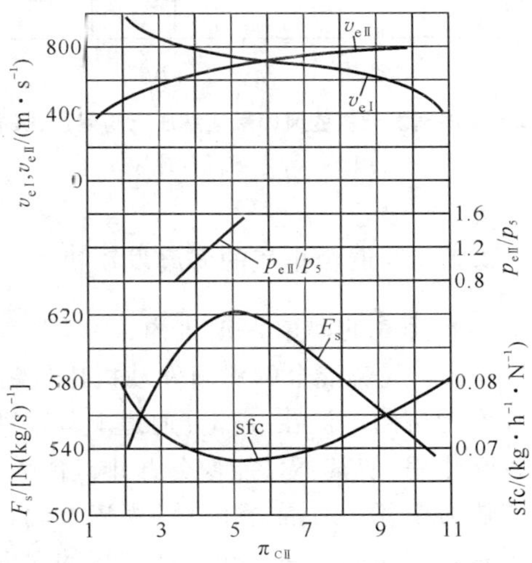

图 2.4　涡扇发动机 $\pi_{C\text{Ⅱ}}$ 对 F_s 及 sfc 的影响

图 2.4 所示是在内涵工作过程参数($\pi_{C\text{Ⅰ}}$,T_4)、涵道比 B 及飞行条件给定时,分开排气的涡扇发动机的热力计算结果。由计算结果可见,存在外涵风扇增压比的最佳值 $\pi_{C\text{Ⅱ},opt}$,使发动机单位推力获最大值。由于加入燃料 m_f 与可用能量的分配无关,因此单位推力为最大值时,耗油率为最小值。$\pi_{C\text{Ⅱ}}$ 数值的大小,反映了可用能量在内、外涵间的不同分配比例。如果 $\pi_{C\text{Ⅱ}}=1$,这就意味着燃气发生器的可用能量没有传给外涵,全部用于使内涵气流加速,

而外涵气流速度不增加，内涵排气速度很大，推进效率很低，整台发动机的单位推力也很低。另一种极端情况，即 $\pi_{C\mathrm{II}}$ 很大，内、外两路情况相反，也造成同样的结果。不难推导，推进效率达最大值时，单位推力最大，可用能量的分配为最佳，此时，若不考虑可用能量在从内涵向外涵传递过程中产生的附加损失，则两路尾喷管的排气速度相等，$v_{e\mathrm{II}} = v_{e\mathrm{I}}$；在考虑附加损失后，$v_{e\mathrm{II}} = \eta_{\mathrm{II}} v_{e\mathrm{I}}$，$\eta_{\mathrm{II}} < 1$。

在图 2.4 中也给出了 $v_{e\mathrm{I}}$，$v_{e\mathrm{II}}$ 和 $p_{e\mathrm{II}}/p_5$ 随 $\pi_{C\mathrm{II}}$ 的变化。图中 $\pi_{C\mathrm{II},opt}$（F_s 为最大、sfc 接近最小的 $\pi_{C\mathrm{II}}$）约为 5，这时 $p_{e\mathrm{II}}/p_5$ 约为 1.4，$v_{e\mathrm{II}} < v_{e\mathrm{I}}$。

图 2.5 所示是在飞行条件和内涵工作过程参数给定时，风扇最佳增压比随涵道比的变化关系。由图可见，随着涵道比增加，最佳增压比减小，这就是高涵道比的涡扇发动机只要一级或两级风扇的原因。同样条件下，涵道比为不同值时，风扇增压比 $\pi_{C\mathrm{II}}$ 对耗油率 sfc 的影响，如图 2.6 所示。

如果外涵中不喷油燃烧，外涵喷口气流的总温较内涵涡轮后气流的总温低得多，要使两路气流的排气速度相等或接近相等，则外涵气流的总压 $p_{e\mathrm{II}}$ 需比 p_5 高得多。

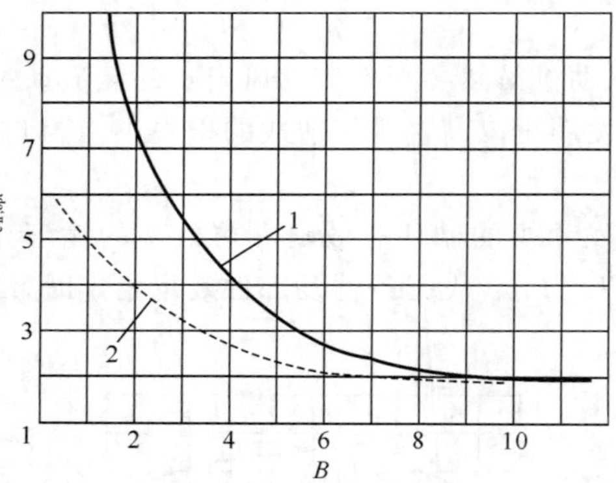

图 2.5　涡扇发动机的风扇最佳增压比与涵道比的关系

1— 分开排气；2— 混合排气

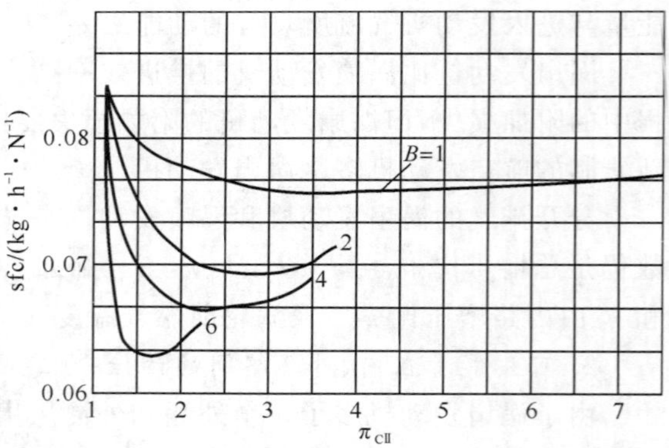

图 2.6　涵道比和风扇增压比与耗油率的关系

2.2.2　混合排气的涡扇发动机

混合排气的涡扇发动机内、外两股气流在涡轮后的混合室混合后从共同喷管排出，如图 2.7 所示。气流混合的涡扇发动机比气流分开的涡扇发动机在理论上要复杂得多，因为流过这种发动机的气流在一部分通道上分成两路，而在另一部分通道上又合成一路，两股气流复杂的相互作用，使其不可能像分开排气的涡扇发动机那样，利用发动机可用能量的概念分析发动机的热力循环。对混合排气的涡扇发动机，只有在两路间能量交换中没有损失的理想情况下，循环有效功和热效率才与分开排气的涡扇发动机相同。

对于分开排气的涡扇发动机，由图 2.4 可知，风扇增压比的最佳值对应的 $p_{e\mathrm{II}}/p_5$ 约为

1.4；对混合排气的涡扇发动机，如果这两股气流混合以后排出，总压差值这样大的两股气流，则会在混合过程中造成很大的总压损失。计算和试验的结果都表明，当两股气流的总压比 $p_{5\mathrm{II}}/p_5$ 接近 1（$p_{5\mathrm{II}}/p_5$ 为 0.97～1.05，其中 $p_{5\mathrm{II}}$ 为外涵出口气流总压）时，混合过程中的总压损失小，即混合后气流总压 p_{cm} 最大，这时的排气速度和单位推力也最大，两路能量为最佳分配。由此可见，混合排气的涡扇发动机的最佳风扇增压比低于分开排气的涡扇发动机。不加力混合排气的涡扇发动机的单位推力和耗油率，当飞行条件和部件效率给定时，仍取决于内路的工作过程参数（$\pi_{\mathrm{C\,I}}$，T_4）和决定两路能量分配的风扇增压比 $\pi_{\mathrm{C\,II}}$ 以及涵道比 B。

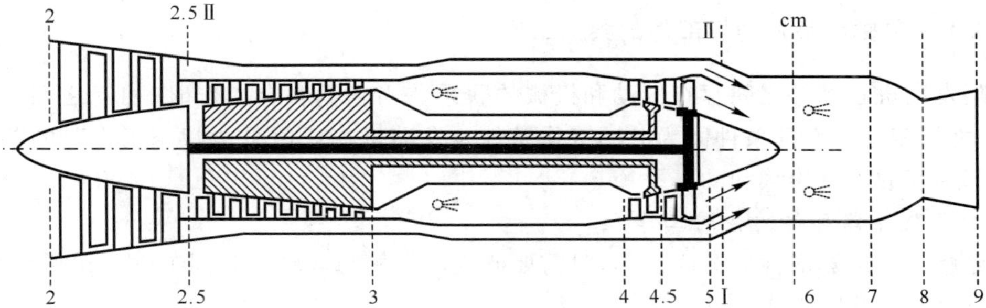

图 2.7　混合排气的涡扇发动机示意图

2.2.3　混合排气的加力式涡扇发动机

目前所说的加力式涡扇发动机有两种类型。一种是在外涵风扇后有加力燃烧室，称为外涵加力式涡扇发动机，另一种是内、外涵气流混合后再加力燃烧的，称为混合排气的加力式涡扇发动机。目前，后一种得到广泛的应用。加力式涡扇发动机主要用于军用飞机。

在混合排气的加力式涡扇发动机中，如同在不加力的气流混合涡扇发动机中一样，按照外路到混合室入口的总压 $p_{5\mathrm{II}}$ 与内路涡轮后总压 p_5 近似相等的条件，选择风扇的增压比 $\pi_{\mathrm{C\,II}}$。

地面台架条件下的加力比

$$\overline{F}_{\mathrm{af}}=\frac{F_{\mathrm{af}}}{F}\approx\sqrt{\frac{T_{7,\mathrm{af}}}{T_{\mathrm{cm}}}} \tag{2.20}$$

式中，T_{cm} 为混合室出口气流总温 T_6，即

$$T_{\mathrm{cm}}=\frac{T_5+BT_{5\mathrm{II}}}{1+B}$$

涡扇发动机中，由于 $T_{5\mathrm{II}}$ 比 T_5 低得多，而且内路可用能量中的一部分要传给外路风扇，因此，T_{cm} 比同参数涡喷发动机的 T_5 低得多，加力比大于同参数的涡喷发动机。另外，混合室出口气流总压 p_{cm}（即使 $p_5=p_{5\mathrm{II}}$）也较相同参数的涡喷发动机的 p_5 低，加力燃烧室在比较低的压力下工作，这将影响耗油率的增加。

涵道比 B 对加力式涡扇发动机的性能影响比较大,当内涵工作过程参数 π_{CI} 和 T_4 一定时,涵道比增加,T_{cm} 减小,使加力比增大;而 p_{cm} 的减小,使 F_{s} 减小,sfc 增加。

影响加力式涡扇发动机工作过程的参数除 π_{CI},T_4,π_{CII} 和 B 外,还有独立于这 4 个参数之外的加力燃烧室出口总温 $T_{7,\mathrm{af}}$。

2.3 单轴涡喷发动机部件的共同工作及控制规律

2.3.1 单轴涡喷发动机部件的共同工作

涡喷发动机各部件之间存在气动和机械的联系。当它们联合工作时,相互之间要受到制约,部件之间相互约束的条件即为共同工作条件。发动机在任何平衡状态工作时的共同工作条件是部件间的流量连续和功率平衡。

1. 燃气发生器部件的共同工作

研究燃气发生器部件的共同工作,只需要研究压气机与涡轮的共同工作。在平衡状态下压气机与涡轮的共同工作条件如下:

(1) 压气机转速与涡轮转速相等;

(2) 通过涡轮的燃气流量 $q_{m,\mathrm{g}}$ 等于通过压气机的空气流量 $q_{m,\mathrm{a}}$ 减去由压气机引至冷却系统的气流量及泄漏损失的气流量 $q_{m,\mathrm{col}}$,再加燃油消耗量 $q_{m,\mathrm{f}}$;

(3) 涡轮产生的功率等于传动压气机及附件的消耗功率。

忽略 $q_{m,\mathrm{col}}$ 和 $q_{m,\mathrm{f}}$ 对 $q_{m,\mathrm{g}}$ 的影响,近似认为 $q_{m,\mathrm{g}}=q_{m,\mathrm{a}}$,得流量连续方程

$$\frac{q_{m,\mathrm{a}}\sqrt{T_4}}{p_4}=\frac{1}{\sigma_{\mathrm{b}}}\sqrt{\frac{T_4}{T_2}}\,\frac{1}{\pi_{\mathrm{C}}}\,\frac{q_{m,\mathrm{a}}\sqrt{T_2}}{p_2} \tag{2.21a}$$

或

$$K_q\frac{p_2A_2q(\lambda_2)}{\sqrt{T_2}}=K_q'\frac{\sigma_{\mathrm{b}}\sigma_{\mathrm{nb}}p_3A_{\mathrm{nb}}q(\lambda_{\mathrm{nb}})}{\sqrt{T_4}} \tag{2.21b}$$

式中

$$p_4=\sigma_{\mathrm{b}}p_3$$

当发动机在大功率状态工作时,涡轮在临界以上状态工作,$q(\lambda_{\mathrm{bn}})=1$,$q_{m,\mathrm{g}}\sqrt{T_4}/p_4=$常数,这样式(2.21)可改写为

$$\pi_{\mathrm{C}}=\frac{p_4}{\sigma_{\mathrm{b}}q_{m,\mathrm{g}}\sqrt{T_4}}\sqrt{\frac{T_4}{T_2}}\,\frac{q_{m,\mathrm{a}}\sqrt{T_2}}{p_2}=K_1\sqrt{\frac{T_4}{T_2}}\,\frac{q_{m,\mathrm{a}}\sqrt{T_2}}{p_2} \tag{2.22a}$$

或

$$\pi_{\mathrm{C}}=\frac{K_qA_2}{K_q'\sigma_{\mathrm{b}}\sigma_{\mathrm{nb}}A_{\mathrm{nb}}q(\lambda_{\mathrm{nb}})}\sqrt{\frac{T_4}{T_2}}q(\lambda_2)=K_2\sqrt{\frac{T_4}{T_2}}q(\lambda_2) \tag{2.22b}$$

式中,K_1,K_2 为常数。

由式(2.22)可见,在以 π_{C} 和 $q(\lambda_2)$ 或 $q_{m,\mathrm{a}}\sqrt{T_2}/p_2$ 为坐标轴的压气机特性图上,等 T_4/T_2

线是以常数 $K_1\sqrt{T_4/T_2}$ 或 $K_2\sqrt{T_4/T_2}$ 为斜率的过原点的直线，仅在很低的 π_C 值下，涡轮才会进入亚临界工作状态，此后，$q(\lambda_{nb})$ 和 $q_{m,g}\sqrt{T_4}/p_4$ 将随 π_C 的减小而减小，T_4/T_2 = 常数的线变为通过纵坐标轴上 $\pi_C=1$ 的曲线，如图 2.8(a) 中虚线所示。从 T_4/T_2 = 常数的线和 $n/\sqrt{T_2}$ = 常数线的交点可以看出，对每一给定的 $n/\sqrt{T_2}$，增加 T_4 或降低 T_2 均将引起压气机增压比 π_C 的增加，使压气机的工作点向喘振边界靠近。

假设 $q_{m,g}=q_{m,a}$，涡轮与压气机的功平衡方程转化为

$$L_C=L_T\eta_m \tag{2.23}$$

式中，η_m 为考虑传动附件和机械损失的系数。由式(2.23) 可计算压气机特性图上各点的 π_T 值，将 π_T 值相等的点连接起来，可以得到等 π_T 线，如图 2.8(b) 所示。随着 π_T 增加，等 π_T 线向远离喘振边界方向移动。

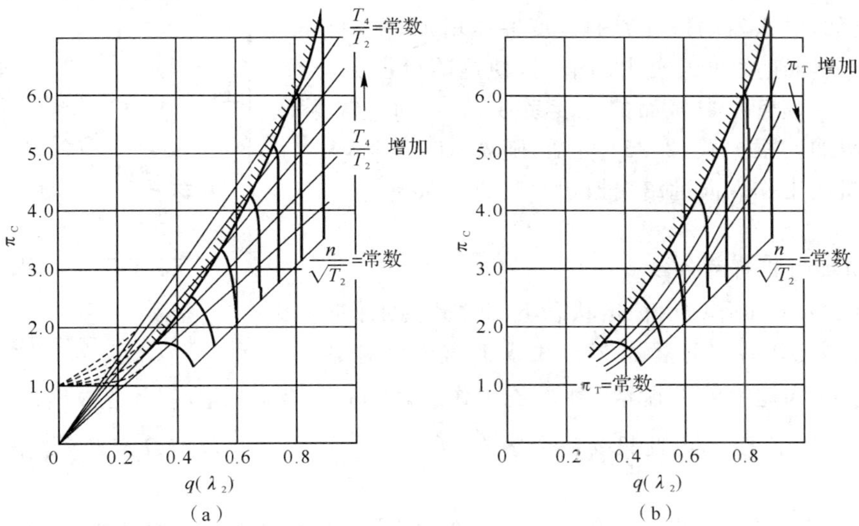

图 2.8　压气机特性图上的等 T_4/T_2 与等 π_T 线

(a) T_4/T_2 = 常数；(b) π_T = 常数

燃气发生器的工作状态可以用压气机特性图上的工作点表示，对应于给定工作点上的涡轮参数可以通过求解共同工作方程获得。压气机特性图上的工作点，由给定参数 $n/\sqrt{T_2}$，π_C，$q_{m,a}\sqrt{T_2}/p_2$（或 $q(\lambda_2)$），T_4/T_2 和 π_T 中的任意两个就可以确定了。

2. 燃气发生器与尾喷管的共同工作

在燃气发生器的出口连接尾喷管后，涡轮与尾喷管必须满足流量连续条件，即

$$K_q'\frac{\sigma_{nb}p_4A_{nb}q(\lambda_{nb})}{\sqrt{T_4}}=K_q'\frac{\sigma_e p_5A_8q(\lambda_8)}{\sqrt{T_5}} \tag{2.24}$$

经整理,得

$$\pi_{\mathrm{T}}=\left[\frac{\sigma_{\mathrm{e}}A_8 q(\lambda_8)}{\sigma_{\mathrm{nb}}A_{\mathrm{nb}}q(\lambda_{\mathrm{nb}})}\right]^{\frac{2n}{n+1}} \tag{2.25}$$

式中,下标“nb”表示涡轮导向器喉部截面。

(1) 尾喷管在临界和超临界状态工作。当尾喷管在临界和超临界状态工作时,$q(\lambda_8)$ 和 $q(\lambda_{\mathrm{nb}})$ 都等于 1。从式(2.25)可见,如果忽略发动机工作状态改变引起 σ_{e} 和 σ_{nb} 的微小变化,对 A_8 固定不变的涡喷发动机,π_{T} 是一个常数;如果 A_8 是可调的,则可以通过改变 A_8 来改变 π_{T},即改变压气机特性图上燃气发生器工作点位置,这时,压气机与涡轮的参数也相应变化。例如,在保持 $n/\sqrt{T_2}$ 等于常数的条件下,增大 A_8,使 π_{T} 增大,工作点向增大流量 $q_{m,a}\sqrt{T_2}/p_2$ 的方向移动,T_4/T_2 减小,π_{C} 也减小。

(2) 尾喷管在亚临界状态工作。当尾喷管在亚临界状态工作时,$q(\lambda_8)<1$,随着飞行马赫数 Ma 增加,进入发动机气流的速度冲压增加,发动机各截面的压力随速度冲压成比例增加,使尾喷管压力降 p_8/p_H 增加,尾喷管出口截面的速度系数 λ_8 增加,$q(\lambda_8)$ 也随 λ_8 而增加。根据式(2.25)可知,随着 Ma 增加,π_{T} 增大,发动机的工作点向远离喘振边界的方向移动,如图 2.9 所示。

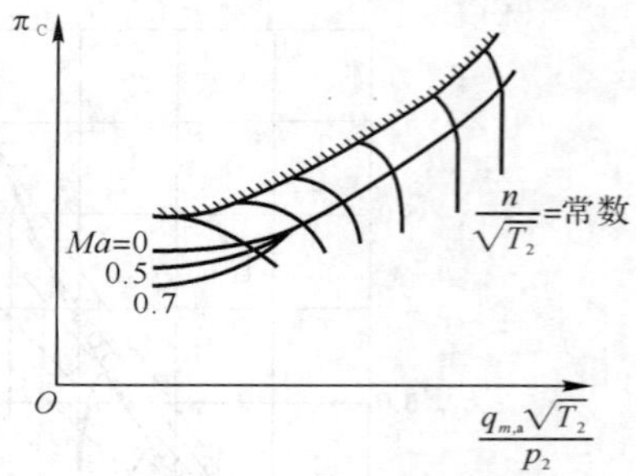

图 2.9　A_8 = 常数的单轴涡轮

3. 发动机的共同工作线

发动机的共同工作线由稳定状态下部件共同工作条件确定。共同工作线又称稳态工作线或工作线。对 A_8 固定的发动机,当尾喷管在临界以上状态工作时,共同工作线就是 π_{T} = 常数线。因发动机只能在这条线上稳定工作,因此只要一个参数,如 $n/\sqrt{T_2}$ 或 T_4/T_2 就能确定发动机的工作点(即工作状态)。

对 A_8 可调的发动机,当改变 A_8 时,π_{T} 会改变,发动机的共同工作线就不再是 π_{T} = 常数线。在压气机特性图上,共同工作线的位置和形状须根据发动机选择的控制规律确定。这时要确定发动机的工作状态则要知道两个参数,如 $n/\sqrt{T_2}$ 和 T_4/T_2。

当尾喷管为临界排气时,共同工作线与飞行条件无关,只取决于发动机的内部规律,发动机在共同工作线上的工作点则取决于飞行条件和采用的控制规律。

2.3.2　单轴涡喷发动机的控制规律

1. 被控参数的选择

被控参数在航空发动机控制中通常称为被控制量。单轴涡喷发动机的工作状态是由两个参数 —— 增压比 π_{C} 和加热比 $\theta_4(T_4/T_2)$—— 决定的。由 π_{C} 和 θ_4 这两个独立变量决定的发动机工作状态，也可由相应的另一组独立变量 $n/\sqrt{T_2}$ 与 θ_4 决定。

航空发动机最大状态控制规律的选择是从最大限度地发挥发动机的潜在性能出发的。因此，要求发动机工作在最大状态时，在保证发动机安全工作的条件下，零件的热强度和机械强度得到最充分的发挥。这样的工作过程热力参数值高，可以获得最大推力值。

考虑发动机最大状态的特点，π_C 不适宜作为被控参数，因为 π_C 的大小，不能直接反映发动机零部件的动力负荷和热负荷状况，因此不能根据它来判定发动机的负荷状况。发动机转速是反映发动机工作状态和负荷状况的重要参数，发动机轴扭矩、转动部件离心力、叶片的自振和谐振都与转速直接有关，转速还能近似地反映发动机的热负荷状况，此外，转速也便于测量。涡轮进口温度 T_4 不仅决定发动机的工作状态，而且反映发动机所承受的热负荷。鉴于以上原因，选择 n 和 T_4 作为被控参数是合适的。

2. 最大状态控制规律

当选取 n 和 T_4 作为发动机的被控参数时，发动机最大状态的控制规律是飞行条件变化时，通过改变控制量保持 n 和 T_4 为最大值，即

$$n = n_{\max}, \quad T_4 = T_{4\max}$$

$n_{\max}$ 和 $T_{4\max}$ 取决于发动机的强度及涡轮所能承受的热负荷。实现这种控制需要有两个控制量 —— 供油量 $q_{m,f}$ 和尾喷口面积 A_8。考虑控制量对被控参数的作用，控制规律可用以下简单关系表示：

$$\left.\begin{array}{l} q_{m,f} \rightarrow n = n_{\max} \\ A_8 \rightarrow T_4 = T_{4\max} \end{array}\right\} \tag{2.26}$$

即当飞行条件改变时，通过调节供油量 $q_{m,f}$ 保持转速 n 不变；通过调节尾喷口面积 A_8 保持涡轮进口燃气温度 T_4 不变。实现这种控制规律，需要有两套控制系统配合工作，因而大大增加了控制系统及发动机结构的复杂性。

实践证明，在很多情况下，$n=$ 常数时，T_4 亦近似为常数，所以不必同时控制两个参数，为了简化控制系统结构，通常采用

$$q_{m,f} \rightarrow n = n_{\max} \tag{2.27}$$

的控制规律。这种控制规律对大多数设计增压比 π_{Cd} 不很高，飞行范围不很宽的发动机，性能损失很小，而控制系统则大大简化。

3. 巡航状态及巡航状态控制规律

飞机在飞行中，绝大部分时间是巡航飞行，这时发动机工作在巡航状态。通常规定推力为最大推力的 50% ~ 80% 时为发动机的巡航状态。巡航状态的性能要求是尽可能降低耗油率，改善经济性。

下面来分析怎样获得最经济的巡航状态。在外界条件不变的情况下，用保持 $q_{m,f}$ 不变，减小 A_8；保持 A_8 不变，减小 $q_{m,f}$；保持 T_4 不变，同时减小 $q_{m,f}$ 和 A_8 三种降低发动机转速的节流方法，获取的发动机节流特性如图 2.10(a) 所示。在特性图上，将 $q_{m,f}=$ 常数线簇上推力 F 为最

大值的点连接起来,可以得到发动机由最大状态 d 节流时的最有利工作线,即图 2.10(a) 上的 $d—a—b—c—e—i$ 线。发动机的巡航状态沿这条工作线变化,耗油率最低,经济性最好。这条线为 π_C 和 T_4 的最佳组合,热能的利用程度最高。由这条线与 $q_{m,f}$=常数,T_4=常数和 A_8=常数的三组线簇的交点,可得出最佳巡航状态发动机的控制量($q_{m,f}$,A_8)与被控参数(n,T_4)之间的关系曲线,如图 2.10(b) 所示。

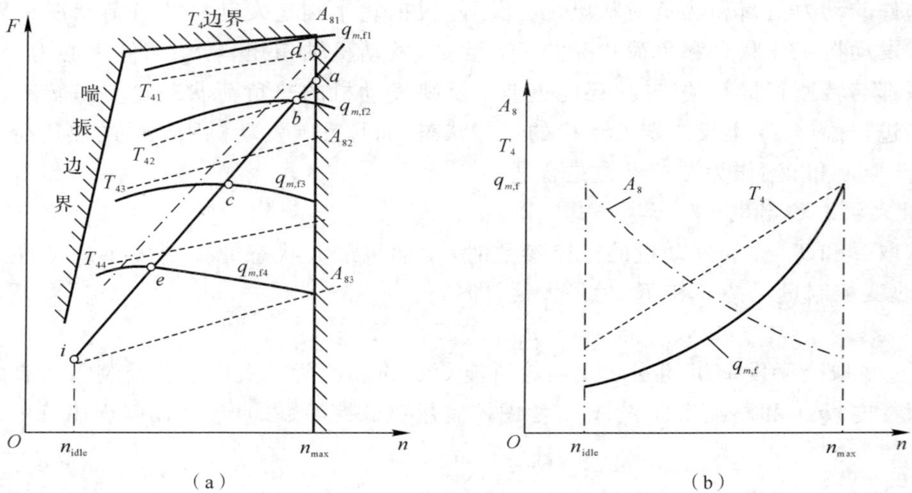

图 2.10　一定外界条件下的发动机节流特性

(a) 推力 F 随转速 n 的变化曲线;　(b) 对应最有利工作线的 $q_{m,f}$,A_8 和 T_4 随转速 n 的变化曲线

发动机的最大状态因从最大单位推力要求出发,一般不在最有利的工作线上。发动机进行节流(从最大状态过渡到巡航状态)时,先沿保持 n_{max} 的 $d—a$ 线变化,而后沿最有利的工作线变化,可以获得最经济的巡航状态。获取最经济的巡航状态,要求 $q_{m,f}$ 和 A_8 随 n 按图 2.10(b) 所示的一定规律变化。这就要求设置两个控制器,按要求的规律配合工作,这会使控制系统变得极其复杂。为了简化,而发动机又能在接近最经济的巡航状态下工作,可采用尾喷口的分级调节,如图 2.11 所示。这可通过操纵机构同时改变转速和尾喷口面积的给定值实现。这样就不需要专门的尾喷口面积控制器,而耗油率可接近最低值。

获取巡航状态比较简单的方法是保持尾喷口面积 A_8 不变,通过减小供油量 $q_{m,f}$ 节流,使 n 和 T_4 降低而进入巡航状态,例如沿图 2.10(a) 所示的 $A_8=A_{81}$ 的曲线节流。实现这种巡航过渡只要求一个供油量控制器。有些增压比不高的发动机采用这种节流方法实现由最大状态到巡航状态的过渡。

必须清楚,在某一外界条件下最佳的巡航节流规律,在其他飞行条件下就可能不是最佳的了。因此,要想获得任何飞行条件下都是最佳的巡航状态,就必须使巡航的节流规律随飞行条件而变,要保证这一点是很困难的,一般只设法满足基本飞行状态的经济性要求。

为了使控制系统尽可能简单，巡航状态的控制规律原则上应与最大状态控制规律一致。单轴涡喷发动机常用的巡航状态控制规律是

$$q_{m,\mathrm{f}} \rightarrow n = 常数,\quad A_8 = 常数$$

即当飞行条件变化时，保持尾喷口面积 A_8 不变，通过调节供油量 $q_{m,\mathrm{f}}$ 使巡航转速 n 保持不变。由于巡航状态部件的受力和受热较小，对推力也无严格要求，因此转速控制的准确度可以降低。

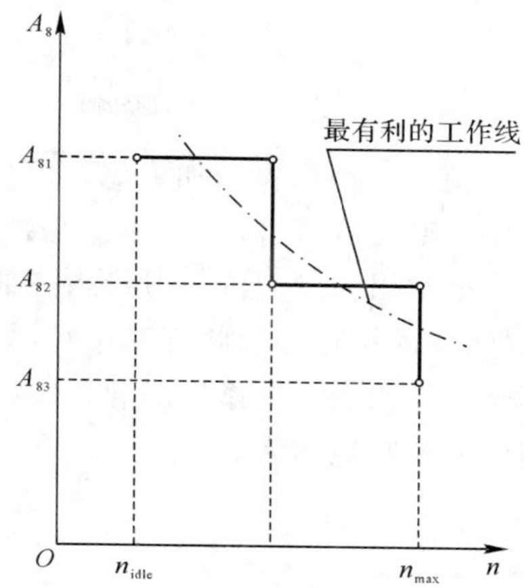

图 2.11　尾喷口面积 A_8 随转速 n 的分级变化

4. 慢车状态控制规律

发动机慢车状态用于地面检查、停机线待飞、着陆及空中降低高度下滑等飞行状态。通常慢车推力为 $(0.03 \sim 0.05)F_{\max}$。

考虑发动机在慢车状态工作的特点，慢车状态有下述基本要求：

(1) 提供必需的推力；

(2) 发动机在慢车状态工作时应具有良好的加速性；

(3) 燃烧室有合适的油气比，防止熄火；

(4) 压气机工作有足够的稳定裕度；

(5) 发动机的排气温度不得超过规定值。

任何类型的燃气涡轮发动机，慢车推力的大小主要取决于空气流量。在慢车状态附近，几何通道不可调的燃气涡轮发动机的空气流量与发动机的转速成正比。因此，调整慢车状态最简单的方法是通过调节供油量来调整转速。

常用的慢车状态控制规律有：

(1) $q_{m,\mathrm{f}} \rightarrow n_{\mathrm{idle}} = 常数$；

(2) $q_{m,\mathrm{f}} \rightarrow n_{\mathrm{idle,cor}} = n_{\mathrm{idle}}\sqrt{288/T_2} = 常数$；

(3) $q_{m,\mathrm{f}} \rightarrow n_{\mathrm{idle}} = f(T_H,\ p_H)$；

(4) $q_{m,\mathrm{f}} = 常数$。

n_{idle} 表示慢车转速；$n_{\mathrm{idle,cor}}$ 表示换算慢车转速。当慢车转速相同时，进入发动机的空气流量随外界大气参数 T_H 和 p_H 而变化，因此，最合理的慢车控制规律是慢车转速 n_{idle} 随外界参数 T_H 和 p_H 按一定的规律变化，即 $n_{\mathrm{idle}} = f(T_H,\ p_H)$。

5. 加力状态控制规律

加力式涡喷发动机在加力状态工作时，加力推力 F_{af} 除与核心发动机的工作状态有关外，还与加力燃烧室温度 $T_{7,\mathrm{af}}$ 有关。因此，当核心发动机仅选择转速 n 作为被控参数时，加力状态的控制规律为

$$\left.\begin{array}{l} q_{m,f} \rightarrow n = n_{max} \\ q_{m,faf} \rightarrow T_{7,af} = \text{常数} \\ A_{8,af} = \text{常数} \end{array}\right\} \tag{2.28}$$

$T_{7,af}$ 值的大小取决于加力比。当发动机选择最大加力状态工作时，$T_{7,af}$ 值为发动机允许的最大加力温度值 $T_{7,af\,max}$。 $A_{8,af}$ 是加力状态时按加力燃烧室温度 $T_{7,af}$ 而需要开大的喷口面积。

更常用的发动机加力状态控制规律是，加力时保持核心发动机的工作状态不发生变化。这样，发动机在加力状态工作时，共同工作线的位置和形状不会发生变化，核心发动机的工作不受加力燃烧室工作的影响，可以保证发动机在任何飞行条件下加力时都能安全可靠工作。相应的控制规律为

$$\left.\begin{array}{l} q_{m,f} \rightarrow n = n_{max} \\ q_{m,faf} \rightarrow \pi_T = \text{常数} \\ A_{8,af} = \text{常数} \end{array}\right\} \tag{2.29}$$

这种控制规律因保持 π_T 不变(即保持最大状态时发动机的涡轮膨胀比 π_T 不变)，也就能保证核心发动机的工作不受加力燃烧室影响。由于喷口面积已按要求的 $T_{7,af}$ 值开大，由式(2.11)可知，当通过调节加力供油量 $q_{m,faf}$ 保持 π_T 不变时，$T_{7,af}$ 也就自动保持与 $A_{8,af}$ 有相应的温度值。

2.4 双轴涡喷发动机部件的共同工作及控制规律

2.4.1 双轴涡喷发动机部件的共同工作特点

双轴涡喷发动机包括两个只有气动联系而没有机械联系的转子，如图 2.12 所示，因此，压气机与涡轮的共同工作要分成高压转子和低压转子两部分进行分析。

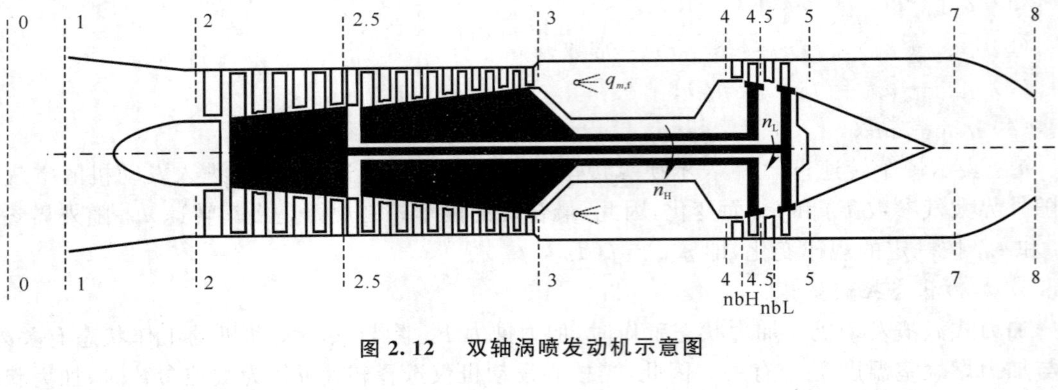

图 2.12　双轴涡喷发动机示意图

1. 高压转子的共同工作特点

如果把低压压气机出口的气流参数看做是速度冲压的结果，把低压涡轮喷嘴环的喉部截面看做是尾喷管喉部截面，那么高压压气机和高压涡轮的共同工作就和单轴涡喷发动机一样，共同工作条件如 2.3 节所述。高压涡轮膨胀比为

$$\pi_{TH}=\frac{p_4}{p_{4,5}}=\left[\frac{\sigma_{nbL}A_{nbL}q(\lambda_{nbL})}{\sigma_{nbH}A_{nbH}q(\lambda_{nbH})}\right]^{\frac{2n}{n+1}} \tag{2.30}$$

式中　σ_{nbL}，A_{nbL} —— 低压涡轮进口到低压涡轮喷嘴环喉部截面的总压恢复系数及低压涡轮喷嘴环喉部面积；

σ_{nbH}，A_{nbH} —— 高压涡轮进口到高压涡轮喷嘴环喉部截面的总压恢复系数及高压涡轮喷嘴环喉部面积。

低压涡轮工作在临界以上流动状态时，$q(\lambda_{nbH})=1$，$q(\lambda_{nbL})=1$。σ_{nbL} 和 σ_{nbH} 近似为常数，这样式(2.30) 等号右端即为常数，因此高压转子的共同工作线是 $\pi_{TH}=$ 常数的工作线。

2. 低压转子的共同工作特点

由流过低压涡轮喷嘴环喉部与流过尾喷管出口（或喉部）的流量连续条件，可得类似式(2.30) 的 π_{TL} 关系式。当尾喷管中气流处于临界以上流动状态时，低压转子的共同工作线也是 $\pi_{TL}=$ 常数的工作线。

双轴发动机高压压气机特性图上的共同工作线的位置与形状仅仅取决于高压转子，而在低压压气机特性图上，共同工作线的位置与形状则受发动机工作条件改变时的高压压气机增压比 π_{CH} 变化规律的影响。这是因为低压压气机与低压涡轮之间有一个高压转子。当低压转子换算转速 $n_{L,cor}$ 下降（例如由于 T_2 升高）时，高压压气机进口总温升高，高压转子换算转速 $n_{H,cor}$ 要下降，因此，高压与低压压气机的增压比会同时下降。这时流过发动机的空气流量减小，空气流量的减少不仅由于 π_{CL} 降低，而且还由于 π_{CH} 降低，使空气流量比单转子发动机减小得快，使低压转子共同工作线随着转速下降较快地趋于喘振边界，如图 2.13 所示。

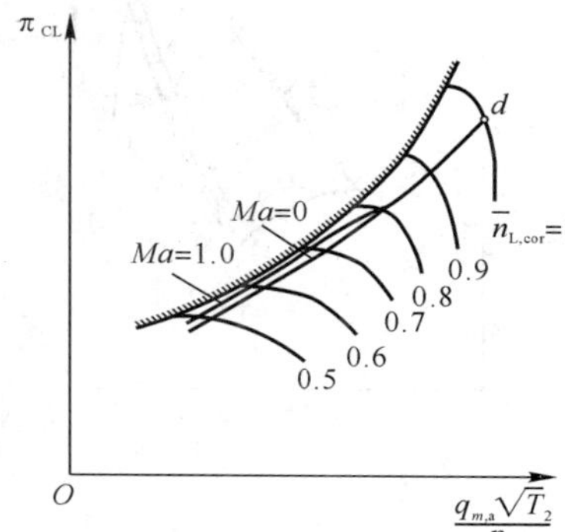

图 2.13　低压压气机特性图上工作线位置(A_8 = 常数)

当尾喷管出口气流为亚临界流动时，随着飞行速度增大，尾喷管中的压力降增大，$q(\lambda_8)$ 增加，低压涡轮膨胀比 π_{TL} 增大，传给低压压气机的功增加，低压转子转速 n_L 上升，π_{CL} 增大，但由于高压压气机增压比变化相对较小，使得流过发动机的空气流量的变化比低压转子转速的变化小，低压压气机气流攻角增加，工作线向喘振边界靠近，如图 2.13 所示。当尾喷管出口气流为亚临界流动时，低压转子工作线随 Ma 不同而出现分离，Ma 愈高，工作线离喘振边界愈近，这与单轴涡喷发动机中的情况相反。

3. 改变尾喷口面积 A_8 对双轴涡喷发动机共同工作的影响

增大或减小 A_8 会引起发动机总膨胀比在涡轮与尾喷管中重新分配。A_8 增大,涡轮中的膨胀比增加,尾喷管中的膨胀比减小。若 A_8 减小,则反之。涡轮中膨胀比的变化主要发生在低压涡轮。当低压涡轮在临界以上状态工作时,A_8 的变化影响不到高压涡轮,但如果低压涡轮在亚临界状态工作,A_8 的变化对高压涡轮膨胀比也会有影响,但影响较小,其变化规律和单轴涡喷发动机一样。

A_8 改变对低压转子工作线的影响较大,而且这种影响与单轴涡喷发动机相反。尾喷口面积变化对低压转子工作的影响可以这样解释:例如,保持高压转子转速 n_H 不变而减小 A_8 时,π_{TL} 和 L_{TL} 减小,使 n_L 下降,这时通过发动机的空气流量虽然也减小,但因高压转子转速 n_H 不变,所以空气流量的减小比起转速 n_L 的下降小得多,结果使低压压气机各级流量系数增大,气流攻角减小,工作线离开喘振边界。同样条件下,增大 A_8 产生相反的效果,低压压气机各级流量系数减小,气流攻角增大,工作线向靠近喘振边界方向移动,如图 2.14(b) 所示。

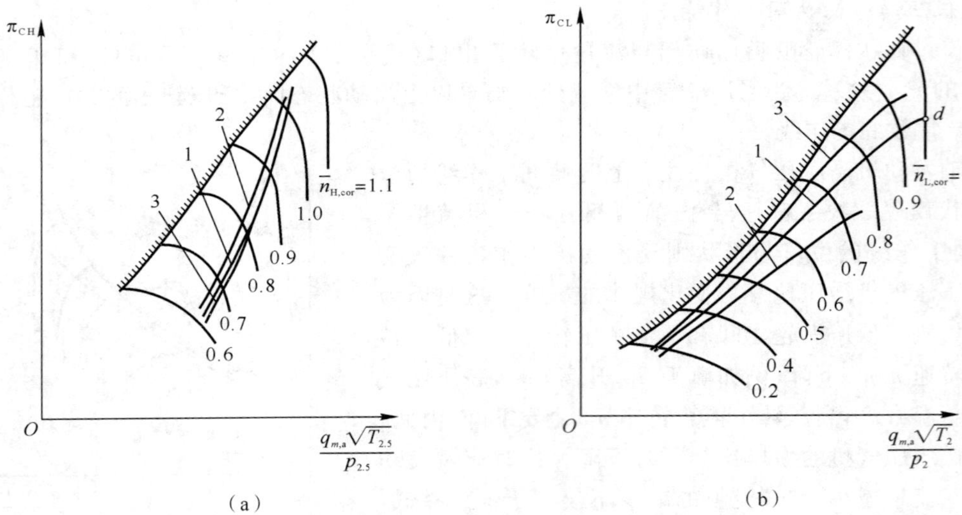

图 2.14　A_8 对高压及低压压气机共同工作线的影响

1—$A_8=A_{8d}$;　2—$A_8<A_{8d}$;　3—$A_8>A_{8d}$

2.4.2　双轴涡喷发动机的控制规律

由于双轴涡喷发动机的两个转子之间没有机械联系,所以可能的控制规律较多。双轴发动机的最大推力受下述三个条件的限制。

(1) 高压转子允许的最大转速 n_{Hmax};

(2) 低压转子允许的最大转速 n_{Lmax};

(3) 高压涡轮进口燃气温度的最大允许值 T_{4max}。

为了充分发挥发动机的潜在性能，可选择 n_H，n_L 和 T_4 作为被控参数。要同时对三个参数都进行控制，就需要有三个控制量，除供油量 $q_{m,f}$ 以外，其余两个要从发动机部件的几何可调参数中选择。要使发动机部件几何可调，发动机（包括控制装置）的重量、结构复杂程度及研制生产费用会大大增加，通常不被人们接受。因此，双轴涡喷发动机仍广泛采用尾喷口面积 A_8 固定的控制规律，即下面所述基本控制规律。由于只有 $q_{m,f}$ 一个控制量，所以只能保证一个被控参数随飞行条件按给定规律变化。

1. 基本控制规律

（1）保持低压转子转速不变的控制规律

$$q_{m,f} \rightarrow n_L = 常数 \tag{2.31}$$

（2）保持高压转子转速不变的控制规律

$$q_{m,f} \rightarrow n_H = 常数 \tag{2.32}$$

（3）保持高压涡轮进口温度不变的控制规律

$$q_{m,f} \rightarrow T_4 = 常数 \tag{2.33}$$

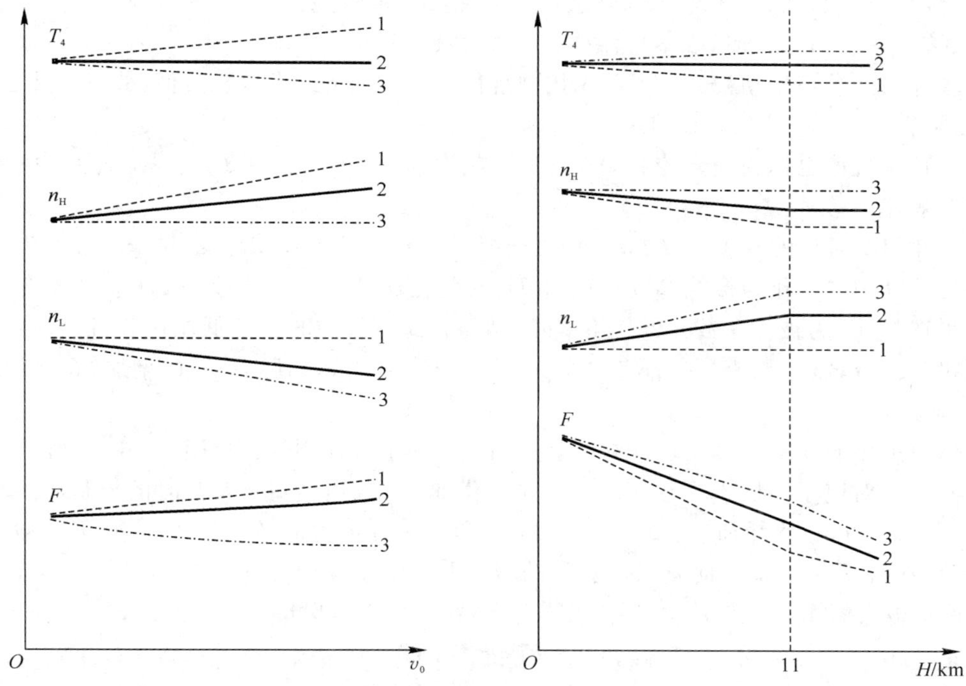

图 2.15　A_8 固定的双轴涡喷发动机在三种控制规律下的特性

1—n_L = 常数；2—T_4 = 常数；3—n_H = 常数

图 2.15 中虚线 1、实线 2 和点画线 3 分别表示在 n_L = 常数，T_4 = 常数和 n_H = 常数三种

控制规律下，发动机参数(n_L，n_H，T_4 和 F)随飞行速度 v_0 和飞行高度 H 变化的曲线。根据双轴发动机的工作特点，很容易解释图 2.15 中所示的参数变化规律。现以 n_L = 常数的控制规律(图中虚线 1 所示)为例作一分析。当飞行速度 v_0 增大时，T_2 增加，低压压气机各级气流攻角增大，低压压气机负荷加重，所需低压涡轮功增加，为了保持 n_L = 常数，就须要增加供油量 $q_{m,f}$，提高涡轮进口燃气温度 T_4，以增大低压涡轮功 L_{TL}。这时高压转子则因高压压气机负荷变轻使转速 n_H 上升。发动机推力亦因供油量和空气流量的增加而上升。当飞行高度 H 增加时，T_2 减小，压气机中负荷情况与 v_0 增加时相反，因此发动机参数的变化也与 v_0 增加时相反。当 $H \geqslant 11$ km 时，进入大气恒温层，随着 H 的继续增加，T_2 不再变化，低压压气机的负荷不再减轻，T_4 保持不变，n_H 也近似保持不变，推力 F 则因空气流量的减小而继续下降，但因 T_4 不再减小，所以下降趋势变缓。同样，可以分析 n_H = 常数和 T_4 = 常数的控制规律。

飞行条件变化时，这三种控制规律分别控制 n_H，n_L 和 T_4 三个参数中的一个，其余两个参数会随飞行条件的变化而改变。例如，n_L = 常数的控制规律，当发动机在低空高速飞行条件下工作时，n_H 和 T_4 就可能超过各自的最大允许值。为了保证发动机的安全可靠工作，这三种控制规律都必须考虑限制其他两个参数，如 n_L = 常数的控制规律，通常都要限制 n_H 不得大于 $n_{H\max}$，一旦当 $n_H = n_{H\max}$ 时，则不再保持 n_L = 常数而保持 $n_H = n_{H\max}$。

双轴加力式涡喷发动机的加力状态控制规律与单轴加力式发动机类似，故不再赘述。

2. 按单参数调节的组合控制规律

组合控制规律也称为复合控制规律，通常是按发动机进口总温 T_2 分段，在每一段采用不同的控制规律。

对于几何不可调的双轴涡喷发动机，可选择 n_L，n_H，T_4 或 $n_{L,cor}$ 中的一个参数作为被控参数。当选择其中之一作为被控参数并且随 T_2 的变化保持该参数不变时，其余参数将随之变化。如果选择 T_4 为被控参数并保持不变时，则随着 T_2 的增加，由于低压压气机负荷加重，高压压气机负荷减轻，n_L 将降低，n_H 将增加。当选择 n_H = 常数时，随着 T_2 的增加，T_4 和 n_L 以及 $n_{L,cor}$ 均降低。

几何不可调的双轴涡喷发动机按单参数调节时的组合控制规律如图 2.16(a) 所示。图中主要的状态区对应于区域 2，在该区域采用调节供油量 $q_{m,f}$ 达到 n_L = 常数时的控制规律。随着 T_2 的升高，T_4 和 n_H 均增加，当 $T_2 = T_{2b}$ 时，T_4 首先达到最大值 $T_{4\max}$，之后，随 T_2 的升高，减小供油量，保持 $T_4 = T_{4\max}$，而 n_H 将随 T_2 的增加继续增加，但 n_L 和 $n_{L,cor}$ 均降低。当 $T_2 = T_{2c}$ 时，n_H 达到最大值 $n_{H\max}$，当 $T_2 \geqslant T_{2c}$ 时，进一步减小供油量，保持 $n_H = n_{H\max}$，T_4，n_L 和 $n_{L,cor}$ 均不断降低。由于 $n_{L,cor} = n_L / \sqrt{T_2}$，随着 T_2 的降低，将使 $n_{L,cor}$ 增加，这会导致压气机喘振裕度的减小。为了保证发动机安全工作，当 $T_2 \leqslant T_{2a}$ 时，采用 $n_{L,cor}$ = 常数的控制规律。

采用组合控制规律，可以在保证发动机安全运行的情况下，在 T_2 变化的每一区间使发动机某一参数为最大值，因而能够充分发挥发动机的潜力，以提高发动机的性能。

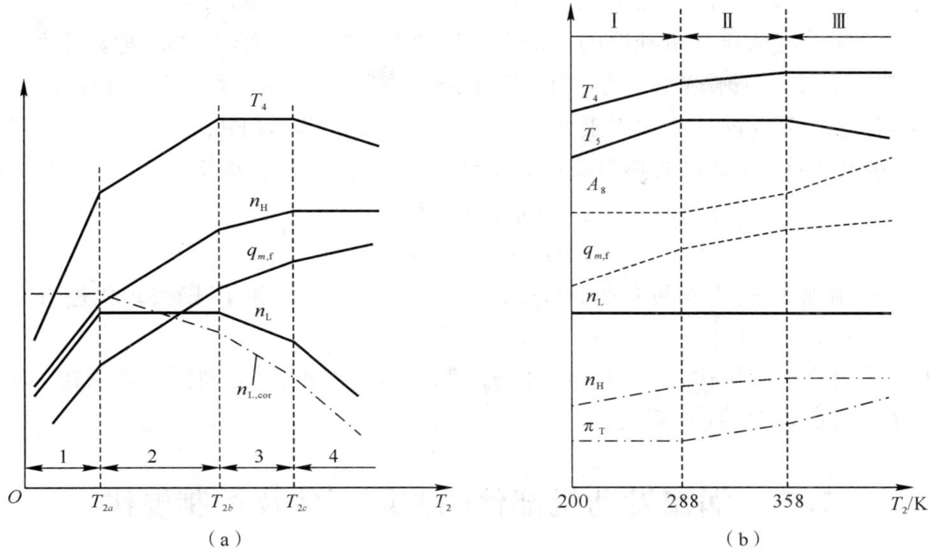

图 2.16　发动机组合控制规律

(a) 按单参数调节的发动机组合控制规律；(b) 按双参数调节的发动机组合控制规律

3. 按双参数调节的组合控制规律

从双轴发动机工作原理可知，随着 T_2 的增加，低压压气机的负荷加重，低压压气机的功增加。为了保持 $n_L=$常数，T_4 将随 T_2 的增加而上升。在地面条件下，T_4 已很高的发动机，当飞行马赫数 Ma 较高时，T_4 会超过限制值 $T_{4\max}$。如果在全飞行范围内，采用 A_8 固定，通过调节 $q_{m,f}$ 保持 $n_L=$常数的控制规律，势必在 T_4 达到 $T_{4\max}$ 时，随着 T_2 增加，应减小 $q_{m,f}$，使 n_L 减小，推力 F 也减小。为了保证发动机在宽广的飞行范围内，均具有尽可能高的性能，A_8 可调的发动机采用下述分段组合控制规律。

(1) $T_2<288$ K。 在这一范围内，因 T_4 较低，采用

$$q_{m,f}\rightarrow n_L=\text{常数},\quad A_8=\text{常数}$$

的控制规律。因 A_8 固定，$\pi_T=$常数，随着 T_2 的增加，$q_{m,f}$ 增加，使 T_5，T_4 及 n_H 上升得较快。

(2) 288 K $<T_2<$ 358 K。 在这一范围内，为了减缓 T_4 的上升速度，扩大飞行范围，保证涡轮安全可靠地工作，增加了对 T_4 的控制。但因 T_4 的测量困难，所以不直接控制 T_4。考虑 T_5 反映 T_4 的变化状况，且 T_5 测量较 T_4 容易，温度控制实际选取 T_5 作为被控参数。其控制规律为

$$q_{m,f}\rightarrow n_L=\text{常数}$$
$$A_8\rightarrow T_5=\text{常数}$$

该控制规律是使尾喷口面积 A_8 随 T_2 的增加而增加，π_T 随 A_8 的增加而增加，使 T_5 由增加转为保持不变，减慢 T_4 及 n_H 的上升速率。

(3) $T_2 > 358$ K。当 T_2 达到 358 K 以上时,T_4 和 n_H 都达到较高值(接近最大允许值),涡轮的冷却状况也因从压气机抽取的冷却空气流的温度较高而变坏,这时发动机由保持 T_5 为常数转为 $T_5 = f(T_2)$,即随着 T_2 的增加,T_5 下降。为此 A_8 和 π_T 须以更大速率增加,n_H 的上升速率再次减慢,而 T_4 随两方面因素变化:π_T 增加,使 T_4 下降,而 T_2 增加又使 T_4 增加。综合起来,T_4 的变化不大,发动机的热负荷潜力得到充分发挥,其控制规律为

$$q_{m,f} = \text{常数}$$

$$A_8 \rightarrow T_5 = f(T_2)$$

在组合控制规律下,发动机参数 A_8,π_T,n_L,n_H,$q_{m,f}$,T_4 和 T_5 随发动机进口总温 T_2 的变化规律,如图 2.16(b) 所示。

实现这种组合控制规律,需要有供油量 $q_{m,f}$ 和尾喷口面积 A_8 分别控制低压转子转速 n_L 和涡轮后温度 T_5 的双回路控制系统。

2.5 涡扇发动机部件的共同工作及控制规律

2.5.1 单位无量纲功

为了分析方便,采用无量纲量。部件功以单位(质量)无量纲功表示,部件的单位无量纲功定义为部件单位质量的功与进口焓之比,简称单位无量纲功或无量纲功,用 l 表示。

引入无量纲功后,外涵风扇功为

$$L_{C\mathrm{II}} = c_p T_2 l_{C\mathrm{II}} \tag{2.34}$$

式中,风扇的单位无量纲功 $l_{C\mathrm{II}}$ 可用下式确定:

$$l_{C\mathrm{II}} = \frac{e_{C\mathrm{II}} - 1}{\eta_{C\mathrm{II}}} \tag{2.35}$$

式中,$e_{C\mathrm{II}} = \pi_{C\mathrm{II}}^{\frac{k-1}{k}}$;$\eta_{C\mathrm{II}}$ 为外涵风扇效率。

同理,压气机与涡轮功可分别表示为

$$L_{CL} = c_p T_2 l_{CL} \tag{2.36}$$

$$L_{CH} = c_p T_{2.5} l_{CH} \tag{2.37}$$

$$L_{TH} = c_p' T_4 l_{TH} \tag{2.38}$$

$$L_{TL} = c_p' T_{4.5} l_{TL} \tag{2.39}$$

式中,l_{CL},l_{CH},l_{TH},l_{TL} 分别为低压压气机、高压压气机、高压涡轮及低压涡轮的无量纲功,其表达式为

$$l_{CL} = \frac{e_{CL} - 1}{\eta_{CL}}, \qquad l_{CH} = \frac{e_{CH} - 1}{\eta_{CH}}$$

$$l_{TH}=\left(1-\frac{1}{e_{TH}}\right)\eta_{TH},\quad l_{TL}=\left(1-\frac{1}{e_{TL}}\right)\eta_{TL}$$

式中
$$e_{CL}=\pi_{CL}^{\frac{k-1}{k}},\quad e_{CH}=\pi_{CH}^{\frac{k-1}{k}},\quad e_{TH}=\pi_{TH}^{\frac{k'-1}{k'}},\quad e_{TL}=\pi_{TL}^{\frac{k'-1}{k'}}$$

由外涵风扇功等于通过外涵风扇气流焓的增加，得

$$c_p(T_{2.5H}-T_2)=c_pT_2l_{CH}$$

即
$$\frac{T_{2.5H}}{T_2}=1+l_{CH}\tag{2.40}$$

同理，可得压气机和涡轮出口与进口总温之比

$$\left.\begin{aligned}\frac{T_{2.5}}{T_2}&=1+l_{CL}\\\frac{T_3}{T_{2.5}}&=1+l_{CH}\\\frac{T_{4.5}}{T_4}&=1-l_{TH}\\\frac{T_5}{T_{4.5}}&=1-l_{TL}\end{aligned}\right\}\tag{2.41}$$

由高、低压涡轮的总温比，得

$$\frac{T_5}{T_2}=\theta_4(1-l_{TL})(1-l_{TH})\tag{2.42}$$

式中
$$\theta_4=\frac{T_4}{T_2}$$

2.5.2　分开排气的涡扇发动机部件的共同工作

1. 共同工作的基本方程

列写共同工作方程的简化假设如下：

(1) 空气比定压热容 c_p 与燃气比定压热容 c_p' 均为常数；

(2) 涡轮在临界以上状态工作，效率为常数，不计涡轮进口至喷嘴环喉部及风扇出口至高压压气机进口的总压损失；

(3) 通过内路的燃气流量与空气流量相等；

(4) 风扇的内涵部分与外涵部分的功之比 $L_{CL}/L_{C\text{II}}=$ 常数，效率 $\eta_{CL}=\eta_{C\text{II}}$；

(5) 气流在尾喷管中完全膨胀。

发动机各部件共同工作应满足下述方程。

(1) 流量连续方程。通过发动机的总空气流量

$$q_{m,a}=q_{m,a\text{I}}+q_{m,a\text{II}}=q_{m,a\text{I}}(1+B)\tag{2.43}$$

列写通过发动机内路各部件的流量方程，通过风扇内路的空气流量需考虑式(2.43)。将通

过各部件的流量用等号连接，令 $K_q=K_q'$，用 $\sqrt{T_2}/(K_qP_2)$ 乘以各项，并将式(2.41)及式(2.42)代入，可得内路流量连续方程，即

$$\frac{q(\lambda_2)A_2}{1+B}=\frac{\pi_{CL}q(\lambda_{2.5})A_{2.5}}{\sqrt{1+l_{CL}}}=\frac{\sigma_b\pi_{CL}\pi_{CH}A_{nbH}}{\sqrt{\theta_4}}=\frac{\sigma_b\pi_{CL}\pi_{CH}A_{nbL}}{\pi_{TH}\sqrt{(1-l_{TH})\theta_4}}=$$

$$\frac{\sigma_b\pi_{CL}\pi_{CH}\sigma_{eI}A_{eI}q(\lambda_{eI})}{\pi_{TH}\pi_{TL}\sqrt{(1-l_{TL})(1-l_{TH})\theta_4}}=\left[\frac{y(\lambda_{eI})A_{eI}}{\pi_I\sqrt{(1-l_{TH})(1-l_{TL})\theta_4}}\right]_{\lambda_{eI}<1} \tag{2.44}$$

式中 σ_b，σ_{eI} —— 燃烧室、内路喷管的总压恢复系数；

A_{eI} —— 内路喷管出口面积；

π_I —— 进气道气流速度冲压，$\pi_I=p_2/p_H$；

$y(\lambda_{eI})$ —— 按静压计算尾喷口流量的气动函数，尾喷管为亚临界排气时，通过内路尾喷口的流量用带中括号项计算。

同理，可得外路流量连续方程

$$\frac{Bq(\lambda_2)A_2}{1+B}=\frac{\sigma_{II}\sigma_{eII}\pi_{CII}q(\lambda_{eII})A_{eII}}{\sqrt{1+l_{CII}}}=\left[\frac{y(\lambda_{eII})A_{eII}}{\pi_I\sqrt{1+l_{CII}}}\right]_{\lambda_{eII}<1} \tag{2.45}$$

式中 σ_{II}，σ_{eII} —— 外路风扇出口到外路喷管进口及外路喷管的总压恢复系数；

A_{eII} —— 外路喷管出口面积。

(2) 功平衡方程。由于通过涡轮的燃气流量 $q_{m,g}$ 被认为与通过压气机的空气流量 $q_{m,aI}$ 相等，因此功率平衡方程可以用功平衡方程取代。忽略传动附件及摩擦损失消耗的功率后，高压转子的功平衡方程为

$$c_pT_{2.5}l_{CH}=c_p'T_4l_{TH}$$

即

$$l_{CH}(1+l_{CL})=\bar{c}_p\theta_4l_{TH} \tag{2.46}$$

式中

$$\bar{c}_p=\frac{c_p'}{c_p}=\text{常数}$$

同理，低压转子的功平衡方程为

$$Bl_{CII}+l_{CL}=\bar{c}_pl_{TL}(1-l_{TH})\theta_4 \tag{2.47}$$

(3) 风扇和低压压气机的无量纲功和效率。根据简化假设(4)，有以下关系：

$$\frac{l_{CL}}{l_{CII}}=\text{常数} \tag{2.48}$$

$$\eta_{CL}=\eta_{CII} \tag{2.49}$$

2. 发动机部件的共同工作特点

共同工作方程决定着发动机节流时参数之间的变化关系。由共同工作方程可以导出一些重要结论，这些结论显示了发动机部件共同工作的特点。

(1) 高压转子。由高压涡轮和低压涡轮流量连续，即式(2.44)中的第3个等号的左、右两项相等，得

$$\pi_{\mathrm{TH}}\sqrt{1-l_{\mathrm{TH}}}=\frac{A_{\mathrm{nbL}}}{A_{\mathrm{nbH}}}=\text{常数} \tag{2.50}$$

因假设 $\eta_{\mathrm{TH}}=$ 常数，由式(2.50)得 $\pi_{\mathrm{TH}}=$ 常数，即高压转子的共同工作线是 $\pi_{\mathrm{TH}}=$ 常数线。这表明，当发动机节流时，高压涡轮的膨胀比是固定不变的。

根据通过高压压气机的空气流量与通过高压涡轮的燃气流量相等的假设，即式(2.44)中第 2 个等号的左、右两项相等，将其与式(2.46)联立消去 θ_4 和 l_{CL}，可得

$$\frac{q(\lambda_{2.5})\sqrt{l_{\mathrm{CH}}}}{\pi_{\mathrm{CH}}}=\sigma_{\mathrm{b}}\frac{A_{\mathrm{nbH}}}{A_{2.5}}\sqrt{c_p l_{\mathrm{TH}}}=\text{常数} \tag{2.51}$$

此式把高压压气机特性图上的参数 $q(\lambda_{2.5})$ 与 π_{CH} 联系起来。不难根据这一方程在高压压气机特性图上确定高压转子的共同工作线。

(2) 低压转子。低压转子的共同工作与内、外两路喷管排气状态密切有关。内、外两路的排气状态有三种，即两路临界排气；内路亚临界排气而外路临界排气；两路亚临界排气。通常，当设计涵道比 $B_{\mathrm{d}}<4$ 时，在发动机节流状态的一个很宽的范围内，两路都可能为临界排气。但是，当 $B_{\mathrm{d}}>4$ 时，经常只在近声速飞行的设计状态附近才会发生两路临界排气，当发动机轻度节流时，内路就可能转变为亚临界排气。鉴于后两种排气状态下，低压转子共同工作分析非常复杂，这里只限于分析两路临界排气的情况。

由低压涡轮与尾喷管流量连续，即式(2.44)的第 4 个等号的左、右两项相等，可得

$$\pi_{\mathrm{TL}}\sqrt{1-l_{\mathrm{TL}}}=\frac{\sigma_{\mathrm{e\,I}}A_{\mathrm{e\,I}}}{A_{\mathrm{nbL}}}=\text{常数} \tag{2.52}$$

由此可见，当近似认为 $\eta_{\mathrm{TL}}=$ 常数时，$\pi_{\mathrm{TL}}=$ 常数。即内路临界排气时，低压涡轮的膨胀比也是固定不变的。

通过发动机内路的空气流量用通过高压压气机进口截面的流量表示，即

$$q_{m,\mathrm{a\,I}}=K_q\frac{p_2\pi_{\mathrm{CL}}q(\lambda_{2.5})A_{2.5}}{\sqrt{T_{2.5}}}$$

通过发动机外路的空气流量用外路喷管的流量表示，即

$$q_{m,\mathrm{a\,II}}=K_q\frac{p_2\pi_{\mathrm{C\,II}}\sigma_{\Sigma\mathrm{II}}q(\lambda_{\mathrm{e\,II}})A_{\mathrm{e\,II}}}{\sqrt{T_{\mathrm{e\,II}}}}$$

由 $Bq_{m,\mathrm{a\,I}}=q_{m,\mathrm{a\,II}}$，并考虑到 $T_{\mathrm{e\,II}}=T_{2.5\,\mathrm{II}}$ 和 $q(\lambda_{\mathrm{e\,II}})=1$，可得

$$\frac{B\pi_{\mathrm{CL}}q(\lambda_{2.5})A_{2.5}}{\sqrt{1+l_{\mathrm{CL}}}}=\frac{\sigma_{\Sigma\mathrm{II}}\pi_{\mathrm{C\,II}}A_{\mathrm{e\,II}}}{\sqrt{1+l_{\mathrm{C\,II}}}} \tag{2.53}$$

经整理，得

$$Bq(\lambda_{2.5})\frac{\pi_{\mathrm{CL}}}{\pi_{\mathrm{C\,II}}}\sqrt{\frac{1+l_{\mathrm{C\,II}}}{1+l_{\mathrm{CL}}}}=\frac{\sigma_{\Sigma\mathrm{II}}A_{\mathrm{e\,II}}}{A_{2.5}}=\text{常数} \tag{2.54}$$

由式(2.46)和式(2.47)，可得

$$\frac{Bl_{\mathrm{C}\mathrm{II}}+l_{\mathrm{CL}}}{l_{\mathrm{CH}}(1+l_{\mathrm{CL}})}=\frac{l_{\mathrm{TL}}(1-l_{\mathrm{TH}})}{l_{\mathrm{TH}}}=常数 \tag{2.55}$$

与双轴涡喷发动机一样,当发动机工作状态改变时,高压压气机增压比 π_{CH} 的变化对低压转子共同工作线有很大的影响。因此,只有当给定高压压气机工作线上任意点时,才可根据式(2.48)、式(2.54)和式(2.55)确定 B 和 $\pi_{\mathrm{C}\mathrm{II}}$ 的数值,并由式(2.45)可求得 $q(\lambda_2)$,于是风扇特性图上的工作点位置才可确定。由此可见,式(2.45)、式(2.48)、式(2.54)和式(2.55)决定着风扇的共同工作线 $\pi_{\mathrm{C}\mathrm{II}}[q(\lambda_2)]$。

由发动机进口进入内路的空气流量与低压压气机出口的流量相等,即方程式(2.44)中的第1个等号的左、右两项相等,可得

$$q(\lambda_2)=\frac{(1+B)\pi_{\mathrm{CL}}q(\lambda_{2.5})A_{2.5}}{\sqrt{1+l_{\mathrm{CL}}}A_2} \tag{2.56}$$

在 $\pi_{\mathrm{C}\mathrm{II}}=\pi_{\mathrm{CL}}$ 和 $\eta_{\mathrm{C}\mathrm{II}}=\eta_{\mathrm{CL}}$ 的情况下,$l_{\mathrm{C}\mathrm{II}}=l_{\mathrm{CL}}$,这样式(2.54)和式(2.55)可以大大简化,得

$$B=\frac{\sigma_{\Sigma\mathrm{II}}A_{\mathrm{e}\mathrm{II}}}{A_{2.5}q(\lambda_{2.5})}=\frac{K_1}{q(\lambda_{2.5})} \tag{2.57}$$

$$\frac{l_{\mathrm{C}\mathrm{II}}}{1+l_{\mathrm{C}\mathrm{II}}}=K_2\frac{l_{\mathrm{CH}}}{1+B} \tag{2.58}$$

式中,K_1,K_2 为常数。

由式(2.57)可见,涵道比 B 与高压压气机进口的流量气动函数 $q(\lambda_{2.5})$ 成反比。因此,当 $n_{\mathrm{H}}/\sqrt{T_{2.5}}$ 减小时,$q(\lambda_{2.5})$ 减小,B 增大,即使在 $\pi_{\mathrm{C}\mathrm{II}}\neq\pi_{\mathrm{CL}}$ 时也是如此。

方程式(2.45)、式(2.48)、式(2.54)和式(2.55)中不包含发动机进口气流参数,这表明,当两路临界排气时,风扇的共同工作线与飞行条件无关,而仅仅取决于发动机的内部规律。

式(2.57)与式(2.58)表明,当风扇在两路中的无量纲功相等且两路为临界排气时,涡扇发动机的所有参数都可用高压压气机工作点参数的函数表示。

当内路为亚临界排气时,低压涡轮的膨胀比 π_{TL} 不再等于常数,而随着 $\lambda_{\mathrm{e}\mathrm{I}}$ 的减小而减小。这时风扇的工作状态不仅与高压压气机的工作状态有关,还与飞行马赫数有关。

2.5.3 混合排气的涡扇发动机的共同工作特点

1. 基本方程

发动机节流时的共同工作方程,除流量连续方程和功平衡方程外,还包括混合室的能量方程和动量方程(即冲量方程),当混合室气流为亚声速流动时,还包括混合室进口处内、外涵静压相等的方程。建立基本方程的简化假设,除上面所述之外,还假设混合室气流为亚声速流动,混合室出口截面积 A_{cm} 等于混合室进口内、外涵两个入口截面积之和,即 $A_{\mathrm{cm}}=A_{\mathrm{I}}+A_{\mathrm{II}}$。以下的讨论为非加力状态。

(1) 流量连续方程。与建立分开排气涡扇发动机流量连续方程类似，按流过发动机的总流量建立各部件的流量连续关系式，得

$$
\begin{aligned}
q(\lambda_2)A_2 &= (1+B)\frac{\pi_{\mathrm{CL}}q(\lambda_{2.5})A_{2.5}}{\sqrt{1+l_{\mathrm{CL}}}} = (1+B)\frac{\sigma_b\pi_{\mathrm{CL}}\pi_{\mathrm{CH}}A_{\mathrm{nbH}}}{\sqrt{\theta_4}} = \\
&(1+B)\frac{\sigma_b\pi_{\mathrm{CL}}\pi_{\mathrm{CH}}A_{\mathrm{nbL}}}{\pi_{\mathrm{TH}}\sqrt{(1-l_{\mathrm{TH}})\theta_4}} = (1+B)\frac{\sigma_b\sigma_{\mathrm{I}}\pi_{\mathrm{CL}}\pi_{\mathrm{CH}}q(\lambda_{\mathrm{I}})A_{\mathrm{I}}}{\pi_{\mathrm{TH}}\pi_{\mathrm{TL}}\sqrt{(1-l_{\mathrm{TH}})(1-l_{\mathrm{TL}})\theta_A}} = \\
&\frac{(1+B)}{B}\frac{\pi_{\mathrm{C II}}\sigma_{\mathrm{II}}q(\lambda_{\mathrm{II}})A_{\mathrm{II}}}{\sqrt{1+l_{\mathrm{C II}}}} = \frac{\pi_{\mathrm{cm}}q(\lambda_{\mathrm{cm}})(A_{\mathrm{I}}+A_{\mathrm{II}})}{\pi_{\mathrm{I}}\sqrt{\theta_{\mathrm{cm}}}} = \\
&\frac{\pi_{\mathrm{cm}}\sigma_e q(\lambda_8)A_8}{\pi_{\mathrm{I}}\sqrt{\theta_{\mathrm{cm}}}} = \left[\frac{y(\lambda_8)A_8}{\pi_{\mathrm{I}}\sqrt{\theta_{\mathrm{cm}}}}\right]_{\lambda_8<1}
\end{aligned}
\tag{2.59}
$$

式中　$\sigma_{\mathrm{I}}, \sigma_{\mathrm{II}}$ —— 涡轮出口至混合室进口及外路风扇出口至混合室进口的总压恢复系数；

$\lambda_{\mathrm{I}}, \lambda_{\mathrm{II}}$ —— 混合室进口内路及外路气流速度系数；

$A_{\mathrm{I}}, A_{\mathrm{II}}$ —— 混合室进口内路及外路的气流流通面积；

π_{cm} —— 气流在尾喷管完全膨胀时的膨胀比，$\pi_{\mathrm{cm}} = p_{\mathrm{cm}}/p_{\mathrm{H}}$；

θ_{cm} —— 混合室气流的平均加热比，$\theta_{\mathrm{cm}} = T_{\mathrm{cm}}/T_2$，其中 $T_{\mathrm{cm}} = \dfrac{T_5 + BT_{2.5\mathrm{II}}}{1+B}$。

(2) 功平衡方程。混合排气涡扇发动机功平衡方程与式(2.46)和式(2.47)相同。

(3) 混合室的能量方程。由混合前两股气流能量之和等于混合后气流的能量，得

$$
B c_p T_{2.5\mathrm{II}} + c_p' T_5 = c_p' T_{\mathrm{cm}} + B c_p T_{\mathrm{cm}}
\tag{2.60}
$$

将式(2.41)和式(2.42)代入，得

$$
B(1+l_{\mathrm{C II}}) + \bar{c}_p(1-l_{\mathrm{TH}})(1-l_{\mathrm{TL}})\theta_4 = (\bar{c}_p + B)\theta_{\mathrm{cm}}
\tag{2.61}
$$

式中，$\bar{c}_p$ 为涡轮后燃气比定压热容与外路空气比定压热容之比。

(4) 混合室冲量方程。根据动量定理可得冲量方程，即

$$
I_{\mathrm{cm}} = I_{\mathrm{I}} + I_{\mathrm{II}}
\tag{2.62}
$$

式中

$$
I_{\mathrm{I}} = q_{m,\mathrm{aI}} v_{\mathrm{I}} + p_{\mathrm{I}} A_{\mathrm{I}} = \frac{K+1}{2k} q_{m,\mathrm{aI}} a_{\mathrm{cr,I}} z(\lambda_{\mathrm{I}})
$$

$$
I_{\mathrm{II}} = q_{m,\mathrm{aII}} v_{\mathrm{II}} + p_{\mathrm{II}} A_{\mathrm{II}} = \frac{K+1}{2k} B q_{m,\mathrm{aII}} a_{\mathrm{cr,II}} z(\lambda_{\mathrm{II}})
$$

$$
I_{\mathrm{cm}} = (1+B) q_{m,\mathrm{aI}} v_{\mathrm{cm}} + p_{\mathrm{cm}} A_{\mathrm{cm}} = \frac{K+1}{2k}(1+B) q_{m,\mathrm{aI}} a_{\mathrm{cr,cm}} z(\lambda_{\mathrm{cm}})
$$

式中　v_{I} —— 混合室进口内路气流速度；

v_{II} —— 混合室进口外路气流速度；

v_{cm} —— 混合室出口气流速度；

a_{cr} —— 临界声速。

由式(2.62)可得

$$(1+B)z(\lambda_{cm})\sqrt{\theta_{cm}}=z(\lambda_{\text{I}})\sqrt{(1-l_{TH})(1-l_{TL})\theta_4}+Bz(\lambda_{\text{II}})\sqrt{1+l_{C\text{II}}} \tag{2.63}$$

(5) 混合室进口处内、外涵静压相等。为了减小混合室内、外涵气流混合时的损失,应使混合室进口处内、外涵气流静压相等,即

$$p_{s\text{I}}=p_{s\text{II}} \tag{2.64}$$

2. 发动机的共同工作特点

高压转子部件的工作状态,在所有基本类型的双轴、三轴发动机中都服从相同的规律,即共同工作线为 $\pi_{TH}=$常数线。而确定低压转子部件工作状态的问题则非常复杂,为此,仍只限于讨论尾喷管面积固定且为临界排气的情况。

由混合室出口与尾喷口流量连续,即式(2.59)中的第 7 个等号的左、右两项相等,得

$$q(\lambda_{cm})=\frac{\sigma_e A_8}{A_{\text{I}}+A_{\text{II}}}=\text{常数} \tag{2.65}$$

故

$$\lambda_{cm}=\text{常数}$$

这就是说,在混合排气的涡扇发动机中,当尾喷管为临界排气时,混合室出口气流的速度系数 λ_{cm} 是固定不变的。

由发动机进口与尾喷管出口流量相等,即式(2.59)中的第 1 项和第 8 个等号的左端一项相等,得

$$\frac{\pi_{cm}}{\sqrt{\theta_{cm}}}=\frac{\pi_1 A_2 q(\lambda_2)}{\sigma_e A_8}=K_1\pi_1 q(\lambda_2) \tag{2.66}$$

式中,K_1 为常数。

由式(2.66)可见,发动机节流时,混合气流的总压和总温的变化仅与风扇进口的流量气动函数和飞行马赫数有关。

由高压压气机进口截面参数计算流过发动机的总流量等于混合室进口流量,即式(2.59)中的第 1 个等号的右端一项与第 6 个等号的左端一项相等,得

$$B=\frac{\sigma_{\text{II}}A_{\text{II}}q(\lambda_{\text{II}})}{A_{2.5}q(\lambda_{2.5})}=K_2\frac{q(\lambda_{\text{II}})}{q(\lambda_{2.5})} \tag{2.67}$$

式中,K_2 为常数。

式(2.67)表明,发动机节流时,混合排气与分开排气的涡扇发动机涵道比的变化是不同的。分开排气的发动机涵道比 B 简单地与 $q(\lambda_{2.5})$ 成反比(见式(2.57)),而混合排气的发动机涵道比 B 还须用 $q(\lambda_{\text{II}})$ 修正。例如,当发动机因 n_H 下降而节流时,n_L 也下降,$\pi_{C\text{II}}$ 和 $\pi_{C\text{I}}=\pi_{CL}\pi_{CH}$ 都下降,使 $p_{2.5\text{II}}$ 和 p_3 下降,但是 p_3 的下降由 π_{CL} 和 π_{CH} 同时下降引起,而 $p_{2.5\text{II}}$ 的下降仅由 $\pi_{C\text{II}}$ 的下降引起,这就使两股气流混合前的总压比 $p_{\text{II}}/p_{\text{I}}$ 增大。又因两股气流的静压相等,$p_{s\text{I}}=p_{s\text{II}}$,所以使 λ_{II} 相对 λ_{I} 增大。λ_{II} 的增大使 $q(\lambda_{\text{II}})$ 增大,即外涵流通能力相对内涵增强。这就说明,在 n_H 下降量相同的条件下,混合排气的涡扇发动机涵道比的增加比分开排气的发动机多。

由通过低压涡轮与混合室进口处内路截面 Ⅰ 的流量相等，即式(2.59) 中第 4 个等号的左、右两项相等，得

$$\frac{\pi_{TL}\sqrt{1-l_{TL}}}{q(\lambda_{\mathrm{I}})}=\frac{\sigma_{\mathrm{I}}A_{\mathrm{I}}}{A_{nbL}}=\text{常数} \tag{2.68}$$

式(2.68) 表明，当发动机节流时，λ_{I} 值减小，$q(\lambda_{\mathrm{I}})$ 也减小，使 π_{TL} 随 $q(\lambda_{\mathrm{I}})$ 的减小而减小。混合排气的涡扇发动机与双轴涡喷发动机和分开排气的涡扇发动机不同。当尾喷管为临界排气时，低压涡轮膨胀比 π_{TL} 不等于常数，它在节流时是减小的。

由式(2.64)，可得

$$\pi(\lambda_{\mathrm{II}})p_{\mathrm{II}}=\pi(\lambda_{\mathrm{I}})p_{\mathrm{I}} \tag{2.69}$$

式中

$$p_{\mathrm{I}}=\frac{\sigma_b\sigma_{\mathrm{I}}p_2\pi_{CL}\pi_{CH}}{\pi_{TH}\pi_{TL}}$$

$$p_{\mathrm{II}}=\sigma_{\mathrm{II}}p_2\pi_{C\mathrm{II}}$$

在 $\pi_{C\mathrm{II}}=\pi_{CL}$ 的情况下，式(2.69) 可简化为

$$\frac{\sigma_b\sigma_{\mathrm{I}}\pi_{CH}\pi(\lambda_{\mathrm{I}})}{\pi_{TH}\pi_{TL}}=\sigma_{\mathrm{II}}\pi(\lambda_{\mathrm{II}}) \tag{2.70}$$

式(2.69) 或式(2.70) 给出了用气动函数 $\pi(\lambda)$ 表示的混合室进口处两路速度之间的关系。

混合排气的涡扇发动机在节流状态下的所有参数，即使在作大量近似假设的简化条件下，也须要通过求解基本方程组用逐次逼近的方法才能获得。但是方程组中的个别方程却能显示出这种发动机极为重要的规律性。从所研究过的规律性结论可以看出，与其他类型发动机一样，当尾喷管临界排气时，发动机共同工作线走向与飞行条件无关。当尾喷管为亚临界排气时，式(2.65) 变为

$$q(\lambda_{cm})=\frac{\sigma_e A_8}{A_{\mathrm{I}}+A_{\mathrm{II}}}q(\lambda_8) \tag{2.71}$$

式中，λ_{cm} 不再是固定不变的，而是随节流的程度逐渐降低。λ_{cm} 的降低会加速 λ_{I} 的下降，由式(2.68) 知，这会加速 π_{TL} 的下降。

2.5.4　双轴涡扇发动机的控制规律

1. 被控参数的选择

涡扇发动机的被控参数可以从 n_H，n_L，T_4 和 $\pi_{C\mathrm{I}}$ 等参数中选择。对几何不可调的涡扇发动机只能选择其中的一个参数作为被控参数。

在大多数情况下(和双轴涡喷发动机中一样)，涡轮进口燃气温度 T_4 近似地与高压压气机转速的二次方成正比。因此，在规定的工作状态下，n_H = 常数的控制规律能保持发动机的机械负荷与热负荷状况近似不变。由于这一原因，涵道比不很高的大多数涡扇发动机都选择 n_H 作为被控参数。

对高涵道比($B>4\sim6$)的涡扇发动机,大部分推力由外涵产生。外涵产生的推力主要取决于流过外涵的空气流量,而风扇转速 n_L 决定外涵空气流量。对高涵道比涡扇发动机控制 n_L 比控制 n_H 对推力的影响更有效。一些高涵道比发动机如 CF6,CFM56 均选 n_L 作为被控参数。

内路总增压比 π_{CI} 虽然不能反映发动机的受力和受热状况,但它是发动机的工作过程参数,对推力和耗油率有直接影响。此外,以它作为被控参数对保证控制精度和降低控制装置成本是有利的。

对推力控制的精度与两方面因素有关。一方面是被控参数测量的准确度,另一方面是被控参数变化对推力的影响。这一影响可以用被控参数 x 对推力 F 的对数导数 δ 表示,即

$$\delta=\frac{\partial(\ln x)}{\partial(\ln F)}=\frac{\Delta x/x}{\Delta F/F}=\frac{\bar{x}}{\bar{F}}$$

δ 表示在不同飞行条件下,被控参数的相对变化值 $\bar{x}$ 与推力的相对变化值 $\bar{F}$ 之比,δ 值愈大,说明同样推力相对值变化下,被控参数的相对变化值大。因此,在反映相同的推力变化时,δ 值愈大,控制器对被控参数测量的精确度要求可以愈低。表 2.1 所示是双轴涡扇发动机选择不同被控参数,在起飞条件和一般飞行条件下的 δ 值。

表 2.1　双轴涡扇发动机不同被控参数的 δ 值

$B=2.3$, $T_{4\max}=1\ 400$ K, $\pi_{CI,d}=20$

被控参数 \ δ \ 飞行条件	$H=0$, $Ma=0$	$H=11$ km, $Ma=0.8$
T_4	0.29	0.41
n_H	0.18	0.26
n_L	0.41	0.40
π_{CI}	0.78	0.65

由表 2.1 可见,在相同的推力控制精度要求下,以 n_H 作为被控参数要求最高的测量精确度,而以 π_{CI} 作为被控参数则要求最低的测量精确度,π_{CI} 和 n_H 测量精确度要求的差异就成了某些发动机选择被控参数的决定因素。

从发动机的共同工作分析可知,对 A_8 固定的涡扇发动机,当尾喷管为临界排气,飞行高度和飞行速度给定时,发动机的推力仅仅与发动机内部过程的一个无量纲参数 π_{CI} 或 θ_4 有关。由此可以看出,采用 $\pi_{CI}=$常数的控制规律时,在给定的飞行条件(H,Ma)下,发动机能自动地保持推力不随外界温度而变,正好能满足客机发动机要求。不过要注意,当外界温度变化时,T_4 会发生变化。例如,当外界温度为 288 K 时,$T_4=T_{4d}$,那么,当外界温度为 303 K 时,

$$T_4=T_{4d}(303/288)$$

T_4 较 T_{4d} 增高了。

采用 $\pi_{CI}=$常数控制规律的发动机,n_H,n_L 和 T_4 会随 T_2 的变化而改变。为了保证发动机在全飞行范围内不出现超负荷状态,需要有限制转速和 T_4 最大值的控制系统。

2. 气流混合加力式涡扇发动机加力状态控制规律

与其他类型发动机一样，当涡扇发动机在加力状态工作时，加力状态控制规律一般要求发动机共同工作线的位置保持不变，以保持压气机和风扇必要的气动稳定裕度。

对于加力式涡喷发动机，当发动机在加力状态工作时，核心发动机在最大状态工作，涡轮喷嘴环和尾喷管在临界以上状态工作，加力燃烧室处在流动堵塞的两个喷口之间，这时只要保持涡轮膨胀比 π_T 不变，加力燃烧室加热就不会影响核心发动机的工作状态。但对混合排气加力式涡扇发动机，由于外路混合室进口为亚临界流动，加力燃烧室不再在堵塞的两个喷口之间工作，尾喷管内很小的压力变化，就会通过外涵道上传，影响风扇的工作。不太大的压力偏差就会导致外涵流动停止，甚至倒流，引起风扇喘振。因此，混合排气加力式涡扇发动机加力状态控制规律的选择应特别考虑风扇的稳定工作。

这里介绍一种比较典型的涡扇发动机加力状态控制规律，这种控制规律是

$$\left.\begin{aligned} q_{m,f} &\rightarrow n_H = 常数 \\ q_{m,faf} &\rightarrow T_{7,af} = 常数 \\ A_{8,af} &\rightarrow \pi_T = f(p_3/p_{2.5}) \end{aligned}\right\} \tag{2.72}$$

发动机在加力状态工作，当飞行条件改变时，通过调节主供油量 $q_{m,f}$ 保持 $n_H =$ 常数；通过调节加力供油量 $q_{m,faf}$ 保持给定的加力温度 $T_{7,af}=$常数，保证选择的加力推力要求；通过调节加力状态尾喷口面积 $A_{8,af}$，保证风扇的稳定工作。与式(2.72) 表示的加力控制规律对应的发动机工作线，如图 2.17 所示。当 T_2 减小时，发动机内、外两路的增压比都增加，但内路增压比 π_{CI} 比外路风扇增压比 π_{CII} 增加得快，使两股气流混合前的总压比 p_{II}/p_I 减小。又因两股气流静压相等，使 λ_{II} 相对 λ_I 减小，$q(\lambda_{II})$ 相对 $q(\lambda_I)$ 减小，外路流通能力减弱，风扇工作点向喘振边界方向移动。为了防止风扇喘振，飞行条件改变时，应保持外涵道的流通能力不变。由式(2.67) 知，当 $q(\lambda_{2.5})$ 增加时，要使涵道比 B 不变，应使 $q(\lambda_{II})$ 随 $q(\lambda_{2.5})$ 的增加而增加。而 $q(\lambda_{2.5})$ 与 $p_3/p_{2.5}$ 有单值关系，因此，可以使 $q(\lambda_{II})$ 随 $p_3/p_{2.5}$ 的增加而增加。开大尾喷口面积，可以增大低压涡轮膨胀比 π_{TL}，增大低压涡轮功，使 n_L 增加，π_{CII} 增加，$q(\lambda_{II})$ 增大。

由图 2.17 可见，$p_3/p_{2.5}$ 由 4.4 增至 8.0 时，p_5/p_3 由 0.168 降至 0.135($\pi_T \approx p_3/p_5$ 大约由 5.94 增至 6.4)。在 $n_H =$常数和 $T_{7,af}=$常数条件下，π_T 沿工作线的变化是通过改变加力尾喷口面积 $A_{8,af}$ 实现的。

3. 混合排气的涡扇发动机组合控制规律

作为一个例子，以下介绍一种混合排气的涡扇发动机组合控制规律。这种规律随发动机进口温度变化共有四个区段。第一区段为 $n_{L,cor,max}=$常数，第二区段为 $n_{Lmax}=$常数，第三区段为 $T_{4max}=$常数，第四区段为 $n_{Hmax}=$常数，如图 2.18 所示。

在第一区段里，发动机进口温度 T_2 低于 T_{2a} 时，被限制参数是 $n_{L,cor}=n_{L,cor,max}$。在这种情况下，随着 T_2 升高，n_L，n_H 和 T_4 均增加。与 $n_{L,cor}=n_{L,cor,max}$ 相应的是 $n_{H,cor}=$常数，所以发动机的状态是相似的。这样的控制保证了风扇和压气机的喘振裕度不变。

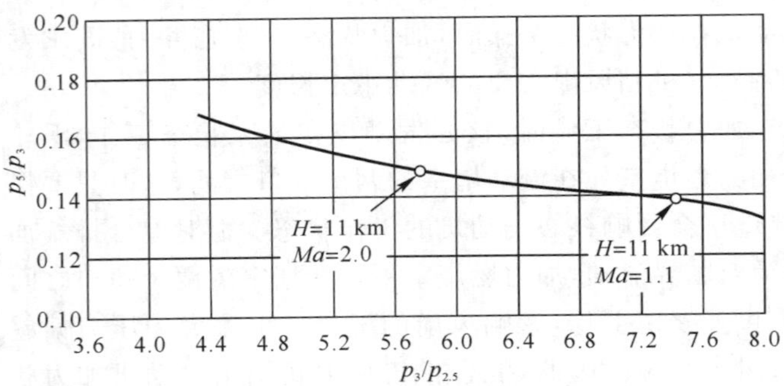

图 2.17　涡扇发动机加力状态工作线

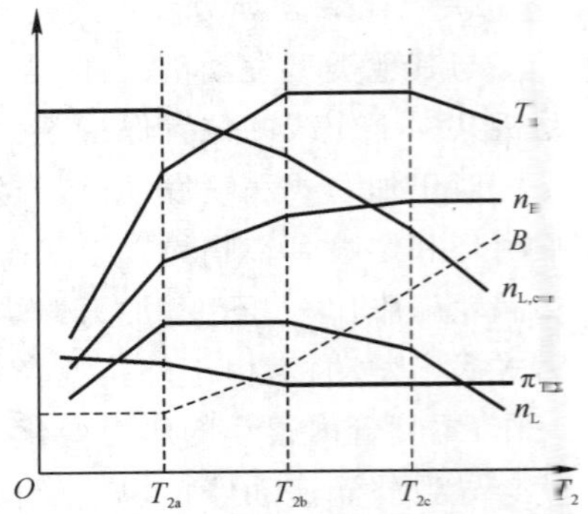

图 2.18　混合排气的涡扇发动机组合控制规律

在这一区段的控制规律为

$$A_8 = 常数,\quad q_{m,f} \rightarrow n_{L,cor} = 常数$$

由于 $n_L = n_{L,cor}\sqrt{T_2/288}$,所以当温度 T_2 达到 T_{2a} 时,n_L 首先达到 n_{Lmax},在第二区段里保持 $n_L = n_{Lmax}$。随着 T_2 的增加,风扇负荷加重,为此,需要增加供油量,提高 T_4,以保持 $n_L = n_{Lmax}$。由于 T_4 增加,导致高压转子转速 n_H 增加。

在这一区段的控制规律为

$$A_8 = 常数,\quad q_{m,f} \rightarrow n_L = 常数$$

当 $T_2 = T_{2b}$ 时,T_4 达到最大值 T_{4max},所以在进入第三区段后,保持 $T_4 = T_{4max}$。在这一区段里,由于随 T_2 的增加,风扇负荷不断加重,而压气机负荷(尤其是后几级压气机负荷)减轻,因而 n_L 不断降低,n_H 不断增加。

在这一区段里,为了保证发动机较大的推力,应使 n_L 降低速率不能过大。为此,应开大尾喷口面积,使 π_{TL} = 常数,或 $\pi_{T\Sigma} = \pi_{TH}\pi_{TL}$ = 常数,这样随 T_2 的增加,可使 n_L 不致降低过快。因此控制规律为

$$q_{m,f} \rightarrow T_4 = 常数,\qquad A_8 \rightarrow \pi_{T\Sigma} = 常数$$

当 $T_2 = T_{2c}$ 时,n_H 达到最大值 n_{Hmax},所以在进入第四区段后,保持 $n_H = n_{Hmax}$。在这一区段里,由于随 T_2 的增加,风扇负荷的加重使 n_L 进一步降低,而由于压气机负荷减轻,必须减少供油量,使 T_4 降低,以保持 $n_H = n_{Hmax}$。

在这一区段里,同样应使 n_L 不致降低过快,所以采用的控制规律为

$$q_{m,f} \rightarrow n_H = 常数,\qquad A_8 \rightarrow \pi_{T\Sigma} = 常数$$

图 2.18 中虚线表示涵道比 B 的变化规律。

对于这种组合控制规律,由于在每一区段里均保持发动机的某个参数为最大值,可使发动机潜力得到比较大的发挥,从而使发动机推力得到较大提高。

为了更好地发挥发动机性能，同时保证发动机工作安全可靠，随发动机进口温度 T_2 的变化，除调节供油量 $q_{m,f}$ 和尾喷口面积 A_8 以外，还应调节风扇导流叶片角度 φ_L 和压气机静子叶片安装角 φ_H。

不同的涡扇发动机可以采用不同的控制规律，以上介绍的仅是一种比较典型的控制规律。

2.6　涡轮螺旋桨和涡轮轴发动机的工作特点

涡轮螺旋桨和涡轮轴发动机是燃气涡轮发动机的一种类型，具有各种各样的结构，且有单轴式与双轴式之分，单轴式又称定轴式，双轴式又称自由涡轮式。在单轴式发动机上，压气机、涡轮和螺旋桨（或旋翼）共轴，如图 2.19(a) 所示。在自由涡轮式发动机上，螺旋桨（或旋翼）由自由涡轮带动，自由涡轮在单独的轴上，如图 2.19(b) 所示。

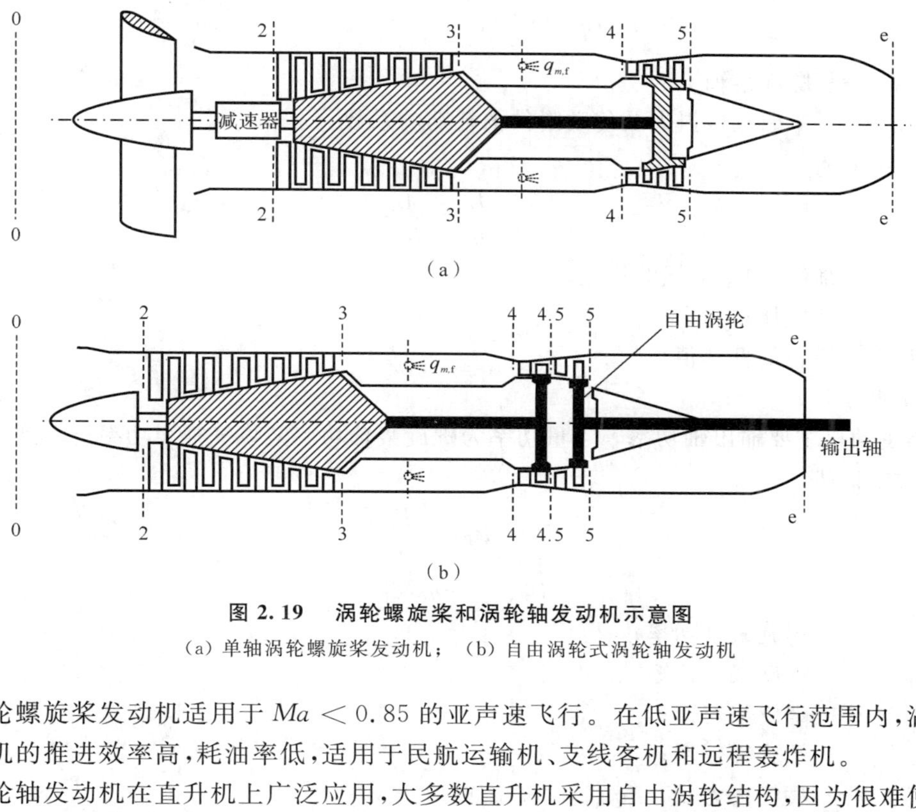

图 2.19　涡轮螺旋桨和涡轮轴发动机示意图

(a) 单轴涡轮螺旋桨发动机；(b) 自由涡轮式涡轮轴发动机

涡轮螺旋桨发动机适用于 $Ma < 0.85$ 的亚声速飞行。在低亚声速飞行范围内，涡轮螺旋桨发动机的推进效率高，耗油率低，适用于民航运输机、支线客机和远程轰炸机。

涡轮轴发动机在直升机上广泛应用，大多数直升机采用自由涡轮结构，因为很难使同一根轴上的压气机、涡轮和旋翼的工作协调一致。采用自由涡轮结构后，燃气发生器轴与自由涡轮轴分开，使自由涡轮轴的扭矩特性更适于直升机旋翼工作的要求。目前，机械传动旋翼的直升机速度一般不超过 300 km/h。

2.6.1 工作特点和性能参数

涡轮螺旋桨和涡轮轴发动机的工作过程与涡喷发动机没有什么区别，但在使用性能方面有很大差异。在涡轮螺旋桨发动机上，燃气发生器后燃气具有的可用能量大部分用于驱动螺旋桨，只有一小部分产生反作用推力。在涡轮轴发动机上可用能量全部用于驱动动力涡轮(自由涡轮)，从自由涡轮轴上输出的功率用于驱动直升机旋翼及附件。对涡轮轴发动机来说，要使轴上输出的功率尽量大，通常涡轮或自由涡轮后的压力低于外界大气压，喷管为扩压管道。对涡轮螺旋桨发动机来说，气流在尾喷管中的压力降也低于临界值，尾喷管出口气流为亚临界流动。

下面以涡轮螺旋桨发动机为例，说明此类发动机的性能参数。

1. 循环有效功 L_e

$$L_e=(L_T-L_C)\eta_m+\frac{1}{2}(v_e^2-v_0^2)=L_{PA}+\frac{1}{2}(v_e^2-v_0^2) \tag{2.73}$$

式中 L_{PA} —— 螺旋桨轴上的功；

η_m —— 考虑机械损失及传动附件消耗功的系数。

2. 热效率 η_t

$$\eta_t=\frac{L_e}{q_0}=\frac{L_e}{fH_u} \tag{2.74}$$

式中 q_0 —— 加给 1 kg 空气的热量；

f —— 油气比；

H_u —— 燃料的低热值。

3. 当量功率 P_e

此类发动机主要输出轴功率。当量功率为螺旋桨轴功率与喷气推力功率折算到螺旋桨轴上的功率之和，即

$$P_e=P_{PA}+\frac{F_j v_0}{\eta_{PA}} \tag{2.75}$$

$$P_{PA}=2\pi n_P M_{PA}$$

式中 P_{PA} —— 螺旋桨轴功率；

M_{PA} —— 螺旋桨轴扭矩；

n_P —— 螺旋桨转速；

η_{PA} —— 螺旋桨效率；

F_j —— 喷气推力，$F_j=q_{m,a}(v_e-v_0)$。

4. 单位当量功率

$$P_{e,s}=\frac{P_e}{q_{m,a}} \tag{2.76}$$

5. 单位轴功率

$$P_{PA,s}=\frac{P_{PA}}{q_{m,a}} \tag{2.77}$$

6. 单位推力

$$F_s=\frac{F_P+F_j}{q_{m,a}} \tag{2.78}$$

式中，F_P 为螺旋桨拉力。

7. 推进效率 η_P

$$\eta_P=\frac{(F_P+F_j)v_0}{q_{m,a}L_e}=\frac{F_P v_0}{q_{m,a}L_e}+\frac{F_j v_0}{q_{m,a}L_e}=$$

$$\frac{\eta_{PA}P_{PA}}{q_{m,a}L_e}+\frac{(v_e-v_0)v_0}{L_e}=\eta_B\frac{L_{PA}}{L_e}+\frac{(v_e-v_0)v_0}{L_e}\approx\eta_{PA} \tag{2.79}$$

式中
$$L_{PA}=(L_T-L_C)\eta_m=\eta_m\left[c_p'T_4\left(1-\frac{1}{e_T}\right)\eta_T-c_pT_2\left(\frac{e_C-1}{\eta_C}\right)\right]$$

$$e_T=\pi_T^{\frac{k'-1}{k'}},\quad e_C=\pi_C^{\frac{k-1}{k}}$$

8. 耗油率 sfc

$$\mathrm{sfc}=\frac{3\ 600q_{m,f}}{P_e} \tag{2.80}$$

式中，$q_{m,f}$ 为燃油消耗量($\mathrm{kg\cdot s^{-1}}$)。

涡轮螺旋桨和涡轮轴发动机需要一个庞大的减速器部件。现代涡轮螺旋桨发动机的功率均在 750 kW 以上，转速在 10 000 $\mathrm{r\cdot min^{-1}}$ 以上，吸收这么大功率的空气螺旋桨的转速只有 1 000 $\mathrm{r\cdot min^{-1}}$ 左右，因此不仅需要减速器而且减速比还相当大(减速比为 10 ～ 16)。减速器传递功率愈大，减速比愈大，减速器愈笨重。

2.6.2　高空涡轮螺旋桨发动机

随着飞行高度的增加，流过发动机的空气流量减小，螺旋桨的轴功率和当量功率都将下降。不难理解，按照地面起飞条件设计的发动机，在空中工作时减速器强度总是过剩的，因为涡轮螺旋桨发动机的减速器是按需要传递的最大功率设计的，如果取地面起飞条件作为设计点，在高空工作时，则不能发挥发动机的潜在性能。为了解决这一问题，通常采用所谓高空涡轮螺旋桨发动机。这种发动机在某一高度以下，螺旋桨轴上的最大功率为一常数，不随高度的降低而增大，这个高度称为功率限制的设计高度，记作 H_d，发动机的减速器按这个高度的最大功率设计。这样处理虽然会使发动机起飞功率减小，但是能减小发动机的重量，改善高空巡航飞行性能。在功率限制高度 H_d 以下，用降低涡轮前燃气温度的方法，使螺旋桨轴上的功率不超过最大允许值。高空涡轮螺旋桨发动机的高度特性如图 2.20 所示。

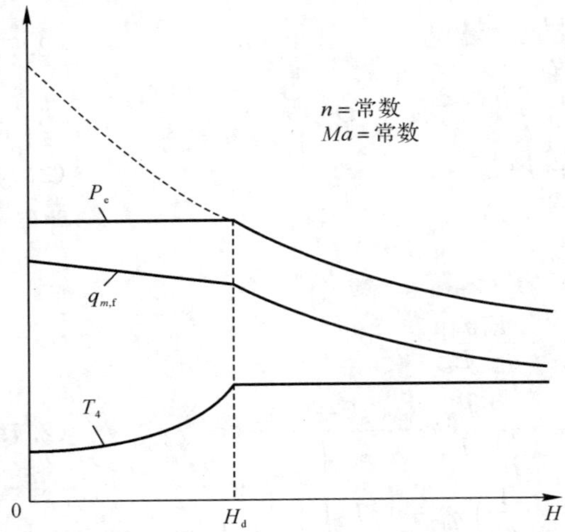

图 2.20 高空涡轮螺旋桨发动机的高度特性

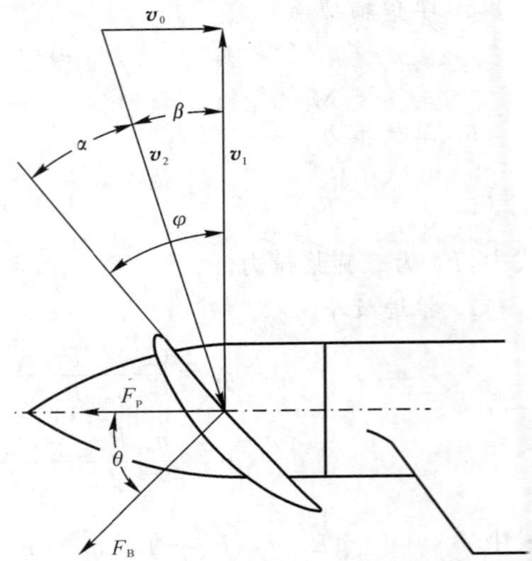

图 2.21 气流流过螺旋桨的速度三角形

2.6.3 涡轮螺旋桨和涡轮轴发动机的控制规律

1. 桨叶安装角 φ 对发动机转速 n 的影响

下面通过螺旋桨某一截面的气流流动简要说明影响螺旋桨力矩的因素。图 2.21 表示螺旋桨半径为 R 的截面上气流的速度三角形。图中,v_0 为飞行速度;v_1 为气流的切向速度,$v_1=2\pi Rn_P=\pi Dn_P$,其中,n_P 为螺旋桨转速,单位为 $r \cdot s^{-1}$,R 为螺旋桨有效半径;v_2 为气流进入螺旋桨的相对速度;α 为气流攻角;φ 为桨叶安装角;F_B 表示作用于螺旋桨上的气动力(也称升力)。F_B 在平行于发动机轴线方向上的分力为螺旋桨拉力 F_P;在垂直于发动机轴线方向的分力产生螺旋桨阻力矩 M_D。由速度三角形可得

$$\tan\beta=\frac{v_0}{v_1}=K\lambda$$

式中 K —— 常数;

λ —— 螺旋桨相对进距,$\lambda=v_0/(Dn_P)$,D 为螺旋桨有效直径。

根据气流流经叶型的气动力分析可知,螺旋桨的气动力 F_B 主要取决于气流攻角 α,而 α 又与 φ 和 β 有关,由此可知,螺旋桨力矩 M_P 与桨叶安装角 φ 有关,因此,调节 φ 可以改变 M_P,可以影响单轴式涡轮螺旋桨发动机转速 n。

2. 单轴涡轮螺旋桨发动机控制规律

单轴涡轮螺旋桨发动机几乎无例外地选择供油量 $q_{m,f}$ 和桨叶安装角 φ 作为控制量,其控制规律为

$$\varphi \rightarrow n = \text{常数}, \quad q_{m,\mathrm{f}} = \text{常数}, \quad A_{\mathrm{e}} = \text{常数}$$

并要限制螺旋桨轴功率 P_{PA}。为保持转速等于常数，因此，限制螺旋桨轴功率可以转换为限制螺旋桨轴扭矩 M_{PA}，即

$$M_{\mathrm{PA}} \leqslant M_{\mathrm{PA,max}}$$

对高空涡轮螺旋桨发动机，要采用组合控制规律。

在 $H \leqslant H_{\mathrm{d}}$ 范围内，为限制低空螺旋桨轴功率，采用

$$\varphi \rightarrow n = \text{常数}, \quad q_{m,\mathrm{f}} \rightarrow P_{\mathrm{PA}} = \text{常数}, \quad A_{\mathrm{e}} = \text{常数}$$

在 $H > H_{\mathrm{d}}$ 范围内，采用

$$\varphi \rightarrow n = \text{常数}, \quad q_{m,\mathrm{f}} \rightarrow T_4 = \text{常数}, \quad A_{\mathrm{e}} = \text{常数}$$

3. 自由涡轮式涡轮轴发动机控制规律

自由涡轮式涡轮轴发动机的被控参数可以是燃气发生器转速 n_{g}、自由涡轮转速 n_{f} 和涡轮进口燃气温度 T_4。可以作为控制量的参数只有供油量 $q_{m,\mathrm{f}}$ 和旋翼的安装角 φ。因此可能选择的控制规律有

$$\varphi \rightarrow n_{\mathrm{f}} = \text{常数}, \quad q_{m,\mathrm{f}} \rightarrow n_{\mathrm{g}} = \text{常数}, \quad A_{\mathrm{e}} = \text{常数}$$

或

$$\varphi \rightarrow n_{\mathrm{f}} = \text{常数}, \quad q_{m,\mathrm{f}} \rightarrow T_4 = \text{常数}, \quad A_{\mathrm{e}} = \text{常数}$$

或

$$q_{m,\mathrm{f}} \rightarrow n_{\mathrm{f}} = \text{常数}, \quad A_{\mathrm{e}} = \text{常数}$$

或

$$q_{m,\mathrm{f}} \rightarrow n_{\mathrm{g}} = \text{常数}, \quad A_{\mathrm{e}} = \text{常数}$$

以上四种控制规律，前两种被控参数有两个，对第三个未被控参数应进行限制，以保证任何飞行条件下不超过最大允许值。同理，后两种控制规律必须对未控制的两个参数进行限制，例如第三种控制规律，被控参数为自由涡轮转速 n_{f}，则对燃气发生器转速 n_{g} 和涡轮进口燃气温度 T_4 应加以限制，保证 $n_{\mathrm{g}} \leqslant n_{\mathrm{gmax}}$，$T_4 \leqslant T_{4\max}$。此外，还应限制发动机输出轴扭矩。

2.7 变循环发动机工作原理及控制模式

2.7.1 变循环发动机的意义

1. 变循环发动机的概念

随着现代飞行技术要求的提高，对航空发动机提出了更高的性能要求。例如，更高的推力要求和更低的耗油率要求，并且随着飞行任务的增加，发动机必须在更多的工作状态下工作，例如低亚声速待机、高亚声速巡航、超声速巡航和加力与不加力的机动飞行。对不同的飞行任务，发动机必须具有不同的性能，采用单一的涡喷发动机或涡扇发动机是难以实现这些要求的。

由发动机原理可知，在高马赫数飞行时，以涡喷发动机热力循环形式工作，可提供更高的单位推力，而在低马赫数长航程飞行时，以涡扇发动机热力循环形式工作，由于其循环效率高，

可保持较低的耗油率。利用两者优点，在同一台发动机上根据不同的飞行任务实现不同的循环，就构成了变循环发动机(Variable Cycle Engine，VCE)。变循环发动机通过改变发动机循环参数，例如增压比、涡轮进口温度、空气流量和涵道比，可以使发动机在各种状态下都具有良好的性能。当飞机在爬升、加速飞行和超声速飞行时，减小涵道比，以接近涡喷发动机的工作状态，使其具有涡喷发动机的性能，以增加推力；在起飞和亚声速飞行时，增加涵道比，在涡扇发动机状态下工作，使其具有涡扇发动机性能，以降低耗油率和噪声。

实际上，带加力的涡喷发动机和带加力的涡扇发动机都属于变循环发动机，因为发动机打开加力工作即改变了发动机热力循环过程。

2. 变循环发动机的发展

随着战斗机飞行任务的增加、飞行包线的扩大和多用途要求的提出，要求发动机不仅能实现亚声速巡航，还能实现超声速巡航。为此，美国 NASA 在 20 世纪 70 年代即制订了变循环发动机研究计划，为实现该计划，PW 公司和 GE 公司同时开展了变循环发动机研究。PW 公司所研究的变循环发动机是外涵道加力的涡扇发动机，在亚声速巡航时，外涵不加力，按通常的涡扇发动机原理工作，以降低耗油率。在超声速巡航时，外涵加力，以提高发动机推力，同时调节风扇与压气机转速和可变几何，以控制涵道比。GE 公司研究的变循环发动机是利用控制涡扇发动机外涵道进口与出口节流活门面积来控制涵道比，使其按涡喷发动机或涡扇发动机原理工作的。经过不断的研究、改进和试验，PW 公司研究的外涵加力的涡扇发动机 F119 被选择为先进飞机 F22 的动力装置，而 GE 公司研究的变循环发动机 F120 仍然作为 IHPTET 计划的重要技术目标和主要内容。

在民用航空方面，自 20 世纪 90 年代以来，美国、欧洲和日本又大力开展超声速($Ma=3$)和高超声速客机推进系统的研究，并取得了相当大的成果。对所研究的推进系统均采用变循环发动机的工作模式，而日本所研究的是由变循环与冲压发动机组合而成的组合式发动机。

目前，国外在变循环发动机新技术研究方面仍在不断发展，美国第四代变循环发动机为可控压比发动机，它是在 F120 发动机的基础上发展起来的。可控压比发动机将采用高效可调面积高压涡轮导向器、高负荷跨声速高压涡轮和无导叶对转低压涡轮等新技术，其成果将用于 XTE76 验证机、XTE77 验证机和 JSF(F136) 发动机。

2.7.2 变循环发动机的工作原理

变循环发动机的结构形式较多，这里仅介绍一种典型的变循环发动机，如图 2.22 所示。发动机基本结构特点是风扇分为两段，前段风扇为 2 级，由低压涡轮驱动；后段风扇为 1 级，后段风扇和高压压气机由高压涡轮驱动，后段风扇又称为核心机驱动风扇，其余部件与一般涡扇发动机基本相同。这种变循环发动机的可变几何包括前段风扇进口导流叶片角度 φ_f；后段风扇导流叶片分为顶部和轮毂两部分，这两部分独立可调，叶片角度分别为 φ_{tip} 和 φ_{hub}；可调面积低压涡轮导向器；喷管喉部面积 A_8；前段风扇出口(外涵出口)涵道模式选择活门面积 $A_{2.5\text{II}}$；

调节外涵出口面积的引射器面积 $A_{5\mathrm{II}}$ 等。涵道模式选择活门 $A_{2.5\mathrm{II}}$ 前面受前段第 2 级风扇出口压力作用，$A_{2.5\mathrm{II}}$ 后面受外涵压力作用。

在起飞和亚声速巡航时，外涵道出口的可调面积涵道引射器 $A_{5\mathrm{II}}$ 打开，增加风扇转速。前段第 2 级风扇出口与外涵道之间的压力差增大，在这一压力差作用下涵道模式选择活门 $A_{2.5\mathrm{II}}$ 打开，使前段风扇空气可由外涵流入混合室，发动机转换为涡扇发动机工作模式。与此同时，调节后段风扇顶部导流叶片角度 φ_{tip} 和轮毂部分导流叶片角度 φ_{hub}，以增加外涵空气流量，使其具有尽可能高的涵道比，涵道比增加使推进效率提高。通过减小主燃烧室燃油流量 $q_{m,\mathrm{f}}$ 和调节低压涡轮导向器面积，压气机转速降低，使发动机处于低功率水平。增加尾喷管喉部面积 A_8，可使外涵气流流通能力增加，使涵道比进一步增加，同时增加风扇失速裕度。发动机在这种低功率状态工作，推力主要由外涵气流产生，因而在保证较高推力的前提下，使耗油率减小 15% 左右。

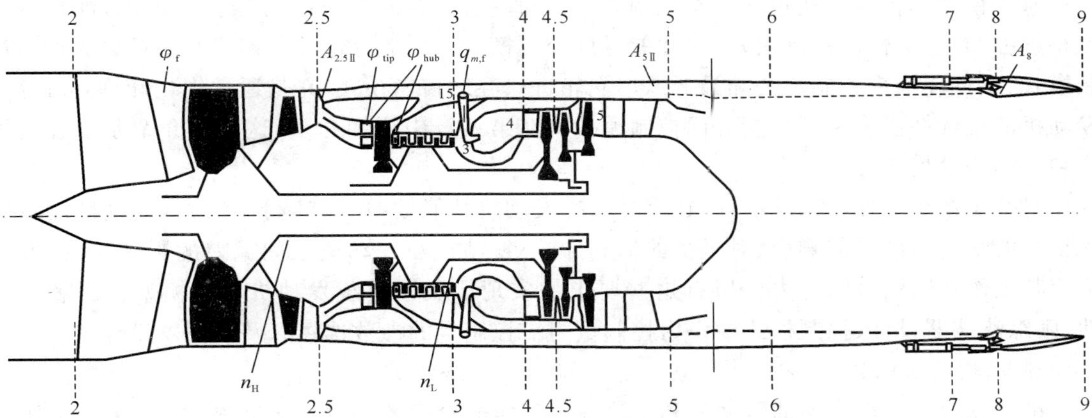

图 2.22　典型的变循环发动机原理图

在加速、爬升和超声速巡航时，关小外涵道出口的可调涵道面积引射器 $A_{5\mathrm{II}}$，外涵道中气流压力增加，当超过前段第二级风扇出口压力时，在反压作用下，涵道模式选择活门 $A_{2.5\mathrm{II}}$ 关闭，发动机转为接近涡喷发动机的单涵道工作模式。同时调节 φ_{tip} 和 φ_{hub}，使风扇出口气流主要通过内涵道，仅有少部分气流由后段风扇进入外涵道，这部分气流主要用于冷却加力燃烧室和尾喷管外壁。增加主燃烧室燃油流量，并调节低压涡轮导向器面积，以提高高压涡轮进口温度 T_4 和高压压气机转速，使高压压气机与模式选择活门关闭后的风扇工作相匹配。减小尾喷管喉部面积 A_8，提高尾喷管排气速度，使发动机单位推力增加，同时由于高压转子转速的提高，使发动机保持较高的空气流量，因而发动机推力增加。发动机在这种高功率状态下工作，可保证飞机加速、爬升及超声速巡航飞行所要求的推力。

外涵道出口的可调涵道面积引射器 $A_{5\mathrm{II}}$ 是调节外涵道出口气流马赫数的活门，以保持外涵气流与核心气流在混合室进口压力平衡，减小气流在混合室的总压损失，从而进一步提高发动机推力。

2.7.3 变循环发动机的控制模式

1. 控制模式

由上面介绍可知，变循环发动机有涡喷发动机和涡扇发动机两种工作模式。在涡喷发动机工作模式时，发动机高压涡轮进口温度、压力及压气机转速等参数的值均很高，因此是变循环发动机的高功率模式；而在涡扇发动机工作模式时，这些参数值相对较低，因此是变循环发动机的低功率模式。

对于变循环发动机虽然也可以采用常规的控制模式，但采用常规控制模式难以充分发挥发动机的性能。为了充分发挥变循环发动机的性能，应采用基于模型的控制模式。

基于模型的控制模式包括基本控制模式，即直接推力控制模式；可操作性模式，即直接失速裕度控制模式；性能控制模式，即性能寻优控制模式。性能寻优控制模式又包括最大推力控制模式、最低耗油率控制模式和最低风扇涡轮进口温度控制模式，它是通过优化计算方法寻求发动机的最优性能。关于性能寻优控制模式将在第 8 章中详细介绍，这里仅介绍基本控制模式和可操作性模式。

对基于模型的控制系统设计，在充分发挥发动机性能效益的前提下，必须满足对驾驶员输入指令的快速而准确的响应、对干扰的抑制、减小发动机与发动机之间偏差的影响、保护发动机使其工作在限制范围之内。所有这些要求的实现取决于机载发动机数学模型精度和实时性、跟踪滤波器设计、控制模式中作为控制量与被控制量的参数选择以及控制器设计。

2. 机载发动机数学模型

机载发动机数学模型的意义是利用这一模型实时计算不可测的发动机推力、风扇/压气机失速裕度、耗油率等性能参数。

机载模型应具有高的精度，即模型能描述真实发动机的物理过程，并且能根据滤波器输出对模型参数进行修正，使模型逼近于当前发动机实际状态，也即模型能反映由于制造误差而产生的发动机与发动机之间的差异和发动机由于使用而产生的性能退化。机载模型还必须具有实时计算能力，即模型计算速度与发动机运行速度一致，以保证控制系统进行有效的控制。不满足这些要求的机载模型，对基于模型的控制而言是没有意义的。

机载发动机数学模型可以利用准确的按发动机部件计算的非实时数学模型进行适当简化而建立。简化后的模型除满足实时计算要求外，应包括便于对效率、流量等参数进行修正的部件特性，同时还应通过流量平衡、力矩平衡、功平衡来保证模型的精度。

机载发动机数学模型有许多建模方法，在第 3 章中将作介绍。

3. 跟踪滤波器

发动机与发动机之间的差异和发动机性能退化反映在发动机部件(如压气机和涡轮)特

性的变化上，也即在发动机同一工作点其部件的效率、流量等参数存在差异或变化，而这些参数是不可测量的。跟踪滤波器的作用就是利用发动机可测量的参数估计发动机部件的效率、流量等参数的偏差，再利用估计的偏差修正机载发动机数学模型相应部件的特性，这就使得机载发动机数学模型能更准确地表征发动机当前的实际状态。因此，由修正后的数学模型计算的不可测性能参数，例如推力、风扇 / 压气机失速裕度、耗油率等，即表示了当前发动机的性能参数。

由以上讨论可知，跟踪滤波器和机载发动机数学模型在基于模型的控制中的重要意义。发动机性能参数计算是否准确，取决于跟踪滤波器对部件参数偏差估计的精度和机载数学模型的精度。

跟踪滤波器一般采用卡尔曼滤波方法，这将在第 8 章中讨论。

4. 基于模型的变循环发动机多变量控制

(1) 可操作模式。

1) 控制量：$q_{m,\mathrm{f}}$，$A_{5\mathrm{II}}$，φ_{tip}；被控制参数：F，SMF，$p_5/p_{5\mathrm{II}}$。

2) 控制量：$q_{m,\mathrm{f}}$，$A_{5\mathrm{II}}$，A_8；被控制参数：F，SMF，$p_5/p_{5\mathrm{II}}$。

第 1) 种控制模式温度裕度最小，因而是最好的选择方案。

(2) 基本控制模式。

1) 高功率状态控制量：$q_{m,\mathrm{f}}$，A_8，$A_{5\mathrm{II}}$；被控制参数：F，T_5/T_2，$p_5/p_{5\mathrm{II}}$。

2) 低功率状态控制量：$q_{m,\mathrm{f}}$，A_8，$A_{5\mathrm{II}}$；被控制参数：F，$p_{s,5}/p_2$，$p_5/p_{5\mathrm{II}}$。

在闭环系统中是利用被控制参数作为反馈量，与其相应的参考输入比较后的误差为 e_F，e_{SMF}，$e_{p_5/p_{5\mathrm{II}}}$，$e_{p_{s,5}/p_2}$，e_{T_5/T_2}，控制器根据误差进行控制。对以上几种控制模式相应的控制器为 3 个输入、3 个输出的 3 × 3 多变量控制器。

5. 增益调度控制器

对于多变量控制器可以用不同的设计方法进行设计，当前研究得较多的变循环发动机控制是利用线性变参数(Linear Parameter Varying，LPV) 模型设计增益调度控制器(gain scheduling)。关于这方面的知识将在第 7 章介绍。

2.8　压气机控制

2.8.1　多级轴流式压气机的不稳定状态

燃气涡轮发动机的压气机工作稳定性的丧失是航空动力装置一种危险的非正常状态。

压气机气动稳定性丧失的主要原因是压气机气流通道中出现严重的气流分离，而气流分离与气流流向叶片的攻角 α 有关。当气流以较大的正攻角进入叶片通道时，气流在叶背产生分离，如图 2.23(a) 所示；当气流以较大负攻角进入叶片通道时，气流在叶盆产生分离，如图

2.23(b)所示。随着叶片转动,叶背分离有加剧趋势,因此,对气动稳定性的影响更大。由图2.23所示的速度三角形可以看到,气流攻角α随流量系数$\bar{v}_a = v_a/u$而变化,当$\bar{v}_a$减小时,气流攻角增大;当$\bar{v}_a$增大时,气流攻角减小。

由于压气机具有正的压力梯度,即沿气流的流向压力是逐渐增加的。正压力梯度有阻止气流前进的趋势,并有向低压区回流的倾向,这种倾向可能助长叶片上气流的分离。当一部分叶片产生气流分离时,会使流过该区的流量下降,溢出流量进入邻近的叶片,由于转子的旋转,使分离区不是保持在固定的叶片上,而是沿周向均匀地移动。如果分离是在转子叶片上形成的,则分离区将相对转子转向作反向移动。如果分离是在静子叶片上形成的,则分离区将沿着转子转向而移动。因此,把发生在叶片上的这种气流分离称为旋转失速。

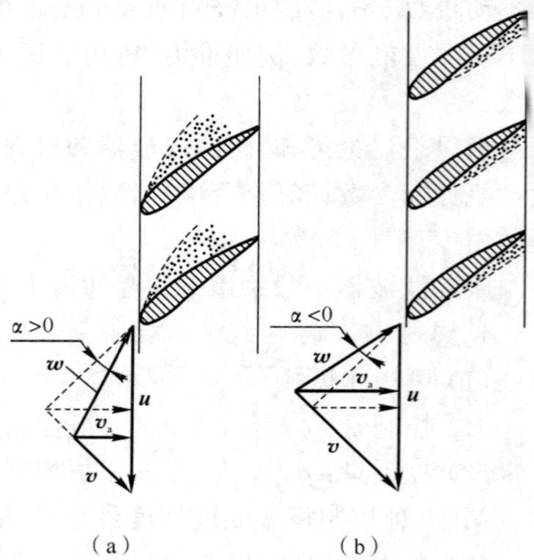

图 2.23 T_2 升高时多级轴流式压气机的流动示意图

(a) 前面级; (b) 后面级

w— 相对速度; u— 牵连速度; v— 绝对速度

当发生气流分离的叶片多到一定程度时,整个压气机通道变得不通畅,后面的高压气体始终有一种回冲趋势,当气流前进的动能不足以克服气流回冲趋势时,气流就要倒流。倒流消除了压气机前、后的压力差,使气流在叶片推动下,又开始正向流动。如此反复,就造成了压气机流量和压力强烈的低频轴向振荡,这就是喘振。

流过压气机任何截面的流量可用$q_{m,a} = \rho A v_a$表示,其中ρ, A, v_a分别为该截面的气流密度、通道面积和气流的轴向速度。压气机是根据设计点的气动参数设计的,当压气机在设计点工作时,压气机各级的$q_{m,a}$, ρ和A之间具有良好的匹配,气流以图2.23中虚线所示的相对运动速度进入叶片通道,气流不产生分离。当压气机偏离设计点工作时,流过压气机的空气流量$q_{m,a}$及各级气流密度ρ变化,不再与不变的流通面积协调,使气流的轴向速度v_a改变,并导致攻角变化。例如,转速不变,当T_2升高时,压气机各级增压比减小,通过压气机的空气流量亦减小,压气机前面级的轴向速度v_a下降,使前面级在正攻角下工作。由于压气机各级增压比减小,使气体密度与设计状态相比逐级下降,愈到后面级,下降愈多,致使后面级密度下降过多,与空气流量的减小不相适应,气流轴向速度增加,后面级在负攻角下工作。前面级与后面级的攻角变化分别如图2.23(a)(b)所示。在这种情况下,喘振由前面级诱发。当T_2不变,发动机转速下降时,情况与上述类似。当T_2下降或发动机转速上升时的情况与上述相反,前面级在负攻角下工作,后面级在正攻角下工作,喘振由后面级诱发。

2.8.2　压气机控制

对于具有高增压比压气机的发动机，当发动机在偏离设计点较远的状态工作时或在发动机的加速过程中，如果不对压气机进行控制，压气机容易产生失速或喘振。如上所述，压气机的失速或喘振之所以发生，很重要的原因是由于压气机叶片上产生了严重的气流分离，而气流分离的主要原因是气流流过旋转或静止叶片时的攻角过大或过小。压气机控制的目的就是使气流保持气动稳定要求的攻角流向叶片，防止气流在叶片上分离。常用的控制方法有下述两种。

1. 中间级放气

由上述分析可知，多级轴流式压气机，当换算转速 n_{cor} 低于设计值时，前面级气流轴向速度减小，攻角增加；后面级气流轴向速度增大，攻角减小。当发动机加速处于低转速范围时，压气机的换算转速较设计值低得多。为了协调前后级的流动，可以打开设置在压气机中间级的放气孔，使中间级放气。由于中间级放气，使进入发动机前面的空气流量增加，压气机前面级流量系数 $\bar{v}_a$ 不至于因 n 较低而减小过多。由于中间级放气使流过后面级的流量减少，$\bar{v}_a$ 也不会因 n 偏低而增加过多。当利用中间级放气协调发动机在低转速工作时通过压气机前面级和后面级的空气流量，使各级流量系数 $\bar{v}_a$ 不会有过大变化(相对于设计状态)，这样可避免压气机叶片产生严重的气流分离，防止喘振。

随着加速过程转速的上升，与设计点的偏离程度逐渐减小，当转速达到一定值时，就可以关闭中间级放气。

2. 旋转导流叶片或导流叶片后缘转动

中间级放气并不是对各种发动机总有效的防喘方法，而且放出的是具有一定压力的空气，这对发动机来讲是一定能量的损失。涡扇发动机通常采用风扇导流叶片和压气机静子叶片旋转的防喘方法。图 2.24 为旋转导流叶片防喘的原理图。

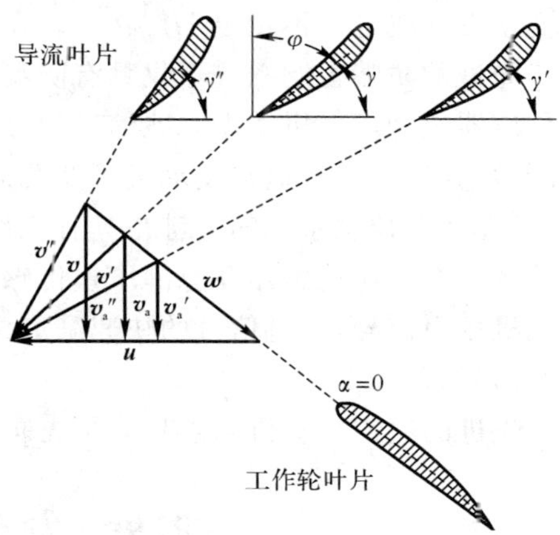

图 2.24　旋转导流叶片防喘的原理图

设压气机导流叶片安装角为 γ。压气机在设计状态工作时，沿导流叶片后缘角流出的气流绝对速度为 v，流向工作轮叶片的相对运动速度为 w，气流进入工作轮叶片时的攻角 $\alpha \approx 0$。当通过压气机的空气流量减少，气流轴向速度由 v_a 降至 v_a' 时，如果压气机不可调，气流攻角 α 将增大，如果相应地转动导流叶片，使导流叶片安装角由 γ 减至 γ'，这样，气流自导流叶片流出的绝对速度 v' 的方向改变，而进入工作轮叶片的相对运动速度方向仍保持不变，使进入工作轮叶片的气流攻角 $\alpha \approx 0$。同理，当 v_a 增至 v_a'' 时，则使导流叶片安装角增至 γ''，仍保持相对运动速度 w 的方向不变。

通过压气机在不同工作状态下的气流参数计算,可以得到导流叶片转角 φ 随转速相似参数 $n/\sqrt{T_2}$ 或换算转速 n_{cor} 变化的规律,如图 2.25 所示。图中所示为压气机控制规律,它是压气机控制系统设计的依据和要求。

导流叶片后缘转动的防喘原理与旋转导流叶片类似。采用可转导流叶片结构,可以改善压气机特性,使压气机特性图上的稳定工作边界向左移动。扩大压气机的稳定工作范围。此外采用压气机机匣处理也可以扩大压气机稳定工作范围。

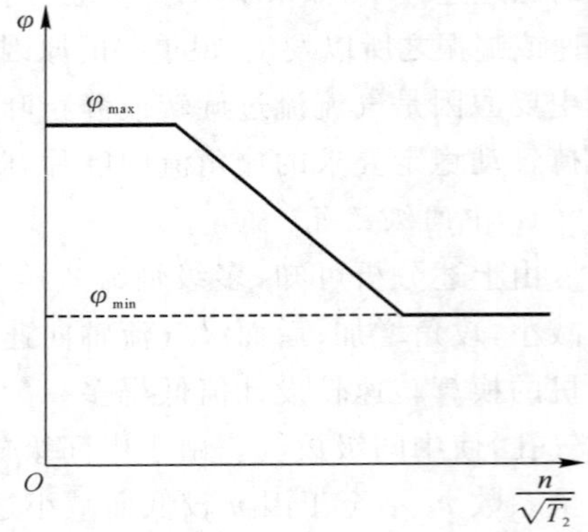

图 2.25 导流叶片转角 φ 随压气机转速相似参数 $n/\sqrt{T_2}$ 的变化规律

实际上,除了压气机的进口温度 T_2 外,还有许多因素,例如叶片加工精度、安装误差、进气道出口流场不均匀度、涡轮前燃气温度升高,以及发射武器和反推力状态下排出的高温废气进入发动机及飞机机动飞行、环境大气条件变化等,都会对压气机的气动稳定性产生不良影响。因此,需要保证发动机在任何使用条件下都能稳定工作。

为了保证发动机在任何条件下不喘振,发动机需要有防喘控制系统,它是发动机控制系统的重要组成部分。

军用航空发动机防喘控制系统的功能是飞机机动飞行和武器发射时防止发动机喘振和燃烧室熄火。这一系统是利用对主燃烧室燃油的瞬时切油(即迅速放掉一部分副油路燃油)和短时断油以及调节进气道、风扇和压气机以及尾喷口面积等可变几何方法,避免由于进口温度畸变使发动机进入不稳定工作状态。在停止切油和断油后,发动机自动恢复正常工作状态,

先进的防喘控制系统不仅具有防喘功能,还具有消喘功能。消喘系统是利用喘振压力信号传感器感受压气机喘振先兆信号,在压气机喘振前,根据先兆信号自动控制发动机切油和短时断油,并调节进气道与发动机可变几何,预防发动机喘振。由于喘振先兆信号微弱且难以捕捉,因此消喘控制系统的关键是具有工作可靠且快速响应的喘振压力信号传感器,喘振压力信号传感器有静压传感器和总静压差传感器。在某些发动机上利用快速响应的压力传感器感受压气机压力信号,通过信号的快速采集、快速数字滤波和数控系统专门程序的迅速判断来确定先兆信号。

先进的航空发动机必须具有预先防喘和主动消喘两种功能的防喘控制系统。

2.9 发动机的过渡状态控制

在航空发动机的使用中,经常要根据飞机需要的推力,迅速地从一种工作状态改变到另一种工作状态,这种变化过程称为发动机的过渡态。航空发动机的过渡态包括起动、加速、减速、

加大接通和切断。为了保证过渡过程稳定可靠，过渡时间尽量短，就需要有过渡态控制系统。

2.9.1　发动机起动过程控制的要求与控制方法

发动机从转速为零加速到慢车转速 n_{idle}，称为发动机的起动过程。在图 2.26 所示的压气机特性图上，a—1—2—3—4—5 曲线为发动机的起动过程线。a—1 为起动机带动转子加速段 1—2 为燃烧室点火段；2—4 为起动机和涡轮共同带动转子加速段；4—5 为起动机停止工作，涡轮单独带动转子加速段。通常，将起动过程分为起动机单独工作的第 Ⅰ 阶段；涡轮与起动机共同工作的第 Ⅱ 阶段；涡轮单独工作的第 Ⅲ 阶段。

飞机在飞行中，当出现燃烧室熄火的空中停车时，发动机处于自转状态(风车状态)，这时燃烧室入口参数如果满足可靠点火条件，可以不必经历 a—1 过程，而直接向燃烧室供油点火，重新起动。

通常，对发动机的起动过程有两方面要求：其一是起动时间；其二是起动可靠性。

1. 起动时间 t_{st}

起动时间是决定飞机能否迅速起飞的重要因素。起动时间虽然不是表征起动性能的唯一标志，然而是最重要的标志之一。标准大气条件下对地面起动时间的要求，一般为 20 ～ 30 s，在最不利的外界温度条件下将增加 0.5 ～ 1 倍。对空中起动时间要求，取决于飞机的用途和发动机的动态特性。对中等推力发动机来说，空中起动的最佳时间为 20 ～ 30 s，超过 60 s 的起动时间通常被认为起动不起来。

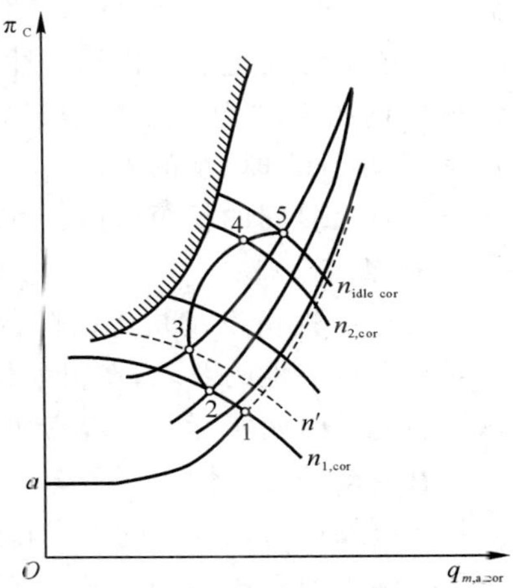

图 2.26　地面起动工作线

起动过程是一个极其复杂的过程，影响起动过程的因素很多。决定起动时间的主要因素是发动机转子的剩余功率和起动点火时间。

起动过程中发动机转子轴上的功率平衡方程为

$$\Delta P_{\mathrm{st}} = \left(\frac{\pi}{30}\right)^2 J n \frac{\mathrm{d}n}{\mathrm{d}t} \tag{2.81}$$

式中　J —— 转子的转动惯量；

ΔP_{st} —— 起动过程中的剩余功率。

由式(2.81) 可得起动时间，即

$$t_{\mathrm{st}} = \left(\frac{\pi}{30}\right)^2 J \int_0^{n_{\mathrm{idle}}} \frac{n}{\Delta P_{\mathrm{st}}} \mathrm{d}n \tag{2.82}$$

由式(2.82) 可见，增大起动过程中的剩余功率 ΔP_{st}，可以缩短起动时间，剩余功率取决于起动机功率 P_{st} 和起动过程中的涡轮功率 P_{T}。起动过程剩余功率如图 2.27 的阴影区所示。

起动机功率 P_{st} 决定第 Ⅰ 和第 Ⅱ 阶段的剩余功率。航空燃气涡轮发动机通常用电机或低压冷气涡轮作为起动机。起动机型别的选择取决于许多因素,这些因素是发动机尺寸大小、起动时间、飞机上是否有功率较大的电气系统(起动电机在起动过程结束后将作为发电机使用)等。

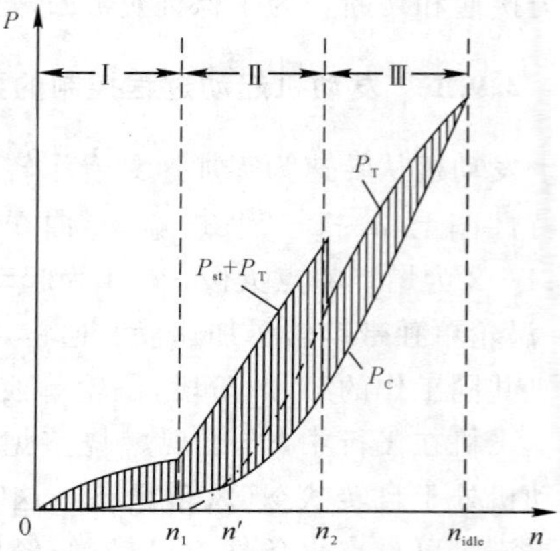

图 2.27　起动过程中功率和转速的关系

涡轮产生的功率决定第 Ⅱ 和第 Ⅲ 阶段的剩余功率,涡轮功率 $P_T = q_{m,a}L_T$,而 L_T 主要取决于涡轮前燃气温度 T_4。图 2.26 中,用 1—2—3—4—5 表示的过程中,T_4 的值由起动过程的供油规律确定。起动过程的供油量变化规律,受压气机失速、涡轮最高允许温度及燃烧室可靠点火和燃烧的限制。

起动点火时间的长短,直接影响涡轮投入工作的时间,因此影响起动时间。

2. 起动可靠性

起动可靠性由发动机无故障的起动次数与地面和空中条件下总的起动次数的比值来估计。对起动可靠性的要求,在很大程度上取决于飞机的用途和飞机所装发动机的台数。起动可靠性与起动时间实际上有着密切联系,由起动时间决定起动方式,而起动方式又在很大程度上决定着起动的可靠性。

起动可靠性与燃烧室的点火特性和供油规律有密切的关系。航空发动机必须具有可靠的点火系统和供油系统,保证在规定的飞行范围内,具有可靠的点火性能。点火是起动成败的关键。在燃烧室内点燃油气混合气的方法很多,而使用最广的是用电嘴放电直接点燃混合气的方法。当燃烧室结构一定时,燃烧室的点火性能主要由电嘴放电的能量和频率、燃油喷嘴的喷射角、燃油雾化质量(油珠的分布和直径)、喷嘴的流量特性、燃料的物理化学性能、混合气成分、燃烧室进口气流平均参数(p_3, T_3 和 v_3)等因素决定。要获得可靠的点火条件,必须合理地选择有关参数和创造有利的点火环境(如燃油预热、空中补氧和空中使用航空汽油作点火燃料等)。

为了缩短起动时间,须要向燃烧室多供油,提高涡轮前燃气温度 T_4。但是,提高 T_4 会使压气机的稳定工作裕度减小和受热部件的热负荷增大。此外,过多地增大供油量还会造成混合气过度的“富油”。因此,起动油量控制必须既要保证起动时间短,又要保证起动安全可靠。

3. 起动过程的控制

发动机起动必须按严格顺序,一个阶段接一个阶段地进行。起动顺序通常由起动电路中的一组由准确定时机构自动操纵的继电器完成。整个起动过程的大体顺序是,接通起动机,接通点火系统,接通点火燃料系统的电磁活门,打开主燃油系统开关,起动点火器将燃烧室火焰筒的起动燃料点燃,由主燃油泵向所有喷嘴供油,火焰从已点燃的火焰筒经联焰管传播至其他火焰筒。上述每一过程都必须在严格规定的时间内完成。

起动过程控制，除供油量控制外，大多属于开关量控制。起动过程的每一步控制都非常重要，都决定着起动的成败。起动控制系统设计时必须充分考虑每一步控制的可靠性。

如果发动机的尾喷口面积可以改变，则起动时通常将尾喷口开至最大面积，以增大涡轮膨胀比，增大剩余功率，有利于发动机起动。

2.9.2　发动机加速过程控制

快推油门操纵杆，发动机从一种工作状态迅速地过渡到另一种工作状态，使推力迅速增大的过程称为发动机加速。工作状态过渡所持续的时间称为加速时间，通常用加速时间表示发动机的加速性，时间愈短，加速性愈好，时间愈长，加速性愈差。

发动机加速性是发动机重要性能指标之一，它直接关系到飞机起飞、加速飞行和机动飞行等性能的好坏。

发动机加速时间通常包括：

(1) 从慢车转速 n_{idle} 加速到最大转速 n_{max} 所持续的时间，这一时间由下式确定：

$$t_{ac}=\left(\frac{\pi}{30}\right)^2 J\int_{n_{idle}}^{n_{max}}\frac{n}{\Delta P_{ac}}\mathrm{d}n \tag{2.83}$$

(2) 从巡航转速 n_1 加速到最大转速 n_{max} 所持续的时间。这一时间由下式确定：

$$t_{ac}=\left(\frac{\pi}{30}\right)^2 J\int_{n_1}^{n_{max}}\frac{n}{\Delta P_{ac}}\mathrm{d}n \tag{2.84}$$

式中，ΔP_{ac} 为加速过程中涡轮的剩余功率。

由式(2.83)和式(2.84)可知，为缩短加速时间，就须要增大涡轮剩余功率，也就是须要提高涡轮进口燃气温度 T_4。加速时某一转速下的涡轮进口燃气温度比稳定工作状态时同样转速下的涡轮进口燃气温度高得愈多，剩余功率就愈大，加速时间就愈短，加速性也就愈好。然而，T_4 不可能过分提高。在加速过程中，当发动机在低、中转速时，T_4 过高，压气机易喘振，在高转速时，T_4 过高，涡轮部件易过热，当发动机在高空条件下时，还可能产生燃烧室富油熄火。因此，在加速过程的不同阶段和在不同环境条件下加速，T_4 受到不同的限制。由以上可知，发动机加速是一个非常复杂的动态过程。

图 2.28 所示的曲线 1 表示发动机的稳态工作线，曲线 2 和 3 表示发动机不同的加速过程。不同的加速过程相应的有不同的涡轮剩余功率和不同的加速时间。当沿曲线 3 加速时，压气机产生喘振，因而是不可能实现的。从理论上讲，当沿着靠近喘振边界的加速线(如图 2.29 所示曲线 2)加速时，涡轮剩余功率最大，加速时间最短，是理想的加速过程，但实际上喘振边界难以准确确定。当沿曲线 2 加速时，任何随机干扰都有可能使压气机进入喘振，因此这也是不可能实现的加速过程。实际可实现的加速过程是保持一定喘振裕度的过程，如图 2.28 所示的曲线 2 所示。

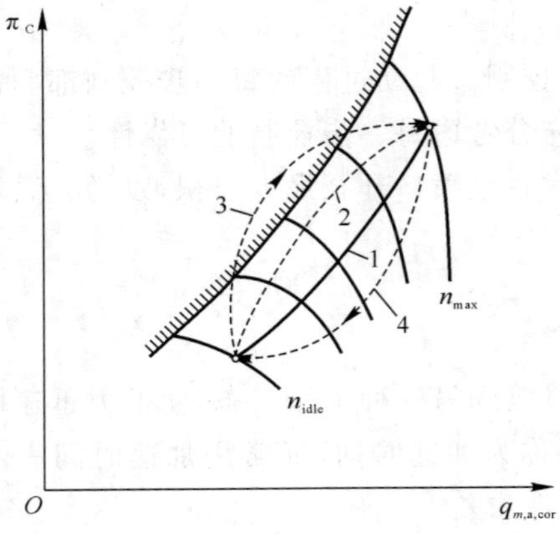

图 2.28　发动机的工作特性线

1— 稳态工作线；　2,3— 加速线；　4— 减速线

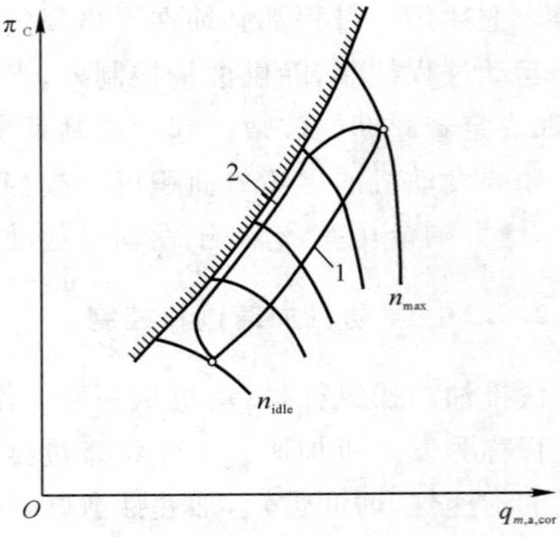

图 2.29　发动机的理想加速过程

为了产生涡轮的剩余功率，就必须增加供油量 $q_{m,f}$，为了保证发动机迅速且安全可靠地加速，$q_{m,f}$ 必须按一定规律变化，这一规律称为加速供油规律。对几何通道面积不可调的发动机，加速供油规律确定后，发动机的加速过程即可确定，也即是发动机的加速过程仅取决于控制量 $q_{m,f}$ 的变化规律。

为了确定加速供油规律，对几何通道面积不可调的发动机，首先确定加速性要求，然后在压气机特性图上确定合适的加速线，通过发动机气动热力计算获得在加速线上 T_4，$q_{m,a}$ 等参数随转速 n 上升的变化规律，进而可获得 $q_{m,f}$ 随 n 或其他参数的变化规律，即加速供油规律。

以下是几种实际使用的几何通道面积不可调的发动机加速控制规律：

$$q_{m,f}=f(t)$$

$$q_{m,f}=f(p_3)$$

$$\frac{q_{m,f}}{p_3}=f(n)$$

$$\frac{q_{m,f}}{p\sqrt{T}}=f\left(\frac{n}{\sqrt{T}}\right)$$

$q_{m,f}=f(t)$ 的加速控制规律表示按固定不变的供油时间程序控制加速过程，加速供油量仅为时间的函数。供油时间程序是根据一定外界条件下的加速性要求确定的，加速供油规律比较简单，易于实现。但是，当外界条件改变时，由于流过发动机的空气流量改变，仍然按不变的时间程序供油，必然导致 T_4 随转速的变化规律改变，使加速性改变。这种加速控制规律只在特定的外界条件下，才能获得良好的加速性，对于使用飞行范围不宽的发动机，是一种可取的加速控制方案。

$q_{m,f}=f(p_3)$ 和 $q_{m,f}/p_3=f(n)$ 这两种加速控制规律的加速供油量随 p_3 改变。由于 p_3 能

比较精确地反映流过发动机的空气流量，因此，它们都是加速供油量随发动机的空气流量而变化的加速控制规律，这样就能限制涡轮进口的燃气温度 T_4，达到加速过程既不喘振又不超温的目的。在一定的飞行条件下，p_3 能间接反映发动机转速，因此 $q_{m,f}=f(p_3)$ 的控制规律能保证在一定飞行条件下油气比随转速的变化规律。$q_{m,f}/p_3=f(n)$ 的控制规律则保证发动机在任何飞行条件下，油气比随转速按加速线给定的规律变化，用以控制加速过程中 T_4 的变化规律，使发动机可以沿着更为接近喘振边界走向的加速线进行加速。

$q_{m,f}/(p\sqrt{T})=f(n/\sqrt{T})$ 是以相似参数表示的加速控制规律。p，T 分别表示被控转子的压气机进口总压和总温。这种加速控制规律可以使加速过程不随飞行条件（p_2，T_2）而变化，或者说与飞行条件无关。理论上讲，这种加速控制规律可以保证发动机在任何飞行条件下都具有同样良好的加速性。

某型双轴涡扇发动机，当加速时，由于高压压气机容易产生喘振，加速过程需控制高压转子，因此用相似参数表示的加速控制规律为

$$\frac{q_{m,f}}{p_{2.5}\sqrt{T_{2.5}}}=f_1\left[\frac{n_H}{\sqrt{T_{2.5}}}\right] \tag{2.85}$$

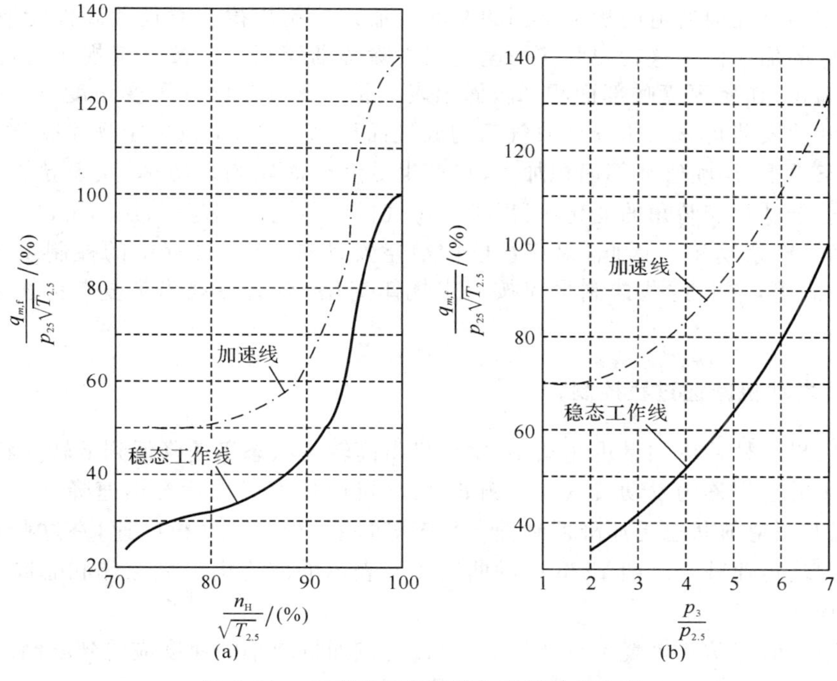

图 2.30　相似参数表示的加速供油量曲线

图 2.30(a) 中的虚线表示了这一加速控制规律。由于 $T_{2.5}$ 的测量比较困难，因此，可以通

过相似变换消去 $T_{2.5}$。因为 $q_{m,\mathrm{f}}/(p_{2.5}\sqrt{T_{2.5}})$ 和 $n_\mathrm{H}/\sqrt{T_{2.5}}$ 都是相似参数,所以两者相除后所得 $q_{m,\mathrm{f}}/(p_{2.5}n_\mathrm{H})$ 也是供油量相似参数。由于增压比 $p_3/p_{2.5}$ 与 $n_\mathrm{H}/\sqrt{T_{2.5}}$ 为单值关系,因此 $n_\mathrm{H}/\sqrt{T_{2.5}}$ 可以用 $p_3/p_{2.5}$ 表示。这样式(2.85)表示的加速控制规律可以变换为以下形式:

$$\frac{q_{m,\mathrm{f}}}{p_{2.5}n_\mathrm{H}}=f_2\left(\frac{p_3}{p_{2.5}}\right) \tag{2.86}$$

这是实际容易实现的用相似参数表示的加速控制规律。图 2.30(b) 中的虚线表示了这一控制规律。

从形式上看式(2.86) 中没有温度项,实际上仍考虑了温度的影响。

由式(2.86) 就可得到发动机加速过程的供油量 $q_{m,\mathrm{f}}$ 随高压压气机增压比 $p_3/p_{2.5}$ 的变化规律,即

$$q_{m,\mathrm{f}}=p_{2.5}n_\mathrm{H}f_2\left(\frac{p_3}{p_{2.5}}\right) \tag{2.87}$$

还须指出,对于双轴或三轴发动机,由于加速供油量只能按一个转子的加速线确定,而转子之间又无机械联系,只有气动联系,因此在确定加速控制规律时还必须同时考虑其他转子的稳定工作范围。

以上介绍的是几何通道面积不可调的发动机加速控制规律。对现代高性能航空发动机要求具有更好的加速性。这就须要在加速过程中除燃油流量 $q_{m,\mathrm{f}}$ 按一定规律变化外,发动机的几何通道面积,如尾喷管喉部面积 A_8、涡扇发动机风扇导流叶片可变角度 φ_L、高压压气机前几级静子叶片安装角 φ_H、压气机放气门的放气面积 A_bld 等,也按一定规律变化。在同样涡轮进口温度条件下,尾喷管喉部面积加大,将产生更大的涡轮剩余功率,风扇导流叶片可变角度和压气机静子叶片安装角的变化,可以扩大压气机的稳定工作范围,从而可进一步增加供油量,以提高涡轮剩余功率。因此,对高性能的航空发动机,加速过程中的控制量为 $q_{m,\mathrm{f}}$, A_8, φ_L, φ_H 和 A_bld 等,并且这些控制量应按一定规律变化,而这种规律是复杂的多变量控制规律。

2.9.3 发动机减速过程控制

快收油门操纵杆使供油量迅速减小,发动机由高转速状态迅速降低到低转速状态,发动机推力迅速减小的过程称为发动机减速。例如,发动机由最大工作状态迅速降低到慢车状态或巡航状态,以及由巡航状态迅速降低到慢车状态等过程,均为发动机减速,在这些过程中发动机转速和推力均迅速减小。图 2.28 中的曲线 4 所表示的即为由最大工作状态减速到慢车工作状态的过程。

发动机减速时应防止燃烧室贫油熄火。为此,供油量减小的速度应受到限制。

2.9.4 加力接通过程

发动机由最大工作状态过渡到加力工作状态的过程称为发动机加力接通过程。

在加力接通过程中，供往加力燃烧室的加力燃油流量不断增加，使加力燃烧室温度不断升高，同时尾喷口面积不断开大，一直到发动机进入操纵杆给定的加力稳定状态为止，加力接通过程结束。

涡喷发动机在加力接通过程中，须保持涡轮出口压力 p_5 不变，因为 p_5 的变化将引起涡轮膨胀比变化，进而引起转速和涡轮进口温度变化，使发动机工作稳定性受到影响。混合排气的涡扇发动机在接通加力过程中，须保持混合室压力 p_{cm} 不变，因为 p_{cm} 的变化不仅使涡轮膨胀比变化，影响内涵道，而且使外涵道压力变化，导致风扇工作不稳定。为避免上述问题产生，在接通加力过程中，应使加力供油量增加的速度与尾喷口开大的速度协调一致。

2.9.5　加力切断过程

发动机从加力状态转变为非加力状态的过程称为加力切断过程。在加力切断过程中，加力供油量逐渐减小，尾喷口面积逐渐减小，尾喷口面积减小到相应的非加力状态位置，发动机进入稳定的非加力工作状态。

习　题

2.1　某涡喷发动机在地面台架最大状态工作时，涡轮后总压 $p_5=240\ 428$ Pa，尾喷管总压恢复系数 $\sigma_e=0.94$，收敛型尾喷管出口面积 $A_8=0.213\ 8\ m^2$，涡轮出口温度 $T_5=959.5$ K。问气流在尾喷管中是什么流动状态？计算通过尾喷管出口的燃气流量。

2.2　供油量 $q_{m,f}$ 和尾喷管喉部面积 A_8 为什么可以作为控制量？它们各自对发动机转速有什么影响？

2.3　在飞行条件一定和转速保持不变的条件下，涡喷发动机尾喷口面积 A_8 增加，发动机的推力会如何变化？

2.4　某涡喷发动机为了改善加速性，采用可调喷口，试问加速过程中尾喷口面积应怎样变化？为什么？

2.5　某加力式涡喷发动机，地面最大状态参数为 $p_5=263\ 641$ Pa，$T_5=987.7$ K，$\sigma_e=0.92$，$A_8=0.218\ 3\ m^2$。发动机在加力状态工作时，加力温度 $T_{7,af}=1\ 850$ K，要保持核心发动机的状态不变，尾喷口面积 $A_{8,af}$ 应为多少？最大与加力状态通过尾喷口的燃气流量有差别吗？若有差别，其差别是什么？

2.6　采用 n_H=常数，A_8 固定这种控制规律的双轴涡喷发动机，当飞行速度增加时，低压转子转速怎样变化？工作点沿着共同工作线的什么方向移动？在什么飞行条件下，低压转子转速 n_L 有可能超过最大允许值？

2.7　某涡喷发动机的涡轮喷嘴环喉部面积 $A_{nb}=0.071\ 44\ m^2$，可近似认为燃烧室总压恢复系数 σ_b 为常数，且 $\sigma_b=0.91$。当 $p_3=901\ 420$ Pa，$T_4=1\ 278$ K，$q_{m,f}=1.2\ kg \cdot s^{-1}$ 时，

试计算通过涡轮的燃气流量 $q_{m,g}$。当发动机的工作状态不变，T_4 的变化不大时，请考虑通过发动机的空气流量可以通过什么参数近似反映(空气流量是什么参数的函数)?

2.8 发动机在加力状态工作时，如果加力燃烧室由于某种原因而突然熄火，对核心发动机的工作会产生什么影响？其原因是什么？

2.9 如何选择涡轮螺旋桨发动机的被控制参数和控制量？它们之间如何分配较好？

2.10 如何选择涡扇发动机加力状态的被控制参数、控制量及控制规律?

2.11 压气机中间级放气和旋转导流叶片使叶片安装角改变为什么能防喘?

第 3 章　航空发动机的动态数学模型

航空发动机控制系统由作为被控对象的发动机和控制器组成。分析与设计控制系统，必须先要建立系统各组成部分的数学模型。建立合理的数学模型，是整个系统设计与分析过程中最重要的环节。本章研究航空发动机数学模型的建立。

3.1　航空发动机数学模型概述

3.1.1　数学模型分类

根据不同目的和任务研究航空发动机时，需要推导不同形式的数学模型。发动机数学模型的形式很多，一般可分为线性的及非线性的；定常的及非定常的；确定的及随机的；连续的及离散的；具有集中参数的及具有分布参数的；实时的及非实时的。从研究航空发动机的特性出发，数学模型分为稳态、“小偏离”动态和“大偏离”动态三类。

稳态模型用于发动机通道面积和部件特性已知，调节规律已定的条件下，计算发动机的高度-速度特性和计算给定飞行条件下发动机的节流特性，获取推力、耗油率、转速、燃油消耗量及通道特征截面的压力、温度、速度等稳态特性数据。稳态模型建立的方法因在“发动机原理”课程中已作过介绍，本章不再重述。动态方程式系数计算时，将直接引用稳态计算结果。

“小偏离”动态模型用于研究发动机在给定工作状态附近的动态特性，它是发动机控制系统设计与分析时所必需的。在推导这类模型时，假设输入量在小范围内变化，发动机的特性用线性关系式近似描述，由此得到的是简化的线性模型，简称线性模型。

“大偏离”动态模型用于研究发动机过渡态（如发动机加、减速，接通与切断加力等过程）特性，它是发动机过渡态控制系统设计与分析所必需的。在这种过程中，由于发动机的特性和参数在大范围内变化，因此对这种变化过程不可能再用线性关系式进行描述，而必须用非线性关系式描述。这样的模型简称为非线性模型。

发动机非实时模型是指模型在计算机上计算的时间（即动态过程从开始计算到动态过程计算结束所需要的时间）与真实发动机运行的时间并不要求一致的模型，或者说并不限制计算时间的模型。发动机非实时模型计算结果用于分析发动机的动态特性，这种模型在发动机控制系统设计时对控制方案选择、参数整定都是非常重要且必不可少的。在模型建立时，其复杂程度、运算花费的时间并不作为主要问题来考虑，而且要求模型有一定的精度，能更准确地反映实际系统。

发动机实时模型要求模型在计算机上计算的时间与真实发动机运行的时间一致，若真实发动机的动态过程时间为 t，则模型在计算机上计算同样的动态过程也应在时间 t 内结束。为了保证发动机模型的实时性要求，必须考虑采用高速计算机，而且在保证模型具有一定逼真度的情况下，对模型作适当处理与简化，同时，对模型的求解应采用快速计算方法。根据发动机实时模型建立发动机实时仿真器是发动机数字式电子控制系统研究的重要内容，实时仿真器是数字控制器设计和试验研究的重要手段。发动机实时模型也是航空推进系统实时仿真系统和飞行器实时仿真系统的重要组成部分。

3.1.2　对数学模型的要求

由于数学模型是实际系统物理过程的数学描述，也即用数学方程式、图表、函数曲线等来反映真实的物理系统，并研究其特性，因此数学模型应满足一定的要求。

燃气涡轮发动机的数学模型应满足逼真度、简单及明显性的要求。所谓逼真度就是能以规定的精度对对象进行正确的定性和定量的描述。如果模型没有足够的逼真度，模型就失去了实用意义。根据逼真度要求往往在建立模型时必须考虑更多的因素，对发动机的气动热力过程需要由大量的微分方程和代数方程来描述。这样的模型非常复杂，更重要的是建立这样的模型非常困难，因此，尽管要考虑模型的逼真度，实际上仍须作适当的简化。

燃气涡轮发动机数学模型的简化，在很多情况下是必需的，简化的程度根据模型的用途和所具备的条件而定。但是简化必须根据具体的研究目标，保留最本质的物理关系，进行合理简化。不恰当的模型简化会严重地影响逼真度。

模型的明显性要求可以理解为模型所揭示的特性应具有足够直观的特点，使用模型仿真对象的物理特性清晰。

3.1.3　建立发动机数学模型的方法

建立发动机数学模型的方法有解析法和试验法。用解析法建立数学模型必须对发动机内部的物理过程有详尽的了解，并能用数学方法描述。试验法是基于对发动机试验数据进行处理，获取发动机的特性，从而得到发动机模型的方法。试验法对所研究对象的内部过程不要求有很多了解。

3.2　基本发动机的数学模型及动态特性

基本发动机是指尾喷口不可调的非加力式单轴涡喷发动机，它是最简单又是最基本的发动机，其模型的建立和模型的表达形式也是最简单的，因此，首先研究这种发动机的数学模型。

如 2.3 节中所述，这种类型的发动机几乎无例外地选择转速 n 作为被控参数(被控制量)，选择供油量 $q_{m,f}$ 作为控制量，它是发动机的输入量，而被控参数是发动机的输出量。建立这类发动机的数学模型，亦就是要推导输出量 n 与输入量 $q_{m,f}$ 之间的动力学方程，也称为动态方程。图 3.1 所示中 f 为发动机的外界干扰输入，对航空发动机来说，外界干扰主要是飞行条件的变化，飞行条件可用(H,Ma)，(p_H,T_H,v_0) 或(p_2,T_2) 来表示。

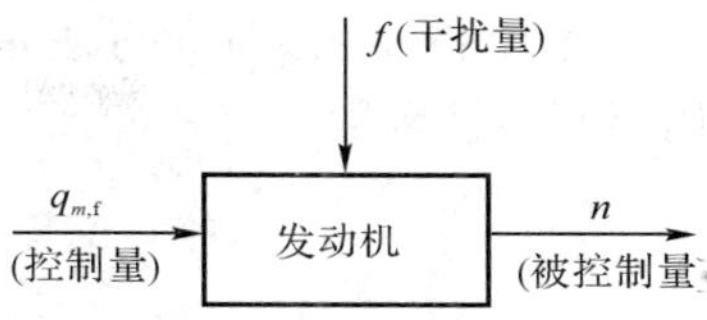

图 3.1　基本发动机结构简图

3.2.1　简化假设

为了简化发动机数学模型的推导，特作以下假设(无特别说明亦适合于其他类型发动机)：

(1) 只考虑发动机转子的机械能存储，忽略高温燃气流与结构部件之间的热交换，忽略部件通道容腔内气体质量与能量的存储，简单说，就是只考虑发动机转子惯性对发动机动态特性的影响。

(2) 因飞机惯性比发动机惯性大很多倍，推导输入为 $q_{m,f}$ 的动态方程时，假设飞行条件保持不变。

(3) 发动机工作状态相对于原稳态点在小偏差范围内变化，并认为动态过程中部件效率及总压损失系数保持不变。

(4) 向发动机燃烧室供油的燃油泵不由发动机带动(油泵转速与发动机转子转速无关)。

(5) 涡轮喷嘴环及尾喷管处于临界以上流动状态。

(6) 忽略燃烧延时及燃气与空气流量的差别。

3.2.2　动态方程

根据假设，只考虑转子为储能部件时，描述发动机动态特性的运动方程式就是发动机转子的动态力矩平衡方程，即

$$J\frac{\mathrm{d}\omega}{\mathrm{d}t}=\Delta M \tag{3.1}$$

式中　J —— 发动机转子的转动惯量($\mathrm{kg\cdot m^2}$)；

ΔM —— 作用于转子轴上的外力矩的合力矩，即剩余力矩，$\Delta M=M_\mathrm{T}-M_\mathrm{C}$。

根据发动机原理可以推导，涡轮扭矩 M_T 和压气机扭矩 M_C 是转速 n、燃油消耗量 $q_{m,f}$ 和外界干扰作用量 f 的函数。根据假设 $f=0$，所以

$$M_\mathrm{T}=M_\mathrm{T}(n,q_{m,f}) \tag{3.2}$$

$$M_\mathrm{C}=M_\mathrm{C}(n,q_{m,f}) \tag{3.3}$$

M_T 和 M_C 为非线性函数，若将式(3.2) 和式(3.3) 直接代入式(3.1)，所得为非线性微分方程，用一般方法不能求解。根据假设(3)，发动机只在原平衡状态附近作小偏离运动，因此可以假设在小偏离范围内发动机的特性是线性的，可以将非线性函数作线性化处理，以获得线性微分方程。线性化方法在工程上是很适用的方法。

通常采用的线性化方法是将非线性函数按泰勒公式展开为幂级数,并只取级数的一次项,则得到线性函数。将式(3.2)和式(3.3)在稳态工作点附近线性化,得

$$M_{\mathrm{T}}=M_{\mathrm{T0}}+\Delta M_{\mathrm{T}}=M_{\mathrm{T0}}+\left(\frac{\partial M_{\mathrm{T}}}{\partial n}\right)_0\Delta n+\left(\frac{\partial M_{\mathrm{T}}}{\partial q_{m,\mathrm{f}}}\right)_0\Delta q_{m,\mathrm{f}} \tag{3.4}$$

$$M_{\mathrm{C}}=M_{\mathrm{C0}}+\Delta M_{\mathrm{C}}=M_{\mathrm{C0}}+\left(\frac{\partial M_{\mathrm{C}}}{\partial n}\right)_0\Delta n+\left(\frac{\partial M_{\mathrm{C}}}{\partial q_{m,\mathrm{f}}}\right)_0\Delta q_{m,\mathrm{f}} \tag{3.5}$$

式中 $M_{\mathrm{T0}}, M_{\mathrm{C0}}$ —— 分别为原稳定状态下的涡轮扭矩和压气机扭矩,$M_{\mathrm{T0}}=M_{\mathrm{C0}}$;

$\Delta q_{m,\mathrm{f}}$ —— 相对于原稳定状态供油量 $q_{m,\mathrm{f0}}$ 的小偏离变化量,$\Delta q_{m,\mathrm{f}}=q_{m,\mathrm{f}}-q_{m,\mathrm{f0}}$;

ΔM_{T} —— 相对于原稳定状态涡轮扭矩 M_{T0} 的偏离量,称为涡轮扭矩增量,$\Delta M_{\mathrm{T}}=M_{\mathrm{T}}-M_{\mathrm{T0}}$;

ΔM_{C} —— 相对于原稳定状态压气机扭矩 M_{C0} 的偏离量,称为压气机扭矩增量,$\Delta M_{\mathrm{C}}=M_{\mathrm{C}}-M_{\mathrm{C0}}$;

Δn —— 相对于原稳定状态转速的偏离量,称为转速增量,$\Delta n=n-n_0$。

将式(3.4)和式(3.5)代入式(3.1),得

$$\frac{\pi}{30}J\frac{\mathrm{d}n}{\mathrm{d}t}+\left(\frac{\partial M_{\mathrm{C}}}{\partial n}-\frac{\partial M_{\mathrm{T}}}{\partial n}\right)_0\Delta n=\left(\frac{\partial M_{\mathrm{T}}}{\partial q_{m,\mathrm{f}}}-\frac{M_{\mathrm{C}}}{\partial q_{m,\mathrm{f}}}\right)_0\Delta q_{m,\mathrm{f}} \tag{3.6}$$

为系统分析方便起见,通常采用无量纲相对增量形式。所谓相对增量就是参数的绝对增量与基准值之比。基准值可以任意选择,或取最大状态稳态值,或取原稳定状态参数值作为基准值,转速 n 的相对增量用 $\bar{n}$ 表示,$\bar{n}=\Delta n/n_{\mathrm{b}}$,下标“b”表示基准值,通常取 $n_{\mathrm{b}}=n_0$。其余类似。

对式(3.6)取相对增量,整理得

$$T_{\mathrm{E}}\frac{\mathrm{d}\bar{n}}{\mathrm{d}t}+\bar{n}=K_{\mathrm{E}}\bar{q}_{m,\mathrm{f}} \tag{3.7}$$

式中 T_{E} —— 基本发动机时间常数(s),即

$$T_{\mathrm{E}}=\frac{\frac{\pi}{30}J}{\left(\frac{\partial M_{\mathrm{C}}}{\partial n}-\frac{\partial M_{\mathrm{T}}}{\partial n}\right)_0}=\frac{\frac{\pi}{30}J}{-\left(\frac{\partial \Delta M}{\partial n}\right)_0} \tag{3.8}$$

K_{E} —— 基本发动机增益系数,即

$$K_{\mathrm{E}}=\frac{\left(\frac{\partial M_{\mathrm{T}}}{\partial q_{m,\mathrm{f}}}-\frac{\partial M_{\mathrm{C}}}{\partial q_{m,\mathrm{f}}}\right)_0 q_{m,\mathrm{fb}}}{\left(\frac{\partial M_{\mathrm{C}}}{\partial n}-\frac{\partial M_{\mathrm{T}}}{\partial n}\right)_0 n_{\mathrm{b}}} \tag{3.9}$$

将式(3.7)在零初始条件下取拉氏变换,得

$$(T_{\mathrm{E}}s+1)X_n(s)=K_{\mathrm{E}}X_{q_{m,\mathrm{f}}}(s) \tag{3.10}$$

式中,$X_n(s)$,$X_{q_{m,\mathrm{f}}}(s)$ 分别为相对增量时间函数 $\bar{n}$ 和 $\bar{q}_{m,\mathrm{f}}$ 的拉氏变换,简写为 X_n 和 $X_{q_{m,\mathrm{f}}}$。

由式(3.10)可得基本发动机的传递函数为

$$G(s)=\frac{X_n(s)}{X_{q_{m,\mathrm{f}}}(s)}=\frac{K_{\mathrm{E}}}{T_{\mathrm{E}}s+1} \tag{3.11}$$

式(3.7)与式(3.11)为基本发动机在“小偏离”状态下，两种不同表达形式的动态方程(线性模型)。

涡轮扭矩 M_{T} 与压气机扭矩 M_{C} 线性化处理的图示说明如图 3.2 所示。图中点 0 为原稳定平衡工作点(亦即给定计算点)，在该工作点上 $M_{\mathrm{T0}}=M_{\mathrm{C0}}=M_0$。在图 3.2(a)中，过点 0 作 M_{T} 与 M_{C} 曲线的切线，切线的斜率则为偏导数 $\left(\frac{\partial M_{\mathrm{T}}}{\partial n}\right)_0$ 和 $\left(\frac{\partial M_{\mathrm{C}}}{\partial n}\right)_0$。同样地，在图 3.2(b)中，过点 C 作切线，可得偏导数 $\left(\frac{\partial M_{\mathrm{T}}}{\partial q_{m,\mathrm{f}}}\right)_0$ 和 $\left(\frac{\partial M_{\mathrm{C}}}{\partial q_{m,\mathrm{f}}}\right)_0$。由此可见，非线性函数线性化的几何意义，就是用过原平衡点的切线代替真实曲线，略去函数的非线性特征。当增量 $\Delta q_{m,\mathrm{f}}$ 和 Δn 在很小的范围内变化时，用 $\left(\frac{\partial M_{\mathrm{C}}}{\partial q_{m,\mathrm{f}}}\right)_0\Delta q_{m,\mathrm{f}}$ 和 $\left(\frac{\partial M_{\mathrm{T}}}{\partial q_{m,\mathrm{f}}}\right)_0\Delta q_{m,\mathrm{f}}$ 取代 $\Delta M''_{\mathrm{C}}$ 和 $\Delta M''_{\mathrm{T}}$(见图 3.2(b))，用 $\left(\frac{\partial M_{\mathrm{C}}}{\partial n}\right)_{\mathrm{C}}\Delta n$ 和 $\left(\frac{\partial M_{\mathrm{T}}}{\partial n}\right)_0\Delta n$ 取代 $\Delta M'_{\mathrm{C}}$ 和 $\Delta M'_{\mathrm{T}}$(见图 3.2(a))，其误差均是很小的。这就指出，用线性化方法导出的式(3.7)与式(3.11)，只适于研究给定平衡点附近的发动机动态特性。

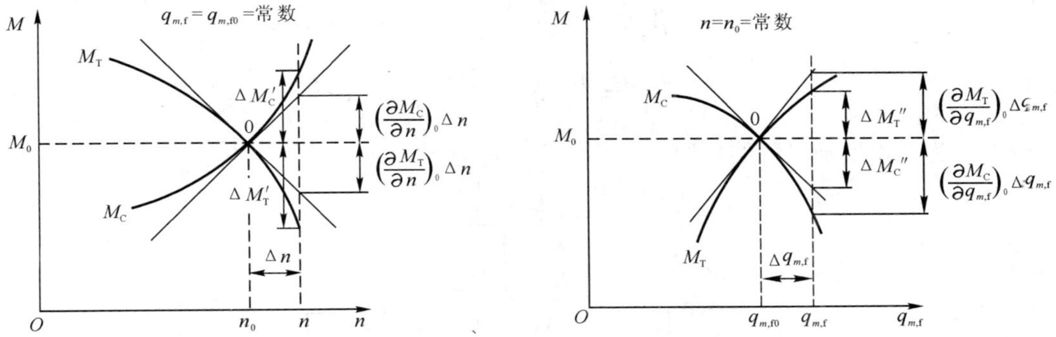

(a)　　　　(b)

图 3.2　扭矩 M_{T} 和 M_{C} 随转速 n 和燃油消耗量 $q_{m,\mathrm{f}}$ 变化的曲线

(a) 扭矩与转速的关系；(b) 扭矩与燃油消耗量的关系

3.2.3　考虑干扰量的基本发动机动态方程

当考虑干扰量时，应去掉 3.2.1 简化假设(2)。飞行条件变化时，会引起发动机的进口参数 p_2 和 T_2 的变化，这会导致发动机特性的改变。这里推导增加干扰输入量 f 时，基本发动机的动态方程。当飞行条件改变时，压气机和涡轮的扭矩

$$M_{\mathrm{C}}=M_{\mathrm{C}}(n,q_{m,\mathrm{f}},p_2,T_2) \tag{3.12}$$

$$M_{\mathrm{T}}=M_{\mathrm{T}}(n,q_{m,\mathrm{f}},p_2,T_2) \tag{3.13}$$

将式(3.12)和式(3.13)线性化，得

$$\left.\begin{aligned}\Delta M_{\mathrm{C}}=\left(\frac{\partial M_{\mathrm{C}}}{\partial n}\right)_0\Delta n+\left(\frac{\partial M_{\mathrm{C}}}{\partial q_{m,\mathrm{f}}}\right)_0\Delta q_{m,\mathrm{f}}+\left(\frac{\partial M_{\mathrm{C}}}{\partial p_2}\right)_0\Delta p_2+\left(\frac{\partial M_{\mathrm{C}}}{\partial T_2}\right)_0\Delta T_2\\ \Delta M_{\mathrm{T}}=\left(\frac{\partial M_{\mathrm{T}}}{\partial n}\right)_0\Delta n+\left(\frac{\partial M_{\mathrm{T}}}{\partial q_{m,\mathrm{f}}}\right)_0\Delta q_{m,\mathrm{f}}+\left(\frac{\partial M_{\mathrm{T}}}{\partial p_2}\right)_0\Delta p_2+\left(\frac{\partial M_{\mathrm{T}}}{\partial T_2}\right)_0\Delta T_2\end{aligned}\right\}\tag{3.14}$$

发动机转子的剩余力矩

$$\Delta M=M_{\mathrm{T}}-M_{\mathrm{C}}=(M_{\mathrm{T0}}+\Delta M_{\mathrm{T}})-(M_{\mathrm{C0}}+\Delta M_{\mathrm{C}})=\Delta M_{\mathrm{T}}-\Delta M_{\mathrm{C}}\tag{3.15}$$

将式(3.14)代入式(3.15),然后代入式(3.1),取相对增量得

$$T_{\mathrm{E}}\frac{\mathrm{d}\bar{n}}{\mathrm{d}t}+\bar{n}=K_{\mathrm{E}}\bar{q}_{m,\mathrm{f}}+K_{p_2}\bar{p}_2+K_{T_2}\bar{T}_2\tag{3.16}$$

式中

$$T_{\mathrm{E}}=\frac{\frac{\pi}{30}J}{\left(\frac{\partial M_{\mathrm{C}}}{\partial n}-\frac{\partial M_{\mathrm{T}}}{\partial n}\right)_0}=\frac{\frac{\pi}{30}J}{-\left(\frac{\partial \Delta M}{\partial n}\right)_0}$$

$$K_{\mathrm{E}}=\frac{\left(\frac{\partial M_{\mathrm{T}}}{\partial q_{m,\mathrm{f}}}-\frac{\partial M_{\mathrm{C}}}{\partial q_{m,\mathrm{f}}}\right)_0 q_{m,\mathrm{fb}}}{\left(\frac{\partial M_{\mathrm{C}}}{\partial n}-\frac{\partial M_{\mathrm{T}}}{\partial n}\right)_0 n_{\mathrm{b}}}=\frac{\left(\frac{\partial \Delta M}{\partial q_{m,\mathrm{f}}}\right)_0 q_{m,\mathrm{fb}}}{-\left(\frac{\partial \Delta M}{\partial n}\right)_0 n_{\mathrm{b}}}$$

$$K_{p_2}=\frac{\left(\frac{\partial \Delta M}{\partial p_2}\right)_0 p_{2\mathrm{b}}}{-\left(\frac{\partial \Delta M}{\partial n}\right)_0 n_{\mathrm{b}}},\quad K_{T_2}=\frac{\left(\frac{\partial \Delta M}{\partial T_2}\right)_0 T_{2\mathrm{b}}}{-\left(\frac{\partial \Delta M}{\partial n}\right)_0 n_{\mathrm{b}}}$$

图 3.3 为基本发动机的结构图。

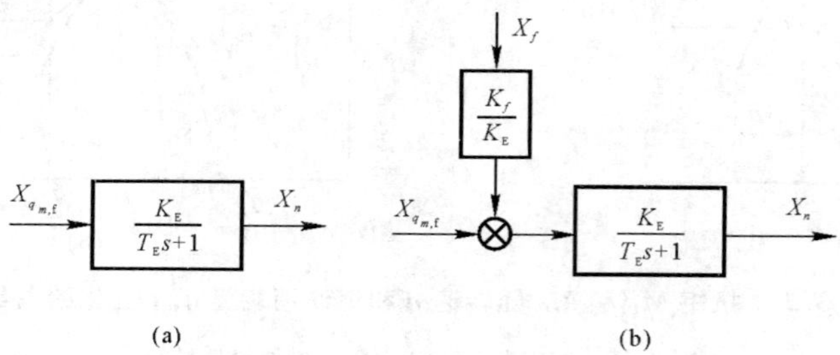

图 3.3　基本发动机结构图

(a) 不考虑干扰输入；(b) 考虑干扰输入

为简单起见,干扰量用 f 表示,并将式(3.16)简写为

$$T_{\mathrm{E}}\frac{\mathrm{d}\bar{n}}{\mathrm{d}t}+\bar{n}=K_{\mathrm{E}}\bar{q}_{m,\mathrm{f}}+K_f\bar{f}\tag{3.17}$$

在零初始条件下,对式(3.17)取拉氏变换,得

$$X_n(s)=\frac{K_{\mathrm{E}}}{T_{\mathrm{E}}s+1}X_{q_{m,\mathrm{f}}}(s)+\frac{K_f}{T_{\mathrm{E}}s+1}X_f(s)\tag{3.18}$$

式中，$X_n(s)$，$X_{q_{m,f}}(s)$，$X_f(s)$ 分别为时间函数 $\bar{n}$，$\bar{q}_{m,f}$ 和 $\bar{f}$ 的拉氏变换，简写为 X_n，$X_{q_{m,f}}$ 和 X_f。

式(3.18) 表明，当发动机同时有几个输入时，对线性模型可用叠加原理，即发动机的输出等于每个输入单独作用下的输出的叠加。

3.2.4　时间常数和增益系数对基本发动机动态特性的影响

在 $t=0$，$\bar{n}=0$ 的条件下，当输入 $\bar{q}_{m,f}$ 为阶跃量时，动态方程式(3.7) 的解为

$$\bar{n}(t)=K_E\bar{q}_{m,f}(1-e^{-\frac{t}{T_E}}) \tag{3.19}$$

在不同的 T_E 和 K_E 值下，转速 $\bar{n}$ 的响应曲线如图 3.4 所示。图中，曲线 1 和 2 为具有相同时间常数 T'_E 和不同增益系数 K'_E 与 K''_E 的基本发动机阶跃响应曲线，由图示的响应曲线可见，K_E 愈大，过渡过程结束时的转速愈大。曲线 2 和 3 为具有相同增益系数 K''_E 和不同时间常数 T'_E 与 T''_E 的响应曲线，由图示响应曲线可见，T_E 愈小，过渡过程愈快。

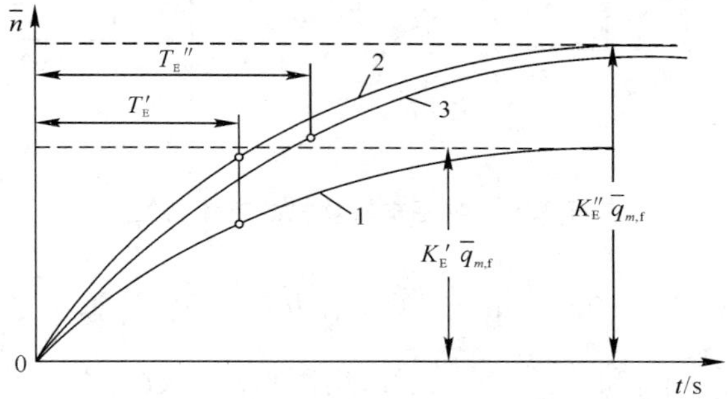

图 3.4　不同 T_E，K_E 对转速响应的影响

当 $t\to\infty$ 时，由式(3.19) 得

$$\bar{n}(\infty)=K_E\bar{q}_{m,f}(\infty) \tag{3.20}$$

或

$$K_E=\frac{\bar{n}(\infty)}{\bar{q}_{m,f}(\infty)}=\frac{\Delta n(\infty)}{\Delta q_{m,f}(\infty)}\frac{q_{m,fb}}{n_b} \tag{3.21}$$

由此可见，增益系数 K_E 表示发动机稳定时输出量对输入量的放大倍数。利用这一概念，即可根据发动机的节流特性 $q_{m,f}=q_{m,f}(n)$，计算发动机在各种转速下工作时，转速对供油量的增益系数。

T_E，K_E，K_f 是基本发动机动态方程的参数，由它们决定基本发动机的动态特性，因此称它们为发动机的动态参数。

例 3.1　已知某基本发动机在海平面标准大气条件下的节流特性 $q_{m,f}=q_{m,f}(n)$，$M_C=M_C(n)$，$M_T=M_T(n)$(见图 3.5)；发动机转子的转动惯量 $J=10\ \mathrm{kg\cdot m^2}$。试求在海平面不同转速下发动机的时间常数和增益系数，并绘出 T_E 和 K_E 随转速变化的曲线。

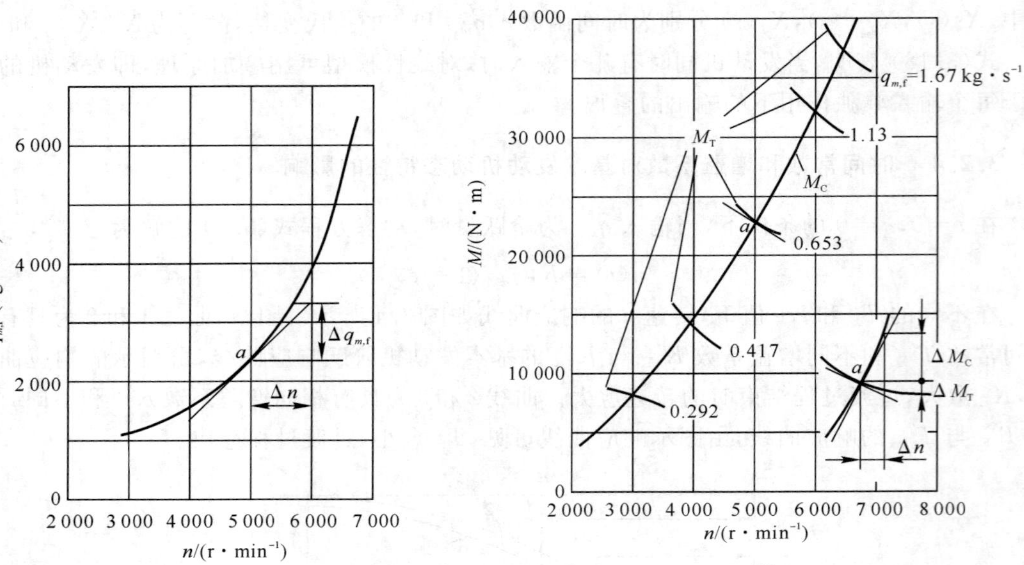

图 3.5　某基本发动机的节流特性

解　以发动机转速 $n=5\ 000\ r\cdot min^{-1}$ 的工作状态为例，计算该工作状态的 T_E 与 K_E 值。

(1) 计算偏导数 $\left(\dfrac{\partial M_C}{\partial n}\right)_0$ 和 $\left(\dfrac{\partial M_T}{\partial n}\right)_0$。下面用图形求导数的方法计算偏导数，在图 3.5(b) 中，过 $n=5\ 000\ r\cdot min^{-1}$ 的平衡点 a 作压气机扭矩曲线 M_C 的切线，切线的斜率即为 $\left(\dfrac{\partial M_C}{\partial n}\right)_0$。由图可得

$$\left(\frac{\partial M_C}{\partial n}\right)_0=\left(\frac{\Delta M_C}{\Delta n}\right)_0=0.812\ N\cdot m/(r\cdot min^{-1})$$

同理，作涡轮扭矩曲线 M_T 的切线，可得

$$\left(\frac{\partial M_T}{\partial n}\right)_0=\left(\frac{\Delta M_T}{\Delta n}\right)_0=-0.422\ N\cdot m/(r\cdot min^{-1})$$

(2) 计算时间常数 T_E。

$$T_E=\frac{\dfrac{\pi}{30}J}{\left(\dfrac{\partial M_C}{\partial n}-\dfrac{\partial M_T}{\partial n}\right)_0}=\frac{\dfrac{\pi}{30}\times 10}{0.812+0.422}=0.849\ s$$

(3) 计算增益系数 K_E。在图 3.5(a) 中，过 $n=5\ 000\ r\cdot min^{-1}$ 的点 a 作 $q_{m,f}(n)$ 曲线的切线，以切线的斜率 $\left(\dfrac{\Delta n}{\Delta q_{m,f}}\right)_0$ 近似式(3.21) 中的 $\dfrac{\Delta n(\infty)}{\Delta q_{m,f}(\infty)}$，得

$$\frac{\Delta n(\infty)}{\Delta q_{m,\mathrm{f}}(\infty)} \approx \left(\frac{\Delta n}{\Delta q_{m,\mathrm{f}}}\right)_0 = 1.015\ \mathrm{r \cdot min^{-1}/(kg \cdot h^{-1})}$$

将 $\left(\frac{\Delta n}{\Delta q_{m,\mathrm{f}}}\right)_0$ 值代入式(3.21)，并选取基准值 $n_\mathrm{b} = 6\ 500\ \mathrm{r \cdot min^{-1}}$，$q_{m,\mathrm{fb}} = 6\ 000\ \mathrm{kg \cdot h^{-1}}$，得

$$K_\mathrm{E} = \left(\frac{\Delta n}{\Delta q_{m,\mathrm{f}}}\right)_0 \frac{q_{m,\mathrm{fb}}}{n_\mathrm{b}} = 0.937$$

当发动机在其他转速下工作时，动态参数的计算相同。将计算结果列于表 3.1 中。

表 3.1　T_E 和 K_E 的计算结果

$\frac{n}{\mathrm{r \cdot min^{-1}}}$	$\frac{\left(\frac{\partial M_\mathrm{C}}{\partial n}\right)_0}{\mathrm{N \cdot m/(r \cdot min^{-1})}}$	$\frac{\left(\frac{\partial M_\mathrm{T}}{\partial n}\right)_0}{\mathrm{N \cdot m/(r \cdot min^{-1})}}$	$\frac{T_\mathrm{E}}{\mathrm{s}}$	$\frac{\left(\frac{\Delta n}{\Delta q_{m,\mathrm{f}}}\right)_0}{\mathrm{r \cdot min^{-1}/(kg \cdot h^{-1})}}$	K_E
3 000	0.596	−0.287	1.185	2.748	2.537
4 000	0.715	−0.376	0.959	1.639	1.525
5 000	0.812	−0.422	0.849	1.015	0.937
6 000	1.062	−0.527	0.659	0.384	0.355
6 500	1.177	−0.585	0.594	0.236	0.218

根据表 3.1 的数据，可以作 T_E 和 K_E 随转速 n 变化的曲线，如图 3.6 所示。从图中曲线可见，当飞行条件一定时，随着转速的增加，发动机的时间常数 T_E 减小，发动机的动态响应加快。

3.2.5　基本发动机时间常数和增益系数的相似参数

根据相似理论知道，当发动机工作状态相似时，对应点上同类物理量的比值不变，某些物理量的组合参数——相似参数——也保持不变。发动机的转速相似参数为 $n/\sqrt{T_2}$；空气流量的相似参数为 $q_{m,\mathrm{a}}\sqrt{T_2}/p_2$；燃油流量的相似参数为 $q_{m,\mathrm{f}}/(p_2\sqrt{T_2})$。下面推导其他几个相似参数，并利用它们获取时间常数和增益系数的相似参数。

压气机的功率

$$P_\mathrm{C} = q_{m,\mathrm{a}} L_\mathrm{C} = q_{m,\mathrm{a}} c_p (T_3 - T_2)$$

等号两端同除以 $p_2\sqrt{T_2}$，得

$$\frac{P_\mathrm{C}}{p_2\sqrt{T_2}} = \frac{q_{m,\mathrm{a}}\sqrt{T_2}}{p_2} c_p \left(\frac{T_3}{T_2} - 1\right)$$

当发动机工作状态相似时，等号右端项为常数，因此等号左端项 $P_\mathrm{C}/(p_2\sqrt{T_2})$ 为相似参数，称为压气机功率相似参数。

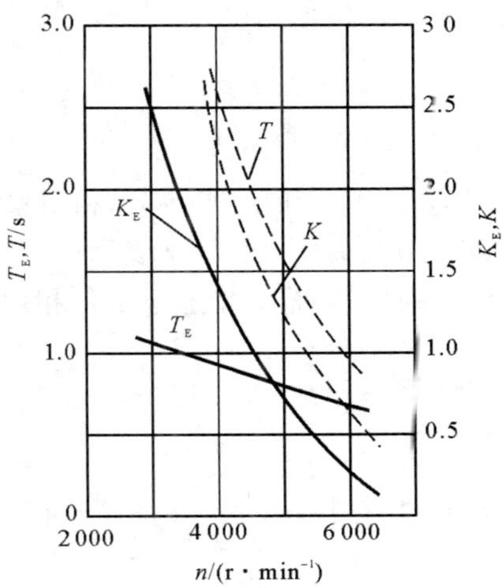

图 3.6　飞行条件一定，T_E，K_E 随转速 n 变化的曲线

—— 油泵不由发动机带动

----- 油泵由发动机带动

通常可以认为,通过发动机的燃气流量 $q_{m,g}$ 等于通过发动机的空气流量 $q_{m,a}$,同理可得,涡轮功率的相似参数为 $P_T/(p_2\sqrt{T_2})$。

根据转动部件的功率与扭矩关系,得

$$P_C = M_C\omega = \frac{\pi}{30}nM_C$$

将等号两端同除以 $p_2\sqrt{T_2}$,得

$$\frac{P_C}{p_2\sqrt{T_2}} = \frac{\pi}{30}\frac{M_C}{p_2}\frac{n}{\sqrt{T_2}}$$

因为 $P_C/(p_2\sqrt{T_2})$ 和 $n/\sqrt{T_2}$ 都是相似参数,所以 M_C/p_2 为压气机扭矩的相似参数。同理可得,涡轮扭矩的相似参数为 M_T/p_2,进而可得剩余扭矩的相似参数为 $\Delta M/p_2$。

基本发动机时间常数

$$T_E = \frac{\frac{\pi}{30}J}{-\left(\frac{\partial \Delta M}{\partial n}\right)_0}$$

等号两端同乘以 $p_2/\sqrt{T_2}$,上式变为

$$T_E\frac{p_2}{\sqrt{T_2}} = \frac{\frac{\pi}{30}J}{-\left[\frac{\partial\left(\frac{\Delta M}{p_2}\right)}{\partial\left(\frac{n}{\sqrt{T_2}}\right)}\right]_0} \tag{3.22}$$

因为 $\Delta M/p_2$ 和 $n/\sqrt{T_2}$ 都是相似参数,所以 $T_E p_2/\sqrt{T_2}$ 也是相似参数,被称为基本发动机时间常数的相似参数,用 $T_{E,re}$ 表示。

同理,可推导增益系数的相似参数,即

$$K_E = \frac{\left(\frac{\partial \Delta M}{\partial q_{m,f}}\right)_0 q_{m,fb}}{-\left(\frac{\partial \Delta M}{\partial n}\right)_0 n_b}$$

等号两端同乘以 p_2,并将等号右边各参数用相似参数表示,得

$$p_2K_E = \frac{\left[\frac{\partial\left(\frac{\Delta M}{p_2}\right)}{\partial\left(\frac{q_{m,f}}{p_2\sqrt{T_2}}\right)}\right]_0 q_{m,fb}}{-\left[\frac{\partial\left(\frac{\Delta M}{p_2}\right)}{\partial\left(\frac{n}{\sqrt{T_2}}\right)}\right]_0 n_b} \tag{3.23}$$

所以，$K_E p_2$ 为基本发动机增益系数的相似参数，用 $K_{E,re}$ 表示。

利用发动机工作状态相似时，其动态特性也相似的关系，可以大大地减少飞行包线范围内发动机动态参数计算的工作量。例如，可以将进口参数为 p_2，T_2 飞行条件下已获得的发动机动态参数 T_E 和 K_E 的值，根据发动机工作状态相似的条件，换算为海平面标准大气条件下（$p_0 = 101\ 325$ Pa，$T_0 = 288$ K）的 $T_{E,re}$ 和 $K_{E,re}$。

基本发动机的尾喷管面积 A_8 不可调，且假设发动机尾喷口为临界排气，因此，发动机只要满足 $n/\sqrt{T_2}$ = 常数的条件，发动机的状态就是相似的。其换算动态参数

$$T_{E,re} = T_E \frac{p_2}{101\ 325}\sqrt{\frac{288}{T_2}}$$

$$K_{E,re} = K_E \frac{p_2}{101\ 325}$$

反过来，也可根据已获取的海平面标准大气条件下，发动机在各种转速下的动态参数 T_{E0} 和 K_{E0} 的值，计算不同飞行条件下与其相似的状态的 T_E 和 K_E 值。

例 3.2　利用例 3.1（$H = 0$，$v_0 = 0$）的计算结果，求：

(1) 保持飞行速度 $v_0 = 0$，飞行高度 H 分别等于 3 km，6 km，9 km 时与例 3.1 中各转速相似的工作状态的时间常数 T_E 和增益系数 K_E，并根据所得结果作出转速 n = 常数时，T_E，K_E 随高度 H 变化的曲线。

(2) 保持飞行高度 $H = 0$，飞行速度 v_0 分别等于 500 km·h^{-1}，700 km·h^{-1}，900 km·h^{-1} 时与例 3.1 中各转速相似的工作状态的时间常数 T_E 和增益系数 K_E，并根据所得结果作出转速 n = 常数时，T_E，K_E 随 v_0 变化的曲线。

解　(1) 保持飞行速度 $v_0 = 0$ 时，对不同飞行高度的计算。当发动机在海平面标准大气条件下工作时，$p_2 = p_0 = 101\ 325$ Pa，$T_2 = T_0 = 288$ K，若 $n = 3\ 000$ r·min^{-1}，$n/\sqrt{T_2} = 176.8$。而在 $v_0 = 0$，$H = 3$ km，条件下，$T_2 = 268.5$ K，如果 $n = 2\ 897$ r·min^{-1}，$n/\sqrt{T_2} = 176.8$，因此这两种工作状态为相似状态，于是有

$$T_E = T_{E0} \frac{p_0}{p_2}\sqrt{\frac{T_2}{T_0}}$$

$$K_E = K_{E0} \frac{p_0}{p_2}$$

将例 3.1 中的数据 $T_{E0} = 1.185$ s 和 $K_{E0} = 2.537$ 代入上式，可得

$$T_E = 1.654 \text{ s}$$

$$K_E = 3.67$$

同理可以计算其他状态，计算结果列于表 3.2 中（$H = 6$ km 未列）。

表 3.2　不同飞行高度下,各种转速的时间常数和增益系数

$H=0;v_0=0$ $T_2=288\ \mathrm{K};p_2=101\ 325\ \mathrm{Pa}$				$H=3\ \mathrm{km};v_0=0$ $T_2=268.5\ \mathrm{K};p_2=70\ 100\ \mathrm{Pa}$				$H=9\ \mathrm{km};v_0=0$ $T_2=229.5\ \mathrm{K};p_2=30\ 731\ \mathrm{Pa}$			
$\frac{n}{\mathrm{r\cdot min^{-1}}}$	$n/\sqrt{T_2}$	$\frac{T_E}{\mathrm{s}}$	K_E	$\frac{n}{\mathrm{r\cdot min^{-1}}}$	$n/\sqrt{T_2}$	$\frac{T_E}{\mathrm{s}}$	K_E	$\frac{n}{\mathrm{r\cdot min^{-1}}}$	$n/\sqrt{T_2}$	$\frac{T_E}{\mathrm{s}}$	K_E
3 000	176.8	1.185	2.537	2 897	176.8	1.654	3.67	2 678	176.8	3.488	8.38
4 000	235.7	0.959	1.525	3 862	235.7	1.338	2.20	3 571	235.7	2.823	5.03
5 000	294.6	0.849	0.937	4 827	294.6	1.178	1.35	4 463	294.6	2.499	3.09
6 000	353.6	0.659	0.355	5 794	353.6	0.920	0.51	5 356	353.6	1.940	1.17
6 500	383.0	0.594	0.218	6 276	383.0	0.829	0.31	5 802	383.0	1.748	0.69

由表3.2所列的数据可以作出飞行速度 $v_0=0$,在不同飞行高度 $H=3\ \mathrm{km},6\ \mathrm{km},9\ \mathrm{km}$ 下,T_E,K_E 随转速 n 的变化曲线,查曲线将相同转速下的 T_E 和 K_E 值列于表3.3中。根据表3.3中的数据就可以作出当 $n=$ 常数时,发动机时间常数 T_E、增益系数 K_E 随 H 的变化曲线,如图3.7所示。

表 3.3　$v_0=0,T_E,K_E$ 随 H 变化的数据

$n/(\mathrm{r\cdot min^{-1}})$	3 000		6 000	
H/km	T_E/s	K_E	T_E/s	K_E
0	1.185	2.537	0.659	0.355
3	1.620	3.280	0.881	0.420
6	2.265	4.960	1.199	0.480
9	3.248	7.170	1.663	0.561

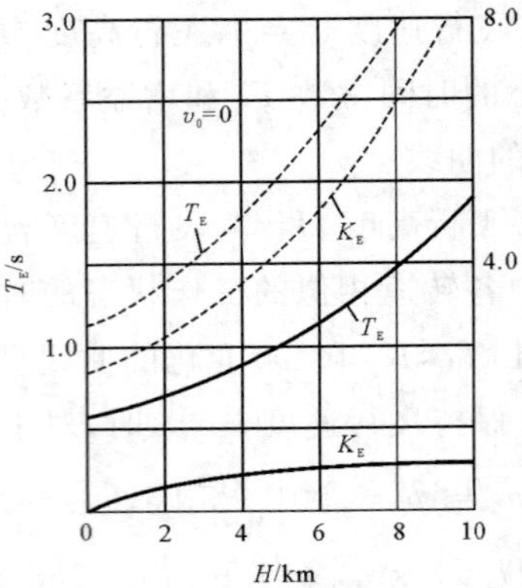

图 3.7　T_E 和 K_E 随 H 变化的曲线

—— $n=6\ 000\ \mathrm{r\cdot min^{-1}}$

----- $n=3\ 000\ \mathrm{r\cdot min^{-1}}$

(2) 保持飞行高度 $H=0$,对不同飞行速度的计算。保持 $H=0$,计算 $v_0=500\ \mathrm{km\cdot h^{-1}}$,$700\ \mathrm{km\cdot h^{-1}}$,$900\ \mathrm{km\cdot h^{-1}}$ 时,发动机不同转速的 T_E 和 K_E 值,计算结果列于表3.4中($v_0=700\ \mathrm{km\cdot h^{-1}}$ 未列)。将转速相同,而飞行速度 v_0 改变时的 T_E 和 K_E 列于表3.5中,并作相应曲线,如图3.8所示。

由上述例题说明,利用时间常数和增益系数相似参数,计算全飞行包线内发动机的动态参数研究动态特性是很方便的。例题所计算的数据虽有限,但可以看出飞行条件对发动机动态特性的影响。保持发动机工作状态和飞行速度不变,随着 H 的增加,T_E 增加,发动机动态响应变

慢。当 H 保持不变时，随着 v_0 的增加，T_E 减小，发动机动态响应加快。了解发动机工作状态和飞行条件对动态特性的影响是必要的，因为进行发动机控制系统设计时，必须研究发动机处于最不利的使用条件下控制系统的性能。

表 3.4　不同飞行速度下，各种转速的时间常数和增益系数

$H=0;v_0=0$ $T_2=288$ K; $p_2=101\ 325$ Pa				$H=0;v_0=500$ km·h^{-1} $T_2=298$ K; $p_2=113\ 631$ Pa				$H=0;v_0=900$ km·h^{-1} $T_2=391$ K; $p_2=144\ 750$ Pa			
$\frac{n}{r\cdot min^{-1}}$	$n/\sqrt{T_2}$	$\frac{T_E}{s}$	K_E	$\frac{n}{r\cdot min^{-1}}$	$n/\sqrt{T_2}$	$\frac{T_E}{s}$	K_E	$\frac{n}{r\cdot min^{-1}}$	$n/\sqrt{T_2}$	$\frac{T_E}{s}$	K_E
3 000	176.7	1.185	2.537	3 052	176.8	1.075	2.630	3 158	176.8	0.873	1.78
4 000	235.7	0.959	1.525	4 069	235.7	0.870	1.360	4 210	235.7	0.706	1.07
5 000	294.6	0.849	0.937	5 086	294.6	0.770	0.836	5 262	294.6	0.625	0.66
6 000	353.6	0.659	0.355	6 104	353.6	0.598	0.320	6 312	353.6	0.485	0.25
6 500	383.0	0.594	0.218	6 612	383.0	0.539	0.190	6 841	383.0	0.437	0.15

表 3.5　$H=0, T_E, K_E$ 随 v_0 变化的数据

$n/(r\cdot min^{-1})$	3 000		6 500	
$v_0/(km\cdot h^{-1})$	T_E/s	K_E	T_E/s	K_E
0	1.185	2.537	0.594	0.218
500	1.085	2.311	0.551	0.215
700	0.996	2.114	0.512	0.214
900	0.898	1.893	0.468	0.213

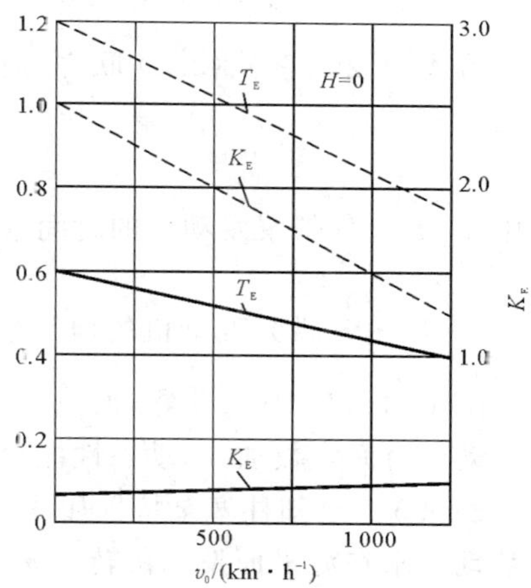

图 3.8　T_E 和 K_E 随 v_0 变化的曲线

—— $n=6\ 500$ r·min^{-1}

----- $n=3\ 000$ r·min^{-1}

3.2.6　传动燃油泵的发动机动态方程

前面推导基本发动机动态方程时，曾假设燃油泵不是由发动机传动的。实际上，现有的燃气涡轮发动机的燃油泵都是由发动机转子传动的。

如图 3.9 所示，发动机带泵后，油泵调节机构（执行机构）的位置 x_p 可看做是带泵发动机的输入量。

一般情况下，当油泵由发动机传动时，油泵供给发动机的燃油流量由发动机转速 n 和油泵调节机构位置 x_p 决定，其方程式为

$$q_{m,\mathrm{f}} = q_{m,\mathrm{f}}(x_\mathrm{p}, n) \tag{3.24}$$

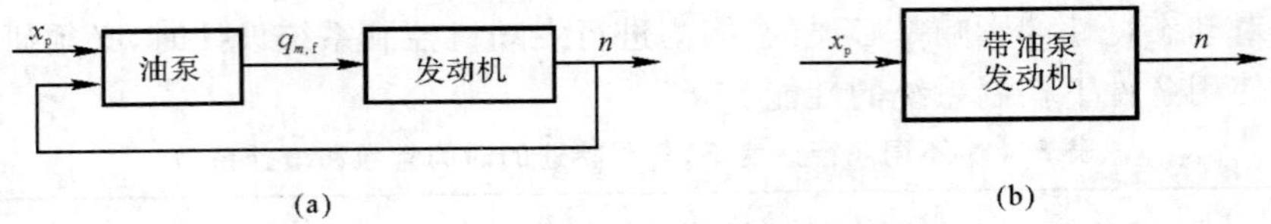

图 3.9 传动燃油泵发动机结构简图

(a) 发动机和燃油泵结构简图； (b) 带泵发动机结构简图

将式(3.24)线性化，并取相对增量表示，得

$$\bar{q}_{m,\mathrm{f}} = K_{x_\mathrm{p}}\bar{x}_\mathrm{p} + K_n\bar{n} \tag{3.25}$$

式中 K_{x_p}——油泵供油量对调节机构位置的增益系数，$K_{x_\mathrm{p}} = \left(\dfrac{\partial q_{m,\mathrm{f}}}{\partial x_\mathrm{p}}\right)_0 \dfrac{x_{\mathrm{p,b}}}{q_{m,\mathrm{fb}}}$，$x_{\mathrm{p,b}}$ 表示 x_p 的基准值；

K_n——油泵供油量对发动机转速的增益系数，$K_n = \left(\dfrac{\partial q_{m,\mathrm{f}}}{\partial n}\right)_0 \dfrac{n_\mathrm{b}}{q_{m,\mathrm{fb}}}$。

将式(3.25)和式(3.7)联立，消去中间变量 $\bar{q}_{m,\mathrm{f}}$，得

$$T\frac{\mathrm{d}\bar{n}}{\mathrm{d}t} + \bar{n} = K\bar{x}_\mathrm{p} \tag{3.26}$$

式中 T——带泵发动机的时间常数，$T = \dfrac{T_\mathrm{E}}{1 - K_\mathrm{E}K_n}$；

K——带泵发动机的增益系数，$K = \dfrac{K_{x_\mathrm{p}}K_\mathrm{E}}{1 - K_\mathrm{E}K_n}$。

由于 K_E，K_n 均大于零，所以 $T > T_\mathrm{E}$。基本发动机带泵后，仍然为一阶惯性环节，但带泵后发动机时间常数加大，动态性能变差。

例 3.3 已知柱塞泵特性如图 3.10 所示，如此泵作为例 3.1 中发动机的燃油泵，泵由发动机传动。求在海平面发动机转速 $n = 6\ 500\ \mathrm{r \cdot min^{-1}}$ 时，带泵发动机的时间常数和增益系数。

解 由图 3.5(a) 所示发动机的需用油量 $q_{m,\mathrm{f}}$ 与转速 n 的关系曲线，在图 3.10(a) 与图 3.10(b) 上作油泵工作线。图中，点 a 为 $n = 6\ 500\ \mathrm{r \cdot min^{-1}}$ 的计算工作点。仍采用图形求导数的方法，在图 3.10(a) 中，过点 a 作 $x_\mathrm{p} = 6\ \mathrm{mm}$ 的 $q_{m,\mathrm{f}} = q_{m,\mathrm{f}}(n)$ 特性线的切线，可得偏导数 $\left(\dfrac{\partial q_{m,\mathrm{f}}}{\partial n}\right)_0$；在图 3.10(b) 中，过点 a 作 $n = 6\ 500\ \mathrm{r \cdot min^{-1}}$ 的 $q_{m,\mathrm{f}} = q_{m,\mathrm{f}}(x_\mathrm{p})$ 特性线的切线，可得偏导数 $\left(\dfrac{\partial q_{m,\mathrm{f}}}{\partial x_\mathrm{p}}\right)_0$。其值分别为

$$\left(\frac{\partial q_{m,\mathrm{f}}}{\partial n}\right)_0 = \left(\frac{\Delta q_{m,\mathrm{f}}}{\Delta n}\right)_0 = 0.923\ \mathrm{kg \cdot h^{-1}/(r \cdot min^{-1})}$$

$$\left(\frac{\partial q_{m,\mathrm{f}}}{\partial x_\mathrm{p}}\right)_0 = \left(\frac{\Delta q_{m,\mathrm{f}}}{\Delta x_\mathrm{p}}\right)_0 = 1\ 000\ \mathrm{kg \cdot h^{-1}/mm}$$

在例 3.1 中，计算发动机动态参数 T_E 和 K_E 时，取基准值 $n_b = 6\ 500\ \mathrm{r \cdot min^{-1}}$，$q_{m,f} = 6\ 000\ \mathrm{kg \cdot h^{-1}}$，这里计算燃油泵增益系数时不能改变，此外取 $x_{p,b} = 6\ \mathrm{mm}$，于是得燃油泵增益系数

$$K_n = \left(\frac{\Delta q_{m,f}}{\Delta n}\right)_0 \frac{n_b}{q_{m,fb}} = 1.0$$

$$K_{x_p} = \left(\frac{\Delta q_{m,f}}{\Delta x_p}\right)_0 \frac{x_{p,b}}{q_{m,fb}} = 1.0$$

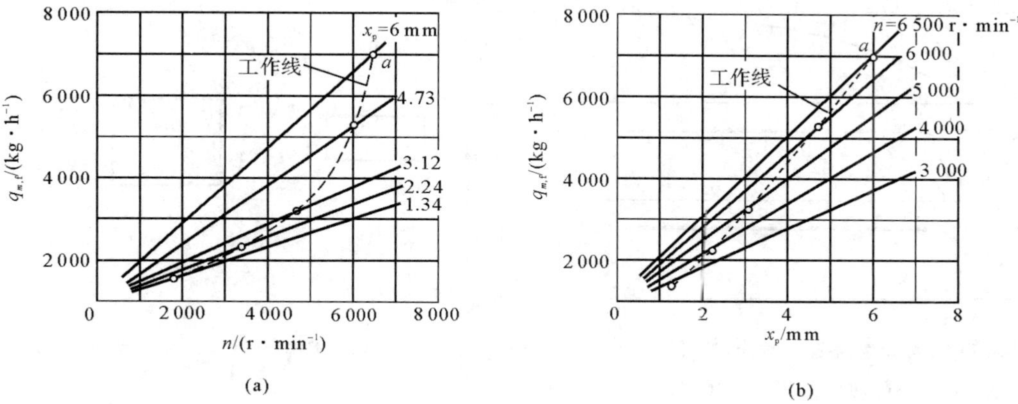

图 3.10　油泵特性曲线

(a)x_p 不变，$q_{m,f}$ 随 n 变化的曲线；　(b)n 不变，$q_{m,f}$ 随 x_p 变化的曲线

在例 3.1 中求得不带泵发动机在海平面 $n = 6\ 500\ \mathrm{r \cdot min^{-1}}$ 状态下工作时，$T_E = 0.594\ \mathrm{s}$，$K_E = 0.218$。将 T_E, K_E, K_{x_p} 和 K_n 代入式(3.26)，得

$$T = \frac{T_E}{1 - K_E K_n} = \frac{0.594}{1 - 0.218 \times 1.0} = 0.76\ \mathrm{s}$$

$$K = \frac{K_{x_p} K_E}{1 - K_E K_n} = \frac{0.218 \times 1.0}{1 - 0.218 \times 1.0} = 0.279$$

3.2.7　考虑燃烧延迟时发动机的动态方程

在推导式(3.7)时，假设燃烧室内的燃烧过程无时间滞后，即涡轮前燃气温度 T_4 的变化与供油量 $q_{m,f}$ 的变化同时完成。实际上，燃料供给和燃料吸热、汽化、氧化、放热以及燃气温度上升到稳定值，这整个过程是需要一定时间来完成的，通常把这段时间称为燃烧延迟时间，用 τ 表示。τ 在 0.05～0.2 s 范围内变化，一般用实验测定。燃烧延迟会影响发动机的动态特性，有时甚至会使发动机自动控制系统的工作产生不稳定现象。因此，在对发动机的动态特性作精确的分析时应予以考虑。

为了简化分析，可以把燃烧延迟的影响从控制对象中分离出来，把燃烧延迟看做是供油过程的延迟。相当于这样的假设，即在 $t=0$ 时刻，指令供油量改变 $\Delta q_{m,f}$，而流过喷嘴进入燃烧室

的油量并不立即发生变化,而要经过 τ 时间后才发生变化,涡轮前温度 T_4 与燃烧室内油量的变化同时进行,并立即达到稳定值。作此假设后,参数随时间 t 的变化过程如图 3.11 所示。实践证明,这样的假设并不会引起发动机中各参数的动态过程出现较大的偏差,但却可以使对发动机中燃烧延迟影响的研究大为简化,使得“考虑燃烧延迟发动机”等效为一个纯延迟环节和一个“不考虑燃烧延迟发动机”相串联,如图 3.12 所示。

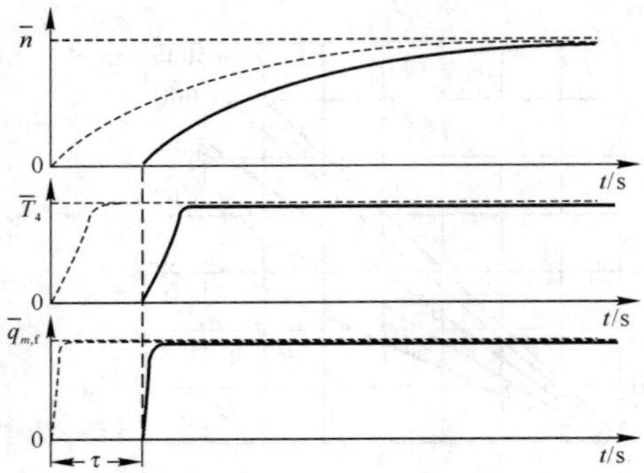

图 3.11 考虑燃烧延迟时,$\bar{n}$,$\bar{T}_4$ 和 $\bar{q}_{m,f}$ 随时间变化的规律

——考虑燃烧延迟 -----不考虑燃烧延迟

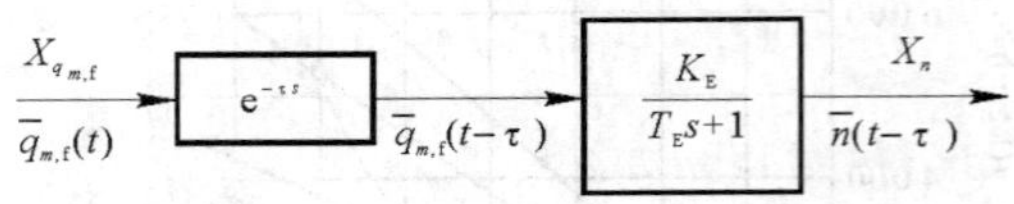

图 3.12 考虑燃烧延迟的基本发动机结构

燃烧延迟环节的输入为 $\bar{q}_{m,f}(t)$,输出为 $\bar{q}_{m,f}(t-\tau)$,所以燃烧延迟环节的传递函数

$$G(s)=\frac{\mathscr{L}[\bar{q}_{m,f}(t-\tau)]}{\mathscr{L}[\bar{q}_{m,f}(t)]}=\frac{e^{-\tau s}X_{q_{m,f}}(s)}{X_{q_{m,f}}(s)}=e^{-\tau s}$$

以上分析表明,在推导各类发动机数学模型时,可以不考虑燃烧延迟。如果需要考虑时,可以将发动机数学模型与纯延迟环节 $e^{-\tau s}$ 相串联。

3.3 根据发动机的基本方程建立线性模型

上述基本发动机模型动态方程的推导方法,一般只适用于求取以供油量作为输入、转速作为输出的动态方程。动态参数 T_E 和 K_E 的计算也不方便,需要已知 $q_{m,f}$ = 常数时压气机扭矩 $M_C(n)$ 和涡轮扭矩 $M_T(n)$;n = 常数时压气机扭矩 $M_C(q_{m,f})$ 和涡轮扭矩 $M_T(q_{m,f})$ 或 $q_{m,f}(n)$。这些扭矩数据需要进行专门的计算获得。下面介绍另一种建立线性模型方法。为了推导方便,在 3.2 节中的简化假设仍然有效。

3.3.1 基本发动机的线性模型

1. 基本方程及线性化

发动机在动态过程中工作时,亦需满足力矩平衡、能量平衡和流量连续条件。考虑简化假设，可列写基本发动机的基本方程如下：

$$
\left.\begin{aligned}
&\frac{\pi}{30}J\ \frac{\mathrm{d}n}{\mathrm{d}t}=M_{\mathrm{T}}-M_{\mathrm{C}}\\
&c_p(T_3-T_2)=c_pT_2\ \frac{\pi_{\mathrm{C}}^{r}-1}{\eta_{\mathrm{C}}}\\
&q_{m,\mathrm{a}}=q_{m,\mathrm{g4}}\\
&c'_p(T_4-T_3)=c'_pT_4\left(1-\frac{1}{\pi_{\mathrm{T}}^{r'}}\right)\eta_{\mathrm{T}}\\
&q_{m,\mathrm{g4}}=q_{m,\mathrm{g8}}\\
&q_{m,\mathrm{f}}H_u\eta_{\mathrm{b}}=c_pq_{m,\mathrm{a}}(T_4-T_3)
\end{aligned}\right\}\tag{3.27}
$$

式中

$$r=\frac{k-1}{k},\quad r'=\frac{k'-1}{k'}$$

$q_{m,\mathrm{g4}}$，$q_{m,\mathrm{g8}}$ —— 分别为通过涡轮喷嘴环和尾喷管的燃气流量；

η_{b} —— 燃烧室效率；

H_u —— 燃料低热值，航空煤油的 $H_u=43\ 960\ \mathrm{kJ\cdot kg^{-1}}$。

式(3.27) 中的 M_{T}，M_{C}，$q_{m,\mathrm{a}}$，$q_{m,\mathrm{g4}}$ 和 $q_{m,\mathrm{g8}}$ 为非线性函数，可用下列各式表示：

$$
\left.\begin{aligned}
&M_{\mathrm{T}}=M_{\mathrm{T}}(T_4,q_{m,\mathrm{g4}},n,\pi_{\mathrm{T}})\\
&M_{\mathrm{C}}=M_{\mathrm{C}}(q_{m,\mathrm{a}},n,\pi_{\mathrm{C}})\\
&q_{m,\mathrm{a}}=q_{m,\mathrm{a}}(n,\pi_{\mathrm{C}})\\
&q_{m,\mathrm{g4}}=q_{m,\mathrm{g4}}(p_4,T_4)\\
&q_{m,\mathrm{g8}}=q_{m,\mathrm{g8}}(p_5,T_5)
\end{aligned}\right\}\tag{3.28}
$$

通道特征截面的压力关系为

$$
\left.\begin{aligned}
&p_3=p_2\pi_{\mathrm{C}}\\
&p_4=\sigma_{\mathrm{b}}p_3\\
&p_5=p_4/\pi_{\mathrm{T}}
\end{aligned}\right\}\tag{3.29}
$$

对式(3.27)、式(3.28) 和式(3.29) 中的各式线性化，消去中间变量，取相对增量形式(取原稳态参数值作为基准值)，经整理的线性方程组为

$$
\left.\begin{aligned}
&(T_{\mathrm{E}}p+\rho)\bar{n}-K_{1T_4}\overline{T}_4-K_{1p_3}\bar{p}_3+K_{1p_5}\bar{p}_5=0\\
&K_{2n}\bar{n}+K_{2p_3}\bar{p}_3-K_{2T_4}\overline{T}_4=0\\
&\overline{T}_5-\overline{T}_4-K_{3p_3}\bar{p}_3-K_{3p_5}\bar{p}_5=0\\
&K_{4p_3}\bar{p}_3+K_{4T_4}\overline{T}_4-K_{4p_5}\bar{p}_5-K_{4T_5}\overline{T}_5=0\\
&K_{5T_4}\overline{T}_4+K_{5p_3}\bar{p}_3+K_{5n}\bar{n}=K_{q_{m,\mathrm{f}}}\bar{q}_{m,\mathrm{f}}
\end{aligned}\right\}\tag{3.30}
$$

式中 $T_E = \dfrac{\pi}{30} J \dfrac{n_0}{M_0}$

$$\rho = \frac{n_0}{M_0}\left[\left(\frac{\partial M_C}{\partial n}\right)_0 - \left(\frac{\partial M_T}{\partial n}\right)_0 + \left(\frac{\partial M_C}{\partial q_{m,a}}\right)_0 \left(\frac{\partial q_{m,a}}{\partial n}\right)_0\right]$$

$$K_{1T_4} = \frac{T_{40}}{M_0}\left[\left(\frac{\partial M_T}{\partial q_{m,g4}}\right)_0 \left(\frac{\partial q_{m,g4}}{\partial T_4}\right)_0 + \left(\frac{\partial M_T}{\partial T_4}\right)_0\right]$$

$$K_{1p_3} = \frac{p_{30}}{M_0}\left[\sigma_b \left(\frac{\partial M_T}{\partial q_{m,g4}}\right)_0 \left(\frac{\partial q_{m,g4}}{\partial p_4}\right)_0 + \frac{\sigma_b}{p_{50}}\left(\frac{\partial M_T}{\partial \pi_T}\right)_0 - \left(\frac{\partial M_C}{\partial q_{m,a}}\right)_0 \left(\frac{\partial q_{m,a}}{\partial \pi_C}\right)_0 \frac{1}{p_2} - \left(\frac{\partial M_C}{\partial \pi_C}\right)_0 \frac{1}{p_2}\right]$$

$$K_{1p_5} = \frac{\pi_{T0}}{M_0}\left(\frac{\partial M_T}{\partial \pi_T}\right)_0$$

$$K_{2p3} = \frac{p_{30}}{q_{m,a0}}\left[\left(\frac{\partial q_{m,a}}{\partial \pi_C}\right)_0 \left(\frac{\partial \pi_C}{\partial p_3}\right)_0 - \sigma_b \left(\frac{\partial q_{m,g4}}{\partial p_4}\right)_0\right]$$

$$K_{2n} = \frac{n_0}{q_{m,a0}}\left(\frac{\partial q_{m,a}}{\partial n}\right)_0$$

$$K_{2T_4} = \frac{T_{40}}{q_{m,g40}}\left(\frac{\partial q_{m,g4}}{\partial T_4}\right)_0$$

$$K_{3p_3} = \frac{-r'\eta_T}{(\pi_{T0})^{r'}(1-\eta_T)+\eta_T} = -K_{3p_3}$$

$$K_{4p_3} = \frac{\sigma_b p_{30}}{q_{m,g40}}\left(\frac{\partial q_{m,g4}}{\partial p_4}\right)_0$$

$$K_{4T_4} = \frac{T_{40}}{q_{m,g40}}\left(\frac{\partial q_{m,g4}}{\partial T_4}\right)_0$$

$$K_{4p_5} = \frac{p_{50}}{q_{m,g80}}\left(\frac{\partial q_{m,g8}}{\partial p_5}\right)_0$$

$$K_{4T_5} = \frac{T_{50}}{q_{m,g80}}\left(\frac{\partial q_{m,g8}}{\partial T_5}\right)_0$$

$$K_{5T_4} = \frac{c_p q_{m,a0} T_{40}}{Q_0}$$

$$K_{q_{m,f}} = \frac{q_{m,f0} H_u \eta_b}{Q_0}$$

$$K_{5p_3} = \frac{c_p}{Q_0}\left[p_{30}(T_{40}-T_{30})\left(\frac{\partial q_{m,a}}{\partial \pi_C}\right)_0 \left(\frac{\partial \pi_C}{\partial p_3}\right)_0 - q_{m,a0} T_{30} f\right]$$

$$K_{5n} = \frac{c_p n_0}{Q_0}(T_{40}-T_{30})\left(\frac{\partial q_{m,a}}{\partial n}\right)_0$$

$$M_{T0} = M_{C0} = M_0,\quad Q_0 = q_{m,f0} H_u \eta_b,\quad f = \frac{r(\pi_C)^r}{(\pi_{C0})^r + \eta_C - 1}$$

$$\bar{n} = \frac{\Delta n}{n_0},\quad \bar{T}_4 = \frac{\Delta T_4}{T_{40}},\quad \bar{p}_3 = \frac{\Delta p_3}{p_{30}},\quad \bar{p}_5 = \frac{\Delta p_5}{p_{50}}$$

$$\overline{T}_5=\frac{\Delta T_5}{T_{50}},\quad \overline{q}_{m,\mathrm{f}}=\frac{\Delta q_{m,\mathrm{f}}}{q_{m,\mathrm{f0}}}$$

p 为微分算子；下标“0”表示原始稳态值。

2. 线性方程组的求解与动态方程

式(3.30)中包含 5 个未知量($\overline{n},\overline{T}_4,\overline{p}_3,\overline{p}_5,\overline{T}_5$)和输入量 $q_{m,\mathrm{f}}$。求解方程组就可获得输入量为 $\overline{q}_{m,\mathrm{f}}$ 的这 5 个变量的动态方程。

线性方程组的求解可以利用克莱姆定理。方程组的解为

$$\left.\begin{aligned}
\overline{n}&=\frac{D_n}{D}\overline{q}_{m,\mathrm{f}}=\frac{b_1}{ap+b}\overline{q}_{m,\mathrm{f}}\\
\overline{T}_4&=\frac{D_{T_4}}{D}\overline{q}_{m,\mathrm{f}}=\frac{b_2p+b_3}{ap+b}\overline{q}_{m,\mathrm{f}}\\
\overline{p}_3&=\frac{D_{p3}}{D}\overline{q}_{m,\mathrm{f}}=\frac{b_4p+b_5}{ap+b}\overline{q}_{m,\mathrm{f}}\\
\overline{p}_5&=\frac{D_{p5}}{D}\overline{q}_{m,\mathrm{f}}=\frac{b_6p+b_7}{ap+b}\overline{q}_{m,\mathrm{f}}\\
\overline{T}_5&=\frac{D_{T_5}}{D}\overline{q}_{m,\mathrm{f}}=\frac{b_8p+b_9}{ap+b}\overline{q}_{m,\mathrm{f}}
\end{aligned}\right\}\tag{3.31}$$

式中，D 为线性方程组的系数行列式；$D_n,D_{T_4},D_{p_3},D_{p_5},D_{T_5}$ 分别表示用克莱姆定理求解时，未知量 $\overline{n},\overline{T}_4,\overline{p}_3,\overline{p}_5$ 和 $\overline{T}_5$ 的分子行列式。

计算 $D,D_n,\cdots,D_{T_5}$ 行列式时，可以利用行列式的性质，进行等值变换，将微分算子 p 及输入量 $\overline{q}_{m,\mathrm{f}}$ 从行列式中提出，再进行计算。计算结果如式(3.31)所示，其中，$a,b,b_1,b_2,\cdots,b_9$ 为行列式的值。

3. 各项偏导数计算

在求线性方程组(式(3.30))前必须先确定方程组中各项系数值。而这些系数中又包含着各偏导数，因此须先计算各偏导数。除 $\left(\frac{\partial q_{m,\mathrm{a}}}{\partial n}\right)_0$ 和 $\left(\frac{\partial q_{m,\mathrm{a}}}{\partial \pi_\mathrm{C}}\right)_0$ 外，其他偏导数都用解析法求取。

涡轮扭矩可表示为

$$M_\mathrm{T}=\frac{P_\mathrm{T}}{\omega}=\frac{30}{\pi}\frac{q_{m,\mathrm{g4}}L_\mathrm{T}}{n}=\frac{30}{\pi}\frac{q_{m,\mathrm{g4}}}{n}c'_pT_4(1-\pi_\mathrm{T}^{-r'})\eta_\mathrm{T}\tag{3.32}$$

由式(3.32)可得

$$\left(\frac{\partial M_\mathrm{T}}{\partial T_4}\right)_0=\frac{M_\mathrm{T0}}{T_{40}},\qquad \left(\frac{\partial M_\mathrm{T}}{\partial q_{m,\mathrm{g4}}}\right)_0=\frac{M_\mathrm{T0}}{q_{m,\mathrm{g40}}}$$

$$\left(\frac{\partial M_\mathrm{T}}{\partial n}\right)_0=-\frac{M_\mathrm{T0}}{n_0},\qquad \left(\frac{\partial M_\mathrm{T}}{\partial \pi_\mathrm{T}}\right)_0=\frac{M_\mathrm{T0}r'}{\pi_\mathrm{T0}(\pi_\mathrm{T0}^{r'}-1)}$$

同理，压气机扭矩可表示为

$$M_C=\frac{30}{\pi}\frac{q_{m,a}}{n}c_pT_2(\pi_C^r-1)/\eta_C \tag{3.33}$$

由式(3.33)可得

$$\left(\frac{\partial M_C}{\partial n}\right)_0=-\frac{M_{C0}}{n_0},\quad \left(\frac{\partial M_C}{\partial q_{m,a}}\right)_0=\frac{M_{C0}}{q_{m,a0}}$$

$$\left(\frac{\partial M_C}{\partial \pi_C}\right)_0=\frac{M_{C0}r}{\pi_{C0}(1-\pi_{C0}^{-r})}$$

由以下两式

$$q_{m,g4}=K'_q\frac{\sigma_{nb}A_{nb}p_4}{\sqrt{T_4}}$$

$$q_{m,g8}=K'_q\frac{\sigma_eA_8p_5}{\sqrt{T_5}}$$

可得

$$\left(\frac{\partial q_{m,g4}}{\partial p_4}\right)_0=\frac{q_{m,g40}}{p_{40}},\quad \left(\frac{\partial q_{m,g4}}{\partial T_4}\right)_0=-\frac{1}{2}\frac{q_{m,g40}}{T_{40}}$$

$$\left(\frac{\partial q_{m,g8}}{\partial p_5}\right)_0=\frac{q_{m,g80}}{p_{50}},\quad \left(\frac{\partial q_{m,g8}}{\partial T_5}\right)_0=-\frac{1}{2}\frac{q_{m,g80}}{T_{50}}$$

确定偏导数$\left(\frac{\partial q_{m,a}}{\partial n}\right)_0$和$\left(\frac{\partial q_{m,a}}{\partial \pi_C}\right)_0$时,需要有给定外界条件的压气机特性,如图 3.13(a)所示。当用图形求导数的方法获取它们的值时,首先根据图 3.13(a)作各种π_C值下$q_{m,a}$随n变化的曲线,如图 3.13(b)所示,然后,在图 3.13(a)上,在给定平衡工作点作该点所在等转速线的切线,可得偏导数$\left(\frac{\partial q_{m,a}}{\partial \pi_C}\right)_0$的值;在图 3.13(b)上,在给定平衡工作点作等π_C线的切线,可得偏导数$\left(\frac{\partial q_{m,a}}{\partial n}\right)_0$的值。用图形求导数的方法不精确而且很麻烦,因此,可采用函数插值的方法求取。给定外界条件的压气机特性可表示为

$$q_{m,a}=q_{m,a}(n,\pi_C)$$

在保持转速($n=n_0$)不变的条件下,使π_C有一小的变化量$\Delta\pi_C$($\Delta\pi_C=\pi_C-\pi_{C0}$),用二元插值可计算对应于$\Delta\pi_C$的函数值变化$\Delta q_{m,a}$,以一阶差商近似导数,得

$$\left(\frac{\partial q_{m,a}}{\partial \pi_C}\right)_0\approx\left(\frac{\Delta q_{m,a}}{\Delta \pi_C}\right)_0$$

同理,保持增压比($\pi_C=\pi_{C0}$)不变,改变转速,可得

$$\left(\frac{\partial q_{m,a}}{\partial n}\right)_0\approx\left(\frac{\Delta q_{m,a}}{\Delta n}\right)_0$$

当已知压气机的通用特性时,函数插值的方法仍然适用,只要将以换算参数(或相似参数)表示的自变量值与函数值转换为给定条件下的物理参数值,同理可得偏导数值。

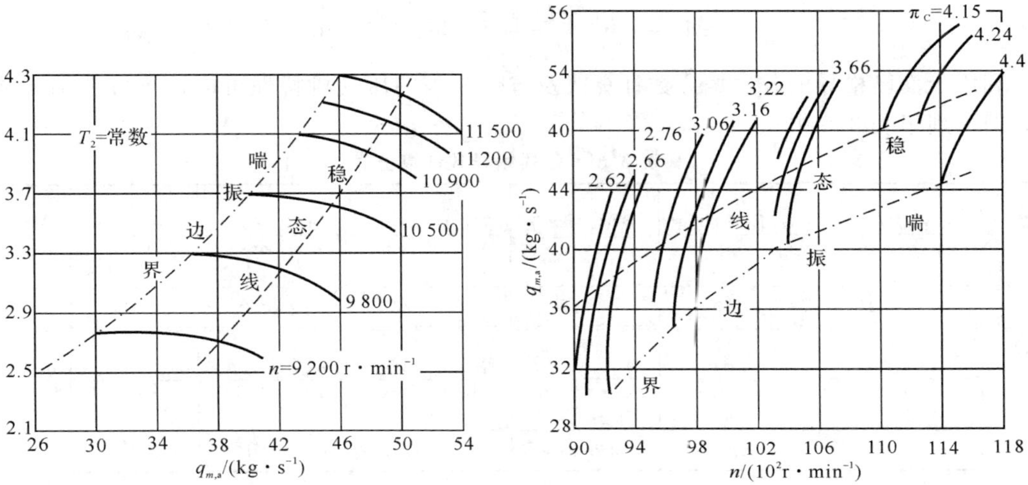

(a)　　　　　　　　(b)

图 3.13　给定飞行条件下的压气机特性

由前所述可知，计算各项偏导数及式(3.30)的各系数都须已知发动机在给定工作点的稳态数据，稳态数据要由发动机的稳态计算获取。

需要指出，获取精确的发动机动态数学模型非常困难，通常是在较多假设和近似处理下获得的，因此，发动机动力学研究只能是近似解决的。

例 3.4　推导某型单轴涡喷发动机在地面最大状态的线性模型，发动机尾喷口面积固定不变，假设油泵不由发动机传动。

已知数据：

(1) 发动机转子转动惯量 $J=5.5917\ \text{kg}\cdot\text{m}^2$；压气机特性曲线(省略未画)；部件效率 $\eta_C=0.788$，$\eta_T=0.9$，$\eta_b=0.96$；压力损失系数 $\sigma_b=0.93$，$\sigma_i=0.989$，$\sigma_e=0.99$(假设部件效率和总压损失系数在小偏离过渡过程中保持不变)。

(2) 最大状态的稳态数据：$n=11\ 150\ \text{r/min}$，$q_{m,a}=43.3\ \text{kg/s}$，$q_{m,f}=0.672\ \text{kg/s}$，$\pi_C=7.14$，$\pi_T=2.92$，$q_{m,g}=43.97\ \text{kg/s}$，$T_4=1\ 135\ \text{K}$。

解　在海平面标准大气条件下，发动机进口 $T_2=288\ \text{K}$，$p_2=101\ 325\ \text{Pa}$。发动机在最大状态工作时的其他稳态数据为

$$p_3=\sigma_i p_2 \pi_C=715\ 502\ \text{Pa}$$

$$Q=H_u q_{m,f}\eta_b=28\ 359\ \text{kJ}\cdot\text{s}^{-1}$$

$$T_3=T_2(1+(\pi_C^r-1)/\eta_C)=563.8\ \text{K}$$

$$M_T=\frac{30}{\pi}\frac{q_{m,g}L_T}{n}=10\ 343\ \text{N}\cdot\text{m}$$

$$M_C = \frac{30}{\pi}\frac{q_{m,a}L_C}{n} = 10\ 264.2\ \mathrm{N \cdot m}$$

利用上面已推导的各项偏导数计算式及省略未画的压气机特性可以计算各项偏导数值，计算结果列于表 3.6 中。

表 3.6　各项偏导数计算值表

偏导数	$\frac{\partial M_C/\partial n}{\mathrm{N \cdot m/(r \cdot min^{-1})}}$	$\frac{\partial M_C/\partial q_{m,a}}{\mathrm{N \cdot m/(kg \cdot s^{-1})}}$	$\frac{\partial M_C/\partial \pi_C}{\mathrm{N \cdot m}}$	$\frac{\partial M_T/\partial n}{\mathrm{N \cdot m/(r \cdot min^{-1})}}$	$\frac{\partial M_T/\partial n_{g4}}{\mathrm{N \cdot m/(kg \cdot s^{-1})}}$	$\frac{\partial M_T/\partial T_4}{\mathrm{N \cdot m/K}}$	$\frac{\partial M_T/\partial \pi_T}{\mathrm{N \cdot m}}$
值	－0.920 05	237.0	955.8	－0.928	235.2	9.188	2 888
偏导数	$\frac{\partial n_a/\partial n}{\mathrm{kg \cdot s^{-1}/(r \cdot min^{-1})}}$	$\frac{\partial n_a/\partial \pi_C}{\mathrm{kg \cdot s^{-1}}}$	$\frac{\partial q_{m,a}/\partial p_3}{\mathrm{kg \cdot s^{-1}/Pa}}$	$\frac{\partial q_{m,g4}/\partial T_4}{\mathrm{kg \cdot s^{-1}/K}}$	$\frac{\partial q_{m,g4}/\partial p_4}{\mathrm{kg \cdot s^{-1}/Pa}}$	$\frac{\partial q_{m,g8}/\partial p_5}{\mathrm{kg \cdot s^{-1}/Pa}}$	$\frac{\partial q_{m,g8}/\partial T_5}{\mathrm{kg \cdot s^{-1}/K}}$
值	0.003 2	－0.345	6.052×10^{-5}	－0.019 4	6.608×10^{-5}	1.929×10^{-5}	－0.028

将各项偏导数值及稳态数据代入式(3.30)的各项系数表达式中，可获得该线性方程组的各项系数，结果列于表 3.7 中。

表 3.7　线性方程组各项系数值表

变量系数 / 方程序号	线性方程组各变量系数					式(3.30)等号右端项(输入量)
	$\bar{n}$	$\bar{T}_4$	$\bar{p}_3$	$\bar{p}_5$	$\bar{T}_5$	
1	$0.636p+0.832$	0.504	1.221	0.815	0	0
2	0.824	－0.5	－1.072	0	0	0
3	0	1.0	0.217	－0.217	1.0	0
4	0	－0.5	1.0	0.989	－0.5	0
5	0.811	1.727	－0.377	0	0	1.0

由表 3.7 所列系数值，可计算式(3.31)的系数行列式和分子行列式，将计算结果代入式(3.31)，就可得输入量为 $q_{m,f}$ 的发动机的 $\bar{n}$ 等 5 个参数的动态方程，即发动机在给定飞行条件和工作状态下的线性模型。

式(3.31)中，分母行列式为

$$D = ap + b = -0.932p - 1.113$$

各分子行列式分别为

$$D_n = b_1 = -0.650$$

$$D_{T4} = b_2 p + b_3 = -0.601p - 0.498$$

$$D_{p3} = b_4 p + b_5 = -0.284p - 0.741$$

$$D_{p5} = b_6 p + b_7 = -0.284p - 0.741$$

$$D_{T5} = b_8 p + b_9 = -0.786p - 0.498$$

各变量的动态方程分别为

$$(0.837p+1)\bar{n}=0.584\bar{q}_{m,f}$$
$$(0.837p+1)\bar{T}_4=0.447(1.207p+1)\bar{q}_{m,f}$$
$$(0.837p+1)\bar{p}_3=0.666(0.383p+1)\bar{q}_{m,f}$$
$$(0.837p+1)\bar{p}_5=0.666(0.383p+1)\bar{p}_{m,f}$$
$$(0.837p+1)\bar{T}_5=0.447(1.578p+1)\bar{p}_{m,f}$$

式中，p 为微分算子。

3.3.2　单轴加力式涡喷发动机的线性模型

为了使推导的模型更具有普遍意义，下面研究尾喷口面积可调的加力式涡喷发动机的线性模型。这类发动机在加力状态工作时，输入量有主供油量 $q_{m,f}$、加力供油量 $q_{m,faf}$ 和尾喷口面积 A_8（即 $A_{8,af}$）。输出量除了被控制量转速 n、加力燃烧室温度 $T_{7,af}$ 和涡轮膨胀比 π_T 以外，还可以有发动机的其他参数。当不考虑外界条件变化时，加力式涡喷发动机结构简图如图 3.14 所示。

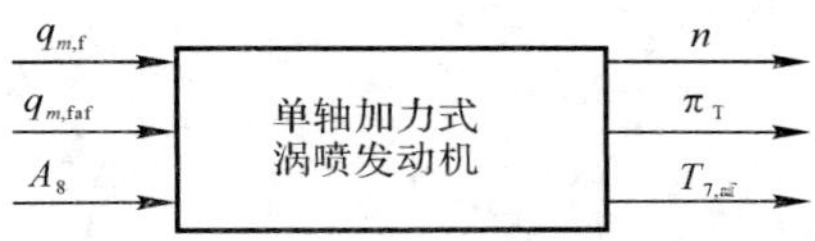

图 3.14　加力式涡喷发动机结构图

1. 基本方程及线性化

加力式涡喷发动机在加力状态工作时，燃气发生器的工作同样必须满足式(3.27) 所列的基本方程。除此之外，由于加力燃烧室的加热，直接影响涡轮后燃气流的参数，因此还需在式(3.27) 中，增加加力燃烧室的能量方程，即

$$H_u q_{m,faf}\eta_{faf}=c'_p q_{m,g4}(T_{7,af}-T_5)$$

由于加力燃烧室燃烧引起的热阻损失，使涡轮出口到尾喷管进口的总压损失增加，加力燃烧室出口总压下降，$p_{7,af}=\sigma_{af}p_5$，σ_{af} 为加力燃烧室的总压恢复系数。在加力状态下，由于通过尾喷管燃气流的总压和总温发生变化，因此通过尾喷管出口的燃气流量应按此时的燃气流参数及加力状态可调喷口面积 A_8 计算，即

$$q_{m,g8}=q_{m,g8}(p_{7,af},T_{7,af},A_{8,af})=\frac{K'_q\sigma_e p_{7,af}A_{8,af}}{\sqrt{T_{7,af}}}$$

将式(3.27)、式(3.28)、式(3.29) 作上述补充和修改后，可以得到加力式涡喷发动机的基本方程及基本方程式中间变量的非线性函数式。将基本方程作同样的线性化处理，可得加力式涡喷发动机的线性方程组，即

$$\left.\begin{aligned}
&(T_{\mathrm{E}}p+\rho)\bar{n}-K_{1T_4}\bar{T}_4-K_{1p_3}\bar{p}_3+K_{1p_5}\bar{p}_5=0\\
&K_{2n}\bar{n}+K_{2p_3}\bar{p}_3-K_{2T_4}\bar{T}_4=0\\
&\bar{T}_5-\bar{T}_4-K_{3p_3}\bar{p}_3-K_{3p_5}\bar{p}_5=0\\
&K_{4p_3}\bar{p}_3+K_{4T_4}\bar{T}_4-K_{4p_5}\bar{p}_5-K_{4T_{\mathrm{af}}}\bar{T}_{7,\mathrm{af}}=K_A\bar{A}_{8,\mathrm{af}}\\
&K_{5T_4}\bar{T}_4+K_{5p_3}\bar{p}_3+K_{5n}\bar{n}=K_{q_{m,\mathrm{f}}}\bar{q}_{m,\mathrm{f}}\\
&K_{6p_3}\bar{p}_3+K_{6T_4}\bar{T}_4+K_6T_{\mathrm{af}}\bar{T}_{7,\mathrm{af}}-K_{6,T_s}\bar{T}_5=K_{q_{m,\mathrm{faf}}}\bar{q}_{m,\mathrm{faf}}
\end{aligned}\right\}\tag{3.34}$$

式中

$$K_{4p_5}=\frac{\sigma_{\mathrm{af}}p_{50}}{q_{m,\mathrm{g}80}}\left(\frac{\partial q_{m,\mathrm{g}8}}{\partial p_{7,\mathrm{af}}}\right)_0,\qquad K_{4T_{\mathrm{af}}}=\frac{T_{7,\mathrm{af}0}}{q_{m,\mathrm{g}80}}\left(\frac{\partial q_{m,\mathrm{g}8}}{\partial T_{7,\mathrm{af}}}\right)_0$$

$$K_A=\frac{A_{80}}{q_{m,\mathrm{g}80}}\left(\frac{\partial q_{m,\mathrm{g}8}}{\partial A_8}\right)_0,\qquad K_{6p_3}=\frac{c'_p\sigma_{\mathrm{b}}p_{30}}{Q_{\mathrm{af}0}}(T_{7,\mathrm{af}0}-T_{50})\left(\frac{\partial q_{m,\mathrm{g}4}}{\partial p_4}\right)_0$$

$$K_{6T_4}=\frac{c'_pT_{40}}{Q_{\mathrm{af}0}}(T_{7,\mathrm{af}0}-T_{50})\left(\frac{\partial q_{m,\mathrm{g}4}}{\partial T_4}\right)_0,\qquad K_{6T_{\mathrm{af}}}=\frac{c'_pq_{m,\mathrm{g}40}T_{7,\mathrm{af}0}}{Q_{\mathrm{af}0}}$$

$$K_{6T_5}=\frac{c'_pT_{50}q_{m,\mathrm{g}40}}{Q_{\mathrm{af}0}},\qquad K_{q_{m,\mathrm{faf}}}=\frac{q_{m,\mathrm{faf}}H_u\eta_{\mathrm{af}}}{Q_{\mathrm{af}0}}$$

$$Q_{\mathrm{af}0}=H_uq_{m,\mathrm{faf}0}\eta_{\mathrm{af}},\quad \bar{T}_{7,\mathrm{af}}=\frac{\Delta T_{7,\mathrm{af}}}{T_{7,\mathrm{af}0}},\qquad \bar{A}_{8,\mathrm{af}}=\frac{\Delta A_{8,\mathrm{af}}}{A_{8,\mathrm{af}0}},\quad \bar{q}_{m,\mathrm{faf}}=\frac{\Delta q_{m,\mathrm{faf}}}{q_{m,\mathrm{faf}0}}$$

其余,与式(3.30)相同。

加力式涡喷发动机,加力时通常还须增加涡轮膨胀比 π_{T} 作为被控参数。为了获得 π_{T} 的动态方程,可以利用关系式

$$\sigma_{\mathrm{b}}p_3=\pi_{\mathrm{T}}p_5\tag{3.35}$$

经线性化得

$$\bar{p}_5=\bar{p}_3-\bar{\pi}_{\mathrm{T}}\tag{3.36}$$

将式(3.36)代入式(3.34),经整理得线性方程组

$$\left.\begin{aligned}
&(T_{\mathrm{E}}p+\rho)\bar{n}-K_{1T_4}\bar{T}_4+K'_{1p_3}\bar{p}_3-K_{1\pi_{\mathrm{T}}}\bar{\pi}_{\mathrm{T}}=0\\
&K_{2n}\bar{n}+K_{2p_3}\bar{p}_3-K_{2T_4}\bar{T}_4=0\\
&\bar{T}_5-\bar{T}_4-K'_{3p_3}\bar{p}_3-K_{3\pi_{\mathrm{T}}}\bar{\pi}_{\mathrm{T}}=0\\
&K'_{4p_3}\bar{p}_3+K_{4T_4}\bar{T}_4+K_{4\pi_{\mathrm{T}}}\bar{\pi}_{\mathrm{T}}-K_{4T_{\mathrm{af}}}\bar{T}_{7,\mathrm{af}}=K_A\bar{A}_{8,\mathrm{af}}\\
&K_{5n}\bar{n}+K_{5T_4}\bar{T}_4+K_{5p_3}\bar{p}_3=K_{q_{m,\mathrm{f}}}\bar{q}_{m,\mathrm{f}}\\
&K_{6p_3}\bar{p}_3+K_{6T_4}\bar{T}_4+K_{6T_{\mathrm{af}}}\bar{T}_{7,\mathrm{af}}-K_{6T_5}\bar{T}_5=K_{q_{m,\mathrm{faf}}}\bar{q}_{m,\mathrm{faf}}
\end{aligned}\right\}\tag{3.37}$$

式中

$$K'_{1p_3}=K_{1p_5}-K_{1p_3},\quad K_{1\pi_T}=K_{1p_5}$$
$$K'_{3p_3}=K_{3p_5}+K_{3p_3},\quad K_{3\pi_T}=K_{3p_5}$$
$$K'_{4p_3}=K_{4p_3}-K_{4p_5},\quad K_{4\pi_T}=K_{4p_5}$$

p 为微分算子。

2. 线性方程组的求解与动态方程

式(3.37)中包含6个未知量($\bar{n},\bar{T}_4,\bar{\pi}_T,\bar{p}_3,\bar{T}_5,\bar{T}_{7,af}$)和3个输入量($\bar{A}_{8,af},\bar{q}_{m,f},\bar{q}_{m,faf}$)。因为线性系统满足叠加原理,所以可以分别求取每项输入单独作用时方程组的解,然后进行叠加,就可以得到3个输入同时作用时6未知变量的动态方程。

线性方程组的求解仍可以利用克莱姆定理。在求 $\bar{q}_{m,f}$ 单独作用的解时,可令 $\bar{q}_{m,faf}=0$,$\bar{A}_{8,af}=0$,于是式(3.37)等号右端的向量为$[0\quad 0\quad 0\quad 0\quad K_{q_{m,f}}\bar{q}_{m,f}\quad 0]^{T}$,式(3.37)的解为

$$\left.\begin{aligned}
\bar{n}&=\frac{D_n}{D}\bar{q}_{m,f}\\
\bar{T}_4&=\frac{D_{T_4}}{D}\bar{q}_{m,f}\\
\bar{p}_3&=\frac{D_{p_3}}{D}\bar{q}_{m,f}\\
\bar{\pi}_T&=\frac{D_{\pi_T}}{D}\bar{q}_{m,f}\\
\bar{T}_5&=\frac{D_{T_5}}{D}\bar{q}_{m,f}\\
\bar{T}_{7,af}&=\frac{D_{T_{af}}}{D}\bar{q}_{m,f}
\end{aligned}\right\}\tag{3.38}$$

式中,D 为式(3.37)的系数行列式,$D=ap+b$;D_n,D_{T_4},D_{p_3},D_{π_T},D_{T_5},$D_{T_{af}}$ 分别为 $\bar{n}$,$\bar{T}_4$,$\bar{p}_3$,π_T,$\bar{T}_5$ 和 $\bar{T}_{7,af}$ 的分子行列式,$D_n=b_1$,$D_{T_4}=b_2p+b_3$;其余与 D_{T_4} 类似。

同理,可求输入量为 $\bar{A}_{8,af}$ 和 $\bar{q}_{m,faf}$ 单独作用时的解,将各个输入量单独作用的解相加,并整理得

$$\left.\begin{aligned}
(T_{E,af}p+1)\bar{n}&=K_{n1}\bar{q}_{m,f}+K_{n2}\bar{q}_{m,faf}+K_{n3}\bar{A}_{8,af}\\
(T_{E,af}p+1)\bar{T}_4&=K_{T_41}(\tau_{T_41}p+1)\bar{q}_{m,f}+K_{T_42}(\tau_{T_42}p+1)\bar{q}_{m,faf}+K_{T_43}(\tau_{T_43}p+1)\bar{A}_{8,af}\\
(T_{E,af}p+1)\bar{p}_3&=K_{p_31}(\tau_{p_31}p+1)\bar{q}_{m,f}+K_{p_32}(\tau_{p_32}p+1)\bar{q}_{m,faf}+K_{p_33}(\tau_{p_33}p+1)\bar{A}_{8,af}\\
(T_{E_{af}}p+1)\bar{\pi}_T&=K_{\pi_T1}(\tau_{\pi_T1}p+1)\bar{q}_{m,f}+K_{\pi_T2}(\tau_{\pi_T2}p+1)\bar{q}_{m,faf}+K_{\pi_T3}(\tau_{\pi_T3}p+1)\bar{A}_{8,af}\\
(T_{E,af}p+1)\bar{T}_5&=K_{T_51}(\tau_{T_51}p+1)\bar{q}_{m,f}+K_{T_52}(\tau_{T_52}p+1)\bar{q}_{m,faf}+K_{T_53}(\tau_{T_53}p+1)\bar{A}_{8,af}\\
(T_{E,af}p+1)\bar{T}_{7,af}&=K_{T_{af}1}(\tau_{T_{af}1}p+1)\bar{q}_{m,f}+K_{T_{af}2}(\tau_{T_{af}2}p+1)\bar{q}_{m,faf}+K_{T_{af}3}(\tau_{T_{af}3}p+1)\bar{A}_{8,af}
\end{aligned}\right\}\tag{3.39}$$

式中 $T_{E,af}$ —— 单轴加力式涡喷发动机时间常数,$T_{E,af}=a/b$;

K_{n1},K_{n2},K_{n3} —— 分别为输出量 $\bar{n}$ 对于输入量 $\bar{q}_{m,f},\bar{q}_{m,faf},\bar{A}_{8,af}$ 的增益系数,$K_{n1}=b_1/b,\cdots$;

$K_{T_41},K_{T_42},K_{T_43}$ —— 分别为输出量 $\bar{T}_4$ 对于输入量 $\bar{q}_{m,f},\bar{q}_{m,faf},\bar{A}_{8,af}$ 的增益系数,$K_{T_41}=b_3/b,\cdots$;

$\tau_{T_4},\tau_{T_42},\tau_{T_43}$ —— 分别为 $\bar{T}_4$ 对 $\bar{q}_{m,f},\bar{q}_{m,faf},\bar{A}_{8,af}$ 的微分时间常数,$\tau_{T_41}=b_2/b_3,\cdots$。

其他依此类推。

由式(3.39)可见,在动态过程中,转速 $\bar{n}$ 只与输入量 $\bar{q}_{m,f},\bar{q}_{m,faf},\bar{A}_{8af}$ 有关,而其他参数如 $\bar{T}_4,\pi_T$ 等除了与输入量有关外,还与输入量的变化速度有关。

线性方程组中各项系数的计算与前述相同。

3.3.3 双轴涡喷发动机的线性模型

在双轴涡喷发动机中,增加了一个压气机涡轮转子,考虑简化假设和增加的转子后,基本方程为

$$
\left.\begin{aligned}
&\frac{\pi}{30}J_H\frac{dn_H}{dt}=M_{TH}-M_{CH}\\
&\frac{\pi}{30}J_L\frac{dn_L}{dt}=M_{TL}-M_{CL}\\
&c_p(T_{2.5}-T_2)=c_pT_2\frac{\pi_{CL}^r-1}{\eta_{CL}}\\
&c_p(T_3-T_{2.5})=c_pT_{2.5}\frac{\pi_{CH}^r-1}{\eta_{CH}}\\
&q_{m,a2}=q_{m,a2.5}\\
&q_{m,a2.5}=q_{m,g4}\\
&c'_p(T_4-T_{4.5})=c'_pT_4\left(1-\frac{1}{\pi_{TH}^{r'}}\right)\eta_{TH}\\
&c'_p(T_{4.5}-T_5)=c'_pT_{4.5}\left(1-\frac{1}{\pi_{TL}^{r'}}\right)\eta_{TL}\\
&q_{m,g4}=q_{m,g4.5}\\
&q_{m,g4.5}=q_{m,g8}\\
&q_{m,f}H_u\eta_b=c_pq_{m,a2.5}(T_4-T_3)
\end{aligned}\right\}\tag{3.40}
$$

式(3.40)中的中间变量 $M_{TH},M_{CH},M_{TL},M_{CL},q_{m,a2},q_{m,a2.5},q_{m,g4},q_{m,g4.5},q_{m,g8}$ 可以用与式(3.28)类似的非线性函数表示。通道特征截面的压力也用类似于式(3.29)表示,这里不再重复。

采用式(3.27)线性化的方法,将式(3.40)线性化,得

$$\left.\begin{aligned}
&(T_{E1}p+\rho_1)\bar{n}_H-K_{1p_3}\bar{p}_3-K_{1T_4}\bar{T}_4+K_{1p_{4.5}}\bar{p}_{4.5}+K_{1p_{2.5}}\bar{p}_{2.5}=0\\
&(T_{E2}p+\rho_2)\bar{n}_L-K_{2p_{4.5}}\bar{p}_{4.5}-K_{2T_{4.5}}\bar{T}_{4.5}+K_{2p_5}\bar{p}_5+K_{2p_{2.5}}\bar{p}_{2.5}=0\\
&\bar{T}_3+K_{3p_{2.5}}\bar{p}_{2.5}-K_{3p_3}\bar{p}_3=0\\
&K_{4n_L}\bar{n}_L-K_{4n_H}\bar{n}_H+K_{4p_{2.5}}\bar{p}_{2.5}-K_{4p_3}\bar{p}_3=0\\
&K_{5p_{2.5}}\bar{p}_{2.5}+K_{5n_H}\bar{n}_H-K_{5p_3}\bar{p}_3-K_{5T_4}\bar{T}_4=0\\
&\bar{T}_{4.5}-\bar{T}_4-K_{6p_3}\bar{p}_3-K_{6p_{4.5}}\bar{p}_{4.5}=0\\
&\bar{T}_5-\bar{T}_{4.5}-K_{7p_{4.5}}\bar{p}_{4.5}-K_{7p_5}\bar{p}_5=0\\
&K_{8T_4}\bar{T}_4+K_{8p_3}\bar{p}_3-K_{8p_{4.5}}\bar{p}_{4.5}-K_{8T_{4.5}}\bar{T}_{4.5}=0\\
&K_{9p_{4.5}}\bar{p}_{4.5}+K_{9T_{4.5}}\bar{T}_{4.5}-K_{9p_5}\bar{p}_5-K_{9T_5}\bar{T}_5=0\\
&K_{10n_H}\bar{n}_H+K_{10p_3}\bar{p}_3+K_{10p_{2.5}}\bar{p}_{2.5}+K_{10T_4}\bar{T}_4+K_{10T_3}\bar{T}_3=K_{q_{m,f}}\bar{q}_{m,f}
\end{aligned}\right\}\tag{3.41}$$

利用克莱姆定理求解式(3.41),得

$$\bar{n}_H=\frac{b_1p+b_2}{ap^2+bp+c}\bar{q}_{m,f}\tag{3.42}$$

或

$$(ap^2+bp+c)\bar{n}_H=(b_1p+b_2)\bar{q}_{m,f}$$

$$\bar{n}_L=\frac{b_3p+b_4}{ap^2+bp+c}\bar{q}_{m,f}\tag{3.43}$$

或

$$(ap^2+bp+c)\bar{n}_L=(b_3p+b_4)\bar{q}_{m,f}$$

$$\bar{T}_4=\frac{b_5p^2+b_6p+b_7}{ap^2+bp+c}\bar{q}_{m,f}\tag{3.44}$$

或

$$(ap^2+bp+c)\bar{T}_4=(b_5p^2+b_6p+b_7)\bar{q}_{m,f}$$

除转速外,其他参数的动态方程形式都与式(3.44)相同。式(3.42)、式(3.43)和式(3.44)就是所推导的双轴涡喷发动机的线性模型。将式(3.42)、式(3.43)和式(3.44)与式(3.31)相应方程比较,可以发现"小偏离"下,单轴发动机的动态特性由一阶微分方程描述,而双轴发动机的动态特性由二阶微分方程描述。

当用同样的方法建立双轴涡扇发动机的线性数学模型时,只须在基本方程组(式(3.40))的基础上,考虑通道各截面通过的气流量与双轴涡喷发动机的差异,增加方程

$$q_{m,a}=q_{m,a2\,\mathrm{I}}+q_{m,a2\,\mathrm{II}}$$

$$q_{m,a2\,\mathrm{II}}=Bq_{m,a2\,\mathrm{I}}$$

并修改式(3.40)的第 5 式为

$$q_{m,a2\mathrm{I}}=q_{m,a2.5}$$

式中 $q_{m,a}$—— 通过发动机的总空气流量;

$q_{m,a2\,\mathrm{I}}$—— 发动机进口截面处,内路空气流量;

$q_{m,a2\,\mathrm{II}}$—— 发动机进口截面处,外路空气流量;

B—— 涵道比。

3.3.4 单轴涡轮螺旋桨发动机的线性模型

涡轮螺旋桨发动机几乎无例外地选择供油量 $q_{m,\mathrm{f}}$ 和桨叶安装角 φ 作为控制量。以下推导 $\bar{q}_{m,\mathrm{f}}$ 和 φ 作为输入量时发动机动态方程。

1. 发动机转子力矩平衡方程

涡轮螺旋桨发动机的螺旋桨由涡轮压气机转子经减速器传动，如图 3.15(a) 所示。发动机转子的力矩平衡方程为

$$\frac{\pi}{30}J\frac{\mathrm{d}n}{\mathrm{d}t}=M_{\mathrm{T}}-M_{\mathrm{C}}-M_{\mathrm{PE}}-M_{\mathrm{fr}} \tag{3.45}$$

式中 J—— 涡轮发动机转子转动惯量；

M_{PE}—— 涡轮压气机转子轴上用于传动螺旋桨的力矩，简称折合力矩；

M_{fr}—— 减速器及涡轮压气机转子的摩擦力矩，可以近似为常数。

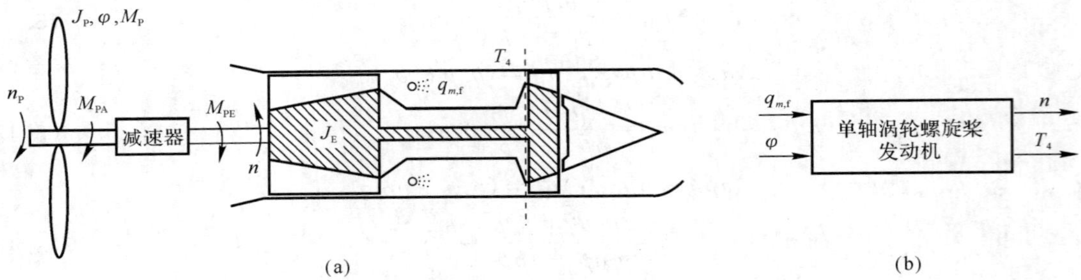

图 3.15 单轴涡轮螺旋桨发动机

(a) 发动机示意图； (b) 结构简图

根据减速器传动的功率相等，可得螺旋桨轴力矩 M_{PA} 与折合力矩 M_{PE} 的关系

$$M_{\mathrm{PA}}=M_{\mathrm{PE}}\frac{n}{n_{\mathrm{P}}}=M_{\mathrm{PE}}i_{\mathrm{P}} \tag{3.46}$$

式中 n_{P}—— 螺旋桨转速；

i_{P}—— 减速器的减速比。

螺旋桨轴的力矩平衡方程为

$$\frac{\pi}{30}J_{\mathrm{P}}\frac{\mathrm{d}n_{\mathrm{P}}}{\mathrm{d}t}=M_{\mathrm{PA}}-M_{\mathrm{P}} \tag{3.47}$$

式中 M_{P}—— 螺旋桨力矩；

J_{P}—— 螺旋桨转动惯量；

M_{PA}—— 传动螺旋桨的螺旋桨轴力矩。

将式(3.46)代入式(3.47),得

$$M_{PE}=\frac{\pi}{30}\frac{J_P}{i_P^2}\frac{dn}{dt}+\frac{M_P}{i_P} \tag{3.48}$$

再将式(3.48)代入式(3.45),得

$$\frac{\pi}{30}\left(J+\frac{J_P}{i_P^2}\right)\frac{dn}{dt}=M_T-M_C-\frac{M_P}{i_P}-M_{fr} \tag{3.49}$$

式中,$\frac{J_P}{i_P^2}$ 为螺旋桨折合到涡轮压气机转子轴上的转动惯量,简称折合转动惯量。

将式(3.49)等号右端的平衡项消去,可得螺旋桨发动机不平衡状态下的力矩增量方程,即

$$\frac{\pi}{30}J_E\frac{dn}{dt}=\Delta M_T-\Delta M_C-\frac{\Delta M_P}{i_P} \tag{3.50}$$

式中,J_E 为发动机转子的等效转动惯量,$J_E=J+\frac{J_P}{i_P^2}$。

2. 发动机的线性模型

将式(3.50)线性化,其中 ΔM_P 由螺旋桨力矩的函数式 $M_P=M_P(n_P,\varphi)$ 求取,取相对增量,得

$$(T_E p+\rho)\bar{n}-K_{1T_4}\bar{T}_4-K_{1p_3}\bar{p}_3+K_{1p_5}\bar{p}_5=K_{\varphi}\bar{\varphi} \tag{3.51}$$

式中

$$T_E=\frac{\pi}{30}J_E\frac{n_0}{M_0}=\frac{\pi}{30}\left(J+\frac{J_P}{i_P^2}\right)\frac{n_0}{M_0}$$

$$\rho=\frac{n_0}{M_0}\left[\left(\frac{\partial M_C}{\partial n}\right)_0-\left(\frac{\partial M_T}{\partial n}\right)_0+\left(\frac{\partial M_C}{\partial q_{m,a}}\right)_0\left(\frac{\partial q_{m,a}}{\partial n}\right)_0+\left(\frac{\partial M_P}{\partial n_P}\right)_0\frac{1}{i_P^2}\right]$$

$$K_{\varphi}=\left(\frac{\partial M_P}{\partial\varphi}\right)_0\frac{\varphi_0}{M_0 i_P}$$

其余系数与式(3.30)中第1式相同。

将式(3.51)替换式(3.30)中第1式,就得到涡轮螺旋桨发动机的线性方程组。由于涡轮螺旋桨发动机有 $\bar{q}_{m,f}$ 和 $\bar{\varphi}$ 两个输入量,因此可以用与加力式涡喷发动机相同的方法求解线性方程组,得各参数的动态方程,如

$$(T_{E_P}p+1)\bar{n}=K_{n1}\bar{q}_{m,f}+K_{n2}\bar{\varphi}$$

$$(T_{E_P}p+1)\bar{T}_4=K_{T_41}(\tau_{T_41}p+1)\bar{q}_{m,f}+K_{T_42}(\tau_{T_42}+1)\bar{\varphi}$$

3. 偏导数的计算

在计算式(3.51)中系数 ρ 和 K_{φ} 时,除了需要已知给定点的稳态数据外,还需要计算偏导数 $\left(\frac{\partial M_P}{\partial n_P}\right)_0$ 和 $\left(\frac{\partial M_P}{\partial\varphi}\right)_0$ 的值。

传动螺旋桨所需的扭矩用经验公式计算,即

$$M_P=\frac{1}{8\pi^3}\rho D^5\beta\omega_P^2=\frac{1}{2\pi}\rho D^5 n_P^2\beta \tag{3.52}$$

式中 ρ —— 流过螺旋桨的气流密度；

D —— 螺旋桨有效直径；

β —— 螺旋桨功率系数；

ω_P —— 螺旋桨旋转角速度；

n_P —— 螺旋桨转速。

螺旋桨功率系数 β 是桨叶安装角 φ 和螺旋桨相对进距 λ 的函数，即 $\beta=\beta(\varphi,\lambda)$，而 $\lambda=v_0/(Dn_P)$，其中 v_0 为飞行速度。$\beta=\beta(\varphi,\lambda)$ 一般根据螺旋桨风洞实验得到，如图 3.16 所示。

由图 3.16 所示的螺旋桨的空气动力学特性可以看出，螺旋桨的工作状态应尽可能地选取在图 3.16 所示的点画线附近处，因为沿这条线变化，螺旋桨效率高。螺旋桨的工作线确定后，当螺旋桨在同一转速下工作时，不同的飞行速度对应着不同的桨叶安装角 φ，也就对应着不同的 β 值。同样，不同的飞行速度必须有不同的螺旋桨拉力，亦就要求有不同的 β 值。

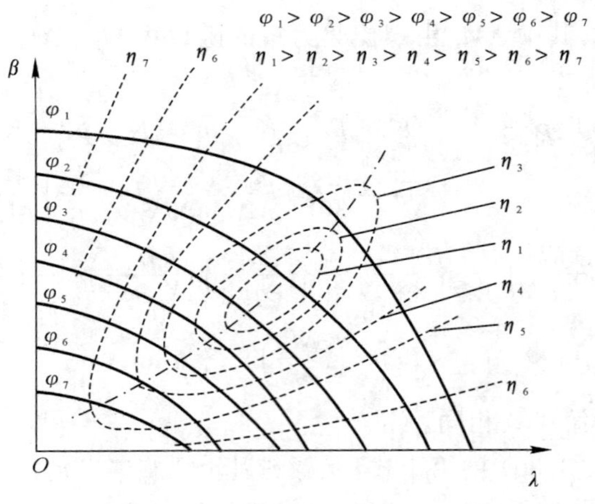

图 3.16 螺旋桨的空气动力特性

式(3.51)是在飞行条件不变的假设条件下推导的，所以 $\lambda=$常数$/n_P$，由式(3.52)可得

$$\left(\frac{\partial M_P}{\partial n_P}\right)_0=\frac{2M_{P0}}{n_{P0}}+\left(\frac{\partial M_P}{\partial\beta}\right)_0\left(\frac{\partial\beta}{\partial\lambda}\right)_0\left(\frac{\partial\lambda}{\partial n_P}\right)_0=$$

$$\frac{M_{P0}}{n_{P0}}\left[2-\frac{\lambda_0}{\beta_0}\left(\frac{\partial\beta}{\partial\lambda}\right)_0\right]$$

$$\left(\frac{\partial M_P}{\partial\varphi}\right)_0=\left(\frac{\partial M_P}{\partial\beta}\right)_0\left(\frac{\partial\beta}{\partial\varphi}\right)_0=\frac{M_{P0}}{\beta_0}\left(\frac{\partial\beta}{\partial\varphi}\right)_0$$

确定$\left(\frac{\partial\beta}{\partial\varphi}\right)_0$时，可以利用图 3.16 所示的螺旋桨特性线，作不同λ值下的$\beta=\beta(\varphi)$线簇，然后用图形求导的方法确定，也可以用函数插值以一阶差商近似导数的方法确定。

3.3.5　双轴涡轮轴发动机的线性模型

在求取如图 2.19(b) 所示的自由涡轮式涡轮轴发动机数学模型时，只要以自由涡轮取代低压涡轮，以可变距（旋翼安装角可变）的旋翼取代低压压气机，双轴涡轮轴发动机数学模型就可用类似于双轴涡喷发动机的建模方法得到。具体说，只需要对双轴涡喷发动机低压转子运动方程按自由涡轮与负载的关系进行修改，就可以得到描述双轴涡轮轴发动机动态特性的基本方程。自由涡轮驱动负载的传动装置结构及负载特性都对涡轮轴发动机的动态特性有影响。下面来推导自由涡轮传动直升机旋翼时涡轮轴发动机的基本方程。自由涡轮与负载的传动系统示意图如图 3.17 所示。用 n_1，n_2 和 n_3 分别表示涡轮压气机转子、自由涡轮和直升机旋翼的转速。假设减速器齿轮系、轴 1 和轴 2 为刚性的，轴 3 为柔性的（工作时具有扭转弹性变形）。忽略减速齿轮及齿轮轴的转动惯量及黏性摩擦损失，只考虑自由涡轮与旋翼的转动惯量，并分别用 J_2 和 J_3 表示。

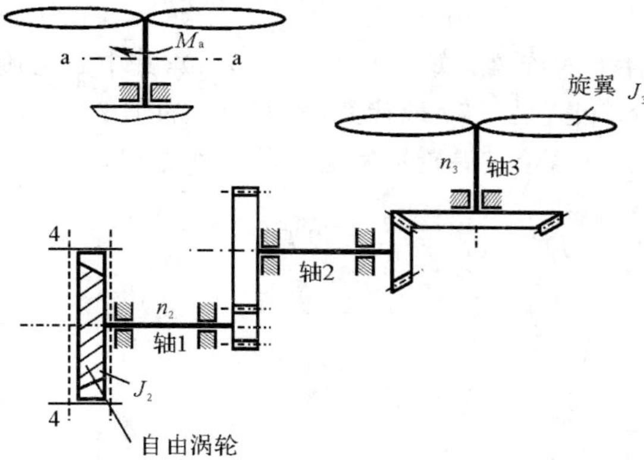

图 3.17　自由涡轮与旋翼传动系统示意图

自由涡轮的力矩平衡方程为

$$\frac{\pi}{30}J_2\frac{dn_2}{dt}=M_{T2}-\frac{M_a}{i} \tag{3.53}$$

式中　M_{T2}—— 自由涡轮扭矩；

M_a—— 轴 3 传递的扭矩；

i —— 减速器减速比，$i=n_2/n'_3$。

自由涡轮扭矩为

$$M_{\mathrm{T2}}=\frac{30}{\pi}\frac{q_{m,\mathrm{g4.5}}L_{\mathrm{T2}}}{n_2}$$

式中，L_{T2} 为自由涡轮功，即

$$L_{\mathrm{T2}}=c'_pT_{4.5}\left(1-\frac{1}{e_{\mathrm{T2}}}\right)\eta_{\mathrm{T2}}$$

其中

$$e_{\mathrm{T2}}=\pi_{\mathrm{T2}}^{\frac{k'-1}{k'}}$$

轴 3 传递的扭矩为

$$M_{\mathrm{a}}=\varepsilon(\alpha'_3-\alpha_3)=\frac{\varepsilon_1}{p}(n'_3-n_3)=\frac{\varepsilon_1}{p}\left(\frac{n_2}{i}-n_3\right)$$

或

$$\frac{\mathrm{d}M_{\mathrm{a}}}{\mathrm{d}t}=\varepsilon_1\left(\frac{n_2}{i}-n_3\right)\tag{3.54}$$

式中 ε —— 轴 3 的刚度；

α'_3,α_3 —— 分别为轴 3 两端的转角；

p —— 微分算子。

负载(旋翼)的力矩平衡方程为

$$\frac{\pi}{30}J_3\frac{\mathrm{d}n_3}{\mathrm{d}t}=M_{\mathrm{T}}-M_{\mathrm{h}}\tag{3.55}$$

式中，M_{h} 为一定飞行条件下的旋翼力矩，$M_{\mathrm{h}}=M_{\mathrm{h}}(\varphi,n_3)$，其中 φ 为旋翼安装角。

将式(3.53)、式(3.54)和式(3.55)取代式(3.40)中的第 2 式，并按涡轮轴发动机的部件关系和参数符号表示，得自由涡轮式涡轮轴发动机的基本方程，即

$$\left.\begin{aligned}
&\frac{\pi}{30}J_1\frac{\mathrm{d}n_1}{\mathrm{d}t}=M_{\mathrm{T}}-M_{\mathrm{C}}\\
&\frac{\pi}{30}J_2\frac{\mathrm{d}n_2}{\mathrm{d}t}=M_{\mathrm{T2}}-\frac{M_{\mathrm{a}}}{i}\\
&\frac{\pi}{30}J_3\frac{\mathrm{d}n_3}{\mathrm{d}t}=M_{\mathrm{T}}-M_{\mathrm{h}}\\
&\frac{\mathrm{d}M_{\mathrm{a}}}{\mathrm{d}t}=\varepsilon_1\left(\frac{n_2}{i}-n_3\right)\\
&c_p(T_3-T_2)=c_pT_2\frac{e_{\mathrm{C}}-1}{\eta_{\mathrm{C}}}\\
&q_{m,\mathrm{a}}=q_{m,\mathrm{g4}}\\
&c'_p(T_4-T_{4.5})=c'_pT_4\left(1-\frac{1}{e_{\mathrm{T}}}\right)\eta_{\mathrm{T}}\\
&q_{m,\mathrm{g4}}=q_{m,\mathrm{gf}}\\
&q_{m,\mathrm{gf}}=q_{m,\mathrm{ge}}\\
&H_uq_{m,\mathrm{f}}\eta_{\mathrm{b}}=c_pq_{m,\mathrm{a}}(T_4-T_3)
\end{aligned}\right\}\tag{3.56}$$

式中　J_1—— 涡轮压气机转子转动惯量；

$q_{m,g4}$—— 通过压气机涡轮的燃气流量；

$q_{m,gf}$—— 通过自由涡轮的燃气流量；

$$e_C = \pi_C^{\frac{k-1}{k}}, \quad e_T = \pi_T^{\frac{k'-1}{k'}}$$

将式(3.56)中各式进行线性化处理，可得线性方程组，求解线性方程组可得输入为 $\bar{q}_{m,f}$ 和 $\bar{\varphi}$ 的发动机各变量($\bar{n}_1$，$\bar{n}_2$，…)的动态方程式，即自由涡轮式涡轮轴发动机的线性模型。

3.4　根据发动机的非线性模型建立线性模型

在 3.2 节和 3.3 节中所介绍的数学模型建立方法，必须对涉及的热力学和气动力学问题作较多的简化假设，简化假设会影响数学模型的逼真度，此外，上述方法对模型参数计算精度也不高。这些原因限制了模型的应用范围。

随着数字电子计算机在工程计算中的广泛应用，在建立发动机非线性数学模型时，可以考虑愈来愈多的复杂因素的影响，使非线性模型的逼真度大大提高，随之也产生了一些新的建立动态模型的方法。本节介绍以发动机非线性数学模型计算程序为基础，通过对发动机几种状态的综合计算来获取线性模型的方法。这种方法适用于各种类型发动机，这里以双轴发动机为例作一介绍。

3.4.1　双轴发动机的动态方程

为了简化分析，仍然只考虑发动机转子为储能部件。部件热惯性相对转子惯性小得多，而且，热部件自身及热部件与周围介质之间的非定长传热是非常复杂的物理过程，本节所介绍的方法不考虑这一物理过程。

根据以上假设，发动机的动态特性取决于两个转子的力矩平衡方程，即

$$\left.\begin{aligned} \frac{\pi}{30}J_H\frac{dn_H}{dt} &= \Delta M_H \\ \frac{\pi}{30}J_L\frac{dn_L}{dt} &= \Delta M_L \end{aligned}\right\} \tag{3.57}$$

式中　J_H，J_L—— 发动机高、低压转子的转动惯量；

ΔM_H，ΔM_L—— 高、低压转子的剩余力矩。

根据发动机原理，高、低压转子的剩余力矩

$$\left.\begin{aligned} \Delta M_H &= M_{TH} - M_{CH} - M_{fr,H} = \Delta M_H(n_H, n_L, q_{m,f}, A_8, p_2, T_2) \\ \Delta M_L &= M_{TL} - M_{CL} - M_{fr,L} = \Delta M_L(n_H, n_L, q_{m,f}, A_8, p_2, T_2) \end{aligned}\right\} \tag{3.58a}$$

式中，$M_{fr,H}$，$M_{fr,L}$ 分别为高、低压转子的摩擦力矩，其值相对很小，通常看做常数或忽略不计。对于加力式发动机，其高、低压转子的剩余力矩

$$\left.\begin{aligned}\Delta M_{\mathrm{H}}&=\Delta M_{\mathrm{H}}(n_{\mathrm{H}},n_{\mathrm{L}},q_{m,\mathrm{f}},q_{m,\mathrm{faf}},A_8,p_2,T_2)\\\Delta M_{\mathrm{L}}&=\Delta M_{\mathrm{L}}(n_{\mathrm{H}},n_{\mathrm{L}},q_{m,\mathrm{f}},q_{m,\mathrm{faf}},A_8,p_2,T_2)\end{aligned}\right\}\tag{3.58b}$$

对式(3.58a)线性化,得

$$\left.\begin{aligned}\Delta M_{\mathrm{H}}=&\left(\frac{\partial\Delta M_{\mathrm{H}}}{\partial n_{\mathrm{H}}}\right)_0\Delta n_{\mathrm{H}}+\left(\frac{\partial\Delta M_{\mathrm{H}}}{\partial n_{\mathrm{L}}}\right)_0\Delta n_{\mathrm{L}}+\left(\frac{\partial\Delta M_{\mathrm{H}}}{\partial q_{m,\mathrm{f}}}\right)_0\Delta q_{m,\mathrm{f}}+\left(\frac{\partial\Delta M_{\mathrm{H}}}{\partial A_8}\right)_0\Delta A_8+\\&\left(\frac{\partial\Delta M_{\mathrm{H}}}{\partial p_2}\right)_0\Delta p_2+\left(\frac{\partial\Delta M_{\mathrm{H}}}{\partial T_2}\right)_0\Delta T_2\\\Delta M_{\mathrm{L}}=&\left(\frac{\partial\Delta M_{\mathrm{L}}}{\partial n_{\mathrm{H}}}\right)_0\Delta n_{\mathrm{H}}+\left(\frac{\partial\Delta M_{\mathrm{L}}}{\partial n_{\mathrm{L}}}\right)_0\Delta n_{\mathrm{L}}+\left(\frac{\partial\Delta M_{\mathrm{L}}}{\partial q_{m,\mathrm{f}}}\right)_0\Delta q_{m,\mathrm{f}}+\left(\frac{\partial\Delta M_{\mathrm{L}}}{\partial A_8}\right)_0\Delta A_8+\\&\left(\frac{\partial\Delta M_{\mathrm{L}}}{\partial p_2}\right)_0\Delta p_2+\left(\frac{\partial\Delta M_{\mathrm{L}}}{\partial T_2}\right)_0\Delta T_2\end{aligned}\right\}\tag{3.59}$$

为了分析简单起见,假设飞行条件不变,这样可去掉干扰量的输入,即 $\Delta p_2=0,\Delta T_2=0$。当要求建立考虑飞行条件变化影响的模型时,可以类似控制量一样处理。

将式(3.59)代入式(3.57),得

$$\left.\begin{aligned}\dot{n}_{\mathrm{H}}&=a_{11}\Delta n_{\mathrm{H}}+a_{12}\Delta n_{\mathrm{L}}+b_{11}\Delta q_{m,\mathrm{f}}+b_{12}\Delta A_8\\\dot{n}_{\mathrm{L}}&=a_{21}\Delta n_{\mathrm{H}}+a_{22}\Delta n_{\mathrm{L}}+b_{21}\Delta q_{m,\mathrm{f}}+b_{22}\Delta A_8\end{aligned}\right\}\tag{3.60}$$

式中

$$a_{11}=\frac{30}{\pi J_{\mathrm{H}}}\left(\frac{\partial\Delta M_{\mathrm{H}}}{\partial n_{\mathrm{H}}}\right)_0,\quad a_{12}=\frac{30}{\pi J_{\mathrm{H}}}\left(\frac{\partial\Delta M_{\mathrm{H}}}{\partial n_{\mathrm{L}}}\right)_0$$

$$b_{11}=\frac{30}{\pi J_{\mathrm{H}}}\left(\frac{\partial\Delta M_{\mathrm{H}}}{\partial q_{m,\mathrm{f}}}\right)_0,\quad b_{12}=\frac{30}{\pi J_{\mathrm{H}}}\left(\frac{\partial\Delta M_{\mathrm{H}}}{\partial A_8}\right)_0$$

$$a_{21}=\frac{30}{\pi J_{\mathrm{L}}}\left(\frac{\partial\Delta M_{\mathrm{L}}}{\partial n_{\mathrm{H}}}\right)_0,\quad a_{22}=\frac{30}{\pi J_{\mathrm{L}}}\left(\frac{\partial\Delta M_{\mathrm{L}}}{\partial n_{\mathrm{L}}}\right)_0$$

$$b_{21}=\frac{30}{\pi J_{\mathrm{L}}}\left(\frac{\partial\Delta M_{\mathrm{L}}}{\partial q_{m,\mathrm{f}}}\right)_0,\quad b_{22}=\frac{30}{\pi J_{\mathrm{L}}}\left(\frac{\partial\Delta M_{\mathrm{L}}}{\partial A_8}\right)_0$$

式(3.60)中两式分别为高、低压转子的运动方程。方程中的变量以绝对增量形式表示,如 Δn_{H},Δn_{L}。

只考虑转子惯性条件下,发动机沿程各截面的压力、温度及发动机推力是转速、控制量和干扰量的函数,于是有

$$x=x(n_{\mathrm{H}},n_{\mathrm{L}},q_{m,\mathrm{f}},A_8,p_2,T_2)\tag{3.61}$$

式中,x 表示除转速以外的发动机任意参数。

不考虑飞行条件变化时,将式(3.61)线性化,得

$$\Delta x=\left(\frac{\partial x}{\partial n_{\mathrm{H}}}\right)_0\Delta n_{\mathrm{H}}+\left(\frac{\partial x}{\partial n_{\mathrm{L}}}\right)_0\Delta n_{\mathrm{L}}+\left(\frac{\partial x}{\partial q_{m,\mathrm{f}}}\right)_0\Delta q_{m,\mathrm{f}}+\left(\frac{\partial x}{\partial A_8}\right)_0\Delta A_8\tag{3.62}$$

该式为绝对增量形式的发动机其他参数(除转速外)的动态方程。

3.4.2　传递函数与状态方程描述

发动机的线性模型可以用微分方程、传递函数和状态方程描述。在发动机的控制工程中常用传递函数和状态方程这两种表达形式。

1. 传递函数

将式(3.60)在零初始条件下进行拉氏变换，得

$$\left.\begin{aligned}(s-a_{11})\Delta n_{\mathrm{H}}(s)=a_{12}\Delta n_{\mathrm{L}}(s)+b_{11}\Delta q_{m,\mathrm{f}}(s)+b_{12}\Delta A_{8}(s)\\(s-a_{22})\Delta n_{\mathrm{L}}(s)=a_{21}\Delta n_{\mathrm{H}}(s)+b_{21}\Delta q_{m,\mathrm{f}}(s)+b_{22}\Delta A_{8}(s)\end{aligned}\right\}\tag{3.63}$$

将式(3.63)联立求解，并以标准形式表示为

$$\left.\begin{aligned}\Delta n_{\mathrm{H}}(s)=\frac{K_{11}(s+g_{11})}{s^{2}+2\xi\omega_{n}s+\omega_{n}^{2}}\Delta q_{m,\mathrm{f}}(s)+\frac{K_{12}(s+g_{12})}{s^{2}+2\xi\omega_{n}s+\omega_{n}^{2}}\Delta A_{8}(s)\\\Delta n_{\mathrm{L}}(s)=\frac{K_{21}(s+g_{21})}{s^{2}+2\xi\omega_{n}s+\omega_{n}^{2}}\Delta q_{m,\mathrm{f}}(s)+\frac{K_{22}(s+g_{22})}{s^{2}+2\xi\omega_{n}s+\omega_{n}^{2}}\Delta A_{8}(s)\end{aligned}\right\}\tag{3.64}$$

式中

$$\omega_{n}=\sqrt{a_{11}a_{22}-a_{12}a_{21}},\quad 2\xi\omega_{n}=-(a_{11}+a_{22})$$

$$K_{11}=b_{11},\quad g_{11}=\frac{a_{12}b_{21}-a_{22}b_{11}}{b_{11}}$$

$$K_{12}=b_{12},\quad g_{12}=\frac{a_{12}b_{22}-a_{22}b_{12}}{b_{12}}$$

$$K_{22}=b_{22},\quad g_{22}=\frac{a_{21}b_{12}-a_{11}b_{22}}{b_{22}}$$

将式(3.62)在零初始条件下进行拉氏变换，得

$$\Delta x(s)=\left(\frac{\partial x}{\partial n_{\mathrm{H}}}\right)_{0}\Delta n_{\mathrm{H}}(s)+\left(\frac{\partial x}{\partial n_{\mathrm{L}}}\right)_{0}\Delta n_{\mathrm{L}}(s)+\left(\frac{\partial x}{\partial q_{m,\mathrm{f}}}\right)_{0}\Delta q_{m,\mathrm{f}}(s)+\left(\frac{\partial x}{\partial A_{8}}\right)_{0}\Delta A_{8}(s)\tag{3.65}$$

获取多输入系统的传递函数时，利用线性系统的叠加原理仍然是极其方便的。为此，令 $\Delta A_{8}(s)=0$，并将式(3.64)代入式(3.65)，得

$$\Delta x(s)=\frac{K_{1}(s^{2}+h_{11}s+h_{12})}{s^{2}+2\xi\omega_{n}s+\omega_{n}^{2}}\Delta q_{m,\mathrm{f}}(s)\tag{3.66}$$

式中

$$K_{1}=\left(\frac{\partial x}{\partial q_{m,\mathrm{f}}}\right)_{0}$$

$$h_{11}=\left[\left(\frac{\partial x}{\partial n_{\mathrm{H}}}\right)_{0}K_{11}+\left(\frac{\partial x}{\partial n_{\mathrm{L}}}\right)_{0}K_{21}+\left(\frac{\partial x}{\partial q_{m,\mathrm{f}}}\right)_{0}2\xi\omega_{n}\right]\Big/K_{1}$$

$$h_{12}=\left[\left(\frac{\partial x}{\partial n_{\mathrm{H}}}\right)_{0}K_{11}g_{11}+\left(\frac{\partial x}{\partial n_{\mathrm{L}}}\right)_{0}K_{21}g_{21}+\left(\frac{\partial x}{\partial q_{m,\mathrm{f}}}\right)_{0}\omega_{n}^{2}\right]\Big/K_{1}$$

同理，令 $\Delta q_{m,\mathrm{f}}(s)=0$，可得

$$\Delta x(s)=\frac{K_{2}(s^{2}+h_{21}s+h_{22})}{s^{2}+2\xi\omega_{n}s+\omega_{n}^{2}}\Delta A_{8}(s)\tag{3.67}$$

式中

$$K_2=\left(\frac{\partial x}{\partial A_8}\right)_0$$

$$h_{21}=\left[\left(\frac{\partial x}{\partial n_{\mathrm{H}}}\right)_0 K_{12}+\left(\frac{\partial x}{\partial n_{\mathrm{L}}}\right)_0 K_{22}+\left(\frac{\partial x}{\partial A_8}\right)_0 2\xi\omega_n\right]\Big/K_2$$

$$h_{22}=\left[\left(\frac{\partial x}{\partial n_{\mathrm{H}}}\right)_0 K_{12}g_{12}+\left(\frac{\partial x}{\partial n_{\mathrm{L}}}\right)_0 K_{22}g_{22}+\left(\frac{\partial x}{\partial A_8}\right)_0 \omega_n^2\right]\Big/K_2$$

当 $\Delta q_{m,\mathrm{f}}(s)\neq 0$ 和 $\Delta A_8(s)\neq 0$ 时的传递函数

$$\Delta x(s)=\frac{K_1(s^2+h_{11}s+h_{12})}{s^2+2\xi\omega_n s+\omega_n^2}\Delta q_{m,\mathrm{f}}(s)+\frac{K_2(s^2+h_{21}s+h_{22})}{s^2+2\xi\omega_n s+\omega_n^2}\Delta A_8(s) \tag{3.68}$$

2. 状态方程

线性系统用状态方程表示时,其表达式为

$$\dot{\boldsymbol{x}}=\boldsymbol{Ax}+\boldsymbol{Bu} \tag{3.69}$$

$$\boldsymbol{y}=\boldsymbol{Cx}+\boldsymbol{Du} \tag{3.70}$$

式中 $\boldsymbol{x}$—— 状态向量;

$\boldsymbol{u}$—— 输入向量;

$\boldsymbol{y}$—— 输出向量。

一阶微分方程式(3.69) 是状态方程,它反映输入向量 $\boldsymbol{u}$ 和状态向量 $\boldsymbol{x}$ 之间的关系。代数方程式(3.70) 是输出方程,它反映状态向量 $\boldsymbol{x}$ 及输入向量 $\boldsymbol{u}$ 和输出向量 $\boldsymbol{y}$ 之间的关系。

用状态方程描述动态系统时,状态变量的选择非常重要。状态变量是确定动态系统状态的最小一组变量。如果最少 n 个变量 $x_1(t),x_2(t),\cdots,x_n(t)$ 就能完全描述动态系统的状况,那么这 n 个变量 $x_1(t),x_2(t),\cdots,x_n(t)$ 就是一组状态变量。状态变量不一定是可测物理量,甚至可以不是物理量,但是在工程实践中总是选择易于测量的量作为状态变量,因为用计算机实现闭环最佳控制规律时,往往要求反馈状态变量。

在双轴发动机中,当只考虑两个独立转子部件为储能元件时,状态变量是两个。从双轴发动机是用二阶线性微分方程描述的动态系统看,状态变量也是两个。状态变量的选择不是唯一的。如果选择双轴发动机两个转子的转速 Δn_{H} 和 Δn_{L} 作为状态变量时,则式(3.60) 即为状态方程,写成矩阵形式为

$$\begin{bmatrix}\dot{n}_{\mathrm{H}}\\ \dot{n}_{\mathrm{L}}\end{bmatrix}=\begin{bmatrix}a_{11} & a_{12}\\ a_{21} & a_{22}\end{bmatrix}\begin{bmatrix}\Delta n_{\mathrm{H}}\\ \Delta n_{\mathrm{L}}\end{bmatrix}+\begin{bmatrix}b_{11} & b_{12}\\ b_{21} & b_{22}\end{bmatrix}\begin{bmatrix}\Delta q_{m,\mathrm{f}}\\ \Delta A_8\end{bmatrix} \tag{3.71}$$

当选取压气机出口总压 Δp_3、涡轮出口总压 Δp_5 和涡轮出口总温 ΔT_5 作为输出变量时,由式(3.62) 可得输出方程为

$$\begin{bmatrix}\Delta p_3\\ \Delta p_5\\ \Delta T_5\end{bmatrix}=\begin{bmatrix}c_{11} & c_{12}\\ c_{21} & c_{22}\\ c_{31} & c_{32}\end{bmatrix}\begin{bmatrix}\Delta n_{\mathrm{H}}\\ \Delta n_{\mathrm{L}}\end{bmatrix}+\begin{bmatrix}d_{11} & d_{12}\\ d_{21} & d_{22}\\ d_{31} & d_{32}\end{bmatrix}\begin{bmatrix}\Delta q_{m,\mathrm{f}}\\ \Delta A_8\end{bmatrix} \tag{3.72}$$

式中

$$c_{11}=\left(\frac{\partial p_3}{\partial n_{\mathrm{H}}}\right)_0,\qquad c_{12}=\left(\frac{\partial p_3}{\partial n_{\mathrm{L}}}\right)_0$$

$$c_{21}=\left(\frac{\partial p_5}{\partial n_{\mathrm{H}}}\right)_0,\qquad c_{22}=\left(\frac{\partial p_5}{\partial n_{\mathrm{L}}}\right)_0$$

$$c_{31}=\left(\frac{\partial T_5}{\partial n_{\mathrm{H}}}\right)_0,\qquad c_{32}=\left(\frac{\partial T_5}{\partial n_{\mathrm{L}}}\right)_0$$

$$d_{11}=\left(\frac{\partial p_3}{\partial q_{m,\mathrm{f}}}\right)_0,\qquad d_{12}=\left(\frac{\partial p_3}{\partial A_8}\right)_0$$

$$d_{21}=\left(\frac{\partial p_5}{\partial q_{m,\mathrm{f}}}\right)_0,\qquad d_{22}=\left(\frac{\partial p_5}{\partial A_8}\right)_0$$

$$d_{31}=\left(\frac{\partial T_5}{\partial q_{m,\mathrm{f}}}\right)_0,\qquad d_{32}=\left(\frac{\partial T_5}{\partial A_8}\right)_0$$

式(3.71)与式(3.72)即为双轴燃气涡轮发动机用状态方程描述的线性数学模型。

3.4.3 各项偏导数的求取

以上获得了双轴发动机用传递函数和状态方程描述的线性模型。下面的问题就是如何求取模型表达式中的各项系数。而求取各项系数的关键是获取系数中包含的各项偏导数。这里采用的获取稳态点偏导数的方法是以发动机的非线性计算程序为基础，通过抽取发动机高压转子和低压转子轴上的功率和依次改变发动机的输入量，通过平衡计算（简称综合计算）获取高、低压转子转速和发动机其他参数的变化量，并根据获取的各参数的变化量计算各项偏导数。对只有喷口面积为几何可调参数且不考虑飞行条件变化影响的情况，只须依次改变发动机的控制输入量 $q_{m,\mathrm{f}}$ 和 A_8，而不改变干扰输入量 p_2 和 T_2，这时综合计算将包括以下 5 种状态的计算。

状态 1　给定计算点的稳态计算，获取发动机在计算点的稳态参数值，记为 n_{H0}，n_{L0}，p_{30} 等。

状态 2　其他条件不变（相对状态 1 而言），在低压转子轴上抽取小量功率，计算发动机低压轴抽取小量功率时发动机转速及其他参数值，记为 n_{H1}，n_{L1}，p_{31} 等。其他条件不变，抽取低压轴功率，相当于低压涡轮用于传动低压压气机的功率减少，使低压轴转速减小，并引起发动机其他参数因 n_{L} 减小而改变。由此可以得到低压轴抽取功率时发动机各参数相对于状态 1 的变化量 Δn_{H1}，Δn_{L1} 等。

状态 3　其他条件不变，在高压轴上抽取小量功率，计算高压轴抽取功率时发动机各参数值 n_{H2}，n_{L2}，p_{32} 等。

状态 4　其他条件不变，燃油消耗量相对于给定计算点（状态 1）有小量变化，计算燃油消耗量偏离稳态值时发动机各参数值 n_{H3}，n_{L3}，p_{33} 等。

状态 5　其他条件不变，尾喷口面积相对于给定计算点有小量变化，计算喷口面积偏离稳态值时发动机各参数值 n_{H4}, n_{L4}, p_{34} 等。

以上 5 种状态的计算都是利用发动机非线性模型计算程序完成的。通过上述 5 种状态的计算,可以获得发动机在这 5 种状态下的全部参数值。由此可以计算后 4 种状态相对于第 1 种状态各参数的变化量。现以状态 2 为例说明。根据功率与扭矩的关系,即

$$\Delta P = 1.047\,2 \times 10^{-4} \Delta M n$$

式中 ΔP—— 抽取功率(kW);

ΔM—— 相对于给定工作点的扭矩变化量(N·m);

n—— 给定工作点转速($\mathrm{r \cdot min^{-1}}$)。

由低压轴抽取功率 ΔP_L 计算对应于抽取功率的低压轴扭矩变化量 ΔM_L,由状态 1,2 的参数值可得

$$\begin{aligned}
\Delta n_{H1} &= n_{H1} - n_{H0} \\
\Delta n_{L1} &= n_{L1} - n_{L0} \\
\Delta p_{31} &= p_{31} - p_{30} \\
\Delta p_{51} &= p_{51} - p_{50} \\
\Delta T_{51} &= T_{51} - T_{50} \\
&\cdots\cdots
\end{aligned}$$

由于状态 2 保持 $q_{m,f} = q_{m,f0}$, $A_8 = A_{80}$ 不变,所以 $\Delta q_{m,f} = 0$, $\Delta A_8 = 0$。

同理,可计算状态 3 的参数变化量:$\Delta M_H, \Delta n_{H2}, \Delta n_{L2}, \Delta p_{32}, \Delta p_{52}, \Delta T_{52}, \cdots, \Delta q_{m,f} = 0$, $\Delta A_8 = 0$。状态 4 的参数变化量:$\Delta n_{H3}, \Delta n_{L3}, \Delta p_{33}, \Delta p_{53}, \Delta T_{53}, \cdots, \Delta q_{m,f}, \Delta A_8 = 0$。状态 5 的参数变化量:$\Delta n_{H4}, \Delta n_{L4}, \Delta p_{34}, \Delta p_{54}, \Delta T_{54}, \cdots, \Delta q_{m,f} = 0, \Delta A_8$。

将后 4 种状态相对于给定状态的变化量(或称偏离量)代入式(3.59),得

$$\left.\begin{aligned}
0 &= \left(\frac{\partial \Delta M_H}{\partial n_H}\right)_0 \Delta n_{H1} + \left(\frac{\partial \Delta M_H}{\partial n_L}\right)_0 \Delta n_{L1} \\
\Delta M_L &= \left(\frac{\partial \Delta M_L}{\partial n_H}\right)_0 \Delta n_{H1} + \left(\frac{\partial \Delta M_L}{\partial n_L}\right)_0 \Delta n_{L1} \\
\Delta M_H &= \left(\frac{\partial \Delta M_H}{\partial n_H}\right)_0 \Delta n_{H2} + \left(\frac{\partial \Delta M_H}{\partial n_L}\right)_0 \Delta n_{L2} \\
0 &= \left(\frac{\partial \Delta M_L}{\partial n_H}\right)_0 \Delta n_{H2} + \left(\frac{\partial \Delta M_L}{\partial n_L}\right)_0 \Delta n_{L2} \\
0 &= \left(\frac{\partial \Delta M_H}{\partial n_H}\right)_0 \Delta n_{H3} + \left(\frac{\partial \Delta M_H}{\partial n_L}\right)_0 \Delta n_{L3} + \left(\frac{\partial \Delta M_H}{\partial q_{m,f}}\right)_0 \Delta q_{m,f} \\
0 &= \left(\frac{\partial \Delta M_L}{\partial n_H}\right)_0 \Delta n_{H_3} + \left(\frac{\partial \Delta M_L}{\partial n_L}\right)_0 \Delta n_{L3} + \left(\frac{\partial \Delta M_L}{\partial q_{m,f}}\right)_0 \Delta q_{m,f} \\
0 &= \left(\frac{\partial \Delta M_H}{\partial n_H}\right)_0 \Delta n_{H4} + \left(\frac{\partial \Delta M_H}{\partial n_L}\right)_0 \Delta n_{L4} + \left(\frac{\partial \Delta M_H}{\partial A_8}\right)_0 \Delta A_8 \\
0 &= \left(\frac{\partial \Delta M_L}{\partial n_H}\right)_0 \Delta n_{H4} + \left(\frac{\partial \Delta M_L}{\partial n_L}\right)_0 \Delta n_{L4} + \left(\frac{\partial \Delta M_L}{\partial A_8}\right)_0 \Delta A_8
\end{aligned}\right\} \tag{3.73}$$

由式(3.73)的第 1 与第 3 式联立求解，可得偏导数$\left(\frac{\partial \Delta M_{\mathrm{H}}}{\partial n_{\mathrm{H}}}\right)_0$和$\left(\frac{\partial \Delta M_{\mathrm{H}}}{\partial n_{\mathrm{L}}}\right)_0$的值。同样的，由式(3.73)的第 2 与第 4 式联立求解，可得偏导数$\left(\frac{\partial \Delta M_{\mathrm{L}}}{\partial n_{\mathrm{H}}}\right)_0$和$\left(\frac{\partial \Delta M_{\mathrm{L}}}{\partial n_{\mathrm{L}}}\right)_0$的值。将获得的$\left(\frac{\partial \Delta M_{\mathrm{H}}}{\partial n_{\mathrm{H}}}\right)_0$等 4 个偏导数值代入式(3.73)的第 5 ～ 8 式，可得$\left(\frac{\partial \Delta M_{\mathrm{H}}}{\partial q_{m,\mathrm{f}}}\right)_0$，$\left(\frac{\partial \Delta M_{\mathrm{L}}}{\partial q_{m,\mathrm{f}}}\right)_0$和$\left(\frac{\partial \Delta M_{\mathrm{H}}}{\partial A_8}\right)_0$，$\left(\frac{\partial \Delta M_{\mathrm{L}}}{\partial A_8}\right)_0$的值。

将状态 2 ～ 5 四种状态的Δn_{H}，Δn_{L}，ΔA_8，$\Delta q_{m,\mathrm{f}}$和Δx代入式(3.62)，求解其方程组，可得$\left(\frac{\partial x}{\partial n_{\mathrm{H}}}\right)_0$，$\left(\frac{\partial x}{\partial n_{\mathrm{L}}}\right)_0$，$\left(\frac{\partial x}{\partial A_8}\right)_0$和$\left(\frac{\partial x}{\partial q_{m,\mathrm{f}}}\right)_0$的值。例如，取$x = p_3$时，可列出以下方程式：

$$\left.\begin{aligned}
\Delta p_{31} &= \left(\frac{\partial p_3}{\partial n_{\mathrm{H}}}\right)_0 \Delta n_{\mathrm{H1}} + \left(\frac{\partial p_3}{\partial n_{\mathrm{L}}}\right)_0 \Delta n_{\mathrm{L1}} \\
\Delta p_{32} &= \left(\frac{\partial p_3}{\partial n_{\mathrm{H}}}\right)_0 \Delta n_{\mathrm{H2}} + \left(\frac{\partial p_3}{\partial n_{\mathrm{L}}}\right)_0 \Delta n_{\mathrm{L2}} \\
\Delta p_{33} &= \left(\frac{\partial p_3}{\partial n_{\mathrm{H}}}\right)_0 \Delta n_{\mathrm{H3}} + \left(\frac{\partial p_3}{\partial n_{\mathrm{L}}}\right)_0 \Delta n_{\mathrm{L3}} + \left(\frac{\partial p_3}{\partial q_{m,\mathrm{f}}}\right)_0 \Delta q_{m,\mathrm{f}} \\
\Delta p_{34} &= \left(\frac{\partial p_3}{\partial n_{\mathrm{H}}}\right)_0 \Delta n_{\mathrm{H4}} + \left(\frac{\partial p_3}{\partial n_{\mathrm{L}}}\right)_0 \Delta n_{\mathrm{L4}} + \left(\frac{\partial p_3}{\partial A_8}\right)_0 \Delta A_8
\end{aligned}\right\} \tag{3.74}$$

求解上面方程组，可得$\left(\frac{\partial p_3}{\partial n_{\mathrm{H}}}\right)_0$，$\left(\frac{\partial p_3}{\partial n_{\mathrm{L}}}\right)_0$，$\left(\frac{\partial p_3}{\partial q_{m,\mathrm{f}}}\right)_0$和$\left(\frac{\partial p_3}{\partial A_8}\right)_0$的值。同理可得$x = p_5$，$x = T_5$以及为发动机其他参数时的各项偏导数。输出变量根据需要选取，这里取x为p_3，p_5和T_5只是举例说明。

必须注意，用以上方法求取各项偏导数时，抽取功率及控制量的变化量都必须在小偏差范围内变化，否则就会带来过大的线性化误差，导致所建立的数学模型的逼真度降低。

例 3.5　已知某型尾喷口面积不可调的双轴涡扇发动机，在海平面标准大气条件下，除尾喷管面积不变外，其余 4 种状态计算的结果列于表 3.8 中。求给定工作状态下，该型发动机的线性模型。低压转子转动惯量$J_{\mathrm{L}} = 5.02\ \mathrm{kg \cdot m^2}$，高压转子转动惯量$J_{\mathrm{H}} = 5.384\ \mathrm{kg \cdot m^2}$。

解　根据表 3.8 所列的 4 种状态计算结果，计算 2，3，4 三种状态下各参数相对于给定状态 1 的偏离值，计算结果列于表 3.9 中。

将表 3.9 中的数据代入式(3.73)与式(3.74)及其他参数各式中，联立求解求得各项偏导数值，并列入表 3.10 中。

表 3.8　海平面标准大气条件下，给定状态($n_H/n_{Hmax}=0.96$)计算结果

计算结果 / 状态序号	$\frac{\Delta P}{kW}$	$\frac{\Delta M}{N\cdot m}$	$\frac{n_H}{r\cdot min^{-1}}$	$\frac{n_L}{r\cdot min^{-1}}$	$\frac{p_3}{Pa}$	$\frac{p_5}{Pa}$	$\frac{q_{m,f}}{kg\cdot s^{-1}}$	状态
1	0	0	12 084	8 140	1 811 481	290 394	1.613	给定工作状态
2	220.7	258.9	12 100	8 067	1 810 722	288 325	1.613	低压轴抽功
3	220.7	174.4	11 966	8 071	1 790 250	289 704	1.613	高压轴抽功
4	0	0	11 810	7 822	1 693 061	277 978	1.519	减小供油量

注：ΔP—— 抽取功率；ΔM—— 扭矩变化量。

表 3.9　发动机三种状态下的参数偏离值

状态参数 / 序号	$\frac{\Delta M_H}{N\cdot m}$	$\frac{\Delta M_L}{N\cdot m}$	$\frac{n_H}{r\cdot min^{-1}}$	$\frac{n_L}{r\cdot min^{-1}}$	$\frac{p_3}{Pa}$	$\frac{p_5}{Pa}$	$\frac{q_{m,f}}{kg\cdot s^{-1}}$
2	0	258.9	16	−73	−759	−2 065	0
3	174.4	0	−118	−69	−21 231	−690	0
4	0	0	−274	−318	−118 420	−12 416	−0.094

表 3.10　各项偏导数的计算结果

偏导数	$\left(\frac{\partial\Delta M_H}{\partial n_H}\right)_0$	$\left(\frac{\partial\Delta M_H}{\partial n_L}\right)_0$	$\left(\frac{\partial\Delta M_L}{\partial n_H}\right)_0$	$\left(\frac{\partial\Delta M_L}{\partial n_L}\right)_0$	$\left(\frac{\partial\Delta M_H}{\partial q_{m,f}}\right)_0$	$\left(\frac{\partial\Delta M_L}{\partial q_{m,f}}\right)_0$
	N·m/(r·min^{-1})	N·m/(r·min^{-1})	N·m/(r·min^{-1})	N·m/(r·min^{-1})	N·m/(kg·s^{-1})	N·m/(kg·s^{-1})
值	−1.309	−0.287	1.84	−3.14	4 769.8	5 243.4
偏导数	$\left(\frac{\partial p_3}{\partial n_H}\right)_0$	$\left(\frac{\partial p_3}{\partial n_L}\right)_0$	$\left(\frac{\partial p_3}{\partial q_{m,f}}\right)_0$	$\left(\frac{\partial p_5}{\partial n_H}\right)_0$	$\left(\frac{\partial p_5}{\partial n_L}\right)_0$	$\left(\frac{\partial p_5}{\partial q_{m,f}}\right)_0$
	Pa/(r·min^{-1})	Pa/(r·min^{-1})	Pa/(kg·s^{-1})	Pa/(r·min^{-1})	Pa/(r·min^{-1})	Pa/(kg·s^{-1})
值	154.1	44.17	658 374	−9.84	26.21	70 749.4

将表 3.10 中的各项偏导数值代入式(3.60)的系数中，得

$$a_{11}=\frac{30}{\pi J_H}\left(\frac{\partial\Delta M_H}{\partial n_H}\right)_0=-2.322,\quad a_{12}=\frac{30}{\pi J_H}\left(\frac{\partial\Delta M_H}{\partial n_L}\right)_0=-0.509$$

$$b_{11}=\frac{30}{\pi J_H}\left(\frac{\partial\Delta M_H}{\partial q_{m,f}}\right)_0=8\ 460,\quad b_{21}=\frac{30}{\pi J_L}\left(\frac{\partial\Delta M_L}{\partial q_{m,f}}\right)_0=9\ 974$$

$$a_{21}=\frac{30}{\pi J_L}\left(\frac{\partial\Delta M_L}{\partial n_H}\right)_0=3.5,\quad a_{22}=\frac{30}{\pi J_L}\left(\frac{\partial\Delta M_L}{\partial n_L}\right)_0=-5.98$$

将以上各系数值代入式(3.64)的各系数中，得

$$\omega_n=\sqrt{a_{11}a_{22}-a_{12}a_{21}}=3.479\ \mathrm{rad\cdot s^{-1}}$$

$$2\xi\omega_n=-(a_{11}+a_{22})=8.3\ \mathrm{rad\cdot s^{-1}},\quad 其中\ \xi=1.193$$

$$K_{11}=b_{11}=8\ 460\ \mathrm{r\cdot min^{-1}/(kg\cdot s^{-1})},\quad K_{21}=b_{21}=9\ 974\ \mathrm{r\cdot min^{-1}/(kg\cdot s^{-1})}$$

$$g_{11}=\frac{a_{12}b_{21}-a_{22}b_{11}}{b_{11}}=5.34,\quad g_{21}=\frac{a_{21}b_{11}-a_{11}b_{21}}{b_{21}}=5.289$$

将以上系数值代入式(3.64)的各系数中，得

$$\Delta n_{\mathrm{H}}(s)=\frac{8\,460(s+5.34)}{s^2+8.3s+12.1}\Delta q_{m,\mathrm{f}}(s)$$

$$\Delta n_{\mathrm{L}}(s)=\frac{9\,974(s+5.289)}{s^2+8.3s+12.1}\Delta q_{m,\mathrm{f}}(s)$$

将 p_3 有关的偏导数值代入式(3.66)的各系数中，得

$$K_1=\left(\frac{\partial p_3}{\partial q_{m,\mathrm{f}}}\right)_0=658\,374\ \mathrm{Pa/(kg\cdot s^{-1})}$$

$$h_{11}=\left[\left(\frac{\partial p_3}{\partial n_{\mathrm{H}}}\right)_0K_{11}+\left(\frac{\partial p_3}{\partial n_{\mathrm{L}}}\right)_0K_{21}+\left(\frac{\partial p_3}{\partial q_{m,\mathrm{f}}}\right)_0 2\xi\omega_{\mathrm{n}}\right]\Big/K_1=10.95$$

$$h_{12}=\left[\left(\frac{\partial p_3}{\partial n_{\mathrm{H}}}\right)_0K_{11}g_{11}+\left(\frac{\partial p_3}{\partial n_{\mathrm{L}}}\right)_0K_{21}g_{21}+\left(\frac{\partial p_3}{\partial q_{m,\mathrm{f}}}\right)_0\omega_n^2\right]\Big/K_1=26.21$$

将 p_5 有关的偏导数值代入式(3.66)的各系数中，得

$$K_1=\left(\frac{\partial p_5}{\partial q_{m,\mathrm{f}}}\right)_0=70\,749\ \mathrm{Pa/(kg\cdot s^{-1})}$$

$$h_{11}=\left[\left(\frac{\partial p_5}{\partial n_{\mathrm{H}}}\right)_0K_{11}+\left(\frac{\partial p_5}{\partial n_{\mathrm{L}}}\right)_0K_{21}+\left(\frac{\partial p_5}{\partial q_{m,\mathrm{f}}}\right)_0 2\xi\omega_n\right]\Big/K_1=10.86$$

$$h_{12}=\left[\left(\frac{\partial p_5}{\partial n_{\mathrm{H}}}\right)_0K_{11}g_{11}+\left(\frac{\partial p_5}{\partial n_{\mathrm{L}}}\right)_0K_{21}g_{21}+\left(\frac{\partial p_5}{\partial q_{m,\mathrm{f}}}\right)_0\omega_n^2\right]\Big/K_1=25.59$$

于是得

$$\Delta p_3(s)=\frac{658\,374(s^2+10.95s+26.21)}{s^2+8.3s+12.1}\Delta q_{m,\mathrm{f}}(s)$$

$$\Delta p_5(s)=\frac{70\,749(s^2+10.86s+25.59)}{s^2+8.3s+12.1}\Delta q_{m_{\mathrm{f}}}(s)$$

选取 Δn_{H} 和 Δn_{L} 为状态变量，Δn_{H}，Δn_{L}，Δp_3 和 Δp_5 为输出变量，在给定状态下发动机的线性模型用状态方程描述，其状态方程为

$$\begin{bmatrix}\dot{n}_{\mathrm{H}}\\ \dot{n}_{\mathrm{L}}\end{bmatrix}=\begin{bmatrix}-2.322 & -0.509\\ 3.5 & -5.98\end{bmatrix}\begin{bmatrix}\Delta n_{\mathrm{H}}\\ \Delta n_{\mathrm{L}}\end{bmatrix}+\begin{bmatrix}8\,460\\ 9\,974\end{bmatrix}\Delta q_{m,\mathrm{f}}$$

输出方程为

$$\begin{bmatrix}\Delta n_{\mathrm{H}}\\ \Delta n_{\mathrm{L}}\\ \Delta p_3\\ \Delta p_5\end{bmatrix}=\begin{bmatrix}1 & 0\\ 0 & 1\\ 154.1 & 44.17\\ -9.48 & 26.21\end{bmatrix}\begin{bmatrix}\Delta n_{\mathrm{H}}\\ \Delta n_{\mathrm{L}}\end{bmatrix}+\begin{bmatrix}0\\ 0\\ 658\,374\\ 70\,749\end{bmatrix}\Delta q_{m,\mathrm{f}}$$

例 3.5 表明，当数学模型中的变量用绝对增量时，导出的增益系数带有量纲，其数值与动态方程各变量选取的单位有关。

3.5 航空发动机非线性模型及数字仿真

燃气涡轮发动机的动态过程是用一系列的非线性代数方程和微分方程描述的。前述的线性模型由于作了线性化处理,使发动机的非线性本质被掩盖,它只适于研究发动机在稳定工作点附近的小偏离运动。为了更精确地研究发动机在所有工作状态和使用范围内的动态特性,需要建立非线性模型。

当发动机处于过渡状态工作时,转速、沿程各截面的气动参数以及性能参数都要随时间变化。为了利用数学模型研究动态特性更逼近真实,在建立非线性模型时应考虑下述因素。

(1) 转子旋转质量惯性;

(2) 发动机部件气流通道容腔内,气体质量与能量的存储与释放;

(3) 高温燃气流与发动机结构部件之间的非定常热交换;

(4) 主燃烧室及加力燃烧室内燃油燃烧的放热滞后;

(5) 燃烧效率(或燃烧完全度)随燃烧室压力、温度及燃气成分的变化;

(6) 绝热指数和比热随温度和燃气成分的变化;

(7) 部件泄漏、冷却涡轮及飞机需要的抽气量;

(8) 雷诺数对压气机及涡轮特性的影响;

(9) 转子机械效率变化。

这里,不可能考虑全部具体的因素,只能考虑主要的和能用数学方程式表示的因素,例如转子惯性、绝热指数和比热的变化、抽气量及燃油流量对部件流量的影响。

发动机工作时的气动热力学过程的描述,随着描述物理过程取用物理量的不同,可用不同的物理方程表达,数学模型的表达形式不是唯一的。下面以双轴混合排气加力式涡扇发动机(见图3.18)为例,介绍非线性模型的建立与应用非线性模型进行数字仿真的基本原理和方法。

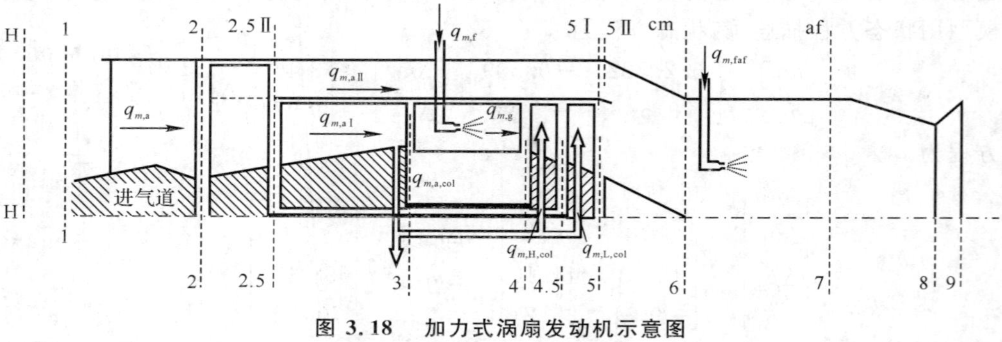

图 3.18 加力式涡扇发动机示意图

3.5.1 非线性数学模型的基本方程

发动机的非线性模型的基本结构与稳态模型类似，都是由按发动机部件顺序逐一建立的气体流动方程、热力方程以及发动机部件联合工作的共同工作方程构成的。二者的差别除共同工作方程不完全相同外，前者要求给定控制量随时间的变化规律，根据这一规律计算发动机参数，后者则根据稳态工作条件计算包括控制量在内的发动机参数。非线性模型的计算思路如下所述。

1. 根据飞行条件计算发动机进口参数

计算高度为 H(km) 的大气压力 p_H 和温度 T_H，当 $H \leqslant 11$ km 时，

$$\left.\begin{aligned} T_H &= (288 - 6.5H)\ \mathrm{K} \\ p_H &= 101\ 325\left(1 - \frac{H}{44.3}\right)^{5.255}\ \mathrm{Pa} \end{aligned}\right\} \tag{3.75}$$

当 $H > 11$ km 时，

$$\left.\begin{aligned} T_H &= 216.5\ \mathrm{K} \\ p_H &= p_{11}\,\mathrm{e}^{\frac{11-H}{6.318}}\ \mathrm{Pa} \end{aligned}\right\} \tag{3.76}$$

式中，p_{11} 是指高度为 11 km 的大气压力，$p_{11} = 2.26 \times 10^4$ Pa。

发动机进口总压 p_2、总温 T_2 以及飞行速度 v_0 分别为

$$\left.\begin{aligned} p_2 &= \sigma_{\mathrm{I}}\, p_H\left(1 + \frac{k-1}{2}Ma^2\right)^{\frac{k}{k-1}} \\ T_2 &= T_H\left(1 + \frac{k-1}{2}Ma^2\right) \end{aligned}\right\} \tag{3.77}$$

$$v_0 = Maa_H = Ma\sqrt{kRT_H} \tag{3.78}$$

式中　σ_{I} —— 进气道总压恢复系数，$\sigma_{\mathrm{I}} = \sigma_{\mathrm{I}}(Ma)$；

Ma —— 飞行马赫数；

a_H —— 当地声速；

k —— 空气绝热指数，$k = k(T_2)$。

2. 已知风扇特性，计算风扇出口参数

设风扇内、外涵增压比以及效率相同，即 $\pi_{\mathrm{CL}} = \pi_{\mathrm{C II}}$，$\eta_{\mathrm{CL}} = \eta_{\mathrm{C II}}$，风扇的已知通用特性可表示为

$$q_{m,\mathrm{aL,cor}} = q_{m,\mathrm{aL,cor}}(n_{\mathrm{CL,cor}}, \pi_{\mathrm{CL}}, \varphi_{\mathrm{L}}) \tag{3.79}$$

$$\eta_{\mathrm{CL}} = \eta_{\mathrm{CL}}(n_{\mathrm{CL,cor}}, \pi_{\mathrm{CL}}, \varphi_{\mathrm{L}}) \tag{3.80}$$

式中，$n_{\mathrm{CL,cor}}$，$q_{m,\mathrm{aL,cor}}$ 分别为风扇换算转速和风扇换算空气流量；φ_{L} 表示风扇的几何可调参数，例如风扇导流叶片安装角、导流叶片后缘转角。

在给定风扇控制规律 $\varphi_{\mathrm{L}} = \varphi_{\mathrm{L}}(n_{\mathrm{CL,cor}})$ 的条件下，如果已知风扇转速 n_{L} 和风扇增压比 π_{CL}，

则得 $n_{CL,cor}=n_L\sqrt{288/T_2}$ 和相应的 φ_L，由 $n_{CL,cor}$，π_{CL} 和 φ_L 就可确定风扇工作点在风扇特性图上的位置，也即确定风扇的工作状态。由风扇特性曲线得计算点的 $q_{m,aL,cor}$ 和 η_{CL}，并由此计算风扇出口参数，即

$$p_{2.5}=\pi_{CL}p_2 \tag{3.81}$$

$$p_{2.5\mathrm{II}}=p_{2.5} \tag{3.82}$$

$$q_{m,a}=q_{m,aL,cor}\frac{p_2}{101\ 325}\sqrt{\frac{288}{T_2}} \tag{3.83}$$

$$T_{2.5}=T_2\left(1+\frac{\pi_{CL}^r-1}{\eta_{CL}}\right) \tag{3.84}$$

$$T_{2.5\mathrm{II}}=T_{2.5} \tag{3.85}$$

式中，$r=\dfrac{k-1}{k}$，其中 $k=k(T_{2.5})$；$q_{m,a}$ 为通过风扇内、外涵的总空气流量。

3. 已知高压压气机特性，计算高压压气机出口参数

高压压气机的已知通用特性可表示为

$$q_{m,aH,cor}=q_{m,aH,cor}(n_{CH,cor},\pi_{CH},\varphi_H) \tag{3.86}$$

$$\eta_{CH}=\eta_{CH}(n_{CH,cor},\pi_{CH},\varphi_H) \tag{3.87}$$

式中，φ_H 表示高压压气机的几何可调参数，如高压压气机静子叶片安装角。

在给定高压压气机控制规律 $\varphi_H=\varphi_H(n_{CH,cor})$ 的条件下，如果已知高压压气机转速 n_H 和高压压气机增压比 π_{CH}，则得 $n_{CH,cor}=n_H\sqrt{288/T_{2.5}}$ 和相应的 φ_H，由 $n_{CH,cor}$，π_{CH} 和 φ_H 就可在高压压气机特性图上确定工作点位置，并得到 $q_{m,aH,cor}$ 和 η_{CH}，并由此计算高压压气机出口参数，即

$$p_3=\pi_{CH}p_{2.5} \tag{3.88}$$

$$q_{m,aH}=q_{m,aH,cor}\frac{p_{2.5}}{101\ 325}\sqrt{\frac{288}{T_{2.5}}} \tag{3.89}$$

$$T_3=T_{2.5}\left(1+\frac{\pi_{CH}^r-1}{\eta_{CH}}\right) \tag{3.90}$$

当从高压压气机抽取空气冷却高低、压涡轮时，高压压气机出口流量应作修正。

设从高压压气机抽取的冷却空气量

$$q_{m,a,col}=K_{col}q_{m,aH} \tag{3.91}$$

式中，K_{col} 为高压压气机抽气量系数，$K_{col}=$常数或 $K_{col}=K_{col}(T_4)$。抽取冷却空气量后，高压压气机出口空气流量

$$q_{m,a3}=q_{m,aH}-q_{m,a,col} \tag{3.92}$$

抽出空气的总温由下式估算：

$$T_{col}=\alpha_{col}T_3 \tag{3.93}$$

式中，α_{col} 为抽气系数，取决于抽气系统结构的参数。

4. 已知燃烧室特性及燃油流量随时间的变化规律，计算考虑燃烧延迟时燃烧室出口参数

通常，燃烧室特性用表征燃烧室性能的参数即燃烧效率 η_b 和燃烧室总压恢复系数 σ_b 表示为

$$\eta_b = \eta_b(\alpha, p_3, T_3, T_4) \tag{3.94}$$

$$\sigma_b = \sigma_b(v_b, \theta) \tag{3.95}$$

式中　α —— 燃烧室内混合气余气系数；

v_b —— 燃烧室气流速度；

θ —— 燃烧室加热比，$\theta = T_4/T_3$。

供给燃烧室的燃油流量随时间的变化规律可表示为

$$q_{m,f} = q_{m,f}(t) \tag{3.96}$$

如前所述，燃烧延迟时间 τ，可想象为通过喷嘴的燃油流量的滞后，这样一来，供入燃烧室的燃油流量随时间的变化规律为

$$q_{m,f} = q_{m,f}(t-\tau) \tag{3.97}$$

燃烧室混合气的余气系数

$$\alpha = \frac{q_{m,a3}}{q_{m,f} L_0} \tag{3.98}$$

式中，L_0 为 1 kg 燃油完全燃烧所需的理论空气量，$L_0 = 14.8$ kg。

根据 α，p_3，T_3 及 T_4 查燃烧室特性就可得 η_b，再根据燃烧室的能量平衡，就可以计算 T_4（迭代计算）。燃烧室的能量平衡方程为

$$q_{m,f} H_u \eta_b + q_{m,f} h_f(T_{f0}) + q_{m,a3} h_a(T_3) = q_{m,f} h_f(T_4) + q_{m,a3} h_g(T_4) \tag{3.99}$$

式中　T_{f0} —— 进入燃烧室的燃油温度；

h_a, h_g, h_f —— 分别为 1 kg 空气、燃气及燃油的热焓。

燃烧室出口参数

$$p_4 = \sigma_b p_3 \tag{3.100}$$

$$q_{m,g4} = q_{m,a3} + q_{m,f} \tag{3.101}$$

5. 已知高压涡轮特性，计算高压涡轮出口参数

高压涡轮特性可表示为

$$q_{m,gH,cor} = q_{m,gH,cor}(n_{TH,cor}, \pi_{TH}) \tag{3.102}$$

$$\eta_{TH} = \eta_{TH}(n_{TH,cor}, \pi_{TH}) \tag{3.103}$$

高压涡轮的换算转速 $n_{TH,cor} = n_H\sqrt{T_{4d}/T_4}$，如果已知高压涡轮的膨胀比 π_{TH}，则由 π_{TH} 和 $n_{TH,cor}$ 即可确定高压涡轮的工作状态，并根据高压涡轮特性图查得 $q_{m,gH,cor}$ 与 η_{TH}，于是得高压涡轮的出口参数

$$q_{m,gH} = q_{m,gH,cor} \frac{p_4}{p_{4d}} \sqrt{\frac{T_{4d}}{T_4}} \tag{3.104}$$

$$p_{4.5}=p_4/\pi_{\mathrm{TH}} \tag{3.105}$$

$$T'_{4.5}=T_4\left[1-(1-\pi_{\mathrm{TH}}^{-r'})\eta_{\mathrm{TH}}\right] \tag{3.106}$$

式中，$r'=\dfrac{k'-1}{k'}$，k' 为燃气的绝热指数，$k'=k'(T_4,\alpha)$。

考虑冷却高压涡轮的空气流入高压涡轮与燃气流掺混后，高压涡轮出口的燃气温度与流量

$$T_{4.5}=\frac{q_{m,\mathrm{gH}}T'_{4.5}+q_{m,\mathrm{H,col}}T_{\mathrm{col}}}{q_{m,\mathrm{gH}}+q_{m,\mathrm{H,col}}} \tag{3.107}$$

$$q_{m,\mathrm{H,col}}=K_{\mathrm{H,col}}q_{m,\mathrm{a,col}} \tag{3.108}$$

$$q_{m,\mathrm{g4.5}}=q_{m,\mathrm{gH}}+q_{m,\mathrm{H,col}} \tag{3.109}$$

式中，$K_{\mathrm{H,col}}$ 为高压压气机抽气量中用于冷却高压涡轮的比例系数。

6. 已知低压涡轮特性，计算低压涡轮出口参数

低压涡轮特性可表示为

$$q_{m,\mathrm{gL,cor}}=q_{m,\mathrm{gL,cor}}(n_{\mathrm{TL,cor}},\pi_{\mathrm{TL}}) \tag{3.110}$$

$$\eta_{\mathrm{TL}}=\eta_{\mathrm{TL}}(n_{\mathrm{TL,cor}},\pi_{\mathrm{TL}}) \tag{3.111}$$

低压涡轮的换算转速 $n_{\mathrm{TL,cor}}=n_{\mathrm{L}}\sqrt{T_{4.5\mathrm{d}}/T_{4.5}}$，如果已知 π_{TL}，则由 π_{TL} 和 $n_{\mathrm{TL,cor}}$ 即可确定低压涡轮工作状态，由低压涡轮特性可得 $q_{m,\mathrm{gL,cor}}$ 与 η_{TL}，由此可计算低压涡轮的出口参数，即

$$q_{m,\mathrm{gL}}=q_{m,\mathrm{gL,cor}}\frac{p_{4.5}}{p_{4.5\mathrm{d}}}\sqrt{\frac{T_{4.5\mathrm{d}}}{T_{4.5}}} \tag{3.112}$$

$$p_5=p_{4.5}/\pi_{\mathrm{TL}} \tag{3.113}$$

$$T'_5=T_{4.5}\left[1-(1-\pi_{\mathrm{TL}}^{-r'})\eta_{\mathrm{TL}}\right] \tag{3.114}$$

式中，$r'=\dfrac{k'-1}{k'}$，k' 为燃气的绝热指数，$k'=k'(T_{4.5},\alpha)$。

考虑冷却低压涡轮的空气进入低压涡轮掺混后，有

$$T_5=\frac{q_{m,\mathrm{gL}}T'_5+q_{m,\mathrm{L,col}}T_{\mathrm{col}}}{q_{m,\mathrm{gL}}+q_{m,\mathrm{L,col}}} \tag{3.115}$$

而

$$q_{m,\mathrm{L,col}}=K_{\mathrm{L,col}}q_{m,\mathrm{a,col}} \tag{3.116}$$

$$q_{m,\mathrm{g5}}=q_{m,\mathrm{gL}}+q_{m,\mathrm{L,col}} \tag{3.117}$$

式中，$K_{\mathrm{L,col}}$ 为高压压气机抽气量中用于冷却低压涡轮的比例系数。

7. 利用气动函数及内、外涵气流在混合室入口处静压相等的关系，计算混合室入口外涵参数

混合室入口处，由内涵进入混合室的燃气流量

$$q_{m,\mathrm{g5}}=K'_q\frac{p_5A_{5\,\mathrm{I}}\,q(\lambda_5)}{\sqrt{T_5}} \tag{3.118}$$

由式(3.118)得

$$q(\lambda_5)=\frac{q_{m,g5}\sqrt{T_5}}{K'_q A_{5\,\mathrm{I}}\,p_5} \tag{3.119}$$

式中

$$K'_q=\sqrt{\frac{k'}{R'}\left(\frac{2}{k'+1}\right)^{\frac{k'+1}{k'-1}}}$$

R' 为燃气的气体常数，$k'=k'(T_5,\alpha)$；$A_{5\,\mathrm{I}}$ 为混合室入口处的内涵通道面积。

又由

$$q(\lambda_5)=\left(\frac{k'+1}{2}\right)^{\frac{1}{k'-1}}\lambda_5\left(1-\frac{k'-1}{k'+1}\lambda_5^2\right)^{\frac{1}{k'-1}} \tag{3.120}$$

可求解 λ_5，并可计算

$$\pi(\lambda_2)=\left(1-\frac{k'-1}{k'+1}\lambda_5^2\right)^{\frac{k'}{k'-1}} \tag{3.121}$$

$$f(\lambda_5)=(\lambda_5^2+1)\left(1-\frac{k'-1}{k'+1}\lambda_5^2\right)^{\frac{1}{k'-1}} \tag{3.122}$$

$$p_{s,5}=p_5\pi(\lambda_5) \tag{3.123}$$

根据混合室入口处，内、外涵气流的静压相等，即 $p_{s,5\,\mathrm{II}}=p_{s,5}$，得

$$\pi(\lambda_{5\,\mathrm{II}})=p_{s,5\,\mathrm{II}}/p_{5\,\mathrm{II}}=p_{s,5}/(\sigma_{\mathrm{II}}\,p_{2.5\,\mathrm{II}}) \tag{3.124}$$

式中，σ_{II} 为外涵风扇出口到混合室入口的总压恢复系数。

由 $\pi(\lambda_{5\,\mathrm{II}})$ 可求解 $\lambda_{5\,\mathrm{II}}$，即

$$\lambda_{5\,\mathrm{II}}=\sqrt{\frac{k+1}{k-1}\{1-[\pi(\lambda_{5\,\mathrm{II}})]^{\frac{k-1}{k}}\}} \tag{3.125}$$

于是得

$$q(\lambda_{5,\mathrm{II}})=\left(\frac{k+1}{2}\right)^{\frac{1}{k-1}}\lambda_{5\,\mathrm{II}}\left(1-\frac{k-1}{k+1}\lambda_{5\,\mathrm{II}}^2\right)^{\frac{1}{k-1}} \tag{3.126}$$

$$f(\lambda_{5\,\mathrm{II}})=(1+\lambda_{5\,\mathrm{II}}^2)\left(1-\frac{k-1}{k+1}\lambda_{5\,\mathrm{II}}^2\right)^{\frac{1}{k-1}} \tag{3.127}$$

由此可计算通过外涵的空气流量

$$q_{m,a\,\mathrm{II}}=K'_q\frac{p_{5\,\mathrm{II}}A_{5\,\mathrm{II}}\,q(\lambda_{5\,\mathrm{II}})}{\sqrt{T_{2.5\,\mathrm{II}}}} \tag{3.128}$$

式中，$A_{5\,\mathrm{II}}$ 为混合室入口处外涵道面积。

8. 利用动量定理(冲量定理)计算混合室出口参数

混合室入口处内、外涵气流的动量与压力乘面积之和分别为内、外涵气流冲量，若用 I_{I} 和 I_{II} 表示，则

$$I_{\mathrm{I}}=q_{m,g5}v_{5\,\mathrm{I}}+p_{s,5}A_{5\,\mathrm{I}} \tag{3.129}$$

$$I_{\mathrm{II}}=q_{m,a\,\mathrm{II}}v_{5\,\mathrm{II}}+p_{s,5\,\mathrm{II}}A_{5\,\mathrm{II}} \tag{3.130}$$

混合室出口的气流冲量

$$I_{\mathrm{cm}}=p_{s,\mathrm{cm}}A_{\mathrm{cm}}+q_{m,g,\mathrm{cm}}v_{\mathrm{cm}} \tag{3.131}$$

式中　v_{cm}—— 混合室出口气流速度;

$v_{5\mathrm{I}}, v_{5\mathrm{II}}$—— 分别为内、外涵气流在混合室入口处的速度;

A_{cm}—— 混合室出口通道面积。

应用气动函数计算混合室入口处的内、外涵气流冲量

$$I_{\mathrm{I}} = p_5 A_{5\mathrm{I}} f(\lambda_5) \tag{3.132}$$

$$I_{\mathrm{II}} = p_{5\mathrm{II}} A_{5\mathrm{II}} f(\lambda_{5\mathrm{II}}) \tag{3.133}$$

根据动量定理,混合室气体的动量方程为

$$F_{\mathrm{cm}} + p_{\mathrm{s},5} A_{5\mathrm{I}} + p_{\mathrm{s},5\mathrm{II}} A_{5\mathrm{II}} - p_{\mathrm{s,cm}} A_{\mathrm{cm}} = q_{m,\mathrm{g,cm}} v_{\mathrm{cm}} - q_{m,\mathrm{g5}} v_{5\mathrm{I}} - q_{m,\mathrm{a II}} v_{5\mathrm{II}} \tag{3.134}$$

将式(3.134)整理并以冲量表示,得

$$I_{\mathrm{cm}} = I_{\mathrm{I}} + I_{\mathrm{II}} + F_{\mathrm{cm}} \tag{3.135}$$

式中,F_{cm} 为混合室壁对气流的作用力,对圆柱形混合室 $F_{\mathrm{cm}}=0$;锥形混合室 $F_{\mathrm{cm}} = \pm p_{\mathrm{s},5\mathrm{II}}(A_{\mathrm{cm\,max}} - A_{\mathrm{cm\,min}})$,其中,$A_{\mathrm{cm\,max}}$ 为混合室最大截面积,$A_{\mathrm{cm\,min}}$ 为最小截面积,对于扩张型混合室取“+”,收敛型混合室取“-”。

若用气动函数表示 I_{cm},则

$$I_{\mathrm{cm}} = p_{\mathrm{cm}} A_{\mathrm{cm}} f(\lambda_{\mathrm{cm}}) \tag{3.136}$$

由此得

$$f(\lambda_{\mathrm{cm}}) = \frac{I_{\mathrm{cm}}}{p_{\mathrm{cm}} A_{\mathrm{cm}}} \tag{3.137}$$

混合室出口总压

$$p_{\mathrm{cm}} = \sigma_{\mathrm{cm}} \left(\frac{q_{m,\mathrm{g5}} p_5 + q_{m,\mathrm{a II}} p_{5\mathrm{II}}}{q_{m,\mathrm{g5}} + q_{m,\mathrm{a II}}} \right) \tag{3.138}$$

式中,σ_{cm} 为混合室总压恢复系数。

由 $f(\lambda_{\mathrm{cm}})$ 可得 λ_{cm},将 λ_{cm} 代入相应的气动函数式,可得 $\pi(\lambda_{\mathrm{cm}})$ 和 $q(\lambda_{\mathrm{cm}})$。

混合室出口的燃气流量和总温分别为

$$q_{m,\mathrm{g,cm}} = q_{m,\mathrm{g5}} + q_{m,\mathrm{a II}} \tag{3.139}$$

$$T_{\mathrm{cm}} = \frac{c_p T_{2.5\mathrm{II}} q_{m,\mathrm{a II}} + c'_p T_5 q_{m,\mathrm{g5}}}{c''_p q_{m,\mathrm{g,cm}}} \tag{3.140}$$

式中,$c_p = c_p(T_{2.5\mathrm{II}})$;$c'_p = c'_p(\alpha, T_5)$;$c''_p = c''_p(\alpha, T_{\mathrm{cm}})$。

9. *加力燃烧室参数计算*

考虑加力燃烧室的燃烧延迟时间 τ_{af} 后,供给加力燃烧室的油量

$$q_{m,\mathrm{faf}} = q_{m,\mathrm{faf}}(t - \tau_{\mathrm{af}}) \tag{3.141}$$

加力燃烧室混合气的余气系数

$$\alpha_{\mathrm{af}} = \frac{q_{m,\mathrm{aH}} + q_{m,\mathrm{a II}}}{(q_{m,\mathrm{f}} + q_{m,\mathrm{faf}}) L_0} = \frac{q_{m,\mathrm{a}}}{(q_{m,\mathrm{f}} + q_{m,\mathrm{faf}}) L_0} \tag{3.142}$$

由 $\alpha_{\mathrm{af}}, p_{\mathrm{cm}}, T_{7,\mathrm{af}}$ 及 T_{cm} 查加力燃烧室特性就可得加力燃烧室效率 η_{af} 和总压恢复系数 σ_{af}。加力燃烧室总压损失包括热阻和流阻损失(非加力状态因加力燃烧室不加热,只需考虑流阻损失)。

加力温度 $T_{7,af}$ 可通过求解加力燃烧室的能量方程获得。加力燃烧室的能量方程为

$$\frac{q_{m,faf}}{q_{m,g,cm}}[H_u\eta_{af}+h_f(T_{f0})-h_f(T_{7,af})]+h_g(T_{cm})-h_g(T_{7,af})=0 \tag{3.143}$$

加力燃烧室出口参数

$$p_{7,af}=\sigma_{af}p_{cm} \tag{3.144}$$

$$q_{m,g,af}=q_{m,faf}+q_{m,g,cm} \tag{3.145}$$

10. 尾喷管出口参数计算

尾喷管有收敛型和收敛扩张型(拉伐尔型)等。下面以不可调收敛型喷管为例,介绍喷管计算。

(1) 亚临界工作状态。考虑气流在尾喷管中的流动损失系数 σ_e 后,喷管出口总压为

$$p_8=\sigma_e p_{7,af} \tag{3.146}$$

这时,尾喷管的临界压力降

$$\pi_{e,cr}=\frac{p_8}{p_{cr}}=\left(\frac{k'+1}{2}\right)^{\frac{k'}{k'-1}} \tag{3.147}$$

当尾喷管中的可用压力降小于临界压力降时,即当

$$\frac{p_8}{p_H}<\pi_{e,cr}$$

时,尾喷管在亚临界状态工作。这时,尾喷管出口的气流速度小于声速,$\lambda_8<1$,燃气流在尾喷管内完全膨胀,出口截面的燃气压力等于外界大气压,即 $p_{s,8}=p_H$。由 p_8 和 $p_{s,8}$ 可计算

$$\pi(\lambda_8)=\frac{p_{s,8}}{p_8}=\frac{p_H}{p_8} \tag{3.148}$$

由 $\pi(\lambda_8)$ 可得 λ_8,并可求 $q(\lambda_8)$。

(2) 临界工作状态。当尾喷管中的可用压力降等于临界压力降时,即当

$$\frac{p_8}{p_H}=\pi_{e,cr}$$

时,尾喷管在临界状态工作。这时,尾喷管出口的气流速度正好等于声速,$\lambda_8=1$。喷管出口截面压力等于外界大气压,即 $p_{s,8}=p_H$,燃气流在尾喷管中完全膨胀。此时 $q(\lambda_8)=1$。

(3) 超临界工作状态。当 $\dfrac{p_8}{p_H}>\pi_{e,cr}$ 时,尾喷管出口的气流速度等于声速,$\lambda_8=1$,$q(\lambda_8)=1$。出口截面压力大于外界大气压,即 $p_{s,8}>p_H$,燃气流在尾喷管中不完全膨胀。

在确定尾喷管的工作状态和 λ_8,$q(\lambda_8)$,p_8 后,可计算喷管出口流量 $q_{m,g8}$ 及排气速度 v_8,它们分别为

$$q_{m,g8}=K'_q\frac{p_8A_8q(\lambda_8)}{\sqrt{T_{7,af}}} \tag{3.149}$$

$$v_8=\sigma_e\lambda_8a_{cr}=\sigma_e\lambda_8\sqrt{\frac{2k'}{k'+1}R'T_{7,af}} \tag{3.150}$$

式中，a_{cr} 为临界声速。

3.5.2 动态过程中燃气涡轮发动机的共同工作方程

当燃气涡轮发动机各部件联合工作时，彼此之间要受到制约，这种制约不仅在发动机稳定工作时存在，在发动机的动态过程中同样存在。因此，发动机在动态过程中的任何时刻，部件都必须满足共同工作条件。根据共同工作条件可得以下共同工作方程。

(1) 高压轴功率平衡方程：

$$P_{TH} - P_{CH} - P_{ex,H} - D_H \frac{dn_H}{dt} = 0 \tag{3.151}$$

式中 P_{TH}—— 高压涡轮功率，$P_{TH} = q_{m,g4} L_{TH}$；

P_{CH}—— 高压压气机功率，$P_{CH} = q_{m,aH} L_{CH}$；

$P_{ex,H}$ —— 传动附件及摩擦损失功率；

$D_H \frac{dn_H}{dt}$ —— 动态项，高压转子加速功率，$D_H = \left(\frac{\pi}{30}\right)^2 J_H n_H$。

(2) 低压轴功率平衡方程：

$$P_{TL} - P_{CL} - D_L \frac{dn_L}{dt} = 0 \tag{3.152}$$

式中 P_{TL}—— 低压涡轮功率，$P_{TL} = q_{m,g4.5} L_{TL}$；

P_{CL}—— 风扇功率，$P_{CL} = q_{m,a} L_{CL}$；

$D_L \frac{dn_L}{dt}$—— 动态项，低压转子加速功率，$D_L = \left(\frac{\pi}{30}\right)^2 J_L n_L$。

(3) 通过风扇的空气流量等于通过高压压气机的空气流量与通过外涵的空气流量之和，即

$$q_{m,a} - q_{m,aH} - q_{m,a\mathrm{II}} = 0 \tag{3.153}$$

(4) 高压涡轮进口的燃气流量等于高压压气机出口空气流量与燃油流量之和，即

$$q_{m,gH} - q_{m,a3} - q_{m,f} = 0 \tag{3.154}$$

(5) 低压涡轮进口的燃气流量等于高压涡轮出口燃气流量，即

$$q_{m,g4.5} - q_{m,gL} = 0 \tag{3.155}$$

(6) 通过尾喷管的燃气流量等于通过外涵的空气流量、低压涡轮出口燃气流量及加力燃烧室燃油流量之和，即

$$q_{m,g8} - q_{m,a\mathrm{II}} - q_{m,g5} - q_{m,faf} = 0$$

或

$$q_{m,g8} - q_{m,g,cm} - q_{m,faf} = 0 \tag{3.156}$$

从风扇和高压压气机的计算知道，确定风扇和高压压气机的工作状态时，均须已知两个参数，在计算中，对风扇和高压压气机分别选取 n_L 和 π_{CL} 及 n_H 和 π_{CH}。同样，确定高、低压涡轮的工作状态也须已知两个参数，但因压气机与涡轮之间存在机械联系，n_L 和 n_H 已定，故而确定

高、低涡轮工作状态时，仅须选取 π_{TH} 和 π_{TL}。由于 4 个部件联合工作时，它们的工作状态不是独立的，要受共同工作条件约束，因此决定它们状态的 6 个参数（$n_L, n_H, \pi_{CL}, \pi_{CH}, \pi_{TH}, \pi_{TL}$）的取值必须满足发动机的共同工作方程，也即满足式(3.151) 至式(3.156)。

发动机的共同工作方程可改写为一般形式

$$\left.\begin{array}{l} f_1(n_L, n_H, \pi_{CL}, \pi_{TH}, \pi_{TL}) = 0 \\ f_2(n_L, n_H, \pi_{CL}, \pi_{CH}, \pi_{TH}, \pi_{TL}) = 0 \\ \cdots\cdots \\ f_6(n_L, n_H, \pi_{CL}, \pi_{CH}, \pi_{TH}, \pi_{TL}) = 0 \end{array}\right\} \tag{3.157}$$

这是包含微分方程和代数方程的非线性方程组。将微分方程与代数方程分开，可表示为

$$\left.\begin{array}{l} \dot{n}_H = \dfrac{\Delta P_H}{D_H} \\ \dot{n}_L = \dfrac{\Delta P_L}{D_L} \end{array}\right\} \tag{3.158}$$

$$g_i(\pi_{CL}, \pi_{CH}, \pi_{TH}, \pi_{TL}) = 0 \tag{3.159}$$

式中　ΔP_H—— 高压轴剩余功率，$\Delta P_H = P_{TH} - P_{CH} - P_{ex,H}$；

ΔP_L—— 低压轴剩余功率，$\Delta P_L = P_{TL} - P_{CL}$。

利用数值解法求解式(3.157) 或式(3.158) 与(式 3.159)，即可确定发动机过渡过程中某一时刻的状态，称为动态平衡点或准稳态点。整个过渡过程是由按时间步长递增的动态平衡点组成的。

3.5.3　发动机的性能参数计算

在完成发动机动态过程的准稳态点求解后，发动机的全流程参数即确定。这时可由下列公式计算推力、耗油率及涵道比：

$$F = q_{m,g8} v_8 - q_{m,a} v_0 + (p_{s,8} - p_H) A_8 \tag{3.160}$$

尾喷管完全膨胀时，$p_{s,8} = p_H$，并令 $q_{m,g8} = q_{m,a}$，则

$$F = q_{m,g8}(v_8 - v_0) \tag{3.161}$$

或

$$F = p_H A_8 \left[f(\lambda_8) \frac{p_8}{p_H} - 1 \right] - q_{m,a} v_0 \tag{3.162}$$

$$\mathrm{sfc} = (q_{m,f} + q_{m,faf}) / F \tag{3.163}$$

$$B = q_{m,a\mathrm{II}} / q_{m,aH} \tag{3.164}$$

由式(3.162) 计算得到的推力 F 减去各种阻力后即为发动机的有效推力。

3.5.4　发动机部件容腔气体质量与能量的存储

以上对发动机全流程参数的计算，没有考虑发动机动态工作时，各部件容腔内气体随时间

变化引起的气体质量和能量的存储和释放。对于航空燃气涡轮发动机,除加力燃烧室外,各部件的容积较小,且气动过程变化比转速的变化快得多,因此在一般计算中,各部件容积的影响可以忽略。但对于精度要求高的发动机数学模型应予以考虑。这里介绍一种常用的处理非定常流动中部件容积影响的方法。

假设在每个部件后连接一个容积室,如图 3.19 所示,容积室的容积 $\bar{V}$ 等于部件容腔体积,容积室内气体的压力和温度均匀。不考虑部件容腔影响时,容积室不起作用。当考虑容腔影响时,容积室流入和流出气体的流量、能量不再相等。

图 3.19 中,$q_{m,\mathrm{in}}$,h_{in} 和 $q_{m,\mathrm{out}}$,h_{out} 分别表示不考虑和考虑容积影响的部件出口气体流量和 1 kg 气体的热焓。

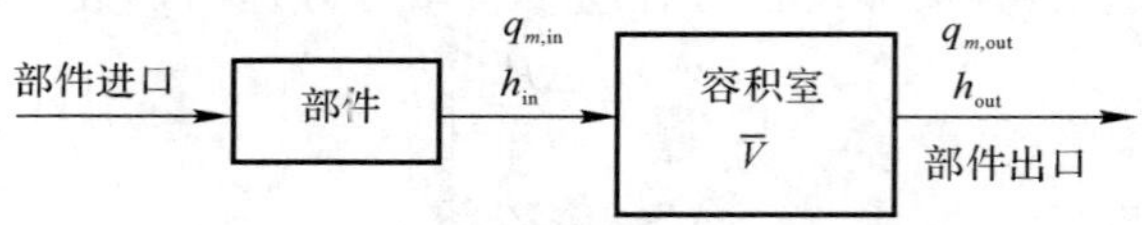

图 3.19　处理非定常流动时部件示意图

1. 非定常流动的连续方程

设在 dt 时间内容积室中气体的密度变化为 $\mathrm{d}\rho=\rho_2-\rho_1$,由密度变化引起容积室中气体的质量变化为 $\bar{V}\mathrm{d}\rho$,由流量连续,得

$$(q_{m,\mathrm{in}}-q_{m,\mathrm{out}})\mathrm{d}t=\bar{V}\mathrm{d}\rho$$

即

$$q_{m,\mathrm{in}}-q_{m,\mathrm{out}}=\bar{V}\frac{\mathrm{d}\rho}{\mathrm{d}t} \tag{3.165}$$

由于部件中的损失已在部件计算中考虑,故容积室内气体所进行的是等熵过程。因此,利用 $pv^k=$ 常数或 $p/\rho^k=$ 常数,先取对数,再对时间求导数,可得

$$\frac{\mathrm{d}\rho}{\mathrm{d}t}=\frac{\rho}{kp}\frac{\mathrm{d}p}{\mathrm{d}t}=\frac{1}{kRT}\frac{\mathrm{d}p}{\mathrm{d}t}$$

将上式代入式(3.165),得

$$q_{m,\mathrm{out}}=q_{m,\mathrm{in}}-\frac{\bar{V}}{kRT}\frac{\mathrm{d}p}{\mathrm{d}t} \tag{3.166}$$

2. 非定常流动的能量方程

流入和流出容积室的能量在非定常流动中是不相等的,其差值以内能的形式存储或释放。

设在 dt 时间内容积室中单位质量气流内能变化 $\mathrm{d}u=u_2-u_1$,流入容积室的气流能量为 $q_{m,\mathrm{in}}h_{\mathrm{in}}\mathrm{d}t$,流出的气流能量为 $q_{m,\mathrm{out}}h_{\mathrm{out}}\mathrm{d}t$,容积室的能量平衡方程为

$$(q_{m,\mathrm{in}}h_{\mathrm{in}}-q_{m,\mathrm{out}}h_{\mathrm{out}})\mathrm{d}t=\mathrm{d}(u\rho\bar{V})=(\mathrm{d}u)\rho\bar{V}+(\mathrm{d}\rho)u\bar{V}$$

即

$$q_{m,\mathrm{in}}h_{\mathrm{in}}-q_{m,\mathrm{out}}h_{\mathrm{out}}=\rho\bar{V}\frac{\mathrm{d}u}{\mathrm{d}t}+\bar{V}u\frac{\mathrm{d}\rho}{\mathrm{d}t}$$

将式(3.165)代入上式,经整理得

$$h_{\text{out}}=\left[q_{m,\text{in}}h_{\text{in}}-(q_{m,\text{in}}-q_{m,\text{out}})u-\frac{p\bar{V}}{RT}\frac{\mathrm{d}u}{\mathrm{d}t}\right]\Big/q_{m,\text{out}} \tag{3.167}$$

式中，$u=h-ART$，A 为功热当量，$h=c_pT$。

3.5.5 燃气流与结构部件之间的非定常热交换

对发动机的加速过程研究表明，在同样的外界条件和供油规律情况下，“热”发动机从慢车再次加速至最大状态，要比“冷”发动机做同样加速所用的时间短。两种加速差别的原因之一就是“冷”发动机燃气流与结构部件之间的热交换要比“热”发动机强烈得多，“冷”加速时有约 13% 的能量用于发动机结构部件的加热。这说明，当需要精确研究燃气涡轮发动机“大偏离”过渡态特性时，考虑高温燃气流与发动机零部件之间的非定常热交换是需要的，应进行专门的研究。一般情况下，由于考虑非定常热交换非常困难，因此，非定常热交换常被忽略。

3.5.6 状态空间法描述的非线性数学模型

当考虑发动机旋转质量、部件通道容腔和换热部件为储能器时，燃气涡轮发动机用状态空间法描述的非线性模型为

$$\left.\begin{aligned}\dot{\boldsymbol{x}}&=\boldsymbol{f}(\boldsymbol{x},\boldsymbol{u},\boldsymbol{z})\\ \boldsymbol{y}&=\boldsymbol{\varphi}(\boldsymbol{x},\boldsymbol{u},\boldsymbol{z})\end{aligned}\right\} \tag{3.168}$$

式中　$\boldsymbol{f}$——n 维非线性状态空间向量函数；

$\boldsymbol{\varphi}$——m 维非线性输出向量函数；

$\boldsymbol{x}$——n 维状态向量，$\boldsymbol{x}=[n_i\quad p_i\quad T_i\quad \cdots]^{\mathrm{T}}$，下标 i 表示不同转子和发动机截面；

$\boldsymbol{u}$——r 维控制向量，$\boldsymbol{u}=[q_{m,\text{f}}\quad q_{m,\text{faf}}\quad A_8\quad \varphi_{\text{L}}\quad \varphi_{\text{H}}\quad \cdots]^{\mathrm{T}}$；

$\boldsymbol{z}$——p 维干扰量向量，$\boldsymbol{z}=[p_H\quad T_H\quad Ma\quad \cdots]^{\mathrm{T}}$；

$\boldsymbol{y}$——m 维输出向量，$\boldsymbol{y}=[F\quad T_4\quad q_{m,\text{a}}\quad \cdots]^{\mathrm{T}}$。

式(3.168)的第 1 式描述发动机的动力学部分，即状态方程。式(3.168)的第 2 式为输出方程。

对于涡扇发动机，当考虑两个转子的惯性、主燃烧室容腔的质量与能量存储及加力燃烧室的质量存储时，在假设 $c'_p=c_p$，$k'=k$ 的条件下，涡扇发动机在非加力状态时的动力学方程为

$$\frac{\mathrm{d}n_{\text{H}}}{\mathrm{d}t}=\left(\frac{30}{\pi}\right)\frac{A}{J_{\text{H}}n_{\text{H}}}[c_{p\text{H}}q_{m,\text{aH}}(T_{2.5}-T_3)+c_{p\text{H}}q_{m,\text{g4}}(T_4-T_{4.5})] \tag{3.169}$$

$$\frac{\mathrm{d}n_{\text{L}}}{\mathrm{d}t}=\left(\frac{30}{\pi}\right)\frac{A}{J_{\text{L}}n_{\text{L}}}[c_{p\text{L}}q_{m,\text{aL}}(T_2-T_{2.5})+c_{p\text{L}}q_{m,\text{g4.5}}(T_{4.5}-T_5)] \tag{3.170}$$

$$\frac{\mathrm{d}p_4}{\mathrm{d}t}=\frac{kRT_4}{\bar{V}_{\text{b}}}(q_{m,\text{a3}}+q_{m,\text{f}}-q_{m,\text{gH}}) \tag{3.171}$$

$$\frac{\mathrm{d}p_{7,\text{af}}}{\mathrm{d}t}=\frac{kRT_{7,\text{af}}}{\bar{V}_{\text{af}}}(q_{m,\text{g,cm}}-q_{m,\text{g7}}) \tag{3.172}$$

以及由以下三式：

$$q_{m,\mathrm{in}}h_{\mathrm{in}} = kc_V T_3 q_{m,\mathrm{a3}} + q_{m,\mathrm{f}} H_u \eta_{\mathrm{b}}$$

$$q_{m,\mathrm{out}}h_{\mathrm{out}} = kc_V T_4 q_{m,\mathrm{gH}}$$

$$(q_{m,\mathrm{in}} - q_{m,\mathrm{out}})u_4 = (q_{m,\mathrm{a3}} + q_{m,\mathrm{f}} - q_{m,\mathrm{gH}})c_V T_4$$

整理后代入式(3.167)，得到

$$\frac{\mathrm{d}u_4}{\mathrm{d}t} = \frac{c_{V\mathrm{b}}RT_4}{\bar{V}_{\mathrm{b}}p_4}\{T_4(q_{m,\mathrm{gH}} - q_{m,\mathrm{f}} - q_{m,\mathrm{a3}}) + k[T_3 q_{m,\mathrm{a3}} - T_4 q_{m,\mathrm{gH}} + T_4(1+\eta)q_{m,\mathrm{f}}]\} \tag{3.173}$$

式中　A—— 热功当量；

$c_{V\mathrm{b}}$ —— 主燃烧室的比定容热容；

$\bar{V}_{\mathrm{b}}$ —— 主燃烧室的容积；

$\bar{V}_{\mathrm{af}}$—— 加力燃烧室的容积；

η —— 主燃烧室系数，其表达式为

$$\eta = (q_{m,\mathrm{a3}}/q_{m,\mathrm{f}})\eta_1$$

式中

$$\eta_1 = (T_4 - T_3)/T_4$$

取高压转子转速 n_{H}、低压转子转速 n_{L}、主燃烧室出口总压 p_4、加力燃烧室出口总压 p_7(非加力状态)、主燃烧室出口气体内能 u_4(或发动机需用油量 $q_{m,\mathrm{fr}}$) 为状态变量，则

$$\boldsymbol{x} = [x_1 \quad x_2 \quad x_3 \quad x_4 \quad x_5]^{\mathrm{T}} = [n_{\mathrm{H}} \quad n_{\mathrm{L}} \quad p_4 \quad p_7 \quad u_4]^{\mathrm{T}}$$

取主燃油供油量 $q_{m,\mathrm{f}}$、尾喷口喉部面积 A_8、风扇进口导流叶片安装角 φ_{L}、压气机可调静子叶片安装角 φ_{H} 为控制量，则

$$\boldsymbol{u} = [u_1 \quad u_2 \quad u_3 \quad u_4]^{\mathrm{T}} = [q_{m,\mathrm{f}} \quad A_8 \quad \varphi_{\mathrm{L}} \quad \varphi_{\mathrm{H}}]^{\mathrm{T}}$$

发动机的干扰量为外界大气压力 p_H、外界大气温度 T_H、飞行马赫数 Ma，则

$$\boldsymbol{z} = [z_1 \quad z_2 \quad z_3]^{\mathrm{T}} = [p_H \quad T_H \quad Ma]^{\mathrm{T}}$$

涡扇发动机动力学方程式(3.169) 至式(3.173) 为隐式非线性状态方程，各方程等号右端的有关变量为上述状态变量、控制量及干扰量的函数。

取发动机推力 F、高压涡轮进口温度 T_4、通过发动机的空气流量 $q_{m,\mathrm{a}}$ 为输出变量，则

$$\boldsymbol{y} = [y_1 \quad y_2 \quad y_3]^{\mathrm{T}} = [F \quad T_4 \quad q_{m,\mathrm{a}}]^{\mathrm{T}}$$

输出变量是状态变量、控制量及干扰量的函数，由发动机有关的关系式表示。

求解隐式非线性状态方程式(3.169) 至式(3.173) 即可获得发动机的动态过程。

3.5.7　非线性方程组的求解

发动机在动态过程中，部件的共同工作方程由式(3.157) 或式(3.158) 与式(3.159) 表示，动态过程中的每一准稳态工作点是通过方程组的求解而获得的。

非线性方程组的数值解法很多，如牛顿-拉夫逊方法，布罗登法，最速下降法及 N＋1 残量

法。下面以牛顿-拉夫逊方法为例，介绍非线性方程组数值解法的求解过程。

现以一个二阶非线性方程组

$$\begin{cases} f_1(x,y)=0 \\ f_2(x,y)=0 \end{cases}$$

为例加以说明。选取方程组解的初始近似值为 x_0, y_0，代入方程组得

$$\begin{cases} f_1(x_0,y_0)=e_1 \\ f_2(x_0,y_0)=e_2 \end{cases}$$

如果误差值 e_1, e_2 超出规定精度要求，则取

$$x=x_0+\Delta x$$

$$y=y_0+\Delta y$$

假设 $f_1(x,y), f_2(x,y)$ 对 x, y 的二阶偏导数存在且连续，利用泰勒公式，在近似值附近将非线性函数 $f_1(x,y), f_2(x,y)$ 用线性函数近似为

$$f_1(x,y)\approx f_1(x_0,y_0)+\frac{\partial f_1(x_0,y_0)}{\partial x}(x-x_0)+\frac{\partial f_1(x_0,y_0)}{\partial y}(y-y_0)$$

$$f_2(x,y)\approx f_2(x_0,y_0)+\frac{\partial f_2(x_0,y_0)}{\partial x}(x-x_0)+\frac{\partial f_2(x_0,y_0)}{\partial y}(y-y_0)$$

于是得到一线性方程组

$$\begin{cases} \dfrac{\partial f_1(x_0,y_0)}{\partial x}\Delta x+\dfrac{\partial f_1(x_0,y_0)}{\partial y}\Delta y=-e_1 \\ \dfrac{\partial f_2(x_0,y_0)}{\partial x}\Delta x+\dfrac{\partial f_2(x_0,y_0)}{\partial y}\Delta y=-e_2 \end{cases}$$

如果方程组的系数矩阵

$$\begin{bmatrix} \dfrac{\partial f_1(x_0,y_0)}{\partial x} & \dfrac{\partial f_1(x_0,y_0)}{\partial y} \\ \dfrac{\partial f_2(x_0,y_0)}{\partial x} & \dfrac{\partial f_2(x_0,y_0)}{\partial y} \end{bmatrix}$$

非奇异，则得

$$\begin{bmatrix} \Delta x \\ \Delta y \end{bmatrix}=-\begin{bmatrix} \dfrac{\partial f_1(x_0,y_0)}{\partial x} & \dfrac{\partial f_1(x_0,y_0)}{\partial y} \\ \dfrac{\partial f_2(x_0,y_0)}{\partial x} & \dfrac{\partial f_2(x_0,y_0)}{\partial y} \end{bmatrix}^{-1}\begin{bmatrix} e_1 \\ e_2 \end{bmatrix}$$

于是，非线性方程组解的新近似值为

$$\begin{bmatrix} x_1 \\ y_1 \end{bmatrix}=\begin{bmatrix} x_0 \\ y_0 \end{bmatrix}-\begin{bmatrix} \dfrac{\partial f_1(x_0,y_0)}{\partial x} & \dfrac{\partial f_1(x_0,y_0)}{\partial y} \\ \dfrac{\partial f_2(x_0,y_0)}{\partial x} & \dfrac{\partial f_2(x_0,y_0)}{\partial y} \end{bmatrix}^{-1}\begin{bmatrix} e_1 \\ e_2 \end{bmatrix}$$

以 x_1,y_1 代替 x_0,y_0,重复上述过程,可得满足精度要求的解。

系数矩阵偏导数可用有限差分近似为

$$\frac{\partial f_1(x_0,y_0)}{\partial x}=\frac{f_1(x_0+\Delta x,y_0)-f_1(x_0-\Delta x,y_0)}{2\Delta x}$$

$$\frac{\partial f_1(x_0,y_0)}{\partial y}=\frac{f_1(x_0,y_0+\Delta y)-f_1(x_0,y_0-\Delta y)}{2\Delta y}$$

$$\cdots\cdots$$

或取单项差分。

把上述迭代法推广到 n 阶方程组

$$f_1(x_1,x_2,\cdots,x_n)=0$$

$$f_2(x_1,x_2,\cdots,x_n)=0$$

$$\cdots\cdots$$

$$f_n(x_1,x_2,\cdots,x_n)=0$$

牛顿-拉夫逊法解非线性方程组的迭代公式为

$$\boldsymbol{x}_{k+1}=\boldsymbol{x}_k-[\mathrm{D}\boldsymbol{f}(\boldsymbol{x}_k)]^{-1}\boldsymbol{e}_k\quad(k=0,1,\cdots,n)$$

式中

$$\boldsymbol{x}_k=[x_1^{(k)}\ x_2^{(k)}\ \cdots\ x_n^{(k)}]^{\mathrm{T}}$$

$$\boldsymbol{e}_k=[e_1^{(k)}\ e_2^{(k)}\ \cdots\ e_n^{(k)}]^{\mathrm{T}}$$

$$\mathrm{D}\boldsymbol{f}(\boldsymbol{x}_k)=\begin{bmatrix}\dfrac{\partial f_1}{\partial x_1} & \dfrac{\partial f_1}{\partial x_2} & \cdots & \dfrac{\partial f_1}{\partial x_n}\\ \dfrac{\partial f_2}{\partial x_1} & \dfrac{\partial f_2}{\partial x_2} & \cdots & \dfrac{\partial f_2}{\partial x_n}\\ \vdots & \vdots & & \vdots\\ \dfrac{\partial f_n}{\partial x_1} & \dfrac{\partial f_n}{\partial x_2} & \cdots & \dfrac{\partial f_n}{\partial x_n}\end{bmatrix}_0$$

$\mathrm{D}\boldsymbol{f}(\boldsymbol{x}_k)$ 为雅克比矩阵。

应用迭代公式时,需要建立误差检验函数,以便判断近似解是否满足规定的精度要求,并在满足规定的精度要求时,中止迭代过程,从而得到非线性方程组的解。

3.5.8 动态特性数字仿真

非线性方程组通常只能在数字计算机上应用数值计算方法求解,其中非线性微分方程须应用数值积分方法求解。为了得到发动机非线性动态方程组的解,须将所建立的发动机非线性模型变换为计算机上可以运行的模型,并通过计算机运行获取发动机在相应输入下的动态响应。这种研究方法称为发动机动态特性的数字仿真。

下面研究在一定飞行条件下的发动机加速过程的数字仿真。对发动机加速过程进行仿真需要给定发动机的初始状态和控制量的变化规律。实际的加速过程是一个非常复杂的气动热力学过程，在加速过程中，作为控制量的主燃烧室供油量和尾喷口面积必须按一定的规律变化 为了获得最佳加速，对几何可调的发动机，还必须保证风扇进口导流叶片角度和压气机静子叶片安装角按一定规律变化。为了便于理解和掌握加速过程数字仿真方法，在下面的研究中，仅取主燃烧室供油量作为加速过程控制量。

常微分方程常用的数值解法有欧拉法、改进的欧拉法和龙格-库塔法。欧拉法算法简单，计算速度快，但精度不高。龙格-库塔法精度较高，但算法复杂，计算工作量大，计算时间长。

下面将简要介绍用欧拉法和改进欧拉法进行发动机动态数字仿真的过程。

1．应用欧拉法进行加速过程仿真

应用欧拉法求解一阶常微分方程 $\dot{y}=f(t,y)$ 时，其差分格式为

$$y_{k+1}=y_k+\Delta t f(t_k,y_k)\quad (k=0,1,\cdots)$$

按欧拉格式计算 y_{k+1} 时，只用到上一步的结果 y_k，欧拉格式是一步格式。

由于欧拉格式为简单的一步格式，因此，利用欧拉法进行动态计算时，式(3.157) 中的微分方程可以不必从方程组中单独分出。微分方程中的微分项 $\dot{n}_{\mathrm{L}}$ 和 $\dot{n}_{\mathrm{H}}$ 可利用欧拉公式计算，即

$$\dot{n}_{\mathrm{L},k}=\frac{n_{\mathrm{L},k+1}-n_{\mathrm{L},k}}{\Delta t},\quad \dot{n}_{\mathrm{H},k}=\frac{n_{\mathrm{H},k+1}-n_{\mathrm{H},k}}{\Delta t}$$

将所得的 $\dot{n}_{\mathrm{L}}$ 和 $\dot{n}_{\mathrm{H}}$ 值分别代入高压和低压转子功率平衡方程的动态项中，将式(3.157) 的求解转变为与稳态计算相同的代数方程组求解，获取满足精度要求的 $n_{\mathrm{L},k+1}$，$n_{\mathrm{H},k+1}$，… 的参数值。

用欧拉法进行发动机动态特性仿真的步骤大致如下：

(1) 根据发动机的设计点数据、部件特性及飞行条件，计算动态过程的初始状态参数(这一步为稳态计算)。

(2) 输入计算时刻 t_{k+1} 的控制量 $q_{m,\mathrm{f},k+1}$，选取式(3.157) 的一组解(n_{H}，n_{L}，π_{CH}，π_{CL}，π_{TH}，π_{TL}) 的初始近似值。

(3) 按非线性模型基本方程式(3.75) 至式(3.150) 计算发动机全流程参数；用欧拉法计算 $\dot{n}_{\mathrm{L}}$ 和 $\dot{n}_{\mathrm{H}}$；并计算由共同工作条件建立的共同工作方程式(3.157) 的误差(每一方程左端的函数值 $e_1,e_2,\cdots,e_6$)，即

$$f_1(n_{\mathrm{H}},n_{\mathrm{L}},\pi_{\mathrm{CL}},\pi_{\mathrm{CH}},\pi_{\mathrm{TH}},\pi_{\mathrm{TL}})=e_1$$
$$f_2(n_{\mathrm{H}},n_{\mathrm{L}},\pi_{\mathrm{CL}},\pi_{\mathrm{CH}},\pi_{\mathrm{TH}},\pi_{\mathrm{TL}})=e_2$$
$$\cdots\cdots$$
$$f_6(n_{\mathrm{H}},n_{\mathrm{L}},\pi_{\mathrm{CL}},\pi_{\mathrm{CH}},\pi_{\mathrm{TH}},\pi_{\mathrm{TL}})=e_6$$

式中，$e_1,e_2,\cdots,e_6$ 为误差变量或残量。

(4) 取欧几里德范数作为误差检验函数，检查

$$e_r=\|\boldsymbol{f}\|=\sqrt{\sum_{i=1}^{6}e_i^2}\leqslant\varepsilon$$

式中，ε 为允许误差。

如果不等式成立,则获得满足精度要求的近似解。否则,利用非线性方程组的数值解法,求一组新的近似解,重复步骤第(3),(4),直到获得满足规定精度要求的近似解为止,完成动态过程的一步计算,获得动态过程 t_{k+1} 时刻准稳态点的参数值。

(5) 设 t_T 为加速时间或规定的动态过程计算时间,当 $t_k < t_T$ 时,继续进行下一步 $t_{k+1} = t_k + \Delta t$ 的计算,即重复步骤第(2) ~ (5),Δt 为计算步长。当 $t_k \geqslant t_T$ 时,动态过程计算结束。

计算流程如图 3.20 所示。

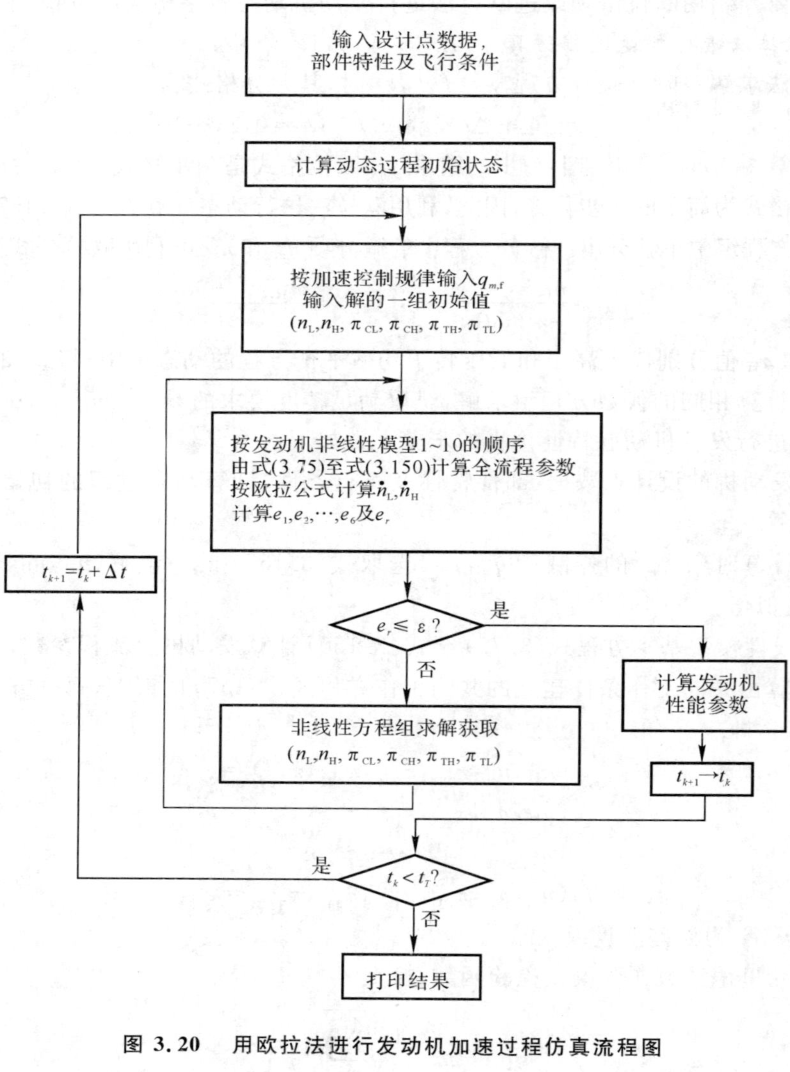

图 3.20 用欧拉法进行发动机加速过程仿真流程图

2. 应用改进欧拉法进行加速过程仿真

应用改进的欧拉法求解一阶常微分方程 $\dot{y}=f(t,y)$ 时，其差分格式为

$$y_{k+1}=y_k+\Delta t[\delta f(t_k,y_k)+(1-\delta)f(t_{k+1},y_{k+1})]\quad(k=0,1,\cdots)$$

其中，$0<\delta<1$。

改进欧拉法与欧拉法有着本质的差异。改进欧拉法差分格式的右端含有未知的 y_{k+1}，它是一种隐式格式。由于这种本质的差异，使其在应用改进欧拉法进行动态计算时，不能采用与欧拉法相同的处理方法，而需要将共同工作方程的微分方程与代数方程分开，分为式(3.158)与式(3.159)，并分别求解。微分方程式(3.158)用改进欧拉法求解，获得 n_L，n_H 的值。代数方程式(3.159)仍选取一种合适的非线性方程组数值解法求解，获得其余四个变量(π_{CL}，π_{CH}，π_{TH}，π_{TL})的值。

应用改进欧拉法时，如果取 $\delta=\dfrac{1}{2}$，即为梯形法。梯形法的迭代格式为

$$y_{k+1}^{(0)}=y_k+\Delta t f(t_k,y_k)$$

$$y_{k+1}^{(j)}=y_k+\frac{\Delta t}{2}[f(t_k,y_k)+f(t_{k+1},y_{k+1}^{(j-1)})]\quad(j=1,2,\cdots)$$

先用第一式求得一个初步近似值 $y_{k+1}^{(0)}$ 作为预报值，然后用第二式进行迭代，反复改进这个近似值，直到 $\|y_{k+1}^{(j)}-y_{k+1}^{(j-1)}\|\leqslant\varepsilon$，获得满足精度要求的 $k+1$ 步近似值 y_{k+1} 为止。

用改进的欧拉法进行发动机加速过程(控制量只取 $q_{m,\mathrm{f}}$)仿真的流程如图 3.21 所示。仿真步骤大致如下：

(1) 同欧拉法(略)。

(2) 输入 $t=t_0=0$ 时刻控制量 $q_{m,\mathrm{f}0}$，计算 $\dot{n}_{L0}$ 和 $\dot{n}_{H0}$。

(3) 输入计算时刻 t_{k+1} 的 $q_{m,\mathrm{f},k+1}$ 及代数方程式(3.159)的一组解(π_{CH}，π_{CL}，π_{TH}，π_{TL})的初始近似值。

(4) 由 $n_{L,k}$，$n_{H,k}$ 和 $\dot{n}_{L,k}$，$\dot{n}_{H,k}$ 用欧拉公式计算预报值 $n_{L,k+1}^{(0)}$ 和 $n_{H,k+1}^{(0)}$。

(5) 按非线性模型基本方程式(3.75)至式(3.150)计算发动机全流程参数；按式(3.158)计算 $\dot{n}_{L,k+1}$ 和 $\dot{n}_{H,k+1}$；计算式(3.159)的误差变量值 e_1，e_2，e_3，e_4。

(6) 计算误差检验函数 e_r，并检查

$$e_r=\|\boldsymbol{f}\|=\sqrt{\sum_{i=1}^{4}e_i^2}\leqslant\varepsilon$$

应用非线性方程组的解法，重复步骤第(5)，(6)，直至不等式成立。

(7) 根据 $n_{L,k+1}^{(0)}$ 和 $n_{H,k+1}^{(0)}$(预报阶段)或 $n_{L,k+1}^{(j-1)}$ 和 $n_{H,k+1}^{(j-1)}$(改进阶段)用改进欧拉法迭代公式，重复步骤第(5)，(6)，计算 $n_{L,k+1}^{(j)}$ 和 $n_{H,k+1}^{(j)}$。

(8) 检查

$$|n_{L,k+1}^{(j)}-n_{L,k+1}^{(j-1)}|\leqslant\varepsilon_1$$

$$|n_{H,k+1}^{(j)}-n_{H,k+1}^{(j-1)}|\leqslant\varepsilon_2$$

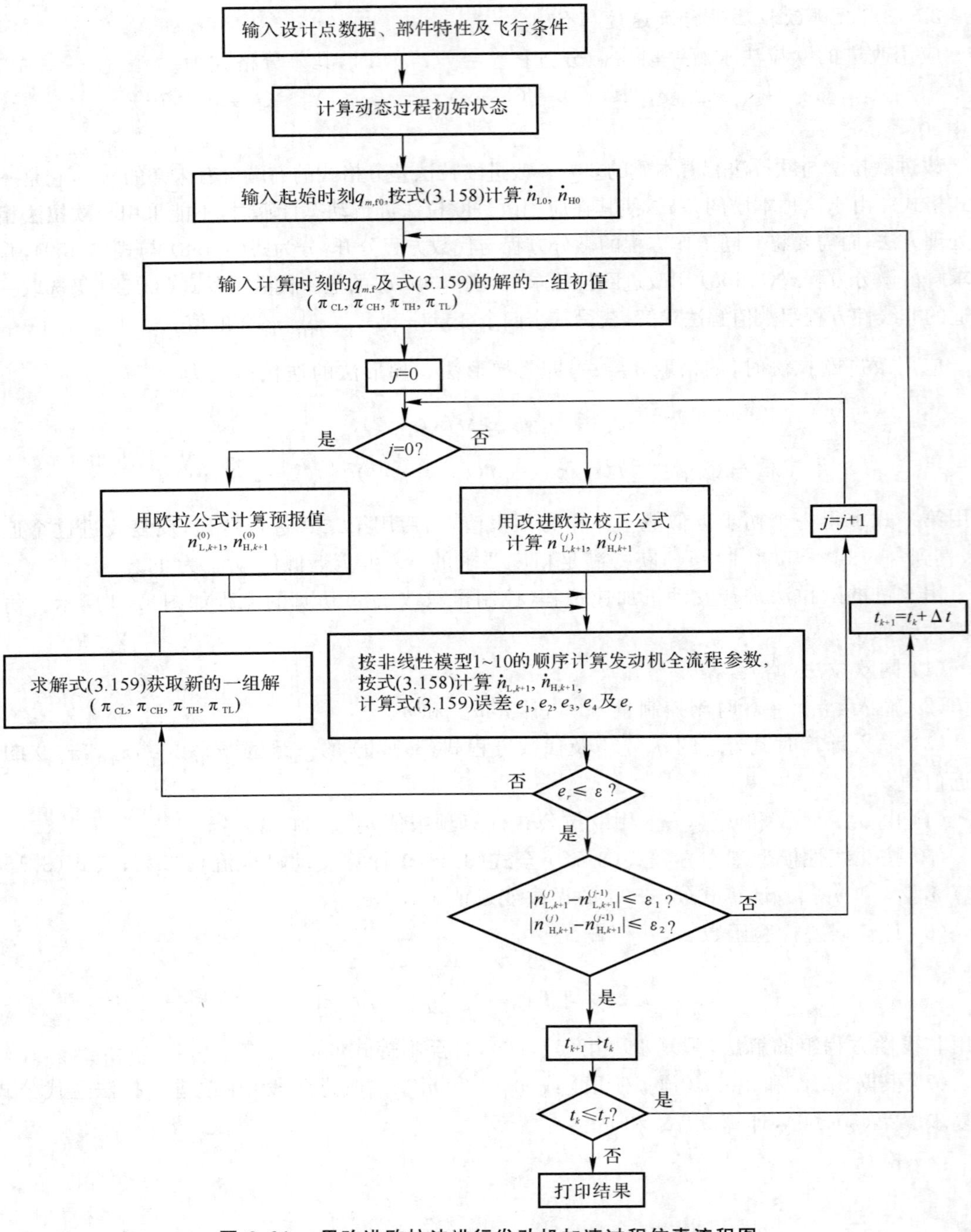

图 3.21 用改进欧拉法进行发动机加速过程仿真流程图

如果不等式成立，则结束 t_{k+1} 时刻的计算，获得发动机动态过程中 $t=t_{k+1}$ 的全部参数值，$t_{k+1} \rightarrow t_k$；如果不等式不成立，则重复步骤第(4) ~ (8)，直至不等式成立为止。ε_1 和 ε_2 为允许误差。

(9) 检查 t_k 是否小于 t_T，若是，则重复步骤第(3) ~ (8)，否则结束动态过程计算。

以上对混合排气的涡扇发动机部件级非线性数学模型的基本原理作了简要介绍。实际计算程序比较复杂，因为在对每一部件进行计算时，需要计算各部件的热力参数 —— 温度 T、压力 p、焓 h、熵 S、熵函数 Φ、比定压热容 c_p、比热比 k 等，当根据已知参数求未知参数时，需要反复迭代，所以计算工作量较大。虽然这种模型计算精度较高，但难以达到实时计算要求。如果将各部件的参数之间的复杂计算关系作适当处理，避免反复迭代，则可以在保证在一定计算精度的前提下，使计算速度大大提高，从而达到实时计算要求。

3.6　涡扇发动机部件级非线性实时数学模型

建立准确的发动机实时数学模型是实现各种先进控制模式的基础。在推进系统性能寻优控制和基于模型的智能发动机控制系统中都包括有发动机非线性实时数学模型。这种模型必须满足实时运算要求和准确地反映当前发动机实际工作状态，且能反映发动机性能退化和不同发动机之间的差异。为满足这些要求，必须对准确的非实时数学模型进行适当简化，同时还需要利用跟踪滤波器的作用不断地校正发动机模型，以使模型与发动机实际状态一致。

这里介绍一种混合排气的涡扇发动机部件级变比热气动热力学实时数学模型建模方法。在利用非实时数学模型进行大量计算的基础上，通过对各部件遵循的热力学和气体动力学方程进行适当的简化处理，可以导出各部件有关参数间的显式解析关系，将这些关系应用于发动机部件计算可以避免烦琐的迭代过程，从而可以达到实时计算和较高的精度要求。

3.6.1　各部件计算时有关参数之间的关系

1. 燃气焓 h_g 及总熵函数 Φ_g 与总温 T 的关系

$$h_g=(h_a+fh_{ge})/(1+f) \tag{3.174}$$

$$\Phi_g=[\Phi_a+f\Phi_{ge}]/(1+f) \tag{3.175}$$

$$h_a=a_0+a_1T+a_2T^2 \tag{3.176}$$

$$h_{ge}=b_0+b_1T+b_2T^2 \tag{3.177}$$

$$\Phi_a=a_3+a_4T+a_5T^2 \tag{3.178}$$

$$\Phi_{ge}=b_3+b_4T+b_5T^2 \tag{3.179}$$

式中　h_a—— 空气的焓；

h_{ge}—— 燃气的当量焓；

Φ_a—— 空气的熵函数；

Φ_{ge}—— 燃气的当量熵函数;

f—— 油气比。

以上各式既适于计算总参数,也适于计算静参数。

2. 燃气静温 T_s 与燃气比热比 k 的关系

$$k = c_p/(c_p - R) \tag{3.180}$$

$$c_p = (c_{p,a} + fc_{p,ge})/(1+f) \tag{3.181}$$

$$c_{p,a} = c_0 + c_1 T_s + c_2 T_s^2 + c_3 T_s^3 \tag{3.182}$$

$$c_{p,e} = c_4 + c_5 T_s + c_6 T_s^2 + c_7 T_s^3 \tag{3.183}$$

式中 $c_{p,a}$—— 空气比定压热容;

$c_{p,ge}$—— 燃气当量比定压容热。

3. 总温 T 与总焓 h 及总熵函数 $\Phi(T)$ 的关系

对于空气:

$$T = d_0 + d_1 h_a + d_2 h_a^2 + d_3 h_a^3 \tag{3.184}$$

$$T = d_4 + d_5 \Phi_a + d_6 \Phi_a^2 + d_7 \Phi_a^3 \tag{3.185}$$

对于燃气:

$$r_0 + r_1 f - (1+f)h_g + (r_2 + r_3 f)T + (r_4 + r_5 f)T^2 = 0 \tag{3.186}$$

$$r_6 + r_7 f - (1+f)\Phi_g + (r_8 + r_9 f)T + (r_{10} + r_{11} f)T^2 = 0 \tag{3.187}$$

以上各式既适于计算总参数,也适于计算静参数。

4. 流量 q_m、总压 p、总温 T、面积 A、气体常数 R 与马赫数 Ma 及静温 T_s 的关系

由流量公式

$$q_m = \sqrt{\frac{k}{R}} \frac{pA}{\sqrt{T}} q(Ma) \tag{3.188}$$

可得

$$q(Ma)\sqrt{k} = \sqrt{k} Ma \left(1 + \frac{k-1}{2} Ma^2\right)^{\frac{k+1}{2(k-1)}} \tag{3.189}$$

对 k 取不同的常值,则 Ma 与 $q(Ma)\sqrt{k}$ 可表示为三次多项式:

$$Ma = \varepsilon_0 + \varepsilon_1 q(Ma)\sqrt{k} + \varepsilon_2 q^2(Ma)\sqrt{k} + \varepsilon_3 q^3(Ma)\sqrt{k} \tag{3.190}$$

并且由式

$$T_s = T/[1 + 0.5(k-1)Ma^2] \tag{3.191}$$

可计算不同 k 值时的 T_s。

式(3.174) 至式(3.191) 均可用于发动机各部件参数计算。

5. 混合室参数计算

对于混合室计算须作进一步处理。

(1) 混合室入口(即内、外涵出口)参数计算。由于内、外涵出口气体流量 q_m、总温 T、总压 p 已在外涵道计算和低压涡轮计算时得到,并且发动机设计时给出了内、外涵出口面积 $A_{5\,\mathrm{I}}$,$A_{5\,\mathrm{II}}$,因此,按式(3.188)至式(3.191)可分别计算内、外涵出口气流马赫数 Ma 和静温 T_s。气流速度 v 及静压 p_s 可按下式对内、外涵分别计算:

$$v = Ma\sqrt{kRT_s} \tag{3.192}$$

$$p_s = q_m RT_s/(Av) \tag{3.193}$$

(2) 混合室出口参数计算。根据以下各式:

$$q_{m,g,cm} = q_{m,g5} + q_{m,a\mathrm{II}} \tag{3.194}$$

$$h_{g,cm} = (q_{m,g5}h_{g5} + q_{m,a\mathrm{II}}h_{a\mathrm{II}})/q_{m,g,cm} \tag{3.195}$$

$$q_{m,g,cm} = p_{s,cm}v_{cm}A_{cm}/(R_{cm}T_{s,cm}) \tag{3.196}$$

$$h_{g,cm} = h_{g,s,cm} + v_{cm}^2/2 \tag{3.197}$$

$$h_{g,s,cm} = t_0 + t_1T_{s,cm} \tag{3.198}$$

以及混合室出口气流动量

$$I_6 = p_{s,5}A_{5\,\mathrm{I}} + q_{m,g5}v_{5\,\mathrm{I}} + p_{s,5\,\mathrm{II}}A_{5\,\mathrm{II}} + q_{m,a\mathrm{II}}v_{5\,\mathrm{II}} = p_{s,cm}A_{cm} + q_{m,g,cm}v_{cm} \tag{3.199}$$

可导出

$$\begin{aligned} &q_{m,g,cm}^2(R_6 - 2t_1)^2T_{s,cm}^2 + [4q_{m,g,cm}(h_{g,cm} - t_0)(R_{cm} - t_1) + 2I_{cm}^2]T_{s,cm} + \\ &2(h_{g,cm} - t_0)[2q_{m,g,cm}^2(h_{g,cm} - t_0) - I_{cm}^2] = 0 \end{aligned} \tag{3.200}$$

令

$$a = q_{m,g,cm}^2(R_{cm} - 2t_1)^2$$
$$b = 4q_{m,g,cm}(h_{g,cm} - t_0)(R_{cm} - t_1) + 2I_{cm}^2$$
$$c = 2(h_{g,cm} - t_0)[2q_{m,g,cm}^2(h_{g,cm} - t_0) - I_{cm}^2]$$

则式(3.200)可表示为

$$aT_{s,cm}^2 + bT_{s,cm} + c = 0 \tag{3.201}$$

在式(3.198)中,系数 t_0,t_1 可按如下方法计算:

$$h_{g,s,cm} = (h_{a,s,cm} + f_{cm}h_{ge,s,cm})/(1 + f_{cm}) \tag{3.202}$$

$$h_{a,s,cm} = \alpha_0 + \alpha_1T_{s,cm} \tag{3.203}$$

$$h_{ge,s,cm} = \beta_0 + \beta_1T_{s,cm} \tag{3.204}$$

将式(3.203)和式(3.204)代入式(3.202),可得

$$t_0 = (\alpha_0 + \beta_0f_{cm})/(1 + f_{cm}) \tag{3.205}$$

$$t_1 = (\alpha_1 + \beta_1f_{cm})/(1 + f_{cm}) \tag{3.206}$$

以上有关各式中,R_{cm} 为混合室出口气体常数;f_{cm} 为混合室出口油气比。

由于式(3.201)中系数 a,b,c 可计算得到,因此求解该式即可得到混合室出口静温 $T_{s,cm}$。

根据求出的 $T_{s,cm}$,利用式(3.198)、式(3.197)和式(3.196)可分别求出 $h_{g,s,cm}$,v_{cm},$p_{s,cm}$。根据 $h_{g,cm}$,利用式(3.186)可求出混合室出口总温 T_{cm}。根据 T_{cm} 和 $T_{s,cm}$,利用式(3.175)、式

(3.178)以及式(3.179)可分别求出熵函数 $\Phi_{g,cm}$,$\Phi_{g,s,cm}$。

由于混合室中气流流动过程为等熵过程,因此混合室出口总压

$$p_{cm}=p_{s,cm}e^{(\Phi_{g,cm}-\Phi_{g,s,cm})/R_{cm}} \tag{3.207}$$

对于加力燃烧室可按上述方法建立其简化的数学模型,这里不再赘述。

3.6.2 喷管计算

喷管计算是在尾喷口三维流场计算的基础上,归纳综合喷管流量系数 C_d 及推力系数 C_{th} 与喷管几何参数及进出口边界条件之间的关系,按这些关系计算通过尾喷管的实际流量和实际推力。

1. 通过尾喷管的实际流量 $q_{m,g7}$

$$q_{m,g7}=C_d q_{m,i} \tag{3.208}$$

式中 C_d—— 喷管流量系数;

$q_{m,i}$—— 通过喷管的理想质量流量,表示气体在一维等熵流动且出口完全膨胀时通过喷管的流量,

$$q_{m,i}=A_8\sqrt{\frac{k}{RT_7}}p_7 f\left(\frac{p_7}{p_H}\right) \tag{3.209}$$

式中

$$f\left(\frac{p_7}{p_H}\right)=\left(\frac{2}{k+1}\right)^{\frac{k+1}{2(k-1)}},\qquad 当\ \frac{p_7}{p_H}\geqslant\left(\frac{k+1}{2}\right)^{\frac{k}{k-1}}\ 时$$

$$f\left(\frac{p_7}{p_H}\right)=\sqrt{\frac{2}{k-1}\left(\frac{p_7}{p_H}\right)^{\frac{k+1}{k}}\left[\left(\frac{p_7}{p_H}\right)^{\frac{k-1}{k}}-1\right]},\qquad 当\ \frac{p_7}{p_H}<\left(\frac{k+1}{2}\right)^{\frac{k}{k-1}}\ 时$$

根据三维流场计算可得到 $1\leqslant\frac{A_9}{A_8}\leqslant1.5$ 和喷管不同进、出口边界条件下的流量系数 C_d。定义喷管喉部达到临界时的流量系数为 C_d^*,标称化的流量系数 $\overline{C}_d=\frac{C_d}{C_d^*}$ 仅为喷管扩张段扩张角 θ 的函数,即

$$\overline{C}_d=g_0-g_1\theta+g_2\theta^2-g_3\theta^3 \tag{3.210}$$

式中,g_0,g_1,g_2,g_3 为常数。

2. 喷管产生的推力 F_g

$$F_g=C_{th}F_i \tag{3.211}$$

式中 C_{th}—— 推力系数;

F_i—— 理想推力,表示气体在等熵流动且出口完全膨胀时喷管产生的推力,

$$F_i=q_{m,i}\sqrt{\frac{2k}{k-1}RT_7\left[1-\left(\frac{p_7}{p_H}\right)^{-\frac{k-1}{k}}\right]} \tag{3.212}$$

定义:喷管出口气流完全膨胀时的推力系数为最大推力系数 $C_{\mathrm{th\,max}}$;喷管膨胀比 $\pi_{\mathrm{e}}=p_7/p_H$;完全膨胀时 $\pi_{\mathrm{e}}=\pi_{\mathrm{e\,max}}$;$\bar{\pi}_{\mathrm{e}}=(\pi_{\mathrm{e}}-1)/(\pi_{\mathrm{e\,max}}-1)$;$\bar{C}_{\mathrm{th}}=C_{\mathrm{th}}/C_{\mathrm{th\,max}}$。

根据三维流场计算得

$$\bar{C}_{\mathrm{th}}=l_0+l_1\bar{\pi}_{\mathrm{e}}+l_2\bar{\pi}_{\mathrm{e}}^2+l_3\bar{\pi}_{\mathrm{e}}^3+l_4\bar{\pi}_{\mathrm{e}}^4+l_5\bar{\pi}_{\mathrm{e}}^5 \tag{3.213}$$

式中,$l_0,l_1,\cdots,l_5$ 为常数。

3. 实际推力

$$F=C_{\mathrm{th}}F_{\mathrm{i}}-q_{m,\mathrm{g}7}v_0 \tag{3.214}$$

式中,v_0 为飞行速度。

3.6.3　实时数学模型计算

实时数学模型中的各部件特性仍然应用非实时数学模型中的部件特性,以保证实时数学模型的计算精度。计算时仍然按发动机结构的各部件顺序由进气道计算到喷管。每一部件计算时,根据进口参数、部件特性和以上所介绍的参数关系式计算部件出口参数,这样就避免了过多的迭代过程。

实时数学模型仍然采用 N + 1 残量法或牛顿-拉夫逊方法求解流量平衡方程和功平衡方程。

按上述方法建立的涡扇发动机实时数学模型在奔腾 133 微机上对加速过程进行了实时仿真计算,每一计算点耗时都不超过 5 ms。实时数学模型的计算结果非常逼近非实时数学模型的计算结果。其结果如图 3.22 和图 3.23 所示,图中,$\bar{n}_{\mathrm{H}}=\dfrac{n_{\mathrm{H}}}{n_{\mathrm{H\,max}}}(\%)$,$\bar{n}_{\mathrm{L}}=\dfrac{n_{\mathrm{L}}}{n_{\mathrm{L\,max}}}(\%)$。

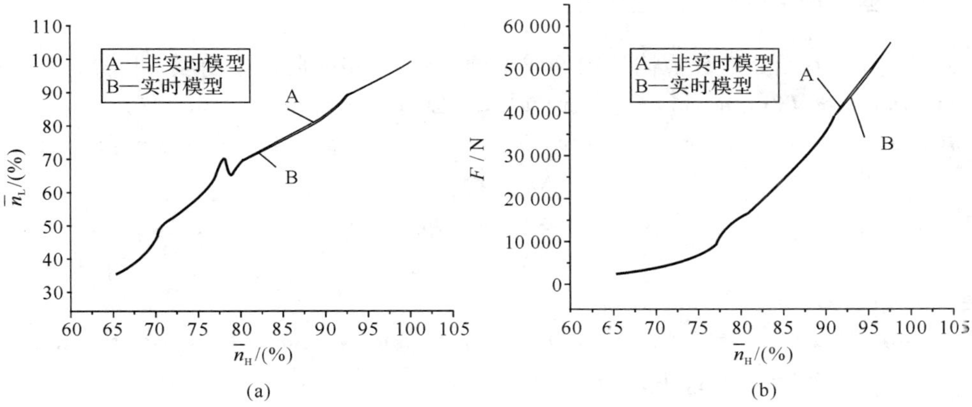

图 3.22　当 $H=0,Ma=0$ 时发动机转速和推力节流曲线

(a) 低压转子转速节流曲线;(b) 推力节流曲线

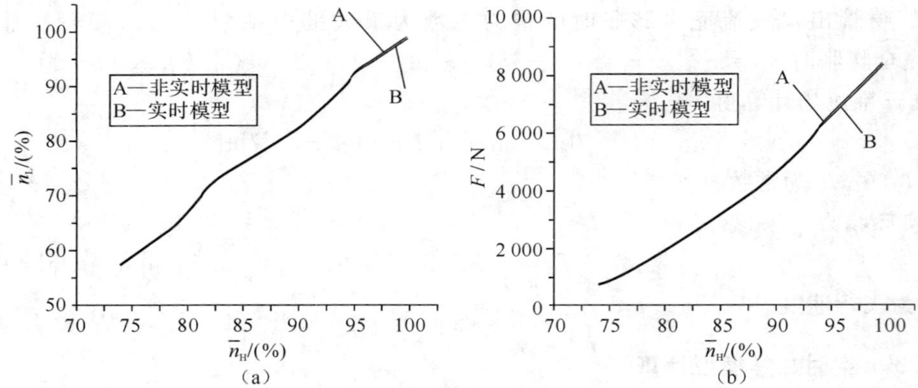

图 3.23　当 $H=18$ km, $Ma=1.4$ 时发动机转速和推力节流曲线

(a) 低压转子转速节流曲线；(b) 推力节流曲线

3.7　多变量涡扇发动机的线性模型及系数矩阵的计算

目前,新研制的高性能涡扇发动机,通常都是多输入多输出的复杂多变量系统。这类发动机的非线性模型可用式(3.168)的非线性方程描述。

为了研究多变量发动机在任何给定工作点附近的动态特性,以及应用线性系统理论进行发动机控制系统的分析与设计,应建立多变量发动机的线性模型。

3.7.1　绝对增量形式的线性模型

将式(3.168)在给定工作点附近展开成泰勒级数,忽略一阶以上的项,可得线性方程

$$\dot{\boldsymbol{x}}=\boldsymbol{f}(\boldsymbol{x},\boldsymbol{u},\boldsymbol{z})\approx\boldsymbol{f}(\boldsymbol{x}_0,\boldsymbol{u}_0,\boldsymbol{z}_0)+\boldsymbol{f}'_x(\boldsymbol{x}_0,\boldsymbol{u}_0,\boldsymbol{z}_0)\Delta\boldsymbol{x}+\boldsymbol{f}'_u(\boldsymbol{x}_0,\boldsymbol{u}_0,\boldsymbol{z}_0)\Delta\boldsymbol{u}+\boldsymbol{f}'_z(\boldsymbol{x}_0,\boldsymbol{u}_0,\boldsymbol{z}_0)\Delta\boldsymbol{z}$$

$$\boldsymbol{y}=\boldsymbol{\varphi}(\boldsymbol{x},\boldsymbol{u},\boldsymbol{z})\approx\boldsymbol{\varphi}(\boldsymbol{x}_0,\boldsymbol{u}_0,\boldsymbol{z}_0)+\boldsymbol{\varphi}'_x(\boldsymbol{x}_0,\boldsymbol{u}_0,\boldsymbol{z}_0)\Delta\boldsymbol{x}+\boldsymbol{\varphi}'_u(\boldsymbol{x}_0,\boldsymbol{u}_0,\boldsymbol{z}_0)\Delta\boldsymbol{u}+\boldsymbol{\varphi}'_z(\boldsymbol{x}_0,\boldsymbol{u}_0,\boldsymbol{z}_0)\Delta\boldsymbol{z}$$

式中

$$\Delta\boldsymbol{x}=\boldsymbol{x}-\boldsymbol{x}_0$$

$$\Delta\boldsymbol{u}=\boldsymbol{u}-\boldsymbol{u}_0$$

$$\Delta\boldsymbol{z}=\boldsymbol{z}-\boldsymbol{z}_0$$

由此得

$$\Delta\dot{\boldsymbol{x}}=\dot{\boldsymbol{x}}-\dot{\boldsymbol{x}}_0=\boldsymbol{f}'_x(\boldsymbol{x}_0,\boldsymbol{u}_0,\boldsymbol{z}_0)\Delta\boldsymbol{x}+\boldsymbol{f}'_u(\boldsymbol{x}_0,\boldsymbol{u}_0,\boldsymbol{z}_0)\Delta\boldsymbol{u}+\boldsymbol{f}'_z(\boldsymbol{x}_0,\boldsymbol{u}_0,\boldsymbol{z}_0)\Delta\boldsymbol{z}=\boldsymbol{A}\Delta\boldsymbol{x}+\boldsymbol{B}\Delta\boldsymbol{u}+\boldsymbol{H}\Delta\boldsymbol{z}\tag{3.215}$$

$$\Delta\boldsymbol{y}=\boldsymbol{y}-\boldsymbol{y}_0=\boldsymbol{\varphi}'_x(\boldsymbol{x}_0,\boldsymbol{u}_0,\boldsymbol{z}_0)\Delta\boldsymbol{x}+\boldsymbol{\varphi}'_u(\boldsymbol{x}_0,\boldsymbol{u}_0,\boldsymbol{z}_0)\Delta\boldsymbol{u}+\boldsymbol{\varphi}'_z(\boldsymbol{x}_0,\boldsymbol{u}_0,\boldsymbol{z}_0)\Delta\boldsymbol{z}=\boldsymbol{C}\Delta\boldsymbol{x}+\boldsymbol{D}\Delta\boldsymbol{u}+\boldsymbol{W}\Delta\boldsymbol{z}\tag{3.216}$$

式中,$\boldsymbol{A},\boldsymbol{B},\boldsymbol{C},\boldsymbol{D},\boldsymbol{H},\boldsymbol{W}$ 为给定工作点的偏导数矩阵,即

$$\mathbf{A}=\boldsymbol{f}'_x(\boldsymbol{x}_0,\boldsymbol{u}_0,\boldsymbol{z}_0)=\begin{bmatrix}\frac{\partial f_1}{\partial x_1} & \frac{\partial f_1}{\partial x_2} & \cdots & \frac{\partial f_1}{\partial x_n}\\ \frac{\partial f_2}{\partial x_1} & \frac{\partial f_2}{\partial x_2} & \cdots & \frac{\partial f_2}{\partial x_n}\\ \vdots & \vdots & & \vdots\\ \frac{\partial f_n}{\partial x_1} & \frac{\partial f_n}{\partial x_2} & \cdots & \frac{\partial f_n}{\partial x_n}\end{bmatrix}_0=\begin{bmatrix}a_{11} & a_{12} & \cdots & a_{1n}\\ a_{21} & a_{22} & \cdots & a_{2n}\\ \vdots & \vdots & & \vdots\\ a_{n1} & a_{n2} & \cdots & a_{nn}\end{bmatrix}$$

$$\boldsymbol{B}=\boldsymbol{f}'_u(\boldsymbol{x}_0,\boldsymbol{u}_0,\boldsymbol{z}_0)=\begin{bmatrix}\frac{\partial f_1}{\partial u_1} & \frac{\partial f_1}{\partial u_2} & \cdots & \frac{\partial f_1}{\partial u_r}\\ \frac{\partial f_2}{\partial u_1} & \frac{\partial f_2}{\partial u_2} & \cdots & \frac{\partial f_2}{\partial u_r}\\ \vdots & \vdots & & \vdots\\ \frac{\partial f_n}{\partial u_1} & \frac{\partial f_n}{\partial u_2} & \cdots & \frac{\partial f_n}{\partial u_r}\end{bmatrix}_0=\begin{bmatrix}b_{11} & b_{12} & \cdots & b_{1r}\\ b_{21} & b_{22} & \cdots & b_{2r}\\ \vdots & \vdots & & \vdots\\ b_{n1} & b_{n2} & \cdots & b_{nr}\end{bmatrix}$$

$$\boldsymbol{H}=\boldsymbol{f}'_z(\boldsymbol{x}_0,\boldsymbol{u}_0,\boldsymbol{z}_0)=\begin{bmatrix}\frac{\partial f_1}{\partial z_1} & \frac{\partial f_1}{\partial z_2} & \cdots & \frac{\partial f_1}{\partial z_p}\\ \frac{\partial f_2}{\partial z_1} & \frac{\partial f_2}{\partial z_2} & \cdots & \frac{\partial f_2}{\partial z_p}\\ \vdots & \vdots & & \vdots\\ \frac{\partial f_n}{\partial z_1} & \frac{\partial f_n}{\partial z_2} & \cdots & \frac{\partial f_n}{\partial z_p}\end{bmatrix}_0=\begin{bmatrix}h_{11} & h_{12} & \cdots & h_{1p}\\ h_{21} & h_{22} & \cdots & h_{2p}\\ \vdots & \vdots & & \vdots\\ h_{n1} & h_{n2} & \cdots & h_{np}\end{bmatrix}$$

$$\boldsymbol{C}=\boldsymbol{\varphi}'_x(\boldsymbol{x}_0,\boldsymbol{u}_0,\boldsymbol{z}_0)=\begin{bmatrix}\frac{\partial \varphi_1}{\partial x_1} & \frac{\partial \varphi_1}{\partial x_2} & \cdots & \frac{\partial \varphi_1}{\partial x_n}\\ \frac{\partial \varphi_2}{\partial x_1} & \frac{\partial \varphi_2}{\partial x_2} & \cdots & \frac{\partial \varphi_2}{\partial x_n}\\ \vdots & \vdots & & \vdots\\ \frac{\partial \varphi_m}{\partial x_1} & \frac{\partial \varphi_m}{\partial x_2} & \cdots & \frac{\partial \varphi_m}{\partial x_n}\end{bmatrix}_0=\begin{bmatrix}c_{11} & c_{12} & \cdots & c_{1n}\\ c_{21} & c_{22} & \cdots & c_{2n}\\ \vdots & \vdots & & \vdots\\ c_{m1} & c_{m2} & \cdots & c_{mn}\end{bmatrix}$$

$$\boldsymbol{D}=\boldsymbol{\varphi}'_u(\boldsymbol{x}_0,\boldsymbol{u}_0,\boldsymbol{z}_0)=\begin{bmatrix}\frac{\partial \varphi_1}{\partial u_1} & \frac{\partial \varphi_1}{\partial u_2} & \cdots & \frac{\partial \varphi_1}{\partial u_r}\\ \frac{\partial \varphi_2}{\partial u_1} & \frac{\partial \varphi_2}{\partial u_2} & \cdots & \frac{\partial \varphi_2}{\partial u_r}\\ \vdots & \vdots & & \vdots\\ \frac{\partial \varphi_m}{\partial u_1} & \frac{\partial \varphi_m}{\partial u_2} & \cdots & \frac{\partial \varphi_m}{\partial u_r}\end{bmatrix}_0=\begin{bmatrix}d_{11} & d_{12} & \cdots & d_{1r}\\ d_{21} & d_{22} & \cdots & d_{2r}\\ \vdots & \vdots & & \vdots\\ d_{m1} & d_{m2} & \cdots & d_{mr}\end{bmatrix}$$

$$W=\boldsymbol{\varphi}'_z(\boldsymbol{x}_0,\boldsymbol{u}_0,\boldsymbol{z}_0)=\begin{bmatrix}\frac{\partial\varphi_1}{\partial z_1} & \frac{\partial\varphi_1}{\partial z_2} & \cdots & \frac{\partial\varphi_1}{\partial z_p}\\ \frac{\partial\varphi_2}{\partial z_1} & \frac{\partial\varphi_2}{\partial z_2} & \cdots & \frac{\partial\varphi_2}{\partial z_p}\\ \vdots & \vdots & & \vdots\\ \frac{\partial\varphi_m}{\partial z_1} & \frac{\partial\varphi_m}{\partial z_2} & \cdots & \frac{\partial\varphi_m}{\partial z_p}\end{bmatrix}_0=\begin{bmatrix}w_{11} & w_{12} & \cdots & w_{14}\\ w_{21} & w_{22} & \cdots & w_{2p}\\ \vdots & \vdots & & \vdots\\ w_{m1} & w_{m2} & \cdots & w_{mp}\end{bmatrix}$$

各矩阵注角“0”表示$(\boldsymbol{x}_0,\boldsymbol{u}_0,\boldsymbol{z}_0)$。

式(3.215)与式(3.216)即为绝对增量形式的多变量发动机线性模型表达式,其方块图如图 3.24 所示。

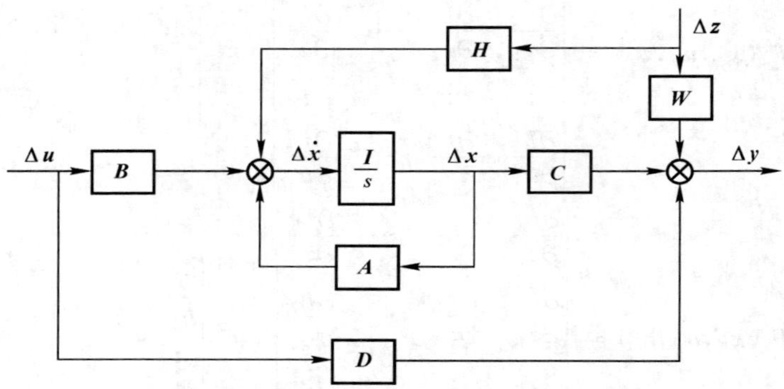

图 3.24　多变量发动机的线性模型结构图

3.7.2　相对增量形式的线性模型

若将式(3.215)与式(3.216)中所有向量的分量均取为相对增量,即

$$\bar{x}_1=\frac{\Delta x_1}{x_{10}},\quad \bar{u}_1=\frac{\Delta u_1}{u_{10}},\quad \bar{z}_1=\frac{\Delta z_1}{z_{10}},\quad \bar{y}_1=\frac{\Delta y_1}{y_{10}}$$

$$\bar{x}_2=\frac{\Delta x_2}{x_{20}},\quad \bar{u}_2=\frac{\Delta u_2}{u_{20}},\quad \bar{z}_2=\frac{\Delta z_2}{z_{20}},\quad \bar{y}_2=\frac{\Delta y_2}{y_{20}}$$

$$\vdots\qquad\qquad\vdots\qquad\qquad\vdots\qquad\qquad\vdots$$

$$\bar{x}_n=\frac{\Delta x_n}{x_{n0}},\quad \bar{u}_r=\frac{\Delta u_r}{u_{r0}},\quad \bar{z}_p=\frac{\Delta z_p}{z_{p0}},\quad \bar{y}_m=\frac{\Delta y_\mathrm{m}}{y_{m0}}$$

则式(3.215)与式(3.216)可改写为

$$\left.\begin{aligned}\dot{\bar{\boldsymbol{x}}}&=\boldsymbol{A}_1\bar{\boldsymbol{x}}+\boldsymbol{B}_1\bar{\boldsymbol{u}}+\boldsymbol{H}_1\bar{\boldsymbol{z}}\\ \bar{\boldsymbol{y}}&=\boldsymbol{C}_1\bar{\boldsymbol{x}}+\boldsymbol{D}_1\bar{\boldsymbol{u}}+\boldsymbol{W}_1\bar{\boldsymbol{z}}\end{aligned}\right\}\tag{3.217}$$

式中

$$\boldsymbol{A}_1 = \begin{bmatrix} a_{11} & a_{12}\dfrac{x_{20}}{x_{10}} & \cdots & a_{1n}\dfrac{x_{n0}}{x_{10}} \\ a_{21}\dfrac{x_{10}}{x_{20}} & a_{22} & \cdots & a_{2n}\dfrac{x_{n0}}{x_{20}} \\ \vdots & \vdots & & \vdots \\ a_{n1}\dfrac{x_{10}}{x_{n0}} & a_{n2}\dfrac{x_{20}}{x_{n0}} & \cdots & a_{nn} \end{bmatrix}$$

$$\boldsymbol{B}_1 = \begin{bmatrix} b_{11}\dfrac{u_{10}}{x_{10}} & a_{b12}\dfrac{u_{20}}{x_{10}} & \cdots & b_{1r}\dfrac{u_{r0}}{x_{10}} \\ b_{21}\dfrac{u_{10}}{x_{20}} & b_{22}\dfrac{u_{20}}{x_{20}} & \cdots & b_{2r}\dfrac{u_{r0}}{x_{20}} \\ \vdots & \vdots & & \vdots \\ b_{n1}\dfrac{u_{10}}{x_{n0}} & b_{n2}\dfrac{u_{20}}{x_{n0}} & \cdots & b_{nr}\dfrac{u_{r0}}{x_{n0}} \end{bmatrix}$$

$$\boldsymbol{H}_1 = \begin{bmatrix} h_{11}\dfrac{z_{10}}{x_{10}} & h_{12}\dfrac{z_{20}}{x_{10}} & \cdots & h_{1p}\dfrac{z_{p0}}{x_{10}} \\ h_{21}\dfrac{z_{10}}{x_{20}} & h_{22}\dfrac{z_{20}}{x_{20}} & \cdots & h_{2p}\dfrac{z_{p0}}{x_{20}} \\ \vdots & \vdots & & \vdots \\ h_{n1}\dfrac{z_{10}}{x_{n0}} & h_{n2}\dfrac{z_{20}}{x_{n0}} & \cdots & h_{np}\dfrac{z_{p0}}{x_{n0}} \end{bmatrix}$$

$$\boldsymbol{C}_1 = \begin{bmatrix} c_{11}\dfrac{x_{10}}{y_{10}} & c_{12}\dfrac{x_{20}}{y_{10}} & \cdots & c_{1n}\dfrac{x_{n0}}{y_{10}} \\ c_{21}\dfrac{x_{10}}{y_{20}} & c_{22}\dfrac{x_{20}}{y_{20}} & \cdots & c_{2n}\dfrac{x_{n0}}{y_{20}} \\ \vdots & \vdots & & \vdots \\ c_{m1}\dfrac{x_{10}}{y_{m0}} & c_{m2}\dfrac{x_{20}}{y_{m0}} & \cdots & c_{mn}\dfrac{x_{n0}}{y_{m0}} \end{bmatrix}$$

$$\boldsymbol{D}_1 = \begin{bmatrix} d_{11}\dfrac{u_{10}}{y_{10}} & d_{12}\dfrac{u_{20}}{y_{10}} & \cdots & d_{1r}\dfrac{u_{r0}}{y_{10}} \\ d_{21}\dfrac{u_{10}}{y_{20}} & d_{22}\dfrac{u_{20}}{y_{20}} & \cdots & d_{2r}\dfrac{u_{r0}}{y_{20}} \\ \vdots & \vdots & & \vdots \\ d_{m1}\dfrac{u_{10}}{y_{m0}} & d_{m2}\dfrac{u_{20}}{y_{m0}} & \cdots & d_{mr}\dfrac{u_{r0}}{y_{m0}} \end{bmatrix}$$

$$
\boldsymbol{W}_1=\begin{bmatrix} w_{11}\dfrac{z_{10}}{y_{10}} & w_{12}\dfrac{z_{20}}{y_{10}} & \cdots & w_{1p}\dfrac{z_{p0}}{y_{10}} \\ w_{21}\dfrac{z_{10}}{y_{20}} & w_{22}\dfrac{z_{20}}{y_{20}} & \cdots & w_{2p}\dfrac{z_{p0}}{y_{20}} \\ \vdots & \vdots & & \vdots \\ w_{m1}\dfrac{z_{10}}{y_{m0}} & w_{m2}\dfrac{z_{20}}{y_{m0}} & \cdots & w_{mp}\dfrac{z_{p0}}{y_{m0}} \end{bmatrix}
$$

式(3.217)即为相对增量形式的多变量发动机线性模型表达式。状态方程中的系数矩阵 $\boldsymbol{A}_1$，$\boldsymbol{B}_1$,$\boldsymbol{H}_1$ 中所有元素的单位均为 s^{-1}，输出方程中的系数矩阵 $\boldsymbol{C}_1$,$\boldsymbol{D}_1$,$\boldsymbol{W}_1$ 中所有元素均为无量纲量。

3.7.3 系数矩阵的计算

利用发动机的非线性仿真模型求取式(3.215)与式(3.216)的系数矩阵 $\boldsymbol{A}$,$\boldsymbol{B}$,$\boldsymbol{C}$,$\boldsymbol{D}$,$\boldsymbol{H}$,$\boldsymbol{W}$ 的方法很多,下面以顺数算法为例,介绍系数矩阵的求取。

此算法的特点是用非线性仿真模型在给定平衡工作点,逐一改变 $\Delta\boldsymbol{x}$,$\Delta\boldsymbol{u}$ 和 $\Delta\boldsymbol{z}$ 中的每一个分量,其余变量保持不变,计算出相应 $\Delta\dot{\boldsymbol{x}}$ 和 $\Delta\boldsymbol{y}$,即可求取系数矩阵的各元素。例如,状态变量的某一个分量 x_j 改变 Δx_j,其余变量保持不变,由仿真模型可计算 $\Delta\dot{x}_i(i=1,2,\cdots,n)$,$\Delta y_i(i=1,2,\cdots,m)$。代入公式 $a_{ij}=\Delta\dot{x}_i/\Delta x_j$ 和 $c_{ij}=\Delta y_i/\Delta x_j$ 就可求得系数矩阵 $\boldsymbol{A}$ 和 $\boldsymbol{C}$ 的第 j 列元素。

系数矩阵 A 和 C 的各元素由

$$
a_{ij}=\frac{\Delta\dot{x}_i}{\Delta x_j}\quad(i,j=1,2,\cdots,n)
$$

$$
c_{ij}=\frac{\Delta y_i}{\Delta x_j}\quad(i=1,2,\cdots,m;\ j=1,2,\cdots,n)
$$

确定。

同理,可求系数矩阵 $\boldsymbol{B}$,$\boldsymbol{D}$,$\boldsymbol{H}$,$\boldsymbol{W}$ 的各元素:

$$
b_{ij}=\frac{\Delta\dot{x}_i}{\Delta u_j}\quad(i=1,2,\cdots,n;\ j=1,2,\cdots,r)
$$

$$
d_{ij}=\frac{\Delta y_i}{\Delta u_j}\quad(i=1,2,\cdots,m;\ j=1,2,\cdots,r)
$$

$$
h_{ij}=\frac{\Delta\dot{x}_i}{\Delta z_j}\quad(i=1,2,\cdots,n;\ j=1,2,\cdots,p)
$$

$$
w_{ij}=\frac{\Delta y_i}{\Delta z_j}\quad(i=1,2,\cdots,m;\ j=1,2,\cdots,p)
$$

在完成系数矩阵 $\boldsymbol{A},\boldsymbol{B},\boldsymbol{C},\boldsymbol{D},\boldsymbol{H},\boldsymbol{W}$ 的计算后，将它们代入式(3.215)与式(3.216)就得到用状态方程描述的绝对增量形式的发动机线性模型。将它们分别代入系数矩阵 $\boldsymbol{A}_1,\boldsymbol{B}_1,\boldsymbol{H}_1,\boldsymbol{C}_1,\boldsymbol{D}_1,\boldsymbol{W}_1$ 中，将求得的 $\boldsymbol{A}_1,\boldsymbol{B}_1,\boldsymbol{H}_1,\boldsymbol{C}_1,\boldsymbol{D}_1,\boldsymbol{W}_1$ 代入式(3.217)，即可得到相对增量形式的线性模型。

3.7.4　传递矩阵

航空发动机的多变量线性模型也可以用传递矩阵描述。传递矩阵的概念是传递函数的推广。下面讨论仅考虑控制输入作用时由发动机状态方程和输出方程求多输入-多输出系统的传递矩阵问题。发动机的状态方程和输出方程为

$$\left.\begin{aligned}\dot{\bar{\boldsymbol{x}}} &= \boldsymbol{A}_1\bar{\boldsymbol{x}} + \boldsymbol{B}_1\bar{\boldsymbol{u}}\\ \bar{\boldsymbol{y}} &= \boldsymbol{C}_1\bar{\boldsymbol{x}} + \boldsymbol{D}_1\bar{\boldsymbol{u}}\end{aligned}\right\} \tag{3.218}$$

将式(3.218)在零初始条件下进行拉氏变换，得

$$s\bar{\boldsymbol{x}}(s) = \boldsymbol{A}_1\bar{\boldsymbol{x}}(s) + \boldsymbol{B}_1\bar{\boldsymbol{u}}(s) \tag{3.219}$$

$$\bar{\boldsymbol{y}}(s) = \boldsymbol{C}_1\bar{\boldsymbol{x}}(s) + \boldsymbol{D}_1\bar{\boldsymbol{u}}(s) \tag{3.220}$$

由式(3.219)，得

$$(s\boldsymbol{I} - \boldsymbol{A}_1)\bar{\boldsymbol{x}}(s) = \boldsymbol{B}_1\bar{\boldsymbol{u}}(s)$$

$$\bar{\boldsymbol{x}}(s) = (s\boldsymbol{I} - \boldsymbol{A}_1)^{-1}\boldsymbol{B}_1\bar{\boldsymbol{u}}(s) \tag{3.221}$$

将式(3.221)代入式(3.220)，得

$$\bar{\boldsymbol{y}}(s) = \boldsymbol{C}_1(s\boldsymbol{I} - \boldsymbol{A}_1)^{-1}\boldsymbol{B}_1\bar{\boldsymbol{u}}(s) + \boldsymbol{D}_1\bar{\boldsymbol{u}}(s)$$

由此可得传递矩阵

$$\boldsymbol{G}(s) = \boldsymbol{C}_1(s\boldsymbol{I} - \boldsymbol{A}_1)^{-1}\boldsymbol{B}_1 + \boldsymbol{D}_1 \tag{3.222}$$

因输入向量 $\boldsymbol{u}$ 是 r 维向量，输出 $\boldsymbol{y}$ 是 m 维向量，所以传递矩阵是 $m\times r$ 矩阵。

例 3.6　某双轴发动机的状态方程和输出方程为

$$\dot{\bar{\boldsymbol{x}}} = \boldsymbol{A}_1\bar{\boldsymbol{x}} + \boldsymbol{B}_1\bar{\boldsymbol{x}}$$

$$\bar{\boldsymbol{y}} = \boldsymbol{C}_1\bar{\boldsymbol{x}}$$

式中

$$\bar{\boldsymbol{x}} = \begin{bmatrix}\bar{n}_{\mathrm{H}}\\ \bar{n}_{\mathrm{L}}\end{bmatrix},\quad \bar{\boldsymbol{y}} = \begin{bmatrix}\bar{n}_{\mathrm{H}}\\ \bar{n}_{\mathrm{L}}\end{bmatrix},\quad \bar{\boldsymbol{u}} = \begin{bmatrix}\bar{q}_{m,\mathrm{f}}\\ \bar{A}_8\end{bmatrix}$$

$$\boldsymbol{A}_1 = \begin{bmatrix}-3.573 & 0.672\\ 0.337 & -3.492\end{bmatrix},\quad \boldsymbol{B}_1 = \begin{bmatrix}0.496 & 0.669\\ 0.636 & 3.604\end{bmatrix},\quad \boldsymbol{C}_1 = \begin{bmatrix}1 & 0\\ 0 & 1\end{bmatrix}$$

求发动机的传递矩阵。

解

$$s\boldsymbol{I} - \boldsymbol{A}_1 = \begin{bmatrix}s+3.573 & -0.672\\ -0.337 & s+3.492\end{bmatrix}$$

$$(s\boldsymbol{I} - \boldsymbol{A}_1)^{-1} = \frac{\mathrm{adj}(s\boldsymbol{I} - \boldsymbol{A}_1)}{|s\boldsymbol{I} - \boldsymbol{A}_1|} = \frac{\begin{bmatrix}s+3.492 & 0.672\\ 0.337 & s+3.573\end{bmatrix}}{s^2+7.065s+12.251} =$$

$$\begin{bmatrix} \dfrac{s+3.492}{s^2+7.065s+12.251} & \dfrac{0.672}{s^2+7.065s+12.251} \\ \dfrac{0.337}{s^2+7.065s+12.251} & \dfrac{s+3.573}{s^2+7.065s+12.251} \end{bmatrix} = \begin{bmatrix} g_{11} & g_{12} \\ g_{21} & g_{22} \end{bmatrix}$$

$$\boldsymbol{G}(s) = \begin{bmatrix} c_{11} & 0 \\ 0 & c_{22} \end{bmatrix} \begin{bmatrix} g_{11} & g_{12} \\ g_{21} & g_{22} \end{bmatrix} \begin{bmatrix} b_{11} & b_{12} \\ b_{21} & b_{22} \end{bmatrix} =$$

$$\begin{bmatrix} g_{11}b_{11}+g_{12}b_{21} & g_{11}b_{12}+g_{12}b_{22} \\ g_{21}b_{11}+g_{22}b_{21} & g_{21}b_{12}+g_{22}b_{22} \end{bmatrix} = \begin{bmatrix} G_{11}(s) & G_{12}(s) \\ G_{21}(s) & G_{22}(s) \end{bmatrix} =$$

$$\begin{bmatrix} \dfrac{0.496s+2.159}{s^2+7.065s+12.251} & \dfrac{0.69s+4.758}{s^2+7.065s+12.251} \\ \dfrac{0.636s+2.439}{s^2+7.065s+12.251} & \dfrac{3.604s+13.127}{s^2+7.065s+12.251} \end{bmatrix}$$

于是,得

$$\begin{bmatrix} \bar{n}_{\mathrm{H}}(s) \\ \bar{n}_{\mathrm{L}}(s) \end{bmatrix} = \begin{bmatrix} G_{11}(s) & G_{12}(s) \\ G_{21}(s) & G_{22}(s) \end{bmatrix} \begin{bmatrix} \bar{q}_{m,\mathrm{f}}(s) \\ \bar{A}_8(s) \end{bmatrix}$$

即

$$\bar{n}_{\mathrm{H}}(s) = G_{11}\bar{q}_{m,\mathrm{f}}(s) + G_{12}\bar{A}_8(s)$$
$$\bar{n}_{\mathrm{L}}(s) = G_{21}\bar{q}_{m,\mathrm{f}}(s) + G_{22}\bar{A}_8(s)$$

3.8 航空发动机数学模型辨识

建立航空发动机的数学模型,除用前述理论分析方法外,还可以采用辨识试验法。辨识试验法就是利用发动机试验时的输入量 $u_i(t)$ 和相应的输出量 $y_i(t)$,通过一定的辨识算法,获得发动机数学模型。

辨识理论是现代控制理论的重要内容,近年来在控制系统中的应用研究已取得了很大的进展。航空发动机数学模型辨识,国内外也进行了大量的研究工作。本节仅就最简单和最基本的方法加以介绍。

3.8.1 航空发动机数学模型时域辨识方法

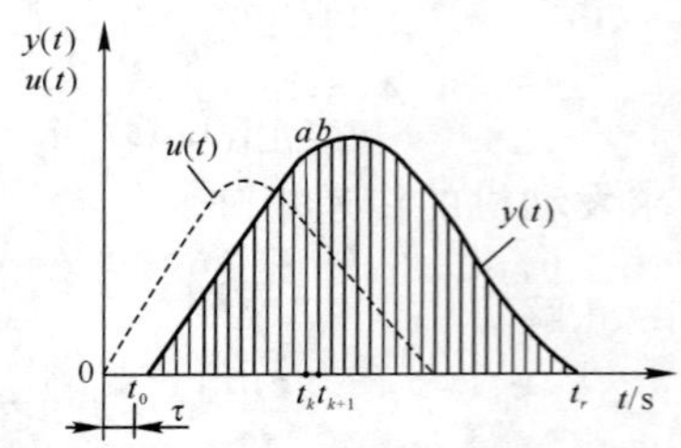

图 3.25 任意输入下的时域特性

通常选取主燃烧室中燃油流量的变化量作为输入量 $u(t)$。输出量 $y(t)$ 则可以是转速、压气机出口压力及其他参数的变化,如图 3.25 所示。

由于要获取标准形式的输入信号(如阶跃和方波信号)是很困难的,故采用任意形式的输入信号 $u(t)$。在此激励信号的作用下，记录发动机的输出信号 $y(t)$，如发动机转速。

辨识对象 —— 燃气涡轮发动机，如图 3.26 所示，其传递函数

$$G(s)=\frac{y(s)}{u_1(s)}=\frac{\mathscr{L}[y(t)]}{\mathscr{L}[u_1(t)]}=\frac{\mathscr{L}[\dot{y}(t)]}{\mathscr{L}[\dot{u}_1(t)]}$$

频率特性为

$$G(\mathrm{j}\omega)=\frac{y(\mathrm{j}\omega)}{u_1(\mathrm{j}\omega)}=\frac{\int_0^{\infty}\dot{y}(t)\mathrm{e}^{-\mathrm{j}\omega t}\,\mathrm{d}t}{\int_0^{\infty}\dot{u}_1(t)\mathrm{e}^{-\mathrm{j}\omega t}\,\mathrm{d}t}=\frac{A(\omega)-\mathrm{j}B(\omega)}{C(\omega)-\mathrm{j}D(\omega)} \tag{3.223}$$

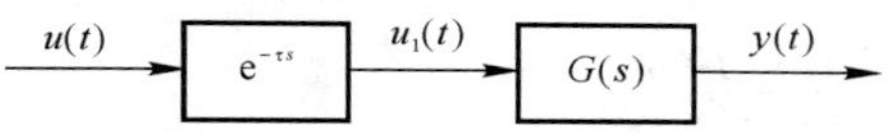

图 3.26　辨识对象结构图

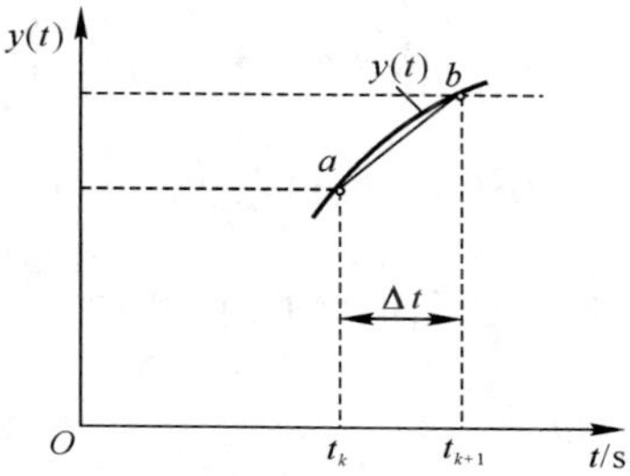

图 3.27　$y(t)$ 函数分段线性化

有许多方法可以计算式(3.223)中的积分，现在介绍分段线性化的近似算法。取等时间间隔 $\Delta t=t_{k+1}-t_k$，当时间间隔很小时，可在划分的时间间隔内将函数 $y(t)$ 线性化，如图 3.27 所示，用直线段 $\overline{ab}$ 代替曲线段 $\overset{\frown}{ab}$。整个响应曲线 $y(t)$ 用一条折线近似。

由图 3.25 看到，录取的响应函数 $y(t)$ 比输入函数 $u(t)$ 迟后时间 τ，如果忽略测试设备的时间误差，时间 τ 可近似看做燃烧延迟时间。为计算方便起见，按录取的时域信号辨识发动机模型时，可以暂不考虑延迟时间 τ，令输入激励信号 $u(t)$ 在 t_0 时刻加入，即在获得发动机模型后，再考虑延迟影响。

考虑到当 $t>t_r$ 时，$y(t)$ 趋于稳定值，$\dot{y}_{r+1}(t)=0$。式(3.223)的分子积分为

$$\begin{aligned}\int_0^{\infty}\dot{y}(t)\mathrm{e}^{-\mathrm{j}\omega t}\,\mathrm{d}t &\approx \sum_{k=0}^{r}\int_{t_k}^{t_{k+1}}y_{k+1}(t)\mathrm{e}^{-\mathrm{j}\omega t}\,\mathrm{d}t=\\ &\frac{1}{\mathrm{j}\omega}\sum_{k=0}^{r}\dot{y}_{k+1}(t)(\mathrm{e}^{-\mathrm{j}\omega t_k}-\mathrm{e}^{-\mathrm{j}\omega t_{k+1}})=\\ &\frac{1}{\mathrm{j}\omega}\left[\sum_{k=0}^{r}\dot{y}_{k+1}(t)\mathrm{e}^{-\mathrm{j}\omega t_k}-\sum_{k=0}^{r}\dot{y}_{k+1}(t)\mathrm{e}^{-\mathrm{j}\omega t_{k+1}}\right]=\\ &\frac{1}{\mathrm{j}\omega}\left[\dot{y}_1(t)+\sum_{k=1}^{r}\dot{y}_{k+1}(t)\mathrm{e}^{-\mathrm{j}\omega t_k}-\sum_{k=1}^{r+1}\dot{y}_k(t)\mathrm{e}^{-\mathrm{j}\omega t_k}\right]=\\ &\frac{1}{\mathrm{j}\omega}\left\{\dot{y}_1(t)+\sum_{k=1}^{r}[\dot{y}_{k+1}(t)-\dot{y}_k(t)]\mathrm{e}^{-\mathrm{j}\omega t_k}\right\}\end{aligned} \tag{3.224}$$

因为
$$\dot{y}_k(t)=\frac{y_k(t)-y_{k-1}(t)}{\Delta t}$$

所以
$$\dot{y}_{k+1}(t)-\dot{y}_k(t)=\frac{y_{k+1}(t)-2y_k(t)+y_{k-1}(t)}{\Delta t} \tag{3.225}$$

将式(3.225)代入式(3.224),得

$$\int_0^\infty \dot{y}(t)\mathrm{e}^{-\mathrm{j}\omega t}\mathrm{d}t=\frac{1}{\mathrm{j}\omega\Delta t}\left\{y_1(t)+\sum_{k=1}^{r}[y_{k+1}(t)-2y_k(t)+y_{k-1}(t)](\cos\omega t_k-\mathrm{j}\sin\omega t_k)\right\}$$

将此式的实部与虚部分开,得

$$A(\omega)=-\frac{1}{\omega\Delta t}\left\{\sum_{k=1}^{r}[y_{k+1}(t)-2y_k(t)+y_{k-1}(t)]\sin\omega t_k\right\}$$

$$B(\omega)=-\frac{1}{\omega\Delta t}\left\{y_1(t)+\sum_{k=1}^{r}[y_{k+1}(t)-2y_k(t)+y_{k-1}(t)]\cos\omega t_k\right\}$$

同理,可求积分$\int_0^\infty \dot{u}_1\mathrm{e}^{-\mathrm{j}\omega t}\mathrm{d}t$,并得 $C(\omega)$ 和 $D(\omega)$,于是得

$$G(\mathrm{j}\omega)=\frac{A(\omega)-\mathrm{j}B(\omega)}{C(\omega)-\mathrm{j}D(\omega)} \tag{3.226}$$

频率特性的幅值与相位为

$$|G(\mathrm{j}\omega)|=\sqrt{\frac{A^2+B^2}{C^2+D^2}}$$

$$\underline{/G(\mathrm{j}\omega)}=\arctan\frac{AD-BC}{AC+BC}$$

3.8.2 航空发动机数学模型的频域辨识方法

频域辨识方法也称为频率试验法。频率特性很容易从系统在控制量的谐波作用下引起的强迫振荡的分析中求得。如果在所研究的时间间隔内,周期作用信号是连续的,或者具有有限的间断点和有限极值时,它可以表示为傅里叶级数形式。傅氏级数中的每一项都可以作为单个谐波作用量来研究,都可求得相应的响应。通常控制量在相对较小的范围内变化(一般控制量为 $q_{m,f}$),并可用下式表示:

$$u(t)\approx\sum_{k=1}^{m}b_k\sin k\omega t \tag{3.227}$$

式中
$$b_k=\frac{2\omega}{\pi}\int_0^{\frac{\pi}{\omega}}x(t)\sin k\omega t\,\mathrm{d}t$$

输出量 $y(t)$(如转速 n)则可由下式求得:

$$y(t)=\sum_{k=1}^{m}b_kA(k\omega)\sin[k\omega t-\varphi(k\omega)] \tag{3.228}$$

式中 $A(k\omega)$—— 频率为 $k\omega$ 时的幅频特性值;

$\varphi(k\omega)$—— 频率为 $k\omega$ 时的相频特性值。

根据这一原理，利用发动机试验时的输入和输出信号，可以确定发动机的线性模型。具体方法是当安装在试验台架上的发动机处于某一稳定工作状态时，利用专门的信号发生器产生正弦信号，该信号经放大后带动一执行机构，执行机构的作用是使进入发动机的燃油流量在稳态之上叠加一近似按正弦规律变化的量，供油量的正弦信号幅值一般取稳态值的 3% 左右。按正弦规律变化的供油量，使发动机处于激励状态，记录此时发动机的输入和输出信号，如图 3.28 所示。通常根据发动机的频带宽度，在 0 ～ 8 Hz 范围内，多次改变输入信号频率，同样记录输入和输出信号，将试验记录的信号进行整理，可得到对应于不同频率的输入与输出信号的幅值比 $A(\omega)$ 和相位 $\varphi(\omega)$。

根据 $A(\omega)$ 和 $\varphi(\omega)$ 即可画出发动机的频率响应曲线。对于双轴发动机，当取发动机的高、低压转子转速作为输出信号时，对应也有高压转子转速的频率响应曲线 $W_{H,e}(j\omega)$ 和低压转子转速的频率响应曲线 $W_{L,e}(j\omega)$，如图 3.29 所示。

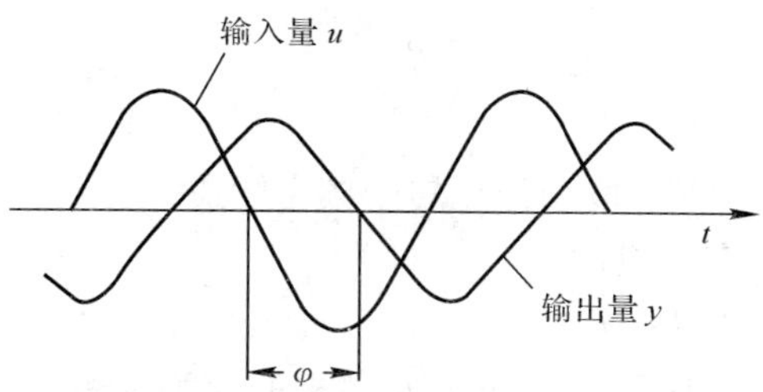

图 3.28　正弦输入信号和正弦输出信号

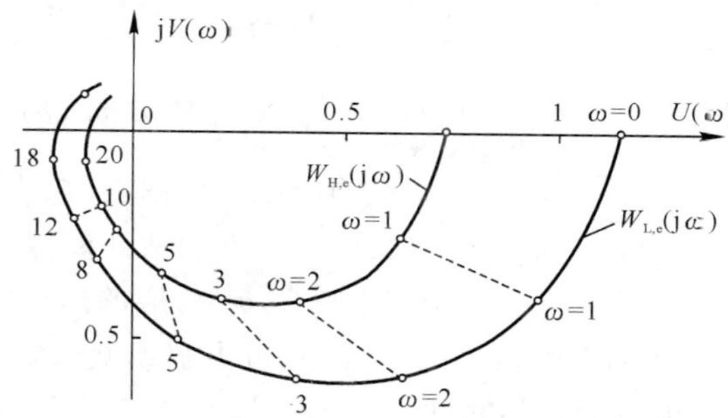

图 3.29　双轴涡喷发动机的频率响应曲线

根据试验获得的频率响应曲线，可以估计低、高压转子转速的传递函数分别为

$$\left.\begin{aligned} W_L(s) &= \frac{K_L(\tau_L s+1)}{(T_L s+1)(T_H s+1)}e^{-\tau s} \\ W_H(s) &= \frac{K_H(\tau_H s+1)}{(T_L s+1)(T_H s+1)}e^{-\tau s} \end{aligned}\right\} \tag{3.229}$$

相应的频率响应分别为

$$\left.\begin{aligned} W_L(j\omega) &= \frac{K_L(j\omega\tau_L+1)}{(j\omega T_L+1)(j\omega T_H+1)}e^{-j\omega\tau} \\ W_H(j\omega) &= \frac{K_H(j\omega\tau_H+1)}{(j\omega T_L+1)(j\omega T_H+1)}e^{-j\omega\tau} \end{aligned}\right\} \tag{3.230}$$

式中　T_L, T_H—— 分别为低、高压转子的时间常数(s)；

τ_L, τ_H—— 分别为低、高压转子的微分时间常数(s)；

K_L, K_H—— 分别为低、高压转子转速对供油量的增益系数。

估计模型参数 T_L, T_H, τ_L, τ_H 可以采用最小二乘法确定；增益系数 K_L 和 K_H 可由 n_L, n_H 与 $q_{m,f}$ 的稳态关系确定。根据最小二乘准则，模型的频率特性与试验录取的频率特性的误差二次方和分别为

$$\left.\begin{aligned} J_L(\boldsymbol{b}) &= \int_0^{\infty} |W_L(j\omega, \boldsymbol{b}) - W_{L,e}(j\omega)|^2 d\omega \\ J_H(\boldsymbol{b}) &= \int_0^{\infty} |W_H(j\omega, \boldsymbol{b}) - W_{H,e}(j\omega)|^2 d\omega \end{aligned}\right\} \tag{3.231}$$

式中 $\boldsymbol{b}$ —— 估计模型参数向量，$\boldsymbol{b} = [T_L \quad T_H \quad \tau_L \quad \tau_H]^T$；

$W_{L,e}(j\omega)$ —— 试验获取的低压转子转速频率响应，$W_{L,e}(j\omega) = A_L(\omega)e^{j\varphi_L(\omega)}$；

$W_{H,e}(j\omega)$ —— 试验获取的高压转子转速频率响应，$W_{H,e}(j\omega) = A_H(\omega)e^{j\varphi_H(\omega)}$。

为了便于用计算机进行计算，式(3.231) 可以用分段线性求和的方法近似，于是，得

$$\left.\begin{aligned} J_L(\boldsymbol{b}) &= \frac{1}{2}\sum_{i=1}^{m} |W_L(j\omega_i, \boldsymbol{b}) - W_{L,e}(j\omega_i)|^2(\omega_{i+1} - \omega_{i-1}) \\ J_H(\boldsymbol{b}) &= \frac{1}{2}\sum_{i=1}^{m} |W_H(j\omega_i, \boldsymbol{b}) - W_{H,e}(j\omega_i)|^2(\omega_{i+1} - \omega_{i-1}) \end{aligned}\right\} \tag{3.232}$$

式中 m —— 频率响应试验数据点数；

$W_L(j\omega_i, \boldsymbol{b})$—— 参数向量为 $\boldsymbol{b}$ 的估计模型其频率在第 i 段的低压转子频率响应；

$W_H(j\omega_i, \boldsymbol{b})$—— 与 $W_L(j\omega_i, \boldsymbol{b})$ 对应的高压转子频率响应。

取 $J_L(\boldsymbol{b})$ 和 $J_H(\boldsymbol{b})$ 最小，可求解模型未知参数 T_L, T_H, τ_L, τ_H。

取发动机不同的稳态工作状态进行试验，可得到相应于该状态下发动机的模型参数。当在高空试验台上进行同样的试验时，可得到高空条件下发动机的模型参数，或利用 T_L, T_H, τ_L, τ_H 的相似参数计算高空条件下的相应参数。

表 3.11 中所列的数据是某双轴发动机，通过上述频率响应辨识法，获得的低压转子相对转速为 85%，90% 和 100% 三种状态下的模型参数及高空试验台上模拟 $Ma_H = 0.8, H = 15$ km 飞行条件下，发动机在同样三种状态下的模型参数。

表 3.11 双轴发动机频率试验法获取的模型参数值

条件与状态 / 参数	$\bar{n}_L(Ma = 0, H = 0)$			$\bar{n}_L(Ma_H = 0.8, H = 15\ \text{km})$		
	100%	90%	85%	100%	90%	85%
T_L	0.32	0.46	0.55	1.55	2.55	3.10
T_H	0.33	0.43	0.50	1.55	2.30	2.85
τ_L	0.25	0.40	0.49	1.10	2.00	2.80
τ_H	0.32	0.46	0.55	1.57	2.55	3.10

延迟时间 τ 可根据在阶跃燃油流量作用下录取发动机转速响应，经信号分析获得。

将获取的模型参数代入式(3.229),就得到以传递函数描述的发动机数学模型。

习　题

3.1　航空燃气涡轮发动机通常有哪些输入量？哪些输出量？

3.2　某单轴涡喷发动机在海平面标准大气条件下的节流特性如图 3.30 所示。取设计点参数为基准值,计算 $n=11\ 000\ \mathrm{r\cdot min^{-1}}$ 时发动机的增益系数。

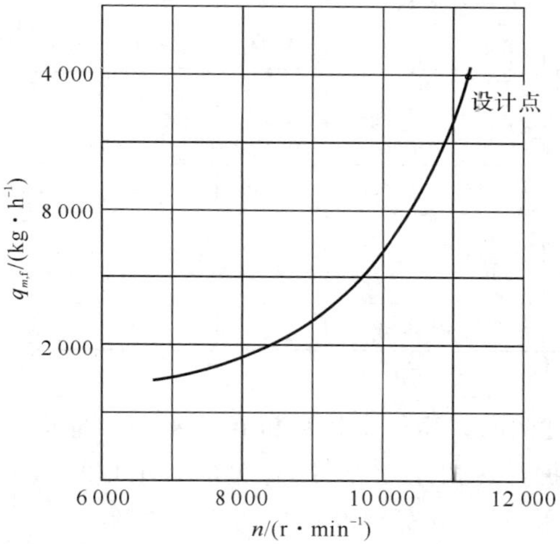

图 3.30　发动机节流特性

3.3　已知某单轴涡喷发动机在标准大气条件($p_H=101\ 325\ \mathrm{Pa}$,$T_H=288\ \mathrm{K}$)非加力状态下发动机转速 $n=11\ 151\ \mathrm{r\cdot min^{-1}}$ 时,发动机时间常数 $T_E=0.752\ \mathrm{s}$,增益系数 $K_E=1.64$。求发动机在 $H=11\ \mathrm{km}$,$Ma=1.0$,转速 $n=10\ 590\ \mathrm{r\cdot min^{-1}}$ 状态下的动态方程。

3.4　某单轴发动机转动惯量 $J=5.586\ \mathrm{kg\cdot m^2}$,燃料热值 $H_u=43\ 961.5\ \mathrm{kJ\cdot kg^{-1}}$,空气和燃气的比定压热容分别为 $c_p=1.005\ \mathrm{kJ\cdot(kg\cdot K)^{-1}}$,$c_p'=1.147\ \mathrm{kJ\cdot(kg\cdot K)^{-1}}$,发动机的工作点数据见表 3.12。试编写计算机程序求该工作点发动机转速、压气机出口压力、涡轮前温度的动态方程。

表 3.12　发动机工作点数据

参数	$\frac{n}{\mathrm{r\cdot min^{-1}}}$	$\frac{q_{m,a}}{\mathrm{kg\cdot s^{-1}}}$	$\frac{q_{m,f}}{\mathrm{kg\cdot s^{-1}}}$	π_C	π_T	η_C	η_T	$\frac{T_4}{\mathrm{K}}$
数值	11 152	43.8	0.682	7.154	2.925	0.775	0.915	1 215.2
参数	σ_b	σ_i	η_b	$\frac{\left(\frac{\partial q_{m,a}}{\partial n}\right)_0}{\mathrm{kg\cdot s^{-1}/(r\cdot min)^{-1}}}$	$\frac{\left(\frac{\partial q_{m,a}}{\partial \pi_C}\right)_0}{\mathrm{kg\cdot s^{-1}}}$	$\frac{p_H}{p_a}$	$\frac{T_H}{\mathrm{K}}$	
数值	0.93	0.975	0.96	0.003 18	−0.343	101 325	288	

3.5 某型喷口面积不可调的双轴涡喷发动机低压转子转动惯量 $J_L = 5.087\ \mathrm{kg \cdot m^2}$，高压转子转动惯量 $J_H = 4.549\ \mathrm{kg \cdot m^2}$，发动机在标准大气条件($T_H = 288$ K，$p_H = 101\ 325$ Pa)下，稳定工作时的数据列于表 3.13 中。编写计算机程序，求该状态发动机参数 n_L，n_H，p_3 的动态方程。

表 3.13 发动机稳定工作时的数据

参数	$\frac{n}{\mathrm{r \cdot min^{-1}}}$	$\frac{n}{\mathrm{r \cdot min^{-1}}}$	$\frac{q_{m,a}}{\mathrm{kg \cdot s^{-1}}}$	$\frac{q_{m,f}}{\mathrm{kg \cdot s^{-1}}}$	π_{CL}	π_{CH}	η_{CL}	η_{CH}
数值	11 212	11 362	66.9	1.089	3.34	2.664	0.785	0.864
参数	π_T	η_{TL}	η_{TH}	σ_b	σ_i	η_b	$\frac{\left(\frac{\partial q_{m,a}}{\partial n_L}\right)_0}{\mathrm{kg \cdot s^{-1}/(r \cdot min)^{-1}}}$	$\frac{\left(\frac{\partial q_{m,a}}{\partial n_H}\right)_0}{\mathrm{kg \cdot s^{-1}/(r \cdot min)^{-1}}}$
数值	3.42	0.84	0.92	0.98	0.985	0.905	0.005 99	0.002 15
参数	$\frac{\left(\frac{\partial q_{m,a}}{\partial \pi_{CL}}\right)_0}{\mathrm{kg \cdot s^{-1}}}$	$\frac{\left(\frac{\partial q_{m,a}}{\partial \pi_{CH}}\right)_0}{\mathrm{kg \cdot s^{-1}}}$	$\frac{T_4}{\mathrm{K}}$					
数值	−1.53	−1.25	1 210					

3.6 尾喷口面积不可调的某型涡扇发动机在海平面标准大气条件下的综合计算结果列于表 3.14 中，根据表中数据计算扭矩变化量、有关的各项偏导数及发动机在给定状态下 n_L，n_H，$p_{2.5}$ 及 p_3 对 $q_{m,f}$ 的传递函数，并写出发动机的状态方程。

表 3.14 习题 3.6 用表

状态序号 \ 参数	$\frac{\Delta P}{\mathrm{kW}}$	$\frac{\Delta M}{\mathrm{N \cdot m}}$	$\frac{n_H}{\mathrm{r \cdot min^{-1}}}$	$\frac{n_L}{\mathrm{r \cdot min^{-1}}}$	$\frac{p_{2.5}}{\mathrm{Pa}}$	$\frac{p_3}{\mathrm{Pa}}$	$\frac{q_{m,f}}{\mathrm{kg \cdot h^{-1}}}$	状态
1	0		12 439.6	8 619.3	287 513	1 814 883	3 838.3	给定工作状态
2	408		12 439.0	8 525.8	285 869	1 815 531	3 838.3	低压轴抽动
3	408		12 332.7	8 537.6	287 059	1 796 146	3 838.3	高压轴抽动
4	0		12 286.2	8 393.4	282 453	1 760 660	3 414.3	供油量小偏离

3.7 “抽取功率”的物理概念是什么？为什么可以用转子轴抽取功率的方法，获取转子轴扭矩与转速的变化关系？

3.8 发动机的非线性动态模型作哪些修改就可以进行发动机的稳态特性计算？

3.9 试述发动机非线性模型的计算流程和求解方法。

3.10 试述发动机数学模型时域辨识方法和频域辨识方法的基本原理。

第 4 章　超声速进气道与矢量喷管数学模型及控制

在第 1 章绪论中已介绍了航空推进系统控制的发展方向是推进系统综合控制和飞行/推进系统综合控制。为了实现这种综合控制，除了必须建立用于控制的发动机实时数学模型之外，还必须建立适用于控制的超声速进气道和尾喷管的数学模型。在性能寻优控制中机载的超声速进气道数学模型和尾喷管数学模型是控制系统的重要组成部分。

本章介绍超声速进气道和尾喷管数学模型建模的一种方法，这种方法是通过三维流场数值计算，获得大量的有关参数数据，用拟合方法确定这些参数之间的关系，这种关系即进气道和尾喷管的数学模型。

由于流场计算超出了本书范围，故不进行讲述，仅根据流场计算结果介绍进气道与矢量喷管的建模方法和有关参数之间的关系。不同型号的飞机和发动机将有不同结构形式的进气道和矢量喷管，其流场计算结果也将不同，用不同的流场计算数据拟合的进气道和矢量喷管的数学模型也将不同，这一点应加注意。本章介绍的建模思路与方法具有普遍意义。

4.1　超声速进气道的性能参数及特性

4.1.1　超声速进气道性能参数

航空推进系统进气道的功用是供给发动机需要的空气流量，将迎面进入进气道的气流的部分动能有效地转变为压力能。对进气道的要求是，进气道应具有较小的外部阻力和较高的总压恢复系数；当飞行攻角、侧滑角、飞行高度、飞行速度及发动机工作状态在较宽广的范围内变化时，应能稳定工作；保证发动机进口的压力场、速度场和温度场有足够高的均匀度。

一种简单的超声速进气道的结构示意图如图 4.1 所示。图中，H 为飞行高度，Ma 为飞行马赫数，δ_1 为第一级斜板角度，δ_2 为第二级斜板角度，b 为进气道喉部高度，γ 为进气道扩张段扩张角，a 为进气道进口型面最大高度。进气道的激波结构为二道斜激波，一道正激波。β_1 和 β_2 分别为第一道斜激波波面和第二道斜激波波面与进气道中心线的夹角。

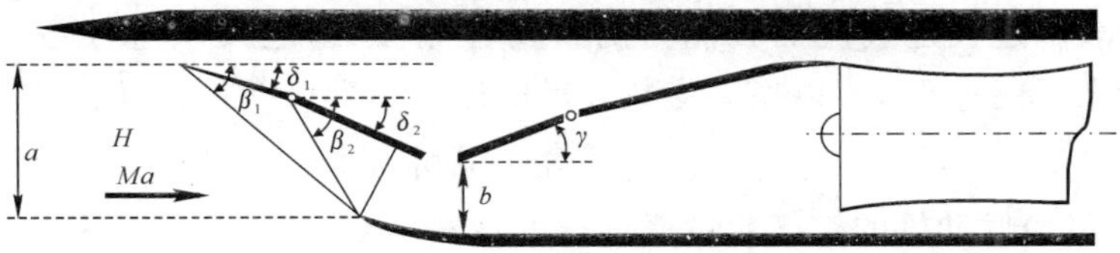

图 4.1　超声速进气道的结构示意图

衡量进气道性能的主要参数有总压恢复系数、流量系数、阻力系数、畸变指数及稳定性裕度等,这些参数相互有关。与进气道内流性能密切相关的参数是总压恢复系数和流量系数。

总压恢复系数定义为进气道出口截面气流总压 p_2 与入口前自由流总压 p_0 之比,以 σ_{I} 表示,即

$$\sigma_{\mathrm{I}} = p_2 / p_0 \tag{4.1}$$

总压恢复系数亦称为总压损失系数,它是衡量高速气流在进气道扩压过程中能量损失程度的一个重要参数。σ_{I} 越大,损失越小,$\sigma_{\mathrm{I}}=1$ 表示完全没有损失。总压损失对发动机推力影响很大,表现在两方面。一方面由于流经发动机的流量正比于压气机进口总压,因此当总压损失增大时,进入发动机的流量减小,另一方面尾喷管出口气流速度减小,压力降低,其结果是发动机推力减小,燃油耗油率增大。一般的发动机,当进气道总压损失增加1%时,推力将减小1.25%～1.5%,燃油耗油率将增大0.3%～0.5%。

在多波系超声速进气道中,总压恢复系数主要取决于来流马赫数和激波系的组织情况。当超声速飞行时,激波会产生很大的总压损失,严重影响飞机和发动机的性能。因此如何减小总压损失是超声速进气道设计中一个极其重要的问题。

流量系数定义为进入进气道的实际质量流量与进口前自由流不经扰动(即理想设计状态)直接进入进气道的质量流量之比,以 φ_{I} 表示(见图4.2),表达式为

$$\varphi_{\mathrm{I}} = \frac{\rho_0 v_0 A_0}{\rho_0 v_0 A_1} = \frac{A_0}{A_1} \tag{4.2}$$

式中 ρ_0, v_0 —— 分别为大气密度和飞行速度;

A_0 —— 入口气流在远前方的预入流管截面积,指垂直于自由流方向的截面积;

A_1 —— 唇口截面积,也称为进口捕获面积。

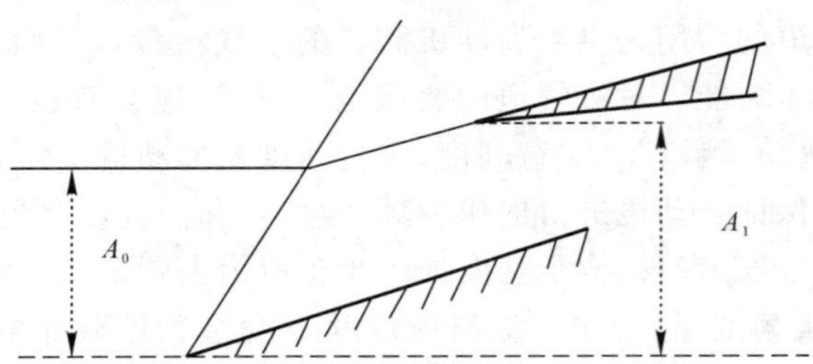

图 4.2　流量系数概念示意图

流量系数是表示进气道气流捕获能力的重要性能参数,它反映进气道入口前的流动特点。流量系数最大只能等于1。以换算参数表示的进气道出口(即发动机进口)的空气流量为

$$q_{m,\mathrm{a,cor}} = q_{m,\mathrm{a}} \sqrt{\theta} / \delta$$

式中 $q_{m,\mathrm{a}}$ —— 流经发动机的空气质量流量;

$$\theta = T_2 / T_{\mathrm{sd}}, \quad \delta = p_2 / p_{\mathrm{sd}}$$

T_2——发动机进口总温，即进气道出口处的气流总温；

p_2——发动机进口处的气流总压；

p_{sd}，T_{sd}——分别对应于海平面标准大气压力和温度。

4.1.2 超声速进气道的工作状态及特性

进气道是增压部件，其性能对工作条件的变化非常敏感。进气道与发动机匹配不好，不仅使进气道总压损失加大，而且可能使进气道工作不稳定，从而影响发动机的工作稳定性。因此，研究进气道与发动机的匹配有十分重要的意义。

进气道与发动机的匹配主要是流量匹配。进气道与发动机之间的共同工作需满足流量连续条件：

$$(q_{m,a}\sqrt{T_2}/p_2)_{\mathrm{I}}=(q_{m,a}\sqrt{T_2}/p_2)_{\mathrm{E}} \tag{4.3}$$

式中　$(q_{m,a}\sqrt{T_2}/p_2)_{\mathrm{I}}$——进气道出口（发动机进口）处的流量相似参数；

$(q_{m,a}\sqrt{T_2}/p_2)_{\mathrm{E}}$——发动机的需用流量相似参数。

在设计状态下超声速进气道满足式(4.3)，此时进气道处于临界工作状态。当发动机转速或飞行条件变化时，发动机工作状态发生变化，流量相似参数$(q_{m,a}\sqrt{T_2}/p_2)_{\mathrm{E}}$也发生变化，从而使进气道偏离临界工作状态，而处于亚临界或超临界工作状态。

1. 亚临界工作状态

当

$$(q_{m,a}\sqrt{T_2}/p_2)_{\mathrm{E}}<(q_{m,a}\sqrt{T_2}/p_2)_{\mathrm{I}} \tag{4.4}$$

时，即发动机需用流量相似参数小于进气道所提供的流量相似参数，按照流量连续条件，流入进气道的空气流量必须和发动机的需用空气流量相等，而多余的流量必然在进气道前方溢出，从而使进气道内的结尾正激波向上游移动。这种工作状态称为亚临界工作状态。与临界状态相比，如果飞行马赫数不变，则流入进气道的气流仍经过多道斜激波和一道结尾正激波，其波强不变，因此总压恢复系数变化不大，但是流量系数 φ_{I} 减小。

随着流量系数的不断减小，结尾正激波不断向前移动，直至推出口外，产生弓形激波，形成亚声速溢流，严重时会出现进气道的亚临界喘振。

2. 超临界工作状态

当

$$(q_{m,a}\sqrt{T_2}/p_2)_{\mathrm{E}}>(q_{m,a}\sqrt{T_2}/p_2)_{\mathrm{I}} \tag{4.5}$$

时，即发动机需用流量相似参数大于进气道所提供的流量相似参数，为满足流量连续条件，气流必然加速，结尾正激波向下游移动，导致超声速气流在进气道喉部下方的扩张段中继续膨胀加速，使结尾正激波前的马赫数增加，正激波强度增大，总压恢复系数下降，从而使进气道出口（发动机进口）处的总压 p_2 下降。p_2 的下降使$(q_{m,a}\sqrt{T_2}/p_2)_{\mathrm{I}}$增大，以满足发动机的需要。这种工作状态称为超临界工作状态。在超临界状态下,气流在进气道前的流动情况不变,所以流量系数 φ_{I} 不变,但因为结尾正激波进入进气道扩张段,激波强度加强,使得进气道的总压损失增加,总压恢复系数 σ_{I} 减小。在严重的超临界情况下,正激波太强,可能引起管壁附面层分离 将使进气道出口流场畸变程度增加,流场不均匀,严重时可产生超临界"痒振"。亚临界喘振和超临界痒振在实际使用中都是不允许的。

给定不同的进气道来流马赫数,通过流场计算可得到进气道出口反压变化时的总压恢复系数 σ_{I} 与流量系数 φ_{I},图 4.3 表示 σ_{I} 与 φ_{I} 之间的关系,这一关系即进气道特性。

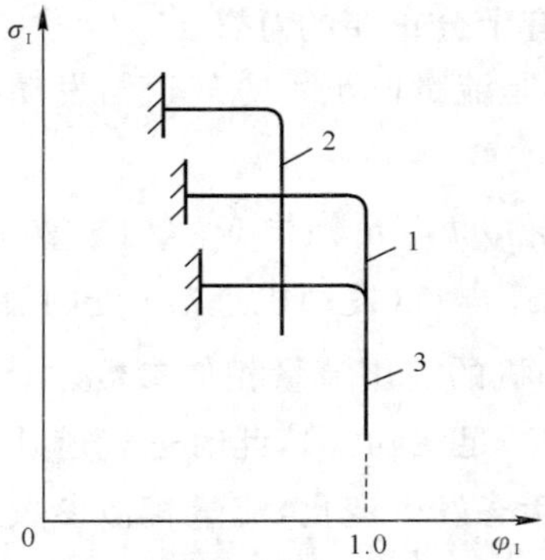

图 4.3　超声速进气道特性

1—$Ma = Ma_{\mathrm{d}}$;　2—$Ma < Ma_{\mathrm{d}}$;　3—$Ma > Ma_{\mathrm{d}}$

Ma_{d}— 设计马赫数

4.2　超声速进气道数学模型

4.2.1　超声速进气道特性与参数之间的关系

对于一定结构形式的超声速进气道,其总压恢复系数 σ_{I} 和流量系数 φ_{I} 取决于进口边界条件、出口边界条件以及几何可调参数。进口边界条件包括飞行马赫数 Ma、飞行攻角 α、侧滑角 β 等参数;出口边界条件包括进气道出口反压,即发动机进口静压 $p_{\mathrm{s},2}$,在飞行条件一定时,$p_{\mathrm{s},2}$ 由发动机工作状态确定。几何可调参数主要指第二级可调斜板角度 δ_2,它决定进气道喉部截面积大小,也即直接影响进气道的工作状态和特性,改变 δ_2 即改变进气道的工作状态和特性,因此它是进气道的控制量。

在介绍超声速进气道数学模型建模方法之前,先根据在临界流动状态时的流场计算结果分析 σ_{I} 和 φ_{I} 随参数变化的规律。

1. 临界工作状态下 σ_{I} 和 φ_{I} 与 Ma 的关系

保持飞行高度和可调斜板角度不变,改变飞行马赫数 Ma,通过调整进气道出口反压 $p_{\mathrm{s},2}$

使进气道工作在临界工作状态，通过流场数值计算得到临界总压恢复系数 $\sigma_{\mathrm{I,cr}}$ 和临界流量系数 $\varphi_{\mathrm{I,cr}}$ 与 Ma 的关系，如图 4.4(a) 和(b) 所示。

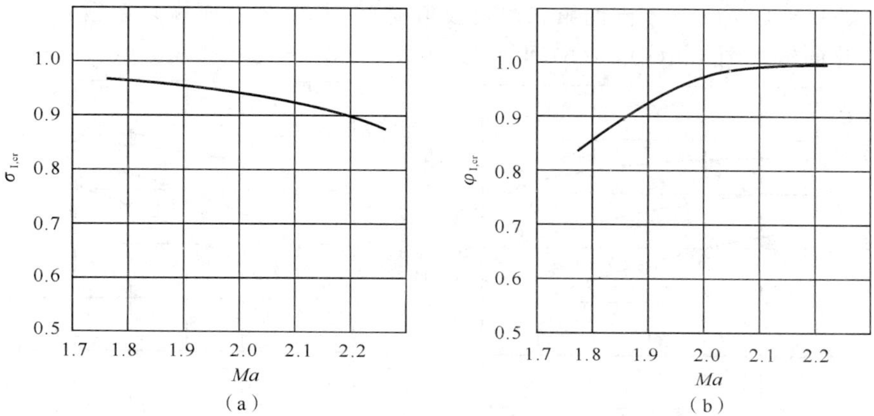

图 4.4　超声速进气道临界性能参数与 *Ma* 的关系

(a)$\sigma_{\mathrm{I,cr}}$ 与 Ma 的关系；(b)$\varphi_{\mathrm{I,cr}}$ 与 Ma 的关系

由图 4.4 可见，临界工作状态时总压恢复系数随来流马赫数的增加而迅速下降，流量系数随来流马赫数的增加而增加，当马赫数超过一定值时，流量系数保持为 1。

2. 临界工作状态下 σ_{I} 和 φ_{I} 与 δ_2 的关系

保持 Ma 不变，改变第二级可调斜板角度 δ_2，通过调整进气道出口反压使进气道工作在临界流动状态，流场计算得到的 $\sigma_{\mathrm{I,cr}}$ 和 $\varphi_{\mathrm{I,cr}}$ 与 δ_2 的关系如图 4.5(a) 和(b) 所示。

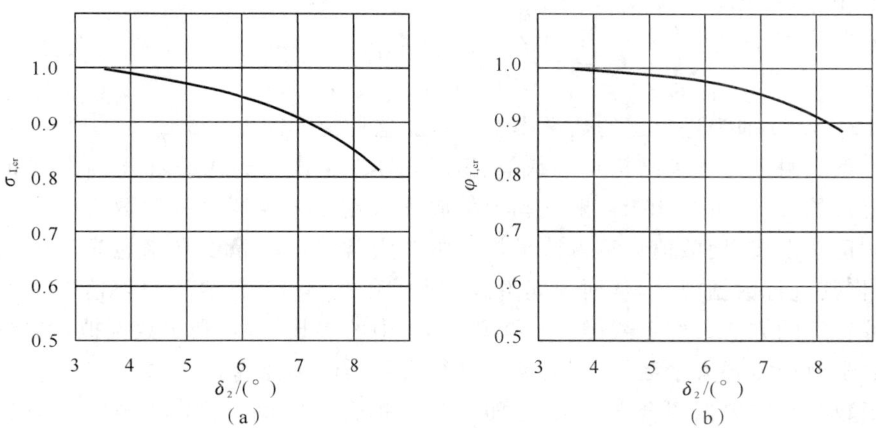

图 4.5　超声速进气道临界性能参数与 $\boldsymbol{\delta_2}$ 的关系

(a)$\sigma_{\mathrm{I,cr}}$ 与 δ_2 的关系；(b)$\varphi_{\mathrm{I,cr}}$ 与 δ_2 的关系

由图 4.5 可见,临界工作状态时总压恢复系数和流量系数均随斜板角度的增加而减小。

3. 临界工作状态下 σ_{I} 和 φ_{I} 与 Ma 和 δ_2 的关系

在不同的马赫数 Ma 和不同的第二级斜板角度 δ_2 时,临界总压恢复系数 $\sigma_{\mathrm{I,cr}}$ 和临界流量系数 $\varphi_{\mathrm{I,cr}}$ 变化曲线如图 4.6(a) 和(b) 所示,其中 $\delta_{21}<\delta_{22}<\delta_{23}$。

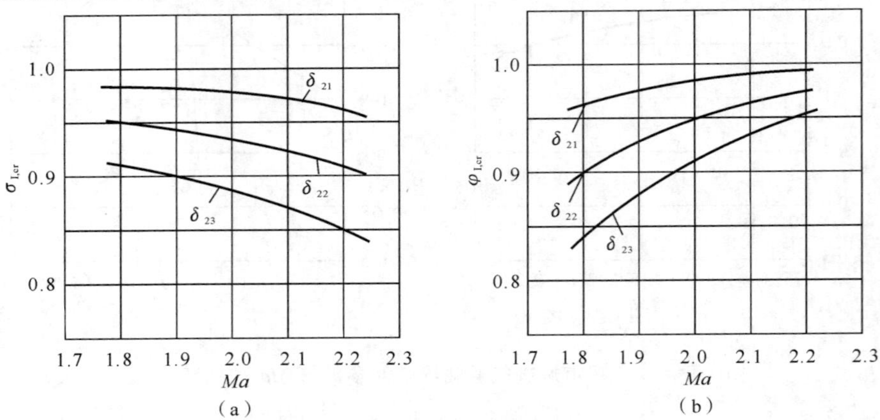

图 4.6 超声速进气道临界性能参数与 Ma 和 δ_2 的关系

(a)$\sigma_{\mathrm{I,cr}}$ 与 Ma 和 δ_2 的关系; (b)$\varphi_{\mathrm{I,cr}}$ 与 Ma 和 δ_2 的关系

4.2.2 超声速进气道多变量数学模型

进气道总压恢复系数和流量系数与进气道进、出口边界条件及几何可调参数之间的关系可用下面形式表示:

$$\sigma_{\mathrm{I}}=f_1(Ma,\alpha,\beta,p_{\mathrm{s},2},\delta_2) \tag{4.6}$$

$$\varphi_{\mathrm{I}}=f_2(Ma,\alpha,\beta,p_{\mathrm{s},2},\delta_2) \tag{4.7}$$

式(4.6)和式(4.7)即为进气道的数学模型。建立这种模型需要找出 σ_{I} 和 φ_{I} 与 $Ma,\alpha,\beta,p_{\mathrm{s},2}$,$\delta_2$ 之间的关系。由于进气道结构与形状很复杂,气体在超声速进气道内、外流场中的流动状态是三维非定常的,因而不可能用一般气动力学原理来建立超声速进气道数学模型。随着计算流体力学的迅速发展,用数值计算方法模拟三维非定常流场的精度愈来愈高。因此利用流场计算结果,将其进行数据拟合,从而建立由式(4.6)和式(4.7)表示的超声速进气道数学模型就成为一种较好的方法。由于式(4.6)和式(4.7)中的参数较多,利用数据拟合方法建立超声速进气道数学模型需要大量数据,因而需要进行大量的流场计算。

建立函数关系的数据拟合方法很多,而B样条拟合可以得到比较光滑的空间曲面。以下根据流场计算结果采用B样条拟合方法建立超声速进气道数学模型。

1. 多维B样条拟合原理

关于B样条拟合的基本知识读者可参考有关专著,这里仅简要介绍多维B样条拟合原理。

类似于二元函数三维曲面拟合，假设n元函数为$\varphi=f(x_1,\cdots,x_n)$，其定义域为$C[a_1,b_1]\times[a_2,b_2]\times\cdots\times[a_n,b_n]$。取B样条作为基函数，在区间$C[a_1,b_1],C[a_2,b_2],\cdots,C[a_n,b_n]$上分别定义函数$X_{M_1}=\{B_i^{x_1}(x_1)\}_1^{M_1}$，$X_{M_2}=\{B_i^{x_2}(x_2)\}_1^{M_2},\cdots,X_{M_n}=\{B_i^{x_n}(x_n)\}_1^{M_n}$。

假设$M_n>M_{n-1}>\cdots>M_1$，定义$C[a_1,b_1]\times[a_2,b_2]\times\cdots\times[a_n,b_n]$上的线性算子为$L_{x_1}$，$L_{x_2},\cdots,L_{x_n}$，有

$$L_{x_1}f(x_1,\cdots,x_n)=\sum_{i=1}^{M_1}\lambda_i^{x_1}(x_2,\cdots,x_n)B_i^{x_1}(x_1)=\sum_{i=1}^{M_1}\alpha_iB_i^{x_1}(x_1)$$

……

$$L_{x_k}f(x_1,\cdots,x_n)=\sum_{i=1}^{M_k}\lambda_i^{x_k}(x_1,\cdots,x_{k-1},x_{k+1},\cdots x_n)B_i^{x_k}(x_k)=\sum_{i=1}^{M_k}\alpha_iB_i^{x_k}(x_k)$$

……

$$L_{x_n}f(x_1,\cdots,x_n)=\sum_{i=1}^{M_n}\lambda_i^{x_n}(x_1,\cdots,x_{n-1})B^{x_n}(x_n)=\sum_{i=1}^{M_n}\alpha_iB_i^{x_n}(x_n)$$

其中

$$\lambda_i^{x_1}(x_2,\cdots,x_n)\in C[a_2,b_2]\times\cdots\times[a_n,b_n]$$

$$\lambda_i^{x_k}(x_1,\cdots,x_{k-1},x_{k+1},\cdots,x_n)\in C[a_1,b_1]\times\cdots\times[a_{k-1},b_{k-1}]\times[a_{k+1},b_{k+1}]\times\cdots\times[a_n,b_n]$$

$$\lambda_i^{x_n}(x_1,\cdots x_{n-1})\in C[a_1,b_1]\times\cdots\times[a_{n-1},b_{n-1}]$$

则有

$$\begin{aligned}L_{x_n}\cdots L_{x_1}f(x_1,\cdots,x_n)=L_{x_n}\cdots L_{x_2}(L_{x_1}f)=L_{x_n}\cdots L_{x_2}\Big(\sum_{i_1=1}^{M_1}\alpha_{i_1}B_{i_1}^{x_1}(x_1)\Big)=\\ L_{x_n}\cdots L_{x_3}\Big(\sum_{i_1=1}^{M_1}B_{i_1}^{x_1}(x_1)(L_{x_2}\alpha_{i_1})\Big)=\\ L_{x_n}\cdots L_{x_3}\Big(\sum_{i_1=1}^{M_1}B_{i_1}^{x_1}(x_1)\sum_{i_2=1}^{M_2}\alpha_{i_1i_2}B_{i_2}^{x_2}(x_2)\Big)=\\ L_{x_n}\cdots L_{x_3}\Big(\sum_{i_1=1}^{M_1}\sum_{i_2=1}^{M_2}\alpha_{i_1i_2}B_{i_1}^{x_1}(x_1)B_{i_2}^{x_2}(x_2)\Big)=\\ \cdots\cdots\\ \sum_{i_1=1}^{M_1}\sum_{i_2=1}^{M_2}\cdots\sum_{i_n=1}^{M_n}\sum\alpha_{i_1i_2\cdots i_n}[B_{i_1}^{x_1}(x_1)\cdots B_{i_n}^{x_n}(x_n)]\end{aligned}\tag{4.8}$$

其中，$\alpha_{i_1\cdots i_n}$称为张量积型逼近参数。式(4.8)构成n元函数的张量积型逼近，对应的张量积型基函数为$[B_{i_1}^{x_1}(x_1)\cdots B_{i_n}^{x_n}(x_n)]$。

将二元函数三维曲面拟合逼近参数的计算方法推广至n元函数多维曲面拟合的情况。设曲面的网格点为$(x_1^{t_1},x_2^{t_2},\cdots,x_n^{t_n})$，其中，$t_i=1,2,\cdots,T_i$，$i=1,2,\cdots,n$，即在$x_i$方向上有$T_i$个

数据点。逼近参数的计算步骤如下:

(1) 固定变量 $x_2^{t_2},x_3^{t_3},\cdots,x_n^{t_n}$, $t_j=1,2,\cdots,T_j$,对网格点处的函数值进行关于 x_1 的最小二乘逼近,得到系数矩阵 $\boldsymbol{\mu}_{i_1t_2\cdots t_n}$, $i_1=1,2,\cdots,M_1$;

(2) 固定变量 $x_3^{t_3},x_4^{t_4},\cdots,x_n^{t_n}$, $t_j=1,2,\cdots,T_j$,对 $\boldsymbol{\mu}_{i_1t_2\cdots t_n}$ 求解关于 x_2 的最小二乘逼近,得到系数矩阵 $\boldsymbol{\mu}_{i_1i_2t_3\cdots t_n}$, $i_1=1,2,\cdots,M_1$, $i_2=1,2,\cdots,M_2$;

…………

(k) 固定变量 $x_{k+1}^{t_{k+1}},x_{k+2}^{t_{k+2}},\cdots$, $t_j=1,2,\cdots,T_j$ 对 $\boldsymbol{\mu}_{i_1i_2\cdots i_{k-1}t_k\cdots t_n}$ 求解关于 x_k 的最小二乘逼近,得到系数矩阵 $\boldsymbol{\mu}_{i_1i_2\cdots i_kt_{k+1}\cdots t_n}$,$i_1=1,2,\cdots,M_1,i_2=1,2,\cdots,M_2,i_k=1,2,\cdots,M_k$;

(n) 求解 $\boldsymbol{\mu}_{i_1\cdots i_{n-1}t_n}$ 关于 x_n 的最小二乘逼近,得到系数矩阵 $\boldsymbol{\mu}_{i_1\cdots i_n}$,结束。

系数矩阵 $\boldsymbol{\mu}_{i_1\cdots i_n}$ 即多维曲面拟合的逼近参数 $\alpha_{i_1\cdots i_n}$。

2. 多变量数学模型

为了较好地反映超声速进气道在不同飞行条件下合适的工作范围和便于建模,在流场计算时采用进气道进口总压与出口静压之比 π_{Is} 作为独立变量代替出口反压进行计算,因而进气道数学模型表示为

$$\sigma_{\mathrm{I}}=f_1(Ma,\alpha,\beta,\pi_{\mathrm{Is}},\delta_2) \tag{4.9}$$

$$\varphi_{\mathrm{I}}=f_2(Ma,\alpha,\beta,\pi_{\mathrm{Is}},\delta_2) \tag{4.10}$$

利用各变量的变化范围,选择每个变量对应的3阶B样条节点序列,利用多维B样条拟合原理,可建立超声速进气道多变量数学模型。由于建立的多变量模型反映的信息量巨大,下面给出部分结果。图4.7所示为给定 α 和 π_{Is} 条件下,Ma 变化时,调节 δ_2 对 σ_{I} 和 φ_{I} 的影响。图4.8所示为给定 Ma 和 π_{Is} 条件下,α 变化时,调节 δ_2 对 σ_{I} 和 φ_{I} 的影响。图4.9所示为给定 Ma 和 α 条件下,发动机状态改变,引起 π_{Is} 变化时,调节 δ_2 对 σ_{I} 和 φ_{I} 的影响。

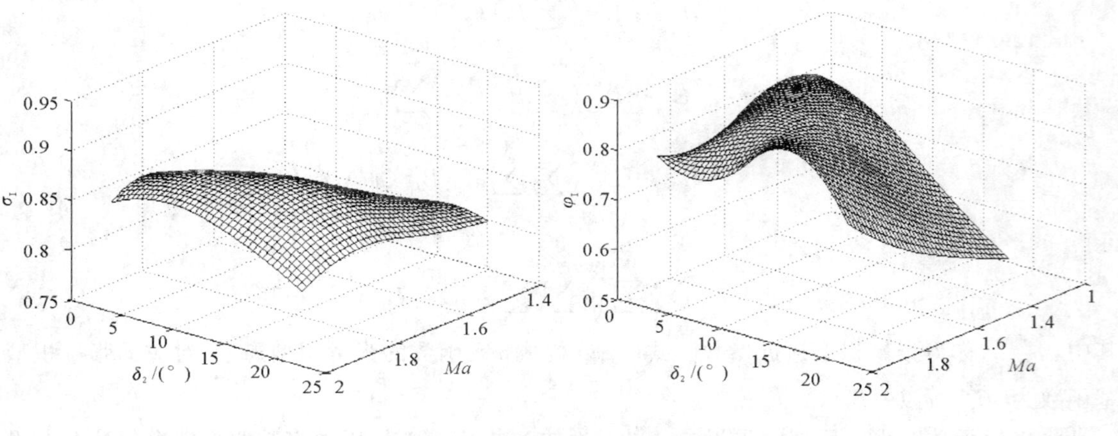

图 4.7　$\boldsymbol{\sigma}_{\mathrm{I}}$ 和 $\boldsymbol{\varphi}_{\mathrm{I}}$ 随 $\boldsymbol{Ma}$ 和 $\boldsymbol{\delta}_2$ 变化的规律

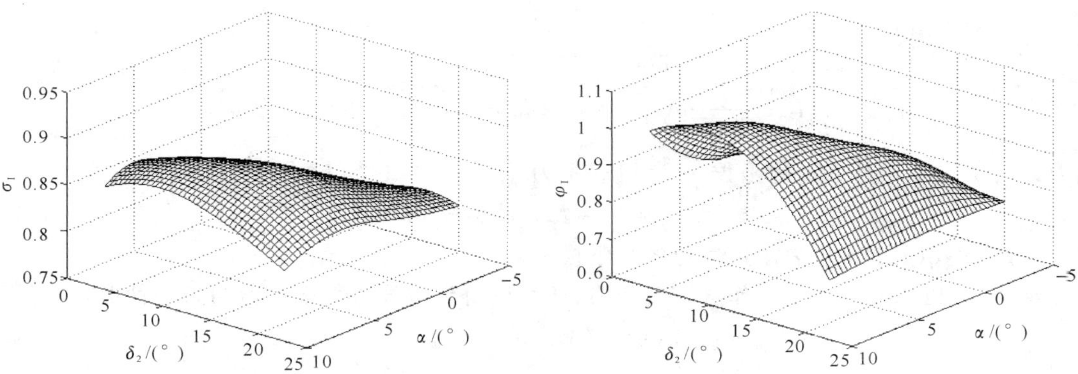

图 4.8　σ_I 和 φ_I 随 α 和 δ_2 变化的规律

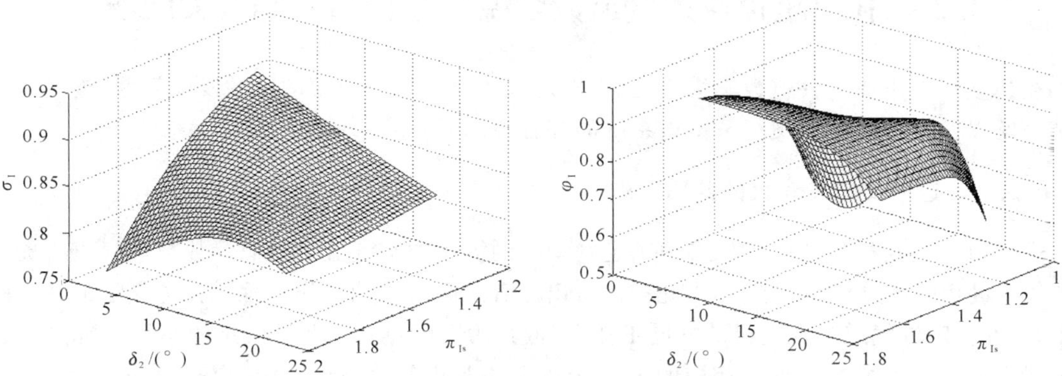

图 4.9　σ_I 和 φ_I 随 π_{Is} 和 δ_2 变化的规律

实际上，通过 B 样条拟合所得到的是 6 维空间曲面。这一空间曲面描述了 σ_I 或 φ_I 与 Ma，α，β，π_{Is} 及 δ_2 的关系，用 6 维系数矩阵表示的空间曲面上计算节点的数据。这 6 维系数矩阵就是超声速进气道数学模型，它描述了参数之间的关系，在进气道计算时可直接应用该系数矩阵。

利用 B 样条拟合得到的 σ_I 与各参数的关系，作一定的变换，可以得到进气道出口总压 $p_{I,2}$ 与各参数的关系，即

$$p_{I,2}=\sigma_I p_0=f_1(Ma,\alpha,\beta,\pi_{Is},\delta_2)p_0$$

由于 p_0 是 Ma 的函数，因此 $p_{I,2}$ 可表示为

$$p_{I,2}=p_I(Ma,\alpha,\beta,\pi_{Is},\delta_2) \tag{4.11}$$

利用 φ_I 与各参数的关系，作一定变换，可以得到进气道出口空气流量 $q_{m,aI}$ 与各参数的关系，即

$$q_{m,aI}=q_{m,a0}=KA_0\frac{p_0}{\sqrt{T_0}}q(\lambda_0)$$

由于 $\varphi_{\mathrm{I}}=\dfrac{A_0}{A_1}$,因此

$$q_{m,\mathrm{aI}}=\varphi_{\mathrm{I}}KA_1\frac{p_0}{\sqrt{T_0}}q(\lambda_0)=f_2(Ma,\alpha,\beta,\pi_{\mathrm{Is}},\delta_2)KA_1\frac{p_0}{\sqrt{T_0}}q(\lambda_0)$$

式中,T_0 及 $q(\lambda_0)$ 是 Ma 的函数,$q_{m,\mathrm{aI}}$ 可表示为

$$q_{m,\mathrm{aI}}=q_{m,\mathrm{I}}(Ma,\alpha,\beta,\pi_{\mathrm{Is}},\delta_2) \tag{4.12}$$

式(4.11)和式(4.12)也表示进气道的数学模型。

对式(4.11)和式(4.12)作进一步变换,还可以得到进气道数学模型的另一种形式:

$$p_{\mathrm{I},2}=f_{p,\mathrm{I}}(Ma,\alpha,\beta,q_{m,\mathrm{aI}},\delta_2) \tag{4.13}$$

$$q_{m,\mathrm{aI}}=f_{q_{m},\mathrm{I}}(Ma,\alpha,\beta,p_{\mathrm{I},2},\delta_2) \tag{4.14}$$

4.3 利用超声速进气道数学模型分析与控制有关问题

在建立了超声速进气道数学模型之后,即可以研究进气道与发动机的匹配问题,进气道的控制问题以及推进系统和飞行/推进系统的综合控制问题。

4.3.1 进气道与发动机的共同工作

进气道与发动机的共同工作必须满足发动机的需用的空气流量相似参数与进气道所提供的空气流量相似参数相等的条件,由此条件得出两者之间的共同工作方程。在进气道的特性曲线图上,可确定进气道与发动机的共同工作点(或称为匹配点),以及进气道的总压恢复系数 σ_{I} 和流量系数 φ_{I}。与共同工作点相应的 σ_{I} 及 φ_{I} 通常不是进气道临界工作状态下的 $\sigma_{\mathrm{I,cr}}$ 及 $\varphi_{\mathrm{I,cr}}$。

当假定进气道放气门关闭或没有放气门并忽略附面层吸除对流量的影响时,其流量平衡方程(见图 4.2)为

$$KA_0\frac{p_0}{\sqrt{T_0}}q(\lambda_0)=KA_2\frac{p_2}{\sqrt{T_2}}q(\lambda_2) \tag{4.15}$$

式中

$$K=\sqrt{\frac{k}{R}\left(\frac{2}{k+1}\right)^{\frac{k+1}{k-1}}}$$

假定气体绝热指数 k 和气体常数 R 均为常数,则 K 是常数。对于空气,$k=1.4$,$R=287.06$ J/(kg · K),$K=0.040\,4$ s · $\sqrt{\mathrm{K}}$/m,。由于流量系数 $\varphi_{\mathrm{I}}=A_0/A_1$,总压恢复系数 $\sigma_{\mathrm{I}}=p_2/p_0$,且 $T_2=T_0$,则式(4.15)可以改写为

$$\sigma_{\mathrm{I}}=\frac{q(\lambda_0)A_1}{q(\lambda_2)A_2}\varphi_{\mathrm{I}} \tag{4.16}$$

式(4.16)即为进气道与发动机的共同工作方程。式中,$q(\lambda_0)$ 为由飞行马赫数 Ma 确定的气动

函数；$q(\lambda_2)$ 为发动机进口气流气动函数，决定于飞行条件和发动机的工作状态；A_1，A_2 分别为进气道气流的捕获面积和发动机进口气流流道的截面积，均为常数。

在给定的飞行条件和发动机工作状态下，式(4.16) 可写为

$$\sigma_{\mathrm{I}} = C\varphi_{\mathrm{I}} \tag{4.17}$$

式中

$$C = \frac{q(\lambda_0)A_1}{q(\lambda_2)A_2} \tag{4.18}$$

式(4.17) 即为给定飞行条件和发动机工作状态下进气道与发动机的共同工作方程。它表示了进气道总压恢复系数与流量系数之间的关系，将其表示在进气道的特性图上即为进气道与发动机的共同工作线。它与前面建立的进气道特性线的交点即为共同工作点。在进气道的设计飞行马赫数和发动机最大工作状态下，共同工作点一般位于进气道特性线的临界点附近。此时，进气道的总压恢复系数较高，同时外阻力系数较低。对控制而言，当飞行马赫数和发动机工作状态变化时，应调节 δ_2，使进气道工作在临界点附近。

4.3.2　进气道的节流特性

图 4.10 所示为给定飞行高度、马赫数以及进气道第二级斜板角度时，进气道与发动机的共同工作点随发动机的低压转子相对转速的变化情况，其中 $n_{\mathrm{L,cor\,2}} < n_{\mathrm{L,cor\,1}} < n_{\mathrm{L,cor\,3}}$。由图可见，点 1 为发动机相对转速为 $n_{\mathrm{L,cor\,1}}$ 时的共同工作点，它位于进气道特性线的临界点附近。当发动机转速下降为 $n_{\mathrm{L,cor\,2}}$ 时，发动机进口流量减小，$q(\lambda_2)$ 减小，共同工作方程中的常数 C 增大，进气道与发动机的共同工作点将向喘振方向移动，进气道趋于亚临界状态，共同工作点为点 2。而当发动机转速增大为 $n_{\mathrm{L,cor\,3}}$ 时，发动机的需要空气流量增大，$q(\lambda_2)$ 增大，进气道趋于超临界状态，共同工作点为点 3。若要使发动机在不同转速下工作在最佳点(临界点)，则必须调节第二级斜板角度 δ_2。

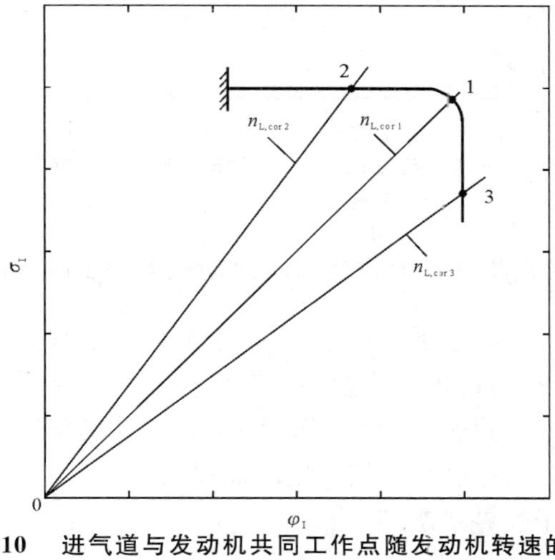

图 4.10　进气道与发动机共同工作点随发动机转速的变化

4.3.3 进气道的速度特性

图 4.11 所示为发动机工作状态不变($n_{L,cor}=\text{const}$),飞行马赫数变化时,进气道与发动机共同工作点的变化情况,其中 $Ma_1<Ma_2<Ma_3$。由图可见,当飞行马赫数等于 Ma_2 时,进气道与发动机的共同工作点位于进气道特性线的临界点附近(即图中的点 2)。当飞行马赫数减小为 Ma_1 时,发动机的需用空气流量大于进气道所提供的空气流量,结尾正激波将向喉部下游移动,正激波前的马赫数在扩张段中增大,使得总压损失增大,总压恢复系数减小,进气道工作在超临界状态下,共同工作点由点 2 变为点 1。而当飞行马赫数增大为 Ma_3 时,发动机的需用空气流量小于进气道所提供的空气流量,结尾正激波将向喉部上游移动,甚至被推出唇口,使得流量系数减小,进气道工作在亚临界状态下,共同工作点变为点 3。若要使进气道与发动机的共同工作点在非设计马赫数下能位于进气道特性线的临界点附近,则可以通过调节进气道的第二级斜板角度 δ_2 实现。

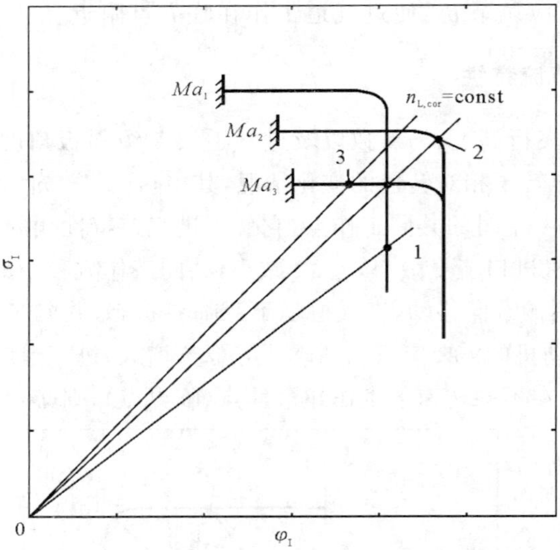

图 4.11 进气道与发动机共同工作点随飞行马赫数的变化

4.3.4 进气道第二级斜板角度对进气道与发动机共同工作点的影响

对于超声速进气道在设计状态下,可使其工作于最佳的临界状态。但随着飞行条件和发动机工作状态的变化,进气道所提供的流量和发动机的需用流量都要变化。由于两者的变化并不一致,就有可能造成进气道偏离临界工作状态,从而引起总压恢复系数或流量系数的下降。为此,必须调节进气道,由控制系统按一定的规律改变进气道的几何形状和尺寸,使进气道工作在临界状态或接近于临界状态。

进气道控制通常采用多种调节方法，可以采取改变进气道斜板角度、增设进气门和放气门、附面层吸除等措施。其中，改变斜板角度是进气道调节的一项重要措施。当进气道所提供的流量大于发动机所需要的流量时，可以增大斜板角度，以减小进气道的喉部面积，使进气道和发动机的流量得以匹配，但喉部面积不能无限制地减小，其最小值应等于进气道设计时的最小喉部面积；而当进气道所提供的流量小于发动机所需要的流量时，可以减小斜板角度，以增大进气道的喉部面积，从而使进气道和发动机的流量匹配，处于最佳工作状态，但喉部面积不能超过其最大极限，当斜板角度已减小到它的机械极限以提供最大的喉部面积时，应采用辅助进气门等其他措施来改善其性能。

当飞行高度、马赫数固定时，超声速进气道第二级斜板角度变化对进气道与发动机共同工作点的影响如图 4.12 所示。其中，发动机低压转子相对换算转速 $n_{L,cor\,1} > n_{L,cor\,2}$，第二级斜板角度 $\delta_{21} < \delta_{22} < \delta_{23}$，飞行马赫数 $Ma_1 < Ma_2 < Ma_3$。

由图 4.12 可见，当发动机相对换算转速为 $n_{L,cor\,1}$ 时，若飞行马赫数为 Ma_1，如果将进气道的第二级斜板角度调节为 δ_{23}，则进气道提供的空气流量远小于发动机需要的流量，进气道工作于深度超临界状态，对应图中的点 1。若飞行马赫数为 Ma_3，如果第二级斜板角度减小为 δ_{21}，则进气道提供的空气流量大于发动机的需用流量，进气道工作于亚临界状态，对应图中的点 3，只有当飞行马赫数为 Ma_2，同时又将斜板角度调节为合适的 δ_{22} 时，才能使进气道工作于临界状态，对应于图中的点 2，此时第二级斜板角度为 δ_{22}。

当飞行马赫数为 Ma_1，而发动机低压转子换算转速减小为 $n_{L,cor\,2}$ 时，只有将第二级斜板角度调节为 δ_{23}，才能使进气道工作于临界状态，对应于图中的点 4。

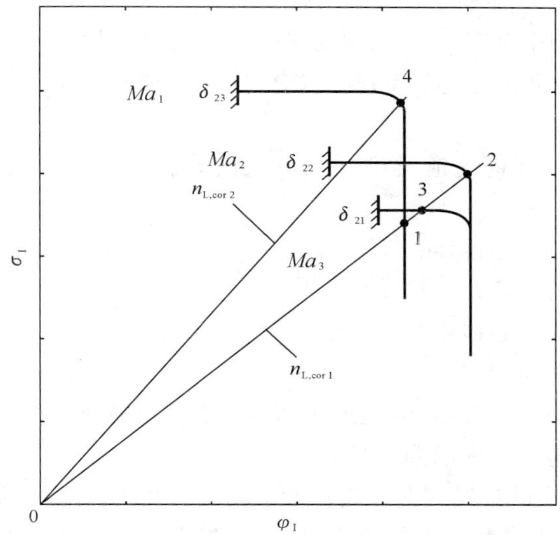

图 4.12　第二级斜板角度变化时进气道与发动机共同工作点的变化

以上分析说明,当飞行马赫数和发动机工作状态同时变化时,只有调节进气道第二级斜板角度,才能使进气道与发动机的工作得以匹配。

4.3.5 建立超声速进气道数学模型的意义

通过前面介绍,可以充分说明建立进气道数学模型的重要意义。

(1) 当飞行马赫数、飞行攻角、飞行侧滑角等飞行条件和发动机工作状态变化时,可以从理论上定量地计算与分析进气道的特性、进气道与发动机的共同工作,同时可以计算进气道第二级斜板角度如何调节才能保证两者很好的匹配,也即可以确定第二级斜板角度随飞行条件和发动机工作状态变化的规律。有了这一规律,不仅可以减少大量的进气道试验和进气道与发动机匹配试验,而且对进气道与发动机控制系统设计也是至关重要的。

(2) 随着航空推进系统控制技术的发展,目前国外正在开展推进系统综合控制与飞行/推进系统综合控制的研究与试飞验证。综合控制系统均采用基于模型的控制模式。在这种控制模式中,不仅有机载的发动机实时数学模型,而且有机载的进气道实时数学模型和喷管模型,因此建立进气道实时数学模型对发展航空推进系统综合控制与飞行/推进系统综合控制有十分重要的意义。这一部分内容将在第 8 章中介绍。

4.4 超声速进气道的控制方法

进气道工作在远离临界的亚临界或超临界状态时,进气道的性能显著下降,使发动机的推力减小。严重时使进气道不能稳定工作。

进气道控制的目的是协调进气道和发动机通道之间气流的流通能力,改善它的工作特性;防止进气道喘振和痒振,保证稳定工作;提高超声速进气道在地面起飞、低速飞行以及机动飞行时的性能。

超声速进气道的调节与进气道类型、结构、飞行范围、发动机工作状态及飞行状态等有关。常用的方法如下:

(1) 轴向移动进气道中心锥体;

(2) 改变外罩前缘的倾角;

(3) 改变尖劈楔角或中心体锥角;

(4) 改变进气道喉部面积;

(5) 在进气道壁面增设放气门(活门或鱼鳞板)放气和辅助进气门进气;

(6) 吸除中心体和通道壁面的附面层。

现代超声速飞机的推进系统,进气道控制通常是同时采用多种调节方法,以便有效地改善进气道使用特性,提高发动机的有效推力,保证进气道稳定可靠工作。

下面简单分析几种调节方法。

1. 放气调节

当飞机高速飞行（$Ma > Ma_d$）时，发动机进口总温升高，需要的空气流量减小；进气道的反压增高会将正激波推出唇口，进气道进入亚临界状态，严重时引起进气道喘振。为了保证进气道在临界状态附近工作，可以向外打开放气门（见图 4.13(a)），将多余的空气放出。通过放气调节，正激波可以稳定在临界状态位置。当 $Ma < Ma_d$ 时，反向打开气门，使更多的空气进入发动机，如图 4.13(b) 所示。

放气调节的缺点是放走了具有一定能量的压缩空气，造成能量损失，并增加了附加外阻力，使动力装置的有效推力减小。

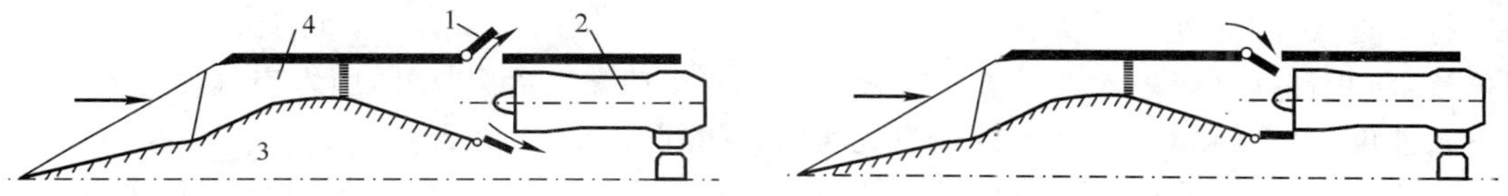

图 4.13　进气道的放气与进气调节

1— 辅助气门；　2— 发动机；　3— 中心体；　4— 进气道

2. 轴向移动中心锥体

当飞行条件变化时，用轴向移动中心锥体位置的方法，可以保持激波系交于唇口，使气流经激波系不产生溢流，而且使进气道外气流不受中心尖劈（或锥体）的扰动。通过轴向移动中心锥体还可以获得所需要的进气道进口和喉部面积。

当 $Ma < Ma_d$ 时，激波斜角增大，脱离唇口，这时可以向后移动中心锥体，如图 4.14(a) 所示。当 $Ma > Ma_d$ 时，可以向前移动中心锥体，如图 4.14(b) 所示。

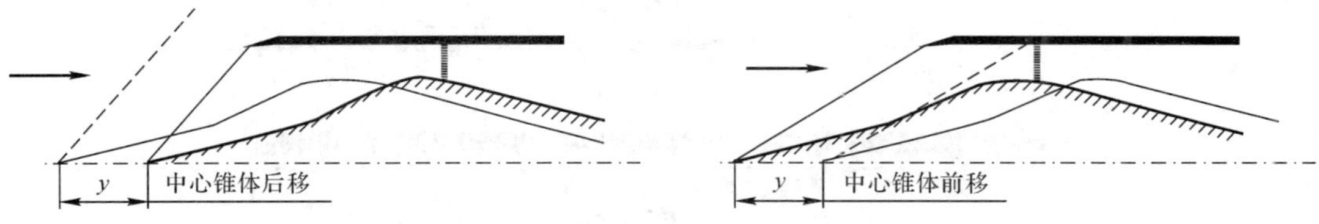

图 4.14　移动中心锥体的进气道调节

3. 改变尖劈楔角或中心体锥角

这种进气道几何调节的目的与轴向移动中心锥体相同。激波斜角 γ 的增大或减小，用中心锥体锥角的减小或增大弥补，以保持激波系基本交于唇口，如图 4.15 所示。

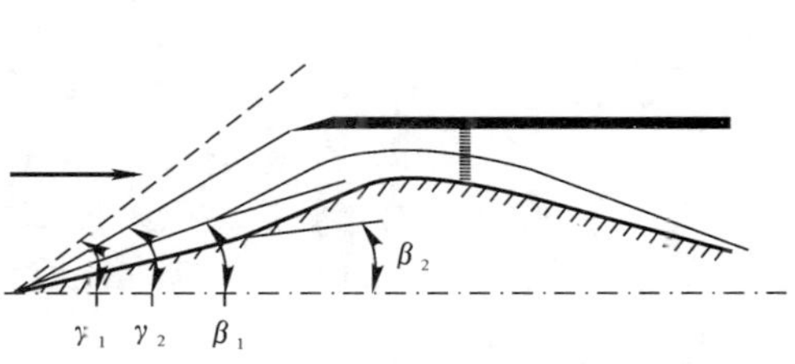

图 4.15　改变中心体锥角的进气道调节

4. 综合调节

对于飞行范围很宽的超声速进气道，总要同时采用几种调节方法，才能保证在各种飞行条件和发动机工作状态下，性能接近最佳。图 4.16 为"奥林巴斯 593"发动机进气道示意图。它是一种二元矩形超声速多波系的外压式进气道，$Ma_d=2.2$。进气道是几何形状可变的矩形截面通道，通道喉部面积通过改变两个斜板 3 的位置进行调节，两块斜板构成中心体。辅助气门 7 兼有进气和放气的功用。在进气道上装有附面层吸除(或吹除)装置，用以吸除进气道壁面及中心体的附面层，附面层的逐渐加厚会使发动机进口流场的不均匀度增加，对发动机的稳定工作不利。

起飞时，斜板向上完全打开，增大喉部面积，形成亚声速气流的扩压通道。同时辅助气门向内打开进气，增加进入发动机的空气流量以满足发动机的需要。4 个同步防火活门处于关闭位置，防止排气倒流进入进气道。防火活门后的冷却空气活门打开，引入空气冷却发动机。当飞行速度达 370 km·h^{-1} 时，冷却空气活门关闭，防火活门打开。

飞机爬高时，发动机需要的空气流量相对地面起飞状态逐渐减小，辅助气门逐渐关闭，在 $Ma=0.7$ 时完全关死。当 Ma 达 1.3 以上时，两块斜板逐渐下降，前面斜板控制斜激波的位置。当 Ma 达到 Ma_d 时，建立起由两条斜激波、一组弱压缩波及正激波组成的激波系。

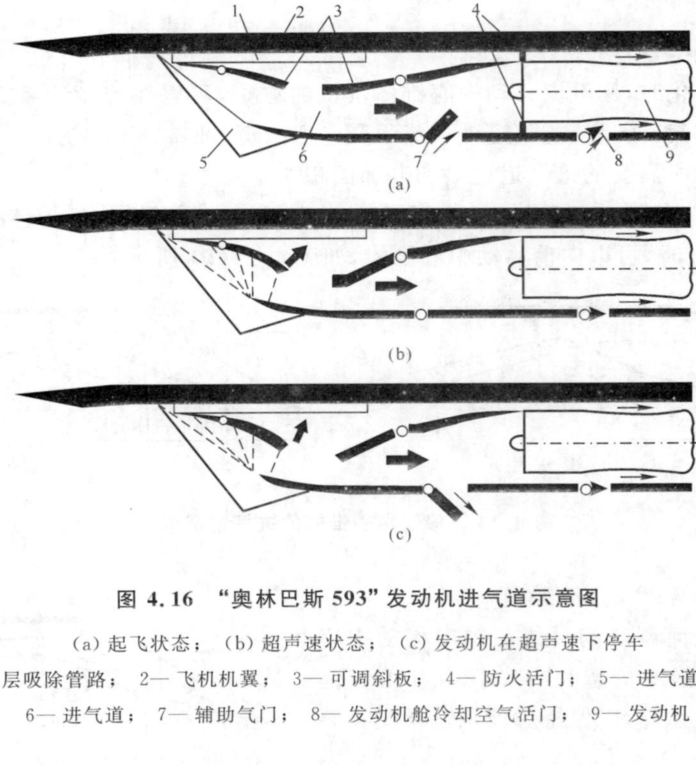

图 4.16 "奥林巴斯 593"发动机进气道示意图

(a) 起飞状态；(b) 超声速状态；(c) 发动机在超声速下停车

1— 附面层吸除管路；2— 飞机机翼；3— 可调斜板；4— 防火活门；5— 进气道侧面隔板；6— 进气道；7— 辅助气门；8— 发动机舱冷却空气活门；9— 发动机

如果在超声速飞行时，发动机突然熄火，这时进气道斜板进一步下降，减小进气道喉部面积，以减小进气道空气流量，并打开辅助气门放气。这样可以降低发动机自转时的消耗功率，以利于空中点火起动。此外，还可以防止进气道与发动机之间的气动力相互干扰，保持进气道进口激波系的形状，防止激波脱体，以减小外阻力。

进气道斜板、辅助气门、防火活门和发动机舱冷却空气活门由模拟式电子控制装置自动控制。

简单的超声速进气道控制原理如图 1.8 所示。高压压气机出口压力 $p_{s,3}$ 与进口压力 $p_{s,2}$ 之比 $\pi_{cH}=p_{s,3}/p_{s,2}$ 反映了通过发动机的空气流量，因此在图 1.8 中所示的进气道控制系统中其压力比传感器感受的是压力 $p_{s,3}$ 和 $p_{s,2}$ 信号，通过计算转换为斜板希望位置信号，利用与测量的斜板实际位置信号比较后的误差信号，对斜板位置进行控制，以保证通过进气道的空气流量与发动机需要的空气流量相匹配。进气道斜板位置控制系统工作原理已在第 1 章 1.3 节中介绍，此处不再赘述。

4.5　轴对称矢量喷管数学模型

4.5.1　矢量喷管主要性能参数

研究矢量推力控制首先应建立矢量喷管数学模型。本节介绍轴对称矢量喷管数学模型的两种建模方法。这两种方法仍然是建立在轴对称矢量喷管流场计算的基础上，即根据流场计算的结果综合归纳出矢量喷管性能参数与几何参数和喷管进、出口边界条件之间的关系。

轴对称矢量喷管的结构图如图 4.17 所示。

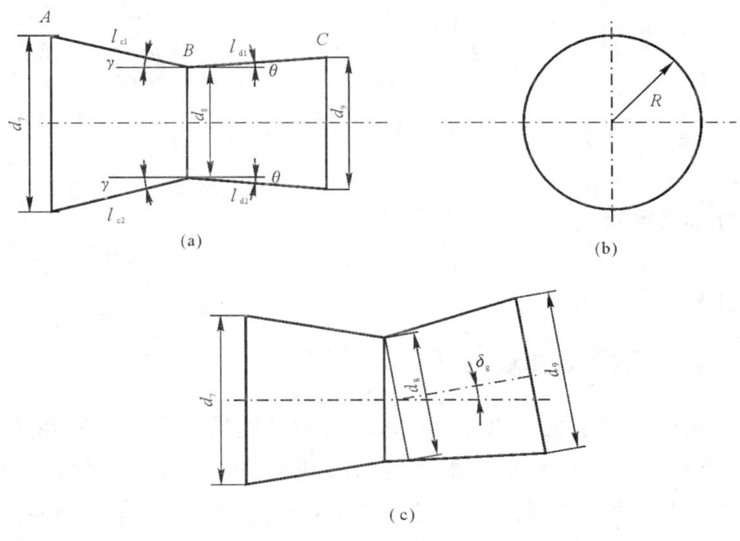

图 4.17　轴对称矢量喷管结构示意图

(a) 主视图；(b) 侧视图；(c) 偏转矢量喷管示意图

图中,l_{c1},l_{c2},l_{d1} 和 l_{d2} 分别为喷管收敛与扩张段上、下壁面的长度,d_7 为喷管进口截面直径,d_8 为喷管喉部截面直径,d_9 为喷管出口截面直径,γ 和 θ 分别为喷管收敛段和扩张段壁面与喷管中心线的夹角,δ_g 表示喷管的几何偏转角。

矢量喷管主要性能参数为流量系数 C_d、推力系数 C_{th} 和外阻力系数,这里主要研究 C_d 和 C_{th}。

流量系数定义为流过喷管的实际质量流量 q_m 和理想质量流量 $q_{m,i}$ 之比,即

$$C_d = \frac{q_m}{q_{m,i}} \tag{4.19}$$

推力系数定义为实际推力 F 与理想推力 F_i 之比,即

$$C_{th} = \frac{F}{F_i} \tag{4.20}$$

理想质量流量 $q_{m,i}$ 表示气体在一维等熵流非偏转条件下完全膨胀时通过喷管的流量;理想总推力 F_i 表示喷管在等熵完全膨胀且出口气流方向与轴线平行条件下的推力。它们可由下列两个等熵流动方程确定,并被用来规范计算的实际质量流量和推力:

$$q_{m,i} = A_8 \sqrt{\frac{k}{RT_7}}\, p_7 f\left(\frac{p_7}{p_H}\right) \tag{4.21}$$

式中

$$f\left(\frac{p_7}{p_H}\right) = \left(\frac{2}{k+1}\right)^{\frac{k+1}{2(k-1)}}, \qquad 当 \quad \frac{p_7}{p_H} \geqslant \left(\frac{k+1}{2}\right)^{\frac{k}{k-1}} \quad 时$$

$$f\left(\frac{p_7}{p_H}\right) = \sqrt{\frac{2}{k-1}\left(\frac{p_7}{p_H}\right)^{\frac{k+1}{k}}\left[\left(\frac{p_7}{p_H}\right)^{\frac{k-1}{k}} - 1\right]}, \qquad 当 \quad \frac{p_7}{p_H} < \left(\frac{k+1}{2}\right)^{\frac{k}{k-1}} \quad 时$$

$$F_i = q_{m,i}\sqrt{2\frac{k}{k-1}RT_7\left[1-\left(\frac{p_7}{p_H}\right)^{-\frac{k-1}{k}}\right]} \tag{4.22}$$

式中 A_8—— 喷管喉部截面积;

p_7,T_7—— 分别为喷管进口总压和总温;

R—— 气体常数;

p_H—— 外界大气压力。

4.5.2 轴对称矢量喷管数学模型

推力矢量控制通过控制系统的执行机构来改变矢量喷管的几何偏转角 δ_g,从而改变出口气流方向,得到大小和方向不同的推力,以满足飞机机动飞行的要求。值得注意的是气流实际的偏转角度并不等于几何偏转角 δ_g,气流实际偏转角度称为有效矢量角,用 δ_e 表示。

建立矢量喷管数学模型实际上就是要找出矢量喷管的主要性能参数与其进、出口参数和几何结构参数之间的关系,确定这种关系可以采用不同的方法。

1. 用解析式表示的矢量喷管数学模型

矢量喷管数学模型可概括为

$$C_d = f_1(\theta, A_9/A_8, \delta_g, \pi_e) \tag{4.23}$$

$$C_{th} = f_2(\theta, A_9/A_8, \delta_g, \pi_e) \tag{4.24}$$

$$\delta_e = f_3(\theta, A_9/A_8, \delta_g, \pi_e) \tag{4.25}$$

式中　π_e—— 喷管膨胀比，定义为 $\pi_e = p_7/p_H$；

A_9/A_8—— 喷管出口面积与喉部面积之比。

根据流场计算出的每个网格点上的压力、温度、速度、密度等参数，可以得出矢量喷管的主要性能参数，对其进行归一化处理，综合有关参数之间的关系，从而建立用无量纲参数表示的轴对称矢量喷管数学模型。

(1) 流量系数 C_d 与结构参数 δ_g，θ 之间的关系。 对于一个非偏转轴对称矢量喷管，流量系数仅取决于 θ，而当喷管是可偏转时，在一定的 A_9/A_8 变化范围内，流量系数还取决于几何偏转角 δ_g。若将喷管在非偏转状态下喉部阻塞时的流量系数定义为 C_d^*，计算出对于不同的出口与喉部面积比值 A_9/A_8 和不同偏转角 δ_g 时的 C_d，所有标称化流量系数 $\overline{C}_d = C_d/C_d^*$ 与 $\delta_g - \theta$ 的关系为一条曲线，如图 4.18 所示。

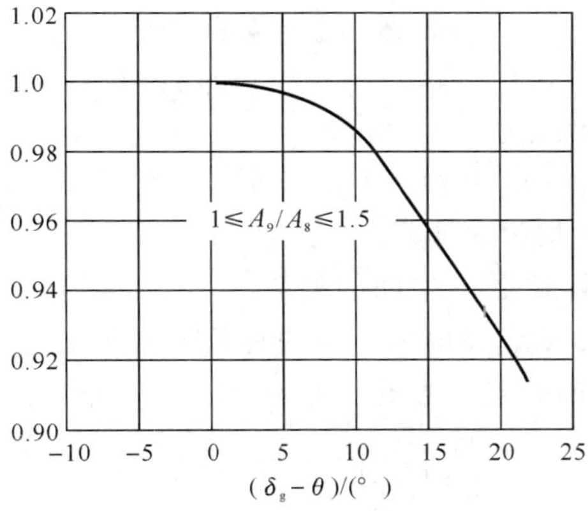

图 4.18　流量系数 $\overline{C}_d$ 与 $\delta_g - \theta$ 之间的关系

将其关系拟合成函数形式，有

$$\overline{C}_d = g_1(\delta_g - \theta) = a_0 + a_1(\delta_g - \theta) + a_2(\delta_g - \theta)^2 + a_3(\delta_g - \theta)^3 \tag{4.26}$$

式中，$a_i (i = 0,1,2,3)$ 均为常系数。

(2) 推力系数 C_{th} 与膨胀比 π_e 之间的关系。 推力系数 C_{th} 取决于 π_e，A_9/A_8，k 和有效矢量角 δ_e。轴对称矢量喷管在某一几何偏转角下，且气流完全膨胀时，推力 F 达到最大值 F_{max}，相应的推力系数 C_{th} 称为 $C_{th,max}$，而与之对应的 π_e 定义为 $\pi_{e,max}$。 在考虑推力系数时，引入一个与相对推力系数 $\overline{C}_{th} = C_{th}/C_{th,max}$ 相关的参数 $\overline{\pi}_e$，并记

$$\bar{\pi}_e = (\pi_e - 1)/(\pi_{e,max} - 1) \tag{4.27}$$

利用每种状态下所求得的 $C_{th,max}$ 和 $\pi_{e,max}$ 值绘制出对应的 $\bar{C}_{th}$ 与 $\bar{\pi}_e$ 之间的关系曲线，如图 4.19 所示。

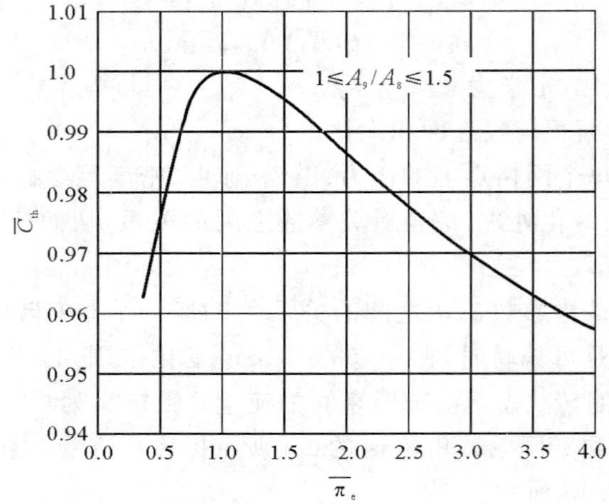

图 4.19　$\bar{C}_{th}$ 与 $\bar{\pi}_e$ 之间的关系

将其关系拟合成函数形式为

$$\bar{C}_{th} = g_2(\bar{\pi}_e) = b_0 + b_1\bar{\pi}_e + b_2\bar{\pi}_e^2 + b_3\bar{\pi}_e^3 + b_4\bar{\pi}_e^4 + b_5\bar{\pi}_e^5 \tag{4.28}$$

式中，$b_i(i=0,1,2,3,4,5)$ 均为常系数。

(3) 有效矢量角 δ_e 与膨胀比 π_e 之间的关系。有效矢量角 δ_e 也与同一个参数 $\bar{\pi}_e$ 有关。

当推力系数达到最大值 $C_{th,max}$ 时所对应的有效矢量角记为 $\delta_{e,max}$。为了得到相对有效矢量角 $\bar{\delta}_e = \delta_e/\delta_{e,max}$ 与 $\bar{\pi}_e$ 之间的单一关系曲线，特引入一个辅助函数 Φ，定义

$$\Phi = 1 + \frac{1}{2}\varphi\left(\frac{A_9}{A_8}\right)\left\{1 + \tanh\left[\frac{2}{3}\left(\bar{\pi}_e - \frac{5}{2}\right)\right]\right\} \tag{4.29}$$

$$\varphi\left(\frac{A_9}{A_8}\right) = 0.277\,8 - 0.198\,4\,\frac{A_9}{A_8}, \quad 当 \quad 1 \leqslant \frac{A_9}{A_8} \leqslant 1.5 \quad 时 \tag{4.30}$$

引入 Φ 函数的目的在于通过它可以形成 $\bar{\delta}_e = \delta_e/\delta_{e,max}$ 与 π_e 之间的单一关系曲线，并且通过它可以看出，在较大的喷管膨胀比 π_e 情况下，A_9/A_8 越大，则所产生的气流有效矢量角就越大。

利用每种状态所对应的 Φ 与 $\delta_{e,max}$ 值，可绘制出 $\bar{\delta}_e\Phi$ 与 $\bar{\pi}_e$ 的关系曲线，如图 4.20 所示，同时还得出了最大有效矢量角 $\delta_{e,max}$ 与喷管几何偏转角 δ_g 之间的关系曲线，如图 4.21 所示。

将其关系拟合成函数形式为

$$\bar{\delta}_e\Phi = g_3(\bar{\pi}_e) = c_0 + c_1 e^{\frac{(t_0 - \bar{\pi}_e)}{t_1}} + c_2 e^{\frac{(t_0 - \bar{\pi}_e)}{t_2}} \tag{4.31}$$

$$\delta_{e,\max} = g_4(\delta_g) = d_0 + d_1\delta_g + d_2\delta_g^2 \tag{4.32}$$

式中，$c_i, d_i, t_i (i=0,1,2,)$ 均为常系数。

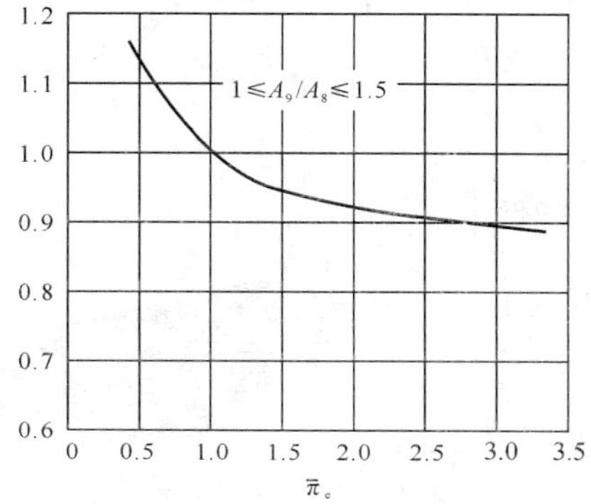

图 4.20　相对有效矢量角与膨胀比之间的关系

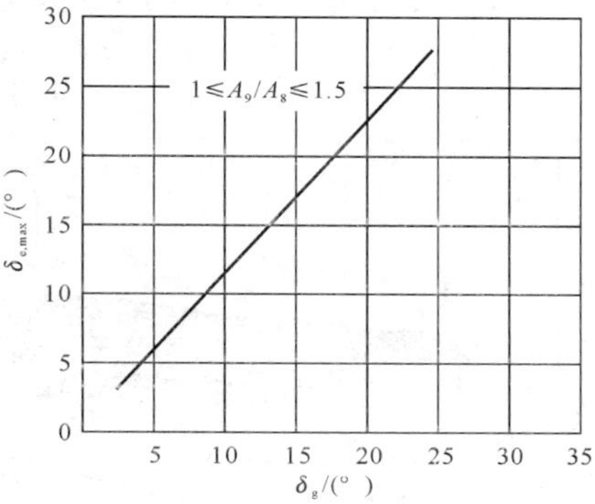

图 4.21　有效矢量角与几何偏转角之间的关系

2. 用 B 样条拟合的矢量喷管数学模型

对于结构一定的矢量喷管，δ_g 与 θ 有固定的几何关系，即 δ_g 是 θ 的函数，因此式(4.23)至式(4.25)表示的矢量喷管的数学模型可简化为

$$\left.\begin{aligned} C_d &= f_4(\delta_g, \pi_e, A_9/A_8) \\ C_{th} &= f_5(\delta_g, \pi_e, A_9/A_8) \\ \delta_e &= f_6(\delta_g, \pi_e, A_9/A_8) \end{aligned}\right\} \tag{4.33}$$

利用三维非定常流场计算得到的流量系数 C_d、推力系数 C_{th} 以及有效矢量角 δ_e 随几何偏转角 δ_g、膨胀比 π_e 和面积比变化的数据，根据多维B样条拟合方法可直接建立矢量喷管四维数学模型。图 4.22 ~ 图 4.27 所示仅为部分拟合结果。

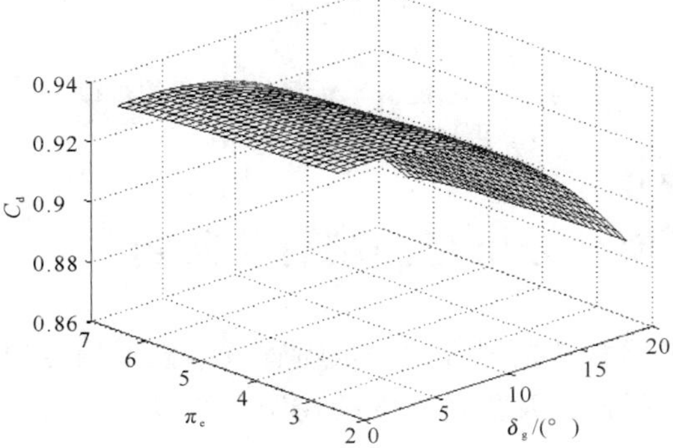

图 4.22　C_d 随 π_e 和 δ_g 变化的规律

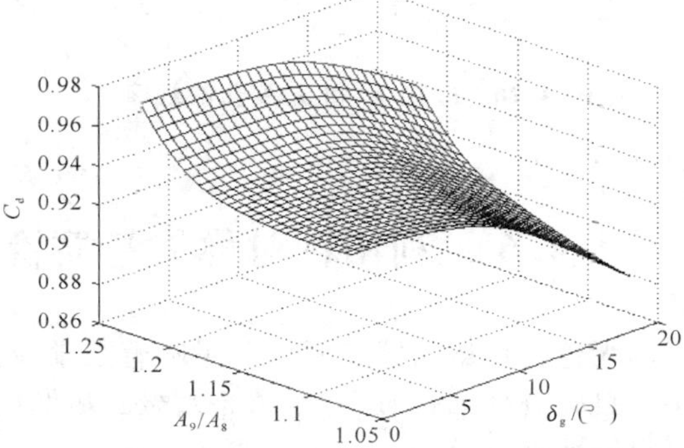

图 4.23　C_d 随 A_9/A_8 和 δ_g 变化的规律

通过B样条拟合所得到的是4维空间曲面,这一空间曲面分别描述了 C_d,C_{th},δ_e 与 δ_g,π_e,A_9/A_8 的关系,用4维系数矩阵表示空间曲面上计算结点数据,这4维系数矩阵描述了参数之间的关系,即矢量喷管数学模型,在矢量喷管计算时可直接应用该系数矩阵。

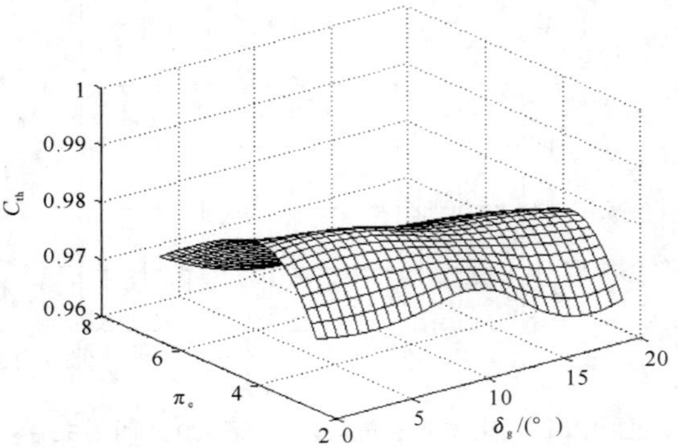

图 4.24 C_{th} 随 π_e 和 δ_g 变化的规律

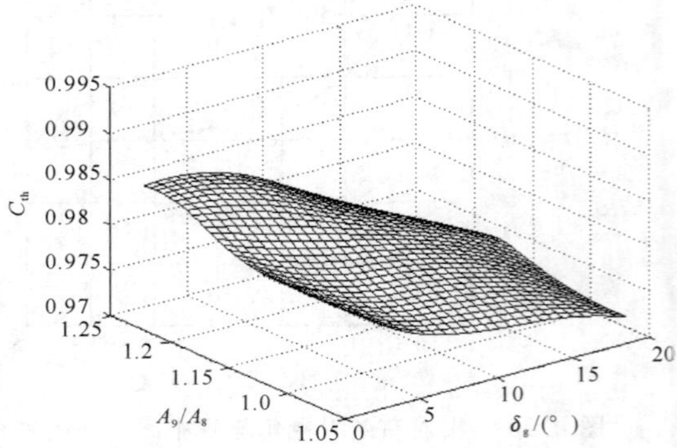

图 4.25 C_{th} 随 A_9/A_8 和 δ_g 变化的规律

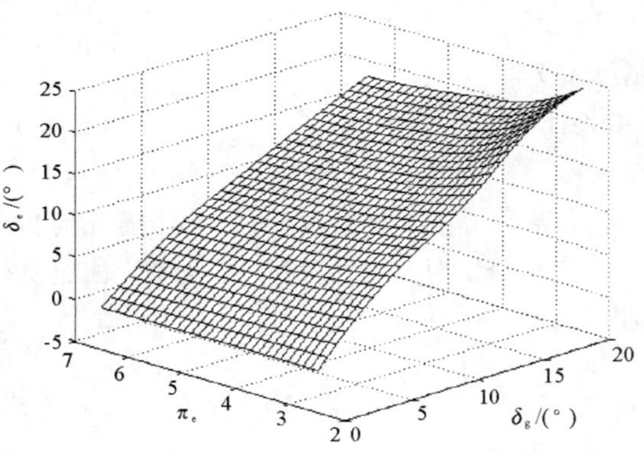

图 4.26 δ_e 随 π_e 和 δ_g 变化的规律

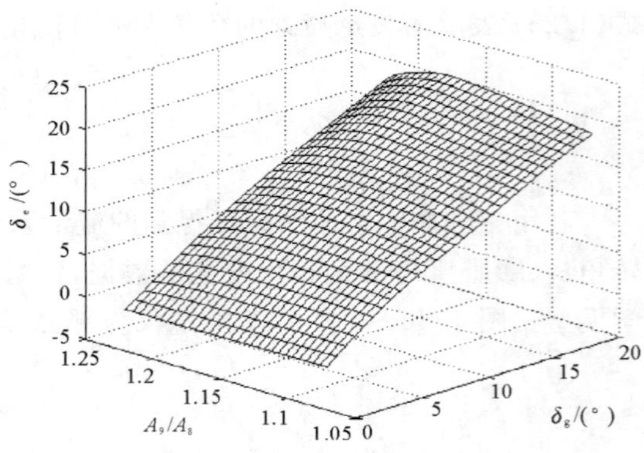

图 4.27 δ_e 随 A_9/A_8 和 δ_g 变化的规律

4.6 利用轴对称矢量喷管数学模型分析与控制有关问题

无论是用解析式表示的矢量喷管数学模型还是用B样条拟合的矢量喷管数学模型均可用于矢量喷管性能计算、矢量喷管与发动机共同工作分析,以及矢量喷管的控制系统设计。现对矢量喷管数学模型应用作一简要介绍。

4.6.1　矢量喷管偏转对发动机共同工作线的影响

当矢量喷管偏转时，几何喉部面积 A_8 和有效喉部面积 $A_{8,e}$ 都将变化，$A_{8,e}$ 的变化取决于几何喉部面积 A_8、矢量喷管结构、喷管偏转角大小及气流在矢量喷管中的流动情况（马赫数分布、气流分离等）。当矢量喷管偏转角增大时，如果喷管有效喉部面积增大，则将导致外涵道出口气流换算流量增大和涵道比加大，使外涵道空气流量加大，从而使低压转子共同工作线远离喘振边界。但 $A_{8,e}$ 增大，将使低压涡轮膨胀比 π_{TL} 增大，使低压转子共同工作线向喘振边界方向移动。一般来说，当设计涵道比 $B_d > 0.4 \sim 0.5$ 时，$A_{8,e}$ 增大，涵道比 B 的增大起主要作用，低压转子共同工作线向远离喘振边界方向移动，如图 4.28(a) 所示，图中，$\delta_{g1} < \delta_{g2} < \delta_{g3}$。当 $E_d < 0.4 \sim 0.5$ 时，低压涡轮膨胀比 π_{TL} 的增大起主要作用，使低压转子共同工作线向喘振边界方向移动，如图 4.28(b) 所示。矢量喷管偏转角变化时，如果喷管有效喉部面积减小，则低压转子共同工作线变化与以上相反。

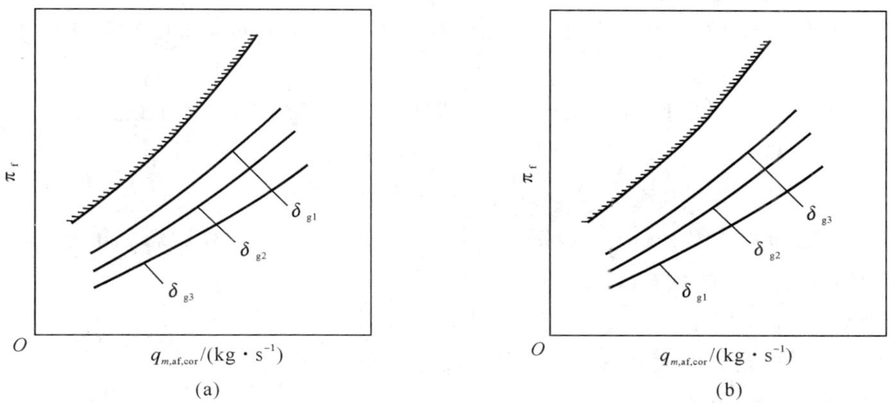

图 4.28　矢量角对低压转子共同工作线的影响

(a) $B_d > 0.4 \sim 0.5$；　(b) $B_d < 0.4 \sim 0.5$

由于涡轮导向器喉部气流处于临界流动状态，因此，当矢量喷管偏转时高压转子共同工作线基本不变。

4.6.2　矢量喷管偏转对发动机推力的影响

在一定的飞行条件和发动机一定的工作状态下，当矢量喷管偏转角增加时，喷管内部流场附面层加厚，造成气流分离，使流量系数和推力系数下降，从而使发动机推力 F 下降。图 4.29 表示了带矢量喷管的某型涡扇发动机矢量喷管偏转对流量系数 C_d 和 F 推力的影响。

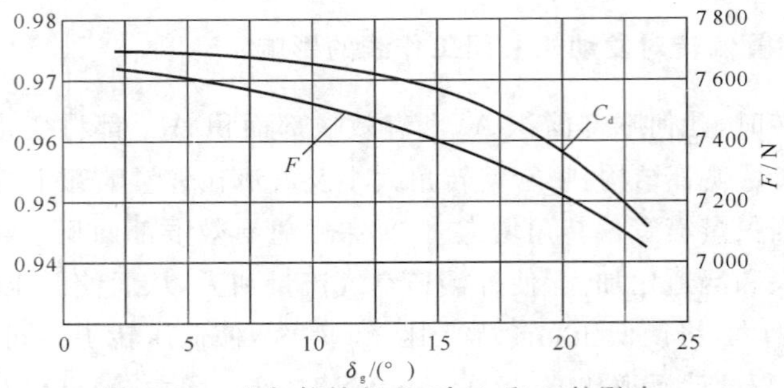

图 4.29　几何偏转角 δ_g 对 C_d 和 F 的影响

4.6.3　矢量喷管偏转时发动机推力的计算

前面介绍的矢量喷管数学模型是以流场计算为基础而建立的,通过流场计算可得到矢量喷管在不同条件下的理想流量系数 C_d^*、最大推力系数 $C_{th,max}$、喷管最大膨胀比 $\pi_{e,max}$ 等参数,然后根据矢量喷管数学模型计算发动机推力。利用解析式表示的矢量喷管数学模型计算推力的步骤如下:

(1) 根据 p_7 及 p_H 计算喷管膨胀比 π_e,并根据 $\pi_{e,max}$ 利用式(4.27)计算 $\bar{\pi}_e$;

(2) 根据几何偏转角 δ_g 及 C_d^*,由式(4.26)计算流量系数 C_d;

(3) 根据 $C_{th,max}$ 及 $\bar{\pi}_e$,由式(4.28)计算推力系数 $\bar{C}_{th}$;

(4) 根据喷管进口参数 p_7, T_7 及喉部面积 A_8,由式(4.21)计算理想流量 $q_{m,i}$;

(5) 根据 C_d 及 $q_{m,i}$ 计算实际流量 q_m, $q_m = C_d q_{m,i}$;

(6) 根据 $q_{m,i}$, p_7, T_7,由式(4.22)计算理想推力 F_i;

(7) 根据 C_{th}, F_i 及飞行速度 v_0 计算实际推力 $F = C_{th}F_i - q_m v_0$;

(8) 根据几何偏转角 δ_g,由式(4.32)计算 $\delta_{e,max}$;

(9) 根据 $\bar{\pi}_e$,由式(4.31)计算 $\bar{\delta}_e\Phi$;

(10) 根据 $\bar{\pi}_e$ 及 A_9/A_8,由式(4.29)计算函数 Φ;

(11) 根据 $\bar{\delta}_e\Phi$ 和 Φ,计算有效矢量角 $\delta_e = \bar{\delta}_e\Phi/\Phi$。

4.7　轴对称矢量喷管控制方法

4.7.1　轴对称矢量喷管控制技术要求

矢量喷管控制系统是带矢量推力的飞行/推进综合控制系统的重要组成部分。矢量喷管控制系统不仅要满足发动机工作的要求,而且还要满足飞行控制系统的要求。轴对称矢量喷管控制系统的技术要求是保证发动机正常工作的控制功能和根据飞行控制要求提供矢量推力的控制功能。

轴对称矢量喷管控制系统的控制要求如下：

(1) 在飞机所有的机动飞行状态和喷管控制系统的驱动状态，保证具有完全的发动机保护和足够的发动机工作裕度。

(2) 保证提供适合于飞机俯冲／偏航／横滚矢量推力工作模式的瞬态响应速率和准确的发动机稳态工作点。

(3) 保证飞机在所有飞行工作点和发动机矢量喷管偏转时，推力方向能够在 360° 的全方位偏转 0° ～ 20°。

(4) 保证轴对称矢量喷管控制系统能与飞行控制系统和发动机控制系统匹配、协调二作。

4.7.2　轴对称矢量喷管控制方案

对于收敛-扩张型轴对称矢量喷管，需要控制其喉部面积 A_8、出口面积 A_9、矢量方位角 δ_v 及几何偏转角 δ_g。如何选择一个较好的控制方案，以满足先进飞机对推进系统的要求，是很关键的问题。

对于收敛-扩张型轴对称矢量喷管，通过调节 A_8 喉部面积，就可以调节发动机的工作状态；A_9 为尾喷管出口面积，主要调节发动机的排气速度，调节收敛-扩张型轴对称矢量喷管的出口面积的大小，将影响尾喷管出口排气速度和气流方向。利用这一特点，设计三个 A_9 矢量喷管作动筒，在同一圆周上均匀分布。当尾喷管处于非矢量状态时，三个 A_9 作动筒同步动作，喷管轴线与发动机轴线重合；当三个 A_9 作动筒异步动作时，扩张段的喷管轴线偏离尾喷管非矢量状态轴线，致使尾喷管内燃气流向发生改变，从而实现推力转向。

轴对称矢量喷管控制系统是一个能够满足喷管收／扩调节片置位和协调各作动筒的驱动系统，即根据发动机工作点和工况要求及飞控系统推力矢量要求，按设计的基本控制规律驱动位置随动系统对矢量喷管的调节片进行置位。该系统采用液压伺服阀作动筒作为执行机构，以位置传感器作为反馈元件，形成闭环控制。另外，考虑到矢量喷管控制系统出现故障时，要求尾喷管脱离矢量状态，进入常规喷管工作状态，因此设计一应急装置，确保飞行安全。其原理如图 4.30 所示。

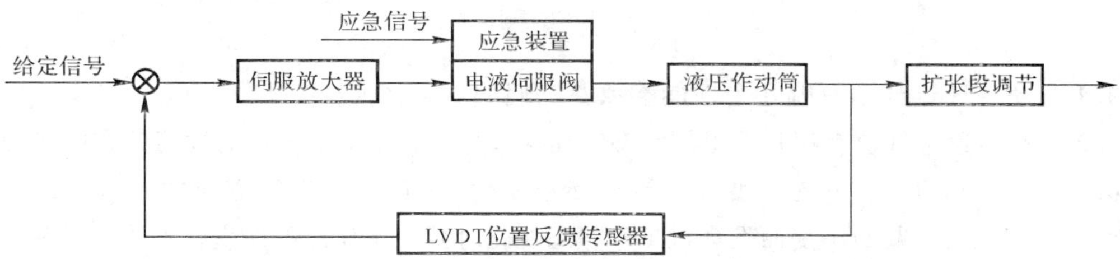

图 4.30　轴对称矢量喷管控制系统原理图

在喷管偏转时,一个很重要的问题是扩张段的控制系统既要保证出口面积的调节,又要满足转向角度的要求,即能实现喷管的周向方位角 δ_v 在 360° 范围内矢量推力在 0° ~ 20° 之间的变化。图 4.31 所示为轴对称矢量喷管控制方案简图。数字控制器通过电液伺服阀 1,2,3 分别控制液压作动筒 1,2,3 的位移,从而控制喷管出口面积 A_9 以及喷管偏转角度 δ_g;通过电液伺服阀 4 控制液压作动筒 4,从而控制喷管喉部面积 A_8。为了保证控制品质,用差动变压器位移传感器(LVDT)反馈液压作动筒 1,2,3,4 的位移信号,实现闭环反馈控制。

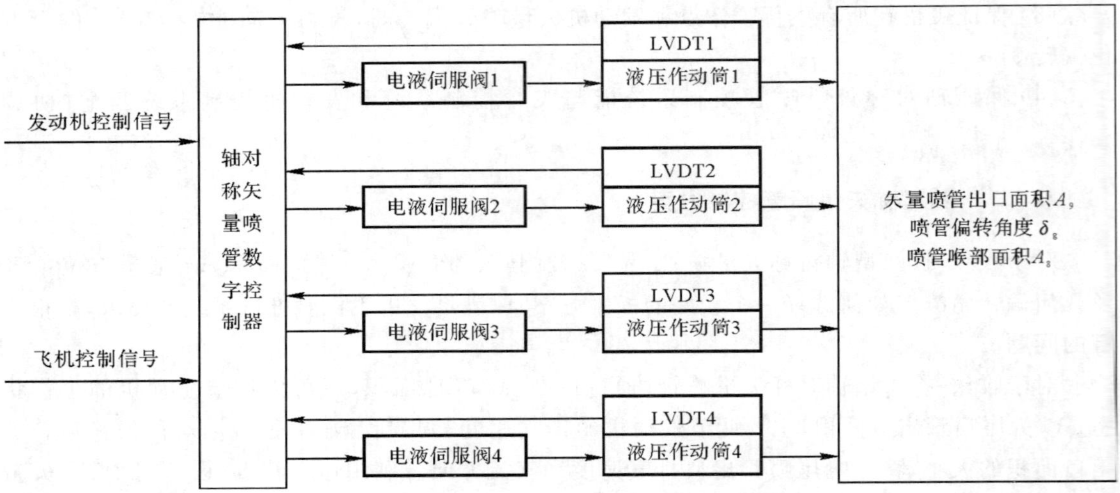

图 4.31　轴对称矢量喷管控制方案简图

喷管喉部面积 A_8 通过连接在收敛调节片上的钢索反馈机构,将 A_8 转换为角位移量,通过数字控制器确定角度的大小,便可计算喷管喉部面积 A_8 的大小,并且通过计算喷管出口面积的控制量大小,来控制尾喷管出口面积 A_9。

由图 4.31 所示轴对称矢量喷管控制方案简图可知,由驾驶员发出的矢量状态或非矢量状态信号,发送给数字控制器,确定矢量作动筒的伸长量,从而确定矢量喷管的几何偏转角和矢量方位角以及喷管出口面积 A_9 的大小。

习　题

4.1　超声速进气道有哪几个性能参数?它们的意义如何?

4.2　超声速进气道有哪几种工作状态?在这些工作状态下进气道的性能参数如何变化?

4.3　当发动机工作状态不变而飞行马赫数变化时,超声速进气道与发动机共同工作点如何变化?当飞行马赫数不变而发动机工作状态变化时共同工作点如何变化?当发动机工作状态和飞行马赫数同时变化时共同工作点又如何变化?将以上三种情况分别画图表示,并加以说明。

4.4　对题 4.3 的三种情况，为使进气道工作在最佳状态，应如何调节斜板角度？

4.5　试述建立超声速进气道数学模型的意义和建模步骤。

4.6　当飞行马赫数变化或进气道出口反压变化时，利用本章介绍的进气道数学模型，如何计算总压恢复系数 σ_{I} 和流量系数 φ_{I}？

4.7　超声速进气道有哪些控制方法？试分析其意义。

4.8　试述矢量喷管的作用。

4.9　矢量喷管性能用哪几个参数描述？它们的意义如何？

4.10　试述建立矢量喷管数学模型的意义和建模步骤。

4.11　本章介绍的矢量喷管数学模型用哪些基本关系式描述？当矢量喷管偏转角度变化时如何计算矢量推力？

4.12　轴对称矢量喷管控制有什么技术要求？若改变推力方向应如何调节？若发动机工作状态或飞行条件变化，为保持矢量推力最大应如何调节？

第5章 航空发动机机械液压式控制系统

在第2章中，我们分析了各类航空发动机的稳态控制规律、过渡态控制规律及压气机控制规律。实现各种控制规律是航空发动机控制的任务，通常要由一套复杂的控制系统完成。由于实际应用的发动机控制系统的形式和结构繁多，因此只能以几种典型机械液压式控制系统为例进行分析。通过学习，了解航空发动机的各种控制规律是如何通过各种形式的控制系统实现的，了解这些系统的基本结构、工作原理和性能分析方法，掌握了分析方法即可达到举一反三的目的。

5.1 航空发动机控制系统概述

5.1.1 航空发动机控制系统分析及设计的基本知识

航空发动机控制系统设计是一项非常复杂的工作，所包括的内容也极为广泛，本节仅介绍某些基本知识。

一、性能指标

评价控制系统的性能通常用性能指标。控制系统的性能指标应包括系统的稳定性、动态品质和控制精度等要求。

燃气涡轮发动机控制系统的性能指标应根据飞机的类型和级别、发动机的特性和性能要求以及控制器的可行性和经济性等确定。一般地说，性能指标不应当比完成给定任务需要的性能指标要求更高，因为提出不必要的过高要求，需要昂贵的元件和更为复杂的系统予以保证。正确地确定性能指标是控制系统设计中一项非常重要的工作，控制系统设计人员应对所设计的系统有全面了解，并具有较丰富的知识和经验，方可确定合理的性能指标。

对发动机转速控制、温度控制等系统设计时，性能指标应不低于下述要求。

1. 转速控制系统

(1) 发动机的转速稳态误差不得大于0.5%。

(2) 当发动机在最大状态工作时，因各种可能的干扰而引起的过渡过程的超调量不得大于2%～4%。

(3) 过渡过程的时间应不超过1～2 s。

(4) 适用于发动机由慢车状态到最大状态的全部工作状态。

2. 温度控制系统

(1) 当发动机在最大状态工作时，在任何情况下，稳态误差应小于 0.5% ～ 0.8%。

(2) 因各种可能的干扰引起的过渡过程的超调量不应超过 10^{-2} 的数量级，温度往增高方向的过调延迟时间不应超过 1 ～ 1.5 s。

(3) 过渡过程时间不应超过 2 ～ 3 s。

3. 其他控制系统及装置

(1) 在任何飞行条件下，最大转速限制器的工作误差不大于 0.5%。

(2) 对转速限制器过渡过程的要求与转速控制器相同。

(3) 在任何飞行条件下，最高燃气温度限制器的工作误差应小于 0.5%。

(4) 对燃气温度限制器过渡过程的要求与温度控制器的要求相同。

(5) 发动机的各种工作状态应由同一油门操纵杆操纵。

二、发动机控制系统设计的试探法

设计航空发动机单输入-单输出控制系统常常采用试探法。所谓试探法就是初步确定控制方案、选择控制器结构以及参数，进行系统设计，在系统设计出来后，设计人员必须要检查设计出来的系统是否满足全部性能指标。如果不满足，则应通过调整参数或改变系统结构的方法，重复进行设计过程，直到能够满足规定的性能指标为止。对于一个有经验的设计人员，这种建立在试探基础上的方法，也不必进行很多次试探，就能够设计出满意的系统来。

在设计过程中，最耗费时间的是在每次调整参数时，都要用分析的方法对性能指标进行检查。因此设计人员应尽量使用各种计算机功能，尽可能利用控制系统的计算机辅助设计技术，以完成检查过程中的大量重复计算工作。

目前对控制系统性能的分析方法很多，通常有时域分析法、频率分析法、复域分析法(根轨迹法、零极点分布法等)及模拟分析法(仿真)，这些方法已在控制原理课程中作过详细论述，不再重复。

三、系统设计步骤

利用试探法进行系统设计的大体步骤如下：

(1) 分析技术要求和性能指标。

(2) 初步确定控制系统方案。

(3) 选择控制器的元件及部件，并分析其性能。

(4) 建立包括控制对象和控制器的系统数学模型。

(5) 选择与计算控制器动态参数。

(6) 对所建立的控制系统进行性能分析及计算机仿真。对发动机在整个飞行范围内的各种工作状态，试验系统对各种输入的响应及干扰对系统性能的影响，检查所设计系统是否能在各种使用条件下满足规定的性能指标。如果性能不满意,则应修改控制器参数,重复进行性能分析。如果对系统方案不满意,此系统则必须重新设计,并再次进行全部分析。这种设计与分析的过程重复进行直到获得满意的系统为止。

(7) 建立物理系统的样机。建立样机的过程是建立数学模型的反演,以确定物理系统的结构及参数。

(8) 进行发动机控制系统半物理仿真试验。仿真系统由两部分组成,一部分为能对发动机数学模型进行实时运算的计算机,另一部分为控制器及执行机构的样机。通过试验考核控制器及执行机构样机性能,并初步考核系统性能。考核结果不满意,则须修改样机,重复上述工作。

(9) 进行发动机控制系统试验。由于设计时忽略了各种影响因素,例如元件中的负载效应、非线性因素、分布参数及各种简化假设,因此样机的实际性能有可能和理论分析的结果不一致。发动机控制系统的第一次设计试验可能不满足全部性能指标,设计人员应再次通过试探法对样机系统进行修改,直到物理系统满足全部性能指标为止。

5.1.2 航空发动机控制系统的主要控制方案及功能

在航空发动机控制系统中广泛应用的控制方式为开环控制、闭环控制和复合控制,现对这三种控制方式作一简要介绍。

1. 航空发动机开环控制系统

在航空发动机开环控制系统中,信号传递的途径不构成封闭回路,调节器测量元件不感受被控参数的变化,而是直接感受外界干扰的变化,或感受由外界干扰引起的发动机其他参数的变化,利用补偿原理对被控参数进行控制。所谓补偿原理,就是根据测量元件感受的干扰量大小,调节控制量,使其消除干扰量对被控参数的影响,以保持被控参数不变。

航空发动机开环转速控制系统如图 5.1 所示。

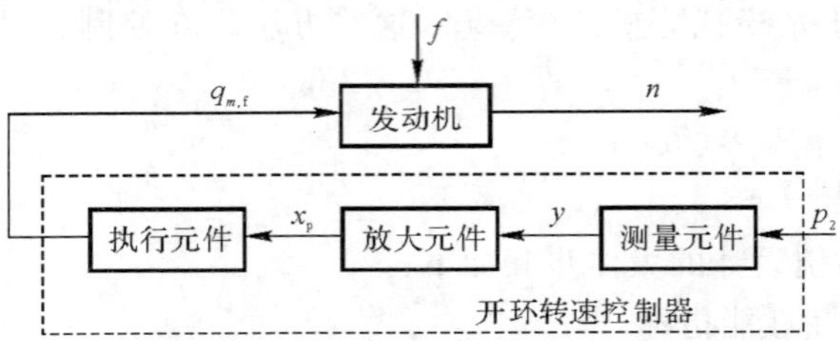

图 5.1 开环传速控制系统的结构图

当外界条件变化时,发动机的进口总温 T_2 和进口总压 p_2 变化,T_2 和 p_2 的变化会使压气机功 L_C 和流过发动机的空气流量 $q_{m,a}$ 变化,$q_{m,a}$ 的变化又将导致涡轮前燃气温度 T_4 改变,使涡轮功 L_T 也改变,L_C 和 L_T 的变化将使发动机的转速发生变化而偏离给定值。在按补偿原理工作的开环控制系统中,调节器直接感受 T_2 和 p_2 的变化,并根据变化值调节供油量,以改变

燃气温度 T_4 和涡轮功 L_T，以此补偿干扰量对发动机转速的影响。

反映干扰量的测量参数，应根据实际情况确定，既要考虑控制精度，也要考虑调节器的结构应简单，易于实现。

对压气机设计增压比不高的发动机，当 n_{cor} 在相当宽的范围内变化时，L_C 变化不大，这表明 T_2 对 L_C 的影响可忽略。这时应主要考虑外界干扰对发动机空气流量的影响，由于 T_2 对空气流量的影响较 p_2 小得多，为了使调节器结构简单，通常只取 p_2 作为测量参数。

开环温度控制系统与开环转速控制系统的补偿原理相同。由于发动机的燃气温度（T_4，$T_{7,af}$）很高，温度场不均匀，温度测量元件的热惯性大等原因，航空发动机的温度控制常采用开环系统。在控制转速与温度的双变量系统中，采用双闭环控制，由于发动机内部各参数相互关联，会在两闭环回路之间产生耦合作用，这在许多情况下是不允许的。为了消除耦合影响须在控制器中增设补偿装置，这将使控制器结构复杂化。因此，常采用如图 5.2 所示的闭环与开环的联合控制系统。

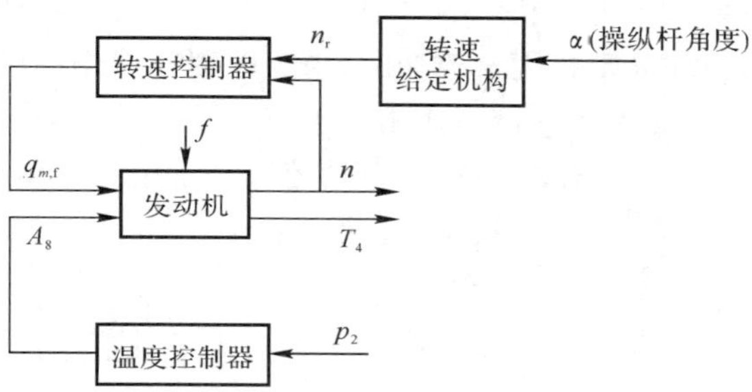

图 5.2　闭环转速与开环温度联合控制系统结构图

开环控制系统在外界干扰开始变化的瞬间其调节过程就开始进行，使被控参数不致产生过大的偏离，系统工作比较稳定。但在实际中，由于引起被控参数变化的干扰因素很多，不可能对每一种因素都由调节器补偿，因此控制精度不高，开环控制只适合于控制精度要求不高的系统。

2. *航空发动机闭环控制系统*

闭环控制系统是按偏差原理进行控制的。所谓偏差原理，就是根据被控参数的实际值与给定值的偏差进行调节的原理。按这一原理工作的控制系统，尽管在调节过程中被控参数给定值产生了偏差，但在过程结束时，偏差将变为很小的数值(这时的偏差就是稳态误差)。由于控制准确度较高，闭环控制系统在航空发动机控制中用得很广。在图 5.3 所示的闭环转速控制系统中，当发动机转速 n 偏离油门操纵杆选定的转速给定值 n_r，转速测量元件感受转速偏差 $e_n=n_r-n$，输出信号 y。信号 y 经放大元件放大后输出信号 x_p，信号 x_p 用于驱动执行元件，调节发动机供油量 $q_{m,f}$，以减小转速偏差。

实现航空发动机自动保护的各种安全限制器，例如最大转速限制器、最高温度限制器等，通常都采用闭环控制,只是给定值为固定不变的极限值。

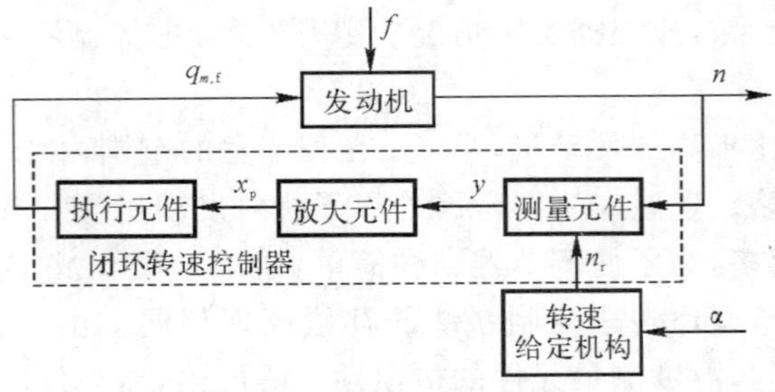

图 5.3　闭环转速控制系统结构图

3. 航空发动机复合控制系统

复合控制是在闭环控制回路的基础上,增加干扰量补偿的顺馈通路,是闭环系统综合开环系统的优点,在干扰量对系统产生不利影响之前,就能通过补偿消除即将发生的不利影响。采用复合控制原理的系统,当外界干扰因素改变时,由于顺馈补偿作用可以使被控参数不发生过大偏离,调节过程结束时,又能由闭环控制作用使被控参数较准确地保持给定值。随着发动机性能要求的提高,复合控制系统在航空发动机自动控制系统中的应用亦逐渐广泛。

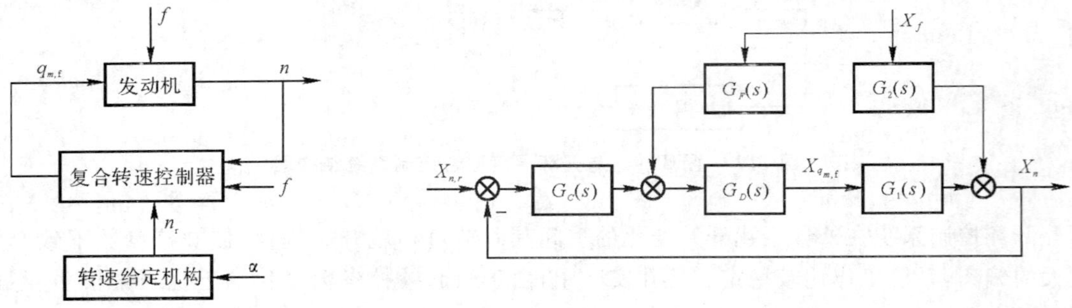

(a)　　　　(b)

图 5.4　复合转速控制系统结构简图

复合转速控制系统可以用图 5.4(a) 所示的结构简图表示。转速控制器同时感受发动机的实际转速 n 和反映干扰量变化的参数 f,并将实际转速 n 与给定转速 n_r 比较,得转速偏差,根据转速偏差和干扰量 f,调节供油量 $q_{m,f}$,控制发动机转速 n。图 5.4(b) 中,用控制对象及控制器的传递函数结构图表示了复合转速控制系统中的信号传递关系。发动机的传递函数包括转速对供油量的传递函数 $G_1(s)$ 和转速对干扰量 f 的传递函数 $G_2(s)$。控制器传递函数包括 $G_C(s)$,$G_D(s)$ 和 $G_F(s)$,顺馈补偿传递函数为 $G_F(s)G_D(s)G_1(s)$。理论上讲,当

$$G_2(s)X_f(s)+G_F(s)G_D(s)G_1(s)X_f(s)=0$$

或

$$G_F(s)=-G_2(s)/[G_D(s)G_1(s)]$$

时,顺馈控制可以消除干扰量 f 对被控参数 n 的影响。

5.2　航空发动机开环控制系统

本节介绍发动机燃油流量控制的基本方法、几种简单的流量控制器以及在流量控制器基础上增加干扰量补偿装置的开环控制系统。

流量控制器不仅是航空发动机机械液压式控制系统的基本组成部分,也是数字式控制系统的基本组成部分。

5.2.1　定压差流量控制器

1. 工作原理

流量控制器由定压差调节器与可变面积节流装置(油泵至喷嘴油路上的流量计量装置)组成。它是用来保持节流装置前、后压差不变,依靠改变节流装置面积来改变流量的控制器。节流装置有油门开关和流量计量滑阀等多种结构形式。下面以图 5.5 所示油门开关作为节流装置,介绍流量控制器的工作原理。

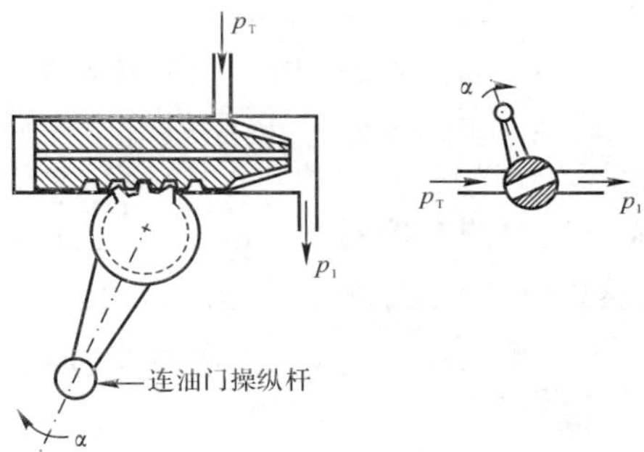

图 5.5　油门开关示意图

(a) 油针轴向移动式；(b) 油针转动式

油门开关油针具有按流量要求设计的型面。当油门操纵杆转动时,油针作轴向移动(或转动),改变节流面积,通过油门开关的流量

$$q_{m,f}=\mu_t A_t\sqrt{2\rho(p_T-p_1)} \tag{5.1}$$

式中　A_t —— 油门开关的几何流通面积,$A_t=A_t(\alpha)$,α 为油门操纵杆角度;

μ_t —— 油门开关流量系数,可看做常数;

ρ —— 燃油密度,可看做常数;

p_T,p_1 —— 分别为油门开关前、后压力。

由于流量控制器保持油门开关压差 $\Delta p=p_T-p_1$ 为恒定值,因此通过油门开关的流量可

简单表示为

$$q_{m,\mathrm{f}}=q_{m,\mathrm{f}}(\alpha) \tag{5.2}$$

由式(5.2)可见,由流量控制器供给发动机的燃油流量只随油门操纵杆的位置而变。当油门操纵杆的位置不变时,供往发动机的燃油流量保持不变。当需要改变发动机工作状态,例如增加转速时,只要推油门操纵杆增大供油量就可增大转速。在流量控制器中,油门开关起计量油量的作用。

2. 直接作用式定压差流量控制器

根据有无放大元件,定压差流量控制器可分为直接作用式和间接作用式两种。

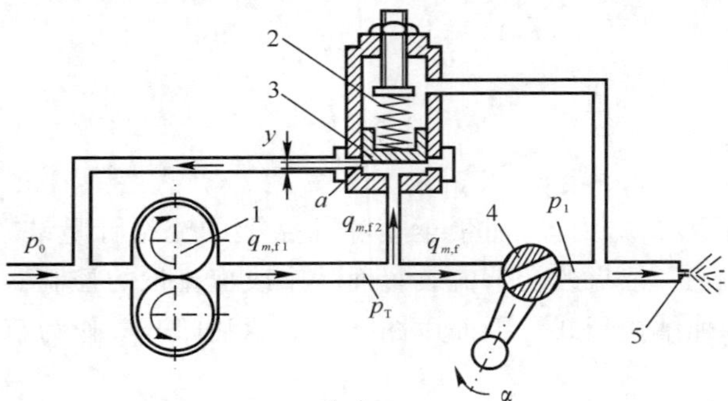

(a)

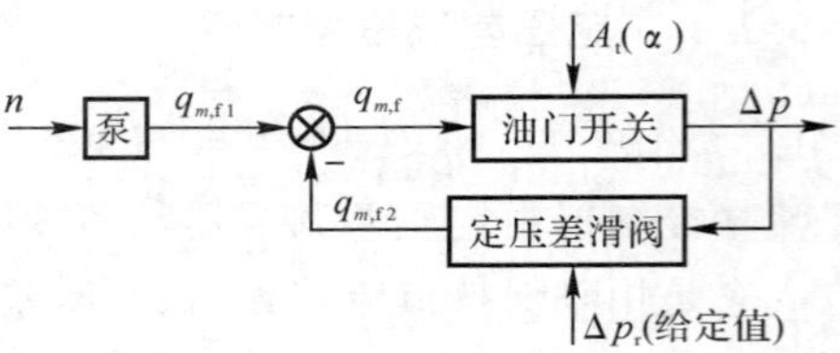

(b)

图 5.6 直接作用式定压差流量控制器

(a) 原理图; (b) 结构简图

图 5.6 所示为直接作用式定压差流量控制器原理图。燃油从齿轮泵 1 流出,大部分经油门开关 4 及燃烧室喷嘴 5 喷入燃烧室,小部分则经压差滑阀(定压差滑阀)控制的回油孔 a 回油泵进口。压差滑阀 3 的上面为油门开关后压力 p_1,下面为油门开关前压力 p_T。压差滑阀的力平衡方程为

$$\Delta pA=F_\mathrm{s}$$

式中 Δp—— 油门开关前、后压差,$\Delta p=p_\mathrm{T}-p_1$;

A—— 压差滑阀端面积;

F_s—— 压差调整弹簧力,调整值 $F_{\mathrm{s}0}=\Delta p_\mathrm{r}A$,其中,$\Delta p_\mathrm{r}$ 为压差给定值。

流量控制器稳定工作时,油门开关前、后压差 Δp 保持恒定值,使通过油门开关的流量亦保持不变。当齿轮泵的供油量 $q_{m,\mathrm{f}1}$ 发生变化,例如,因发动机转速增加,使齿轮泵转速增加,导致齿轮泵供油量增加时,通过油门开关的流量 $q_{m,\mathrm{f}}$ 增加,油门开关压差也增加,使压差滑阀离开原平衡位置向上,回油孔的开度增大,回油量 $q_{m,\mathrm{f}2}$ 增加,通过油门开关的流量逐渐减小,开关前、后压差也逐渐回降,压差滑阀又逐渐下移,最终进入新的稳定状态。由于齿轮泵的供油量增加,要保证油门开关压差 Δp 不变,即保证油门开关通过的流量不变,压差滑阀须增大回油孔 a 的开度,将齿轮泵增加的供油量回走。因此,新的稳定状态回油孔开度 y、油门开关压差 Δp

及通过油门开关的流量 $q_{m,f}$ 都较原稳定状态有所增加。这种流量控制器，由于没有放大元件，压差滑阀既是测量元件又是执行元件，因此稳态误差较大。

3. 间接作用式定压差流量控制器

图 5.7 所示为间接作用式定压差流量控制器。控制器由柱塞泵 5 供油。压差滑阀 1 感受油门开关 4 前、后压差 Δp，并控制随动活塞 A 腔进油孔 a 和 B 腔回油孔 b 的开度，油泵出口高压油经 a 孔进入 A 腔，B 腔通过 b 孔向低压放油。流量控制器稳定工作时，压差滑阀 1 和随动活塞 6 的受力平衡，A 腔和 B 腔的流入与流出流量相等。当油门开关前、后压差因通过油门开关的流量变化而改变时，压差滑阀的受力不再平衡，压差滑阀移动，流量控制器进行调节，使油门开关前、后压差保持不变。

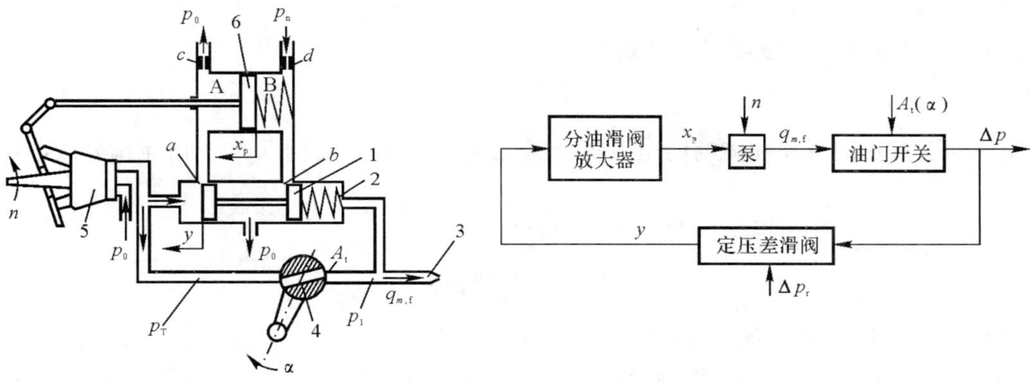

(a)　　　　　　　　　　(b)

图 5.7　间接作用式定压差流量控制器

(a) 原理图；(b) 结构简图

4. 间接作用式定压差流量控制器特性

现以油门开关面积改变时的压差调节过程为例，简要分析间接作用式定压差流量控制器的特性。调节过程中的动态特性曲线如图 5.8 所示。

在 t_0 时刻将油门操纵杆角度由 α_0 转至 α_1，使油门开关面积由 A_{t0} 增大到 A_{ts}，由于该瞬时油泵的供油量 $q_{m,f0}$ 未变，因此通过油门开关和喷嘴的流量仍为 $q_{m,f0}$，喷嘴前压力仍为 p_{10}。但因油门开关面积增大，流动阻力减小，使油门开关前压力突然减小，因此油门开关前、后压差 Δp 减小。压差滑阀受力不平衡而向左移动(见图 5.7(a))，使 a,b 两节流口开度减小，随动活塞 A 腔压力降低，B 腔压力升高。油压力推动随动活塞向左移动，油泵斜盘角度增大使供油量增大，油门开关压差也随之增大，

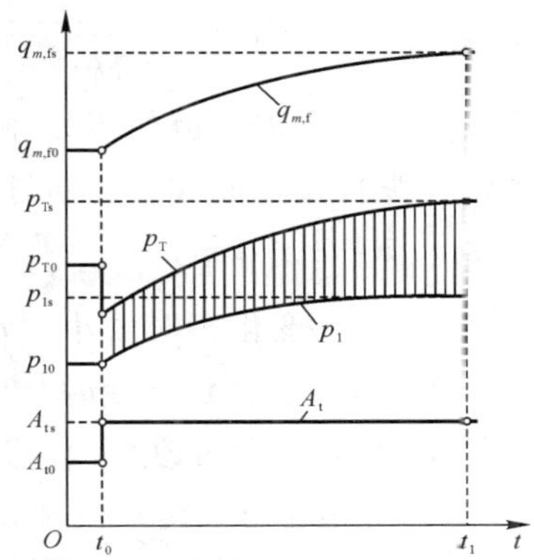

图 5.8　定压差流量控制器动态特性曲线

压差滑阀又逐渐向右移动,a,b 孔开度又逐渐增大。随动活塞左移速度减慢,供油量上升速度变缓,直至控制器各元件进入新的平衡状态为止,过渡过程结束。这时,供油量增加到 $q_{m,fs}$(对应于油门操纵杆角 α_1 的供油量),油门开关前、后压差为 $p_{Ts}-p_{1s}$,这一压差近似与原状态压差 $p_{T0}-p_{10}$ 相等。

实际上,由于随动活塞上作用的弹簧力和斜盘反力随着随动活塞的位置不同而改变,而主油泵出口压力 p_T 随油泵供油量而变化,因此,只有压差滑阀位置相对于原始位置有所变化,才能使随动活塞稳定在新的位置。由压差滑阀受力平衡可知,油门开关前、后压差必然变化,再不能恢复到原状态时的压差。但这一压差的变化非常小,故可以近似认为不随油门开关位置的变化而变化。

5.2.2 定压流量控制器工作原理

1. 工作原理

设燃油通过油门开关和喷嘴的压力降分别为 Δp_1 和 Δp_2(见图 5.9)。由流量公式可得

$$\Delta p_1=\frac{q_{m,f}^2}{2\rho(\mu_t A_t)^2}$$

$$\Delta p_2=\frac{q_{m,f}^2}{2\rho(\mu_1 A_1)^2}$$

如果将串联的两个节流装置合并,用一个等效节流装置代替,其等效节流面积用 A 表示,燃油通过等效节流装置的压差为

$$\Delta p=\frac{q_{m,f}^2}{2\rho(\mu A)^2}$$

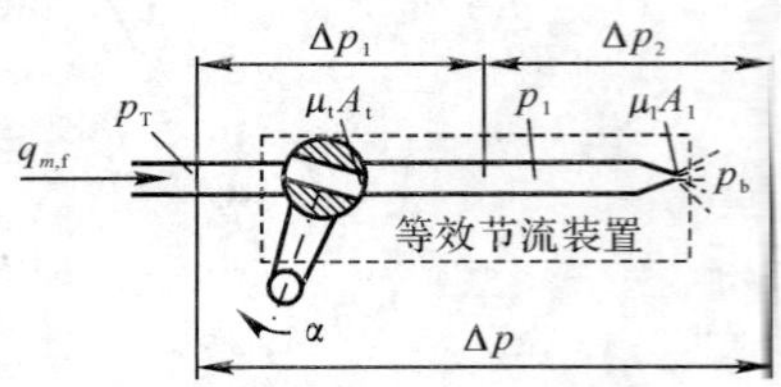

图 5.9 油门开关与喷嘴

根据 $\Delta p=\Delta p_1+\Delta p_2$,可得

$$\mu A=\frac{(\mu_t A_t)(\mu_1 A_1)}{\sqrt{(\mu_t A_t)^2+(\mu_1 A_1)^2}}$$

由于油门开关的节流面积 A_t 随油门操纵杆的角度而变,因此等效节流装置有效节流面积也随油门操纵杆角度而改变。通过等效节流装置的流量为

$$q_{m,f}=\mu A\sqrt{2\rho(p_T-p_b)} \tag{5.3}$$

由于 p_b 变化相对较小,故可认为 p_b = 常数或忽略,因而等效节流装置的压差仅取决于 p_T。当保持 p_T 恒定不变时,供给发动机的油量仅随油门操纵杆角度 α 而变。这种保持油门开关前压力不变,通过改变油门开关面积控制流量的装置称为定压流量控制器。

2. 间接作用式定压流量控制器

定压流量控制器也有直接作用式和间接作用式两种形式。直接作用式定压流量控制器的结构与直接作用式定压差流量控制器类似,不同之处在于定压流量控制器的定压滑阀仅感受

油门开关前压力，不感受油门开关后压力。这里不再介绍。

间接作用式定压流量控制器的工作原理图如图 5.10(a) 所示。薄膜 1 感受油门开关前压力 p_T，通过滑块 2 和顶杆 3 将作用于薄膜上的油压力 p_T 传至杠杆 4 上。杠杆 4 的左端作用调准弹簧力。当 p_T 大于 p_{Tr}（由调准弹簧 5 调整）时，杠杆控制喷嘴挡板式液压放大器的挡板开度 y 增大，使随动活塞 B 腔压力 p_B 降低，活塞向右运动，减小斜盘角度，减小供油量，使油门开关前压力 p_T 又逐渐回降，杠杆逐渐关小挡板开度。直至控制器各元件重新平衡，控制器进入稳定状态，调节过程结束，p_T 又近似恢复到给定值 p_{Tr}。

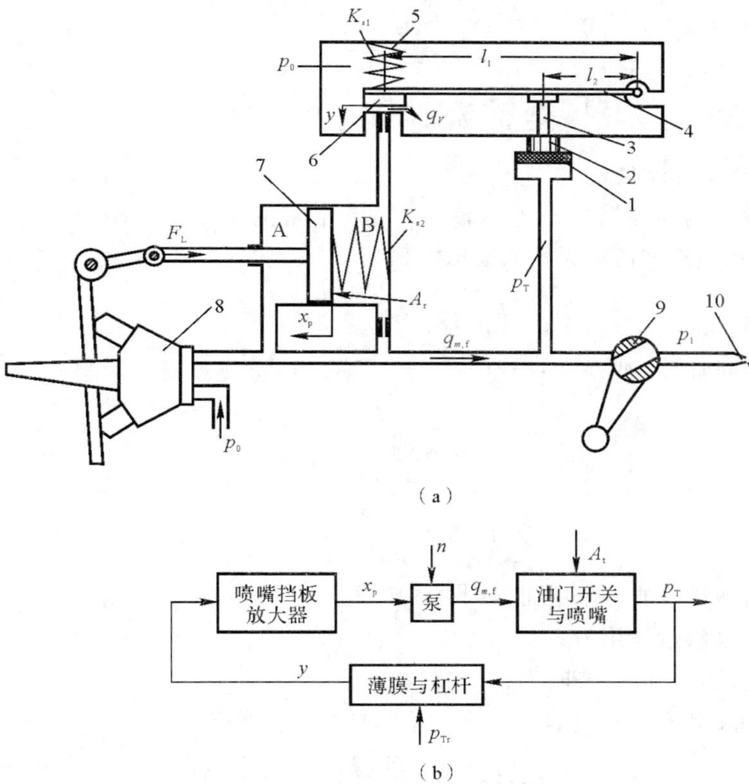

图 5.10　间接作用式定压流量控制器

(a) 工作原理图；(b) 结构简图

5.2.3　定压流量控制器数学模型与动态特性

首先建立各元件的动态方程，然后导出流量控制器传递函数，最后求出动态响应。

1. *测量元件的动态方程式*

测量元件感受油门开关前压力 p_T，并通过杠杆与调准弹簧调整的给定值 p_{Tr} 比较，输出喷

嘴挡板开度 y。薄膜输出力增量为

$$\Delta F = A_e \Delta p_T$$

式中 A_e —— 薄膜有效面积；

Δp_T —— 油门开关前压力的增量。

忽略喷嘴挡板液压力，杠杆的力矩平衡增量方程为

$$\Delta F l_2 + K_{s1} \Delta y l_1 = 0$$

式中，K_{s1} 为调准弹簧刚度。

将变量用相对增量形式表示，得动态方程式

$$\bar{y} = -K_1 \bar{p}_T \tag{5.4}$$

式中，K_1 为增益系数，$K_1 = \dfrac{l_2 A_e}{l_1 K_{s1}} \dfrac{p_{T0}}{y_0}$， p_{T0}，y_0 为稳态值。

2. 放大元件的动态方程式

放大元件的输入为喷嘴挡板开度 y，输出为随动活塞位移 x_p。忽略随动活塞及负载的惯性力和阻尼力，喷嘴挡板液压放大器的动态方程为

$$T_c \frac{d\bar{x}_p}{dt} + \bar{x}_p = K_2 \bar{y} \tag{5.5}$$

式中 T_c —— 时间常数，即

$$T_c = \frac{A_r^2}{C\left[\left(\dfrac{\partial F_L}{\partial x_p}\right)_0 + K_{s2}\right]}$$

其中

$$C = \frac{q_{V0}}{2}\left(\frac{1}{p_{T0} - p_{B0}} + \frac{1}{p_{B0} - p_0}\right)$$

A_r —— 随动活塞油压作用面积；

F_L —— 油泵斜盘作用力；

K_{s2} —— 随动活塞腔弹簧刚度；

q_{V0} —— 稳定状态时通过直径为 d 的喷嘴挡板的流量，即

$$q_{V0} = \mu \pi d y_0 \sqrt{\frac{2g}{\gamma}(p_{B0} - p_0)}$$

K_2 —— 增益系数，即

$$K_2 = \frac{A_r q_{V0}}{C\left[\left(\dfrac{\partial F_L}{\partial x_p}\right)_0 + K_{s2}\right]} \frac{y_0}{x_{p,0}}$$

3. 油泵的动态方程式

油泵的动态方程式为

$$\bar{q}_{m,f} = K_3 \bar{n} + K_4 \bar{x}_p \tag{5.6}$$

式中　$\bar{n}$ —— 油泵相对转速，$\bar{n}=\Delta n/n_0$；

$\bar{q}_{m,\mathrm{f}}$ —— 油泵相对供油量，$\bar{q}_{m,\mathrm{f}}=\Delta q_{m,\mathrm{f}}/q_{m,\mathrm{f0}}$；

$$K_3=\left(\frac{\partial q_{m,\mathrm{f}}}{\partial n}\right)_0\frac{n_0}{q_{m,\mathrm{f0}}},\quad K_4=\left(\frac{\partial q_{m,\mathrm{f}}}{\partial x_\mathrm{p}}\right)_0\frac{x_{\mathrm{p},0}}{q_{m,\mathrm{f0}}}$$

4. 油门开关与喷嘴的动态方程式

将油门开关与喷嘴用等效节流装置代替，其输入量为通过油门开关 9(见图 5.10) 的油量 $q_{m,\mathrm{f}}$，输出为油门开关前压力 p_T。忽略燃烧室反压力 p_b，通过等效节流装置的流量

$$q_{m,\mathrm{f}}=A\sqrt{2\rho p_\mathrm{T}}$$

式中，A 为油门开关与喷嘴的等效节流面积。

将上式线性化，取相对增量的动态方程为

$$\bar{p}_\mathrm{T}=K_5\bar{q}_{m,\mathrm{f}}-K_6\bar{A} \tag{5.7}$$

式中

$$K_5=\frac{1}{\left(\frac{\partial q_{m,\mathrm{f}}}{\partial p_\mathrm{T}}\right)_0}\frac{q_{m,\mathrm{f0}}}{p_\mathrm{T0}},\quad K_6=\frac{\left(\frac{\partial q_{m,\mathrm{f}}}{\partial A}\right)_0}{\left(\frac{\partial q_{m,\mathrm{f}}}{\partial p_\mathrm{T}}\right)_0}\frac{A_0}{p_\mathrm{T0}}$$

在零初始条件下，对式(5.4) 至式(5.7) 进行拉氏变换，并把每一个拉氏变换方程分别以方块图表示，最后将这些方块按信号传递关系连接，就得到如图 5.11 所示该控制器的结构图。

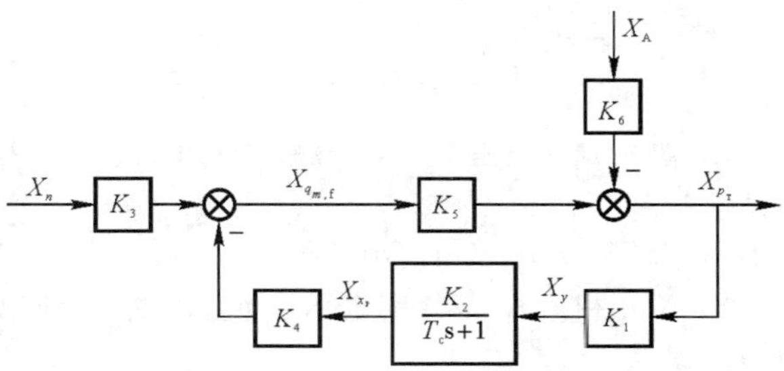

图 5.11　定压流量控制器结构图

由图 5.11，可得

$$X_{p_\mathrm{T}}=K_5\left(K_3X_n-\frac{K_1K_2K_4}{T_\mathrm{c}s+1}X_{p_\mathrm{T}}\right)-K_6X_A$$

经整理得

$$(Ts+1)X_{p_\mathrm{T}}=K_a(T_\mathrm{c}s+1)X_n-K_b(T_\mathrm{c}s+1)X_A \tag{5.8}$$

式中

$$T=\frac{T_\mathrm{c}}{1+K_1K_2K_4K_5}$$

$$K_a=\frac{K_3K_5}{1+K_1K_2K_4K_5}$$

$$K_b = \frac{K_6}{1 + K_1 K_2 K_4 K_5}$$

由式(5.8)可得油门开关前压力 p_T 的动态方程,即

$$X_{p_T} = \frac{K_a(T_c s + 1)}{Ts + 1} X_n - \frac{K_b(T_c s + 1)}{Ts + 1} X_A \tag{5.9}$$

当油门开关位置不变,油泵转速 n 阶跃变化时,油门开关前压力 p_T 的响应为

$$\bar{p}_T(t) = K_a \bar{n}\left(1 + \frac{T_c - T}{T} e^{-\frac{t}{T}}\right)$$

当油泵转速不变,油门开关面积 A_t 阶跃变化时,p_T 的响应为

$$\bar{p}_T(t) = -K_b \bar{A}\left(1 + \frac{T_c - T}{T} e^{-\frac{t}{T}}\right)$$

图 5.12 表示 A_t 阶跃变化时 p_T 的响应曲线。

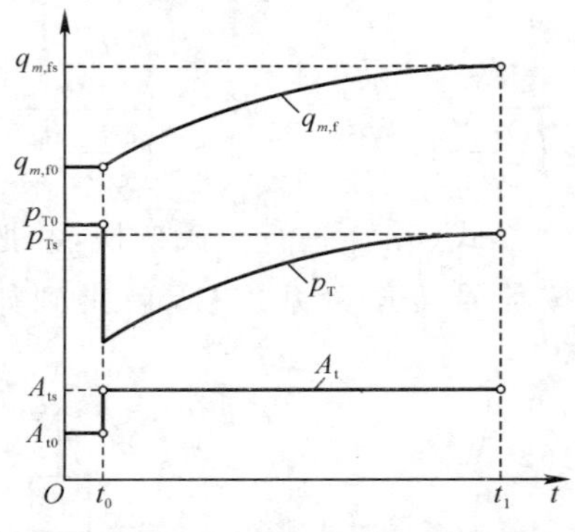

图 5.12　定压流量控制器阶跃响应曲线

由 p_T 对 n 的阶跃响应可知,当 $t \to \infty$ 时,$\bar{p}(\infty) = K_a \bar{n}$,由 p_T 对 A_t 的阶跃响应可知,当 $t \to \infty$ 时,$\bar{p}_T(\infty) = -K_b \bar{A}$,$K_a \bar{n}$ 和 $-K_b \bar{A}$ 分别表示了 p_T 对油泵转速变化时的稳态误差和对油门开关面积变化时的稳态误差。

5.2.4　开环控制系统

流量控制器虽然可以通过改变油门操纵杆位置控制供往燃烧室的油量以控制发动机转速或涡轮前燃气温度的改变。但是,当油门操纵杆位置不变而飞行条件改变时,由于流量控制器保持供油量不变,发动机的转速及其他参数都要发生变化,因此不能用它作为自动保持被控参数(转速或温度)不变的控制器。

为了在外界干扰作用下,能基本保持被控参数不变,可以在流量控制器基础上增加按补偿原理工作的供油量修正装置。增设供油量修正装置的流量控制器就可用于开环控制系统中。这种控制器使用的供油量修正方式有两种:一种是改变节流装置的节流面积;另一种是改变节流

装置前、后压差。图 5.13 所示为控制器采用改变节流装置前、后压差的修正方式。节流装置由油门开关和喷嘴组成。在忽略燃烧室压力变化影响下，等效节流装置压差的修正就转变为油门开关前压力的修正。因此，只须在图 5.10 所示的定压流量控制器上，增加起补偿修正作用的膜盒 1 就可构成图 5.13 所示的开环控制系统。

图 5.13 所示开环控制系统（发动机未画）可以作为发动机转速或温度的控制系统。下面以控制转速为例，介绍供油量修正的原理。

1. 发动机的需用油量

要保持发动机的转速（或温度）恒定，发动机的需用油量 $q_{m,正}$ 主要随流过发动机的空气流量而改变。当发动机的外界条件变化时，流过发动机的空气流量变化，影响空气流量变化的主要因素是发动机进口压力 p_2。对飞行范围不很宽、性能要求不很高的发动机，通常都不考虑发动机进口温度 T_2 的影响。

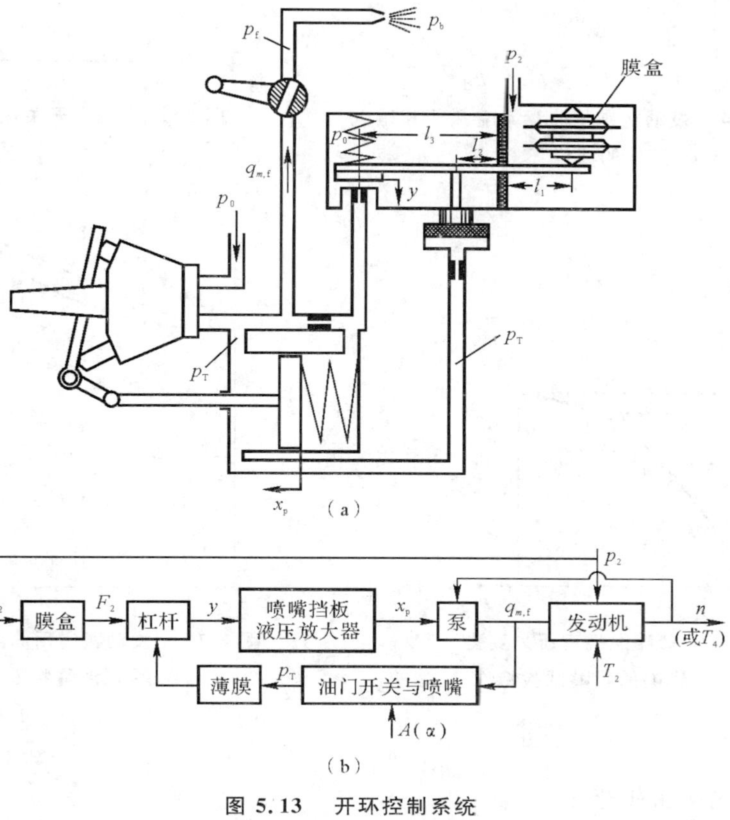

图 5.13　开环控制系统

(a) 原理图；(b) 结构简图

在图 5.13 所示的控制系统中，若忽略燃烧室反压 p_b，进入发动机的燃油流量为

$$q_{m,f}=\mu A\sqrt{2\rho p_T} \tag{5.10}$$

当油门操纵杆位置一定时，油门开关与喷嘴的等效节流面积 μA 可近似看做定值，由式(5.10)可见，通过油门开关和喷嘴的流量可以用油门开关前压力 p_{TE} 表示。由于压力 p_T 便于测量，因此可以利用 p_T 与 $q_{m,f}$ 的关系，将图 5.14 所示发动机需用油量 $q_{m,fE}=f(p_2)$ 转换为 $p_{TE}=f(p_2)$。如果已知如图 5.15 所示的油门开关特性和如图 5.16 所示的喷嘴特性，则通过消去中间变量 $q_{m,f}$ 即可获得以 p_{TE} 表示的发动机需用油量特性，如图 5.17 中曲线 1 所示。

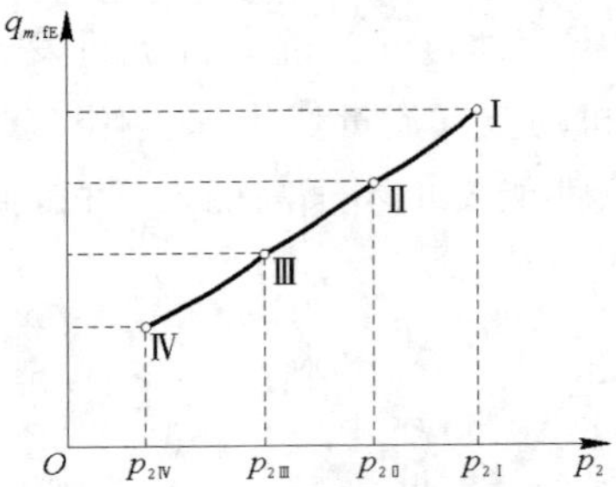

图 5.14　发动机需用油量 $q_{m,fE}$ 随干扰输入 p_2 变化的曲线

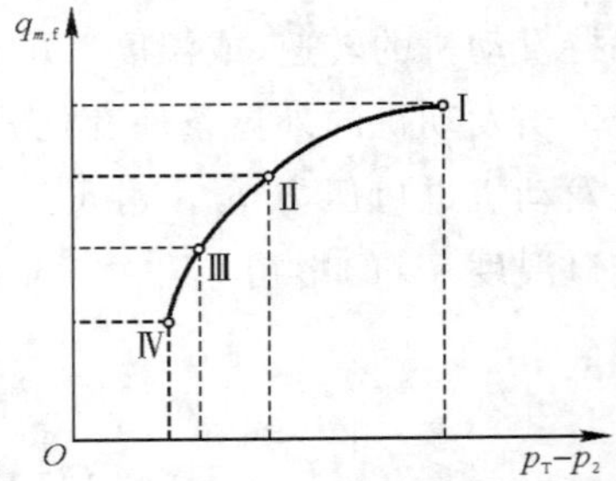

图 5.15　油门开关试验特性

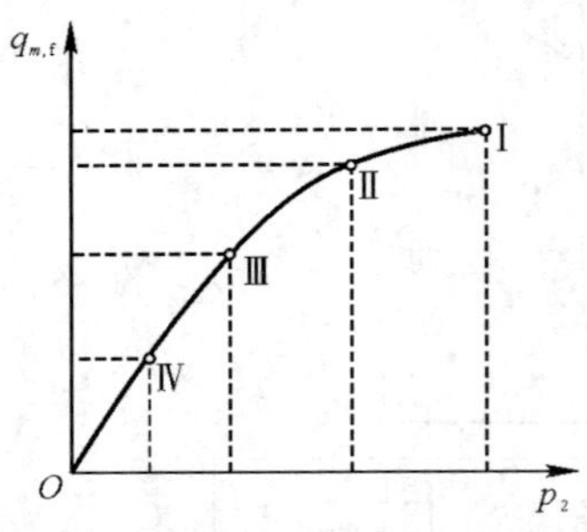

图 5.16　忽略燃烧室压力变化影响的喷嘴试验特性

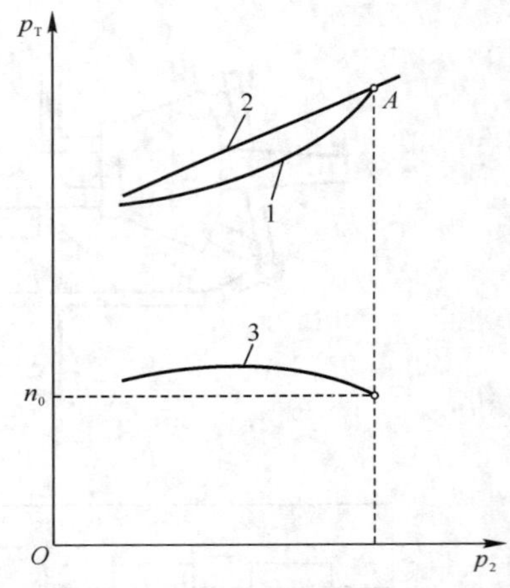

图 5.17　发动机需用油量与控制器可用油量特性

1— 需用油量特性；　2— 可用油量特性；
3— 转速变化曲线

2. 控制器的可用油量特性

根据需用油量特性 $p_{TE}=f(p_2)$ 就可设计开环控制器，使开环控制器的可用油量特性尽可能与需用油量特性一致，保证发动机在各种飞行条件下工作时，都能较精确地保持转速不变。

根据杠杆的力矩平衡关系，得

$$l_1(F_0-\alpha p_2)+l_2\beta p_T=l_3F_s \tag{5.11}$$

式中　F_0——膜盒的预紧力；

α——取决于膜盒特性的比例系数；

β——取决于薄膜特性的比例系数；

F_s——调准弹簧力，$F_s=F_{s0}-K_sy$，F_{s0} 为预紧力；

l_1,l_2,l_3——力臂长度。

由式(5.11)可得油门开关前压力

$$p_T=\frac{1}{l_2\beta}(l_3F_s-l_1F_0)+\frac{l_1\alpha}{l_2\beta}p_2 \tag{5.12}$$

由式(5.12)可知，控制器的可用油量特性为线性关系，如图 5.17 中直线 2 所示。由图 5.17 可见，发动机的需用油量特性是非线性的，而控制器的可用特性是线性的，它们并不重合。在控制器设计时通过合理地选择控制器结构参数 $\alpha,\beta,l_1,l_2,l_3,F_0$ 和 K_s，可以使可用油量特性尽可能地接近发动机的需用油量特性。

由于确定需用油量特性时没有考虑干扰量 T_2 的影响，并且开环控制器的可用油量特性与发动机需用油量存在差异，以及使用过程中零件的磨损和变化等原因，使开环控制系统控制准确度不高。采用开环系统进行转速控制时，控制器中必须增设最大转速限制器，用以防止转速超过最大允许值。

当油门操纵杆位置一定，飞行条件改变使 p_2 增大时，膜盒收缩，膜盒作用于杠杆上的力减小，杠杆使喷嘴挡板开度减小，随动活塞右腔压力升高，推动随动活塞使油泵斜盘角度增加，供油量增加，于是，通过油门开关的燃油流量增加，使油泵出口压力 p_T 增加，直至杠杆受力重新平衡为止。

3. 开环转速控制系统的动态特性

图 5.13 所示转速控制器除测量元件外，其余元件与图 5.10 所示定压流量控制器相同。因此只需要另外推导测量元件的动态方程式即可。图 5.13 所示测量元件的输入为 p_2 和 p_T，输出为挡板开度 y。

将式(5.11)用相对增量形式表示，得

$$\bar{y}=-K_1\bar{p}_T+K_c\bar{p}_2 \tag{5.13}$$

式中

$$K_1=\frac{l_2\beta}{l_3K_s}\frac{p_{T0}}{y_0},\quad K_c=\frac{l_1\alpha}{l_3K_s}\frac{p_{20}}{y_0}$$

为简单起见，假设被控对象为基本发动机，其动态方程为式(3.16)，当忽略 T_2 的影响，并用传递函数表示时，基本发动机动态方程为

$$X_n(s)=\frac{K_E}{T_Es+1}X_{q_{m,f}}(s)+\frac{K_{p_2}}{T_Es+1}X_{p_2}(s) \tag{5.14}$$

由式(5.5)至式(5.7)、式(5.13)和式(5.14)可画出开环转速控制系统结构图，如图5.18(a)所示。这里，只分析控制器对干扰量 p_2 的补偿作用，因此设油门开关位置不变，即 $X_A=0$。将图5.18(a)化简，得图5.18(b)和(c)。

图5.18中， $G=\dfrac{K_E}{T_E s+1}$， $W=\dfrac{K_2K_4}{T_c s+1}$， $G_1=\dfrac{G}{1-K_3G}$

$$G_2=\frac{K_{p_2}}{K_E}\frac{G}{1-K_3G},\quad W_1=\frac{W}{1+K_1K_5W},\quad K_s=K_1K_3K_5$$

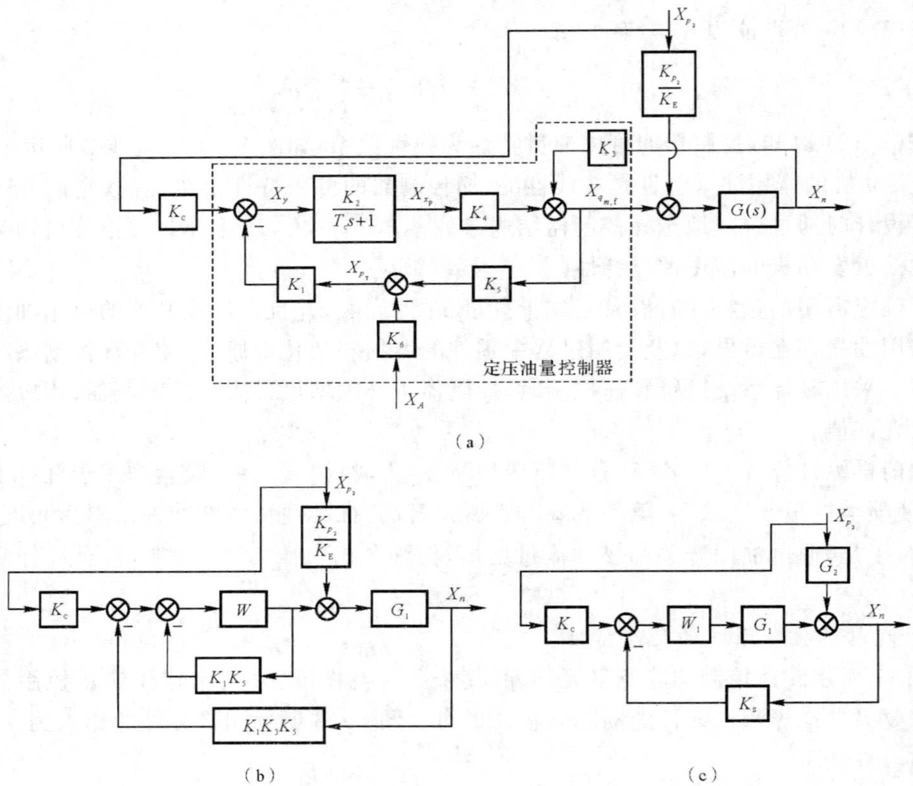

图5.18 开环转速控制系统结构图

(a)系统结构图； (b)，(c)简化结构图

由图5.18(c)可得开环转速控制系统传递函数

$$X_n(s)=\frac{G_2+K_cW_1G_1}{1+K_sW_1G_1}X_{p_2}(s) \tag{5.15}$$

由式(5.15)可知，当 $G_2+K_cW_1G_1=0$ 时，干扰量 p_2 对转速 n 的影响将得到完全补偿。

5.3　航空发动机闭环转速控制系统

5.3.1　概述

从第 2 章介绍的燃气涡轮发动机的控制规律，了解到各种类型发动机普遍选择转速作为被控参数。除涡轮螺旋桨发动机以桨叶安装角控制发动机转速外，其他类型发动机都以燃油流量作为控制量。

选择转速作为被控参数的发动机，发动机的工作状态也以转速表征，例如，发动机最大状态就是转速为最大转速的工作状态，发动机的其他工作状态依此类推。以转速表征发动机的工作状态时，油门操纵杆角度 α 与发动机转速 n 对应，改变 α 则改变发动机转速，即改变发动机工作状态。

以燃油流量作为控制量时，发动机转速控制系统的任务是，当油门操纵杆位置不变而发动机的外界条件变化时，自动调节燃油流量，保持发动机的转速不变；当油门操纵杆位置改变时，自动调节燃油流量，使发动机转速随油门操纵杆的位置而变化，转速控制器应按上述要求实现供油量的自动调节。

转速控制系统由控制对象 —— 发动机 —— 和转速控制器组成。控制器包括测量元件、放大元件和执行元件，当燃油流量为控制量时，控制器还有供油元件 —— 燃油泵。这些都是控制器的基本组成部分，仅由基本部分构成的控制器往往不能同时满足系统的各项性能指标要求。为了满足控制系统的各项性能指标要求，控制器中都具有校正装置。根据校正环节的不同，控制器又分为带比例反馈、带速度反馈、带非线性速度反馈及带其他校正的结构形式。

5.3.2　带比例反馈的闭环转速控制系统

图 5.19 所示为带比例反馈的闭环转速控制系统的工作原理示意图。

1. 控制器组成

(1) 离心式转速测量元件。离心式转速测量元件比起其他类型的转速测量元件具有更多的优点，因此在发动机转速控制系统中被广泛使用。它由离心块 1、转速调准弹簧 2、导杆 3 和与油门操纵杆连接的转速给定机构 4 组成。离心块感受发动机转速 n，以轴向换算力作用于导杆上。导杆上还作用转速调准弹簧力，它给定系统的参考输入。由轴向换算力与转速调准弹簧力决定导杆位移 y。导杆位移 y 就为测量元件的输出。

(2) 放大元件。在机械液压式转速控制系统中，分油滑阀式液压放大器应用最广。通常，放大元件的分油滑阀 5 就是测量元件的导杆 3。当分油滑阀移动时，分油滑阀上的控制凸台会使套筒 6 上的油孔 a，b 的开度变化，从而改变 A，B 腔压力，使活塞 7 输出位移 x_p。

(3) 执行元件。执行元件为回油针 8，由活塞 7 带动，油针具有一定的型面，回油针轴向移动时，回油针回油面积改变，使回油量改变，从而使供给发动机的油量改变，即实现对供油量 $q_{m,f}$ 的调节。

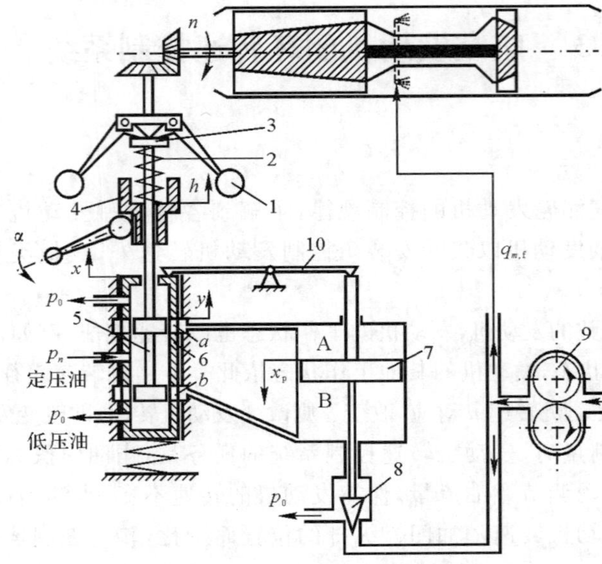

图 5.19 带比例反馈的闭环转速控制系统工作原理简图

(4) 比例反馈装置。比例反馈装置包括反馈杠杆 10 和反馈套筒 6。反馈装置将液压放大器的输出反馈到液压放大器的输入端,反馈套筒产生与 x_p 成比例的位移,使液压放大器的输出 x_p 随$(y-x)$变化。

将发动机和控制器各元件按信号传递关系连接,可得系统结构简图,如图 5.20 所示。

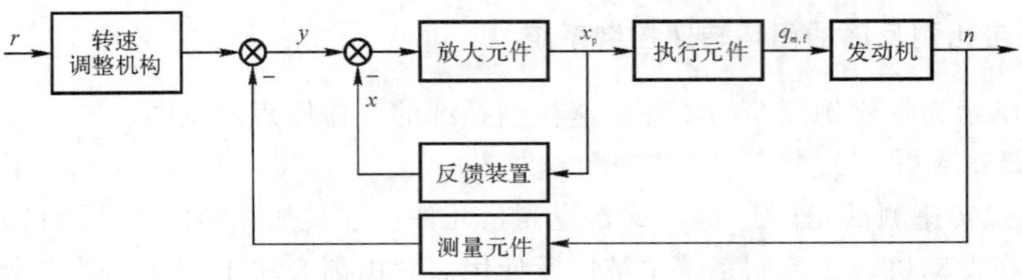

图 5.20 带比例反馈的闭环转速控制系统结构简图

2. 工作原理

当系统处于稳定状态时,反馈套筒上的控制油孔 a,b(见图 5.19)被分油滑阀上的凸台关闭,整个系统除发动机转子以及由转子传动的齿轮泵和离心块保持稳定的转速外,其余运动件都在确定的稳态位置上,这时供给燃烧室喷嘴的燃油流量 $q_{m,f}$ 与发动机的需用油量 $q_{m,需}$ 相等。

当转速由于某种原因而偏离给定值时,例如,由于飞行高度上升使发动机转速增加,此时,离心块的轴向换算力大于转速调准弹簧力,使分油滑阀下移,a,b 油孔被打开,压力为 p_n 的定压油经 b 孔开口进入活塞 B 腔,活塞 A 腔油通过 a 孔开口回至低压腔。活塞在压差力作用下带动回油针向上运动，增大齿轮泵 9 的旁路回油量，使供给发动机的油量减少，从而使发动机转速回降。当活塞上移时，活塞带动反馈杠杆使反馈套筒跟随分油滑阀向下移动，起负反馈作用，以减小 a，b 孔开度，减缓活塞的运动速度，降低供油量及转速的变化速率，防止出现过大的超调。当分油滑阀重新关闭 a，b 油孔，而且供给发动机的油量与发动机的需用油量一致时，发动机重新恢复稳定状态，发动机转速恢复到给定值，至此，调节过程结束。通常，在调节过程中，供油量和发动机转速都可能出现多次振荡后才能稳定，但只要设计控制器时，各元件参数选取恰当，可以保证发动机转速超调量在允许范围内。

这类带比例反馈的闭环控制系统，存在稳态误差。其原因是执行元件与测量元件之间由于刚性联系而有定位关系，调节过程结束时，执行元件按新的需用油量要求改变稳定位置，同时，通过反馈杠杆使反馈套筒也稳定在新的位置上，由于系统稳定时分油滑阀凸台要关闭 a，b 孔，分油滑阀位置将发生变化。因分油滑阀位置的变化会直接影响转速调准弹簧力的改变，系统稳定时与转速调准弹簧力平衡的轴向换算力也相应变化，导致发动机转速也发生相应的改变。

5.3.3　带速度反馈的闭环转速控制系统

1. 结构特点

图 5.21 所示为带速度反馈的闭环转速控制系统（控制对象未画）的工作原理图。与图5.19 所示的控制器比较，它们的供油元件与放大元件各不同。在图 5.21 所示的控制器中，采用柱塞泵作为供油元件，由于柱塞泵是通过改变斜盘的倾角来调节供油量的，因此执行元件为柱塞泵的斜盘 12。

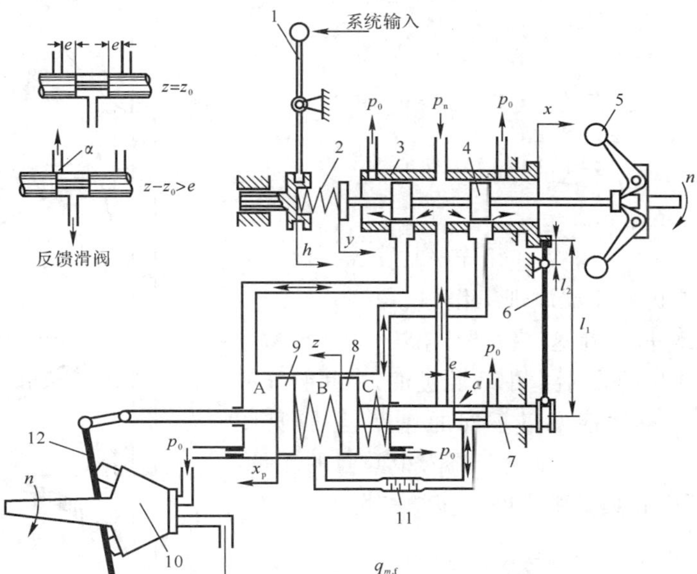

图 5.21　带速度反馈的闭环转速控制系统原理图

液压放大器中有两个无机械联系而只有液压联系的活塞8和9。活塞9为随动活塞,它的作用是驱动油泵斜盘,使斜盘绕自身转轴转动;活塞8为反馈活塞,它与反馈滑阀7、反馈杠杆6、反馈套筒3及阻尼器11组成反馈装置。反馈滑阀与阻尼器的作用是控制两活塞中间腔容积的变化。与带比例反馈的转速控制系统比较,由于带速度反馈的转速控制系统的液压放大器中,随动活塞与反馈活塞为两个活塞,使转速测量元件与执行元件之间不存在定位关系,从而达到减小稳态误差的目的。

2. 调节过程

发动机稳定工作时,整个系统处于稳定平衡状态,控制器各元件处于稳定平衡位置。当飞行条件改变时,发动机转速发生变化,转速控制器投入工作。

下面以飞行高度下降或飞行速度增加使发动机转速下降为例,介绍控制系统的调节过程。调节过程中各元件的运动情况如图5.22所示,图中,下标"0"表示稳态量。设t_0时刻发动机转速因飞行条件变化由n_0突降至n_1,使离心块5产生的轴向换算力减小,在转速调准弹簧力作用下,分油滑阀4迅速从y_0位置右移至y_1位置,初始位移$\Delta y = y_1 - y_0$。由于分油滑阀右移,使活塞C腔进油口面积和A腔回油口面积增大,C腔压力升高,A腔压力下降,在C腔与A腔液压差力作用下,随动活塞9与反馈活塞8一起向左运动,油泵斜盘倾角增加,使供油量$q_{m,f}$增加,发动机转速从n_1逐渐上升,分油滑阀从y_1向左运动(图中逐渐减小)。反馈活塞移动时,反馈滑阀随其一起移动。整个调节过程可大致分为下述三个阶段。

$t_0 \sim t_1$为第一阶段。在这一阶段中,控制器各元件有如下关系:

$$\Delta z = z - z_0 \leqslant e$$

$$\Delta x = x - x_0$$

$$\Delta x_p = \Delta z$$

$$\Delta y - \Delta x > 0$$

$$\Delta x = i\Delta z = i\Delta x_p$$

式中,i为反馈杠杆比,$i = l_2/l_1$。由于Δx与Δx_p成比例关系,因此控制器按比例反馈原理工作。

$t_1 \sim t_2$为第二阶段。在这一阶段中,$\Delta y - \Delta x > 0$,且$\Delta z > e$,反馈滑阀打开a孔,活塞中间腔进油,中间腔容积变化,使随动活塞与反馈活塞以不同的速度运动(见图5.22)。中间腔容积变化速率取决于流入中间腔的流量,这一流量与a孔开度有关。由中间腔流量平衡可得

$$T_u \frac{\mathrm{d}\Delta x}{\mathrm{d}t} + \Delta x = K \frac{\mathrm{d}\Delta x_p}{\mathrm{d}t}$$

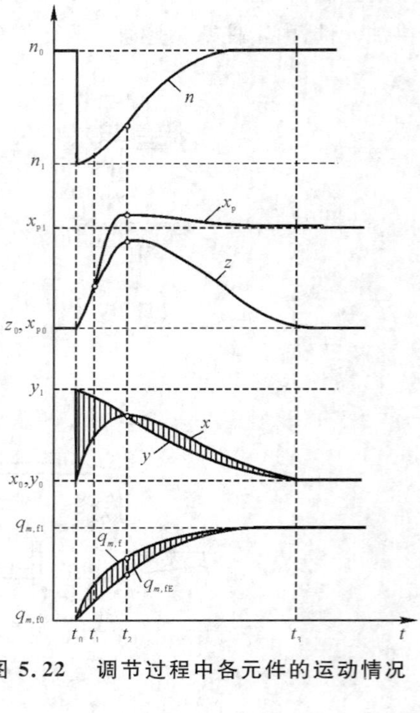

图5.22 调节过程中各元件的运动情况

式中,T_u与K为与结构有关的常数。由上式可知,反馈套

筒位移 Δx 取决于随动活塞运动速度。随着分油滑阀位移 Δy 的减小和反馈套筒位移 Δx 的增加，两者相对位移决定的油孔开度逐渐减小。

$t_2 \sim t_3$ 为第三阶段。当 $t = t_2$ 时，$\Delta y = \Delta x \neq 0$，且 $q_{m,f} - q_{m,需} > 0$，因此，发动机转速继续增加，分油滑阀位移 Δy 继续减小，使得当 $t > t_2$ 时，$\Delta y \leqslant \Delta x$，若 $\Delta y < \Delta x$，分油滑阀与反馈套筒反向打开通 A 腔和 C 腔的油孔，使两活塞反向运动，又因此时 B 腔仍进油，故反馈活塞以较快的速度向平衡位置运动，而随动活塞逐渐趋于新的平衡位置。当 $t = t_3$ 时，分油滑阀、反馈套筒和反馈滑阀分别回到原稳定平衡位置 y_0，x_0 和 z_0，随动活塞达到新的平衡位置 x_{p1}，相应的供油量 $q_{m,f1} = q_{m,需}$，使发动机转速恢复到给定值 n_0，整个系统又重新达到稳定平衡状态。

在整个调节过程中，供油量 $q_{m,f}$ 逐渐增加，且大于发动机的需用油量 $q_{m,需}$，因而发动机转速将从 n_1 不断增加，直至恢复给定值为止。

发动机转速发生突增时，系统调节过程与上述相反。随动活塞与反馈活塞运动方向也与上述相反，这时 $\Delta x_p = x_p - x_{p0} < 0$，$\Delta z = z - z_0 < 0$。当 $\Delta z < -e$ 时，反馈滑阀打开活塞中间腔通低压的油路，中间腔放油。调节过程与上述类似，不再重复。

3. 系统工作特点

带速度反馈的转速控制器在调节过程结束时，执行元件处于新的稳定平衡位置，测量元件分油滑阀及反馈装置的反馈活塞和反馈套筒均回到原平衡位置，测量元件与执行元件之间无定位关系。速度反馈装置只在调节过程中起负反馈作用，过渡过程结束时，反馈作用也就消失了。上述工作特点表明带速度反馈的系统比带比例反馈的系统有更好的动态与稳态性能。

控制中间腔进油或放油的反馈滑阀具有正重叠量 e，因此使速度反馈具有不灵敏区（死区）。另外，在中腔油路上设置阻尼器 11，限制了中间腔容积的最大变化速率，即限制了两活塞的最大相对运动速度，使速度反馈具有饱和特性。因此，图 5.21 所示控制器为带非线性速度反馈的转速控制器，死区对应于调节过程的第一阶段，即比例反馈阶段。采用带死区非线性速度反馈的原因，一方面是制造工艺要求，很难实现零重叠，另一方面是为了防止控制系统产生自激振荡。

5.3.4　涡轮螺旋桨发动机的转速控制系统

涡轮螺旋桨（简称涡桨）发动机的转速控制规律为

$$\varphi \rightarrow n = 常数$$

$$q_{m,f} \rightarrow T_4 = 常数$$

实现这种双变量控制规律的控制方案有两种，如图 5.23(a)(b) 所示。图 5.23(a) 所示为双闭环控制系统结构简图。在该系统中，当转速偏离给定值时，转速控制器通过调节桨叶安装角 φ，保持转速 n 不变。由于发动机内部各参数之间的相互联系，调节 φ 时，T_4 也会发生变化。同样地，调节供油量 $q_{m,f}$ 保持 T_4 不变时，也会影响转速。这种耦合影响的存在会使系统稳定工作范围减小。为了消除耦合影响，需要在控制器中附加补偿装置，如图中虚线框所示。图 5.23(b) 所示为闭环转速控制与开环 T_4 控制的系统结构简图。由于在保持 $n=$ 常数下，根据外界条件（p_H，T_H，v_0）精确地调节供油量保持 $T_4=$ 常数的计算装置难以实现,因此,实际的控制系统只采用较为简单的干扰修正装置。这种修正装置只能保持 T_4 近似不变,但因结构简单,所以应用很广。

涡桨发动机的工作状态,必须由转速 n 和温度 T_4 两个参数确定。因此,涡桨发动机的转速控制系统(习惯称调速系统)必须与燃油调节系统联合工作,由操纵杆统一操纵。当操纵杆位置给定时,转速控制器的转速调准弹簧调定转速给定值,同时也使燃油调节器的供油量调至一定值。转速控制器通过调节桨叶安装角 φ 使转速保持给定值,当螺旋桨消耗功率与发动机轴的输出功率相等时,发动机稳定在给定状态工作。

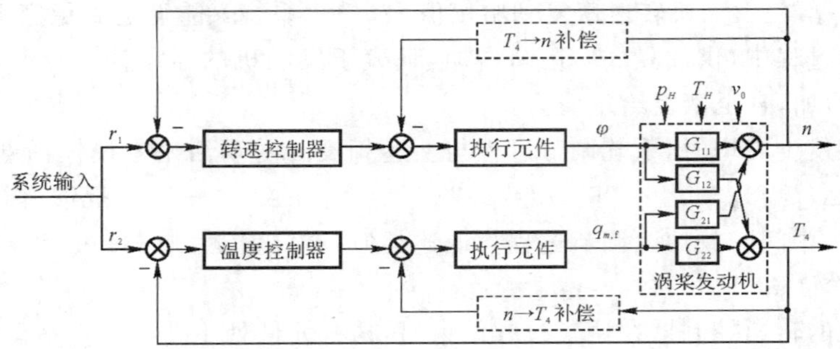

(a)

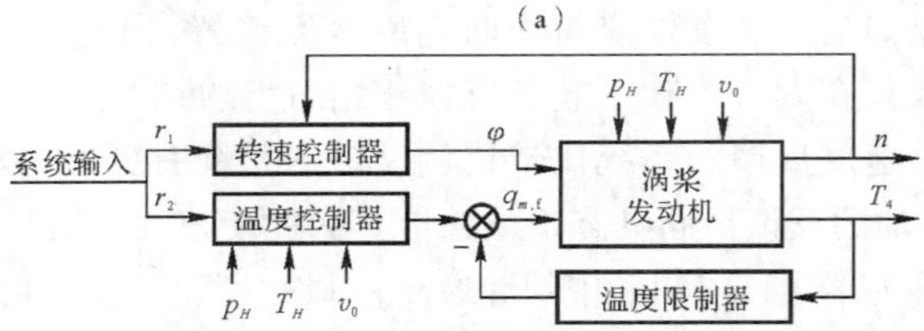

(b)

图 5.23 涡桨发动机控制系统结构简图

(a) 双闭环系统; (b) 闭环与开环联合系统

如果外界条件变化,螺旋桨轴的功率平衡被打破,发动机的转速将偏离给定值或增大或减小。转速控制器感受转速的变化,增大或减小桨叶安装角。桨叶安装角的改变称为变距。当发动机转速增大时,增大桨叶角(变大距),使螺旋桨的消耗功率增加,使发动机转速回降至给定值。反之,则减小桨叶角(变小距)。

涡桨发动机的转速控制器也由测量元件、放大元件、执行元件及校正装置组成。图 5.24 所示为不带校正装置的转速控制系统示意图。控制器由机械离心式测量元件(3,4,5)、分油滑阀式液压放大器(2,6,1)及执行元件(桨叶 7)组成。当发动机转速下降而偏离给定值时,分油滑阀 2 向下运动,滑油泵 1 供给的压力油经分油滑阀控制的油孔 a 和小距油路进入活塞 6 左腔,活塞右腔经大距油路和滑阀控制的 b 孔放油。活塞向右运动,带动桨叶减小桨距,以减小螺旋桨的消耗功率,使转速回升,在转速恢复给定值且系统进入稳定状态时结束。

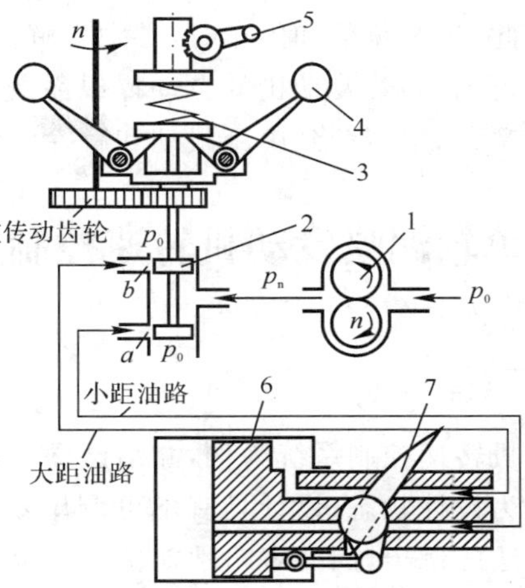

图 5.24　涡桨发动机转速控制系统原理示意图

在转速控制器中，是否需要增设校正装置，应根据控制对象的动态特性及控制系统的性能指标要求而定。必要时可采用如前所述的带比例反馈或带速度反馈的液压放大器或者采用带加速度反馈的转速测量元件。

以上介绍了涡桨发动机的变距调速原理。

涡桨发动机除了要有控制转速的桨叶调节器外，还需要有附加的桨叶调节装置，以满足发动机的各种要求。

1. 顺桨要求

在多台发动机的飞机上，当一台发动机出现故障停车时，如果螺旋桨仍处于正常工作位置，那么迎面气流就会吹动螺旋桨转动，产生风车现象，可能使已停车的发动机遭到破坏。此外，螺旋桨的自转又会引起较大的飞行阻力，这种情况下，就须将桨叶转至顺气流方向($\varphi=90°$) 即顺桨位置，使螺旋桨具有最小的飞行阻力和最大的旋转阻力。

2. 负桨要求

当飞机着陆时，为了缩短飞机的地面滑跑距离，近代涡桨发动机都要求桨叶能转至负拉力状态，即负桨状态。此外，负拉力制动作用对装有多台发动机的飞机地面滑行转弯有利，并能改善飞机的俯冲和着陆性能。

产生负拉力的方法一般有两种。一种是将桨叶安装角转至负值，这样产生的负拉力值较大，但由于变换中要经过桨叶角为零的位置，这时容易产生螺旋桨飞转。所以，在现代的涡桨发动机上都采用另一种方法，即将桨叶转向较小的正角度位置，利用相对气流的负攻角，产生螺旋桨负拉力。

3. 桨叶中距限动要求

桨叶的中距限动就是指飞行中桨叶安装角不应小于一定值。桨叶的中距限动只是在大距变小距的过程中起作用。因此,当要负桨和停车时,必须先解除中距限动。

由如上所述的各种要求可见,涡桨发动机的自动操纵系统较涡喷发动机复杂得多。桨叶的自动操纵系统要能完成顺桨、回桨、负桨、中距限动和解除中距限动等任务。

5.4 单轴涡喷发动机转速控制系统设计

5.4.1 转速控制系统方案

这里以单转子喷气发动机转速控制系统为例,介绍试探法在控制系统设计中的应用。

以发动机地面最大状态为设计状态,设计具有不可调尾喷管的单轴涡喷发动机转速控制系统。由于只是作为介绍方法的例子,因此省略性能指标要求。

已知不带泵发动机在海平面标准大气条件下处于最大状态工作时的动态方程为

$$T_{\mathrm{E}} \frac{\mathrm{d}\bar{n}}{\mathrm{d}t} + \bar{n} = K_{\mathrm{E}} \bar{q}_{m,\mathrm{f}} + K_{f} \bar{f} \tag{5.16}$$

传递函数为

$$X_{n}(s) = \frac{K_{\mathrm{E}}}{T_{\mathrm{E}} s + 1} X_{q_{m,\mathrm{f}}}(s) + \frac{K_{f}}{T_{\mathrm{E}} s + 1} X_{f}(s) \tag{5.17}$$

式中

$$T_{\mathrm{E}} = 0.9\ \mathrm{s}, \quad K_{\mathrm{E}} = 0.523$$

假设选取图5.25所示的闭环系统为本设计的系统结构方案。供油元件为齿轮泵11,执行元件为齿轮泵旁路回油针6,控制器由机械离心式转速测量元件和具有速度反馈校正装置的液压放大器组成。当油门操纵杆位置改变时,凸轮轴12转动,改变转速调准弹簧13的弹簧力,使系统输入量(转速给定值 n_{r})改变。

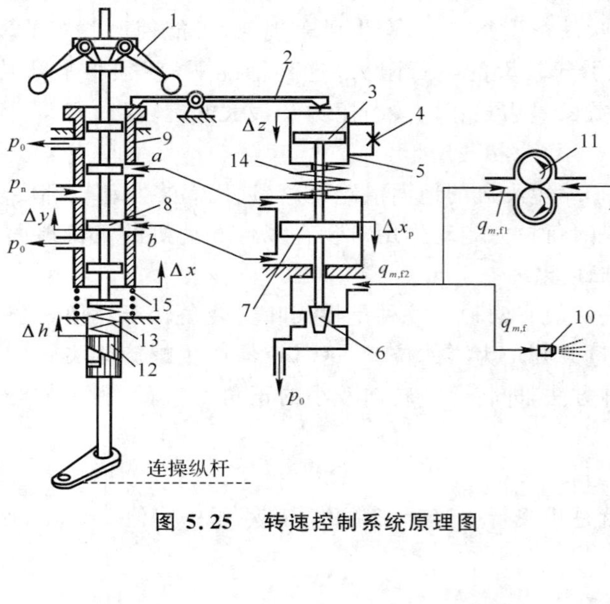

图 5.25 转速控制系统原理图

本系统除反馈校正装置外，其他与图 5.19 所示系统相同，这里只补充介绍反馈校正装置的工作原理。反馈校正装置由阻尼器（包括活塞 3、限流器 4、阻尼器筒 5），反馈杠杆 2，反馈套筒 9 和弹簧 14，15 组成。下面以随动活塞 7 向上运动为例，说明反馈装置的工作情况。当活塞 7 带动回油针 6 向上运动时，也同时带动阻尼器活塞 3 向上运动，在开始瞬间，阻尼器筒产生与活塞 3 相同的位移。当阻尼器移动时，通过反馈杠杆 2，使反馈套筒 9 向下移动，压缩弹簧 15。由于弹簧 15 的弹簧力增大，作用于阻尼器筒上的力增加，使活塞 3 上腔压力升高，上腔液体将通过限流器 4 流至活塞下腔，使阻尼器筒 5 向下移动，逐渐回到原来位置。当阻尼器筒回到原位时，活塞 3 的上、下腔压力相等，限流器中的液体流动停止。阻尼器相当于一个微分元件。

5.4.2　控制系统数学模型

控制对象数学模型已知，下面只需推导控制器的数学模型。控制器数学模型由元件动态方程构成。下面推导各元件的动态方程。

1. 转速测量元件

机械离心式转速测量元件如图 5.26 所示，其输入量为弹簧压缩量 Δh 和转速 Δn，输出量为分油滑阀位移 Δy。

稳定状态下，$\frac{dy}{dt}=0$，$\frac{d^2y}{dt^2}=0$，忽略分油滑阀的惯性力和阻尼力，离心块的轴向换算力 F_1 与转速调准弹簧力 F_2 相等，分油滑阀处于图 5.26 所示的零位置。元件的输出 $\Delta y=0$。

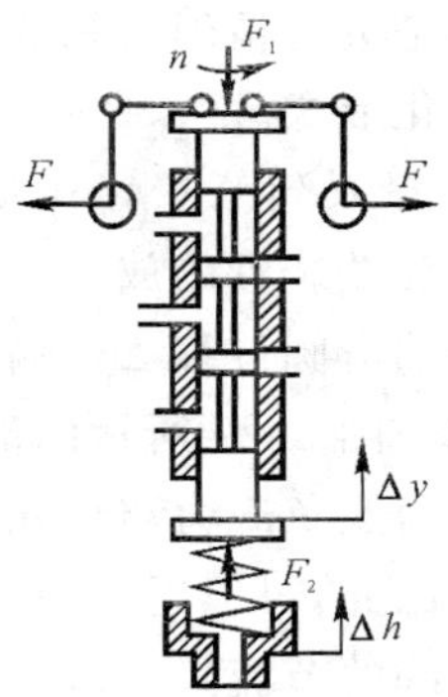

图 5.26　离心式转速测量元件示意图

非稳定状态下，分油滑阀的力平衡方程为

$$m_e \frac{d^2y}{dt^2}=F_2-F_1-\Omega\frac{dy}{dt} \tag{5.18}$$

式中

$$F_1=F_1(n,y)$$

$$F_2=F_2(y,h)$$

Ω —— 黏性阻尼系数；

m_e —— 离心块及分油滑阀在分油滑阀轴线方向上的折合质量。

将式(5.18) 线性化，并以相对增量形式表示，得

$$(T_1^2p^2+T_2p+1)\bar{y}=K_r\bar{h}-K_1\bar{n} \tag{5.19}$$

式中

$$T_1^2=\frac{m_e}{\left(\frac{\partial F_1}{\partial y}-\frac{\partial F_2}{\partial y}\right)_0}(s^2)$$

$$T_2=\frac{\Omega}{\left(\frac{\partial F_1}{\partial y}-\frac{\partial F_2}{\partial y}\right)_0}(s)$$

$$K_1=\frac{\left(\frac{\partial F_1}{\partial n}\right)_0}{\left(\frac{\partial F_1}{\partial y}-\frac{\partial F_2}{\partial y}\right)_0}\frac{n_b}{y_b}$$

$$K_r=\frac{\left(\frac{\partial F_2}{\partial h}\right)_0}{\left(\frac{\partial F_1}{\partial y}-\frac{\partial F_2}{\partial y}\right)_0}\frac{h_b}{y_b}$$

$$\bar{y}=\frac{\Delta y}{y_b},\quad \bar{n}=\frac{\Delta n}{n_b},\quad \bar{h}=\frac{\Delta h}{h_b}$$

p 为微分算子；y_b,n_b 和 h_b 为基准值。

Ω 实际很小,$T_2\approx 0$。在航空发动机的转速测量系统中,离心块和分油滑阀的质量都很小,折合质量 m_e 很小,因此 $T_1^2\approx 0$。于是,转速测量元件的动态方程可简化为

$$\bar{y}=K_r\bar{h}-K_1\bar{n} \tag{5.20}$$

只要不是进行精确的系统性能分析,通常,离心式转速测量元件的动态方程都用式(5.20)所示的简化形式。

2. 带反馈装置的放大元件

带反馈装置的放大元件如图 5.27 所示。放大元件的输入量为分油滑阀位移 Δy,输出量为随动活塞位移 Δx_p。

对于图 5.27 所示的液压放大器,随动活塞(即调节活塞)的惯性力及负载力与作用于随动活塞上的液压力相比较可以忽略。因此,可以近似地假设,液体是在恒定的压力差下流过分油滑阀的节流口,液体流过节流口的流速 $v=$ 常数。

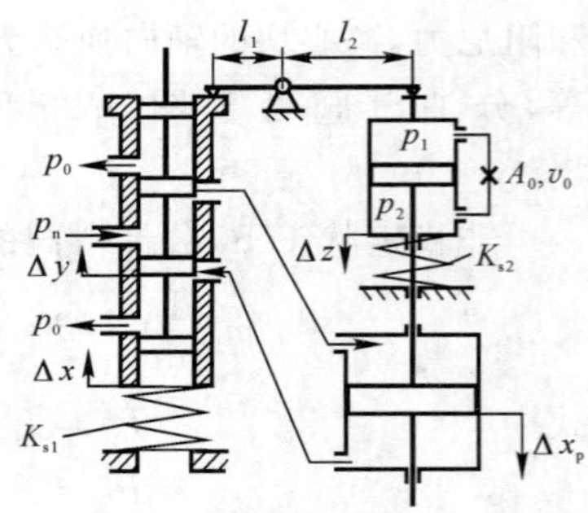

图 5.27　带反馈装置的液压放大器示意图

根据液体流动的连续性,可得

$$v\,b(\Delta y-\Delta x)=A\frac{\mathrm{d}\Delta x_p}{\mathrm{d}t} \tag{5.21}$$

式中　b—— 分油滑阀节流口的周向宽度；

v—— 液体流过节流口时的流速；

A—— 随动活塞面积；

Δx—— 反馈套筒的位移增量；

Δx_p—— 随动活塞的位移增量。

由式(5.21) 可得液压放大器的动态方程式,即

$$T_c \frac{d\bar{x}_p}{dt} = \bar{y} - \bar{x}$$

或

$$\frac{d\bar{x}_p}{dt} = K_c(\bar{y} - \bar{x}) \tag{5.22}$$

式中　T_c—— 液压放大器的时间常数，即

$$T_c = \frac{1}{K_c} = \frac{A}{vb}\frac{x_{p,b}}{y_j}$$

K_c—— 液压放大器的增益系数；

$$\bar{x}_p = \frac{\Delta x_p}{x_{p,b}},\quad \bar{x} = \frac{\Delta x}{x_b},\quad \bar{y} = \frac{\Delta y}{y_b},\quad x_b = y_b$$

在零初始条件下，对式(5.22)取拉氏变换，得

$$X_{x_p}(s) = \frac{K_c}{s}[X_y(s) - X_x(s)] \tag{5.23}$$

式中，$X_{x_p}(s)$，$X_y(s)$，$X_x(s)$ 分别为 $\bar{x}_p$，$\bar{y}$ 和 $\bar{x}$ 的拉氏变换，简写为 X_{x_p}，X_y 和 X_x。

下面推导反馈装置的动态方程。根据液体流动的连续条件，得

$$A_1 \frac{d}{dt}(\Delta x_p - \Delta z) = A_0 v_C \tag{5.24}$$

式中　A_0—— 限流孔的有效节流面积；

v_0—— 通过限流孔的液体流速；

A_1—— 阻尼器活塞面积。

在小偏离情况下，可近似认为通过限流孔的流量与限流孔的压差 Δp 成正比，于是可得液体通过限流孔的流速 v_0 与 Δp 成正比，即

$$v_0 = C_0(p_2 - p_1) \tag{5.25}$$

式中，C_0 为比例系数。

将式(5.25)代入式(5.24)，整理得

$$A_1(p_2 - p_1) = \frac{A_1^2}{A_0 C_0}\frac{d}{dt}(\Delta x_p - \Delta z) \tag{5.26}$$

由杠杆的力矩平衡，得

$$(F_{s10} - K_{s1}\Delta x)l_1 = [F_{s20} + K_{s2}\Delta z - A_1(p_2 - p_1)]l_2 \tag{5.27}$$

在稳定状态下，$\Delta x = 0$，$\Delta z = 0$，$p_1 = p_2$，由此得

$$F_{s10} l_1 = F_{s20} l_2 \tag{5.28}$$

式(5.27)与式(5.28)相减，并将式(5.26)代入，得

$$-K_{s1}\Delta x l_1 = \left[K_{s2}\Delta z - \frac{A_1^2}{A_0 C_0}\frac{d}{dt}(\Delta x_p - \Delta z)\right]l_2 \tag{5.29}$$

将 $\Delta z = \frac{l_2}{l_1}\Delta x$ 代入式(5.29)，并取相对增量，整理得反馈装置的动态方程式，即

$$T_u \frac{\mathrm{d}\bar{x}}{\mathrm{d}t} + \bar{x} = T_u \rho_b \frac{\mathrm{d}\bar{x}_p}{\mathrm{d}t} \tag{5.30}$$

式中　T_u—— 反馈装置时间常数,即

$$T_u = \frac{A_1^2}{A_0 C_0 (K_{s1} i^2 + K_{s2})} \quad (其中\ i = \frac{l_1}{l_2})$$

ρ_b—— 反馈系数,即 $\rho_b = \dfrac{i x_{p,b}}{y_b}$。

在零初始条件下,对式(5.30)取拉氏变换,得

$$(T_u s + 1) X_x(s) = T_u \rho_b s X_{x_p}(s)$$

或

$$\frac{X_x(s)}{X_{x_p}(s)} = \frac{T_u \rho_b s}{T_u s + 1} \tag{5.31}$$

3. 执行元件与油泵

进入发动机的燃油流量 $q_{m,f}$ 等于齿轮泵的供油量 $q_{m,f1}$ 减去通过回油针(执行元件)的回油量 $q_{m,f2}$。齿轮泵的供油量只随油泵转速而变,当油泵由发动机转子传动时,则随发动机转速 n 而变。回油量 $q_{m,f2}$ 随回油针的位置而变,故进入发动机的燃油流量为

$$q_{m,f} = q_{m,f1} - q_{m,f2} = q_{m,f}(n, x_p) \tag{5.32}$$

将式(5.32)线性化,取相对增量,得

$$\bar{q}_{m,f} = K_3 \bar{n} + K_4 \bar{x}_p \tag{5.33}$$

式中,$K_3 = \left(\dfrac{\partial q_{m,f}}{\partial n}\right)_0 \dfrac{n_b}{q_{m,fb}}$,$K_4 = \left(\dfrac{\partial q_{m,f}}{\partial x_p}\right)_0 \dfrac{x_{p,b}}{q_{m,fb}}$,偏导数 $\left(\dfrac{\partial q_{m,f}}{\partial n}\right)_0$ 和 $\left(\dfrac{\partial q_{m,f}}{\partial x_p}\right)_0$ 可以利用图 5.28 所示的供油特性线计算。如果忽略发动机转速的小偏离变化对供油量的影响,则执行元件的动态方程为

$$\bar{q}_{m,f} = K_4 \bar{x}_p \tag{5.34}$$

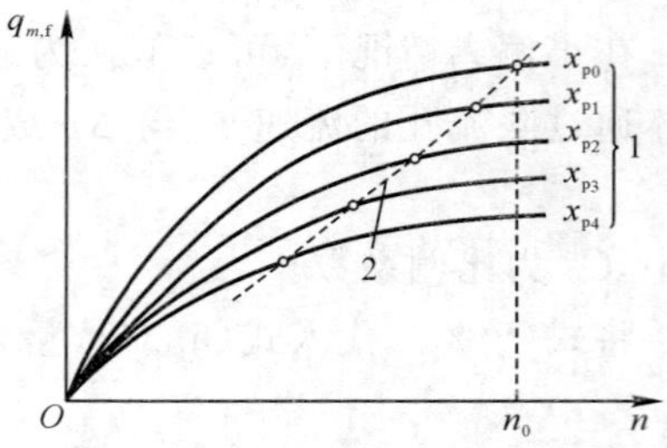

图 5.28　油泵与执行元件的供油特性线

1— 当 x_p = 常数时,$q_{m,f}$ 随 n 变化的曲线;

2— 发动机的稳态工作线

4. 系统结构图

为了便于进行系统的分析与设计,首先对导出的每个元件的动态方程式,用传递函数表示,然后按各元件输入与输出信号的传递关系,绘出系统结构图,图 5.25 所示转速控制系统的结构图如图 5.29 所示。

在航空发动机控制系统的性能分析中,通常采用按系统的输出端定义误差的方法,即输出量的给定值与输出量的实际值之间的误差。对图 5.29 所示系统,必须注意到两点:

(1) 参考输入量 X_r 仅为反映转速给定值大小的调准弹簧相对压缩量,并不是转速的给定值。

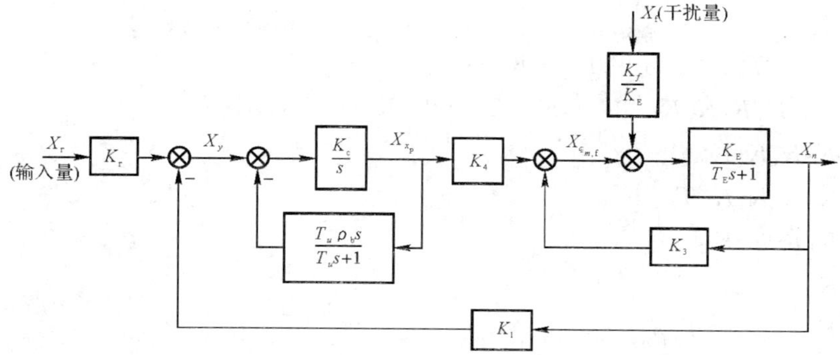

图 5.29　转速控制系统的结构图

(2)它不是单位反馈系统。为了方便地分析系统的误差,必须对图 5.29 进行等效变换,使之成为单位反馈系统,如图 5.30 所示。在该图中,$X_{n,r}$ 表示系统输出转速的给定值,$X_e = X_{n,r} - X_n$ 为系统的转速误差。

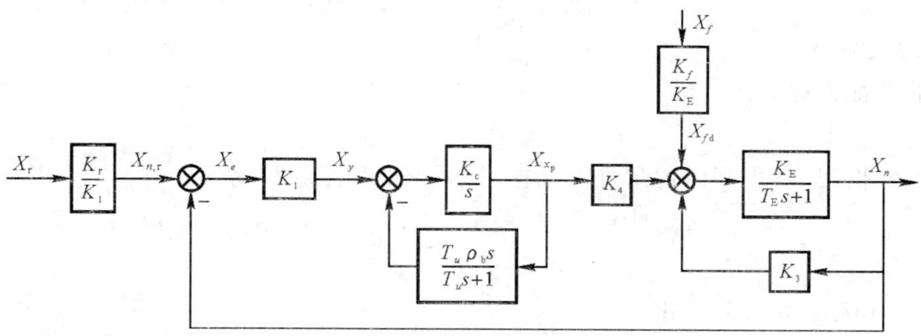

图 5.30　等效单位反馈转速控制系统的结构图

5.4.3　控制系统闭环传递函数与性能分析

1. 控制系统闭环传递函数

由图 5.30,可得

$$X_n = \frac{K_1 K_c K_4 K_E (T_u s + 1)}{s[T_u s + (1 + K_c T_u \rho_b)](T_E s + 1)}(X_{n,r} - X_n) + \frac{K_E}{T_E s + 1} X_{fd} + \frac{K_3 K_E}{T_E s + 1} X_r \tag{5.35}$$

将式(5.35)整理,得

$$(a_0 s^3 + a_1 s^2 + a_2 s + a_3) X_n = (b_0 s + b_1) X_{n,r} + s(b_2 s + b_3) X_{fd} \tag{5.36}$$

或

$$X_n = \frac{b_0 s + b_1}{a_0 s^3 + a_1 s^2 + a_2 s + a_3} X_{n,r} + \frac{s(b_2 s + b_3)}{a_0 s^3 + a_1 s^2 + a_2 s + a_3} X_{fd} \tag{5.37}$$

式中 $a_0 = T_E T_u$

$a_1 = T_E + T_u + K_c \rho_b T_u T_E - K_3 K_E T_u$

$a_2 = 1 + K_1 K_c K_4 K_E T_u u + K_c \rho_b T_u - K_3 K_E - K_3 K_c K_E T_u \rho_b$

$a_3 = K_1 K_c K_4 K_E$

$b_0 = K_1 K_c K_4 K_E T_u$

$b_1 = K_1 K_c K_4 K_E$

$b_2 = K_E T_u$

$b_3 = K_E (1 + K_c T_u \rho_b)$

当干扰量不变，只考虑系统输入量时，系统的传递函数

$$W_r(s) = \frac{X_n}{X_{n,r}} = \frac{b_0 s + b_1}{a_0 s^3 + a_1 s^2 + a_2 s + a_3} \tag{5.38}$$

当系统输入量不变，只考虑干扰量时，系统的传递函数为

$$W_f(s) = \frac{X_n}{X_{fd}} = \frac{s(b_2 s + b_3)}{a_0 s^3 + a_1 s^2 + a_2 s + a_3} \tag{5.39}$$

2. 系统稳定性

系统的特征方程为

$$a_0 s^3 + a_1 s^2 + a_2 s + a_3 = 0$$

系统稳定性判据很多，当利用古尔维茨判据时，系统的稳定条件为

$$a_0 > 0, \quad a_1 > 0, \quad a_2 > 0, \quad a_3 > 0$$

$$a_1 a_2 - a_0 a_3 > 0$$

3. 控制系统稳态性能分析

控制系统的稳态误差是系统控制准确度的一种量度，是控制系统性能的一项重要指标。在航空发动机控制系统中，由于发动机的外界条件经常变化，系统要在频繁的干扰输入下工作，因此，对干扰输入量的系统稳态误差分析尤为重要。稳态误差经常是指在各种不同的干扰作用下，当系统恢复稳定时，输出量的给定值与实际值的偏差。但作为系统稳态性能分析，仍讨论系统输入及干扰输入两种情况下的稳态误差

终值定理为求系统的稳态误差提供了一种简便的方法。

假设系统的干扰输入为零，即 $X_{fd} = 0$，误差传递函数为

$$W_{r,e}(s) = \frac{X_e}{X_{n,r}} = \frac{X_{n,r} - X_n}{X_{n,r}} = 1 - \frac{X_n}{X_{n,r}} = 1 - \frac{b_0 s + b_1}{a_0 s^3 + a_1 s^2 + a_2 s + a_3}$$

式中，X_e 是当干扰量输入为零时，系统误差 $e_n(t)$ 的拉氏变换。由上式得

$$X_e = W_{r,e}(s) X_{n,r} = \left(1 - \frac{b_0 s + b_1}{a_0 s^3 + a_1 s^2 + a_2 s + a_3}\right) X_{n,r}$$

利用终值定理，可求系统对单位阶跃输入的稳态误差

$$e_{n,\mathrm{r}}=\lim_{t\to\infty}e_n(t)=\lim_{s\to 0}sX_e(s)=\lim_{s\to 0}s\left(1-\frac{b_0s+b_1}{a_0s^3+a_1s^2+a_2s+a_3}\right)\frac{1}{s}=1-\frac{b_1}{a_3}$$

因 $a_3=b_1=K_1K_\mathrm{c}K_4K_\mathrm{E}$，所以 $e_{n,\mathrm{r}}=0$。

假设系统参考输入为零，即 $X_{n,\mathrm{r}}=0$，系统对干扰量的误差传递函数为

$$W_{f,e}(s)=\frac{X_e}{X_{f\mathrm{d}}}=\frac{X_{n,\mathrm{r}}-X_n}{X_{f\mathrm{d}}}=-\frac{X_n}{X_{f\mathrm{d}}}=-\frac{s(b_2s+b_3)}{a_0s^3+a_1s^2+a_2s+a_3}$$

式中，X_e 是当系统输入为零时，系统误差 $e_n(t)$ 的拉氏变换。由上式得

$$X_e=W_{f,e}(s)X_{f\mathrm{d}}=-\frac{s(b_2s+b_3)}{a_0s^3+a_1s^2+a_2s+a_3}X_{f\mathrm{d}}$$

司理，可求系统对单位阶跃干扰的稳态误差

$$e_{n,f}=\lim_{t\to\infty}e_n(t)=\lim_{s\to 0}sX_e(s)=0$$

系统的开环传递函数为

$$G(s)=\frac{K_1K_\mathrm{c}K_4K_\mathrm{E}(T_us+1)}{s[T_us+(1+K_\mathrm{c}K_u\rho_\mathrm{b})][T_\mathrm{E}s+(1-K_3K_\mathrm{E})]}\tag{5.40}$$

系统为 1 型系统。由此可知，系统对单位阶跃输入的稳态误差为零。对单位斜坡输入的稳态误差为常数。

5.4.4　控制器参数选择与系统性能计算

1. 控制器参数选择

在规定了系统的性能指标和选定系统的结构方案并获得描述系统动态特性的结构图后，即可着手进行控制器参数的选择和系统性能计算工作。试探法是建立在系统性能分析基础上的设计方法，因此也称分析法。

初步设计控制系统时，首先应根据性能指标要求选择测量元件和带反馈校正装置的放大器参数。参数的选择凭设计人员的经验和参考已有样机的同类型元件进行。本例中，选取 K_1，K_c，T_u 和 ρ_b 作为调整系统性能的参数。表 5.1 中列出了两组调整参数的选择值。系统中不可调整参数为油泵参数 $K_3=1.0$，$K_4=1.0$；发动机参数 $T_\mathrm{E}=0.9$ s，$K_\mathrm{E}=0.23$。将各元件及发动机参数代入式(5.37) 的各系数公式中，求得的系数值也列于表 5.1 中。

表 5.1　调整参数及闭环传递函数系数值

方案	调整参数				系数							
	K_1	K_c	T_u	ρ_b	a_0	a_1	a_2	a_3	b_0	b_1	b_2	b_3
Ⅰ	15.7	0.21	1.24	1.0	1.12	1.73	2.76	1.74	2.16	1.74	0.65	0.66
Ⅱ	5.5	2.4	0.7	1.2	0.63	3.05	6.27	6.9	4.83	6.9	0.37	1.58

2. 系统性能计算

根据表 5.1 的两组调整参数进行系统性能计算。

(1) 稳定性。两种方案的系数 a_0, a_1, a_2, a_3 大于零,且

$$a_1 a_2 - a_0 a_3 = 2.83 > 0 \qquad (方案 \text{I})$$

$$a_1 a_2 - a_0 a_3 = 14.78 > 0 \qquad (方案 \text{II})$$

故两种方案的系统都是稳定的。

(2) 频域分析。系统的开环频率特性为

$$G(\mathrm{j}\omega) = \frac{2.89(1.24\mathrm{j}\omega + 1)}{\mathrm{j}\omega(0.982\mathrm{j}\omega + 1)(1.89\mathrm{j}\omega + 1)} \qquad (方案 \text{I})$$

$$G(\mathrm{j}\omega) = \frac{4.8(0.7\mathrm{j}\omega + 1)}{\mathrm{j}\omega(0.23\mathrm{j}\omega + 1)(1.89\mathrm{j}\omega + 1)} \qquad (方案 \text{II})$$

作开环对数幅频曲线图(见图 5.31),方案 Ⅰ 和方案 Ⅱ 的对数幅频特性分别为图中曲线 1 和曲线 2。由曲线可得方案 Ⅰ 的截止频率 $\omega_{c1} = 1.36\ \mathrm{rad \cdot s^{-1}}$,计算得到方案 Ⅱ 的截止频率 $\omega_{c2} = 1.7\ \mathrm{rad \cdot s^{-1}}$。计算得到方案 Ⅰ 的相角裕度 $\gamma_1 = 27.4°$,方案 Ⅱ 的相角裕度 $\gamma_2 = 45.9°$。这种结构的系统,幅值裕度 $h \to \infty$。

频率分析的结果表明,方案 Ⅰ 的相角裕度偏小,不能满足动态性能指标。方案 Ⅱ 的相角裕度在 45° ~ 70° 范围内,可满足规定的性能指标。如果系统设计规定的是时域性能指标,还必须进行时域分析法检查。

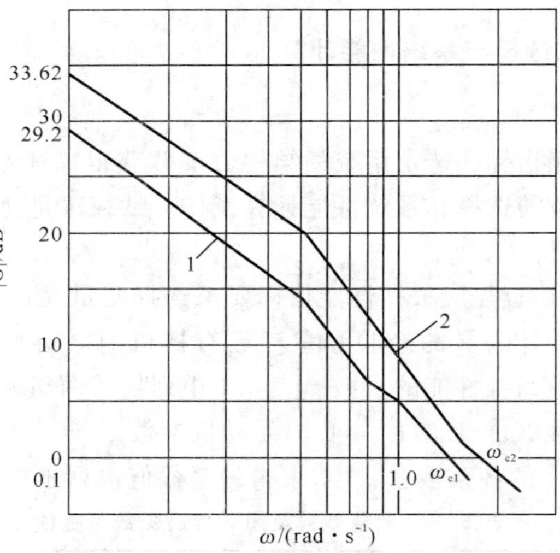

图 5.31 系统的开环对数幅频特性

(3) 闭环系统的时域响应。闭环系统的仿真结果如图 5.32 所示。比较仿真结果可以看出,不带速度反馈校正的闭环系统,过渡过程品质很差(见曲线 3),调节时间及最大超调量都将远远超过性能指标要求;带速度反馈校正的系统,当参数选择为方案 Ⅰ 时,过渡过程品质虽有较大提高,仍不可能满足规定性能指标要求(见曲线 1)。方案 Ⅱ 的参数选择,增大了开环总增益,

使系统灵敏度提高，响应加快，同时减小反馈时间常数 T_u 和增大反馈系数 ρ_b，使反馈作用加强，提高系统的相对稳定性，响应曲线见曲线 2。

图 5.32(a) 所示为系统的单位阶跃输入响应曲线，当 $t \to \infty$ 时，系统输出 $\bar{n}$ 达到 1。图 5.32(b) 所示为系统的单位阶跃干扰输入响应曲线，当 $t \to \infty$ 时，系统输出 $\bar{n}$ 重新回到零，转速保持不变。

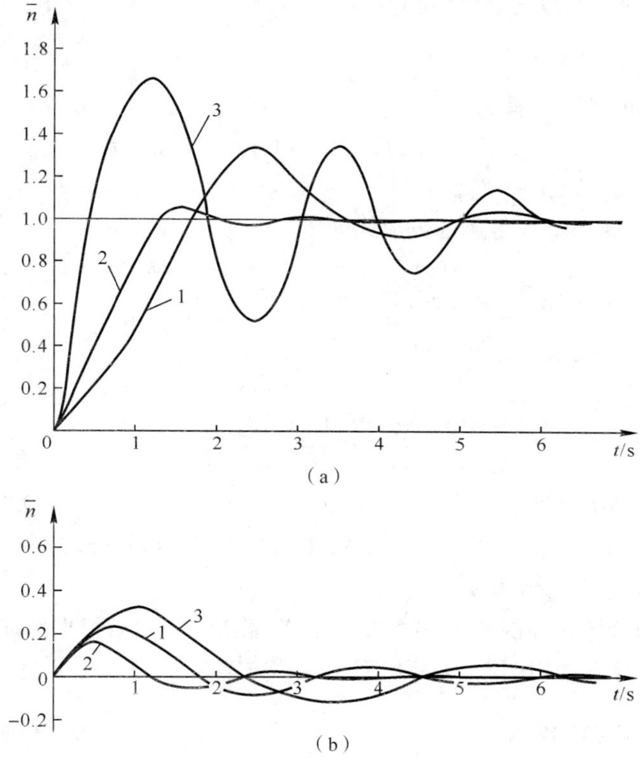

图 5.32　系统的闭环时域响应曲线

(a) 系统的单位阶跃输入响应曲线；(b) 系统的单位阶跃干扰输入响应曲线

1—方案Ⅰ；2—方案Ⅱ；3—不带反馈校正

从第 3 章的学习知道，发动机的动态特性随发动机的工作状态和飞行条件改变而改变。高空低速飞行并且发动机在低转速状态工作时，发动机的动态特性最差。因此，在完成设计状态下的系统性能分析检查后，必须在各种飞行条件下，对发动机的各种工作状态进行系统仿真，并按性能指标定量检查仿真结果。若性能不满足要求，应重新调整参数值，直至满足性能指标要求为止。如果调整参数值仍不能达到要求，应重新修改校正装置结构或重新设计。

应该指出，试探法带有经验成分，所得结果往往不是最优的。

在完成系统参数的选择后,可以进行元件设计,元件设计是元件数学模型建立的反演。

5.5 双轴涡喷发动机转速控制系统设计

5.5.1 发动机动态方程与系统结构方案

1. 发动机动态方程

双轴涡喷发动机的动态方程为

$$(T_1^2 p^2 + T_2 p + 1)\bar{n}_{\mathrm{L}} = K_{\mathrm{L}}(\tau_{\mathrm{L}} p + 1)\bar{q}_{m,\mathrm{f}}(t-\tau) \tag{5.41}$$

$$(T_1^2 p^2 + T_2 p + 1)\bar{n}_{\mathrm{H}} = K_{\mathrm{H}}(\tau_{\mathrm{H}} p + 1)\bar{q}_{m,\mathrm{f}}(t-\tau) \tag{5.42}$$

式中,τ 为燃烧延迟时间。写成传递函数形式为

$$\frac{X_{n_{\mathrm{L}}}(s)}{X_{q_{m,\mathrm{f}}}(s)} = \frac{K_{\mathrm{L}}(\tau_{\mathrm{L}} s + 1)}{T_1 s^2 + T_2 s + 1}\mathrm{e}^{-\tau s} \tag{5.43}$$

$$\frac{X_{n_{\mathrm{H}}}(s)}{X_{q_{m,\mathrm{f}}}(s)} = \frac{K_{\mathrm{H}}(\tau_{\mathrm{H}} s + 1)}{T_1 s^2 + T_2 s + 1}\mathrm{e}^{-\tau s} \tag{5.44}$$

$$\frac{X_{n_{\mathrm{H}}}(s)}{X_{n_{\mathrm{L}}}(s)} = \frac{K_{\mathrm{H}}(\tau_{\mathrm{H}} s + 1)}{K_{\mathrm{L}}(\tau_{\mathrm{L}} s + 1)} \tag{5.45}$$

已知设计状态发动机动态参数 $T_1^2 = 0.151\ \mathrm{s}^2$,$T_2 = 0.814\ \mathrm{s}$,$\tau_{\mathrm{L}} = 0.382\ \mathrm{s}$,$\tau_{\mathrm{H}} = 0.365\ \mathrm{s}$,$\tau = 0.05\ \mathrm{s}$,$K_{\mathrm{L}} = 0.218$,$K_{\mathrm{H}} = 0.14$。系统的被控参数为低压转子转速 n_{L}。

2. 确定性能指标和系统结构方案

首先应根据发动机转速控制要求,确定合理的性能指标。然后根据性能指标要求,选择控制系统结构方案。本设计选择用图 5.21 所示系统结构方案。

5.5.2 控制系统数学模型

控制对象模型已给,只须推导控制器数学模型。测量元件和执行元件的动态方程与上节实例相同。这里只需要推导带速度反馈的液压放大器动态方程。

1. 液压放大器动态方程

假设液压流体是不可压缩的,忽略随动活塞(包括负载斜盘)和反馈活塞的惯性力和阻尼力。考虑实际结构中分油滑阀的负重叠(见图 5.33)、反馈滑阀正重叠(见图 5.34)和随动活塞负载力。

随动活塞的力平衡方程为

$$F_{\mathrm{L}} + p_{\mathrm{A}} A_{\mathrm{p1}} = p_{\mathrm{B}} A_{\mathrm{p2}} + F_{\mathrm{s,B}} \tag{5.46}$$

式中 F_{L}—— 油泵斜盘作用于随动活塞上的轴向力,即负载力,$F_{\mathrm{L}} \approx F_{\mathrm{L}}(x_{\mathrm{p}})$;

A_{p1},A_{p2} —— 活塞面积;

x_p—— 随动活塞位移；

p_A, p_B —— A 腔、B 腔油压力；

$F_{s,B}$—— 作用于随动活塞上的弹簧力。

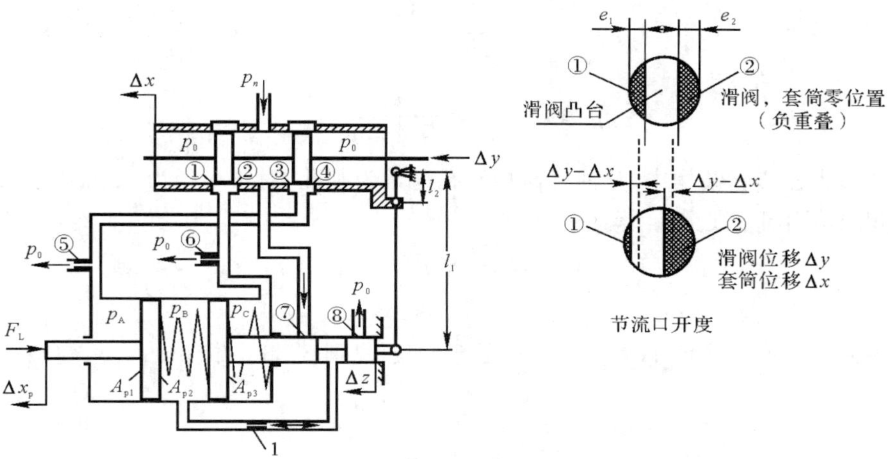

图 5.33　带速度反馈液压放大器

将式(5.46)在稳态点附近线性化，并与稳态工作点的力平衡方程相减，得增量方程，即

$$\left(\frac{\mathrm{d}F_L}{\mathrm{d}x_p}\right)_0 \Delta x_p + \Delta p_A A_{p1} = \Delta p_B A_{p2} + K_{s,B}(\Delta z - \Delta x_p) \tag{5.47}$$

同理，可得反馈活塞的力平衡增量方程

$$\Delta p_C A_{p3} - K_{s,C}\Delta z = \Delta p_B A_{p2} + K_{s,B}(\Delta z - \Delta x_p) \tag{5.48}$$

式中　Δz —— 反馈活塞及反馈滑阀位移增量；

$K_{s,B}$ —— 随动活塞中腔弹簧刚度；

$K_{s,C}$ —— 反馈活塞腔弹簧刚度。

将式(5.47)与式(5.48)合并，得

$$\left(\frac{\mathrm{d}F_L}{\mathrm{d}x_p}\right)_0 \Delta x_p + \Delta p_A A_{p1} = \Delta p_C A_{p3} - K_{s,C}\Delta z \tag{5.49}$$

下面根据液体流动的连续条件求 A 腔与 C 腔的压力增量 Δp_A 和 Δp_C。

(1)A 腔的流量连续方程为

$$\mu_3 A_3 \sqrt{\frac{2}{\rho}(p_n - p_A)} = \mu_4 A_4 \sqrt{\frac{2}{\rho}(p_A - p_0)} + \mu_5 A_5 \sqrt{\frac{2}{\rho}(p_A - p_0)} - A_{p1}\frac{\mathrm{d}x_p}{\mathrm{d}t} \tag{5.50}$$

式中　p_n—— 定压油压力；

A_3, A_4, A_5—— 分别为节流孔 ③，④，⑤ 的节流面积。

在稳态点附近对式(5.50)线性化,并与稳态工作点的流量连续方程相减,得增量方程为

$$\mu_3 \Delta A_3 \sqrt{\frac{2}{\rho}} \sqrt{p_n - p_{A0}} - \mu_3 A_{30} \sqrt{\frac{2}{\rho}} \ \frac{\Delta p_A}{2\sqrt{p_n - p_{A0}}} =$$

$$\mu_4 A_{40} \sqrt{\frac{2}{\rho}} \ \frac{\Delta p_A}{2\sqrt{p_{A0} - p_0}} + \mu_4 \Delta A_4 \sqrt{\frac{2}{\rho}} \sqrt{p_{A0} - p_0} +$$

$$\mu_5 A_{50} \sqrt{\frac{2}{\rho}} \ \frac{\Delta p_A}{2\sqrt{p_{A0} - p_0}} = -A_{p1} \frac{dx_p}{dt} \tag{5.51}$$

在液压放大器实际结构中,分油滑阀控制孔通常为圆孔,对于半径为 r、孔数为 N、开度为 e 的开口面积 A 可用下式近似计算:

$$A = 1.885N\sqrt{r}e^{\frac{3}{2}} = C_r e^{\frac{3}{2}}$$

式中

$$C_r = 1.885N\sqrt{r}$$

假设任何平衡状态下,分油滑阀和反馈套筒处于零位(见图 5.33),并有

$$A_{10} = A_{40} = C_r e_1^{\frac{3}{2}}$$

$$A_{20} = A_{30} = C_r e_2^{\frac{3}{2}}$$

将 A_3,A_4 线性化,并将 $\Delta e = \Delta y - \Delta x$ 代入,可得

$$\Delta A_3 = -\frac{3}{2} C_r \sqrt{e_2} (\Delta y - \Delta x)$$

$$\Delta A_4 = \frac{3}{2} C_r \sqrt{e_1} (\Delta y - \Delta x)$$

将 A_{30},A_{40},ΔA_3 与 ΔA_4 代入式(5.51),经整理得

$$\Delta p_A = -D_1 (\Delta y - \Delta x) + E_1 \frac{dx_p}{dt} \tag{5.52}$$

式中

$$D_1 = \frac{C_1 + C_2}{C_3}, \quad E_1 = \frac{A_{p1}}{C_3}$$

而

$$C_1 = \frac{3}{2} C_r \sqrt{e_2} \mu_3 \sqrt{\frac{2}{\rho} (p_n - p_{A0})}$$

$$C_2 = \frac{3}{2} C_r \sqrt{e_1} \mu_4 \sqrt{\frac{2}{\rho} (p_{A0} - p_0)}$$

$$C_3 = \frac{1}{2} \sqrt{\frac{2}{\rho}} \left(\frac{\mu_3 A_{30}}{\sqrt{p_n - p_{A0}}} + \frac{\mu_4 A_{40}}{\sqrt{p_{A0} - p_0}} - \frac{\mu_5 A_{50}}{\sqrt{p_{A0} - p_0}} \right)$$

(2)C 腔的流量连续方程为

$$\mu_2 A_2 \sqrt{\frac{2}{\rho} (p_n - p_C)} = \mu_1 A_1 \sqrt{\frac{2}{\rho} (p_C - p_0)} + \mu_6 A_6 \sqrt{\frac{2}{\rho} (p_C - p_0)} + A_{p3} \frac{dz}{dt} \tag{5.53}$$

同样,在稳态工作点附近线性化,并消去稳态平衡项,得增量方程,经整理后为

$$\Delta p_C = D_2(\Delta y - \Delta x) - \frac{E_2}{i}\frac{d\Delta x}{dt} \tag{5.54}$$

式中
$$D_2 = \frac{C_4 + C_5}{C_6},\quad E_2 = \frac{A_{p3}}{C_6},\quad i = \frac{l_2}{l_1}$$

而
$$C_4 = \frac{3}{2}C_r\sqrt{e_1}\mu_1\sqrt{\frac{2}{\rho}(p_{C0} - p_0)}$$

$$C_5 = \frac{3}{2}C_r\sqrt{e_2}\mu_2\sqrt{\frac{2}{\rho}(p_n - p_{C0})}$$

$$C_6 = \frac{1}{2}\sqrt{\frac{2}{\rho}}\left(\frac{\mu_2 A_{20}}{\sqrt{p_n - p_{C0}}} + \frac{\mu_1 A_{10}}{\sqrt{p_{C0} - p_0}} + \frac{\mu_6 A_{60}}{\sqrt{p_{C0} - p_0}}\right)$$

将式(5.52)、式(5.54) 和 $\Delta z = \dfrac{\Delta x}{i}$ 代入式(5.49)，并以相对增量形式表示，得

$$T_c\frac{d\bar{x}_p}{dt} + \bar{x}_p = K_c\bar{y} - \left(\tau_c\frac{d\bar{x}}{dt} + \rho_c\bar{x}\right) \tag{5.55}$$

式中　T_c, K_c—— 分别为液压放大器时间常数和增益系数；

τ_c, ρ_c—— 分别为与反馈量 $\bar{x}$ 有关的时间常数和增益系数。

T_c, K_c, τ_c, ρ_c 的表达式分别为

$$T_c = \frac{E_1 A_{p1}}{\left(\dfrac{dF_L}{dx_p}\right)_0},\quad K_c = \frac{D_2 A_{p3} + D_1 A_{p1}}{\left(\dfrac{dF_L}{dx_p}\right)_0}\frac{y_b}{x_{p,b}}$$

$$\tau_c = \frac{E_2 A_{p3}}{i\left(\dfrac{dF_L}{dx_p}\right)_0}\frac{x_j}{x_{p,b}},\quad \rho_c = \frac{iD_1 A_{p1} + iD_2 A_{p3} + K_{sc}}{i\left(\dfrac{dF_L}{dx_p}\right)_0}\frac{x_j}{x_{p,b}}$$

将式(5.55) 在零初始条件下进行拉氏变换，得

$$(T_c s + 1)X_{x_p}(s) = K_c X_y(s) - (\tau_c s + \rho_c)X_x(s) \tag{5.56}$$

或写为

$$X_{x_p}(s) = \frac{1}{T_c s + 1}[K_c X_y(s) - (\tau_c s - \rho_c)X_x(s)] \tag{5.57}$$

2. 反馈装置动态方程

从控制系统工作的稳定性和反馈滑阀结构工艺性考虑，反馈滑阀实际为正重叠结构，如图 5.34(a) 所示。

动态过程中，当反馈滑阀在正重叠范围内移动($|\Delta z| \leqslant e_3$) 时，节流口 ⑦ 或 ⑧(见图 5.33) 不打开，B 腔为封闭容积。由于液体的不可压缩性，随动活塞与反馈活塞类似刚性连接，一起运动，反馈装置起比例反馈作用。当反馈滑阀正向位移超过 e_3 时，打开节流口 ⑦ 使 B 腔进定压油；当反馈滑阀反向位移超过 e_3 时，打开节流口 ⑧ 使 B 腔放油。这使中腔容积发生变化，产生速度反馈作用。

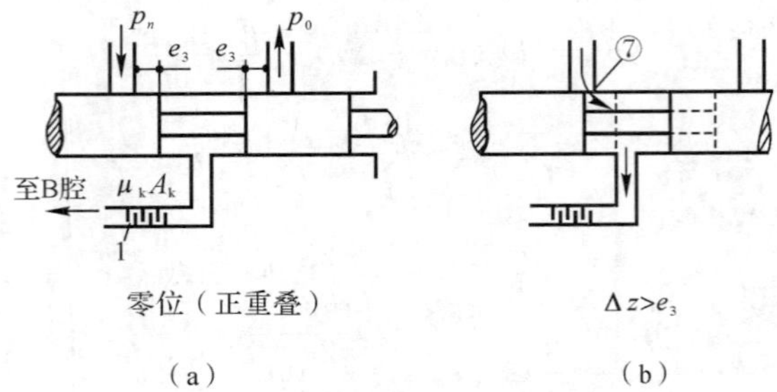

图 5.34　反馈滑阀示意图

(a) 反馈滑阀示零位置；(b) $\Delta z > e_3$ 时滑阀位置

当反馈滑阀位移 $\Delta z > e_4$(见图 5.35)时,反馈滑阀控制的节流口 ⑦ 或 ⑧ 的开度已很大,液体通过节流口产生的流动损失已非常小,进入(或放出)B 腔的液体流动损失产生在限流器 1(见图 5.33)上。由于限流器的有效节流面积 $\mu_k A_k$ 一定,流过限流器的流量受到限制,并近似为常数,使随动活塞与反馈活塞的相对运动速度 dx_1/dt 近似保持不变。

反馈装置的非线性特性如图 5.35 所示,其中,0—1—2—3 表示反馈滑阀正向运动时的特性;0—4—5—6 表示反馈滑阀反向运动时的特性。横坐标为反馈滑阀位移,纵坐标为随动活塞与反馈活塞的相对运动速度。两活塞的相对运动速度

$$\frac{dx_1}{dt} = \frac{dx_p}{dt} - \frac{dz}{dt} \tag{5.58}$$

图中,v_{p1} 为当反馈滑阀正向运动时,两活塞的最大相对运动速度,v_{p2} 为当反向运动时,两活塞的最大相对运动速度。

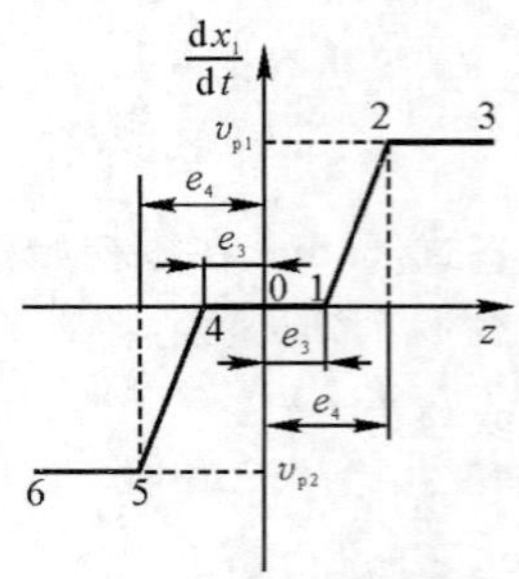

图 5.35　反馈滑阀的非线性特性

当反馈滑阀正向运动,其位移 $\Delta z > e_4$ 时,流入中间腔的液体,由于在反馈滑阀节流口 ⑦ 处的压力降很小,可以忽略。这时进入中腔流量

$$\overset{+}{q}_{V,B\max} \approx \mu_k A_k \sqrt{\frac{2}{\rho}(p_n - p_B)}$$

$$v_{p1} = \left(\frac{dx_1}{dt}\right)_{\max} = \frac{\overset{+}{q}_{V,B\max}}{A_{p2}}$$

同理,当反馈滑阀反向运动而位移大于 e_4 时,中腔放出流量

$$\overset{-}{q}_{V,B\max} \approx \mu_k A_k \sqrt{\frac{2}{\rho}(p_B - p_0)}$$

$$v_{p2} = -\left(\frac{dx_1}{dt}\right)_{\max} = \frac{\overset{-}{q}_{V,B\max}}{A_{p2}}$$

反馈滑阀的非线性特性可表示为

$$\frac{\mathrm{d}x_1}{\mathrm{d}t}=\begin{cases}0 & (|\Delta z|\leqslant e_3)\\ \dfrac{v_{\mathrm{p1}}}{e_4-e_3}(\Delta z-e_3) & (e_3<\Delta z<e_4)\\ \dfrac{v_{\mathrm{p2}}}{e_4-e_3}(\Delta z+e_3) & (-e_4<\Delta z<-e_3)\\ v_{\mathrm{p1}} & (\Delta z\geqslant e_4)\\ v_{\mathrm{p2}} & (\Delta z\leqslant -e_4)\end{cases}$$

若用相对量表示为

$$\frac{\mathrm{d}\bar{x}_1}{\mathrm{d}t}=\begin{cases}0 & (|\Delta\bar{z}|\leqslant \bar{e}_3)\\ \dfrac{\bar{v}_{\mathrm{p1}}}{\bar{e}_4-\bar{e}_3}(\Delta\bar{z}-\bar{e}_3) & (\bar{e}_3<\Delta\bar{z}<\bar{e}_4)\\ \dfrac{\bar{v}_{\mathrm{p2}}}{\bar{e}_4-\bar{e}_3}(\Delta\bar{z}+\bar{e}_3) & (-\bar{e}_4<\Delta\bar{z}<-\bar{e}_3)\\ \bar{v}_{\mathrm{p1}} & (\Delta\bar{z}\geqslant \bar{e}_4)\\ \bar{v}_{\mathrm{p2}} & (\Delta\bar{z}\leqslant -\bar{e}_4)\end{cases}\tag{5.59}$$

式中

$$\bar{z}=\frac{z}{z_{\mathrm{b}}},\quad \bar{e}_3=\frac{e_3}{z_{\mathrm{b}}},\quad \bar{e}_4=\frac{e_4}{z_{\mathrm{b}}}$$

$$\bar{x}_1=\frac{x_1}{x_{1\mathrm{b}}}=\frac{\Delta x_{\mathrm{p}}-\Delta z}{x_{1\mathrm{b}}},\quad \bar{v}_{\mathrm{p1}}=\frac{v_{\mathrm{p1}}}{x_{1\mathrm{b}}},\quad v_{\mathrm{p2}}=\frac{v_{\mathrm{p2}}}{x_{1\mathrm{b}}}$$

式(5.58)用相对增量表示为

$$\frac{\mathrm{d}\bar{z}}{\mathrm{d}t}=K_{x_{\mathrm{p}}}\frac{\mathrm{d}\bar{x}_{\mathrm{p}}}{\mathrm{d}t}-K_{x_1}\frac{\mathrm{d}\bar{x}_1}{\mathrm{d}t}\tag{5.60}$$

当取基准值 $x_{\mathrm{p,b}}=x_{1\mathrm{b}}=z_{\mathrm{b}}$ 时，$K_{x_{\mathrm{p}}}=K_{x_1}=1$。式(5.60)则为

$$\frac{\mathrm{d}\bar{z}}{\mathrm{d}t}=\frac{\mathrm{d}\bar{x}_{\mathrm{p}}}{\mathrm{d}t}-\frac{\mathrm{d}\bar{x}_1}{\mathrm{d}t}\tag{5.61}$$

反馈活塞与反馈套筒之间的位移关系为

$$\Delta x=\frac{l_2}{l_1}\Delta z$$

或

$$\bar{x}=\frac{l_2}{l_1}\frac{z_{\mathrm{b}}}{x_{\mathrm{b}}}\bar{z}=\rho_{\mathrm{b}}\bar{z}\tag{5.62}$$

式中，ρ_{b} 为比例系数。

式(5.55)、式(5.59)、式(5.61)和式(5.62)为带非线性反馈液压放大器的动态方程，结构图如图 5.36 所示。

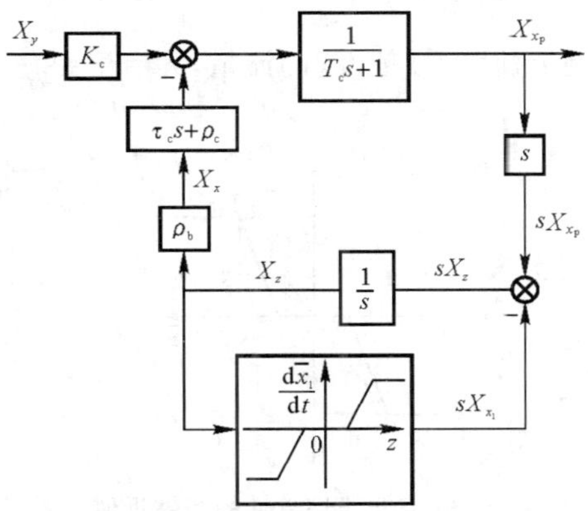

图 5.36　带非线性速度反馈液压放大器结构图

根据各元件的动态方程可以绘出控制系统的结构图，将系统结构图作等效变换，可得等效单位反馈系统结构图，如图 5.37 所示。

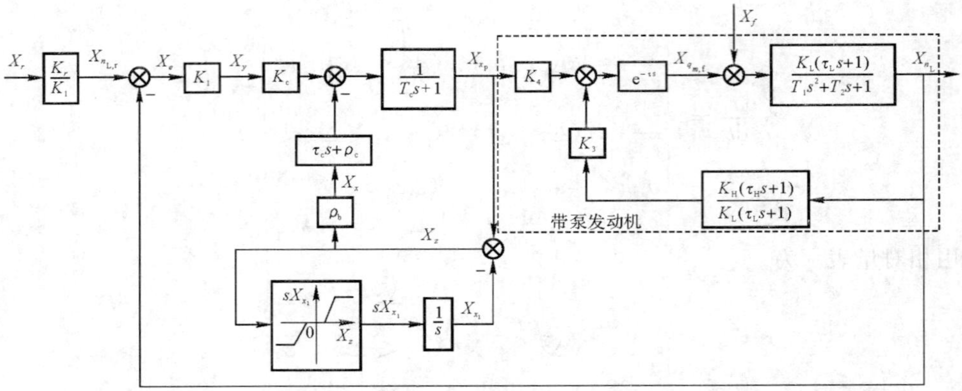

图 5.37　带非线性速度反馈的闭环转速控制系统结构图

3. 非线性环节近似处理

进行系统性能的初步试探分析时，为了应用线性系统分析方法，须对图 5.37 所示系统中的非线性环节作近似线性处理。由于反馈滑阀的正重叠量很小，可以假设非线性特性无死区。又因小偏离动态过程中，反馈滑阀的位移在小范围内变化，因此可以假设非线性特性无饱和区。作近似假设后的非线性特性如图 5.38 中虚线所示，这样

$$\frac{d\bar{x}_1}{dt} = K\bar{z} \tag{5.63}$$

式中

$$K \approx \bar{v}_{p1}/\bar{e}_4 = v_{p1}/e_4$$

用式(5.63)取代式(5.59)后，带反馈装置液压放大器的结构图如图 5.39(a)所示。将其化简得图 5.39(b)，图中，$T_u = \frac{1}{K} = \frac{A_{p2}}{q_b}$，$q_b = \frac{q_{V,b}}{\Delta z}$，表示反馈滑阀移动单位位移时通过反馈滑阀控制节流口 ⑦ 或 ⑧ 的流量；$\rho_b = i = \frac{l_2}{l_1}$，表示杠杆比。

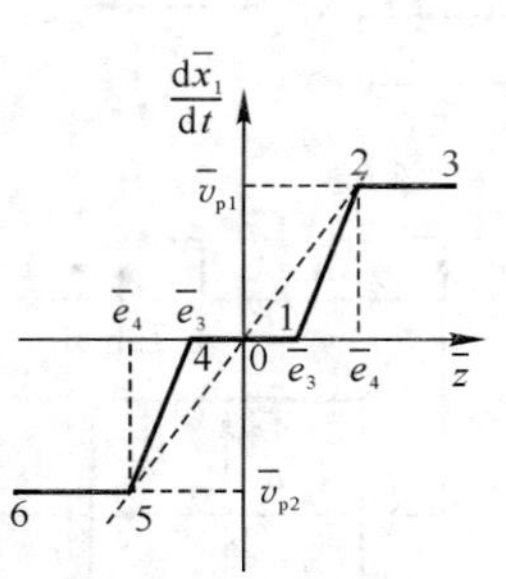

图 5.38　非线性特性的线性近似

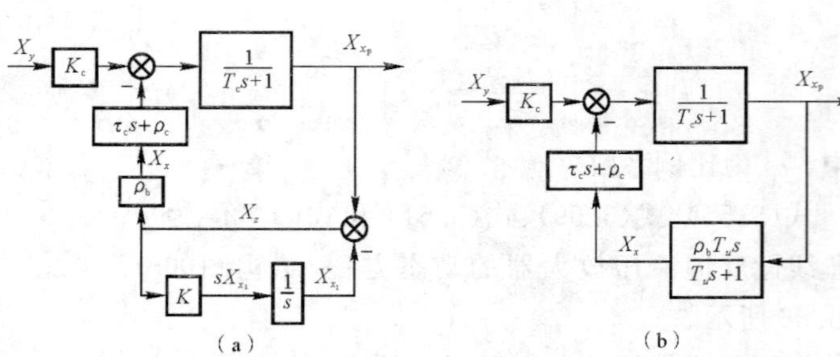

图 5.39　线性近似后的放大器结构图

(a) 结构图；(b) 化简结构图

5.5.3　控制系统的传递函数

1. 简化后的液压放大器传递函数与系统结构图

用图 5.39(b) 所示液压放大器结构图取代图 5.37 中所示的相应部分，可得经过近似处理的系统结构图。下面对所获得的系统结构图进行简化。忽略延迟环节 $e^{-\tau s}$，带泵的发动机传递函数

$$X_{n_{\mathrm{L}}} = \frac{K_{\mathrm{L}}(\tau_{\mathrm{L}}s+1)}{T_1^2s^2+(T_2-K_3K_{\mathrm{H}}\tau_{\mathrm{H}})s+(1-K_3K_{\mathrm{H}})}X_f + \frac{K_4K_{\mathrm{L}}(\tau_{\mathrm{L}}s+1)}{T_1^2s^2+(T_2-K_3K_{\mathrm{H}}\tau_{\mathrm{H}})s+(1-K_3K_{\mathrm{H}})}X_{x_{\mathrm{p}}} \tag{5.64}$$

令

$$G_0(s) = \frac{K_{\mathrm{L}}(\tau_{\mathrm{L}}s+1)}{T_1^2s^2+(T_2-K_3K_{\mathrm{H}}\tau_{\mathrm{H}})s+(1-K_3K_{\mathrm{H}})}$$

式(5.64) 可简单表示为

$$X_{n_{\mathrm{L}}} = G_0(s)X_f + K_4G_0(s)X_{x_{\mathrm{p}}} \tag{5.65}$$

液压放大器的传递函数

$$G_1(s) = \frac{X_{x_{\mathrm{p}}}}{X_y} = \frac{T_us+1}{(T_{\mathrm{c}}T_u+\rho_{\mathrm{b}}T_u\tau_{\mathrm{c}})s^2+(T_{\mathrm{c}}+T_u+\rho_{\mathrm{c}}\rho_{\mathrm{b}}T_u)s+1} \tag{5.66}$$

经简化后的系统结构图如图 5.40 所示。

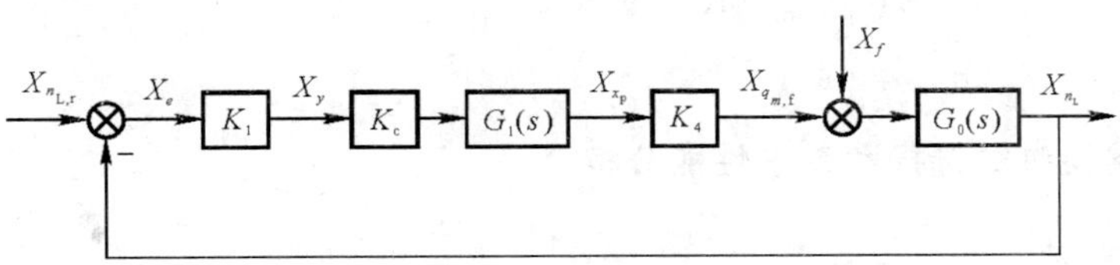

图 5.40　系统的简化结构图

2. 系统的开环传递函数

由图 5.40 可得系统的开环传递函数

$$G(s) = K_1K_{\mathrm{c}}K_4G_1(s)G_0(s) =$$

$$\frac{K_1K_{\mathrm{c}}K_4K_{\mathrm{L}}(T_us+1)(\tau_{\mathrm{L}}s+1)}{[(T_{\mathrm{c}}T_u+\rho_{\mathrm{b}}T_u\tau_{\mathrm{c}})s^2+(T_{\mathrm{c}}+T_u+\rho_{\mathrm{c}}\rho_{\mathrm{b}}T_u)s+1][T_1^2s^2+(T_2-K_3K_{\mathrm{H}}\tau_{\mathrm{H}})s+(1-K_3K_{\mathrm{H}})]} =$$

$$\frac{b'_0s^2+b'_1s+b'_2}{a'_0s^4+a'_1s^3+a'_2s^2+a'_3s+a'_4} \tag{5.67}$$

式中　$a'_0 = T_{\mathrm{c}}T_uT_1^2+\rho_{\mathrm{b}}T_u\tau_{\mathrm{c}}T_1^2$

$a'_1 = T_{\mathrm{c}}T_1^2+T_uT_1^2+\rho_{\mathrm{c}}\rho_{\mathrm{b}}T_uT_1^2+T_{\mathrm{c}}T_uT_2+\rho_{\mathrm{b}}T_u\tau_{\mathrm{c}}T_2-T_{\mathrm{c}}T_uK_3K_{\mathrm{H}}\tau_{\mathrm{H}}-\rho_{\mathrm{b}}T_u\tau_{\mathrm{c}}K_3K_{\mathrm{H}}\tau_{\mathrm{H}}$

$a'_2 = T_1^2 + T_c T_2 + T_u T_2 + \rho_c \rho_b T_u T_2 - T_c K_3 K_H \tau_H - T_u K_3 K_H \tau_H - \rho_b \rho_c T_u K_3 K_H \tau_H + T_c T_u + \rho_b T_u \tau_c - K_3 K_H T_c T_u - K_3 K_H \rho_b T_u \tau_c$

$a'_3 = T_2 - K_3 K_H \tau_H + T_c + T_u + \rho_c \rho_b T_u - K_3 K_H T_c - K_3 K_H T_u - K_3 K_H \rho_b \rho_c T_u$

$a'_4 = 1 - K_3 K_H$

$b'_0 = K_1 K_c K_4 K_L T_u \tau_L$

$b'_1 = K_1 K_c K_4 K_L (\tau_L + T_u)$

$b'_2 = K_1 K_c K_4 K_L$

3. 系统的闭环传递函数

当干扰量不变,只考虑系统参考输入量时,系统的传递函数

$$W_r(s) = \frac{X_{n_L}}{X^0_{n_{L,r}}} = \frac{G(s)}{1 + G(s)} = \frac{b_0 s^2 + b_1 s + b_2}{a_0 s^4 + a_1 s^3 + a_2 s^2 + a_3 s + a_4} \tag{5.68}$$

当系统参考输入量不变,只考虑干扰输入量时,系统的传递函数

$$W_f(s) = \frac{X_{n_L}}{X_f} = \frac{G_0(s)}{1 + G(s)} = \frac{b_3 s^3 + b_4 s^2 + b_5 s + b_6}{a_0 s^4 + a_1 s^3 + a_2 s^2 + a_3 s + a_4} \tag{5.69}$$

式中 $a_0 = a'_0$, $a_1 = a'_1$, $a_2 = a'_2 + b'_0$, $a_3 = a'_3 + b'_1$, $a_4 = a'_4 + b'_2$

$b_0 = b'_0$, $b_1 = b'_1$, $b_2 = b'_2$

$b_3 = K_L \tau_L T_c T_u + K_L \tau_L \rho_c T_c T_u$

$b_4 = K_L \tau_L T_c + K_L \tau_L T_u + K_L \tau_L \rho_b \rho_c T_u + K_L T_c T_u + K_L \rho_b T_u T_c$

$b_5 = K_1 \tau_L + K_L T_c + K_L T_u + K_L \rho_b \rho_c T_u$

$b_6 = K_L$

5.5.4 控制器参数选择和系统性能分析

1. 控制器参数选择

控制对象及油泵参数为不进行调整参数,它们在设计状态下的值列于表 5.2 中。

表 5.2 设计状态下控制对象与油泵参数值

控制对象							油泵参数	
T_1^2/s^2	T_2/s	K_L	τ_L/s	K_H	τ_H/s	τ/s	K_3	K_4
0.151	0.814	0.218	0.382	0.14	0.365	0.05	1.0	1.0

在实际可行范围内,经多次性能分析与参数调整后确定的一组控制器参数列于表 5.3 中。

表 5.3 所列控制器参数,在设计过程中都可进行调整,其中以调整 K_1, T_u, ρ_b 较方便,不致引起控制器结构大的修改。将选定的参数值代入式(5.67)至式(5.69)的系数表达式,可得开环与闭环传递函数的各项系数值,现列于表 5.4 中。

表 5.3　控制器参数的选定值

测量元件	放大元件					
	放大器				反馈装置	
K_1	K_c	T_c/s	τ_c/s	ρ_c	ρ_b	T_u/s
20.2	75.0	2.7	1.9	75.6	2.33	0.237

表 5.4　传递函数系数值

系数	a_0	a_1	a_2	a_3	a_4	b_0	b_1	b_2	b_3	b_4	b_5	b_6
开环 G	0.269	8.04	36.8	40.8	0.86	25.6	174.8	282.4				
闭环 W_r	0.269	8.04	65.6	244.0	331.0	29.9	204.4	330.3				
闭环 W_f	0.269	8.04	65.6	244.0	331.0				0.178	4.2	9.82	0.218

2. 系统稳态误差

系统对单位阶跃输入$\left(X_{n_{L,r}}=\dfrac{1}{s}\right)$的稳态误差

$$e_{n,r}=\lim_{s\to 0}sX_e(s)=\lim_{s\to 0}sW_{r,e}(s)X_{n_{L,r}}=\lim_{s\to 0}s[1-W_r(s)]\frac{1}{s}=$$

$$1-\frac{b_2}{a_4}=0.002\ 6=0.26\%$$

系统对单位阶跃干扰输入$\left(X_f=\dfrac{1}{s}\right)$的稳态误差

$$e_{n,f}=\lim_{s\to 0}sX_e(s)=\lim_{s\to 0}sW_{f,e}(s)X_f=\lim_{s\to 0}s[-W_f(s)]\frac{1}{s}=$$

$$-\frac{b_6}{a_4}=-0.000\ 66=-0.066\%$$

3. 系统频域分析

根据开环传递函数，作系统的开环对数幅频特性，如图 5.41 中曲线 1 所示。由开环对数幅频特性，可得截止频率 $\omega_{c1}=4.9$ rad/s，该点附近曲线的斜率为 -20 dB/dec，由此得

相角裕度：$\gamma=67°$；

幅值裕度：h 为无穷大。

由于系统的相角裕度在 $45°\sim 70°$ 范围内，幅值裕度大于 10 dB，可以预见系统的过渡过程品质是较好的。

如果去掉反馈校正环节，作开环对数幅频特性，如图 5.41 曲线 2 所示。由开环对数幅频特性，可得截止频率 $\omega_{c2}=16.5$ rad/s，附近曲线的斜率为 -40 dB/dec，由此可求得

相角裕度：$\gamma=10.8°$；

幅值裕度:h 为无穷大。

相角裕度太小,可预见系统的过渡过程品质很差。

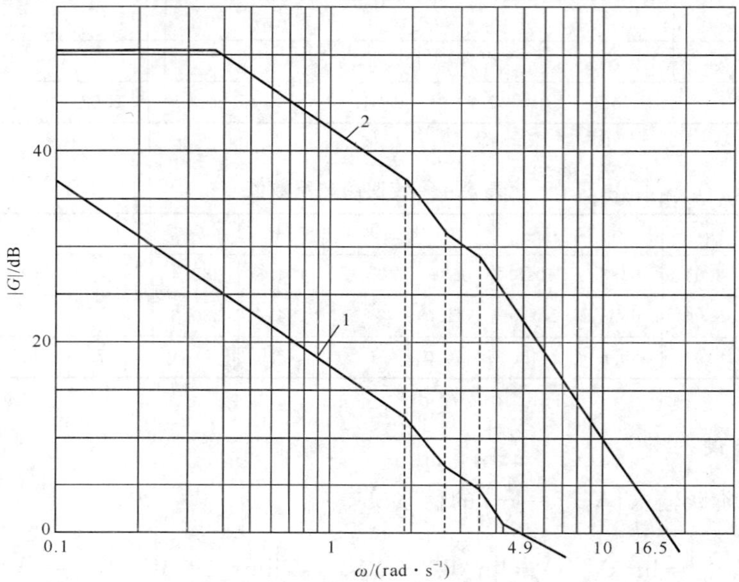

图 5.41 系统的开环对数幅频特性

4. 系统的时域响应

带有反馈校正环节的系统对单位阶跃输入的仿真结果如图 5.42 所示。曲线 1 为 $\bar{n}_L$ 对单位阶跃参考输入的响应,曲线 2 为 $\bar{n}_L$ 对单位阶跃干扰输入的响应。由曲线可以看出所设计的系统的动态品质是满足要求的。

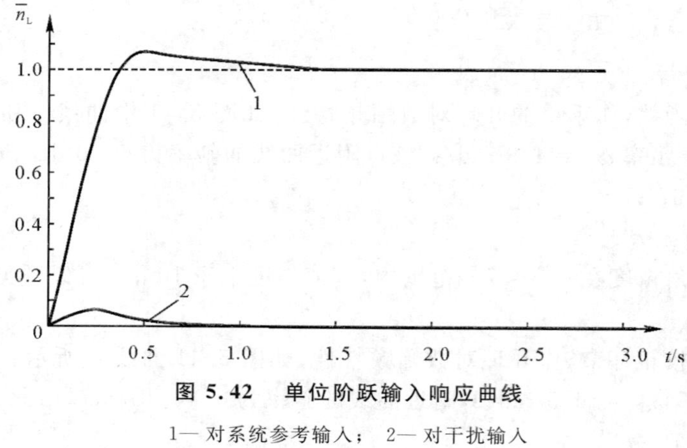

图 5.42 单位阶跃输入响应曲线

1— 对系统参考输入; 2— 对干扰输入

按线性系统完成初步近似设计后，应考虑实际系统中存在的非线性环节及燃烧延迟环节对系统特性的影响。为此，可以利用计算机仿真方法，对图 5.37 所示的带有非线性环节和延迟环节的系统进行仿真，以分析非线性环节和延迟环节对系统性能的影响，并对某些参数作必要的修正。

根据发动机设计点模型进行的系统设计，还必须进一步检查在非设计点的系统性能。如果性能不满足指标要求，则须重新进行设计。

图 5.43 所示为本设计在考虑非线性环节及延迟环节后的系统响应曲线。图 5.44 所示为发动机在两种飞行条件下的系统响应曲线。

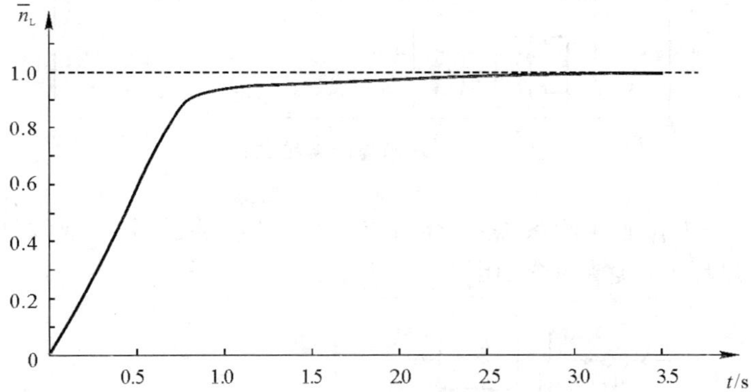

图 5.43　考虑延迟环节和非线性环节的单位阶跃输入响应曲线

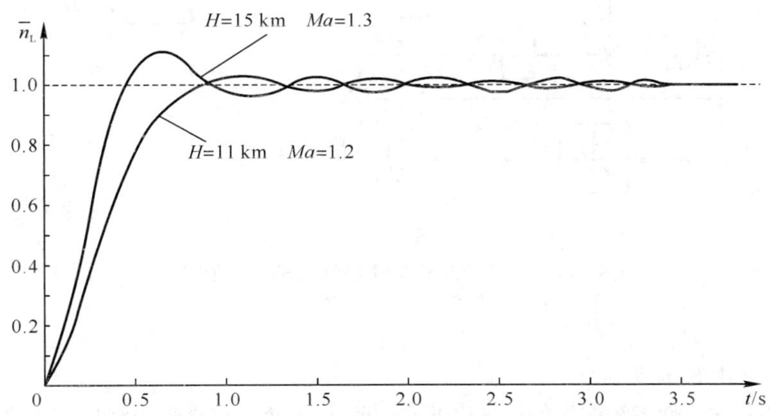

图 5.44　两种飞行条件下的单位阶跃输入响应曲线

由图 5.43 和图 5.44 看出，在以上两种情况下系统性能均变差，故还须对系统修正。

5.5.5 转速控制系统非线性特性分析

1. 系统结构图分解

本节用描述函数法分析图 5.45 所示的带非线性环节转速控制系统产生自激振荡的条件。

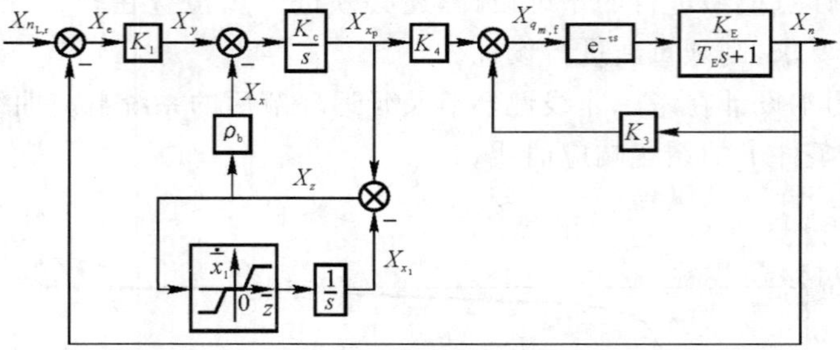

图 5.45 转速控制系统结构图

利用描述函数法进行非线性系统分析时,应将系统的线性部分与非线性部分分开。为分析方便,不考虑延迟环节,其结构图如图 5.46 所示。

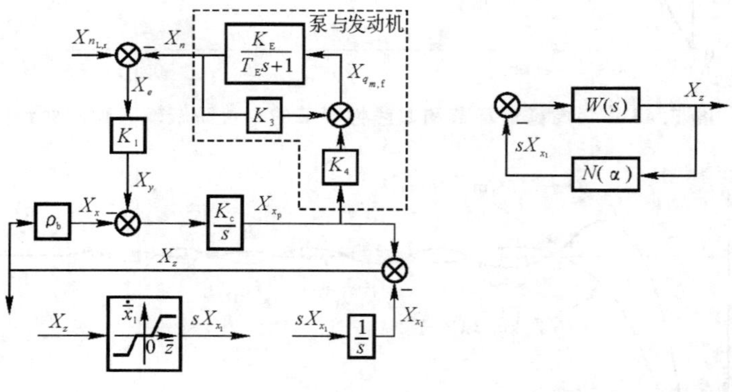

(a) (b)

图 5.46 线性部分与非线性部分分开结构图

(a) 结构图; (b) 简化结构图

2. 线性部分传递函数

因自激振荡是非线性系统在无外加作用下的自振问题,故研究自激振荡时,可令外加作用为零。

求取线性部分传递函数时,先进行结构图简化。图 5.46(a) 所示虚线框内为带泵发动机结构图,可用传递函数$\dfrac{K}{Ts+1}$表示,其中 $T=\dfrac{T_E}{1-K_3K_E}$,$K=\dfrac{K_4K_E}{1-K_3K_E}$。化简后的线性部分结构图如图 5.47 所示。线性部分的输入为 sX_{x_1},输出为 X_z,传递函数为 $W_1(s)$。

根据图 5.47，可得

$$\frac{X_{x_p}}{X_z}=-\frac{\rho_b K_c(Ts+1)}{Ts^2+s+K_1K_cK} \tag{5.70}$$

$$-sX_{x_1}\frac{1}{s}-\frac{\rho_b K_c(Ts+1)}{Ts^2+s+K_1K_cK}X_z=X_z \tag{5.71}$$

$$W_1(s)=\frac{X_z}{-sX_{x_1}}=\frac{Ts^2+s+K_1K_cK}{s[Ts^2+(1+\rho_b K_c T)s+K_c(\rho_b+K_1K)]} \tag{5.72}$$

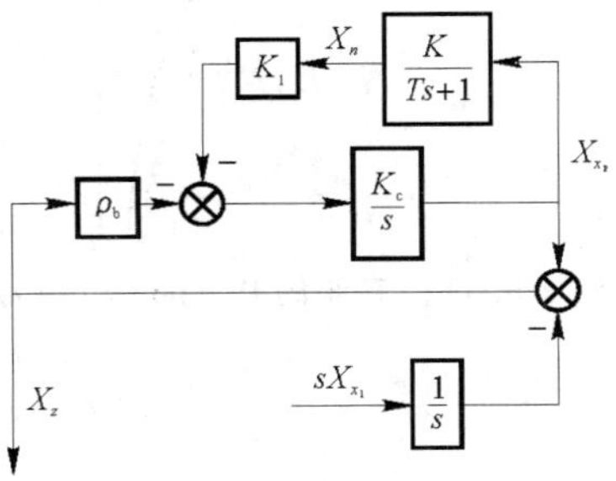

图 5.47　线性部分简化结构图

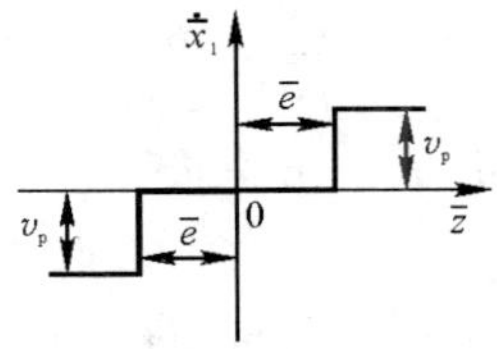

图 5.48　简化非线性特性

3. 非线性环节的描述函数

考虑实际系统非线性特性的线性段斜率很大，为简化分析，将其简化为带死区的继电器型非线性特性，并假设 $\bar{v}_{p1}=\bar{v}_{p2}=v_p$，如图 5.48 所示。非线性特性的描述函数

$$N(\alpha)=\frac{4v_p}{\pi\,\alpha}\sqrt{1-\left(\frac{e}{\alpha}\right)^2} \tag{5.73}$$

式中　α —— 自激振荡振幅；

e —— 反馈滑阀重叠量的相对值；

v_p —— 随动活塞与反馈活塞相对运动速度 $\mathrm{d}\bar{x}_1/\mathrm{d}t$ 的最大值。

4. 系统自激振荡分析

闭环系统的特征方程为

$$1+W_1(\mathrm{j}\omega)N(\alpha)=0$$

或

$$W_1(\mathrm{j}\omega)=-\frac{1}{N(\alpha)} \tag{5.74}$$

如果存在某个 α_0 和 ω_0 使式(5.74) 成立，则系统内就有 $\alpha_0\sin\omega_0 t$ 的周期运动，系统中可能产生持续振荡。否则，系统内就不会有周期运动。α_0 和 ω_0 可以用 $-1/N(\alpha)$ 线与曲线 $W_1(\mathrm{j}\omega)$ 的交点确定。$-1/N(\alpha)$ 称为非线性特性的负倒描述函数，即

$$-\frac{1}{N(\alpha)}=-\frac{\pi e}{4v_p}\,\frac{\dfrac{\alpha}{e}}{\sqrt{\left(\dfrac{\alpha}{e}\right)^2-1}} \tag{5.75}$$

当$\frac{\alpha}{e}$从 1 变到 ∞ 时,其值沿负实轴变化,极大值 c(见图 5.49)可以通过求极值获取,令

$$\frac{\mathrm{d}\left(-\frac{1}{N(\alpha)}\right)}{\mathrm{d}\left(\frac{\alpha}{e}\right)}=0$$

得
$$-\frac{\pi e}{4v_{\mathrm{p}}}\frac{2\left(\frac{\alpha}{e}\right)\left[\left(\frac{\alpha}{e}\right)^{2}-1\right]-\left(\frac{\alpha}{e}\right)^{3}}{\left[\left(\frac{\alpha}{e}\right)^{2}-1\right]\sqrt{\left(\frac{\alpha}{e}\right)^{2}-1}}=0$$

求解上式,可得 $\frac{\alpha}{e}=\sqrt{2}$

代入式(5.75),得

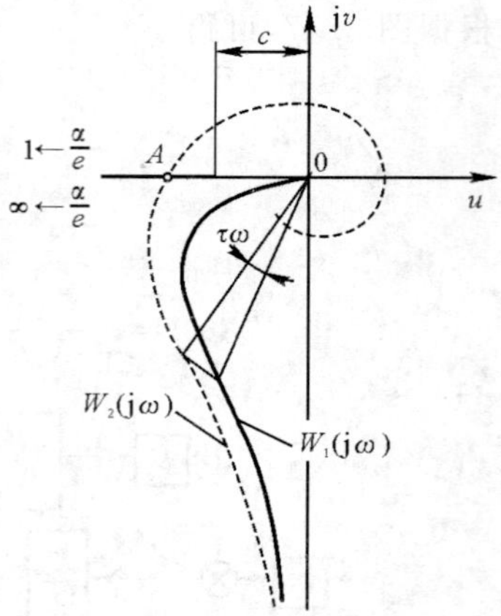

图 5.49　系统的 $W_1(j\omega)$ 和 $-1/N(\alpha)$ 曲线

$$c=-\frac{\pi e}{2v_{\mathrm{p}}} \tag{5.76}$$

由图 5.49 可见,如果不考虑发动机燃烧延迟,控制系统内不会出现自振,因为系统的线性部分频率特性 $W_1(\mathrm{j}\omega)$ 与非线性特性的负倒描述函数 $-1/N(\alpha)$ 不相交。

当反馈滑阀重叠量 $e=0$ 时,$-1/N(\alpha)$ 的极值到达坐标原点,与频率特性线 $W_1(\mathrm{j}\omega)$ 仍不相交,同样不会出现自振。但考虑到近似计算的误差,其他元件的非线性特性以及发动机的燃烧延迟后,系统有可能产生自振。

当考虑发动机的燃烧延迟时,带泵发动机的传递函数为

$$\frac{X_n}{X_{x_{\mathrm{p}}}}=\frac{K_4K_{\mathrm{E}}\mathrm{e}^{-\tau s}}{T_{\mathrm{E}}s+1-K_{\mathrm{E}}K_3\mathrm{e}^{-\tau s}}$$

控制系统线性部分的传递函数为

$$W_2(s)=\frac{T_{\mathrm{E}}s^2+s-K_{\mathrm{E}}K_3s\mathrm{e}^{-\tau s}+K_1K_4K_{\mathrm{E}}K_{\mathrm{c}}\mathrm{e}^{-\tau s}}{s[T_{\mathrm{E}}s^2+(1+\rho_{\mathrm{b}}K_{\mathrm{c}}T_{\mathrm{E}})s-K_{\mathrm{E}}K_3s\mathrm{e}^{-\tau s}+(K_1K_4K_{\mathrm{E}}K_{\mathrm{c}}-K_{\mathrm{E}}K_3)\mathrm{e}^{-\tau s}+\rho_{\mathrm{b}}K_{\mathrm{c}}]}$$

相应的频率特性 $W_2(\mathrm{j}\omega)$ 如图 5.49 中的虚线所示。考虑发动机燃烧延迟后,对于每一个 ω 值,相位滞后增加,频率特性 $W_2(\mathrm{j}\omega)$ 可能与 $-1/N(\alpha)$ 线相交。如若相交,系统内将有自振产生。

由此可见,系统不产生自振的条件为

$$\overline{0A}<|\ c\ |=\frac{\pi e}{2v_{\mathrm{p}}}$$

如果 $e=0$(反馈滑阀正重叠量为 0)时,$c=0$,$W_2(\mathrm{j}\omega)$ 与 $-1/N(\alpha)$ 必然相交,系统内将有自振产生。这就是反馈滑阀具有正重叠的原因之一。

5.6　航空发动机的加速控制及典型系统

在第 2 章中已介绍了航空发动机的几种加速控制规律，本章将介绍这几种加速控制规律在机械液压式控制系统中的实现，并将介绍加速控制系统的数学模型及系统仿真。

5.6.1　简单加速控制规律的实现

本节所指的简单的加速控制规律是发动机在加速过程中，仅选择加速供油量 $q_{m,\mathrm{f}}$ 作为控制量，并且 $q_{m,\mathrm{f}}$ 仅根据一个参数而变化的规律。这类控制规律有 $q_{m,\mathrm{f}}=f(p_3)$，$q_{m,\mathrm{f}}=f(t)$ 及 $q_{m,\mathrm{f}}=f(n_\mathrm{r}(t))$ 等。这类加速控制规律比较简单，实现比较容易，但这类加速控制规律不能保证发动机在任何飞行条件下都具有良好的加速性。

为了提高发动机的加速性，往往采用分段加速控制方式。在发动机由慢车状态到最大状态的全程加速过程中，当发动机处于中、低转速范围时，加速供油量变化规律保证发动机不喘振，当发动机进入高转速范围时，加速供油量变化规律保证涡轮前温度 T_4 不超过 $T_{4\,\max}$。对图 5.50 所示加速控制系统，当发动机转速低于某一转速 n_a 时，由气动式自动加速器控制，而当发动机转速高于 n_a 时由转速控制器控制。当发动机在转速 n_a 以上状态加速的过程中，由液压延迟器与转速控制器配合工作，控制加速供油量。

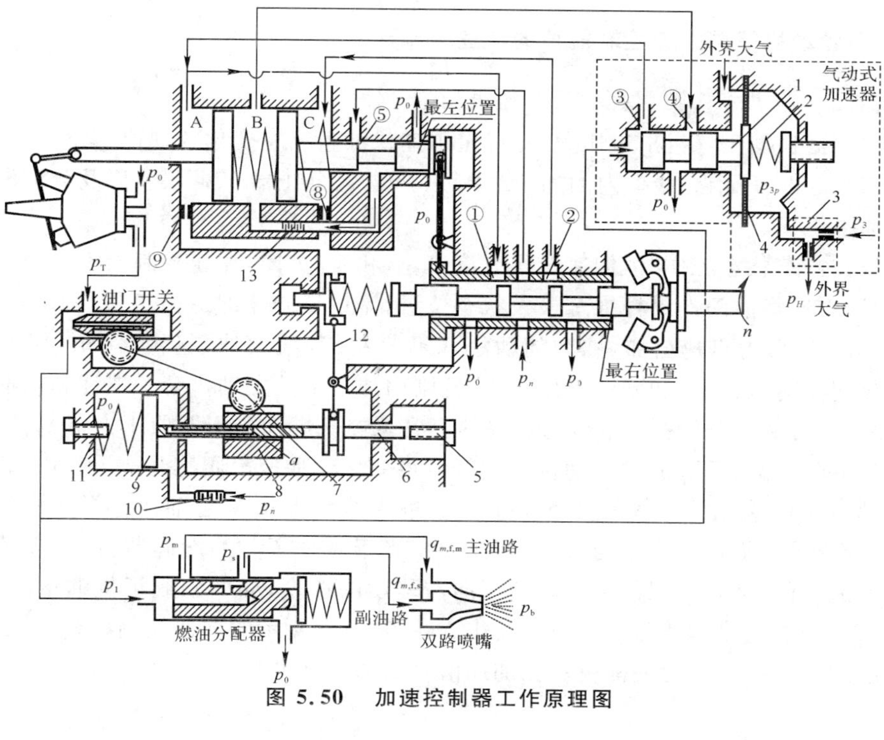

图 5.50　加速控制器工作原理图

一、加速控制器的功用

当油门操纵杆在慢车位置时,发动机处于慢车状态工作,分油滑阀和反馈套筒均在最右位置,反馈滑阀在最左位置,转速控制器不工作,供油量由流量控制器控制,保持恒定的慢车油量。当发动机进行全程加速时,驾驶员将油门操纵杆迅速地从慢车位置推至最大状态位置,带动齿轮轴7转动(见图5.50)。齿轮轴转动时,带动油门开关移动,使油门开关流通面积由慢车迅速增至最大,油门开关前、后压差迅速减小,压差滑阀迅速关闭,流量控制器退出工作。

当齿轮轴转动时,还带动延迟器遮蔽套8迅速左移,关闭延迟活塞9右腔放油孔 a,使活塞9右腔压力升高,推动活塞向左移动。当延迟活塞移动时,带动延迟杠杆12,使转速调准弹簧力增加。分油滑阀、反馈滑阀和反馈套筒位置如图5.50所示,从反馈滑阀节流口⑤进入随动活塞B腔的定压油推动随动活塞左移,使油泵斜盘倾角 φ 迅速增至 $\varphi_{\max}$,油泵供给的加速供油量将沿着图5.51中虚线2—3变化。由图5.51可见,由转速控制器控制加速供油量,会使加速过程进入发动机喘振边界。为此,必须在发动机控制系统中,增设保证加速供油量按给定规律变化的加速控制器。

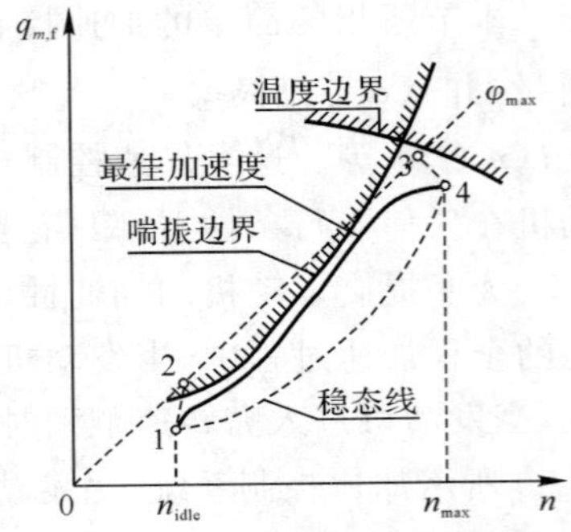

图5.51 发动机加速供油量特性线

二、实现发动机简单加速控制规律的加速控制器

1. 实现 $q_{m,f}=f(p_3)$ 控制规律的加速控制器

这种控制器根据压气机出口压力 p_3 确定加速供油量 $q_{m,f}$ 变化的规律,又称为气动式加速器。它由图5.50中所示虚线框内的加速滑阀1、弹簧2、分压器3、薄膜4以及分油滑阀式液压放大器和油泵组成。

发动机在慢车状态工作时,加速滑阀节流口③和④关闭,加速控制器不参与工作。当发动机加速时,迅速将油门操纵杆推至最大状态位置,流量控制器即退出工作,随动活塞A腔压力迅速减小,B腔压力迅速增加,推动随动活塞迅速左移,增大油泵斜盘倾角,使加速供油量 $q_{m,f}$、燃油分配器前压力 p_1 和副油路压力 p_s 急剧增加。由于发动机转子惯性和供油与燃烧延迟影响,发动机转速上升较慢,使 p_3 和 p_{3p} 的上升缓慢。燃油分配器前压力 p_1 反映了供油量的变化,p_3 分压力 p_{3p} 反映流过发动机的空气流量变化。加速滑阀感受 p_1 和 p_{3p},打开加速滑阀控制器的节流口③和④,高压油经节流口③进入随动活塞A腔,而B腔的工作液则经节流口④放回低压腔。加速滑阀参与工作,其作用相当于减少了分油滑阀节流口⑤的放油量和反馈滑阀节流口的进油量,限制了随动活塞向左移动的速度,亦即限制了供油量的增长速度,使供油量 $q_{m,f}$ 按加速控制器确定的规律变化。在图5.50所示的加速控制系统中,加速供油量变化规律由加速滑阀1的力平衡决定。加速滑阀的力平衡方程为

$$p_1A_1=(p_{3p}-p_H)A_2+F_s \tag{5.77}$$

或

$$p_1=\frac{A_2}{A_1}(p_{3p}-p_H)+\frac{F_s}{A_1}$$

式中　A_1—— 加速滑阀端面积；

A_2—— 薄膜有效面积；

F_s—— 弹簧力；

p_H —— 外界大气压力；

p_{3p} ——p_3 的分压力，$p_{3p}=\varepsilon p_3$，ε 为分压器的分压比。

在给定外界大气条件下，p_H 一定，则式(5.77) 可简单表示为

$$p_1=f_1(p_3) \tag{5.78}$$

利用燃油分配器与喷嘴特性，可将分配器前压力 p_1 转换为 $q_{m,f}$，这样就得到气动式加速控制器控制的加速供油量变化规律，即

$$q_{m,f}=f(p_3) \tag{5.79}$$

由分压器的工作原理知，当 p_3/p_H 较低时，分压器的放气节流嘴在亚临界状态工作，分压器的分压比 ε 随 p_3/p_H 的增加而增大。当 p_3/p_H 增加到使分压器的放气节流嘴达到临界时，分压比 ε 保持常数。分压器的分压比可以通过改变节流嘴的面积进行调整。由于有分压器，加速过程开始时，因为转速较低，p_3/p_H 较小，分压器的放气节流嘴在亚临界状态工作，p_{3p} 的上升很缓慢，使 p_1 和 $q_{m,f}$ 的上升缓慢，上升速率随转速的增加而增加。在放气节流嘴达到临界后，p_1 将随 p_3 成正比关系上升。

设计加速器时，可以通过调整分压器参数，选择合适的薄膜有效面积 A_2、弹簧刚度 K_s 及预紧力 F_s，使加速控制器控制的加速供油量尽可能与规定的加速供油量一致。

气动式加速器当外界条件及元件自身特性改变时，加速性能发生变化。因此在偏离设计状态进行加速时，加速性会改变，设计时应折中考虑发动机整个飞行范围内的加速性要求。此外，加速器元件经过一段使用期后，特性会改变，例如薄膜老化、弹簧疲劳和滑阀磨损等都会导致加速器性能变差。

2. 实现 $q_{m,f}=f(t)$ 控制规律的加速控制器

这种加速控制器由图 5.52 所示的升压限制器和图 5.50 中所示的液压放大器及油泵组成，它通过限制副油路压力的上升速率来限制加速供油量的增加速度。在升压限制器结构中，由于没有薄膜这类易老化的元件，因而可以在较长的时间内保持稳定的加速性能。

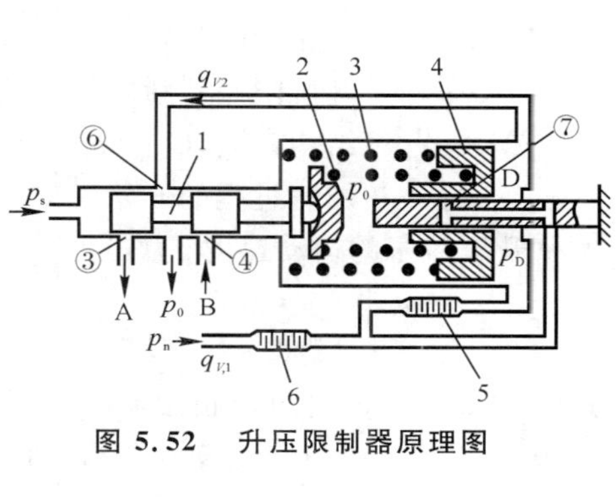

图 5.52　升压限制器原理图

升压限制器滑阀(加速滑阀)1 的左端感受燃油分配器后的副油路压力 p_s。与感受油门开关后压力 p_1 比较，感受 p_s 时使滑阀的工作受燃油分配器主油路

打开时的扰动影响小,变化比较平稳。滑阀 1 的右端作用弹簧 2 的弹簧力和低压腔油压力,弹簧力的大小随升压限制器活塞(升压活塞)4 的位置而改变。活塞 4 的移动速度取决于流入 D 腔的流量。通过正确地选择具有不同流通能力的层板限制器 5 和 6,来控制流进活塞 D 腔的流量,从而控制活塞的运动速度和加速滑阀弹簧力的增长速度。由加速滑阀的受力平衡决定了副油路压力 p_s 的变化规律,p_s 的变化规律反映了供油量 $q_{m,f}$ 的变化规律。

与气动式加速器一样,发动机在慢车状态工作时,加速滑阀不参与工作,图 5.52 中所示 ③ 和 ④ 节流口关闭,节流口 ⑥ 有一定开度,活塞 D 腔有一定压力,活塞处于与慢车状态副油路压力平衡的位置。

如上所述,当油门操纵杆从慢车位置迅速推至最大状态位置加速时,流量控制器即时退出工作,使加速供油量 $q_{m,f}$ 和副油路压力 p_s 急剧增加,p_s 的升高使加速滑阀右移,使升压限制器投入工作。一方面打开节流口 ③ 和 ④,而节流口 ③ 和 ④ 分别控制液压放大器随动活塞 A 腔的油压 p_A 和 B 腔油压 p_B,这样就控制了随动活塞运动速度,也即控制了供油量增加的速度;另一方面,加速滑阀右移关闭了升压限制器活塞 D 腔的放油节流口 ⑥,压力为 p_n 的定压油经层板限流器 5 和 6 进入活塞 D 腔,使活塞左移,逐渐压缩弹簧 2 和 3。内圈滑阀弹簧 2 的弹簧力同时作用于加速滑阀的右端,加速滑阀的左端作用着副油路油压作用力,这两个力决定了加速滑阀的运动规律,也就决定了节流口 ③ 和 ④ 的变化规律和它们控制的 p_A 和 p_B 变化规律,这样就保证了液压放大器随动活塞位移和供油量增加的变化规律。

改变层板限流器 5 和 6 的限流量,将改变升压限制器活塞 D 腔的容积变化速度,也即改变了该活塞的移动速度,最终将改变供油量变化规律。

加速滑阀的力平衡方程为

$$p_s A_1 = p_0 A_1 + F_{s0} + K_s \int_{t_0}^{t} \dot{x}_2(\tau)\,\mathrm{d}\tau$$

等号两端同除以 A_1,得

$$p_s = C_0 + C_1 \int_{t_0}^{t} \dot{x}_2(\tau)\,\mathrm{d}\tau \tag{5.80}$$

式中 A_1—— 加速滑阀端面积;

K_s, F_{s0}—— 加速滑阀弹簧刚度和预紧力;

$\dot{x}_2(\tau)$—— 升压限制器活塞运动速度;

C_0, C_1—— 结构常数,$C_0 = p_0 + F_{s0}/A_1$,$C_1 = K_s/A_1$;

t_0—— 加速过程的开始时刻。

升压活塞的运动速度 $\dot{x}_2(\tau)$ 可以由活塞 D 腔的流量连续条件求得,即

$$\dot{x}_2(\tau) = \frac{q_{V,1}}{A_2} \tag{5.81}$$

式中 $q_{V,1}$—— 经过层板限流器流入 D 腔的流量;

A_2—— 升压活塞油压作用面积。

利用图 5.53 所示的喷嘴与燃油分配器特性，可将式(5.80)的压力时间函数 $p_s=f_1(t)$ 转换为流量时间函数 $q_{m,f}=f(t)$，$q_{m,f}$ 就是加速可用油量。设计升压限制器时，参数选择应保证可用油量与发动机加速要求的油量基本一致。为了使可用油量较好地接近要求油量，升压限制器控制的副油路压力 p_s 按两种上升斜率变化，如图 5.54 所示。在第 Ⅰ 阶段，因活塞盖住活塞杆上的小孔 ⑦(见图 5.52)，p_n 定压油要经层板限制器 5 和 6 后才进入活塞 D 腔，油路上的流动阻力较大，即限流器 5 和 6 的等效节流面积 $\mu_k A_k$ 较小，进入活塞 D 腔的流量 $q_{V,1}$ 较小，使 p_s 的上升较慢。活塞左移一段距离后，活塞杆上小孔 ⑦ 打开，定压油大部分经层板限流器 6 后直接从小孔 ⑦ 进入 D 腔。由于油路的流通阻力减小，流通能力增强，亦即 $\mu_k A_k$ 增大，进入 D 腔的流量增大，因此活塞的运动速度加快，p_s 的上升也加快，如图 5.54 中的第 Ⅱ 段所示。当 p_s 上升到 p_{s2} 时，升压活塞移动到与加速滑阀弹簧座接触的位置，此后，活塞移动就将推动加速滑阀，打开节流口 ⑥，并关闭节流口 ③ 和 ④；节流口 ⑥ 打开后，D 腔流量 $q_{V,2}$ 将通过节流口放回低压腔，活塞运动即刻减慢。当加速滑阀打开节流口 ⑥ 的开度使 $q_{V,1}=q_{V,2}$ 时，活塞停止运动，此时加速滑阀和活塞的受力也达到平衡，升压限制器退出工作。

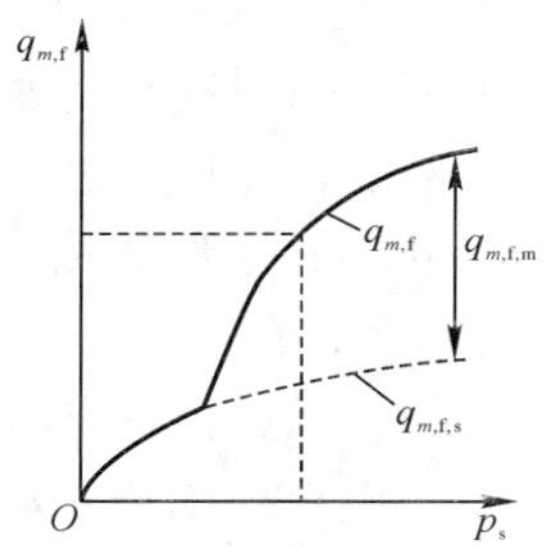

图 5.53　喷嘴与燃油分配器特性

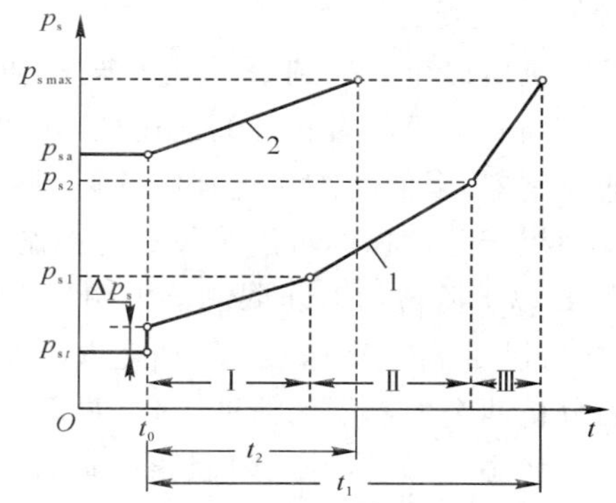

图 5.54　加速时副油路压力 p_s 随时间 t 的变化

1— 全程加速线；　2—n_a 至 n_{max} 加速线

3. 实现 $q_{m,f}=f(n_r(t))$ 控制规律的加速控制器

这种加速控制器由液压延迟器和转速控制器组成，如图 5.50 所示。

液压延迟器由导杆 6，延迟器杠杆 12、遮蔽套 8、层板限流器 10、延迟器活塞 9 和弹簧等组成。

如前所述，在一定转速 n_a 以下范围推油门操纵杆时，遮蔽套盖不住小孔 a，液压延迟器不工作。

在转速 n_a 以上范围快推油门操纵杆加速，如由巡航状态加速至最大状态，通常称为半程加速，这时遮蔽套 8 盖住小孔 a，通过层板限流器 10 的定压油进入延迟器活塞 9 的右腔，延迟器活塞移动，通过延迟器杠杆 12 使转速调准弹簧力随活塞 9 的左移而增加。由于有液压延迟器，快推油门操纵杆引起其位置的突跃变化,并不直接使转速调准弹簧力变化,而是通过液压延迟器活塞按一定规律运动,才导致转速调准弹簧力逐渐变化。与升压限制器一样,延迟器活塞的运动速度取决于进入延迟活塞右腔的流量,即层板限流器 10 的流通能力。随着转速调准弹簧力的逐渐增加,使分油滑阀适度地开大 C 腔进油口和 A 腔放油口,以控制随动活塞的运动速度,使加速供油量不至于增长过快。

由上面分析可知,液压延迟器的输出为转速调准弹簧力,它对应于发动机的给定转速 n_r。当液压延迟器工作时,调准弹簧力随时间而变化,使 n_r 也随时间而变化,即 $n_r = n_r(t)$。由于 $n_r(t)$ 是转速控制器的输入,所以转速控制器输出的供油量是 $n_r(t)$ 的函数,这样即实现了 $q_{m,f} = f(n_r(t))$ 的加速供油规律。这时的转速控制系统是一个随动系统,系统的输出转速 n 跟踪输入 $n_r(t)$ 变化。

当液压延迟器工作时,副油路压力随时间的变化规律如图 5.54 中曲线 2 所示。曲线 2 较曲线 1 高,因此在发动机的全程加速过程中,液压延迟器不起作用,由气动式加速器或升压限制器完成加速供油量的控制。液压延迟器仅用于完成转速 n_a 以上加速过程的控制。

4. 全程加速时的分段控制

在发动机由慢车状态到最大状态全程加速过程中,发动机各部件的非线性特性变化很大。为了保证发动机具有较好的加速性,在加速过程的不同阶段,可采用不同的控制方法或采用不同的控制器,以便在加速过程中的控制量按不同规律变化。用升压限制器与转速控制器分别在发动机全程加速的不同阶段进行控制,就是这种控制方式的例子。在加速过程中发动机转速在 n_a 以下阶段由升压限制器控制发动机加速,在 n_a 以上阶段由转速控制器控制发动机加速,这样可满足低转速时 $q_{m,f}$ 增加速率小而高转速时 $q_{m,f}$ 增加速率大的要求。

下面分析两个控制器的协调工作(见图 5.50 和图 5.52)。当油门操纵杆由慢车状态位置快推至最大状态位置时,升压限制器控制的加速供油量按 $q_{m,f} = f(t)$ 规律变化,当发动机转速增加到 n_a 时,升压活塞与加速滑阀顶靠,此后,随着 p_s 的继续上升,加速滑阀逐渐关小节流口⑥,p_D 压力逐渐升高,活塞压住滑阀不再能打开节流口 ③ 和 ④,升压限制器退出工作。由于液压延迟器从推油门操纵杆至最大状态位置开始,就不断地使转速调准弹簧力增加,因此当升压限制器退出工作时,转速调准弹簧力仍大于离心块的轴向换算力,分油滑阀仍在最右位置,反馈滑阀仍在最左位置,活塞B腔仍进 p_n 定压油。进入B腔的流量取决于中腔层板限流器 13 的流通能力。由于B腔不断进油,使随动活塞不断左移,供油量和转速不断上升。在延迟器活塞移至左端限位螺钉 11 处,转速控制器的输入信号不再变化,但发动机转速随供油量增加而继续上升。当离心块的轴向换算力大于右端弹簧力时,分油滑阀向左移动,逐渐减小节流口 ① 和 ② 的开度,C 腔压力下降。当反馈活塞左边力大于右边力时,反馈活塞右移,逐渐关闭节流口,同时带动反馈套筒左移。当离心块的轴向换算力与转速调准弹簧力相等时,分油滑阀受力平衡,分油滑阀、反馈滑阀和反馈套筒都回到零位,加速过程结束,发动机稳定在最大转速下工作。

5. 带修正装置的升压限制器

对于图 5.52 所示升压限制器，反映加速供油量变化的副油路压力时间程序不随飞行条件而改变，这就使在地面条件下加速性能满意的时间程序，在高空条件下加速时，由于进入发动机的空气流量减少，而使涡轮前燃气温度 T_4 较地面条件增加过快，出现压气机喘振。为了保证整个飞行范围的安全可靠加速，就应按折中的办法，以牺牲地面加速性为代价，确定高、低空加速都不会出现压气机喘振的压力时间程序。对飞行范围宽广的发动机，折中处理会使地面加速性损失过大，这时应采用带高空修正的升压限制器，如图 5.55 所示。

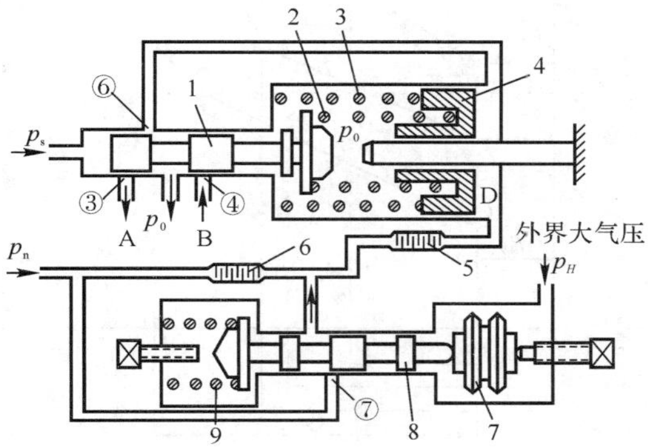

图 5.55　带高空修正的升压限制器原理图

高空修正装置的工作原理如下：

利用膜盒 7 感受外界大气压力变化，产生的膨胀或收缩量控制修正滑阀 8 移动，改变节流口 ⑦ 的开度。在地面，外界大气压力 p_H 高，膜盒收缩，使修正滑阀处于靠右位置，节流口 ⑦ 的开度最大，流动阻力很小。压力为 p_n 的定压油的大部分直接经阻力较层板限流器 6 小得多的节流口 ⑦ 流至层板限流器 5，并经限流器 5 进入活塞 4 的右腔 D，控制活塞的运动速度，使 p_s 沿着图 5.56 中所示的 a — b — c 线上升。随着飞行高度增加，p_H 下降，膜盒膨胀，使修正滑阀左移，节流口 ⑦ 的开度愈来愈小，节流口的流动阻力愈来愈大，使定压油流经层板限流器 6 的比例愈来愈大，进入活塞右腔 D 的流量逐渐减小，活塞 4 的运动速度随飞行高度上升而逐渐变慢，压力 p_s 上升速度也随之减小，如图 5.56 中 a — b — c' 线所示。在飞行高度达到一定值后，节流口 ⑦ 完全关闭，修正器失去作用。由此可见，带高空修正的升压限制器与不带高空修正的升压限制器的差别是，前者使用随高度而变的可调限流器的节流口 ⑦ 来代替固定限流器 6，使活塞 4 控制的 p_s 压力变化规律随飞行高度而改变，解决了为避免高空出现压气机喘振而损失地面加速性的问题。

在图 5.56 中，p_s 表示流量控制器供给的慢车油量对应的副油路压力；p_{s2} 表示升压限制器退出工作时的副油路压力；p_{sa}，$p_{s\max}$ 分别表示地面 n_a 转速与最大转速时对应的副油路压力；

p'_{sa},$p'_{s\max}$ 分别表示高空 n_a 转速与最大转速时对应的副油路压力;$e—f$ 线表示地面半程加速(由转速 n_a 加速至最大转速)时的副油路压力变化曲线;$a—b—c—d$ 表示地面全程加速时的副油路压力变化曲线;$e'—f'$ 与 $a—b—c'—d'$ 分别为高空半程加速和全程加速线,t_1 与 t'_1 分别表示地面与高空全程加速时间;t_2 与 t'_2 分别表示地面与高空半程加速时间。由图可见,$t_1 < t'_1$,$t_2 < t'_2$,地面加速时间比高空加速时间短。

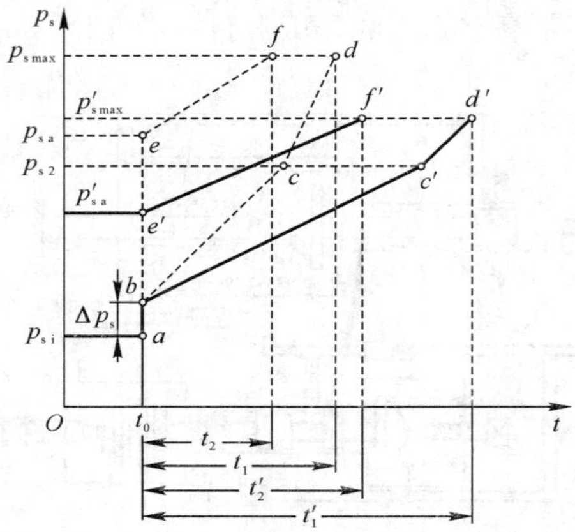

图 5.56 带高空修正升压限制器副油路压力 p_s 随时间 t 变化的曲线

5.6.2 加速控制系统数学模型及仿真

在加速控制系统设计与性能分析研究中,都需要对加速控制系统进行仿真。对加速控制系统仿真之前,首先需要建立系统的数学模型,包括发动机数学模型和控制器数学模型。由于加速过程是大偏离动态过程,因此描述这一过程的数学模型是非线性的。发动机非线性数学模型已在上册第 3 章中作了介绍,这里仅介绍加速控制器的非线性数学模型,在此基础上,进一步研究加速控制系统仿真。

加速控制器的数学模型必须根据具体的控制器结构来建立。为此,现以分段加速控制系统为例,研究其加速控制器数学模型的建立与系统仿真。

具有升压限制器的加速控制系统,当实现全程加速和半程加速时,控制器所包括的元件及各元件之间的输入与输出关系分别如图 5.57(a)和(b)所示。

加速控制系统的输入为油门操纵杆角度 α 的变化量,全程加速时 α 的变化范围为 $\alpha_{\max} \sim \alpha_{idle}$,半程加速时 α 的变化范围为 $\alpha_{\max} \sim \alpha_a$。两种情况下液压延迟器的输出是相同的。加速控制器的输出为加速供油量 $q_{m,f}(t)$,它是发动机的输入量。加速控制系统的输出即发动机的转速 $n(t)$。

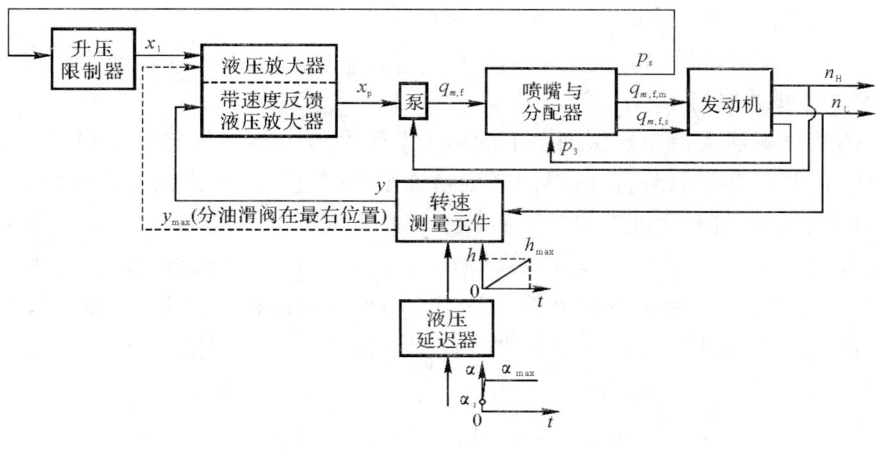

(a)

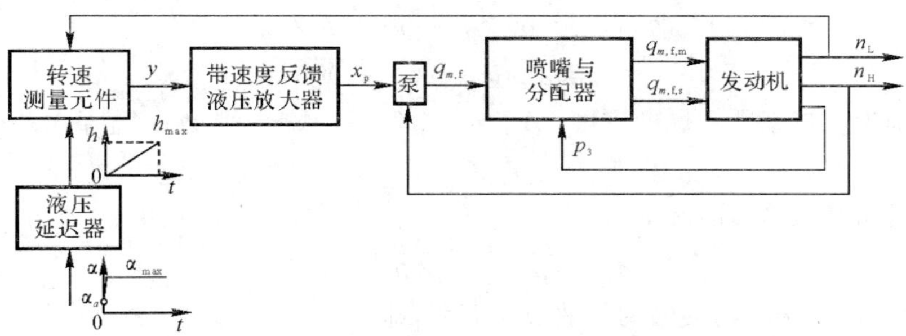

(b)

图 5.57　加速控制系统结构简图

(a) 全程加速控制系统；(b) 半程加速控制系统

一、加速控制器的非线性数学模型

加速控制器包括供油部分和加速供油量控制部分。供油部分包括油泵、喷嘴与燃油分配器，这部分的功能只是按规定的燃油压力要求向燃烧室供油，对供油量不起控制作用。加速供油量控制部分包括升压限制器、转速测量元件、液压延迟器、液压放大器，这部分的功能是控制加速供油量。现分别介绍它们的数学模型。

1. 油泵

油泵供油量 $q_{m,f}$ 和斜盘反力 F_L 可用以下非线性函数表示：

$$q_{m,f}=q_{m,f}(n,x_p) \tag{5.82}$$

$$F_L=F_L(n,x_p,p_T) \tag{5.83}$$

式中　x_{p}—— 随动活塞位移；

p_{T}—— 油泵出口压力。

2. 喷嘴与燃油分配器

喷嘴与燃油分配器为控制器供油路上的两个节流装置。当供油量很小时，燃油分配器前压力 p_1 很低，这时只是副油路打开，燃油经副喷嘴喷入燃烧室。当供油量增加使 p_1 达到一定值时，燃油分配器滑阀打开主油路，燃油通过主、副喷嘴同时喷入燃烧室(见图 5.50)。

令燃油分配器滑阀位移为 x_4，副油路燃油压力和流量分别为 p_{s} 和 $q_{m,\mathrm{f,s}}$，主油路燃油压力和流量分别为 p_{m} 和 $q_{m,\mathrm{f,m}}$，燃油分配器副油路型孔与副喷嘴面积分别为 A_{s1} 和 A_{s2}，主油路型孔与主喷嘴的面积分别为 A_{m1} 和 A_{m2}，分配器滑阀端面积为 A，燃烧室压力为 p_3。对喷嘴和燃油分配器可以列写如下 4 个流量方程：

$$q_{m,\mathrm{f,m}} = \mu_{\mathrm{m1}} A_{\mathrm{m1}} \sqrt{2\rho(p_1 - p_{\mathrm{m}})} \tag{5.84}$$

$$q_{m,\mathrm{f,m}} = \mu_{\mathrm{m2}} A_{\mathrm{m2}} \sqrt{2\rho(p_{\mathrm{m}} - p_3)} \tag{5.85}$$

$$q_{m,\mathrm{f,s}} = \mu_{\mathrm{s1}} A_{\mathrm{s1}} \sqrt{2\rho(p_1 - p_{\mathrm{s}})} \tag{5.86}$$

$$q_{m,\mathrm{f,s}} = \mu_{\mathrm{s2}} A_{\mathrm{s2}} \sqrt{2\rho(p_{\mathrm{s}} - p_3)} \tag{5.87}$$

式中，μ，ρ 分别为流量系数和燃油密度；$A_{\mathrm{m1}} = A_{\mathrm{m1}}(x_4)$；$A_{\mathrm{m2}} =$ 常数；$A_{\mathrm{s1}} = A_{\mathrm{s1}}(x_4)$；$A_{\mathrm{s2}} =$ 常数。

通过主、副油路的总燃油流量为

$$q_{m,\mathrm{f}} = \mu_{\mathrm{e}} A_{\mathrm{e}} \sqrt{2\rho(p_1 - p_3)} \tag{5.88}$$

式中，$\mu_{\mathrm{e}} A_{\mathrm{e}}$ 为燃油分配器与喷嘴的等效节流面积，即

$$\mu_{\mathrm{e}} A_{\mathrm{e}} = \frac{(\mu_{\mathrm{m1}} A_{\mathrm{m1}})(\mu_{\mathrm{m2}} A_{\mathrm{m2}})}{\sqrt{(\mu_{\mathrm{m1}} A_{\mathrm{m1}})^2 + (\mu_{\mathrm{m2}} A_{\mathrm{m2}})^2}} + \frac{(\mu_{\mathrm{s1}} A_{\mathrm{s1}})(\mu_{\mathrm{s2}} A_{\mathrm{s2}})}{\sqrt{(\mu_{\mathrm{s1}} A_{\mathrm{s1}})^2 + (\mu_{\mathrm{s2}} A_{\mathrm{s2}})^2}}$$

燃油分配器滑阀的力平衡方程为

$$A(p_1 - p_0) = F_{\mathrm{s0}} + K_{\mathrm{s}} x_4$$

或

$$p_1 = p_0 + \frac{1}{A}(F_{\mathrm{s0}} + K_{\mathrm{s}} x_4) \tag{5.89}$$

式中，K_{s}，F_{s0} 分别为分配器滑阀弹簧刚度和弹簧预紧力。

当已知流过喷嘴与燃油分配器的总流量 $q_{m,\mathrm{f}}$ 和燃烧室反压力 p_3 时，联立求解方程式(5.84)至式(5.89)可得 x_4，p_1，p_{m}，p_{s}，$q_{m,\mathrm{f,s}}$ 和 $q_{m,\mathrm{f,m}}$。而流过喷嘴与燃油分配器的总流量 $q_{m,\mathrm{f}}$ 就是油泵的供油量。

3. 升压限制器

图 5.58 表示不同状态的升压限制器滑阀和活塞的位置。当发动机处于停车状态时，升压限制器滑阀处于左极限位置，活塞处于右极限位置，为分析问题方便，假定这一位置分别作为它们的零位。图 5.58(a) 表示当发动机在慢车状态时升压限制器滑阀和活塞的位置，图中，l 表

示滑阀与控制小孔的重叠量，只有当 $l<0$ 时，升压限制器才能对加速过程起控制作用。图 5.58(b) 表示升压限制器工作时，升压限制器滑阀和活塞的位置，该图还表示了滑阀和活塞的受力以及工作液流动状况。图 5.58(c) 表示升压限制器退出工作的位置，这时活塞左端面与滑阀右端面接触，活塞移动距离为 L，放油小孔 ⑥ 打开并保持适当开度，以使活塞 D 腔保持一定压力，但控制小孔 ③ 和 ④ 关闭。

以下推导升压限制器工作时的动态方程。

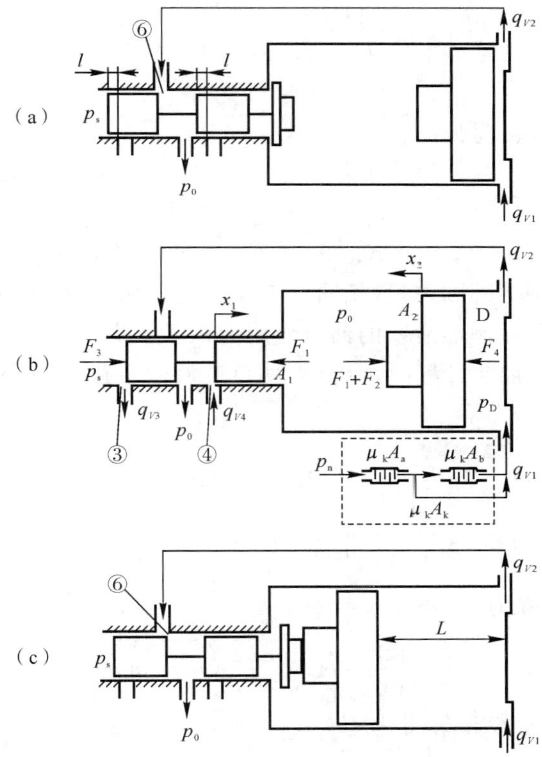

图 5.58　升压限制器滑阀和活塞位置示意图

(a) 慢车状态位置；(b) 工作状态位置；(c) 退出工作位置

在图 5.58(b) 中，F_1 和 F_2 分别为滑阀弹簧力和活塞外圈弹簧力，F_3 和 F_4 分别为滑阀和活塞上所受的液压力。

忽略滑阀的惯性力和阻尼力，滑阀的力平衡方程为

$$F_1=F_3$$

由于

$$F_1=K_{s1}(x_1+x_2)+F_{10}$$

$$F_3 = (p_s - p_0)A_1$$

因此,滑阀的力平衡方程可表示为

$$K_{s1}(x_1 + x_2) + F_{10} = (p_s - p_0)A_1 \tag{5.90}$$

式中 K_{s1}, F_{10} —— 分别为滑阀弹簧(见图 5.52) 刚度和弹簧预紧力;

A_1 —— 滑阀的油压作用面积。

忽略活塞的惯性力和阻尼力,活塞的受力平衡方程为

$$F_1 + F_2 = F_4$$

由于

$$F_2 = K_{s2}x_2 + F_{20}$$

$$F_4 = (p_D - p_0)A_2$$

因此活塞的受力平衡方程可写为

$$K_{s1}(x_1 + x_2) + F_{10} + K_{s2}x_2 + F_{20} = (p_D - p_0)A_2$$

即

$$K_{s1}x_1 + (K_{s1} + K_{s2})x_2 + F_{10} + F_{20} = (p_D - p_0)A_2 \tag{5.91}$$

式中 K_{s2}, F_{20} —— 分别为外圈弹簧(见图 5.52) 刚度和弹簧预紧力;

A_2 —— 升压限制器活塞的油压作用面积。

在升压限制器工作的加速过程中,由于活塞 D 腔放油小孔 ⑥ 关闭,因此流入 D 腔的流量应等于该腔容积的变化量,即

$$A_2 \frac{\mathrm{d}x_2}{\mathrm{d}t} = q_{V,1}$$

由于

$$q_{V,1} = \mu_k A_k \sqrt{\frac{2}{\rho}(p_n - p_D)}$$

因此,D 腔的流量平衡方程为

$$A_2 \frac{\mathrm{d}x_2}{\mathrm{d}t} = \mu_k A_k \sqrt{\frac{2}{\rho}(p_n - p_D)} \tag{5.92}$$

在加速过程的第 Ⅰ 阶段和第 Ⅱ 阶段,式(5.92) 中的 $\mu_k A_k$ 分别为

$$\mu_k A_k = \frac{(\mu_a A_a)(\mu_b A_b)}{\sqrt{(\mu_a A_a)^2 + (\mu_b A_b)^2}}$$

$$\mu_k A_k = \mu_a A_a$$

加速滑阀控制的节流口 ③ 的面积 A_3 和节流口 ④ 的面积 A_4 均为滑阀位移 x_1 的函数,即 $A_3 = A_3(x_1)$,$A_4 = A_4(x_1)$。节流口 ③ 的面积控制液压放大器随动活塞 A 腔油压,节流口 ④ 的面积控制随动活塞 B 腔油压。

式(5.90) 至式(5.92) 中包含 1 个非线性微分方程和 2 个非线性代数方程,未知变量为 p_s,p_D,x_1 和 x_2,它们都是时间的函数。当已知 p_s 或 x_1 的值时,利用微分方程的数值解法,联立求解 3 个方程即可得到其余的变量值。

4. 转速测量元件

在加速过程中，转速测量元件的动态方程需要根据转速测量元件在加速过程各个阶段的工作情况列写。当加速过程处于升压限制器工作段时，液压延迟器活塞不断向左运动(见图 5.50)，使转速调准弹簧压缩量 h 不断增加，转速调准弹簧力 F_1 从 n_a 转速对应的预紧力 F_{10} 开始不断增大，发动机转速则从慢车转速开始缓慢上升，离心块的轴向换算力 F_2 缓慢增大，因此

$$F_1 > F_2 \tag{5.93}$$

这时分油滑阀被推到最右位置(见图 5.50)，位移用 y_{max} 表示。由于

$$F_1 = F_{10} + K_s(h - y_{max})$$

$$F_2 = Cn^2$$

所以式(5.93)可表示为

$$F_{10} + K_s(h - y_{max}) > Cn^2$$

式中　K_s —— 转速调准弹簧刚度；

h —— 由于延迟器活塞移动加给转速调准弹簧的压缩量；

y_{max} —— 分油滑阀偏离零位向右的最大位移(见图 5.50)；

C —— 与离心块结构参数和离心块数目有关的比例常数。

当液压延迟器活塞移动到最左位置(见图 5.50)时，转速调准弹簧的调准压缩量达最大值 h_{max}(对应发动机最大转速给定值)，但因分油滑阀处于 y_{max} 位置，而不是稳定工作的零位置，因此转速调准弹簧的实际压缩量为 $h_{max} - y_{max}$，对应的转速调准弹簧力为

$$F_1 = F_{10} + K_s(h_{max} - y_{max})$$

升压限制器退出工作开始时，仍存在 $F_1 > F_2$ 的关系，分油滑阀仍处于 y_{max} 位置，使 A 腔放油，C 腔、B 腔进油(见图 5.50)。由于升压限制器滑阀关闭了 A 腔进油口 ③ 和 B 腔放油口 ④(见图 5.52)，随动活塞运动速度增加，加速供油量迅速增加，发动机转速也迅速增加，使离心块的轴向换算力 F_2 迅速增加。当 $F_2 > F_1$ 时，分油滑阀开始向左移动，y 逐渐减小，这时分油滑阀的力平衡方程为

$$F_1 = F_2 \tag{5.94}$$

由于
$$F_1 = F_{10} + K_s(h_{max} - y), \qquad F_2 = Cn^2$$

所以

$$F_{10} + K_s(h_{max} - y) = Cn^2 \tag{5.95}$$

在加速控制系统计算中，利用式(5.95)可计算出 y 值。

当转速进一步增加，分油滑阀进一步左移时，使分油滑阀控制的节流孔面积变化，这将使 C 腔压力减小，反馈活塞向右运动。

当分油滑阀回到零位，整个系统达到稳定平衡时，发动机转速上升到最大转速 n_{max}，加速过程结束。这时分油滑阀的力平衡方程为

$$F_{10} + K_s h_{max} = Cn_{max}^2 \tag{5.96}$$

图 5.59 表示分油滑阀受力与工作液流动状况。

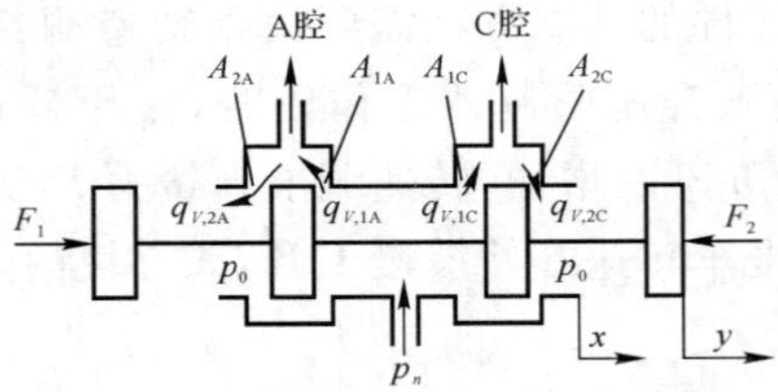

图 5.59　分油滑阀受力与工作液流动状况示意图

从升压限制器退出工作到发动机达到最大稳定状态为转速控制器工作段。

当分油滑阀和反馈套筒在最右位置时,分油滑阀和反馈套筒位移分别为 $y_{\max}$ 和 $x_{\max}$,这时图5.59 所示的节流面积 A_{1A},A_{2A},A_{1C},A_{2C} 为常数。

5. 液压延迟器

快推油门操纵杆使遮蔽套由慢车位置迅速移至最大状态位置,延迟活塞则迅速移至最大状态位置(见图 5.60)。

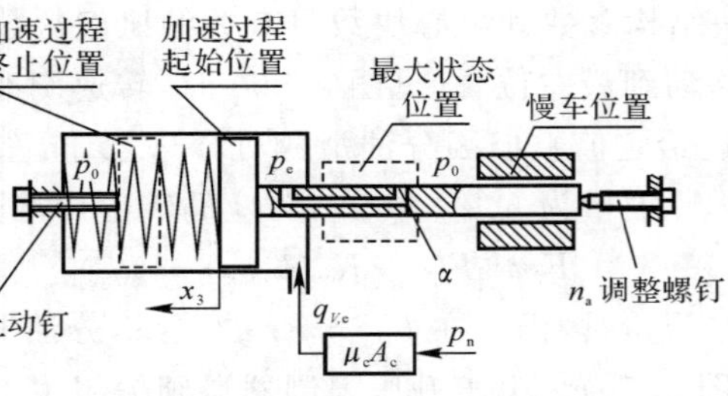

图 5.60　液压延迟器示意图

忽略延迟活塞的惯性力和阻尼力,并假设活塞两端面积相等,活塞的力平衡方程为

$$F + F_{s0} + K_s x_3 = (p_e - p_0)A \tag{5.97}$$

式中　F—— 延迟器杠杆 12(见图 5.50) 作用力,$F = F(h, y)$;

K_s,F_{s0}—— 分别为活塞左边弹簧刚度和预紧力(见图 5.60)。

根据延迟活塞右腔的流量连续条件,可得

$$\frac{\mathrm{d}x_3}{\mathrm{d}t} = \frac{q_{V,e}}{A} \tag{5.98}$$

式中
$$q_{V,e} = \mu_d A_d \sqrt{\frac{2}{\rho}(p_n - p_e)}$$

延迟活塞位移与转速调准弹簧压缩量之间为比例关系,$h = ix_3$,i 为延迟器杠杆比。

6. 液压放大器

(1) 随动活塞运动方程。随动活塞的受力图如图 5.61 所示。活塞的力平衡方程为

$$F_{p1}+F_{sB}-F_{L}-F_{\Omega}=M\frac{d^2x_p}{dt^2} \tag{5.99}$$

式中　F_{p1} —— 活塞液压力，$F_{p1}=p_BA_B-p_AA_A$；

F_{sB} —— B 腔弹簧力，$F_{sB}=F_{s,B0}-K_{sB}(x_p-z)$，$z$ 为反馈活塞位移；

F_L —— 油泵斜盘反作用力，$F_L=F_L(n,p_T,x_p)$；

F_Ω —— 活塞黏性阻尼，$F_\Omega=\Omega\frac{dx_p}{dt}$，$\Omega$ 为阻尼系数；

M —— 随动活塞及油泵斜盘在活塞轴线方向的折合质量。

液压放大器活塞腔 A，B，C 的液体流动情况如图 5.50 所示。随动活塞 A 腔的流量连续方程（符号可参见图 5.58、图 5.59 和图 5.61）为

$$A_A\frac{dx_p}{dt}+q_{V,3}+q_{V,1A}=q_{V,2A}+q_{V,9} \tag{5.100}$$

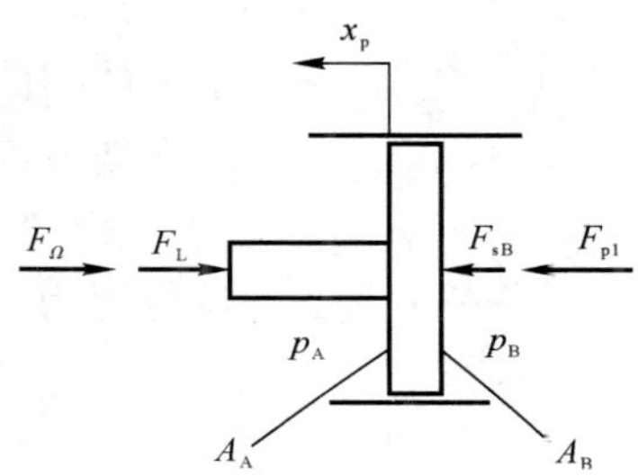

图 5.61　随动活塞受力示意图

式中　$q_{V,3}$ —— 图 5.58 所示升压限制器由节流孔 ③ 进入随动活塞 A 腔的油量，节流面积为 A_3，

$$q_{V,3}=\mu A_3\sqrt{\frac{2}{\rho}(p_s-p_A)}$$

$q_{V,1A}$ —— 图 5.59 中所示由节流面积 A_{1A} 流入随动活塞 A 腔中的流量，

$$q_{V,1A}=\mu A_{1A}\sqrt{\frac{2}{\rho}(p_n-p_A)}$$

$q_{V,2A}$ —— A 腔经节流面积 A_{2A} 的放油量，

$$q_{V,2A}=\sqrt{\frac{2}{\rho}(p_A-p_0)}$$

$q_{V,9}$ —— 图 5.50 中所示的节流嘴 ⑨ 的放油量，

$$q_{V,9}=\mu A_9\sqrt{\frac{2}{\rho}(p_A-p_0)}$$

A_{1A}，A_{2A} —— 节流面积，当分油滑阀和反馈套筒从最右位置移动时，$A_{1A}=A_{1A}(y,x)$，$A_{2A}=A_{2A}(y,x)$。

随动活塞 B 腔的流量连续方程为

$$A_B\frac{dx_p}{dt}+q_{V,4}=q_{V,5} \tag{5.101}$$

式中　$q_{V,4}$ —— B 腔中经升压限制器节流孔 ④ 的放油量（见图 5.58），

$$q_{V,4}=\mu A_4\sqrt{\frac{2}{\rho}(p_B-p_0)}$$

$q_{V,5}$ —— 经反馈滑阀节流口 ⑤ 和层板限制器 13（见图 5.50）进入 B 腔的流量，

$$q_{V,5}=\mu A_5\sqrt{\frac{2}{\rho}(p_n-p_B)}$$

其中,μA_5 为节流口 ⑤ 和限流器 13 的等效节流面积,$\mu A_5=f(z)$,z 为反馈滑阀位移。

由于随动活塞的惯性力和阻尼力远小于液压力,故可以忽略,于是可将式(5.99)简化为

$$F_{p1}+F_{sB}-F_L=0 \tag{5.102}$$

随动活塞的运动由方程式(5.100)至式(5.102)描述。在升压限制器工作段,A_{1A},A_{2A},μA_5 均为常数,在转速控制器工作段,当已知 y,x 和 F_L 时,通过联立求解式(5.100)至式(5.102),可得 p_A,p_B 和 x_p。

(2) 反馈活塞运动方程。反馈活塞的受力如图 5.62 所示。忽略惯性力和阻尼力,活塞的受力情况

$$\left.\begin{aligned}F_{p2}>F_{sB}-F_{sC}\quad(z=z_{max})\\F_{p2}=F_{sB}-F_{sC}\quad(z<z_{max})\end{aligned}\right\} \tag{5.103}$$

式中 F_{p2}—— 反馈活塞液压力,$F_{p2}=p_CA_C-p_BA_B$;

F_{sC}—— C 腔弹簧力,$F_{sC}=F_{sC0}-K_{sC}z$;

F_{sB}—— B腔弹簧力,$F_{sB}=F_{sB0}-K_{sB}(x_p-z)$。

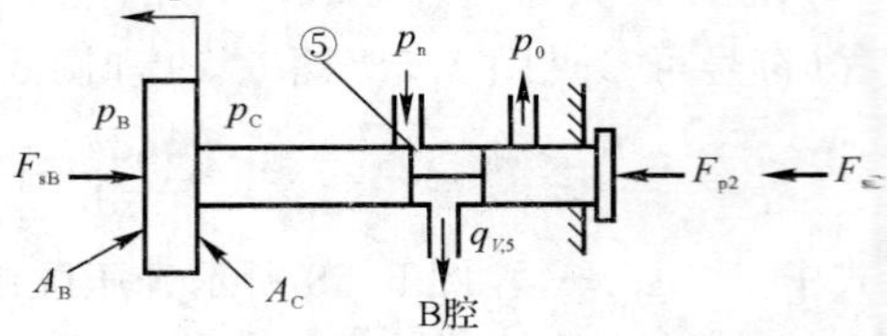

图 5.62 反馈活塞受力示意图

C 腔的流量连续方程为

$$A_C\frac{dz}{dt}+q_{V,2C}+q_{V,8}=q_{V,1C} \tag{5.104}$$

或写为

$$\frac{dz}{dt}=\frac{1}{A_C}(q_{V,1C}-q_{V,2C}-q_{V,8})$$

由图 5.59 可知,在式(5.104)中 $q_{V,1C}$ 为由节流面积 A_{1C} 流入反馈活塞C腔中的流量,$q_{V,2C}$ 为C腔经节流面积 A_{2C} 的放油流量,其分别为

$$q_{V,1C}=\mu A_{1C}\sqrt{\frac{2}{\rho}(p_n-p_C)}$$

$$q_{V,2C}=\mu A_{2C}\sqrt{\frac{2}{\rho}(p_C-p_0)}$$

$A_{1C}=A_{1C}(y,x)$, $A_{2C}=A_{2C}(y,x)$(见图 5.59);$q_{V,8}$ 为通过节流嘴 ⑧(见图 5.50)的放油流量,即

$$q_{V,8}=\mu A_8\sqrt{\frac{2}{\rho}(p_C-p_0)}$$

反馈活塞位移 z 与反馈套筒位移 x 之间为比例关系,$x=iz$,i 为反馈杠杆比。

反馈活塞的运动由方程式(5.103)和式(5.104)描述,当已知 p_B,A_{1C},A_{2C} 时,联立求解式(5.103)和式(5.104),可得 p_C 和 z。

在升压限制器工作的加速段,由于反馈活塞一直处于最左位置 $z=z_{max}$,反馈装置不参与工作,所以不必进行反馈活塞的动态计算。在转速控制器工作的加速段,当分油滑阀离开最右位置

向左移动时，活塞腔压力 p_A 和 p_B 上升，p_C 下降。当反馈活塞上作用的液压力 F_{p2} 满足式(5.103)时，反馈活塞开始向右运动，并带动反馈套筒向左运动，由此时开始，须进行反馈活塞动态计算。

二、加速控制系统仿真

在完成了加速控制器和发动机数学模型建立，并已知控制器结构数据、发动机设计点数据及发动机部件特性条件下，即可进行加速控制系统仿真。发动机的全程加速过程包括升压限制器工作段和转速控制器工作段。要详细介绍整个加速过程的计算很困难，下面仅以升压限制器工作段为例，简要说明用微分方程数值解法计算加速过程的方法。

进行加速控制系统的每一步计算时，将控制器每个元件的数学模型和发动机的数学模型作为一个相对独立的模块进行计算是方便的。整个加速过程按选取的时间步长逐步递推，直至加速过程结束。

1. *初始条件计算*

(1) 慢车状态计算。发动机的全程加速过程从慢车状态开始，因此，在进行加速过程计算之前，必须首先确定慢车状态控制系统的全部参数，即完成系统初值计算。发动机在慢车状态工作时，油门开关在慢车位置，由流量控制器控制发动机所需的慢车油量。求慢车状态下流量控制器与发动机构成的系统稳态解，可得慢车状态系统的全部稳态参数值。

(2) 起始时刻导数值计算。设 t_0 时刻将油门操纵杆由慢车位置迅速推到最大状态位置，流量控制器退出工作。在升压限制器参与工作前，液压放大器随动活塞 A 腔和 B 腔的流量平衡方程分别为

$$A_A\frac{dx_p}{dt}=q_{V,2A}+q_{V,9}-q_{V,1A} \tag{5.105}$$

$$A_B\frac{dx_p}{dt}=q_{V,5} \tag{5.106}$$

根据式(5.105)或式(5.106)，可得随动活塞初始运动速度$\frac{dx_p}{dt}$。由式(5.90)至式(5.92)，可得升压限制器活塞初始运动速度$\frac{dx_2}{dt}$。由式(5.97)和式(5.98)，可得延迟器活塞初始运动速度$\frac{dx_3}{dt}$。

2. *升压限制器参与工作前加速过程计算*

流量控制器退出工作后，随动活塞位移 x_p 迅速增加，使油泵供油量迅速增加，因而使副油路压力 p_s 迅速增加，并推动升压限制器滑阀向右移动，升压限制器活塞右腔 D 的放油小孔 ⑥ 的节流面积逐渐减小，并很快关闭，使 D 腔压力 p_D 上升，推动升压限制器活塞运动。在升压限制器滑阀位移 $x_1<l$(见图 5.58)的阶段，由于升压限制器滑阀控制小孔 ③ 和 ④ 尚未打开，故 x_p 及 p_s 均增加很快。这一阶段很短。其计算流程如图 5.63 的上半部分所示。

3. *升压限制器参与工作后加速过程计算*

当升压限制器滑阀位移 $x_1>l$ 时，升压限制器参与工作，加速供油量由升压限制器控制，

并按 $q_{m,\mathrm{f}}=f(t)$ 规律变化。这一阶段的计算流程如图 5.63 的下半部分。

当升压限制器活塞位移 $x_2=L$ 时，升压限制器退出工作，由转速控制器控制加速过程。

在以上的过程中，液压延迟器活塞位移不断增加，使转速调准弹簧压缩量也不断增加，当 $x_3=x_{3\max}$ 时，$h=h_{\max}$，该值对应于发动机最大调准转速。

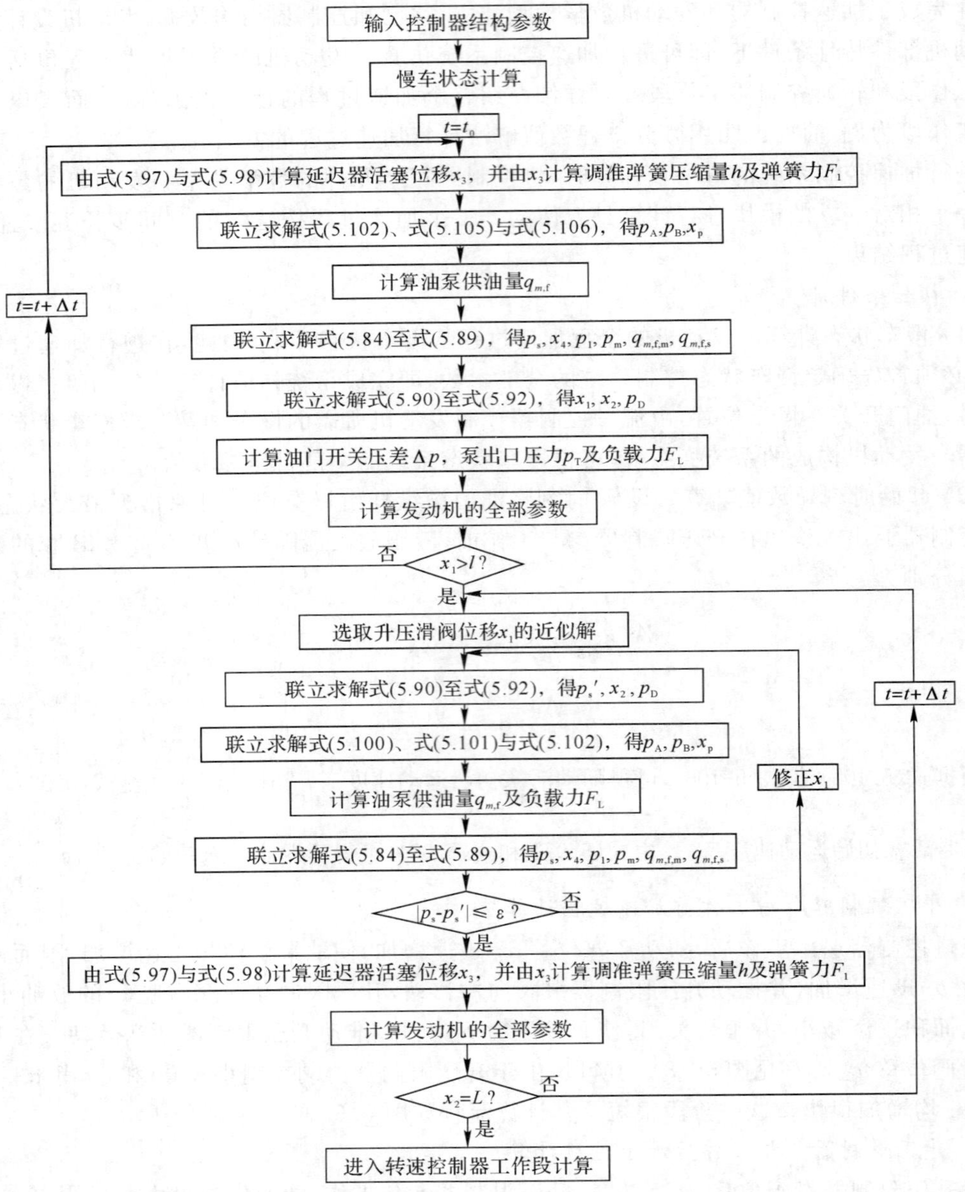

图 5.63　加速控制系统升压限制器工作段计算流程图

4. 计算方法的选择

在仿真计算中，微分方程求解可采用四阶龙格-库塔方法或欧拉方法。非线性方程组求解可采用牛顿-拉夫逊方法或布罗登方法。

5.6.3　利用组合参数的加速及转速控制系统

在下面所要介绍的系统中，稳态转速控制与加速控制有很多共同特点，为此需要将它们结合起来分析。

一、控制规律

该系统的加速控制规律为

$$\frac{q_{m,\mathrm{f}}}{p_3}=f(n_\mathrm{H}) \tag{5.107}$$

式中，$q_{m,\mathrm{f}}/p_3$ 为供油量的一种组合参数，以下称为控制参数。在忽略各种次要因素影响下，流过发动机的空气流量可认为与 p_3 成正比。由于 p_3 是流过发动机空气流量的量度，因此，$q_{m,\mathrm{f}}/p_3$ 可表示燃烧室的油气比。为了保证加速过程不进入压气机喘振边界，加速过程中涡轮前燃气温度 T_4 必须随 n_H（喘振主要发生在高压转子）按一定规律变化，忽略燃烧效率变化的影响，由燃烧室的油气比决定，由此可得式(5.107)所示加速控制规律。

根据稳定状态下 T_4 与 n_H 的关系，同样可得与式(5.107)形式相同的稳态转速控制规律，如图 5.64 中曲线 1 所示。

发动机在各种状态下的 $q_{m,\mathrm{f}}$ 与 n_H 关系曲线如图 5.64 所示。图中 $p-a-b-c-d-e$ 为加速边界线，加速边界根据压气机不出现喘振，发动机不产生超负荷的条件确定。由此可见，$p-a-b-c-d-e$ 线为发动机由慢车状态至最大状态获得最短加速时间的加速线。选择 $q_{m,\mathrm{f}}/p_3$ 作为加速过程控制参数的主要原因如下：

(1) $q_{m,\mathrm{f}}/p_3$ 是表示油气比的参数，因此它能决定涡轮进口温度 T_4。

(2) 用 $q_{m,\mathrm{f}}/p_3$ 与 n_H 的函数关系能够较准确地表示压气机的喘振特性。

(3) 发动机一旦出现喘振，p_3 会急剧下降，以 $q_{m,\mathrm{f}}/p_3$ 作为控制参数时，$q_{m,\mathrm{f}}$ 将随 p_3 的减小而减小，使压气机自动退出喘振，但会使剩余功率减小。

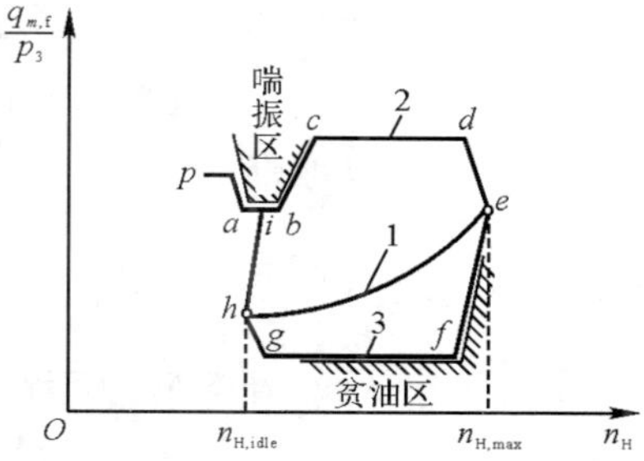

图 5.64　$q_{m,\mathrm{f}}/p_3$ 与 n_H 的关系曲线

1—稳态工作线；2—加速边界线；3—减速边界线

由于这种加速控制规律不是按发动机加速相似关系建立的，因此，飞行条件改变时，$q_{m,\mathrm{f}}/p_3$ 与 n_H 的关系曲线会略有改变，不能保证在任何飞行条件下都获得同样良好的加速性。

对于稳态转速控制，当飞行条件改变时，n_H 和 T_4 都能近似地保持不变。据有关资料介绍，某型发动机采用上述控制规律，由于飞行条件变化使 n_H 变化2%时，T_4 的变化约为3%～4%。由于在各种飞行条件下，n_H 和 T_4 都能近似地保持不变，有利于发挥发动机的性能。

二、控制系统的组成及工作原理

实现 $q_{m,f}/p_3=f(n_H)$ 控制规律需要采用复合控制系统，即在闭环控制回路基础上，增加开环补偿通路。图5.65所示为实现这种控制规律的一种控制系统原理图，图中所示控制器由计量装置与计算装置两部分组成。

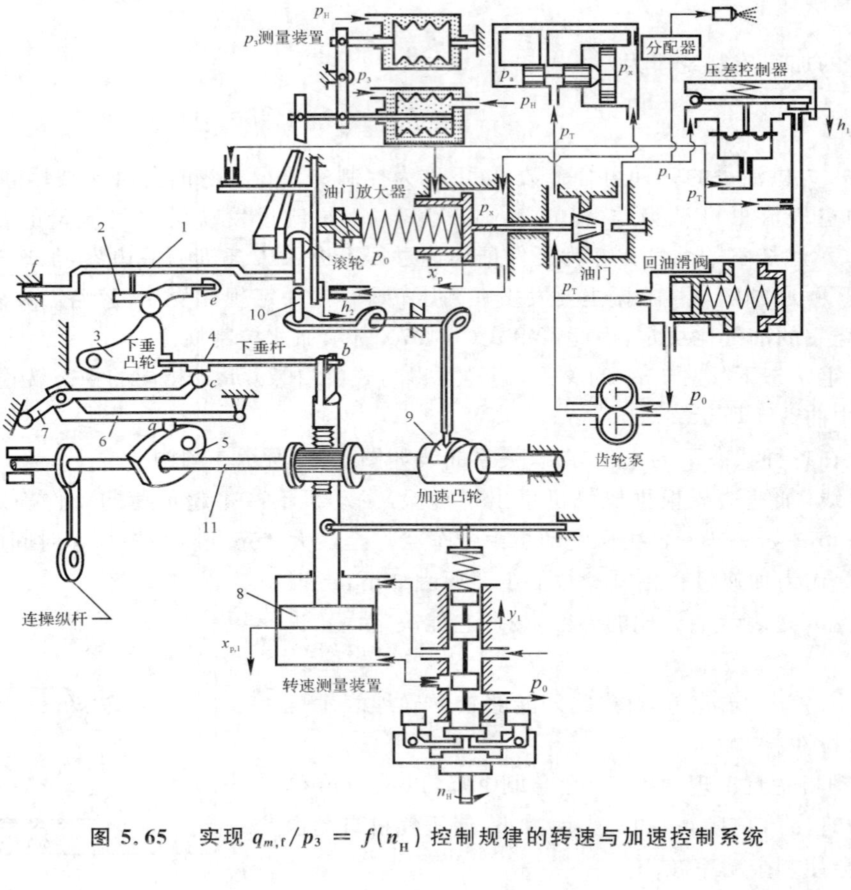

图 5.65　实现 $q_{m,f}/p_3=f(n_H)$ 控制规律的转速与加速控制系统

1. 计量装置

计量装置的功用是将油泵供油量按计算装置确定的油量供往发动机，并将剩余燃油回至油泵进口。计量装置实为前述的定压差流量控制器，由油门和压差控制器组成。

(1) 油门。 油门为该系统的执行元件，它由油针和孔板组成，如图5.66所示。当油门放大

器活塞移动时，带动油针作轴向移动(见图5.65)，改变油门的流通面积 A_t。油门流通面积可表示为

$$A_t = A_t(x_p) \tag{5.108}$$

式中，x_p 表示油门放大器活塞位移(即油门油针位移)，x_p 增加，则油门流通面积 A_t 增大。通过油门的流量为

$$q_{m,f} = \mu A_t \sqrt{2\rho\Delta p}$$

式中，Δp 表示油门前、后压差，$\Delta p = p_T - p_1$。当油门前、后压差保持恒定时，通过油门的流量只取决于油门放大器活塞位移 x_p，即

$$q_{m,f} = q_{m,f}(x_p) \tag{5.109}$$

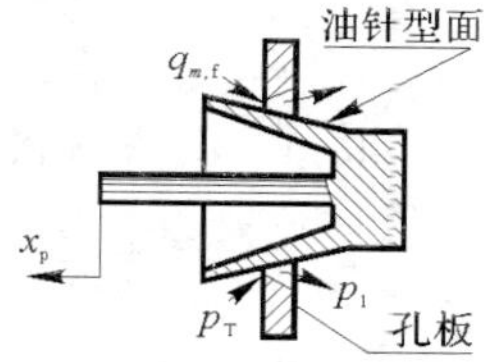

图5.66　油门示意图

(2) 压差控制器。压差控制器如图5.67所示，它由压差调准弹簧1、温度补偿片2、喷嘴挡板3、活塞5、回油滑阀6、薄膜7、杠杆8及节流嘴等组成。压差控制器的功用是保持油门前、后的压差恒定，即

$$\Delta p = p_T - p_1 = \Delta p_r = 常数 \tag{5.110}$$

当把油门看做控制对象，Δp 看做被控参数时，油门与压差控制器构成一个小闭环系统。测量元件由薄膜、压差调准弹簧及杠杆组成，喷嘴挡板与活塞为放大元件，回油滑阀为执行元件。

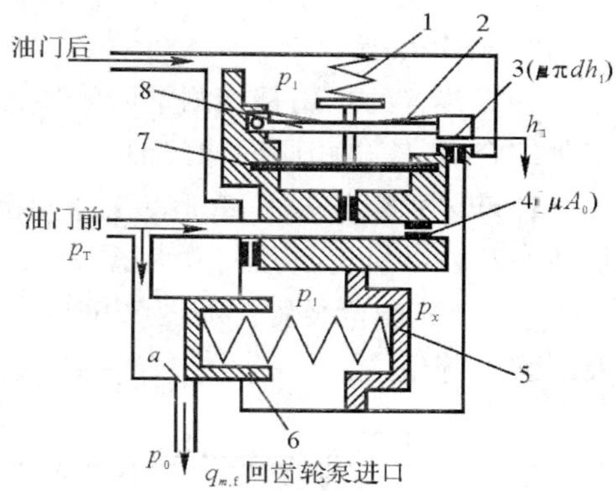

图5.67　压差控制器原理图

压差控制器的工作原理如下：

当通过油门的燃油流量增大时，油门前、后压差增大，薄膜7感受压差的这一变化，推动杠杆，使喷嘴挡板开度 h_1 增大，活塞腔压力 p_x 减小，活塞右移，弹簧力减小，使回油滑阀右移，回油孔 a 的开度增大，回油量增加，通过油门的流量减小，压差逐渐恢复；当通过油门的燃油流量减小时，调节过程相反。控制器采用齿轮泵供油，因此对发动机的供油量是用改变回油量的方法进行调节的。

稳定状态下，回油滑阀与活塞的力平衡方程式为

$$(p_T - p_1)A_1 = (p_x - p_1)A_2 \tag{5.111}$$

或

$$\frac{p_T - p_1}{p_x - p_1} = \frac{A_2}{A_1}$$

式中，A_1，A_2 分别表示回油滑阀和活塞的承压面积。

活塞右腔的流量平衡方程为

$$\mu A_0 \sqrt{\frac{2}{\rho}(p_T - p_x)} = \mu\pi d h_1 \sqrt{\frac{2}{\rho}(p_x - p_1)} \tag{5.112}$$

即
$$\frac{(p_T-p_1)-(p_x-p_1)}{p_x-p_1}=\left(\frac{\mu\pi dh_1}{\mu A_0}\right)^2$$

式中 d —— 喷嘴直径；

h_1—— 喷嘴挡板开度；

A_0—— 节流嘴面积。

将式(5.111)代入式(5.112),得

$$h_1=\frac{\mu A_0}{\mu\pi d}\sqrt{\frac{A_2}{A_1}-1}=常数 \tag{5.113}$$

由式(5.113)可见,系统在稳定状态时,h_1 不变,杠杆位置不变,压差调准弹簧力不变,压差控制器保持油门前、后压差恒定。理论上讲,压差控制器没有静态误差。由

$$q_{m,f}=\mu A_t\sqrt{2\rho\Delta p}$$

可知,系统在稳定状态时,因 Δp 恒定,$q_{m,f}$ 仅随 A_t 而变,有利于提高 $q_{m,f}$ 的调节精度。

由式(5.109)可见,为了保证通过油门的燃油流量与控制规律要求的燃油流量一致,计算装置必须按控制规律确定的燃油流量输出相应的油门油针位移 x_p。

2. 计算装置

计算装置的功用是将测量的闭环转速反馈信号 n_H 和开环通路补偿信号 p_3,按控制规律要求综合后,输出相应的油门油针位移 x_p。

计算装置包括转速测量装置、p_3 测量装置、下垂凸轮杠杆机构、转速选择凸轮与随动杆,加速凸轮杠杆机构及油门放大器等。

(1)转速测量装置。如图5.68(a)所示,它由离心块1、反馈杠杆4、反馈弹簧3、分油滑阀2及活塞5等组成。

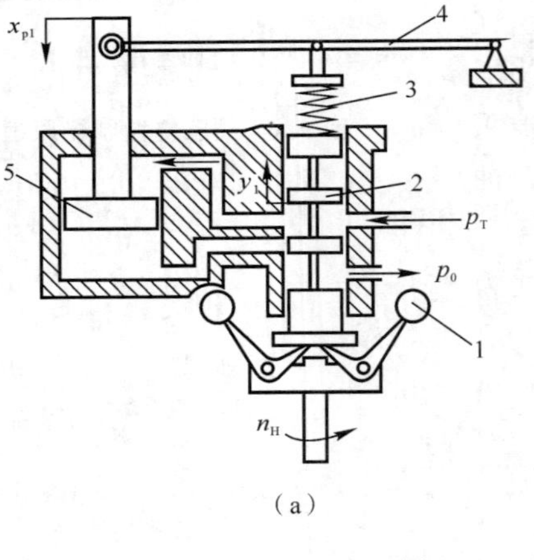

(a)

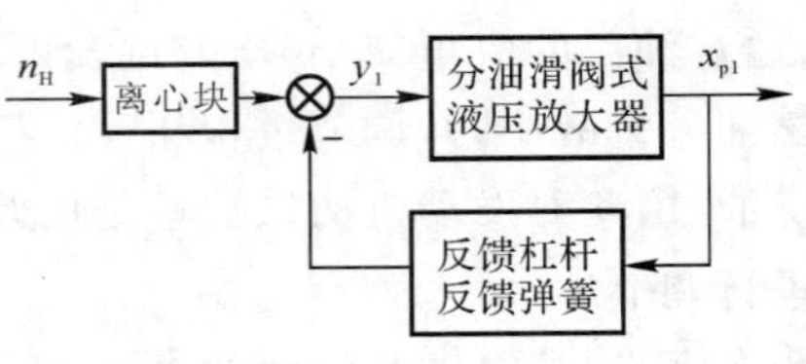

(b)

图 5.68 转速测量装置

(a) 原理图； (b) 结构简图

离心块1感受转速 n_H，当 n_H 发生变化，如增大时，分油滑阀向上移动，使活塞下腔放油，活塞向下移动，活塞移动时，带动反馈杠杆，使反馈弹簧力增加，这又使分油滑阀逐渐往回移动。当反馈弹簧力增至与离心块的轴向换算力平衡时，分油滑阀回到零位，使活塞上承受的液压力又恢复平衡，活塞也就停止不动了。

由于反馈弹簧力与离心块的轴向换算力相等，而弹簧力又与活塞位置 x_{p1} 有比例关系，由此可得输入量 n_H 与输出量 x_{p1} 之间的关系为

$$x_{p1}=C_1 n_H^2 \tag{5.114}$$

式中，C_1 为与离心块结构和反馈杠杆比有关的比例常数。

转速测量装置的功用是将发动机的转速信号 n_H 转换为活塞的位移信号 x_{p1}，其结构简图如图 5.68(b) 所示。

(2)p_3 压力测量装置。 p_3 测量装置如图 5.69 所示，它包括压力波纹管1，真空波纹管2和杠杆3,4。 p_3 压力的空气由燃烧室进口引来。真空波纹管和 p_3 压力波纹管的材料和结构尺寸完全相同，具有相同的特性。它们距支点 O 的距离相同，即 $l_1=l_2$。真空波纹管的外面通大气，p_3 波纹管的里面通大气，当环境压力改变时，两个波纹管所受的环境压力影响可互相抵消，即利用真空波纹管排除环境压力对 p_3 压力波纹管的影响。

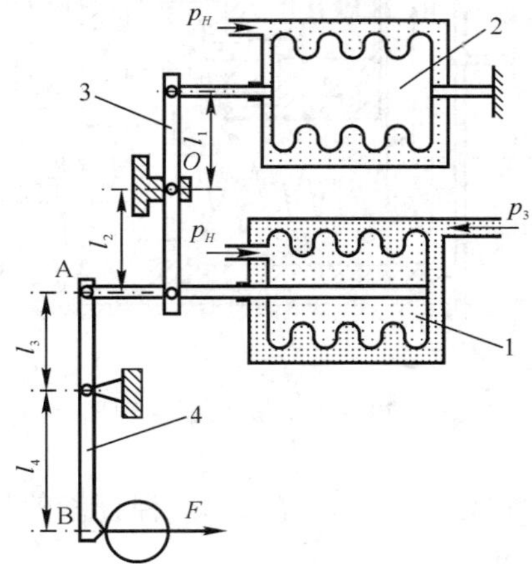

图 5.69　p_3 压力测量装置

波纹管工作时，A 端输出力为

$$F_1=p_H A_{ec}\frac{l_1}{l_2}+(p_3-p_H)A_{ec}=p_3 A_{ec} \tag{5.115}$$

式中　A_{ec}—— 波纹管的有效面积；

p_H—— 外界大气压力。

作用于滚轮上的力为

$$F = p_3 A_{ec}\ \frac{l_3}{l_4} = C_2 p_3 \tag{5.116}$$

式中,$C_2 = A_{ec}\ \dfrac{l_3}{l_4} =$ 常数。

压力测量装置的输入量为 p_3,输出量为作用于滚轮上的力 F,F 与 p_3 成正比。

(3) 下垂凸轮杠杆机构。下垂凸轮杠杆机构包括下垂凸轮 3,下垂杆 4(支点为 c)、随动杆 2 和比例杆 1(见图 5.65)。

当操纵杆位置不变时,转速选择凸轮 5 的位置一定,使随动杆 6 和 7 的位置及下垂杆支点 c 的位置一定。当转速 n_{H} 变化时,转速测量装置活塞 8 移动,带动下垂杆绕固定支点 c 转动,并通过下垂凸轮 3、随动杆 2 和比例杆 1 带动滚轮,将感受的转速信号转变为滚轮位移,使 p_3 测量装置输出力 F 的力臂 x 变化(见图 5.70)。例如,当 n_{H} 增大使活塞 8 下移时,带动下垂杆绕支点 c 转动(见图 5.65),使下垂凸轮作逆时针转动,下垂凸轮型面将使随动杆 2 绕支点 e 向上转动,抬起比例杆,比例杆带动滚轮向上,减小力 F 的力臂 x。n_{H} 减小时的动作与上述相反。

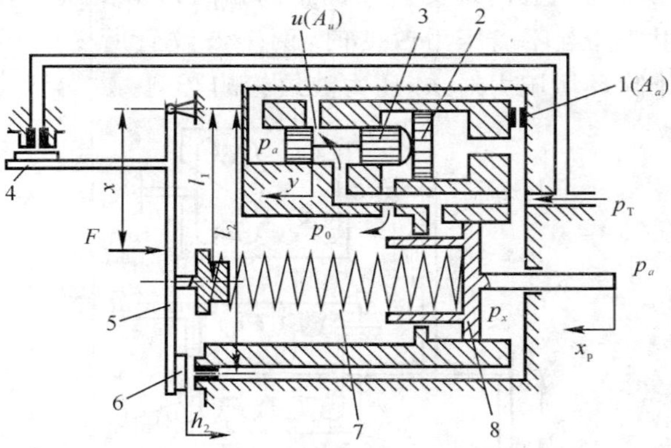

图 5.70　油门放大器原理图

下垂凸轮杠杆机构完成系统反馈信号 n_{H} 的计算,保证滚轮位移 x 与转速 n_{H} 之间满足给定的函数关系,即

$$x = f_1(n_{\mathrm{H}}) \tag{5.117}$$

(4) 油门放大器。油门放大器如图 5.70 所示,它由角形杠杆 5、压力比滑阀 3、小活塞 2、油门活塞 8、弹簧 7、节流嘴 1、喷嘴挡板 6 和平衡喷嘴挡板 4 等组成。

油门放大器是控制器的核心,完成顺馈通路与反馈回路的信号综合,并根据综合后的信号控制执行元件 —— 油门位置 —— 控制供往发动机的油量。下面对它的工作原理及特性作简要分析。

角形杠杆的左上方为平衡喷嘴挡板,它的作用是平衡喷嘴挡板 6 的液压力。角形杠杆的力平衡方程为

$$Fx = F_s l_1 \tag{5.118}$$

式中　F —— 滚轮作用于角形杠杆上的力；

x —— 滚轮轴线到角形杠杆支点的距离；

F_s —— 弹簧力，$F_s = K_s x_p$，其中 x_p 为油门活塞 8 的位移；

l_1 —— 弹簧力的力臂。

将式(5.116)、式(5.117) 和式(5.118) 合并，可得

$$x_p = C p_3 f_1(n_H) \tag{5.119}$$

式中，C 为比例常数。将式(5.119) 代入式(5.109)，可得

$$\frac{q_{m,f}}{p_3} = f(n_H) \tag{5.120}$$

根据滚轮位置 x 由下垂凸轮或是加速凸轮控制，可分别获得转速控制与加速控制时的供油规律。

油门放大器是一个二级液压放大器，喷嘴挡板 6 起前置放大作用，压力比滑阀起第二级放大作用。当力 F 或力臂 x 增大时，喷嘴挡板开度 h_2 减小，活塞 8 的右腔压力 p_x 增大，使小活塞 2 的右边压力增大，实现前置放大作用。小活塞右边压力增大，推动小活塞及压力比滑阀 3 向左移动，增大节流口 u 的节流面积，使 p_a 压力上升，p_a 压力上升的结果使通过节流嘴 1 的流量 $q_{V,1}$ 增加，使 p_x 进一步增大，作用于活塞 8 的液压力进一步增大，这样由压力比滑阀实现了第二级液压放大。

当 p_a 压力增加时，作用于压力比滑阀的左边力也同时增大，阻止压力比滑阀继续左移，起液压负反馈作用。当压力比滑阀和小活塞两端力重新平衡时，压力比滑阀停在新的位置不动，这时节流口的开度较原来的增大了。

下面分析油门放大器的静态特性。

对油门放大器的各节流口，可列写如下流量方程：

令节流口 u 的节流面积 $A_u = by$，油泵出口压力 $p_T =$ 常数，通过节流口 u 的流量

$$q_{V,u} = \mu_1 by\sqrt{\frac{2}{\rho}(p_T - p_a)} = q_{V,u}(y, p_a) \tag{5.121}$$

式中，b 为矩形节流口的宽度。

令节流嘴 1 的节流面积为 A_a，通过节流嘴 1 的流量

$$q_{V,1} = \mu_2 A_a\sqrt{\frac{2}{\rho}(p_a - p_x)} = q_{V,1}(p_a, p_x) \tag{5.122}$$

令 $\mu_2 A$ 为节流口 u 和节流嘴 1 的等效节流面积，通过等效节流面积的流量

$$q_V = \mu_2 A\sqrt{\frac{2}{\rho}(p_T - p_x)} = q_V(y, p_x) \tag{5.123}$$

令 d 为喷嘴直径，通过喷嘴挡板 6 的流量为

$$q_{V,h}=\mu_3\pi dh_2\sqrt{\frac{2}{\rho}(p_x-p_0)}=q_{V,h}(h,p_x) \tag{5.124}$$

压力比滑阀与小活塞的力平衡方程为

$$(p_a-p_0)A_1=(p_x-p_0)A_2$$

或

$$\frac{(p_a-p_0)}{(p_x-p_0)}=\frac{A_2}{A_1} \tag{5.125}$$

式中，A_1,A_2 分别表示压力比滑阀和小活塞的端面积。

稳定状态下，由 $q_{V,1}=q_{V,h}$ 可得

$$\frac{p_x-p_0}{p_a-p_x}=\frac{p_x-p_0}{(p_a-p_0)-(p_x-p_0)}=\left(\frac{\mu_2A_a}{\mu_3\pi dh_2}\right)^2 \tag{5.126}$$

将式(5.125)代入式(5.126)，整理得

$$h_2=\frac{\mu_2A_a}{\mu_3\pi d}\sqrt{\frac{A_2}{A_1}-1} \tag{5.127}$$

假设在油门放大器的工作范围内，各节流孔流量系数 $\mu=$常数，由式(5.127)可见，稳定状态下喷嘴挡板开度 h_2 保持常数，不影响弹簧7的弹簧力。

下面分析油门放大器的动态特性。

将式(5.124)在稳态点附近线性化，可得

$$\Delta q_{V,h}=\left(\frac{\partial q_{V,h}}{\partial p_x}\right)_0\Delta p_x-\left(\frac{\partial q_{V,h}}{\partial h}\right)_0\Delta h_2 \tag{5.128}$$

喷嘴挡板开度变化时，通过喷嘴挡板的流量 $q_{V,h}$ 会变化。例如，挡板开度减小时，通过喷嘴挡板的流量减少，减少的流量 $\Delta q_{V,h}$ 将充填小活塞腔，使小活塞及压力比滑阀向左移动。挡板开度增大时相反。由此可得小活塞与压力比滑阀的运动方程式，即

$$A_2\frac{\mathrm{d}y}{\mathrm{d}t}=-\Delta q_{V,h} \tag{5.129}$$

将式(5.128)代入式(5.129)，并取相对增量，得

$$\frac{\mathrm{d}\bar{y}}{\mathrm{d}t}=K_1\bar{h}_2-K_2\bar{p}_x \tag{5.130}$$

式中

$$K_1=\frac{\left(\frac{\partial q_{V,h}}{\partial h_2}\right)_0h_{2\mathrm{b}}}{A_2y_\mathrm{b}},\quad K_2=\frac{\left(\frac{\partial q_{V,h}}{\partial p_x}\right)_0p_{x\mathrm{b}}}{A_2y_\mathrm{b}}$$

将式(5.121)与式(5.122)线性化，并由 $\Delta q_{V,u}=\Delta q_{V,1}$，可得

$$\left(\frac{\partial q_{V,u}}{\partial y}\right)_0\Delta y-\left(\frac{\partial q_{V,u}}{\partial p_a}\right)_0\Delta p_a=\left(\frac{\partial q_{V,1}}{\partial p_a}\right)_0\Delta p_a-\left(\frac{\partial q_{V,1}}{\partial p_x}\right)_0\Delta p_x \tag{5.131}$$

将式(5.125)线性化，得

$$\Delta p_a=\frac{A_2}{A_1}\Delta p_x \tag{5.132}$$

将式(5.132)代入式(5.131)，取相对增量，整理得

$$\bar{y}=K_3\bar{p}_x \tag{5.133}$$

式中

$$K_3=\frac{\left[\left(\frac{\partial q_{V,1}}{\partial p_a}\right)_0+\left(\frac{\partial q_{V,u}}{\partial p_a}\right)_0\right]\frac{A_2}{A_1}-\left(\frac{\partial q_{V,1}}{\partial p_x}\right)_0}{\left(\frac{\partial q_{V,u}}{\partial y}\right)_0}\frac{p_{x\mathrm{b}}}{y_\mathrm{b}}$$

将式(5.133)代入式(5.130)，得

$$T_c\frac{\mathrm{d}\bar{y}}{\mathrm{d}t}+\bar{y}=K_4\bar{h}_2 \tag{5.134}$$

式中
$$T_c=\frac{K_3}{K_2},\quad K_4=\frac{K_1K_3}{K_2}$$

当压力比滑阀移动时，节流口 u 的开度和节流面积变化。例如，压力比滑阀正向运动，则 A_u 增加，通过节流口 u 的流量增加，一方面使 p_a 增加阻止压力比滑阀的运动，另一方面增加的流量进入油门活塞右腔，使右腔压力升高，推动活塞移动。油门活塞右腔的流量平衡方程为

$$q_V-q_{V,h}=A_3\frac{\mathrm{d}x_\mathrm{p}}{\mathrm{d}t} \tag{5.135}$$

式中，A_3 为油门活塞右端面积。

将式(5.135)线性化，得

$$A_3\frac{\mathrm{d}x_\mathrm{p}}{\mathrm{d}t}=\left(\frac{\partial q_V}{\partial y}\right)_0\Delta y-\left(\frac{\partial q_V}{\partial p_x}\right)_0\Delta p_x+\left(\frac{\partial q_{V,h}}{\partial h_2}\right)_0\Delta h-\left(\frac{\partial q_{V,h}}{\partial p_x}\right)_0\Delta p_x \tag{5.136}$$

取相对增量，并将式(5.133)代入，消去中间变量 $\bar{p}_x$，得

$$\frac{\mathrm{d}\bar{x}_\mathrm{p}}{\mathrm{d}t}=K_5\bar{y}+K_6\bar{h}_2 \tag{5.137}$$

式中
$$K_5=\frac{\left(\frac{\partial q_V}{\partial y}\right)_0y_\mathrm{b}-\left[\left(\frac{\partial q_V}{\partial p_x}\right)_0+\left(\frac{\partial q_{V,h}}{\partial p_x}\right)_0\right]\frac{p_{x\mathrm{b}}}{K_3}}{A_3x_{2,\mathrm{b}}}$$

$$K_6=\frac{\left(\frac{\partial q_{V,h}}{\partial h_2}\right)_0h_{2,\mathrm{b}}}{A_3q_{m,\mathrm{b}}}$$

角形杠杆的力矩平衡方程为

$$Fx=F_\mathrm{s}l_1$$

将该式线性化，得增量方程，即

$$x_0\Delta F+F_0\Delta x=l_1K_\mathrm{s}\left(\Delta x_\mathrm{p}+\frac{l_1}{l_2}\Delta h_2\right)$$

取相对增量，得

$$\bar{h}_2 = K_F \bar{F} + K_x \bar{x} - K_{x_p} \bar{x}_p \tag{5.138}$$

式中
$$K_F = \frac{l_2 x_0 F_b}{l_1^2 K_s h_{2b}}, \quad K_x = \frac{l_2 F_0 x_b}{l_1^2 K_s h_{2b}}, \quad K_{x_p} = \frac{l_2 x_{p,b}}{l_1 h_{2b}}$$

其中，x_0，F_0 分别为原稳定状态下的 x 和 F。

将式(5.134)、式(5.137)及式(5.138)取拉氏变换，根据拉氏变换后的传递函数及各变量之间的传递关系，可得油门放大器结构，如图 5.71 所示。

将图 5.71(a)转化为图 5.71(b)，由图 5.71(b)，可得

$$X_h = \frac{s(T_c s + 1)}{T_c s^2 + (1 + K_{x_p} K_c \tau_c) s + K_{x_p} K_c} X_i$$

式中，令 $X_i = \frac{1}{s}$(单位阶跃信号的拉氏变换)，利用终值定理，可得

$$\lim_{t \to \infty} \bar{h}_2(t) = \lim_{s \to 0} s X_h(s) = 0$$

由此可见，当油门放大器处于稳定状态时，喷嘴挡板开度保持不变，这一结论与式(5.127)表达的结果一致。

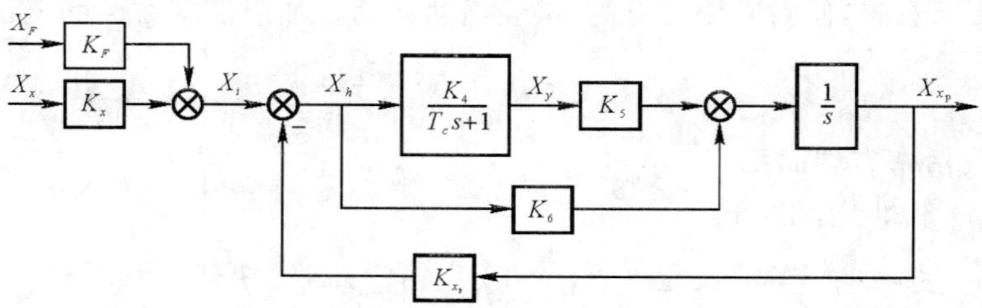

(a)

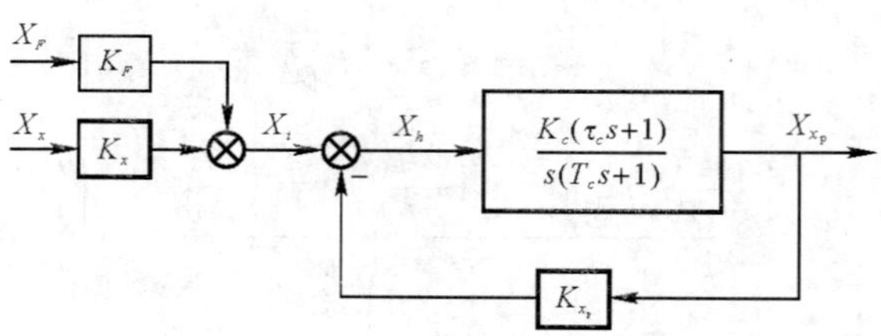

(b)

图 5.71 油门放大器结构图

(a) 结构图；(b) 简化结构图

(5) 转速选择凸轮杠杆机构。如图 5.65 所示，当改变操纵杆位置使转速增加时，转速选择凸轮 5 转动，使凸轮与随动杆接触点 a 下移，通过随动杆 6 和 7 使下垂杆支点 c 下移，并带动下垂杆绕点 b 转动。下垂杆转动时带动下垂凸轮顺时针转动，通过随动杆 2 和比例杆 1 使滚轮向下，增大油门放大器输入 x(见图 5.70)，使挡板开度 h_2 减小，油门活塞腔压力 p_x 增加，活塞右

移，使油门放大器的输出位移 x_p 增加，因而带动油门油针向左移动，使通过油门的供油量增加，发动机转速 n_H 上升。转速测量装置感受转速的变化，使活塞 8 向下，并终止在与新的发动机转速对应的位置上，反馈弹簧力增至与新的转速平衡的值上。这就是改变操纵杆位置改变转速的过程，这也表明了操纵杆位置与发动机转速的对应关系。

(6) 加速凸轮杠杆机构。加速凸轮 9 是一个凸轮轴套（见图 5.65），空套在操纵轴 11 上，与油门操纵杆无联系。加速凸轮由活塞 8 通过齿轮齿条传动，它的转动角度与 n_H 有关，加速凸轮通过杠杆机构带动滚轮限动钉 10 沿轴向移动，使滚轮按加速凸轮型面给定的规律运动。

图 5.72 所示为图 5.65 所示复合转速与加速控制系统的结构简图。图中，① 下垂凸轮杠杆机构在稳态转速控制中起作用；② 加速凸轮杠杆机构在加速控制中起作用，虚线框包围的部分为控制器的计算装置部分，框外为计量装置部分。

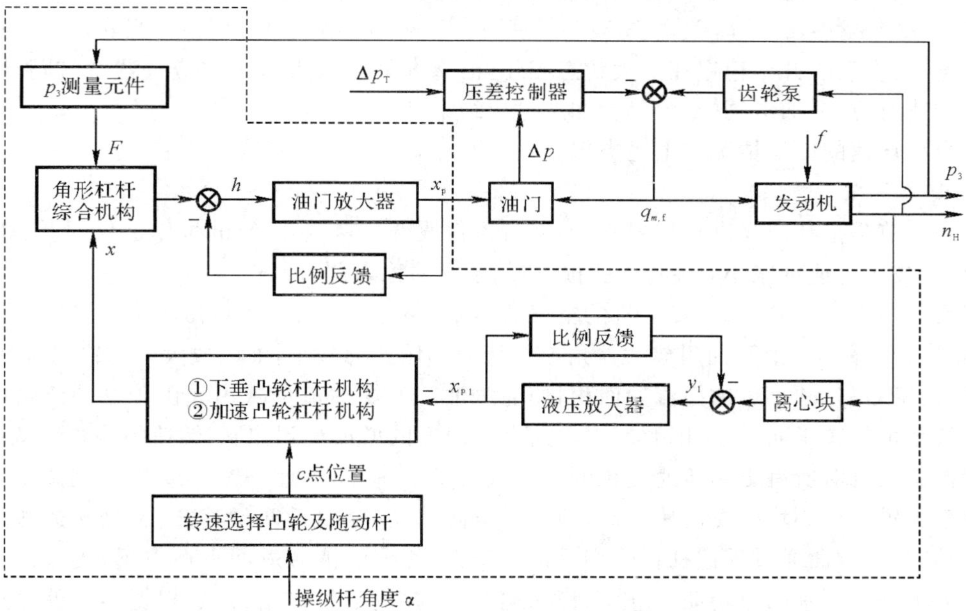

图 5.72　控制系统结构简图

三、加速控制与稳态调节

1. 加速控制

当快推油门操纵杆由慢车位置到最大状态位置时，转速选择凸轮转过相应的角度，转速选择凸轮 5 与随动杆 6 的接触点 a 由慢车状态的最高位置迅速转至最大状态的最低位置（见图 5.65）。下垂杆 4 与随动杆 7 的接触点 c 也由最高位置降至最低位置。点 c 位置的大幅度变化，经下垂杆 4、下垂凸轮 3、随动杆 2 和比例杆 1 使滚轮大幅度下移,增大 x,其结果会使供油量急剧增加,超过图 5.64 所示的加速边界线,而进入喘振区。为了使加速过程不超过加速边界线,当滚轮因 c 点位置突变而大幅度下移时,由限动钉 10 限制滚轮的下移量。由于滚轮位置受到限动钉的限制,比例杆 1 与随动杆 2 脱开,使下垂凸轮与滚轮的联系脱开。滚轮的运动将由限动钉通过杠杆机构由加速凸轮型面控制。

在加速过程中,随着供油量的增加,发动机转速上升,活塞 8 向下运动。当活塞 8 向下运动时,一方面通过反馈杠杆使作用于分油滑阀上的反馈弹簧力增加,另一方面通过齿条和齿轮带动加速凸轮转动,转速 n_H 信号和加速凸轮型面为限动钉提供满足规定加速线要求的运动规律。此外,活塞 8 向下运动时,下垂杆的右端点 b 下移,使下垂杆仍绕支点 c 转动,并带动下垂凸轮转动。当发动机转速 n_H 上升到接近最大转速时,比例杆 1 与随动杆 2 重新接触,下垂凸轮重新控制滚轮运动,此后加速凸轮型面使限动钉与滚轮脱开。随着活塞 8 下移,下垂凸轮使滚轮上移,x 逐渐减小,$q_{m,f}/p_3$ 沿着图 5.64 中所示 d—e 线逐渐过渡到点 e。当 $q_{m,f}/p_3$ 等于点 e 对应的值时,发动机开始稳定在最大状态工作,活塞 8 处于最大状态对应位置,反馈弹簧力也与最大转速对应,分油滑阀受力平衡,加速过程结束。

非全程加速的工作情况与上述类似。

2. 稳态调节

稳态调节是指油门操纵杆位置不变,飞行条件改变时,控制系统的工作过程。下面以飞行高度上升(或飞行速度减小)为例,说明该控制系统的稳态调节原理。

当飞行高度上升时,流过发动机的空气流量 $q_{m,a}$ 减小,压气机出口压力 p_3 下降,p_3 测量装置的输出力 F 减小。由于油门放大器角形杠杆上作用的力减小,油门放大器的输出位移 x_p 减小,油门活塞右移,减小了油门流通面积,使通过油门的燃油流量减小。由于燃油流量能及时跟随空气流量的减小而减小,因此使涡轮前燃气温度的增加受到抑制,转速的偏离量减小。由于顺馈控制没有对所有影响转速变化的因素进行补偿调节,因此,转速 n_H 仍会偏离给定值。转速测量装置的离心块感受转速偏离,使分油滑阀移动,输出活塞位移 x_{p1}。当转速测量装置活塞移动时,一方面通过反馈杠杆改变反馈弹簧力,使分油滑阀返回平衡位置(零位),另一方面带动下垂杆使下垂凸轮转动,经随动杆和比例杆,改变滚轮作用力臂,根据转速偏差信号进一步修正通过油门的燃油流量,保证供油量满足稳态控制规律 $q_{m,f}/p_3=f(n_H)$ 的要求。

采用复合转速控制系统有效地改善了系统的过渡过程品质。但是,当调节过程结束时,转速测量装置活塞位移 x_{p1} 改变,使反馈弹簧力改变,与其平衡的离心块轴向换算力亦改变。这表明发动机转速发生了变化,即不能保持恒定值,系统存在稳态误差。

5.6.4 利用相似参数的加速及转速控制系统

在 2.9 节中,介绍了按相似参数(也称无量纲参数)建立的加速控制规律。这种控制规律可用如图 2.30 所示的函数曲线表示,也可简单地用数学式表示,即

$$\frac{q_{m,\mathrm{f}}}{p_{2.5}n_{\mathrm{H}}}=f\left(\frac{p_3}{p_{2.5}}\right) \tag{5.139}$$

式中，$p_3/p_{2.5}$ 表示高压压气机增压比。

式(5.139)所示控制规律是加速过程中相似参数按一定规律变化，以保证任何飞行条件下发动机都具有同样良好的加速性而建立的控制规律。这种控制规律亦适合发动机的全范围转速控制(稳态控制)，因为发动机的稳态工作线也能用与式(5.139)形式相同的函数关系表示。在加速与转速控制中，供油量 $q_{m,\mathrm{f}}/(p_{2.5}n_{\mathrm{H}})$ 随增压比 $p_3/p_{2.5}$ 的变化规律如图 2.30 所示。

为了使控制系统的结构简化，下面分析的系统称为 CASC(Combined Acceleration and Speed Control)控制系统(见图 5.73)。这种系统采用加速与转速的组合控制方案，其控制器同时完成加速与转速控制任务。

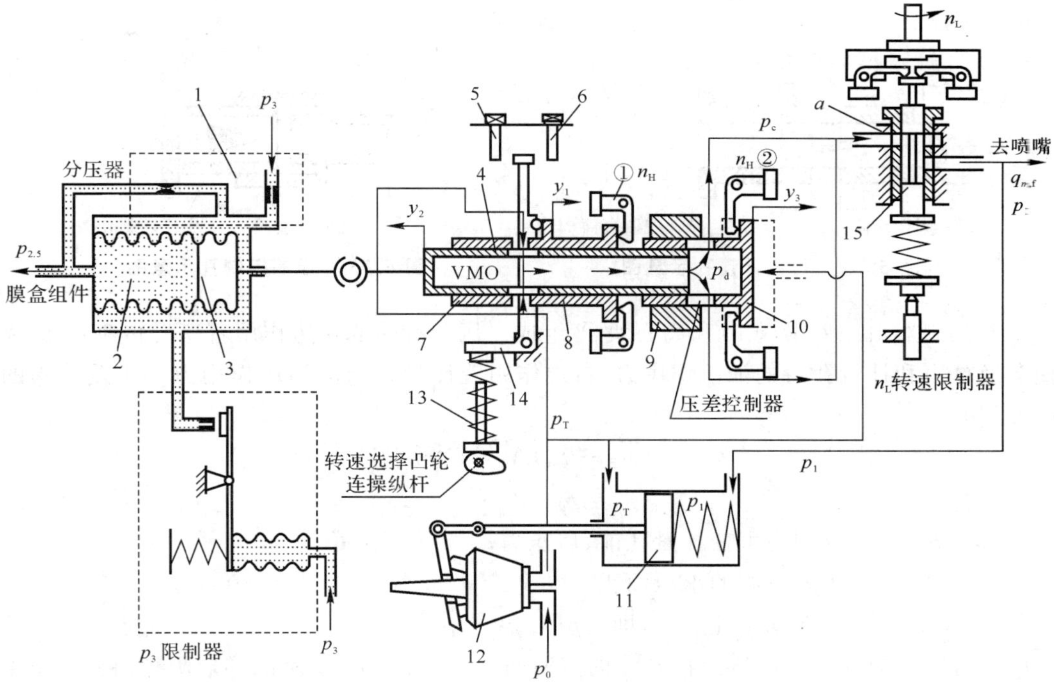

图 5.73　CASC 控制器的工作原理简图

一、CASC 控制器的组成及工作原理

1. 组成

图 5.73 所示 CASC 控制器的核心部分是一个可绕轴线旋转的套筒 4，称为可变计量孔套筒，简称 VMO(Variable Metering Orifice)套筒。在套筒壁上开有几个沿圆周均匀分布的三角

形通孔，即可变计量孔。油泵供给的燃油首先通过可变计量孔。可变计量孔套筒的外面有固定套筒7和转速控制套筒8，如图5.74所示。固定套筒不动，本身构成VMO套筒的一个支撑，转速控制套筒的左端作用着转速调准弹簧13通过托架14传递的弹簧力，右端为感受转速的离心块①产生的轴向换算力。套筒的轴向位移 y_1 由这一对力的平衡确定。固定套筒与转速控制套筒形成环带缝隙 G（见图5.74）。可变计量孔套筒的左端通过球形石墨轴承铰链与膜盒组件连接，可变计量孔套筒的轴向位移 y_2 取决于膜盒组的伸缩变形，膜盒组感受高压压气机的进口压力 $p_{2.5}$ 和高压压气机的出口压力 p_3 的分压力 p_{3p}，根据一定的换算关系，输出位移 y_2。可变计量孔的流通面积，即图5.74中所示的梯形阴影面积，它由可变计量孔套筒的位移 y_2 和转速控制套筒的位移 y_1 共同确定。y_1 为反馈量信号，y_2 为顺馈量信号，可变计量孔的流通面积大小是顺馈量与反馈量综合的结果。

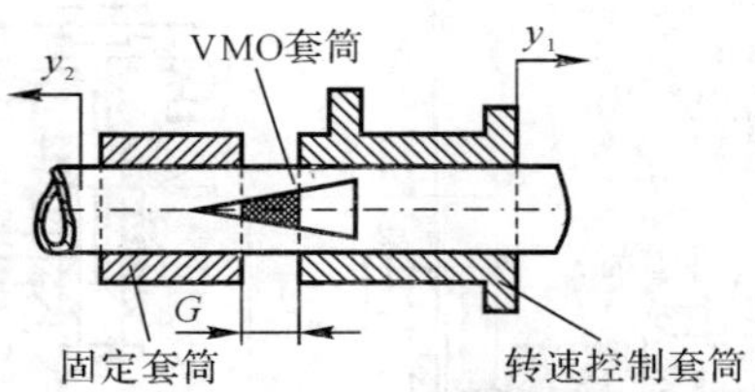

图 5.74　可变计量孔示意图

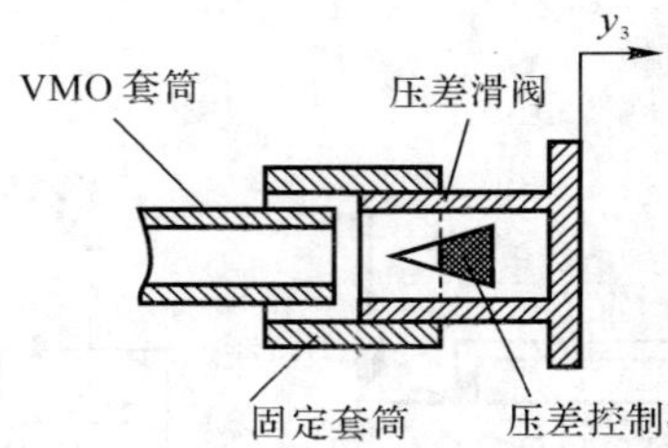

图 5.75　压差控制孔示意图

压差控制器由压差滑阀10和离心块②组成。压差滑阀的左边作用着感受转速 n_H 的离心块轴向换算力和计量孔后的油压作用力，右边作用着计量孔前的油压作用力。压差滑阀的力平衡方程为

$$(p_T - p_d)A_d = C_0 n_H^2$$

或

$$\Delta p_1 = C_1 n_H^2 \tag{5.140}$$

式中　p_T, p_d —— 分别为可变计量孔前、后压力；

A_d —— 压差滑阀的承压面积；

Δp_1 —— 可变计量孔压差，即 $\Delta p_1 = p_T = p_d$。

压差滑阀轴向移动控制压差控制孔的流通面积，如图5.75所示的梯形阴影面积。压差控制孔的前、后压力差

$$\Delta p_2 = p_d - p_c \tag{5.141}$$

当压差滑阀上的力平衡被打破，如果压差力大于离心块的轴向换算力时，压差滑阀则向左移，使压差控制孔的流通面积减小，流动阻力增大，Δp_2 增加，反之则相反。压差控制器的作用是保证可变计量孔前、后的压差 Δp_1 随高压转子转速 n_H 的二次方成正比规律变化。

低压转速限制器用于限制低压转子转速 n_L，在 $n_L < n_{L\max}$ 的情况下，它不工作，即节流孔 a 开得足够大，不起节流作用，a 孔前、后压力差 $\Delta p_3 = p_c - p_1$ 很小，可忽略。当 n_L 大于限制器的

限制转速 $n_{L\max}$ 时，分油滑阀 15 向下移动，关小 a 孔，Δp_3 增大。

2. 工作原理

燃油从油泵出来后，沿径向通过 VMO，进入可变计量孔套筒内孔，然后，由压差控制器孔径向流出至低压轴转速限制器节流孔 a，经 a 孔后至喷嘴。可变计量孔、压差控制器及 a 孔是串联的。随动活塞 11 的左腔通油泵出口，压力为 p_T。活塞的右腔与低压转速限制器出口相通，压力为 p_1，$p_1 = p_T - \Delta p$，$\Delta p = \Delta p_1 + \Delta p_2 + \Delta p_3$。随动活塞的力平衡方程为

$$(p_T - p_1)A = F_s \tag{5.142}$$

式中，A 为随动活塞承压面积。当 Δp 减少时，弹簧力 F_s 将克服液压力，使随动活塞向左移动，增加供油量。当 Δp 增加时，情况相反。

例如，当油泵供油量大于 VMO 计量的油量时，Δp_1 增加。Δp_1 增加会使压差滑阀向左移动，压差控制孔的流通面积减小，Δp_2 增加。于是 Δp 增加使随动活塞向右移动，减小供油量。

供给发动机的油量取决于可变计量孔面积和可变计量孔前、后压力差。可变计量孔面积由顺馈信号 p_3，$p_{2.5}$ 和反馈信号 n_H 决定；可变计量孔前、后压力差随 n_H^2 成正比例规律变化，由压差滑阀保证。CASC 控制器保证加速过程和稳态过程通过可变计量孔油量与发动机要求的油量一致。

CASC 系统的结构简图如图 5.76 所示。

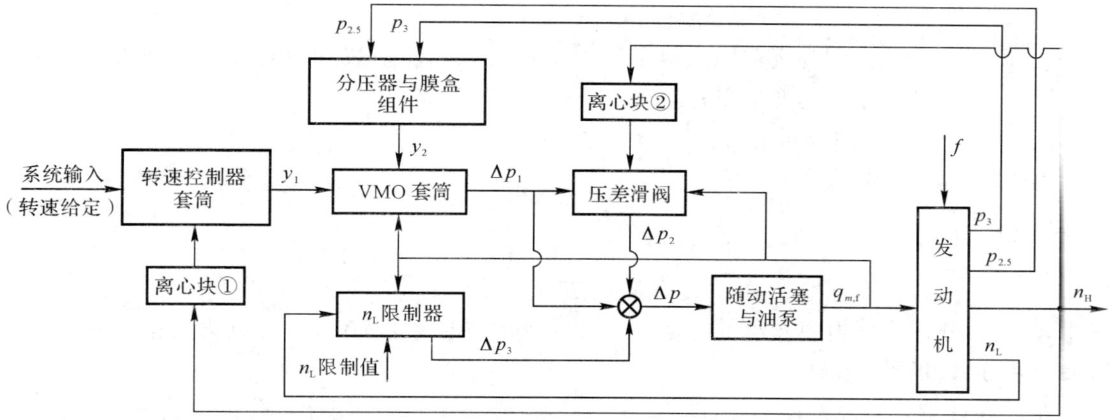

图 5.76　CASC 系统结构图

将式(5.139) 改写为

$$q_{m,f} = p_{2.5} n_H f(p_3/p_{2.5}) \tag{5.143}$$

当发动机加速时，飞行条件可认为不变，对系统输入阶跃信号。在阶跃输入作用下，系统参数发生变化，CASC 系统测量 n_H，$p_{2.5}$ 和 p_3 信号，按式(5.143) 的规律调节加速供油量，使发动机加速。由于式(5.143) 是由发动机加速过程相似关系得出的，因此能保证在各种飞行条件下加速时，发动机的加速性不变。

当系统输入不变，而飞行条件改变时，CASC 系统按复合控制原理完成保持转速不变的转速控制任务。在转速控制中，CASC 系统感受干扰量变化引起的 $p_{2.5}$ 和 p_3 的变化，调节供油量实现开环补偿控制；感受反馈信号 n_H，根据转速误差进行供油量精调，实现闭环控制。复合控制结果，以开环补偿控制抵消干扰量对发动机转速 n_H 的影响，使干扰量变化时发动机能够保持转速 n_H 不变，并等于给定值。

二、CASC 控制器分析

在发动机的燃油控制系统中，普遍采用以计量孔控制燃油流量的方案。在用计量孔控制燃油流量时，调节计量孔的流通面积和计量孔前、后压差是控制供油量的两种途径。通过可变计量孔的燃油流量可表示为

$$q_{m,f} = C_2 A_{VMO} \sqrt{\Delta p_1} \tag{5.144}$$

式中 A_{VMO} —— 可变计量孔流通面积；

Δp_1 —— 可变计量孔压差；

C_2 —— 比例系数。

1. 可变计量孔流通面积 A_{VMO}

膜盒组件的输入位移 δ 可表示为

$$\delta = p_{3p} R_v + (p_{3p} - p_{2.5}) R_p \tag{5.145}$$

式中 R_v, R_p —— 分别为真空膜盒组和压力膜盒组的弹性系数，即膜盒组内、外为单位压力差时的变形量；

p_{3p} —— p_3 的分压力，$p_{2.5} < p_{3p} < p_3$。

由式(5.145)，得

$$\delta = p_{3p} - a p_{2.5} \tag{5.146}$$

式中
$$a = \frac{R_p}{R_v + R_p} = \frac{N_p r_p}{N_v r_v + N_p r_p} = 常数$$

其中，N_p, r_p 分别为压力膜盒组的片数和单片膜盒的弹性系数；N_v, r_v 分别为真空膜盒组的片数和单片膜盒的弹性系数。

在可变计量孔缝隙宽度 G(见图 5.74) 一定的条件下，得可变计量孔流通面积 A_{VMO} 与可变计量孔套筒位移(即膜盒组件位移)δ 成正比，即

$$A_{VMO} = C_3 \left[p_{2.5} \left(\frac{p_{3p}}{p_{2.5}} - a \right) \right] \tag{5.147}$$

式中，比例系数 C_3 随 G 的取值不同而变。

2. 通过可变计量孔的燃油流量

将式(5.140) 与式(5.147) 代入式(5.144)，得

$$q_{m,f} = C_4 p_{2.5} \left(\frac{p_{3p}}{p_{2.5}} - a \right) n_H \tag{5.148}$$

用相似参数表示时，式(5.148) 可写成

$$\frac{q_{m,\mathrm{f}}}{n_{\mathrm{H}}p_{2.5}}=C_4\left(\frac{p_{3p}}{p_{2.5}}-a\right) \tag{5.149}$$

3. 分压器特性

分压器 1(见图 5.73) 由节流器和文氏管组成。高压压气机出口的气体通过管路和节流嘴引入至膜盒组件外腔，再从文氏管流出至高压压气机进口。节流嘴与文氏管之间的分压力 p_{3p} 进入膜盒组外腔。某型发动机分压器特性如图 5.77 所示。在 $p_3/p_{2.5}>5$ 的高增压比范围内，由于节流嘴和文氏管都处于临界以上的堵塞流动状态，分压器的分压比

$$\varepsilon=\frac{p_3}{p_{3p}}\approx\frac{A_2}{A_1}=\text{常数} \tag{5.150}$$

式中，A_1，A_2 分别为节流嘴和文氏管喉部面积。

在 $p_3/p_{2.5}<5$ 的范围内，先是文氏管进入亚临界流动状态，$p_3/p_{2.5}$ 继续减小，节流嘴也进入亚临界流动状态。当分压器为亚临界流动状态时，分压器 ε 不再等于常数，ε 随 $p_3/p_{2.5}$ 的减小而减小。

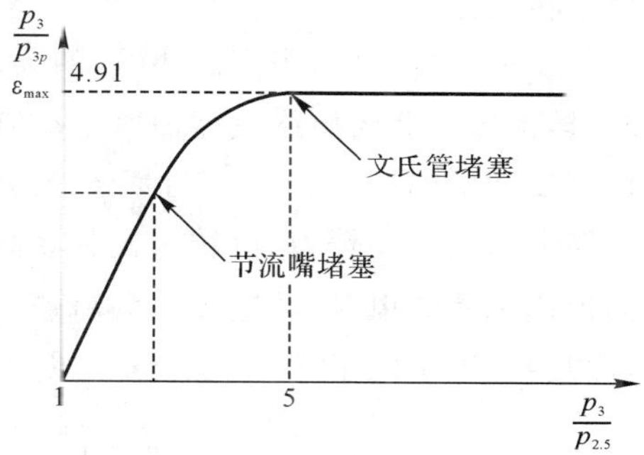

图 5.77　分压器特性

4. 加速供油规律

将 $p_{3p}=p_3/\varepsilon$ 的关系代入式(5.149)，得

$$\frac{q_{m,\mathrm{f}}}{n_{\mathrm{H}}p_{2.5}}=K\left(\frac{p_3}{p_{2.5}}-\varepsilon a\right) \tag{5.151}$$

式中，K 为比例系数，$K=C_4/\varepsilon$。当 VMO 缝隙宽度 G 和 ε 为常值时，$K=$ 常数，式(5.151) 为直线方程，K 为直线的斜率。

加速时，操纵杆由慢车位置推至最大状态位置，转速选择凸轮转动使调准弹簧力迅速增大，在弹簧力作用下，转速控制套筒克服离心块的轴向换算力而靠到加速止动钉 6 上(见图 5.73)，使可变计量孔的环带缝隙宽度 G 增至最大值 G_{ac}。在 $p_3/p_{2.5}>5$ 的范围内，由于 ε＝常数，因此 $K=$ 常数，并以 K_{ac} 表示。当以 K_{ac} 为直线方程式(5.151) 的斜率时，相应直线如图 5.78 中虚线 3 所示。由图可见，在该范围内，虚线 3 与规定的加速线 1 基本一致。

当 $p_3/p_{2.5}$ 很低时，分压器文氏管在非常低的压力损失下工作，$p_{3p}\approx p_{2.5}$，由式(5.149) 得

$$\frac{q_{m,\mathrm{f}}}{n_{\mathrm{H}}p_{2.5}}=C_4\left(\frac{p_{3p}}{p_{2.5}}-a\right)\approx\text{常数} \tag{5.152}$$

由此式可知，$q_{m,\mathrm{f}}/(n_{\mathrm{H}}p_{2.5})$ 不再随 $p_3/p_{2.5}$ 变化，如图 5.78 中的虚线 5 所示。

在 $p_3/p_{2.5}<5$ 的范围内，由于文氏管的损失逐渐减小，$q_{m,\mathrm{f}}/(n_{\mathrm{H}}p_{2.5})$ 不再沿虚线 3 变化，而逐渐转平，最终趋于虚线 5。

由以上分析可知，CASC 的基本原理是利用改变可变计量孔面积和压差的方法，建立以无

量纲参数表示的加速供油函数,实现发动机按相似参数建立的加速控制规律。

5. 全范围转速控制

由图 5.78 可见,在文氏管堵塞的高增压比范围内,规定的加速线近似为线性的。在相同增压比范围内,稳态工作线也近似为线性的。两条直线在 $p_3/p_{2.5}$ 坐标轴上相交于同一点 A,这样只要简单地改变 VMO 的缝隙宽度 G,就能改变直线方程式(5.151)的斜率 K,实现用同一个可变计量孔套筒获得不同斜率的两条直线。当发动机处于稳定状态下工作时,计量孔的缝隙宽度为 G_s,由转速控制套筒的平衡位置决定。由此可见,CASC 控制器也适合于发动机的稳态转速控制。

在加速过程中,当离心块 ① 的轴向换算力小于作用于转速控制套筒上的转速调准弹簧力时,转速控制套筒始终靠住加速止动钉,保持缝隙宽度 $G=G_{ac}$,CASC 控制器按加速供油函数控制发动机的加速。当 n_H 上升至接近操纵杆给定转速,且离心块的轴向换算力大于转速控制套筒上作用的弹簧力时,转速控制套筒离开加速止动钉向减小缝宽度的稳定工作位置移动。当加速过程结束时,转速控制套筒停在几乎不变的平衡位置上,保持基本不变的缝隙宽度 G_s,该缝隙宽度决定了图 5.78 所示虚线 4 的斜率。

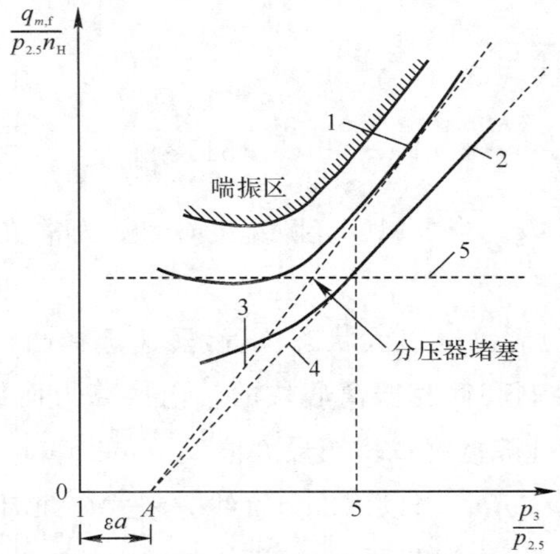

图 5.78 加速与转速控制的供油曲线

1— 规定的加速线; 2— 稳态工作线; 3— 当 $G=G_{ac}$ 和 $\varepsilon=\varepsilon_{max}$ 时,控制器的供油特性线;
4— 当 $\varepsilon=\varepsilon_{max}$ 时,控制器的稳态供油特性线; 5— 当 $G=G_{ac}$ 和 $p_{3p}=p_{2.5}$ 时,控制器的供油特性线

当发动机处于高转速(高增压比)范围稳态工作时,由于飞行条件变化,CASC 控制器进行调节。当调节过程结束时,VMO 缝隙宽度 G_s 只会有极微小的变化,转速控制器套筒位置基本保持不变,保证发动机转速 n_H 恒定,且与操纵杆给定的转速相等。在发动机的稳态转速控制中,CASC 控制器按复合控制原理工作。其工作原理如下:当飞行条件变化时,通过膜盒组件感

受发动机参数 $p_{2.5}$ 和 p_3，输出位移 y_2 作为顺馈量，改变 VMO 套筒位置；通过离心块 ① 和 ② 感受发动机被控参数 n_H，输出转速控制套筒位移 y_1 和压差滑阀位移 y_3 作为反馈量，改变 VMO 缝隙宽度 G 和 VMO 压差 Δp_1。在调节过程中，顺馈量与反馈量共同起作用控制供给发动机的油量。当调节过程结束时，转速控制套筒和压差滑阀回到原位，发动机高压转子转速保持恒定，飞行条件变化引起的需用油量变化，由 VMO 套筒位置改变，对 VMO 面积变化进行补偿。

6. 减速供油规律

减速过程一般没有严格的控制要求。CASC 控制器利用减速止动钉 5（见图 5.73）控制减速过程的 VMO 缝隙宽度 G_{dc}，使减速供油量按 G_{dc} 决定的斜率变化。

5.7　航空发动机的加力控制及典型系统

5.7.1　航空发动机加力控制要求

绝大多数涡喷发动机和军用型涡轮风扇发动机都有加力燃烧室，以便在必要时，使加力燃烧室工作，提高加力燃烧室的燃气温度，以提高发动机推力。加力与不加力时的推力之比称为加力比，为满足飞机的各种飞行状态需要，通常加力比都是可调的。

加力式发动机的控制系统结构简图，包括发动机主控制系统与加力控制系统，如图 5.79 所示。当加力燃烧室工作时，应保持核心发动机（燃气发生器）的工作状态不变，为此，就必须保证涡轮膨胀比 π_T 不变，使其与不加力时一样，这一要求由加力控制系统实现。

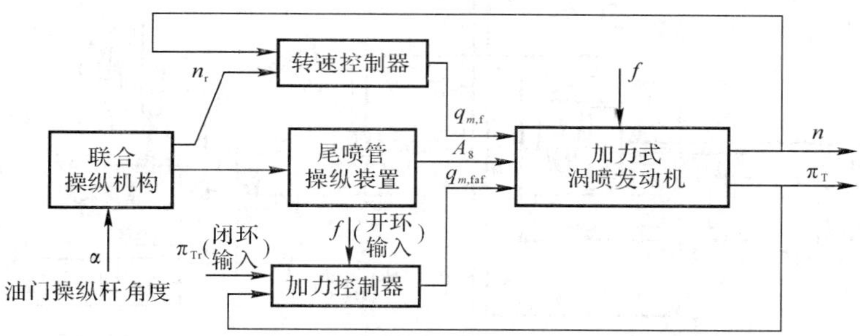

图 5.79　加力式涡喷发动机控制系统结构简图

当推动油门操纵杆至加力位置时，尾喷管操纵系统将使尾喷口面积 A_8 逐渐增加到与要求的加力燃烧室温度相应的位置。

5.7.2　涡喷发动机的加力控制系统

加力控制系统可以是开环控制系统，也可是闭环控制系统，或者二者皆有。图 5.80 所示为具有开环与闭环控制作用的加力控制器。

一、闭环加力控制系统

由于发动机在加力状态工作时,必须保证涡轮膨胀比 π_T 不变,因此闭环控制系统的功能是,当尾喷口面积 A_8 变化或发动机干扰输入量 f(即飞行高度或飞行马赫数)变化引起涡轮膨胀比变化时,通过调节加力燃油流量 $q_{m,\text{faf}}$,使 π_T 恢复给定值。在这一闭环控制系统中,控制量为 $q_{m,\text{faf}}$,被控制量为 π_T。

1. 闭环加力控制器的组成

为实现上述功能,闭环加力控制器应感受的参数是涡轮膨胀比 π_T 或膨胀比的偏离量 $\Delta\pi_T$。控制器的输出量应是加力供油量 $q_{m,\text{faf}}$。π_T 或 $\Delta\pi_T$ 是用间接测量方法进行测量的。

图 5.80 表示了这种闭环系统中的加力控制器,也称 π_T 调节器。它是由压力比测量元件、喷嘴挡板式液压放大元件和燃油泵组成的。

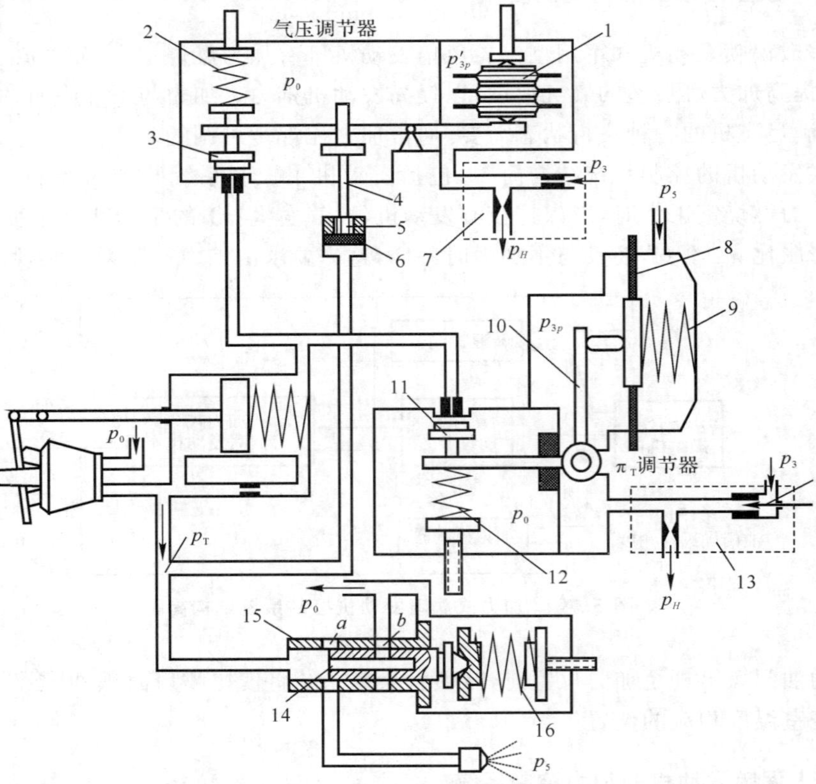

图 5.80 加力控制器原理图

压力比测量元件由分压器 13、薄膜 8、弹簧 9、杠杆 10 及调整弹簧 12 等组成。压力比测量元件的作用是将涡轮膨胀比的偏离量 $\Delta\pi_T$ 转化为薄膜能感受的压力差 Δp。

分压器的输入量为主燃烧室进口压力 p_3，它近似等于涡轮进口压力 p_4。p_3 经分压器 13 分压后的压力为 p_{3p}，该压力作用于薄膜左边。分压器的分压比 $\varepsilon_p = p_3/p_{3p}$，它是涡轮膨胀比的参考值。在分压器节气针的位置给定后，分压比 ε_p 即给定。薄膜右边感受的压力为涡轮出口压力 p_5。实际涡轮膨胀比为 $\pi_T = p_3/p_5$，膨胀比的偏离量 $\Delta\pi_T$ 为参考值 ε_p 与实际值 π_T 之差，即

$$\Delta\pi_T = \varepsilon_p - \pi_T = p_3\left(\frac{1}{p_{3p}} - \frac{1}{p_5}\right) \tag{5.153}$$

由式(5.153)可知，当 p_5 变化时，π_T 即变化，引起 $\Delta\pi_T$ 变化。但 $\Delta\pi_T$ 不可能直接测量，为此，将式(5.153)进行转化，得

$$\Delta p = \frac{p_3}{\varepsilon_p} - p_5 = p_{3p} - p_5 \tag{5.154}$$

由式(5.154)可知，只要使薄膜右边感受 p_5，则作用于薄膜左、右两边的压力差 Δp 即反映了涡轮膨胀比的变化。p_{3p} 即为 p_5 的参考值。

分压比 ε_p 或分压压力 p_{3p} 可以通过改变节气针 17 的位置进行调整，保证 ε_p 与发动机设计要求的 π_T 相等。

2. 闭环加力控制系统的工作原理

当飞行高度增加或飞行速度减小时，通过发动机的空气流量减小，发动机各截面的压力也减小，在加力燃油流量调节前，p_5 与 p_3 比较，p_5 减小得慢，这将引起涡轮膨胀比 π_T 减小。由于 p_3 减小迅速，使 p_{3p} 减小也迅速，因而使 $\Delta p = p_{3p} - p_5 < 0$，薄膜必然向左弯曲，使挡板 11 开度增大，随动活塞因右腔压力降低而向右运动，油泵斜盘角度减小，加力供油量减少，从而使涡轮出口压力 p_5 进一步减小，力图使 π_T 恢复原来值。

当飞行高度降低或飞行速度增加时，调节过程与上述相反。

实际上，当飞行条件变化时，π_T 调节器调节的最终结果是 π_T 不可能准确地达到原来的给定值，即存在稳态误差，这是由系统结构所决定的。因为飞行条件的变化，需调节加力供油量为不同的值，随动活塞也就需要停在不同位置上，决定随动活塞位置的右腔油压需有不同的值，控制这一油压大小的挡板开度必然有变化，杠杆位置也就必然有变化，薄膜也就不可能是原来的位置。根据杠杆力平衡可以确定调节的最终结果 $\Delta p = p_{3p} - p_5 \neq 0$，亦即 π_T 不可能恢复到原来的值。

当推动油门操纵杆增大尾喷口面积 A_8 时，p_5 下降，使 $p_5 < p_{3p}$，薄膜输出力使杠杆转动，并减小挡板开度，使加力供油量增加，加力燃烧室温度与压力上升，调节过程结束时，p_5 接近 p_{3p}，π_T 基本保持不变。

由以上所述可以看出,无论飞行条件变化或尾喷口面积变化,π_T 调节器调节的最终结果是 π_T 基本不变,从而使核心发动机的工作状态不受加力的影响。

上述闭环控制系统当加力燃烧室余气系数较小时存在工作不稳定问题。加力燃烧室余气系数

$$\alpha_{\Sigma}=\frac{q_{m,a}}{(q_{m,f}+q_{m,faf})L_0}$$

式中,L_0 为 1 kg 燃油完全燃烧时的理论空气量。

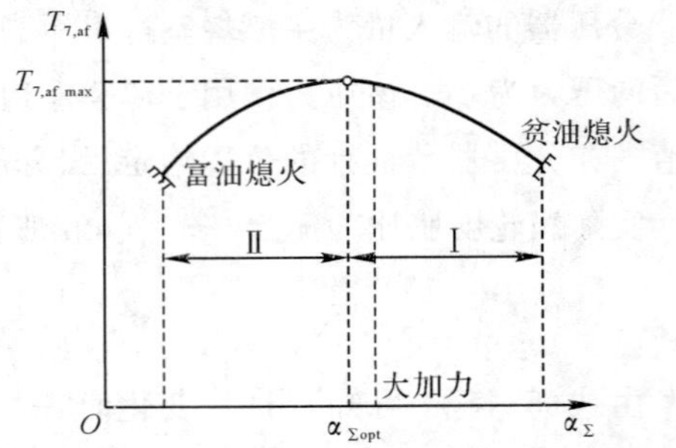

图 5.81　加力燃烧室温度 $T_{7,af}$ 与余气系数 α_{Σ} 的关系曲线

加力燃烧室余气系数与加力燃烧室温度的关系曲线如图 5.81 所示。图中,$\alpha_{\Sigma opt}$ 为最佳余气系数(接近 1),对应的加力燃烧室温度最高;Ⅰ区为 π_T 控制系统稳定工作区;Ⅱ区为 π_T 控制系统不稳定工作区。当加力燃烧室工作点落在不稳定工作区($\alpha_{\Sigma}<\alpha_{\Sigma opt}$)时,如果 π_T 大于给定值,$p_{3p}>p_5$,π_T 调节器薄膜输出力将使喷嘴挡板开度减小,供油量增加。由图 5.81 可见,在该范围内,增加供油量,α_{Σ} 减小,燃烧室富油燃烧加剧,对燃烧更不利,$T_{7,af}$ 将进一步降低,并导致 π_T 进一步增大,最终使加力燃烧室富油熄火。

通常,发动机在大加力比状态工作时,加力燃烧室的余气系数 α_{Σ} 达 1.1～1.2。如果发动机在高空大加力比状态工作,由于高空燃烧条件恶化,燃烧不完全程度增加,使混合气的放热量减小,$T_{7,af}$ 下降,p_5 减小。为了保持 π_T 不变,π_T 调节器要增加供油量,这就导致 α_{Σ} 减小,并容易越出 $\alpha_{\Sigma opt}$ 进入 π_T 控制系统的不稳定工作区。为了防止这种现象发生,加力控制系统除有闭环 π_T 控制外还有开环温度控制。

二、开环加力温度控制系统

开环加力温度控制系统与开环转速控制系统的原理基本相同,都是根据干扰量变化,按补偿原理工作,即根据流过发动机的空气流量,调节供油量。在开环加力温度控制系统中,通过保持油气比 f_{af} 不变来近似地保持 $T_{7,af}$ 不变。

1. 控制规律

加力燃烧室的油气比

$$f_{af}=\frac{q_{m,f}+q_{m,faf}}{q_{m,a}} \tag{5.155}$$

当尾喷管面积 A_8 固定,飞行条件变化时,如果只近似考虑空气流量 $q_{m,a}$ 的变化,$q_{m,a}$ 可以用 p_2 或 p_3 量度。根据式(5.155),开环加力温度控制规律可选择为

$$q_{m,faf}=f(p_2)\rightarrow T_{7,af}\approx 常数 \tag{5.156}$$

或

$$q_{m,faf}=f(p_3)\rightarrow T_{7,af}\approx 常数 \tag{5.157}$$

2. 工作原理

开环加力控制器包括气压调节器和流量滑阀，如图 5.80 所示。气压调节器由膜盒 1、p_T 测量元件(包括小薄膜 6、滑块 5 和顶杆 4 等)、杠杆、调整弹簧 2、喷嘴挡板液压放大器和油泵组成。流量滑阀在油泵出口与喷嘴之间的油路上，它由滑阀 14、衬套 15 和调准弹簧 16 等组成，衬套壁上有型孔 a 和 b。

气压调节器杠杆上作用着与 p_3 成比例的膜盒输出力和通过顶杆 4 作用的与 p_T 成比例的油压力，此外，杠杆上还作用着调整弹簧力、喷嘴挡板液压力和支撑摩擦力等。在气压调节器的工作范围内，弹簧力、挡板液压力及支撑摩擦力的变化很小，可看做常数。这样，由杠杆的力矩平衡关系可以导出 p_T 与 p_3 成比例。

当飞行条件变化使 p_3 增加时，膜盒室压力 p'_{3p} 也增加，膜盒收缩，膜盒输出力减小，杠杆转动，使挡板 3 的开度减小，随动活塞右腔压力升高，随动活塞左移，增大供油量，压力 p_T 上升，顶杆 4 作用于杠杆上的油压力增加，挡板又逐渐开大，起液压负反馈作用。调节过程结束时，挡板开度略有减小，杠杆的受力重新平衡，膜盒输出力矩的减小，由 p_T 油压力矩的增加而抵消，仍保持与调整弹簧力矩平衡，实现 p_T 与 p_3 成比例变化的供油量调节。

如果燃油从油泵出口直接经喷嘴喷入加力燃烧室，则通过喷嘴的燃油流量为

$$q_{m,\text{faf}} = C_1\sqrt{p_T - p_6} \tag{5.158}$$

因加力燃烧室压力 p_6 的变化远小于油泵出口压力 p_T，所以认为 p_6 为常数，并将 p_T 与 p_3 的比例关系代入，则得

$$q_{m,\text{faf}} = C\sqrt{p_3} \tag{5.159}$$

式中，C 为与喷嘴有效面积、燃油密度及 p_T 与 p_3 的比例系数有关的常数。

式(5.159) 表示，在油泵出口阻力一定的情况下，气压调节器调节的加力燃油流量 $q_{m,\text{faf}}$ 与压气机出口压力 p_3 的二次方根成比例，当取 C 为不同值时，$q_{m,\text{faf}}$ 与 p_3 关系如图 5.82 中曲线 2，3，4 所示。图中，虚线 1 表示保持 π_T 为常数的发动机需用加力燃油流量曲线，虚线 5 表示近似保持 $T_{7,\text{af}}$ 为常数的开环加力燃油流量曲线。如果气压调节器按曲线 2 工作，由图示可见，仅当压气机出口压力为 $p_{3\text{I}}$ 时，气压调节器供给的油量与开环控制要求的油量一致，偏离这一状态时，“供给”与“要求”的油量就不一致了。

为了解决“供给”与“要求”油量的不一致问题，可在泵出口至加力喷嘴的油路上增设流通面积可变的流量滑阀，加力燃油经流量滑阀型孔 a 至喷嘴(见图 5.80)，型孔 a 的节流面积随泵出口压力 p_T 按一定规律变化，保证通过型孔 a 的流量与开环控制要求的油量一致。例如，当飞行条件改变使压气机出口压力由 $p_{3\text{I}}$ 减至 $p_{3\text{II}}$ 时，气压调节器使油泵出口压力 p_T 随 p_3 成比例下降。如果油泵出口节流面积不可变，供油量将沿曲线 2 由 Ⅰ 降至 Ⅱ′。有流量滑阀后，p_T 减小，流量滑阀左移，减小型孔 a 的节流面积，使式(5.159) 中系数 C 减小，供油量沿虚线 5 降至 Ⅱ，保证通过型孔 a 的油量与开环控制要求的油量一致。油泵供给的多余油量则从流量滑阀型孔 b 回油箱。

三、闭环与开环控制系统的交替工作

闭环 π_T 控制系统能较精确地保持 π_T 不变,但高空可能出现加力燃烧室工作不稳定情况;开环控制系统能在所有高度上稳定工作,但控制精度较低。为了保证加力燃烧室能在宽广的飞行范围内稳定可靠工作,通常都同时具有闭环与开环两套控制器,如图 5.80 所示。在发动机的主要飞行范围内,由 π_T 调节器调节加力供油量,开环控制器只在高空当 π_T 控制系统进入不稳定区而出现富油趋势时投入工作,以限制高空加力供油量,防止加力燃烧室富油熄火。

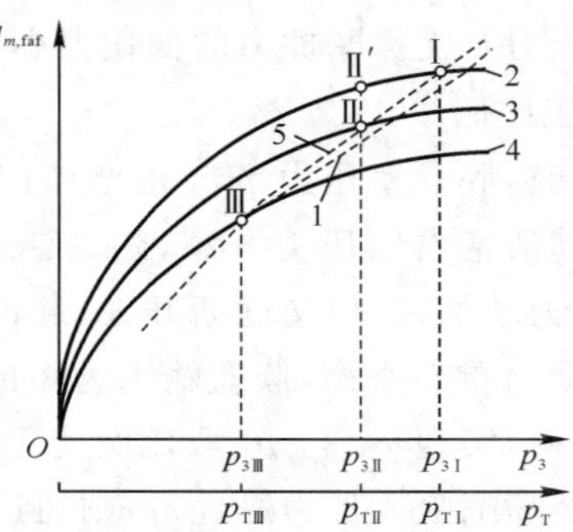

图 5.82　加力供油量 $q_{m,faf}$ 随压气机出口压力 p_3 或油泵出口压力 p_T 变化的曲线

为了使 π_T 调节器工作时,不受开环控制的干扰,应使开环控制器限制的供油量比 π_T 调节器正常工作时的供油量稍高,如图 5.82 中曲线 5 所示。这样 π_T 调节器正常工作时,油泵出口压力 p_T 低于气压调节器投入工作时的 p_T,喷嘴挡板 3 打不开,随动活塞的运动完全由 π_T 调节器的挡板 11 控制。

当 π_T 控制系统进入不稳定工作区时,随着飞行高度的增加,加力燃烧室的富油燃烧趋势愈来愈严重。当 π_T 调节器调节的供油量超过开环控制器限制的油量时,挡板 3 打开,气压调节器投入工作,由开环系统根据通过发动机的空气流量调节加力供油量,限制加力燃烧室的富油燃烧趋势,保证加力燃烧室的稳定工作。当开环系统工作时,随着飞行高度增加,由于燃烧条件恶化,$T_{7,af}$ 和 p_5 会逐渐下降。当 $p_5 < p_{3p}$ 时,挡板 11 关闭,π_T 调节器退出工作,由气压调节器挡板单独控制随动活塞的运动。高空试飞结果表明,闭环与开环两套控制系统存在交替共同工作段。

5.7.3　加力式涡喷发动机控制系统数学模型及特性分析

加力式涡喷发动机加力时,主供油量 $q_{m,f}$ 和加力供油量 $q_{m,faf}$ 均作为控制量。以主供油量控制核心发动机转速 n,以加力供油量控制涡轮膨胀比 π_T 或加力燃烧室温度 $T_{7,af}$。控制 π_T 时为闭环系统,控制 $T_{7,af}$ 时通常为开环系统。尾喷口面积 A_8 为操纵量,只在改变加力状态时,按选择的加力温度 $T_{7,af}$ 作相应变化。在这种情况下,加力式涡喷发动机的控制系统为双变量系统,如图 5.83 所示。下面对该系统特性作简要分析。

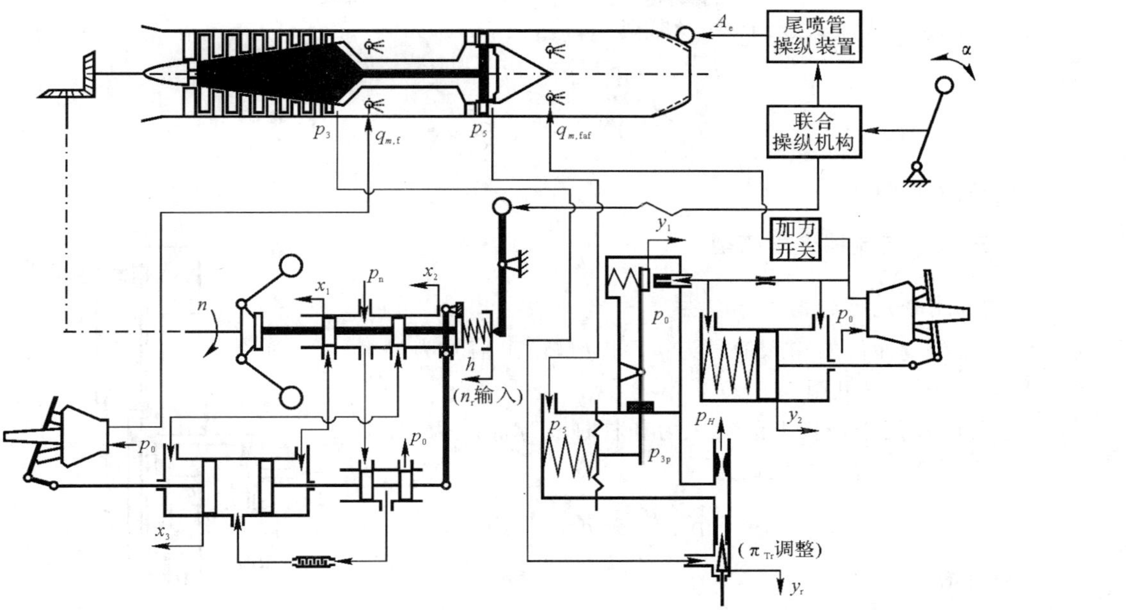

图 5.83　单轴加力式涡喷发动机控制系统简图

一、被控对象数学模型

单轴加力式涡喷发动机的数学模型可用 3.3 节中的式(3.37) 描述。从式(3.37) 中消去 $\overline{T}_3$，$\overline{T}_4$ 和 $\overline{T}_{7,af}$ 可得

$$\left.\begin{aligned}(Tp+1)\bar{n} &= l_1\bar{\pi}_T + l_2\bar{q}_{m,f} + l_3\bar{p}_3 \\ \bar{\pi}_T &= l_4\bar{n} + l_5\bar{q}_{m,f} + l_6\bar{q}_{m,faf} + l_7\bar{p}_3 + l_8\bar{A}_8 \\ \bar{p}_3 &= l_9\bar{n} + l_{10}\bar{q}_{m,f}\end{aligned}\right\} \tag{5.160}$$

式中，系数 $T,l_1,l_2,\cdots,l_{10}$ 分别为方程式(3.37) 中系数的组合。

二、转速控制器数学模型

转速控制器为图 5.21 所示带速度反馈校正的控制器。为简化分析，假设放大器为积分式液压放大器；忽略发动机转速小偏离变化对油泵供油量的影响；不考虑速度反馈的非线性特性。转速控制器的数学模型可用以下方程组描述：

$$\bar{x}_1 = \overline{K}_1(\bar{n}_r - \bar{n}) \tag{5.161}$$

$$p\bar{x}_3 = K_2(\bar{x}_1 - \bar{x}_2) \tag{5.162}$$

$$(T_u p + 1)\bar{x}_2 = T_u \rho_b p\bar{x}_3 \tag{5.163}$$

$$\bar{q}_{m,f} = K_3\bar{x}_3 \tag{5.164}$$

将式(5.164)代入式(5.162)及式(5.163),消去 $\bar{x}_3$,得

$$p\bar{q}_{m,f}=K_2K_3(\bar{x}_1-\bar{x}_2)=K_c(\bar{x}_1-\bar{x}_2) \tag{5.165}$$

$$(T_u p+1)\bar{x}_2=T_u\frac{\rho_b}{K_3}p\bar{q}_{m,f}=T_u\rho p\bar{q}_{m,f} \tag{5.166}$$

式中,p 为微分算子。

三、π_T 控制器数学模型

1. 测量元件的动态方程

π_T 测量元件的输入信号为 p_3 和 p_5,输出信号为喷嘴挡板位移 y_1(见图 5.84)。

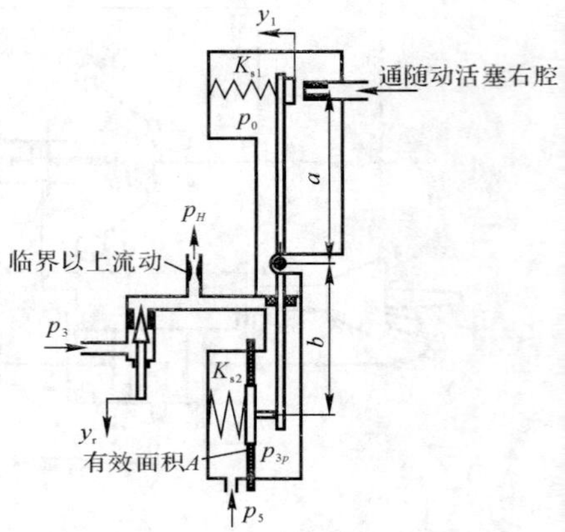

图 5.84 π_T 测量元件

忽略作用于挡板上的液压力和杠杆支撑摩擦力,杠杆力矩平衡的增量方程式为

$$(\Delta p_5-\Delta p_{3p})Ab=\left(K_{s2}\frac{b^2}{a}+K_{s1}a\right)\Delta y_1$$

取相对增量形式,得

$$K_4\bar{y}_1=\bar{p}_5-K_{a1}\bar{p}_{3p} \tag{5.167}$$

略去薄膜位移引起的薄膜容腔容积的微小变化,并假设分压器中气流为绝热流动,根据流量连续可得薄膜右腔的流量方程为

$$V\frac{\mathrm{d}\rho}{\mathrm{d}t}=q_{m,1}-q_{m,2}$$

将 $\rho=p/(RT)$ 代入上式,得

$$\frac{V}{RT}\frac{\mathrm{d}p_{3p}}{\mathrm{d}t}=q_{m,1}-q_{m,2}$$

式中 V—— 薄膜右腔容积;

$q_{m,1}$—— 流过分压器第一节流孔的空气流量,$q_{m,1}=q_{m,1}(p_3,p_{3p},y_r)$;

$q_{m,2}$—— 流过分压器第二节流孔的空气流量,该节流孔处于临界以上流动状态,故$q_{m,2}=q_{m,2}(p_{3p})$。

将上式线性化,取相对增量形式,整理,得

$$(T_a p+1)\bar{p}_{3p}=K_{a2}\bar{p}_3+K_{a3}\bar{y}_r \tag{5.168}$$

将式(5.168)式及 $\bar{p}_5=\bar{p}_3-\bar{\pi}_T$ 代入式(5.167),整理后,得

$$K_4(T_a p+1)\bar{y}_1=(T_a p+K_5)\bar{p}_3-K_6\bar{y}_r-(T_a p+1)\bar{\pi}_T \tag{5.169}$$

分压器时间常数 T_a 的值很小,在近似计算中可以不考虑,这样可得 π_T 测量元件的动态方程式为

$$K_4\bar{y}_1=K_5\bar{p}_3-K_6\bar{y}_r-\bar{\pi}_T \tag{5.170}$$

式中
$$K_5 = 1 - K_{a1} K_{a2}$$

2. 放大元件与加力油泵的动态方程

喷嘴挡板液压放大器的动态方程为

$$(T_c p + 1)\bar{y}_2 = K_y \bar{y}_1$$

忽略发动机转速变化对加力泵供油量的影响,加力泵的动态方程为

$$\bar{q}_{m,\mathrm{faf}} = K_m \bar{y}_2$$

将液压放大器与油泵的动态方程合并,得

$$(T_c p + 1)\bar{q}_{m,\mathrm{faf}} = K_7 \bar{y}_1 \tag{5.171}$$

四、控制系统数学模型

由式(5.160)、式(5.161)、式(5.165)、式(5.166)、式(5.170)和式(5.171)可得控制系统数学模型为

$$\left.\begin{aligned}
&(Tp + 1)\bar{n} = l_1 \bar{\pi}_{\mathrm{T}} + l_2 \bar{q}_{m,\mathrm{f}} + l_3 \bar{p}_3 \\
&\bar{\pi}_{\mathrm{T}} = l_4 \bar{n} + l_5 \bar{q}_{m,\mathrm{f}} + l_6 \bar{q}_{m,\mathrm{faf}} + l_7 \bar{p}_3 + l_8 \bar{A}_8 \\
&\bar{p}_3 = l_9 \bar{n} + l_{10} \bar{q}_{m,\mathrm{f}} \\
&\bar{x}_1 = K_1 (\bar{n}_{\mathrm{r}} - \bar{n}) \\
&p\, \bar{q}_{m,\mathrm{f}} = K_c (\bar{x}_1 - \bar{x}_2) \\
&(T_u p + 1)\bar{x}_1 = T_u \rho p \bar{q}_{m,\mathrm{f}} \\
&K_4 \bar{y}_1 = K_5 \bar{p}_3 - K_6 \bar{y}_r - \bar{\pi}_{\mathrm{T}} \\
&(T_c p + 1)\bar{q}_{m,\mathrm{faf}} = K_7 \bar{y}_1
\end{aligned}\right\} \tag{5.172}$$

由式(5.172)求解 $\bar{n}$ 和 π_{T},得

$$\left.\begin{aligned}
&(a_0 p^4 + a_1 p^3 + a_2 p^2 + a_3 p + a_4)\bar{n} = (b_0 p^2 + b_1 p + b_2)\bar{n}_{\mathrm{r}} + \\
&\qquad (b_3 p^2 + b_4 p + b_5) p \bar{A}_8 - (b_6 p + b_7) p \bar{y}_{\mathrm{r}} \\
&(a_0 p^4 + a_1 p^3 + a_2 p^2 + a_3 p + a_4)\bar{\pi}_{\mathrm{T}} = (b_8 p^3 + b_9 p^2 + b_{10} p + b_{11})\bar{n}_{\mathrm{r}} + \\
&\quad (b_{12} p^4 + b_{13} p^3 + b_{14} p^2 + b_{15} p + b_{16})\bar{A}_8 - (b_{17} p^3 + b_{18} p^2 + b_{19} p + b_{20})\bar{y}_{\mathrm{r}}
\end{aligned}\right\} \tag{5.173}$$

式中 $a_0 = T T_u T_c K_4$

$a_1 = T_u T_c K_4 (\beta_1 - \beta_2) + T K_4 (T_u + T_c \beta) + T T_u K_7 l_6$

$a_2 = K_4 \{\beta(T_c \beta_1 + T - T_c \beta_2) + T_u [\beta_1 - \beta_2 + K_c K_1 T_c (\beta_3 + \beta_4)]\} + K_7 l_6 (T_u \beta_1 + T\beta - K_5 T_u l_1 l_9)$

$a_3 = \beta[\beta_1 (K_4 + K_7 l_6) - K_4 \beta_2 - K_5 K_7 l_1 l_6 l_9] + K_c K_1 \beta_3 [K_4 (T_u + T_c) + K_7 l_6 T_u] + K_c K_1 K_4 \beta_4 (T_u + T_c) + K_c K_1 K_5 K_7 l_1 l_6 l_{10} T_u$

$a_4 = K_c K_1 [K_4 (\beta_3 + \beta_4) + K_7 l_6 (\beta_3 + K_5 l_1 l_{10})]$

$b_0 = K_c K_1 K_4 T_c T_u (\beta_3 + \beta_4)$

$$b_1 = K_cK_1\{[K_4(T_u + T_c) + K_7l_6T_u]\beta_3 + (1+T_u)(K_4\beta_4 + K_5K_7l_1l_6l_{10})\}$$

$$b_2 = K_cK_1[K_4(\beta_3 + \beta_4) + K_7l_6(\beta_3 + K_5l_1l_{10})]$$

$$b_3 = K_4T_cT_ul_1l_8$$

$$b_4 = K_4l_1l_8(T_u + T_c\beta)$$

$$b_5 = K_4l_1l_8\beta$$

$$b_6 = K_6K_7T_ul_1l_6$$

$$b_7 = K_6K_7l_1l_6\beta$$

$$b_8 = K_cK_1K_4TT_cT_u(l_5 + l_7l_{10})$$

$$b_9 = K_cK_1[K_4T_uT_c\beta_3(l_4 + l_7l_9) + K_4(l_5 + l_7l_{10})(T_uT_c\beta + T_uT + T_cT) + K_5K_7TT_ul_6t_{10}]$$

$$b_{10} = K_cK_1\{K_4\beta_3(T_u + T_c)(l_4 + l_7l_9) + K_4(l_5 + l_7l_{10})[T + \beta_1(T_u + T_c)] + K_5K_7l_6[l_9T_u + l_{10}(T + T_u\beta_1)]\}$$

$$b_{11} = K_cK_1\{K_4\beta_3[(l_4 + l_7l_9) + \beta_1(l_5 + l_7l_{10})] + K_5K_7l_6(l_9 + l_{10}\beta_1)\}$$

$$b_{12} = TT_cT_uK_4l_8$$

$$b_{13} = K_4l_8(T_cT_u\beta_1 + TT_c\beta + TT_u)$$

$$b_{14} = K_4l_8(T_c\beta\beta_1 + T_u\beta_1 + T\beta + K_cK_1T_uT_c\beta_3)$$

$$b_{15} = K_4l_8[\beta\beta_1 + K_cK_1\beta_3(T_u + T_c)]$$

$$b_{16} = K_cK_1K_4l_8\beta_3$$

$$b_{17} = K_6K_7l_6TT_u$$

$$b_{18} = K_6K_7l_6(T\beta + T_u\beta_1)$$

$$b_{19} = K_6K_7l_6(\beta\beta_1 + K_cK_1\beta_3T_u)$$

$$b_{20} = K_cK_1K_6K_7l_6\beta_3$$

$$\beta = 1 + K_cT_u\rho$$

$$\beta_1 = 1 - l_3l_9$$

$$\beta_2 = l_1(l_4 + l_7l_9)$$

$$\beta_3 = (l_2 + l_3l_{10})$$

$$\beta_4 = l_1(l_5 + l_7l_{10})$$

$\bar{n}_r$—— 转速回路的参考输入,即转速给定值;

$\bar{y}_r$—— 涡轮膨胀比给定值 $\bar{\pi}_{Tr}$ 的调整量;

$\bar{A}_8$—— 尾喷管面积相对变换量,可看做系统的干扰量。

对式(5.173)进行拉氏变换可以得到系统的闭环传递函数。在每项输入单独作用下,转速控制回路的闭环传递函数分别为

$$\Phi_{11} = \frac{X_n}{X_{n_r}} = \frac{b_0s^2 + b_1s + b_2}{a_0s^4 + a_1s^3 + a_2s^2 + a_3s + a_4}$$

$$\Phi_{12}=\frac{X_n}{X_{A_8}}=\frac{s(b_3s^2+b_4s+b_5)}{a_0s^4+a_1s^3+a_2s^2+a_3s+a_4}$$

$$\Phi_{13}=\frac{X_n}{X_{y_r}}=\frac{-s(b_6s+b_7)}{a_0s^4+a_1s^3+a_2s^2+a_3s+a_4}$$

$\bar{\pi}_T$ 控制回路的闭环传递函数分别为

$$\Phi_{21}=\frac{X_{\pi_T}}{X_{n_r}}=\frac{b_8s^3+b_9s^2+b_{10}s+b_{11}}{a_0s^4+a_1s^3+a_2s^2+a_3s+a_4}$$

$$\Phi_{22}=\frac{X_{\pi_T}}{X_{A_8}}=\frac{b_{12}s^4+b_{13}s^3+b_{14}s^2+b_{15}s+b_{16}}{a_0s^4+a_1s^3+a_2s^2+a_3s+a_4}$$

$$\Phi_{23}=\frac{X_{\pi_T}}{X_{y_r}}=-\frac{b_{17}s^3+b_{18}s^2+b_{19}s+b_{20}}{a_0s^4+a_1s^3+a_2s^2+a_3s+a_4}$$

五、控制系统的动态特性与稳态特性

1. 动态特性

在选定控制器参数和给定飞行条件下，可以计算方程组式(5.173)中的各项系数。求解方程组，可以获取三个输入($\bar{n}_r$，$\bar{y}_r$，$\bar{A}_8$)分别作用时，$\bar{n}$ 和 $\bar{\pi}_T$ 的动态响应。图 5.85 表示当 $\bar{A}_8$ 为单位阶跃时系统的动态响应曲线。如果动态响应不能满足系统的性能指标要求时，可通过调整控制器的可调参数如 T_u，T_c，K_1，K_c，K_4 和 K_7 等予以改善。

由式(5.173)可见，当转速控制回路的输入 n_r 改变时，转速控制器将调节供油量 $q_{m,f}$ 使发动机的实际转速 n 等于给定值 n_r。然而，由于控制对象内部参数之间的相互联系，会引起 n 与 $\bar{\pi}_T$ 两个独立通道之间的交联耦合作用，即 n 变化时会引起 $\bar{\pi}_T$ 改变；而当 $\bar{\pi}_T$ 改变时，n 也会变化，这种耦合作用将影响系统的稳定性。

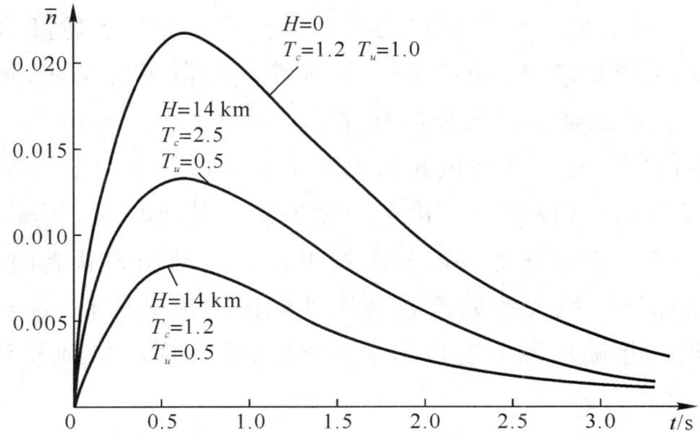

图 5.85　喷口面积 A_8 阶跃变化时，加力式涡喷发动机转速响应曲线

2. 稳态特性

对单位阶跃输入 $X_{n_r}=\frac{1}{s}$ 的稳态误差

$$e_{s,n}=\lim_{s\to 0}s(1-\Phi_{11})X_{n_r}=1-\frac{b_2}{a_4}=0$$

$$e_{s,\pi_T}=\lim_{s\to 0}s(-\Phi_{21})X_{n_r}=-\frac{b_{11}}{a_4}$$

对单位阶跃输入 $X_{A_8}=\frac{1}{s}$ 的稳态误差

$$e_{s,n}=\lim_{s\to 0}s(-\Phi_{12})X_{A_8}=0$$

$$e_{s,\pi_T}=\lim_{s\to 0}s(-\Phi_{22})X_{A_8}=-\frac{b_{16}}{a_4}$$

对单位阶跃输入 $X_{y_r}=\frac{1}{s}$ 的稳态误差

$$e_{s,n}=0$$

$$e_{s,\pi_T}=\bar{\pi}_{Tr}-\bar{\pi}_T(\infty)$$

式中,$\bar{\pi}_{Tr}$ 根据阶跃变化后的 y_r 由分压器数学模型计算;$\bar{\pi}_T(\infty)$ 利用终值定理计算,即

$$\bar{\pi}_T(\infty)=\lim_{t\to\infty}\bar{\pi}_T(t)=\lim_{s\to 0}sX_{\pi_T}=\lim_{s\to 0}s\,\Phi_{23}X_{y_r}=-\frac{b_{20}}{a_4}$$

由以上分析可知,在所作假设下,转速对各种输入均无静差;π_T 对各种输入均有静差。

5.7.4 涡扇发动机的加力控制系统

对于涡喷发动机,当发动机在加力状态工作时,燃气在涡轮喷嘴环及尾喷口都处于临界以上流动状态,加力燃烧室处在两个临界喷口之间,因此,只要保持涡轮膨胀比 π_T 不变,就能使发动机的工作线不受加力燃烧室燃烧的影响。为了简化控制系统结构,通常不设尾喷口调节系统,而采用式(2.29)表示的加力状态控制规律。

对于混合排气的涡扇发动机,发动机的加力燃烧室不再处于两个临界喷口之间,加力燃烧室燃烧会使涡轮后的反压增大,反压的变化会经过外涵道传到风扇,影响发动机的工作线,使核心发动机的工作不正常。尤其是当外涵气流处于比较低的压力状态时,尾喷管内相当小的压力变化就会影响外涵流动,不大的偏差就会使外涵道的流动停止,甚至倒流引发喘振。因此,对加力式涡扇发动机,尾喷口调节变得非常重要,需要有尾喷口调节系统来保持涡轮后合适的压力。

为了获得满意的加力性能,涡扇发动机在加力状态工作时,需要同时控制加力温度 $T_{7,af}$ 和涡轮膨胀比 π_T 这两个参数,例如采用式(2.72)表示的加力状态控制规律。

一、加力控制系统方案选择

通常，加力式涡扇发动机的加力控制方案如下：

(1) 开环加力燃油流量控制和闭环尾喷口面积控制；

(2) 闭环加力燃油流量控制和开环尾喷口面积控制。

理论上讲，最好根据响应速度选择第二种方案，因为加力燃油流量控制系统的响应速度较快，尾喷口控制系统因尾喷口鱼鳞片承受较大的气动负荷而响应速度较慢，两者响应速度的差别，将导致发动机工作不稳定。采用第二种方案，可以较好地协调两者的响应速度，因而能够保证发动机加力状态工作正常。

选择一个开环系统、一个闭环系统，可减小回路之间的耦合影响和避免高温测量带来的困难。

对于高加力比的发动机，由于加力燃烧室温度 $T_{7,af}$ 很高，加力燃烧室余气系数 α_{Σ} 已接近 $\alpha_{\Sigma opt}$（见图 5.81），当闭式加力燃油系统增加加力燃油流量以保持合适的涡轮后反压时，有可能越过 $\alpha_{\Sigma opt}$ 进入不稳定工作区。如前所述，系统一旦进入不稳定工作区，将会一直增加油量，直至富油熄火为止。为此，高加力比发动机通常选择开环燃油流量控制与闭环尾喷口面积控制的控制方案。采用这种控制方案时，喷口控制系统设计要特别注意尽可能加快喷口打开与关闭的速度，以便能跟踪加力燃油流量的快速变化，减小喷管压力的动态误差，防止喘振。这种控制方案相应的控制规律可以是

$$q_{m,faf}=f_1(p_3,B)\longrightarrow T_{7,af}\approx 常数$$

$$A_8\longrightarrow \pi_T=f_2(p_3/p_{2.5})$$

下面介绍实现这种控制规律的典型加力控制系统。

二、开环加力燃油控制系统

1. 开环加力供油量函数

加力燃油控制的目的：

(1) 当系统输入（油门操纵杆角度 α）变化时，调节加力供油量，使系统输出 $T_{7,af}$ 改变；

(2) 当干扰输入变化时，调节加力供油量，使系统输出 $T_{7,af}$ 保持不变。

为了保持加力燃烧室温度不变，供给加力燃燃室的油量应该与通过加力燃烧室的气体流量成比例。忽略主燃油流量的影响，通过加力燃烧室的燃气流量就等于进入发动机的空气流量。通过混合排气的涡扇发动机加力燃烧室的空气流量

$$q_{m,a}=q_{m,a\,\mathrm{I}}+q_{m,a\,\mathrm{II}}=q_{m,a\,\mathrm{I}}(1+B) \tag{5.174}$$

与涡喷发动机一样，发动机在加力状态工作时，燃气发生器处于最大状态，高压涡轮喷嘴环为临界以上流动状态，此时，流过内涵的空气流量 $q_{m,a\,\mathrm{I}}$ 与压气机出口压力 p_3 成正比关系（T_4 近似为常数），因此，$q_{m,a\,\mathrm{I}}$ 可直接用 p_3 度量。由于 $q_{m,a\,\mathrm{I}}$ 和 B 都无法直接测量，因此对于外涵空气流量只能用间接的方法测量，即测量能够反映涵道比变化的参数，并通过折中修正处理

来近似确定 $q_{m,\mathrm{a\,II}}$。

如果令 $aK=1+B$,则流过发动机的总空气流量

$$q_{m,\mathrm{a}}=aKq_{m,\mathrm{a\,I}}=aKC_0p_3 \tag{5.175}$$

式中,C_0 为比例系数,$q_{m,\mathrm{a\,I}}=C_0p_3$。

当 T_2 改变时,涵道比会相应变化,因此可用 T_2 修正 K,使 K 随 T_2 而变化。但是,T_2 不好测量,特别是在快速瞬变过程中,因热电偶与发动机系统相对有较大的时间常数,会使动态误差增大。由于 T_2 变化时,$n_\mathrm{H}/\sqrt{T_2}$ 会变化,因此可以导出以 $n_\mathrm{H}/\sqrt{T_2}$ 表示的相应函数去修正 K,但仍存在 T_2 的测量问题。于是取 $p_3/p_{2.5}$ 建立修正函数,当低压涡轮喷嘴环处于临界状态时,$p_3/p_{2.5}$ 与 $n_\mathrm{H}/\sqrt{T_2}$ 存在单值关系。

以 $p_3/p_{2.5}$ 建立的修正函数(见图 5.86)可表示为

$$K=f(p_3/p_{2.5})$$

对 K 作进一步变换,令

$$K=f(p_3/p_{2.5})=p_{3p}/p_3 \tag{5.176}$$

式中,p_{3p} 为 p_3 的分压压力。将式(5.176)代入式(5.175),得

$$q_{m,\mathrm{a}}=a\,C_0\,p_{3p} \tag{5.177}$$

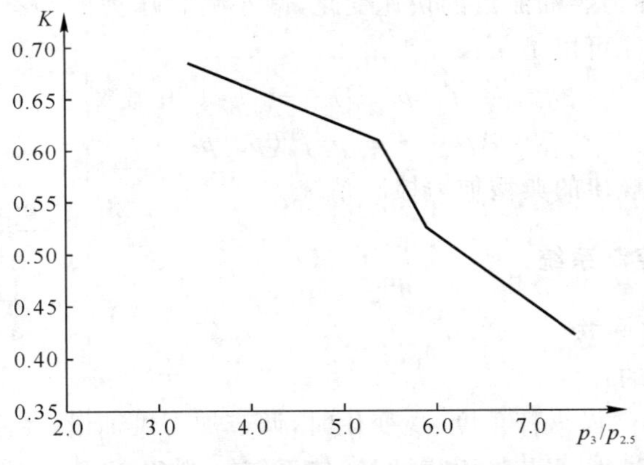

图 5.86 修正因子 K 随高压压气机增压比 $p_3/p_{2.5}$ 变化的曲线

p_{3p} 为绝对压力,不好测量,需要以绝对真空作为基准。由于压力差比较容易测量,因此可以用测量压力差取代测量绝对压力,但参考压力应尽可能低,以便提供最大可能的压差,使近似测量产生的误差最小。参考压力可以在 p_2 与 p_5 中选择,二者比较,p_2 不易测量,其探头要有防冰装置,故选 p_5 作参考压力。这样用测量压力差 $p_{3p}-p_5$ 近似取代测量绝对压力 p_{3p}。于是,流过加力燃烧室的空气流量便转换为

$$q_{m,\mathrm{a}}=C_1[f(p_3/p_{2.5})p_3-p_5] \tag{5.178}$$

将加力供油量与空气流量的比例关系代入,得

$$q_{m,\mathrm{faf}} = C_2[f(p_3/p_{2.5})p_3 - p_5] \tag{5.179}$$

式(5.179)所提供的加力燃油流量只适合 T_2 变化而发动机转速 n_H 不变的情况。在某些飞行条件下，由于低压转子转速 n_L 或压气机出口压力 p_3 超过限制值，主燃油控制器会减小供油量，使 n_H 减小，n_H 减小则引起 $n_H/\sqrt{T_2}$ 和 $p_3/p_{2.5}$ 减小，使修正因子 K 增大，产生与 T_2 减小类似的附加燃油流量修正。为此，需要在式(5.179)中增加 n_H 项，用 n_H 项产生相反的修正作用，以便抵消因 n_H 减小使 K 增大产生的附加油量。引入 n_H 项后，加力燃油流量

$$q_{m,\mathrm{faf}} = C_3 n_H[f(p_3/p_{2.5})p_3 - p_5] \tag{5.180}$$

为了能根据飞行的需要选择不同的加力工作状态，加力燃油流量应该与作为系统输入量的油门操纵杆角度 α 成比例，将 α 的关系引入式(5.180)，得

$$q_{m,\mathrm{faf}} = C\alpha n_H[f(p_3/p_{2.5})p_3 - p_5] \tag{5.181}$$

式(5.181)也可从无量纲加力燃油流量与无量纲转速的单值关系，经无量纲参数的等效变换获得。式(5.181)为混合排气的涡扇发动机实现开环加力温度控制的加力供油量函数，按此函数调节加力供油量，只能近似地保持 $T_{7,\mathrm{af}}$ 不变。

2. 加力燃油控制器

开环加力燃油控制器的任务就是按所建立的燃油流量函数供油。图5.87所示为某型涡扇发动机加力控制系统的原理图。图的左半部分为加力燃油控制器，完成按式(5.181)的函数关系供给加力燃油的任务。加力调节器主要包括汽心泵1、总计量滑阀4、压差调节器3、空气信号发生器6等。

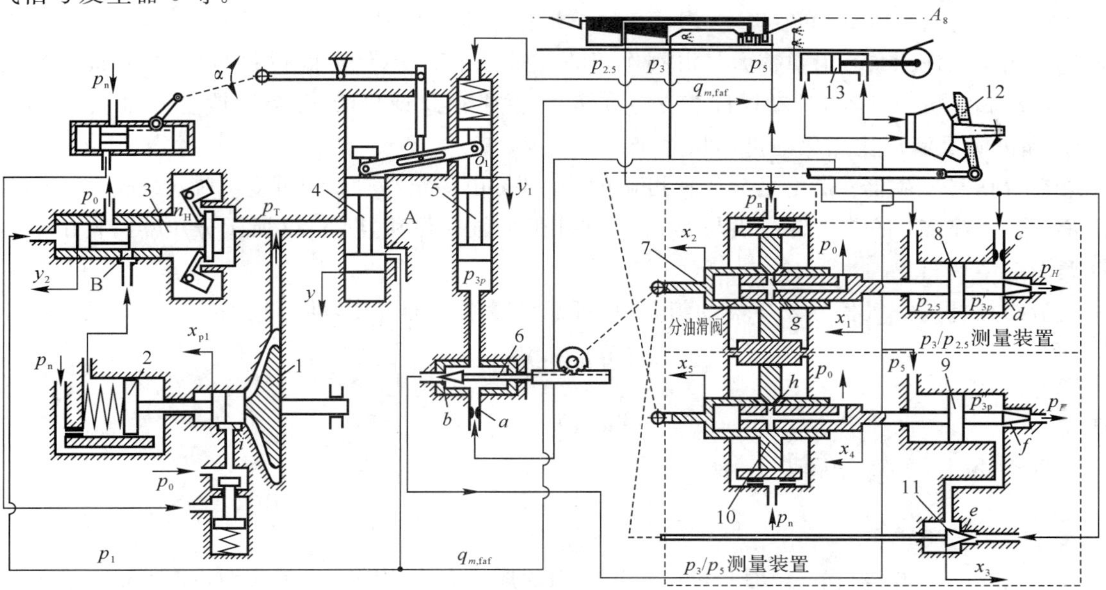

图5.87　涡扇发动机加力控制系统原理图

汽心泵供给的加力燃油，经总计量滑阀的计量孔 A 后，流至加力燃烧室喷嘴，通过总计量滑阀的燃油流量

$$q_{m,\text{faf}} = C_1 y \sqrt{\Delta p} \tag{5.182}$$

式中 y —— 总计量滑阀位移，即计量孔 A 的开度；

Δp —— 计量孔 A 前、后压力差；

C_1 —— 比例系数。

主压差控制器的功用是保持计量孔 A 前、后的压差 Δp 与转速 n_{H} 的二次方成正比。主压差控制器滑阀 3 的左端作用着计量孔 A 后的油压力 p_1，右端作用计量孔 A 前的压力 p_{T}，其上作用的油压力差与离心块的轴向换算力平衡，平衡方程为

$$\Delta p = C_2 n_{\text{H}}^2 \tag{5.183}$$

将式(5.183) 代入式(5.182)，得

$$q_{m,\text{faf}} = C_3 n_{\text{H}} y \tag{5.184}$$

要使流过计量孔 A 的燃油流量与式(5.181) 要求的燃油流量一致，就需要使 y 与操纵杆角度 α 及压差信号 $f(p_3/p_{2.5})p_3 - p_5$ 成正比关系变化。令式(5.181) 中的因式$[f(p_3/p_{2.5})p_3 - p_5] = p_{\text{a}}$，即 $p_{\text{a}} = p_{3p} - p_5$(见式(5.176))。由图 5.87 可见，总计量滑阀由压差信号 p_{a} 和系统输入信号 α 定位。连接滑阀 4 与滑阀 5 的杠杆可变支点 o 的位置随操纵杆角度 α 而变。当推动操纵杆选择加力状态时，可变支点位置改变，并带动杠杆绕右端支点 o_1 转动，使总计量滑阀 4 沿轴向移动，保证计量孔 A 的开度随操纵杆角度 α 成正比关系变化。

滑阀 5 的位置由 p_{a} 单独确定，滑阀 5 的下端作用空气信号发生器输出的 p_3 分压力 p_{3p}，上端作用涡轮后压力 p_5，用弹簧力与滑阀作用的气压力差平衡，使滑阀位移与压差 p_{a} 成线性关系。当滑阀位置改变时，带动杠杆绕支点 o 转动，并带动总计量滑阀移动，改变计量孔 A 的开度 y，提供满足涵道比变化的供油量修正。

空气信号发生器 6 是一个分压比可调的分压器，由固定喷嘴 a 和可变喷嘴 b 组成。$p_3/p_{2.5}$ 测量装置为喷嘴 b 的节气针提供与 $p_3/p_{2.5}$ 成比例的轴向位移，图 5.87 所示分压器特性由节气针型面造型获得。

滑阀杠杆与空气信号发生器的组合，保证总计量滑阀的开度，即

$$y \propto \alpha\left[f\left(\frac{p_3}{p_{2.5}}\right)p_3 - p_5\right] \tag{5.185}$$

或

$$y \propto \alpha(p_{3p} - p_5)$$

将式(5.185) 与式(5.184) 合并，得

$$q_{m,\text{faf}} = C\,\alpha n_{\text{H}}\left[f\left(\frac{p_3}{p_{2.5}}\right)p_3 - p_5\right] \tag{5.186}$$

比较式(5.186) 与式(5.181)，可以看到它们的形式完全相同。这就表明，如图 5.87 所示燃油调节器，通过正确的结构设计，可以按要求的加力供油量函数变化规律向加力燃烧室供油。

3. 加力燃油控制

加力燃油控制器采用汽心泵供油(见图 5.87),通过改变进口节流滑阀的开度 i,调节油泵供油量。进口节流滑阀由活塞 2 控制,压力为 p_n 的高压工作液,经节流嘴进入活塞 2 的左腔,并由主压差控制器滑阀 3 的控制节流孔 B 回至低压腔。当作用于压差滑阀 3 上的压力差大于离心块的轴向换算力时,压差滑阀向左移动,关小节流孔 B,使活塞 2 的左腔压力上升,推动油泵进口节流滑阀向右移动,减小汽心泵的供油量,即减小通过计量孔 A 的油量,使计量孔前、后压差逐渐恢复。当压差滑阀 3 上的受力与上述情况相反时,节流孔 B 的开度增加,活塞 2 向左运动,使供油量增加。

当飞行条件不变,推动操纵杆增大加力比时,由于总计量滑阀下移,使计量孔 A 的开度增大,压差滑阀 3 的压力差减小,压差滑阀 3 右移,使节流孔 B 增大,使供油量增加,加力温度 $T_{7,af}$ 上升,加力比增加。

当加力比不变,而飞行条件改变时,高压压气机增压比 $p_3/p_{2.5}$ 会变化,$p_3/p_{2.5}$ 测量装置感受 $p_3/p_{2.5}$ 的变化,由活塞 7 输出位移 x_2,并通过杠杆系统使空气信号发生器 6 的节气针移动,改变滑阀 5 下腔压力 p_{3p},使滑阀移动,经杠杆带动总计量滑阀移动,改变计量孔 A 的流通面积,使供油量改变。例如,当 T_2 增加时,$p_3/p_{2.5}$ 减小,通过连杆,使节气针向左移动,p_{3p} 压力上升,滑阀 5 上移,杠杆绕支点 o 转动,使总计量滑阀下移,计量孔 A 的流通面积增加,计量孔前、后压差减小,压差滑阀右移,增大节流孔 B 的开度,使气心泵供油量增加,实现涵道比增加的油量补偿,调节过程结束,压差滑阀受力重新平衡,流过 A 孔的流量与要求的加力燃油流量一致。

三、闭环尾喷口控制系统

为了保证涡扇发动机在任何飞行条件下加力状态工作时,核心发动机处于正常工作状态,需要有闭环尾喷口控制系统。闭环尾喷口控制系统测量涡轮膨胀比 p_3/p_5 与要求值 p_3/p_{5p} 的误差,改变尾喷口面积来减小或消除这个误差,直至达到正确的 p_3/p_5 值为止。

下面介绍尾喷口控制系统的工作原理(见图 5.87)。

1. $p_3/p_{2.5}$ 测量装置

$p_3/p_{2.5}$ 测量装置的输入信号为 p_3 和 $p_{2.5}$,输出为活塞 7 的位移 x_2,位移 x_2 与 $p_3/p_{2.5}$ 成比例。

活塞 8 的左侧感受 $p_{2.5}$,右侧感受 p_3 的分压力 p'_{3p}。p'_{3p} 分压力由压力为 p_3 的空气通过固定喷嘴 c 和可变喷嘴 d 放至外界大气获得。可变喷嘴的流通面积由依附在活塞 8 上的节气针调节。因活塞 8 两边面积相等,故当活塞稳定时,p'_{3p} 与 $p_{2.5}$ 相等。当 $p_3/p_{2.5}$ 改变时,$p_{2.5} \neq p'_{3p}$,活塞就会移动并改变 p'_{3p},最终活塞将停在 p'_{3p} 与 $p_{2.5}$ 再次相等的位置。

在使用范围内,喷嘴 c 和 d 都处于临界以上流动状态,根据两喷嘴的流量连续,得

$$K_q \frac{\mu_c A_c p_3}{\sqrt{T_c}} = K_q \frac{\mu_d A_d p'_{3p}}{\sqrt{T_d}}$$

通过 c,d 孔的流动可近似认为是绝热流动,于是有 $T_c = T_d$,上式变为

$$\mu_c A_c p_3 = \mu_d A_d p'_{3p}$$

因稳定状态下,$p'_{3p} = p_{2.5}$,故有

$$A_d = \frac{\mu_c}{\mu_d} A_c \frac{p_3}{p_{2.5}} \tag{5.187}$$

这就是说,当令 $\mu_c = \mu_d$ 时,d 孔面积 A_d 就等于 c 孔面积 A_c 与高压压气机增压比 $p_3/p_{2.5}$ 的乘积。如果 d 孔的外径不变,通过正确设计节气针型面,可以使 d 孔的环形流通面积 A_d 与节气针的轴向位移成线性关系。将 x_1 与 $p_3/p_{2.5}$ 的线性关系代入式(5.187),就可得到 x_1 与 $p_3/p_{2.5}$ 的线性关系。

当活塞 8 移动,例如向左移动时,带动活塞 7 内分油滑阀向左移动,使小孔 g 与活塞 7 上通活塞左腔的小孔沟通,左腔的压力油经小孔 g 放至低压,在压差力作用下,活塞 7 也向左移动,当小孔 g 重新被活塞盖住时,活塞 7 停止运动。这时,活塞 7 的位移 x_2 与分油滑阀位移 x_1 相同,因此 x_2 与 $p_3/p_{2.5}$ 也成线性关系。活塞 7 与其分油滑阀构成反馈系数为 1 的液压放大器。活塞 7 的位移输出,除用于带动加力燃油控制器的空气信号发生器节气针外,还带动 p_3/p_5 测量装置的节气针 11,用以改变涡轮膨胀比的要求值。

2. p_3/p_5 测量装置

为了防止风扇喘振,混合排气的涡扇发动机应采用如 2.5 节中式(2.72) 所示的加力状态控制规律。图 5.87 所示是实现这种控制规律的控制系统。

p_3/p_5 测量装置的功用是提供随 $p_3/p_{2.5}$ 而变化的涡轮膨胀比要求值,并与实际值 p_3/p_5 比较,输出与它们的误差成比例的位移信号 x_5。

活塞 9 与活塞 8 一样,两边面积相等,在稳定状态下,$p_5 = p''_{3p}$,即 $p_3/p_5 = p_3/p''_{3p}$。p''_{3p} 为 p_5 的参考压力,它由喷嘴 e 和 f 构成的分压器获得。根据流过喷嘴 e 和 f 的空气流量相等,可得

$$A_e = \frac{\mu_f}{\mu_e} A_f \frac{p''_{3p}}{p_3} = \frac{\mu_f}{\mu_e} A_f \frac{p_5}{p_3} \tag{5.188}$$

在稳定状态下,由于高压滑油泵 12 的斜盘处于零角度位置(忽略泄漏),使带动斜盘的活塞 10 及活塞 9 都处于相应的零位置,因此,依附在活塞 9 上的节气针位置保持不变,A_f 为常值。由式(5.188) 可见,涡轮膨胀比 p_3/p_5 只随节气针 11 的轴向位移 x_3 而改变。节气针 11 由活塞 7 带动,正确设计节气针型面就可获得要求的 p_3/p_5 随 $p_3/p_{2.5}$ 的变化规律(见图 2.17 中 p_5/p_3 随 $p_3/p_{2.5}$ 的变化曲线)。

当 p_5 与参考值 p''_{3p} 不等时,活塞 9 带动活塞 10 内分油滑阀移动,使活塞 10 输出与涡轮膨胀比误差成比例的位移。

3. 喷口作动筒与高压滑油泵

高压滑油泵 12 与喷口作动筒 13 组成喷口面积控制的执行机构。执行机构的选择和设计应考虑使打开和关闭喷口的响应速度尽可能快。为此，滑油泵必须供给作动筒足够的高压滑油，保证喷口作动筒活塞快速移动。如果忽略泄漏，高压滑油泵与作动筒可看做积分器。在稳定状态下，忽略系统内部的泄漏，泵的斜盘倾角为零。实际上，系统中存在泄漏，泵是在不断工作的，为了保持作动筒活塞液压力与尾喷口鱼鳞板气动力之间的平衡，斜盘通常处于一个很小的正角度工作。调节过程中，根据涡轮膨胀比的误差信号，高压泵斜盘能在正、负角度之间变化。

4. 系统工作原理

当飞行状态改变（如飞行速度增加）时，T_2 增加，高压压气机增压比 $p_3/p_{2.5}$ 减小，使 $p_3/p_{2.5} < p_3/p'_{3p}$，即 $p_{2.5} > p'_{3p}$，压力差使活塞 8 向右移动，分油滑阀回油孔 g 与活塞 7 右腔沟通，活塞 7 右腔压力下降，使活塞 7 也向右运动。在活塞 8 右移的过程中，节气针使喷嘴 d 的面积逐渐减小，p'_{3p} 逐渐上升，直至 p'_{3p} 等于 $p_{2.5}$ 时，活塞运动停止。

当活塞 7 向右移动时，带动 e 孔节气针 11 向左，使 p''_{3p} 压力上升，按 $p_3/p_{2.5}$ 的变化重调 p''_{3p}，即重调涡轮膨胀比的要求值。由于 p''_{3p} 上升，使 $p''_{3p} > p_5$，活塞 9 及活塞 10 向左运动，通过连杆系统操纵高压滑油泵 12 的斜盘由零角度（假设稳态时为零角度）变为正角度，泵出口与作动筒活塞右腔相通，活塞左腔与泵的进口相通，作动筒活塞左移，使尾喷口鱼鳞片向收小方向运动，减小喷口面积。在活塞 9 向左运动的过程中，p''_{3p} 随 f 孔面积的增大而下降。在尾喷口面积减小的过程中，p_5 压力逐渐上升，又会反过来出现 $p_5 > p''_{3p}$，活塞 9 和活塞 10 又反向运动。当活塞 10 反向运动时，斜盘角又逐渐减小，喷口作动筒活塞运动减慢，尾喷口面积的减小变慢，当斜盘回到零角度时，活塞 13 的运动停止，尾喷口鱼鳞片处于新的收小位置，p_5 不再变化。当斜盘回到零角度时，活塞 10 与活塞 9 也回到零位，这时 p_5 仍与 p''_{3p} 相等，但 p''_{3p} 不是原来值，而是经 e 孔节气针重调后的 p''_{3p}。当 T_2 减小时，调节过程与上述相反。

如果因改变加力比使加力供油量 $q_{m,\text{faf}}$ 改变，例如减小加力比使 $q_{m,\text{faf}}$ 和加力燃烧室温度 $T_{7,\text{af}}$ 下降时，涡轮膨胀比 p_3/p_5 增大，出现 $p_5 < p''_{3p}$ 的情况。这时飞行条件未变，$p_3/p_{2.5}$ 不变，p''_{3p} 不重调，尾喷口面积控制系统将使喷口面积减小，p_5 升高。当 p_5 再次与 p''_{3p} 相等时，调节过程结束，涡轮膨胀比保持不变。

5.7.5　加力式涡扇发动机控制系统数学模型及动态特性

以下研究图 5.87 所示的加力控制系统的数学模型和操纵杆角度阶跃变化时发动机各参数的动态响应。

一、假设条件

作为分析问题的例子，为了分析方便，作适当简化，忽略次要因素，仅考虑主要因素的影响。为此，作下述假设：

(1) 发动机主燃油与加力燃油控制系统的响应比尾喷口控制系统的响应快；

(2) 在加力范围内，高压转速 n_{H} 不随操纵杆角度 α 的变化而改变；

(3) 忽略控制器活塞的惯性力和阻尼力；

(4) 对于小偏离运动，取 $p_3/p_{2.5}$ 及 p_3/p_5 测量装置液压放大器的传递函数为 1；

(5) 忽略 $p_{2.5}$，p_3 及 p_5 变化时管路的充填滞后及损失。

二、加力控制系统的传递函数及动态方程

1. 发动机的传递函数

假设飞行条件不变，并且只考虑转子为储能部件，发动机传递函数可由式(3.63)与式(3.65)并考虑加力来表示。

高压转子转速的传递函数

$$\Delta n_{\mathrm{H}}=\frac{K_{14}}{T_{\mathrm{H}}s+1}\Delta n_{\mathrm{L}}+\frac{K_{15}}{T_{\mathrm{H}}s+1}\Delta q_{m,\mathrm{f}}+\frac{K_{16}}{T_{\mathrm{H}}s+1}\Delta q_{m,\mathrm{faf}}+\frac{K_{17}}{T_{\mathrm{H}}s+1}\Delta A_8 \tag{5.189}$$

式中

$$T_{\mathrm{H}}=\frac{\frac{\pi}{30}J_{\mathrm{H}}}{-\left[\frac{\partial(\Delta M_{\mathrm{H}})}{\partial n_{\mathrm{L}}}\right]_0}$$

$$K_{14}=-\left[\frac{\partial(\Delta M_{\mathrm{H}})}{\partial n_{\mathrm{L}}}\right]_0\left[\frac{\partial n_{\mathrm{H}}}{\partial(\Delta M_{\mathrm{H}})}\right]_0$$

$$K_{15}=-\left[\frac{\partial(\Delta M_{\mathrm{H}})}{\partial q_{m,\mathrm{f}}}\right]_0\left[\frac{\partial n_{\mathrm{H}}}{\partial(\Delta M_{\mathrm{H}})}\right]_0$$

……

其中，ΔM_{H} 为高压转子剩余力矩。

低压转子转速的传递函数

$$\Delta n_{\mathrm{L}}=\frac{K_{18}}{T_{\mathrm{L}}s+1}\Delta n_{\mathrm{H}}+\frac{K_{19}}{T_{\mathrm{L}}s+1}\Delta q_{m,\mathrm{f}}+\frac{K_{20}}{T_{\mathrm{L}}s+1}\Delta q_{m,\mathrm{faf}}+\frac{K_{21}}{T_{\mathrm{L}}s+1}\Delta A_8 \tag{5.190}$$

式中

$$T_{\mathrm{L}}=\frac{\frac{\pi}{30}J_{\mathrm{L}}}{-\left[\frac{\partial(\Delta M_{\mathrm{L}})}{\partial n_{\mathrm{L}}}\right]_0}$$

$$K_{18}=-\left[\frac{\partial(\Delta M_{\mathrm{L}})}{\partial n_{\mathrm{H}}}\right]_0\left[\frac{\partial n_{\mathrm{L}}}{\partial(\Delta M_{\mathrm{L}})}\right]_0$$

$$K_{19}=-\left[\frac{\partial(\Delta M_{\mathrm{L}})}{\partial q_{m,\mathrm{f}}}\right]_0\left[\frac{\partial n_{\mathrm{L}}}{\partial(\Delta M_{\mathrm{L}})}\right]_0$$

……

其中，ΔM_{L} 为低压转子剩余力矩。

其他变量的传递函数

$$\Delta p_{2.5}=K_{22}\Delta n_{\mathrm{L}}+K_{23}\Delta n_{\mathrm{H}}+K_{24}\Delta q_{m,\mathrm{f}}+K_{25}\Delta q_{m,\mathrm{faf}}+K_{26}\Delta A_{8} \tag{5.191}$$

式中

$$K_{22}=\left(\frac{\partial p_{2.5}}{\partial n_{\mathrm{L}}}\right)_0,\quad K_{23}=\left(\frac{\partial p_{2.5}}{\partial n_{\mathrm{H}}}\right)_0,\cdots$$

$$\Delta p_{3}=K_{27}\Delta n_{\mathrm{L}}+K_{28}\Delta n_{\mathrm{H}}+K_{29}\Delta q_{m,\mathrm{f}}+K_{30}\Delta q_{m,\mathrm{faf}}+K_{31}\Delta A_{8} \tag{5.192}$$

$$\Delta p_{5}=K_{32}\Delta n_{\mathrm{L}}+K_{33}\Delta n_{\mathrm{H}}+K_{34}\Delta q_{m,\mathrm{f}}+K_{35}\Delta q_{m,\mathrm{faf}}+K_{36}\Delta A_{8} \tag{5.193}$$

2．加力燃油控制器的传递函数

加力燃油控制器的输入为 α，n_{H}，$p_{2.5}$，p_3 及 p_5，输出为 $q_{m,\mathrm{faf}}$。通过建立每个元件的动态方程，并将它们合并，消去中间变量，可以获得加力燃油控制器的传递函数

$$\Delta q_{m,\mathrm{faf}}=\frac{K_5\Delta\alpha+K_7\Delta n_{\mathrm{H}}+K_9\Delta p_5}{1+\dfrac{2\xi}{\omega}s+\dfrac{1}{\omega^2}s^2}+\frac{K_6\Delta p_{2.5}+K_8(1+\lambda_1 s)\Delta p_3}{\left(1+\dfrac{2\xi}{\omega}s+\dfrac{1}{\omega^2}s^2\right)(1+\lambda_2 s)} \tag{5.194}$$

3．尾喷口控制器的传递函数

尾喷口控制器的输入为 $p_{2.5}$，p_3 和 p_5，输出为尾喷口面积 A_8。用同样的方法可获得尾喷口控制器的传递函数

$$\Delta A_8=\frac{K_{10}\Delta p_{2.5}+K_{12}\Delta p_3+K_{13}\Delta p_5}{s(1+\lambda_2 s)} \tag{5.195}$$

在给定飞行条件下，利用 3.4 节中介绍的方法，可以求取式(5.189) 至式(5.193) 中各项系数。式(5.194) 与式(5.195) 中的各项系数分别是两个控制器各自元件的特性与结构参数的函数。

4．控制系统动态方程

应用前面的假设条件，式(5.189) 至式(5.195) 可以化为

$$\left.\begin{aligned}
&K_{14}\Delta n_{\mathrm{L}}+K_{15}\Delta q_{m,\mathrm{f}}+K_{16}\Delta q_{m,\mathrm{faf}}+K_{17}\Delta A_3=0\\
&\Delta n_{\mathrm{L}}+T_{\mathrm{L}}s\Delta n_{\mathrm{L}}-K_{19}\Delta q_{m,\mathrm{f}}-K_{20}\Delta q_{m,\mathrm{faf}}-K_{21}\Delta A_8=0\\
&\Delta p_{2.5}-K_{22}\Delta n_{\mathrm{L}}-K_{24}\Delta q_{m,\mathrm{f}}-K_{25}\Delta q_{m,\mathrm{faf}}-K_{26}\Delta A_8=0\\
&\Delta p_{3}-K_{27}\Delta n_{\mathrm{L}}-K_{29}\Delta q_{m,\mathrm{f}}-K_{30}\Delta q_{m,\mathrm{faf}}-K_{31}\Delta A_8=0\\
&\Delta p_{5}-K_{32}\Delta n_{\mathrm{L}}-K_{34}\Delta q_{m,\mathrm{f}}-K_{35}\Delta q_{m,\mathrm{faf}}-K_{36}\Delta A_8=0\\
&\Delta q_{m,\mathrm{faf}}-K_6\Delta p_{2.5}-K_8\Delta p_3-K_9\Delta p_5=K_5\Delta\alpha\\
&s\Delta A_8+\lambda_2 s^2\Delta A_8-K_{10}\Delta p_{2.5}-K_{12}\Delta p_3-K_{13}\Delta p_5=0
\end{aligned}\right\} \tag{5.196}$$

三、控制系统的响应特性

在给定飞行条件及发动机工作状态下，计算传递函数各项系数，将求得的各项系数值代入式(5.196)，对方程组求解，可获得 7 个参数(Δn_{L}，ΔA_8，$\Delta q_{m,\mathrm{f}}$，$\Delta q_{m,\mathrm{faf}}$，$\Delta p_{2.5}$，$\Delta p_3$，$\Delta p_5$)对系统参考输入 $\Delta\alpha$ 的传递函数，由传递函数可得给定输入下这些参数的响应。表 5.5 及表 5.6 给出某型涡扇发动机在两种飞行状态：① 海平面标准大气条件，最大加力状态；②$H=18.6$ km，$Ma=2.814$，冷天，最大加力状态下传递函数的各项系数值。

表 5.5　飞行状态 ① 的传递函数系数值表

K_5	31.73	K_6	970.3	K_8	50.91	K_9	−398.4	K_{10}	−125.6	K_{12}	−12.33
K_{13}	198.4	K_{14}	0.046	K_{15}	−0.389	K_{16}	0.026 8	K_{17}	−2.332	K_{19}	−8.455
K_{20}	0.582	K_{21}	−50.68	K_{22}	0.002 7	K_{24}	0.000 87	K_{25}	0.000 36	K_{26}	−0.030 3
K_{27}	0.006 74	K_{29}	0.009 66	K_{30}	0.001 92	K_{31}	−0.158 9	K_{32}	0.001 81	K_{34}	0.001 24
K_{35}	0.000 54	K_{36}	−0.045 76	λ_2	0.018 8	T_L	0.242 1				

表 5.6　飞行状态 ② 的传递函数系数值表

K_5	18.863	K_6	892.2	K_8	82.56	K_9	−456.1	K_{10}	−158.4	K_{12}	−50.3
K_{13}	479.8	K_{14}	−0.085 9	K_{15}	−0.628 8	K_{16}	0.020 91	K_{17}	−0.813 3	K_{19}	7.321 8
K_{20}	−0.243 5	K_{21}	9.469 6	K_{22}	0.003 04	K_{24}	0.000 67	K_{25}	0.000 10	K_{26}	−0.003 32
K_{27}	−0.004 81	K_{29}	0.007 91	K_{30}	0.000 23	K_{31}	−0.011 3	K_{32}	0.000 81	K_{34}	0.000 67
K_{35}	0.000 20	K_{36}	−0.007 84	λ_2	0.017 5	T_L	0.266 5				

图 5.88、图 5.89 所示是某型发动机保持 $n_H = 12\ 640$ r/min，当操纵杆位置阶跃变化使加力比变化 10% 时，发动机参数 ΔA_8，Δn_L，$\Delta q_{m,f}$，$q_{m,\mathrm{af}}$，$\Delta p_{2.5}$，Δp_3 及 Δp_5 的响应曲线。图中实线与虚线对应两种 f 孔节气针，实线为大锥度，虚线为小锥度，后者响应稍慢，但无超调，稳定性好。 e 孔和 f 孔的型面对系统的稳态和动态性能影响很大，需要精确设计。

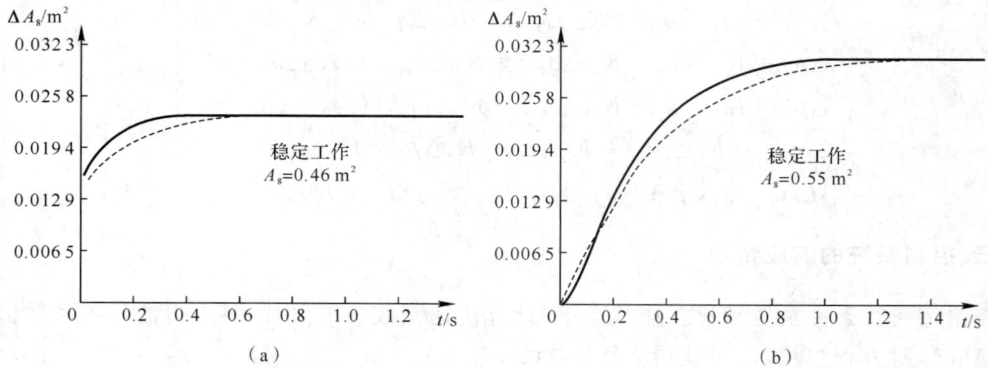

图 5.88　尾喷管面积 A_8 的阶跃响应曲线($\Delta\alpha$ 阶跃变化使加力比变化 10%)

(a) 海平面标准大气条件，最大加力状态；　(b) $H = 18.6$ km，$Ma = 2.814$ 冷天，最大加力状态

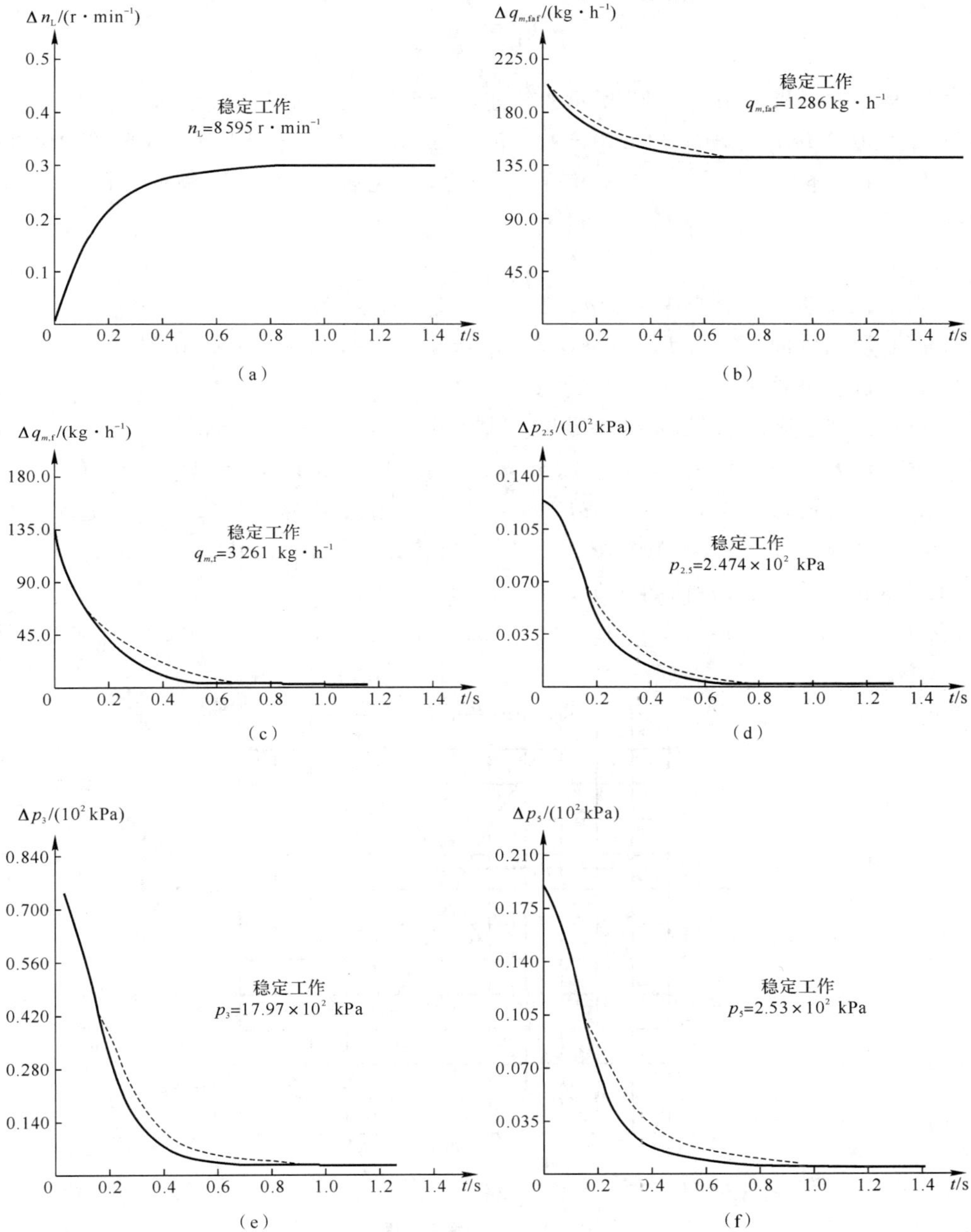

图 5.89　海平面标准大气条件，最大加力状态下 $\Delta\alpha$ 阶跃变化使加力比变化 10% 时，Δn_L 等参数的响应曲线

习　题

5.1　某型发动机采用图 5.21 所示的转速控制系统。发动机在海平面标准大气条件下，操纵杆在最大状态位置时，$n=11\ 150\ \mathrm{r\cdot min^{-1}}$。试分析操纵杆位置不变，当发动机在 $H=11\ \mathrm{km}$，$Ma=1.1$ 条件下工作时，转速是否有变化，变化多少，产生这种变化的根本原因是什么。

已知：

(1) 发动机转速 n 与离心块转速 n_f 之比 $i=3.125$；

(2) 离心块的轴向换算力 $F_a=c\,n_f^2$，其中 $c=0.758\times10^{-5}\ \mathrm{N/(r\cdot min^{-1})^2}$；

(3) 转速调整弹簧刚度 $K_s=114\ \mathrm{N\cdot cm^{-1}}$；

(4) 设稳定状态下，反馈活塞处于零位，C 腔弹簧力 $F_{sc}=305.6\ \mathrm{N}$；

(5) 随动活塞左边面积 $A_1=11.03\ \mathrm{cm^2}$，反馈活塞右边面积 $A_2=11.78\ \mathrm{cm^2}$；

(6) 地面最大状态供油量 $q_{m,f}=3\ 240\ \mathrm{kg\cdot h^{-1}}$，随动活塞位移 $x_p=1.41\ \mathrm{cm}$，随动活塞负载力 $F_L=374.92\ \mathrm{N}$，$p_C=6.3\times10^2\ \mathrm{kPa}$，$p_A=6.110^2\ \mathrm{kPa}$，$y=0.417\times10^2\ \mathrm{mm}$。

分油滑阀的压力-位移特性如图 5.90 所示。

当发动机在 $H=11\ \mathrm{km}$，$Ma=1.1$ 条件下工作时，$q_{m,f}=1\ 327.6\ \mathrm{kg\cdot h^{-1}}$，$x_p=0.622\ \mathrm{cm}$，$F_L=151\ \mathrm{N}$。

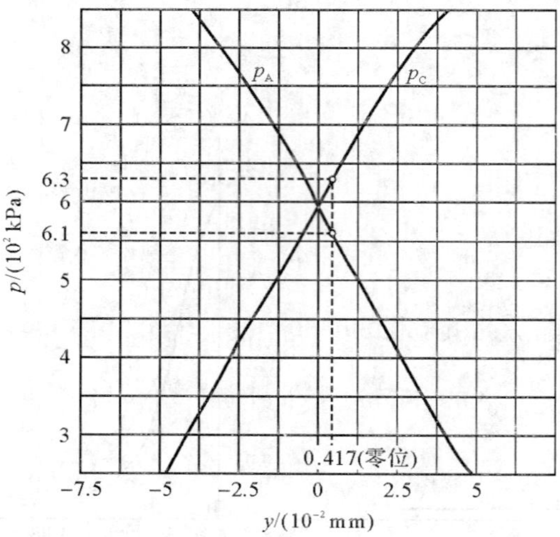

图 5.90　习题 5.1 图

5.2　试说明图 5.91 所示转速控制系统的组成及工作原理，系统各元件的动态方程为

$$
\left.\begin{aligned}
&\bar{y}=K_h\bar{h}-K_y\bar{n}\\
&\frac{\mathrm{d}\bar{x}_\mathrm{p}}{\mathrm{d}t}=K_c(\bar{y}-\bar{x})\\
&\bar{x}=\rho_\mathrm{b}\bar{x}_\mathrm{p}\\
&\bar{q}_{m,\mathrm{f}}=K_{x_\mathrm{p}}\bar{x}_\mathrm{p}+K_n\bar{n}\\
&T_\mathrm{E}\frac{\mathrm{d}\bar{n}}{\mathrm{d}t}+\bar{n}=K_\mathrm{E}\bar{q}_{m,\mathrm{f}}+K_f\bar{f}
\end{aligned}\right\}\tag{5.197}
$$

式中
$$\rho_\mathrm{b}=\frac{l_1x_\mathrm{p,b}}{l_2x_\mathrm{b}}$$

请在原理图上注明各元件的输入与输出，画出该系统的结构图，并求系统的闭环响应。

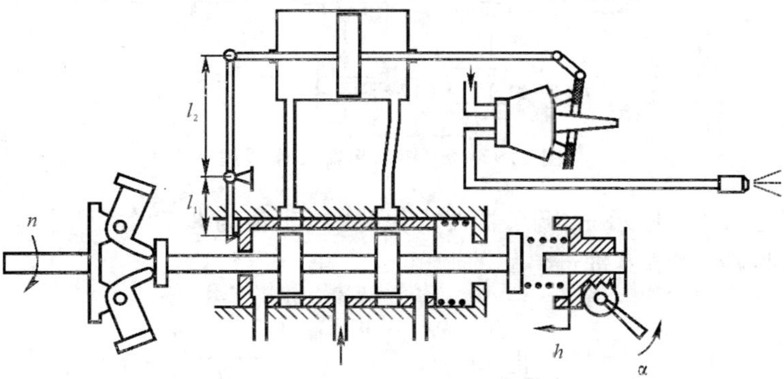

图 5.91　习题 5.2 图

5.3　在图 5.91 所示系统中，如果选取 $K_y=12.5$，$K_c=2.0$，$K_{x_\mathrm{p}}=1.0$，$\rho_\mathrm{b}=1.0$，$K_n=1.0$，$K_\mathrm{E}=0.63$，$T_\mathrm{E}=0.9$ s，$K_f=0.2$，试求该系统对单位阶跃输入及单位干扰输入的稳态误差，并说明稳态误差产生的原因。

5.4　航空发动机稳态控制系统中通常采用哪几种控制方式？试说明它们的基本工作原理和优缺点。

5.5　试分析带比例反馈和带速度反馈的闭环转速控制系统的工作原理、各自的特点和系统的性能。

5.6　试分析流量控制器在航空发动机燃油控制系统中有何作用，说明它的工作原理。

5.7　图 5.50、图 5.65 及图 5.73 所示的三种加速控制器各实现什么加速控制规律？试述三种加速控制器的基本工作原理和结构特点。

5.8　图 5.50、图 5.65 及图 5.73 所示加速控制器当加速控制规律不符合要求时应怎样调整？

5.9　接通加力状态时，若加力燃烧室已点燃，而尾喷口打不开，试分析转速控制器及 π_T 调节器的调节情况；切断加力时，若加力燃烧室已熄火，而尾喷口不收小，试分析两个调节器的调节情况。

5.10 试分析图 5.92 所示 π_T 控制系统的工作原理，标注各元件的名称及输入与输出信号，并推导 π_T 测量元件的动态方程。

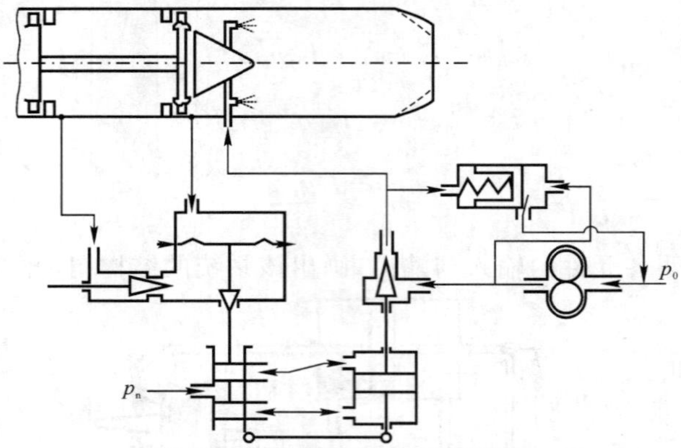

图 5.92 π_T 控制系统工作原理

5.11 假设图 5.93 所示 π_T 调节器要求保持的 π_{Tr} 值为 2.728，而调节器保持的 π_T 为 3.2，偏差太大，这时应对调节器进行怎样的调整？

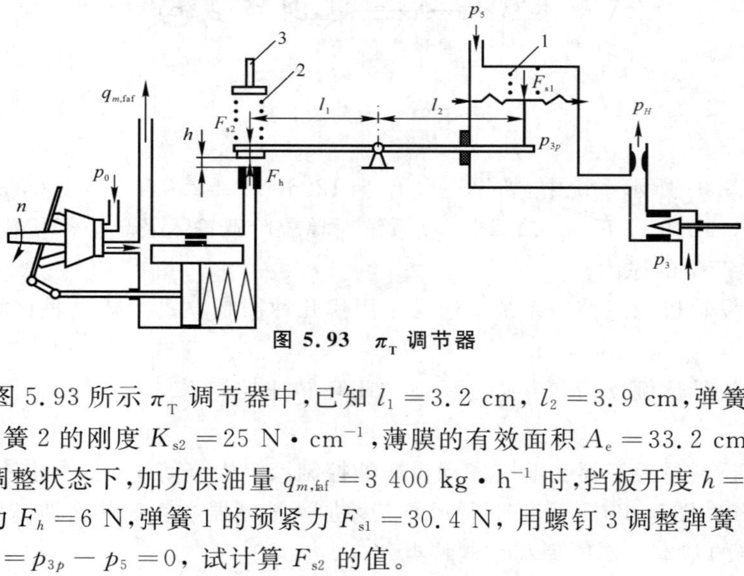

图 5.93 π_T 调节器

5.12 在图 5.93 所示 π_T 调节器中，已知 $l_1=3.2$ cm，$l_2=3.9$ cm，弹簧 1 的刚度 $K_{s1}=31\ \text{N}\cdot\text{cm}^{-1}$，弹簧 2 的刚度 $K_{s2}=25\ \text{N}\cdot\text{cm}^{-1}$，薄膜的有效面积 $A_e=33.2\ \text{cm}^2$。

若在地面调整状态下，加力供油量 $q_{m,faf}=3\ 400\ \text{kg}\cdot\text{h}^{-1}$ 时，挡板开度 $h=0.012$ cm，挡板上作用的液压力 $F_h=6$ N，弹簧 1 的预紧力 $F_{s1}=30.4$ N，用螺钉 3 调整弹簧 2 的预紧力 F_{s2}，使薄膜压差 $\Delta p=p_{3p}-p_5=0$，试计算 F_{s2} 的值。

调整好的 π_T 调节器，当飞行高度增加到某一高度，加力供油量减小到 $q_{m,faf}=1\ 600\ \text{kg}\cdot\text{h}^{-1}$ 时，喷嘴挡板开度 $h=0.014$ cm，挡板液压力 $F_h=1.9$ N，试计算在此飞行状态下作用于薄膜上的气压力差 Δp。设分压比 $\varepsilon_p=3.11$，$p_3=901.2$ kPa，试计算涡轮的实际膨胀比 π_T 和 π_T 的稳态误差。

第 6 章　航空发动机多变量控制系统设计

本章介绍航空发动机多变量控制系统设计，所介绍的内容仅仅是航空发动机多变量控制系统设计与研究中的部分内容。为便于初学者学习和掌握，在每节的开始，对有关控制方法的基本知识作了一定的介绍。在实际控制系统设计中许多更为深入和复杂的问题，本章不再展开讨论，因此，所介绍的内容仅作为今后进一步学习和研究的基础。本章所介绍的实例中取 n_L 和 n_H 作为状态变量，这仅仅是为研究问题方便，不同于实际应用。

本章所涉及的变量均为相对量。

6.1　航空发动机线性二次型最优控制

6.1.1　线性二次型调节器(LQR)基本问题

随着现代控制理论的发展，对线性二次型最优控制的研究和应用已取得了很多成就，在航空发动机控制中的应用研究自 20 世纪 70 年代即已开始，并且取得了一定的研究成果。

对于线性系统，若取状态变量和控制变量的二次型函数的积分作为性能指标函数时，这种动态系统的最优化问题称为线性二次型性能指标的最优控制问题。它的最优解可以写成统一的解析表达式，且可以导出一个简单的线性状态反馈规律，易于工程实现。

线性二次型调节器是当系统受外力扰动时，尽量保持系统输出向量的各分量或状态向量的各分量接近平衡状态而不消耗过多控制能量的反馈调节器。

假定可控的线性定常系统为

$$\left.\begin{aligned}\dot{\boldsymbol{x}}(t)&=\boldsymbol{A}\,\boldsymbol{x}(t)+\boldsymbol{B}\,\boldsymbol{u}(t)\\ \boldsymbol{y}(t)&=\boldsymbol{C}\,\boldsymbol{x}(t)\end{aligned}\right\}\tag{6.1}$$

式中　$\boldsymbol{x}(t)$ ——n 维状态向量；

$\boldsymbol{u}(t)$ ——m 维控制向量；

$\boldsymbol{y}(t)$ ——l 维输出向量；

$\boldsymbol{A},\boldsymbol{B},\boldsymbol{C}$ —— 分别为 $n\times n, n\times m, l\times n$ 矩阵。

对式(6.1)所描述的系统，在所有的初始状态 $\boldsymbol{x}(0)=\boldsymbol{x}_0$ 下，求最优调节规律

$$\boldsymbol{u}(t)=-K\boldsymbol{x}(t)\tag{6.2}$$

使二次型指标函数

$$J=\int_{0}^{\infty}[\boldsymbol{y}^{\mathrm{T}}(t)\boldsymbol{Q}\boldsymbol{y}(t)+\boldsymbol{u}^{\mathrm{T}}(t)\boldsymbol{R}\,\boldsymbol{u}(t)]\mathrm{d}t \tag{6.3}$$

为最小,这就是最优输出调节器问题。式(6.3)中$\boldsymbol{Q}$为$l\times l$对称非负定矩阵,$\boldsymbol{R}$为$m\times m$对称正定矩阵,$\boldsymbol{Q}$,$\boldsymbol{R}$也称权矩阵。

由于$\boldsymbol{y}(t)=\boldsymbol{C}\,\boldsymbol{x}(t)$,若令$\boldsymbol{Q}_x=\boldsymbol{C}^{\mathrm{T}}\boldsymbol{Q}\,\boldsymbol{C}$,则式(6.3)指标函数可改写为

$$J=\int_{0}^{\infty}[\boldsymbol{x}^{\mathrm{T}}(t)\boldsymbol{Q}_x\boldsymbol{x}(t)+\boldsymbol{u}^{\mathrm{T}}(t)\boldsymbol{R}\,\boldsymbol{u}(t)]\mathrm{d}t \tag{6.4}$$

使这一指标函数为最小的调节器称为最优状态调节器。

在式(6.1)中$\boldsymbol{u}(t)$不受约束,式(6.3)和式(6.4)等号右端积分中第一项分别表示输出二次方积分的评价和状态二次方积分的评价,第二项表示输入控制能量,指标函数J表示输出(或状态)变量衰减速度与控制过程所稍耗能量之间的一种折中。在航空发动机控制中第二项体现了能量最小控制要求。

由于积分上限$t\to\infty$,因此按式(6.3)或式(6.4)设计的调节器称为无限时间输出调节器或无限时间状态调节器。无限时间调节器问题所研究的是线性定常对象,不需要考虑终端指标要求,定常系统是可控的。

在最优控制规律表达式(式(6.2))中,

$$\boldsymbol{K}=\boldsymbol{R}^{-1}\boldsymbol{B}^{\mathrm{T}}\boldsymbol{P} \tag{6.5}$$

是 Riccati 矩阵代数方程

$$\boldsymbol{P}\boldsymbol{A}+\boldsymbol{A}^{\mathrm{T}}\boldsymbol{P}-\boldsymbol{P}\boldsymbol{B}\boldsymbol{R}^{-1}\boldsymbol{B}^{\mathrm{T}}\boldsymbol{P}+\boldsymbol{Q}=\boldsymbol{0}$$

的解,$\boldsymbol{K}$为$n\times n$正定常值矩阵。指标函数的最小值为

$$J_{\min}=\boldsymbol{x}_0^{\mathrm{T}}\boldsymbol{P}\boldsymbol{x}_0^{\mathrm{T}}$$

将式(6.2)代入式(6.1),得

$$\dot{\boldsymbol{x}}(t)=(\boldsymbol{A}-\boldsymbol{B}\boldsymbol{K})\boldsymbol{x}(t)=\boldsymbol{G}\boldsymbol{x}(t) \tag{6.6}$$

$$\boldsymbol{G}=\boldsymbol{A}-\boldsymbol{B}\boldsymbol{K}=\boldsymbol{A}-\boldsymbol{B}\boldsymbol{R}^{-1}\boldsymbol{B}^{\mathrm{T}}\boldsymbol{P} \tag{6.7}$$

由式(6.6)和式(6.7)两式所描述的最优闭环反馈控制系统如图 6.1 所示。

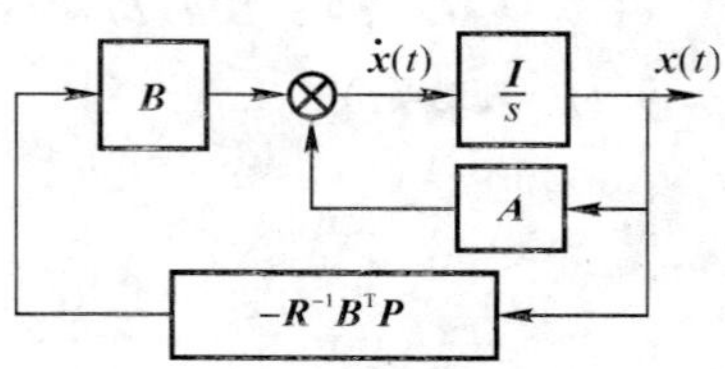

图 6.1 最优二次型闭环反馈控制系统

对常值增益矩阵$\boldsymbol{K}$的一项重要要求是使最优系统必须稳定,由于最优轨迹为式(6.6)的

解，因此矩阵 $\boldsymbol{G}$ 的特征值具有负实部。实际上由李亚普诺夫稳定性定理可以证明最优调节系统是大范围渐近稳定的。

6.1.2 航空发动机线性二次型最优调节器设计与仿真

以双转子涡喷发动机为例来研究航空发动机线性二次型最优调节器设计问题。基本设计步骤如下。

1. 确定发动机的状态变量和控制量

为了使问题研究简单，便于了解设计方法，在此取高压转子转速 n_{H} 和低压转子转速 n_{L} 作为状态变量，取燃油供油量 $q_{m,\mathrm{f}}$ 和尾喷口面积 A_8 作为控制量。

2. 利用上册第 3 章介绍的发动机数学模型建立方法确定发动机的数学模型

发动机状态方程为

$$\dot{\boldsymbol{x}}(t)=\boldsymbol{A}\boldsymbol{x}(t)+\boldsymbol{B}\boldsymbol{u}(t)$$

式中 $\boldsymbol{x}(t)=\begin{bmatrix}n_{\mathrm{H}}(t)\\ n_{\mathrm{L}}(t)\end{bmatrix}$，$\boldsymbol{u}(t)=\begin{bmatrix}q_{m,\mathrm{f}}(t)\\ A_8(t)\end{bmatrix}$，$\boldsymbol{A}=\begin{bmatrix}a_{11} & a_{12}\\ a_{21} & a_{22}\end{bmatrix}$，$\boldsymbol{B}=\begin{bmatrix}b_{11} & b_{12}\\ b_{21} & b_{22}\end{bmatrix}$

状态方程可具体表示为

$$\begin{bmatrix}\dot{n}_{\mathrm{H}}(t)\\ \dot{n}_{\mathrm{L}}(t)\end{bmatrix}=\begin{bmatrix}a_{11} & a_{12}\\ a_{21} & a_{22}\end{bmatrix}\begin{bmatrix}n_{\mathrm{H}}(t)\\ n_{\mathrm{L}}(t)\end{bmatrix}+\begin{bmatrix}b_{11} & b_{12}\\ b_{21} & b_{22}\end{bmatrix}\begin{bmatrix}q_{m,\mathrm{f}}(t)\\ A_8(t)\end{bmatrix}$$

在飞行高度 $H=0$、飞行马赫数 $Ma=0$、发动机处于最大工作状态时，由计算得

$$\boldsymbol{A}=\begin{bmatrix}-2.148 & -0.403\\ 2.862 & -3.017\end{bmatrix},\quad \boldsymbol{B}=\begin{bmatrix}0.298 & 0.594\\ 0.285 & 1.708\end{bmatrix}$$

3. 选择权矩阵 $\boldsymbol{Q}$，$\boldsymbol{R}$

$$\boldsymbol{Q}=\begin{bmatrix}q_{11} & q_{12}\\ q_{21} & q_{22}\end{bmatrix}=\begin{bmatrix}1.0 & 0\\ 0 & 1.0\end{bmatrix},\quad \boldsymbol{R}=\begin{bmatrix}r_{11} & r_{12}\\ r_{21} & r_{22}\end{bmatrix}=\begin{bmatrix}0.01 & 0\\ 0 & 0.01\end{bmatrix}$$

4. 根据 Riccati 代数方程求 $\boldsymbol{P}$

将 $\boldsymbol{A}$，$\boldsymbol{B}$，$\boldsymbol{Q}$，$\boldsymbol{R}$ 各矩阵具体数据代入式(6.5)，求得

$$\boldsymbol{P}=\begin{bmatrix}p_{11} & p_{12}\\ p_{21} & p_{22}\end{bmatrix}=\begin{bmatrix}0.142 & -0.033\\ -0.033 & 0.052\end{bmatrix}$$

5. 计算反馈增益矩阵 $\boldsymbol{K}$

将 $\boldsymbol{R}$，$\boldsymbol{B}$，$\boldsymbol{P}$ 各矩阵具体数据代入 $\boldsymbol{K}$ 的表达式，求得

$$\boldsymbol{K}=\begin{bmatrix}k_{11} & k_{12}\\ k_{21} & k_{22}\end{bmatrix}=\begin{bmatrix}3.293 & 0.509\\ 2.771 & 7.012\end{bmatrix}$$

6. 求最优控制

根据式(6.2)可得最优控制

$$\begin{bmatrix}q_{m,\mathrm{f}}(t)\\ A_8(t)\end{bmatrix}=-\begin{bmatrix}k_{11} & k_{12}\\ k_{21} & k_{22}\end{bmatrix}\begin{bmatrix}n_{\mathrm{H}}(t)\\ n_{\mathrm{L}}(t)\end{bmatrix}$$

即
$$q_{m,\mathrm{f}}(t)=-k_{11}n_{\mathrm{H}}(t)-k_{12}n_{\mathrm{L}}(t)=-3.293n_{\mathrm{H}}(t)-0.509n_{\mathrm{L}}(t)$$
$$A_8(t)=-k_{21}n_{\mathrm{H}}(t)-k_{22}n_{\mathrm{L}}(t)=-2.771n_{\mathrm{H}}(t)-7.012n_{\mathrm{L}}(t)$$

7. 求系统响应

将 $\boldsymbol{A},\boldsymbol{B},\boldsymbol{K}$ 代入式(6.6)并求解,可得系统的状态响应。图 6.2 表示高压转子转速 n_{H} 和低压转子转速 n_{L} 在初始状态分别为 $n_{\mathrm{H}}(0)=1$ 和 $n_{\mathrm{L}}(0)=1$ 时的状态响应。

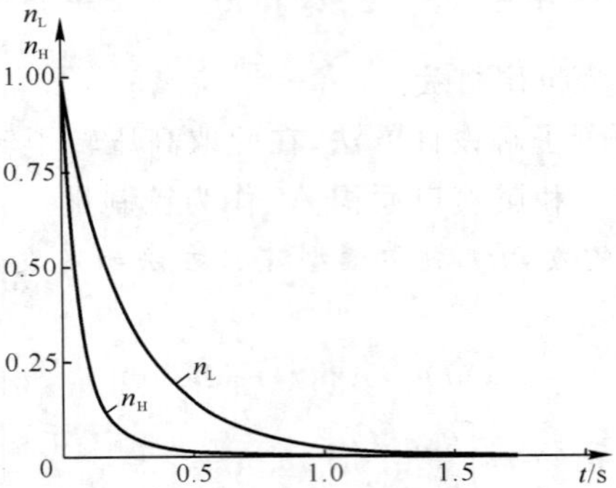

图 6.2　发动机在最优控制作用下的状态响应

6.1.3　航空发动机最优二次型多变量控制系统的实现

前面已经说明,实际的航空发动机多变量控制系统是非常复杂的,它要实现的功能包括稳态控制、过渡态控制,还要保证一定的控制精度,并实现各种保护,如超温、超转、超功率等保护。此外,还必须实现随发动机工作状态和飞行条件的变化不断地修正控制器的有关参数,以改变控制作用,保证发动机在不同工作状态和不同飞行条件下的性能均最优。

以下介绍涡扇发动机最优二次型多变量控制系统的基本组成、基本控制功能和控制算法的实现,以便了解航空发动机多变量控制系统设计中需要解决的许多深入而复杂的问题。

一、基本组成及其功能

发动机稳态控制所采用的算法是线性二次型最优调节器算法。控制系统如图 6.3 所示,该系统由数字式电子控制器、执行机构和发动机组成。在数字式电子控制器中包括三个通道,即前馈通道、LQR 调节器通道和积分增益通道,数字控制器的控制算法包括在 6 个模块中。这 6 个模块是基准值程序和过渡态控制程序模块、LQR 增益模块、积分增益模块、增益控制模块、发动机保护逻辑模块和风扇涡轮进口温度 FTIT 估计器模块。

1. 前向通道

前向通道的作用是提高发动机控制系统的快速响应性。

2. 基准点调节

基准点即发动机的稳态工作点,通常以稳态工作点的状态变量 $\boldsymbol{x}$ 及输出变量 $\boldsymbol{y}$ 作为基准值。随发动机油门操纵杆角度(PLA)、发动机进口总压 p_2、总温 T_2 及飞行马赫数 Ma 的不同，发动机工作点将不同，即发动机各状态变量及输出变量的稳态基准值将不同。基准值程序的功能是根据不同的 PLA，p_2，T_2 及 Ma 计算出全飞行包线内的发动机状态变量及输出变量的基准值 $\boldsymbol{x}_r$，$\boldsymbol{y}_r$ 和前向控制输入 $\boldsymbol{u}_r$。

3. 过渡态控制

当发动机由一种工作状态转向另一种工作状态时，过渡态控制程序根据不同的飞行条件计算出发动机相应的过渡态控制规律。这一控制规律可保证发动机过渡时间短，并且保证线性二次型调节器不产生大的状态偏差，也即保证调节器不产生饱和输出，使过渡过程稳定。

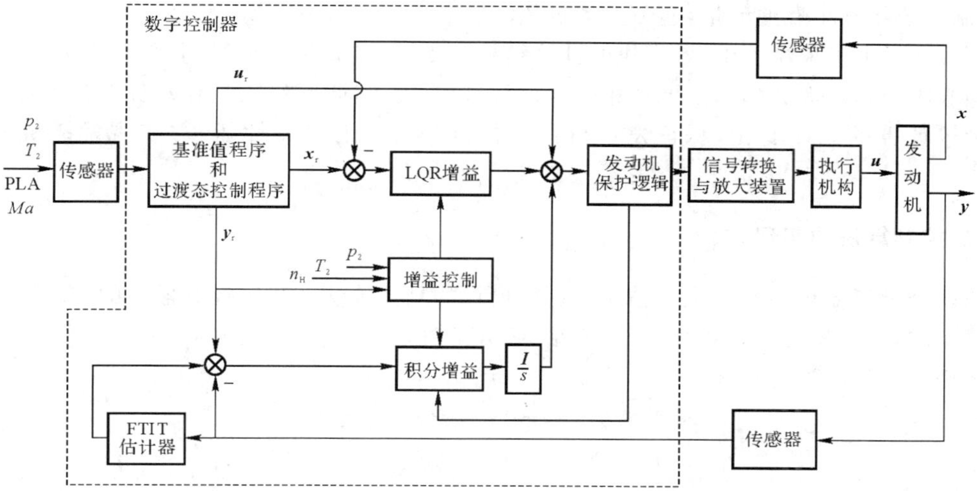

图 6.3　涡扇发动机多变量控制系统

4. 线性二次型调节器 LQR

根据 LQR 性能指标通过求解 Raccati 方程得到最优反馈增益矩阵，由反馈增益矩阵计算出的控制输入可使系统得到期望的响应。各计算点的增益矩阵存储在计算机内，非计算点的矩阵用插值方法获得。

5. 积分控制

积分控制作用是消除稳态误差，提高控制精度，稳态误差的大小由积分增益决定，积分增益值受发动机保护逻辑的限制。

6. 增益控制

由于飞行条件的变化和发动机工作过程的非线性性质，线性二次型调节器和积分控制作用并不能满足在各种条件下系统的闭环响应和控制精度要求。为此，必须对 LQR 反馈增益及积分增益加以修正。增益控制模块的作用就是根据发动机进口总压 p_2，总温 T_2 和高压压气机转速 n_H 计算出反馈增益和积分增益的修正值，并对两个增益分别进行修正，以便在任何飞行条件和工作状态都能使闭环系统获得满意的动态响应和稳态控制精度。

7. 发动机保护逻辑

保护逻辑的作用是在整个飞行包线内把发动机的控制输入 $\boldsymbol{u}$ 限制在发动机安全工作范围内,当任一个控制输入 u_i 达到极限时,保护逻辑起作用,防止发动机进入危险状态。

8. 风扇涡轮进口温度估计器

动态过程中需要监视风扇涡轮进口温度(FTIT),以免超温。然而由于温度传感器响应速度慢,传感器的输出往往并不反映涡轮进口温度的瞬时值,因而可能造成发动机超温。FTIT估计器的作用就是在动态过程中超前估计出涡轮进口温度,当估计值超过这一温度的极限值时,控制系统将减小燃油流量,避免发动机超温。

在数字式电子控制器中,各模块的计算结果经 D/A 接口输入到信号转换与放大装置(如电液伺服阀等),放大后的信号推动相应的执行机构(如燃油计量装置、作动筒等)使发动机各控制量按计算的规律变化,保证发动机稳态控制和过渡态控制性能,并实现发动机各保护功能。

二、控制算法的实现

前面介绍了 6 个控制模块的功能。这些模块的具体算法在数字控制器中的实际实现都是比较复杂的,在这里不再逐一介绍,仅介绍 LQR 算法的实现。

涡扇发动机状态方程为

$$\dot{\boldsymbol{x}} = \boldsymbol{A}\boldsymbol{x} + \boldsymbol{B}\boldsymbol{u}$$

$$\boldsymbol{x} = [n_{\mathrm{L}} \quad n_{\mathrm{H}} \quad p_6 \quad q_{m,\mathrm{f}} \quad p_3]^{\mathrm{T}}$$

式中 n_{L} —— 风扇转速;

n_{H} —— 压气机转速;

p_6 —— 加力燃烧室进口总压;

$q_{m,\mathrm{f}}$ —— 主燃烧室燃油流量,即发动机需要的燃油流量;

p_3 —— 高压压气机出口压力。

$$\boldsymbol{u} = [q_{m,\mathrm{fc}} \quad A_8 \quad \varphi_{\mathrm{L}} \quad \varphi_{\mathrm{H}} \quad q_{m,\mathrm{a,bl}}]^{\mathrm{T}}$$

式中 $q_{m,\mathrm{fc}}$ —— 主燃油控制器燃油供油量;

A_8 —— 尾喷口面积;

φ_{L} —— 风扇导流叶片弯度;

φ_{H} —— 压气机可调静子叶片安装角;

$q_{m,\mathrm{a,bl}}$ —— 压气机放气量。

按前述介绍的方法求出反馈增益矩阵 $\boldsymbol{K}$ 后,得最优控制为

$$q_{m,\mathrm{fc}} = k_{11}n_{\mathrm{L}} + k_{12}n_{\mathrm{H}} + k_{13}p_6 + k_{14}q_{m,\mathrm{f}} + k_{15}p_3$$

$$A_8 = k_{21}n_{\mathrm{L}} + k_{22}n_{\mathrm{H}} + k_{23}p_6$$

$$\varphi_{L}=k_{31}n_{L}+k_{33}p_{6}$$

$$\varphi_{H}=k_{41}n_{L}+k_{42}n_{H}+k_{43}p_{6}$$

$$q_{m,a,bl}=k_{51}n_{L}+k_{52}n_{H}+k_{55}p_{3}$$

根据以上 5 个线性方程可建立 LQR 增益矩阵结构，如表 6.1 所示。

表 6.1　LQR 增益矩阵结构

控制量 \ 被控参数	n_L	n_H	p_6	$q_{m,f}$	p_3
$q_{m,fc}$	k_{11}	k_{12}	k_{13}	k_{14}	k_{15}
A_8	k_{21}	k_{22}	k_{23}	0	0
φ_L	k_{31}	0	k_{33}	0	0
φ_H	k_{41}	k_{42}	k_{43}	0	0
$q_{m,a,bl}$	k_{51}	k_{52}	0	0	k_{55}

不同计算点的 LQR 增益矩阵数据存入数字控制器。LQR 最优控制计算按矩阵乘法实现，如图 6.4 所示。对 φ_L 和 φ_H 的限制是为了避开气动颤振边界，对尾喷口面积 A_8 的限制是为了避免风扇喘振。

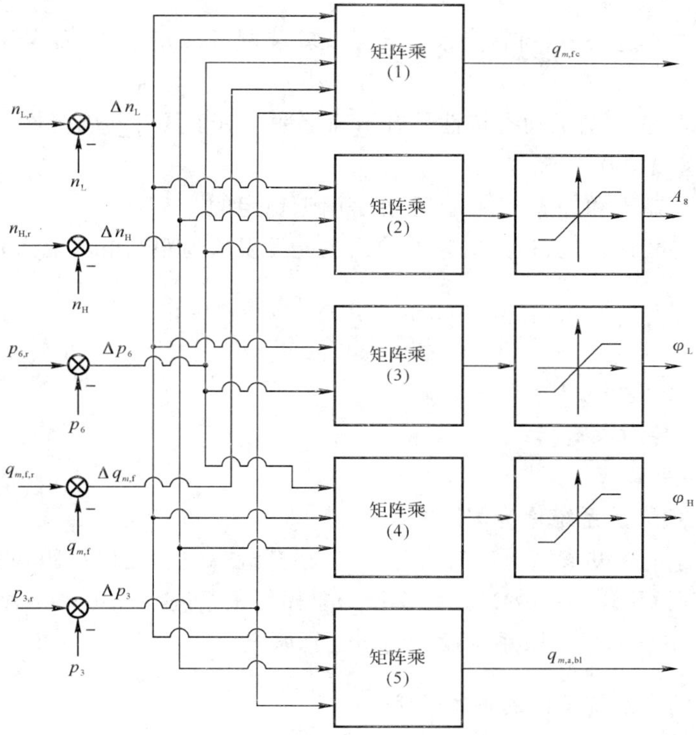

图 6.4　多变量 LQR 控制

6.2 航空发动机最优伺服控制系统

对于航空发动机控制系统，为了保证系统在不同的情况下都能稳定工作，在设计时必须考虑影响系统动态特性的不确定性因素及其允许的变化范围。系统动态特性的不确定性主要由下述因素引起。

(1) 航空发动机的工作过程是极其复杂的气动热力过程，在气流流场中的参数分布是不均匀的，要建立这样一个复杂过程的准确的数学模型非常困难，系统设计时所应用的模型往往是近似的。根据近似的数学模型设计出的系统，不可避免地与实际系统不相符合。

(2) 航空发动机的工作环境和工作状态变化很大，工作环境和工作状态的变化将导致发动机的工作过程参数和特性发生很大的变化。

(3) 在飞行过程中发动机将受到各种不同形式的随机扰动作用，这些随机扰动的特性是未知的。

(4) 在同样的工作环境和工作状态下，发动机的参数也可能产生变动。这种变动是未知的，这种变动称为参数摄动。

(5) 发动机存在制造公差、材料特性差异以及安装调试误差等，因而实际的各台发动机特性并不完全一样。

以上各因素都将使发动机动态特性具有不确定性。对于具有不确定性的发动机进行系统设计时，往往希望满足下述要求。

(1) 在没有参考输入和外界干扰时，系统是渐近稳定的。

(2) 即使存在持续性干扰，被控对象的输出也能无误差地跟踪参考输入，即

$$\lim_{t\to\infty}\boldsymbol{e}(t)=\lim_{t\to\infty}[\boldsymbol{r}(t)-\boldsymbol{y}(t)]=\boldsymbol{0} \tag{6.8}$$

式中 $\boldsymbol{r}(t)$ —— 参考输入；

$\boldsymbol{y}(t)$ —— 被控对象输出；

$\boldsymbol{e}(t)$ —— 跟踪误差。

满足以上两个条件的系统称为伺服系统。

(3) 当被控对象的未知参数摄动时，仍然能满足渐近稳定和无误差跟踪属性要求，通常称这种系统具有鲁棒性(Robustness)，这种系统为鲁棒伺服系统(robust sorvo system)。

这一节仅对航空发动机伺服系统设计问题进行研究。

6.2.1 最优伺服系统设计的基本理论

设被控对象为

$$\left.\begin{aligned}\dot{\boldsymbol{x}}(t)&=\boldsymbol{A}\boldsymbol{x}(t)+\boldsymbol{B}\boldsymbol{u}(t)+\boldsymbol{f}(t)\\\boldsymbol{y}(t)&=\boldsymbol{C}\boldsymbol{x}(t)+\boldsymbol{D}\boldsymbol{u}(t)\\\boldsymbol{x}(0)&=\boldsymbol{x}_0=\boldsymbol{0}\end{aligned}\right\}\tag{6.9}$$

式中，$\boldsymbol{x}(t)\in\mathbf{R}^n$，$\boldsymbol{u}(t)\in\mathbf{R}^m$，$\boldsymbol{y}(t)\in\mathbf{R}^l$，干扰向量 $\boldsymbol{f}(t)\in\mathbf{R}^n$。

对式(6.9)所描述的对象设计跟踪伺服系统时，如果要求当 $t\to\infty$ 时输出 $\boldsymbol{y}(t)$ 与参考输入 $\boldsymbol{r}(t)$ 一致，则控制输入 $\boldsymbol{u}(t)$ 当 $t\to\infty$ 时必然保持为一个非零的常值，这时如果仍然采用6.1节介绍的线性二次型状态调节器指标函数，当 $t\to\infty$ 时这个函数将趋于无穷大，因此不可能采用这样一个目标函数设计跟踪控制器。为解决这一问题不妨定义一个新的控制输入 $\boldsymbol{v}(t)=\dot{\boldsymbol{u}}(t)$，在指标函数中用 $\boldsymbol{v}(t)$ 代替 $\boldsymbol{u}(t)$，当 $t\to\infty$ 时，由于 $\boldsymbol{u}(t)$ 为一常值，因而使得 $\lim\limits_{t\to\infty}\boldsymbol{v}(t)=\lim\limits_{t\to\infty}\dot{\boldsymbol{u}}(t)=\boldsymbol{0}$，这样仍用二次型指标函数进行控制器设计就能满足要求了。

为此，取状态变量

$$\boldsymbol{x}_{\text{ex}}(t)=[\boldsymbol{x}^{\text{T}}(t)\quad\boldsymbol{u}^{\text{T}}(t)]^{\text{T}}$$

则状态方程和输出方程为

$$\dot{\boldsymbol{x}}_{\text{ex}}(t)=\boldsymbol{A}_{\text{ex}}\boldsymbol{x}_{\text{ex}}(t)+\boldsymbol{B}_{\text{ex}}\boldsymbol{v}(t)+\boldsymbol{F}_{\text{ex}}\boldsymbol{f}(t)\tag{6.10}$$

$$\boldsymbol{y}_{\text{ex}}(t)=\boldsymbol{C}_{\text{ex}}\boldsymbol{x}_{\text{ex}}(t)\tag{6.11}$$

式中

$$\boldsymbol{A}_{\text{ex}}=\begin{bmatrix}\boldsymbol{A}&\boldsymbol{B}\\\boldsymbol{0}&\boldsymbol{0}\end{bmatrix},\quad\boldsymbol{B}_{\text{ex}}=\begin{bmatrix}0\\I_m\end{bmatrix},\quad\boldsymbol{C}_{\text{ex}}=[\boldsymbol{C}\quad\boldsymbol{D}],\quad\boldsymbol{F}_{\text{ex}}=\begin{bmatrix}I_n\\0\end{bmatrix}$$

当 $t\to\infty$ 时，假设 $\boldsymbol{x}(t)$ 和 $\boldsymbol{u}(t)$ 的稳态值为 $\boldsymbol{x}_{\text{s}}$ 和 $\boldsymbol{u}_{\text{s}}$，由

$$\begin{bmatrix}\boldsymbol{0}\\\boldsymbol{r}(t)\end{bmatrix}=\begin{bmatrix}\boldsymbol{A}&\boldsymbol{B}\\\boldsymbol{C}&\boldsymbol{D}\end{bmatrix}\begin{bmatrix}\boldsymbol{x}_{\text{s}}\\\boldsymbol{u}_{\text{s}}\end{bmatrix}+\begin{bmatrix}\boldsymbol{f}(t)\\\boldsymbol{0}\end{bmatrix}$$

可得状态变量 $\boldsymbol{x}_{\text{ex}}(t)$ 的稳态值为

$$\boldsymbol{x}_{\text{ex,s}}=\begin{bmatrix}\boldsymbol{x}_{\text{s}}\\\boldsymbol{u}_{\text{s}}\end{bmatrix}=\begin{bmatrix}\boldsymbol{A}&\boldsymbol{B}\\\boldsymbol{C}&\boldsymbol{D}\end{bmatrix}^{-1}\begin{bmatrix}-\boldsymbol{f}(t)\\\boldsymbol{r}(t)\end{bmatrix}=\boldsymbol{Z}^{-1}\begin{bmatrix}-\boldsymbol{f}(t)\\\boldsymbol{r}(t)\end{bmatrix}\tag{6.12}$$

式中，$\boldsymbol{r}(t)$ 为参考输入，$\boldsymbol{Z}=\begin{bmatrix}\boldsymbol{A}&\boldsymbol{B}\\\boldsymbol{C}&\boldsymbol{D}\end{bmatrix}$。

考虑偏离稳态值的微小变化量 $\Delta\boldsymbol{x}(t)$，$\Delta\boldsymbol{u}(t)$，有

$$\left.\begin{aligned}\Delta\boldsymbol{x}(t)&=\boldsymbol{x}(t)-\boldsymbol{x}_{\text{s}}\\\Delta\boldsymbol{u}(t)&=\boldsymbol{u}(t)-\boldsymbol{u}_{\text{s}}\end{aligned}\right\}\tag{6.13}$$

设

$$\Delta\boldsymbol{x}_{\text{ex}}(t)=[\Delta\boldsymbol{x}^{\text{T}}(t)\quad\Delta\boldsymbol{u}^{\text{T}}(t)]^{\text{T}}$$

由于当 $t\to\infty$ 时，$\boldsymbol{v}(t)=\boldsymbol{0}$，$\dot{\boldsymbol{x}}(t)=\boldsymbol{0}$，因此 $\boldsymbol{A}_{\text{ex}}\boldsymbol{x}_{\text{ex,s}}+\boldsymbol{F}_{\text{ex}}\boldsymbol{f}=\boldsymbol{0}$，这样式(6.10)和式(6.11)可分别写为

$$\Delta\dot{\boldsymbol{x}}_{\text{ex}}(t)=\dot{\boldsymbol{x}}_{\text{ex}}(t)=\boldsymbol{A}_{\text{ex}}[\Delta\boldsymbol{x}_{\text{ex}}(t)+\boldsymbol{x}_{\text{ex,s}}]+\boldsymbol{B}_{\text{ex}}\boldsymbol{v}(t)+\boldsymbol{F}_{\text{ex}}\boldsymbol{f}(t)=\boldsymbol{A}_{\text{ex}}\Delta\boldsymbol{x}_{\text{ex}}(t)+\boldsymbol{B}_{\text{ex}}\boldsymbol{v}(t)$$

$$\boldsymbol{y}(t)=\boldsymbol{C}_{\text{ex}}\Delta\boldsymbol{x}_{\text{ex}}(t)+\boldsymbol{C}_{\text{ex}}\boldsymbol{x}_{\text{ex,s}}$$

因当 $t \to \infty$ 时,$\boldsymbol{C}_{\mathrm{ex}}\boldsymbol{x}_{\mathrm{ex,s}} = \boldsymbol{r}(t)$,所以

$$\boldsymbol{y}(t) - \boldsymbol{r}(t) = \boldsymbol{C}_{\mathrm{ex}}\,\Delta\boldsymbol{x}_{\mathrm{ex}}(t)$$

这样,可得到新的状态方程和输出方程为

$$\Delta\dot{\boldsymbol{x}}_{\mathrm{ex}}(t) = \boldsymbol{A}_{\mathrm{ex}}\Delta\boldsymbol{x}_{\mathrm{ex}}(t) + \boldsymbol{B}_{\mathrm{ex}}\boldsymbol{v}(t) \tag{6.14}$$

$$\boldsymbol{y}(t) - \boldsymbol{r}(t) = \boldsymbol{C}_{\mathrm{ex}}\Delta\boldsymbol{x}_{\mathrm{ex}}(t) \tag{6.15}$$

由式(6.14)和式(6.15)可知,当 $t \to \infty$ 时,$\boldsymbol{y}(t) = \boldsymbol{r}$,只要$[\boldsymbol{A}_{\mathrm{ex}} \quad \boldsymbol{B}_{\mathrm{ex}} \quad \boldsymbol{C}_{\mathrm{ex}}]$为可控可观测,就可以利用二次型指标函数

$$J_{\mathrm{ex}} = \int_0^\infty [\Delta\boldsymbol{x}_{\mathrm{ex}}^{\mathrm{T}}(t)\boldsymbol{Q}_{\mathrm{ex}}\,\Delta\boldsymbol{x}_{\mathrm{ex}}(t) + \boldsymbol{v}^{\mathrm{T}}\boldsymbol{R}_{\mathrm{ex}}\boldsymbol{v}(t)]\,\mathrm{d}t \tag{6.16}$$

或

$$J_{\mathrm{ex}} = \int_0^\infty \{[\boldsymbol{y}(t) - \boldsymbol{r}(t)]^{\mathrm{T}}\boldsymbol{Q}[\boldsymbol{y}(t) - \boldsymbol{r}(t)] + \boldsymbol{v}^{\mathrm{T}}(t)\boldsymbol{R}_{\mathrm{ex}}\boldsymbol{v}(t)\}\,\mathrm{d}t$$

设计跟踪控制器。$\boldsymbol{Q}_{\mathrm{ex}} = \boldsymbol{C}_{\mathrm{ex}}^{\mathrm{T}}\boldsymbol{Q}\,\boldsymbol{C}_{\mathrm{ex}}$ 为$(n+m)\times(n+m)$半正定对称矩阵,$\boldsymbol{R}_{\mathrm{ex}}$ 为 $m\times m$ 对称矩阵。由式(6.16)所表示的二次型指标函数与6.1节介绍的线性二次型指标函数形式相同。因此,使 J_{ex} 为最小的最优解为

$$\boldsymbol{v}(t) = -\boldsymbol{K}_{\mathrm{ex}}\Delta\boldsymbol{x}_{\mathrm{ex}}(t) \tag{6.17}$$

式中

$$\boldsymbol{K}_{\mathrm{ex}} = \boldsymbol{R}_{\mathrm{ex}}^{-1}\boldsymbol{B}_{\mathrm{ex}}^{\mathrm{T}}\boldsymbol{P}_{\mathrm{ex}} \tag{6.18}$$

而$(n+m)\times(n+m)$矩阵 $\boldsymbol{P}_{\mathrm{ex}}$ 是 Riccati 方程

$$\boldsymbol{A}_{\mathrm{ex}}^{\mathrm{T}}\boldsymbol{P}_{\mathrm{ex}} + \boldsymbol{P}_{\mathrm{ex}}\boldsymbol{A}_{\mathrm{ex}} - \boldsymbol{P}_{\mathrm{ex}}\boldsymbol{B}_{\mathrm{ex}}\boldsymbol{R}_{\mathrm{ex}}^{-1}\boldsymbol{B}_{\mathrm{ex}}^{\mathrm{T}}\boldsymbol{P}_{\mathrm{ex}} + \boldsymbol{Q}_{\mathrm{ex}} = \boldsymbol{0} \tag{6.19}$$

的正定对称解。

由于

$$\Delta\boldsymbol{x}_{\mathrm{ex}}(t) = [\Delta\boldsymbol{x}^{\mathrm{T}}(t) \quad \Delta\boldsymbol{u}^{\mathrm{T}}(t)]^{\mathrm{T}}$$

因此,式(6.17)表明是用 $\Delta\boldsymbol{x}(t)$ 和 $\Delta\boldsymbol{u}(t)$ 来实现反馈的,也即利用状态变化量和控制变化量来实现反馈,这是比较困难的。为此需要变换为用状态变量 $\boldsymbol{x}(t)$ 和偏差 $\boldsymbol{r}(t)-\boldsymbol{y}(t)$ 来实现反馈。

以下求按 $\boldsymbol{x}(t)$ 和 $\boldsymbol{r}(t)-\boldsymbol{y}(t)$ 反馈的控制规律。

将式(6.13)代入式(6.17),得

$$\boldsymbol{v}(t) = -\boldsymbol{K}_{\mathrm{ex}}\begin{bmatrix}\boldsymbol{x}(t)\\ \boldsymbol{u}(t)\end{bmatrix} + \boldsymbol{K}_{\mathrm{ex}}\begin{bmatrix}\boldsymbol{x}_{\mathrm{s}}\\ \boldsymbol{u}_{\mathrm{s}}\end{bmatrix} \tag{6.20}$$

将式(6.9)改写为

$$\begin{bmatrix}\dot{\boldsymbol{x}}(t)\\ \boldsymbol{y}(t)\end{bmatrix} = \begin{bmatrix}\boldsymbol{A} & \boldsymbol{B}\\ \boldsymbol{C} & \boldsymbol{D}\end{bmatrix}\begin{bmatrix}\boldsymbol{x}(t)\\ \boldsymbol{u}(t)\end{bmatrix} + \begin{bmatrix}\boldsymbol{f}(t)\\ \boldsymbol{0}\end{bmatrix}$$

则

$$\begin{bmatrix}\boldsymbol{x}(t)\\ \boldsymbol{u}(t)\end{bmatrix} = \begin{bmatrix}\boldsymbol{A} & \boldsymbol{B}\\ \boldsymbol{C} & \boldsymbol{D}\end{bmatrix}^{-1}\begin{bmatrix}\dot{\boldsymbol{x}}(t) - \boldsymbol{f}(t)\\ \boldsymbol{y}(t)\end{bmatrix} = \boldsymbol{Z}^{-1}\begin{bmatrix}\dot{\boldsymbol{x}}(t) - \boldsymbol{f}(t)\\ \boldsymbol{y}(t)\end{bmatrix}$$

由式(6.20),得

$$\boldsymbol{v}(t) = -\boldsymbol{K}_{\mathrm{ex}}\boldsymbol{Z}^{-1}\begin{bmatrix}\dot{\boldsymbol{x}}(t) - \boldsymbol{f}(t)\\ \boldsymbol{y}(t)\end{bmatrix} + \boldsymbol{K}_{\mathrm{ex}}\boldsymbol{Z}^{-1}\begin{bmatrix}-\boldsymbol{f}(t)\\ \boldsymbol{r}(t)\end{bmatrix} = -\boldsymbol{K}_{\mathrm{ex}}\boldsymbol{Z}^{-1}\begin{bmatrix}\dot{\boldsymbol{x}}(t)\\ \boldsymbol{y}(t) - \boldsymbol{r}(t)\end{bmatrix}$$

令 $\boldsymbol{K}_{ex}\boldsymbol{Z}^{-1}=[\boldsymbol{K}_1\quad \boldsymbol{K}_2]$，则

$$\boldsymbol{v}(t)=-\boldsymbol{K}_{ex}\boldsymbol{Z}^{-1}\begin{bmatrix}\dot{\boldsymbol{x}}(t)-\boldsymbol{f}(t)\\ \boldsymbol{y}(t)\end{bmatrix}+\boldsymbol{K}_{ex}\boldsymbol{Z}^{-1}\begin{bmatrix}-\boldsymbol{f}(t)\\ \boldsymbol{r}(t)\end{bmatrix}=-\boldsymbol{K}_1\dot{\boldsymbol{x}}(t)+\boldsymbol{K}_2[\boldsymbol{r}(t)-\boldsymbol{y}(t)] \tag{6.21}$$

将式(6.21)积分，得控制规律

$$\boldsymbol{u}(t)=-\boldsymbol{K}_1\boldsymbol{x}(t)+\boldsymbol{K}_2\int_0^t[\boldsymbol{r}(t)-\boldsymbol{y}(t)]\mathrm{d}t+\boldsymbol{K}_1\boldsymbol{x}(0) \tag{6.22}$$

当初始状态 $\boldsymbol{x}(0)=\boldsymbol{0}$ 时，有

$$\boldsymbol{u}(t)=-\boldsymbol{K}_1\boldsymbol{x}(t)+\boldsymbol{K}_2\int_0^t[\boldsymbol{r}(t)-\boldsymbol{y}(t)]\mathrm{d}t \tag{6.23}$$

将式(6.23)代入式(6.9)，得

$$\begin{aligned}\dot{\boldsymbol{x}}(t)=&\boldsymbol{A}\boldsymbol{x}(t)+\boldsymbol{B}\{-\boldsymbol{K}_1\boldsymbol{x}(t)+\boldsymbol{K}_2\int_0^t[\boldsymbol{r}(t)-\boldsymbol{y}(t)]\mathrm{d}t\}+\boldsymbol{f}(t)=\\ &(\boldsymbol{A}-\boldsymbol{B}\boldsymbol{K}_1)\boldsymbol{x}(t)+\boldsymbol{B}\boldsymbol{K}_2\int_0^t[\boldsymbol{r}(t)-\boldsymbol{y}(t)]\mathrm{d}t+\boldsymbol{f}(t)\end{aligned} \tag{6.24}$$

$$\boldsymbol{y}(t)=\boldsymbol{C}\boldsymbol{x}(t)+\boldsymbol{D}\boldsymbol{u}(t) \tag{6.25}$$

根据式(6.24)和式(6.25)可画出最优伺服系统结构图，如图 6.5 所示。

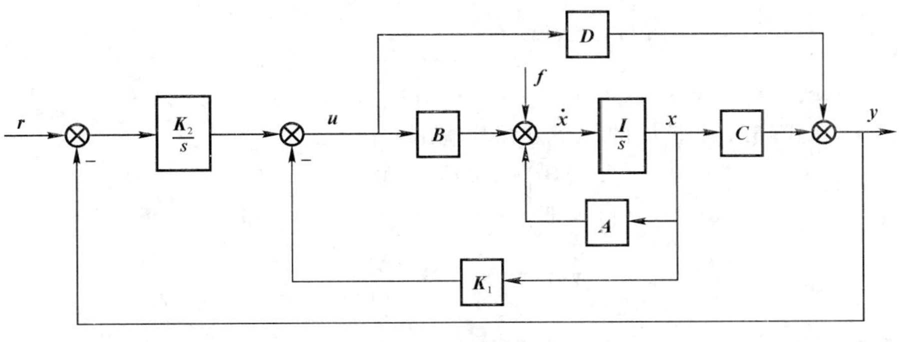

图 6.5　最优伺服系统结构图

6.2.2　航空发动机最优伺服系统设计与仿真

现以双转子涡喷发动机为例介绍发动机伺服系统的设计方法与设计步骤。

1. 设计要求

(1) 发动机最优伺服系统是渐近稳定的，即当发动机的参考输入不变且不存在干扰作用时，发动机的状态保持不变。

(2) 当有阶跃干扰作用时，控制作用能消除干扰的影响，使发动机迅速恢复到原来的平衡

状态。

(3) 在持续干扰作用下发动机输出量能无定常偏差地跟踪参考输入。

选择高压转子转速 n_{H} 和低压转子转速 n_{L} 作为状态变量,选择 n_{L} 和低压涡轮出口温度 T_5 为输出变量,选择燃油供油量 $q_{m,\mathrm{f}}$ 和尾喷口面积 A_8 作为控制量,即

$$\boldsymbol{x}(t)=\begin{bmatrix} n_{\mathrm{H}}(t) \\ n_{\mathrm{L}}(t) \end{bmatrix},\quad \boldsymbol{y}(t)=\begin{bmatrix} n_{\mathrm{L}}(t) \\ T_5(t) \end{bmatrix},\quad \boldsymbol{u}(t)=\begin{bmatrix} q_{m,\mathrm{f}}(t) \\ A_8(t) \end{bmatrix}$$

参考输入 $\boldsymbol{r}(t)$ 和干扰量 $\boldsymbol{f}(t)$ 分别为

$$\boldsymbol{r}(t)=\begin{bmatrix} r_1(t) \\ r_2(t) \end{bmatrix},\quad \boldsymbol{f}(t)=\begin{bmatrix} f_1(t) \\ f_2(t) \end{bmatrix}$$

根据式(6.9),发动机的状态方程与输出方程为

$$\begin{bmatrix} \dot{n}_{\mathrm{H}}(t) \\ \dot{n}_{\mathrm{L}}(t) \end{bmatrix}=\begin{bmatrix} a_{11} & a_{12} \\ a_{21} & a_{22} \end{bmatrix}\begin{bmatrix} n_{\mathrm{H}}(t) \\ n_{\mathrm{L}}(t) \end{bmatrix}+\begin{bmatrix} b_{11} & b_{12} \\ b_{21} & b_{22} \end{bmatrix}\begin{bmatrix} q_{m,\mathrm{f}}(t) \\ A_8(t) \end{bmatrix}+\begin{bmatrix} f_1(t) \\ f_2(t) \end{bmatrix}$$

$$\begin{bmatrix} n_{\mathrm{L}}(t) \\ T_5(t) \end{bmatrix}=\begin{bmatrix} c_{11} & c_{12} \\ c_{21} & c_{22} \end{bmatrix}\begin{bmatrix} n_{\mathrm{H}}(t) \\ n_{\mathrm{L}}(t) \end{bmatrix}+\begin{bmatrix} d_{11} & d_{12} \\ d_{21} & d_{22} \end{bmatrix}\begin{bmatrix} q_{m,\mathrm{f}}(t) \\ A_8(t) \end{bmatrix}$$

2. 设计步骤

(1) 定义。

$$\boldsymbol{v}(t)=\dot{\boldsymbol{u}}(t)=\begin{bmatrix} v_1(t) \\ v_2(t) \end{bmatrix}=\begin{bmatrix} \dot{q}_{m,\mathrm{f}}(t) \\ \dot{A}_8(t) \end{bmatrix}$$

$$\boldsymbol{x}_{\mathrm{ex}}(t)=[\boldsymbol{x}^{\mathrm{T}}(t)\quad \boldsymbol{u}^{\mathrm{T}}(t)]^{\mathrm{T}}=[n_{\mathrm{H}}(t)\quad n_{\mathrm{L}}(t)\quad q_{m,\mathrm{f}}(t)\quad A_8(t)]^{\mathrm{T}}$$

根据式(6.10)和式(6.11)扩展的状态方程和输出方程为

$$\begin{bmatrix} \dot{\boldsymbol{x}}(t) \\ \dot{\boldsymbol{u}}(t) \end{bmatrix}=\begin{bmatrix} \boldsymbol{A} & \boldsymbol{B} \\ \boldsymbol{0} & \boldsymbol{0} \end{bmatrix}\begin{bmatrix} \boldsymbol{x}(t) \\ \boldsymbol{u}(t) \end{bmatrix}+\begin{bmatrix} \boldsymbol{0} \\ \boldsymbol{I} \end{bmatrix}\boldsymbol{v}(t)+\begin{bmatrix} \boldsymbol{I} \\ \boldsymbol{0} \end{bmatrix}\boldsymbol{f}(t)$$

$$\boldsymbol{y}(t)=[\boldsymbol{C}\quad \boldsymbol{D}]\begin{bmatrix} \boldsymbol{x}(t) \\ \boldsymbol{u}(t) \end{bmatrix}$$

即

$$\begin{bmatrix} \dot{n}_{\mathrm{H}}(t) \\ \dot{n}_{\mathrm{L}}(t) \\ \dot{q}_{m,\mathrm{f}}(t) \\ \dot{A}_8(t) \end{bmatrix}=\begin{bmatrix} a_{11} & a_{12} & b_{11} & b_{12} \\ a_{21} & a_{22} & b_{21} & b_{22} \\ 0 & 0 & 0 & 0 \\ 0 & 0 & 0 & 0 \end{bmatrix}\begin{bmatrix} n_{\mathrm{H}}(t) \\ n_{\mathrm{L}}(t) \\ q_{m,\mathrm{f}}(t) \\ A_8(t) \end{bmatrix}+\begin{bmatrix} 0 & 0 \\ 0 & 0 \\ 1 & 0 \\ 0 & 1 \end{bmatrix}\begin{bmatrix} \dot{q}_{m,\mathrm{f}} \\ \dot{A}_8(t) \end{bmatrix}+\begin{bmatrix} 1 & 0 \\ 0 & 1 \\ 0 & 0 \\ 0 & 0 \end{bmatrix}\begin{bmatrix} f_1(t) \\ f_2(t) \end{bmatrix}$$

$$\begin{bmatrix} n_{\mathrm{L}}(t) \\ T_5(t) \end{bmatrix}=\begin{bmatrix} c_{11} & c_{12} & d_{11} & d_{12} \\ c_{21} & c_{22} & d_{21} & d_{22} \end{bmatrix}\begin{bmatrix} n_{\mathrm{H}}(t) \\ n_{\mathrm{L}}(t) \\ q_{m,\mathrm{f}}(t) \\ A_8(t) \end{bmatrix}$$

指标函数为 $$J_c=\int_0^{\infty}\{[\boldsymbol{y}(t)-\boldsymbol{r}(t)]^{\mathrm{T}}\boldsymbol{Q}[\boldsymbol{y}(t)-\boldsymbol{r}(t)]+\boldsymbol{v}^{\mathrm{T}}(t)\boldsymbol{R}_{\mathrm{ex}}\boldsymbol{v}(t)\}\,\mathrm{d}t$$

(2) 确定各系数矩阵。按第 3 章介绍的方法确定系数矩阵 $\boldsymbol{A},\boldsymbol{B},\boldsymbol{C},\boldsymbol{D}$。现以 $H=0,Ma=0$,发动机在最大工作状态为例,用已介绍的方法计算得

$$\boldsymbol{A}=\begin{bmatrix}-2.148 & -0.403\\ 2.862 & -3.017\end{bmatrix},\quad \boldsymbol{B}=\begin{bmatrix}0.298 & 0.594\\ 0.285 & 1.708\end{bmatrix}$$

$$\boldsymbol{C}=\begin{bmatrix}0 & 1\\ -0.013 & -0.364\end{bmatrix},\quad \boldsymbol{D}=\begin{bmatrix}0 & 0\\ 0.365 & -0.232\end{bmatrix}$$

由此,确定扩展矩阵为

$$\boldsymbol{A}_{\mathrm{ex}}=\begin{bmatrix}-2.148 & -0.403 & 0.298 & 0.594\\ 2.862 & -3.017 & 0.285 & 1.708\\ 0 & 0 & 0 & 0\\ 0 & 0 & 0 & 0\end{bmatrix},\quad \boldsymbol{B}_{\mathrm{ex}}=\begin{bmatrix}0 & 0\\ 0 & 0\\ 1 & 0\\ 0 & 1\end{bmatrix}$$

$$\boldsymbol{C}_{\mathrm{ex}}=\begin{bmatrix}0 & 1 & 0 & 0\\ -0.014 & -0.364 & 0.365 & -0.232\end{bmatrix}$$

(3) 确定 $\boldsymbol{Q}_{\mathrm{ex}},\boldsymbol{R}_{\mathrm{ex}}$。选择

$$\boldsymbol{Q}=\begin{bmatrix}1 & 0\\ 0 & 1\end{bmatrix},\quad \boldsymbol{R}=\begin{bmatrix}0.01 & 0\\ 0 & 0.01\end{bmatrix}$$

则

$$\boldsymbol{Q}_{\mathrm{ex}}=\boldsymbol{C}_{\mathrm{ex}}^{\mathrm{T}}\boldsymbol{Q}\,\boldsymbol{C}_{\mathrm{ex}}=\begin{bmatrix}0.002 & 0.005 & -0.005 & 0.003\\ 0.005 & 0.133 & -0.133 & 0.085\\ -0.005 & -0.133 & 0.1334 & -0.085\\ 0.003 & 0.085 & -0.085 & 0.054\end{bmatrix}$$

$$\boldsymbol{R}_{\mathrm{ex}}=\boldsymbol{R}=\begin{bmatrix}0.01 & 0\\ 0 & 0.01\end{bmatrix}$$

(4) 根据式(6.19),求解 $\boldsymbol{P}_{\mathrm{ex}}$。

$$\boldsymbol{P}_{\mathrm{ex}}=\begin{bmatrix}0.015 & 0.027 & 0.009 & 0.008\\ 0.027 & 0.110 & 0.002 & 0.019\\ 0.009 & 0.002 & 0.034 & -0.004\\ 0.008 & 0.019 & -0.004 & 0.011\end{bmatrix}$$

(5) 根据式(6.18),计算 $\boldsymbol{K}_{\mathrm{ex}}$。

$$\boldsymbol{K}_{\mathrm{ex}}=\boldsymbol{R}_{\mathrm{ex}}^{-1}\boldsymbol{B}_{\mathrm{ex}}^{\mathrm{T}}\boldsymbol{P}_{\mathrm{ex}}=\begin{bmatrix}0.928 & 0.156 & 3.372 & -0.444\\ 8.410 & 19.093 & -4.440 & 10.922\end{bmatrix}$$

(6) 计算 $\boldsymbol{K}_1,\boldsymbol{K}_2$。由

$$\boldsymbol{Z}=\begin{bmatrix}\boldsymbol{A} & \boldsymbol{B}\\ \boldsymbol{C} & \boldsymbol{D}\end{bmatrix},\quad \boldsymbol{K}_{\mathrm{ex}}\boldsymbol{Z}^{-1}=[\boldsymbol{K}_1\quad \boldsymbol{K}_2]$$

得
$$[\boldsymbol{K}_1 \ \vdots \ \boldsymbol{K}_2]=\begin{bmatrix}0.269 & 0.366 & \vdots & 3.938 & 9.174\\ 0.638 & 1.604 & \vdots & 9.052 & -3.903\end{bmatrix}$$

(7) 根据 $\boldsymbol{K}_1$,$\boldsymbol{K}_2$,由式(6.23)可得最优控制规律,即

$$\begin{bmatrix}q_{m,\mathrm{f}}(t)\\ A_8(t)\end{bmatrix}=-\boldsymbol{K}_1\begin{bmatrix}n_{\mathrm{H}}(t)\\ n_{\mathrm{L}}(t)\end{bmatrix}+\boldsymbol{K}_2\int_0^t\begin{bmatrix}r_1(t)-n_{\mathrm{L}}(t)\\ r_2(t)-T_5(t)\end{bmatrix}\mathrm{d}t$$

(8) 根据最优控制规律求解式(6.24)和式(6.25),可得发动机最优伺服控制系统的状态响应及输出响应。

当参考输入 $r_1(t)$ 为单位阶跃时,最优伺服系统的输出 $n_{\mathrm{L}}(t)$ 的跟踪响应如图 6.6 所示。图中,曲线 1 表示无干扰作用时的输出响应,曲线 2 表示有干扰作用时的输出响应。

当参考输入 $r_2(t)$ 为单位阶跃时,输出 $T_5(t)$ 的跟踪响应如图 6.7 所示。图中,曲线 1 表示无干扰作用时的输出响应,曲线 2 表示有干扰作用时的输出响应。

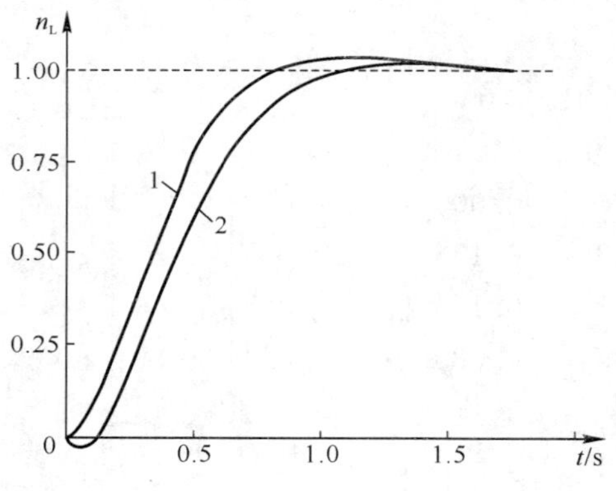

图 6.6 n_{L} 对 $r_1(t)$ 的阶跃响应

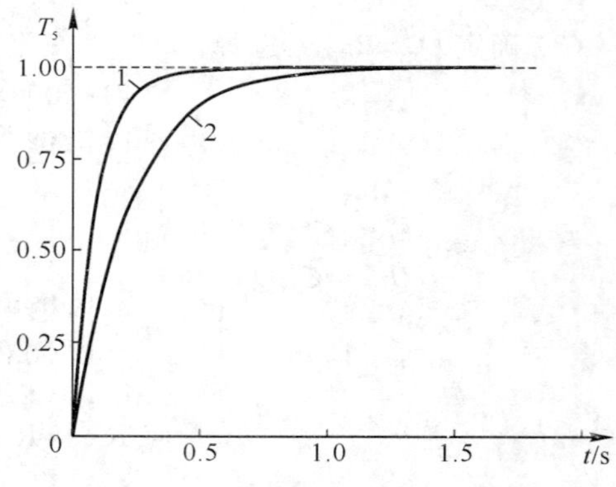

图 6.7 $T_5(t)$ 对 $r_2(t)$ 的阶跃响应

由图 6.6 和图 6.7 可以看出,对于无干扰作用与有干扰作用两种情况,当 $t\to\infty$ 时,系统的输出都能无误差地跟踪参考输入。

在有持续干扰作用的情况下,当系统参考输入 $r_1(t)$ 为单位阶跃时,系统输出 $n_{\mathrm{L}}(t)$ 和 $T_5(t)$ 的响应如图 6.8 所示。由图可以看出,当 $t=1.28$ s 时,$n_{\mathrm{L}}(t)$ 即达到对 $r_1(t)$ 的无误差跟踪,而 $T_5(t)$ 变化很小,并且很快恢复到初始值。

在有持续干扰作用的情况下,当系统参考输入 $r_2(t)$ 为单位阶跃时,系统输出 $T_5(t)$ 和 $n_{\mathrm{L}}(t)$ 的响应如图 6.9 所示。由图可以看出,当 $t=1.4$ s 时,$T_5(t)$ 即达到对 $r_2(t)$ 的无误差跟踪,而 $n_{\mathrm{L}}(t)$ 变化很小,且在 $t=1.6$ s 即恢复到初始值。

图 6.8 和图 6.9 说明,即使存在持续干扰作用,系统的输出仍然能无误差跟踪相应的参考输入,而且具有较好的解耦特性。

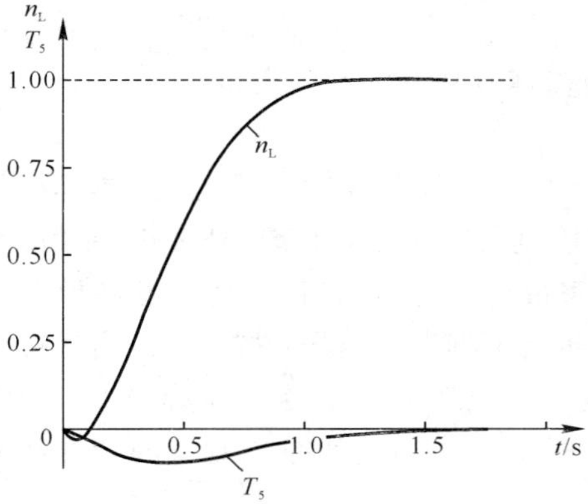

图 6.8　在持续干扰作用下系统输出对参考输入 $r_1(t)$ 的阶跃响应

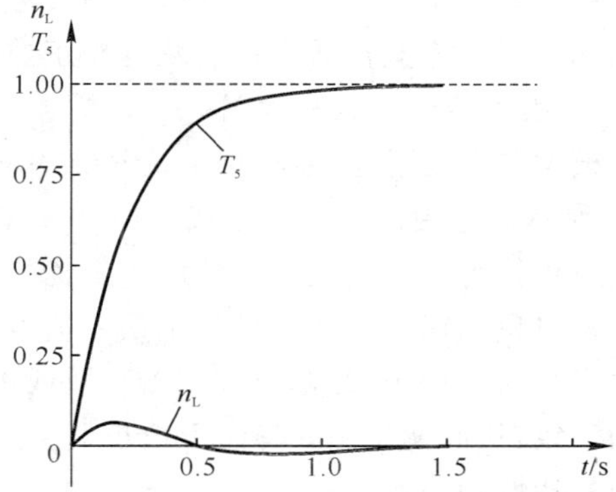

图 6.9　在持续干扰作用下系统输出对参考输入 $r_2(t)$ 的阶跃响应

6.3　航空发动机模型参考自适应控制

6.3.1　概述

一、基本问题介绍

1. 航空发动机自适应控制问题的提出

当进行发动机控制系统设计时，必须要建立发动机的数学模型。如果发动机的数学模型能够精确确定，利用常规的反馈控制理论或最优控制理论进行系统设计，通常可以获得性能良好的系统。然而，实际上发动机的数学模型难以精确确定，并且随飞行条件和发动机工作状态的变化发动机的特性在变化，描述发动机特性的数学模型也在不断变化。在这种情况下，为了保证系统性能最优，常规的反馈控制和最优控制都显得无能为力，因此不得不考虑采用其他控制方法，自适应控制就是其中之一。

当被控对象的参数在一定范围内变化时，为使系统能自动保持在某种意义下的最优运动状态或最优性能，就必须在控制系统运动过程中不断测量被控系统的状态参数或输出参数，以便了解系统的状态或性能，并与期望的性能或性能指标进行比较，当偏离期望的性能或性能指标时，改变控制器的结构、参数或控制规律，以改变控制作用，使其适应工作状态或工作环境的变化，保证系统运行在某种意义下的最优或次优状态。按照这样的思想设计的控制系统为自适应控制系统。

由于设计原理和结构的不同，自适应控制大致可以分为变增益自适应控制、模型参考自适应控制和自校正控制。本节仅就模型参考自适应控制及航空发动机自适应控制设计方法加以介绍。关于变增益自适应控制及自校正控制,读者可参考其他有关文献资料。

2. 模型参考自适应控制

模型参考自适应控制(Model Reference Adaptive Control, MRAC)系统的基本结构如图6.10所示。它由两个环路组成。内环由控制器与被控对象组成可调系统,外环由参考模型和自适应机构组成。当被控对象由于干扰的影响而偏离最优运行状态时,优化的参考模型输出与被控对象的输出相比较后产生误差信号 $\boldsymbol{e}$,自适应机构根据误差信号 $\boldsymbol{e}$ 按一定的自适应调节规律产生反馈作用,并修改控制器参数或产生一个辅助的控制信号,使可调系统与参考模型输出相一致,从而使误差 $\boldsymbol{e}$ 趋向于极小值。这种自适应控制的本质是使被控对象的特性和参考模型的特性相一致。

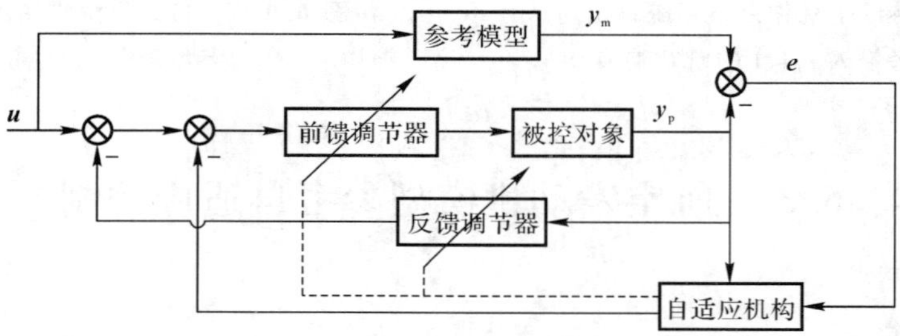

图 6.10　模型参考自适应控制系统

应当指出,只有被控对象的特性在一定范围内变化时,使其逼近于某一参考模型的特性,才可使控制系统性能最优。对于航空发动机来讲,由于工作状态和环境条件变化范围很大,特性的变化范围也必然很大,在这种情况下,使其与某一固定不变的参考模型的特性相一致来达到全范围的性能最优是不可能的。为此,必须随发动机工作状态和环境条件的变化对参考模型加以修正,或者采用许多个不同的参考模型。

模型参考自适应控制系统设计关键在于如何选择自适应机构的自适应算法(自适应规律),以便保证系统误差足够小和确保系统有足够的稳定性。

模型参考自适应控制系统的设计方法主要有下述几种:

(1) 用局部参数最优化理论进行设计;

(2) 用李亚普诺夫稳定性理论进行设计;

(3) 用 Popov 超稳定性理论进行设计。

局部参数最优化的设计方法是最早出现的一种方法,这种方法所导出的自适应规律实现起来比较简单。但这种方法不是以稳定性理论为依据的。对一个满意的模型参考自适应控制系统,应当具有的首要品质是系统必须全局稳定,而用局部参数最优化理论设计的系统往往要经过稳定性检验,但许多实际的模型参考自适应控制系统是无法用解析法检验其全局稳定性的。

这是此种方法的主要缺点。

用李亚普诺夫稳定性理论设计的模型参考自适应控制系统可以保证系统全局渐近稳定。它的主要缺点是针对具体系统难以选择合适的李亚普诺夫函数，所以往往不容易获得较好的自适应规律。

用 Popov 超稳定性理论设计模型参考自适应控制系统可以给出一族自适应规律，有利于结合实际系统灵活地加以选择。

本节仅对超稳定性理论设计模型参考自适应控制系统的主要原理及航空发动机自适应控制系统设计方法加以讨论。

3. 关于超稳定性理论的基本概念

设 $h(s)=m(s)/n(s)$ 是复变量 $s=\sigma+j\omega$ 的有理函数，其中 $m(s)$ 和 $n(s)$ 都是 s 的多项式，如果

(1) 当 s 为实数时，$h(s)$ 是实的；

(2) 在闭右半平面 $\mathrm{Re}s\geqslant 0$ 上，$h(s)$ 没有极点，或 $m(s)$ 与 $n(s)$ 为赫尔维茨多项式；

(3) 对任意 $\omega(-\infty<\omega<+\infty)$，当 $s=j\omega$ 时，有

$$\mathrm{Re}h(j\omega)>0$$

则 $h(s)$ 为严格正实函数。

对于线性定常系统

$$\dot{\boldsymbol{x}}=\boldsymbol{A}\boldsymbol{x}+\boldsymbol{B}\boldsymbol{u}$$

$$\boldsymbol{y}=\boldsymbol{C}\boldsymbol{x}$$

其传递矩阵为

$$\boldsymbol{G}(s)=\boldsymbol{C}(s\boldsymbol{I}-\boldsymbol{A})^{-1}\boldsymbol{B}$$

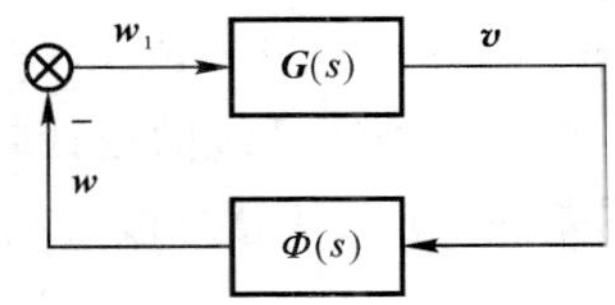

图 6.11　非线性反馈系统

如果存在一个对称正定矩阵 $\boldsymbol{P}$ 和 $\boldsymbol{Q}$，使得

$$\boldsymbol{P}\boldsymbol{A}+\boldsymbol{A}^{\mathrm{T}}\boldsymbol{P}=-\boldsymbol{Q} \tag{6.26}$$

$$\boldsymbol{B}^{\mathrm{T}}\boldsymbol{P}=\boldsymbol{C} \tag{6.27}$$

成立，则 $\boldsymbol{G}(s)$ 为严格正实矩阵，或称赫尔维茨矩阵。对于一个如图 6.11 所示的系统，它由前向部分和反馈部分组成，其前向部分为线性部分，并用 $\boldsymbol{G}(s)$ 表示，它的输入为 $\boldsymbol{w}_1$，输出为 $\boldsymbol{v}$；反馈部分为非线性部分，用 $\boldsymbol{\Phi}(s)$ 表示，它的输入为 $\boldsymbol{v}$，输出为 $\boldsymbol{w}$，且 $\boldsymbol{w}_1=-\boldsymbol{w}$。如果反馈部分的输入与输出关系满足

$$\eta(t_0,t_1)=\int_{t_0}^{t_1}\boldsymbol{v}^{\mathrm{T}}(\tau)\boldsymbol{w}(\tau)\mathrm{d}\tau\geqslant-\gamma_0^2 \tag{6.28}$$

式中，$t_1\geqslant t_0$，$\gamma_0^2\geqslant 0$，则这一系统称为超稳定系统，式(6.28) 称为 Popov 积分不等式。

如果反馈部分满足式(6.28)，且$\int_0^{\infty}\boldsymbol{w}^{\mathrm{T}}\boldsymbol{w}\mathrm{d}t<+\infty$，其前向部分的解 $\boldsymbol{v}(t)$ 满足

$$\lim_{t\to\infty}\boldsymbol{v}(t)=\boldsymbol{0}$$

则系统为渐近超稳定的。

闭环系统为渐近超稳定的充分与必要条件是前向部分传递矩阵 $\boldsymbol{G}(s)$ 为严格正实矩阵。

二、模型参考自适应控制系统的一般描述

模型参考自适应控制系统的设计问题可以看做是系统的状态或参数偏离平衡位置而进行自动调整的问题。当被控对象的状态或参数随时间变化时,模型参考自适应控制系统可以看做是被控对象的状态或参数可调的系统。

设参考模型的状态方程为

$$\dot{\boldsymbol{x}}_{\mathrm{m}}(t)=\boldsymbol{A}_{\mathrm{m}}\boldsymbol{x}_{\mathrm{m}}(t)+\boldsymbol{B}_{\mathrm{m}}\boldsymbol{u}(t) \tag{6.29}$$

被控对象的状态方程为

$$\dot{\boldsymbol{x}}_{\mathrm{p}}(t)=\boldsymbol{A}_{\mathrm{p}}(t)\boldsymbol{x}_{\mathrm{p}}(t)+\boldsymbol{B}_{\mathrm{p}}(t)\boldsymbol{u}(t) \tag{6.30}$$

广义误差为

$$\boldsymbol{e}(t)=\boldsymbol{x}_{\mathrm{m}}(t)-\boldsymbol{x}_{\mathrm{p}}(t) \tag{6.31}$$

广义误差的导数为

$$\begin{aligned}\dot{\boldsymbol{e}}=\dot{\boldsymbol{x}}_{\mathrm{m}}(t)-\dot{\boldsymbol{x}}_{\mathrm{p}}(t)=\boldsymbol{A}_{\mathrm{m}}\boldsymbol{x}_{\mathrm{m}}(t)-\boldsymbol{A}_{\mathrm{p}}(t)\boldsymbol{x}_{\mathrm{p}}(t)+\boldsymbol{B}_{\mathrm{m}}\boldsymbol{u}(t)-\boldsymbol{B}_{\mathrm{p}}(t)\boldsymbol{u}(t)=\\ \boldsymbol{A}_{\mathrm{m}}\boldsymbol{x}_{\mathrm{m}}(t)-\boldsymbol{A}_{\mathrm{m}}\boldsymbol{x}_{\mathrm{p}}(t)+\boldsymbol{A}_{\mathrm{m}}\boldsymbol{x}_{\mathrm{p}}(t)-\boldsymbol{A}_{\mathrm{p}}(t)\boldsymbol{x}_{\mathrm{p}}(t)+\boldsymbol{B}_{\mathrm{m}}\boldsymbol{u}(t)-\boldsymbol{B}_{\mathrm{p}}(t)\boldsymbol{u}(t)\end{aligned}$$

即

$$\dot{\boldsymbol{e}}(t)=\boldsymbol{A}_{\mathrm{m}}\boldsymbol{e}(t)+[\boldsymbol{A}_{\mathrm{m}}-\boldsymbol{A}_{\mathrm{p}}(t)]\boldsymbol{x}_{\mathrm{p}}(t)+[\boldsymbol{B}_{\mathrm{m}}-\boldsymbol{B}_{\mathrm{p}}(t)]\boldsymbol{u}(t) \tag{6.32}$$

初始时刻当 $t=t_0$ 时,$\boldsymbol{e}(t_0)=\boldsymbol{x}_{\mathrm{m}}(t_0)-\boldsymbol{x}_{\mathrm{p}}(t_0)$。

自适应控制系统的设计就是确定一种控制规律,在这种控制规律作用下,使系统对任意初始偏差 $\boldsymbol{e}(t_0)$ 和任意分段连续输入函数 $\boldsymbol{u}(t)$ 满足

$$\lim_{t\to\infty}[\boldsymbol{x}_{\mathrm{m}}(t)-\boldsymbol{x}_{\mathrm{p}}(t)]=\lim_{t\to\infty}\boldsymbol{e}(t)=\boldsymbol{0}$$

参数 $\boldsymbol{A}_{\mathrm{p}},\boldsymbol{B}_{\mathrm{p}}$ 不仅随 t 而变化,而且随 $\boldsymbol{e}$ 而变化,即 $\boldsymbol{A}_{\mathrm{p}},\boldsymbol{B}_{\mathrm{p}}$ 是 t 和 $\boldsymbol{e}$ 的函数,可用 $\boldsymbol{A}_{\mathrm{p}}(\boldsymbol{e},t),\boldsymbol{B}_{\mathrm{p}}(\boldsymbol{e},t)$ 表示。

为使调节作用不致随 $\boldsymbol{e}$ 趋向于零而消失,自适应控制规律中应包含有记忆性质的积分作用。因此,可调参数不仅依赖于 $\boldsymbol{e}(t)$ 的现在值,而且还依赖于它的过去值 $\boldsymbol{e}(\tau),\tau\leqslant t$。对参数可调的系统,自适应规律可采用比例加积分的控制规律,即

$$\boldsymbol{A}_{\mathrm{p}}(\boldsymbol{e},t)=\int_0^t\boldsymbol{\Phi}_1(\boldsymbol{e},t,\tau)\mathrm{d}\tau+\boldsymbol{\Phi}_2(\boldsymbol{e},t)+\boldsymbol{A}_{\mathrm{p}}(0)$$

$$\boldsymbol{B}_{\mathrm{p}}(\boldsymbol{e},t)=\int_0^t\boldsymbol{\Psi}_1(\boldsymbol{e},t,\tau)\mathrm{d}\tau+\boldsymbol{\Psi}_2(\boldsymbol{e},t)+\boldsymbol{B}_{\mathrm{p}}(0)$$

式中,$\boldsymbol{\Phi}_1,\boldsymbol{\Phi}_2$ 和 $\boldsymbol{\Psi}_1,\boldsymbol{\Psi}_2$ 分别为 $n\times n$ 和 $n\times m$ 矩阵。

为使系统全局渐近稳定,还必须增加一补偿条件,即增加一线性补偿器 $\boldsymbol{D}$,以使前向部分的等价传递矩阵 $\boldsymbol{G}(s)$ 满足严格正实性要求。这一线性补偿器的输入为 $\boldsymbol{e}(t)$,输出为 $\boldsymbol{v}(t)$,补偿器方程为

$$\boldsymbol{v}(t)=\boldsymbol{D}\boldsymbol{e}(t) \tag{6.33}$$

增加线性补偿器后可调参数应为 $\boldsymbol{v}$ 的函数，因此自适应规律应改写为

$$\boldsymbol{A}_{\mathrm{p}}(\boldsymbol{v},t)=\int_0^t \boldsymbol{\Phi}_1(\boldsymbol{v},t,\tau)\mathrm{d}\tau+\boldsymbol{\Phi}_2(\boldsymbol{v},t)+\boldsymbol{A}_{\mathrm{p}}(0) \tag{6.34}$$

$$\boldsymbol{B}_{\mathrm{p}}(\boldsymbol{v},t)=\int_0^t \boldsymbol{\Psi}_1(\boldsymbol{v},t,\tau)\mathrm{d}\tau+\boldsymbol{\Psi}_2(\boldsymbol{v},t)+\boldsymbol{B}_{\mathrm{p}}(0) \tag{6.35}$$

被控对象的状态方程应改写为

$$\dot{\boldsymbol{x}}_{\mathrm{p}}(t)=\boldsymbol{A}_{\mathrm{p}}(\boldsymbol{v},t)\boldsymbol{x}_{\mathrm{p}}(t)+\boldsymbol{B}_{\mathrm{p}}(\boldsymbol{v},t)\boldsymbol{u}(t) \tag{6.36}$$

用上述状态方程描述的模型参考自适应控制系统的结构图如图 6.12 所示。

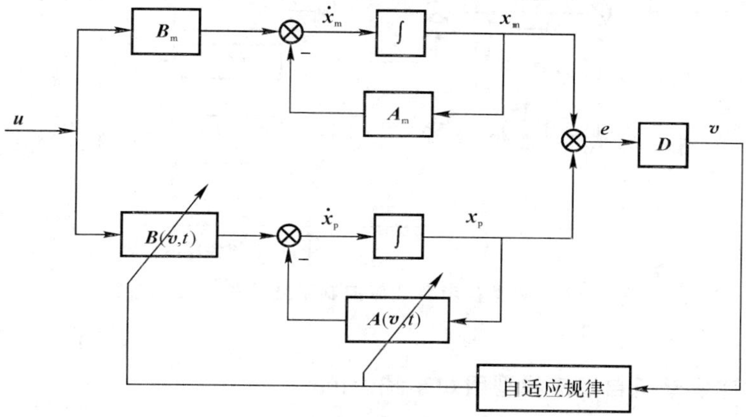

图 6.12　模型参考自适应控制系统结构图

在式(6.32)中，令

$$\boldsymbol{w}_1(t)=[\boldsymbol{A}_{\mathrm{m}}-\boldsymbol{A}_{\mathrm{p}}(\boldsymbol{v},t)]\boldsymbol{x}_{\mathrm{p}}(t)+[\boldsymbol{B}_{\mathrm{m}}-\boldsymbol{B}_{\mathrm{p}}(\boldsymbol{v},t)]\boldsymbol{u}(t) \tag{6.37}$$

则模型参考自适应控制系统可以用以下三个方程描述其等价反馈系统：

$$\dot{\boldsymbol{e}}(t)=\boldsymbol{A}_{\mathrm{m}}\boldsymbol{e}(t)+\boldsymbol{I}\boldsymbol{w}_1(t) \tag{6.38}$$

$$\boldsymbol{v}(t)=\boldsymbol{D}\boldsymbol{e}(t) \tag{6.39}$$

$$\begin{aligned}\boldsymbol{w}(t)=-\boldsymbol{w}_1(t)=&\left[\int_0^t \boldsymbol{\Phi}_1(\boldsymbol{v},t,\tau)\mathrm{d}\tau+\boldsymbol{\Phi}_2(\boldsymbol{v},t)+\boldsymbol{A}_{\mathrm{p}}(0)-\boldsymbol{A}_{\mathrm{m}}\right]\boldsymbol{x}_{\mathrm{p}}(t)+\\&\left[\int_0^t \boldsymbol{\Psi}_1(\boldsymbol{v},t,\tau)\mathrm{d}\tau+\boldsymbol{\Psi}_2(\boldsymbol{v},t)+\boldsymbol{B}_{\mathrm{p}}(0)-\boldsymbol{B}_{\mathrm{m}}\right]\boldsymbol{u}(t)\end{aligned} \tag{6.40}$$

图 6.13 表示了这种等价系统的结构图。等价系统的前向线性部分传递矩阵为

$$\boldsymbol{G}(s)=\boldsymbol{D}(s\boldsymbol{I}-\boldsymbol{A}_{\mathrm{m}})^{-1}\boldsymbol{I} \tag{6.41}$$

模型参考自适应控制系统的设计步骤可归纳如下：

(1) 将模型参考自适应控制系统化为由前向线性部分和时变非线性反馈部分组成的等价系统。

(2) 使等价反馈部分满足 Popov 积分不等式(式(6.28))，并确定合适的自适应控制规律。

(3) 根据对等价前向线性部分的正实性要求,确定线性补偿器。

(4) 将等价系统返回到原始系统的形式,完成整个模型参考自适应控制系统的设计。

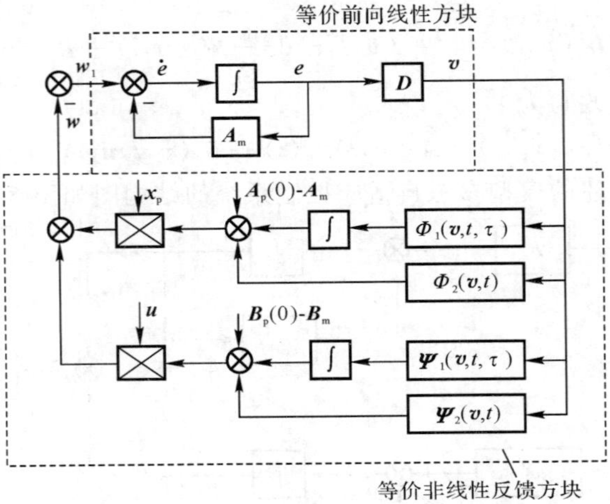

图 6.13 模型参考自适应控制系统的等价反馈系统

6.3.2 航空发动机自适应模型跟踪系统设计

一、线性模型跟踪控制系统(完全模型跟踪控制问题)

在前面介绍的模型参考自适应控制基本知识的基础上,再进一步介绍线性模型跟踪控制问题,它是航空发动机自适应模型跟踪控制系统设计的预备知识。自适应模型跟踪控制系统能反映出真正的设计目标,具有算法比较简单、易于工程实现等优点。

线性模型跟踪控制系统原理如图 6.14 所示。图中,$\boldsymbol{K}_u$ 为前馈增益矩阵;$\boldsymbol{K}_m$ 为参考模型前馈增益矩阵;$\boldsymbol{K}_p$ 为被控对象反馈增益矩阵。

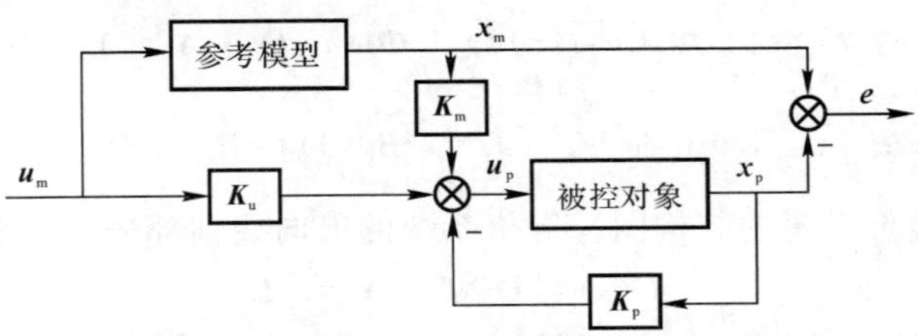

图 6.14 线性模型跟踪控制系统原理图

设参考模型为

$$\dot{\boldsymbol{x}}_m = \boldsymbol{A}_m \boldsymbol{x}_m + \boldsymbol{B}_m \boldsymbol{u}_m \tag{6.42}$$

被控对象为

$$\dot{\boldsymbol{x}}_p = \boldsymbol{A}_p \boldsymbol{x}_p + \boldsymbol{B}_p \boldsymbol{u}_p \tag{6.43}$$

广义误差向量为

$$\boldsymbol{e} = \boldsymbol{x}_m - \boldsymbol{x}_p \tag{6.44}$$

被控对象输入为

$$\boldsymbol{u}_p = -\boldsymbol{K}_p \boldsymbol{x}_p + \boldsymbol{K}_m \boldsymbol{x}_m + \boldsymbol{K}_u \boldsymbol{u}_m \tag{6.45}$$

式中，$\boldsymbol{x}_m$，$\boldsymbol{x}_p$ 为 n 维向量；$\boldsymbol{u}_m$ 为 m 维向量；$\boldsymbol{A}_m$，$\boldsymbol{B}_m$，$\boldsymbol{A}_p$，$\boldsymbol{B}_p$ 以及 $\boldsymbol{K}_p$，$\boldsymbol{K}_m$，$\boldsymbol{K}_u$ 为具有相应维数的矩阵。$\boldsymbol{A}_p$，$\boldsymbol{B}_p$ 及 $\boldsymbol{A}_m$，$\boldsymbol{B}_m$ 是稳定的，$\boldsymbol{A}_m$ 是赫尔维茨矩阵(即参考模型是渐近稳定的)。

所谓完全模型跟踪即是对零初始条件及任何分段连续输入 $\boldsymbol{u}_m$，广义误差向量 $\boldsymbol{e}(t)=\boldsymbol{0}$，并且 $\dot{\boldsymbol{e}}(t)=\boldsymbol{0}$。现分析实现完全模型跟踪的条件。

将式(6.42)减去式(6.43)，并将式(6.45)代入，得

$$\begin{aligned}\dot{\boldsymbol{e}} = \dot{\boldsymbol{x}}_m - \dot{\boldsymbol{x}}_p = \boldsymbol{A}_m \boldsymbol{x}_m + \boldsymbol{B}_m \boldsymbol{u}_m - (\boldsymbol{A}_p \boldsymbol{x}_p + \boldsymbol{B}_p \boldsymbol{u}_p) = \\ \boldsymbol{A}_m(\boldsymbol{x}_m - \boldsymbol{x}_p) + [\boldsymbol{A}_m - \boldsymbol{A}_p + \boldsymbol{B}_p(\boldsymbol{K}_p - \boldsymbol{K}_m)]\boldsymbol{x}_p + \\ (\boldsymbol{B}_m - \boldsymbol{B}_p\boldsymbol{K}_u)\boldsymbol{u}_m - \boldsymbol{B}_p\boldsymbol{K}_m(\boldsymbol{x}_m - \boldsymbol{x}_p)\end{aligned}$$

即

$$\dot{\boldsymbol{e}} = (\boldsymbol{A}_m - \boldsymbol{B}_p \boldsymbol{x}_m)\boldsymbol{e} + [\boldsymbol{A}_m - \boldsymbol{A}_p + \boldsymbol{B}_p(\boldsymbol{K}_p - \boldsymbol{K}_m)]\boldsymbol{x}_p + (\boldsymbol{B}_m - \boldsymbol{B}_p\boldsymbol{K}_u)\boldsymbol{u}_m \tag{6.46}$$

为实现完全模型跟踪，也就是为实现 $\boldsymbol{e}(t)=\boldsymbol{0}$，$\dot{\boldsymbol{e}}(t)=\boldsymbol{0}$，由式(6.46)可知，只有当

$$[\boldsymbol{A}_m - \boldsymbol{A}_p + \boldsymbol{B}_p(\boldsymbol{K}_p - \boldsymbol{K}_m)]\boldsymbol{x}_p + (\boldsymbol{B}_m - \boldsymbol{B}_p\boldsymbol{K}_u)\boldsymbol{u}_m = \boldsymbol{0}$$

即当

$$\boldsymbol{A}_m - \boldsymbol{A}_p + \boldsymbol{B}_p(\boldsymbol{K}_p - \boldsymbol{K}_m) = \boldsymbol{0} \tag{6.47}$$

$$\boldsymbol{B}_m - \boldsymbol{B}_p\boldsymbol{K}_u = \boldsymbol{0} \tag{6.48}$$

时，才成为可能。

对于式(6.47)和式(6.48)两式，可改写为

$$\boldsymbol{B}_p(\boldsymbol{K}_m - \boldsymbol{K}_p) = \boldsymbol{A}_m - \boldsymbol{A}_p \tag{6.49}$$

$$\boldsymbol{B}_p\boldsymbol{K}_u = \boldsymbol{B}_m \tag{6.50}$$

式(6.49)和式(6.50)是实现完全模型跟踪必须满足的条件，因此对这两式求解所得到的 $\boldsymbol{K}_m$，$\boldsymbol{K}_p$ 及 $\boldsymbol{K}_u$ 可实现完全模型跟踪。

对 $\boldsymbol{B}_p$ 来讲，它的彭罗士(Penrose)伪逆定义为 $\boldsymbol{B}_p^+ = (\boldsymbol{B}_p^{\mathrm{T}}\boldsymbol{B}_p)^{-1}\boldsymbol{B}_p^{\mathrm{T}}$，如果 $\boldsymbol{B}_p^{\mathrm{T}}\boldsymbol{B}_p$ 是一个非奇异矩阵，则 $\boldsymbol{B}_p$ 的左伪逆存在。

现在分析 $\boldsymbol{K}_m$，$\boldsymbol{K}_p$，$\boldsymbol{K}_u$ 的解存在的条件。如果 $\boldsymbol{B}_p^+$ 存在，以 $\boldsymbol{B}_p^+$ 左乘式(6.49)和式(6.50)两式，得

$$\boldsymbol{K}_m - \boldsymbol{K}_p = \boldsymbol{B}_p^+(\boldsymbol{A}_m - \boldsymbol{A}_p) \tag{6.51}$$

$$\boldsymbol{K}_u = \boldsymbol{B}_p^+\boldsymbol{B}_m \tag{6.52}$$

将式(6.51)和式(6.52)分别代入式(6.49)和式(6.50)，可得到 $\boldsymbol{K}_m$，$\boldsymbol{K}_p$，$\boldsymbol{K}_u$ 的解存在的条件，即

$$(\boldsymbol{I} - \boldsymbol{B}_p\boldsymbol{B}_p^+)(\boldsymbol{A}_m - \boldsymbol{A}_p) = \boldsymbol{0} \tag{6.53}$$

$$(\boldsymbol{I} - \boldsymbol{B}_p\boldsymbol{B}_p^+)\boldsymbol{B}_m = \boldsymbol{0} \tag{6.54}$$

如果式(6.53)和式(6.54)被满足,则由式(6.51)和式(6.52)可求出($\boldsymbol{K}_m - \boldsymbol{K}_p$)及 $\boldsymbol{K}_u$,具体设计时,$\boldsymbol{K}_m$ 及 $\boldsymbol{K}_p$ 可在适当范围内加以选择。

二、自适应模型跟踪控制(AMFC)系统的设计

在被控对象的参数完全确定的情况下,线性模型跟踪控制系统可以实现完全模型跟踪,并且控制系统的结构也比较简单,但是它不能解决被控对象参数具有不确定性或变化时的模型跟踪问题。航空发动机作为被控对象,它的参数是随其工作状态和飞行条件而变化的,因此不能直接实现线性模型跟踪控制。要解决航空发动机模型跟踪控制问题,必须解决自适应问题。解决这一问题的一种比较合适的方案是在图 6.14 所示的线性模型跟踪控制系统中增加一自适应机构,这一自适应机构在系统中是一辅助反馈回路。这一辅助反馈回路按一定的自适应规律(自适应算法)改善模型跟踪控制系统的性能,这样的系统称为自适应模型跟踪控制(Adaptive Model Following Control, AMFC)系统,如图 6.15 所示。图中,$\boldsymbol{D}$ 为线性补偿器。

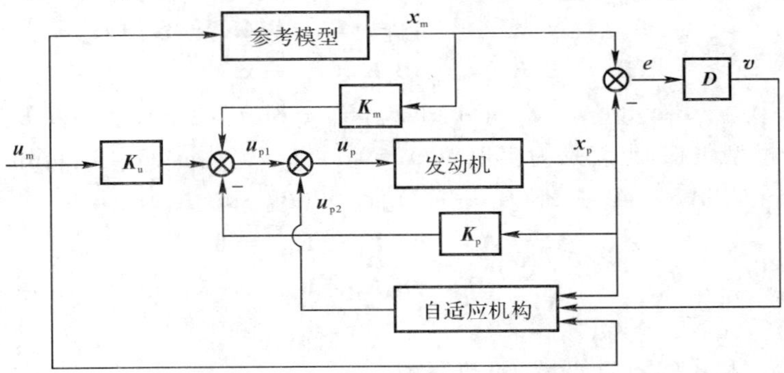

图 6.15 航空发动机自适应模型跟踪控制系统

这一系统所实现的不是在任何时间 $\boldsymbol{e}(t)=\boldsymbol{0}$ 及 $\dot{\boldsymbol{e}}(t)=\boldsymbol{0}$,而是 $\lim\limits_{t\to\infty}\boldsymbol{e}(t)=\boldsymbol{0}$,即渐近地趋向完全模型跟踪,当然只有在完全模型跟踪的解存在时才有可能,自适应机构所起的作用仅仅是收敛到这个解。

对图 6.15 所示的自适应模型跟踪控制系统,其参考模型为

$$\dot{\boldsymbol{x}}_m = \boldsymbol{A}_m \boldsymbol{x}_m + \boldsymbol{B}_m \boldsymbol{u}_m \tag{6.55}$$

作为被控对象的发动机的状态方程为

$$\dot{\boldsymbol{x}} = \boldsymbol{A}_p \boldsymbol{x}_p + \boldsymbol{B}_p \boldsymbol{u}_p \tag{6.56}$$

由于被控对象的输入 $\boldsymbol{u}_p = \boldsymbol{u}_{p1} + \boldsymbol{u}_{p2}$,所以式(6.56)可写为

$$\dot{\boldsymbol{x}}_p = \boldsymbol{A}_p \boldsymbol{x}_p + \boldsymbol{B}_p \boldsymbol{u}_{p1} + \boldsymbol{B}_p \boldsymbol{u}_{p2} \tag{6.57}$$

广义状态误差

$$\boldsymbol{e} = \boldsymbol{x}_m - \boldsymbol{x}_p \tag{6.58}$$

由图 6.15 可知,线性控制输入

$$\boldsymbol{u}_{p1} = -\boldsymbol{K}_p \boldsymbol{x}_p + \boldsymbol{K}_m \boldsymbol{x}_m + \boldsymbol{K}_u \boldsymbol{u}_m \tag{6.59}$$

自适应控制输入

$$\boldsymbol{u}_{p2} = \Delta \boldsymbol{K}_p(\boldsymbol{e},t)\boldsymbol{x}_p + \Delta \boldsymbol{K}_u(\boldsymbol{e},t)\boldsymbol{u}_m \tag{6.60}$$

式中，$\Delta \boldsymbol{K}_p(\boldsymbol{e},t)$ 及 $\Delta \boldsymbol{K}_u(\boldsymbol{e},t)$ 为依赖于广义状态误差 $\boldsymbol{e}$ 及时间 t 的时变增益矩阵。

将式(6.59) 和式(6.60) 代入式(6.57) 后，得

$$\dot{\boldsymbol{x}}_p = \boldsymbol{A}_p \boldsymbol{x}_p + \boldsymbol{B}_p(-\boldsymbol{K}_p \boldsymbol{x}_p + \boldsymbol{K}_m \boldsymbol{x}_m + \boldsymbol{K}_u \boldsymbol{u}_m) + \boldsymbol{B}_p[\Delta \boldsymbol{K}_p(\boldsymbol{e},t)\boldsymbol{x}_p + \Delta \boldsymbol{K}_u(\boldsymbol{e},t)\boldsymbol{u}_m]$$

将等号右端加上和减去 $\boldsymbol{B}_p \boldsymbol{K}_m \boldsymbol{x}_p$，整理后得

$$\dot{\boldsymbol{x}} = [\boldsymbol{A}_p - \boldsymbol{B}_p \boldsymbol{K}_p + \boldsymbol{B}_p \boldsymbol{K}_m + \boldsymbol{B}_p \Delta \boldsymbol{K}_p(\boldsymbol{e},t)]\boldsymbol{x}_p + \boldsymbol{B}_p[\boldsymbol{K}_u + \Delta \boldsymbol{K}_u(\boldsymbol{e},t)]\boldsymbol{u}_m + \boldsymbol{B}_p \boldsymbol{K}_m \boldsymbol{e} \tag{6.61}$$

将式(6.55) 减去式(6.61)，得

$$\begin{aligned}\dot{\boldsymbol{e}} = \boldsymbol{A}_m \boldsymbol{x}_m &- [\boldsymbol{A}_p - \boldsymbol{B}_p \boldsymbol{K}_p + \boldsymbol{B}_p \boldsymbol{K}_m + \boldsymbol{B}_p \Delta \boldsymbol{K}_p(\boldsymbol{e},t)]\boldsymbol{x}_p + \\ &[\boldsymbol{B}_m - \boldsymbol{B}_p \boldsymbol{K}_u - \boldsymbol{B}_p \Delta \boldsymbol{K}_u(\boldsymbol{e},t)]\boldsymbol{u}_m - \boldsymbol{B}_p \boldsymbol{K}_m \boldsymbol{e}\end{aligned}$$

将等号右端减去和加上 $\boldsymbol{A}_m \boldsymbol{x}_p$，整理后得

$$\begin{aligned}\dot{\boldsymbol{e}} = (\boldsymbol{A}_m - \boldsymbol{B}_p \boldsymbol{K}_m)\boldsymbol{e} &+ [\boldsymbol{A}_m - \boldsymbol{A}_p + \boldsymbol{B}_p(\boldsymbol{K}_p - \boldsymbol{K}_m) - \boldsymbol{B}_p \Delta \boldsymbol{K}_p(\boldsymbol{e},t)]\boldsymbol{x}_p + \\ &[\boldsymbol{B}_m - \boldsymbol{B}_p \boldsymbol{K}_u - \boldsymbol{B}_p \Delta \boldsymbol{K}_u(\boldsymbol{e},t)]\boldsymbol{u}_m\end{aligned} \tag{6.62}$$

如果令

$$\boldsymbol{A}_p - \boldsymbol{B}_p(\boldsymbol{K}_p - \boldsymbol{K}_m) + \boldsymbol{B}_p \Delta \boldsymbol{K}_p(\boldsymbol{e},t) = \boldsymbol{A}_p(\boldsymbol{e},t) \tag{6.63}$$

$$\boldsymbol{B}_p[\boldsymbol{K}_u + \Delta \boldsymbol{K}_u(\boldsymbol{e},t)] = \boldsymbol{B}_p(\boldsymbol{e},t) \tag{6.64}$$

则式(6.62) 可表示为

$$\dot{\boldsymbol{e}} = (\boldsymbol{A}_m - \boldsymbol{B}_p \boldsymbol{K}_m)\boldsymbol{e} + [\boldsymbol{A}_m - \boldsymbol{A}_p(\boldsymbol{e},t)]\boldsymbol{x}_p + [\boldsymbol{B}_m - \boldsymbol{B}_p(\boldsymbol{e},t)]\boldsymbol{u}_m \tag{6.65}$$

比较式(6.65) 和式(6.32)，可知它们是相似的，因此仍可采用比例积分型自适应控制规律。设

$$\boldsymbol{A}_p(\boldsymbol{e},t) = \boldsymbol{B}_p\left[\int_0^t \boldsymbol{\Phi}_1(\boldsymbol{e},t,\tau)\mathrm{d}\tau + \boldsymbol{\Phi}_2(\boldsymbol{e},t)\right] + \boldsymbol{A}_p(0)$$

$$\boldsymbol{B}_p(\boldsymbol{e},t) = \boldsymbol{B}_p\left[\int_0^t \boldsymbol{\Psi}_1(\boldsymbol{e},t,\tau)\mathrm{d}\tau + \boldsymbol{\Psi}_2(\boldsymbol{e},t)\right] + \boldsymbol{B}_p(0)$$

$$\boldsymbol{A}_p(0) = \boldsymbol{A}_p + \boldsymbol{B}_p[\boldsymbol{K}_m - \boldsymbol{K}_p + \Delta \boldsymbol{K}_p(0)]$$

$$\boldsymbol{B}_p(0) = \boldsymbol{B}_p[\boldsymbol{K}_u + \Delta \boldsymbol{K}_u(0)]$$

则由式(6.63) 和式(6.64)，可得到自适应控制规律的时变矩阵表示式

$$\Delta \boldsymbol{K}_p(\boldsymbol{e},t) = \int_0^t \boldsymbol{\Phi}_1(\boldsymbol{e},t,\tau)\mathrm{d}\tau + \boldsymbol{\Phi}_2(\boldsymbol{e},t) + \Delta \boldsymbol{K}_p(0)$$

$$\Delta \boldsymbol{K}_u(\boldsymbol{e},t) = \int_0^t \boldsymbol{\Psi}_1(\boldsymbol{e},t,\tau)\mathrm{d}\tau + \boldsymbol{\Psi}_2(\boldsymbol{e},t) + \Delta \boldsymbol{K}_u(0)$$

考虑到线性补偿器的输入和输出关系 $\boldsymbol{v} = \boldsymbol{D}\boldsymbol{e}$ 后，以上两式可改写为

$$\Delta \boldsymbol{K}_p(\boldsymbol{v},t) = \int_0^t \boldsymbol{\Phi}_1(\boldsymbol{v},t,\tau)\mathrm{d}\tau + \boldsymbol{\Phi}_2(\boldsymbol{v},t) + \Delta \boldsymbol{K}_p(0) \tag{6.66}$$

$$\Delta \boldsymbol{K}_u(\boldsymbol{v},t) = \int_0^t \boldsymbol{\Psi}_1(\boldsymbol{v},t,\tau)\mathrm{d}\tau + \boldsymbol{\Psi}_2(\boldsymbol{v},t) + \Delta \boldsymbol{K}_u(0) \tag{6.67}$$

式中,$\boldsymbol{\Phi}_1$ 和 $\boldsymbol{\Psi}_1$ 分别为 $m\times n$ 和 $m\times m$ 矩阵,表示 $\Delta\boldsymbol{K}_\mathrm{p}(\boldsymbol{v},t)$ 和 $\Delta\boldsymbol{K}_\mathrm{u}(\boldsymbol{v},t)$ 在 $0\leqslant\tau\leqslant t$ 时与 $\boldsymbol{v}(t)$ 的非线性时变关系;$\boldsymbol{\Phi}_2$,$\boldsymbol{\Psi}_2$ 也分别是 $m\times n$ 和 $m\times m$ 矩阵,表示 $\Delta\boldsymbol{K}_\mathrm{p}(\boldsymbol{v},t)$ 和 $\Delta\boldsymbol{K}_\mathrm{u}(\boldsymbol{v},t)$ 与 $\boldsymbol{v}(t)$ 的非线性关系,对所有的 t 有 $\boldsymbol{\Phi}_2(0,t)=\boldsymbol{0}$;$\boldsymbol{\Psi}_2(0,t)=\boldsymbol{0}$。积分项保持了自适应机构的记忆,而 $\boldsymbol{\Phi}_2$ 及 $\boldsymbol{\Psi}_2$ 是在自适应过程终了时($\boldsymbol{v}=\boldsymbol{0}$)消失为零的暂态项。

自适应模型跟踪控制系统的设计步骤如下所述。

1. 将系统化为等价的反馈系统

如果在 $\boldsymbol{K}_\mathrm{p}=\boldsymbol{K}_\mathrm{p}^0$, $\boldsymbol{K}_\mathrm{u}=\boldsymbol{K}_\mathrm{u}^0$ 时满足完全模型跟踪条件,则式(6.49)和式(6.50)可表示为

$$\boldsymbol{A}_\mathrm{m}-\boldsymbol{A}_\mathrm{p}=\boldsymbol{B}_\mathrm{p}(\boldsymbol{K}_\mathrm{m}-\boldsymbol{K}_\mathrm{p}^0)$$

$$\boldsymbol{B}_\mathrm{m}=\boldsymbol{B}_\mathrm{p}\boldsymbol{K}_\mathrm{u}^0$$

将其代入式(6.62),得

$$\dot{\boldsymbol{e}}=(\boldsymbol{A}_\mathrm{m}-\boldsymbol{B}_\mathrm{p}\boldsymbol{K}_\mathrm{m})\boldsymbol{e}+\boldsymbol{B}_\mathrm{p}[\boldsymbol{K}_\mathrm{p}-\boldsymbol{K}_\mathrm{p}^0-\Delta\boldsymbol{K}_\mathrm{p}(\boldsymbol{v},t)]\boldsymbol{x}_\mathrm{p}+\boldsymbol{B}_\mathrm{p}[\boldsymbol{K}_\mathrm{u}^0-\boldsymbol{K}_\mathrm{u}-\Delta\boldsymbol{K}(\boldsymbol{v},t)]\boldsymbol{u}_\mathrm{m} \tag{6.68}$$

由式(6.68)以及式(6.66)、式(6.67)并考虑线性补偿器后,等价反馈系统为

$$\dot{\boldsymbol{e}}=(\boldsymbol{A}_\mathrm{m}-\boldsymbol{B}_\mathrm{p}\boldsymbol{K}_\mathrm{m})\boldsymbol{e}+\boldsymbol{B}_\mathrm{p}\boldsymbol{w}_1 \tag{6.69}$$

$$\boldsymbol{v}=\boldsymbol{D}\boldsymbol{e} \tag{6.70}$$

$$\begin{aligned}\boldsymbol{w}=-\boldsymbol{w}_1=&[\Delta\boldsymbol{K}_\mathrm{p}(\boldsymbol{v},t)+\boldsymbol{K}_\mathrm{p}^0-\boldsymbol{K}_\mathrm{p}]\boldsymbol{x}_\mathrm{p}+[\Delta\boldsymbol{K}_\mathrm{u}(\boldsymbol{v},t)-\boldsymbol{K}_\mathrm{u}^0+\boldsymbol{K}_\mathrm{u}]\boldsymbol{u}_\mathrm{m}=\\&\left[\int_0^t\boldsymbol{\Phi}_1(\boldsymbol{v},t,\tau)\mathrm{d}\tau+\boldsymbol{\Phi}_2(\boldsymbol{v},t)+\Delta\boldsymbol{K}_\mathrm{p}^0\right]\boldsymbol{x}_\mathrm{p}+\left[\int_0^t\boldsymbol{\Psi}_1(\boldsymbol{v},t,\tau)\mathrm{d}\tau+\boldsymbol{\Psi}_2(\boldsymbol{v},t)+\Delta\boldsymbol{K}_\mathrm{u}^0\right]\boldsymbol{u}_\mathrm{m}\end{aligned} \tag{6.71}$$

式中

$$\Delta\boldsymbol{K}_\mathrm{p}^0=\Delta\boldsymbol{K}_\mathrm{p}(0)-\boldsymbol{K}_\mathrm{p}+\boldsymbol{K}_\mathrm{p}^0$$

$$\Delta\boldsymbol{K}_\mathrm{u}^0=\Delta\boldsymbol{K}_\mathrm{u}(0)-\boldsymbol{K}_\mathrm{u}+\boldsymbol{K}_\mathrm{u}^0$$

这一等价反馈系统是由式(6.69)和式(6.70)描述的等价线性部分及由式(6.71)描述的等价非线性时变反馈部分组成的。这样转化后就将渐近稳定的自适应模型跟踪控制系统的设计转换为渐近超稳定的非线性时变反馈系统的设计,如果系统满足 Popov 超稳定性理论的条件,则系统是超稳定的。

2. 等价反馈系统非线性部分的设计

根据 Popov 超稳定性理论,等价反馈系统的非线性时变部分必须满足积分不等式

$$\eta(0,t_1)=\int_0^{t_1}\boldsymbol{v}^\mathrm{T}(\tau)\boldsymbol{w}(\tau)\mathrm{d}\tau\geqslant-\gamma_0^2 \tag{6.72}$$

式中,$t_1\geqslant 0$, γ_0^2 为正常数。根据超稳定准则,选择合适的 $\boldsymbol{\Phi}_1$,$\boldsymbol{\Phi}_2$,$\boldsymbol{\Psi}_1$,$\boldsymbol{\Psi}_2$,将会使式(6.72)得到满足。具体可作如下选择:

$$\boldsymbol{\Phi}_1(\boldsymbol{v},t,\tau)=\boldsymbol{F}\boldsymbol{v}(\tau)[\boldsymbol{H}\boldsymbol{x}_\mathrm{p}(\tau)]^\mathrm{T} \tag{6.73}$$

$$\boldsymbol{\Phi}_2(\boldsymbol{v},t)=\widetilde{\boldsymbol{F}}\boldsymbol{v}(t)[\boldsymbol{H}\boldsymbol{x}_\mathrm{p}(t)]^\mathrm{T} \tag{6.74}$$

$$\boldsymbol{\Psi}_1(\boldsymbol{v},t,\tau)=\boldsymbol{M}\boldsymbol{v}(\tau)[\boldsymbol{N}\boldsymbol{u}_\mathrm{m}(\tau)]^\mathrm{T} \tag{6.75}$$

$$\boldsymbol{\Psi}_2(\boldsymbol{v},t)=\widetilde{\boldsymbol{M}}\boldsymbol{v}(t)[\boldsymbol{N}\boldsymbol{u}_{\mathrm{m}}(t)]^{\mathrm{T}} \tag{6.76}$$

式中，$\boldsymbol{F},\boldsymbol{H},\boldsymbol{M},\boldsymbol{N}$ 应选择为正定矩阵；$\widetilde{\boldsymbol{F}},\widetilde{\boldsymbol{M}}$ 应选择为正定或非负定矩阵。$\boldsymbol{H},\boldsymbol{N}$ 为加权矩阵；$\boldsymbol{F},\boldsymbol{M}$ 为积分增益矩阵；$\widetilde{\boldsymbol{F}},\widetilde{\boldsymbol{M}}$ 为比例增益矩阵。为保证式(6.72)成立，$\boldsymbol{H},\boldsymbol{N},\boldsymbol{F},\boldsymbol{M},\widetilde{\boldsymbol{F}}$ 及 $\widetilde{\boldsymbol{M}}$ 可作如下选择(当 $m=n$ 时)：

$$\boldsymbol{H}=\boldsymbol{N}=\mathrm{diag}(h_1,h_2,\cdots,h_n)$$

式中，$h_1,h_2,\cdots,h_n$ 均为正常数，设计时可初步选择 $\boldsymbol{H}=\boldsymbol{N}=\boldsymbol{I}$，即单位矩阵；

$$\boldsymbol{F}=\boldsymbol{M}=\mathrm{diag}(f_1,f_2,\cdots,f_n)$$

式中，$f_1,f_2,\cdots,f_n$ 均为正常数；

$$\widetilde{\boldsymbol{F}}=\widetilde{\boldsymbol{M}}=\mathrm{diag}(\tilde{f}_1,\tilde{f}_2,\cdots,\tilde{f}_n)=\alpha\boldsymbol{F}$$

式中，$\tilde{f}_1,\tilde{f}_2,\cdots,\tilde{f}_n$ 均为正常数。

将式(6.73)至式(6.76)代入式(6.66)和式(6.67)，得

$$\Delta\boldsymbol{K}_{\mathrm{p}}(\boldsymbol{v},t)=\int_0^t\boldsymbol{F}\boldsymbol{v}(\boldsymbol{H}\boldsymbol{x}_{\mathrm{p}})^{\mathrm{T}}\mathrm{d}\tau+\widetilde{\boldsymbol{F}}\boldsymbol{v}(\boldsymbol{H}\boldsymbol{x}_{\mathrm{p}})^{\mathrm{T}}+\Delta\boldsymbol{K}_{\mathrm{p}}(0) \tag{6.77}$$

$$\Delta\boldsymbol{K}_{\mathrm{u}}(\boldsymbol{v},t)=\int_0^t\boldsymbol{M}\boldsymbol{v}(\boldsymbol{N}\boldsymbol{u}_{\mathrm{m}})^{\mathrm{T}}\mathrm{d}\tau+\widetilde{\boldsymbol{M}}\boldsymbol{v}(\boldsymbol{N}\boldsymbol{u}_{\mathrm{m}})^{\mathrm{T}}+\Delta\boldsymbol{K}_{\mathrm{u}}(0) \tag{6.78}$$

对于 $\boldsymbol{\Phi}_1,\boldsymbol{\Phi}_2,\boldsymbol{\Psi}_1,\boldsymbol{\Psi}_2$ 作以上的选择可保证式(6.72)成立。其证明由于比较烦琐，此处不再介绍。

转换后的等价反馈系统如图 6.16 所示。

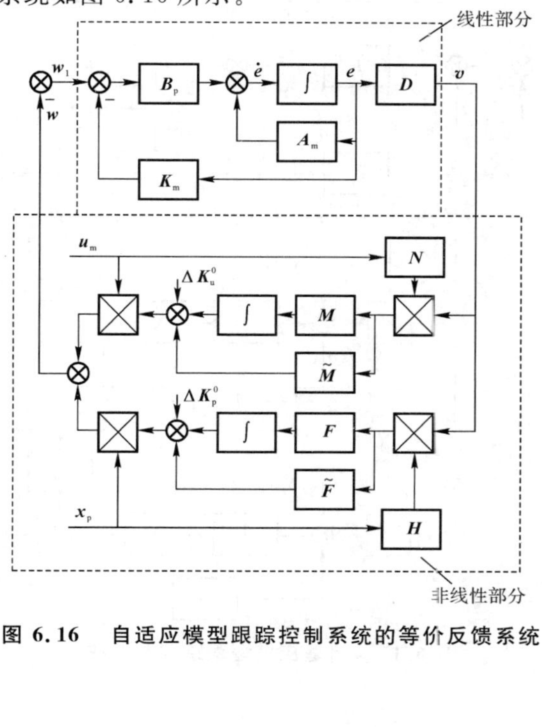

图 6.16 自适应模型跟踪控制系统的等价反馈系统

3. 等价反馈系统线性部分的设计

由图 6.16 可知,等价反馈系统线性部分的传递矩阵为

$$\boldsymbol{G}(s)=\boldsymbol{D}[s\boldsymbol{I}-\boldsymbol{A}_{\mathrm{m}}+\boldsymbol{B}_{\mathrm{p}}\boldsymbol{K}_{\mathrm{m}}]^{-1}\boldsymbol{B}_{\mathrm{p}} \tag{6.79}$$

如果等价反馈系统的非线性部分满足式(6.72),则根据 Popov 超稳定性理论,为使系统渐近超稳定,$\boldsymbol{G}(s)$ 必须是严格正实传递矩阵,这意味着 $\boldsymbol{A}_{\mathrm{m}}-\boldsymbol{B}_{\mathrm{p}}\boldsymbol{K}_{\mathrm{m}}$ 必须是赫尔维茨矩阵,并且 $\boldsymbol{A}_{\mathrm{m}}$,$\boldsymbol{B}_{\mathrm{m}}$ 是完全可控的。如果在

$$\boldsymbol{D}=\boldsymbol{B}_{\mathrm{p}}^{\mathrm{T}}\boldsymbol{P} \tag{6.80}$$

中,$\boldsymbol{P}$ 满足

$$(\boldsymbol{A}_{\mathrm{m}}-\boldsymbol{B}_{\mathrm{p}}\boldsymbol{K}_{\mathrm{m}})^{\mathrm{T}}\boldsymbol{P}+\boldsymbol{P}(\boldsymbol{A}_{\mathrm{m}}-\boldsymbol{B}_{\mathrm{p}}\boldsymbol{K}_{\mathrm{m}})=-\boldsymbol{Q} \tag{6.81}$$

则系统是渐近超稳定的。式中,$\boldsymbol{P}$ 为正定对称矩阵,$\boldsymbol{Q}$ 为任意正定对称矩阵。因此在选择了 $\boldsymbol{Q}$ 后,根据式(6.81) 计算出 $\boldsymbol{P}$,然后根据式(6.80) 计算线性补偿器 $\boldsymbol{D}$。

4. 等价反馈系统返回到原始系统

根据式(6.55) 至式(6.61) 和式(6.77)、式(6.78) 可得到所设计的自适应模型跟踪控制系统,如图 6.17 所示。

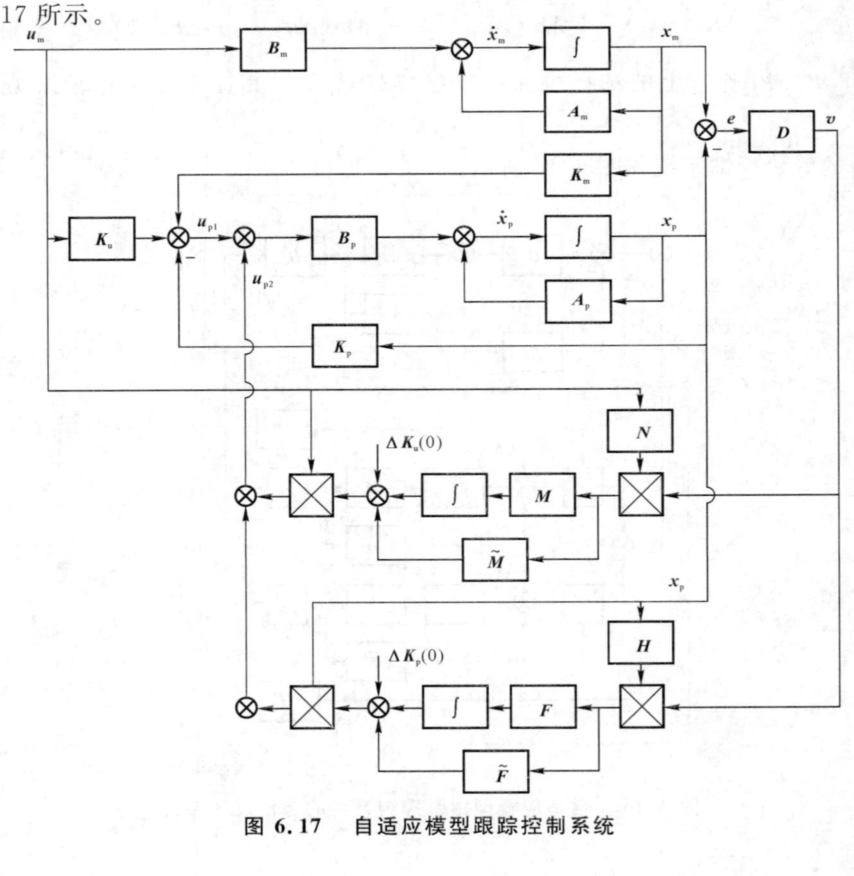

图 6.17　自适应模型跟踪控制系统

在系统设计中，引入广义误差 $\boldsymbol{v}(t)$ 的比例项是为了在自适应过程开始时加速广义误差的衰减；引入广义误差的积分项是为了提供自适应机构的记忆，以使控制作用不致因广义误差的衰减而消失。

在比例加积分的自适应控制规律中，比例增益与积分增益之比，即 $\widetilde{\boldsymbol{F}}/\boldsymbol{F}$ 和 $\widetilde{\boldsymbol{M}}/\boldsymbol{M}$，对误差 $\|\boldsymbol{v}\|$ 的衰减速度有很大的影响。高的比值将使广义误差 $\|\boldsymbol{v}\|$ 的衰减速度快，但这将使控制能量增加。比例增益和积分增益同时增大可改善自适应速度。

三、航空发动机多变量自适应模型跟踪控制系统的设计

实际发动机模型参考自适应控制系统是非常复杂的，它包括参考输入计算部分、各增益矩阵的计算部分、性能优化计算部分、各种保护逻辑，在飞行过程中参考模型还须要不断地修正。这些部分的增加都是为了保证发动机在不同工作状态和不同飞行条件下具有最佳性能和安全可靠的工作。在以下设计问题研究中，不考虑参考输入计算部分，也不考虑参考模型的修正和各增益矩阵的修正。

发动机工作状态和外界条件的变化将导致发动机特性变化，反映发动机特性的数学模型随之变化，也即在式(6.43)中系数矩阵 $\boldsymbol{A}_{\mathrm{p}}$，$\boldsymbol{B}_{\mathrm{p}}$ 变化，自适应模型跟踪控制将适应这种变化，按设计的自适应控制规律控制发动机。

发动机自适应模型跟踪控制系统设计，应先确定计算点和在计算点的发动机数学模型。

下面以对双转子涡喷发动机为例，研究自适应模型跟踪控制系统的设计，计算点为发动机最大工作状态。

发动机状态变量取高压转子转速 n_{Hp} 和低压转子转速 n_{Lp}，发动机控制输入量为燃油流量 $q_{m,\mathrm{f}}$ 和尾喷口面积 A_8，参考模型状态变量为 n_{Hm} 和 n_{Lm}，参考模型输入为 u_{m1} 和 u_{m2}，即

$$\boldsymbol{x}_{\mathrm{p}}=\begin{bmatrix}n_{\mathrm{Hp}}\\n_{\mathrm{Lp}}\end{bmatrix},\quad \boldsymbol{u}_{\mathrm{p}}=\begin{bmatrix}q_{m,\mathrm{f}}\\A_8\end{bmatrix},\quad \boldsymbol{x}_{\mathrm{m}}=\begin{bmatrix}n_{\mathrm{Hm}}\\n_{\mathrm{Lm}}\end{bmatrix},\quad \boldsymbol{u}_{\mathrm{m}}=\begin{bmatrix}u_{\mathrm{m1}}\\u_{\mathrm{m2}}\end{bmatrix}$$

设计计算步骤如下：

1. 确定计算点的发动机数学模型

$$\dot{\boldsymbol{x}}_{\mathrm{p}}=\boldsymbol{A}_{\mathrm{p}}\boldsymbol{x}_{\mathrm{p}}+\boldsymbol{B}_{\mathrm{p}}\boldsymbol{u}_{\mathrm{p}}=\boldsymbol{A}_{\mathrm{p}}\boldsymbol{x}_{\mathrm{p}}+\boldsymbol{B}_{\mathrm{p}}\boldsymbol{u}_{\mathrm{p1}}+\boldsymbol{B}_{\mathrm{p}}\boldsymbol{u}_{\mathrm{p2}}$$

即

$$\begin{bmatrix}\dot{n}_{\mathrm{Hp}}\\\dot{n}_{\mathrm{Lp}}\end{bmatrix}=\begin{bmatrix}a_{\mathrm{p11}}&a_{\mathrm{p12}}\\a_{\mathrm{p21}}&a_{\mathrm{p22}}\end{bmatrix}\begin{bmatrix}n_{\mathrm{Hp}}\\n_{\mathrm{Lp}}\end{bmatrix}+\begin{bmatrix}b_{\mathrm{p11}}&b_{\mathrm{p12}}\\b_{\mathrm{p21}}&b_{\mathrm{p22}}\end{bmatrix}\begin{bmatrix}q_{m,\mathrm{f1}}\\A_{81}\end{bmatrix}+\begin{bmatrix}b_{\mathrm{p11}}&b_{\mathrm{p12}}\\b_{\mathrm{p21}}&b_{\mathrm{p22}}\end{bmatrix}\begin{bmatrix}q_{m,\mathrm{f2}}\\A_{82}\end{bmatrix}$$

$$\boldsymbol{A}_{\mathrm{p}}=\begin{bmatrix}a_{\mathrm{p11}}&a_{\mathrm{p12}}\\a_{\mathrm{p21}}&a_{\mathrm{p22}}\end{bmatrix}=\begin{bmatrix}-2.149&-0.404\\2.862&-3.017\end{bmatrix}$$

$$\boldsymbol{B}_{\mathrm{p}}=\begin{bmatrix}b_{\mathrm{p11}}&b_{\mathrm{p12}}\\b_{\mathrm{p21}}&b_{\mathrm{p22}}\end{bmatrix}=\begin{bmatrix}0.298&0.594\\0.285&1.708\end{bmatrix}$$

2. 选择参考模型

$$\dot{\boldsymbol{x}}_m = \boldsymbol{A}_m \boldsymbol{x}_m + \boldsymbol{B}_m \boldsymbol{u}_m$$

即
$$\begin{bmatrix} \dot{n}_{Hm} \\ \dot{n}_{Lm} \end{bmatrix} = \begin{bmatrix} a_{m11} & a_{m12} \\ a_{m21} & a_{m22} \end{bmatrix} \begin{bmatrix} n_{Hm} \\ n_{Lm} \end{bmatrix} + \begin{bmatrix} b_{m11} & b_{m12} \\ b_{m21} & b_{m22} \end{bmatrix} \begin{bmatrix} u_{m1} \\ u_{m2} \end{bmatrix}$$

$$\boldsymbol{A}_m = \begin{bmatrix} a_{m11} & a_{m12} \\ a_{m21} & a_{m22} \end{bmatrix} = \begin{bmatrix} -5.936 & -0.131 \\ 2.862 & -5.957 \end{bmatrix}$$

$$\boldsymbol{B}_m = \begin{bmatrix} b_{m11} & b_{m12} \\ b_{m21} & b_{m22} \end{bmatrix} = \begin{bmatrix} 0.298 & 0.594 \\ 0.285 & 3.252 \end{bmatrix}$$

3. 计算前馈增益矩阵 $\boldsymbol{K}_u$ 及反馈增益矩阵 $\boldsymbol{K}_p$,$\boldsymbol{K}_m$

该系统状态向量维数 $n=2$,控制输入向量维数 $m=2$,因此 $\boldsymbol{B}_p$ 为方阵,$\boldsymbol{B}_p^+ = \boldsymbol{B}_p^{-1}$,完全满足模型跟踪条件。

由式(6.50),可知

$$\boldsymbol{K}_u = \boldsymbol{B}_p^{-1} \boldsymbol{B}_m$$

将 $\boldsymbol{B}_p$,$\boldsymbol{B}_m$ 代入上式,得

$$\boldsymbol{K}_u = \begin{bmatrix} k_{u11} & k_{u12} \\ k_{u21} & k_{u22} \end{bmatrix} = \begin{bmatrix} 0.9813 & 0.0004 \\ 0.0004 & 0.9850 \end{bmatrix}$$

由式(6.49),可知

$$\boldsymbol{K}_m - \boldsymbol{K}_p = \boldsymbol{B}_p^{-1} (\boldsymbol{A}_m - \boldsymbol{A}_p)$$

初步选择
$$\boldsymbol{K}_m = \begin{bmatrix} k_{m11} & k_{m12} \\ k_{m21} & k_{m22} \end{bmatrix} = \begin{bmatrix} 10.5 & 13.0 \\ 13.0 & 13.0 \end{bmatrix}$$

因此,得

$$\boldsymbol{K}_p = \begin{bmatrix} k_{p11} & k_{p12} \\ k_{p21} & k_{p22} \end{bmatrix} = \begin{bmatrix} 26.238 & 11.602 \\ 11.602 & 14.158 \end{bmatrix}$$

4. 计算线性补偿器 $\boldsymbol{D}$

由于 $\boldsymbol{A}_m - \boldsymbol{B}_p \boldsymbol{K}_m$ 是赫尔维茨矩阵,并且 $\boldsymbol{A}_m$,$\boldsymbol{B}_m$ 是完全可控的,因此可以利用式(6.81)计算矩阵 $\boldsymbol{P}$。选择

$$\boldsymbol{Q} = \begin{bmatrix} q_{11} & q_{12} \\ q_{21} & q_{22} \end{bmatrix} = \begin{bmatrix} 3.00 & 0.01 \\ 0.01 & 0.35 \end{bmatrix}$$

通过式(6.81)求解,得

$$\boldsymbol{P} = \begin{bmatrix} p_{11} & p_{12} \\ p_{21} & p_{22} \end{bmatrix} = \begin{bmatrix} -1.954 & -0.308 \\ -0.308 & -0.427 \end{bmatrix}$$

通过式(6.80)可求得线性补偿器

$$\boldsymbol{D} = \begin{bmatrix} d_{11} & d_{12} \\ d_{21} & d_{22} \end{bmatrix} = \begin{bmatrix} -0.007 & -0.021 \\ -0.021 & -0.016 \end{bmatrix}$$

5．选择加权矩阵及增益矩阵

加权矩阵及增益矩阵应满足式(6.72)的要求。

选择加权矩阵为单位矩阵，即

$$\boldsymbol{H}=\boldsymbol{N}=\boldsymbol{I}$$

选择积分增益矩阵为对角矩阵，即

$$\boldsymbol{F}=\boldsymbol{M}=\mathrm{diag}(f_1,f_2)=\mathrm{diag}(0.01,0.01)$$

选择 $\alpha=100$，则比例增益矩阵

$$\widetilde{\boldsymbol{F}}=\widetilde{\boldsymbol{M}}=\mathrm{diag}(\widetilde{f}_1,\widetilde{f}_2)=\mathrm{diag}(\alpha f_1,\alpha f_2)=\mathrm{diag}(1,1)$$

在完成了上述各矩阵的选择与计算后，对以下各变量进行计算。

6．计算广义误差及补偿器输出

$$\boldsymbol{e}=\boldsymbol{x}_{\mathrm{m}}-\boldsymbol{x}_{\mathrm{p}}$$

即

$$\begin{bmatrix} e_{n_{\mathrm{H}}} \\ e_{n_{\mathrm{L}}} \end{bmatrix}=\begin{bmatrix} n_{\mathrm{Hm}}-n_{\mathrm{Hp}} \\ n_{\mathrm{Lm}}-n_{\mathrm{Lp}} \end{bmatrix}$$

$$\boldsymbol{v}=\boldsymbol{D}\boldsymbol{e}$$

即

$$\begin{bmatrix} v_{n_{\mathrm{H}}} \\ v_{n_{\mathrm{L}}} \end{bmatrix}=\begin{bmatrix} d_{11} & d_{12} \\ d_{21} & d_{22} \end{bmatrix}\begin{bmatrix} e_{n_{\mathrm{H}}} \\ e_{n_{\mathrm{L}}} \end{bmatrix}$$

7．计算自适应律

(1)$\boldsymbol{\Phi}_1(\boldsymbol{v},t,\tau)=\boldsymbol{F}\boldsymbol{v}(\boldsymbol{H}\boldsymbol{x}_{\mathrm{p}})^{\mathrm{T}}$，即

$$\begin{bmatrix} \phi_{11} & \phi_{12} \\ \phi_{21} & \phi_{22} \end{bmatrix}=\begin{bmatrix} f_1 & 0 \\ 0 & f_2 \end{bmatrix}\begin{bmatrix} v_{n_{\mathrm{H}}} \\ v_{n_{\mathrm{L}}} \end{bmatrix}\left\{\begin{bmatrix} 1 & 0 \\ 0 & 1 \end{bmatrix}\begin{bmatrix} n_{\mathrm{Hp}} \\ n_{\mathrm{Lp}} \end{bmatrix}\right\}^{\mathrm{T}}=\begin{bmatrix} f_1 v_{n_{\mathrm{H}}} n_{\mathrm{Hp}} & f_1 v_{n_{\mathrm{H}}} n_{\mathrm{Lp}} \\ f_2 v_{n_{\mathrm{L}}} n_{\mathrm{Hp}} & f_2 v_{n_{\mathrm{L}}} n_{\mathrm{Lp}} \end{bmatrix}$$

$$\phi_{11}=f_1 v_{n_{\mathrm{H}}} n_{\mathrm{Hp}},\quad \phi_{12}=f_1 v_{n_{\mathrm{H}}} n_{\mathrm{Lp}},\quad \phi_{21}=f_2 v_{n_{\mathrm{L}}} n_{\mathrm{Hp}},\quad \phi_{22}=f_2 v_{n_{\mathrm{L}}} n_{\mathrm{Lp}}$$

(2)$\boldsymbol{\Phi}_2(\boldsymbol{v},t)=\widetilde{\boldsymbol{F}}\boldsymbol{v}(\boldsymbol{H}\boldsymbol{x}_{\mathrm{p}})^{\mathrm{T}}$，即

$$\begin{bmatrix} \widetilde{\phi}_{11} & \widetilde{\phi}_{12} \\ \widetilde{\phi}_{21} & \widetilde{\phi}_{22} \end{bmatrix}=\begin{bmatrix} \widetilde{f}_1 v_{n_{\mathrm{H}}} n_{\mathrm{Hp}} & \widetilde{f}_1 v_{n_{\mathrm{H}}} n_{\mathrm{Lp}} \\ \widetilde{f}_2 v_{n_{\mathrm{L}}} n_{\mathrm{Hp}} & \widetilde{f}_2 v_{n_{\mathrm{L}}} n_{\mathrm{Lp}} \end{bmatrix}$$

$$\widetilde{\phi}_{11}=\widetilde{f}_1 v_{n_{\mathrm{H}}} n_{\mathrm{Hp}},\quad \widetilde{\phi}_{12}=\widetilde{f}_1 v_{n_{\mathrm{H}}} n_{\mathrm{Lp}},\quad \widetilde{\phi}_{21}=\widetilde{f}_2 v_{n_{\mathrm{L}}} n_{\mathrm{Hp}},\quad \widetilde{\phi}_{22}=\widetilde{f}_2 v_{n_{\mathrm{L}}} n_{\mathrm{Lp}}$$

(3)$\boldsymbol{\Psi}_1(\boldsymbol{v},t,\tau)=\boldsymbol{M}\boldsymbol{v}(\boldsymbol{N}\boldsymbol{u}_m)^{\mathrm{T}}$，即

$$\begin{bmatrix} \psi_{11} & \psi_{12} \\ \psi_{21} & \psi_{22} \end{bmatrix}=\begin{bmatrix} f_1 & 0 \\ 0 & f_2 \end{bmatrix}\begin{bmatrix} v_{n_{\mathrm{H}}} \\ v_{n_{\mathrm{L}}} \end{bmatrix}\left\{\begin{bmatrix} 1 & 0 \\ 0 & 1 \end{bmatrix}\begin{bmatrix} u_{\mathrm{m1}} \\ u_{\mathrm{m2}} \end{bmatrix}\right\}^{\mathrm{T}}=\begin{bmatrix} f_1 v_{n_{\mathrm{H}}} u_{\mathrm{m1}} & f_1 v_{n_{\mathrm{H}}} u_{\mathrm{m2}} \\ f_2 v_{n_{\mathrm{L}}} u_{\mathrm{m1}} & f_2 v_{n_{\mathrm{L}}} u_{\mathrm{m2}} \end{bmatrix}$$

$$\psi_{11}=f_1 v_{n_{\mathrm{H}}} u_{\mathrm{m1}},\quad \psi_{12}=f_1 v_{n_{\mathrm{H}}} u_{\mathrm{m2}},\quad \psi_{21}=f_2 v_{n_{\mathrm{L}}} u_{\mathrm{m1}},\quad \psi_{22}=f_2 v_{n_{\mathrm{L}}} u_{\mathrm{m2}}$$

(4)$\boldsymbol{\Psi}_2(\boldsymbol{v},t)=\widetilde{\boldsymbol{M}}\boldsymbol{v}(\widetilde{\boldsymbol{N}}\boldsymbol{u}_{\mathrm{m}})^{\mathrm{T}}$，即

$$\begin{bmatrix} \widetilde{\psi}_{11} & \widetilde{\psi}_{12} \\ \widetilde{\psi}_{21} & \widetilde{\psi}_{22} \end{bmatrix}=\begin{bmatrix} \widetilde{f}_1 v_{n_{\mathrm{H}}} u_{\mathrm{m1}} & \widetilde{f}_1 v_{n_{\mathrm{H}}} u_{\mathrm{m2}} \\ \widetilde{f}_2 v_{n_{\mathrm{L}}} u_{\mathrm{m1}} & \widetilde{f}_2 v_{n_{\mathrm{L}}} u_{\mathrm{m2}} \end{bmatrix}$$

$$\tilde{\psi}_{11}=\tilde{f}_1 v_{n_H} u_{m1},\quad \tilde{\psi}_{12}=\tilde{f}_1 v_{n_H} u_{m2},\quad \tilde{\psi}_{21}=\tilde{f}_2 v_{n_L} u_{m1},\quad \tilde{\psi}_{22}=\tilde{f}_2 v_{n_L} u_{m2}$$

(5) 计算 $\Delta\boldsymbol{K}_p(\boldsymbol{v},t)$,即

$$\Delta\boldsymbol{K}_p(\boldsymbol{v},t)=\int_0^t \boldsymbol{\Phi}_1(\boldsymbol{v},t,\tau)\mathrm{d}\tau+\boldsymbol{\Phi}_2(\boldsymbol{v},t)+\Delta\boldsymbol{K}_p(0)$$

即
$$\begin{bmatrix}\Delta k_{p11} & \Delta k_{p12}\\ \Delta k_{p21} & \Delta k_{p22}\end{bmatrix}=\int_0^t\begin{bmatrix}\phi_{11} & \phi_{12}\\ \phi_{21} & \phi_{22}\end{bmatrix}\mathrm{d}\tau+\begin{bmatrix}\tilde{\phi}_{11} & \tilde{\phi}_{12}\\ \tilde{\phi}_{21} & \tilde{\phi}_{22}\end{bmatrix}+\begin{bmatrix}\Delta k_{p11}(0) & \Delta k_{p12}(0)\\ \Delta k_{p21}(0) & \Delta k_{p22}(0)\end{bmatrix}$$

$$\Delta k_{p11}(v,t)=\int_0^t f_1 v_{n_H}(\tau)n_{Hp}(\tau)\mathrm{d}\tau+\tilde{f}_1 v_{n_H}(t)n_{Hp}(t)+\Delta k_{p11}(0)$$

$$\Delta k_{p12}(v,t)=\int_0^t f_1 v_{n_H}(\tau)n_{Lp}(\tau)\mathrm{d}\tau+\tilde{f}_1 v_{n_H}(t)n_{Lp}(t)+\Delta k_{p12}(0)$$

$$\Delta k_{p21}(v,t)=\int_0^t f_2 v_{n_L}(\tau)n_{Hp}(\tau)\mathrm{d}\tau+\tilde{f}_1 v_{n_L}(t)n_{Hp}(t)+\Delta k_{p21}(0)$$

$$\Delta k_{p22}(v,t)=\int_0^t f_2 v_{n_L}(\tau)n_{Lp}(\tau)\mathrm{d}\tau+\tilde{f}_1 v_{n_L}(t)n_{Lp}(t)+\Delta k_{p22}(0)$$

(6) 计算 $\Delta\boldsymbol{K}_u(\boldsymbol{v},t)$,即

$$\Delta\boldsymbol{K}_u(\boldsymbol{v},t)=\int_0^t \boldsymbol{\Psi}_1(\boldsymbol{v},t,\tau)\mathrm{d}\tau+\boldsymbol{\Psi}_2(\boldsymbol{v},t)+\Delta\boldsymbol{K}_u(0)$$

即
$$\begin{bmatrix}\Delta k_{u11} & \Delta k_{u12}\\ \Delta k_{u21} & \Delta k_{u22}\end{bmatrix}=\int_0^t\begin{bmatrix}\psi_{11} & \psi_{12}\\ \psi_{21} & \psi_{22}\end{bmatrix}\mathrm{d}\tau+\begin{bmatrix}\tilde{\psi}_{11} & \tilde{\psi}_{12}\\ \tilde{\psi}_{21} & \tilde{\psi}_{22}\end{bmatrix}+\begin{bmatrix}\Delta k_{u11}(0) & \Delta k_{u12}(0)\\ \Delta k_{u21}(0) & \Delta k_{u22}(0)\end{bmatrix}$$

$$\Delta k_{u11}(\boldsymbol{v},t)=\int_0^t f_1 v_{n_H}(\tau)u_{m1}(\tau)\mathrm{d}\tau+\tilde{f}_1 v_{n_H}(t)u_{m1}(t)+\Delta k_{u11}(0)$$

$$\Delta k_{u12}(\boldsymbol{v},t)=\int_0^t f_1 v_{n_H}(\tau)u_{m2}(\tau)\mathrm{d}\tau+\tilde{f}_1 v_{n_H}(t)u_{m2}(t)+\Delta k_{u12}(0)$$

$$\Delta k_{u21}(\boldsymbol{v},t)=\int_0^t f_1 v_{n_L}(\tau)u_{m1}(\tau)\mathrm{d}\tau+\tilde{f}_2 v_{n_L}(t)u_{m1}(t)+\Delta k_{u21}(0)$$

$$\Delta k_{u22}(\boldsymbol{v},t)=\int_0^t f_1 v_{n_L}(\tau)u_{m2}(\tau)\mathrm{d}\tau+\tilde{f}_2 v_{n_L}(t)u_{m2}(t)+\Delta k_{u22}(0)$$

8. 计算发动机控制输入量 $\boldsymbol{u}_p$

$$\boldsymbol{u}_{p1}=-\boldsymbol{K}_p\boldsymbol{x}_p+\boldsymbol{K}_m\boldsymbol{x}_m+\boldsymbol{K}_u\boldsymbol{u}_m$$

$$\begin{bmatrix}q_{m,f1}\\ A_{81}\end{bmatrix}=-\begin{bmatrix}k_{p11} & k_{p12}\\ k_{p21} & k_{p22}\end{bmatrix}\begin{bmatrix}n_{Hp}\\ n_{Lp}\end{bmatrix}+\begin{bmatrix}k_{m11} & k_{m12}\\ k_{m21} & k_{m22}\end{bmatrix}\begin{bmatrix}n_{Hm}\\ n_{Lm}\end{bmatrix}+\begin{bmatrix}k_{u11} & k_{u12}\\ k_{u21} & k_{u22}\end{bmatrix}\begin{bmatrix}u_{m1}\\ u_{m2}\end{bmatrix}$$

$$q_{m,f1}=-k_{p11}n_{Hp}-k_{p12}n_{Lp}+k_{m11}n_{Hm}+k_{m12}n_{Lm}+k_{u11}u_{m1}+k_{u12}u_{m2}$$

$$A_{81}=-k_{p21}n_{Hp}-k_{p22}n_{Lp}+k_{m21}n_{Hm}+k_{m22}n_{Lm}+k_{u21}u_{m1}+k_{u22}u_{m2}$$

$$\boldsymbol{u}_{p2}=\Delta\boldsymbol{K}_p(\boldsymbol{v},t)\boldsymbol{x}_p+\Delta\boldsymbol{K}(\boldsymbol{v},t)\boldsymbol{u}_m$$

即
$$\begin{bmatrix}q_{m,f2}\\ A_{82}\end{bmatrix}=\begin{bmatrix}\Delta k_{p11} & \Delta k_{p12}\\ \Delta k_{p21} & \Delta k_{p22}\end{bmatrix}\begin{bmatrix}n_{Hp}\\ n_{Lp}\end{bmatrix}+\begin{bmatrix}\Delta k_{u11} & \Delta k_{u12}\\ \Delta k_{u21} & \Delta k_{u22}\end{bmatrix}\begin{bmatrix}u_{m1}\\ u_{m2}\end{bmatrix}$$

$$q_{m,f2}=\Delta k_{p11}n_{Hp}+\Delta k_{p12}n_{Lp}+\Delta k_{u11}u_{m1}+\Delta k_{u12}u_{m2}$$

$$A_{82}=\Delta k_{p21}n_{Hp}+\Delta k_{p22}n_{Lp}+\Delta k_{u21}u_{m1}+\Delta k_{u22}u_{m2}$$

即

$$\boldsymbol{u}_p=\boldsymbol{u}_1+\boldsymbol{u}_2$$

$$q_{m,f}=q_{m,f1}+q_{m,f2}$$

$$A_8=A_{81}+A_{82}$$

9. 计算发动机的响应

假定发动机工作状态变化时，导致系数矩阵 $\boldsymbol{A}$ 中的元素 a_{11} 产生 $\Delta a_{11}=-0.25$ 的变化，此时，n_H 和 n_L 的响应分别如图 6.18 和图 6.19 所示。图中，曲线 1 表示参考模型的动态响应过程；曲线 2 表示发动机的动态响应过程。由图可以看出，发动机的动态过程跟踪参考模型较为理想，在 $t=0.8$ s 时，$\boldsymbol{e}$ 趋近于零。

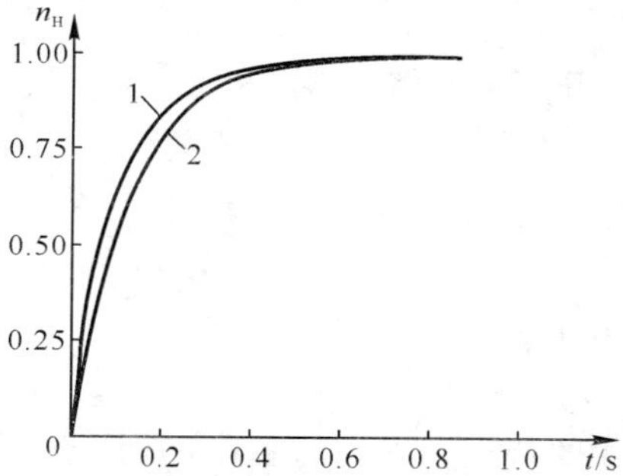

图 6.18　发动机高压转子转速响应

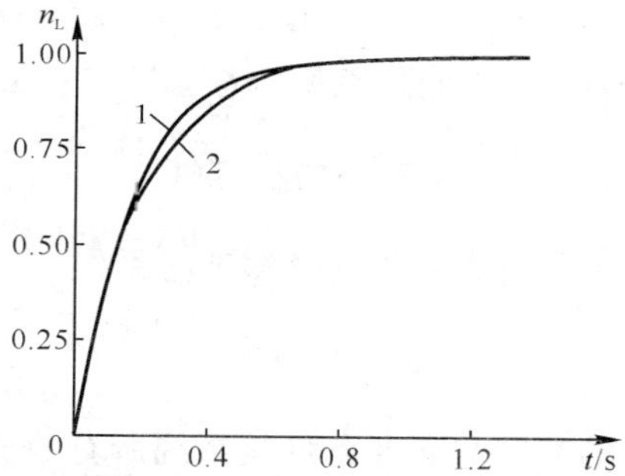

图 6.19　发动机低压转子转速响应

6.4　航空发动机多变量控制系统频域分析

从 20 世纪 70 年代以来，经过许多学者的研究，已将单变量频域理论发展为多变量频域理论，并提出了许多多变量控制系统频域设计方法，这些方法已在工程上得到了应用。研究多变量频域理论对航空发动机控制系统设计有着重要的意义。

6.4.1　多变量频域系统的基本关系式

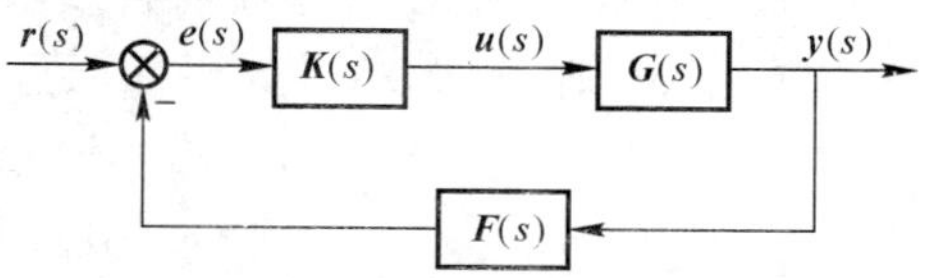

图 6.20　多变量反馈系统

用传递函数矩阵描述的多变量反馈系统如图 6.20 所示。图中，$\boldsymbol{r}(s)$ 为 k 维输入向量；$\boldsymbol{y}(s)$ 为 k 维输出向量；$\boldsymbol{e}(s)$ 为 k 维误差向量；$\boldsymbol{u}(s)$ 为 m 维控制向量；$\boldsymbol{K}(s)$ 为 $m\times k$ 控制器传递函数矩阵；$\boldsymbol{G}(s)$ 为 $k\times m$ 控制对象传递函数矩阵；$\boldsymbol{F}(s)$ 为 $k\times k$ 反馈传递函数矩阵。一般情况下，取 $m=k$，即控制对象的输入变量与输出变量数目相等。以下均讨论这种情况。

$$\boldsymbol{Q}(s)=\boldsymbol{G}(s)\boldsymbol{K}(s)$$

为系统的前向传递函数矩阵。

$$\boldsymbol{T}(s)=\boldsymbol{Q}(s)\boldsymbol{F}(s)=\boldsymbol{G}(s)\boldsymbol{K}(s)\boldsymbol{F}(s)$$

为系统的开环传递函数矩阵或回比矩阵。

$$\boldsymbol{D}(s)=\boldsymbol{I}+\boldsymbol{Q}(s)\boldsymbol{F}(s)$$

为系统的回差矩阵。

$$\boldsymbol{H}(s)=[\boldsymbol{I}+\boldsymbol{Q}(s)\boldsymbol{F}(s)]^{-1}\boldsymbol{Q}(s)$$

为系统的闭环传递函数矩阵。

与单变量系统类似,对多变量系统有如下关系式:

$$\frac{\det\boldsymbol{D}_c(s)}{\det\boldsymbol{D}_0(s)}=\det[\boldsymbol{I}+\boldsymbol{Q}(s)\boldsymbol{F}(s)]=\det[\boldsymbol{I}+\boldsymbol{T}(s)]$$

式中, $\det\boldsymbol{D}_c(s)$ 为闭环系统特征多项式;$\det\boldsymbol{D}_0(s)$ 为开环系统特征多项式。

6.4.2 多变量系统的稳定性

对于用状态方程描述的多变量系统

$$\dot{\boldsymbol{x}}(t)=\boldsymbol{A}\boldsymbol{x}(t)+\boldsymbol{B}\boldsymbol{u}(t)$$
$$\boldsymbol{y}(t)=\boldsymbol{C}\boldsymbol{x}(t)$$

渐近稳定的充分与必要条件是系统所有的极点(即 $\boldsymbol{A}$ 的特征多项式的零点)都位于 s 的左半开平面。

对于多变量频域系统,可以把单变量系统的奈奎斯特稳定判据加以推广,来分析多变量系统的稳定性。

设矩阵 $\boldsymbol{D}(s)$ 为一非奇异方阵,它的行列式 $\det\boldsymbol{D}(s)$ 是 s 的标量函数,在虚轴上和无穷远点是解析的。当 s 沿奈氏围线顺时针方向变化一周时,$\det\boldsymbol{D}(s)$ 在 s 平面上绘出一条闭合曲线,称为 $\det\boldsymbol{D}(s)$ 的奈氏曲线,如图 6.21 所示。若开环系统特征多项式 $\det\boldsymbol{D}_0(s)$ 在 s 右半闭平面的零点数为 n_0,闭环系统特征多项式 $\det\boldsymbol{D}_c(s)$ 在 s 右半闭平面的零点数为 n_c,则 $\det\boldsymbol{D}(s)$ 绕 s 平面原点 O 的周数

$$\mathrm{enc}\boldsymbol{D}(s)=n_c-n_0$$

因此

$$n_c=\mathrm{enc}\boldsymbol{D}(s)+n_0 \tag{6.82}$$

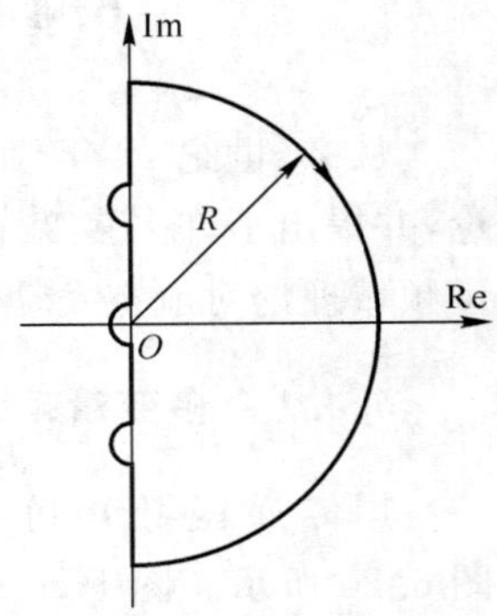

图 6.21 奈氏曲线

根据式(6.82)可知,对图 6.21 所示的多变量反馈系统为渐近稳定的充分与必要条件是

$$\mathrm{enc}\boldsymbol{D}(s)+n_0=0 \tag{6.83}$$

如果开环系统是稳定的,即 $n_0=0$,则闭环系统稳定的充分与必要条件是 $\det\boldsymbol{D}(s)$ 的奈氏曲线不包围 s 平面的原点。

如果开环系统是不稳定的,即 $n_0\neq0$,则闭环系统稳定的充分与必要条件是 $\det\boldsymbol{D}(s)$ 的奈

氏曲线包围 s 平面的原点 n_0 次。

应用多变量奈氏稳定判据判断系统的稳定性，必须求系统回差矩阵的行列式 $\det\boldsymbol{D}(s)$，绘制奈氏轨迹，计算包围原点的次数，这是比较麻烦的，在控制系统设计中难以应用。但是它给予启示，在具体的多变量频域设计方法中可得到更为简单的奈氏稳定判据。

如果取 $\boldsymbol{F}(s)=\boldsymbol{I}_m$，并求出矩阵 $\boldsymbol{Q}(s)$ 的特征值 $q_i(s)$ $(i=1,2,\cdots,m)$ 和相应的特征向量 $w_i(s)$ $(i=1,2,\cdots,m)$，构成特征向量矩阵

$$\boldsymbol{W}(s)=[w_1(s)\quad w_2(s)\quad \cdots\quad w_m(s)]$$

于是系统开环传递函数矩阵为

$$\boldsymbol{Q}(s)=\boldsymbol{W}(s)\mathrm{diag}\{q_i(s)\}\boldsymbol{V}(s)$$

其中，$\boldsymbol{V}(s)=\boldsymbol{W}^{-1}(s)$，则有

$$\det\boldsymbol{D}(s)=\det[\boldsymbol{I}_m+\boldsymbol{Q}(s)]=\det\boldsymbol{W}(s)\det\ \mathrm{diag}\{1+q_i(s)\}\det\boldsymbol{V}(s)=\prod_{i=1}^{m}[1+q_i(s)]$$

于是

$$\mathrm{enc}\boldsymbol{D}(s)=\sum_{i=1}^{m}\mathrm{enc}_{(-1,\mathrm{j}0)}q_i(s)$$

即函数 $\det\boldsymbol{D}(s)$ 包含原点的周数等于函数 $q_i(s)$ 包含临界点$(-1,\mathrm{j}0)$ 的周数之和。这样就得到多变量奈氏稳定判据更为简单的形式。

控制系统设计时，反馈增益矩阵 $\boldsymbol{F}$ 一般设计为对角阵，控制器 $\boldsymbol{K}(s)$ 设计得使 $\boldsymbol{G}(s)\boldsymbol{K}(s)=\boldsymbol{Q}(s)$ 为对角阵或对角优势阵。$\boldsymbol{Q}(s)$ 是否为对角优势阵，可根据下述法则进行检验：有理函数矩阵在围线 $\boldsymbol{D}$ 上为对角优势阵的充分与必要条件是它的每一对角元素 $q_{ii}(s)$ 的格希高林带（行或列）均不包含复平面原点。如果 $\boldsymbol{Q}(s)$ 满足这一法则，则 $\boldsymbol{Q}(s)$ 为对角优势阵。当 $\boldsymbol{Q}(s)$ 为对角优势阵时，多变量控制系统的稳定性可以采用如下判据来判断：

（1）正奈奎斯特阵列稳定判据。 设反馈增益矩阵 $\boldsymbol{F}$ 的逆

$$\boldsymbol{F}^{-1}=\mathrm{diag}[f_1^{-1}\quad f_2^{-1}\quad \cdots\quad f_m^{-1}]$$

存在，式中 f_i 为非零常数，并且矩阵 $\boldsymbol{F}^{-1}+\boldsymbol{Q}(s)$ 在围线 $\boldsymbol{D}$ 上是对角优势阵，则闭环系统稳定的充分与必要条件是 $\boldsymbol{Q}(s)$ 的对角元素 $q_{ii}(s)$ 的奈奎斯特图顺时针包围$(-f_i^{-1},\mathrm{j}0)$ 点的圈数之和等于 $-n_0$，即

$$\mathrm{enc}\boldsymbol{D}(s)=\sum_{i=1}^{m}\mathrm{enc}_{(-f_i^{-1},\mathrm{j}0)}q_{ii}(s)=-n_0$$

式中，n_0 为开环系统在右半复平面的极点数。

（2）逆奈奎斯特阵列稳定判据。 设 $\boldsymbol{Q}^{-1}(s)$，$\boldsymbol{H}^{-1}(s)$ 在围线 $\boldsymbol{D}$ 上是对角优势阵，则闭环系统稳定的充分与必要条件是：$\boldsymbol{Q}^{-1}(s)$ 的对角元素 $q_{ii}^{-1}(s)$ 的奈奎斯特图顺时针包围$(-f_i,\mathrm{j}0)$ 点的圈数之和减去顺时针包围原点的圈数之和等于 $-n_0$，即

$$\sum_{i=1}^{m}\mathrm{enc}_{(-f_i,\mathrm{j}0)}q_{ii}^{-1}(s)-\sum_{i=1}^{m}\mathrm{enc}\ q_{ii}^{-1}(s)=-n_0$$

若用奈奎斯特阵列图示判据判断系统的稳定性时，则包括：

(1) 正奈奎斯特阵列图示稳定判据。设 $\boldsymbol{F}=\mathrm{diag}[f_1 \quad f_2 \quad \cdots \quad f_m]$，其中 f_i 为非零常数。若 $\boldsymbol{Q}(s)$ 的所有对角元素 $q_{ii}(s)$ 的格希高林带都不包含相应的 $(-f_i^{-1},\mathrm{j}0)$ 点，则闭环系统稳定的充分与必要条件是 $q_{ii}(s)$ 的格希高林带顺时针包围 $(-f_i^{-1},\mathrm{j}0)$ 点的圈数之和等于 $-n_0$，即

$$\sum_{i=1}^{m}\mathrm{enc}_{(-f^{-1},\mathrm{j}0)}\,q_{ii}(s)=-n_0$$

式中，n_0 为开环系统在右半复平面的极点数。若开环系统稳定(即 $n_0=0$)，则闭环系统稳定的充分与必要条件是每一个 $q_{ii}(s)$ 的格希高林带既不包含 $(-f_i^{-1},\mathrm{j}0)$ 点，又不包围 $(-f_i^{-1},\mathrm{j}0)$ 点。

(2) 逆奈奎斯特阵列图示稳定判据。设 $\boldsymbol{F}=\mathrm{diag}[f_1 \quad f_2 \quad \cdots \quad f_m]$，其中 f_i 为非零常数。若 $\boldsymbol{Q}^{-1}(s)$ 的所有对角元素 $q_{ii}^{-1}(s)$ 的格希高林带都不包含原点(即为对角优势阵)和相应的 $(-f_i,\mathrm{j}0)$ 点(即 $\boldsymbol{H}^{-1}(s)$ 为对角优势阵)，则闭环系统稳定的充分与必要条件是 $q_{ii}^{-1}(s)$ 的格希高林带顺时针包围 $(-f_i,\mathrm{j}0)$ 点的圈数之和减去顺时针包围原点的圈数之和等于 $-n_0$，即

$$\sum_{i=1}^{m}\mathrm{enc}_{(-f_i,\mathrm{j}0)}\,q_{ii}^{-1}(s)-\sum_{i=1}^{m}\mathrm{enc}\,q_{ii}^{-1}(s)=-n_0$$

式中，n_0 为开环系统在右半复平面的极点数。如果开环系统是稳定的(即 $n_0=0$)，则闭环系统稳定的充分与必要条件是 $\boldsymbol{Q}^{-1}(s)$ 的每一对角元素 $q_{ii}^{-1}(s)$ 的格希高林带顺时针包围原点的圈数和包围 $(-f_i,\mathrm{j}0)$ 点的圈数相等。

6.4.3 多变量系统的耦合作用

多变量系统的耦合作用表示多变量系统各回路之间的交互影响，这种耦合作用对系统的性能有着很大的影响。

例如，某一双转子涡喷发动机，其动态方程为

$$(T_1 s+1)X_{n_\mathrm{L}}=\alpha_1 X_{q_{m,\mathrm{f}}}+\alpha_2 X_{n_\mathrm{H}}+\alpha_3 X_{A_8}$$

$$(T_2 s+1)X_{n_\mathrm{H}}=\alpha_4 X_{q_{m,\mathrm{f}}}+\alpha_5 X_{n_\mathrm{L}}$$

$$X_{T_5}=-\alpha_6 X_{n_\mathrm{L}}-\alpha_7 X_{n_\mathrm{H}}+\alpha_8 X_{q_{m,\mathrm{f}}}-\alpha_9 X_{A_8}$$

式中 X_{n_L} —— 低压转子转速 n_L 的拉氏变换；

X_{n_H} —— 高压转于转速 n_H 的拉氏变换；

X_{T_5} —— 低压涡轮出口温度 T_5 的拉氏变换；

$X_{q_{m,\mathrm{f}}}$ —— 燃油流量 $q_{m,\mathrm{f}}$ 的拉氏变换；

X_{A_8} —— 尾喷口面积 A_8 的拉氏变换；

T_1,T_2 —— 时间常数；

$\alpha_1,\alpha_2,\cdots,\alpha_9$ —— 相应于各变量的增益系数。

如果取发动机高压转速 n_H 和低压涡轮出口温度 T_5 为被控制量，取燃油流量 $q_{m,\mathrm{f}}$ 和尾喷口

面积 A_8 为控制量，则根据以上三个方程，消去中间变量 n_L，可导出如下关系式：

$$\begin{bmatrix} X_{n_H} \\ X_{T_5} \end{bmatrix} = \begin{bmatrix} g_{11}(s) & g_{12}(s) \\ g_{21}(s) & g_{22}(s) \end{bmatrix} \begin{bmatrix} X_{q_{m,f}} \\ X_{A_8} \end{bmatrix} \tag{6.84}$$

式(6.84)也可表示为

$$X_{n_H} = g_{11}(s) X_{q_{m,f}} + g_{12}(s) X_{A_8} \tag{6.85}$$

$$X_{T_5} = g_{21}(s) X_{q_{m,f}} + g_{22}(s) X_{A_8} \tag{6.86}$$

式中

$$g_{11}(s) = \frac{k_{11}(\tau_{11}s+1)}{(T_0 s+1)^2},\quad g_{12}(s) = \frac{k_{12}}{(T_0 s+1)^2}$$

$$g_{21}(s) = \frac{k_{21}(\tau_{21}s+1)(\tau_{21}s+1)}{(T_1 s+1)(T_2 s+1)},\quad g_{22}(s) = \frac{k_{22}(\tau_{22}s+1)}{T_1 s+1}$$

它们表示了各变量之间的传递关系。其中，各系数分别为

$$k_{11} = \frac{\alpha_4 + \alpha_1\alpha_5}{1-\alpha_2\alpha_5},\quad k_{12} = \frac{\alpha_3\alpha_5}{1-\alpha_2\alpha_5}$$

$$k_{21} = \alpha_8 - \alpha_1\alpha_6 - (\alpha_2\alpha_6 + \alpha_7)\alpha_4,\quad k_{22} = \alpha_9 + \alpha_3\alpha_5$$

$$\tau_{11} = \frac{\alpha_4 T_1}{\alpha_4 + \alpha_1\alpha_5},\quad \tau_{22} = \frac{\alpha_9 T_1}{k_{22}}$$

$$\tau_{21}\tau_{21}^* = \frac{\alpha_8}{k_{21}} T_1 T_2$$

$$\tau_{21} + \tau_{21}^* = \frac{\alpha_8(T_1+T_2) - (\alpha_4\alpha_7 T_1 + \alpha_1\alpha_6 T_2)}{k_{21}}$$

$$T_0 = \frac{0.5(T_1+T_2)}{1-\alpha_2\alpha_5} \approx \sqrt{\frac{T_1 T_2}{1-\alpha_2\alpha_5}}$$

由式(6.85)和式(6.86)可以看出，发动机高压转子转速 n_H 受两个控制量 $q_{m,f}$ 和 A_8 的作用，而低压涡轮出口温度 T_5 也受 $q_{m,f}$ 和 A_8 的控制作用。这说明当改变 $q_{m,f}$ 时，n_H 和 T_5 都将改变，而改变 A_8 时，n_H 和 T_5 也将同时改变，n_H 和 T_5 两个控制回路又互相影响，使两个参数进一步变化，这种作用即为耦合作用。在发动机控制系统中，耦合作用的存在意味着系统的任一输入量变化，都将导致所有输出量变化，而且系统各变量和各回路的耦合影响可能导致系统的动态性能和稳态性能变坏，甚至导致系统不稳定。为此，必须在系统设计时加以解决。

对如图 6.22 所示的多变量系统，其输入量 $\boldsymbol{r}(t)$ 为 m 维，输出量 $\boldsymbol{y}(t)$ 也为 m 维，系统的闭环传递函数矩阵用 $\boldsymbol{H}(s)=[h_{ij}(s)]$ 描述。$\boldsymbol{H}(s)$ 的主对角元素 $h_{ii}(s)$ 描述了系统第 i 个输入($i=1,2,\cdots,m$)至相应输出的传递关系，而那些不为零的非对角元素则表示了系统各回路(通道)之间的耦合作用。如果 $\boldsymbol{H}(s)$ 的非对角元素全为零，即 $\boldsymbol{H}(s)$ 为对角阵，则有下面输入与输出之间的关系：

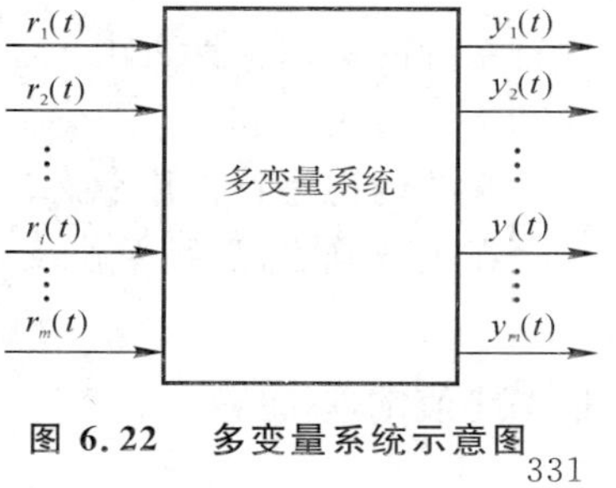

图 6.22　多变量系统示意图

$$\begin{bmatrix} y_1(s) \\ y_2(s) \\ \vdots \\ y_m(s) \end{bmatrix} = \begin{bmatrix} h_{11}(s) & & & 0 \\ & h_{22}(s) & & \\ & & \ddots & \\ 0 & & & h_{mm}(s) \end{bmatrix} \begin{bmatrix} r_1(s) \\ r_2(s) \\ \vdots \\ r_m(s) \end{bmatrix}$$

这表明系统的第 i 个输入仅对第 i 个输出有作用,系统各通道之间不存在耦合作用。这样的多输入-多输出系统就是多个单变量系统。如果 $\boldsymbol{H}(s)$ 主对角元的模比非主对角元的模之和大得多,则称 $\boldsymbol{H}(s)$ 为对角优势阵,此时系统是弱耦合的。多变量频域系统设计的目的就是通过补偿器(控制器设计),使 $\boldsymbol{H}(s)$ 成为对角阵或对角优势阵,并使系统的性能良好。

消除各变量之间的耦合作用是航空发动机控制系统设计要求之一。

6.4.4 多变量系统的动态特性和稳态特性

系统的阶跃输入向量为

$$\boldsymbol{r}(s) = \frac{1}{s}\boldsymbol{q}$$

式中,$\boldsymbol{q}$ 为非零列向量,即

$$\boldsymbol{q} = [q_1 \quad q_2 \quad \cdots \quad q_m]^{\mathrm{T}}$$

如果 $\boldsymbol{q}$ 的各分量都为 1,则 $\boldsymbol{r}(s)$ 为单位阶跃输入向量。

在零初始条件下,闭环系统对单位阶跃输入向量的输出响应为

$$\boldsymbol{y}(s) = \boldsymbol{H}(s)\ \frac{1}{s}\boldsymbol{q}(s)$$

式中,$\boldsymbol{H}(s)$ 为闭环系统传递函数矩阵;$\boldsymbol{q}$ 的各分量为 1。系统的第 i 个输出响应为

$$y_i(t) = \mathscr{L}^{-1}\left[h_{ii}(s)\ \frac{1}{s}\right] + \mathscr{L}^{-1}\sum_{\substack{j=1\\ j\neq i}}^{m}(s)\ \frac{1}{s} = y_{ii}(t) + \sum_{\substack{j=1\\ j\neq i}}^{m} y_{ij}(t) \quad (i=1,2,\cdots,m)$$

第 i 个输出响应 $y_i(t)$ 由两部分组成。第一部分是第 i 个输入端的单位阶跃信号 $r_i(t)$ 所引起的响应;第二部分是除 $r_i(t)$ 以外的所有其他输入信号所引起的响应。

如果系统是弱耦合的,则有

$$\underset{j\neq i}{y_{ij}}(t) \ll y_{ii}(t) \quad (i,j=1,2,\cdots,m)$$

$$y_i(t) \approx y_{ii}(t)$$

这时系统的动态特性可由 $y_{ii}(t)$ 近似描述,而多变量系统的动态特性可由 m 个单变量系统的动态特性表示。

系统的稳态特性用稳态误差描述,它是控制系统准确度的一种度量。

在系统确定以后,单位反馈系统的稳态误差为

$$\boldsymbol{e}_{\mathrm{s,s}} = \lim_{t\to\infty}[\boldsymbol{r}(t) - \boldsymbol{y}(t)]$$

根据终值定理,可得

$$\boldsymbol{e}_{s,s}=\lim_{t\to\infty}[\boldsymbol{r}(t)-\boldsymbol{y}(t)]=\lim_{s\to 0}s[\boldsymbol{r}(s)-\boldsymbol{H}(s)\boldsymbol{r}(s)]=\lim_{s\to 0}s[\boldsymbol{I}-\boldsymbol{H}(s)]\boldsymbol{r}(s)$$

由此可见，系统的稳态误差不仅与系统的结构有关，而且与输入信号的形式有关，这与单变量系统对于误差的结论是一致的。

系统的稳态误差为零的充分与必要条件是

$$\boldsymbol{H}(0)=\boldsymbol{I}$$

6.5　航空发动机 H_∞ 鲁棒控制

H_∞ 控制理论发展很快，其内容非常丰富，并涉及较多的数学问题。本节仅介绍其基本知识，作为学习 H_∞ 控制理论及航空发动机 H_∞ 控制器设计的基础。

6.5.1　鲁棒控制概述

1. 模型的不确定性

前述研究控制系统设计时所采用的被控对象数学模型均为确定性模型，即用确定性的数学关系表示的数学模型。但实际系统存在许多不确定性因素，这些因素难以用数学关系包含在数学模型中，所有这些因素称为模型的不确定性。以下首先分析发动机数学模型的不确定性。

发动机模型的不确定性包括建模误差、结构变化与参数摄动、环境条件的随机性变化等。

(1) 发动机建模误差。 发动机气动热力过程非常复杂，用数学模型精确地描述这一过程是不可能的，因此在建模时必然要作些近似和假设。例如，不考虑气体与发动机机体的热交换；不考虑气体的摩擦与撞击损失；把具有分布参数特性的气流流场简化为集中参数处理；把三维非定常流场简化为一维和零维处理；把具有热惯性的气流当作是时间无滞后的气流；在燃烧室和加力燃烧室中不考虑高温燃气成分的变化；不考虑在工作过程中发动机部件特性的变化；等等。这样就使得所建立的发动机模型并不能准确地描述发动机的工作过程，即使用部件特性建立的发动机非线性模型也如此。

当用线性控制理论设计发动机控制系统时，还需要建立发动机线性模型。为此就必须对非线性模型进行线性化处理，以得到一阶或二阶线性模型。线性化处理的代价是丢失了发动机所包含的高阶信息和高阶特性。

对航空发动机来讲，线性模型仅能近似描述线性化稳态点附近领域内的发动机特性，但发动机工作状态变化范围很大，而且飞行包线宽广，在某一稳态工作点所建立的线性模型不可能适用于发动机全部工作状态和全飞行包线内的控制系统设计。为此就需要在发动机全部工作状态范围和全飞行包线内建立大量的发动机线性数学模型，但建模的数量再多，也是有限的，而在非设计点的模型不得不用插值方法等获得，这就进一步降低了模型的精度。

(2) 发动机结构变化。 由于制造误差，同一型号不同批次的发动机结构上就有差异，甚至同一批次的每台发动机结构也有差异。一台发动机随着使用时间增加就会因磨损、老化、变形、烧蚀等带来结构上的变化。所有这些结构的差异或变化必然导致发动机特性和性能的变化，而这些差异或变化是难以用数学模型描述的。

(3) 参数摄动。在控制系统实际工作过程中，系统参数即使在某一稳定工作状态下也不是始终保持在某一个固定值，实际上都是随机变化的，且这种变化是未知的。参数的这种变化称为参数摄动。对发动机来讲，参数摄动包括结构参数摄动和气体热力参数摄动。参数摄动同样难以用数学模型进行描述。

(4) 环境条件的随机变化。发动机建模时所考虑的环境条件是定常的，即大气温度和压力随飞行高度和飞行马赫数的变化规律是已知的。实际上，发动机即使是在同一高度同一马赫数下工作时，其环境条件即大气温度、大气压力和大气湿度也都是随机变化的，这种变化也是未知的。发动机数学模型不可能反映这种随机变化。而环境条件的这种随机变化也同样影响发动机特性和性能，甚至影响发动机工作的稳定性。

通过以上分析可知，发动机数学模型不可能精确地描述发动机的实际工作过程，也即数学模型与实际系统存在一定的差异，这种无法确定的差异称为模型的不确定性。不考虑这种不确定性的模型称为标称模型。

任何控制系统与发动机控制系统一样，都存在模型的不确定性问题，仅仅是使模型具有不确定性的因素和模型不确定性对系统工作影响程度不同而已。模型的不确定性是控制系统设计必须考虑的重要问题，它将影响系统的稳定性和系统的性能品质。利用标称模型进行控制器设计时，在设计点理论上可以使系统具有很好的性能，当利用设计好的控制器控制实际被控对象时，即使是在设计点工作，实际系统性能与设计性能并不相同。为此，系统设计不得不考虑一定的裕量。例如，第 5 章介绍的设计控制系统的频域方法，必须保证系统一定的增益裕量和相位裕量。设计时如果给定的裕量太小，往往保证不了系统在非设计点的稳定性和性能，而如果给定的裕量过大，对系统性能将是一种损失，这就是经典控制理论的局限性之一。在本章前面几节介绍的线性二次型最优控制、最优伺服控制和自适应控制均利用被控对象标称模型进行系统设计，而未考虑模型的不确定性，因此系统不具有承受不确定性影响的能力，而这种承受能力称为系统的鲁棒性。

不确定性大致可分为非结构不确定性和结构不确定性两部分。前者用于表示那些结构不明确的不确定性，后者表示控制对象和不确定性之间相互关系的结构非常明确的不确定性。非结构不确定性主要包括加法和乘法不确定性以及基于规范化互质分解描述的不确定性。结构不确定性主要包括参数结构不确定性和块对角结构不确定性。

2. 鲁棒控制的基本意义

20 世纪 80 年代以来，为了克服应用现代控制理论进行系统设计需要非常精确的数学模型而难以实现的问题，鲁棒控制理论获得了惊人的发展。鲁棒控制在航空发动机控制的应用研究中也得到了许多学者广泛的重视，发表了大量文章，而且已证明了鲁棒控制对于提高发动机控制系统的性能和鲁棒性非常有效。鲁棒控制是针对系统中存在一定范围的不确定性，基于状态空间模型的频域设计方法为主要特征，提出的从根本上解决模型不确定性和外界干扰不确定性问题的有效方法。它不仅能解决单输入-单输出(Single Input Single Output, SISO)反馈控制系统的鲁棒性分析和设计，而且可以成功地应用到多输入-多输出(Multivariable Input Multivariable Output, MIMO)系统，设计出性能更优、鲁棒性更好的反馈系统。

鲁棒控制理论研究的问题包括鲁棒分析和综合两个方面。鲁棒分析研究的是控制系统存在模型不确定性情况下及系统受到各种不确定性干扰后闭环控制系统的稳定性和动态性能是否满足规定要求。鲁棒综合研究的是对存在一定范围的不确定性被控对象，设计一个鲁棒控制器，使得闭环系统在保持稳定的同时，保证一定的动态性能品质要求。采用什么样的控制策略和控制结构、使用什么样的鲁棒控制器，来使模型存在不确定性的系统在扰动作用下，仍能保证稳定并有较好的动态性能是鲁棒综合研究主要内容。

一个控制系统是鲁棒的，或者说一个控制系统具有鲁棒性，是指这个反馈控制系统在某一类特定的不确定性条件作用下，控制系统的稳定性和动态特性仍保持不变的特性，即这一反馈控制系统具有承受这一类不确定性影响的能力。具有鲁棒性的控制系统称为鲁棒控制系统。在实际控制问题中，不确定性往往是有界的，因此，在鲁棒控制系统设计中，一般是假定不确定性在一个可能的范围内变化来进行设计，这就意味着设计出来的控制器，在这个可能的不确定范围内均能使控制系统稳定和动静态性能保持不变。

鲁棒控制理论主要有 H_∞ 控制理论、结构奇异值 μ 理论、在 LQG 基础上使用 LTR 技术的 LQG/LTR 理论及多项式稳定理论。

H_∞ 控制是鲁棒控制理论发展的最突出标志之一。加拿大学者詹姆斯(G. Zames)在 20 世纪 80 年代初期提出的最优灵敏度控制方法，多伊尔(Doyle)和斯坦因(Stein)指出了鲁棒控制系统设计关键是在频域内进行回路整形，把控制系统鲁棒稳定性和鲁棒性能指标用特定闭环控制系统传递函数矩阵的 H_∞ 范数表示。经过 20 多年的发展，这一理论已经形成了一套完整的理论体系，成为综合与分析不确定性系统的一个强有力的工具。H_∞ 控制理论可分为频域方法和时域方法。它的发展大致经历了两个阶段。第一阶段为早期的频域算子理论，其中 Youla 的参数化控制器设计起着核心的作用；第二阶段为 20 世纪 80 年代末期提出的直接时域状态空间方法，包括 Riccati 方法和 LMI 方法。

H_∞ 控制理论应用研究的关键步骤是建立被控对象的模型，然后根据控制策略和控制要求将该模型转化为标准 H_∞ 控制问题所对应的广义被控对象模型(频域或时域模型)，最后按标准 H_∞ 控制问题的求解方法进行鲁棒控制器设计。

为研究 H_∞ 控制理论在航空发动机控制中的应用，本节主要介绍 H_∞ 控制理论中部分有关内容，对应用到的某些定理仅介绍结论，不再加以证明，要真正掌握 H_∞ 控制器设计还必须参考有关资料。

为了说明 H_∞ 控制理论的一些基本概念及其设计思想，考虑如图 6.23 所示 SISO 单位反馈系统。图中，$P(s)$ 表示的是被控对象的传递函数，$K(s)$ 是控制器的传递函数，y 是输出信号，

u 是控制信号,r 是参考输入信号,w 是干扰输入,e 是控制误差信号,通过信号 z 引出,信号 z 又称评价信号。从图 6.23 中可以看出,干扰 w 到输出 y 的传递函数或输入 r 到评价函数 z(即误差信号 e)的传递函数为

$$S(s)=\frac{1}{1+P(s)K(s)}$$

$S(s)$ 反映了干扰 w 对输出 y 的影响,也反映了输入 r 对评价函数 z 的影响,称为反馈系统的灵敏度函数。它表征了系统输出对干扰的灵敏度,或评价函数对输入的灵敏度。

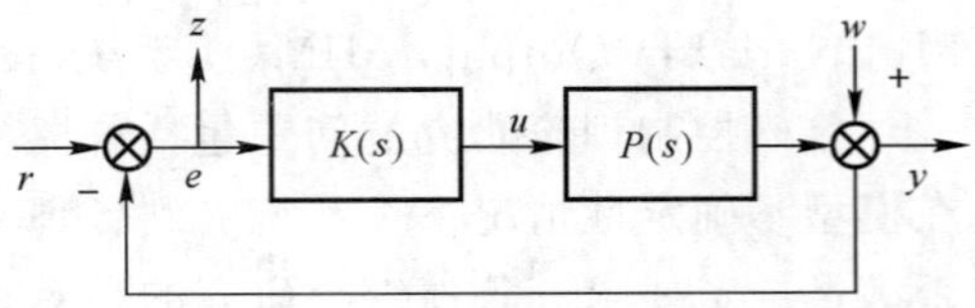

图 6.23 SISO 控制系统

$$T(s)=1-S(s)=\frac{P(s)K(s)}{1+P(s)K(s)}$$

称为反馈系统的补灵敏度函数。

对 MIMO 系统

$$\boldsymbol{S}(s)=[\boldsymbol{I}+\boldsymbol{P}(s)\boldsymbol{K}(s)]^{-1} \tag{6.87}$$

$$\boldsymbol{T}(s)=[\boldsymbol{I}+\boldsymbol{P}(s)\boldsymbol{K}(s)]^{-1}\boldsymbol{P}(s)\boldsymbol{K}(s) \tag{6.88}$$

$$\boldsymbol{S}(s)+\boldsymbol{T}(s)=\boldsymbol{I}$$

理想情况下希望 $\boldsymbol{S}(s)=\boldsymbol{0}$,但经典控制理论及现代控制理论一般是将灵敏度函数 $\boldsymbol{S}(s)$ 控制在一定范围内,即

$$|\boldsymbol{S}(\mathrm{j}\omega)|<\gamma \quad \forall\omega\in(\gamma<1) \tag{6.89}$$

实践证明,上述设计方法往往无法得到满意的动静态性能。其原因是式(6.89)中 γ 取值缺乏科学依据,取值太小使控制系统的工作范围受到限制,取值太大则控制系统动静态指标达不到控制要求,更主要的原因是 $\boldsymbol{P}(s)$ 具有不确定性,因而使 $\boldsymbol{S}(s)$ 随 $\boldsymbol{P}(s)$ 而变化,这就难以满足式(6.89)的要求。

3. 控制目标和衡量系统的性能指标

对于单变量系统,应用鲁棒 H_∞ 控制理论设计的控制器 $K(s)$,不仅使闭环系统稳定而且使灵敏度函数的峰值 $\max\limits_{\omega\in R}|S(\mathrm{j}\omega)|$ 最小。

由于在无限频率域范围内,某些传递函数 $S(\mathrm{j}\omega)$ 的峰值可能不存在,可用上确界 $\sup\limits_{\omega\in R}|S(\mathrm{j}\omega)|$ 来代替 $S(\mathrm{j}\omega)$ 的峰值,并用 $\|S\|_\infty$ 来标记,即

$$\|S\|_\infty=\sup_{\omega\in R}|S(\mathrm{j}\omega)| \tag{6.90}$$

鲁棒 H_∞ 控制是最优控制,其目标就是使式(6.90)中 $\|S\|_\infty$ 取最小值。设最优的性能指标 J 的最小值为 γ_0,则最优的性能指标可以表示为

$$J=\inf\|S\|_\infty=\inf\sup_{\omega\in R}|S(\mathrm{j}\omega)|=\gamma_0 \tag{6.91}$$

灵敏度函数 $S(\mathrm{j}\omega)$ 表征了控制系统输出对干扰的灵敏度,其峰值 $\sup\limits_{\omega\in R}|S(\mathrm{j}\omega)|$ 越小,则在

所有频域上 $S(\mathrm{j}\omega)$ 的幅值就越小，因而干扰对输出的影响也就越小。$\|S\|_\infty$ 极小化就相当于把最坏情况下的干扰对输出的影响降低至极小值。不失一般性设干扰信号 w 具有未知频率成分，但能量有限，这样干扰信号 w 的 2 范数为

$$\|w\|_2=\left\{\int_{-\infty}^{+\infty}w^2(t)\mathrm{d}t\right\}^{\frac{1}{2}} \tag{6.92}$$

同样，也可将输出信号 z 用 2 范数表示，即

$$\|z\|_2=\left\{\int_{-\infty}^{+\infty}z^2(t)\mathrm{d}t\right\}^{\frac{1}{2}}$$

控制系统又可看做系统输入、输出信号之间一种映射，该映射用 $G(s)$ 表示，故有

$$\|G\|_\infty=\sup_{\omega\in R}|G(\mathrm{j}\omega)|=\sup_{\|w\|_2\neq 0}\frac{\|z\|_2}{\|w\|_2} \tag{6.93}$$

式中，$\|\cdot\|_2$ 代表频率未知但能量有限的输入、输出信号。从式(6.93)可看出，等号左端为频域信号，右端为时域信号，因此，$\|\cdot\|_\infty$ 将时域与频域理论结合在一起；同时，可以看出 $\|\cdot\|_\infty$ 反映了输出信号与输入信号能量之比的最大值，也就是反映了系统的最大能量增益。H_∞ 最优化实际上就是使系统的灵敏度范数取极小值。

对于多变量系统，定义向量在时域和频域的 2 范数分别为

$$\|\boldsymbol{w}(s)\|_2=\left\{\int_{-\infty}^{+\infty}\boldsymbol{w}^{\mathrm{H}}(t)\boldsymbol{w}(t)\mathrm{d}t\right\}^{\frac{1}{2}}$$

$$\|\boldsymbol{z}(s)\|_2=\left\{\int_{-\infty}^{+\infty}\boldsymbol{z}^{\mathrm{H}}(t)\boldsymbol{z}(t)\mathrm{d}t\right\}^{\frac{1}{2}}$$

$$\|\boldsymbol{w}(s)\|_2=\sup_{\sigma\geqslant 0}\left\{\frac{1}{2\pi}\int_{-\infty}^{+\infty}\boldsymbol{w}^{\mathrm{H}}(\sigma+\mathrm{j}\omega)\boldsymbol{w}(\sigma+\mathrm{j}\omega)\mathrm{d}\omega\right\}^{\frac{1}{2}}=\left\{\frac{1}{2\pi}\int_{-\infty}^{+\infty}\boldsymbol{w}^{\mathrm{H}}(\mathrm{j}\omega)\boldsymbol{w}(\mathrm{j}\omega)\right\}^{\frac{1}{2}} \tag{6.94}$$

$$\|\boldsymbol{z}(s)\|_2=\sup_{\sigma\geqslant 0}\left\{\frac{1}{2\pi}\int_{-\infty}^{+\infty}\boldsymbol{z}^{\mathrm{H}}(\sigma+\mathrm{j}\omega)\boldsymbol{z}(\sigma+\mathrm{j}\omega)\mathrm{d}\omega\right\}^{\frac{1}{2}}=\left\{\frac{1}{2\pi}\int_{-\infty}^{+\infty}\boldsymbol{z}^{\mathrm{H}}(\mathrm{j}\omega)\boldsymbol{z}(\mathrm{j}\omega)\right\}^{\frac{1}{2}} \tag{6.95}$$

式中，$\boldsymbol{w}^{\mathrm{H}}$ 为 $\boldsymbol{w}$ 的共轭转置矩阵，$\boldsymbol{z}^{\mathrm{H}}$ 为 $\boldsymbol{z}$ 的共轭转置矩阵。

同 SISO 类似，MIMO 系统的传递函数矩阵 $\boldsymbol{G}_{zw}$ 的 H_∞ 的范数为

$$\|\boldsymbol{G}_{zw}\|_\infty=\sup_{\omega\in R}\bar{\sigma}\{\boldsymbol{G}_{zw}(\mathrm{j}\omega)\}=\sup_{\|\boldsymbol{w}\|_2\neq 0}\frac{\|\boldsymbol{z}\|_2}{\|\boldsymbol{w}\|_2} \tag{6.96}$$

式中，$\bar{\sigma}(\boldsymbol{G})=\{\lambda_{\max}(\boldsymbol{G}^{\mathrm{H}}\boldsymbol{G})\}^{\frac{1}{2}}$ 为 $\boldsymbol{G}$ 的最大奇异值。$\boldsymbol{G}^{\mathrm{H}}$ 为 $\boldsymbol{G}$ 的共轭转置矩阵，$\lambda_{\max}$ 为最大特征值。

4. 关于控制对象的描述

实际被控对象模型包括标称模型和不确定性两部分，对不确定性部分用一个集合表示，因

此鲁棒控制研究的控制对象是一个集合。

对于图 6.23 所示反馈控制系统,若实际控制对象具有加法不确定性,并用 $\boldsymbol{\Delta}(s)$ 表示加法摄动不确定性,则实际控制对象的模型 $\boldsymbol{P}_A(s)$ 可以表示为

$$\boldsymbol{P}_A(s)=\boldsymbol{P}(s)+\boldsymbol{\Delta}(s) \tag{6.97}$$

式中,$\boldsymbol{P}(s)$ 为被控对象的标称模型。对于单输入单输出控制系统,假设 $\boldsymbol{M}(s)$ 是加法摄动 $\boldsymbol{\Delta}(s)$ 的最大值,则

$$|\boldsymbol{\Delta}(\mathrm{j}\omega)|\leqslant|\boldsymbol{M}(\mathrm{j}\omega)| \quad \forall\,\omega\in\mathbf{R} \tag{6.98}$$

式中,$\mathbf{R}$ 表示所有实数的集合。由于并没有给出 $\boldsymbol{\Delta}(s)$ 的结构,故一般可认为 $\boldsymbol{\Delta}(s)$ 反映了一种非结构不确定性。实际控制对象属于非结构化集合

$$\boldsymbol{P}_A(s)=\{\boldsymbol{P}(s)+\boldsymbol{\Delta}s:|\boldsymbol{\Delta}(j\omega)|\leqslant\boldsymbol{M}(\mathrm{j}\omega),\forall\,\omega\in\mathbf{R}\}$$

具有加法不确定性的控制对象结构简图如图 6.24(a) 所示。

当图 6.23 所示反馈控制系统具有乘法不确定性时,则实际控制对象的传递函数 $\boldsymbol{P}_A(s)$ 可以表示为

$$\boldsymbol{P}_A(s)=[\boldsymbol{I}+\underline{\boldsymbol{\Delta}}(s)]\boldsymbol{P}(s)$$

式中,$\underline{\boldsymbol{\Delta}}$ 为归一化后的相对值,即

$$\underline{\boldsymbol{\Delta}}=[\boldsymbol{P}_A(s)-\boldsymbol{P}(s)]\boldsymbol{P}^{-1}(s)$$

具有乘法不确定性的控制对象结构简图如图 6.24(b) 所示。

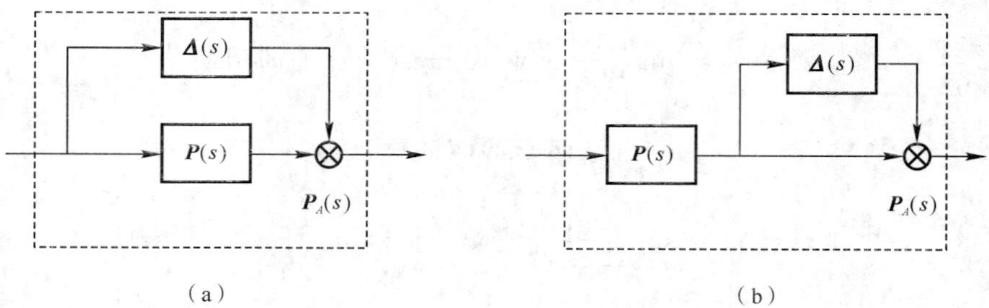

图 6.24 具有加法或乘法不确定性控制对象描述

(a) 具有加法不确定性控制对象; (b) 具有乘法不确定性控制对象

用非结构化集合表示的实际对象包含了标称模型、不确定性的摄动与标称模型的关系以及摄动的最大值。

这样,不确定性系统可以用一个非结构化集合或结构化集合来表示。可见,鲁棒控制系统设计不仅是面向某一个控制对象模型来进行的,而且是基于某一个集合的控制对象来进行的,设计出来的控制系统对于属于这个集合的所有控制对象均保证稳定性和期望的性能。

6.5.2　标准 H_∞ 控制问题及鲁棒稳定问题

1. 标准的 H_∞ 控制问题

考虑如图 6.25 所示系统，其中，$\boldsymbol{w}$ 为外部输入信号，包括参考输入（指令）信号、干扰信号和传感器噪声；$\boldsymbol{z}$ 为输出信号，也称为评价信号，通常包括跟踪误差、调节误差和执行机构输出；$\boldsymbol{u}$ 为控制信号；$\boldsymbol{y}$ 为量测输出信号，如传感器输出信号。$\boldsymbol{K}(s)$ 为控制器。由输入信号 $\boldsymbol{w},\boldsymbol{u}$ 到输出信号 $\boldsymbol{z},\boldsymbol{y}$ 的传递函数 $\boldsymbol{G}(s)$ 称为广义被控对象。广义被控对象并不一定等于实际被控对象，它包括实际被控对象和为了描述设计指标而设定的加权函数等。它随实际被控对象和控制要求的不同而不同，即使同一被控对象，不同的控制策略和控制要求，其广义被控对象的构成可能有很大不同。

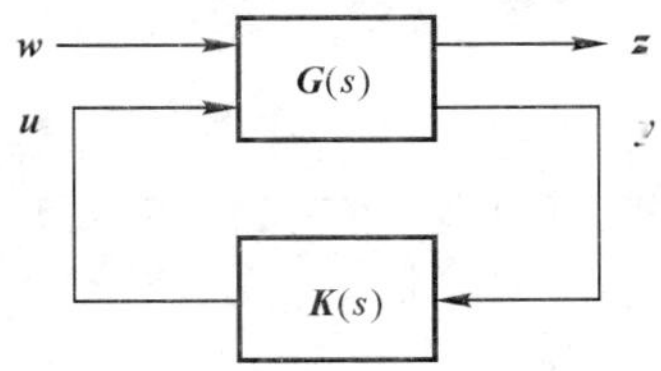

图 6.25　标准的 H_∞ 控制问题框图

设广义被控对象 $\boldsymbol{G}(s)$ 的状态空间实现为

$$\dot{\boldsymbol{x}} = \boldsymbol{A}\boldsymbol{x} + \boldsymbol{B}_1\boldsymbol{w} + \boldsymbol{B}_2\boldsymbol{w} \tag{6.99}$$

$$\boldsymbol{z} = \boldsymbol{C}_1\boldsymbol{x} + \boldsymbol{D}_{11}\boldsymbol{w} + \boldsymbol{D}_{12}\boldsymbol{u} \tag{6.100}$$

$$\boldsymbol{y} = \boldsymbol{C}_2\boldsymbol{x} + \boldsymbol{D}_{21}\boldsymbol{w} + \boldsymbol{D}_{22}\boldsymbol{u} \tag{6.101}$$

式中，$\boldsymbol{x} \in \mathbf{R}^n, \boldsymbol{z} \in \mathbf{R}^m, \boldsymbol{y} \in \mathbf{R}^q, \boldsymbol{w} \in \mathbf{R}^r, \boldsymbol{u} \in \mathbf{R}^p$。相应的传递函数矩阵为

$$\boldsymbol{G}(s) = \begin{bmatrix} \boldsymbol{G}_{11}(s) & \boldsymbol{G}_{12}(s) \\ \boldsymbol{G}_{21}(s) & \boldsymbol{G}_{22}(s) \end{bmatrix} = \left[\begin{array}{c:cc} \boldsymbol{A} & \boldsymbol{B}_1 & \boldsymbol{B}_2 \\ \hdashline \boldsymbol{C}_1 & \boldsymbol{D}_{11} & \boldsymbol{D}_{12} \\ \boldsymbol{C}_2 & \boldsymbol{D}_{21} & \boldsymbol{D}_{22} \end{array}\right] \tag{6.102}$$

则

$$\begin{bmatrix} \boldsymbol{z} \\ \boldsymbol{y} \end{bmatrix} = \boldsymbol{G}(s) \begin{bmatrix} \boldsymbol{w} \\ \boldsymbol{u} \end{bmatrix} = \begin{bmatrix} \boldsymbol{G}_{11}(s) & \boldsymbol{G}_{12}(s) \\ \boldsymbol{G}_{21}(s) & \boldsymbol{G}_{22}(s) \end{bmatrix} \begin{bmatrix} \boldsymbol{w} \\ \boldsymbol{u} \end{bmatrix} \tag{6.103}$$

$$\boldsymbol{u} = \boldsymbol{K}(s)\boldsymbol{y} \tag{6.104}$$

由式(6.103)和式(6.104)可导出图 6.25 中从 $\boldsymbol{w}$ 到 $\boldsymbol{z}$ 的闭环传递函数矩阵

$$\boldsymbol{T}_{zw}(s) = \boldsymbol{G}_{11}(s) + \boldsymbol{G}_{12}(s)\boldsymbol{K}(s)(\boldsymbol{I} - \boldsymbol{G}_{22}(s)\boldsymbol{K}(s))^{-1}\boldsymbol{G}_{21}(s) \tag{6.105}$$

对于图 6.25 所示的闭环控制系统，H_∞ 最优控制问题就是寻找一个真的实有理传递函数矩阵表示的控制器 $\boldsymbol{K}(s)$，使闭环系统内稳定且使传递函数矩阵 $\boldsymbol{T}_{zw}(s)$ 的 H_∞ 范数极小，即

$$\min_K \| \boldsymbol{T}_{zw}(s) \|_\infty = \gamma_0 \tag{6.106}$$

H_∞ 次优控制问题就是对于闭环控制系统，寻找一个真的实有理传递函数矩阵表示的控制器 $\boldsymbol{K}(s)$，使闭环系统内稳定且使传递函数矩阵 $\boldsymbol{T}_{zw}(s)$ 的 H_∞ 范数小于一个给定的常数 $\gamma > 0$，即

$$\| \boldsymbol{T}_{zw}(s) \|_\infty < \gamma \tag{6.107}$$

其中，$\gamma \geqslant \gamma_0$。

对于以上两种控制问题,如果给定 $\boldsymbol{G}(s)$ 的 H_∞ 次优问题有解,则可以通过反复"递减—试探求次优解"过程,使 $\gamma \to \gamma_0$,即由次优问题的解去逼近最优问题的解。

对 H_∞ 次优控制问题式(6.107)做变换,得

$$\left\| \frac{1}{\gamma}\boldsymbol{T}_{zw}(s) \right\| < 1$$

而$\frac{1}{\gamma}\boldsymbol{T}_{zw}(s)$ 等于广义被控对象

$$\boldsymbol{G}(s) = \begin{bmatrix} \gamma^{-1}\boldsymbol{G}_{11}(s) & \boldsymbol{G}_{12}(s) \\ \gamma^{-1}\boldsymbol{G}_{21}(s) & \boldsymbol{G}_{22}(s) \end{bmatrix} \tag{6.108}$$

和 $\boldsymbol{K}(s)$ 所构成的如图 6.25 所示系统的从 $\boldsymbol{w}$ 到 $\boldsymbol{z}$ 的闭环传递函数矩阵。不失一般性,常取 $\gamma = 1$。

H_∞ 标准设计问题就是对于给定的广义被控对象 $\boldsymbol{G}(s)$,判定是否存在反馈控制器 $\boldsymbol{K}(s)$,使得闭环系统内稳定且 $\|\boldsymbol{T}_{zw}(s)\|_\infty < 1$,如果存在这样的控制器则求之。

许多控制问题都可以归结为 H_∞ 标准控制问题。

2. 回路整形问题

H_∞ 控制理论研究的是不确定性系统,这是 H_∞ 控制的第一个特点。H_∞ 控制理论研究的另一个特点就是可以描述频域特性曲线的整形指标。这里仅以灵敏度函数的整形为例介绍 H_∞ 控制整形问题,以及如何将整形问题转化为标准 H_∞ 控制问题。

我们期望灵敏度函数 $\boldsymbol{S}(\mathrm{j}\omega)$ 在低频段 $0 < \omega < \omega_0$ 的增益尽量小,以达到抑制该频段的干扰和模型误差的影响,为此可以通过整形频率特性 $\boldsymbol{S}(\mathrm{j}\omega)$,使其位于某一区域以下来达到目的。设该区域的边界线由 $\boldsymbol{V}(\mathrm{j}\omega)$ 描述,则上述设计要求可表示为

$$|\boldsymbol{S}(\mathrm{j}\omega)| < |\boldsymbol{V}(\mathrm{j}\omega)| \quad \forall \omega \in [0, \infty)$$

该式等价于

$$\|\boldsymbol{W}(s)\boldsymbol{S}(s)\|_\infty < 1 \tag{6.109}$$

其中,$\boldsymbol{W}(s) = \boldsymbol{V}^{-1}(s)$ 为加权函数。

图 6.25 所示的控制系统同样可以用来描述多变量系统,并且可以等价地表示为图 6.26。

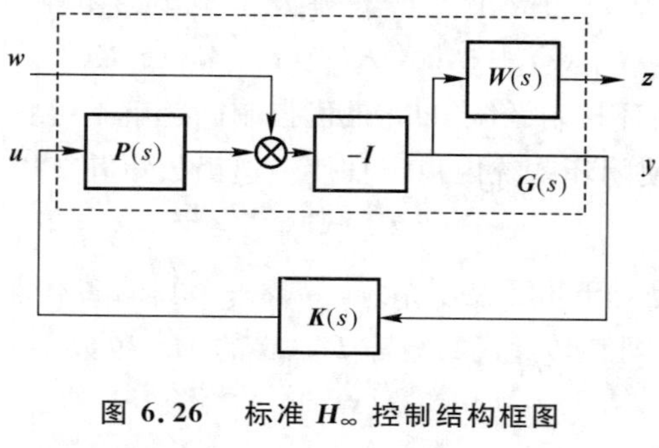

图 6.26　标准 H_∞ 控制结构框图

根据图 6.26，可令 $\boldsymbol{G}_{11}=-\boldsymbol{W}(s)$，$\boldsymbol{G}_{12}=-\boldsymbol{W}(s)\boldsymbol{P}(s)$，$\boldsymbol{G}_{21}=-\boldsymbol{I}$，$\boldsymbol{G}_{22}=-\boldsymbol{P}(s)$，因此广义被控对象为

$$\boldsymbol{G}(s)=\begin{bmatrix}-\boldsymbol{W}(s) & -\boldsymbol{W}(s)\boldsymbol{P}(s)\\ -\boldsymbol{I} & -\boldsymbol{P}(s)\end{bmatrix}$$

即图 6.26 中的虚线框部分。从 $\boldsymbol{w}$ 到 $\boldsymbol{z}$ 的闭环传递函数为

$$\boldsymbol{T}_{zw}(s)=\boldsymbol{W}(s)[\boldsymbol{I}+\boldsymbol{P}(s)\boldsymbol{K}(s)]^{-1}=\boldsymbol{W}(s)\boldsymbol{S}(s)$$

这样就把系统灵敏度整形设计问题转化为对广义被控对象 $\boldsymbol{G}(s)$ 的 H_∞ 标准设计问题。

3. 混合灵敏度问题

在鲁棒控制中，单纯考虑灵敏度函数作为系统控制指标会削弱控制系统的动态性能和稳定性，这是因为

$$\boldsymbol{S}+\boldsymbol{T}=\boldsymbol{I}$$

灵敏度函数的 $\|\boldsymbol{S}\|_\infty$ 过小，补灵敏度函数的 $\|\boldsymbol{T}\|_\infty$ 则会相应过大，使控制系统的动态性能和稳定性变差。为了解决这一矛盾，通常将二者结合考虑使系统既有良好性能鲁棒性又具有稳定鲁棒性。

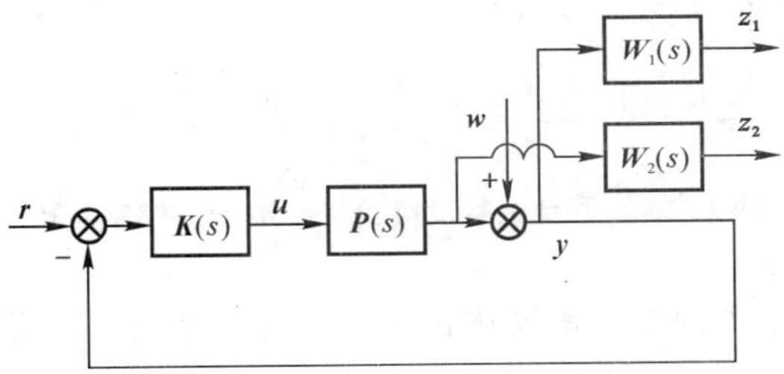

图 6.27　混合灵敏度控制问题

在图 6.27 所示的控制系统中，$\boldsymbol{P}(s)$ 为被控对象，$\boldsymbol{K}(s)$ 为待设计的控制器，$\boldsymbol{r}$ 为参考输入，$\boldsymbol{y}$ 为量测输出，$\boldsymbol{w}$ 为外部干扰（量测噪声），$\boldsymbol{u}$ 为控制作用量，$\boldsymbol{W}_1(s)$ 和 $\boldsymbol{W}_2(s)$ 是稳定的实有理函数，称为加权函数，分别用来对灵敏度函数和补灵敏度函数进行频域整形，在期望的频段上使系统获得良好动静态性能。

对图 6.27 所示系统，从 $\boldsymbol{w}$ 到 $\boldsymbol{z}_1$ 的传递函数矩阵（为了更清晰略去了“(s)”）为 $\boldsymbol{W}_1\boldsymbol{S}=\boldsymbol{W}_1(\boldsymbol{I}+\boldsymbol{PK})^{-1}$，从 $\boldsymbol{w}$ 到 $\boldsymbol{z}_2$ 的传递函数矩阵为 $\boldsymbol{W}_2\boldsymbol{T}=\boldsymbol{W}_2\boldsymbol{PK}(\boldsymbol{I}+\boldsymbol{PK})^{-1}$。所谓混合灵敏度控制问题，就是对系统选取目标函数

$$\boldsymbol{J}=\begin{bmatrix}\boldsymbol{W}_1\boldsymbol{S}\\ \boldsymbol{W}_2\boldsymbol{T}\end{bmatrix} \tag{6.110}$$

求控制器 $\boldsymbol{K}(s)$，使得该系统闭环稳定，且 $\|\boldsymbol{J}\|_\infty$ 最小。

$$\boldsymbol{J}=\boldsymbol{T}_{zw}(s)=\begin{bmatrix}\boldsymbol{W}_1\boldsymbol{S}\\ \boldsymbol{W}_2\boldsymbol{T}\end{bmatrix}=\begin{bmatrix}\boldsymbol{W}_1(\boldsymbol{I}+\boldsymbol{PK})^{-1}\\ \boldsymbol{W}_2\boldsymbol{PK}(\boldsymbol{I}+\boldsymbol{PK})^{-1}\end{bmatrix}=\begin{bmatrix}\boldsymbol{W}_1\\ \boldsymbol{0}\end{bmatrix}+\begin{bmatrix}-\boldsymbol{W}_1\boldsymbol{PK}(\boldsymbol{I}+\boldsymbol{PK})^{-1}\\ \boldsymbol{W}_2\boldsymbol{PK}(\boldsymbol{I}+\boldsymbol{PK})^{-1}\end{bmatrix}=$$

$$\begin{bmatrix} W_1 \\ 0 \end{bmatrix} + \begin{bmatrix} -W_1 P \\ W_2 P \end{bmatrix} K(I + PK)^{-1}$$

对照式(6.105),有 $G_{11} = \begin{bmatrix} W_1 \\ 0 \end{bmatrix}$, $G_{12} = \begin{bmatrix} -W_1 P \\ W_2 P \end{bmatrix}$, $G_{21} = I$, $G_{22} = -P$,因此广义被控对象为

$$G = \left[\begin{array}{c:c} W_1 & -W_1 P \\ 0 & W_2 P \\ \hdashline I & -P \end{array}\right] \tag{6.111}$$

则图 6.27 所示混合灵敏度问题就可转化成图 6.28 所示的 H_∞ 标准问题。

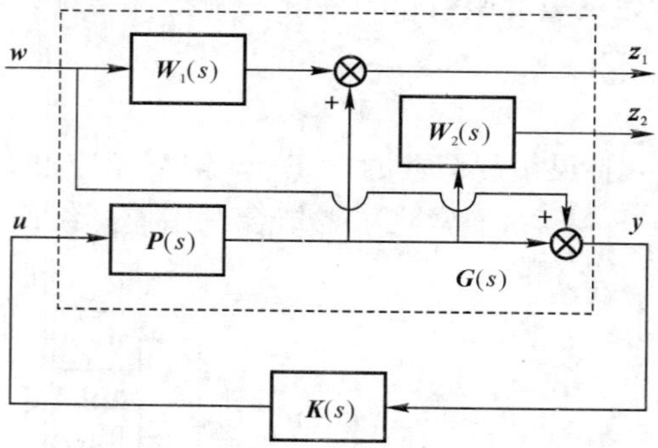

图 6.28　混合灵敏度等价的标准 H_∞ 控制问题

对于实际控制系统,求解混合灵敏度优化问题具有非常重要的意义。

4. 鲁棒稳定问题

由于种种原因,控制对象总存在不确定性。设实际被控对象的传递函数矩阵为

$$P_A(s) = P(s) + \Delta P(s)$$

其中,$P(s)$ 为对象的标称数学模型,摄动 $\Delta P(s)$ 为对象的未建模动态,即模型误差。设 $P_A(s)$ 和 $P(s)$ 均为严格正则有理函数矩阵,有相同数目的 $\mathrm{Re}s \geqslant 0$ 极点,且存在 $R(s) \in RH_\infty$,使得 $\Delta P(s)$ 满足

$$\| \Delta P(\mathrm{j}\omega) \|_\infty \leqslant | R(\mathrm{j}\omega) | \quad \forall \omega \in [0, \infty)$$

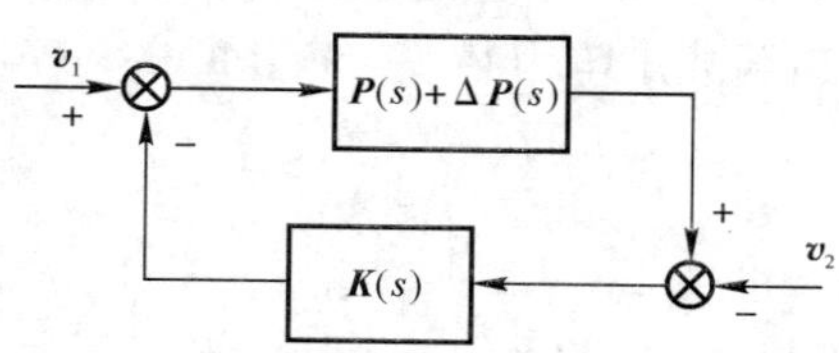

图 6.29　加法不确定性闭环系统稳定性问题

考虑图 6.29 所示反馈系统,v_1 为被控对象的参考输入,v_2 为外部干扰的量测噪声。鲁棒

稳定性问题就是设 $\boldsymbol{P}(s)$，$\boldsymbol{R}(s)$ 给定，设计控制器 $\boldsymbol{K}(s)$，使被控对象 $\boldsymbol{P}_A(s)$ 稳定。

实际上只要控制器 $\boldsymbol{K}(s)$ 使 $\boldsymbol{P}(s)$ 稳定，并且满足

$$\| \boldsymbol{RK}(\boldsymbol{I}-\boldsymbol{PK})^{-1} \|_{\infty} \leqslant 1 \tag{6.112}$$

时，控制器 $\boldsymbol{K}(s)$ 即可使 $\boldsymbol{P}_A(s)$ 稳定。

根据式(6.112)，令 $\boldsymbol{G}_{11}=\boldsymbol{0}$，$\boldsymbol{G}_{12}=\boldsymbol{RI}$，$\boldsymbol{G}_{21}=\boldsymbol{I}$，$\boldsymbol{G}_{22}=\boldsymbol{P}$，则广义被控对象 $\boldsymbol{G}=\begin{bmatrix}\boldsymbol{0} & \boldsymbol{RI}\\ \boldsymbol{I} & \boldsymbol{P}\end{bmatrix}$。这样鲁棒稳定性问题就转化为图 6.30 所示的标准控制器问题，即求 $\boldsymbol{K}(s)$ 使 $\boldsymbol{P}(s)$ 稳定，且从 $\boldsymbol{w}$ 到 $\boldsymbol{z}$ 的传递函数矩阵

$$\boldsymbol{F}_l(\boldsymbol{P},\boldsymbol{K})=\boldsymbol{RK}(\boldsymbol{I}-\boldsymbol{PK})^{-1} \tag{6.113}$$

的 H_{∞} 范数满足

$$\| \boldsymbol{RK}(\boldsymbol{I}-\boldsymbol{PK})^{-1} \|_{\infty} \leqslant 1$$

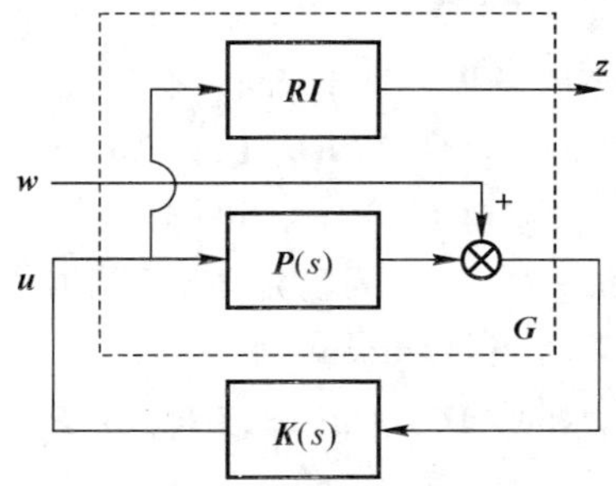

图 6.30　加法不确定性闭环系统稳定化的等价标准 H_{∞} 控制问题

同理，对于乘法不确定性，假设条件和加法摄动相同，系统鲁棒稳定的充分与必要条件是

$$\| \boldsymbol{RPK}(\boldsymbol{I}-\boldsymbol{PK})^{-1} \|_{\infty} \leqslant 1 \tag{6.114}$$

此时相应的广义对象为

$$\boldsymbol{G}=\begin{bmatrix}\boldsymbol{0} & \boldsymbol{RP}\\ \boldsymbol{I} & \boldsymbol{P}\end{bmatrix} \tag{6.115}$$

6.5.3　Riccati 方程与 H_{∞} 范数

到目前为止，众多学者已经从不同角度，利用不同数学工具，得到了许多标准 H_{∞} 控制问题的解法，但对 H_{∞} 控制发展起里程碑作用的主要有基于函数逼近理论的解法和代数 Riccati 方法。其中代数 Riccati 方法易于掌握，应用最广。本节主要介绍这种基于 Riccati 方程(或 Riccati 不等式)的设计方法的几点主要结论。

(1) 设 $\boldsymbol{G}(s)=\boldsymbol{C}(s\boldsymbol{I}-\boldsymbol{A})^{-1}\boldsymbol{B}$ 为严格正则传递函数矩阵，且 $\boldsymbol{A}$ 为稳定阵，则 $\|\boldsymbol{G}(s)\|_{\infty}\leqslant 1$ 的充分与必要条件为 Riccati 方程

$$A^{T}P+PA+PBB^{T}P+C^{T}C=0 \tag{6.116}$$

有非负定解 $P\geqslant 0$,且 $A+BB^{T}P$ 为稳定阵。

如果$[C\quad A]$ 能观测,则 $P>0$。对于一般的正则有理传递函数矩阵,可将(1) 推广如下。

(2) 设 $G(s)=C(sI-A)^{-1}B+D,\ D\neq 0,\ \|D\|_{\infty}<1$,且 A 为稳定阵,则 $\|G(s)\|_{\infty}<1$ 的充分与必要条件为 Riccati 方程

$$P(A+BR^{-1}D^{T}C)+(A+BR^{-1}D^{T}C)^{T}P+PBR^{-1}B^{T}P+C^{T}(I+DR^{-1}D^{T})C=0 \tag{6.117}$$

具有非负定解 $P\geqslant 0$,且 $A+BR^{-1}(B^{T}P+D^{T}C)$ 为稳定阵。其中,$R=I-D^{T}D>0$。

在标准 H_{∞} 控制问题中,设计控制器$K(s)$,不但使闭环系统传递函数矩阵的 H_{∞} 范数满足设计要求,而且使闭环系统内稳定。上述仅是传递函数矩阵 $G(s)$ 在 s 闭右半平面解析的前提下,给出了 $\|G(s)\|_{\infty}<1$ 的充分与必要条件。

(3) 设严格正则有理传递函数矩阵 $G(s)=C(sI-A)^{-1}B$,则 A 为稳定阵,且 $\|G(s)\|_{\infty}<1$ 的充分与必要条件为存在正定阵 $P>0$ 满足 Riccati 不等式

$$PA+A^{T}P+PBB^{T}P+C^{T}C<0 \tag{6.118}$$

对于一般的正则有理传递函数矩阵,上述(3) 可推广如下。

(4) 设 $G(s)=C(sI-A)^{-1}B+D$,则 A 为稳定阵,且 $\|G(s)\|_{\infty}<1$ 的充分与必要条件为 $\|D\|_{\infty}<1$,且存在正定阵 $P>0$,满足 Riccati 不等式

$$P(A+BR^{-1}D^{T}C)+(A+BR^{-1}D^{T}C)^{T}P+PBR^{-1}B^{T}P+C^{T}(I+DR^{-1}D^{T})C<0 \tag{6.119}$$

其中,$R=I-D^{T}D$。

关于上述的(3) 和(4) 中 Riccati 不等式的求解,可利用相关方法将其转化为 Riccati 方程或者直接利用相关文献给出的基于 Riccati 不等式的解法,这里不再作介绍。

6.5.4 H_{∞} 状态反馈控制问题

设广义被控对象的状态空间实现为

$$\dot{x}=Ax+B_1w+B_2u \tag{6.120}$$

$$z=C_1x+D_{11}w+D_{12}u \tag{6.121}$$

$$y=x \tag{6.122}$$

即

$$G(s)=\left[\begin{array}{c|cc} A & B_1 & B_2 \\ \hline C_1 & D_{11} & D_{12} \\ I & 0 & 0 \end{array}\right] \tag{6.123}$$

其中,$x\in \mathbf{R}^{n},w\in \mathbf{R}^{r},z\in \mathbf{R}^{m},u\in \mathbf{R}^{p}$,$A$,$B_1$,$B_2$,$C_1$,$D_{11}$ 和 D_{12} 均为具有相应维数的常数阵。

对于上述已知系统和给定的 $\gamma>0$,H_{∞} 控制求解问题为求状态反馈控制律 $u=Kx$,

$\boldsymbol{K} \in \mathbf{R}^{p\times n}$，使得闭环系统内稳定($\boldsymbol{A}+\boldsymbol{B}_2\boldsymbol{K}$ 稳定)且 $\|\boldsymbol{T}_{zw}(s)\|_\infty < \gamma$。

1. 基于 Riccati 方程的状态反馈解

对于基于 Riccati 方程的状态反馈解，讨论三种特例。

(1) 对于上述广义被控对象作如下假设：

(a_1) $[\boldsymbol{A}\quad \boldsymbol{B}_2]$ 能稳定，$[\boldsymbol{C}_1\quad \boldsymbol{A}]$ 能观测。

(a_2) $\boldsymbol{D}_{11}=\boldsymbol{0}$。

(a_3) $\boldsymbol{D}_{12}^{\mathrm{T}}[\boldsymbol{C}_1\quad \boldsymbol{D}_{12}]=[\boldsymbol{0}\quad \boldsymbol{I}]$。　(6.124)

假设(a_1)为系统可镇定的一个必要条件，如果$[\boldsymbol{A}\quad \boldsymbol{B}_2]$不稳定，就不可能存在使闭环内稳定的反馈控制律 $\boldsymbol{u}=\boldsymbol{K}\boldsymbol{x}$，因而，$H_\infty$ 控制问题就不可能有解。假设(a_2)表明，控制目标函数中不显含噪声干扰项。如果条件 $\boldsymbol{D}_{11}=\boldsymbol{0}$ 不满足，那么，可以通过所谓回路整形技术，将 H_∞ 控制问题等价地表示为对应于某一个满足的广义被控对象的标准控制问题，或者直接利用相关文献给出的基于 Riccati 不等式的解法。也即假设(a_2)只是为了技术上简单而引进的，并不影响问题的一般性；若不满足正交条件，可用矩阵变换方法将其化为上述形式。假设(a_3)的正交条件 $\boldsymbol{D}_{12}^{\mathrm{T}}\boldsymbol{C}=\boldsymbol{0}$ 和 $\boldsymbol{D}_{12}^{\mathrm{T}}\boldsymbol{D}_{12}=\boldsymbol{I}$，是为使评价信号 $\boldsymbol{z}$ 中不出现 $\boldsymbol{u}$ 和 $\boldsymbol{x}$ 的交叉项，使推导简洁。若不满足正交条件，可用矩阵变换方法将其化为上述形式。

若上述广义被控对象满足假设条件(a_1) ~ (a_3)，则 H_∞ 控制问题有解的充分与必要条件为存在矩阵 $\boldsymbol{P}=\boldsymbol{P}^{\mathrm{T}}>\boldsymbol{0}$，满足如下 Riccati 方程

$$\boldsymbol{A}^{\mathrm{T}}\boldsymbol{P}+\boldsymbol{P}\boldsymbol{A}+\boldsymbol{P}(\gamma^{-2}\boldsymbol{B}_1\boldsymbol{B}_1^{\mathrm{T}}-\boldsymbol{B}_2\boldsymbol{B}_2^{\mathrm{T}})\boldsymbol{P}+\boldsymbol{C}_1^{\mathrm{T}}\boldsymbol{C}_1=\boldsymbol{0} \tag{6.125}$$

且使闭环系统内稳定的状态反馈矩阵

$$\boldsymbol{K}=-\boldsymbol{B}_2^{\mathrm{T}}\boldsymbol{P} \tag{6.126}$$

需要注意的是，当 H_∞ 性能指标 $\gamma\to\infty$ 时，该 Riccati 方程退化为一般 LQ 问题中的 Riccati 方程。这时的 H_∞ 意义下的最优控制问题就转化为一般线性二次型意义下的最优控制问题。因此，LQ 最优控制可以作为 H_∞ 最优控制的一个特例。

(2) 假设：(a_4) $\boldsymbol{D}_{11}=\boldsymbol{0}$，$\boldsymbol{D}_{12}=\boldsymbol{0}$。

若上述广义被控对象满足假设(a_1)(a_4)，则 H_∞ 控制问题有解的充分与必要条件为存在矩阵 $\boldsymbol{P}=\boldsymbol{P}^{\mathrm{T}}>\boldsymbol{0}$，满足如下 Riccati 方程

$$\boldsymbol{A}^{\mathrm{T}}\boldsymbol{P}+\boldsymbol{P}\boldsymbol{A}+\boldsymbol{P}(\gamma^{-2}\boldsymbol{B}_1\boldsymbol{B}_1^{\mathrm{T}}-\varepsilon^{-2}\boldsymbol{B}_2\boldsymbol{B}_2^{\mathrm{T}})\boldsymbol{P}+\boldsymbol{C}_1^{\mathrm{T}}\boldsymbol{C}_1=\boldsymbol{0} \tag{6.127}$$

相应地，使 $\boldsymbol{A}+\boldsymbol{B}_2\boldsymbol{K}$ 稳定的状态反馈矩阵

$$\boldsymbol{K}=-\frac{1}{2\varepsilon}\boldsymbol{B}_2^{\mathrm{T}}\boldsymbol{P} \tag{6.128}$$

(3) 假设：(a_5) $[\boldsymbol{A}\quad \boldsymbol{B}_2]$ 能稳定，$[\boldsymbol{C}_1\quad \boldsymbol{A}]$ 能检测。

若上述广义被控对象满足假设(a_2)(a_3)(a_5)，则 H_∞ 控制问题有解的充分与必要条件为 Riccati 方程

$$\boldsymbol{A}^{\mathrm{T}}\boldsymbol{P}+\boldsymbol{P}\boldsymbol{A}+\boldsymbol{P}(\gamma^{-2}\boldsymbol{B}_1\boldsymbol{B}_1^{\mathrm{T}}-\boldsymbol{B}_2\boldsymbol{B}_2^{\mathrm{T}})\boldsymbol{P}+\boldsymbol{C}_1^{\mathrm{T}}\boldsymbol{C}_1=\boldsymbol{0} \tag{6.129}$$

存在解矩阵 $\boldsymbol{P}=\boldsymbol{P}^{\mathrm{T}}\geqslant \boldsymbol{0}$,且$(\boldsymbol{A}+\gamma^{-2}\boldsymbol{B}_1\boldsymbol{B}_1^{\mathrm{T}}\boldsymbol{P}-\boldsymbol{B}_2\boldsymbol{B}_2^{\mathrm{T}}\boldsymbol{P})$稳定。相应地使 $\boldsymbol{A}+\boldsymbol{B}_2\boldsymbol{K}$ 稳定的状态反馈矩阵

$$\boldsymbol{K}=-\boldsymbol{B}_2^{\mathrm{T}}\boldsymbol{P} \tag{6.130}$$

2. 基于 Riccati 不等式的状态反馈解

对于基于 Riccati 不等式的状态反馈解,也讨论三种特例。

(1) 对上述广义被控对象作如下假设:

(b_1) $[\boldsymbol{A}\quad \boldsymbol{B}_2]$ 能稳定。

(b_2) $\boldsymbol{D}_{11}=\boldsymbol{0}$, $\mathrm{rank}\boldsymbol{D}_{12}=\boldsymbol{P}$(列满秩)。

若上述广义被控对象满足假设$(\mathrm{b}_1)(\mathrm{b}_2)$,则 H_∞ 控制问题有解的充分与必要条件为存在正定阵 $\boldsymbol{P}>\boldsymbol{0}$,满足 Riccati 不等式

$$\boldsymbol{A}^{\mathrm{T}}\boldsymbol{P}+\boldsymbol{P}\boldsymbol{A}+\gamma^{-2}\boldsymbol{P}\boldsymbol{B}_1\boldsymbol{B}_1^{\mathrm{T}}\boldsymbol{P}+\boldsymbol{C}_1^{\mathrm{T}}\boldsymbol{C}_1-(\boldsymbol{P}\boldsymbol{B}_2-\boldsymbol{C}_1^{\mathrm{T}}\boldsymbol{D}_{12})(\boldsymbol{D}_{12}^{\mathrm{T}}\boldsymbol{D}_{12})^{-1}(\boldsymbol{B}_2^{\mathrm{T}}\boldsymbol{P}+\boldsymbol{D}_{12}^{\mathrm{T}}\boldsymbol{C}_1)<\boldsymbol{0} \tag{6.131}$$

且使闭环系统内稳定,则状态反馈矩阵

$$\boldsymbol{K}=-(\boldsymbol{D}_{12}^{\mathrm{T}}\boldsymbol{D}_{12})^{-1}(\boldsymbol{B}_2^{\mathrm{T}}\boldsymbol{P}+\boldsymbol{D}_{12}^{\mathrm{T}}\boldsymbol{C}_1) \tag{6.132}$$

(2) 假设:(b_3) $\boldsymbol{D}_{12}^{\mathrm{T}}[\boldsymbol{C}_1\quad \boldsymbol{D}_{12}]=[\boldsymbol{0}\quad \boldsymbol{I}]$(正交条件)。

若上述广义被控对象满足假设$(\mathrm{b}_1)(\mathrm{b}_2)(\mathrm{b}_3)$,则 H_∞ 控制问题有解的充分与必要条件为 Riccati 不等式

$$\boldsymbol{P}\boldsymbol{A}+\boldsymbol{A}^{\mathrm{T}}\boldsymbol{P}+\boldsymbol{P}(\gamma^{-2}\boldsymbol{B}_1\boldsymbol{B}_1^{\mathrm{T}}-\boldsymbol{B}_2\boldsymbol{B}_2^{\mathrm{T}})\boldsymbol{P}+\boldsymbol{C}_1^{\mathrm{T}}\boldsymbol{C}_1<\boldsymbol{0} \tag{6.133}$$

有正定解。若式(6.133)有解 $\boldsymbol{P}>\boldsymbol{0}$,使闭环系统内稳定,则状态反馈矩阵

$$\boldsymbol{K}=-\boldsymbol{B}_2^{\mathrm{T}}\boldsymbol{P} \tag{6.134}$$

(3) 假设:(b_4) $\boldsymbol{D}_{11}=\boldsymbol{0}$, $\boldsymbol{D}_{12}=\boldsymbol{0}$。

若上述广义被控对象满足假设$(\mathrm{b}_1)(\mathrm{b}_4)$,则 H_∞ 控制问题有解的充分与必要条件为存在正数 $\varepsilon>0$,使得 Riccati 不等式

$$\boldsymbol{P}\boldsymbol{A}+\boldsymbol{A}^{\mathrm{T}}\boldsymbol{P}+\boldsymbol{P}(\gamma^{-2}\boldsymbol{B}_1\boldsymbol{B}_1^{\mathrm{T}}-\varepsilon^2\boldsymbol{B}_2\boldsymbol{B}_2^{\mathrm{T}})\boldsymbol{P}+\boldsymbol{C}_1^{\mathrm{T}}\boldsymbol{C}_1<\boldsymbol{0} \tag{6.135}$$

存在正定解 $\boldsymbol{P}>\boldsymbol{0}$,使闭环系统内稳定,则状态反馈矩阵

$$\boldsymbol{K}=-\frac{1}{2\varepsilon^2}\boldsymbol{B}_2^{\mathrm{T}}\boldsymbol{P} \tag{6.136}$$

3. 状态反馈的完全解

设广义被控对象 $\boldsymbol{G}$ 的状态空间实现为如下的特殊形式:

$$\boldsymbol{G}(s)=\left[\begin{array}{c:cc}\boldsymbol{A} & \boldsymbol{B}_1 & \boldsymbol{B}_2\\ \hdashline \boldsymbol{C}_1 & \boldsymbol{D}_{11} & \boldsymbol{D}_{12}\\ \begin{bmatrix}\boldsymbol{I}\\ \boldsymbol{0}\end{bmatrix} & \begin{bmatrix}\boldsymbol{0}\\ \boldsymbol{I}\end{bmatrix} & \begin{bmatrix}\boldsymbol{0}\\ \boldsymbol{0}\end{bmatrix}\end{array}\right] \tag{6.137}$$

此时，$y=\begin{bmatrix} x \\ w \end{bmatrix}$，即广义被控对象的状态 x 和外部干扰输入 w 均可量测到（完全可检测），且能直接用于控制律的设计。该结构的广义对象对应的 H_∞ 控制问题，也称为全信息（full information）问题，相应的状态反馈解称为完全解。

假设 G 满足如下假设条件：

(c_1) $[A \quad B_2]$ 能稳定。

(c_2) $D_{12}^{\mathrm{T}}[C_1 \quad D_{12}]=[0 \quad I]$。

(c_3) $D_{11}=0$。

(c_4) $G_{12}(s)$ 在虚轴上无零点。

假设条件(c_1)是镇定系统所必需的，假设条件(c_2)和(c_3)如前所述，是为了推导简便。假设条件(c_4)则是本节所述方法的必要条件。

对广义被控对象 G，目的是求对应的 H_∞ 标准控制问题可解的充分与必要条件，并求使闭环系统内稳定且 $\| T_{zw}(s) \|_\infty < 1$ 的所有反馈控制器

$$u=K(s)y=K_x(s)x+K_w(s)w \tag{6.138}$$

其中

$$K(s)=[K_x(s) \quad K_w(s)]$$

显然，该控制器为动态控制器，且包括状态反馈和干扰前馈两个部分。严格地说，控制器已经是动态输出反馈控制器。

设广义被控对象 G 满足假设(c_1) ~ (c_4)，如果 Riccati 方程

$$PA+A^{\mathrm{T}}P+P(B_1B_1^{\mathrm{T}}-B_2B_2^{\mathrm{T}})P+C_1{}^{\mathrm{T}}C_1=0 \tag{6.139}$$

有解 $P \geqslant 0$，使得 $A+(B_1B_1^{\mathrm{T}}-B_2B_2^{\mathrm{T}})P$ 是稳定阵，则 H_∞ 标准控制问题有解，并且所有解由下式给出：

$$K(s)=[-Q(s)F_1+F_2 \quad Q(s)] \tag{6.140}$$

其中，$F_1=B_1^{\mathrm{T}}P$，$F_2=-B_2^{\mathrm{T}}P$，而 $Q(s)$ 是在 s 闭右半平面解析且 $\| Q(s) \|_\infty < 1$ 的任意有理函数矩阵，即 $Q(s) \in \mathbf{R}H_\infty$。

在控制器集合中，如果取 $Q(s)=0$，则 $K(s)=[F_2 \quad 0]$，即控制器中包含状态反馈项而不含干扰前馈项，故有

$$u=F_2x=-B_2^{\mathrm{T}}Px$$

上述内容表明，广义对象 G 的 H_∞ 标准控制问题解存在的一个充分与必要条件是 Riccati 方程具有半正定解 $P \geqslant 0$。

Riccati 不等式的求解往往依赖于参数的调整，并且无法对性能指标进行优化。而线性矩阵不等式（LMI）方法可以克服 Riccati 方法的上述缺点。近年来，LMI 方法已广泛应用于鲁棒

控制问题的求解。

6.5.5 H_∞ 输出反馈设计问题

讨论 H_∞ 输出反馈一般问题之前,先讨论一种特殊情况下的 H_∞ 输出反馈问题。

1. H_∞ 输出反馈特例

对由式(6.99)至式(6.101)所描述的系统,作如下假设:

(d_1) $[\boldsymbol{A} \quad \boldsymbol{B}_1]$ 为可稳定,$[\boldsymbol{C}_2 \quad \boldsymbol{A}]$ 为可检测。

(d_2) $\boldsymbol{D}_{21}[\boldsymbol{D}_{21}^{\mathrm{T}} \quad \boldsymbol{B}_1^{\mathrm{T}}]=[\boldsymbol{I} \quad \boldsymbol{0}]$。

(d_3) $\boldsymbol{G}_{21}(s)$ 在虚轴上无零点。

在此基础上,对系统作进一步限制,即假设:

(d_4) $\boldsymbol{D}_{12}=\boldsymbol{I}$。

(d_5) $\boldsymbol{A}-\boldsymbol{B}_2\boldsymbol{C}_1$ 是稳定阵。

系统的状态空间则实现为

$$\dot{\boldsymbol{x}}=\boldsymbol{A}\boldsymbol{x}+\boldsymbol{B}_1\boldsymbol{w}+\boldsymbol{B}_2\boldsymbol{u} \tag{6.141}$$

$$\boldsymbol{z}=\boldsymbol{C}_1\boldsymbol{x}+\boldsymbol{u} \tag{6.142}$$

$$\boldsymbol{y}=\boldsymbol{C}_2\boldsymbol{x}+\boldsymbol{D}_{21}\boldsymbol{w} \tag{6.143}$$

其广义被控对象为

$$\boldsymbol{G}(s)=\left[\begin{array}{c:cc}\boldsymbol{A} & \boldsymbol{B}_1 & \boldsymbol{B}_2 \\ \hdashline \boldsymbol{C}_1 & \boldsymbol{0} & \boldsymbol{I} \\ \boldsymbol{C}_2 & \boldsymbol{D}_{21} & \boldsymbol{0}\end{array}\right] \tag{6.144}$$

对该 H_∞ 标准问题求解,即设计输出反馈控制器 $\boldsymbol{K}(s)$,使

$$\boldsymbol{u}=\boldsymbol{K}(s)\boldsymbol{y} \tag{6.145}$$

保证整个闭环系统稳定,且 $\|\boldsymbol{T}_{zw}\|_\infty<1$。

对该问题的解决,有以下结论:

设广义被控对象 $\boldsymbol{P}(s)$ 满足假设条件(d_1)~(d_5),则存在输出反馈控制器 $\boldsymbol{K}(s)$,使闭环系统内部稳定且 $\|\boldsymbol{T}_{zw}\|_\infty<1$ 的充分与必要条件是 Riccati 方程

$$\boldsymbol{A}\boldsymbol{Y}+\boldsymbol{Y}\boldsymbol{A}^{\mathrm{T}}+\boldsymbol{Y}(\boldsymbol{C}_1^{\mathrm{T}}\boldsymbol{C}_1-\boldsymbol{C}_2^{\mathrm{T}}\boldsymbol{C}_2)\boldsymbol{Y}+\boldsymbol{B}_1\boldsymbol{B}_1^{\mathrm{T}}=\boldsymbol{0} \tag{6.146}$$

具有半正定解 $\boldsymbol{Y}\geqslant\boldsymbol{0}$,使 $\boldsymbol{A}^{\mathrm{T}}+\boldsymbol{C}_1^{\mathrm{T}}\boldsymbol{C}_1-\boldsymbol{C}_2^{\mathrm{T}}\boldsymbol{C}_2\boldsymbol{Y}$ 为稳定阵。在 $\boldsymbol{Y}$ 存在的前提下,H_∞ 输出反馈控制器为

$$\boldsymbol{K}(s)=\left[\begin{array}{c:c}\boldsymbol{A}-\boldsymbol{B}_2\boldsymbol{C}_1-\boldsymbol{L}\boldsymbol{C}_2 & -\boldsymbol{L} \\ \hdashline \boldsymbol{C}_1 & \boldsymbol{0}\end{array}\right] \tag{6.147}$$

其中,$\boldsymbol{L}=\boldsymbol{Y}\boldsymbol{C}_2^{\mathrm{T}}$。

2. 输出反馈的一般问题

上文说明当广义被控对象满足条件(d_4)和(d_5)时，与标准状态反馈控制问题一样，可以通过求解一个 Riccati 方程来得到 H_∞ 标准设计问题的解。但是，实际上条件(d_5)不具备一般性。因此，上述结论不适用输出反馈一般问题的处理。

对于由式(6.99)至式(6.101)所描述的系统的广义对象满足如下假设条件：

(e_1) $[\boldsymbol{A} \quad \boldsymbol{B}_1]$ 和 $[\boldsymbol{A} \quad \boldsymbol{B}_2]$ 可稳定。

(e_2) $[\boldsymbol{C}_1 \quad \boldsymbol{A}]$ 和 $[\boldsymbol{C}_2 \quad \boldsymbol{A}]$ 可检测。

(e_3) $\boldsymbol{D}_{12}^{\mathrm{T}}[\boldsymbol{C}_1 \quad \boldsymbol{D}_{12}] = [\boldsymbol{0} \quad \boldsymbol{I}]$。

(e_4) $\boldsymbol{D}_{21}[\boldsymbol{D}_{21}^{\mathrm{T}} \quad \boldsymbol{B}_1^{\mathrm{T}}] = [\boldsymbol{I} \quad \boldsymbol{0}]$。

(e_5) $\boldsymbol{G}_{12}(s)$ 和 $\boldsymbol{G}_{21}(s)$ 在虚轴上无零点。

(e_6) $\boldsymbol{D}_{11} = \boldsymbol{0}$ 且 $\boldsymbol{D}_{22} = \boldsymbol{0}$。

即广义被控对象为

$$\boldsymbol{G}(s) = \left[\begin{array}{c:cc} \boldsymbol{A} & \boldsymbol{B}_1 & \boldsymbol{B}_2 \\ \hdashline \boldsymbol{C}_1 & \boldsymbol{0} & \boldsymbol{D}_{12} \\ \boldsymbol{C}_2 & \boldsymbol{D}_{21} & \boldsymbol{0} \end{array}\right] \tag{6.148}$$

根据上述假设，有以下结论：令广义被控对象 $\boldsymbol{G}(s)$ 满足假设条件(e_1)～(e_6)，则存在控制器 $\boldsymbol{K}(s)$，使闭环系统内稳定且 $\|\boldsymbol{T}_{zw}\|_\infty < 1$ 成立的充分与必要条件：

(1) Riccati 方程

$$\boldsymbol{A}^{\mathrm{T}}\boldsymbol{P} + \boldsymbol{P}\boldsymbol{A} + \boldsymbol{P}(\boldsymbol{B}_1\boldsymbol{B}_1^{\mathrm{T}} - \boldsymbol{B}_2\boldsymbol{B}_2^{\mathrm{T}})\boldsymbol{P} + \boldsymbol{C}_1^{\mathrm{T}}\boldsymbol{C}_1 = \boldsymbol{0} \tag{6.149}$$

具有半正定解 $\boldsymbol{P} \geqslant \boldsymbol{0}$，使 $\boldsymbol{A} + (\boldsymbol{B}_1\boldsymbol{B}_1^{\mathrm{T}} - \boldsymbol{B}_2\boldsymbol{B}_2^{\mathrm{T}})\boldsymbol{P}$ 为稳定阵。

(2) Riccati 方程

$$\boldsymbol{A}\boldsymbol{Y} + \boldsymbol{Y}\boldsymbol{A}^{\mathrm{T}} + \boldsymbol{Y}(\boldsymbol{C}_1\boldsymbol{C}_1^{\mathrm{T}} - \boldsymbol{C}_2^{\mathrm{T}}\boldsymbol{C}_2)\boldsymbol{Y} + \boldsymbol{B}_1\boldsymbol{B}_1^{\mathrm{T}} = \boldsymbol{0} \tag{6.150}$$

具有半正定解 $\boldsymbol{Y} \geqslant \boldsymbol{0}$，使 $\boldsymbol{A}^{\mathrm{T}} + (\boldsymbol{C}_1^{\mathrm{T}}\boldsymbol{C}_1 - \boldsymbol{C}_2^{\mathrm{T}}\boldsymbol{C}_2)\boldsymbol{Y}$ 为稳定阵。

(3) $\lambda_{\max}(\boldsymbol{P}\boldsymbol{Y}) < 1$。

当条件(1)～(3)成立时，则相应的 H_∞ 输出反馈控制器 $\boldsymbol{K}(s)$ 为

$$\boldsymbol{K}(s) = \left[\begin{array}{c:c} \boldsymbol{A} + \boldsymbol{B}_1\boldsymbol{B}_1^{\mathrm{T}}\boldsymbol{P} - \boldsymbol{Z}^{-1}\boldsymbol{L}\boldsymbol{C}_2 + \boldsymbol{B}_2\boldsymbol{F} & -\boldsymbol{Z}^{-1}\boldsymbol{L} \\ \hdashline -\boldsymbol{F} & \boldsymbol{0} \end{array}\right] \tag{6.151}$$

其中，$\boldsymbol{F} = -\boldsymbol{B}_2^{\mathrm{T}}\boldsymbol{P}$，$\boldsymbol{L} = \boldsymbol{Y}\boldsymbol{C}_2^{\mathrm{T}}$，$\boldsymbol{Z} = \boldsymbol{I} - \boldsymbol{P}\boldsymbol{Y}$。

实际上，对于 H_∞ 输出反馈系统的设计，可以看成是闭环系统

$$\dot{\boldsymbol{x}} = (\boldsymbol{A} + \boldsymbol{B}_2\boldsymbol{F})\boldsymbol{x} + \boldsymbol{B}_1\boldsymbol{w} \tag{6.152}$$

在最劣扰动 $\boldsymbol{w} = -\boldsymbol{B}_1^{\mathrm{T}}\boldsymbol{P}\boldsymbol{x}$ 下的状态观测器

$$\dot{\hat{\boldsymbol{x}}}=(\boldsymbol{A}+\boldsymbol{B}_2\boldsymbol{F})\hat{\boldsymbol{x}}+\boldsymbol{B}_1\hat{\boldsymbol{w}}+\boldsymbol{Z}^{-1}\boldsymbol{L}(\boldsymbol{y}-\hat{\boldsymbol{y}}) \tag{6.153}$$

与最佳控制输入

$$\boldsymbol{u}=\boldsymbol{F}\hat{\boldsymbol{x}} \tag{6.154}$$

结合而成的动态控制器,其结构如图 6.31 所示。

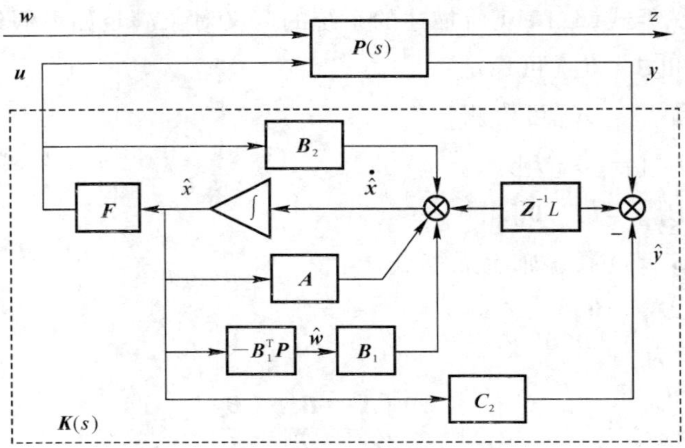

图 6.31 H_∞ 输出反馈系统

6.5.6 H_∞ 控制理论在航空发动机控制中的应用

1. 航空发动机 H_∞ 输出反馈控制器的设计

(1) 建立航空发动机数学模型。选取某型航空发动机在高度 $H=10$ km、马赫数 $Ma=1.5$ 时的发动机模型为标称模型,飞行包线范围内其他各点的模型看做是相对于标称模型的摄动。标称模型为

$$\dot{\boldsymbol{x}}=\boldsymbol{Ax}+\boldsymbol{Bu}$$

$$\boldsymbol{y}=\boldsymbol{Cx}+\boldsymbol{Du}$$

式中,$\boldsymbol{x}=[n_{\mathrm{H}}\quad n_{\mathrm{L}}]^{\mathrm{T}}$,$\boldsymbol{u}=[q_{m,\mathrm{f}}\quad A_8]^{\mathrm{T}}$,$\boldsymbol{y}=[n_{\mathrm{H}}\quad p_6/p_2]^{\mathrm{T}}$。各系数矩阵为

$$\boldsymbol{A}=\begin{bmatrix}-6.715 & 2.256\\ 7.38 & -9.089\end{bmatrix},\quad \boldsymbol{B}=\begin{bmatrix}0.361 & 0.442\\ -0.304 & 2.032\end{bmatrix}$$

$$\boldsymbol{C}=\begin{bmatrix}1 & 0\\ 0.473 & 2.32\end{bmatrix},\quad \boldsymbol{D}=\begin{bmatrix}0 & 0\\ 0.371 & -0.717\end{bmatrix}$$

设计 H_∞ 控制器,使控制系统在飞行包线内鲁棒稳定,且

$$\|\boldsymbol{T}_{zw}(s)\|_\infty\leqslant\gamma$$

(2) 建立扩展对象模型。考虑燃油计量装置和尾喷口作动筒为惯性环节,其时间常数分别为 0.05 s 和 0.1 s,它们的传递函数分别用 G_1 和 G_2 表示,即

$$G_1(s)=\frac{1}{0.05\,s+1}=\frac{20}{s+20},\quad G_2(s)=\frac{1}{0.1\,s+1}=\frac{10}{s+10}$$

取 $\dot{q}_{m,\mathrm{f}}$ 和 $\dot{A}_8$ 也作为状态变量，建立扩展对象模型，即

$$\dot{\boldsymbol{x}}_{\mathrm{ex}}=\boldsymbol{A}_{\mathrm{ex}}\boldsymbol{x}_{\mathrm{ex}}+\boldsymbol{B}_{\mathrm{ex}}\boldsymbol{u}$$

$$\boldsymbol{y}=\boldsymbol{C}_{\mathrm{ex}}\boldsymbol{x}_{\mathrm{ex}}+\boldsymbol{D}_{\mathrm{ex}}\boldsymbol{u}$$

式中，$\boldsymbol{x}_{\mathrm{ex}}=[n_{\mathrm{H}}\quad n_{\mathrm{L}}\quad \dot{q}_{m,\mathrm{f}}\quad \dot{A}_8]^{\mathrm{T}}$，$\boldsymbol{y}=[n_{\mathrm{H}}\quad p_6/p_2]^{\mathrm{T}}$，$\boldsymbol{u}=[q_{m,\mathrm{f}}\quad A_8]^{\mathrm{T}}$。

$$\boldsymbol{A}_{\mathrm{ex}}=\begin{bmatrix}-6.715 & 2.256 & 0.361 & 0.442\\ 7.380 & -9.089 & -0.304 & 2.032\\ 0 & 0 & -20 & 0\\ 0 & 0 & 0 & -10\end{bmatrix},\quad \boldsymbol{B}_{\mathrm{ex}}=\begin{bmatrix}0 & 0\\ 0 & 0\\ 20 & 0\\ 0 & 10\end{bmatrix}$$

$$\boldsymbol{C}_{\mathrm{ex}}=\begin{bmatrix}1 & 0 & 0 & 0\\ 0.473 & 2.320 & 0.371 & -0.717\end{bmatrix},\quad \boldsymbol{D}_{\mathrm{ex}}=\begin{bmatrix}0 & 0\\ 0 & 0\end{bmatrix}$$

对于扩展对象模型，由于 $\boldsymbol{D}=\boldsymbol{0}$，这对控制系统设计更为方便。控制系统结构图如图 6.32 所示。

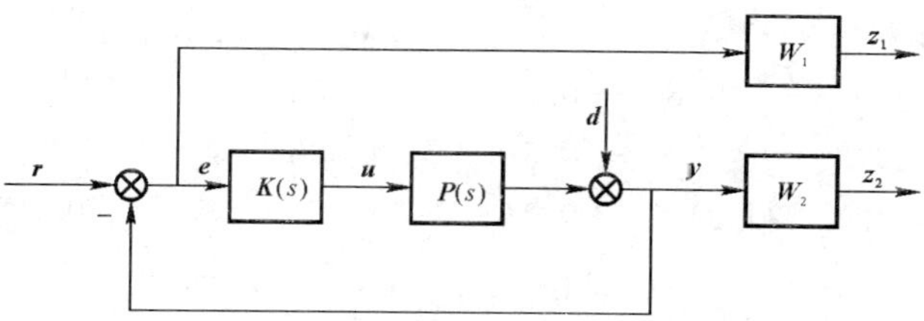

图 6.32　航空发动机控制系统结构

(3) 选择合适的加权矩阵。初步选择

$$\boldsymbol{W}_1(s)=\begin{bmatrix}\gamma\dfrac{0.25s+1}{2.5s+0.0001} & 0\\ 0 & \gamma\dfrac{0.25s+1}{2.5s+0.0001}\end{bmatrix}$$

$$\boldsymbol{W}_2(s)=\begin{bmatrix}\dfrac{0.25s+1}{0.0002s+1} & 0\\ 0 & \dfrac{0.25s+1}{0.0002s+1}\end{bmatrix}$$

(4) 将航空发动机 H_∞ 控制转化为标准 H_∞ 控制。将图 6.31 转化为图 6.33。建立广义被控对象模型 $\boldsymbol{G}(s)$：

$$\boldsymbol{G}(s)=\left[\begin{array}{c:cc}\boldsymbol{A} & \boldsymbol{B}_1 & \boldsymbol{B}_2\\ \hdashline \boldsymbol{C}_1 & \boldsymbol{D}_{11} & \boldsymbol{D}_{12}\\ \boldsymbol{C}_2 & \boldsymbol{D}_{21} & \boldsymbol{D}_{22}\end{array}\right]$$

其中

$$A=\begin{bmatrix}-6.715 & 2.256 & 0.361 & 0.442 & 0 & 0\\ 7.380 & -9.089 & -0.304 & 2.032 & 0 & 0\\ 0 & 0 & -20 & 0 & 0 & 0\\ 0 & 0 & 0 & -10 & 0 & 0\\ -1 & 0 & 0 & 0 & -0.00004 & -0.00004\\ -0.473 & -2.320 & -0.371 & 0.717 & 0 & -0.00004\end{bmatrix}$$

$$B_1=\begin{bmatrix}0 & 0\\ 0 & 0\\ 0 & 0\\ 0 & 0\\ 1 & 0\\ 0 & 1\end{bmatrix},\quad B_2=\begin{bmatrix}0 & 0\\ 0 & 0\\ 20 & 0\\ 0 & 10\\ 0 & 0\\ 0 & 0\end{bmatrix}$$

$$C_1=\begin{bmatrix}-0.84 & 0 & 0 & 0 & 3.36 & 0\\ -3.970 & -1.948 & -0.311 & 0.603 & 0 & 3.36\\ 0.627 & -0.036 & -0.103 & -0.003 & 0 & 0\\ -0.239 & 0.212 & 0.168 & -0.154 & 0 & 0\end{bmatrix}$$

$$C_2=\begin{bmatrix}-1 & 0 & 0 & 0 & 0 & 0\\ -0.472 & -2.319 & -0.370 & 0.717 & 0 & 0\end{bmatrix},\quad D_{11}=\begin{bmatrix}0.84 & 0\\ 0 & 0.84\\ 0 & 0\\ 0 & 0\end{bmatrix}$$

$$D_{12}=\begin{bmatrix}0 & 0\\ 0 & 0\\ 0.007 & 0.004\\ -0.157 & 0.120\end{bmatrix},\quad D_{21}=\begin{bmatrix}1 & 0\\ 0 & 1\end{bmatrix},\quad D_{22}=\begin{bmatrix}0 & 0\\ 0 & 0\end{bmatrix}$$

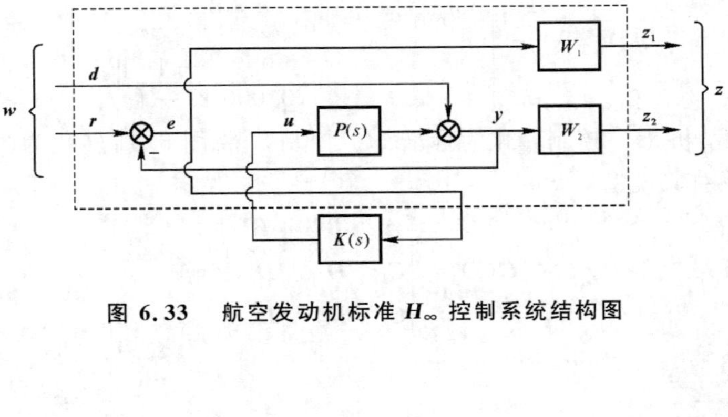

图 6.33 航空发动机标准 H_∞ 控制系统结构图

(5) 建立闭环传递函数矩阵 $\boldsymbol{T}_{zw}(s)$。通过优化计算满足 $\|\boldsymbol{T}_{zw}(s)\|\leqslant\gamma$ 的控制器,即

$$\boldsymbol{K}(s)=\begin{bmatrix}\dfrac{101.6s^5+6.04\times10^4s^4+1.05\times10^6s^3+4.29\times10^6s^2-1.3\times10^7s-2664}{s(s^5+99.6s^4+4.55\times10^3s^3+7.73\times10^4s^2+3.53\times10^5s+50.09)} & \dfrac{151s^5+5514s^4+1.02\times10^5s^3+1.94\times10^6s^2+1.43\times10^7s-754}{s(s^5+99.6s^4+4.55\times10^3s^3+7.73\times10^4s^2+3.53\times10^5s+50.09)}\\ \dfrac{1.32\times10^3s^5+6.79\times10^4s^4+1.13\times10^6s^3+7.65\times10^6s^2+1.84\times10^7s+3.49\times10^3}{s(s^5+99.6s^4+4.55\times10^3s^3+7.73\times10^4s^2+3.53\times10^5s+50.09)} & \dfrac{132.3s^5+29.19s^4-9.22\times10^4s^3-1.25\times10^6s^2-4.559\times10^6s+392}{s(s^5+99.6s^4+4.55\times10^3s^3+7.73\times10^4s^2+3.53\times10^5s+50.09)}\end{bmatrix}$$

其状态空间方程的系数矩阵为

$$\boldsymbol{A}_K=\begin{bmatrix}-13.889 & 14.13 & 28.689 & -34.96 & -118.6 & 473.6\\ 1.849 & -12.97 & -5.561 & 14.44 & 16.2 & -247.1\\ -0.939 & 0.574 & -9.385 & 1.009 & 25.888 & -52.14\\ 1.153 & -2.337 & 0.861 & -13.56 & 35.61 & 35.4\\ -0.934 & 1.637 & 1.715 & 2.147 & -20.98 & 19.79\\ -1.539 & 2.131 & -5.772 & 4.734 & -4.025 & -28.82\end{bmatrix}$$

$$\boldsymbol{B}_K=\begin{bmatrix}0.000\,047 & -0.011\\ 0.001\,351 & 0.005\,5\\ -0.323 & 0.002\,8\\ 0.161 & 0.547\\ -4.107 & 15.62\\ 34.48 & 8.92\end{bmatrix},\quad \boldsymbol{C}_K=\begin{bmatrix}0.422 & -0.295\\ 0.997 & 0.829\\ 1.836 & 1.632\\ -2.144 & -2.47\\ -6.627 & -12.48\\ 28.68 & 36.82\end{bmatrix}^{\mathrm{T}}$$

$$\boldsymbol{D}_K=\begin{bmatrix}0 & 0\\ 0 & 0\end{bmatrix}$$

(6) 系统仿真。把飞行包线内其他各飞行状态的发动机模型看做是相对于标称模型的摄动,分析控制系统的鲁棒性,即根据标称模型设计的 H_∞ 控制器与其他飞行状态的发动机模型组成闭环控制系统进行仿真,分析其系统的性能。这里选取 $H=2$ km, $Ma=0.8$; $H=10$ km, $Ma=1.5$ 和 $H=18$ km, $Ma=0.8$ 三种飞行状态。

当 $H=2$ km, $Ma=0.8$ 时,发动机模型的系数矩阵为

$$\boldsymbol{A}=\begin{bmatrix}-2.05 & -1.1\\ 3.20 & -4.35\end{bmatrix},\quad \boldsymbol{B}=\begin{bmatrix}0.54 & 0.85\\ 0.26 & 1.36\end{bmatrix}$$

$$\boldsymbol{C}=\begin{bmatrix}1 & 0\\ 0.018 & 1.885\end{bmatrix},\quad \boldsymbol{D}=\begin{bmatrix}0 & 0\\ 0.242 & -1.02\end{bmatrix}$$

当 $H=9$ km, $Ma=1.5$ 时,发动机模型的系数矩阵为

$$\boldsymbol{A}=\begin{bmatrix}-1.42 & -0.83\\ 2.22 & -4.66\end{bmatrix},\quad \boldsymbol{B}=\begin{bmatrix}0.38 & 0.62\\ 0.28 & 1.2\end{bmatrix}$$

$$\boldsymbol{C}=\begin{bmatrix}1 & 0\\ -0.051 & 2.27\end{bmatrix},\quad \boldsymbol{D}=\begin{bmatrix}0 & 0\\ 0.25 & -1.15\end{bmatrix}$$

当 $H=18$ km, $Ma=0.8$ 时,发动机模型的系数矩阵为

$$\boldsymbol{A}=\begin{bmatrix}-0.301 & -0.050\\ 0.325 & -0.375\end{bmatrix},\quad \boldsymbol{B}=\begin{bmatrix}0.079 & 0.099\\ 0.133 & 0.302\end{bmatrix}$$

$$\boldsymbol{C}=\begin{bmatrix}1 & 0\\ 0.038 & 0.67\end{bmatrix},\quad \boldsymbol{D}=\begin{bmatrix}0 & 0\\ 0.19 & -1.31\end{bmatrix}$$

系统仿真结果如图 6.34 和图 6.35 所示。图 6.34(a)(b) 分别表示当参考输入 n_{Hr} 为单位阶跃时 n_H 和 p_6/p_2 的响应。图 6.35(a)(b) 分别表示当参考输入 $(p_6/p_2)_r$ 为单位阶跃时,p_6/p_2 和 n_H 的响应。图中,曲线 1 表示 $H=10$ km, $Ma=1.5$ 时的响应;曲线 2 表示 $H=2$ km, $Ma=0.8$ 时的响应;曲线 3 表示 $H=18$ km, $Ma=0.8$ 时的响应;由图可知,对于设计点 $H=10$ km, $Ma=1.5$ 发动机为标称模型时,控制系统具有非常满意的动态响应和解耦效果。在飞行包线的其他各点,系统响应和解耦效果能基本满足要求。

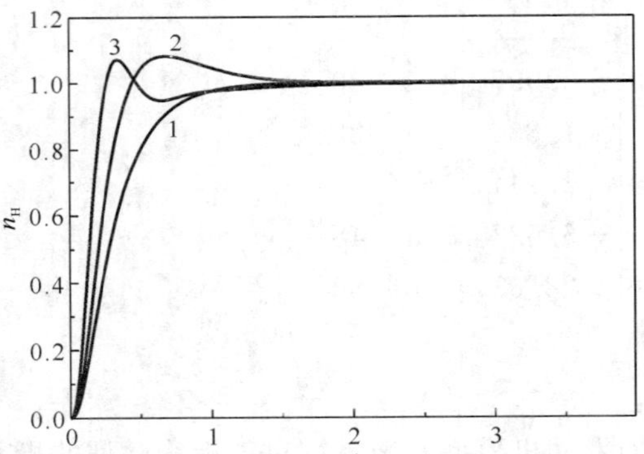

(a)

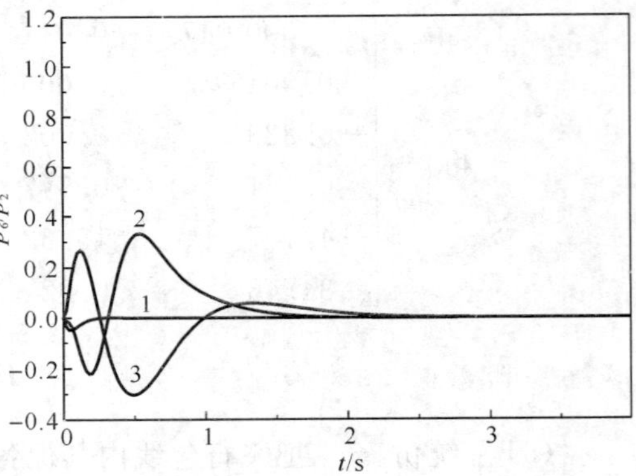

(b)

图 6.34 当 n_{Hr} 为单位阶跃时,n_H 和 p_6/p_2 的响应

(a) n_H 的阶跃响应; (b) p_6/p_2 的阶跃响应

2. 航空发动机混合灵敏度 H_∞ 控制器的设计

以下研究航空发动机混合灵敏度 H_∞ 控制器的设计。

航空发动机混合灵敏度 H_∞ 控制器设计过程实际上是对灵敏度函数 $\boldsymbol{S}(s)$ 和补灵敏度函数 $\boldsymbol{T}(s)$ 在频域内进行整形的过程。在设计混合灵敏度 H_∞ 控制器时,为抑制低频干扰,在低频段应减小 $\|\boldsymbol{S}\|_\infty$,同时,为保证发动机控制系统的鲁棒稳定性,在高频段减小 $\|\boldsymbol{T}\|_\infty$,以削弱未建模高频动态对系统稳定性的影响。在发动机控制中,要求满足如下给定性能指标:在单位

阶跃输入条件下满足无超调；调节时间 $t_d \leqslant 1$ s，且实现输出对输入的解耦。

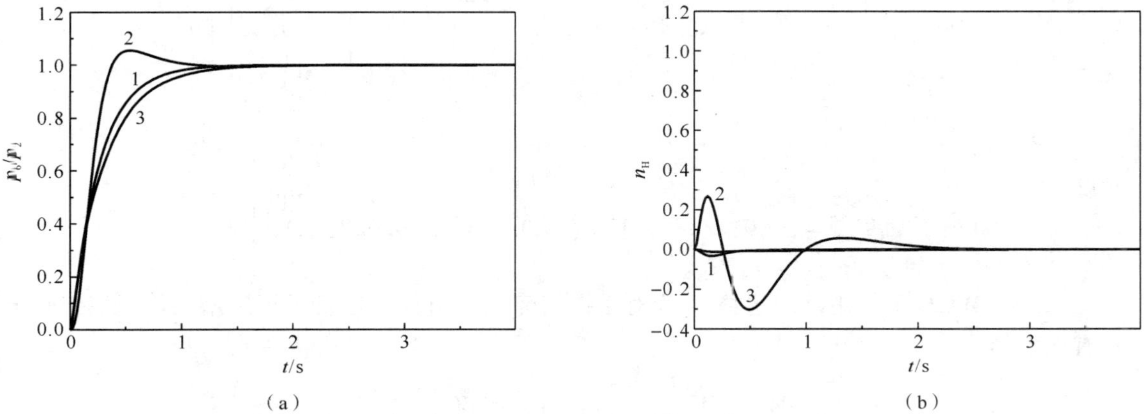

图 6.35　当$(p_6/p_2)_r$为单位阶跃时，p_6/p_2 和 n_H 的响应

(a) p_6/p_2 的阶跃响应；(b) n_H 的阶跃响应

(1) 航空发动机数学模型的建立。选取地面台架最大状态($H=0, Ma=0$)的发动机的模型为标称模型：

$$\dot{\boldsymbol{x}} = \boldsymbol{A}\boldsymbol{x} + \boldsymbol{B}\boldsymbol{u}$$
$$\boldsymbol{y} = \boldsymbol{C}\boldsymbol{x} + \boldsymbol{D}\boldsymbol{u}$$

式中

$$\boldsymbol{x} = [n_L \quad n_H]^T,\quad \boldsymbol{y} = [n_L \quad T_5]^T,\quad \boldsymbol{u} = [A_8 \quad q_{m,f}]^T$$

$$\boldsymbol{A} = \begin{bmatrix} -2.022 & 1.057 \\ 0.211 & -2.406 \end{bmatrix},\quad \boldsymbol{B} = \begin{bmatrix} 0.558 & 1.24 \\ 0.559 & 0.444 \end{bmatrix}$$

$$\boldsymbol{C} = \begin{bmatrix} 1.0 & 0 \\ -0.123 & 0.155 \end{bmatrix},\quad \boldsymbol{D} = \begin{bmatrix} 0 & 0 \\ -0.481 & -0.022 \end{bmatrix}$$

按最大工作状态调节规律，对 H_∞ 调节器进行设计。考虑执行机构时发动机扩展模型为 4 阶。偏离该工作点模型视为相对于标称模型的摄动。

在设计点，发动机扩展模型为

$$\dot{\boldsymbol{x}}_{ex} = \boldsymbol{A}_{ex}\boldsymbol{x}_{ex} + \boldsymbol{B}_{ex}\boldsymbol{u}$$
$$\boldsymbol{y} = \boldsymbol{C}_{ex}\boldsymbol{x}_{ex}$$

式中　$\boldsymbol{x}_{ex} = [n_L \quad nH \quad A_8 \quad q_{m,f}]^T,\quad \boldsymbol{u} = [u_1 \quad u_2]^T,\quad \boldsymbol{y} = [n_L \quad T_5]^T$

式中，n_L, n_H 分别为发动机低、高压转子转速，T_5 为低压涡轮出口温度，$A_8, q_{m,f}$ 分别为尾喷管喉部面积和主燃油流量，$u_1 = \dot{A}_8, u_2 = \dot{q}_{m,f}$。

数学变换后发动机的扩展模型如下：

$$\begin{bmatrix} \dot{n}_L \\ \dot{n}_H \\ \dot{A}_8 \\ \dot{q}_{m,f} \end{bmatrix} = \begin{bmatrix} -2.002 & 1.057 & 0.558 & 1.240 \\ 0.211 & -2.406 & 0.559 & 0.444 \\ 0 & 0 & 0 & 0 \\ 0 & 0 & 0 & 0 \end{bmatrix} \begin{bmatrix} n_L \\ n_H \\ A_8 \\ q_{m,f} \end{bmatrix} + \begin{bmatrix} 0 & 0 \\ 0 & 0 \\ 1 & 0 \\ 0 & 1 \end{bmatrix} \begin{bmatrix} u_1 \\ u_2 \end{bmatrix}$$

$$\begin{bmatrix} n_L \\ T_5 \end{bmatrix} = \begin{bmatrix} 1 & 0 & 0 & 0 \\ -0.123 & 0.155 & -0.481 & -0.022 \end{bmatrix} \begin{bmatrix} n_L \\ n_H \\ A_8 \\ q_{m,f} \end{bmatrix}$$

(2)$\boldsymbol{W}_1$,$\boldsymbol{W}_2$ 权函数矩阵的选择。为对系统闭环传递函数整形及系统解耦,权函数矩阵应具有如下形式:

$$\boldsymbol{W}_1 = \overline{W}_1 \begin{bmatrix} 1 & 0 \\ 0 & 1 \end{bmatrix}, \quad \boldsymbol{W}_2 = \overline{W}_2 \begin{bmatrix} 1 & 0 \\ 0 & 1 \end{bmatrix}$$

其中,$\overline{W}_1$,$\overline{W}_2$ 为关于 s 的标量函数。

为使发动机控制系统满足上述性能指标,可通过对 u_1 到 $\overline{n}_L$ 和从 u_2 到 $\overline{T}_5$ 的回路进行整形,由整形后的传递函数 T_{11},T_{22} 来实现。为降低控制器阶数,设整形后的理想传递函数为如下惯性环:

$$T_{11,\mathrm{id}} = T_{22,\mathrm{id}} = \frac{1}{\tau s + 1}$$

这样对象在阶跃输入作用下输出不会出现超调。为使调节时间 $t_d \leqslant 1$ s,应使

$$[1 - \exp(-1/\tau)] = 1 - 2\%$$

可解得 $\tau \approx 0.256$。

因此,理想传递函数为

$$T_{11,\mathrm{id}} = T_{22,\mathrm{id}} = \frac{1}{0.255s + 1}$$

相应通道的理想灵敏度函数为

$$S_{11,\mathrm{id}} = S_{22,\mathrm{id}} = 1 - T_{22,\mathrm{id}} = \frac{0.255s}{0.255s + 1}$$

取 $$\overline{W}_1 = S_{11,\mathrm{id}}^{-1} = \frac{0.255s + 1}{0.255s}, \quad \overline{W}_2 = T_{11,\mathrm{id}}^{-1} = 0.255s + 1$$

为保证 $\overline{W}_2$ 正则,将 $\overline{W}_2$ 修正为

$$\overline{W}_2 = \frac{0.255s + 1}{\alpha_2(\beta_2 s + 1)}$$

同时,为便于灵敏度函数整形,将 $\overline{W}_1$ 修正为

$$\overline{W}_1 = \frac{0.255s + 1}{\alpha_1(0.255s + \beta_1)}$$

最终选取 $\overline{W}_1$ 和 $\overline{W}_2$ 分别为

$$\overline{W}_1=\frac{0.1\times(0.255s+1)}{0.255s+0.000\ 01}$$

$$\overline{W}_2=\frac{0.04\times(0.255s+1)}{0.000\ 01s+1}$$

(3) 混合灵敏度问题转化为标准 H_∞ 控制问题。 在确定了加权传递函数 $\overline{W}_1(s)$,$\overline{W}_2(s)$ 及加权矩阵 $\boldsymbol{W}_1(s)$,$\boldsymbol{W}_2(s)$ 之后,可将航空发动机混合灵敏度问题转化为标准 H_∞ 控制问题。

根据扩展的发动机数学模型,可得到发动机传递函数矩阵为

$$\boldsymbol{P}(s)=\boldsymbol{C}(s\boldsymbol{I}-\boldsymbol{A})^{-1}\boldsymbol{B}$$

根据 $\boldsymbol{P}(s)$,$\boldsymbol{W}_1(s)$,$\boldsymbol{W}_2(s)$ 及式(6.111),可得到广义被控对象 $\boldsymbol{G}(s)$ 及 $\boldsymbol{G}_{11}(s)$,$\boldsymbol{G}_{12}(s)$,$\boldsymbol{G}_{21}(s)$ 和 $\boldsymbol{G}_{22}(s)$,这样即可得到如图 6.28 所示的标准 H_∞ 控制结构图。

(4) 优化目标函数求解控制器。 对目标函数

$$\boldsymbol{J}=\boldsymbol{T}_{zw}(s)=\begin{bmatrix}\boldsymbol{W}_1\boldsymbol{S}\\ \boldsymbol{W}_2\boldsymbol{S}\end{bmatrix}=\begin{bmatrix}\boldsymbol{W}_1\\ \boldsymbol{0}\end{bmatrix}+\begin{bmatrix}-\boldsymbol{W}_1\boldsymbol{P}\\ \boldsymbol{W}_2\boldsymbol{P}\end{bmatrix}\boldsymbol{K}(\boldsymbol{I}+\boldsymbol{P}\boldsymbol{K})^{-1}$$

的 H_∞ 范数进行优化,使 $\|\boldsymbol{T}_{zw}(s)\|_\infty\leqslant\gamma$,可解得控制器 $\boldsymbol{K}(s)=[\boldsymbol{A}_K\quad \boldsymbol{B}_K\quad \boldsymbol{C}_K\quad \boldsymbol{D}_K]$,其状态空间实现如下:

$$\boldsymbol{A}_K=\begin{bmatrix}
-3.08\times10^{2} & 1.12\times10^{3} & -2.72\times10^{3} & 1.65\times10^{3} & -4.78\times10^{5} & 6.85\times10^{4} & -2.30\times10^{8} & 3.76\times10^{5}\\
6.59\times10^{2} & -8.44\times10^{3} & 1.62\times10^{4} & -8.85\times10^{3} & 3.18\times10^{6} & -3.98\times10^{5} & 1.53\times10^{9} & 1.49\times10^{5}\\
-7.04\times10^{2} & 7.18\times10^{3} & -1.42\times10^{4} & 7.85\times10^{3} & -2.75\times10^{6} & 3.50\times10^{5} & -1.32\times10^{9} & 1.34\times10^{5}\\
2.47\times10^{2} & -2.25\times10^{3} & 4.54\times10^{3} & -2.52\times10^{3} & 8.70\times10^{5} & -1.12\times10^{5} & 4.20\times10^{8} & -9.17\times10^{4}\\
-1.46\times10^{3} & 1.66\times10^{4} & -3.25\times10^{4} & 1.78\times10^{4} & -6.32\times10^{6} & 7.98\times10^{5} & -3.05\times10^{9} & 6.10\times10^{3}\\
2.30\times10^{1} & -2.73\times10^{2} & 5.47\times10^{2} & -3.21\times10^{2} & 1.05\times10^{5} & -1.37\times10^{4} & 5.11\times10^{7} & -1.90\times10^{4}\\
-1.16\times10^{1} & 1.32\times10^{2} & -2.58\times10^{2} & 1.41\times10^{2} & -5.02\times10^{4} & 6.34\times10^{3} & -2.43\times10^{7} & 4.83\times10\\
0 & 0 & 0 & 0 & 0 & 0 & 0 & -9.99\times10^{4}
\end{bmatrix}$$

$$
\boldsymbol{B}_K=\begin{bmatrix}
1.81\times10^{-2} & -8.41\times10^{-3}\\
-1.75\times10^{-2} & 8.42\times10^{-2}\\
2.23\times10^{-2} & -1.38\times10^{-1}\\
4.61\times10^{-1} & -2.51\times10^{-2}\\
6.61\times10^{-2} & 1.32\times10\\
-3.55\times10 & -5.49\times10^{-2}\\
-9.43\times10^{-3} & -2.72\times10^{-2}\\
2.36\times10^{-5} & 0
\end{bmatrix}
$$

$$
\boldsymbol{C}_K=\begin{bmatrix}
9.19\times10^{2} & 0 & 2.01\times10^{4} & -1.1\times10^{4} & 3.91\times10^{6} & -4.94\times10^{5} & 1.88\times10^{9} & -2.70\times10^{4}\\
2.46\times10^{2} & 6.29\times10^{2} & -4.71\times10^{2} & 2.64\times10 & -1.65\times10^{5} & 9.09\times10^{3} & -7.96\times10^{7} & -5.42\times10^{5}
\end{bmatrix}
$$

$$
\boldsymbol{D}_K=\begin{bmatrix}0 & 0\\0 & 0\end{bmatrix}
$$

控制器传递函数矩阵

$$
\boldsymbol{K}(s)=\boldsymbol{C}_K(s\boldsymbol{I}-\boldsymbol{A}_K)^{-1}\boldsymbol{B}_K
$$

(5) 闭环系统仿真。 对输入 r_1 和 r_2 分别取单位阶跃信号,得仿真结果如图 6.36(a)(b) 所示。

从仿真结果来看,系统的动态特性能满足所要求的性能指标,即 $\bar{n}_L$ 和 $\bar{T}_5$ 均无超调且调节时间均为 1 s 左右,由于 $\boldsymbol{W}_1(s)$ 和 $\boldsymbol{W}_2(s)$ 均选为对角阵,因而使 $\boldsymbol{S}(s)$ 和 $\boldsymbol{T}(s)$ 为对角优势阵,这样就实现了系统的解耦,这一点由图示可以看出。

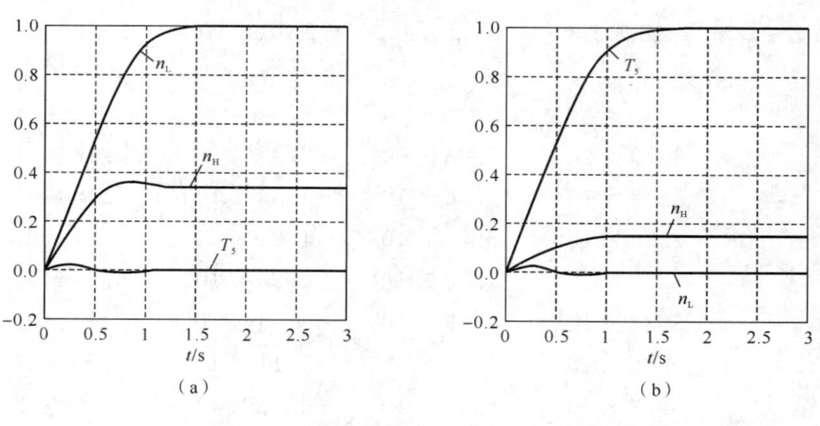

(a) (b)

图 6.36 $H=0$, $Ma=0$,发动机控制系统对 r_1,r_2 单位阶跃的响应曲线

(a) r_1 单位阶跃; (b) r_2 单位阶跃

(6)$\boldsymbol{W}_1$ 和 $\boldsymbol{W}_2$ 对系统性能的影响。加权传递函数矩阵 $\boldsymbol{W}_1(s)$ 和 $\boldsymbol{W}_2(s)$ 的选择不是唯一的，选择不同的加权矩阵可设计出不同的控制器，因而使系统的性能不同。将加权矩阵作如下选择：

$$\boldsymbol{W}_1=\begin{bmatrix}\overline{W}_{11} & 0\\ 0 & \overline{W}_{12}\end{bmatrix}^{-1},\quad \boldsymbol{W}_2=\begin{bmatrix}\overline{W}_{21} & 0\\ 0 & \overline{W}_{22}\end{bmatrix}$$

$\overline{W}_{ij}(i,j=1,2)$ 按如下形式选取：

$$\overline{W}_{1j}=\alpha_{1j}\frac{\tau_j s+\beta_{1j}}{\tau_j s+1}\quad \overline{W}_{2j}=\alpha_{2j}\frac{\beta_{2j}s+1}{\tau_j s+1}$$

其中，$\tau_j(j=1,2)$ 可根据给定的动态性能指标确定；$\alpha_{ij},\beta_{ij}(i,j=1,2)$ 均为可调的正数，在如下范围内取值

$$0\leqslant\beta_{ij}\leqslant 10^{-4},\quad 1<\alpha_{ij}<100,\quad i,j=1,2$$

现给定权函数如下：

$$\boldsymbol{W}_1=\begin{bmatrix}10\left(\dfrac{0.25s+0.000\,01}{0.25s+1}\right) & 0\\ 0 & 5\left(\dfrac{0.1s-0.000\,01}{0.1s+1}\right)\end{bmatrix}^{-1}$$

$$\boldsymbol{W}_2=\begin{bmatrix}25\left(\dfrac{0.000\,01s+1}{0.25s+1}\right) & 0\\ 0 & 10\left(\dfrac{0.000\,01s+1}{0.1s+1}\right)\end{bmatrix}^{-1}$$

重新进行 H_∞ 控制器设计，$\gamma=0.5$。闭环系统两个输入 r_1 和 r_2 分别取单位阶跃信号，系统仿真结果如图 6.37(a)(b) 所示。经对比分析可以看到，T_5 的控制效果较前有明显改善。在整个飞行包线内用以上所设计的 H_∞ 控制器对发动机进行控制，仿真结果表明，该控制器可保证系统稳定，即在整个飞行包线内系统鲁棒稳定。

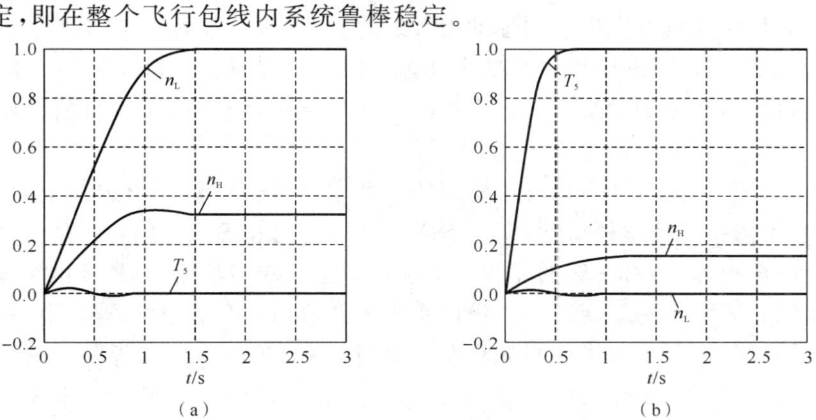

图 6.37　$H=0,Ma=0$，发动机控制系统对 r_1,r_2 单位阶跃的响应曲线

(a) r_1 单位阶跃；(b) r_2 单位阶跃

由仿真结果可以看出,根据标称模型设计的 H_∞ 控制器在一定的飞行范围内可以使控制系统具有较好的鲁棒稳定性和鲁棒性能,当飞行范围变化大时,系统的性能将变得较差。产生这一问题的原因是在飞行包线范围内,发动机的特性变化很大,反映发动机特性的线性模型中系数矩阵 $\boldsymbol{A},\boldsymbol{B},\boldsymbol{C},\boldsymbol{D}$ 变化很大,因而很难用一个标称模型设计的 H_∞ 控制器应用于全飞行包线内的发动机控制,这意味着随飞行状态的变化,必须相应有不同的 H_∞ 控制器控制发动机,才可以保证系统的性能,这是 H_∞ 控制理论实际应用于发动机控制存在的问题之一。在上述例子中,取两个输出变量 n_{H} 和 p_6/p_2 作为被控制量,建立的发动机模型为 2 阶模型,设计的 H_∞ 控制器为 6 阶,随着发动机性能要求的提高,需要控制发动机更多的参数。例如,当控制发动机 5 个输出参数时,所设计的 H_∞ 控制器将是 20 多阶。虽然研究了许多降阶处理方法,但目前仍未从根本上解决问题。这是 H_∞ 控制理论实际应用于发动机控制存在的问题之二。由以上分析可知,航空发动机 H_∞ 控制的实现还有许多工作要做。

6.6 航空发动机神经网络辨识与控制

6.6.1 概述

神经网络(neural network)理论以现代神经科学研究成果为基础,反映了人脑的部分特征,但并非神经系统的完全描述,而是对神经系统的一种近似。因此更合适的名称应该为人工神经网络(artificial neural network)。

神经网络是一个具有高度非线性的超大规模连续时间的动力系统。其最主要的特征为描述了连续时间非线性动力学,具有网络的全局作用、大规模并行分布处理及高度的鲁棒性和学习联想能力;同时,它又具有一般非线性动力系统的共性,即不可测性、吸引性、非平衡性、不可逆性、耗散性、高维性、广泛联结性与自适应性等。因此神经网络实际上是一个超大规模非线性连续时间自适应信息处理系统。正因为神经网络具有这些特点,所以目前已广泛应用于各个领域。

神经网络本质上讲是一种不依赖于模型的自适应函数估计器。给定一个输入,可以得到一个输出,但它不依赖于数学模型,也即它不需要知道输出和输入之间存在的数学关系。

利用传统的辨识方法,对一般的非线性系统辨识是非常困难的,而神经网络却可以解决非线性系统辨识问题。神经网络用于系统辨识实质上是选择一个适当的神经网络模型来逼近实际系统。由于神经网络对于非线性函数具有任意逼近和自学习能力,所以应用神经网络进行系统辨识不需要预先建立实际系统的辨识格式,而是通过直接学习系统的输入、输出数据,使要求的误差函数达到最小,从而归纳出隐含在系统的输入、输出数据的关系,这个关系隐含在神经网络内部。神经网络为非线性系统辨识提供了一种简单而有效的方法。

由于系统存在非线性和不确定性,一般的控制方法是难以解决的,而神经网络用于控制系统则显示了突出特点。

(1) 神经网络具有特殊的非线性映射能力。它可以处理难以用一般规范模型描述的复杂的非线性系统。

(2) 神经网络具有很强的自学习和自适应功能。它可以不断地通过在线学习,调整控制器参数,使控制系统始终处于最优状态,使系统具有很强的自适应能力和很强的鲁棒性。

(3) 神经网络具有很强的记忆功能。神经网络用于系统控制,使系统具有很强的容错能力,因而可提高系统的可靠性。

(4) 神经网络的学习和运行都采用并行运算。这在实时要求较高的控制系统中应用时表现出了较大的优越性。

正因为神经网络在系统辨识与控制中具有许多优点,所以对神经网络的研究发展非常迅速,并且在许多控制系统中得到了应用。由于航空发动机是一个非常复杂的系统,工作环境与工作状态变化范围很大,将神经网络应用于航空发动机控制是一个有应用前景的研究课题。

神经网络在航空发动机控制中的应用,当前需要研究的问题是网络的学习与训练时间问题,即网络参数如何适应航空发动机状态的快速变化。此外网络结构的确定原则及神经网络控制系统稳定性的理论证明,也是需要进一步探讨的问题。

6.6.2　神经网络的基本原理和结构

1. 神经网络基本原理

神经网络模拟了生物学中神经元的结构和功能,是对神经元的某种抽象和简化,其结构如图 6.38 所示。

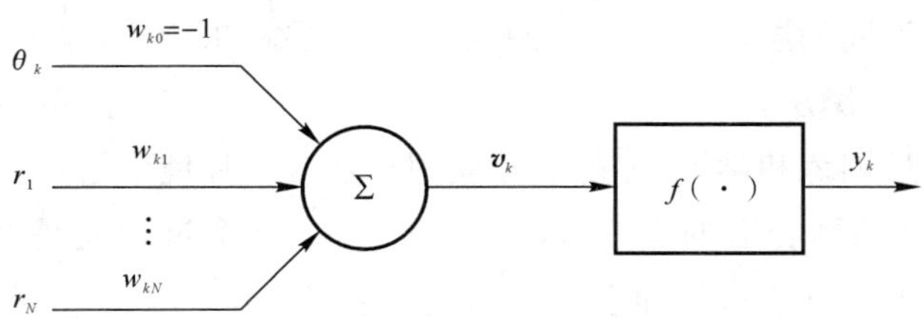

图 6.38　神经网络基本单元

神经元的输入和输出关系为

$$v_k(R)=\sum_{i=1}^{N}w_{ki}r_i-\theta_k \tag{6.155}$$

$$y_k(R)=f(v_k(R)) \tag{6.156}$$

式(6.155)为线性综合器,式(6.156)为非线性函数。$R=(r_1,\cdots,r_N)$为输入量,θ_k为输入的阈值,$w_{k1},\cdots,w_{kN}$称为输入对神经元的权重,$w_{k0}=-1$对应阈值的权重。权重的数值大小决定神经元网络的特性。$f(\cdot)$是一个变换函数,称为激励函数,或者称为传递函数。图 6.39(a) 和(b)

所示分别为常见的线性、非线性神经元传递函数。

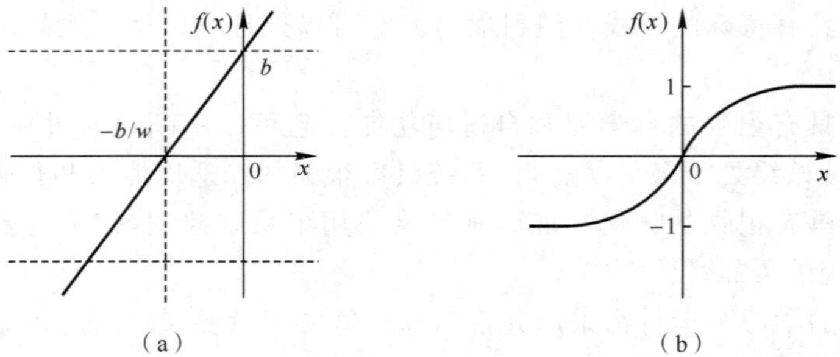

图 6.39　神经元传递函数

(a) 线性传递函数；(b) 非线性传递函数

人工神经网络是一个并行和分布式的信息处理网络结构，该网络结构一般由许多个神经元构成。每一个神经元有一个单一的输出，它可以连接到很多其他神经元，其输入有多个连接通路，每个连接通路对应一个连接权系数。在神经网络中，对于每个节点均有一个状态变量，节点到节点之间有一个连接权系数，每一个节点有一个阈值，并定义一个变换函数。

神经网络从拓扑结构上主要分为两种，一种是前馈型网络；另一种是反馈型网络。前馈网络的各神经元接受前一层的输入，并输出给下一层，没有反馈。反馈型网络的每个神经元节点的输出均连接到其他神经元的输入，同时所有其他神经元的输出均连接到该神经元的输入。节点分为两类，即输入单元和计算单元，每一个计算单元可有任意多个输入，但只有一个输出。前馈网络可分为不同的层，第 i 层输入只与第 $i-1$ 层输出相连，输入和输出节点与外界相连，而其他中间层则称为隐层。

神经网络必须经过训练和学习，才能实际应用。从应用环境中选出一些样本数据，通过不断调整权值矩阵，直到得到合适的输入、输出关系为止，这个过程就是对神经网络的训练过程。神经网络的学习方式分为有教师学习和无教师学习。

有教师学习方法的训练过程需要有教师示教，提供训练数据；在训练过程中需要教师监督，因而也称为监督式学习。有教师学习方法虽然简单，但是要求教师对环境和网络的结构比较熟悉，当系统复杂，环境变化时，训练就变得困难。为了适应环境变化就要重新调整权值，当学习到新知识的同时，也容易忘掉已学过的旧知识，这是有教师学习方法的缺点。

无教师学习的训练数据集中，只有输入而没有目标输出，训练过程中神经网络自动地将各输入数据的特征提取出来，并将其分成若干类。经过训练好的网络能够识别训练数据集以外的新的输入类别，并相应获得不同的输出。显然无教师的训练方式可使网络具有自组织和自学习的功能。

2. 典型前向神经网络

理论上可以证明，对于一个三层前向网络，只要选择足够多的隐层节点，总可以任意逼近一个平滑的非线性函数。因此一个合适的三层前向网络就能实现非线性系统的建模、辨识和优化控制。其中，BP 网络和 RBF 网络是较为常用的神经网络系统。

(1) BP 网络原理。 由于多层网络的隐层学习比较困难，限制了多层网络的发展。直到 1982 年才发展了反向传播(Back Propagation，BP)算法，多层网络的研究才得以迅速发展。使用 BP 算法的前向网络简称为 BP 网络，图 6.40 所示为一个典型的三层 BP 网络。第一层为输入层，共有 n 个输入节点，$x_1,x_2,\cdots,x_n$ 为输入参数，第三层为输出层，共有 m 个输出节点，$y_1,y_2,\cdots,y_m$ 为输出参数，中间层为隐层，隐层节点数根据需要确定。

BP 学习算法基本步骤如下：

1) 初始化网络机学习参数。

2) 训练网络，如果满足学习要求则退出计算。

3) 前向传播：对已知训练输入，计算网络输出，与期望值比较，若误差不满足要求，则进行后向传播计算；否则，退出计算。

4) 后向传播：计算同一层节点的误差，修正权值和阈值；返回过程 2)。

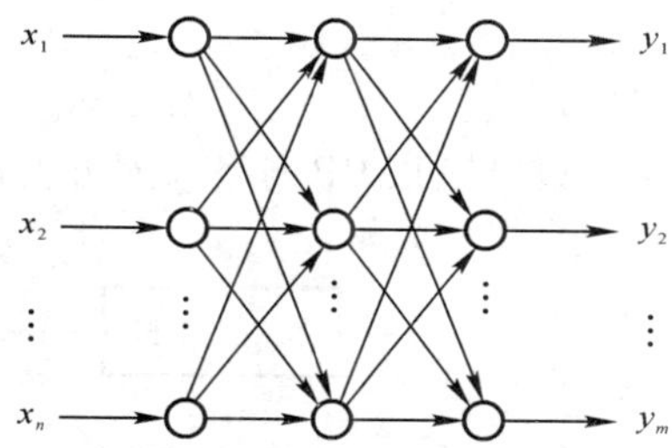

图 6.40　三层 BP 网络结构

BP 网络有显著的优点，能够学习大量的样本，而不需要任何已知的数据函数知识描述输入、输出之间的映射；同时善于信息处理；从函数拟合角度来看，还具备插值功能。

BP 网络主要的缺点是，收敛速度慢；存在局部极值；隐层节点个数难以确定。在实际应用中可以采用启发式学习方法和更有效的优化算法来克服这些缺点。

(2) RBF 网络原理。 隐层的传递函数采用径向基函数(Radial Basis Function，RBF)，输入层到隐层的权值固定为 1，只有隐层到输出层的权值可调.这样的前向网络称为径向基函数网络。图 6.41 所示为 RBF 网络的基本结构。

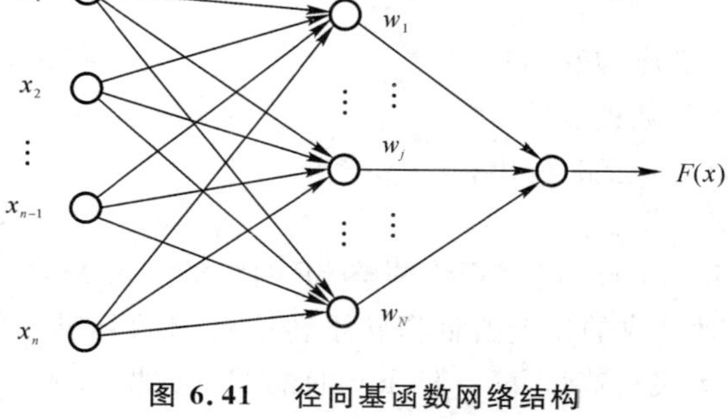

图 6.41　径向基函数网络结构

因为 RBF 网络的径向基函数通常是高斯函数,可调参数为中心位置和方差,因而训练时整个网络的可调参数有三组,即各个基函数的中心位置、方差和输出单元的权值。

RBF 网络优点在于只有少量的权值需要调整,从而使得局部逼近网络具有学习速度快的优点,因而能够满足控制的要求。

6.6.3　航空发动机模型神经网络辨识

1. BP 网络辨识发动机模型

发动机离散形式的数学模型可由下列非线性方程描述:

$$\begin{cases} n_{\mathrm{H},k+1} = f_{\mathrm{H}}(n_{\mathrm{H},k} n_{\mathrm{L},k}, q_{m,\mathrm{f}k}) \\ n_{\mathrm{L},k+1} = f_{\mathrm{L}}(n_{\mathrm{H},k} n_{\mathrm{L},k}, q_{m,\mathrm{f}k}) \end{cases}$$

式中, $n_{\mathrm{H},k}$, $n_{\mathrm{L},k}$, $q_{m,\mathrm{f}k}$ 分别表示发动机的高、低压转子转速和供油量。

设计三层 BP 网络来逼近上述非线性函数,隐层节点数为 30,辨识的结构如图 6.42 所示。

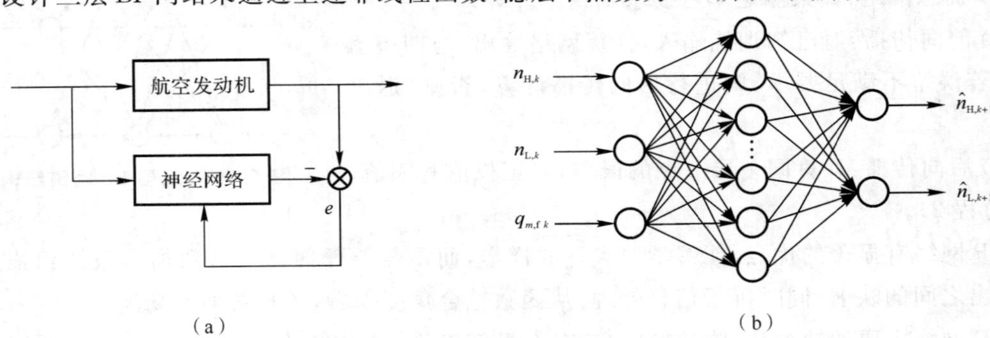

图 6.42　BP 网络辨识结构图

(a) 神经网络辨识系统;　(b) BP 网络结构

图中, $\hat{n}_{\mathrm{H},k+1}$, $\hat{n}_{\mathrm{L},k+1}$ 表示神经网络的输出,对应于高、低压转子转速。

采用对数 S 型传递函数描述神经元的输入输出特性

$$O_{i,k} = \frac{\alpha_{i,k}}{1 + \mathrm{e}^{-(\beta_{i,k} \cdot \lambda_{i,k})}}$$

式中　$\alpha_{i,k}$—— 控制节点输出饱和值;

$\beta_{i,k}$—— 调节 S 型函数的斜率;

$O_{i,k}$—— 第 k 层第 i 节点的输出;

$\lambda_{i,k}$—— 第 k 层第 i 节点输入。

采用 Lenven berg-Marquardt 优化算法调整 BP 网络的学习参数。图 6.43(a) 所示为发动机在飞行高度 H=3 km 时录取的发动机低压转子转速 n_{L} 和高压转子转速 n_{H} 的试验数据和辨识结果,图 6.43(b) 所示为飞行高度 H =18 km 时的试验数据和辨识结果。图中细线为试验数据，粗线为辨识结果。

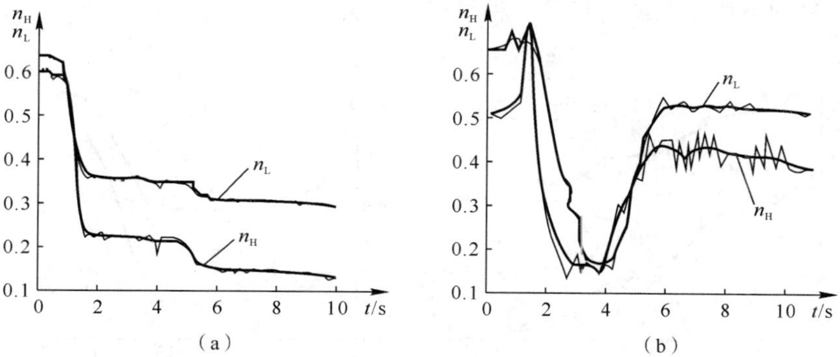

图 6.43　用 BP 网络对发动机参数 n_L 和 n_H 的辨识

(a) $H=3$ km 辨识结果；(b) $H=18$ km 辨识结果

2. RBF 网络辨识发动机模型

考虑高度和速度的发动机数学模型为

$$\begin{cases} n_{H,k+1}=f_H(n_{H,k},n_{L,k},q_{m,fk},H_k,Ma_k) \\ n_{L,k+1}=f_L(n_{H,k},n_{L,k},q_{m,fk},H_k,Ma_k) \end{cases}$$

式中，H，Ma 分别为飞行高度和马赫数。

设计三层 RBF 网络逼近上述模型，隐层节点数为 30，辨识网络如图 6.44 所示。

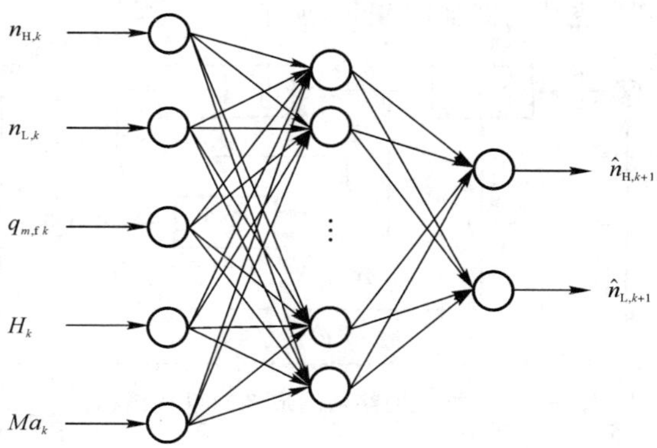

图 6.44　RBF 辨识网络

采用梯度下降法能够调整 RBF 网络的参数。图 6.45(a) 所示为发动机在飞行高度 $H=3$ km 时录取的发动机低压转子转速 n_L 和高压转子转速 n_H 的试验数据和辨识结果，图 6.45(b) 所示为飞行高度 $H=7$ km 时的试验数据和辨识结果。图中，细线为试验数据，粗线为辨识结果。

由图 6.43 和图 6.45 可以看出,无论采用 BP 网络还是 RBF 网络辨识结果都是比较理想的。这说明神经网络用于系统辨识是一种很好的方法。

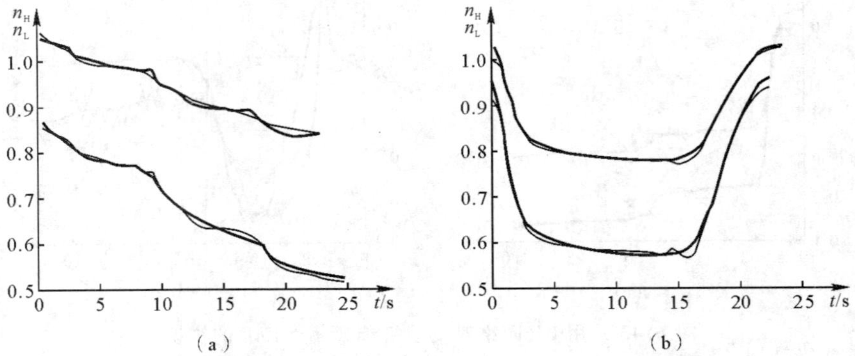

图 6.45 用 RBF 网络对发动机参数 n_L 和 n_H 的辨识

(a) $H=3$ km 辨识结果; (b) $H=7$ km 辨识结果

6.6.4 航空发动机神经网络自适应控制

目前,神经网络应用于航空发动机控制的问题正在研究中,许多技术尚不成熟,这里仅介绍一种控制方案,提供给读者作为参考。

神经网络自适应控制系统结构图如图 6.46 所示。

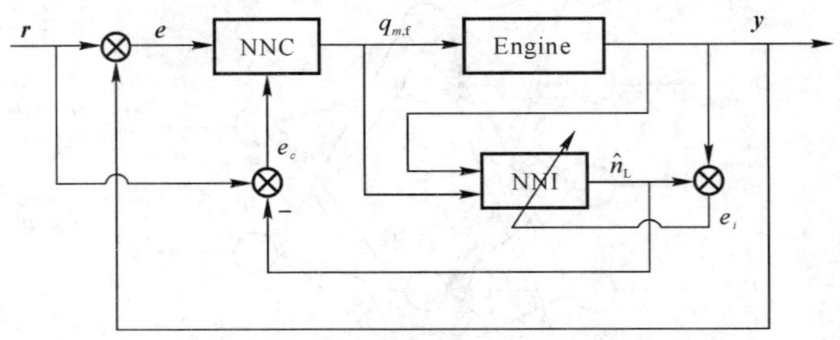

图 6.46 神经网络自适应控制系统结构图

该控制系统由两个神经网络构成,其中,NNI(Neural Network Identifier) 作为发动机模型辨识器,NNC(Neural Network Controller) 作为控制器。$\boldsymbol{r}$ 为参考输入,燃油流量 $q_{m,f}$ 作为控制量,$\boldsymbol{y}$ 为发动机输出量。选择发动机低压转子转速 n_L 作为被控参数。

NNI 网络采用三层前向网络,网络结构为 4—9—1,即网络输入层为 4 个节点,输入参数为 $n_L, n_H, T_5, q_{m,f}$,隐层节点为 9 个,网络输出层为 1 个节点,输出参数为 n_L。

NNI 的学习首先采用离线训练,以确定合适的网络结构、各节点之间连接权值、隐层节点

及输出节点的阈值等。学习的性能指标为

$$J_I = \frac{1}{2}[n_L(k+1) - \hat{n}_L(k+1)]^2$$

的极小化。在离线训练 300 ～ 500 次之后，即可满足指标要求。在离线训练的基础上进行在线学习，以使被控对象偏离工作点而特性变化时能及时修正网络参数，使网络准确地反映被控对象的特性。

NNC 网络结构采用两层前向网络，输入节点为 2 个，即 $h_1(k)=e(k)$，$h_2(k)=\sum_{k=0}^{n} e(k)$，输出节点为 1 个，即作为控制量的燃油流量 $q_{m,f}$，即

$$q_{m,f}(k) = w_{11}h_1(k) + w_{12}h_2(k) = w_{11}e(k) + w_{12}\sum_{k=0}^{n} e(k)$$

这相当于 PID 控制器中的 PI 控制结构。采用性能指标为

$$J_c = \frac{1}{2}[r(k+1) - \hat{n}_L(k+1)]^2$$

的极小化来修正 NNC 的参数。由于经过一定的训练后，$\hat{n}_L$ 已逼近 n_L，因此对

$$J_p = \frac{1}{2}[r(k+1) - n_L(k+1)]^2$$

的极小化可以用 J_c 的极小化代替。

NNI 和 NNC 的学习用改进的 BP 算法。

根据以上原理对发动机转速控制系统进行仿真，在 $H=0$，$Ma=0$ 以及发动机工作在设计点，当参考输入 $r(t)$ 有一阶跃输入时，发动机低压转子转速 n_L 的响应如图 6.47 所示。

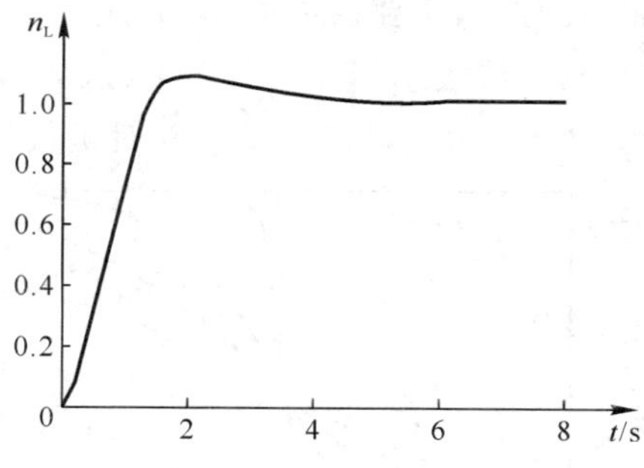

图 6.47　n_L 阶跃响应

神经网络虽然有许多优点，但在航空发动机控制中应用还受到一定的限制，主要是神经网络结构参数需要经过学习，而航空发动机工作范围及环境条件变化很大，要对发动机进行很好的控制，神经网络需要不断地在线学习，以调整控制器参数，但神经网络的学习时间还难以达到实时控制要求，这是需要今后进一步研究的问题。

6.6.5 基于自调整神经元的航空发动机多变量控制

常规的神经网络结构包括输入层、隐层和输出层，每一层包含若干个彼此相连的节点，因此，无论是前向网络还是反馈网络，一般都有较多的连接权，这在训练和计算过程中需要花费较多的时间去找到合适的连接权值。过多的连接权无疑也增加了硬件实现的复杂度。自调整神经元无相互连接权，结构得到大大的简化。

1. 自调整神经元

自调整神经元(auto-tuning neurons) 是一种结构简单、彼此之间无相互连接权的神经元。因此，在任意两个自调整神经元节点之间没有连接权值。在控制系统中，每一个神经元看成一个独立的自适应控制器。神经元的个数和系统的输入变量的个数一致。对每个神经元应用自适应算法调整阈值和激励函数的参数。激励函数为修正的双曲正切函数。自调整神经元的模型结构如图 6.48 所示。图中，$\boldsymbol{x}=[x_1 \quad x_2 \quad \cdots \quad x_n]^{\mathrm{T}}$ 为自调整神经元的输入，$\boldsymbol{\phi}=[\phi_1 \quad \phi_2 \quad \cdots \quad \phi_n]^{\mathrm{T}}$ 为阈值，$\boldsymbol{w}=[w_1 \quad w_2 \quad \cdots \quad w_n]^{\mathrm{T}}$ 为神经元的输出。其数学模型可描述为

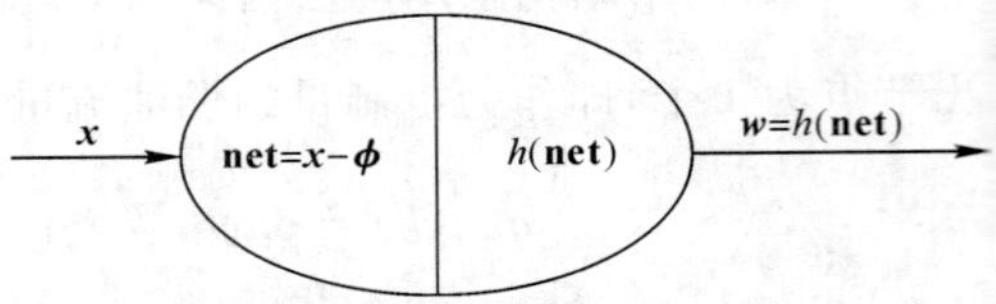

图 6.48 自调整神经元的模型结构图

$$\left.\begin{aligned} \mathrm{net}_i(k) &= x_i(k) - \phi_i(k) \\ w_i(k) &= h(\mathrm{net}_i) = a_i \frac{1-\mathrm{e}^{-b_i \cdot \mathrm{net}_i}}{1+\mathrm{e}^{-b_i \cdot \mathrm{net}_i}} \end{aligned}\right\} \tag{6.157}$$

激励函数 $h(\cdot)$ 为双曲正切函数，a_i 为双曲正切函数的饱和度，b_i 为倾斜度。自调整神经元的激励函数的输出范围和曲线的形状主要由参数 a_i，b_i 决定。图 6.49 所示为 a_i，b_i 对函数的输出范围和形状的关系。图中，实线表示当 $a_i=5$，$b_i=0.5,1,5$ 时，a_i，b_i 对函数的输出范围和形状的关系；虚线表示当 $a_i=3$，$b_i=0.5,1,5$ 时，a_i，b_i 对函数的输出范围和形状的关系。

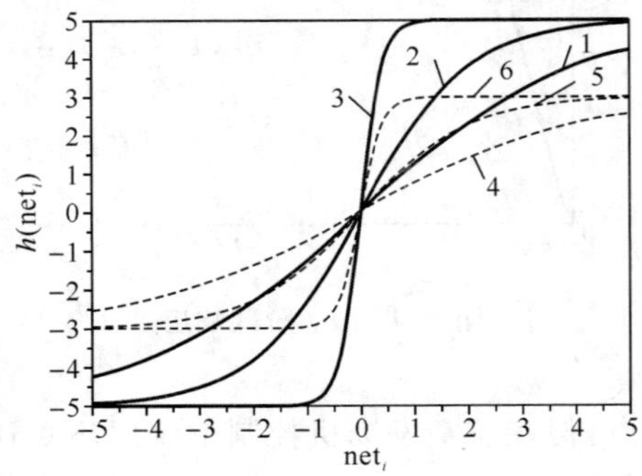

图 6.49 不同参数 a,b 的双曲正切函数图

1—$b_i=0.5$； 2—$b_i=1$； 3—$b_i=5$； 4—$b_i=0.5$； 5—$b_i=1$； 6—$b_i=5$

令 $\boldsymbol{\theta}=[\boldsymbol{\phi}\quad \boldsymbol{a}\quad \boldsymbol{b}]$，其中，$\boldsymbol{a}=[a_1\quad a_2\quad \cdots\quad a_n]^{\mathrm{T}}$，$\boldsymbol{b}=[b_1\quad b_2\quad \cdots\quad b_n]^{\mathrm{T}}$，由上述数学模型式(6.157)可知，$\boldsymbol{\theta}$ 代表神经元的可调参数，可以通过在线调整 $\boldsymbol{\theta}$ 使系统达到较好的控制性能。由图 6.49 可知，自调整神经元的输出没有限定在一个固定的区间。因此，自调整神经元在实际应用中更加灵活和有效。

2. 自调整神经元的学习算法

取性能指标

$$J(k+1)=\frac{1}{2}\sum_{j=1}^{m}[y_{r,j}(k+1)-y_j(k+1)]^2=\frac{1}{2}\sum_{j=1}^{m}e_j^2(k+1)$$

$$e_j=y_{r,j}(k+1)-y_j(k+1)$$

式中　y_j —— 系统的第 j 个输出，$j=1,2,\cdots,m$；

$y_{r,j}$ —— 系统的第 j 个期望输出；

m —— 系统输出数，即神经元个数；

e_j —— 系统的实际输出与期望输出之差。

根据链式求导规则，对 m 个神经元求导，可得

$$\frac{\partial J}{\partial a_{j,i}}=\left\{\frac{\partial J}{\partial y_1}\frac{\partial y_1}{\partial u_j}+\frac{\partial J}{\partial y_2}\frac{\partial y_2}{\partial u_j}+\cdots+\frac{\partial J}{\partial y_m}\frac{\partial y_m}{\partial u_j}\right\}\frac{\partial u_j}{\partial w_{j,i}}\frac{\partial w_{j,i}}{\partial a_{j,i}}$$

$$\frac{\partial J}{\partial b_{j,i}}=\left\{\frac{\partial J}{\partial y_1}\frac{\partial y_1}{\partial u_j}+\frac{\partial J}{\partial y_2}\frac{\partial y_2}{\partial u_j}+\cdots+\frac{\partial J}{\partial y_m}\frac{\partial y_m}{\partial u_j}\right\}\frac{\partial u_j}{\partial w_{j,i}}\frac{\partial w_{j,i}}{\partial b_{j,i}}$$

$$\frac{\partial J}{\partial \phi_{j,i}}=\left\{\frac{\partial J}{\partial y_1}\frac{\partial y_1}{\partial u_j}+\frac{\partial J}{\partial y_2}\frac{\partial y_2}{\partial u_j}+\cdots+\frac{\partial J}{\partial y_m}\frac{\partial y_m}{\partial u_j}\right\}\frac{\partial u_j}{\partial w_{j,i}}\frac{\partial w_{j,i}}{\partial \phi_{j,i}}$$

式中，$a_{j,i}$，$b_{j,i}$，$\phi_{j,i}$ 和 $w_{j,i}$ 分别表示饱和度、双曲正切函数的形状、阈值大小和第 j 个神经元的输出；u_j 表示第 j 个控制器输出。

由性能指标 J，可知

$$\frac{\partial J}{\partial y_j}=-e_j$$

在大多数系统中，对于 u_j 和 y_j 来说，系统只能是正响应或负响应。因此，$\partial y_1/\partial u_j$，$\partial y_2/\partial u_j,\cdots,\partial y_j/\partial u_j$ 皆可用 $\mathrm{sgn}(\partial y_j/\partial u_j)=1$ 或 -1 代替。

由式(6.157)，可得

$$\frac{\partial w_{j,i}}{\partial a_{j,i}}=\frac{w_{j,i}}{a_{j,i}}$$

$$\frac{\partial w_{j,i}}{\partial b_{j,i}}=\frac{a_{j,i}\mathrm{net}_{j,i}}{2}\left(1+\frac{w_{j,i}}{a_{j,i}}\right)\left(1-\frac{w_{j,i}}{a_{j,i}}\right)$$

$$\frac{\partial w_{j,i}}{\partial \phi_{j,i}}=-\frac{a_{j,i}b_{j,i}}{2}\left(1+\frac{w_{j,i}}{a_{j,i}}\right)\left(1-\frac{w_{j,i}}{a_{j,i}}\right)$$

根据最速下降法，$a_{j,i}$，$b_{j,i}$，$\phi_{j,i}$ 的权值调整方法如下：

$$a_{j,i}(k+1)=a_{j,i}(k)+\eta_{j,i}\left\{\sum_{j=1}^{m}e_j\operatorname{sgn}\frac{\partial y_j}{\partial u_j}\right\}\frac{\partial u_j}{\partial w_{j,i}}\frac{w_{j,i}}{a_{j,i}}$$

$$b_{j,i}(k+1)=b_{j,i}(k)+\eta_{j,i}\left\{\sum_{j=1}^{m}e_j\operatorname{sgn}\frac{\partial y_j}{\partial u_j}\right\}\frac{\partial u_j}{\partial w_{j,i}}\frac{a_{j,i}\mathrm{net}_{j,i}}{2}\left(1+\frac{w_{j,i}}{a_{j,i}}\right)\left(1-\frac{w_{j,i}}{a_{j,i}}\right)$$

$$\phi_{j,i}(k+1)=\phi_{j,i}(k)-\eta_{j,i}\left\{\sum_{j=1}^{m}e_j\operatorname{sgn}\frac{\partial y_j}{\partial u_j}\right\}\frac{\partial u_j}{\partial w_{j,i}}\frac{a_{j,i}b_{j,i}}{2}\left(1+\frac{w_{j,i}}{a_{j,i}}\right)\left(1-\frac{w_{j,i}}{a_{j,i}}\right)$$

式中，$j=1,2,\cdots,m$，$i=1,2,\cdots,n$。$\eta_{j,i}$ 为学习速率。当学习速率增大时，可以提高收敛速度，但易于产生振荡和不稳定，因此 $\eta_{j,i}$ 值的选择要合适。

3. 基于自调整神经网络的航空发动机控制系统结构

现以涡扇发动机双变量控制系统为例介绍航空发动机自调整神经网络控制系统的结构。对该型涡扇发动机选用主燃烧室供油量 $q_{m,\mathrm{f}}$ 控制高压涡轮进口温度 T_4，选用尾喷管喉部面积 A_8 控制涡轮的膨胀比 π_{T}。其相对增量形式的线性状态空间模型为

$$\begin{bmatrix}\dot{n}_{\mathrm{H}}\\ \dot{n}_{\mathrm{L}}\end{bmatrix}=\boldsymbol{A}\begin{bmatrix}n_{\mathrm{H}}\\ n_{\mathrm{L}}\end{bmatrix}+\boldsymbol{B}\begin{bmatrix}q_{m,\mathrm{f}}\\ A_8\end{bmatrix}$$

$$\begin{bmatrix}T_4\\ \pi_{\mathrm{T}}\end{bmatrix}=\boldsymbol{C}\begin{bmatrix}n_{\mathrm{H}}\\ n_{\mathrm{L}}\end{bmatrix}+\boldsymbol{D}\begin{bmatrix}q_{m,\mathrm{L}}\\ A_8\end{bmatrix}$$

式中，$\boldsymbol{A},\boldsymbol{B},\boldsymbol{C},\boldsymbol{D}$ 为系数矩阵；n_{H} 表示高压转子转速；n_{L} 表示低压转子转速。

图 6.50 为基于自调整神经元的航空发动机控制系统结构图，其中 DEL 表示延迟环节。由图可知，系统由 PID 控制器、自调整神经元和被控对象组成。通过神经元在线整定 PID 控制器的参数。自调整神经元的学习方法为最速下降法。控制量为 $u_1=q_{m,\mathrm{f}}$，$u_2=A_8$。

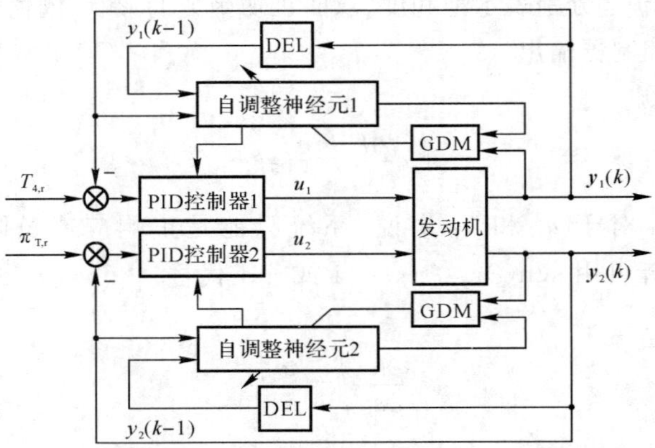

图 6.50　基于自调整神经元的航空发动机控制系统方框图

神经元 PID 控制器输出为

$$u_j(k)=K_{P,j}z_{j1}(k)+K_{I,j}z_{j2}(k)+K_{D,j}z_{j3}(k) \tag{6.158}$$

且
$$K_{P,j}=w_{j1}(k),\quad K_{I,j}=w_{j2}(k),\quad K_{D,j}=w_{j3}(k)\quad (j=1,2)$$
$$e_j(k)=y_{r,j}(k)-y_j(k)$$
$$z_{j1}(k)=e_j(k)-e_j(k-1)$$
$$z_{j2}(k)=e_j(k)$$
$$z_{j3}(k)=e_j(k)-2e_j(k-1)+e_j(k-2)$$
其中，$\boldsymbol{y}_r=[T_{4,r}\quad \pi_{T,r}]^T$，$\boldsymbol{y}=[T_4\quad \pi_T]^T$。由式(6.158)可得
$$\partial u_j/\partial w_{j1}=z_{j1}(k),\quad \partial u_j/\partial w_{j2}=z_{j2}(k),\quad \partial u_j/\partial w_{j3}=z_{j3}(k)$$

4. 航空发动机自调整神经网络控制系统设计与仿真

某型航空发动机线性模型为
$$\begin{bmatrix}\dot{n}_H\\ \dot{n}_L\end{bmatrix}=\begin{bmatrix}-2.264 & -0.380\\ 2.969 & -2.750\end{bmatrix}\begin{bmatrix}n_H\\ n_L\end{bmatrix}+\begin{bmatrix}0.713 & 1.039\\ 0.634 & 1.671\end{bmatrix}\begin{bmatrix}q_{m,f}\\ A_8\end{bmatrix}$$
$$\begin{bmatrix}T_4\\ \pi_T\end{bmatrix}=\begin{bmatrix}-0.427 & 0.105\\ 1.281 & -0.051\end{bmatrix}\begin{bmatrix}n_H\\ n_L\end{bmatrix}+\begin{bmatrix}0.506 & 0.303\\ -0.131 & 0.157\end{bmatrix}\begin{bmatrix}q_{m,f}\\ A_8\end{bmatrix}$$
按照上述方法进行神经网络控制器的设计。通过在线学习整定 PID 控制器的参数，使系统获得满意的动态特性和解耦控制效果。

在设计中 $\boldsymbol{\eta}_1$，$\boldsymbol{\eta}_2$，$\boldsymbol{\eta}_3$ 为 $\boldsymbol{a}$，$\boldsymbol{b}$ 和 $\boldsymbol{\phi}$ 的学习效率，经过综合考虑，选择
$$\boldsymbol{\eta}_1=[0.35\quad 0.35\quad 0.35]^T,\quad \boldsymbol{\eta}_2=[0.20\quad 0.20\quad 0.20]^T,\quad \boldsymbol{\eta}_3=[0.1\quad 0.1\quad 0.1]^T$$

图 6.51(a) 所示为当 $H=0$，$Ma=0$ 时，$T_{4,r}$ 为单位阶跃时，发动机 T_4 和 π_T 的响应。图 6.51(b) 所示为当 $H=0$，$Ma=0$ 时，$\pi_{T,r}$ 为单位阶跃时，发动机 T_4 和 π_T 的响应；图6.52(a)(b) 分别表示当 $H=11$ km，$Ma=0.9$ 时，发动机 T_4 和 π_T 的阶跃响应；图6.53(a)(b) 分别表示当 $H=20$ km，$Ma=1.7$ 时，发动机 T_4 和 π_T 的阶跃响应。

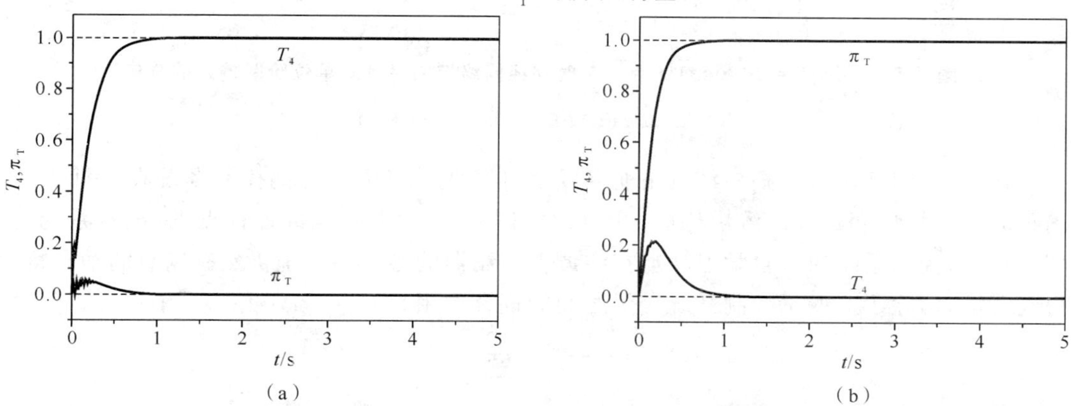

图 6.51　当 $H=0$，$Ma=0$ 时神经网络控制系统对单位阶跃输入的响应

(a) $T_{4,r}$ 为单位阶跃；(b) $\pi_{T,r}$ 为单位阶跃

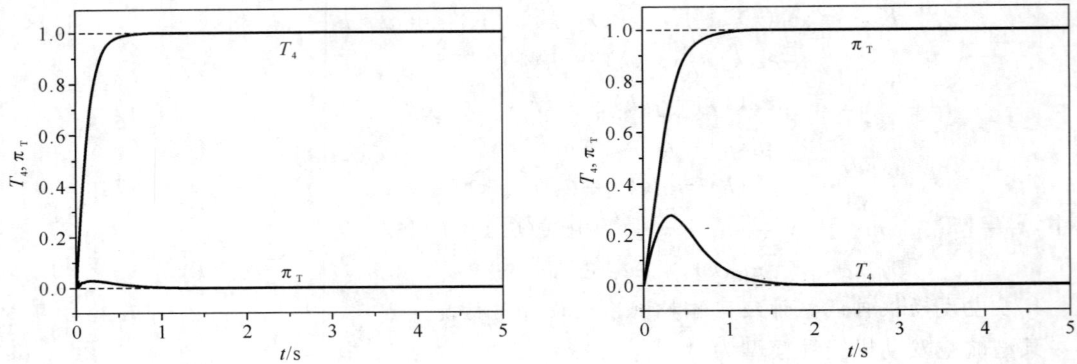

(a)　　　　　　　　　　　　(b)

图 6.52　当 $H=11$ km,$Ma=0.9$ 时神经网络控制系统对单位阶跃输入的响应

(a)$T_{4,r}$ 为单位阶跃；(b)$\pi_{T,r}$ 为单位阶跃

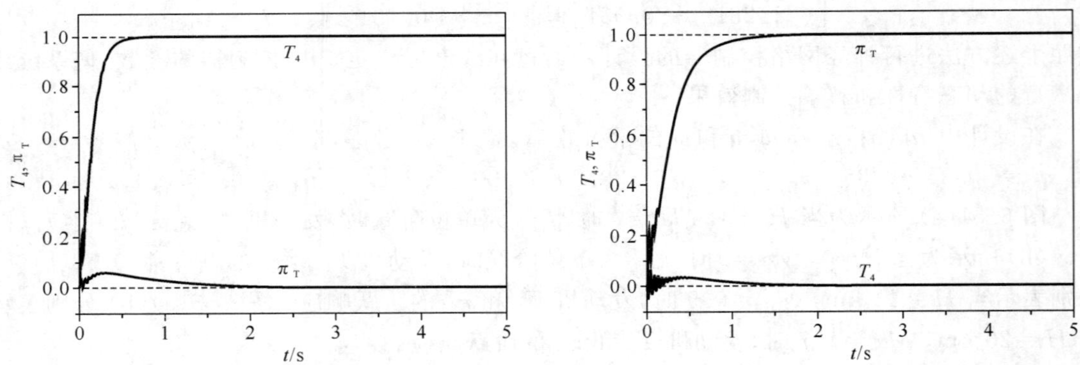

(a)　　　　　　　　　　　　(b)

图 6.53　当 $H=20$ km,$Ma=1.7$ 时神经网络控制系统对单位阶跃输入的响应

(a)$T_{4,r}$ 为单位阶跃；(b)$\pi_{T,r}$ 为单位阶跃

图 6.51 表明基于自调整神经网络航空发动机多变量自适应解耦控制系统在设计点处具有满意的动态特性和良好的解耦特性。图 6.52、图 6.53 表明在偏离设计点处，虽然系统的参数变化较大，控制系统通过自学习功能在线调整控制器的参数使系统仍然有满意的动态特性，并得到解耦，消除了双变量控制系统变量之间的耦合作用。

习　题

6.1　航空发动机线性二次型最优控制有何优、缺点？

6.2　试分析航空发动机最优伺服系统的意义。

6.3　试分析航空发动机模型参考自适应控制的意义。

6.4　给出发动机的传递函数关系为

$$n_{\mathrm{L}}(s)=\frac{0.285s+1.467}{s^2+5.166s+7.641}q_{m,\mathrm{f}}(s)$$

试设计单变量线性二次型最优控制器，并计算系统的状态响应，并与图 6.2 比较。

6.5　按题 6.4 给出的传递函数设计航空发动机最优伺服系统，计算系统的动态响应。

6.6　给出参考模型为

$$n_{\mathrm{Lm}}(s)=\frac{3.252(s+5.936)}{s^2+11.893s+35.362}q_{m,\mathrm{f}}(s)$$

以题 6.4 给出的传递函数作为发动机仿真模型，设计发动机模型跟踪控制系统，计算系统的动态响应。

6.7　简述应用鲁棒 H_∞ 控制理论设计的控制器有哪些特点。

6.8　试述标准 H_∞ 控制的意义，并将控制系统混合灵敏度问题、鲁棒稳定性问题化为等价的标准 H_∞ 控制问题。

6.9　试述控制系统灵敏度函数 $\boldsymbol{S}(s)$ 和补灵敏度函数 $\boldsymbol{T}(s)$ 的意义。

6.10　神经网络作为系统辨识器和控制器有哪些优、缺点？

6.11　试述 BP 网络和 RBF 网络的基本原理和结构。

6.12　试述基于自调整元的控制系统的基本原理，并画出其双变量的控制系统结构简图。

第 7 章 航空发动机 LPV 控制系统设计与智能控制

7.1 概 述

随着航空发动机性能的提高，发动机变得越来越复杂，需要控制的发动机参数也越来越多。例如，第 2 章介绍的变循环发动机，采用常规的控制策略已不能保证系统在大范围内的良好性能，这就迫使航空发动机控制系统设计人员研究新的控制技术和控制策略。基于模型的智能数字发动机控制以及相关的增益调度与 LPV 控制系统即成为重要的选择和发展方向，也是当前航空发动机控制研究的热点。

常规的增益调度技术是利用线性系统设计方法设计控制器来满足非线性系统的要求。尽管这种方法有许多成功的应用，但由于这种方法仅从设计点出发对系统进行设计，因此并不能保证非设计点的性能和稳定性。

线性变参数(Linear Parameter Varying,LPV) 模型是线性模型的系数矩阵随某一时变参数而变化的模型。对于非线性的被控对象，利用其 LPV 模型设计增益调度控制器，当系统的工作环境和工作状态变化时，利用基于 LPV 模型的时变增益参数调度不同的控制器，或进行在线控制器设计，对被控对象进行控制，这样的控制系统称为 LPV 控制系统，这样的增益调度控制器称为 LPV 控制器。LPV 控制系统的优点是系统参数在宽广的变化范围内，增益调度控制器能保证系统具有良好的性能。由于 LPV 系统所具有的优点使其在航空航天领域内得到广泛的关注和实际应用，尤其是近年来多变量控制系统的发展，促使 LPV 系统的研究迅速发展。

由于发动机控制量与被控参数的增多，因此存在这样的问题，即在发动机诸多的状态参数和性能参数中选择哪些参数作为被控参数，被控参数与控制量之间存在什么样的关系，利用哪一个控制量控制哪一个被控参数才能产生最佳控制效果的问题。这一问题即是控制参数的选择问题，也称为控制结构设计(Control Structure Design ,CSD) 问题。对简单的发动机控制系统，一般根据发动机基本原理即可确定被控参数及其与控制量的关系，但是对复杂的发动机多变量控制系统，尤其是包括多种控制模式的多变量控制系统，却并不是一个简单的问题。每一种控制模式都有相应的控制目标，为了达到这一目标必然有相应不同的控制参数，也就是有不同的 CSD。因此，对发动机多控制模式的多变量控制系统，正确地确定控制参数是一个需要研究的问题，它直接影响到发动机的性能及控制效果。近年来，某些研究工作者提出了用相关增益矩阵(Relative Gain Array ,RGA) 分析来解决这一问题的方法。

对于包括有多种控制模式的航空发动机多变量控制系统，尤其是对于包含有两种功率状态工作模式的变循环发动机，根据不同的飞行任务，需要选择不同的控制模式和工作模式，每一种模式都有相应不同的增益调度控制器。为了保证发动机的性能和安全工作，在控制模式转换时，必须保证平滑过渡，这就是控制模式融合(mode blending)问题。

实现智能数字发动机控制，需要研究增益调度控制器设计、控制结构设计以及控制模式融合等问题。对于基于模型的控制模式还需要研究机载发动机数学模型及跟踪滤波器设计问题。

本章将首先介绍航空发动机 LPV 模型的建模方法，然后介绍最近几年提出的许多关于增益调度控制系统设计方法中的两种方法。第一种方法为 KQ(K—matrix compensator, Q—desired response) 方法。这种方法并不是基于被控对象的 LPV 模型进行系统设计，而是利用线性常系数矩阵模型设计增益调度控制器，从严格意义上讲，它并不是 LPV 控制系统，但它是增益调度控制系统，因此把它归纳到这一章中，以使读者有更多的了解。第二种方法是线性矩阵不等式(Linear Matrix Inequality, LMI) 方法。这种方法是将控制问题转化为线性矩阵不等式约束的凸优化问题，通过求解凸优化问题，实现对控制器设计。

本章还将介绍航空发动机多变量控制系统控制结构设计的相关增益矩阵分析方法，并简要介绍控制模式选择与融合等智能数字发动机控制的重要问题。

本章所涉及的变量均为相对变量。

7.2　航空发动机 LPV 模型

7.2.1　LPV 模型建模方法

对于非线性系统

$$\left.\begin{aligned}\dot{\boldsymbol{x}} &= \boldsymbol{f}(\boldsymbol{x},\boldsymbol{u},\boldsymbol{\rho})\\ \boldsymbol{y} &= \boldsymbol{g}(\boldsymbol{x},\boldsymbol{u},\boldsymbol{\rho})\end{aligned}\right\}\tag{7.1}$$

式中，$\boldsymbol{f}(\cdot)$ 和 $\boldsymbol{g}(\cdot)$ 是连续可微的，其 LPV 模型为

$$\left.\begin{aligned}\dot{\boldsymbol{x}} &= \boldsymbol{A}(\boldsymbol{\rho})\boldsymbol{x} + \boldsymbol{B}(\boldsymbol{\rho})\boldsymbol{u}\\ \boldsymbol{y} &= \boldsymbol{C}(\boldsymbol{\rho})\boldsymbol{x} + \boldsymbol{D}(\boldsymbol{\rho})\boldsymbol{u}\end{aligned}\right\}\tag{7.2}$$

式中　$\boldsymbol{x}$ —— n 维状态向量；

$\boldsymbol{y}$ —— m 维输出向量；

$\boldsymbol{u}$ —— p 维控制向量。

对式(7.1) 作下述几点说明：

(1) $\boldsymbol{\rho}=\boldsymbol{\rho}(t)$ 为时变参数向量，是调度变量，属于有界闭集。当 $\boldsymbol{\rho}$ 超出有界闭集时为常数，即 $\boldsymbol{\rho}$ 具有饱和特性，因此 LPV 模型由 $\boldsymbol{\rho}$ 的有界闭集限制。

(2) $\boldsymbol{\rho}$ 是外部输入或 $\boldsymbol{x}(t)$ 中的可测参数。对航空发动机来讲，外部输入可以是飞行高度与飞行马赫数，或反映飞行高度与飞行马赫数的发动机进口温度或压力。$\boldsymbol{x}(t)$ 中的可测参数如发

动机转速或某一截面压力。$\boldsymbol{\rho}$ 可以是一个参数,也可以是向量。

(3) $\boldsymbol{\rho}$ 的选择不是唯一的,其原则是选择的 $\boldsymbol{\rho}$ 能够反映系统特性的变化。

(4) $\boldsymbol{A}(\boldsymbol{\rho}),\boldsymbol{B}(\boldsymbol{\rho}),\boldsymbol{C}(\boldsymbol{\rho}),\boldsymbol{D}(\boldsymbol{\rho})$ 表示 LPV 模型中的系数矩阵均为 $\boldsymbol{\rho}(t)$ 的函数,即系数矩阵随 $\boldsymbol{\rho}(t)$ 而变化。当系统的工作环境或工作状态变化时,利用反映这一变化的 $\boldsymbol{\rho}(t)$,可以得到式(7.2) 中不同的系数矩阵,也即得到不同的线性模型。

(5) 当 $\boldsymbol{\rho}$ 为 $\boldsymbol{x}(t)$ 中的某一参数时,模型为准 LPV 模型。

对于由式(7.1) 所描述的非线性系统,在线性化点$(\boldsymbol{x}_0,\boldsymbol{u}_0,\boldsymbol{y}_0)$ 的局部区域内的线性化模型,可表示为

$$\left.\begin{aligned}\dot{\boldsymbol{x}} &= \boldsymbol{A}_l(\boldsymbol{x}-\boldsymbol{x}_0)+\boldsymbol{B}_l(\boldsymbol{u}-\boldsymbol{u}_0)+\boldsymbol{P}_l(\boldsymbol{\rho}-\boldsymbol{\rho}_0)\\ \boldsymbol{y}-\boldsymbol{y}_0 &= \boldsymbol{C}_l(\boldsymbol{x}-\boldsymbol{x}_0)+\boldsymbol{D}_l(\boldsymbol{u}-\boldsymbol{u}_0)+\boldsymbol{Q}_l(\boldsymbol{\rho}-\boldsymbol{\rho}_0)\end{aligned}\right\} \tag{7.3}$$

在线性化点$(\boldsymbol{x}_0,\boldsymbol{u}_0,\boldsymbol{y}_0)$ 的邻域内 $\boldsymbol{A}_l,\boldsymbol{B}_l,\boldsymbol{C}_l,\boldsymbol{D}_l$ 为常数矩阵,它们近似描述了非线性系统在局部区域内的特性。

当 $\boldsymbol{\rho}$ 在$(\boldsymbol{x}_0,\boldsymbol{u}_0,\boldsymbol{y}_0)$ 的邻域内是慢变化时,$\boldsymbol{\rho}-\boldsymbol{\rho}_0$ 及 $\dot{\boldsymbol{\rho}}$ 均可忽略,因而在式(7.3) 中可不考虑 $\boldsymbol{P}_l$ 及 $\boldsymbol{Q}_l$。$\boldsymbol{\rho}$ 应选择在线可测参数,这样控制器可设计成为关于 $\boldsymbol{\rho}$ 的增益调度控制器。

建立 LPV 模型可以利用状态或输入的小扰动,通过解析方法建立,也可以利用辨识试验方法建立。解析方法有 Jacobian 线性化方法和基于速率的线性化方法等。

1. 雅克比(Jacobian) 线性化建模方法

当 $\boldsymbol{\rho}$ 在线性化点$(\boldsymbol{x}_0,\boldsymbol{u}_0,\boldsymbol{y}_0)$ 的局部区域慢变化时,在该点将式(7.1) 展开为一阶泰勒级数,得

$$\left.\begin{aligned}\dot{\boldsymbol{x}} &= \dot{\boldsymbol{x}}_0+\Delta\dot{\boldsymbol{x}}=\boldsymbol{f}(\boldsymbol{x}_0,\boldsymbol{u}_0,\boldsymbol{\rho})+\left(\frac{\partial \boldsymbol{f}(\boldsymbol{x},\boldsymbol{u},\boldsymbol{\rho})}{\partial \boldsymbol{x}}\right)_0\Delta\boldsymbol{x}+\left(\frac{\partial \boldsymbol{f}(\boldsymbol{x},\boldsymbol{u},\boldsymbol{\rho})}{\partial \boldsymbol{u}}\right)_0\Delta\boldsymbol{u}\\ \boldsymbol{y} &= \boldsymbol{y}_0+\Delta\boldsymbol{y}=\boldsymbol{y}_0+\left(\frac{\partial \boldsymbol{g}(\boldsymbol{x},\boldsymbol{u},\boldsymbol{\rho})}{\partial \boldsymbol{x}}\right)_0\Delta\boldsymbol{x}+\left(\frac{\partial \boldsymbol{g}(\boldsymbol{x},\boldsymbol{u},\boldsymbol{\rho})}{\partial \boldsymbol{u}}\right)_0\Delta\boldsymbol{u}\end{aligned}\right\} \tag{7.4}$$

式中 $\Delta\boldsymbol{x}=\boldsymbol{x}-\boldsymbol{x}_0,\quad \Delta\boldsymbol{y}=\boldsymbol{y}-\boldsymbol{y}_0,\quad \Delta\boldsymbol{u}=\boldsymbol{u}-\boldsymbol{u}_0$

当$(\boldsymbol{x}_0,\boldsymbol{u}_0,\boldsymbol{y}_0)$ 为非平衡点时,$\dot{\boldsymbol{x}}=(\boldsymbol{x}_0,\boldsymbol{u}_0,\boldsymbol{y}_0)\neq\boldsymbol{0}$,这样的模型为仿射模型。但在实际应用中,一般是在平衡点展开为泰勒级数,故 $\dot{\boldsymbol{x}}_0=(\boldsymbol{x}_0,\boldsymbol{u}_0,\boldsymbol{y}_0)=\boldsymbol{0}$,这样的模型在平衡点局部区域内是线性时不变模型。

在一系列平衡点按泰勒级数展开得到相应于不同 $\boldsymbol{\rho}$ 的模型簇,可用内插方法或拟合方法得到用下式表示的 LPV 模型:

$$\left.\begin{aligned}\Delta\dot{\boldsymbol{x}} &= \boldsymbol{A}(\boldsymbol{\rho})\Delta\boldsymbol{x}+\boldsymbol{B}(\boldsymbol{\rho})\Delta\boldsymbol{u}\\ \Delta\boldsymbol{y} &= \boldsymbol{C}(\boldsymbol{\rho})\Delta\boldsymbol{x}+\boldsymbol{D}(\boldsymbol{\rho})\Delta\boldsymbol{u}\end{aligned}\right\} \tag{7.5}$$

由于 $\boldsymbol{A}(\boldsymbol{\rho}),\boldsymbol{B}(\boldsymbol{\rho}),\boldsymbol{C}(\boldsymbol{\rho}),\boldsymbol{D}(\boldsymbol{\rho})$ 均为 $\boldsymbol{\rho}$ 的函数,因此系统在大范围内运行时,以 $\boldsymbol{\rho}$ 为调度变量,可得到不同的 $\boldsymbol{A}(\boldsymbol{\rho}),\boldsymbol{B}(\boldsymbol{\rho}),\boldsymbol{C}(\boldsymbol{\rho}),\boldsymbol{D}(\boldsymbol{\rho})$,也即得到不同的线性模型。其结构图如图 7.1 所示。

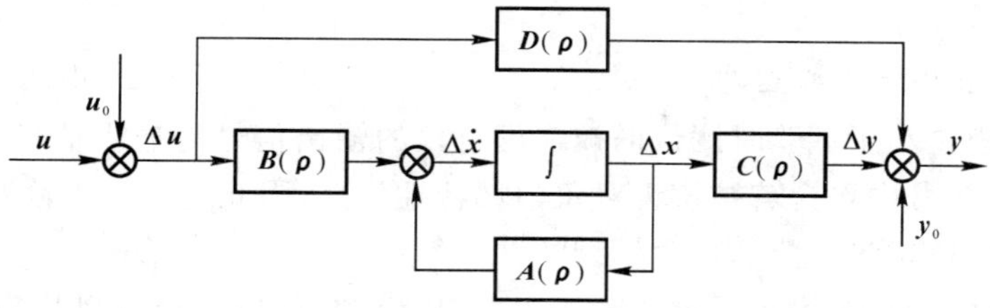

图 7.1　雅克比线性化 LPV 模型结构图

图 7.1 表明在系统计算时，$\boldsymbol{u}_0$，$\boldsymbol{y}_0$ 作为系统输入。

2. 基于变化率的建模方法

对式(7.1)求导，得

$$\left.\begin{aligned}\ddot{\boldsymbol{x}}&=\frac{\partial \boldsymbol{f}(\boldsymbol{x},\boldsymbol{u},\boldsymbol{\rho})}{\partial \boldsymbol{x}}\dot{\boldsymbol{x}}+\frac{\partial \boldsymbol{f}(\boldsymbol{x},\boldsymbol{u},\boldsymbol{\rho})}{\partial \boldsymbol{u}}\dot{\boldsymbol{u}}\\ \dot{\boldsymbol{y}}&=\frac{\partial \boldsymbol{g}(\boldsymbol{x},\boldsymbol{u},\boldsymbol{\rho})}{\partial \boldsymbol{x}}\dot{\boldsymbol{x}}+\frac{\partial \boldsymbol{g}(\boldsymbol{x},\boldsymbol{u},\boldsymbol{\rho})}{\partial \boldsymbol{u}}\dot{\boldsymbol{u}}\end{aligned}\right\}\tag{7.6}$$

令 $\boldsymbol{x}_1=\dot{\boldsymbol{x}}$，且令

$$\boldsymbol{A}_1(\boldsymbol{\rho})=\frac{\partial \boldsymbol{f}(\boldsymbol{x},\boldsymbol{u},\boldsymbol{\rho})}{\partial \boldsymbol{x}},\quad \boldsymbol{B}_1(\boldsymbol{\rho})=\frac{\partial \boldsymbol{f}(\boldsymbol{x},\boldsymbol{u},\boldsymbol{\rho})}{\partial \boldsymbol{u}}$$

$$\boldsymbol{C}_1(\boldsymbol{\rho})=\frac{\partial \boldsymbol{g}(\boldsymbol{x},\boldsymbol{u},\boldsymbol{\rho})}{\partial \boldsymbol{x}},\quad \boldsymbol{D}_1(\boldsymbol{\rho})=\frac{\partial \boldsymbol{g}(\boldsymbol{x},\boldsymbol{u},\boldsymbol{\rho})}{\partial \boldsymbol{u}}$$

则式(7.6)可用下式表示 LPV 模型：

$$\left.\begin{aligned}\dot{\boldsymbol{x}}_1&=\boldsymbol{A}_1(\boldsymbol{\rho})\boldsymbol{x}_1+\boldsymbol{B}_1(\boldsymbol{\rho})\dot{\boldsymbol{u}}\\ \dot{\boldsymbol{y}}&=\boldsymbol{C}_1(\boldsymbol{\rho})\boldsymbol{x}_1+\boldsymbol{D}_1(\boldsymbol{\rho})\dot{\boldsymbol{u}}\end{aligned}\right\}\tag{7.7}$$

在式(7.7)中，$\boldsymbol{A}_1(\boldsymbol{\rho})$，$\boldsymbol{B}_1(\boldsymbol{\rho})$，$\boldsymbol{C}_1(\boldsymbol{\rho})$，$\boldsymbol{D}_1(\boldsymbol{\rho})$ 是非平衡点的偏导矩阵，因此这一模型更逼近于非线性系统在大范围内变化时的特性。基于速率的线性化 LPV 模型的结构图，如图 7.2 所示。

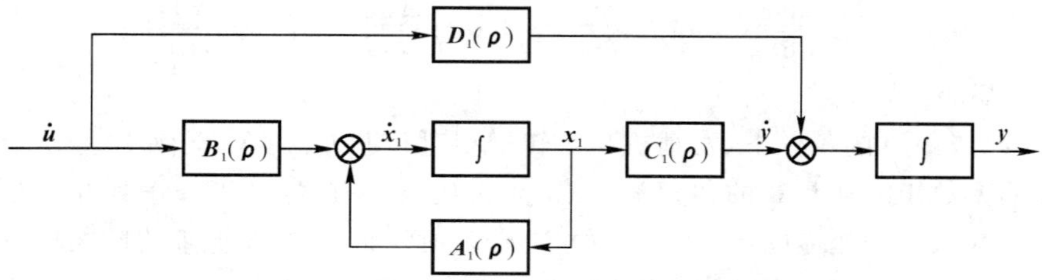

图 7.2　基于速率的线性化 LPV 模型结构图

由图 7.2 可以看出，为了得到输出 $\boldsymbol{y}$，在系统的输出端须增加一积分环节。积分环节的引入在计算时将导致建模误差的积累，但在闭环输出反馈控制中利用控制器的作用，这一误差是可

以消除的。

3. 利用辨识试验方法建立 LPV 模型

辨识试验建模是利用试验时测量的被辨识对象的输出信号与输入信号,找出输出与输入的关系,由于输出信号中包含着被辨识对象内部特性信息,因此通过一定数据处理方法建立的这种关系即表示了被辨识对象的数学模型。

对于航空发动机来讲,为了通过试验建立 LPV 模型,可以选择主燃烧室燃油流量作为输入量,以发动机转速或某一截面的压力或温度为输出量,将燃烧室燃油流量由慢车状态时的值按不同规律迅速变化到最大状态时的值,测量出发动机的输入量和输出量。这样的试验须进行多次,试验次数根据发动机模型预先估计的阶次和需要辨识的模型参数个数确定。选择某一参数为参变量(即调度变量 ρ),对多次试验的结果,利用最小二乘辨识方法对数据进行处理即可得到发动机的 LPV 模型。

7.2.2 航空发动机的 LPV 模型

不同的航空发动机以及采用不同的 LPV 建模方法,将会得到不同的 LPV 模型,而不同的 LPV 模型将有不同形式的增益调度控制器。因此,建立航空发动机 LPV 模型应考虑控制系统的设计要求。这里仅介绍利用雅克比线性化方法建立的航空发动机 LPV 模型。

以某型涡扇发动机精确的部件级非线性数学模型为基础,选取低压转子转速的相对变化量 n_L 和高压转子转速的相对变化量 n_H 为状态变量,同时也作为输出量,以主燃烧室燃油流量的相对变化量 $q_{m,f}$ 和尾喷管喉部面积的相对变化量 A_8 为控制量,选择高压转子转速 n_H 作为调度变量 ρ。利用雅克比线性化方法得到的发动机线性化模型,可表示为

$$\begin{bmatrix} \dot{n}_L \\ \dot{n}_H \end{bmatrix} = \begin{bmatrix} a_{11}(n_H) & a_{12}(n_H) \\ a_{21}(n_H) & a_{22}(n_H) \end{bmatrix} \begin{bmatrix} n_L \\ n_H \end{bmatrix} + \begin{bmatrix} b_{11}(n_H) & b_{12}(n_H) \\ b_{21}(n_H) & b_{22}(n_H) \end{bmatrix} \begin{bmatrix} q_{m,f} \\ A_8 \end{bmatrix}$$

$$\begin{bmatrix} n_L \\ n_H \end{bmatrix} = \begin{bmatrix} 1 & 0 \\ 0 & 1 \end{bmatrix} \begin{bmatrix} n_L \\ n_H \end{bmatrix}$$

式中

$$n_L = \frac{\Delta n_L}{n_{Lb}}, \quad n_H = \frac{\Delta n_H}{n_{Hb}}, \quad q_{m,f} = \frac{\Delta q_{m,f}}{q_{m,fb}}, \quad A_8 = \frac{\Delta A_8}{A_{8b}}$$

下标“b”表示基准值。

在 $H=0, Ma=0$ 的条件下,发动机高压转子相对转速 n_H 由 80% 到 100% 变化时在各平衡点上得到的系数矩阵 $\boldsymbol{A}$ 和 $\boldsymbol{B}$ 的各元素 $a_{ij}(n_H)$ 和 $b_{ij}(n_H)(i,j=1,2)$,分别如图 7.3(a) 和(b)所示。对各平衡点上的相应的系数用内插方法或多项式拟合进行处理,即得到飞行条件不变而发动机工作状态变化时的发动机 LPV 模型。

为了验证发动机 LPV 模型的精度,将发动机在 $n_H=80\%$ 时的燃油流量按阶跃规律增加到最大状态燃油流量,分别作为非线性数学模型和 LPV 模型输入量,计算发动机的转速响应。计算结果如图 7.4 所示。

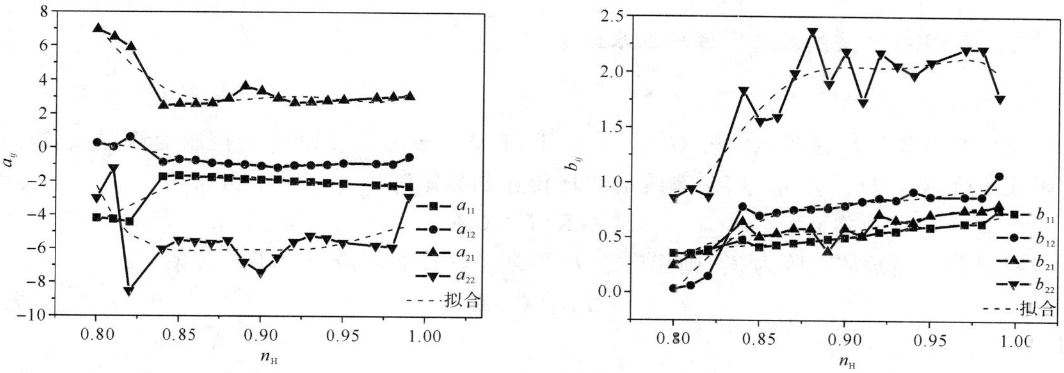

(a)　　　　　　　　(b)

图 7.3　LPV 模型 a_{ij} 和 b_{ij} 随 n_H 变化的规律

(a) a_{ij} 随 n_H 变化的规律；(b) b_{ij} 随 n_H 变化的规律

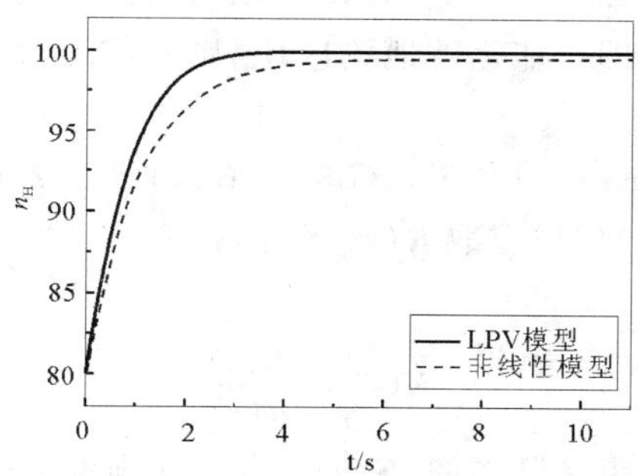

图 7.4　非线性模型与 LPV 模型计算的转速响应

由图 7.4 可以看出，由 LPV 模型计算的转速与非线性模型计算的转速比较，跟踪效果较好，但接近稳态时产生一定的误差。这一误差可在系统中由控制器利用输出反馈加以消除。

7.3　基于 KQ 方法的增益调度控制系统设计

KQ 方法即 Edmund 方法，该方法已应用于航空发动机多变量控制系统设计。它是多变量控制器参数设计的一种频率数值方法。该方法的目标是使闭环系统的传递函数矩阵 $\boldsymbol{H}=\boldsymbol{GK}(\boldsymbol{I}+\boldsymbol{GK})^{-1}$ 在规定的频率范围内尽量接近一个期望的传递函数矩阵。所用手段是调整控制器参数，也可说是参数整定。如果规定了控制器结构，则将是一个参数优化问题。假使在规定的频率范围内取若干点来计算，则可化成最小二乘问题处理。同时，由于它是频域方法，故可与奈奎斯特(Nyquist) 法等结合使用。

7.3.1 KQ方法的基本原理与基本算法

1. 基本原理

设广义对象的传递函数矩阵 $\boldsymbol{G}$ 为 $l\times m$ 维,有 l 个输出变量和 m 个控制变量,控制器的传递函数矩阵 $\boldsymbol{K}$ 为 $m\times l$ 维。实际系统的闭环传递函数矩阵为

$$\boldsymbol{T}=\boldsymbol{G}\boldsymbol{K}(\boldsymbol{I}+\boldsymbol{G}\boldsymbol{K})^{-1} \tag{7.8}$$

期望的传递函数矩阵为 $\boldsymbol{T}_t$,则相应于 $\boldsymbol{T}_t$ 的期望的控制器应满足下式关系:

$$\boldsymbol{T}_t=\boldsymbol{G}\boldsymbol{K}_t(\boldsymbol{I}+\boldsymbol{G}\boldsymbol{K}_t)^{-1} \tag{7.9}$$

即

$$\boldsymbol{G}\boldsymbol{K}_t=\boldsymbol{T}_t(\boldsymbol{I}-\boldsymbol{T}_t)^{-1} \tag{7.10}$$

如果 $\boldsymbol{K}$ 不等于 $\boldsymbol{K}_t$,则 $\boldsymbol{T}$ 与 $\boldsymbol{T}_t$ 之间存在偏差。定义偏差函数 $\boldsymbol{E}$ 为

$$\boldsymbol{E}=\boldsymbol{T}_t-\boldsymbol{T} \tag{7.11}$$

根据 $\boldsymbol{K}_t$ 和 $\boldsymbol{K}$ 之间的差异,不难推导出

$$\boldsymbol{E}=(\boldsymbol{I}-\boldsymbol{T})(\boldsymbol{G}\boldsymbol{K}_t-\boldsymbol{G}\boldsymbol{K})(\boldsymbol{I}-\boldsymbol{T}_t) \tag{7.12}$$

如果 $\boldsymbol{E}$ 的范数 $\|\boldsymbol{E}\|$ 足够小,即 $\boldsymbol{K}$ 能足够地接近 $\boldsymbol{K}_t$,则式(7.12)中的 $\boldsymbol{T}$ 可用 $\boldsymbol{T}_t$ 来代替。因此,得到

$$\boldsymbol{E}\approx(\boldsymbol{I}-\boldsymbol{T}_t)(\boldsymbol{G}\boldsymbol{K}_t-\boldsymbol{G}\boldsymbol{K})(\boldsymbol{I}-\boldsymbol{T}_t) \tag{7.13}$$

以下讨论 $\boldsymbol{K}(s)$ 的设计,即怎样求取 $\boldsymbol{K}(s)$ 的参数。

设

$$\boldsymbol{K}(s)=\frac{\boldsymbol{N}(s)}{d(s)} \tag{7.14}$$

式中,$d(s)$ 为多项式,通常认为是已知的;$\boldsymbol{N}(s)$ 是 $m\times l$ 维多项式矩阵,其阶次是已知的,但各元素中的多项式系数是未知值。设计问题的核心是求取 $\boldsymbol{N}(s)$ 的系数值。

令

$$\left.\begin{aligned}\boldsymbol{B}(s)&=\boldsymbol{I}-\boldsymbol{T}_t(s)\\ \boldsymbol{A}(s)&=\frac{1}{d(s)}\boldsymbol{B}(s)\boldsymbol{G}(s)\\ \boldsymbol{W}(s)&=\boldsymbol{B}(s)\boldsymbol{G}(s)\boldsymbol{K}_t(s)\boldsymbol{B}(s)\end{aligned}\right\} \tag{7.15}$$

根据式(7.15),式(7.13)可改写成

$$\boldsymbol{E}\approx\boldsymbol{W}(s)-\boldsymbol{A}(s)\boldsymbol{N}(s)\boldsymbol{B}(s) \tag{7.16}$$

式中,$\boldsymbol{A}(s)$,$\boldsymbol{B}(s)$ 和 $\boldsymbol{W}(s)$ 都是已知的,而 $\boldsymbol{N}(s)$ 的系数是未知的。

依据式(7.15)和式(7.16),取 $\boldsymbol{E}$ 的二次型范数的极小值寻找 $\boldsymbol{N}(s)$ 的系数值。$\boldsymbol{E}$ 的二次型范数是

$$\|\boldsymbol{E}\|_2^2=\int_{-\infty}^{+\infty}\mathrm{tr}[\boldsymbol{E}^{\mathrm{T}}(-\mathrm{j}\omega)\boldsymbol{E}(\mathrm{j}\omega)]\mathrm{d}\omega \tag{7.17}$$

通常可在ω由$-\infty$至$+\infty$的整个范围内选择所考虑频带中的若干个点，这样可使计算简单。同时，如果把式(7.16)的近似关系看做等式，就成为线性最小二乘问题。

2. 基本算法

将式(7.16)化为最小二乘求解形式，即

$$\boldsymbol{\eta}(s)=\boldsymbol{X}(s)\boldsymbol{v}+\boldsymbol{\varepsilon}(s) \tag{7.18}$$

式中　$\boldsymbol{\eta}(s)$ —— 已知向量；

$\boldsymbol{X}(s)$ —— 已知矩阵；

$\boldsymbol{v}$ —— 未知参数向量；

$\boldsymbol{\varepsilon}(s)$ —— 偏差向量。

在式(7.16)中，$\boldsymbol{W}(s)$，$\boldsymbol{N}(s)$和$\boldsymbol{E}(s)$都是l个列向量组成的矩阵，即

$$\left.\begin{aligned}\boldsymbol{W}(s)&=[\boldsymbol{w}_1(s)\quad \boldsymbol{w}_2(s)\quad \cdots\quad \boldsymbol{w}_l(s)]\\ \boldsymbol{N}(s)&=[\boldsymbol{n}_1(s)\quad \boldsymbol{n}_2(s)\quad \cdots\quad \boldsymbol{n}_l(s)]\\ \boldsymbol{E}(s)&=[\boldsymbol{e}_1(s)\quad \boldsymbol{e}_2(s)\quad \cdots\quad \boldsymbol{e}_l(s)]\end{aligned}\right\} \tag{7.19}$$

式中，$\boldsymbol{w}_i(s)$，$\boldsymbol{n}_i(s)$和$\boldsymbol{e}_i(s)$分别是构成矩阵$\boldsymbol{W}(s)$，$\boldsymbol{N}(s)$和$\boldsymbol{E}(s)$的列向量。

为了转化为式(7.18)的形式，需要将式(7.19)的各组列向量分别自上而下堆列。为此，引入Kronecker积方法，用$\otimes$代表Kronecker求积运算。按照这种运算方式，矩阵$\boldsymbol{P}(p\times q$维)和$\boldsymbol{Q}(s\times r$维)的Kronecker积是

$$\boldsymbol{P}\otimes\boldsymbol{Q}=\begin{bmatrix}p_{11}\boldsymbol{Q} & p_{12}\boldsymbol{Q} & \cdots & p_{1q}\boldsymbol{Q}\\ \vdots & \vdots & & \vdots\\ p_{p1}\boldsymbol{Q} & p_{p2}\boldsymbol{Q} & \cdots & p_{pq}\boldsymbol{Q}\end{bmatrix}$$

根据这种运算关系，式(7.16)可以改写为

$$\begin{bmatrix}\boldsymbol{w}_1(s)\\ \boldsymbol{w}_2(s)\\ \vdots\\ \boldsymbol{w}_l(s)\end{bmatrix}\approx[\boldsymbol{B}^{\mathrm{T}}(s)\otimes\boldsymbol{A}(s)]\begin{bmatrix}\boldsymbol{n}_1(s)\\ \boldsymbol{n}_2(s)\\ \vdots\\ \boldsymbol{n}_l(s)\end{bmatrix}+\begin{bmatrix}\boldsymbol{e}_1(s)\\ \boldsymbol{e}_2(s)\\ \vdots\\ \boldsymbol{e}_l(s)\end{bmatrix} \tag{7.20}$$

$\boldsymbol{n}_i(s)$是一个多项式列向量，即

$$\boldsymbol{n}_i(s)=\begin{bmatrix}n_{1i}(s)\\ n_{2i}(s)\\ \vdots\\ n_{mi}(s)\end{bmatrix}$$

假定

$$n_{ij}(s)=v_{ij}^0 s^p+v_{ij}^1 s^{p-1}+\cdots+v_{ij}^p$$

式中，p是正整数，是多项式$n_{ij}(s)$的次数。假定各$n_{ij}(s)$的次数相同，将不会带来什么限制，因为$v_{ij}^x=0$也是容许的。

$\{v_{ij}^{x}\}$ 是所需优化的控制器参数集;如果各 $n_{ij}(s)$ 的次数都是 p,则待求参数共有 $lm(jp+1)$ 个。

引入新的符号 $\boldsymbol{\Sigma}(s)$,它是 $lm\times lm(p+1)$ 维矩阵,即

$$\boldsymbol{\Sigma}(s)=\begin{bmatrix} s^{p} & s^{p-1} & \cdots & 1 & & & & & & & & & & & \mathbf{0} \\ & & & & s^{p} & s^{p-1} & \cdots & 1 & & & & & & & \\ & & & & & & & & s^{p} & s^{p-1} & \cdots & 1 & & & \\ & & & & & & & & & & & & \ddots & & \\ & & \mathbf{0} & & & & & & & & & & s^{p} & s^{p-1} & \cdots & 1 \end{bmatrix}$$

则

$$\begin{bmatrix} \boldsymbol{n}_1(s) \\ \vdots \\ \boldsymbol{n}_n(s) \end{bmatrix}=\boldsymbol{\Sigma}(s)\,\boldsymbol{v} \tag{7.21}$$

式中

$$\boldsymbol{v}=[v_{11}^{0}\quad v_{11}^{1}\quad \cdots\quad v_{11}^{p}\quad v_{12}^{0}\quad v_{12}^{1}\quad \cdots\quad v_{12}^{p}\quad \cdots\quad v_{21}^{0}\quad v_{21}^{1}\quad \cdots\quad v_{21}^{p}\quad \cdots\quad v_{lm}^{p}]^{\mathrm{T}}$$

因此,如令

$$\left.\begin{aligned} \boldsymbol{X}(s)&=[\boldsymbol{B}^{\mathrm{T}}(s)\otimes \boldsymbol{A}(s)]\,\boldsymbol{\Sigma}(s) \\ \boldsymbol{\eta}(s)&=[\boldsymbol{w}_1^{\mathrm{T}}(s)\quad \cdots\quad \boldsymbol{w}_1^{\mathrm{T}}(s)]^{\mathrm{T}} \\ \boldsymbol{E}(s)&=[\boldsymbol{e}_1^{\mathrm{T}}(s)\quad \cdots\quad \boldsymbol{e}_1^{\mathrm{T}}(s)]^{\mathrm{T}} \end{aligned}\right\} \tag{7.22}$$

则式(7.20) 就转化为式(7.18) 的标准格式,只是等号由近似相等关系代替。

为了得到实用的算法,令 $s=\mathrm{j}\omega$, $i=1,2,\cdots,\mu$, 计算 $\boldsymbol{\eta}(s)$ 和 $\boldsymbol{X}(s)$,并用下式近似 $\|\boldsymbol{\varepsilon}\|_2$:

$$\|\boldsymbol{\varepsilon}\|_2^2=\|\boldsymbol{E}\|_2^2\approx\sum_{i=1}^{\mu}\boldsymbol{\varepsilon}^{\mathrm{T}}(-\mathrm{j}\omega_i)\boldsymbol{\varepsilon}(\mathrm{j}\omega_i) \tag{7.23}$$

将这些点的数据组合起来,得

$$\begin{bmatrix} \boldsymbol{\eta}(\mathrm{j}\omega_1) \\ \vdots \\ \boldsymbol{\eta}(\mathrm{j}\omega_\mu) \end{bmatrix}=\begin{bmatrix} \boldsymbol{X}(\mathrm{j}\omega_1) \\ \vdots \\ \boldsymbol{X}(\mathrm{j}\omega_\mu) \end{bmatrix}\boldsymbol{v}+\begin{bmatrix} \boldsymbol{\varepsilon}(\mathrm{j}\omega_1) \\ \vdots \\ \boldsymbol{\varepsilon}(\mathrm{j}\omega_\mu) \end{bmatrix} \tag{7.24}$$

式(7.24) 的标准最小二乘解为

$$\hat{\boldsymbol{v}}=\left\{[\boldsymbol{X}^{\mathrm{T}}(-\mathrm{j}\omega_1)\quad \cdots\quad \boldsymbol{X}^{\mathrm{T}}(-\mathrm{j}\omega_\mu)]\begin{bmatrix} \boldsymbol{X}(\mathrm{j}\omega_1) \\ \vdots \\ \boldsymbol{X}(\mathrm{j}\omega_\mu) \end{bmatrix}\right\}^{-1}\times\left\{[\boldsymbol{X}^{\mathrm{T}}(-\mathrm{j}\omega_1)\quad \cdots\quad \boldsymbol{X}^{\mathrm{T}}(-\mathrm{j}\omega_\mu)]\begin{bmatrix} \boldsymbol{\eta}(\mathrm{j}\omega_1) \\ \vdots \\ \boldsymbol{\eta}(\mathrm{j}\omega_\mu) \end{bmatrix}\right\}$$

这样得到的解往往是复数参数值。为此,引入约束条件$\mathrm{Im}\{\hat{\boldsymbol{v}}\}=0$,此时

$$\hat{\boldsymbol{v}} = \left[\mathrm{Re}\left\{\left[\boldsymbol{X}^{\mathrm{T}}(-\mathrm{j}\omega_1) \quad \cdots \quad \boldsymbol{X}^{\mathrm{T}}(-\mathrm{j}\omega_\mu)\right]\begin{bmatrix}\boldsymbol{X}(\mathrm{j}\omega_1)\\ \vdots \\ \boldsymbol{X}(\mathrm{j}\omega_\mu)\end{bmatrix}\right\}\right]^{-1} \times$$

$$\mathrm{Re}\left\{\left[\boldsymbol{X}^{\mathrm{T}}(-\mathrm{j}\omega_1) \quad \cdots \quad \boldsymbol{X}^{\mathrm{T}}(-\mathrm{j}\omega_\mu)\right]\begin{bmatrix}\boldsymbol{\eta}(\mathrm{j}\omega_1)\\ \vdots \\ \boldsymbol{\eta}(\mathrm{j}\omega_\mu)\end{bmatrix}\right\}$$

这一算法的有效性取决于式(7.13)的近似程度。比较式(7.12)与式(7.13)可知，

$$(\boldsymbol{I}-\boldsymbol{T})(\boldsymbol{G}\boldsymbol{K}_t-\boldsymbol{G}\boldsymbol{K})(\boldsymbol{I}-\boldsymbol{T}_t)=(\boldsymbol{I}-\boldsymbol{T}_t)(\boldsymbol{G}\boldsymbol{K}_t-\boldsymbol{G}\boldsymbol{K})(\boldsymbol{I}-\boldsymbol{T}_t)+\boldsymbol{O}(\|\boldsymbol{E}\|_2) \tag{7.25}$$

因此，算法的有效性取决于参数向量 $\hat{\boldsymbol{v}}$ 的 $\|\boldsymbol{E}\|_2$ 范数的大小。从而可以找出改进 $\hat{\boldsymbol{v}}$ 的有效途径：

设由式(7.25)得出的控制器为 $\boldsymbol{K}_i$，并假定有另一控制器

$$\boldsymbol{K}_{i+1}=\boldsymbol{K}_i+(\Delta\boldsymbol{K})_i$$

采用这两种控制器的闭环传递函数矩阵将分别是 $\boldsymbol{T}_i$ 和 $\boldsymbol{T}_{i+1}$，并设

$$\boldsymbol{E}_i=\boldsymbol{T}_t-\boldsymbol{T}_i$$

由式(7.12)可知

$$(\boldsymbol{I}-\boldsymbol{T}_i)\boldsymbol{G}(\boldsymbol{K}_t-\boldsymbol{K}_i)(\boldsymbol{I}-\boldsymbol{T}_t)=\boldsymbol{E}_i$$

$$(\boldsymbol{I}-\boldsymbol{T}_{i+1})\boldsymbol{G}(\boldsymbol{K}_t-\boldsymbol{K}_{i+1})(\boldsymbol{I}-\boldsymbol{T}_t)=\boldsymbol{E}_{i+1}$$

假定 $\boldsymbol{T}_{i+1}\approx\boldsymbol{T}_i$，将以上两式相减，可得

$$(\boldsymbol{I}-\boldsymbol{T}_{i+1})\boldsymbol{G}(\Delta\boldsymbol{K})_i(\boldsymbol{I}-\boldsymbol{T}_t)\approx\boldsymbol{E}_i-\boldsymbol{E}_{i+1}$$

式中，除了 $(\Delta\boldsymbol{K})_i$ 和 $\boldsymbol{E}_{i+1}$ 两项外，其他各项都是已知的。通过调整 $(\Delta\boldsymbol{K})_i$，以使 $\|\boldsymbol{E}_{i+1}\|_2$ 为最小。这样的修正会使原来方法的有效性提高。观察上式，也可以用最小二乘法处理(假定 $(\Delta\boldsymbol{K})_i$ 的分子项元素为未知值，而其分母项元素为已规定的值)，由此可以产生一个迭代算法。

7.3.2 变循环发动机多变量控制系统 KQ 设计方法的应用

变循环发动机已在第 2 章作了介绍，其结构图如图 2.22 所示。本节以某型变循环发动机为被控对象，研究利用 KQ 方法进行多变量控制系统设计与系统性能分析问题。

1. 被控对象描述

某型变循环发动机在海平面标准大气条件下，设计点数学模型为

$$\dot{\boldsymbol{x}}=\boldsymbol{A}\boldsymbol{x}+\boldsymbol{B}\boldsymbol{u}$$

$$\boldsymbol{y}=\boldsymbol{C}\boldsymbol{x}+\boldsymbol{D}\boldsymbol{u}$$

$$\boldsymbol{G}(s)=\boldsymbol{C}(s\boldsymbol{I}-\boldsymbol{A})^{-1}\boldsymbol{B}+\boldsymbol{D}$$

$$\boldsymbol{x}=[n_{\mathrm{L}} \quad n_{\mathrm{H}} \quad T_4]^{\mathrm{T}}$$

$$\boldsymbol{u}=[q_{m,\mathrm{f}} \quad A_8 \quad A_{5\,\mathrm{II}}]^{\mathrm{T}}$$

$$\boldsymbol{y}=[n_{\mathrm{L,cor}} \quad p_5/p_{2.5} \quad p_{5\,\mathrm{II}}/p_{\mathrm{s},6}]^{\mathrm{T}}$$

$$A=\begin{bmatrix}-4.148 & 1.411 & 0.063\\ 0.298 & -3.124 & 0.062\\ -0.043 & -0.173 & -0.133\end{bmatrix},\quad B=\begin{bmatrix}0.249 & 0.097 & -0.011\\ 0.234 & 0.034 & 0.005\\ 0.062 & 0 & 0\end{bmatrix}$$

$$C=\begin{bmatrix}8.738 & 0 & 0\\ -3.303 & 3.805 & 0.054\\ 2.194 & -2.575 & -0.029\end{bmatrix},\quad D=\begin{bmatrix}0 & 0 & 0\\ 0.239 & -0.275 & 0.022\\ -0.146 & 0.058 & -0.229\end{bmatrix}$$

2. 相关增益矩阵分析

相关增益矩阵为多变量控制系统各被控制的输出量对各控制量的增益矩阵,矩阵中各元素表示控制量对被控制量作用大小的测度。由相关增益矩阵可以分析各控制量与被控制量之间的关系,在系统设计时确定闭环控制系统应采用的控制方案。

对所研究的变循环发动机,经过计算得到的相关增益矩阵见表 7.1。

表 7.1　相关增益矩阵

控制量 / 被控参数	$q_{m,f}$	A_8	$A_{5,\mathrm{II}}$
$n_{L,cor}$	0.82	0.17	0.01
$p_5/p_{2.5}$	0.21	0.87	−0.08
$p_{5\mathrm{II}}/p_{s,6}$	−0.03	−0.04	1.07

由表 7.1 可以看出,变循环发动机的控制方案可选择为:主燃油供油量 $q_{m,f}$ 控制风扇换算转速 $n_{L,cor}$;尾喷管喉部面积控制核心发动机的压比 $p_5/p_{2.5}$;调节外涵出口面积的引射活门面积 $A_{5\mathrm{II}}$ 控制发动机外涵出口压力 $p_{5\mathrm{II}}$ 和混合室静压 $p_{s,6}$ 之比 $p_{5\mathrm{II}}/p_{s,6}$。

根据以上分析,多变量控制系统结构如图 7.5 所示。

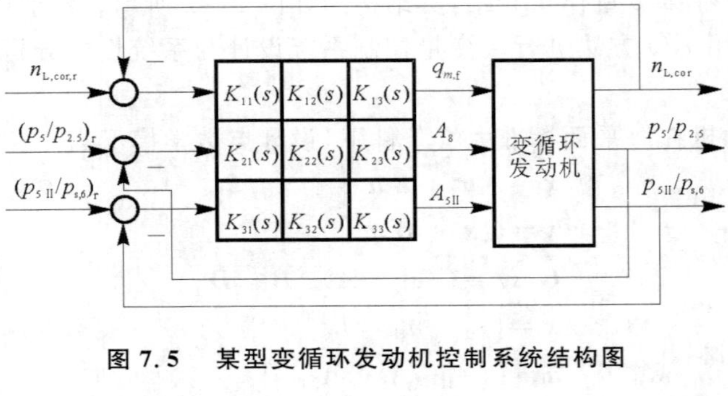

图 7.5　某型变循环发动机控制系统结构图

3. 控制系统设计要求

(1) 满足低频指令跟踪性能；

(2) 满足低频抗干扰性能；

(3) 对高频传感器噪声不敏感 ；

(4) 对高频未建模动态具有鲁棒性；

(5) 对低频建模误差不敏感；

(6) 基本消除回路之间的耦合影响；

(7) 稳态误差不大于 0.5%。

4. 控制系统设计

利用 KQ 方法设计控制系统大致分为 4 步：期望的闭环传递函数矩阵的选择；控制器结构设计；权矩阵选择；控制器参数优化。

(1) 期望的闭环传递函数矩阵 $\boldsymbol{T}_i$ 的选择。 由于控制系统为 3 个输入量、3 个输出量，因此控制系统传递函数矩阵应为 3×3 维矩阵。为了实现闭环控制系统解耦，期望的闭环传递函数矩阵应选择为对角阵。期望闭环传递函数矩阵的每一元素 t_{ij} 结构应尽可能简单，同时考虑到系统快速响应要求，t_{ii} 的极点在 s 平面的位置应离虚轴有一定距离。考虑以上几点后，期望闭环传递函数矩阵选择为

$$\boldsymbol{T}_i(s)=\begin{bmatrix}\dfrac{10^2}{(s+10)^2} & 0 & 0\\ 0 & \dfrac{10^2}{(s+10)^2} & 0\\ 0 & 0 & \dfrac{10^2}{(s+10)^2}\end{bmatrix}$$

(2) 控制器结构设计。 根据

$$\boldsymbol{T}_i(s)=\boldsymbol{G}\,\boldsymbol{K}_i(\boldsymbol{I}+\boldsymbol{G}\,\boldsymbol{K}_i)^{-1}$$

可得理想控制器

$$\boldsymbol{K}_i=\boldsymbol{G}^{-1}(\boldsymbol{T}_i^{-1}-\boldsymbol{I})^{-1} \tag{7.26}$$

由式(7.26) 可知，$\boldsymbol{K}_i$ 为 3 × 3 维矩阵，即

$$\boldsymbol{K}_i=\begin{bmatrix}k_{i,11} & k_{i,12} & k_{i,13}\\ k_{i,21} & k_{i,22} & k_{i,23}\\ k_{i,31} & k_{i,32} & k_{i,33}\end{bmatrix}$$

由于通过求解式(7.26) 而得到 $\boldsymbol{K}_i$ 是非常困难的，因此无法得到理想传递函数矩阵 $\boldsymbol{K}_i$ 中每一元素 $k_{i,pq}(p=1,2,3,q=1,2,3)$ 具体的结构形式和参数。但可以在频域中给定一系列 ω_j，计算得到 $k_{i,pq}$ 的 Bode 图，利用 Bode 图近似估计出 $k_{i,pq}$ 的结构形式及其极点位置。根据这一方法计算得到的 $k_{i,pq}$ 的 Bode 图如图 7.6 至图 7.14 所示。

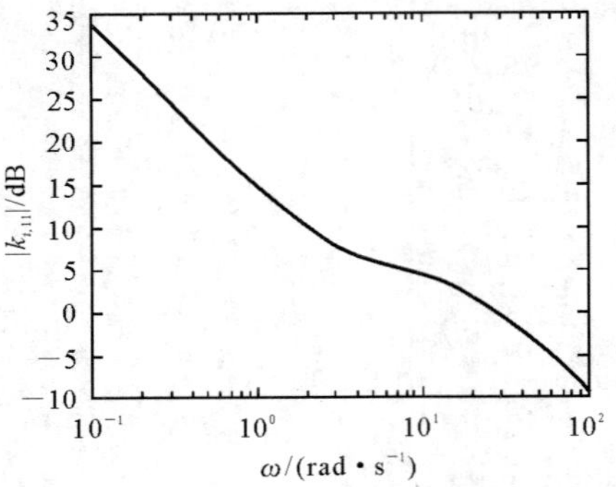

图 7.6　期望控制器 $k_{i,11}$ 的 Bode 图

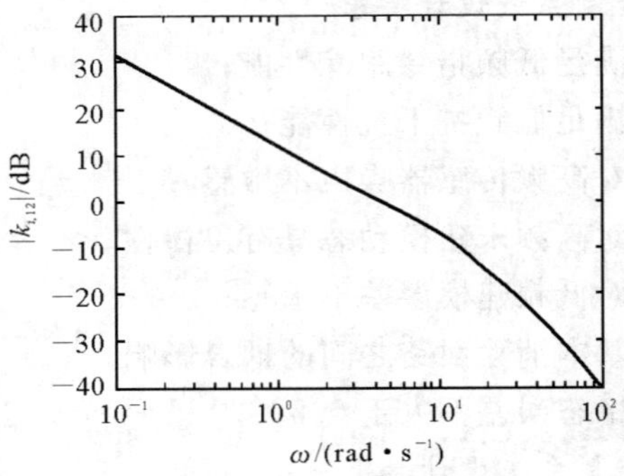

图 7.7　期望控制器 $k_{i,12}$ 的 Bode 图

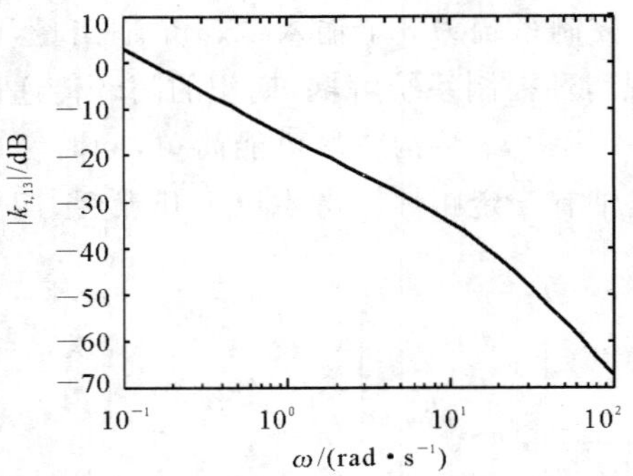

图 7.8　期望控制器 $k_{i,13}$ 的 Bode 图

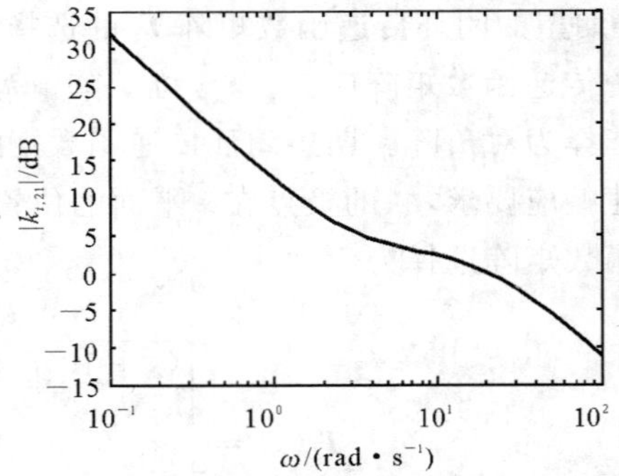

图 7.9　期望控制器 $k_{i,21}$ 的 Bode 图

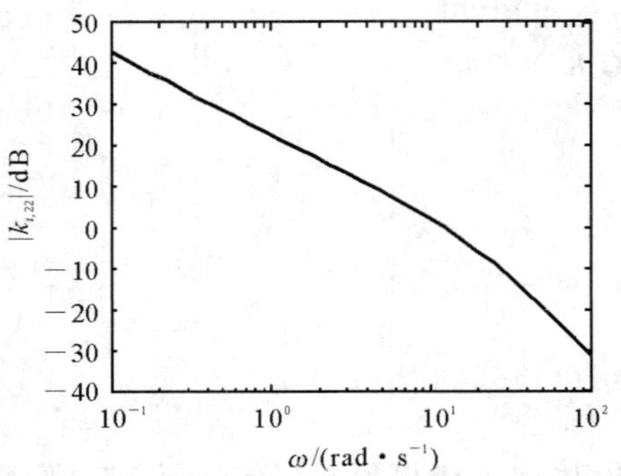

图 7.10　期望控制器 $k_{i,22}$ 的 Bode 图

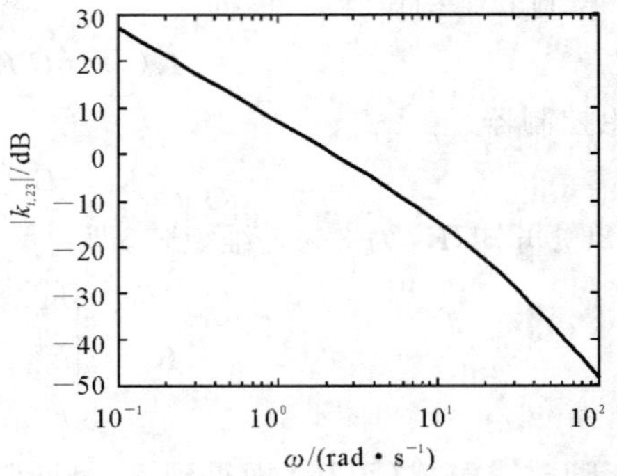

图 7.11　期望控制器 $k_{i,23}$ 的 Bode 图

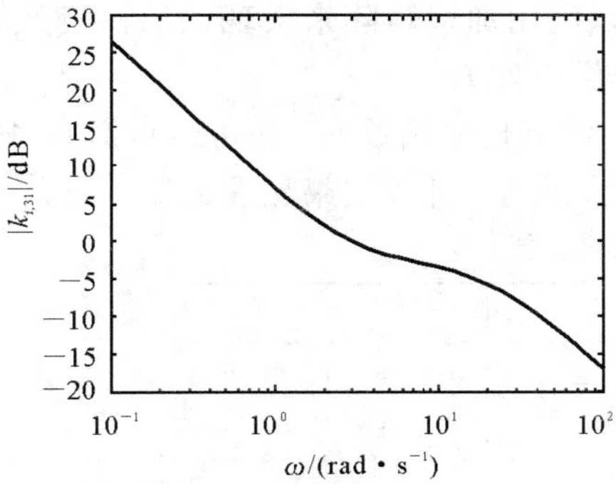

图 7.12　期望控制器 $k_{i,31}$ 的 Bode 图

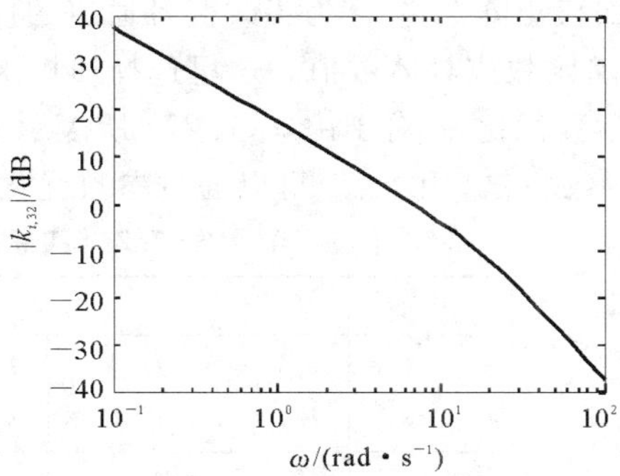

图 7.13　期望控制器 $k_{i,32}$ 的 Bode 图

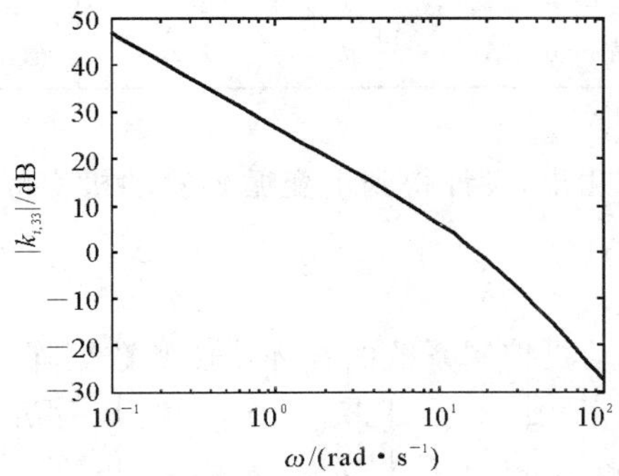

图 7.14　期望控制器 $k_{i,33}$ 的 Bode 图

根据图 7.6 至图 7.14 所示的 Bode 图可知，各期望控制器的一个极点为 $s_1=0$，另一个集中在 $s_2=20$ 左右，故理想控制器 $k_{i,pq}$ 的极点为 $s_1=0$，$s_2=20$。因此理想控制器的结构形式为

$$k_{i,pq}=\frac{b_{2,pq}s^2+b_{1,pq}s+b_{0,pq}}{s(s+20)}\qquad(p,q=1,2,3)$$

实际控制器 $\boldsymbol{K}$ 仍是 3×3 维传递函数矩阵，即

$$\boldsymbol{K}=\begin{bmatrix}k_{11} & k_{12} & k_{13}\\ k_{21} & k_{22} & k_{23}\\ k_{31} & k_{32} & k_{33}\end{bmatrix}$$

$\boldsymbol{K}$ 中的每一个元素 $k_{pq}(p,q=1,2,3)$ 的结构形式选择与 $k_{i,pq}$ 相同，并且 $k_{i,pq}$ 的极点作为 k_{pq} 的极点，即 $s_1=0$，$s_2=20$。为使实际控制器传递函数为严格真传递函数，取 $b_{2,pq}=0$。因此，实际控制器为

$$k_{pq}=\frac{b_{1,pq}s+b_{0,pq}}{s(s+20)}\qquad(p,q=1,\cdots,3)\tag{7.27}$$

(3) 加权矩阵选择。为了改变各通道的作用,可以利用加权矩阵来实现。加权矩阵元素可以是传递函数或具体数值。这里选择加权函数为单位矩阵 $\boldsymbol{I}$。

(4) 参数优化。对于由式(7.27)所表示的实际控制器传递函数 $k_{pq}(p,q=1,2,3)$ 中,尚未确定的参数 $b_{1,pq}$ 和 $b_{0,pq}$ 可以通过参数优化方法计算得到。计算结果见表 7.2。

表 7.2 实际控制器优化参数

	1	2	3
1	$b_{111}=36.41$ $b_{011}=104.7$	$b_{112}=28.41$ $b_{012}=78.17$	$b_{113}=-14.44$ $b_{013}=-40.97$
2	$b_{121}=1.51$ $b_{021}=90.11$	$b_{122}=-0.374$ $b_{022}=-277.2$	$b_{123}=0.284$ $b_{023}=-143.1$
3	$b_{131}=-0.454$ $b_{031}=0.075$	$b_{132}=0.126$ $b_{032}=-42.28$	$b_{133}=-0.094$ $b_{033}=-441.9$

利用 KQ 方法,通过以上几步,设计得到了变循环发动机实际控制器,也即完成了多变量控制系统设计。

5. 系统稳定性分析

由图 7.5 可知,变循环发动机控制系统的开环传递函数矩阵

$$\boldsymbol{Q}=\boldsymbol{G}\,\boldsymbol{K}=\begin{bmatrix}g_{11} & g_{12} & g_{13}\\ g_{21} & g_{22} & g_{23}\\ g_{31} & g_{32} & g_{33}\end{bmatrix}\begin{bmatrix}k_{11} & k_{12} & k_{13}\\ k_{21} & k_{22} & k_{23}\\ k_{31} & k_{32} & k_{33}\end{bmatrix}=\begin{bmatrix}q_{11} & q_{12} & q_{13}\\ q_{21} & q_{22} & q_{23}\\ q_{31} & q_{32} & q_{33}\end{bmatrix}$$

$\boldsymbol{Q}^{-1}(\mathrm{j}\omega)$ 主对角元素 $q_{ii}^{-1}(\mathrm{j}\omega)$ $(i=1,2,3)$ 在 $\omega=0.01\sim100$ rad/s 范围内的格希高林带如图 7.15(a)(b)(c) 所示。

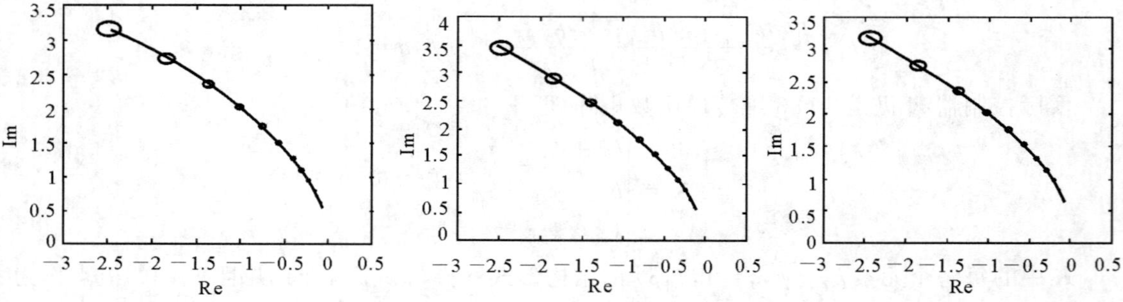

图 7.15 $q_{ii}^{-1}(\mathrm{j}\omega)$ $(i=1,2,3)$ 的格希高林带

(a) $i=1$; (b) $i=2$; (c) $i=3$

由图 7.15 可以看出，$q_{ii}^{-1}(\mathrm{j}\omega)$（$i=1,2,3$）的格希高林带均不包含复平面原点，因此，开环传递函数矩阵 $\boldsymbol{Q}^{-1}$ 为对角优势阵。又由于 $q_{ii}^{-1}(\mathrm{j}\omega)$ 也不顺时针包围复平面原点，因此根据逆奈奎斯特阵列图示稳定判据（参看 6.4 节）可知，所设计的变循环发动机控制系统是闭环稳定的。

6. 系统性能分析

为了验证系统对指令跟踪、传感器噪声、干扰抑制能力和高频未建模动态的鲁棒性等性能，可以利用矩阵的奇异值进行分析。通过计算得到的闭环传递函数矩阵的奇异值、回路传递函数矩阵的奇异值和灵敏度传递函数矩阵的奇异值分别如图 7.16、图 7.17 和图 7.18 所示。

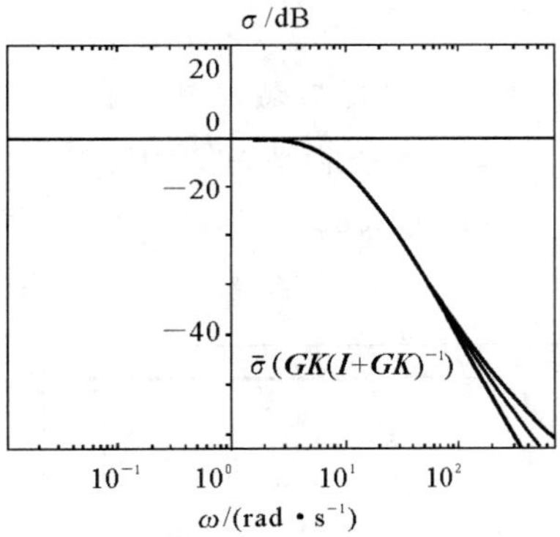

图 7.16　闭环传递函数矩阵 $GK(I+GK)^{-1}$ 的奇异值曲线

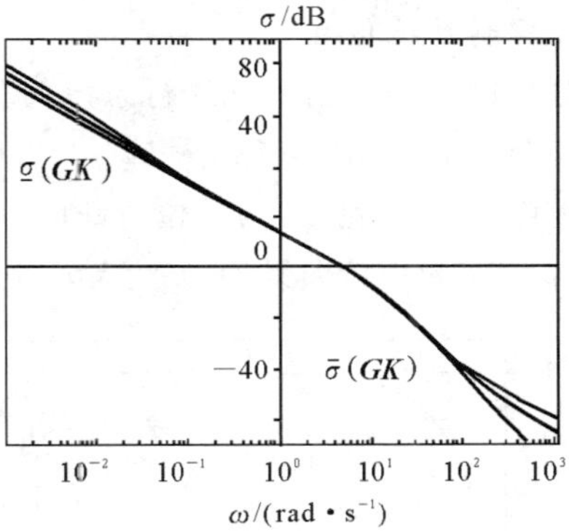

图 7.17　回路传递函数矩阵 GK 的奇异值曲线

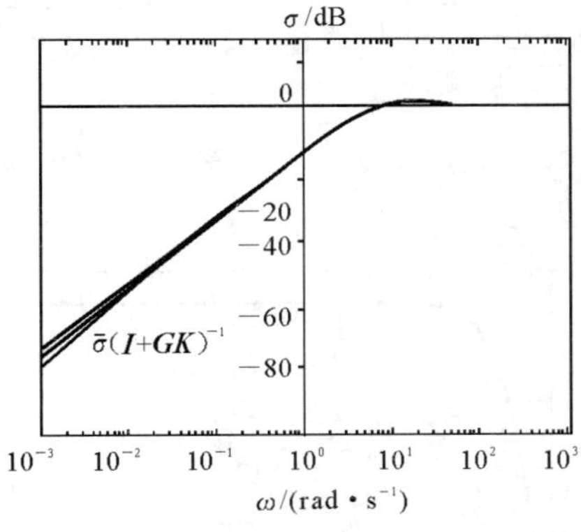

图 7.18　灵敏度传递函数矩阵 $(I+GK)^{-1}$ 的奇异值曲线

由图 7.16 表示的闭环传递函数 $\boldsymbol{GK}(\boldsymbol{I}+\boldsymbol{GK})^{-1}$ 的奇异值曲线可以看出，系统具有对高频未建模动态的鲁棒性。

由图 7.17 表示的回路传递函数 $\boldsymbol{GK}$ 的奇异值曲线可以看出，由于最小奇异值 $\underline{\sigma}(\boldsymbol{GK})$ 在低于期望穿越频率（相对于幅值等于 1 或 0 dB）时比较大，因此系统具有满意的指令跟踪和干扰抑制能力;而频率在大于期望穿越频率时,最大奇异值 $\bar{\sigma}(\boldsymbol{GK})$ 在穿越频率时相对于 1 或 0 dB 较小,因此系统具有对传感器噪声抑制能力和高频未建模动态的鲁棒稳定性。

由图 7.18 表示的灵敏度传递函数矩阵$(\boldsymbol{I}+\boldsymbol{GK})^{-1}$ 的奇异值曲线可以看出,由于最大奇异值 $\bar{\sigma}(\boldsymbol{I}+\boldsymbol{GK})^{-1}$ 较小,因此系统对低频发动机建模误差不敏感。

从以上可以看出,所设计的 KQ 控制器使系统具有满意的低频指令跟踪、干扰抑制、传感器噪声抑制、高频未建模动态鲁棒性和低频发动机建模误差不敏感等性能,能够满足发动机控制系统设计要求。

7. 控制系统仿真

对所设计的控制系统进行系统仿真,进一步验证系统性能。仿真结果如图 7.19 至图7.21 所示。图 7.19 表示参考输入 $n_{\mathrm{L,cor,r}}$ 为单位阶跃时,$n_{\mathrm{L,cor}}$,$p_5/p_{2.5}$ 和 $p_{5\mathrm{II}}/p_{\mathrm{s,6}}$ 的响应;图7.20 表示参考输入$(p_5/p_{2.5})_{\mathrm{r}}$ 为单位阶跃时,$n_{\mathrm{L,cor}}$,$p_5/p_{2.5}$ 和 $p_{5\mathrm{II}}/p_{\mathrm{s,6}}$ 的响应;图 7.21 表示参考输入$(p_{5\mathrm{II}}/p_{\mathrm{s,6}})_{\mathrm{r}}$ 为单位阶跃时,$n_{\mathrm{L,cor}}$,$p_5/p_{2.5}$ 和 $p_{5\mathrm{II}}/p_{\mathrm{s,6}}$ 的响应。

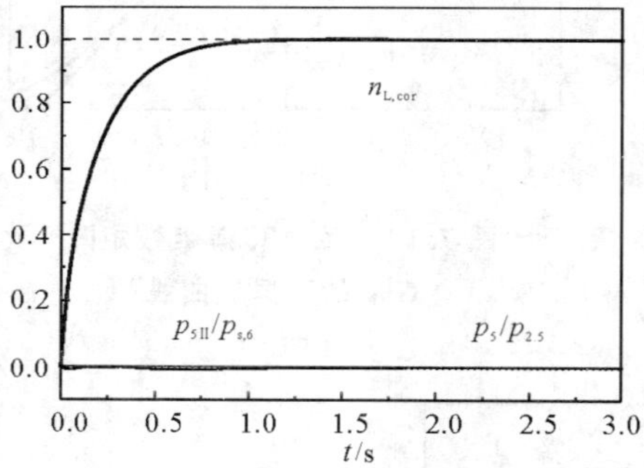

图 7.19 $n_{\mathrm{L,cor,r}}$ 为单位阶跃时,$n_{\mathrm{L,cor}}$,$p_5/p_{2.5}$,$p_{5\mathrm{II}}/p_{\mathrm{s,6}}$ 的响应

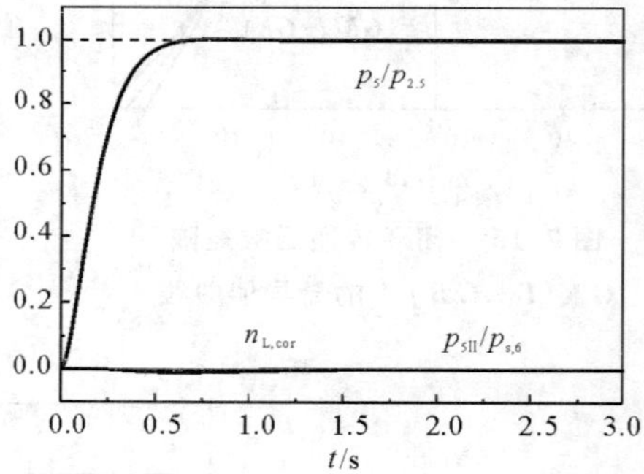

图 7.20 $(p_5/p_{2.5})_{\mathrm{r}}$ 为单位阶跃时,$n_{\mathrm{L,cor}}$,$p_5/p_{2.5}$,$p_{5\mathrm{II}}/p_{\mathrm{s,6}}$ 的响应

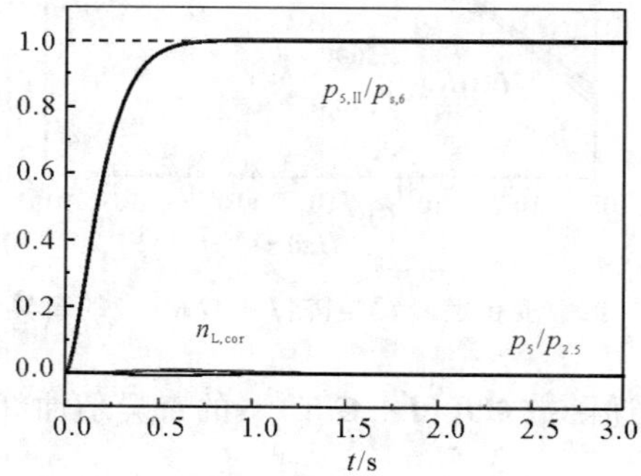

图 7.21 $(p_{5\mathrm{II}}/p_{\mathrm{s,6}})_{\mathrm{r}}$ 为单位阶跃时,$n_{\mathrm{L,cor}}$,$p_5/p_{2.5}$,$p_{5\mathrm{II}}/p_{\mathrm{s,6}}$ 的响应

从图 7.19 至图 7.21 可以看出，系统得到了解耦，消除了多变量回路之间的耦合影响；响应过程中超调量很小；系统的响应时间在 1 s 以内，满足了发动机快速响应的要求。

7.3.3　基于 KQ 方法的变循环发动机增益调度控制系统设计

1. 变循环发动机控制系统结构及控制模式

某型变循环发动机的工作原理已在第 2 章作了介绍，其结构图如图 2.22 所示。在这里讨论发动机采用常规控制模式（不是基于模型的控制模式），控制系统原理图如图 7.22 所示。

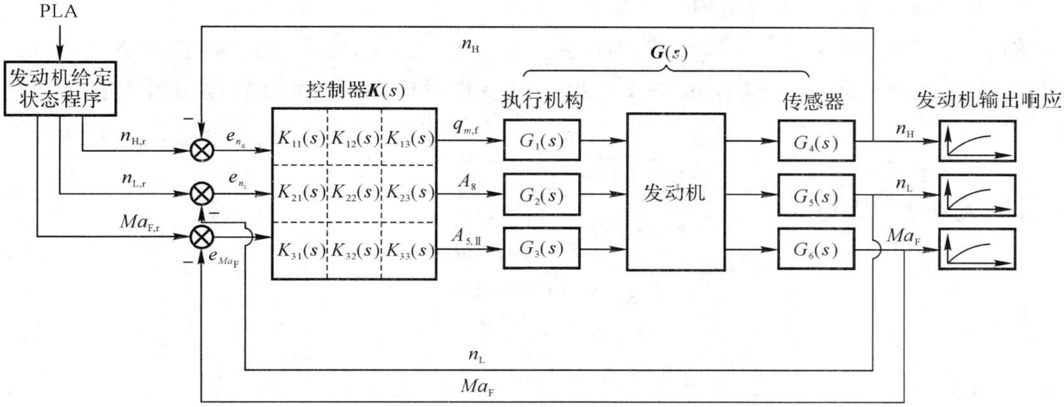

图 7.22　多变量控制系统原理图

该系统由发动机给定状态程序模块、控制器 $\boldsymbol{K}(s)$、发动机、执行机构及传感器组成。其中，$G_1(s)$，$G_2(s)$，$G_3(s)$ 分别表示燃油 $q_{m,f}$ 计量装置、可调尾喷管喉部面积 A_8、可调外涵出口引射活门面积 $A_{5Ⅱ}$ 的执行机构数学模型，$G_4(s)$，$G_5(s)$，$G_6(s)$ 分别表示发动机高压转子转速 n_H、低压转子转速 n_L、风扇进口导流叶片顶部气流马赫数 Ma_F 参数测量传感器的数学模型。控制器 $\boldsymbol{K}(s)$ 中 $K_{ij}(s)$，$i=1,2,3$，$j=1,2,3$，表示相应于不同输入和输出的控制器模型。$n_{H,r}$，$n_{L,r}$，$Ma_{F,r}$ 分别表示由发动机给定状态程序模块输出的高压转子转速、低压转子转速、风扇进口导流叶片顶部气流马赫数的参考输入值。$\boldsymbol{G}(s)$ 表示包括发动机、执行机构和传感器的扩展被控对象数学模型。

控制模式选择控制器的输入为 3 个误差信号：e_{n_H}，e_{n_L}，e_{Ma_F}，输出为 3 个控制量：$q_{m,f}$，A_8，$A_{5Ⅱ}$，控制器的输出为扩展被控对象的输入，被控对象输出为 n_H，n_L，Ma_F。

控制模式是根据温度裕度控制模式（Control Mode Evaluation of Temperature Margin，COMET）估算和相关增益阵分析而选择确定的。

COMET 是根据发动机由于制造误差、执行机构误差、传感器测量误差，由于发动机性能随时间的退化使流量和效率降低等因素的统计偏差，以及发动机每一种可能的闭环控制模式的统计偏差数据估算发动机推力、失速裕度、涡轮温度、耗油率、转子转速等参数的最大和最小变化的控制模式。

发动机给定状态程序模块包括稳态控制程序和过渡态控制程序设定。稳态控制程序确定发动机每一种工作状态被控制量的参考输入，控制系统使发动机达到期望的工作状态并实现工作点之间的转换。过渡态控制程序的作用是当油门开大或关小时使控制量按一定规律变化，保证发动机迅速可靠地加速与减速，并防止风扇或压气机失速和涡轮温度超过极限值。加速时的过渡态程序给出的控制规律为 $\dfrac{q_{m,\mathrm{f}}}{p_3}=f(n_{\mathrm{H,cor}})$。减速时给出的控制规律为 $q_{m,\mathrm{f}}=f(p_3)$。

2. 期望的多变量控制器设计

KQ 控制器设计方法是一种频域设计方法(该方法已在前面介绍)。在这种方法中涉及闭环奈奎斯特阵列设计方法和 Bode 图，在此不再展开讨论，仅就理想的控制器设计要求加以讨论。

3. 控制器设计

(1) 发动机状态空间模型。

$$\begin{aligned}\dot{\boldsymbol{x}}&=\boldsymbol{Ax}+\boldsymbol{Bu}\\ \boldsymbol{y}&=\boldsymbol{Cx}+\boldsymbol{Du}\\ \boldsymbol{x}&=[n_{\mathrm{H}}\quad n_{\mathrm{L}}\quad T_4\quad p_6]^{\mathrm{T}}\\ \boldsymbol{u}&=[q_{m,\mathrm{f}}\quad A_8\quad A_{5\mathrm{II}}]^{\mathrm{T}}\\ \boldsymbol{y}&=[n_{\mathrm{H}}\quad n_{\mathrm{L}}\quad Ma_{\mathrm{F}}]^{\mathrm{T}}\end{aligned}$$

式中，T_4 为高压涡轮进口温度；p_6 为混合室出口压力；其他变量均如上述。

(2) 性能要求。 用 KQ 方法设计的控制器应满足的性能要求同 7.2.2 节所述。

除上述要求外，对涡扇发动机控制系统的特殊要求如下：

1) 无超调的快速推力响应；

2) 零稳态误差。

(3) 控制器设计和性能估算。 根据上述控制模式分析和相关增益矩阵分析确定发动机控制量与被控制量。选择 PI 控制器，其输入、输出与传递函数矩阵的关系为

$$\begin{bmatrix}q_{m,\mathrm{f}}\\ A_8\\ A_{5\mathrm{II}}\end{bmatrix}=\begin{bmatrix}\dfrac{P_{11}s+I_{11}}{s} & \dfrac{P_{12}s+I_{12}}{s} & \dfrac{P_{13}s+I_{13}}{s}\\ \dfrac{P_{21}s+I_{21}}{s} & \dfrac{P_{22}s+I_{22}}{s} & \dfrac{P_{23}s+I_{23}}{s}\\ \dfrac{P_{31}s+I_{31}}{s} & \dfrac{P_{32}s+I_{32}}{s} & \dfrac{P_{33}s+I_{33}}{s}\end{bmatrix}\begin{bmatrix}e_{n_{\mathrm{H}}}\\ e_{n_{\mathrm{L}}}\\ e_{Ma_{\mathrm{F}}}\end{bmatrix}$$

利用 KQ 方法计算控制器的各参数，即 $P_{ij}, I_{ij}(i,j=1,2,3)$。控制器确定后，需要根据多变量闭环奈奎斯特阵列检验闭环系统输入与输出的交互影响，即解耦特性。如果不满足要求，则需要利用多变量奈奎斯特阵列设计方法或逆奈奎斯特阵列设计方法进行设计，实现闭环系统的解耦，或使闭环系统传递函数矩阵为对角优势矩阵。利用奇异值曲线检验系统是否满足设

计要求。利用闭环特征值和瞬态响应检验响应速度和稳定性。

以海平面、$Ma=0$、发动机最大推力的 75% 为设计点，设计的理想控制器与发动机模型构成的闭环控制系统，在 $n_{H,r}$，$n_{L,r}$，$Ma_{F,r}$ 阶跃信号作用下，输出量 n_H，n_L，Ma_F 的响应如图 7.23 所示。

由图 7.23 可以看出，控制器可以使闭环输出响应在 1 s 即达到稳态值的 95%，说明输出响应速度是快的，这间接反映了推力的快速响应。

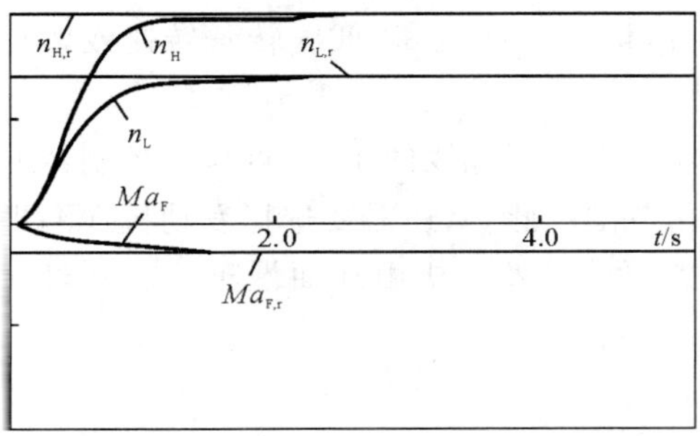

图 7.23　n_H，n_L，Ma_F 的闭环响应

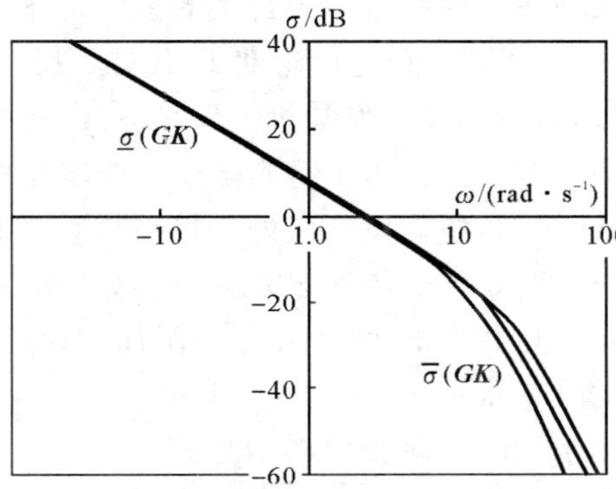

图 7.24　回路传递函数矩阵 GK 的奇异值曲线

图 7.24 表示回路传递函数矩阵 $\boldsymbol{GK}$ 的奇异值曲线。由图可以看出，由于最小奇异值 $\underline{\sigma}(\boldsymbol{GK})$ 比较大，因此系统具有满意的指令跟踪和干扰抑制能力，而最大奇异值 $\bar{\sigma}(\boldsymbol{GK})$ 在穿越频率以下很快减小，因此系统具有对传感器噪声抑制能力和高频未建模动态的鲁棒稳定性。

图 7.25 表示闭环传递函数矩阵 $\boldsymbol{GK}(\boldsymbol{I}+\boldsymbol{GK})^{-1}$ 的奇异值曲线，曲线同样表明系统具有对高频未建模动态的鲁棒性。

图 7.26 表示灵敏度传递函数矩阵 $(\boldsymbol{I}+\boldsymbol{GK})^{-1}$ 的奇异值曲线，由于 $\bar{\sigma}(\boldsymbol{I}+\boldsymbol{GK})^{-1}$ 很小，因此系统对低频发动机建模误差不敏感。

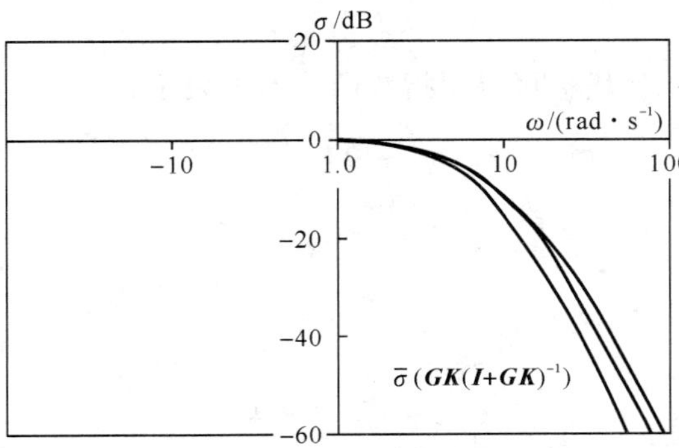

图 7.25　闭环传递函数矩阵 $GK(I+GK)^{-1}$ 的奇异值曲线

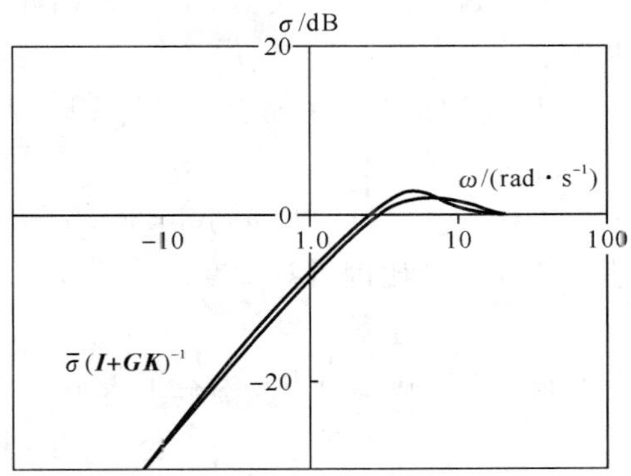

图 7.26　灵敏度传递函数矩阵 $(I+GK)^{-1}$ 的奇异值曲线

以上仅对一个工作点进行了控制器的设计,以此为例,对发动机不同工作状态和飞行包线内不同点进行多个控制器设计。然后,利用增益调度技术实现全飞行包线内发动机不同工作状态的控制。

4. 适用于飞行包线的增益调度控制器设计

反映飞行包线不同飞行点的参数是飞行高度 H 和飞行马赫数 Ma,这两个参数可以用发动机进口压力 p_2 和进口温度 T_2 代替。反映发动机功率水平即工作状态的参数——油门操纵杆位置,可以用反映发动机工作状态某一物理参数代替,例如发动机高、低压转子转速或燃烧室压力。其目的是为了得到更便于调度的控制器增益。

在飞行包线内发动机处于某一功率水平,选择能够覆盖飞行包线的 10 个点作为控制器的设计点,这10个点完全反映飞行包线内 p_2 和 T_2 的变化范围。此外,还需要选择发动机在海平面稳定工作状态的 10 个点作为附加设计点,这 10 个点覆盖了发动机由地面慢车状态到最大状态的功率水平。

用 p_2 和 T_2 的换算参数

$$\delta_2 = \frac{p_2}{p_0}, \quad \theta_2 = \frac{T_2}{T_0}$$

取代 p_2 和 T_2 作为反映飞行条件的增益调度参数。

用 δ_3 表示压气机出口静压 $p_{s,3}$ 与 p_0之比,即

$$\delta_3 = \frac{p_{s,3}}{p_0}$$

则反映发动机工作状态的参数可以用

$$\delta_4 = \frac{\delta_3}{10\delta_2}$$

表示。δ_4 实际反映了压气机增压比。因此,可以用δ_4 取代PLA作为反映发动机工作状态的增益调度参数。

对于 3 个输入、3 个输出变量的 PI 控制器,其比例增益可以用指数函数形式表示 δ_2,θ_2 及 δ_4 的关系:

$$P_{ij} = K_{P_{ij}} [\delta_2]^{a_{ij}} [\theta_2]^{b_{ij}} [\delta_4]^{c_{ij}} \qquad (i,j=1,2,3)$$

式中 P_{ij} —— 比例增益调度;

$K_{P_{ij}}$ —— 常数。

同样,PI 控制器的积分增益可表示为

$$I_{ij} = K_{I_{ij}} [\delta_2]^{d_{ij}} [\theta_2]^{e_{ij}} [\delta_4]^{f_{ij}} \qquad (i,j=1,2,3)$$

式中 I_{ij} —— 积分增益调度;

$K_{I_{ij}}$ —— 常数。

例如，在控制器中输入为 e_{n_H}、输出为 $q_{m,f}$ 的 PI 控制器

$$q_{m,f}=\left(P_{11}+\frac{I_{11}}{s}\right)e_{n_H}$$

其中

$$P_{11}=K_{P_{11}}[\delta_2]^{a_{11}}[\theta_2]^{b_{11}}[\delta_4]^{c_{11}}$$
$$I_{11}=K_{I_{11}}[\delta_2]^{d_{11}}[\theta_2]^{e_{11}}[\delta_4]^{f_{11}}$$

3 个输入和 3 个输出变量的控制器共有 18 个增益调度，包括 9 个比例增益调度，9 个积分增益调度。其中，指数 a_{ij}，b_{ij}，c_{ij}，d_{ij}，e_{ij}，f_{ij} 以及 $K_{P_{ij}}$，$K_{I_{ij}}$ 可以利用回归分析方法加以确定。

控制器增益与 δ_2，θ_2，δ_4 之间的关系式应准确反映它们之间的函数关系，即控制器增益能准确反映发动机工作状态的变化和飞行条件的变化。这种准确的关系取决于反映增益变化的参数选择和函数关系的形式。选择的参数应能反映发动机的基本物理过程，这是非常关键的；而函数关系的形式应满足所有工作点都非常准确拟合的要求，实际上这是非常困难的，折中的方法是牺牲某些点的拟合精度。当然，也可以选择多项式拟合或分段拟合的方法建立这种函数关系。

5. 控制器性能验证

利用发动机部件级非线性数学模型通过系统仿真对控制器性能进行验证。设计的控制器应能在整个飞行包线发动机功率在大范围内变化时，都能得到满意的控制性能。图 7.27 表示在 $H=0$，$Ma=0$ 条件下，控制指令 PLA 由慢车状态迅速变化到最大状态时发动机推力 F、风扇失速裕度 SMF、压气机失速裕度 SMC 的响应。图 7.28 表示同样条件下发动机输出量 n_H，n_L，Ma_F 的响应。图 7.29 表示控制量 $q_{m,f}$，A_8，$A_{5Ⅱ}$ 的变化规律。由图 7.27 和图 7.28 可以看出，这些参数均在 2 s 之内达到稳态值的 95%，而且没有超过限制值。

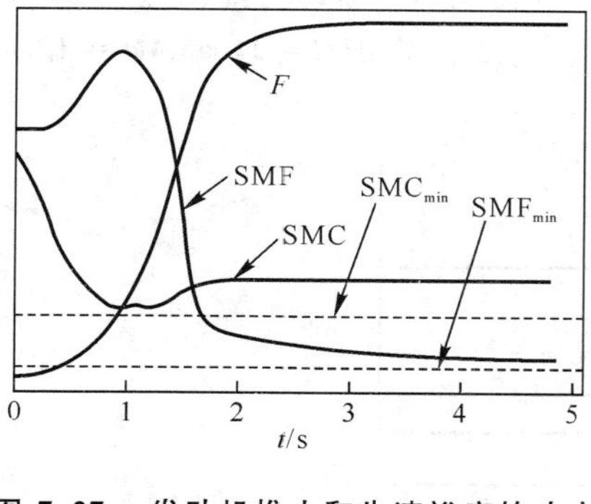

图 7.27　发动机推力和失速裕度的响应 ($H=0$，$Ma=0$)

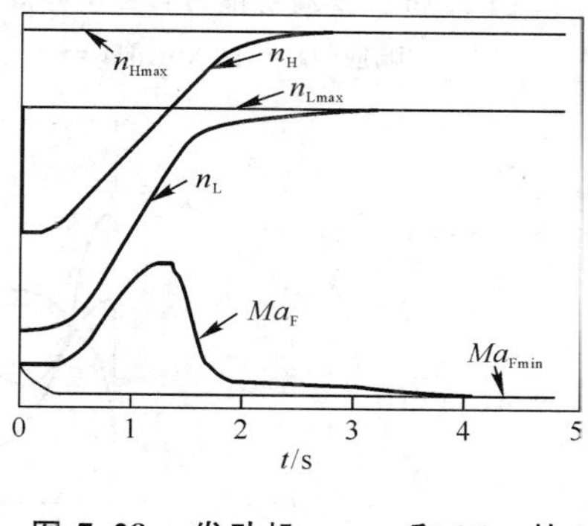

图 7.28　发动机 n_H，n_L 和 Ma_F 的响应($H=0$，$Ma=0$)

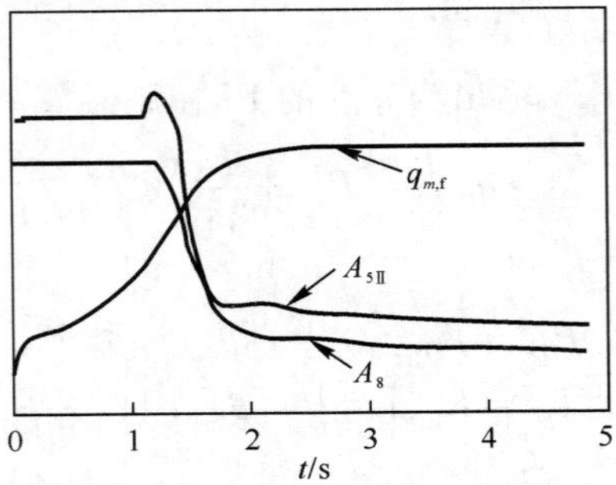

图 7.29　控制量 $q_{m,f}$,A_8,$A_{5\text{Ⅱ}}$ 的变化规律($H=0$,$Ma=0$)

图 7.30 表示在 $H=11$ km,$Ma=1.2$ 条件下,控制指令 PLA 由 45%F_{max} 到 F_{max} 迅速变化时,发动机推力 F、风扇失速裕度 SMF、压气机失速裕度 SMC 的响应。图 7.31 和图 7.32 分别表示在同样条件下发动机 n_H,n_L 及 Ma_F 的响应和控制量 $q_{m,f}$,A_8,$A_{5\text{Ⅱ}}$ 的变化规律。图 7.30 和图 7.31 分别表明所示参数同样在 2 s 之内达到稳态值的 95%,并且没有超过限制值。图 7.32 表明 $q_{m,f}$,A_8 和 $A_{5\text{Ⅱ}}$ 3 个控制量均在 2.5 s 之间达到稳定。

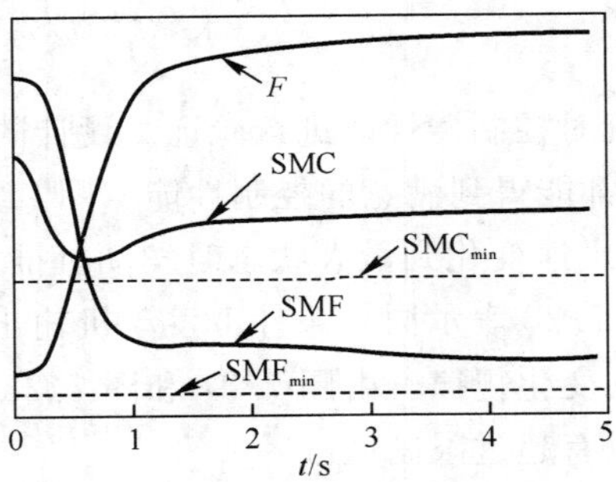

图 7.30　发动机推力和失速裕度的响应($H=11$ km,$Ma=1.2$)

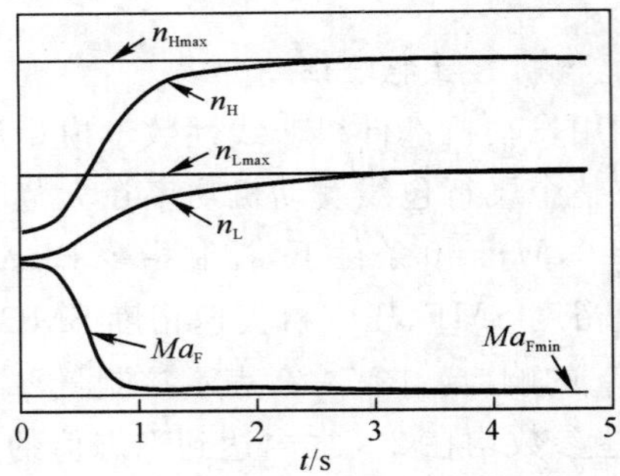

图 7.31　发动机 n_H,n_L 及 Ma_F 的响应($H=11$ km,$Ma=1.2$)

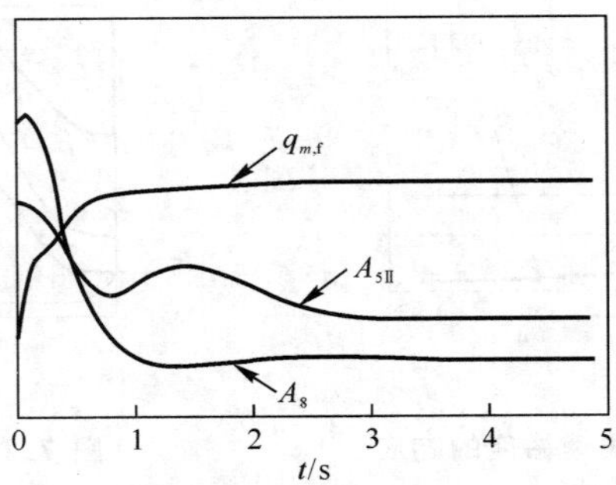

图 7.32　控制量 $q_{m,f}$,A_8,$A_{5\text{Ⅱ}}$ 的变化规律($H=11$ km,$Ma=1.2$)

检验结果表明，用 KQ 方法设计的增益调度控制器具有满意的控制性能。

7.4　基于 LMI 方法的 LPV 控制系统设计

7.4.1　关于 LMI 方法的意义

第 6 章介绍了 H_∞ 鲁棒控制系统设计的最基本的知识。由介绍的内容可知，H_∞ 鲁棒控制系统设计方法是通过求解 Riccati 矩阵方程来得到鲁棒控制器和保证系统鲁棒性能的方法。尽管 Riccati 方程求解方法可以给出控制器的结构形式，便于进行理论分析，但在应用这一方法进行设计之前往往需要设计者事先确定一些待定参数。这些参数的选择不仅影响到系统的设计性能，而且还影响到问题的可解性。由于目前还缺乏寻找这些参数最佳值的方法，因此这些参数的人为确定必然对控制系统设计带来很大的保守性。同时，目前 Riccati 方程的求解多采用迭代方法，其收敛性并不能得到保证

20 世纪 90 年代随着求解凸优化问题的内点法提出，线性矩阵不等式再一次受到控制界的关注，并被应用到系统与控制的各个领域。实际上许多控制问题可以转化为一个线性矩阵不等式系统的可行性问题，或者是一个线性矩阵不等式约束的凸优化问题。求解凸优化问题的内点法对控制问题的求解更为有效。

LMI 处理方法给出了问题可解的凸约束条件，因此，可以应用求解凸优化问题进行有效的求解。正是这种凸约束条件，使得在控制器设计时，得到的不仅是一个满足设计要求的控制器，而且从满足凸约束条件的任意一个可行解中都可以得到一个控制器，即得到的是满足设计要求的一组控制器。这一性能在求解系统的多目标控制问题时特别有效。

在控制系统的鲁棒分析与综合中，对一些不是凸约束的问题可以利用 S－Procedure 转化为线性矩阵不等式约束。对包含多个变量的矩阵不等式，可以利用矩阵变量消去法转化为一个只包含较少变量的等价不等式，以使矩阵不等式的求解更加容易。

利用 7.2 节介绍的被控对象 LPV 模型进行控制系统设计，实际上是一个凸约束优化问题，因此用 LMI 方法处理更为方便。尤其是 LPV 仿射模型可以用多胞模型表示时，只需要在多胞模型的顶点设计控制器即可满足整个系统的鲁棒性要求，因此大大减小了计算工作量，从而使设计变得简单。LPV 模型研究和利用 LPV 方法设计满足鲁棒性能要求的增益调度控制器（即 LPV 控制器）已成为当前控制系统设计研究的热点之一。

对航空发动机来讲，无论是实现最大推力目标或最低油耗目标，都可看做是凸优化问题，因此可以用解决凸约束优化问题的 LMI 方法处理，从而使航空发动机 H_∞ 鲁棒控制器设计更为方便。虽然发动机工作范围非常宽广，工作状态变化范围很大，但仅需要根据不同的控制指令，例如慢车指令、巡航指令、最大状态指令，在飞行包线内若干个点（某些设计取 10 个点），利用 LPV 模型和 LMI 处理方法设计增益调度控制器，发动机在全飞行包线内不同工作点和不同

工作状态通过控制模式选择与融合技术，即可满足全部鲁棒性能要求。因此研究航空发动机LPV模型和LMI凸约束优化问题以及控制模式选择与融合技术是当前非常有实际意义的一项重要工作。

本节仅介绍线性矩阵不等式设计控制系统的一种基本方法，在介绍设计方法之前先简要介绍有关线性矩阵不等式的一些基本知识。

7.4.2 有关LMI的基本知识

1. 线性矩阵不等式的一般形式

具有如下形式的不等式

$$\boldsymbol{F}(\boldsymbol{x})=\boldsymbol{F}_0+x_1\boldsymbol{F}_1+\cdots+x_n\boldsymbol{F}_n<\boldsymbol{0} \tag{7.28}$$

为线性矩阵不等式。其中，$x_1,\cdots,x_n$ 是 n 个实数变量，称为线性矩阵不等式的决策变量，$\boldsymbol{x}=[x_1\quad x_2\quad\cdots\quad x_n]^{\mathrm{T}}\in\mathbf{R}^n$ 是由决策变量构成的向量，称为决策向量；$\boldsymbol{F}_i=\boldsymbol{F}_i^{\mathrm{T}}\in\mathbf{R}^{n\times n}$，$i=0,1,\cdots,n$ 是一组给定的实对称矩阵。式中的不等号表示矩阵 $\boldsymbol{F}(\boldsymbol{x})$ 是负定的，即 $\boldsymbol{F}(\boldsymbol{x})$ 的最大特征值小于零。

式(7.28)表示的线性矩阵不等式这个约束条件定义了自变量空间的一个凸集，所以是自变量的一个凸约束。利用线性矩阵不等式的这一性质可以求解有关的凸优化问题。

控制系统中的问题如果不具有式(7.28)的形式，可以通过适当的处理方法将其转化为具有式(7.28)形式的线性矩阵不等式，利用 S-Procedure 将不是凸约束问题转化为线性矩阵不等式约束。

2. 多胞模型及二次稳定性

(1) 多胞模型。多胞模型表示为

$$\left.\begin{aligned}\dot{\boldsymbol{x}}&=\boldsymbol{A}(t)\boldsymbol{x}+\boldsymbol{B}(t)\boldsymbol{u}\\ \boldsymbol{y}&=\boldsymbol{C}(t)\boldsymbol{x}+\boldsymbol{D}(t)\boldsymbol{u}\end{aligned}\right\} \tag{7.29}$$

它是一类时变系统模型。系统矩阵

$$\boldsymbol{S}(t)=\begin{bmatrix}\boldsymbol{A}(t) & \boldsymbol{B}(t)\\ \boldsymbol{C}(t) & \boldsymbol{D}(t)\end{bmatrix} \tag{7.30}$$

在给定的矩阵多胞模型中取值，即

$$\boldsymbol{S}(t)\in Co\{\boldsymbol{S}_1,\cdots,\boldsymbol{S}_k\}=\left\{\sum_{i=1}^{k}\alpha_i\boldsymbol{S}_i:\alpha_i\geqslant 0,\sum_{i=1}^{k}\alpha_i=1\right\} \tag{7.31}$$

其中，$\alpha_1,\cdots,\alpha_k$ 是不确定参数；$\boldsymbol{S}_1,\cdots,\boldsymbol{S}_k$ 是已知矩阵，即

$$\boldsymbol{S}_i=\begin{bmatrix}\boldsymbol{A}_i & \boldsymbol{B}_i\\ \boldsymbol{C}_i & \boldsymbol{D}_i\end{bmatrix}\qquad(i=1,\cdots,k) \tag{7.32}$$

以下的系统：

1) 用多模型表示一个系统，其中每一个模型表示系统在某一运行条件下的状况；

2）仿射模型的状态空间描述；

3）非线性系统

$$\dot{\boldsymbol{x}} = \boldsymbol{A}(\boldsymbol{x})\boldsymbol{x} + \boldsymbol{B}(\boldsymbol{x})\boldsymbol{u}$$
$$\boldsymbol{y} = \boldsymbol{C}(\boldsymbol{x})\boldsymbol{x} + \boldsymbol{D}(\boldsymbol{x})\boldsymbol{u}$$

可以用多胞模型表示。

(2) 多胞模型表示的系统的二次稳定性。 对于具有不确定参数系统

$$\dot{\boldsymbol{x}}(t) = \boldsymbol{A}(\delta)\boldsymbol{x}(t) \tag{7.33}$$

如果存在一个对称正定矩阵 $\boldsymbol{P}$,使得所有不确定参数 $\delta \in \Delta$,矩阵不等式

$$\boldsymbol{A}^{\mathrm{T}}(\delta)\boldsymbol{P} + \boldsymbol{P}\boldsymbol{A}(\delta) < \boldsymbol{0} \tag{7.34}$$

成立,则由式(7.33) 表示的系统是二次稳定的。

对于由多胞模型表示的不确定性系统,其系统矩阵为

$$\boldsymbol{A}(\delta(t)) = \alpha_1(t)\boldsymbol{A}_1 + \cdots + \alpha_k(t)\boldsymbol{A}_k \tag{7.35}$$

其中,$t \in \mathbf{R}$, $\alpha_i(t) \geqslant 0$, $\sum_{i=1}^{k}\alpha_i(t) = 1$, $\boldsymbol{A}_1, \cdots, \boldsymbol{A}_k$ 是给定的矩阵。对于系统矩阵由式(7.35) 表示的系统式(7.33),如果存在正定对称矩阵 $\boldsymbol{P}$,使得对于 $i = 1, \cdots, k$,满足矩阵不等式

$$\boldsymbol{A}_i^{\mathrm{T}}\boldsymbol{P} + \boldsymbol{P}\boldsymbol{A}_i < \boldsymbol{0} \tag{7.36}$$

则系统是二次稳定的。

3. 仿射模型及二次稳定性

(1) 仿射模型。 仿射模型也称为仿射参数依赖模型,其模型中的系数矩阵随时变参数而变化,即

$$\left.\begin{aligned} \dot{\boldsymbol{x}} &= \boldsymbol{A}(\boldsymbol{\rho}(t))\boldsymbol{x} + \boldsymbol{B}(\boldsymbol{\rho}(t))\boldsymbol{u} \\ \boldsymbol{y} &= \boldsymbol{C}(\boldsymbol{\rho}(t))\boldsymbol{x} + \boldsymbol{D}(\boldsymbol{\rho}(t))\boldsymbol{u} \end{aligned}\right\} \tag{7.37}$$

式中

$$\boldsymbol{A}(\boldsymbol{\rho}(t)) = \boldsymbol{A}_0 + \rho_1(t)\boldsymbol{A}_1 + \cdots + \rho_n(t)\boldsymbol{A}_n$$
$$\boldsymbol{B}(\boldsymbol{\rho}(t)) = \boldsymbol{B}_0 + \rho_1(t)\boldsymbol{B}_1 + \cdots + \rho_n(t)\boldsymbol{B}_n$$
$$\boldsymbol{C}(\boldsymbol{\rho}(t)) = \boldsymbol{C}_0 + \rho_1(t)\boldsymbol{C}_1 + \cdots + \rho_n(t)\boldsymbol{C}_n$$
$$\boldsymbol{D}(\boldsymbol{\rho}(t)) = \boldsymbol{D}_0 + \rho_1(t)\boldsymbol{D}_1 + \cdots + \rho_n(t)\boldsymbol{D}_n$$

$\rho_i(i = 1, \cdots, n)$ 也可以是时不变参数。

如果系统矩阵表示为

$$\boldsymbol{S}(\boldsymbol{\rho}(t)) = \begin{bmatrix} \boldsymbol{A}(\boldsymbol{\rho}(t)) & \boldsymbol{B}(\boldsymbol{\rho}(t)) \\ \boldsymbol{C}(\boldsymbol{\rho}(t)) & \boldsymbol{D}(\boldsymbol{\rho}(t)) \end{bmatrix}$$

则仿射模型可表示为

$$\boldsymbol{S}(\boldsymbol{\rho}(t)) = \boldsymbol{S}_0 + \rho_1(t)\boldsymbol{S}_1 + \rho_n(t)\boldsymbol{S}_n$$

式中

$$S_i=\begin{bmatrix}A_i & B_i\\ C_i & D_i\end{bmatrix}\qquad (i=1,\cdots,n)$$

因此,仿射模型可以完全由 $S_0,\cdots,S_n$ 描述。

仿射模型可以用一个多胞模型表示。

(2) 仿射模型的系统矩阵为

$$A(\boldsymbol{\rho}(t))=A_0+\rho_1(t)A_1+\cdots+\rho_n(t)A_n \tag{7.38}$$

式中,$A_0,\cdots,A_n$ 是已知的$n\times n$维常系数矩阵,不确定参数$\rho_i(t)$是任意的时变函数,假定$\rho_i(t)$是有界的,并且 $\rho_i(t)\in[\rho_i^-\ \rho_i^+],i=1,\cdots n$。

定义顶点集:

$$\Delta_0=\{\boldsymbol{\rho}=[\rho_1,\cdots,\rho_n]^{\mathrm{T}}:\rho_i=\rho_i^- \text{ 或 } \rho_i^+,i=1,\cdots,n\}$$

具有系统矩阵为式(7.38)的系统,如果存在对称正定矩阵 $P_0,\cdots,P_k$,使得对所有 $\rho_i\in\Delta$,满足矩阵不等式

$$P(\boldsymbol{\rho}(t))=P_0+\rho_1(t)P_1+\cdots+\rho_n(t)P_n>0$$

$$A^{\mathrm{T}}(\boldsymbol{\rho}(t))P(\boldsymbol{\rho}(t))+P(\boldsymbol{\rho}(t))A(\boldsymbol{\rho}(t))+\frac{\mathrm{d}P(\boldsymbol{\rho}(t))}{\mathrm{d}t}<0$$

则系统是仿射二次稳定的。当 $\rho_i(i=1,\cdots,n)$ 为时不变参数时,$\dfrac{\mathrm{d}P(\boldsymbol{\rho})}{\mathrm{d}t}=0$。

不确定参数允许取值范围 Δ 是集合 Δ_0 的一个凸胞。

4. 区域极点配置

在控制系统设计中,为了保证闭环控制系统具有期望的性能,常将闭环系统的极点配置在所期望的位置。以往的极点配置方法是将闭环极点配置在复平面中某一事先给定的精确位置上。然而,由于模型的建模误差和各种扰动的存在,使得这种精确配置极点位置的方法并不能达到预期的效果。

事实上,只要将极点配置在复平面的某一适当区域,就可以保证系统具有一定的动态和稳态性能。假如对二阶系统,其极点为 $\lambda=\xi\omega_{\mathrm{n}}\pm \mathrm{j}\omega_{\mathrm{d}}$,系统的特性完全由自然频率 ω_{n}、阻尼振荡频率 ω_{d} 和阻尼比 ξ 确定。如果预先确定一个区域,如图 7.33 所示的阴影区域,则有 $\omega_{\mathrm{n}}=r$,$\xi\omega_{\mathrm{n}}=\sigma$,$\omega_{\mathrm{d}}=r\sin\beta$,因此 ω_{n},ω_{d} 和 ξ 完全由 r,σ,β 确定,这就说明只要将极点配置在由几何参数 r,σ 和 β 所确定的区域内,就可以保证闭环系统达到期望的特性,即保证系统的最大超调量、衰减时间、上升时间、调节时间等动态过程指标不超过 ω_{n},ω_{d} 和 ξ 所确定的上界,而无须将极点配置在精确的位置上。

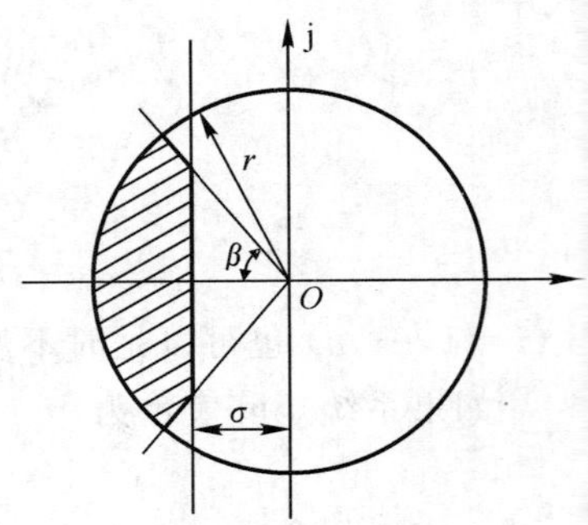

图 7.33 二阶系统区域 $S(\sigma,r,\beta)$

这一区域可以用一集合表示,即

$$S(\sigma,r,\beta)=\{x+\mathrm{j}y\in\mathbf{C}:x<-\sigma,\ |x+\mathrm{j}y|<r,x\tan\beta<-|y|\}$$

尽管这一结果是理想的，但由于多变量控制系统所涉及的矩阵方程往往是非线性的，甚至是很复杂的，这给多变量控制系统区域极点配置的求解带来了很大的困难。

5. LMI 区域

(1)D 区域。 若 D 为复平面的一个子集，如果存在一个对称矩阵 $\boldsymbol{L}\in\mathbf{R}^{n\times n}$ 和矩阵 $\boldsymbol{M}\in\mathbf{R}^{n\times n}$，使得

$$\mathrm{D}=\{s\in\mathbf{C}:\boldsymbol{L}+s\boldsymbol{M}+\bar{s}\boldsymbol{M}^{\mathrm{T}}<\boldsymbol{0}\}\tag{7.39}$$

则称 D 是一个线性不等式区域，即 LMI 区域。矩阵函数

$$\boldsymbol{f}_{\mathrm{D}}(z)=\boldsymbol{L}+s\boldsymbol{M}+\bar{s}\boldsymbol{M}^{\mathrm{T}}\tag{7.40}$$

称为 LMI 区域 D 的特征函数。其性质如下：

1) $\boldsymbol{f}_{\mathrm{D}}(z)<\boldsymbol{0}$ 表示矩阵 $\boldsymbol{f}_{\mathrm{D}}(z)$ 是负定的。

2) LMI 区域是凸的。

3) 左半开复平面 C^{-} 是一个 LMI 区域。

(2) D-稳定性。 对复平面中给定的 LMI 区域 D 和矩阵 $\boldsymbol{A}\in\mathbf{R}^{n\times n}$，如果矩阵 $\boldsymbol{A}$ 的所有特征值都位于区域 D 中，即 $\lambda(\boldsymbol{A})\subset\mathrm{D}$，则称矩阵 $\boldsymbol{A}$ 是 D-稳定的。更为严格地讲：对于式(7.39)表示的 LMI 区域 D，如果存在一个对称正定矩阵 $\boldsymbol{X}\in\mathbf{R}^{n\times n}$，使得

$$\boldsymbol{M}_{\mathrm{D}}(\boldsymbol{A},\boldsymbol{X})<\boldsymbol{0}\tag{7.41}$$

则矩阵 $\boldsymbol{A}\in\mathbf{R}^{n\times n}$ 是 D-稳定的。而

$$\boldsymbol{M}_{\mathrm{D}}(\boldsymbol{A},\boldsymbol{X})=\boldsymbol{L}\otimes\boldsymbol{X}+\boldsymbol{M}\otimes(\boldsymbol{A}\boldsymbol{X})+\boldsymbol{M}^{\mathrm{T}}\otimes(\boldsymbol{A}\boldsymbol{X})^{\mathrm{T}}\tag{7.42}$$

式中，$\otimes$ 表示矩阵的 Kronecker 乘积。

(3) 鲁棒稳定性。 对于不确定性系统，设矩阵 $\boldsymbol{A}$ 是 D-稳定的，如果对所有允许的参数不确定性矩阵 $\boldsymbol{\Delta}$，$\boldsymbol{A}(\boldsymbol{\Delta})$ 的所有特征值均在区域 D 中，则不确定性系统是鲁棒 D-稳定的。

(4) 二次稳定性。 对于不确定性系统由特征函数描述的 LMI 区域 D，如果存在一个对称正定矩阵 $\boldsymbol{X}$，使得对所有允许的参数不确定性矩阵 $\boldsymbol{\Delta}$，有

$$\boldsymbol{M}_{\mathrm{D}}(\boldsymbol{A}(\boldsymbol{\Delta}),\boldsymbol{X})=\boldsymbol{L}\otimes\boldsymbol{X}+\boldsymbol{M}\otimes\boldsymbol{X}\boldsymbol{A}(\boldsymbol{\Delta})+\boldsymbol{M}^{\mathrm{T}}\otimes(\boldsymbol{X}\boldsymbol{A}(\boldsymbol{\Delta}))^{\mathrm{T}}<\boldsymbol{0}\tag{7.43}$$

成立，则不确定性系统称为二次 D-稳定的。

6. 关于输出反馈 H_{∞} 控制问题

(1) 输出反馈控制问题。 在第 6 章对 H_{∞} 控制问题的初步知识已作了一定的介绍，其中 H_{∞} 控制器的求解是基于 Riccati 方程处理方法。为了理解 LMI 方法，对有关问题再做适当的介绍。

被控对象的线性时不变广义状态空间模型

$$\left.\begin{aligned}\dot{\boldsymbol{x}}&=\boldsymbol{A}\boldsymbol{x}+\boldsymbol{B}_1\boldsymbol{w}+\boldsymbol{B}_2\boldsymbol{u}\\\boldsymbol{z}&=\boldsymbol{C}_1\boldsymbol{x}+\boldsymbol{D}_{11}\boldsymbol{w}+\boldsymbol{D}_{12}\boldsymbol{u}\\\boldsymbol{y}&=\boldsymbol{C}_2\boldsymbol{x}+\boldsymbol{D}_{21}\boldsymbol{w}+\boldsymbol{D}_{22}\boldsymbol{u}\end{aligned}\right\}\tag{7.44}$$

式中 $\boldsymbol{x} \in \mathbf{R}^n$ —— 状态向量；

$\boldsymbol{u} \in \mathbf{R}^m$ —— 控制输入；

$\boldsymbol{y} \in \mathbf{R}^p$ —— 测量输出；

$\boldsymbol{z} \in \mathbf{R}^r$ —— 评价函数；

$\boldsymbol{w} \in \mathbf{R}^q$ —— 有限能量不确定性外部扰动。

H_∞ 控制系统所研究的目的是设计控制器 $\boldsymbol{K}(s)$，且 $\boldsymbol{u}(s)=\boldsymbol{K}(s)\boldsymbol{y}(s)$，满足系统要求：

1）闭环系统是内部稳定的，即闭环系统状态矩阵的所有特征值均在左半开复平面；

2）从扰动输入 $\boldsymbol{w}$ 到评价函数 $\boldsymbol{z}$ 的闭环传递函数 $\boldsymbol{T}_{zw}(s)$ 的 H_∞ 范数小于 1，即

$$\|\boldsymbol{T}_{zw}(s)\|_\infty < 1 \tag{7.45}$$

满足这一要求的控制器 $\boldsymbol{K}(s)$ 为 H_∞ 最优控制器。当

$$\|\boldsymbol{T}_{zw}(s)\|_\infty < \gamma \tag{7.46}$$

时的控制器 $\boldsymbol{K}(s)$ 为 H_∞ 次优控制器。$\gamma > 0$，为某一常数。

这里假定：

1）$[\boldsymbol{A} \quad \boldsymbol{B}_2]$ 是可控的，$[\boldsymbol{C}_2 \quad \boldsymbol{A}]$ 是可检测的。这一假定保证了系统镇定的充分与必要条件。

2）$\boldsymbol{D}_{22}=\boldsymbol{0}$，这一假定是为讨论问题方便，但并不失一般性，因为一般系统可转化为这一特殊情况。

假定控制器的状态空间模型为

$$\left.\begin{aligned} \dot{\boldsymbol{x}}_K &= \boldsymbol{A}_K\boldsymbol{x}_K + \boldsymbol{B}_K\boldsymbol{y} \\ \boldsymbol{u} &= \boldsymbol{C}_K\boldsymbol{x}_K + \boldsymbol{D}_K\boldsymbol{y} \end{aligned}\right\} \tag{7.47}$$

式中 $\boldsymbol{x}_K \in \mathbf{R}^{n_K}$ —— 控制器的 n_K 维状态向量；

$\boldsymbol{A}_K, \boldsymbol{B}_K, \boldsymbol{C}_K, \boldsymbol{D}_K$ —— 待定控制器参数矩阵。

根据式(7.44)和式(7.47)可得到输出反馈闭环系统的状态空间模型：

$$\left.\begin{aligned} \dot{\boldsymbol{\xi}} &= \boldsymbol{A}_{cl}\boldsymbol{\xi} + \boldsymbol{B}_{cl}\boldsymbol{w} \\ \boldsymbol{z} &= \boldsymbol{C}_{cl}\boldsymbol{\xi} + \boldsymbol{D}_{cl}\boldsymbol{w} \end{aligned}\right\} \tag{7.48}$$

式中

$$\boldsymbol{\xi}=\begin{bmatrix}\boldsymbol{x}\\ \boldsymbol{x}_K\end{bmatrix},\quad \boldsymbol{A}_{cl}=\begin{bmatrix}\boldsymbol{A}+\boldsymbol{B}_2\boldsymbol{D}_K\boldsymbol{C}_2 & \boldsymbol{B}_2\boldsymbol{C}_K\\ \boldsymbol{B}_K\boldsymbol{C}_2 & \boldsymbol{A}_K\end{bmatrix},\quad \boldsymbol{B}_{cl}=\begin{bmatrix}\boldsymbol{B}_1+\boldsymbol{B}_2\boldsymbol{D}_K\boldsymbol{D}_{21}\\ \boldsymbol{B}_K\boldsymbol{D}_{21}\end{bmatrix}$$

$$\boldsymbol{C}_{cl}=[\boldsymbol{C}_1+\boldsymbol{D}_{12}\boldsymbol{D}_K\boldsymbol{C}_2 \quad \boldsymbol{D}_{12}\boldsymbol{C}_K],\quad \boldsymbol{D}_{cl}=\boldsymbol{D}_{11}+\boldsymbol{D}_{12}\boldsymbol{D}_K\boldsymbol{D}_{21}$$

H_∞ 输出闭环反馈问题是确定控制器 $\boldsymbol{K}(s)$，使其满足式(7.48)表示的闭环系统是渐近稳定的，且满足式(7.46)，即 $\|\boldsymbol{T}_{zw}(s)\|_\infty < \gamma$。满足这两个要求的充分与必要条件是存在对称正定矩阵 $\boldsymbol{X}_{cl}$，使矩阵不等式

$$\begin{bmatrix} \boldsymbol{A}_{\mathrm{cl}}^{\mathrm{T}}\boldsymbol{X}_{\mathrm{cl}}+\boldsymbol{X}_{\mathrm{cl}}\boldsymbol{A}_{\mathrm{cl}} & \boldsymbol{X}_{\mathrm{cl}}\boldsymbol{B}_{\mathrm{cl}} & \boldsymbol{C}_{\mathrm{cl}}^{\mathrm{T}} \\ \boldsymbol{B}_{\mathrm{cl}}^{\mathrm{T}}\boldsymbol{X}_{\mathrm{cl}} & -\gamma\boldsymbol{I} & \boldsymbol{D}_{\mathrm{cl}}^{\mathrm{T}} \\ \boldsymbol{C}_{\mathrm{cl}} & \boldsymbol{D}_{\mathrm{cl}} & -\gamma\boldsymbol{I} \end{bmatrix} < \boldsymbol{0} \tag{7.49}$$

成立。满足式(7.49)的控制器 $\boldsymbol{K}(s)$ 即为 H_∞ 次优控制器。当 $\gamma=1$ 时，$\boldsymbol{K}(s)$ 为 H_∞ 最优控制器。

(2)非线性矩阵不等式转化为线性矩阵不等式问题。在式(7.49)表示的线性矩阵不等式中，矩阵变量 $\boldsymbol{X}_{\mathrm{cl}}$ 和控制器参数矩阵 $\boldsymbol{A}_K,\boldsymbol{B}_K,\boldsymbol{C}_K,\boldsymbol{D}_K$ 是以非线性关系出现的，难以用LMI方法求解控制器 $\boldsymbol{K}(s)$。为此，必须先将非线性矩阵不等式利用变量替换法转化为线性矩阵不等式。

将矩阵 $\boldsymbol{X}_{\mathrm{cl}}$ 和它的逆矩阵进行如下分块：

$$\boldsymbol{X}_{\mathrm{cl}}=\begin{bmatrix} \boldsymbol{Y} & \boldsymbol{N} \\ \boldsymbol{N}^{\mathrm{T}} & \boldsymbol{W} \end{bmatrix},\quad \boldsymbol{X}_{\mathrm{cl}}^{-1}=\begin{bmatrix} \boldsymbol{X} & \boldsymbol{M} \\ \boldsymbol{M}^{\mathrm{T}} & \boldsymbol{Z} \end{bmatrix}$$

式中，$\boldsymbol{X},\boldsymbol{Y}\in\mathbf{R}^{n\times n}$ 是对称矩阵。从等式 $\boldsymbol{X}_{\mathrm{cl}}\boldsymbol{X}_{\mathrm{cl}}^{-1}=\boldsymbol{I}$，可得 $\boldsymbol{X}_{\mathrm{cl}}\begin{bmatrix} \boldsymbol{X} \\ \boldsymbol{M}^{\mathrm{T}} \end{bmatrix}=\begin{bmatrix} \boldsymbol{I} \\ \boldsymbol{0} \end{bmatrix}$，据此，进一步可得

$$\boldsymbol{X}_{\mathrm{cl}}\begin{bmatrix} \boldsymbol{X} & \boldsymbol{I} \\ \boldsymbol{M}^{\mathrm{T}} & \boldsymbol{0} \end{bmatrix}=\begin{bmatrix} \boldsymbol{I} & \boldsymbol{Y} \\ \boldsymbol{0} & \boldsymbol{N}^{\mathrm{T}} \end{bmatrix}$$

若定义

$$\boldsymbol{F}_1=\begin{bmatrix} \boldsymbol{X} & \boldsymbol{I} \\ \boldsymbol{M}^{\mathrm{T}} & \boldsymbol{0} \end{bmatrix},\quad \boldsymbol{F}_2=\begin{bmatrix} \boldsymbol{I} & \boldsymbol{Y} \\ \boldsymbol{0} & \boldsymbol{N}^{\mathrm{T}} \end{bmatrix}$$

则 $\boldsymbol{X}_{\mathrm{cl}}\boldsymbol{F}_1=\boldsymbol{F}_2$，进一步利用矩阵的运算，可得

$$\boldsymbol{F}_1^{\mathrm{T}}\boldsymbol{X}_{\mathrm{cl}}\boldsymbol{A}_{\mathrm{cl}}\boldsymbol{F}_1=\boldsymbol{F}_2^{\mathrm{T}}\boldsymbol{A}_{\mathrm{cl}}\boldsymbol{F}=$$

$$\begin{bmatrix} \boldsymbol{AX}+\boldsymbol{B}_2(\boldsymbol{D}_K\boldsymbol{C}_2\boldsymbol{X}+\boldsymbol{C}_K\boldsymbol{M}^{\mathrm{T}}) & \boldsymbol{A}+\boldsymbol{B}_2\boldsymbol{D}_K\boldsymbol{C}_2 \\ \boldsymbol{Y}(\boldsymbol{A}+\boldsymbol{B}_2\boldsymbol{D}_K\boldsymbol{C}_2)\boldsymbol{X}+\boldsymbol{NB}_K\boldsymbol{C}_K\boldsymbol{X}+\boldsymbol{YB}_2\boldsymbol{C}_K\boldsymbol{M}^{\mathrm{T}}+\boldsymbol{NA}_K\boldsymbol{M}^{\mathrm{T}} & \boldsymbol{YA}+(\boldsymbol{YB}_2\boldsymbol{D}_K+\boldsymbol{NB}_K)\boldsymbol{C}_2 \end{bmatrix}$$

$$\boldsymbol{F}_1^{\mathrm{T}}\boldsymbol{X}_{\mathrm{cl}}\boldsymbol{B}_{\mathrm{cl}}=\begin{bmatrix} \boldsymbol{B}_1+\boldsymbol{B}_2\boldsymbol{D}_K\boldsymbol{D}_{21} \\ \boldsymbol{YB}_1+(\boldsymbol{YB}_2\boldsymbol{D}_K+\boldsymbol{NB}_K)\boldsymbol{D}_{21} \end{bmatrix}$$

$$\boldsymbol{C}_{\mathrm{cl}}\boldsymbol{F}_1=[\boldsymbol{C}_1\boldsymbol{X}+\boldsymbol{D}_{12}(\boldsymbol{D}_K\boldsymbol{C}_2\boldsymbol{X}+\boldsymbol{C}_K\boldsymbol{M}^{\mathrm{T}})\quad \boldsymbol{C}_1+\boldsymbol{D}_{12}\boldsymbol{D}_K\boldsymbol{C}_2]$$

$$\boldsymbol{F}_1^{\mathrm{T}}\boldsymbol{X}_{\mathrm{cl}}\boldsymbol{F}_1=\boldsymbol{F}_2^{\mathrm{T}}\boldsymbol{F}_1=\begin{bmatrix} \boldsymbol{X} & \boldsymbol{I} \\ \boldsymbol{I} & \boldsymbol{Y} \end{bmatrix}$$

为了找到一个适当的变量替换，能够将式(7.49)转化为一个等价的线性矩阵不等式，结合以上得到的关系式，定义以下的变量替换公式：

$$\left.\begin{aligned} \hat{\boldsymbol{A}}&=\boldsymbol{Y}(\boldsymbol{A}+\boldsymbol{B}_2\boldsymbol{D}_K\boldsymbol{C}_2)\boldsymbol{X}+\boldsymbol{NB}_K\boldsymbol{C}_2\boldsymbol{X}+\boldsymbol{YB}_2\boldsymbol{C}_K\boldsymbol{M}^{\mathrm{T}}+\boldsymbol{NA}_K\boldsymbol{M}^{\mathrm{T}} \\ \hat{\boldsymbol{B}}&=\boldsymbol{YB}_2\boldsymbol{D}_K+\boldsymbol{NB}_K \\ \hat{\boldsymbol{C}}&=\boldsymbol{D}_K\boldsymbol{C}_2\boldsymbol{X}+\boldsymbol{C}_K\boldsymbol{M}^{\mathrm{T}} \\ \hat{\boldsymbol{D}}&=\boldsymbol{D}_K \end{aligned}\right\} \tag{7.50}$$

则给定的正定矩阵 $\boldsymbol{X},\boldsymbol{Y}$ 及满秩矩阵 $\boldsymbol{M},\boldsymbol{N}$，从 $\hat{\boldsymbol{A}},\hat{\boldsymbol{B}},\hat{\boldsymbol{C}}$ 和 $\hat{\boldsymbol{D}}$ 唯一确定矩阵 $\boldsymbol{A}_K,\boldsymbol{B}_K,\boldsymbol{C}_K$ 和 $\boldsymbol{D}_K$。另一

方面，利用变量替换公式(式(7.50))对式(7.49)的矩阵分别左乘 $\mathrm{diag}\{\boldsymbol{F}_1^{\mathrm{T}}\quad \boldsymbol{I}\quad \boldsymbol{I}\}$ 和右乘 $\mathrm{diag}\{\boldsymbol{F}_1\quad \boldsymbol{I}\quad \boldsymbol{I}\}$，可得与式(7.49)等价的线性矩阵不等式：

$$\begin{bmatrix} \boldsymbol{AX}+\boldsymbol{XA}^{\mathrm{T}}+\boldsymbol{B}_2\hat{\boldsymbol{C}}+(\boldsymbol{B}_2\hat{\boldsymbol{C}})^{\mathrm{T}} & \hat{\boldsymbol{A}}^{\mathrm{T}}+(\boldsymbol{A}+\boldsymbol{B}_2\hat{\boldsymbol{D}}\boldsymbol{C}_2) & \boldsymbol{B}_1+\boldsymbol{B}_2\hat{\boldsymbol{D}}\boldsymbol{D}_{21} & (\boldsymbol{C}_1\boldsymbol{X}+\boldsymbol{D}_{12}\hat{\boldsymbol{C}})^{\mathrm{T}} \\ * & \boldsymbol{A}^{\mathrm{T}}\boldsymbol{Y}+\boldsymbol{YA}+\hat{\boldsymbol{B}}\boldsymbol{C}_2+(\hat{\boldsymbol{B}}\boldsymbol{C}_2)^{\mathrm{T}} & \boldsymbol{YB}_1+\hat{\boldsymbol{B}}\boldsymbol{D}_{21} & (\boldsymbol{C}_1\boldsymbol{X}+\boldsymbol{D}_{12}\hat{\boldsymbol{C}})^{\mathrm{T}} \\ * & * & -\boldsymbol{I} & (\boldsymbol{D}_{11}+\boldsymbol{D}_{12}\hat{\boldsymbol{D}}\boldsymbol{D}_{21})^{\mathrm{T}} \\ * & * & * & -\boldsymbol{I} \end{bmatrix} < \boldsymbol{0} \tag{7.51}$$

其中，* 表示矩阵对称性得到的矩阵块。不难看出，式(7.51)是关于矩阵变量 $\hat{\boldsymbol{A}},\hat{\boldsymbol{B}},\hat{\boldsymbol{C}},\hat{\boldsymbol{D}},\boldsymbol{X}$ 和 $\boldsymbol{Y}$ 的一个线性矩阵不等式，因此可以应用求解线性矩阵不等式的有效方法来判断这个线性矩阵不等式是否是可行的，且在可行的情况下求出它的一个可行解。

在得到了式(7.51)的一个可行解后，为了通过变量替换关系式(7.50)求得所要设计的控制器参数，需要先知道矩阵 $\boldsymbol{M}$ 和 $\boldsymbol{N}$ 的值。

根据恒等式 $\boldsymbol{X}_{\mathrm{cl}}^{-1}\boldsymbol{X}_{\mathrm{cl}}=\boldsymbol{I}$，可得

$$\boldsymbol{MN}^{\mathrm{T}}=\boldsymbol{I}-\boldsymbol{XY} \tag{7.52}$$

在得到矩阵 $\boldsymbol{X},\boldsymbol{Y}$ 的值后，可以通过矩阵 $\boldsymbol{I}-\boldsymbol{XY}$ 的奇异值分解来得到满秩矩阵 $\boldsymbol{M}$ 和 $\boldsymbol{N}$。$\boldsymbol{X}_{\mathrm{cl}}>\boldsymbol{0}$ 保证了

$$\begin{bmatrix} \boldsymbol{X} & \boldsymbol{I} \\ \boldsymbol{I} & \boldsymbol{Y} \end{bmatrix} > \boldsymbol{0} \tag{7.53}$$

由此可得 $\boldsymbol{I}-\boldsymbol{XY}>0$。因此，总可以通过奇异值分解得到满足式(7.52)的可逆矩阵 $\boldsymbol{M}$ 和 $\boldsymbol{N}$。

控制器参数矩阵可以通过以下的公式得到：

$$\left.\begin{aligned} &\boldsymbol{D}_K=\hat{\boldsymbol{D}} \\ &\boldsymbol{C}_K=(\hat{\boldsymbol{C}}-\boldsymbol{D}_K\boldsymbol{C}_2\boldsymbol{X})(\boldsymbol{M}^{\mathrm{T}})^{-1} \\ &\boldsymbol{B}_K=\boldsymbol{N}^{-1}(\hat{\boldsymbol{B}}-\boldsymbol{YB}_2\boldsymbol{D}_K) \\ &\boldsymbol{A}_K=\boldsymbol{N}^{-1}[\hat{\boldsymbol{A}}-\boldsymbol{Y}(\boldsymbol{A}+\boldsymbol{B}_2\boldsymbol{D}_K\boldsymbol{C}_2)\boldsymbol{X}](\boldsymbol{M}^{\mathrm{T}})^{-1}-\boldsymbol{B}_K\boldsymbol{C}_2\boldsymbol{X}(\boldsymbol{M}^{\mathrm{T}})^{-1}-\boldsymbol{N}^{-1}\boldsymbol{YB}_2\boldsymbol{C}_K \end{aligned}\right\} \tag{7.54}$$

总结以上的讨论，得到下面的结论：

由式(7.44)表示的系统存在一个输出反馈 H_∞ 控制器式(7.47)当且仅当存在对称矩阵 $\boldsymbol{X},\boldsymbol{Y}$ 和矩阵 $\hat{\boldsymbol{A}},\hat{\boldsymbol{B}},\hat{\boldsymbol{C}},\hat{\boldsymbol{D}}$，使得式(7.51)和式(7.53)是可行的。

进而，若 $\hat{\boldsymbol{A}},\hat{\boldsymbol{B}},\hat{\boldsymbol{C}},\hat{\boldsymbol{D}},\boldsymbol{X}$ 和 $\boldsymbol{Y}$ 是式(7.51)和式(7.53)的一个可行解，则通过矩阵 $\boldsymbol{I}-\boldsymbol{XY}$ 的奇异值分解可以得到矩阵 $\boldsymbol{M}$ 和 $\boldsymbol{N}$，并利用式(7.54)得到控制器参数矩阵。

对给定的标量 $\gamma>0$，式(7.44)表示的系统其输出反馈 γ 次优 H_∞ 控制器可以通过求解以下的线性矩阵不等式

$$
\begin{bmatrix}
\boldsymbol{AX}+\boldsymbol{XA}^{\mathrm{T}}+\boldsymbol{B}_2\hat{C}+(\boldsymbol{B}_2\hat{C})^{\mathrm{T}} & \hat{\boldsymbol{A}}^{\mathrm{T}}+(\boldsymbol{A}+\boldsymbol{B}_2\hat{\boldsymbol{D}}\boldsymbol{C}_2) & \boldsymbol{B}_1+\boldsymbol{B}_2\hat{\boldsymbol{D}}\boldsymbol{D}_{21} & (\boldsymbol{C}_1\boldsymbol{X}+\boldsymbol{D}_{12}\hat{\boldsymbol{C}})^{\mathrm{T}} \\
* & \boldsymbol{A}^{\mathrm{T}}\boldsymbol{Y}+\boldsymbol{YA}+\hat{\boldsymbol{B}}\boldsymbol{C}_2+(\hat{\boldsymbol{B}}\boldsymbol{C}_2)^{\mathrm{T}} & \boldsymbol{YB}_1+\hat{\boldsymbol{B}}\boldsymbol{D}_{21} & (\boldsymbol{C}_1+\boldsymbol{D}_{12}\hat{\boldsymbol{D}}\boldsymbol{C}_2)^{\mathrm{T}} \\
* & * & -\gamma\boldsymbol{I} & (\boldsymbol{D}_{11}+\boldsymbol{D}_{12}\hat{\boldsymbol{D}}\boldsymbol{D}_{21})^{\mathrm{T}} \\
* & * & * & -\gamma\boldsymbol{I}
\end{bmatrix}<\boldsymbol{0}
\tag{7.55}
$$

和式(7.53)，并根据以上结论提供的构造方法得到。由式(7.44)表示的系统，其输出反馈最优 H_∞ 控制器可以通过求解以下的优化问题得到：

$$
\left.\begin{aligned}
&\min\gamma \\
&\text{s. t 式(7.53)} \\
&\qquad\text{式(7.55)}
\end{aligned}\right\}
\tag{7.56}
$$

式(7.56)是一个具有线性矩阵不等式约束和线性目标函数的凸优化问题，因此，可以应用 LMI 来求解该问题。

以上仅介绍了应用 LMI 方法求解凸约束优化问题所需要的基本的和初步的知识，完全掌握 LMI 方法还须参考更多的有关文献。

7.4.3　基于 LMI 的 LPV 控制器设计

多胞模型可描述一类时变参数仿射模型，因此 LPV 模型也可以用多胞模型表示。由于多胞是凸集，它完全可以由顶点描述，因此，在控制器设计时，无须对多胞内的所有点进行设计，只要对其顶点设计即可。

1. 多胞模型二次 D-稳定性与 H_∞ 性能

被控对象非线性模型为

$$
\begin{aligned}
\dot{\boldsymbol{x}}_1&=\boldsymbol{f}(\boldsymbol{x}_1,\boldsymbol{u}_1,\boldsymbol{\rho}) \\
\boldsymbol{y}&=\boldsymbol{g}(\boldsymbol{x}_1,\boldsymbol{u}_1,\boldsymbol{\rho})
\end{aligned}
$$

经雅克比线性化并进行归一化处理后的模型为

$$
\left.\begin{aligned}
\dot{\boldsymbol{x}}_1&=\bar{\boldsymbol{A}}(\boldsymbol{\rho})\boldsymbol{x}_1+\bar{\boldsymbol{B}}(\boldsymbol{\rho})\boldsymbol{u}_1 \\
\boldsymbol{y}&=\bar{\boldsymbol{C}}(\boldsymbol{\rho})\boldsymbol{x}_1+\bar{\boldsymbol{D}}(\boldsymbol{\rho})\boldsymbol{u}_1
\end{aligned}\right\}
\tag{7.57}
$$

式中，$\boldsymbol{x}_1\in\mathbf{R}^n$，$\boldsymbol{y}\in\mathbf{R}^p$，$\boldsymbol{u}\in\mathbf{R}^m$，$\boldsymbol{\rho}=\boldsymbol{\rho}(t)=[\rho_1(t)\quad\cdots\quad\rho_r(t)]^{\mathrm{T}}$。

矩阵 $\boldsymbol{A}(\boldsymbol{\rho})$ 二次稳定的充分与必要条件是存在对称正定矩阵 $\boldsymbol{X}$，满足

$$
\boldsymbol{M}_{\mathrm{D}}(\bar{\boldsymbol{A}}(\boldsymbol{\rho},\boldsymbol{X}))<\boldsymbol{0}
\tag{7.58}
$$

线性变参数系统式(7.57)具有 H_∞ 性能指标 γ 的充分与必要条件是存在对称正定矩阵 $\boldsymbol{X}>\boldsymbol{0}$，对所有 $\boldsymbol{\rho}$ 满足

$$
\begin{bmatrix}
\bar{\boldsymbol{A}}(\boldsymbol{\rho})\boldsymbol{X}+\boldsymbol{X}\bar{\boldsymbol{A}}^{\mathrm{T}}(\boldsymbol{\rho}) & \bar{\boldsymbol{B}}(\boldsymbol{\rho}) & \boldsymbol{X}\bar{\boldsymbol{C}}^{\mathrm{T}}(\boldsymbol{\rho}) \\
\bar{\boldsymbol{B}}^{\mathrm{T}}(\boldsymbol{\rho}) & -\gamma\boldsymbol{I} & \bar{\boldsymbol{D}}^{\mathrm{T}}(\boldsymbol{\rho}) \\
\bar{\boldsymbol{C}}(\boldsymbol{\rho}) & \bar{\boldsymbol{D}}(\boldsymbol{\rho}) & -\gamma\boldsymbol{I}
\end{bmatrix}<\boldsymbol{0}
\tag{7.59}
$$

式(7.57)经凸分解后，顶点集为 $\boldsymbol{v}=\{v_1,\cdots,v_r\}$。变参数 $\boldsymbol{\rho}$ 在以顶点为 v_i 的多胞内变化，即

$$\rho \in Co \in \{v_1,\cdots,v_r\}=\{\sum_{i=1}^{r}\mu_i(\boldsymbol{\rho})v_i:\mu_i(\boldsymbol{\rho})\geqslant 0,\quad \sum_{i=1}^{r}\mu_i(\boldsymbol{\rho})=1\} \tag{7.60}$$

系数矩阵为

$$\begin{bmatrix}\bar{\boldsymbol{A}}(\boldsymbol{\rho}) & \bar{\boldsymbol{B}}(\boldsymbol{\rho})\\ \bar{\boldsymbol{C}}(\boldsymbol{\rho}) & \bar{\boldsymbol{D}}(\boldsymbol{\rho})\end{bmatrix}=\sum_{i=1}^{r}\mu_i\begin{bmatrix}\bar{\boldsymbol{A}}_i & \bar{\boldsymbol{B}}_i\\ \bar{\boldsymbol{C}}_i & \bar{\boldsymbol{D}}_i\end{bmatrix} \tag{7.61}$$

式中，$\boldsymbol{A}_i,\boldsymbol{B}_i,\boldsymbol{C}_i$ 和 $\boldsymbol{D}_i$ 为顶点的系数矩阵。

对于用式(7.57)表示的系统，存在对称正定矩阵 $\boldsymbol{X}$，满足式(7.58)和式(7.59)时，顶点 v_i 的线性时不变(Linear Time Invariant，LTI)模型满足

$$\boldsymbol{M}_{\mathrm{D}}(\bar{\boldsymbol{A}}_i,\boldsymbol{X})<0 \tag{7.62}$$

$$\begin{bmatrix}\bar{\boldsymbol{A}}_i\boldsymbol{X}+\boldsymbol{X}\bar{\boldsymbol{A}}_i^{\mathrm{T}} & \bar{\boldsymbol{B}}_i & \boldsymbol{X}\bar{\boldsymbol{C}}_i^{\mathrm{T}}\\ \bar{\boldsymbol{B}}_i^{\mathrm{T}} & -\gamma\boldsymbol{I} & \bar{\boldsymbol{D}}_i^{\mathrm{T}}\\ \bar{\boldsymbol{C}}_iX & \bar{\boldsymbol{D}}_i & -\gamma\boldsymbol{I}\end{bmatrix}<\boldsymbol{0} \tag{7.63}$$

2. 滤波器的意义

由于式(7.57)的状态方程中，$\bar{\boldsymbol{B}}(\boldsymbol{\rho})$ 是 $\boldsymbol{\rho}$ 的仿射函数，很难利用多胞技术设计变增益调度控制器，为此在被控对象的输入端引入一阶滤波器，滤波器状态方程为

$$\dot{\boldsymbol{x}}_{\mathrm{f}}=\boldsymbol{A}_{\mathrm{f}}\boldsymbol{x}_{\mathrm{f}}+\boldsymbol{B}_{\mathrm{f}}\boldsymbol{u}$$

$$\boldsymbol{u}_1=\boldsymbol{c}_{\mathrm{f}}\boldsymbol{u}$$

引入滤波器后控制系统结构图如图 7.34 所示。

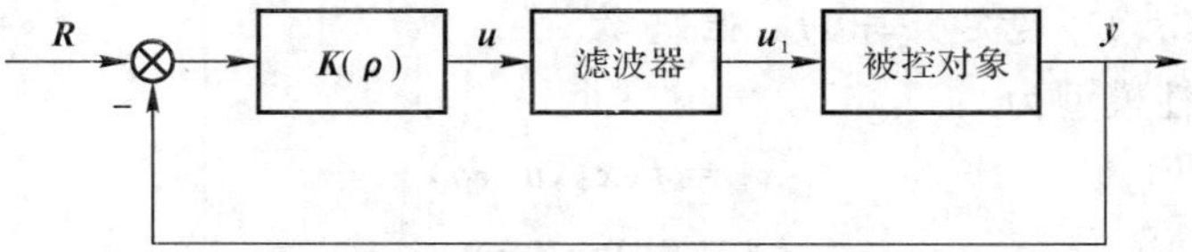

图 7.34　带滤波器的控制系统结构图

考虑由于建模误差、动态不确定性及外部干扰引起的干扰项 $\boldsymbol{w}(t)$ 后，状态方程为

$$\dot{\boldsymbol{x}}=\boldsymbol{A}(\boldsymbol{\rho})\boldsymbol{x}+\boldsymbol{B}_1\boldsymbol{w}+\boldsymbol{B}_2\boldsymbol{u}$$

式中

$$\boldsymbol{x}=[\boldsymbol{x}_1\quad \boldsymbol{x}_{\mathrm{f}}]^{\mathrm{T}}$$

并且

$$\boldsymbol{A}(\boldsymbol{\rho})=\begin{bmatrix}\bar{\boldsymbol{A}}(\boldsymbol{\rho}) & \boldsymbol{B}_2(\boldsymbol{\rho})\boldsymbol{C}_{\mathrm{f}}\\ \boldsymbol{0} & \boldsymbol{A}_{\mathrm{f}}\end{bmatrix}=\begin{bmatrix}\sum_{i=1}^{r}\rho_i\bar{\boldsymbol{A}}_i & \sum_{i=1}^{r}\rho_i\bar{\boldsymbol{B}}\boldsymbol{C}_{\mathrm{f}}\\ \boldsymbol{0} & \boldsymbol{A}_{\mathrm{f}}\end{bmatrix},\quad \boldsymbol{B}_1=\begin{bmatrix}\bar{\boldsymbol{B}}\\ \boldsymbol{0}\end{bmatrix},\quad \boldsymbol{B}_2=\begin{bmatrix}\boldsymbol{0}\\ \boldsymbol{B}_{\mathrm{f}}\end{bmatrix}$$

引入滤波器后的状态方程中，$\boldsymbol{B}_2$ 为常数矩阵。这种结构形式有利于用多胞技术设计变增益调度控制器 $\boldsymbol{K}(\boldsymbol{\rho})$。

若用 $\boldsymbol{z}(t)$ 表示系统对干扰 $\boldsymbol{w}(t)$ 的抑制性能，同时考虑输出 $\boldsymbol{y}(t)$ 后的增广被控对象模型为

$$\left.\begin{aligned}\dot{\boldsymbol{x}} &= \boldsymbol{A}(\boldsymbol{\rho})\boldsymbol{x} + \boldsymbol{B}_1\boldsymbol{w} + \boldsymbol{B}_2\boldsymbol{u} \\ \boldsymbol{z} &= \boldsymbol{C}_1\boldsymbol{x} + \boldsymbol{D}_{11}\boldsymbol{w} + \boldsymbol{D}_{12}\boldsymbol{u} \\ \boldsymbol{y} &= \boldsymbol{C}_2\boldsymbol{x} + \boldsymbol{D}_{21}\boldsymbol{w}\end{aligned}\right\} \tag{7.64}$$

式中，$\boldsymbol{C}_1,\boldsymbol{C}_2,\boldsymbol{D}_{12}$ 也为 $\boldsymbol{\rho}$ 的函数，则应引入相应的滤波器，以使其变为常数矩阵。在这里考虑最简单的情况，即假定 $\boldsymbol{C}_1,\boldsymbol{C}_2,\boldsymbol{D}_{12}$ 为常数矩阵的特殊情况，而变增益调度控制器即利用这一特殊形式的被控对象数学模型进行设计。

3. 多胞表示的输出反馈闭环控制系统二次稳定与 H_∞ 性能

多胞变增益控制器 $\boldsymbol{K}(\boldsymbol{\rho})$ 的模型为

$$\left.\begin{aligned}\dot{\boldsymbol{x}}_K &= \boldsymbol{A}_K(\boldsymbol{\rho})\boldsymbol{x}_K + \boldsymbol{B}_K(\boldsymbol{\rho})\boldsymbol{y} \\ \boldsymbol{u} &= \boldsymbol{C}_K(\boldsymbol{\rho})\boldsymbol{x}_K + \boldsymbol{D}_K(\boldsymbol{\rho})\boldsymbol{y}\end{aligned}\right\} \tag{7.65}$$

其中

$$\begin{bmatrix}\boldsymbol{A}_K(\boldsymbol{\rho}) & \boldsymbol{B}_K(\boldsymbol{\rho}) \\ \boldsymbol{C}_K(\boldsymbol{\rho}) & \boldsymbol{D}_K(\boldsymbol{\rho})\end{bmatrix} = \sum_{i=1}^{r}\mu_i(\boldsymbol{\rho})\begin{bmatrix}\boldsymbol{A}_{Ki} & \boldsymbol{B}_{Ki} \\ \boldsymbol{C}_{Ki} & \boldsymbol{D}_{Ki}\end{bmatrix} \tag{7.66}$$

$\begin{bmatrix}\boldsymbol{A}_{Ki} & \boldsymbol{B}_{Ki} \\ \boldsymbol{C}_{Ki} & \boldsymbol{D}_{Ki}\end{bmatrix}$ 为多胞控制器顶点矩阵。

闭环系统为

$$\left.\begin{aligned}\dot{\boldsymbol{x}}_{\mathrm{cl}} &= \boldsymbol{A}_{\mathrm{cl}}(\boldsymbol{\rho})\boldsymbol{x}_{\mathrm{cl}} + \boldsymbol{B}_{\mathrm{cl}}(\boldsymbol{\rho})\boldsymbol{w} \\ \boldsymbol{y} &= \boldsymbol{C}_{\mathrm{cl}}(\boldsymbol{\rho})\boldsymbol{x}_{\mathrm{cl}} + \boldsymbol{D}_{\mathrm{cl}}(\boldsymbol{\rho})\boldsymbol{w}\end{aligned}\right\} \tag{7.67}$$

式中，$\boldsymbol{x}_{\mathrm{cl}} = [\boldsymbol{x}_1 \quad \boldsymbol{x}_K]^{\mathrm{T}}$。闭环系统矩阵用顶点矩阵表示时为

$$\begin{bmatrix}\boldsymbol{A}_{\mathrm{cl}}(\boldsymbol{\rho}) & \boldsymbol{B}_{\mathrm{cl}}(\boldsymbol{\rho}) \\ \boldsymbol{C}_{\mathrm{cl}}(\boldsymbol{\rho}) & \boldsymbol{D}_{\mathrm{cl}}(\boldsymbol{\rho})\end{bmatrix} = \sum_{i=1}^{r}\mu_i(\boldsymbol{\rho})\begin{bmatrix}\boldsymbol{A}_{\mathrm{cl}i} & \boldsymbol{B}_{\mathrm{cl}i} \\ \boldsymbol{C}_{\mathrm{cl}i} & \boldsymbol{D}_{\mathrm{cl}i}\end{bmatrix} \tag{7.68}$$

对式(7.64)表示的被控对象，设计如式(7.65)所示的输出反馈控制器，如果存在对称正定矩阵 $\boldsymbol{X}$，使顶点控制器 $\begin{bmatrix}\boldsymbol{A}_{Ki} & \boldsymbol{B}_{Ki} \\ \boldsymbol{C}_{Ki} & \boldsymbol{D}_{Ki}\end{bmatrix}$ 满足二次 D-稳定，即

$$\boldsymbol{M}_{\mathrm{D}}(\boldsymbol{A}_{\mathrm{cl}i},\boldsymbol{X}) < \boldsymbol{0} \tag{7.69}$$

且满足

$$\begin{bmatrix}\boldsymbol{A}_{\mathrm{cl}i}\boldsymbol{X} + \boldsymbol{X}\boldsymbol{A}_{\mathrm{cl}i}^{\mathrm{T}} & \boldsymbol{B}_{\mathrm{cl}i} & \boldsymbol{X}\boldsymbol{C}_{\mathrm{cl}i}^{\mathrm{T}} \\ \boldsymbol{B}_{\mathrm{cl}i} & -\gamma\boldsymbol{I} & \boldsymbol{D}_{\mathrm{cl}i}^{\mathrm{T}} \\ \boldsymbol{C}_{\mathrm{cl}i}\boldsymbol{X} & \boldsymbol{D}_{\mathrm{cl}i} & -\gamma\boldsymbol{I}\end{bmatrix} < \boldsymbol{0} \tag{7.70}$$

则设计的多胞输出反馈控制器 $\boldsymbol{K}(\boldsymbol{\rho})$ 将保证在变参数 $\boldsymbol{\rho}$ 的整个范围内闭环控制系统都具有二次 D-稳定，同时保证 $\boldsymbol{w}(t)$ 到 $\boldsymbol{z}(t)$ 之间具有二次 H_∞ 性能 γ。

4. 区域极点配置变增益控制器设计

对于式(7.64)表示的线性变参数系统，在顶点处的 LTI 模型为

$$\left.\begin{aligned}\dot{\boldsymbol{x}}&=\boldsymbol{A}_i\boldsymbol{x}+\boldsymbol{B}_1\boldsymbol{w}+\boldsymbol{B}_2\boldsymbol{u}\\ \boldsymbol{z}&=\boldsymbol{C}_1\boldsymbol{x}+\boldsymbol{D}_{11}\boldsymbol{w}+\boldsymbol{D}_{12}\boldsymbol{u}\\ \boldsymbol{y}&=\boldsymbol{C}_2\boldsymbol{x}+\boldsymbol{D}_{21}\boldsymbol{w}\end{aligned}\right\}\tag{7.71}$$

为了得到满意的动态性能，将闭环极点配置在图 7.33 所示的区域 $S(\sigma,r,\beta)$，该区域即 LMI 区域。

由于式(7.70) 为非线性矩阵不等式，求解控制器前需用变量替换法转化为等价的线性矩阵不等式。为此定义替换变量：

$$\left.\begin{aligned}\hat{\boldsymbol{A}}_i&=\boldsymbol{Y}(\boldsymbol{A}_i+\boldsymbol{B}_2\boldsymbol{D}_{Ki}\boldsymbol{C}_2)\boldsymbol{X}+\boldsymbol{N}\boldsymbol{B}_{Ki}\boldsymbol{C}_2\boldsymbol{X}+\boldsymbol{Y}\boldsymbol{B}_2\boldsymbol{C}_{Ki}\boldsymbol{M}^{\mathrm{T}}+\boldsymbol{N}\boldsymbol{A}_{Ki}\boldsymbol{M}^{\mathrm{T}}\\ \hat{\boldsymbol{B}}_i&=\boldsymbol{Y}\boldsymbol{B}_2\boldsymbol{D}_{Ki}+\boldsymbol{N}\boldsymbol{B}_{Ki}\\ \hat{\boldsymbol{C}}_i&=\boldsymbol{D}_{Ki}\boldsymbol{C}_2\boldsymbol{X}+\boldsymbol{C}_{Ki}\boldsymbol{M}^{\mathrm{T}}\\ \hat{\boldsymbol{D}}_i&=\boldsymbol{D}_{Ki}\end{aligned}\right\}\tag{7.72}$$

或利用式(7.54) 进行替换。

利用替换变量 $\hat{\boldsymbol{A}}_i,\hat{\boldsymbol{B}}_i,\hat{\boldsymbol{C}}_i,\hat{\boldsymbol{D}}_i$ 可将式(7.70) 转化为线性矩阵不等式。

在 $S(\sigma,r,\beta)$ 区域内，所要求的顶点控制器存在的充分与必要条件为对顶点的 LTI 系统式(7.71) 给定 $\gamma>0$，存在对称正定矩阵 $\boldsymbol{X},\boldsymbol{Y}$ 以及顶点矩阵 $\hat{\boldsymbol{A}}_i,\hat{\boldsymbol{B}}_i,\hat{\boldsymbol{C}}_i,\hat{\boldsymbol{D}}_i$，下列 LMIs 成立：

$$\begin{bmatrix}\boldsymbol{X}&\boldsymbol{I}\\ \boldsymbol{I}&\boldsymbol{Y}\end{bmatrix}>\boldsymbol{0}\tag{7.73}$$

$$\begin{bmatrix}\boldsymbol{A}_i\boldsymbol{X}+\boldsymbol{B}_2\hat{\boldsymbol{C}}_i+\boldsymbol{R}\boldsymbol{A}_i^{\mathrm{T}}+\hat{\boldsymbol{C}}_i^{\mathrm{T}}\boldsymbol{B}_2^{\mathrm{T}} & \boldsymbol{A}_i+\boldsymbol{B}_2\hat{\boldsymbol{C}}_i\boldsymbol{C}_2+\hat{\boldsymbol{A}}_i^{\mathrm{T}}\\ \hat{\boldsymbol{A}}_i+\boldsymbol{A}_i^{\mathrm{T}}+\boldsymbol{C}_2^{\mathrm{T}}\hat{\boldsymbol{D}}_i^{\mathrm{T}}\boldsymbol{B}_2^{\mathrm{T}} & \boldsymbol{Y}\boldsymbol{A}_i+\hat{\boldsymbol{B}}_i\boldsymbol{C}_2+\boldsymbol{A}_i^{\mathrm{T}}\boldsymbol{Y}+\boldsymbol{C}_2^{\mathrm{T}}\hat{\boldsymbol{B}}_i^{\mathrm{T}}\end{bmatrix}<-2\sigma\begin{bmatrix}\boldsymbol{X}&\boldsymbol{I}\\ \boldsymbol{I}&\boldsymbol{Y}\end{bmatrix}\tag{7.74}$$

$$\begin{bmatrix}-r\boldsymbol{X} & -r\boldsymbol{I} & \boldsymbol{A}_i\boldsymbol{X}+\boldsymbol{B}_2\hat{\boldsymbol{C}}_i & \boldsymbol{A}_i+\boldsymbol{B}_2\hat{\boldsymbol{D}}_i\boldsymbol{C}_2\\ -r\boldsymbol{I} & -r\boldsymbol{Y} & \hat{\boldsymbol{A}}_i & \boldsymbol{Y}\boldsymbol{A}_i+\hat{\boldsymbol{B}}_i\boldsymbol{C}_2\\ \boldsymbol{X}\boldsymbol{A}_i^{\mathrm{T}}+\hat{\boldsymbol{C}}_i^{\mathrm{T}}\boldsymbol{B}_2^{\mathrm{T}} & \hat{\boldsymbol{A}}_i^{\mathrm{T}} & -r\boldsymbol{R} & -r\boldsymbol{I}\\ \boldsymbol{A}_i^{\mathrm{T}}+\boldsymbol{C}_2^{\mathrm{T}}\hat{\boldsymbol{D}}_i^{\mathrm{T}}\boldsymbol{B}_2^{\mathrm{T}} & \boldsymbol{A}_i^{\mathrm{T}}\boldsymbol{Y}+\boldsymbol{C}_2^{\mathrm{T}}\hat{\boldsymbol{B}}_i^{\mathrm{T}} & -r\boldsymbol{I} & -r\boldsymbol{Y}\end{bmatrix}<\boldsymbol{0}\tag{7.75}$$

$$\begin{bmatrix}\sin\beta(\boldsymbol{\Phi}_i+\boldsymbol{\Phi}_i^{\mathrm{T}}) & \cos\beta(\boldsymbol{\Phi}_i-\boldsymbol{\Phi}_i^{\mathrm{T}})\\ \cos\beta(\boldsymbol{\Phi}_i+\boldsymbol{\Phi}_i^{\mathrm{T}}) & \sin\beta(\boldsymbol{\Phi}_i-\boldsymbol{\Phi}_i^{\mathrm{T}})\end{bmatrix}<\boldsymbol{0}\tag{7.76}$$

$$\begin{bmatrix}\boldsymbol{A}_i\boldsymbol{X}+\boldsymbol{X}\boldsymbol{A}_i^{\mathrm{T}}+\boldsymbol{B}_2\hat{\boldsymbol{C}}_i+(\boldsymbol{B}_2\hat{\boldsymbol{C}}_i)^{\mathrm{T}} & \hat{\boldsymbol{A}}_i^{\mathrm{T}}+(\boldsymbol{A}_i+\boldsymbol{B}_2\hat{\boldsymbol{D}}_i\boldsymbol{C}_2) & \boldsymbol{B}_1+\boldsymbol{B}_2\hat{\boldsymbol{D}}_i\boldsymbol{D}_{21} & (\boldsymbol{C}_1\boldsymbol{X}+\boldsymbol{D}_{12}\hat{\boldsymbol{C}}_i)^{\mathrm{T}}\\ * & \boldsymbol{A}_i^{\mathrm{T}}\boldsymbol{Y}+\boldsymbol{Y}\boldsymbol{A}_i+\hat{\boldsymbol{B}}_i\boldsymbol{C}_2+(\hat{\boldsymbol{B}}_i\boldsymbol{C}_i)^{\mathrm{T}} & \boldsymbol{Y}^{\mathrm{T}}\boldsymbol{B}+\hat{\boldsymbol{B}}_i\boldsymbol{D}_{21} & (\boldsymbol{C}_1+\boldsymbol{C}_{12}\hat{\boldsymbol{D}}_i\boldsymbol{C}_2)^{\mathrm{T}}\\ * & * & -\gamma\boldsymbol{I} & (\boldsymbol{D}_{11}+\boldsymbol{D}_{12}\hat{\boldsymbol{D}}_i\boldsymbol{D}_{21})^{\mathrm{T}}\\ * & * & * & -\gamma\boldsymbol{I}\end{bmatrix}<\boldsymbol{0}\tag{7.77}$$

式(7.76) 中

$$\boldsymbol{\Phi}_i=\begin{bmatrix}\boldsymbol{A}_i\boldsymbol{X}+\boldsymbol{B}_2\hat{\boldsymbol{C}}_i & \boldsymbol{A}_i+\boldsymbol{B}_2\hat{\boldsymbol{D}}_i\boldsymbol{C}_2\\ \hat{\boldsymbol{A}}_i & \boldsymbol{Y}\boldsymbol{A}_i+\hat{\boldsymbol{B}}_i\boldsymbol{C}_2\end{bmatrix}$$

式(7.77)中，$*$ 表示对称位置的矩阵。

假定上述 LMIs 成立，求出一组 $\hat{\boldsymbol{A}}_i,\hat{\boldsymbol{B}}_i,\hat{\boldsymbol{C}}_i,\hat{\boldsymbol{D}}_i,\boldsymbol{X}_i,\boldsymbol{Y}_i$，通过奇异值分解求出满足

$$\boldsymbol{M}\boldsymbol{N}^{\mathrm{T}}=\boldsymbol{I}-\boldsymbol{X}_i\boldsymbol{Y}_i$$

的满秩矩阵 $\boldsymbol{M}$ 和 $\boldsymbol{N}$。

顶点控制器矩阵 $\boldsymbol{A}_{Ki},\boldsymbol{B}_{Ki},\boldsymbol{C}_{Ki},\boldsymbol{D}_{Ki}$ 分别为

$$\left.\begin{aligned}&\boldsymbol{D}_{Ki}=\hat{\boldsymbol{D}}_i\\&\boldsymbol{C}_{Ki}=(\hat{\boldsymbol{C}}_i-\boldsymbol{D}_{Ki}\boldsymbol{C}_2\boldsymbol{X})(\boldsymbol{M}^{\mathrm{T}})^{-1}\\&\boldsymbol{B}_{Ki}=\boldsymbol{N}^{-1}(\hat{\boldsymbol{B}}_i-\boldsymbol{Y}\boldsymbol{B}_2\boldsymbol{D}_{Ki})\\&\boldsymbol{A}_{Ki}=\boldsymbol{N}^{-1}[\hat{\boldsymbol{A}}_i-\boldsymbol{Y}(\boldsymbol{A}_i+\boldsymbol{B}_2\boldsymbol{C}_{Ki}\boldsymbol{C}_2)\boldsymbol{X}](\boldsymbol{M}^{\mathrm{T}})^{-1}-\boldsymbol{B}_{Ki}\boldsymbol{C}_2\boldsymbol{X}(\boldsymbol{M}^{\mathrm{T}})^{-1}-\boldsymbol{N}^{-1}\boldsymbol{Y}\boldsymbol{B}_2\boldsymbol{C}_{Ki}\end{aligned}\right\}\tag{7.78}$$

按上述方法求出各顶点的控制器，再根据式(7.78)即可求出变参数输出反馈控制器 $\boldsymbol{K}(\rho)$。

根据各顶点的 $\rho_i\in(\rho_{\min},\rho_{\max})$ 找出应有的关系，即可进一步确定 $\mu_i(\rho)$。例如当为两个顶点 $\rho_{\min},\rho_{\max}$ 时，因为

$$\frac{\rho_{\max}-\rho}{\rho_{\max}-\rho_{\min}}+\frac{\rho-\rho_{\min}}{\rho_{\max}-\rho_{\min}}=1$$

所以设

$$\mu_1(\rho)=\frac{\rho_{\max}-\rho}{\rho_{\max}-\rho_{\min}},\quad \mu_2(\rho)=\frac{\rho-\rho_{\min}}{\rho_{\max}-\rho_{\min}}$$

凸分解增广对象模型式(7.64)可变为用顶点表示的多胞模型。

以上仅概略地介绍了基于 LPV 控制器的设计，所涉及的许多问题并未进行证明。对 LPV 控制器实际设计尚须参考更多的有关资料。

7.5　多变量控制系统控制参数的选择

先进的发动机，例如变循环发动机，比一般的涡喷或涡扇发动机有更多需要测量的参数和控制量以及被控参数。

需要测量的参数包括风扇进口总压 p_2 和总温 T_2、风扇出口静压 $p_{s,2.5Ⅱ}$，后段风扇进口总压 $p_{2.5}$ 和总温 $T_{2.5}$，燃烧室出口静压 $p_{s,4}$，低压涡轮进口总温 $T_{4.5}$，外涵出口静压 $p_{s,5Ⅱ}$ 和总压 $p_{5Ⅱ}$，低压涡轮后静压 $p_{s,5}$ 及总压 p_5、总温 T_5，以及低、高压转子转速 $n_{\mathrm{L}},n_{\mathrm{H}}$ 等参数。

可作为控制量的参数包括主燃烧室燃油流量 $q_{m,\mathrm{f}}$、压气机静子叶片角度 φ_{H}、前段风扇导流叶片角度 φ_{L}、后段风扇顶部导流叶片角度 φ_{tip}，轮毂部分导流叶片角度 φ_{hub}、涵道模式选择活门面积 $A_{2.5Ⅱ}$、调节外涵出口面积的引射活门面积 $A_{5Ⅱ}$ 和尾喷管喉部面积 A_8。

可作为被控量的参数包括推力 F、失速裕度 SMF 和 SMC、耗油率 sfc、温度比 T_5/T_2、压力比 $p_{s,5}/p_2$ 和 $p_5/p_{5\text{II}}$，发动机低、高压转子转速 n_L 和 n_H 以及有关截面的压力、温度等参数。

如果取其中 3 个参数作为控制量，3 个参数作为被控制量，将会有千百种这样的组合。因此，近年来随着发动机复杂性的增加，控制参数、控制模式和控制逻辑的选择成为越来越重要的一项关键性工作。这是一件耗时的工作，需要利用专门的程序自动选择，而选择的依据可以是在保证发动机安全工作的前提下，温度（T_4 或 T_5）的裕度最小，因为温度裕度最小表明发动机性能潜力发挥最好。

以下介绍控制参数的选择方法，也即控制结构设计方法。

7.5.1　相关增益矩阵分析方法

1. 相关增益系数及相关增益矩阵的意义

对于多变量控制系统，存在多个控制量、多个被控参数以及多个控制回路，各个变量和各个回路之间存在复杂的相关关系（耦合关系）。在控制系统设计之前首先要分析这种相关关系。

对于具有 n 个控制量 $u_j(j=1,2,\cdots,n)$，n 个被控参数 $y_i(i=1,2,\cdots,n)$ 和 n 个控制回路的控制系统，y_i 与 u_j 的相关关系可用相关增益系数表示，这一系数为

$$\lambda_{ij}=\frac{(\partial y_i/\partial u_j)_{o,o}}{(\partial y_i/\partial u_j)_{o,c}} \tag{7.79}$$

式中　$(\partial y_i/\partial u_j)_{o,o}$—— 所有回路均为开环时 y_i 对 u_j 的开环增益；

$(\partial y_i/\partial u_j)_{o,c}$ —— 除 u_j 回路为开环外，所有其他回路均为闭环时 y_i 对 u_j 的开环增益。

式(7.79)中的 λ_{ij} 表示 y_i-u_j 在两种不同情况下的开环增益之比，故也称为相对增益。它表明 y_i 与 u_j 的相关性，也即 u_j 对 y_i 作用大小的度量。

λ_{ij} 值的分析：

(1) $\lambda_{ij}=1$，表示$(\partial y_i/\partial u_j)_{o,o}$与$(\partial y_i/\partial u_j)_{o,c}$相等，即在两种情况下 y_i 对 u_j 的开环增益不变。说明该回路不受其他回路的影响，也不影响其他回路，y_i 完全受 u_j 的控制。

(2) $\lambda_{ij}=0$，表示 u_j 对 y_i 没有影响，y_i 不受 u_j 控制。

(3) $0<\lambda_{ij}<1$，表示 y_i 除受 u_j 的影响外，还受其他控制量的影响，也即回路之间存在耦合关系。当 $0.5<\lambda_{ij}<1$ 时，表示 y_i 主要受 u_j 的影响。

(4) $\lambda_{ij}>1$，表示其他回路对 y_i 的影响完全抵消了 u_j 对 y_i 的影响，y_i 几乎不受 u_j 的控制。

(5) $\lambda_{ij}<0$，表示式(7.79)分子与分母符号相反，即在两种情况下 u_j 对 y_i 的作用相反，在系统中 u_j 不能作为 y_i 的控制量。

对于具有 n 个控制量、n 个被控参数和 n 个控制回路的系统，各变量之间的相关关系可用相关增益矩阵

$$\boldsymbol{\Lambda}=\begin{bmatrix}\lambda_{11} & \lambda_{12} & \cdots & \lambda_{1j} & \cdots & \lambda_{1n}\\ \lambda_{21} & \lambda_{22} & \cdots & \lambda_{2j} & \cdots & \lambda_{2n}\\ \vdots & \vdots & & \vdots & & \vdots\\ \lambda_{i1} & \lambda_{i2} & \cdots & \lambda_{ij} & \cdots & \lambda_{in}\\ \vdots & \vdots & & \vdots & & \vdots\\ \lambda_{n1} & \lambda_{n2} & \cdots & \lambda_{nj} & \cdots & \lambda_{nn}\end{bmatrix} \tag{7.80}$$

表示。$\boldsymbol{\Lambda}$ 矩阵中，每一行或每一列元素之和等于 1，即

$$\sum_{i=1}^{n}\lambda_{ij}=\sum_{j=1}^{n}\lambda_{ij}=1$$

λ_{ij} 表示两种情况的开环增益之比，但在分析控制量与被控参数相关性时，仅考虑稳态增益。

2. 相关增益系数的计算

(1) 比值方法。对于一个 2×2 系统，其结构如图 7.35 所示。系统的控制量为 u_1 和 u_2，系统的输出量为 y_1 和 y_2，控制器的传递函数为 g_{c1} 和 g_{c2}，对象的传递函数为 $g_{11}, g_{12}, g_{21}, g_{22}$。

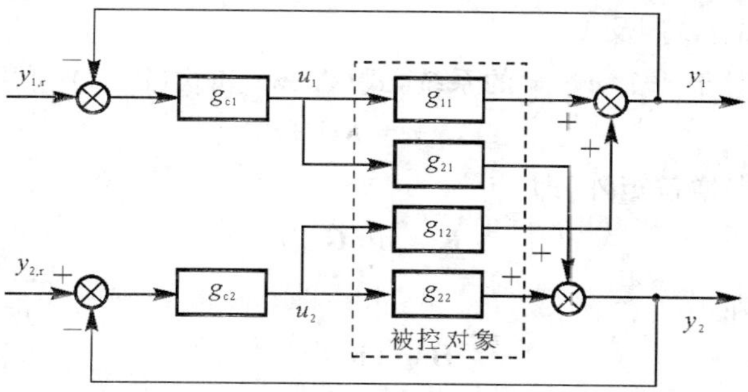

图 7.35　某型航空发动机双变量系统结构图

下面以第一路为例推导比值方法。

当所有回路为开环时，u_1 和 u_2 相互独立，输入对输出的关系为

$$y_1(s)=g_{11}(s)u_1(s)+g_{12}(s)u_2(s) \tag{7.81}$$

$$y_2(s)=g_{21}(s)u_1(s)+g_{22}(s)u_2(s) \tag{7.82}$$

若 $k_{11}, k_{12}, k_{21}, k_{22}$ 分别为 $g_{11}, g_{12}, g_{21}, g_{22}$ 的稳态增益，则在稳态时，以上两式为

$$y_1=k_{11}u_1+k_{12}u_2 \tag{7.83}$$

$$y_2=k_{21}u_1+k_{22}u_2 \tag{7.84}$$

$$\left(\frac{\partial y_1}{\partial u_1}\right)_{\mathrm{o,o}}=k_{11}$$

当回路 1 为开环、回路 2 为闭环时，u_1 的变化将通过 g_{21} 和第 2 回路的闭环而影响 u_2，u_2 又通过 g_{12} 影响 y_1。但由于第 2 回路为闭环，在 g_{c2} 作用下，稳态时 $y_2=0$，即

$$k_{21}u_1 + k_{22}u_2 = 0$$

因此

$$u_2 = -\frac{k_{21}}{k_{22}}u_1$$

将上式代入式(7.83),得

$$y_1 = \left(k_{11} - \frac{k_{12}k_{21}}{k_{22}}\right)u_1$$

由此得

$$\left(\frac{\partial y_1}{\partial u_1}\right)_{o,c} = k_{11} - \frac{k_{12}k_{21}}{k_{22}}$$

因此

$$\lambda_{11} = \frac{\left(\dfrac{\partial y_1}{\partial u_1}\right)}{\left(\dfrac{\partial y_1}{\partial u_1}\right)_{o,c}} = \frac{k_{11}}{k_{11} - \dfrac{k_{12}k_{21}}{k_{22}}} = \frac{k_{11}k_{22}}{k_{11}k_{22} - k_{12}k_{21}}$$

用同样方法可以求出 λ_{12},λ_{21} 及 λ_{22}。

(2) 矩阵方法。对于一个 $n \times n$ 的系统,式(7.83)和式(7.84)可用矩阵表示为

$$\boldsymbol{Y} = \boldsymbol{KU}$$

式中,$\boldsymbol{K}$ 为 $\boldsymbol{G}(s)$ 的稳态增益矩阵,即

$$\boldsymbol{K} = \lim_{s \to 0}\boldsymbol{G}(s)$$

设 $\boldsymbol{H}$ 为 $\boldsymbol{K}$ 的逆转置,即

$$\boldsymbol{H} = (\boldsymbol{K}^{-1})^{\mathrm{T}}$$

其元素为 h_{ij}。于是 RGA 的元素可从这两个矩阵得到,即

$$\lambda_{ij} = k_{ij} \cdot h_{ij} \tag{7.85}$$

式中,"•"表示 $\boldsymbol{K}$ 和 $\boldsymbol{H}$ 中相应的元素进行元素与元素相乘。

对于 2 × 2 的系统,稳态增益矩阵为

$$\boldsymbol{K} = \begin{bmatrix} k_{11} & k_{12} \\ k_{21} & k_{22} \end{bmatrix}$$

其逆矩阵为

$$\boldsymbol{K}^{-1} = \frac{1}{\det \boldsymbol{K}}\begin{bmatrix} k_{22} & -k_{12} \\ -k_{21} & k_{11} \end{bmatrix}$$

式中,det $\boldsymbol{K}$ 为 $\boldsymbol{K}$ 的行列式值,即

$$\det \boldsymbol{K} = k_{11}k_{22} - k_{12}k_{21}$$

再求矩阵的转置可得

$$\boldsymbol{H}=(\boldsymbol{K}^{-1})^{\mathrm{T}}=\frac{1}{\det \boldsymbol{K}}\begin{bmatrix} k_{22} & -k_{21} \\ -k_{12} & k_{11} \end{bmatrix}$$

对 $\boldsymbol{K}$ 和 $\boldsymbol{H}$ 中的元素进行元素与元素相乘，得

$$\lambda_{11}=\frac{k_{11}k_{22}}{k_{11}k_{22}-k_{12}k_{21}}$$

(3) 分块相关增益方法。若相互关联的回路超过两个，但其中某一回路比其他回路响应快时，可把整个 RGA 分解为一些较小的子系统。分块后的相关增益就称为分块相关增益(Block Relative Gain，BRG)。这样就可把系统分成一个或几个多变量或单变量控制系统，以替代原来复杂多回路控制系统。图 7.36 表示分为两块的控制系统结构图。

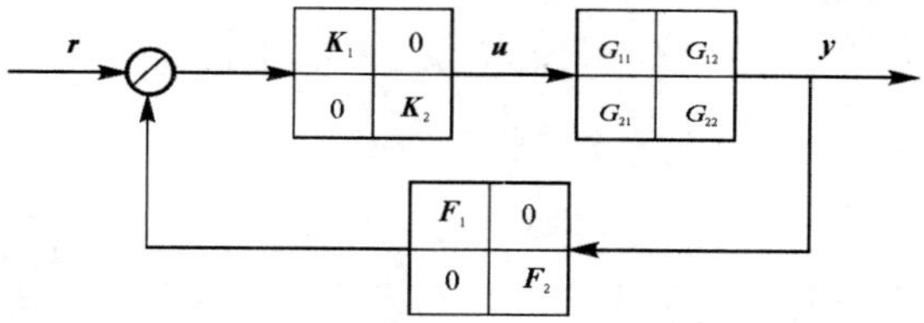

图 7.36　分为两块的控制系统结构图

BRG 的计算公式为

$$\mathrm{BRG}_1=\left[\left(\frac{\partial \boldsymbol{y}_1}{\partial \boldsymbol{u}_1}\right)_{\boldsymbol{u}_2=\boldsymbol{0},\boldsymbol{F}=\boldsymbol{0}}\right]\left[\left(\frac{\partial \boldsymbol{y}_1}{\partial \boldsymbol{u}_1}\right)_{\boldsymbol{y}_2=\boldsymbol{0},\boldsymbol{F}_1=\boldsymbol{0},\boldsymbol{F}_2=\boldsymbol{I}}\right]^{-1}=[\boldsymbol{G}(s)]_{11}[\boldsymbol{G}(s)^{-1}]_{11} \tag{7.86}$$

其中，$\boldsymbol{F}=\boldsymbol{0}$ 表示系统所有的回路都是开环；$\boldsymbol{F}_1=\boldsymbol{0}$，$\boldsymbol{F}_2=\boldsymbol{I}$ 表示第一块回路为开环，第二块回路闭环。BRG_1 给出了由于与其他子系统的耦合作用产生的性能耦合作用。若 BRG_1 相应的对角元素近似为 $\boldsymbol{I}$，则该子系统的闭环响应不受其他子系统的影响。BRG 的对角元素很容易通过计算子系统 RGA 的部分行和得到。

7.5.2　航空发动机相关增益矩阵计算

1. 某型变循环发动机相关增益矩阵计算

由于变循环发动机控制量与可作为被控制量的参数较多，现对 3 个控制量和 3 个被控参数的相关增益矩阵计算。

发动机数学模型为

$$\dot{\boldsymbol{x}}=\boldsymbol{A}\boldsymbol{x}+\boldsymbol{B}\boldsymbol{u}$$
$$\boldsymbol{y}=\boldsymbol{C}\boldsymbol{x}+\boldsymbol{D}\boldsymbol{u}$$

(1) 基于传感器的控制模式。选择 $\boldsymbol{x}$，$\boldsymbol{u}$，$\boldsymbol{y}$ 分别为

$$\boldsymbol{x}=[n_{\mathrm{L}} \quad n_{\mathrm{H}} \quad T_4]^{\mathrm{T}}$$
$$\boldsymbol{u}=[q_{m,\mathrm{f}} \quad A_8 \quad A_{5\,\mathrm{II}}]^{\mathrm{T}}$$
$$\boldsymbol{y}=[n_{\mathrm{L,cor}} \quad p_5/p_{2.5} \quad p_{5\,\mathrm{II}}/p_{\mathrm{s},6}]^{\mathrm{T}}$$

发动机在 $H=0, Ma=0$ 情况下，某一功率状态时的系数矩阵分别为

$$A=\begin{bmatrix}-4.148 & 1.411 & 0.063\\ 0.298 & -3.124 & 0.062\\ -0.043 & -0.173 & -0.133\end{bmatrix},\quad B=\begin{bmatrix}0.249 & 0.097 & -0.011\\ 0.234 & 0.034 & 0.005\\ 0.062 & 0 & 0\end{bmatrix}$$

$$C=\begin{bmatrix}8.738 & 0 & 0\\ -3.303 & 3.805 & 0.054\\ 2.194 & -2.575 & -0.030\end{bmatrix},\quad D=\begin{bmatrix}0 & 0 & 0\\ 0.239 & -0.275 & 0.022\\ -0.146 & 0.058 & -0.229\end{bmatrix}$$

根据状态空间模型可得其传递函数矩阵

$$G=\begin{bmatrix}g_{11} & g_{12} & g_{13}\\ g_{21} & g_{22} & g_{23}\\ g_{31} & g_{32} & g_{33}\end{bmatrix}$$

其中

$$g_{11}=\frac{2.177s^2+10s+1.44}{s^3+7.405s^2+13.52s+1.722},\quad g_{21}=\frac{0.238s^3+1.834s^2+3.562s+0.488}{s^3+7.405s^2+13.52s+1.722}$$

$$g_{31}=\frac{-0.146s^3-1.134s^2-2.242s-0.306}{s^3+7.405s^2+13.52s+1.722},\quad g_{12}=\frac{0.847s^2+3.171s+0.411}{s^3+7.405s^2+13.52s+1.722}$$

$$g_{22}=\frac{-0.275s^3-2.227s^2-4.258s-0.547}{s^3+7.405s^2+13.52s+1.722},\quad g_{32}=\frac{0.058s^3+0.556s^2+1.137s+0.148}{s^3+7.405s^2+13.52s+1.722}$$

$$g_{13}=\frac{-0.098s^2-0.261s-0.034}{s^3+7.405s^2+13.52s+1.722},\quad g_{23}=\frac{0.022s^3+0.221s^2+0.465s+0.06}{s^3+7.405s^2+13.52s+1.722}$$

$$g_{33}=\frac{-0.229s^3-1.735s^2-3.208s-0.409}{s^3+7.405s^2+13.52s+1.722}$$

由于 $K=\lim\limits_{s\to 0}G(s)$，可得其开环稳态增益矩阵

$$K=\begin{bmatrix}0.836 & 0.239 & -0.020\\ 0.283 & -0.318 & 0.086\\ -0.178 & 0.035 & -0.238\end{bmatrix}$$

其行列式的值

$$\det K=0.074$$

其逆矩阵

$$K^{-1}=\begin{bmatrix}0.980 & 0.758 & 0.192\\ 0.703 & -2.734 & -1.048\\ -0.629 & -0.967 & -4.508\end{bmatrix}$$

对 K^{-1} 转置，可得

$$\boldsymbol{H}=(\boldsymbol{K}^{-1})^{\mathrm{T}}=\begin{bmatrix}0.980 & 0.703 & -0.629\\ 0.758 & -2.734 & -0.967\\ 0.192 & -1.048 & -4.508\end{bmatrix}$$

由式(7.85)可得相关增益矩阵

$$\boldsymbol{\Lambda}=\boldsymbol{KH}=\begin{bmatrix}0.820 & 0.168 & 0.013\\ 0.215 & 0.869 & -0.083\\ -0.034 & -0.037 & 1.071\end{bmatrix}$$

利用 RGA 方法计算的相关增益矩阵 $\boldsymbol{\Lambda}$ 所确定的被控参数和控制量的对应关系见表 7.3。

表 7.3　用 RGA 计算的某型变循环发动机相关增益矩阵

控制量 / 被控参数	$q_{m,\mathrm{f}}$	A_8	$A_{5\,\mathrm{II}}$
$n_{\mathrm{L,cor}}$	0.820	0.168	0.013
$p_{\mathrm{s},5}/p_{2.5}$	0.215	0.869	−0.083
$p_{5\,\mathrm{II}}/p_{\mathrm{s},6}$	−0.034	−0.037	1.071

(2) 基于传感器的控制模式。 选择 $\boldsymbol{x},\boldsymbol{u}$ 与(1) 相同,选择

$$\boldsymbol{y}=[p_5/p_2 \quad n_{\mathrm{L,cor}} \quad p_5/p_{5\,\mathrm{II}}]^{\mathrm{T}}$$

根据某型变循环发动机在 $H=0$,$Ma=0$ 且高功率状态时的数学模型,利用 BRG 方法计算的基于传感器控制模式的被控参数与控制量相关增益矩阵见表 7.4。

表 7.4　某型变循环发动机基于传感器控制模式的相关增益矩阵

控制量 / 被控参数	$q_{m,\mathrm{f}}$	A_8	$A_{5\,\mathrm{II}}$
$p_{\mathrm{s},5}/p_2$	0.54	0.48	−0.02
$n_{\mathrm{L,cor}}$	0.46	0.54	−0.01
$p_5/p_{5\,\mathrm{II}}$	0.0	−0.02	1.02

(3) 基于模型的控制模式。 选择 $\boldsymbol{x},\boldsymbol{u}$ 与(1) 相同,被控参数为发动机推力 F、温度比 T_5/T_2 和压比 $p_5/p_{5\,\mathrm{II}}$。根据某型变循环发动机在 $H=0$,$Ma=0$ 且高功率状态时的数学模型,利用 BRG 方法计算的基于模型控制模式的被控参数与控制量相关增益矩阵见表 7.5。

表 7.5　某型变循环发动机基于模型控制模式的相关增益矩阵

控制量 / 被控参数	$q_{m,\mathrm{f}}$	A_8	$A_{5\,\mathrm{II}}$
F	0.73	0.28	−0.01
T_5/T_2	0.27	0.75	−0.02
$p_5/p_{5\,\mathrm{II}}$	0.0	−0.03	1.03

2. 某型涡扇发动机相关增益矩阵计算

(1) 基于模型的基本模式的 RGA。其控制量为主燃油供油量 $q_{m,\mathrm{f}}$、尾喷管喉部面积 A_8，其被控参数为发动机的推力 F 和发动机的压比 $\pi_{\mathrm{E}}=p_6/p_2$。在飞行包线内选择 $H=15$ km，$Ma=1.3$，低压转子转速 $n_{\mathrm{L}}=0.94n_{\mathrm{L,d}}$ 作为计算点，发动机数学模型系数矩阵

$$\boldsymbol{A}=\begin{bmatrix}-0.705 & -0.286\\ 0.963 & -1.869\end{bmatrix},\quad \boldsymbol{B}=\begin{bmatrix}0.205 & 0.282\\ 0.250 & 0.736\end{bmatrix}$$

$$\boldsymbol{C}=\begin{bmatrix}-0.031 & 1.780\\ 0.024 & 1.452\end{bmatrix},\quad \boldsymbol{D}=\begin{bmatrix}0.515 & -0.669\\ 0.241 & -1.196\end{bmatrix}$$

其中 $$g_{11}(s)=\frac{0.515s^2+1.777s+1.496}{s^2+2.574s+1.593},\quad g_{12}(s)=\frac{-0.669s^2-0.403s+0.350}{s^2+2.574s+1.593}$$

$$g_{21}(s)=\frac{0.241s^2+0.987s+0.933}{s^2+2.574s+1.593},\quad g_{22}(s)=\frac{-1.196s^2-2.003s-0.751}{s^2+2.574s+1.593}$$

根据 $\boldsymbol{G}(s)$ 可得其开环增益矩阵

$$\boldsymbol{K}=\begin{bmatrix}0.939 & 0.220\\ 0.586 & -0.471\end{bmatrix}$$

$$\boldsymbol{H}=(\boldsymbol{K}^{-1})^{\mathrm{T}}=\begin{bmatrix}0.825 & 0.385\\ 1.026 & -1.644\end{bmatrix}$$

计算得到的基本模式的相关增益矩阵见表 7.6。

表 7.6 基本模式的相关增益矩阵

控制量 / 被控参数	$q_{m,\mathrm{f}}$	A_8
F	0.77	0.23
π_{E}	0.23	0.77

(2) 基于模型的可操作模式的 RGA。其控制量为主燃油供油量 $q_{m,\mathrm{f}}$、尾喷管喉部面积 A_8，其被控参数为发动机的推力 F 和风扇失速裕度 SMF。在飞行包线内选择 $H=18$ km，$Ma=1.5$，低压转子转速 $n_{\mathrm{L}}=0.95n_{\mathrm{L,d}}$ 作为计算点，发动机数学模型的系数矩阵

$$\boldsymbol{A}=\begin{bmatrix}-0.516 & -0.196\\ 0.643 & -1.356\end{bmatrix},\quad \boldsymbol{B}=\begin{bmatrix}0.145 & 0.210\\ 0.181 & 0.538\end{bmatrix}$$

$$\boldsymbol{C}=\begin{bmatrix}0.046 & 1.791\\ 2.559 & -5.564\end{bmatrix},\quad \boldsymbol{D}=\begin{bmatrix}0.557 & -0.728\\ -0.575 & 4.887\end{bmatrix}$$

其中 $$g_{11}(s)=\frac{0.557s^2+1.373s+0.802}{s^2+1.871s+0.825},\quad g_{12}(s)=\frac{-0.728s^2-0.390s+0.146}{s^2+1.871s+0.825}$$

$$g_{21}(s)=\frac{-0.575s^2-1.709s+1.1}{s^2+1.871s+0.825},\quad g_{22}(s)=\frac{4.887s^2+6.691s+2.197}{s^2+1.871s+0.825}$$

根据 $\boldsymbol{G}(s)$ 可得其开环增益矩阵

$$\boldsymbol{K}=\begin{bmatrix}0.972 & 0.177\\ -1.333 & 2.663\end{bmatrix}$$

$$\boldsymbol{H}=(\boldsymbol{K}^{-1})^{\mathrm{T}}=\begin{bmatrix}0.943 & -0.063\\ 0.472 & 0.344\end{bmatrix}$$

计算得到的可操作模式的相关增益矩阵见表 7.7。

表 7.7　可操作模式的相关增益矩阵

控制量 / 被控参数	$q_{m,f}$	A_8
F	0.92	0.08
SMF	0.08	0.92

以上的分析和计算,可以总结如下几点:

(1) 表 7.3 至表 7.7 中的相关增益系数数据表示了发动机被控参数与控制量之间的相关性,也即表示了控制量对被控参数影响的程度,系数值越接近于 1,其影响就越大。因此可以根据表中数据选择被控参数及其相应的控制量。

(2) 正确的控制结构设计其相关增益系数 λ_{ij} 应为 $0\leqslant\lambda_{ij}\leqslant 1$。

(3) 如果某一被控参数与其控制量的相关系数接近于 1,而其所在行和列的其他增益系数接近于 0,则可认为该被控参数完全由其控制量控制,而不受其他控制量影响。在这种情况下,一个多变量控制系统可以分解为 SISO 和低阶 MIMO 系统。例如,表 7.3 至表 7.5 所示的相关增益矩阵可将 3×3 的系统分解为 2×2 和 1×1 的系统。

(4) 相关增益系数是根据稳态增益计算的,它不反映动态过程中被控参数与控制量之间的相关关系,动态过程中的相关增益系数还有待于进一步研究。尽管如此,稳态增益系数对正确确定控制量与被控参数一一对应关系,仍然有着重要意义。

(5) 不同的控制模式有不同的发动机数学模型描述,因此,即使是同样一对控制量与被控参数,对不同的控制模式有不同的相关增益系数。在发动机多变量控制系统设计时,不同的控制模式应有不同的控制量与被控参数的选择,或者说改变控制模式,应重新计算相关增益矩阵。控制量与被控参数的选择不是唯一的。

(6) 飞行条件和发动机工作状态变化,由于发动机特性变化,同样一对控制量与被控参数的相关性也将变化。因此,不能仅根据某一飞行状态和某一工作状态的相关增益矩阵来选择控制量与被控制参数,而应根据多个飞行状态和多个工作状态的增益矩阵,综合分析后,再对控制量与被控参数作正确的选择。

(7) 对于新一代航空发动机,可作为控制量和可作为被控参数的物理量很多,从其中正确选择少数几个控制量和被控参数并不是一件简单的工作,因为存在大量的参数组合,若再考虑不同飞行状态、不同工作状态及不同控制模式，将使相关增益矩阵计算不仅工作量很大，而且非常复杂。虽然如此，为了保证新一代航空发动机高的性能指标，被控参数与控制量的相关性研究、分析、计算与确定是至关重要的工作。

7.6 变循环发动机控制模式选择及融合

7.6.1 智能控制的意义

变循环发动机在飞行包线内的不同工作点，可以在基本模式的高功率状态(即涡喷发动机工作模式的超声速巡航和最大推力状态)工作，或在低功率状态(即涡扇发动机工作模式的亚声速巡航和慢车状态)工作，也可以在可操作模式(失速裕度模式)状态工作。为了保证发动机在不同工作点和不同模式下工作时控制系统都具有良好的鲁棒性能，需要利用不同参数的控制器对发动机进行控制。为实现这一要求可以选择一个或几个反映发动机状态变化的参数作为调度变量，当工作点或工作模式变化时通过调度变量调度不同的控制器来实现控制，这就是模式选择的基本概念。

在模式选择中存在着工作点、工作模式和控制器之间的逻辑关系，也即逻辑选择问题。先进的逻辑选择是根据不同的工作点和不同的工作模式自动选择相应的控制器；控制器之间转换时控制量按一定规律平滑过渡；保证发动机在任何情况下都能达到要求的性能。这就是基于模型的智能数字发动机控制 MoBIDEC(Model-Based Intelligent Digital Engine Control)的基本意义。逻辑选择是一项非常复杂和关键的技术。

7.6.2 模式选择

在闭环控制系统中，将被控参数与其参考输入比较后的误差作为控制器的输入量。图 7.37 表示一种简单的在线模式选择原理图。图中，e_F 为推力误差；e_{EPRS} 为 $p_{s,5}/p_2$ 的误差；e_{LEPR} 为 $p_5/p_{5\text{II}}$ 的误差；e_{ETR} 为温度比 T_5/T_2 的误差；e_{SMF} 为风扇失速裕度误差；PC(Power Code) 表示工作模式选择指令，SMR(Stall Margin Rate) 表示风扇失速裕度与风扇失速裕度极限值之比；G. S. (Gain Schuduling) 表示增益调度。K_1，K_2，K_3 相应于低功率模式控制器、高功率模式控制器和风扇失速裕度模式控制器，A_1，A_2，A_3 分别表示低功率模式选择信号、高功率模式选择信号和风扇失速裕度选择信号，信号 $A_i \in [0,1]$，$i=1,2,3$。K_1 控制器的误差输入信号为 e_F，e_{EPRS} 和 e_{LEPR}，相应于低功率基本控制模式的工作信号；K_2 控制器的误差输入信号为 e_F，e_{ETR} 和 e_{LEPR}，相应于高功率基本控制模式的工作信号；K_3 控制器的误差输入信号为 e_F，e_{SMF} 和 e_{LEPR}，相应于可操作模式的风扇失速裕度工作信号。每一个控制器根据工作点通过 G. S. 调度 3 个控制器的输出 $q_{m,f}$，A_8 和 $A_{5\text{II}}$。控制器可以是 PI 控制器、KQ 控制器、H_∞ 控制器或其他类型控制器。

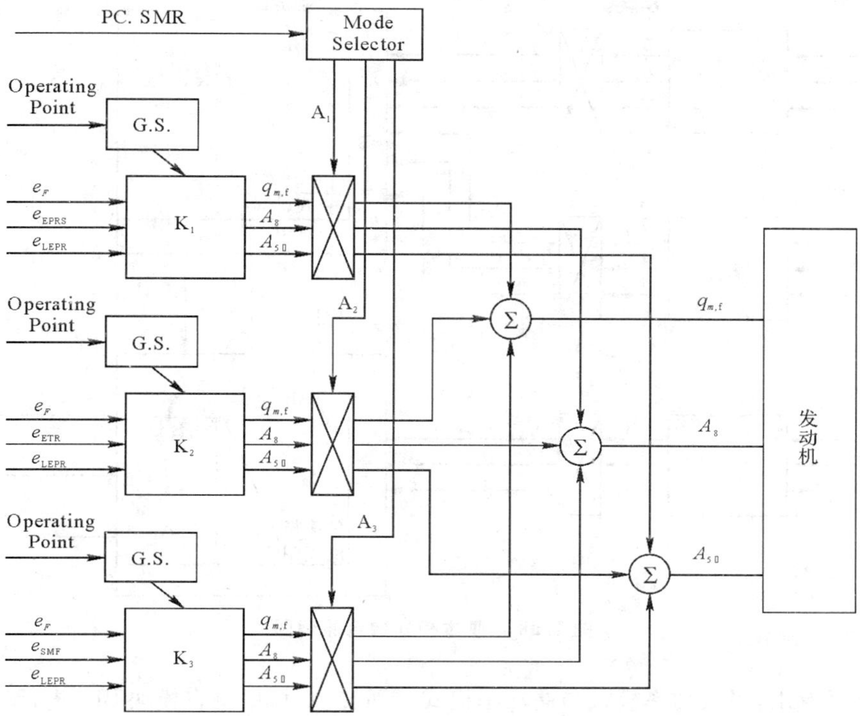

图 7.37　先进的在线模式选择原理图

模式选择器根据 PC 指令和 SMR 指令输出选择信号 A_1，A_2 和 A_3。当 PC 为低功率指令时，$A_1=1$，这时由 K_1 控制器的输出量 $q_{m,f}$，A_8 和 $A_{5Ⅱ}$ 控制发动机，使发动机在涡扇发动机状态工作；当 PC 为高功率指令时，$A_2=1$，这时由 K_2 控制器的输出量控制发动机，使发动机在涡喷发动机状态工作；当指令为 SMR 时，$A_3=1$，这时 K_3 控制器的输出量控制发动机，使发动机保持风扇失速裕度为最小值。风扇失速裕度模式是根据飞行控制计算机预测的进气道畸变确定风扇是否接近失速裕度，从而确定是否发出 SMR 信号。SMR 信号对 PC 信号具有优先选择权，以保证风扇失速裕度不低于最小允许值，使发动机安全工作，同时保证发动机能产生一定的推力。当 $A_i(i=1,2,3)$ 在[0,1]之间时，模式选择器按一定关系计算出相应的各 A_i 值，然后按 A_i 值计算各控制器的输出。

7.6.3　模式融合

在工作模式转换过程中需要控制器切换，此时应保证控制量 $q_{m,f}$，A_8 和 $A_{5Ⅱ}$ 的平滑变化，以保证发动机工作状态平稳过渡，此时需要对控制量进行融合，基本模式的融合原理如图7.38所示。

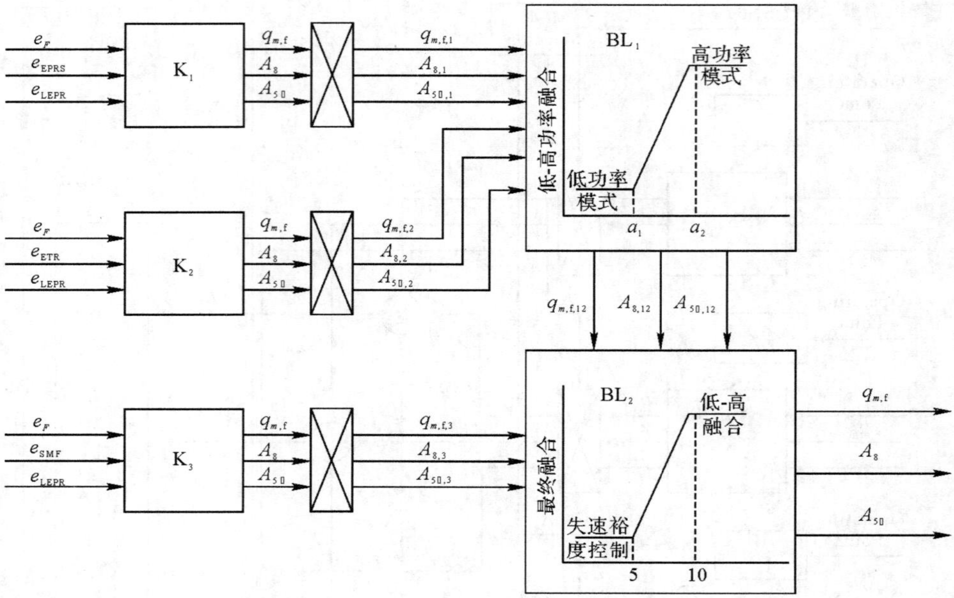

图 7.38　基本模式融合原理图

由图可以看出，当低功率模式与高功率模式之间转换时，由融合模块 BL_1 进行控制量的转换，当 $PC \leqslant a_1$ 时，由 K_1 控制器的输出控制发动机；当 $PC \geqslant a_2$ 时，由 K_2 控制器的输出控制发动机；当 $a_1 < PC < a_2$ 时，由 K_1 与 K_2 输出的控制量按一定规律融合后输出 $q_{m,f,12}$，$A_{8,12}$，$A_{5Ⅱ,12}$，这一组输出在 BL_2 中与 K_3 控制器输出进一步融合。当失速裕度 $SMF \geqslant 10$ 时，由 K_1，K_2 输出经融合后的控制量控制发动机；当 $SMF \leqslant 5$ 时，由 K_3 控制器的输出量 $q_{m,f,3}$，$A_{8,3}$，$A_{5Ⅱ,3}$ 控制发动机；当 $5 < SMF < 10$ 时，BL_1 与 BL_2 的相应控制量按一定规律融合，最终输出为 $q_{m,f}$，A_8 和 $A_{5Ⅱ}$。

图 7.38 中的 BL_1 与 BL_2 中仅示意地画出一条线，实际上 3 个控制量有三种不同的融合规律。

控制模式的选择与融合是相当复杂的问题，涉及模式选择与融合规则、选择融合器的结构、参数排序技术、校正规则及系统鲁棒稳定性和鲁棒性能等问题，许多问题目前还在更深入地研究和发展之中。有效的模式选择与融合技术可以有效地改善战斗机性能，例如可使护航任务的性能提高 24%。

习　题

7.1　试述航空发动机 LPV 控制系统的意义。

7.2　试分析被控对象 LPV 模型的意义，说明它与非线性时不变模型有何不同。

7.3　建立被控对象 LPV 模型有哪些方法？如何利用这些方法建立 LPV 模型？

7.4　试用雅克比线性化建模方法建立以发动机燃烧室压力为调度变量的 LPV 模型。

7.5　试述航空发动机多变量控制系统 KQ 设计方法的意义。

7.6　试述 KQ 设计方法的基本原理与基本算法。

7.7　航空发动机多变量控制系统 KQ 设计方法中期望的设计要求有哪些？如何满足这些要求？

7.8　航空发动机 LPV 控制系统调度增益如何表示？

7.9　试述 LMI 方法的意义。

7.10　试用图形说明区域极点配置的意义。

7.11　什么是二次 D-稳定和二次 H_∞ 性能指标？

7.12　如何利用多胞模型设计 LPV 控制器？

7.13　为什么要对航空发动机多变量控制系统控制参数进行选择？如何选择？

7.14　试述相关增益系数的意义。

7.15　试述航空发动机智能控制的意义和模式选择与融合方法。

第 8 章　飞行 / 推进系统综合控制

8.1 概　述

在第 1 章中已简要介绍了飞机及推进系统(即动力装置)各部分之间交互作用的基本概念。对交互作用的影响,可以通过表 8.1 得到更清楚的了解。由该表可以看出各部分之间的交互作用对系统的动态性能和稳定性的影响是严重的,为此必须加以研究和解决。

表 8.1　飞机 / 进气道 / 发动机交互影响

飞机型号	交互作用部分	交互作用影响
F-104	飞机 / 进气道	发散的横向振荡
F-111	发动机 / 进气道	畸变系数超过限定值
YF-12	飞机 / 进气道 / 发动机	不稳定的荷兰滚及长周期振荡

传统的飞机控制系统是按照飞行控制与推进系统控制相对独立的设计原则来设计的,对具体的飞行任务则需要协调飞行控制与推进系统控制的指令,例如地形跟踪飞行,就需要驾驶员进行协调,驾驶员起了综合控制器的作用。然而在更为复杂的飞行情况下,依靠驾驶员来解决各部分之间的交互影响达到综合控制的目的是不可能的。

现代飞机的性能要求愈来愈高,为了达到高的性能要求,必须依靠带有矢量推力 / 反推力喷管的推进系统提供的矢量推力和力矩来提高飞机飞行性能。因此,对现代作战飞机来讲,飞机与推进系统的相互作用、推进系统各部分之间的相互作用更为突出,这就必须通过飞行 / 推进系统综合控制来正确地协调飞机、进气道、发动机和喷管各部分的控制作用。飞行 / 推进系统综合控制的目的就在于保证包括飞机、进气道、发动机和喷管在内的综合系统具有最佳性能和良好的稳定性,同时最大限度地减轻驾驶员的负担。

在飞行 / 推进系统综合控制研究中,把相对独立的每部分称为一个子系统,因此,飞行 / 推进系统包括飞机、进气道、发动机和喷管各子系统。若飞行 / 推进系统的数学模型为

$$\dot{\boldsymbol{x}} = \boldsymbol{A}\boldsymbol{x} + \boldsymbol{B}\boldsymbol{u} \tag{8.1}$$

$$\boldsymbol{y} = \boldsymbol{F}\boldsymbol{x} + \boldsymbol{G}\boldsymbol{u} \tag{8.2}$$

则各子系统的数学模型为

$$\dot{\boldsymbol{x}}_i = \boldsymbol{A}_i\boldsymbol{x}_i + \boldsymbol{B}_i\boldsymbol{u}_i + \sum_{\substack{j=1\\ j\neq i}}^{n}\boldsymbol{C}_{ij}\boldsymbol{y}_j \qquad (j=1,2,\cdots,n) \tag{8.3}$$

$$\boldsymbol{y}_i = \boldsymbol{F}_i \boldsymbol{x}_i + \boldsymbol{G}_i \boldsymbol{u}_i + \sum_{\substack{j=1 \\ j \neq 1}}^{n} \boldsymbol{H}_{ij} \boldsymbol{y}_j \qquad (j = 1, 2, \cdots, n) \tag{8.4}$$

式中　$\boldsymbol{x}_i, \boldsymbol{y}_i, \boldsymbol{u}_i$—— 分别表示第 i 个子系统的状态变量、输出变量和控制作用量；

$\boldsymbol{A}_i, \boldsymbol{B}_i, \boldsymbol{F}_i, \boldsymbol{G}_i$—— 表示第 i 个子系统相应的系数矩阵；

$\boldsymbol{C}_{ij}, \boldsymbol{H}_{ij}$—— 表示第 j 个子系统对第 i 个子系统连接矩阵。

飞行 / 推进系统的稳定性和动态特性取决于综合系统矩阵 $\boldsymbol{A}$ 的特征值。若 $\boldsymbol{\Lambda}$ 表示矩阵 $\boldsymbol{A}$ 的约当(Jordan) 标准形，则有

$$\boldsymbol{AT} = \boldsymbol{T\Lambda}$$

式中，$\boldsymbol{T}$ 为矩阵 $\boldsymbol{A}$ 的正交变换矩阵。

对于初值问题

$$\dot{\boldsymbol{x}}(t) = \boldsymbol{Ax}(t)$$

$$\boldsymbol{x}(0) = \boldsymbol{x}_0$$

的解可表示为

$$\boldsymbol{x}(t) = \mathrm{e}^{\boldsymbol{A}t}\boldsymbol{x}_0 = \boldsymbol{T}\mathrm{e}^{\boldsymbol{\Lambda}t}\boldsymbol{T}^{-1}\boldsymbol{x}_0 = \boldsymbol{C}_1 x_1(t) + \boldsymbol{C}_2 x_2(t) + \cdots + \boldsymbol{C}_n x_n(t) \tag{3.5}$$

式中

$$\boldsymbol{T}[\boldsymbol{C}_1 \quad \boldsymbol{C}_2 \quad \cdots \quad \boldsymbol{C}_n]^{\mathrm{T}} = \boldsymbol{x}_0$$

$$\boldsymbol{T}\mathrm{e}^{\boldsymbol{\Lambda}t} = [\boldsymbol{x}_1(t) \quad \boldsymbol{x}_2(t) \quad \cdots \quad \boldsymbol{x}_n(t)]^{\mathrm{T}}$$

由式(8.5) 可知各子系统之间的相互关系，它取决于变换矩阵 $\boldsymbol{T}$；综合系统的稳定性和动态响应取决于对角矩阵 $\boldsymbol{\Lambda}$。

由以上可知，飞行 / 推进系统综合控制的研究内容包括各子系统数学模型的建立；各子系统耦合关系的确定；综合系统数学模型推导；保证综合系统具有最佳动态特性和稳定性的控制方法研究；综合控制系统特征值计算与系统性能分析等。

采用飞行 / 推进系统综合控制，以使发动机推力最大、耗油率最低或发动机使用寿命最长，也是当前研究的重要课题。为此，本章将简要介绍一种保证综合飞行 / 推进系统综合性能最优的控制 —— 性能寻优控制。

8.2　带矢量推力的飞行 / 推进系统最优控制

8.2.1　飞行 / 推进系统子系统数学模型

由于带矢量推力的飞行 / 推进系统动力学很复杂，本节对其数学模型仅作简化推导，以使读者对综合系统的控制有一初步了解。

1. 飞机纵向运动数学模型

飞机纵向运动受力如图 8.1 所示。图中，v 为飞行速度，γ 为航迹角；θ 为俯仰角；α 为攻角；δ_g 为矢量喷管偏转角；ψ 为发动机安装角；l 是飞机重心 O 到推力线的垂直距离；F_D 为气动阻力；

F_L 为升力；F 为发动机推力；M 为俯仰力矩；G 为飞机重力，$G=mg$。

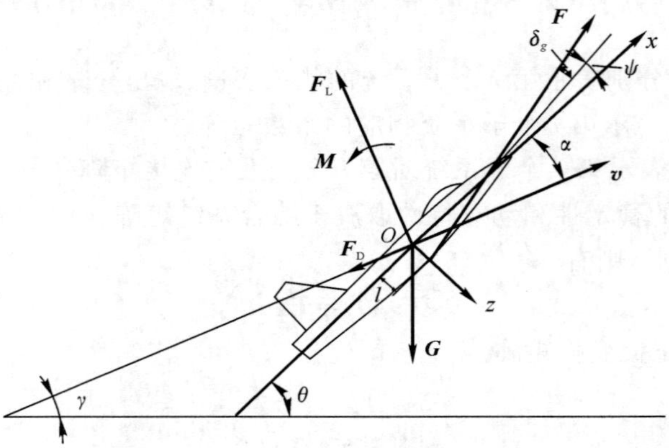

图 8.1　飞机纵向运动受力示意图

由图 8.1 可得以下方程：

$$m\frac{\mathrm{d}v}{\mathrm{d}t}=F\cos(\alpha+\delta_g+\psi)-F_D-mg\sin\gamma \tag{8.6}$$

$$mv\frac{\mathrm{d}\gamma}{\mathrm{d}t}=F\sin(\alpha+\delta_g+\psi)+F_L-mg\cos\gamma \tag{8.7}$$

$$I\frac{\mathrm{d}q}{\mathrm{d}t}=M+Fl(\delta_g) \tag{8.8}$$

式中　q —— 俯仰角速率；

I —— 转动惯量。

此外，还有如下两个运动方程：

$$\frac{\mathrm{d}\theta}{\mathrm{d}t}=q \tag{8.9}$$

$$\frac{\mathrm{d}H}{\mathrm{d}t}=v\sin\gamma \tag{8.10}$$

以上 5 个方程为飞机纵向运动方程。其中，式(8.6) 为沿质心轨迹的切向方程；式(8.7) 为沿质心轨迹的法向方程；式(8.9) 为俯仰角速率方程；式(8.10) 为高度变化率方程。

由理论力学知，法向(或向心) 加速度为

$$a_n=v^2/R$$

式中　v —— 切向速度，即飞行速度；

R —— 质心轨迹曲率半径。

由于速度为轨迹弧长对时间的导数，即

$$v=\mathrm{d}s/\mathrm{d}t$$

对微段弧长，$\Delta s = R\Delta\gamma$，取微分时为 $\mathrm{d}s = R\mathrm{d}\gamma$，因此

$$a_n = \frac{v^2}{R} = v\,\frac{1}{R}\,\frac{\mathrm{d}s}{\mathrm{d}t} = v\,\frac{R}{R}\,\frac{\mathrm{d}\gamma}{\mathrm{d}t} = v\,\frac{\mathrm{d}\gamma}{\mathrm{d}t}$$

$$m\,a_n = m\,v\,\frac{\mathrm{d}\gamma}{\mathrm{d}t}$$

这就是式(8.7)等号左端部分。

升力 F_L、阻力 F_D 与飞行速度 v、空气密度 ρ、攻角 α、升降舵转角 δ_c 及矢量喷管偏转角 δ_g 有关，即

$$F_L = F_L(v,\rho,\alpha,\delta_c,\delta_g)$$

$$F_D = F_D(v,\rho,\alpha,\delta_c,\delta_g)$$

俯仰力矩 M 除与 $v,\rho,\alpha,\delta_c,\delta_g$ 有关外，还与攻角变化速率 $\dot{\alpha}$、俯仰角速率 q 有关，即

$$M = M(v,\rho,\alpha,\dot{\alpha},q,\delta_c,\delta_g)$$

将 F_L,F_D,M 各函数展开为泰勒级数并取一次项，得

$$F_L = F_{L0} + \left(\frac{\partial F_L}{\partial v}\right)_0 \Delta v + \left(\frac{\partial F_L}{\partial \alpha}\right)_0 \Delta\alpha + \left(\frac{\partial F_L}{\partial \rho}\right)_0 \Delta\rho + \left(\frac{\partial F_L}{\partial \delta_c}\right)_0 \Delta\delta_c + \left(\frac{\partial F_L}{\partial \delta_g}\right)_0 \Delta\delta_g \tag{8.11}$$

$$F_D = F_{D0} + \left(\frac{\partial F_D}{\partial v}\right)_0 \Delta v + \left(\frac{\partial F_D}{\partial \alpha}\right)_0 \Delta\alpha + \left(\frac{\partial F_D}{\partial \rho}\right)_0 \Delta\rho + \left(\frac{\partial F_D}{\partial \delta_c}\right)_0 \Delta\delta_c + \left(\frac{\partial F_D}{\partial \delta_g}\right)_0 \Delta\delta_g \tag{8.12}$$

$$\begin{aligned} M = M_0 &+ \left(\frac{\partial M}{\partial v}\right)_0 \Delta v + \left(\frac{\partial M}{\partial \alpha}\right)_0 \Delta\alpha + \left(\frac{\partial M}{\partial \dot{\alpha}}\right)_0 \Delta\dot{\alpha} + \left(\frac{\partial M}{\partial q}\right)_0 \Delta q + \\ &\left(\frac{\partial M}{\partial \rho}\right)_0 \Delta\rho + \left(\frac{\partial M}{\partial \delta_c}\right)_0 \Delta\delta_c + \left(\frac{\partial M}{\partial \delta_g}\right)_0 \Delta\delta_g \end{aligned} \tag{8.13}$$

式中

$$\Delta\dot{\alpha} = \frac{\mathrm{d}(\Delta\alpha)}{\mathrm{d}t}$$

大气密度 ρ 为飞行高度 H 及大气温度 T 的函数，即

$$\rho = \rho(H,T)$$

将其展开为泰勒级数并取一次项，得

$$\rho = \rho_0 + \left(\frac{\partial \rho}{\partial H}\right)_0 \Delta H + \left(\frac{\partial \rho}{\partial T}\right)_0 \Delta T$$

假定在小偏离范围内大气温度变化很小，即 $\Delta T = 0$，则上式变为

$$\rho = \rho_0 + \left(\frac{\partial \rho}{\partial H}\right)_0 \Delta H \tag{8.14}$$

由于 $\gamma = \theta - \alpha$，因此有

$$\Delta\gamma = \Delta\theta - \Delta\alpha \tag{8.15}$$

考虑式(8.11)至式(8.15)和 $\Delta F_L = F_L - F_{L0}$，$\Delta F_D = F_D - F_{D0}$，$\Delta M = M - M_0$ 后，式(8.6)线性化方程为

$$\frac{\mathrm{d}\Delta v}{\mathrm{d}t} = -\frac{1}{m}\left(\frac{\partial F_D}{\partial v}\right)_0 \Delta v + \frac{1}{m}\left[mg\cos(\theta_0 - \alpha_0) - F_0\sin(\alpha_0 + \delta_{g0} + \psi) - \left(\frac{\partial F_D}{\partial \alpha}\right)_0\right]\Delta\alpha -$$

$$g\cos(\theta_0-\alpha_0)\Delta\theta-\frac{1}{m}\left(\frac{\partial F_D}{\partial\rho}\right)_0\left(\frac{\partial\rho}{\partial H}\right)_0\Delta H-\frac{1}{m}\left(\frac{\partial F_D}{\partial\delta_c}\right)_0\Delta\delta_c-$$

$$\left[F_0\sin(\alpha_0+\delta_{g0}+\psi)+\left(\frac{\partial F_D}{\partial\delta_g}\right)_0\right]\Delta\delta_g+\frac{1}{m}\cos(\alpha_0+\delta_{g0}+\psi)\Delta F$$

令

$$a_{A11}=-\frac{1}{m}\left(\frac{\partial F_D}{\partial v}\right)_0$$

$$a_{A12}=\frac{1}{m}\left[mg\cos(\theta_0-\alpha_0)-F_0\sin(\alpha_0+\delta_{g0}+\psi)-\left(\frac{\partial F_D}{\partial\alpha}\right)_0\right]$$

$$a_{A14}=-g\cos(\theta_0-\alpha_0)$$

$$a_{A15}=-\frac{1}{m}\left(\frac{\partial F_D}{\partial\rho}\right)_0\left(\frac{\partial\rho}{\partial H}\right)_0$$

$$b_{A11}=-\frac{1}{m}\left(\frac{\partial F_D}{\partial\delta_c}\right)_0$$

$$b_{A12}=-\frac{1}{m}\left[F_0\sin(\alpha_0+\delta_{g0}+\psi)+\left(\frac{\partial F_D}{\partial\delta_g}\right)_0\right]$$

$$c_{A1}=\frac{1}{m}\cos(\alpha_0+\delta_{g0}+\psi)$$

则式(8.6)的线性化方程可表示为

$$\Delta\dot{v}=a_{A11}\Delta v+a_{A12}\Delta\alpha+a_{A14}\Delta\theta+a_{A15}\Delta H+b_{A11}\Delta\delta_c+b_{A12}\Delta\delta_g+c_{A1}\Delta F$$

为书写方便,将增量符号 Δ 去掉,上式为

$$\dot{v}=a_{A11}v+a_{A12}\alpha+a_{A14}\theta+\alpha_{A15}H+b_{A11}\delta_c+b_{A12}\delta_g+c_{A1}F \tag{8.16}$$

必须注意,式(8.16)中各变量均为小增量。

将式(8.7)线性化处理,得

$$mv_0\frac{d\Delta\gamma}{dt}=\sin(\alpha_0+\delta_{g0}+\psi)\Delta F+F_0\cos(\alpha_0+\delta_{g0}+\psi)\Delta\alpha+F_0\cos(\alpha_0+\delta_{g0}+\psi)\Delta\delta_g-$$

$$mg\sin(\theta_0-\alpha_0)\Delta\theta+mg\sin(\theta_0-\alpha_0)\Delta\alpha+\left(\frac{\partial F_L}{\partial v}\right)_0\Delta v+\left(\frac{\partial F_L}{\partial\alpha}\right)_0\Delta\alpha+$$

$$\left(\frac{\partial F_L}{\partial\rho}\right)_0\left(\frac{\partial\rho}{\partial H}\right)_0\Delta H+\left(\frac{\partial F_L}{\partial\delta_c}\right)_0\Delta\delta_c+\left(\frac{\partial F_L}{\partial\delta_g}\right)_0\Delta\delta_g$$

考虑式(8.15)后将上式整理,得

$$\frac{d\Delta\alpha}{dt}=-\frac{1}{mv_0}\left(\frac{\partial F_L}{\partial v}\right)_0\Delta v-\frac{1}{mv_0}\left[mg\cos(\theta_0-\alpha_0)+F_0\cos(\alpha_0+\delta_{g0}+\psi)+\left(\frac{\partial F_L}{\partial\alpha}\right)_0\right]\Delta\alpha+$$

$$\Delta q+\frac{g}{v_0}\sin(\theta_0-\alpha_0)\Delta\theta-\frac{1}{mv_0}\left(\frac{\partial F_L}{\partial\rho}\right)_0\left(\frac{\partial\rho}{\partial H}\right)_0\Delta H-\frac{1}{mv_0}\left(\frac{\partial F_L}{\partial\delta_c}\right)_0\Delta\delta_c-$$

$$\frac{1}{mv_0}\sin(\alpha_0+\delta_{g0}+\psi)\Delta F-\frac{1}{mv_0}\left[F_0\cos(\alpha_0+\delta_{g0}+\psi)+\left(\frac{\partial F_L}{\partial\delta_g}\right)_0\right]\Delta\delta_g$$

令

$$a_{A21}=-\frac{1}{mv_0}\left(\frac{\partial F_L}{\partial v}\right)_0$$

$$a_{A22}=-\frac{1}{mv_0}\left[mg\cos(\theta_0-\alpha_0)+F_0\cos(\alpha_0+\delta_{g0}+\psi)+\left(\frac{\partial F_L}{\partial\alpha}\right)_0\right]$$

$$a_{A23}=1$$

$$a_{A24}=\frac{g}{v_0}\sin(\theta_0-\alpha_0)$$

$$a_{A25}=-\frac{1}{mv_0}\left(\frac{\partial F_L}{\partial\rho}\right)_0\left(\frac{\partial\rho}{\partial H}\right)_0$$

$$b_{A21}=-\frac{1}{mv_0}\left(\frac{\partial F_L}{\partial\delta_c}\right)_0$$

$$b_{A22}=-\frac{1}{mv_0}\left[F_0\cos(\alpha_0+\delta_{g0}+\psi)+\left(\frac{\partial F_L}{\partial\delta_g}\right)_0\right]$$

$$c_{A2}=-\frac{1}{mv_0}\sin(\alpha_0+\delta_{g0}+\psi)$$

则式(8.7)的线性化方程可表示为

$$\Delta\dot{\alpha}=a_{A21}\Delta v+a_{A22}\Delta\alpha+a_{A23}\Delta q+a_{A24}\Delta\theta+a_{A25}\Delta H+b_{A21}\Delta\delta_c+b_{A22}\Delta\delta_g+c_{A2}\Delta F$$

或写为

$$\dot{\alpha}=a_{A21}v+a_{A22}\alpha+a_{A23}q+a_{A24}\theta+a_{A25}H+b_{A21}\delta_c+b_{A22}\delta_g+c_{A2}F \tag{8.17}$$

式(8.17)中各变量均为小增量。

将式(8.8)线性化处理，得

$$I\frac{\mathrm{d}\Delta q}{\mathrm{d}t}=\left(\frac{\partial M}{\partial v}\right)_0\Delta v+\left(\frac{\partial M}{\partial\alpha}\right)_0\Delta\alpha+\left(\frac{\partial M}{\partial\dot{\alpha}}\right)_0\Delta\dot{\alpha}+\left(\frac{\partial M}{\partial q}\right)_0\Delta q+\left(\frac{\partial M}{\partial\rho}\right)_0\Delta\rho+\left(\frac{\partial M}{\partial\delta_c}\right)_0\Delta\delta_c+\left(\frac{\partial M}{\partial\delta_g}\right)_0\Delta\delta_g+F_0\left(\frac{\partial l}{\partial\delta_g}\right)_0\Delta\delta_g+l(\delta_{g0})\Delta F$$

将式(8.17)代入上式并整理后，得

$$\begin{aligned}\frac{\mathrm{d}\Delta q}{\mathrm{d}t}=&\frac{1}{I}\left[\left(\frac{\partial M}{\partial v}\right)_0+\left(\frac{\partial M}{\partial\dot{\alpha}}\right)_0a_{A21}\right]\Delta v+\frac{1}{I}\left[\left(\frac{\partial M}{\partial\alpha}\right)_0+\left(\frac{\partial M}{\partial\dot{\alpha}}\right)_0a_{A22}\right]\Delta\alpha+\\&\frac{1}{I}\left[\left(\frac{\partial M}{\partial q}\right)_0+\left(\frac{\partial M}{\partial\dot{\alpha}}\right)_0a_{A23}\right]\Delta q+\frac{1}{I}\left(\frac{\partial M}{\partial\dot{\alpha}}\right)_0a_{A24}\Delta\theta+\\&\frac{1}{I}\left[\left(\frac{\partial M}{\partial\dot{\alpha}}\right)_0a_{A25}+\left(\frac{\partial M}{\partial\rho}\right)_0\left(\frac{\partial\rho}{\partial H}\right)_0\right]\Delta H+\frac{1}{I}\left[\left(\frac{\partial M}{\partial\dot{\alpha}}\right)_0b_{A21}+\left(\frac{\partial M}{\partial\delta_c}\right)_0\right]\Delta\delta_c+\\&\frac{1}{I}\left[\left(\frac{\partial M}{\partial\dot{\alpha}}\right)_0b_{A22}+F_0\left(\frac{\partial l}{\partial\delta_g}\right)_0\right]\Delta\delta_g+\\&\frac{1}{I}\left[\left(\frac{\partial M}{\partial\dot{\alpha}}\right)_0c_{A2}+l(\delta_{g0})\right]\Delta F\end{aligned}$$

令

$$a_{A31}=\frac{1}{I}\left[\left(\frac{\partial M}{\partial v}\right)_0+\left(\frac{\partial M}{\partial\dot{\alpha}}\right)_0a_{A21}\right]$$

$$a_{A32}=\frac{1}{I}\left[\left(\frac{\partial M}{\partial\alpha}\right)_0+\left(\frac{\partial M}{\partial\dot{\alpha}}\right)_0a_{A22}\right]$$

$$a_{A33}=\frac{1}{I}\left[\left(\frac{\partial M}{\partial q}\right)_0+\left(\frac{\partial M}{\partial \dot{\alpha}}\right)_0 a_{A23}\right]$$

$$a_{A34}=\frac{1}{I}\left(\frac{\partial M}{\partial \dot{\alpha}}\right)_0 a_{A24}$$

$$a_{A35}=\frac{1}{I}\left[\left(\frac{\partial M}{\partial \dot{\alpha}}\right)_0 a_{A25}+\left(\frac{\partial M}{\partial \rho}\right)_0\left(\frac{\partial \rho}{\partial H}\right)_0\right]$$

$$b_{A31}=\frac{1}{I}\left[\left(\frac{\partial M}{\partial \dot{\alpha}}\right)_0 b_{A21}+\left(\frac{\partial M}{\partial \delta_c}\right)_0\right]$$

$$b_{A32}=\frac{1}{I}\left[\left(\frac{\partial M}{\partial \dot{\alpha}}\right)_0 b_{A22}+\left(\frac{\partial M}{\partial \delta_g}\right)_0+F_0\left(\frac{\partial l}{\partial \delta_g}\right)_0\right]$$

$$c_{A3}=\frac{1}{I}\left[\left(\frac{\partial M}{\partial \dot{\alpha}}\right)_0 c_{A2}+l(\delta_{g0})\right]$$

则式(8.8)线性化方程可表示为

$$\Delta\dot{q}=a_{A31}\Delta v+a_{A32}\Delta\alpha+a_{A33}\Delta q+a_{A34}\Delta\theta+a_{A35}\Delta H+b_{A31}\Delta\delta_c+b_{A32}\Delta\delta_g+c_{A3}\Delta F$$

或写为

$$\dot{q}=a_{A31}v+a_{A32}\alpha+a_{A33}q+a_{A34}\theta+a_{A35}H+b_{A31}\delta_c+b_{A32}\delta_g+c_{A3}F \tag{8.18}$$

在式(8.18)中各变量同样表示小增量。

将式(8.9)线性化处理,得

$$\frac{\mathrm{d}\Delta\theta}{\mathrm{d}t}=\Delta q=a_{A43}\Delta q$$

或写为

$$\dot{\theta}=a_{A43}q \tag{8.19}$$

式中

$$a_{A43}=1$$

将式(8.10)线性化处理,得

$$\frac{\mathrm{d}\Delta H}{\mathrm{d}t}=\sin(\theta_0-\alpha_0)\Delta v-v_0\cos(\theta_0-\alpha_0)\Delta\alpha+v_0\cos(\theta_0-\alpha_0)\Delta\theta$$

令

$$a_{A51}=\sin(\theta_0-\alpha_0)$$

$$a_{A52}=-v_0\cos(\theta_0-\alpha_0)$$

$$a_{A54}=v_0\cos(\theta_0-\alpha_0)$$

则式(8.10)的线性化方程可写为

$$\Delta\dot{H}=a_{A51}\Delta v+a_{A52}\Delta\alpha+a_{A54}\Delta\theta$$

或表示为

$$\dot{H}=a_{A51}v+a_{A52}\alpha+a_{A54}\theta \tag{8.20}$$

同样在式(8.19)、式(8.20)中的变量均为小增量。

由式(8.16)至式(8.20)可得飞机纵向运动状态方程:

$$
\begin{bmatrix} \dot{v} \\ \dot{\alpha} \\ \dot{q} \\ \dot{\theta} \\ \dot{H} \end{bmatrix} = \begin{bmatrix} a_{\mathrm{A11}} & a_{\mathrm{A12}} & 0 & a_{\mathrm{A14}} & a_{\mathrm{A15}} \\ a_{\mathrm{A21}} & a_{\mathrm{A22}} & a_{\mathrm{A23}} & a_{\mathrm{A24}} & a_{\mathrm{A25}} \\ a_{\mathrm{A31}} & a_{\mathrm{A32}} & a_{\mathrm{A33}} & a_{\mathrm{A34}} & a_{\mathrm{A35}} \\ 0 & 0 & a_{\mathrm{A43}} & 0 & 0 \\ a_{\mathrm{A51}} & a_{\mathrm{A52}} & 0 & a_{\mathrm{A54}} & 0 \end{bmatrix} \begin{bmatrix} v \\ \alpha \\ q \\ \theta \\ H \end{bmatrix} + \begin{bmatrix} b_{\mathrm{A11}} & b_{\mathrm{A12}} \\ b_{\mathrm{A21}} & b_{\mathrm{A22}} \\ b_{\mathrm{A31}} & b_{\mathrm{A32}} \\ 0 & 0 \\ 0 & 0 \end{bmatrix} \begin{bmatrix} \delta_{\mathrm{c}} \\ \delta_{\mathrm{g}} \end{bmatrix} + \begin{bmatrix} c_{\mathrm{A1}} \\ c_{\mathrm{A2}} \\ c_{\mathrm{A3}} \\ 0 \\ 0 \end{bmatrix} F \tag{8.21}
$$

或表示为

$$
\dot{\boldsymbol{x}}_{\mathrm{A}} = \boldsymbol{A}_{\mathrm{A}} \boldsymbol{x}_{\mathrm{A}} + \boldsymbol{B}_{\mathrm{A}} \boldsymbol{u}_{\mathrm{A}} + \boldsymbol{H}_{\mathrm{AE}} y_{\mathrm{AE}} \tag{8.22}
$$

式中

$$
\boldsymbol{x}_{\mathrm{A}} = [v \quad \alpha \quad q \quad \theta \quad H]^{\mathrm{T}}
$$

$$
\boldsymbol{u}_{\mathrm{A}} = [\delta_{\mathrm{c}} \quad \delta_{\mathrm{g}}]^{\mathrm{T}}
$$

$$
y_{\mathrm{AE}} = F
$$

$$
\boldsymbol{A}_{\mathrm{A}} = \begin{bmatrix} a_{\mathrm{A11}} & a_{\mathrm{A12}} & 0 & a_{\mathrm{A14}} & a_{\mathrm{A15}} \\ a_{\mathrm{A21}} & a_{\mathrm{A22}} & a_{\mathrm{A23}} & a_{\mathrm{A24}} & a_{\mathrm{A25}} \\ a_{\mathrm{A31}} & a_{\mathrm{A32}} & a_{\mathrm{A33}} & a_{\mathrm{A34}} & a_{\mathrm{A35}} \\ 0 & 0 & a_{\mathrm{A43}} & 0 & 0 \\ a_{\mathrm{A51}} & a_{\mathrm{A52}} & 0 & a_{\mathrm{A54}} & 0 \end{bmatrix}, \quad \boldsymbol{B}_{\mathrm{A}} = \begin{bmatrix} b_{\mathrm{A11}} & b_{\mathrm{A12}} \\ b_{\mathrm{A21}} & b_{\mathrm{A22}} \\ b_{\mathrm{A31}} & b_{\mathrm{A32}} \\ 0 & 0 \\ 0 & 0 \end{bmatrix}, \quad \boldsymbol{H}_{\mathrm{AE}} = \begin{bmatrix} c_{\mathrm{A1}} \\ c_{\mathrm{A2}} \\ c_{\mathrm{A3}} \\ 0 \\ 0 \end{bmatrix}
$$

$\boldsymbol{H}_{\mathrm{AE}}$ 表示发动机推力对飞机纵向运动的影响，也即表示发动机与飞机之间的作用。

若以飞行速度 v、航迹角 γ 和俯仰角速度 q 为输出量，则飞机纵向运动输出方程为

$$
\begin{bmatrix} v \\ \gamma \\ q \end{bmatrix} = \begin{bmatrix} 1 & 0 & 0 & 0 & 0 \\ 0 & -1 & 0 & 1 & 0 \\ 0 & 0 & 1 & 0 & 0 \end{bmatrix} \begin{bmatrix} v \\ \alpha \\ q \\ \theta \\ H \end{bmatrix} \tag{8.23}
$$

或表示为

$$
\boldsymbol{y}_{\mathrm{A}} = \boldsymbol{F}_{\mathrm{fA}} \boldsymbol{x}_{\mathrm{A}} \tag{8.24}
$$

式中

$$
\boldsymbol{F}_{\mathrm{fA}} = \begin{bmatrix} 1 & 0 & 0 & 0 & 0 \\ 0 & -1 & 0 & 1 & 0 \\ 0 & 0 & 1 & 0 & 0 \end{bmatrix}
$$

在以上推导中并未将 F 分解成 F_x 及 F_z，其目的是为以下研究更为简便。

2. 进气道与发动机数学模型

在第 4 章中已介绍了超声速进气道的数学模型，这一数学模型是根据流场计算结果，采用 B 样条拟合得到的列表函数，不是用解析式表示的模型。因此在本节所研究的问题中应用时需作适当处理，即将进气道与发动机综合在一起建立数学模型，这一数学模型可表示进气道与发动机之间一种简化的耦合关系（在 8.4 节中将介绍进气道与发动机之间用耦合矩阵表示的耦

合关系)。

利用3.5节介绍的涡扇发动机非线性数学模型及其线性化处理的方法,可导出包含5个控制变量和5个被控参数的非加力时的线性模型。在这里将进气道与发动机非线性数学模型综合后进行线性化处理。由于推导过程非常烦琐,这里仅写出其表达式,即

$$\dot{\boldsymbol{x}}_{\mathrm{E}}=\boldsymbol{A}_{\mathrm{E}}\boldsymbol{x}_{\mathrm{E}}+\boldsymbol{B}_{\mathrm{E}}\boldsymbol{u}_{\mathrm{E}}+\boldsymbol{C}_{\mathrm{EA}}\boldsymbol{y}_{\mathrm{EA}}+\boldsymbol{C}_{\mathrm{EI}}u_{\mathrm{I}} \tag{8.25}$$

$$\boldsymbol{y}_{\mathrm{E}}=\boldsymbol{F}_{\mathrm{E}}\boldsymbol{x}_{\mathrm{E}}+\boldsymbol{G}_{\mathrm{E}}\boldsymbol{u}_{\mathrm{E}}+\boldsymbol{H}_{\mathrm{EA}}\boldsymbol{y}_{\mathrm{EA}}+\boldsymbol{H}_{\mathrm{EI}}u_{\mathrm{I}} \tag{8.26}$$

式中

$$\boldsymbol{x}_{\mathrm{E}}=[n_{\mathrm{L}}\quad n_{\mathrm{H}}\quad p_6\quad q_{m,\mathrm{f}}\quad p_3]^{\mathrm{T}}$$

$$\boldsymbol{y}_{\mathrm{E}}=[F\quad q_{m,\mathrm{a}}\quad T_4\quad \mathrm{SMF}\quad \mathrm{SMC}\quad \bar{p}_{2.5}]^{\mathrm{T}}$$

$$\boldsymbol{u}_{\mathrm{E}}=[q_{m,\mathrm{c}}\quad A_8\quad \varphi_{\mathrm{L}}\quad \varphi_{\mathrm{H}}\quad A_{\mathrm{bld}}]^{\mathrm{T}}$$

$$\boldsymbol{y}_{\mathrm{EA}}=[Ma\quad H\quad \delta_{\mathrm{g}}]^{\mathrm{T}}$$

$$u_{\mathrm{I}}=\delta_2$$

$$\boldsymbol{A}_{\mathrm{E}}=\begin{bmatrix} a_{\mathrm{E11}} & a_{\mathrm{E12}} & a_{\mathrm{E13}} & a_{\mathrm{E14}} & a_{\mathrm{E15}} \\ a_{\mathrm{E21}} & a_{\mathrm{E22}} & a_{\mathrm{E23}} & a_{\mathrm{E24}} & a_{\mathrm{E25}} \\ a_{\mathrm{E31}} & a_{\mathrm{E32}} & a_{\mathrm{E33}} & a_{\mathrm{E34}} & a_{\mathrm{E35}} \\ 0 & 0 & 0 & a_{\mathrm{E44}} & 0 \\ a_{\mathrm{E51}} & a_{\mathrm{E52}} & a_{\mathrm{E53}} & a_{\mathrm{E54}} & a_{\mathrm{E55}} \end{bmatrix},\quad \boldsymbol{B}_{\mathrm{E}}=\begin{bmatrix} b_{\mathrm{E11}} & b_{\mathrm{E12}} & b_{\mathrm{E13}} & b_{\mathrm{E14}} & b_{\mathrm{E15}} \\ b_{\mathrm{E21}} & b_{\mathrm{E22}} & b_{\mathrm{E23}} & b_{\mathrm{E24}} & b_{\mathrm{E25}} \\ b_{\mathrm{E31}} & b_{\mathrm{E32}} & b_{\mathrm{E33}} & b_{\mathrm{E34}} & b_{\mathrm{E35}} \\ b_{\mathrm{E41}} & 0 & 0 & 0 & 0 \\ b_{\mathrm{E51}} & b_{\mathrm{E52}} & b_{\mathrm{E53}} & b_{\mathrm{E54}} & b_{\mathrm{E55}} \end{bmatrix}$$

$$\boldsymbol{C}_{\mathrm{EA}}=\begin{bmatrix} c_{11} & c_{12} & c_{13} \\ c_{21} & c_{22} & c_{23} \\ \vdots & \vdots & \vdots \\ c_{51} & c_{52} & c_{53} \end{bmatrix},\quad \boldsymbol{C}_{\mathrm{EI}}=\begin{bmatrix} c_{\mathrm{I1}} \\ c_{\mathrm{I2}} \\ \vdots \\ c_{\mathrm{I5}} \end{bmatrix}$$

$$\boldsymbol{F}_{\mathrm{E}}=\begin{bmatrix} f_{\mathrm{E11}} & f_{\mathrm{E12}} & \cdots & f_{\mathrm{E15}} \\ f_{\mathrm{E21}} & f_{\mathrm{E22}} & \cdots & f_{\mathrm{E25}} \\ \vdots & \vdots & & \vdots \\ f_{\mathrm{E61}} & f_{\mathrm{E62}} & \cdots & f_{\mathrm{E65}} \end{bmatrix},\quad \boldsymbol{G}_{\mathrm{E}}=\begin{bmatrix} g_{11} & g_{12} & \cdots & g_{15} \\ g_{21} & g_{22} & \cdots & g_{25} \\ \vdots & \vdots & & \vdots \\ g_{61} & g_{62} & \cdots & g_{65} \end{bmatrix}$$

$$\boldsymbol{H}_{\mathrm{EA}}=\begin{bmatrix} h_{11} & h_{12} & h_{13} \\ h_{21} & h_{22} & h_{23} \\ \vdots & \vdots & \vdots \\ h_{61} & h_{62} & h_{63} \end{bmatrix},\quad \boldsymbol{H}_{\mathrm{EI}}=\begin{bmatrix} h_{\mathrm{I1}} \\ h_{\mathrm{I2}} \\ \vdots \\ h_{\mathrm{I6}} \end{bmatrix}$$

各状态变量的意义:n_{L}为风扇转速;n_{H}为高压压气机转速;p_6为加力燃烧室进口总压;$q_{m,\mathrm{f}}$为主燃烧室燃油流量,它反映主燃烧室内燃气能量;p_3为主燃烧室进口总压(即高压压气机出口压力)。

各控制变量的意义:$q_{m,\mathrm{fc}}$为控制器输出的燃油流量(在动态过程中它不等于$q_{m,\mathrm{f}}$);A_8为尾喷管喉部面积;φ_{L}为风扇可调导流叶片弯度;φ_{H}为高压压气机可调静子叶片安装角;A_{bld}为压

气机放气活门放气面积。

各输出变量的意义：F 为发动机推力；$q_{m,a}$ 为风扇进口空气流量；T_4 为高压涡轮进口总温；SMF 为风扇喘振裕度；SMC 为高压压气机喘振裕度；$\overline{p}_{2.5}=\Delta p_{2.5}/p_{2.5}$ 为风扇出口压力相对变化量。

Ma 为飞行马赫数；H 为飞行高度；δ_g 为矢量喷管偏转角度；u_I 为进气道的控制量，即进气道可调二级斜板角度 δ_2，在推进系统优化计算中是被优化的控制量，通过优化所得到的 u_I 可使进气道总压损失最小，总压恢复系数 σ_I 最大，以使进气道与发动机获得最佳匹配。

必须注意，以上所有各变量均为增量。

式(8.25) 和式(8.26) 中，$\boldsymbol{C}_{EA}$，$\boldsymbol{H}_{EA}$ 反映了飞行马赫数、飞行高度及矢量喷管偏转角对发动机的影响；$\boldsymbol{C}_{EI}$，$\boldsymbol{H}_{EI}$ 反映了进气道斜板角度对发动机的影响，也即反映进气道对发动机的作用。

3. 飞机和进气道与发动机连接矩阵(耦合矩阵)的确定

为了对飞机和推进系统进行综合，需要确定飞机、进气道及发动机之间的交互关系，也即需要确定各连接矩阵。发动机对飞机的作用变量为发动机推力 F，连接矩阵 $\boldsymbol{H}_{EA}$ 已在推导飞机纵向运动状态方程时得到其表达式。以下介绍 $\boldsymbol{C}_{EA}$，$\boldsymbol{H}_{EA}$，$\boldsymbol{C}_{EI}$，$\boldsymbol{H}_{EI}$ 的确定方法。

在给定的发动机某一稳态工作点上将非线性稳态模型线性化处理，得如下稳态方程：

$$\left.\begin{aligned}p_{60}&=e_{11}Ma_0+e_{12}H_0+e_{13}\delta_{g0}+e_{14}\delta_{20}\\p_{30}&=e_{21}Ma_0+e_{22}H_0+e_{23}\delta_{g0}+e_{24}\delta_{20}\\q_{m,f}&=e_{31}Ma_0+e_{32}H_0+e_{33}\delta_{g0}+e_{34}\delta_{20}\\F_0&=e_{41}Ma_0+e_{42}H_0+e_{43}\delta_{g0}+e_{44}\delta_{20}\\q_{m,a}&=e_{51}Ma_0+e_{52}H_0+e_{53}\delta_{g0}+e_{54}\delta_{20}\end{aligned}\right\}\tag{8.27}$$

式中，下标“0”表示给定的稳态工作点。在给定的稳态工作点上，根据已知的发动机各有关参数和有关计算公式，式(8.27) 中的各系数 $e_{ij}(i=1,2,\cdots,5;j=1,2,3,4)$ 均可计算得到。

将式(8.27) 改写为如下形式：

$$\begin{bmatrix}p_6\\p_3\\q_{m,f}\\F\\q_{m,a}\end{bmatrix}_0=\begin{bmatrix}e_{11}&e_{12}&e_{13}&e_{14}\\e_{21}&e_{22}&e_{23}&e_{24}\\e_{31}&e_{32}&e_{33}&e_{34}\\e_{41}&e_{42}&e_{43}&e_{44}\\e_{51}&e_{52}&e_{53}&e_{54}\end{bmatrix}\begin{bmatrix}Ma\\H\\\delta_g\\\delta_2\end{bmatrix}_0\tag{8.28}$$

$$\begin{bmatrix}p_6\\p_3\end{bmatrix}_0=\boldsymbol{E}_1\begin{bmatrix}Ma\\H\\\delta_g\\\delta_2\end{bmatrix}_0=\boldsymbol{E}_1\begin{bmatrix}\boldsymbol{y}_{EA}\\u_I\end{bmatrix}_0\tag{8.29}$$

$$q_{m,\mathrm{f0}} = \boldsymbol{E}_2 \begin{bmatrix} Ma \\ H \\ \delta_{\mathrm{g}} \\ \delta_2 \end{bmatrix}_0 = \boldsymbol{E}_2 \begin{bmatrix} \boldsymbol{y}_{\mathrm{EA}} \\ u_{\mathrm{I}} \end{bmatrix}_0 \tag{8.30}$$

$$\begin{bmatrix} F \\ q_{m,\mathrm{a}} \end{bmatrix}_0 = \boldsymbol{E}_3 \begin{bmatrix} Ma \\ H \\ \delta_{\mathrm{g}} \\ \delta_2 \end{bmatrix}_0 = \boldsymbol{E}_3 \begin{bmatrix} \boldsymbol{y}_{\mathrm{EA}} \\ u_{\mathrm{I}} \end{bmatrix}_0 \tag{8.31}$$

式中
$$\boldsymbol{E}_1 = \begin{bmatrix} e_{11} & e_{12} & e_{13} & e_{14} \\ e_{21} & e_{22} & e_{23} & e_{24} \end{bmatrix}, \quad \boldsymbol{E}_2 = \begin{bmatrix} e_{31} & e_{32} & e_{33} & e_{34} \end{bmatrix}$$

$$\boldsymbol{E}_3 = \begin{bmatrix} e_{41} & e_{42} & e_{43} & e_{44} \\ e_{51} & e_{52} & e_{53} & e_{54} \end{bmatrix}$$

当发动机处于稳定工作状态时,$\dot{\boldsymbol{x}}_{\mathrm{E}} = \boldsymbol{0}$,并且在确定飞机和进气道与发动机的连接矩阵时,可不考虑发动机控制量 $\boldsymbol{u}_{\mathrm{E}}$,即认为 $\boldsymbol{u}_{\mathrm{E}} = \boldsymbol{0}$,这时稳态方程为

$$\boldsymbol{A}_{\mathrm{E}} \boldsymbol{x}_{\mathrm{E0}} + \boldsymbol{C}_{\mathrm{EA}} \boldsymbol{y}_{\mathrm{EA},0} + \boldsymbol{C}_{\mathrm{EI}} u_{\mathrm{I0}} = \boldsymbol{0}$$

由此可得
$$\boldsymbol{x}_{\mathrm{E0}} = -\boldsymbol{A}_{\mathrm{E}}^{-1} \begin{bmatrix} \boldsymbol{C}_{\mathrm{EA}} & \boldsymbol{C}_{\mathrm{EI}} \end{bmatrix} \begin{bmatrix} \boldsymbol{y}_{\mathrm{EA}} \\ u_{\mathrm{I}} \end{bmatrix}_0 \tag{8.32}$$

由于
$$\begin{bmatrix} p_6 \\ p_3 \end{bmatrix}_0 = \begin{bmatrix} 0 & 0 & 1 & 0 & 0 \\ 0 & 0 & 0 & 0 & 1 \end{bmatrix} \begin{bmatrix} n_{\mathrm{L}} \\ n_{\mathrm{H}} \\ p_6 \\ q_{m,\mathrm{f}} \\ p_3 \end{bmatrix}_0 = \begin{bmatrix} 0 & 0 & 1 & 0 & 0 \\ 0 & 0 & 0 & 0 & 1 \end{bmatrix} \boldsymbol{x}_{\mathrm{E0}}$$

根据式(8.29),得

$$\boldsymbol{E}_1 \begin{bmatrix} \boldsymbol{y}_{\mathrm{EA}} \\ u_{\mathrm{I}} \end{bmatrix}_0 = \begin{bmatrix} 0 & 0 & 1 & 0 & 0 \\ 0 & 0 & 0 & 0 & 1 \end{bmatrix} \boldsymbol{x}_{\mathrm{E0}}$$

将式(8.32)代入上式,得

$$\boldsymbol{E}_1 \begin{bmatrix} \boldsymbol{y}_{\mathrm{EA}} \\ u_{\mathrm{I}} \end{bmatrix}_0 = -\begin{bmatrix} 0 & 0 & 1 & 0 & 0 \\ 0 & 0 & 0 & 0 & 1 \end{bmatrix} \boldsymbol{A}_{\mathrm{E}}^{-1} \begin{bmatrix} \boldsymbol{C}_{\mathrm{EA}} & \boldsymbol{C}_{\mathrm{EI}} \end{bmatrix} \begin{bmatrix} \boldsymbol{y}_{\mathrm{EA}} \\ u_{\mathrm{I}} \end{bmatrix}_0$$

即
$$\boldsymbol{E}_1 = -\begin{bmatrix} 0 & 0 & 1 & 0 & 0 \\ 0 & 0 & 0 & 0 & 1 \end{bmatrix} \boldsymbol{A}_{\mathrm{E}}^{-1} \begin{bmatrix} \boldsymbol{C}_{\mathrm{EA}} & \boldsymbol{C}_{\mathrm{EI}} \end{bmatrix} \tag{8.33}$$

将 $\boldsymbol{E}_1$ 及 $\boldsymbol{A}_{\mathrm{E}}^{-1}$ 代入式(8.33),然后展开为一组代数方程,求解该代数方程组,即可得到连接矩阵 $\boldsymbol{C}_{\mathrm{EA}}$ 和 $\boldsymbol{C}_{\mathrm{EI}}$。当发动机处于稳定工作状态时,$Ma$,$H$,$\delta_{\mathrm{g}}$,$\delta_2$ 对 n_{L},n_{H},$q_{m,\mathrm{f}}$ 并没有直接的影响。由式(8.32)可以知道,在 $\boldsymbol{C}_{\mathrm{EA}}$ 和 $\boldsymbol{C}_{\mathrm{EI}}$ 中,除第3行和第5行元素不为零外,其余元素全为零。

因此，根据式(8.33)求出 $\boldsymbol{C}_{\mathrm{EA}}$ 和 $\boldsymbol{C}_{\mathrm{EI}}$ 的形式为

$$\boldsymbol{C}_{\mathrm{EA}}=\begin{bmatrix}0&0&0\\0&0&0\\c_{31}&c_{32}&c_{33}\\0&0&0\\c_{51}&c_{52}&c_{53}\end{bmatrix},\quad \boldsymbol{C}_{\mathrm{EI}}=\begin{bmatrix}0\\0\\c_{\mathrm{I}3}\\0\\c_{\mathrm{I}5}\end{bmatrix}$$

发动机在给定工作点上稳定工作时，其输出方程为

$$\begin{bmatrix}F\\q_{m,\mathrm{a}}\\T_4\\\mathrm{SMF}\\\mathrm{SMC}\\\bar{p}_{2.5}\end{bmatrix}_0=\begin{bmatrix}f_{\mathrm{E}11}&f_{\mathrm{E}12}&\cdots&f_{\mathrm{E}15}\\f_{\mathrm{E}21}&f_{\mathrm{E}22}&\cdots&f_{\mathrm{E}25}\\\vdots&\vdots&&\vdots\\f_{\mathrm{E}61}&f_{\mathrm{E}62}&\cdots&f_{\mathrm{E}65}\end{bmatrix}\begin{bmatrix}n_{\mathrm{L}}\\n_{\mathrm{H}}\\p_6\\q_{m,\mathrm{f}}\\p_3\end{bmatrix}_0+\begin{bmatrix}h_{11}&h_{12}&h_{13}\\h_{21}&h_{22}&h_{23}\\\vdots&\vdots&\vdots\\h_{61}&h_{62}&h_{63}\end{bmatrix}\begin{bmatrix}Ma\\H\\\delta_{\mathrm{g}}\end{bmatrix}_0+\begin{bmatrix}h_{\mathrm{I}1}\\h_{\mathrm{I}2}\\\vdots\\h_{\mathrm{I}6}\end{bmatrix}\delta_{20}\tag{8.34}$$

下标“0”表示稳定工作点。式(8.34)可写为

$$\boldsymbol{y}_{\mathrm{E}0}=\boldsymbol{F}_{\mathrm{E}}\boldsymbol{x}_{\mathrm{E}0}+\boldsymbol{H}_{\mathrm{EA}}\boldsymbol{y}_{\mathrm{EA},0}+\boldsymbol{H}_{\mathrm{EI}}\boldsymbol{u}_{\mathrm{I}0}$$

或表示为

$$\boldsymbol{y}_{\mathrm{E}0}=\boldsymbol{F}_{\mathrm{E}}\boldsymbol{x}_{\mathrm{E}0}+[\boldsymbol{H}_{\mathrm{EA}}\quad \boldsymbol{H}_{\mathrm{EI}}]\begin{bmatrix}\boldsymbol{y}_{\mathrm{EA}}\\u_{\mathrm{I}}\end{bmatrix}_0$$

以矩阵形式表示的发动机输出方程的前两行为

$$\begin{bmatrix}F\\q_{m,\mathrm{a}}\end{bmatrix}_0=\begin{bmatrix}f_{\mathrm{E}11}&f_{\mathrm{E}12}&\cdots&f_{\mathrm{E}15}\\f_{\mathrm{E}21}&f_{\mathrm{E}22}&\cdots&f_{\mathrm{E}25}\end{bmatrix}\begin{bmatrix}n_{\mathrm{L}}\\n_{\mathrm{H}}\\p_6\\q_{m,\mathrm{f}}\\p_3\end{bmatrix}_0+\left[\begin{array}{ccc:c}h_{11}&h_{12}&h_{13}&h_{\mathrm{I}1}\\h_{21}&h_{22}&h_{23}&h_{\mathrm{I}2}\end{array}\right]\left[\begin{array}{c}Ma\\H\\\delta_{\mathrm{g}}\\\hdashline u_{\mathrm{I}}\end{array}\right]_0$$

考虑式(8.31)后，得

$$\boldsymbol{E}_3\begin{bmatrix}\boldsymbol{y}_{\mathrm{EA}}\\u_{\mathrm{I}}\end{bmatrix}_0=\begin{bmatrix}f_{\mathrm{E}11}&f_{\mathrm{E}12}&\cdots&f_{\mathrm{E}15}\\f_{\mathrm{E}21}&f_{\mathrm{E}22}&\cdots&f_{\mathrm{E}25}\end{bmatrix}\boldsymbol{x}_{\mathrm{E}0}+\left[\begin{array}{ccc:c}h_{11}&h_{12}&h_{13}&h_{\mathrm{I}1}\\h_{21}&h_{22}&h_{23}&h_{\mathrm{I}2}\end{array}\right]\left[\begin{array}{c}\boldsymbol{y}_{\mathrm{EA}}\\\hdashline u_{\mathrm{I}}\end{array}\right]_0$$

即

$$\left\{\boldsymbol{E}_3-\left[\begin{array}{ccc:c}h_{11}&h_{12}&h_{13}&h_{\mathrm{I}1}\\h_{21}&h_{22}&h_{23}&h_{\mathrm{I}2}\end{array}\right]\right\}\left[\begin{array}{c}y_{\mathrm{EA}}\\\hdashline u_{\mathrm{I}}\end{array}\right]_0=\begin{bmatrix}f_{\mathrm{E}11}&f_{\mathrm{E}12}&\cdots&f_{\mathrm{E}15}\\f_{\mathrm{E}21}&f_{\mathrm{E}22}&\cdots&f_{\mathrm{E}25}\end{bmatrix}\boldsymbol{x}_{\mathrm{E}0}$$

将式(8.32)代入上式并经整理后，得

$$\left[\begin{array}{ccc:c}h_{11}&h_{12}&h_{13}&h_{\mathrm{I}1}\\h_{21}&h_{22}&h_{23}&h_{\mathrm{I}2}\end{array}\right]=\boldsymbol{E}_3-\begin{bmatrix}f_{\mathrm{E}11}&f_{\mathrm{E}12}&\cdots&f_{\mathrm{E}15}\\f_{\mathrm{E}21}&f_{\mathrm{E}22}&\cdots&f_{\mathrm{E}25}\end{bmatrix}\boldsymbol{A}_{\mathrm{E}}^{-1}[\boldsymbol{C}_{\mathrm{EA}}\quad \boldsymbol{C}_{\mathrm{EI}}]$$

将式(8.33)求出的 $\boldsymbol{C}_{\mathrm{EA}}$，$\boldsymbol{C}_{\mathrm{EI}}$ 代入上式，即可求出 $\boldsymbol{H}_{\mathrm{EA}}$ 和 $\boldsymbol{H}_{\mathrm{EI}}$ 的各元素。根据式(8.34)，分析 F，

$q_{m,a}$,T_4,SMF,SMC,$\bar{p}_{2.5}$ 与 Ma,H,δ_g,δ_2 的关系,可知 $\boldsymbol{H}_{EA}$ 和 $\boldsymbol{H}_{EI}$ 的形式为

$$\boldsymbol{H}_{EA}=\begin{bmatrix} h_{11} & h_{12} & h_{13} \\ h_{21} & h_{22} & 0 \\ 0 & 0 & 0 \\ 0 & 0 & h_{43} \\ 0 & 0 & 0 \\ 0 & 0 & h_{63} \end{bmatrix},\quad \boldsymbol{H}_{EI}=\begin{bmatrix} h_{I1} \\ h_{I2} \\ 0 \\ 0 \\ 0 \\ 0 \end{bmatrix}$$

8.2.2 综合飞行/推进系统数学模型

飞机纵向运动状态方程:

$$\dot{\boldsymbol{x}}_A=\boldsymbol{A}_A\boldsymbol{x}_A+\boldsymbol{B}_A\boldsymbol{u}_A+\boldsymbol{H}_{EA}y_{EA}$$

式中 $y_{EA}=F$, $\boldsymbol{H}_{EA}=[c_{A1}\quad c_{A2}\quad c_{A3}\quad 0\quad 0]^T$

在由子系统状态方程推导综合系统状态方程时,为满足矩阵运算要求,$\boldsymbol{H}_{EA}$ 必须改写为扩展矩阵形式,若该扩展矩阵以 $\boldsymbol{C}_{AE}$ 表示,则为

$$\boldsymbol{C}_{AE}=\begin{bmatrix} c_{A1} & 0 & \cdots & 0 \\ c_{A2} & 0 & \cdots & 0 \\ c_{A3} & 0 & \cdots & 0 \\ 0 & 0 & \cdots & 0 \\ 0 & 0 & \cdots & 0 \\ 0 & 0 & \cdots & 0 \end{bmatrix}$$

用扩展矩阵 $\boldsymbol{C}_{AE}$ 表示的飞机纵向运动方程为

$$\dot{\boldsymbol{x}}_A=\boldsymbol{A}_A\boldsymbol{x}_A+\boldsymbol{B}_A\boldsymbol{u}_A+\boldsymbol{C}_{AE}\boldsymbol{y}_E \tag{8.35}$$

式中 $\boldsymbol{y}_E=[F\quad q_{m,a}\quad T_4\quad \mathrm{SMF}\quad \mathrm{SMC}\quad \bar{p}_{2.5}]^T$

Ma,H 和 δ_g 与飞机状态变量 $\boldsymbol{x}_A$ 的关系为

$$\boldsymbol{y}_{EA}=\boldsymbol{F}_A\boldsymbol{x}_A \tag{8.36}$$

式中 $\boldsymbol{y}_{EA}=[Ma\quad H\quad \delta_g]^T$, $\boldsymbol{x}_A=[v\quad \alpha\quad q\quad \theta\quad H]^T$

由于

$$Ma=\frac{v}{a}=\frac{v}{\sqrt{kRT}}$$

将该式线性化,得

$$\Delta Ma=\frac{1}{\sqrt{kRT}}\Delta v=f_{A11}\Delta v$$

因此,式(8.36)用矩阵表示时为

$$\begin{bmatrix} Ma \\ H \\ \delta_g \end{bmatrix} = \begin{bmatrix} f_{A11} & 0 & 0 & 0 & 0 \\ 0 & 0 & 0 & 0 & 1 \\ f_{A31} & f_{A32} & f_{A33} & f_{A34} & 0 \end{bmatrix} \begin{bmatrix} v \\ \alpha \\ q \\ \theta \\ H \end{bmatrix} \tag{8.37}$$

式中，系数矩阵用 $\boldsymbol{F}_A$ 表示，即

$$\boldsymbol{F}_A = \begin{bmatrix} f_{A11} & 0 & 0 & 0 & 0 \\ 0 & 0 & 0 & 0 & 1 \\ f_{A31} & f_{A32} & f_{A33} & f_{A34} & 0 \end{bmatrix}$$

将式(8.36) 代入式(8.25) 和式(8.26) 中，得

$$\dot{\boldsymbol{x}}_E = \boldsymbol{A}_E\boldsymbol{x}_E + \boldsymbol{B}_E\boldsymbol{u}_E + \boldsymbol{C}_{EA}\boldsymbol{F}_A\boldsymbol{x}_A + \boldsymbol{C}_{EI}u_I \tag{8.38}$$

$$\boldsymbol{y}_E = \boldsymbol{F}_E\boldsymbol{x}_E + \boldsymbol{G}_E\boldsymbol{u}_E + \boldsymbol{H}_{EA}\boldsymbol{F}_A\boldsymbol{x}_A + \boldsymbol{H}_{EI}u_I \tag{8.39}$$

将发动机输出方程式(8.39) 代入式(8.35)，得

$$\begin{aligned} \dot{\boldsymbol{x}}_A &= \boldsymbol{A}_A\boldsymbol{x}_A + \boldsymbol{B}_A\boldsymbol{u}_A + \boldsymbol{C}_{AE}[\boldsymbol{F}_E\boldsymbol{x}_E + \boldsymbol{G}_E\boldsymbol{u}_E + \boldsymbol{H}_{EA}\boldsymbol{F}_A\boldsymbol{x}_A + \boldsymbol{H}_{EI}u_I] = \\ &(\boldsymbol{A}_A + \boldsymbol{C}_{AE}\boldsymbol{H}_{EA}\boldsymbol{F}_A)\boldsymbol{x}_A + \boldsymbol{C}_{AE}\boldsymbol{F}_E\boldsymbol{x}_E + \boldsymbol{B}_A\boldsymbol{u}_A + \boldsymbol{C}_{AE}\boldsymbol{G}_E\boldsymbol{u}_E + \boldsymbol{C}_{AE}\boldsymbol{H}_{EI}u_I \end{aligned} \tag{8.40}$$

由式(8.40) 和式(8.38)，可得飞行 / 推进系统状态方程为

$$\begin{bmatrix} \dot{\boldsymbol{x}}_A \\ \dot{\boldsymbol{x}}_E \end{bmatrix} = \begin{bmatrix} \boldsymbol{A}_A + \boldsymbol{C}_{AE}\boldsymbol{H}_{EA}\boldsymbol{F}_A & \boldsymbol{C}_{AE}\boldsymbol{F}_E \\ \boldsymbol{C}_{EA}\boldsymbol{F}_A & \boldsymbol{A}_E \end{bmatrix} \begin{bmatrix} \boldsymbol{x}_A \\ \boldsymbol{x}_E \end{bmatrix} + \begin{bmatrix} \boldsymbol{B}_A & \boldsymbol{C}_{AE}\boldsymbol{G}_E \\ \boldsymbol{0} & \boldsymbol{B}_E \end{bmatrix} \begin{bmatrix} \boldsymbol{u}_A \\ \boldsymbol{u}_E \end{bmatrix} + \begin{bmatrix} \boldsymbol{C}_{AE}\boldsymbol{H}_{EI} \\ \boldsymbol{C}_{EI} \end{bmatrix} u_I \tag{8.41}$$

式(8.41) 还可以表示为如下形式：

$$\begin{bmatrix} \dot{\boldsymbol{x}}_A \\ \dot{\boldsymbol{x}}_E \end{bmatrix} = \begin{bmatrix} \boldsymbol{A}_A + \boldsymbol{C}_{AE}\boldsymbol{H}_{EA}\boldsymbol{F}_A & \boldsymbol{C}_{AE}\boldsymbol{F}_E \\ \boldsymbol{C}_{EA}\boldsymbol{F}_A & \boldsymbol{A}_E \end{bmatrix} \begin{bmatrix} \boldsymbol{x}_A \\ \boldsymbol{x}_E \end{bmatrix} + \begin{bmatrix} \boldsymbol{B}_A & \boldsymbol{C}_{AE}\boldsymbol{G}_E & \boldsymbol{C}_{AE}\boldsymbol{H}_{EI} \\ \boldsymbol{0} & \boldsymbol{B}_E & \boldsymbol{C}_{EI} \end{bmatrix} \begin{bmatrix} \boldsymbol{u}_A \\ \boldsymbol{u}_E \\ u_I \end{bmatrix} \tag{8.42}$$

综合飞行 / 推进系统状态方程的一般形式为

$$\dot{\boldsymbol{x}} = \boldsymbol{A}\boldsymbol{x} + \boldsymbol{B}\boldsymbol{u} \tag{8.43}$$

式中

$$\boldsymbol{x} = [\boldsymbol{x}_A \quad \boldsymbol{x}_E]^T = [v \quad \alpha \quad q \quad \theta \quad H \quad n_L \quad n_H \quad p_6 \quad q_{m,f} \quad p_3]^T$$

$$\boldsymbol{u} = [\boldsymbol{u}_A \quad \boldsymbol{u}_E \quad u_I]^T = [\delta_c \quad \delta_g \quad q_{m,fr} \quad A_8 \quad \varphi_L \quad \varphi_H \quad A_{bld} \quad \delta_2]^T$$

$$\boldsymbol{A} = \begin{bmatrix} \boldsymbol{A}_A + \boldsymbol{C}_{AE}\boldsymbol{H}_{EA}\boldsymbol{F}_A & \boldsymbol{C}_{AE}\boldsymbol{F}_E \\ \boldsymbol{C}_{EA}\boldsymbol{F}_A & \boldsymbol{A}_E \end{bmatrix} \tag{8.44}$$

$$\boldsymbol{B} = \begin{bmatrix} \boldsymbol{B}_A & \boldsymbol{C}_{AE}\boldsymbol{G}_E & \boldsymbol{C}_{AE}\boldsymbol{H}_{EI} \\ \boldsymbol{0} & \boldsymbol{B}_E & \boldsymbol{C}_{EI} \end{bmatrix} \tag{8.45}$$

根据式(8.36) 和式(8.39)，可得综合飞行 / 推进系统的输出方程为

$$\begin{bmatrix} \boldsymbol{y}_{EA} \\ \boldsymbol{y}_E \end{bmatrix} = \begin{bmatrix} \boldsymbol{F}_A & \boldsymbol{0} \\ \boldsymbol{H}_{EA}\boldsymbol{F}_A & \boldsymbol{F}_E \end{bmatrix} \begin{bmatrix} \boldsymbol{x}_A \\ \boldsymbol{x}_E \end{bmatrix} + \begin{bmatrix} \boldsymbol{0} & \boldsymbol{0} & \boldsymbol{0} \\ \boldsymbol{0} & \boldsymbol{G}_E & \boldsymbol{H}_{EI} \end{bmatrix} \begin{bmatrix} \boldsymbol{u}_A \\ \boldsymbol{u}_E \\ u_I \end{bmatrix} \tag{8.46}$$

输出方程的一般形式为

$$\boldsymbol{y}=\boldsymbol{C}\boldsymbol{x}+\boldsymbol{D}\boldsymbol{u} \tag{8.47}$$

式中 $\boldsymbol{y}=[\boldsymbol{y}_{\mathrm{EA}}\quad \boldsymbol{y}_{\mathrm{E}}]^{\mathrm{T}}=[Ma\quad H\quad \delta_{\mathrm{g}}\quad F\quad q_{m,\mathrm{f}}\quad T_4\quad \mathrm{SMF}\quad \mathrm{SMC}\quad \bar{p}_{2.5}]^{\mathrm{T}}$

$$\boldsymbol{C}=\begin{bmatrix}\boldsymbol{F}_{\mathrm{A}} & \boldsymbol{0}\\ \boldsymbol{H}_{\mathrm{EA}}\boldsymbol{F}_{\mathrm{A}} & \boldsymbol{F}_{\mathrm{E}}\end{bmatrix},\quad \boldsymbol{D}=\begin{bmatrix}\boldsymbol{0} & \boldsymbol{0} & \boldsymbol{0}\\ \boldsymbol{0} & \boldsymbol{G}_{\mathrm{E}} & \boldsymbol{H}_{\mathrm{EI}}\end{bmatrix}$$

8.2.3 综合飞行/推进系统线性二次型最优控制

在推导了综合飞行/推进系统数学模型后即可设计综合控制器。综合控制器所采用的控制方法应保证综合系统控制比各子系统分别控制时具有更好的动态性能和稳定性。飞行/推进系统综合控制方法很多,这里仅介绍一种较简单的线性二次型综合最优控制方法。

线性二次型综合控制设计的基本思路是:首先确定各子系统的目标函数 J_i,然后将各 J_i 加权综合,以此作为综合系统的目标函数,即

$$J=\sum C_i J_i \tag{8.48}$$

式中,C_i 为加权系数;最后根据 $J_{\min}$ 求综合系统反馈矩阵 $\boldsymbol{K}$ 和最优控制 $\boldsymbol{u}$。

1. 飞机子系统线性二次型最优控制

飞机作为一个独立的子系统时,纵向运动控制量包括升降舵偏转角度 δ_{c},矢量喷管偏转角度 δ_{g} 和发动机推力 F(实际上是发动机油门操纵杆角度),即

$$\boldsymbol{u}_{\mathrm{A}}=[\delta_{\mathrm{c}}\quad \delta_{\mathrm{g}}\quad F]^{\mathrm{T}}$$

飞机的输出为

$$\boldsymbol{y}_{\mathrm{A}}=[v\quad \gamma\quad q]^{\mathrm{T}}$$

目标函数

$$J_{\mathrm{A}}=\int_0^{\infty}(\boldsymbol{y}_{\mathrm{A}}^{\mathrm{T}}\boldsymbol{W}_{\mathrm{A}}\boldsymbol{y}_{\mathrm{A}}+\boldsymbol{u}_{\mathrm{A}}^{\mathrm{T}}\boldsymbol{R}_{\mathrm{A}}\boldsymbol{u}_{\mathrm{A}})\mathrm{d}t \tag{8.49}$$

式中,$\boldsymbol{W}_{\mathrm{A}}$ 及 $\boldsymbol{R}_{\mathrm{A}}$ 为对角矩阵,即

$$\boldsymbol{W}_{\mathrm{A}}=\begin{bmatrix}w_{\mathrm{A11}} & 0 & 0\\ 0 & w_{\mathrm{A22}} & 0\\ 0 & 0 & w_{\mathrm{A33}}\end{bmatrix},\quad \boldsymbol{R}_{\mathrm{A}}=\begin{bmatrix}r_{\mathrm{A11}} & 0 & 0\\ 0 & r_{\mathrm{A22}} & 0\\ 0 & 0 & r_{\mathrm{A33}}\end{bmatrix}$$

将式(8.49)写为展开形式,即

$$J_{\mathrm{A}}=\int_0^{\infty}\left\{[v\quad \gamma\quad q]\begin{bmatrix}w_{\mathrm{A11}} & & 0\\ & w_{\mathrm{A22}} & \\ 0 & & w_{\mathrm{A33}}\end{bmatrix}\begin{bmatrix}v\\ \gamma\\ q\end{bmatrix}+[\delta_{\mathrm{c}}\quad \delta_{\mathrm{g}}\quad F]\begin{bmatrix}r_{\mathrm{A11}} & 0 & 0\\ 0 & r_{\mathrm{A22}} & 0\\ 0 & 0 & r_{\mathrm{A33}}\end{bmatrix}\begin{bmatrix}\delta_{\mathrm{c}}\\ \delta_{\mathrm{g}}\\ F\end{bmatrix}\right\}\mathrm{d}t=$$

$$\int_0^{\infty}[w_{\mathrm{A11}}v^2+w_{\mathrm{A22}}\gamma^2+w_{\mathrm{A33}}q^2+r_{\mathrm{A11}}\delta_{\mathrm{c}}^2+r_{\mathrm{A22}}\delta_{\mathrm{g}}^2+r_{\mathrm{A33}}F^2]\mathrm{d}t$$

求解 Riccati 方程可得飞机作为独立子系统时的最优反馈增益矩阵,即

$$\boldsymbol{K}_{\mathrm{A}}=\begin{bmatrix}k_{\mathrm{A11}} & k_{\mathrm{A12}} & k_{\mathrm{A13}} & k_{\mathrm{A14}} & k_{\mathrm{A15}}\\ k_{\mathrm{A21}} & k_{\mathrm{A22}} & k_{\mathrm{A23}} & k_{\mathrm{A24}} & k_{\mathrm{A25}}\\ k_{\mathrm{A31}} & k_{\mathrm{A32}} & k_{\mathrm{A33}} & k_{\mathrm{A34}} & k_{\mathrm{A35}}\end{bmatrix}$$

2. 进气道子系统目标函数

在飞行 / 推进系统综合控制研究中，进气道作为一子系统。在这里为使问题简化，进气道的特性仅由总压恢复系数 σ_{I} 描述。总压恢复系数可以通过进气道几何通道可调参数（如斜板转角 δ_2）的控制作用使其保持较大的值，在动态过程中应使其变化量 $\Delta\sigma_{\mathrm{I}}$ 尽可能小。

进气道子系统的目标函数为

$$J_{\mathrm{I}}=\int_0^{\infty}(w_{\mathrm{I}}\sigma_{\mathrm{I}}^2+r_{\mathrm{I}}u_{\mathrm{I}}^2)\mathrm{d}t \tag{8.50}$$

$J_{\mathrm{I\,min}}$ 意味着在动态过程中总压恢复系数变化最小，使其保持为最佳值。

3. 发动机子系统线性二次型最优控制

发动机作为子系统独立控制时，目标函数为

$$J_{\mathrm{E}}=\int_0^{\infty}(\boldsymbol{x}_{\mathrm{E}}^{\mathrm{T}}\boldsymbol{W}_{\mathrm{E}}\boldsymbol{x}_{\mathrm{E}}+\boldsymbol{u}_{\mathrm{E}}^{\mathrm{T}}\boldsymbol{R}_{\mathrm{E}}\boldsymbol{u}_{\mathrm{E}})\mathrm{d}t \tag{8.51}$$

式中　　$\boldsymbol{x}_{\mathrm{E}}=[n_{\mathrm{L}}\quad n_{\mathrm{H}}\quad p_6\quad q_{m,\mathrm{f}}\quad p_3]^{\mathrm{T}}$，　$\boldsymbol{u}_{\mathrm{E}}=[q_{m,\mathrm{fc}}\quad A_8\quad \varphi_{\mathrm{L}}\quad \varphi_{\mathrm{H}}\quad A_{\mathrm{bld}}]^{\mathrm{T}}$

$\boldsymbol{W}_{\mathrm{E}}$，$\boldsymbol{R}_{\mathrm{E}}$ 均为对角矩阵，对角元素为 $w_{\mathrm{E}ii}$，$r_{\mathrm{E}ii}$。

将式(8.51) 写为展开形式为

$$J_{\mathrm{E}}=\int_0^{\infty}[w_{\mathrm{E11}}n_{\mathrm{L}}^2+w_{\mathrm{E22}}n_{\mathrm{H}}^2+w_{\mathrm{E33}}p_6^2+w_{\mathrm{E44}}q_{m,\mathrm{f}}^2+w_{\mathrm{E55}}p_3^2+r_{\mathrm{E11}}q_{m,\mathrm{fc}}^2+ \\ r_{\mathrm{E22}}A_8^2+r_{\mathrm{E33}}\varphi_{\mathrm{L}}^2+r_{\mathrm{E44}}\varphi_{\mathrm{H}}^2+r_{\mathrm{E55}}A_{\mathrm{bld}}^2]\mathrm{d}t$$

最优反馈增益矩阵为

$$\boldsymbol{K}_{\mathrm{E}}=\begin{bmatrix}k_{\mathrm{E11}} & k_{\mathrm{E12}} & \cdots & k_{\mathrm{E15}}\\ k_{\mathrm{E21}} & k_{\mathrm{E22}} & \cdots & k_{\mathrm{E25}}\\ \vdots & \vdots & & \vdots\\ k_{\mathrm{E51}} & k_{\mathrm{E52}} & \cdots & k_{\mathrm{E55}}\end{bmatrix}$$

4. 飞行 / 推进系统综合控制目标函数

对综合系统的线性二次型目标函数可按如下形式选取：

$$J=C_{\mathrm{A}}J_{\mathrm{A}}+C_{\mathrm{E}}J_{\mathrm{E}}+C_{\mathrm{I}}J_{\mathrm{I}} \tag{8.52}$$

式中，C_{A}，C_{E}，C_{I} 分别为相应子系统目标函数的加权。

由式(8.49)，式(8.50) 和式(8.51)，可得

$$J_{\mathrm{A}}=C_{\mathrm{A}}\int_0^{\infty}(\boldsymbol{y}_{\mathrm{A}}^{\mathrm{T}}\boldsymbol{W}_{\mathrm{A}}\boldsymbol{y}_{\mathrm{A}}+\boldsymbol{u}_{\mathrm{A}}^{\mathrm{T}}\boldsymbol{R}_{\mathrm{A}}\boldsymbol{u}_{\mathrm{A}})\mathrm{d}t+C_{\mathrm{E}}\int_0^{\infty}(\boldsymbol{x}_{\mathrm{E}}^{\mathrm{T}}\boldsymbol{W}_{\mathrm{E}}\boldsymbol{x}_{\mathrm{E}}+\boldsymbol{u}_{\mathrm{E}}^{\mathrm{T}}\boldsymbol{R}_{\mathrm{E}}\boldsymbol{u}_{\mathrm{E}})\mathrm{d}t+C_{\mathrm{I}}\int_0^{\infty}(w_{\mathrm{I}}\Delta\sigma_{\mathrm{I}}^2+r_{\mathrm{I}}\Delta u_{\mathrm{I}}^2)\mathrm{d}t= \\ \int_0^{\infty}\{C_{\mathrm{A}}[w_{\mathrm{A11}}v^2+w_{\mathrm{A22}}\gamma^2+w_{\mathrm{A33}}q^2+r_{\mathrm{A11}}\delta_{\mathrm{c}}^2+r_{\mathrm{A22}}\delta_{\mathrm{g}}^2+r_{\mathrm{A33}}F^2]+$$

$$C_{\mathrm{E}}[w_{\mathrm{E11}}n_{\mathrm{L}}^{2}+w_{\mathrm{E22}}n_{\mathrm{H}}^{2}+w_{\mathrm{E33}}p_{6}^{2}+w_{\mathrm{E44}}q_{m,\mathrm{f}}^{2}+w_{\mathrm{E55}}p_{3}^{2}+$$

$$r_{\mathrm{E11}}q_{m,\mathrm{fc}}^{2}+r_{\mathrm{E22}}A_{8}^{2}+r_{\mathrm{E33}}\varphi_{\mathrm{L}}^{2}+r_{\mathrm{E44}}\varphi_{\mathrm{H}}^{2}+r_{\mathrm{E55}}A_{\mathrm{bld}}^{2}]+C_{\mathrm{I}}[w_{\mathrm{I}}\sigma_{\mathrm{I}}^{2}+r_{\mathrm{I}}\delta_{2}^{2}]\}\mathrm{d}t=$$

$$\int_{0}^{\infty}\left\{[\boldsymbol{y}_{\mathrm{A}}^{\mathrm{T}}\quad F\quad \sigma_{\mathrm{I}}\quad \boldsymbol{x}_{\mathrm{E}}^{\mathrm{T}}]\begin{bmatrix}C_{\mathrm{A}}\boldsymbol{W}_{\mathrm{A}} & 0 & 0 & 0\\ 0 & C_{\mathrm{A}}r_{\mathrm{A33}} & 0 & 0\\ 0 & 0 & C_{\mathrm{I}}w_{\mathrm{I}} & 0\\ 0 & 0 & 0 & C_{\mathrm{E}}\boldsymbol{W}_{\mathrm{E}}\end{bmatrix}\begin{bmatrix}\boldsymbol{y}_{\mathrm{A}}\\ F\\ \sigma_{\mathrm{I}}\\ \boldsymbol{x}_{\mathrm{E}}\end{bmatrix}\right\}\mathrm{d}t+$$

$$\int_{0}^{\infty}\left\{[\delta_{\mathrm{c}}\quad \delta_{\mathrm{g}}\quad \boldsymbol{u}_{\mathrm{e}}^{\mathrm{T}}\quad \delta_{2}]\begin{bmatrix}C_{\mathrm{A}}r_{\mathrm{A11}} & 0 & 0 & 0\\ 0 & C_{\mathrm{A}}r_{\mathrm{A22}} & 0 & 0\\ 0 & 0 & C_{\mathrm{E}}\boldsymbol{R}_{\mathrm{E}} & 0\\ 0 & 0 & 0 & C_{\mathrm{I}}r_{\mathrm{I}}\end{bmatrix}\begin{bmatrix}\delta_{\mathrm{c}}\\ \delta_{\mathrm{g}}\\ \boldsymbol{u}_{\mathrm{E}}\\ \delta_{2}\end{bmatrix}\right\}\mathrm{d}t$$

即

$$J=\int_{0}^{\infty}[\boldsymbol{Y}^{\mathrm{T}}\boldsymbol{W}\boldsymbol{Y}+\boldsymbol{u}^{\mathrm{T}}\boldsymbol{R}\,\boldsymbol{u}]\mathrm{d}t \tag{8.53}$$

式中

$$\boldsymbol{Y}=[\boldsymbol{y}_{\mathrm{A}}^{\mathrm{T}}\quad F\quad \sigma_{\mathrm{I}}\quad \boldsymbol{x}_{\mathrm{E}}^{\mathrm{T}}]^{\mathrm{T}}=[v\quad \gamma\quad q\quad F\quad \sigma_{\mathrm{I}}\quad n_{\mathrm{L}}\quad n_{\mathrm{H}}\quad p_{6}\quad q_{m,\mathrm{f}}\quad p_{3}]^{\mathrm{T}}$$

$$\boldsymbol{u}=[\delta_{\mathrm{c}}\quad \delta_{\mathrm{g}}\quad \boldsymbol{u}_{\mathrm{E}}^{\mathrm{T}}\quad \delta_{2}]^{\mathrm{T}}=[\delta_{\mathrm{c}}\quad \delta_{\mathrm{g}}\quad q_{m,\mathrm{fc}}\quad A_{8}\quad \varphi_{\mathrm{L}}\quad \varphi_{\mathrm{H}}\quad A_{\mathrm{bld}}\quad \delta_{2}]^{\mathrm{T}}$$

$$\boldsymbol{W}=\begin{bmatrix}C_{\mathrm{A}}\boldsymbol{W}_{\mathrm{A}} & 0 & 0 & 0\\ 0 & C_{\mathrm{A}}r_{\mathrm{A33}} & 0 & 0\\ 0 & 0 & C_{\mathrm{I}}w_{\mathrm{I}} & 0\\ 0 & 0 & 0 & C_{\mathrm{E}}\boldsymbol{W}_{\mathrm{E}}\end{bmatrix},\quad \boldsymbol{R}=\begin{bmatrix}C_{\mathrm{A}}r_{\mathrm{A11}} & 0 & 0 & 0\\ 0 & C_{\mathrm{A}}r_{\mathrm{A22}} & 0 & 0\\ 0 & 0 & C_{\mathrm{E}}\boldsymbol{R}_{\mathrm{E}} & 0\\ 0 & 0 & 0 & C_{\mathrm{I}}r_{\mathrm{I}}\end{bmatrix}$$

以下推导采用线性二次型最优控制时综合系统的输出方程。

重写式(8.24)如下：

$$\boldsymbol{y}_{\mathrm{A}}=\boldsymbol{F}_{\mathrm{fA}}\boldsymbol{x}_{\mathrm{A}}$$

发动机状态向量 $\boldsymbol{x}_{\mathrm{E}}$ 可表示为

$$\boldsymbol{x}_{\mathrm{E}}=\boldsymbol{I}\boldsymbol{x}_{\mathrm{E}} \tag{8.54}$$

将式(8.39)写成展开形式：

$$\begin{bmatrix}F\\ q_{m,\mathrm{a}}\\ T_{4}\\ \mathrm{SMF}\\ \mathrm{SMC}\\ \bar{p}_{2.5}\end{bmatrix}=\begin{bmatrix}f_{\mathrm{E11}} & f_{\mathrm{E12}} & \cdots & f_{\mathrm{E15}}\\ f_{\mathrm{E21}} & f_{\mathrm{E22}} & \cdots & f_{\mathrm{E25}}\\ \vdots & \vdots & & \vdots\\ f_{\mathrm{E61}} & f_{\mathrm{E62}} & \cdots & f_{\mathrm{E65}}\end{bmatrix}\begin{bmatrix}n_{\mathrm{L}}\\ n_{\mathrm{H}}\\ p_{6}\\ q_{m,\mathrm{f}}\\ p_{3}\end{bmatrix}+\begin{bmatrix}h_{11} & h_{12} & h_{13}\\ h_{21} & h_{22} & h_{23}\\ 0 & 0 & 0\\ 0 & 0 & h_{43}\\ 0 & 0 & 0\\ 0 & 0 & h_{63}\end{bmatrix}\begin{bmatrix}f_{\mathrm{A11}} & 0 & 0 & 0 & 0\\ 0 & 0 & 0 & 0 & 1\\ f_{\mathrm{A31}} & f_{\mathrm{A32}} & f_{\mathrm{A33}} & f_{\mathrm{A34}} & 0\end{bmatrix}\begin{bmatrix}v\\ \alpha\\ q\\ \theta\\ H\end{bmatrix}-$$

$$\begin{bmatrix} g_{11} & g_{12} & \cdots & g_{15} \\ g_{21} & g_{22} & \cdots & g_{25} \\ \vdots & \vdots & & \vdots \\ g_{61} & g_{62} & \cdots & g_{65} \end{bmatrix} \begin{bmatrix} q_{m,\text{fc}} \\ A_8 \\ \varphi_{\text{L}} \\ \varphi_{\text{H}} \\ A_{\text{bld}} \end{bmatrix} + \begin{bmatrix} h_{\text{I1}} \\ h_{\text{I2}} \\ 0 \\ \vdots \\ 0 \end{bmatrix} u_{\text{I}}$$

$$F = [f_{\text{E11}} \quad f_{\text{E12}} \quad \cdots \quad f_{\text{E15}}] \boldsymbol{x}_{\text{E}} + [h_{11} \quad h_{12} \quad h_{13}] \begin{bmatrix} f_{11} & 0 & 0 & 0 & 0 \\ 0 & 0 & 0 & 0 & 1 \\ f_{\text{A31}} & f_{\text{A32}} & f_{\text{A33}} & f_{\text{A34}} & 0 \end{bmatrix} \boldsymbol{x}_{\text{A}} +$$
$$[g_{11} \quad g_{12} \quad \cdots \quad g_{15}] \boldsymbol{u}_{\text{E}} + h_{\text{I1}} u_{\text{I}} = [\boldsymbol{H}_{\text{EA}} \quad \boldsymbol{F}_{\text{A}}]^1 \boldsymbol{x}_{\text{A}} + \boldsymbol{F}_{\text{E}}^1 \boldsymbol{x}_{\text{E}} + \boldsymbol{G}_{\text{E}}^1 \boldsymbol{u}_{\text{E}} + \boldsymbol{H}_{\text{EI}}^1 u_{\text{I}} \tag{8.55}$$

式中，上标“1”表示各矩阵的第 1 行。

根据式(8.24)、式(8.54)和式(8.55)，可得到综合系统的输出方程为

$$\begin{bmatrix} \boldsymbol{y}_{\text{A}} \\ F \\ \boldsymbol{x}_{\text{E}} \end{bmatrix} = \begin{bmatrix} \boldsymbol{F}_{\text{fA}} & \boldsymbol{0} \\ (\boldsymbol{H}_{\text{EA}} \boldsymbol{F}_{\text{A}})^1 & \boldsymbol{F}_{\text{E}}^1 \\ \boldsymbol{0} & \boldsymbol{I} \end{bmatrix} \begin{bmatrix} \boldsymbol{x}_{\text{A}} \\ \boldsymbol{x}_{\text{E}} \end{bmatrix} + \begin{bmatrix} \boldsymbol{0} & \boldsymbol{0} & \boldsymbol{0} \\ \boldsymbol{0} & \boldsymbol{G}_{\text{E}}^1 & \boldsymbol{H}_{\text{EI}}^1 \\ \boldsymbol{0} & \boldsymbol{0} & \boldsymbol{0} \end{bmatrix} \begin{bmatrix} \delta_{\text{g}} \\ \boldsymbol{u}_{\text{E}} \\ \delta_{\text{E}} \end{bmatrix} \tag{8.56}$$

或表示为

$$\boldsymbol{Y} = \boldsymbol{F}_{\text{f}} \boldsymbol{x} + \boldsymbol{G}_{\text{g}} \boldsymbol{u} \tag{8.57}$$

式中
$$\boldsymbol{x} = [\boldsymbol{x}_{\text{A}}^{\text{T}} \quad \boldsymbol{x}_{\text{E}}^{\text{T}}]^{\text{T}} = [v \quad \alpha \quad q \quad \theta \quad H \quad n_{\text{L}} \quad n_{\text{H}} \quad p_6 \quad q_{m,\text{f}} \quad p_3]^{\text{T}}$$

$$\boldsymbol{F}_{\text{f}} = \begin{bmatrix} \boldsymbol{F}_{\text{fA}} & \boldsymbol{0} \\ (\boldsymbol{H}_{\text{EA}} \boldsymbol{F}_{\text{A}})^1 & \boldsymbol{F}_{\text{E}}^1 \\ \boldsymbol{0} & I \end{bmatrix}, \quad \boldsymbol{G}_{\text{g}} = \begin{bmatrix} \boldsymbol{0} & \boldsymbol{0} & \boldsymbol{0} \\ \boldsymbol{0} & \boldsymbol{G}_{\text{E}}^1 & \boldsymbol{H}_{\text{EI}}^1 \\ \boldsymbol{0} & \boldsymbol{0} & \boldsymbol{0} \end{bmatrix}$$

采用线性二次型最优控制时的综合系统状态方程如式(8.43)所示。

根据综合系统性能指标 J，求解 Riccati 方程，得综合飞行 / 推进系统最优反馈控制矩阵，即

$$\boldsymbol{K} = \begin{bmatrix} k_{11} & k_{12} & \cdots & k_{110} \\ k_{21} & k_{22} & \cdots & k_{210} \\ \vdots & \vdots & & \vdots \\ k_{71} & k_{72} & \cdots & k_{710} \end{bmatrix}$$

综合系统最优反馈控制为

$$\boldsymbol{u}(t) = -\boldsymbol{R}^{-1} \boldsymbol{B}^{\text{T}} \boldsymbol{K} \boldsymbol{x}(t) \tag{8.58}$$

综合飞行 / 推进系统线性二次型最优控制系统的特征方程为

$$|\lambda \boldsymbol{I} - \boldsymbol{A}| = 0$$

由此求出特征值 λ_i，$i=1,2,\cdots,10$，通过对 λ_i 的分析即可确定所设计的综合控制系统的性能。

8.3　飞行/推进系统 LQG/LTR 控制

LQG/LTR(Linear Quadratic Gaussian with Loop Transfer Recovery)方法的基本思想是在频域内预先设计好一个回路的奇异值曲线的形状,使回路对于模型的不确定性具有良好的鲁棒性,然后通过 LTR 步骤,使整个系统开环回路的奇异值曲线的形状逐渐逼近于预先设计好的回路形状,从而使整个闭环系统仍能保持良好的鲁棒性。这种方法具有设计方便、计算量较小、控制器结构比较简单、鲁棒性优良等优点,有较高的工程应用价值。国外在很多控制领域已应用了 LQG/LTR 方法,在航空方面的应用研究也已开展。例如,直升机 V-22 上的涡轮轴发动机 Allision T406 的控制、F15 飞机与 F100EMD 发动机的飞行/推进系统综合控制,都用这种方法进行了一定的研究,并证明了系统具有良好的鲁棒性。

控制系统设计时,为了使系统达到预期的性能,要求设计出的控制器应该具有良好的鲁棒性,尤其是对于飞行器这样一类对象。在本节,首先研究被控对象数学模型为标称模型时控制器具有何种特性才能保证系统具有满意的性能;然后在该模型下考虑诸多不确定性因素来模拟真实系统,并研究如何使这样的系统具有鲁棒性,即鲁棒稳定性和性能鲁棒性。最终使设计出的控制器应该同时满足上述要求。另外,为了使研究具有普遍性,多变量反馈控制系统应该具有一般的形式。

上述性能和鲁棒性分析是基于奇异值理论,将该理论应用于多变量反馈控制系统的频域设计和鲁棒性分析,是近年来鲁棒控制理论发展的重要成果之一。奇异值理论的应用使得人们可以用类似于单变量反馈控制系统的设计方法来研究多变量反馈控制系统的频域设计问题,这给多变量反馈控制系统的设计带来了很大的方便。本节要介绍的 LQG/LTR 方法正是建立在该理论基础之上的一种多变量开环频域设计方法。

8.3.1　控制系统性能分析

在单输入-单输出(SISO)系统中,反馈回路的性能由频率域的回路增益决定,干扰的消除、噪声的抑制以及参数摄动的灵敏度等都取决于它。对于多输入-多输出(MIMO)系统,传递函数矩阵不能像 SISO 系统那样用一个标量函数来表示它的增益,但是可以用矩阵范数来描述,例如,6.5 节中所做的介绍。

对于传递函数矩阵 $\boldsymbol{G}(s)$,其共轭转置矩阵用 $\boldsymbol{G}^{\mathrm{H}}(s)$ 表示,$\boldsymbol{G}^{\mathrm{H}}\boldsymbol{G}$ 的特征值的正二次方根 $\sqrt{\lambda(\boldsymbol{G}^{\mathrm{H}}\boldsymbol{G})}$ 称为矩阵的奇异值,最大特征值的正二次方根 $\sqrt{\lambda_{\max}(\boldsymbol{G}^{\mathrm{H}}\boldsymbol{G})}$ 为最大奇异值,用 $\bar{\sigma}$ 表示。令 $s=\mathrm{j}\omega(0\leqslant\omega\leqslant\infty)$,则 $\boldsymbol{G}(\mathrm{j}\omega)$ 的奇异值是 ω 的函数,称为 $\boldsymbol{G}(s)$ 的主增益,并将其最大主增益记作 $\bar{\sigma}(\omega)$,最小主增益记作 $\underline{\sigma}(\omega)$。

典型的多变量反馈控制系统如图 8.2 所示。图中,$\boldsymbol{y}$ 为 m 维输出向量,$\boldsymbol{u}$ 为 n 维控制向量,$\boldsymbol{r}$ 为 m 维系统参考输入向量,$\boldsymbol{e}$ 为 m 维系统误差向量,$\boldsymbol{d}$ 为 m 维干扰向量,$\boldsymbol{v}$ 为 m 维测量噪声向

量，$\boldsymbol{G}(s)$ 为 $m\times n$ 维被控对象的数学模型，$\boldsymbol{K}(s)$ 为 $n\times m$ 维控制器。

对于图 8.2 所示的多变量反馈控制系统，系统输出 $\boldsymbol{y}(s)$ 为

$$\boldsymbol{y}(s)=\boldsymbol{S}(s)\boldsymbol{w}(s)+[\boldsymbol{I}-\boldsymbol{S}(s)](\boldsymbol{r}(s)-\boldsymbol{v}(s)) \tag{8.59}$$

式中

$$\boldsymbol{S}(s)=[\boldsymbol{I}+\boldsymbol{G}(s)\boldsymbol{K}(s)]^{-1}$$

$\boldsymbol{S}(s)$ 为系统的灵敏度函数矩阵。

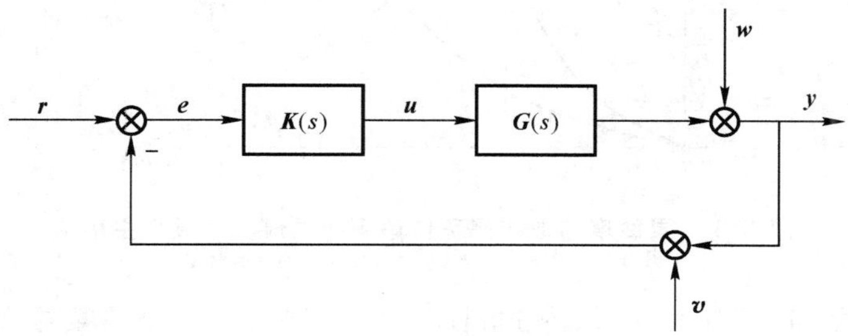

图 8.2　典型的反馈系统结构简图

系统输出也可以写成

$$\boldsymbol{y}(s)=[\boldsymbol{I}-\boldsymbol{T}(s)]\boldsymbol{w}(s)+\boldsymbol{T}(s)[\boldsymbol{r}(s)-\boldsymbol{v}(s)] \tag{8.60}$$

式中

$$\boldsymbol{T}(s)=\boldsymbol{S}(s)\boldsymbol{G}(s)\boldsymbol{K}(s)=\boldsymbol{I}-\boldsymbol{S}(s) \tag{8.61}$$

$\boldsymbol{T}(s)$ 为闭环系统传递函数矩阵。

对于该典型的多变量反馈控制系统，要求设计出的控制器 $\boldsymbol{K}(s)$ 必须保证闭环系统具有两方面的性能。一方面是要求闭环系统稳定性良好，即闭环系统满足多变量广义奈奎斯特判据；另一方面，就是要求闭环系统具有优良的性能，包括抗干扰能力、抑制噪声能力和信号跟踪能力等。但是，系统性能的上述要求是相互矛盾的。

从式(8.59)可知，闭环系统的抗干扰能力可以用灵敏度函数矩阵 $\boldsymbol{S}(s)$ 的主增益来反映，如图 8.3 所示。如果最大主增益 $\bar{\sigma}(\boldsymbol{S})$ 和最小主增益 $\underline{\sigma}(\boldsymbol{S})$ 之间的区域很窄，那么基本上可以得到一个类似于 SISO 系统的单增益，这样可以沿用 SISO 的分析方法，对回路的灵敏度进行准确的描述。但是，通常这个区域并不窄。为了提高抗干扰能力，就要探讨如何使灵敏度函数尽可能小，即区域的上界(即 $\bar{\sigma}(\boldsymbol{S})$)很重要。

由式(8.60)可知，为提高噪声抑制能力，要求闭环系统传递函数矩阵 $\boldsymbol{T}(s)$ 的主增益应该尽可能小，如图 8.3 所示。同样，该区域的上界与噪声抑制能力的大小有很重要的关系。

因此，就闭环系统的抗干扰能力和噪声抑制能力来讲，应该要求 $\bar{\sigma}(\boldsymbol{S})$ 和 $\bar{\sigma}(\boldsymbol{T})$ 同时尽可能小，但是根据式(8.61)，这是不可能的。$\bar{\sigma}(\boldsymbol{S})$ 和 $\bar{\sigma}(\boldsymbol{T})$ 的关系为

$$\left.\begin{aligned}|1-\bar{\sigma}(\boldsymbol{S})|\leqslant\bar{\sigma}(\boldsymbol{T})\leqslant 1+\bar{\sigma}(\boldsymbol{S})\\|1-\bar{\sigma}(\boldsymbol{T})|\leqslant\bar{\sigma}(\boldsymbol{S})\leqslant 1+\bar{\sigma}(\boldsymbol{T})\end{aligned}\right\} \tag{8.62}$$

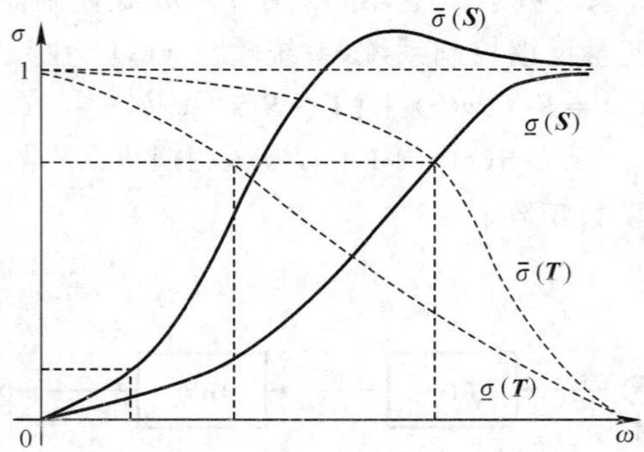

图 8.3　灵敏度函数和闭环传递函数的最大及最小主增益

从以上分析可知,闭环系统性能的指标是相互矛盾的,这就需要在各指标之间进行协调。显然,对闭环指标本身进行协调是不可能的,但是,从 SISO 系统的处理方法中可以得到启示。在SISO系统中,是通过对开环增益的要求来实现闭环性能指标的。同样,在 MIMO 系统中,也可以利用开环增益来实现闭环性能指标。下面将讨论如何从闭环性能指标中得到开环增益要求,并进行协调,以同时实现不同的闭环性能指标。

对于稳定的闭环系统,其性能指标与主增益有下述关系。

(1) 灵敏度指标: $\bar{\sigma}(\boldsymbol{S})=\bar{\sigma}(\boldsymbol{I}+\boldsymbol{G}\boldsymbol{K})^{-1}$ 尽可能小。

(2) 噪声抑制指标: $\bar{\sigma}(\boldsymbol{T})=\bar{\sigma}[\boldsymbol{I}-(\boldsymbol{I}+\boldsymbol{G}\boldsymbol{K})^{-1}]$ 尽可能小。

(3) 信号跟踪能力指标: $\bar{\sigma}(\boldsymbol{T})=\bar{\sigma}[\boldsymbol{I}-(\boldsymbol{I}+\boldsymbol{G}\boldsymbol{K})^{-1}]\approx 1$。

由此可见,闭环系统的性能指标是相互矛盾的。为进一步分析问题,引入以下引理。

引理 1　$\max[0,\ \underline{\sigma}(Q)-1]\leqslant\underline{\sigma}(Q+I)\leqslant\underline{\sigma}(Q)+1$

引理 2　$\max[0,\ \bar{\sigma}(Q)-1]\leqslant\bar{\sigma}(Q+I)\leqslant\bar{\sigma}(Q)+1$

引理 3　矩阵求逆引理

$$(\boldsymbol{A}+\boldsymbol{B}\boldsymbol{C}\boldsymbol{D})^{-1}=\boldsymbol{A}^{-1}-\boldsymbol{A}^{-1}\boldsymbol{B}(\boldsymbol{D}\boldsymbol{A}^{-1}\boldsymbol{B}+\boldsymbol{C}^{-1})^{-1}\boldsymbol{D}\boldsymbol{A}^{-1}$$

利用如上三条引理,有下述指标。

(1) 灵敏度指标:根据引理 2,当$\underline{\sigma}(\boldsymbol{GK})\gg 1$ 时,有

$$\bar{\sigma}[(\boldsymbol{I}+\boldsymbol{GK})^{-1}]=\frac{1}{\underline{\sigma}(\boldsymbol{I}+\boldsymbol{GK})}\leqslant\frac{1}{\underline{\sigma}(\boldsymbol{GK})-1}\approx\frac{1}{\underline{\sigma}(\boldsymbol{GK})}\tag{8.63}$$

由式(8.63) 可知,通过增大$\underline{\sigma}(\boldsymbol{GK})$ 可以降低系统的灵敏度。

(2) 噪声抑制指标:根据矩阵求逆引理,有

$$\bar{\sigma}[\boldsymbol{I}-(\boldsymbol{I}+\boldsymbol{GK})^{-1}]=\bar{\sigma}[\boldsymbol{I}+(\boldsymbol{GK})^{-1}]^{-1}=\frac{1}{\underline{\sigma}[\boldsymbol{I}+(\boldsymbol{GK})^{-1}]}\tag{8.64}$$

因此,要想提高噪声抑制能力,就需要$\underline{\sigma}[\boldsymbol{I}+(\boldsymbol{GK})^{-1}]$ 应尽可能大,进一步可推出$\underline{\sigma}(\boldsymbol{GK})^{-1}$ 应尽

可能大，即 $\bar{\sigma}(\boldsymbol{GK})$ 应尽可能小。

(3) 信号跟踪能力指标：对于信号跟踪能力，需要

$$\boldsymbol{I}-(\boldsymbol{I}+\boldsymbol{GK})^{-1}\approx\boldsymbol{I}\quad\text{即}\quad(\boldsymbol{I}+\boldsymbol{GK})^{-1}\approx\boldsymbol{0}$$

即要求对于任意非零向量 $\boldsymbol{x}$ 满足

$$\frac{\|(\boldsymbol{I}+\boldsymbol{GK})^{-1}\boldsymbol{x}\|}{\|\boldsymbol{x}\|}\ll 1$$

则

$$\bar{\sigma}(\boldsymbol{I}+\boldsymbol{GK})^{-1}\ll 1$$

即

$$\underline{\sigma}(\boldsymbol{I}+\boldsymbol{GK})\gg 1 \tag{8.65}$$

或

$$\underline{\sigma}(\boldsymbol{GK})\gg 1$$

从式(8.65)可知，要使系统具有良好的信号跟踪能力，就要求 $\underline{\sigma}(\boldsymbol{GK})$ 应尽可能大。

总结上述由闭环性能指标推出的开环增益要求：

(1) 为提高抗干扰能力，要求 $\underline{\sigma}(\boldsymbol{GK})$ 应尽可能大。

(2) 为提高噪声抑制能力，要求 $\bar{\sigma}(\boldsymbol{GK})$ 应尽可能小。

(3) 为提高系统的跟踪能力，要求 $\underline{\sigma}(\boldsymbol{GK})$ 应尽可能大。

由此可知，(1)(3) 和(2) 的要求是相互矛盾的。但是，由于系统干扰信号和参考输入信号的能量大多集中在低频段，而噪声信号的能量又大多集中在高频段，所以可以对开环增益要求作这样的协调或折中：在低频段 $\underline{\sigma}(\boldsymbol{GK})$ 极大，在高频段 $\bar{\sigma}(\boldsymbol{GK})$ 极小。这样，基本上可以满足开环增益的要求，也即满足了闭环性能指标的要求。

8.3.2　LQG/LTR 控制器设计方法

前面介绍了多变量反馈控制系统的性能和鲁棒性要求，飞行 / 推进综合控制系统必须满足这些要求。现概括介绍一种 LQG/LTR 控制器设计方法，采用这种方法设计出的控制器，能确保系统具有良好的性能和鲁棒性。设计方法有多种，应根据实际系统和设计要求来确定。

由于 LQG/LTR 是针对 LQG 方法鲁棒性差这个弱点而提出来的一种频域设计方法，为此首先介绍 LQG 方法，并且阐述全状态反馈调节器优良的鲁棒性，在此基础之上，再详细讨论 LQG/LTR 方法。

1. LQG 控制器

设被控对象的状态方程为

$$\dot{\boldsymbol{x}}(t)=\boldsymbol{A}\boldsymbol{x}(t)+\boldsymbol{B}\boldsymbol{u}(t)+\boldsymbol{\Gamma}\boldsymbol{w}(t) \tag{8.66}$$

$$\boldsymbol{x}\in\mathbf{R}^{n},\quad \boldsymbol{u}\in\mathbf{R}^{n}$$

输出方程为

$$\boldsymbol{y}(t)=\boldsymbol{C}\boldsymbol{x}(t),\quad \boldsymbol{y}\in\mathbf{R}^{n} \tag{8.67}$$

观测方程为

$$\boldsymbol{z}(t)=\boldsymbol{M}\boldsymbol{x}(t)+\boldsymbol{v}(t) \tag{8.68}$$

式中，w, v 均为零均值的高斯白噪声，且互不相关。

$$E\{w\}=0,\quad E\{v\}=0$$
$$E\{ww^{\mathrm{T}}\}=W\geqslant 0$$
$$E\{vv^{\mathrm{T}}\}=V\geqslant 0$$
$$E\{wv\}=0$$

LQG 调节器设计的目的是设计一个反馈律使下述性能指标函数极小：

$$J=\lim_{t\to\infty}E\left\{\int_0^t(z^{\mathrm{T}}Qz+u^{\mathrm{T}}Ru)\mathrm{d}t\right\} \tag{8.69}$$

式中，$Q=Q^{\mathrm{T}}\geqslant\mathbf{0}$，$R=R^{\mathrm{T}}\geqslant\mathbf{0}$，均为加权矩阵。

如果系统是一个确定性系统，则问题求解是比较容易的，即比较容易设计状态反馈控制器，使目标函数 J 极小。但实际系统模型存在的不确定性、不同类型的摄动、过程噪声、测量噪声等，使得测量到的状态量并不能真正反映被控对象的实际状态，而且某些状态量还不能通过测量得到，这就给系统设计带来了困难。

为了解决由式(8.66)至式(8.68)所描述的随机系统的最优状态反馈控制器设计问题，可以利用状态观测器，即参数估计器估计出状态量，利用估计的状态量进行状态反馈控制器设计，使目标函数 J 极小，这就是所谓 LQG 问题。LQG 控制器由状态观测器与状态反馈控制器串联组成。状态观测器通常采用卡尔曼滤波器。

LQG 控制系统的结构图如图 8.4 所示。由分离原理可知，对 LQG 控制器可以将卡尔曼滤波器与状态反馈控制器分别进行分析与设计。

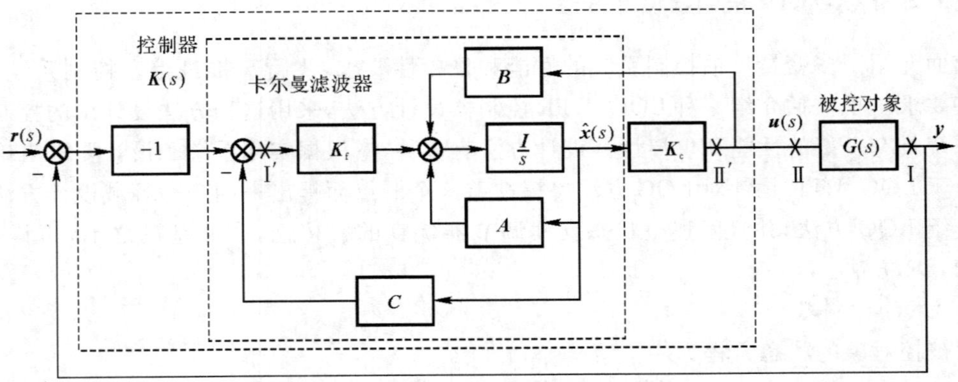

图 8.4　LQG 控制系统结构简图

根据第 6 章介绍的式(6.5)最优状态反馈增益矩阵：

$$K_{\mathrm{c}}=R^{-1}B^{\mathrm{T}}P_{\mathrm{c}}$$

式中，P_{c} 为如下 Riccati 方程的解：

$$\boldsymbol{A}^{\mathrm{T}}\boldsymbol{P}_{\mathrm{c}}+\boldsymbol{P}_{\mathrm{c}}\boldsymbol{A}-\boldsymbol{P}_{\mathrm{c}}\boldsymbol{B}\boldsymbol{R}^{-1}\boldsymbol{B}^{\mathrm{T}}\boldsymbol{P}_{\mathrm{c}}+\boldsymbol{M}^{\mathrm{T}}\boldsymbol{Q}\boldsymbol{M}=\boldsymbol{0} \tag{8.70}$$

卡尔曼滤波器增益矩阵：

$$\boldsymbol{K}_{\mathrm{f}}=\boldsymbol{P}_{\mathrm{f}}\boldsymbol{C}^{\mathrm{T}}\boldsymbol{V}^{-1}$$

式中，$\boldsymbol{P}_{\mathrm{f}}$ 为如下 Riccati 方程的解：

$$\boldsymbol{P}_{\mathrm{f}}\boldsymbol{A}^{\mathrm{T}}+\boldsymbol{A}\boldsymbol{P}_{\mathrm{f}}-\boldsymbol{P}_{\mathrm{f}}\boldsymbol{C}^{\mathrm{T}}\boldsymbol{V}^{-1}\boldsymbol{C}\boldsymbol{P}_{\mathrm{f}}+\boldsymbol{\Gamma}\boldsymbol{W}\boldsymbol{\Gamma}^{\mathrm{T}}=\boldsymbol{0} \tag{8.71}$$

LQG 控制器在全状态反馈控制器的基础上，考虑白噪声影响而增加了一个状态观测器，即卡尔曼滤波器。因此 LQG 控制器对系统的白噪声影响有很好的抑制效果。

2. 全状态反馈控制器的品质

假设系统的状态变量全部可以直接得到，则可以去掉图 8.4 中所示的卡尔曼滤波器，直接应用状态反馈，如图 8.5 所示。

在状态反馈控制器输入端断开的如下形式的函数：

$$-\boldsymbol{H}_{\mathrm{c}}=-\boldsymbol{K}_{\mathrm{c}}(s\boldsymbol{I}-\boldsymbol{A})^{-1}\boldsymbol{B} \tag{8.72}$$

称为回比函数。而

$$\boldsymbol{F}_{\mathrm{c}}=\boldsymbol{I}+\boldsymbol{H}_{\mathrm{c}}(s)=\boldsymbol{I}+\boldsymbol{K}_{\mathrm{c}}(s\boldsymbol{I}-\boldsymbol{A})^{-1}\boldsymbol{B} \tag{8.73}$$

称为回差函数。

设系统可控可观测，对式(8.70) 加上和减去 $s\boldsymbol{P}_{\mathrm{c}}$，然后左乘 $\boldsymbol{B}^{\mathrm{T}}(-s\boldsymbol{I}-\boldsymbol{A}^{\mathrm{T}})^{-1}$，右乘$(s\boldsymbol{I}-\boldsymbol{A})^{-1}\boldsymbol{B}$，整理后，得

$$[\boldsymbol{I}+\boldsymbol{H}_{\mathrm{c}}^{\mathrm{T}}(-s)]\boldsymbol{R}[\boldsymbol{I}+\boldsymbol{H}_{\mathrm{c}}(s)]=\boldsymbol{R}+\boldsymbol{G}_{\mathrm{c}}^{\mathrm{T}}(-s)\boldsymbol{Q}\boldsymbol{G}_{\mathrm{c}}(s) \tag{8.74}$$

式中

$$\boldsymbol{G}_{\mathrm{c}}(s)=\boldsymbol{M}(s\boldsymbol{I}-\boldsymbol{A})^{-1}\boldsymbol{B} \tag{8.75}$$

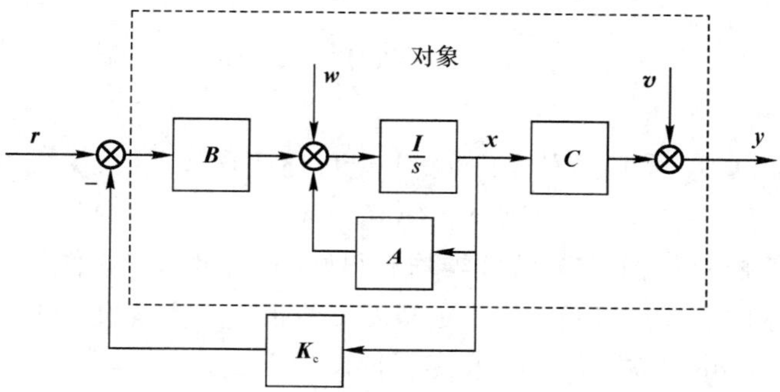

图 8.5 最优全状态反馈控制器结构简图

从式(8.74)，可以得到

$$\boldsymbol{F}_{\mathrm{c}}^{\mathrm{T}}(-s)\boldsymbol{R}\boldsymbol{F}_{\mathrm{c}}(s)=\boldsymbol{R}+\boldsymbol{G}_{\mathrm{c}}^{\mathrm{T}}(-s)\boldsymbol{Q}\boldsymbol{G}_{\mathrm{c}}(s)\geqslant\boldsymbol{R} \tag{8.76}$$

如果取 $\boldsymbol{R}=\rho\boldsymbol{I}$，$\rho$ 为正实数，则式(8.76) 可变为

$$\boldsymbol{F}_{\mathrm{c}}^{\mathrm{H}}(\mathrm{j}\omega)\boldsymbol{F}_{\mathrm{c}}(\mathrm{j}\omega)\geqslant\boldsymbol{I}$$

因此得出

$$\underline{\sigma}(\boldsymbol{F}_{\mathrm{c}}(\mathrm{j}\omega))\geqslant 1$$

由此可知,在输入端各通道至少有 60° 的相位裕度和 0.5 ~ ∞ 的幅值裕度。

对于单输入系统,同样可以得出上述结论,如图 8.6 所示。从图可以看出,在高频段,全状态反馈系统类似于一阶系统,在大于 0 dB 穿越频率以上频率时,相角接近于 − 90°,频率衰减为 − 20 dB/dec。

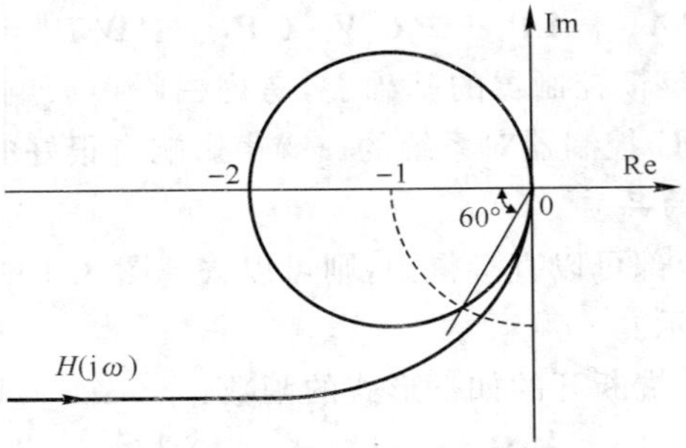

图 8.6　单输入时全状态反馈系统的奈奎斯特曲线

以上证明了全状态反馈控制器具有良好的鲁棒性。同样根据卡尔曼滤波器与全状态反馈最优控制器之间存在的对偶关系,相应地可以证明卡尔曼滤波器有类似的结论。这说明卡尔曼滤波器作为一个反馈回路,也具有良好的鲁棒性,此时,断开点位于卡尔曼滤波器输出端(见图 8.4)。

相应的回比函数为

$$-\boldsymbol{H}_{\mathrm{f}}(s)=-\boldsymbol{C}(s\boldsymbol{I}-\boldsymbol{A})^{-1}\boldsymbol{K}_{\mathrm{f}} \tag{8.77}$$

回差函数为

$$\boldsymbol{F}_{\mathrm{f}}(s)=\boldsymbol{I}+\boldsymbol{C}(s\boldsymbol{I}-\boldsymbol{A})^{-1}\boldsymbol{K}_{\mathrm{f}} \tag{8.78}$$

并可得到

$$\boldsymbol{F}_{\mathrm{f}}(s)\boldsymbol{V}\boldsymbol{F}_{\mathrm{f}}^{\mathrm{T}}(-s)=\boldsymbol{V}+\boldsymbol{G}_{\mathrm{f}}(s)\boldsymbol{W}\boldsymbol{G}_{\mathrm{f}}^{\mathrm{T}}(-s) \tag{8.79}$$

式中

$$\boldsymbol{G}_{\mathrm{f}}(s)=\boldsymbol{C}(s\boldsymbol{I}-\boldsymbol{A})^{-1}\boldsymbol{\Gamma} \tag{8.80}$$

尽管全状态反馈控制器、卡尔曼滤波器均有很好的鲁棒性,但它们的组合即 LQG 控制器,并不因此而具有良好的鲁棒性,LQG 的稳定裕度可能很小。为解决 LQG 鲁棒性差的弱点,可在 LQG 基础上增加 LTR 步骤,形成 LQG/LTR 设计方法。

LQG/LTR 设计方法的原理是,应用奇异值理论,首先设计好全状态反馈回路(或卡尔曼滤波器回路)的奇异值曲线的形状,使其具有良好的性能和鲁棒性;然后采用 LTR 步骤,使整个系统开环传递函数的奇异值曲线的形状逼近于全状态反馈回路(或卡尔曼滤波器回路)的奇异值曲线的形状,从而使整个闭环系统具有良好的性能和鲁棒性。这样一来,在输入端,整个系统可以恢复全状态反馈回路的品质,而在输出端,整个系统可以恢复卡尔曼滤波器回路的品质。

由于这种设计方法仍采用 LQG 控制器的结构,所以称为 LQG/LTR 方法,其结构图如图

8.4 所示，只不过 $\boldsymbol{K}_c$，$\boldsymbol{K}_f$ 的求法有异。

3. LTR 步骤

根据图 8.4 所示可定义各断点的传递函数如下：

(1) 对象输入点(点 Ⅱ)的回比函数：

$$\boldsymbol{H}_{\mathrm{II}} = \boldsymbol{K}(s)\boldsymbol{G}(s)$$

对象输入点(点 Ⅱ)的回差函数：

$$\boldsymbol{F}_{\mathrm{II}} = \boldsymbol{I} + \boldsymbol{K}(s)\boldsymbol{G}(s)$$

(2) 对象输出点(点 Ⅰ)的回比函数：

$$\boldsymbol{H}_{\mathrm{I}} = \boldsymbol{G}(s)\boldsymbol{K}(s)$$

对象输出点(点 Ⅰ)的回差函数：

$$\boldsymbol{F}_{\mathrm{I}} = \boldsymbol{I} + \boldsymbol{G}(s)\boldsymbol{K}(s)$$

(3) 点 Ⅱ′ 的回比函数：

$$\boldsymbol{H}_{\mathrm{II}'} = \boldsymbol{K}_c(s\boldsymbol{I} - \boldsymbol{A})^{-1}\boldsymbol{B}$$

(4) 点 Ⅰ′ 的回比函数：

$$\boldsymbol{H}_{\mathrm{I}'} = \boldsymbol{C}(s\boldsymbol{I} - \boldsymbol{A})^{-1}\boldsymbol{K}_f$$

系统在对象输入端的性能和鲁棒性是由点 Ⅱ 处的回比函数 $\boldsymbol{K}(s)\boldsymbol{G}(s)$ 所决定的，而预先设计好的具有良好性能和鲁棒性的回比函数是断点 Ⅱ′ 处的回比函数，即全状态最优反馈回路的回比函数 $\boldsymbol{K}_c(s\boldsymbol{I} - \boldsymbol{A})^{-1}\boldsymbol{B}$。在通常情况下，这两点的回比函数是不相同的，而 LTR 步骤就是要使点 Ⅱ 处的回比函数的主增益曲线逐渐趋向于点 Ⅱ′ 处的回比函数的主增益曲线。同样，系统在对象输出端的鲁棒性和性能是由点 Ⅰ 处的回比函数 $\boldsymbol{G}(s)\boldsymbol{K}(s)$ 来决定的，当然也希望 $\boldsymbol{G}(s)\boldsymbol{K}(s)$ 的主增益曲线，利用 LTR 步骤，逐步逼近点 Ⅰ′ 处的回比函数 $\boldsymbol{C}(s\boldsymbol{I} - \boldsymbol{A})^{-1}\boldsymbol{K}_f$ 的主增益曲线，即卡尔曼滤波器回路的回比函数的主增益曲线。

首先讨论对象输入端恢复的情况，然后讨论对象输出端恢复情况。如果把 LQG/LTR 控制器表示成为 $\boldsymbol{K}(s)$，如图 8.4 中虚线框所示，则点 Ⅱ 处的回比函数为

$$\boldsymbol{K}(s)\boldsymbol{G}(s) = -\boldsymbol{K}_c(s\boldsymbol{I} - \boldsymbol{A} + \boldsymbol{B}\boldsymbol{K}_c + \boldsymbol{K}_f\boldsymbol{C})^{-1}\boldsymbol{K}_f\boldsymbol{C}(s\boldsymbol{I} - \boldsymbol{A})^{-1}\boldsymbol{B} \tag{8.81}$$

令

$$\boldsymbol{\Phi}(s) = (s\boldsymbol{I} - \boldsymbol{A})^{-1}$$

$$\boldsymbol{\Psi}_c(s) = (s\boldsymbol{I} - \boldsymbol{A} + \boldsymbol{B}\boldsymbol{K}_c)^{-1}$$

在下面表达式中略去“(s)”则式(8.81)可写为

$$\begin{aligned}\boldsymbol{K}\boldsymbol{G} = &-\boldsymbol{K}_c(\boldsymbol{\Psi}_c^{-1} + \boldsymbol{K}_f\boldsymbol{C})^{-1}\boldsymbol{K}_f\boldsymbol{C}\boldsymbol{\Phi}\boldsymbol{B} = \\ &-\boldsymbol{K}_c[\boldsymbol{\Psi}_c - \boldsymbol{\Psi}_c\boldsymbol{K}_f(\boldsymbol{C}\boldsymbol{\Psi}\boldsymbol{K}_f + \boldsymbol{I})^{-1}\boldsymbol{C}\boldsymbol{\Psi}_c]\boldsymbol{K}_f\boldsymbol{C}\boldsymbol{\Phi}\boldsymbol{B} = \\ &-\boldsymbol{K}_c\boldsymbol{\Psi}_c\boldsymbol{K}_f[\boldsymbol{I} - (\boldsymbol{C}\boldsymbol{\Psi}_c\boldsymbol{K}_f + \boldsymbol{I})^{-1}\boldsymbol{C}\boldsymbol{\Psi}_c\boldsymbol{K}_f]\boldsymbol{C}\boldsymbol{\Phi}\boldsymbol{B} = \\ &-\boldsymbol{K}_c\boldsymbol{\Psi}_c\boldsymbol{K}_f[\boldsymbol{I} + \boldsymbol{C}\boldsymbol{\Psi}_c\boldsymbol{K}_f]^{-1}\boldsymbol{C}\boldsymbol{\Phi}\boldsymbol{B}\end{aligned} \tag{8.82}$$

如果卡尔曼滤波器中 Riccati 方程式(8.71)中的协方差阵

$$\boldsymbol{W} = \boldsymbol{W}_0 + q\boldsymbol{\Sigma}$$

式中,$\boldsymbol{\Sigma}=\boldsymbol{\Sigma}^{\mathrm{T}}\geqslant\boldsymbol{0}$, q 为正实数,并且选择 $\boldsymbol{M}=\boldsymbol{C}$,则对卡尔曼滤波器中的 Riccati 方程变换为

$$\frac{\boldsymbol{P}_{\mathrm{f}}\boldsymbol{A}^{\mathrm{T}}}{q}+\frac{\boldsymbol{A}\,\boldsymbol{P}_{\mathrm{f}}}{q}-\frac{\boldsymbol{P}_{\mathrm{f}}\boldsymbol{C}^{\mathrm{T}}\boldsymbol{V}^{-1}\boldsymbol{C}\,\boldsymbol{P}_{\mathrm{f}}}{q}+\frac{\boldsymbol{\Gamma}\,\boldsymbol{W}_{0}\boldsymbol{\Gamma}^{\mathrm{T}}}{q}+\boldsymbol{\Gamma}\,\boldsymbol{\Sigma}\boldsymbol{\Gamma}^{\mathrm{T}}=\boldsymbol{0} \tag{8.83}$$

如果 $\boldsymbol{C}(s\boldsymbol{I}-\boldsymbol{A})^{-1}\boldsymbol{\Gamma}\,\boldsymbol{W}^{1/2}$ 在右半平面没有传递零点,且秩至少为 $\mathrm{rank}(\boldsymbol{\Sigma})$,则

$$\lim_{q\to\infty}\frac{\boldsymbol{P}_{\mathrm{f}}}{q}=\boldsymbol{0}$$

式(8.83) 变为

$$\lim_{q\to\infty}(q\,\boldsymbol{\Gamma\Sigma\Gamma}^{\mathrm{T}})^{1/2}=\boldsymbol{P}_{\mathrm{f}}\boldsymbol{C}^{\mathrm{T}}\boldsymbol{V}^{-1/2} \tag{8.84}$$

由于 $\boldsymbol{K}_{\mathrm{f}}=\boldsymbol{P}_{\mathrm{f}}\boldsymbol{C}^{\mathrm{T}}\boldsymbol{V}^{-1}$,与式(8.84) 比较,可得

$$\boldsymbol{K}_{\mathrm{f}}\to q^{1/2}\boldsymbol{\Gamma\Sigma}^{1/2}\boldsymbol{V}^{-1/2},\quad 当\ q\to\infty\ 时$$

若选择 $\boldsymbol{\Gamma}=\boldsymbol{B}$,$\boldsymbol{\Sigma}=\boldsymbol{I}$,且在右半平面无传输零点,则

$$\boldsymbol{K}_{\mathrm{f}}\to q^{1/2}\boldsymbol{BV}^{-1/2},\quad 当\ q\to\infty\ 时$$

将该式代入式(8.82),得

$$\begin{aligned}\boldsymbol{K\,G}\xrightarrow{q\,\to\,\infty}&-q^{1/2}\boldsymbol{K}_{\mathrm{c}}\boldsymbol{\Psi}_{\mathrm{c}}\boldsymbol{BV}^{-1/2}(\boldsymbol{I}+q^{1/2}\boldsymbol{C}\,\boldsymbol{\Psi}_{\mathrm{c}}\boldsymbol{BV}^{-1/2})^{-1}\boldsymbol{C}\,\boldsymbol{\Phi B}\xrightarrow{q\,\to\,\infty}\\&-\boldsymbol{K}_{\mathrm{c}}\boldsymbol{\Psi}_{\mathrm{c}}\boldsymbol{BV}^{-1/2}(\boldsymbol{C}\,\boldsymbol{\Psi}_{\mathrm{c}}\boldsymbol{BV}^{-1/2})^{-1}\boldsymbol{C}\,\boldsymbol{\Phi B}\end{aligned}$$

根据

$$\boldsymbol{\Psi}_{\mathrm{c}}=\boldsymbol{\Phi}(\boldsymbol{I}+\boldsymbol{BK}_{\mathrm{c}}\boldsymbol{\Phi})^{-1}$$

可得

$$\begin{aligned}\lim_{q\to\infty}\boldsymbol{KG}=&-\boldsymbol{K}_{\mathrm{c}}\boldsymbol{\Psi}_{\mathrm{c}}\boldsymbol{B}(\boldsymbol{C}\,\boldsymbol{\Psi}_{\mathrm{c}}\boldsymbol{B})^{-1}\boldsymbol{C}\,\boldsymbol{\Phi B}=\\&-\boldsymbol{K}_{\mathrm{c}}\boldsymbol{\Phi}(\boldsymbol{I}+\boldsymbol{BK}_{\mathrm{c}}\boldsymbol{\Phi})^{-1}\boldsymbol{B}[\boldsymbol{C}\,\boldsymbol{\Phi}(\boldsymbol{I}+\boldsymbol{BK}_{\mathrm{c}}\boldsymbol{\Phi})^{-1}\boldsymbol{B}]^{-1}\boldsymbol{C}\,\boldsymbol{\Phi B}=\\&-\boldsymbol{K}_{\mathrm{c}}\boldsymbol{\Phi B}(\boldsymbol{I}+\boldsymbol{K}_{\mathrm{c}}\boldsymbol{\Phi B})^{-1}[\boldsymbol{C}\,\boldsymbol{\Phi B}(\boldsymbol{I}+\boldsymbol{K}_{\mathrm{c}}\boldsymbol{\Phi B})^{-1}]^{-1}\boldsymbol{C}\,\boldsymbol{\Phi B}=\\&-\boldsymbol{K}_{\mathrm{c}}\boldsymbol{\Phi B}\end{aligned}$$

由此式可以看出,点 Ⅱ 处的回比函数可以通过 LTR 步骤逐渐逼近点 Ⅱ′ 处的回比函数。

以上讨论的是对象输入端恢复的情况,但是在实际应用中,一般都采用对象输出端恢复。下面对对象输出端恢复的情况进行讨论。

令

$$\boldsymbol{\Phi}=(s\boldsymbol{I}-\boldsymbol{A})^{-1}$$

$$\boldsymbol{\Psi}_{\mathrm{f}}=(s\boldsymbol{I}-\boldsymbol{A}+\boldsymbol{K}_{\mathrm{f}}\boldsymbol{C})^{-1}$$

输出端(点 Ⅰ 处) 的回比函数为

$$\begin{aligned}\boldsymbol{G\,K}=&-\boldsymbol{C}(s\boldsymbol{I}-\boldsymbol{A})^{-1}\boldsymbol{BK}_{\mathrm{c}}(s\boldsymbol{I}-\boldsymbol{A}+\boldsymbol{BK}_{\mathrm{c}}+\boldsymbol{K}_{\mathrm{f}}\boldsymbol{C})^{-1}\boldsymbol{K}_{\mathrm{f}}=\\&-\boldsymbol{C}\,\boldsymbol{\Phi BK}_{\mathrm{c}}[\boldsymbol{\Psi}_{\mathrm{f}}-\boldsymbol{\Psi}_{\mathrm{f}}\boldsymbol{B}(\boldsymbol{K}_{\mathrm{c}}\boldsymbol{\Psi}_{\mathrm{f}}\boldsymbol{B}+\boldsymbol{I})^{-1}\boldsymbol{K}_{\mathrm{c}}\boldsymbol{\Psi}_{\mathrm{f}}]\boldsymbol{K}_{\mathrm{f}}=\\&-\boldsymbol{C}\,\boldsymbol{\Phi B}[\boldsymbol{I}-\boldsymbol{K}_{\mathrm{c}}\boldsymbol{\Psi}_{\mathrm{f}}\boldsymbol{B}(\boldsymbol{K}_{\mathrm{c}}\boldsymbol{\Psi}_{\mathrm{f}}\boldsymbol{B}+\boldsymbol{I})^{-1}]\boldsymbol{K}_{\mathrm{c}}\boldsymbol{\Psi}_{\mathrm{f}}\boldsymbol{K}_{\mathrm{f}}=\\&-\boldsymbol{C}\,\boldsymbol{\Phi B}(\boldsymbol{I}+\boldsymbol{K}_{\mathrm{c}}\boldsymbol{\Psi}_{\mathrm{f}}\boldsymbol{B})^{-1}\boldsymbol{K}_{\mathrm{c}}\boldsymbol{\Psi}_{\mathrm{c}}\boldsymbol{K}_{\mathrm{f}}\end{aligned} \tag{8.85}$$

令 $\boldsymbol{M}=\boldsymbol{C}$, $\boldsymbol{Q}=\boldsymbol{Q}_{0}+q\boldsymbol{\Sigma}$ ($\boldsymbol{\Sigma}=\boldsymbol{\Sigma}^{\mathrm{T}}\geqslant\boldsymbol{0}$,且 q 为正实数),$\boldsymbol{R}=\boldsymbol{I}$,代入全状态反馈回路的 Riccati 方程式(8.70),可得

$$\frac{\boldsymbol{A}^{\mathrm{T}}\boldsymbol{P}_{\mathrm{c}}}{q}+\frac{\boldsymbol{P}_{\mathrm{c}}\boldsymbol{A}}{q}-\frac{\boldsymbol{P}_{\mathrm{c}}\boldsymbol{B}\boldsymbol{B}^{\mathrm{T}}\boldsymbol{P}_{\mathrm{c}}}{q}+\frac{\boldsymbol{C}^{\mathrm{T}}\boldsymbol{Q}_{0}\boldsymbol{C}}{q}+\boldsymbol{C}^{\mathrm{T}}\boldsymbol{\Sigma}\boldsymbol{C}=\boldsymbol{0} \tag{8.86}$$

相应地，有下式成立：

$$(q\boldsymbol{C}^{\mathrm{T}}\boldsymbol{\Sigma}\boldsymbol{C})^{1/2}=\boldsymbol{P}_{\mathrm{c}}\boldsymbol{B},\quad \text{当 } q\to\infty \text{ 时} \tag{8.87}$$

由于 $\boldsymbol{K}_{\mathrm{c}}=\boldsymbol{R}^{-1}\boldsymbol{B}^{\mathrm{T}}\boldsymbol{P}_{\mathrm{c}}=\boldsymbol{B}^{\mathrm{T}}\boldsymbol{P}_{\mathrm{c}}$，与式(8.87)比较，可得

$$\boldsymbol{K}_{\mathrm{c}}=q^{1/2}\boldsymbol{\Sigma}^{1/2}\boldsymbol{C},\quad \text{当 } q\to\infty \text{ 时}$$

若令 $\boldsymbol{\Sigma}=\boldsymbol{I}$，且根据

$$\boldsymbol{\Psi}_{\mathrm{f}}=\boldsymbol{\Phi}(\boldsymbol{I}+\boldsymbol{K}_{\mathrm{f}}\boldsymbol{C}\boldsymbol{\Phi})^{-1}$$

可得

$$\begin{aligned}\lim_{q\to\infty}\boldsymbol{G}\boldsymbol{K}= & -\boldsymbol{C}\boldsymbol{\Phi}\boldsymbol{B}(\boldsymbol{C}\boldsymbol{\Phi}_{\mathrm{f}}\boldsymbol{B})^{-1}\boldsymbol{C}\boldsymbol{\Psi}_{\mathrm{f}}\boldsymbol{K}_{\mathrm{f}}= \\ & -\boldsymbol{C}\boldsymbol{\Phi}\boldsymbol{B}[\boldsymbol{C}\boldsymbol{\Phi}(\boldsymbol{I}+\boldsymbol{K}_{\mathrm{f}}\boldsymbol{C}\boldsymbol{\Phi})^{-1}\boldsymbol{B}]^{-1}\boldsymbol{C}\boldsymbol{\Phi}(\boldsymbol{I}+\boldsymbol{K}_{\mathrm{f}}\boldsymbol{\Phi})^{-1}\boldsymbol{K}_{\mathrm{f}}= \\ & -\boldsymbol{C}\boldsymbol{\Phi}\boldsymbol{B}[(\boldsymbol{I}+\boldsymbol{C}\boldsymbol{\Phi}\boldsymbol{K}_{\mathrm{f}})^{-1}\boldsymbol{C}\boldsymbol{\Phi}\boldsymbol{B}]^{-1}(\boldsymbol{I}+\boldsymbol{C}\boldsymbol{\Phi}\boldsymbol{K}_{\mathrm{f}})^{-1}\boldsymbol{C}\boldsymbol{\Phi}\boldsymbol{K}_{\mathrm{f}}= \\ & -\boldsymbol{C}\boldsymbol{\Phi}\boldsymbol{K}_{\mathrm{f}}\end{aligned}$$

由该式中可以得出，当 q 趋向于无穷大时，输出点 Ⅰ 处的回比函数逐渐逼近 Ⅰ′ 处的回比函数。

综上所述，要应用 LQG/LTR 方法，只须将点 Ⅰ′ 或 Ⅱ′ 处的回比函数的主增益曲线设计成满足性能及鲁棒性要求的形状，通过 LTR 步骤就可以使点 Ⅰ 或点 Ⅱ 处系统开环传递函数具有良好的性能及鲁棒性，进而闭环系统的性能及鲁棒性也就随之得以保证。这样一来，原本对开环传递函数 $\boldsymbol{KG}$ 或 $\boldsymbol{GK}$ 的设计要求，就可以转化为对全状态反馈回路回比函数 $\boldsymbol{K}_{\mathrm{c}}\boldsymbol{\Phi}\boldsymbol{B}$ 或是卡尔曼滤波器回路回比函数 $\boldsymbol{C}\boldsymbol{\Phi}\boldsymbol{K}_{\mathrm{f}}$ 的设计要求，所以，对 $\boldsymbol{K}_{\mathrm{c}}\boldsymbol{\Phi}\boldsymbol{B}$ 或 $\boldsymbol{C}\boldsymbol{\Phi}\boldsymbol{K}_{\mathrm{f}}$ 的主增益曲线进行设计就成为 LQG/LTR 方法的关键所在。在这里，称 $\boldsymbol{K}_{\mathrm{c}}\boldsymbol{\Phi}\boldsymbol{B}$ 或 $\boldsymbol{C}\boldsymbol{\Phi}\boldsymbol{K}_{\mathrm{f}}$ 为目标反馈函数，用 $\boldsymbol{G}_{\mathrm{tf}}$ 表示。

可以证明，正规矩阵的主增益等于它的特征值，即特征极点。推导可得，正规矩阵的特征值对元素摄动的灵敏度最小，因此，控制系统开环传递函数应该为正规矩阵，而首先要把目标传递函数 $\boldsymbol{G}_{\mathrm{tf}}$ 设计为正规矩阵。另外，出于解耦设计的目的，也希望 $\boldsymbol{G}_{\mathrm{tf}}$ 最好为对角阵或对角优势阵。由于正规矩阵酉相似于对角阵，所以综合上述两点，目标传递函数最好为对角阵。

4. LQG/LTR 控制系统设计步骤

以对象输出端为例说明其标准设计步骤。

(1) 设计卡尔曼滤波器，要求其回比函数 $\boldsymbol{C}\boldsymbol{\Phi}\boldsymbol{K}_{\mathrm{f}}$ 具有良好的性能及鲁棒性，为此要适当选择可调参数矩阵 $\boldsymbol{\Gamma},\boldsymbol{W},\boldsymbol{V}$，使回比函数的主增益满足要求。

(2) 设计 LQ 调节器，令 $\boldsymbol{H}=\boldsymbol{C}$，$\boldsymbol{Q}=\boldsymbol{Q}_{0}+q\boldsymbol{I}$，$\boldsymbol{R}=\boldsymbol{I}$，，不断地调整 q 值，直至 $\boldsymbol{G}\boldsymbol{K}$ 的主增益曲线足够地趋近于卡尔曼滤波器回比函数 $\boldsymbol{C}\boldsymbol{\Phi}\boldsymbol{K}_{\mathrm{f}}$ 的主增益曲线。

从上述步骤可知，第一步最为关键。因此，对于如何设计 $\boldsymbol{C}\boldsymbol{\Phi}\boldsymbol{K}_{\mathrm{f}}$，人们做了很多研究，在实际应用过程中也做了一些改进，这里介绍部分研究成果。

(1) 在每个输入通道上都加入积分器。加入的积分器与被控对象共同组成一个增广系统。

它一方面可以消除系统对阶跃信号的误差，另一方面，可以改进主增益曲线的形状。

(2) 如果系统观测白噪声的相关矩阵为

$$\boldsymbol{E}\{\boldsymbol{v}\boldsymbol{v}^{\mathrm{T}}\}=\mu\boldsymbol{I}$$

μ 为正实数，则当$\underline{\sigma}(\boldsymbol{C\Phi K}_{\mathrm{f}})\gg 1$ 时，有如下的关系式成立：

$$\sigma_{\mathrm{i}}(\boldsymbol{C\Phi K}_{\mathrm{f}})\approx\sigma_{\mathrm{i}}\left(\frac{1}{\sqrt{\mu}}\boldsymbol{C\Phi\Gamma}\right)=\sigma_{\mathrm{i}}(\boldsymbol{G}_{\mathrm{fol}})\quad(i=1,2,\cdots,n)\tag{8.88}$$

式中，$\boldsymbol{G}_{\mathrm{fol}}=\dfrac{1}{\sqrt{\mu}}\boldsymbol{C\Phi\Gamma}$，$\boldsymbol{\Gamma}$ 的意义见式(8.66)。式(8.88)表明，只要设计好 $\boldsymbol{G}_{\mathrm{fol}}$ 的主增益曲线形状，使其具有良好的性能及鲁棒性，根据式(8.88)，由于 $\boldsymbol{C\Phi K}_{\mathrm{f}}$ 的主增益曲线形状与 $\boldsymbol{G}_{\mathrm{fol}}$ 相类似，这样就相当于 $\boldsymbol{G\Phi K}_{\mathrm{f}}$ 具有良好的性能及鲁棒性。在实际应用中，对 $\boldsymbol{G}_{\mathrm{fol}}$ 进行设计显然要比设计 $\boldsymbol{C\Phi K}_{\mathrm{f}}$ 容易得多。此时，LQG/LTR方法的关键问题可转化为如何设计 $\boldsymbol{G}_{\mathrm{fol}}$，即如何选择 $\boldsymbol{\Gamma}$ 和 μ，因此，$\boldsymbol{G}_{\mathrm{fol}}$ 取代 $\boldsymbol{C\Phi K}_{\mathrm{f}}$ 成为目标反馈函数。

μ 的作用是将全部主增益曲线进行平移，而不改变主增益曲线的形状。

$\boldsymbol{\Gamma}$ 的选取是希望 $\boldsymbol{G}_{\mathrm{fol}}$ 能够成为对角阵。但是由于 $\boldsymbol{G}_{\mathrm{fol}}$ 是频率 ω 的函数，而 $\boldsymbol{\Gamma}$ 又是一个实数矩阵，所以在一般情况下，在整个频率域范围内实现对角化是不可能的。折中的办法是分别在低频区和高频区将 $\boldsymbol{G}_{\mathrm{fol}}$ 处理成对角阵。

在实际设计中，$\boldsymbol{\Gamma}$ 的选取可以利用经验公式，而且，一般是针对扩展对象(即输入通道加积分器)来选取的。设原对象为$(\boldsymbol{A}_{\mathrm{p}},\boldsymbol{B}_{\mathrm{p}},\boldsymbol{C}_{\mathrm{p}},\boldsymbol{D}_{\mathrm{p}})$，扩展对象为$(\boldsymbol{A},\boldsymbol{B},\boldsymbol{C},\boldsymbol{D})$，则

$$\boldsymbol{G}_{\mathrm{fol}}=\frac{1}{\sqrt{\mu}}\boldsymbol{C\Phi\Gamma}=\frac{1}{\sqrt{\mu}}\boldsymbol{C}(s\boldsymbol{I}-\boldsymbol{A})^{-1}\boldsymbol{\Gamma}\tag{8.89}$$

如果令

$$\boldsymbol{\Gamma}=\begin{bmatrix}\boldsymbol{\Gamma}_{\mathrm{L}}\\ \boldsymbol{\Gamma}_{\mathrm{H}}\end{bmatrix}$$

则有下列经验公式可以参考(计算时各式应均有意义)：

$$(\mathrm{a})\begin{cases}\boldsymbol{\Gamma}_{\mathrm{H}}=\boldsymbol{C}^{\mathrm{T}}(\boldsymbol{C}\boldsymbol{C}^{\mathrm{T}})^{-1}\\ \boldsymbol{\Gamma}_{\mathrm{L}}=-(\boldsymbol{C}\boldsymbol{A}^{-1}\boldsymbol{B})^{-1}\end{cases}$$

$$(\mathrm{b})\begin{cases}\boldsymbol{\Gamma}_{\mathrm{H}}=\boldsymbol{0}\\ \boldsymbol{\Gamma}_{\mathrm{L}}=-(\boldsymbol{C}\boldsymbol{A}^{-1}\boldsymbol{B})^{-1}\end{cases}$$

$$(\mathrm{c})\begin{cases}\boldsymbol{\Gamma}_{\mathrm{H}}=\boldsymbol{C}^{-1}(\boldsymbol{I}-\boldsymbol{D}\boldsymbol{\Gamma}_{\mathrm{L}})\\ \boldsymbol{\Gamma}_{\mathrm{L}}=(\boldsymbol{D}-\boldsymbol{C}\boldsymbol{A}^{-1}\boldsymbol{B})^{-1}\end{cases}$$

(3) 如果使用了上述两种方法，在 $\boldsymbol{G}_{\mathrm{fol}}$ 的主增益曲线图中，有一条或几条主增益曲线在某一频率下，仍不满足要求，则可用下述方法对这一频率的主增益曲线直接进行修改。

对 $\boldsymbol{G}_{\mathrm{fol}}$ 进行奇异值分解$(\omega=\omega_0)$，得

$$\boldsymbol{G}_{\mathrm{fol}}=\frac{1}{\sqrt{\mu}}\boldsymbol{C\Phi\Gamma}=\boldsymbol{U\Sigma V}^{\mathrm{H}}=\sum_{i=1}^{m}\boldsymbol{u}_{\mathrm{i}}\sigma_{\mathrm{i}}\boldsymbol{v}_{\mathrm{i}}^{\mathrm{H}}\tag{8.90}$$

如果要改变 $\boldsymbol{G}_{\mathrm{fbl}}(\mathrm{j}\omega)$ 在频率 $\boldsymbol{\omega}_0$ 处的第 j 条主增益曲线的值，而不想改变该频率处其他主增益曲线的值，则

$$\boldsymbol{G}_{\mathrm{fbl}}(\mathrm{j}\omega)(\boldsymbol{I}+\alpha\boldsymbol{v}_j\boldsymbol{v}_j^{\mathrm{H}})=\sum_{\substack{i=1\\i\neq j}}^{m}\boldsymbol{u}_i\sigma_i\boldsymbol{v}_i^{\mathrm{H}}+(1+\alpha)\boldsymbol{u}_j\sigma_j\boldsymbol{v}_j^{\mathrm{H}}+\alpha\Big(\sum_{\substack{i=1\\i\neq j}}^{m}\boldsymbol{u}_i\sigma_i\boldsymbol{v}_i^{\mathrm{H}}\Big)=$$
$$\sum_{\substack{i=1\\i\neq j}}^{m}\boldsymbol{u}_i\sigma_i\boldsymbol{v}_i^{\mathrm{H}}+(1+\alpha)\boldsymbol{u}_j\sigma_j\boldsymbol{v}_j^{\mathrm{H}} \tag{8.91}$$

式中，α 为实数。从式(8.91) 可以看出，第 j 条主增益曲线的值乘了一个系数$(1+\alpha)$，而其他主增益没有变化。因此，如果想减小最大主增益 $\bar{\sigma}$，则选择 $j=1$，$-1<\alpha<0$；如果想增大最小主增益 $\underline{\sigma}$，则选择 $j=m$，$\alpha>0$。

实际上，这种修改也存在不足，即在该频率下，可得到上述结论，而在其他频率下，由于式(8.91) 等号右端第 3 项不为零，所以，就造成所有主增益曲线都随之改变，这就有可能使某一条或某几条主增益曲线在某一频率或某几频率下又不满足性能及鲁棒性要求，在实际应用时应加以注意。

8.3.3　飞行 / 推进系统 LQG/LTR 控制器设计

1. 控制要求

在此采用式(8.43) 和式(8.47) 表示的飞行 / 推进系统数学模型来研究 LQG/LTR 控制器设计问题，其状态方程和输出方程分别为

$$\dot{\boldsymbol{x}}_{\mathrm{p}}=\boldsymbol{A}_{\mathrm{p}}\boldsymbol{x}_{\mathrm{p}}+\boldsymbol{B}_{\mathrm{p}}\boldsymbol{u}_{\mathrm{p}} \tag{8.92}$$

$$\boldsymbol{y}_{\mathrm{p}}=\boldsymbol{C}_{\mathrm{p}}\boldsymbol{x}_{\mathrm{p}}+\boldsymbol{D}_{\mathrm{p}}\boldsymbol{u}_{\mathrm{p}} \tag{8.93}$$

飞行 / 推进系统综合控制的目的，就在于全面考虑飞机各子系统(包括机体、发动机、进气道等) 各自的特性与各子系统间的相互作用，建立起一个包含所有这些特性和相互作用，且能比较精确地模拟整个飞机系统的真实行为的数学模型，并在此基础之上设计控制器，使整个闭环系统不仅有良好的性能，而且还具有优良的鲁棒性，即性能鲁棒性和鲁棒稳定性。

2. 被控对象数学模型的归一化

由于被控对象 $G_{\mathrm{p}}(s)$ 输入向量和输出向量中的物理量数值差别很大，例如，某型发动机的风扇转速 n_{L} 的最大值为 9 785 r・min^{-1}，而发动机尾喷管喉部面积 A_8 的最大值为 0.259 m^2。因此，为了消除物理量数值差别而带来的影响，在应用 LQG/LTR 方法之前，按下述方法对输入向量和输出向量进行归一化处理：

$$\bar{\boldsymbol{u}}_{\mathrm{p}}=\boldsymbol{S}_u\boldsymbol{u}_{\mathrm{p}}$$
$$\bar{\boldsymbol{y}}_{\mathrm{p}}=\boldsymbol{S}_y\boldsymbol{y}_{\mathrm{p}}$$

式中　$\bar{\boldsymbol{u}}_{\mathrm{p}}$，$\bar{\boldsymbol{y}}_{\mathrm{p}}$—— 分别表示归一化后的输入向量和输出向量；

$\boldsymbol{S}_u$，$\boldsymbol{S}_y$—— 分别表示输入和输出归一化矩阵，它们均与输入向量和输出向量选择的基

准值有关。

归一化后的综合飞行/推进系统数学模型为

$$\left.\begin{aligned}\dot{\bar{\boldsymbol{x}}}_{\mathrm{p}}&=\bar{\boldsymbol{A}}_{\mathrm{p}}\bar{\boldsymbol{x}}_{\mathrm{p}}+\bar{\boldsymbol{B}}_{\mathrm{p}}\bar{\boldsymbol{u}}_{\mathrm{p}}\\ \bar{\boldsymbol{y}}_{\mathrm{p}}&=\bar{\boldsymbol{C}}_{\mathrm{p}}\bar{\boldsymbol{x}}_{\mathrm{p}}+\bar{\boldsymbol{D}}_{\mathrm{p}}\bar{\boldsymbol{u}}_{\mathrm{p}}\end{aligned}\right\}\tag{8.94}$$

式中 $\bar{\boldsymbol{x}}_{\mathrm{p}}$—— 归一化后的状态向量；

$\bar{\boldsymbol{y}}_{\mathrm{p}}$—— 归一化后的输出向量。

归一化后的各系数矩阵分别为

$$\begin{cases}\bar{\boldsymbol{A}}_{\mathrm{p}}=\boldsymbol{A}_{\mathrm{p}}\\ \bar{\boldsymbol{B}}_{\mathrm{p}}=\boldsymbol{B}_{\mathrm{p}}\boldsymbol{S}_{u}^{-1}\\ \bar{\boldsymbol{C}}_{\mathrm{p}}=\boldsymbol{S}_{y}\boldsymbol{C}_{\mathrm{p}}\\ \bar{\boldsymbol{D}}_{\mathrm{p}}=\boldsymbol{S}_{y}\boldsymbol{D}_{\mathrm{p}}\boldsymbol{S}_{u}^{-1}\end{cases}$$

飞行/推进系统归一化后的传递函数矩阵为

$$\bar{\boldsymbol{G}}_{\mathrm{p}}(s)=\bar{\boldsymbol{C}}_{\mathrm{p}}(s\boldsymbol{I}-\bar{\boldsymbol{A}}_{\mathrm{p}})^{-1}\bar{\boldsymbol{B}}_{\mathrm{p}}+\bar{\boldsymbol{D}}_{\mathrm{p}}\tag{8.95}$$

归一化的本质是将被控对象的有量纲的变量化成无量纲的变量，这在设计过程中有很多优点。但是，为便于研究，希望观测到的输入和输出向量，其值均有单位。为此，只需要在输入和输出端各串联一个环节即可。

3. 被控对象数学模型的扩展

为了使被控对象数学模型是严格正实传递函数矩阵并能改善被控对象主增益曲线的形状，同时为了使系统跟踪阶跃信号时无稳态误差，需要在被控对象输入通道中增加一积分环节。被控对象数学模型归一化和输入通道增加积分环节后的闭环系统结构图如图 8.7 所示。

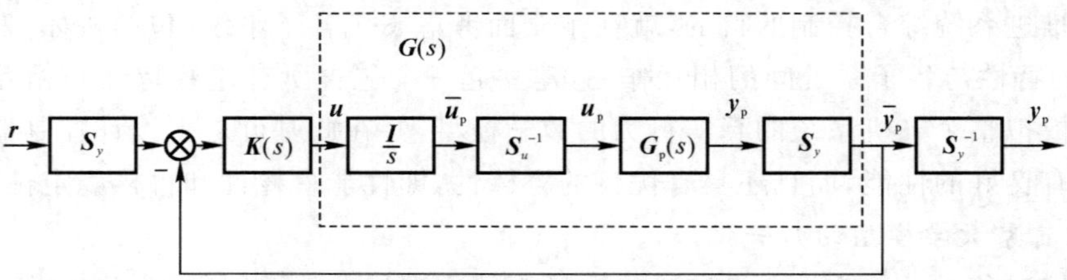

图 8.7 归一化和增加积分环节后的闭环系统结构简图

一般来说，积分环节是作为控制器的一部分，但为研究的需要，将积分环节和归一化对象共同组成一个扩展系统，并利用 LQG/LTR 方法为该扩展系统设计控制器 $\boldsymbol{K}(s)$。

积分环节模型为

$$\dot{\bar{\boldsymbol{u}}}_{\mathrm{p}}=\boldsymbol{u}\tag{8.96}$$

将式(8.94)和式(8.96)组合，得

$$\begin{bmatrix} \dot{\bar{u}}_p \\ \dot{\bar{x}}_p \end{bmatrix} = \begin{bmatrix} \mathbf{0} & \mathbf{0} \\ \bar{B}_p & \bar{A}_p \end{bmatrix} \begin{bmatrix} \bar{u}_p \\ \bar{x}_p \end{bmatrix} + \begin{bmatrix} I \\ \mathbf{0} \end{bmatrix} u \tag{8.97}$$

$$\bar{y}_p = [\bar{D}_p \quad \bar{C}_p] \begin{bmatrix} \bar{u}_p \\ \bar{x}_p \end{bmatrix} \tag{8.98}$$

设
$$x = [\bar{u}_p \quad \bar{x}_p]^{\mathrm{T}}, \quad y = \bar{y}_p$$

$$A = \begin{bmatrix} \mathbf{0} & \mathbf{0} \\ \bar{B} & \bar{A}_p \end{bmatrix}, \quad B = \begin{bmatrix} I \\ \mathbf{0} \end{bmatrix}, \quad C = [\bar{D}_p \quad \bar{C}_p]$$

则式(8.97)和式(8.98)可简写为

$$\left.\begin{aligned} \dot{x} &= Ax + Bu \\ y &= Cx \end{aligned}\right\} \tag{8.99}$$

考虑在实际系统中存在测量噪声和系统噪声时，被控对象的数学模型应为

$$\left.\begin{aligned} \dot{x} &= Ax + Bu + \Gamma w \\ y &= Cx \\ z &= Mx + \mu I v \end{aligned}\right\} \tag{8.100}$$

现应用 LQG/LTR 设计方法对式(8.100)描述的扩展对象设计一个最优控制器，使下列性能指标最小：

$$J = E\left\{\lim_{T\to\infty} \frac{1}{T}\int_0^t [(q\, z^{\mathrm{T}} V z + y^{\mathrm{T}} y) + \rho\, u^{\mathrm{T}} u]\,\mathrm{d}t\right\} \tag{8.101}$$

这里，w，v 是零均值的高斯白噪声，且互不相关；z 为反馈给控制器输入端的测量向量，y 为被控对象输出；V 是任意正定加权阵，与 μ，q，ρ 和系统噪声矩阵 Γ 均为 LQG/LTR 方法中的设计参数。在设计时，可取 $M=C$。

图 8.8 所示为设计时的闭环系统结构图。图中，$G(s)$ 为扩展对象，虚线框内的 $K(s)$ 即为需要设计的 LQG/LTR 控制器，A，B，C 为扩展对象中的相应矩阵。

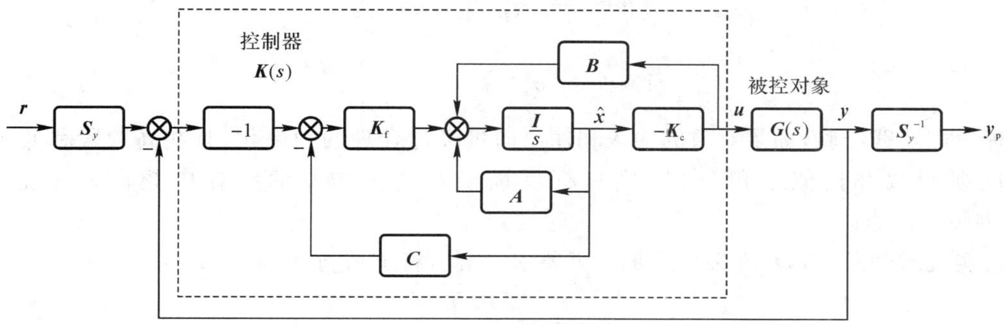

图 8.8　飞行/推进综合控制系统结构图

根据 LQG/LTR 方法,设计步骤如下:

(1) 设计目标函数

$$\boldsymbol{G}_{\mathrm{fol}}=\frac{1}{\sqrt{\mu}}\boldsymbol{C\Phi\Gamma}$$

(2) 设计卡尔曼滤波器回路增益 $\boldsymbol{K}_{\mathrm{f}}$。

(3) 设计最优反馈回路增益 $\boldsymbol{K}_{\mathrm{c}}$。

(4) 组成 LQG/LTR 控制器 $\boldsymbol{K}(s)$。

(5) 系统仿真。

4. 目标反馈函数 $\boldsymbol{G}_{\mathrm{fol}}$ 的设计

在一般情况下,LQG/LTR 方法采用对象输出端恢复的形式,对所研究的飞行/推进系统同样也采用对象输出端恢复,即首先设计好卡尔曼滤波器回路回比函数 $\boldsymbol{G}_{\mathrm{KF}}(s)=\boldsymbol{C}(s\boldsymbol{I}-\boldsymbol{A})^{-1}\boldsymbol{K}_{\mathrm{f}}$ 的主增益曲线形状,然后利用 LTR 步骤,使系统开环传递函数 $\boldsymbol{GK}$ 的主增益曲线近似于 $\boldsymbol{G}_{\mathrm{KF}}$ 的主增益曲线。

由于 $\boldsymbol{G}_{\mathrm{KF}}$ 中增益 $\boldsymbol{K}_{\mathrm{f}}$ 是卡尔曼滤波器的增益,与 Riccati 方程有关,故较难计算。由前面介绍可知,目标反馈函数 $\boldsymbol{G}_{\mathrm{fol}}$ 的奇异值约等于 $\boldsymbol{G}_{\mathrm{KF}}$ 的奇异值,因此,当设计好 $\boldsymbol{G}_{\mathrm{fol}}$ 的主增益曲线时,$\boldsymbol{G}_{\mathrm{KF}}$ 的主增益曲线也随之确定。这里将着重介绍如何使目标反馈函数 $\boldsymbol{G}_{\mathrm{fol}}$ 的主增益曲线有满意的形状。

目标反馈函数的表达式为

$$\boldsymbol{G}_{\mathrm{fol}}=\frac{1}{\sqrt{\mu}}\boldsymbol{C\Phi\Gamma},\quad \boldsymbol{\Phi}=(s\boldsymbol{I}-\boldsymbol{A})^{-1}$$

式中,μ 值和 $\boldsymbol{\Gamma}$ 阵是需要确定的参数。在一般情况下,将目标反馈函数设计成近似于积分器,即

$$\boldsymbol{G}_{\mathrm{fol}}(s)\approx\frac{k}{s}\boldsymbol{I}\tag{8.102}$$

式中,k 为任意正实数。根据性能和鲁棒性要求,可将式(8.102)理解为

$$高频段:\quad \bar{\sigma}[\boldsymbol{G}_{\mathrm{fol}}(\mathrm{j}\omega)]\approx\frac{k}{\mathrm{j}\omega}$$

$$低频段:\quad \underline{\sigma}[\boldsymbol{G}_{\mathrm{fol}}(\mathrm{j}\omega)]\approx\frac{k}{\mathrm{j}\omega}$$

根据理论和实践经验,如果对象的输入和输出向量经过合理的归一化,且在高频段和低频段,目标反馈函数都近似于积分器,则目标反馈函数的主增益曲线在中频段基本上也是 $-20\mathrm{dB/dec}$ 的直线。

为实现式(8.102),$\boldsymbol{\Gamma}$ 阵必须满足一定要求,为此,将 $\boldsymbol{\Gamma}$ 阵分解为

$$\boldsymbol{\Gamma}=\begin{bmatrix}\boldsymbol{\Gamma}_{\mathrm{L}}\\ \boldsymbol{\Gamma}_{\mathrm{H}}\end{bmatrix}\tag{8.103}$$

当 $\boldsymbol{\Gamma}_{\mathrm{L}}$ 和 $\boldsymbol{\Gamma}_{\mathrm{H}}$ 分别取一定的值时,将实现式(8.102)的要求。现证明如下:

$$\sqrt{\mu}\ \boldsymbol{G}_{\text{fol}}=\boldsymbol{C}(s\boldsymbol{I}-\boldsymbol{A})^{-1}\boldsymbol{\Gamma}=[\bar{\boldsymbol{D}}_{\text{p}}\quad\bar{\boldsymbol{C}}_{\text{p}}]\left[s\boldsymbol{I}-\begin{bmatrix}\boldsymbol{0} & \boldsymbol{0}\\ \bar{\boldsymbol{B}}_{\text{p}} & \bar{\boldsymbol{A}}_{\text{p}}\end{bmatrix}\right]^{-1}\begin{bmatrix}\boldsymbol{\Gamma}_{\text{L}}\\ \boldsymbol{\Gamma}_{\text{H}}\end{bmatrix}=$$

$$[\bar{\boldsymbol{D}}_{\text{p}}\quad\bar{\boldsymbol{C}}_{\text{p}}]\begin{bmatrix}s\boldsymbol{I} & \boldsymbol{0}\\ -\bar{\boldsymbol{B}}_{\text{p}} & s\boldsymbol{I}-\bar{\boldsymbol{A}}_{\text{p}}\end{bmatrix}^{-1}\begin{bmatrix}\boldsymbol{\Gamma}_{\text{L}}\\ \boldsymbol{\Gamma}_{\text{H}}\end{bmatrix}=$$

$$[\bar{\boldsymbol{D}}_{\text{p}}\quad\bar{\boldsymbol{C}}_{\text{p}}]\begin{bmatrix}s^{-1}\boldsymbol{I} & \boldsymbol{0}\\ s^{-1}(s\boldsymbol{I}-\bar{\boldsymbol{A}}_{\text{p}})^{-1}\bar{\boldsymbol{B}}_{\text{p}} & (s\boldsymbol{I}-\bar{\boldsymbol{A}}_{\text{p}})^{-1}\end{bmatrix}\begin{bmatrix}\boldsymbol{\Gamma}_{\text{L}}\\ \boldsymbol{\Gamma}_{\text{H}}\end{bmatrix}=$$

$$[s^{-1}[\bar{\boldsymbol{C}}_{\text{p}}(s\boldsymbol{I}-\bar{\boldsymbol{A}}_{\text{p}})^{-1}\bar{\boldsymbol{B}}_{\text{p}}+\bar{\boldsymbol{D}}_{\text{p}}]\quad\bar{\boldsymbol{C}}_{\text{p}}(s\boldsymbol{I}-\bar{\boldsymbol{A}}_{\text{p}})^{-1}]\begin{bmatrix}\boldsymbol{\Gamma}_{\text{L}}\\ \boldsymbol{\Gamma}_{\text{H}}\end{bmatrix}=$$

$$\bar{\boldsymbol{C}}_{\text{p}}(s\boldsymbol{I}-\bar{\boldsymbol{A}}_{\text{p}})^{-1}\boldsymbol{\Gamma}_{\text{H}}+s^{-1}[\bar{\boldsymbol{C}}_{\text{p}}(s\boldsymbol{I}-\bar{\boldsymbol{A}}_{\text{p}})^{-1}\bar{\boldsymbol{B}}_{\text{p}}+\bar{\boldsymbol{D}}_{\text{p}}]\boldsymbol{\Gamma}_{\text{L}}$$

根据矩阵求逆引理，得

$$\sqrt{\mu}\ \boldsymbol{G}_{\text{fol}}=s^{-1}\left\{\bar{\boldsymbol{C}}_{\text{p}}[\boldsymbol{I}+\bar{\boldsymbol{A}}_{\text{p}}(s\boldsymbol{I}-\bar{\boldsymbol{A}}_{\text{p}})^{-1}]\boldsymbol{\Gamma}_{\text{H}}+[\bar{\boldsymbol{C}}_{\text{p}}(s\boldsymbol{I}-\bar{\boldsymbol{A}}_{\text{p}})^{-1}\bar{\boldsymbol{B}}_{\text{p}}+\bar{\boldsymbol{D}}_{\text{p}}]\boldsymbol{\Gamma}_{\text{L}}\right\}$$

当 $s\to 0$ 时，取

$$\boldsymbol{\Gamma}_{\text{L}}=[\bar{\boldsymbol{D}}_{\text{p}}-\bar{\boldsymbol{C}}_{\text{p}}(\bar{\boldsymbol{A}}_{\text{p}})^{-1}\bar{\boldsymbol{B}}_{\text{p}}]^{-1}\tag{8.104}$$

则

$$\boldsymbol{G}_{\text{fol}}=\frac{1}{\sqrt{\mu}}\frac{\boldsymbol{I}}{s}$$

当 $s\to\infty$ 时，取

$$\boldsymbol{\Gamma}_{\text{H}}=\bar{\boldsymbol{C}}_{\text{p}}^{+}(\boldsymbol{I}-\bar{\boldsymbol{D}}_{\text{p}}\boldsymbol{\Gamma}_{\text{L}})\tag{8.105}$$

则

$$\boldsymbol{G}_{\text{fol}}=\frac{1}{\sqrt{\mu}}\frac{\boldsymbol{I}}{s}$$

因此，上述 $\boldsymbol{\Gamma}$ 阵的选取实现了式(8.102)的要求。另外，在式(8.105)中确定 $\boldsymbol{\Gamma}_{\text{H}}$ 时，对于左乘矩阵 $\bar{\boldsymbol{C}}_{\text{p}}^{+}$ 的计算应作以下考虑：当 $\bar{\boldsymbol{C}}_{\text{p}}$ 为方阵且可逆时，则左乘矩阵可取为 $\bar{\boldsymbol{C}}_{\text{p}}$；当输入、输出向量维数不同且 $\bar{\boldsymbol{C}}_{\text{p}}\bar{\boldsymbol{C}}_{\text{p}}^{\text{T}}$ 可逆时，则取为 $\bar{\boldsymbol{C}}_{\text{p}}^{\text{T}}(\bar{\boldsymbol{C}}_{\text{p}}\bar{\boldsymbol{C}}_{\text{p}}^{\text{T}})^{-1}$；当上述方法不可取时，可直接用伪逆 $\bar{\boldsymbol{C}}_{\text{p}}^{+}$ 来计算。

在实际计算中，如果取 $\mu=0.004\,5$，取 $\boldsymbol{\Gamma}$ 阵如式(8.104)和式(8.105)，则目标反馈函数 $\boldsymbol{G}_{\text{fol}}$ 的主增益曲线如图 8.9 所示。从图中可以看出，对于所研究的综合控制系统，上述 $\boldsymbol{\Gamma}$ 阵的选取基本上实现了式(8.102)的要求：目标反馈函数 $\boldsymbol{G}_{\text{fol}}$ 的 7 条主增益曲线与积分器的 Bode 图曲线基本一致，而且基本上是重合的，只是有几条曲线在中频处有不规则形状。这种不规则形状显然是正常的，因为 $\boldsymbol{\Gamma}$ 阵的选取表明，不能保证在整个频率域上都实现积分器的作用。在理想情况下，每条主增益曲线基本都具有积分器幅频曲线的形状。

通过以上讨论可知，$\boldsymbol{\Gamma}$ 阵的选取可以用来确定目标函数的主增益曲线的形状，因此 $\boldsymbol{\Gamma}$ 阵和 μ 值可以使目标反馈函数的主增益曲线满足要求，且它们与 0 dB 线的交点(即穿越频率值)可以进行调整。但是,这 7 条主增益曲线是重合的,只有一个穿越频率,因此在应用 LTR 步骤(q 取极大值)使系统开环传递函数 $\boldsymbol{GK}$ 的主增益曲线与卡尔曼滤波器回路回比函数的主增益曲线无限接近时,将使综合控制系统各输出变量所对应的各主增益曲线的穿越频率也相同。而实际上,各输出变量所对应的各主增益曲线的穿越频率是不相同的。例如,飞行马赫数所对应的主增益曲线的穿越频率约为 1 rad/s,而压气机转速所对应的主增益曲线的穿越频率值约为 10 rad/s。因此,如图 8.9 所示,如果输出变量所对应的各主增益曲线的穿越频率相同,则不能保证闭环系统具有良好的性能及鲁棒性。如何使系统的输出变量所对应的各主增益曲线有合适的穿越频率,将在 LTR 恢复时加以解决。

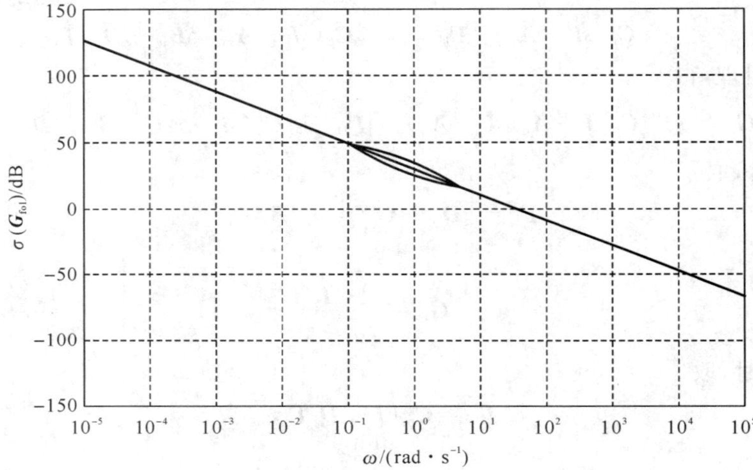

图 8.9　当 $\boldsymbol{\mu}=0.0045$ 时目标反馈函数 $\boldsymbol{G}_{\mathrm{fol}}$ 的主增益曲线图

5. 卡尔曼滤波的设计

在目标反馈函数 $\boldsymbol{G}_{\mathrm{fol}}$ 的设计过程中,如果其主增益曲线符合要求,则卡尔曼滤波器回路回比函数 $\boldsymbol{G}_{\mathrm{KF}}$ 主增益曲线也应该符合要求。

$\boldsymbol{\Gamma}$ 确定后,卡尔曼滤波器增益 $\boldsymbol{K}_{\mathrm{f}}$ 为

$$\boldsymbol{K}_{\mathrm{f}}=\frac{1}{\mu}\boldsymbol{P}_{\mathrm{f}}\boldsymbol{C}^{\mathrm{T}} \tag{8.106}$$

式中,$\boldsymbol{P}_{\mathrm{f}}$ 为下述卡尔曼滤波器的 Riccati 方程代数解:

$$\boldsymbol{A}\boldsymbol{P}_{\mathrm{f}}+\boldsymbol{P}_{\mathrm{f}}\boldsymbol{A}^{\mathrm{T}}-\frac{1}{\mu}\boldsymbol{P}_{\mathrm{f}}\boldsymbol{C}^{\mathrm{T}}\boldsymbol{C}\boldsymbol{P}_{\mathrm{f}}+\boldsymbol{\Gamma}\boldsymbol{\Gamma}^{\mathrm{T}}=0 \tag{8.107}$$

卡尔曼滤波器回路回比函数 $\boldsymbol{G}_{\mathrm{KF}}$ 的主增益曲线如图 8.10 所示,与图 8.9 比较可得,卡尔曼滤波器的主增益曲线与目标反馈函数 $\boldsymbol{G}_{\mathrm{fol}}$ 的主增益曲线基本一致,这就保证了卡尔曼滤波器回路的性能和鲁棒性。

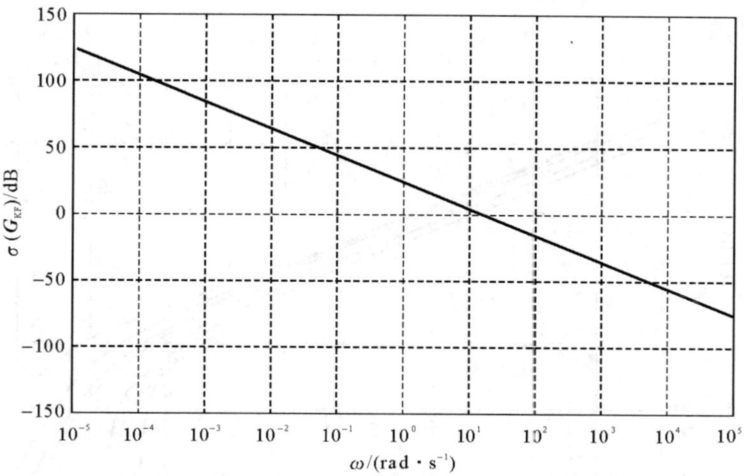

图 8.10　卡尔曼滤波器回路的主增益曲线图

6. LTR 步骤

由于卡尔曼滤波器回路回比函数 $\boldsymbol{G}_{KF}$ 的主增益曲线满足性能和鲁棒性要求，因此，利用 LTR 步骤，使系统开环传递函数 $\boldsymbol{GK}$ 的主增益曲线与 $\boldsymbol{G}_{KF}$ 的主增益曲线接近，则闭环系统的性能和鲁棒性即可得到保证。

LTR 步骤的关键是确定全状态反馈回路增益 $\boldsymbol{K}_c$，取 $\boldsymbol{V}=\boldsymbol{I}$，$\rho=1$，则

$$\boldsymbol{K}_c=\boldsymbol{B}^T\boldsymbol{P}_c \tag{8.108}$$

式中，$\boldsymbol{P}_c$ 为下述全状态反馈回路 Riccati 方程的解：

$$\boldsymbol{P}_c\boldsymbol{A}+\boldsymbol{A}^T\boldsymbol{P}_c-\boldsymbol{P}_c\boldsymbol{B}\boldsymbol{B}^T\boldsymbol{P}_c+q\,\boldsymbol{C}^T\boldsymbol{C}=\boldsymbol{0} \tag{8.109}$$

式中，q 的取值在理论上为无穷大。最优全状态反馈回路增益 $\boldsymbol{K}_c$ 计算出后，则 LQG/LTR 控制器的传递函数为

$$\boldsymbol{K}(s)=\boldsymbol{K}_c[s\boldsymbol{I}-\boldsymbol{A}+\boldsymbol{B}\boldsymbol{K}_c+\boldsymbol{K}_f\boldsymbol{C}]^{-1}\boldsymbol{K}_f \tag{8.110}$$

在输出的 7 个变量中，马赫数所对应的主增益曲线的实际穿越频率最小，该穿越频率的取值在这里定为 1 rad/s；发动机参数中的所对应的 p_5 主增益曲线的穿越频率值最大，约为 14 rad/s。因此，只要 q 的取值合理，使这 7 条主增益曲线中，最大的一条主增益曲线的穿越频率在 14 rad/s 左右，最小的一条主增益曲线的穿越频率在 1 rad/s 左右，则其他主增益曲线的穿越频率也将符合实际情况。所以，取值的大小是至关重要的。

研究表明，若取 $q=5.5\times10^7$，则闭环系统具有良好的性能和鲁棒性。此时综合控制系统开环传递函数 $\boldsymbol{G}(s)\boldsymbol{K}(s)$ 的主增益曲线如图 8.11 所示，与图 8.10 进行比较可以看出，在低频和中频处，$\boldsymbol{G}(s)\boldsymbol{K}(s)$ 的主增益曲线形状与 $\boldsymbol{G}_{KF}$ 的主增益相近，在高频时，则衰减很快，而且主增益曲线的穿越频率值也符合要求。这说明综合系统开环传递函数 $\boldsymbol{G}(s)\boldsymbol{K}(s)$ 的主增益曲线符合

性能和鲁棒性要求。

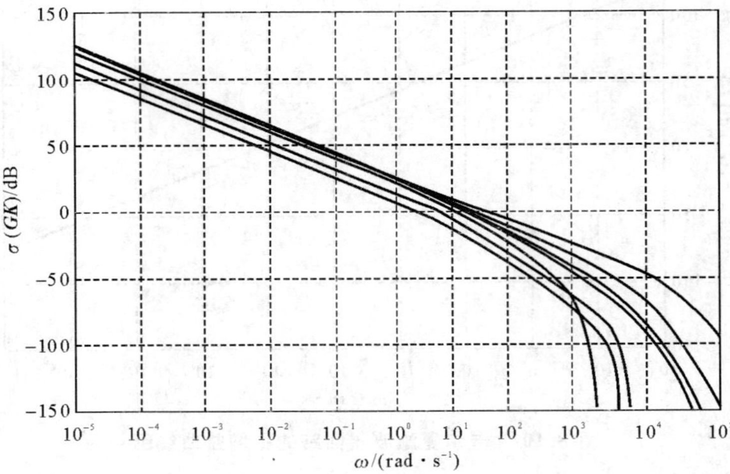

图 8.11　综合系统开环传递函数 $G(s)K(s)$ 的主增益曲线图

8.3.4　控制系统仿真

当飞行速度受到 60 $m \cdot s^{-1}$ 的脉冲式干扰时，飞机飞行速度 v、攻角 α、发动机风扇转速 n 及发动机推力 F 的变化规律如图 8.12 和图 8.13 所示。

由图可以看出，飞机飞行速度、攻角，风扇转速及发动机推力最终可恢复到干扰前的状态。

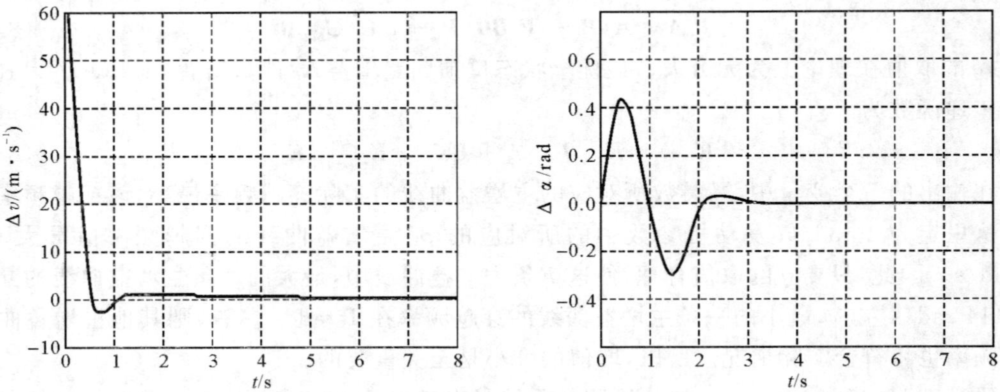

图 8.12　飞行速度有脉冲变化时，Δv 及 $\Delta\alpha$ 的变化规律

(a) Δv 变化规律；(b) $\Delta\alpha$ 变化规律

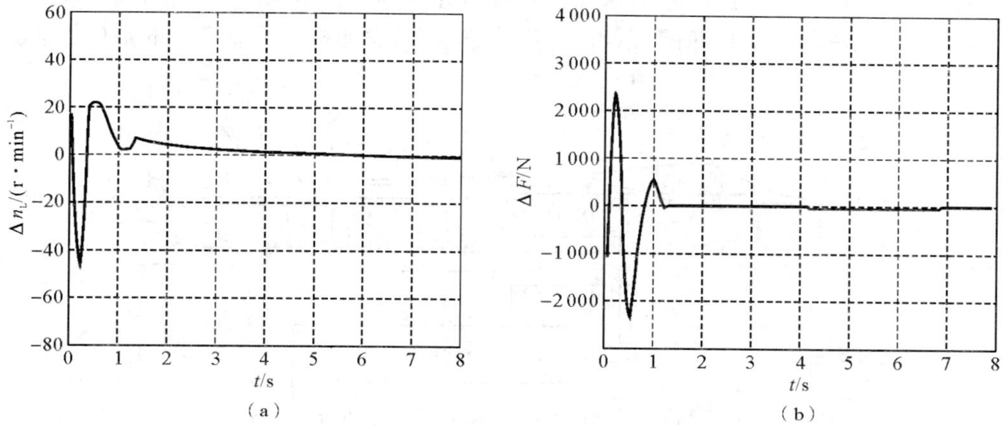

图 8.13　飞行速度有脉冲变化时，Δn_L 及 ΔF 的变化规律

(a) Δn_L 变化规律；(b) ΔF 变化规律

8.4　航空推进系统性能寻优控制

8.4.1　航空推进系统性能寻优控制的含意及系统结构

性能寻优控制系统是一种利用机载推进系统模型在线地对推进系统进行性能优化的控制模式。它能够在确保发动机安全工作的前提下，最大限度地挖掘发动机的性能潜力，实现各控制量的最佳匹配，从而最大限度地发挥发动机的性能，达到某种特定性能指标的最优。该控制模式能够保证飞机爬升、加速飞行和突击时具有最大剩余推力，而当巡航飞行时发动机耗油率最低或风扇涡轮进口温度最低。图 8.14 所示是性能寻优控制系统工作原理简图。整个系统包括数字式飞行控制计算机 DFCC、数字式电子进气道控制器 DEIC、数字式电子发动机控制器 DEEC 以及进行性能寻优控制规律计算的数字计算机。

在航空推进系统性能寻优控制中，机载推进系统模型包括进气道模型、发动机和喷管模型。在图 8.14 所示中，飞行控制计算机 DFCC 将飞行马赫数 Ma、飞行高度 H、飞行攻角 α 及侧滑角 β 等飞行参数数据提供给进气道模型，作为进气道模型的输入数据，根据这些飞行参数数据和发动机进口反压进行进气道性能计算。被优化的控制量包括进气道控制量和发动机控制量，优化后的结果分别反馈到 DEIC 和 DEEC，被优化的控制量不包括飞机的控制量。但是，当性能寻优控制时，由于进气道工作状态的变化，使飞行阻力变化，因此还必须同时考虑飞机水平尾翼的控制。

为了对推进系统进行性能寻优控制，在机载推进系统模型中必须包括能够准确进行进气道性能计算的数学模型和发动机及尾喷数学模型，利用推进系统模型同时对进气道及发动机性能进行优化计算。只有这样,才能保证优化后的进气道/发动机匹配工作,即共同工作在最优状态,只有进气道与发动机匹配在最优工作状态,才是发动机实际意义上的最优性能。

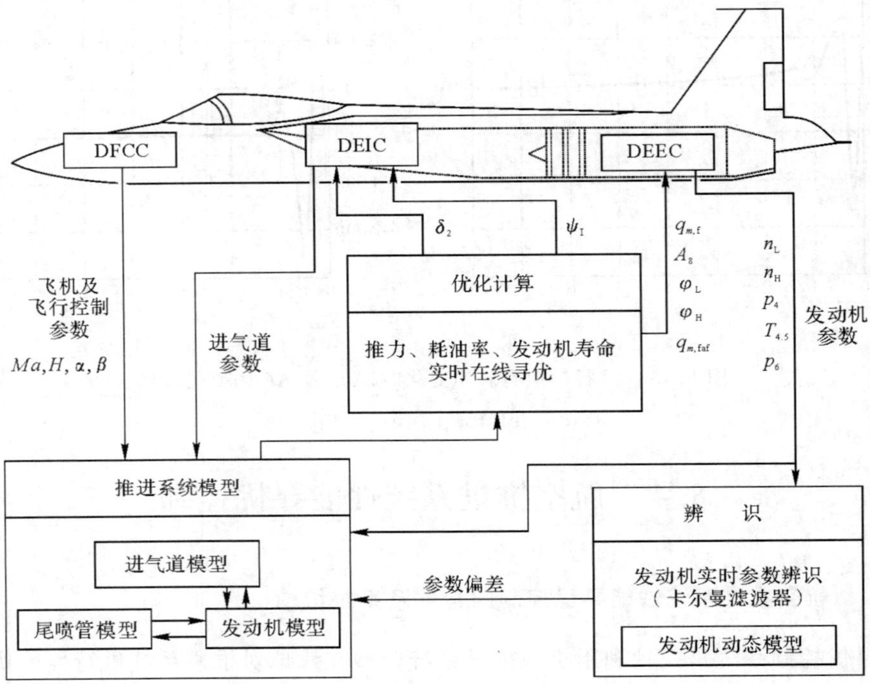

图 8.14　性能寻优控制系统工作原理简图

性能寻优控制模式主要包括最大推力控制模式、最低油耗控制模式和最低风扇涡轮进口温度控制模式。这些控制模式的具体实现主要由三部分来完成,即参数估计部分、推进系统机载模型部分和优化计算部分。

1. 参数估计部分

随着飞行条件和发动机工作状态的变化,发动机及其部件的特性和性能也不断变化,随着发动机使用时间的增长,这些特性和性能也在变化。这种变化一般是由部件的性能参数表征,例如,风扇和压气机空气流量的变化,高、低压涡轮效率的变化等。由于这些参数是不可测量的,为此必须用发动机可测量的参数,如高、低压转子转速,主燃烧室进口压力,风扇涡轮进、出口温度等参数,利用参数估计的方法,估计出不可测的部件性能参数的变化。由系统可观性要求,待估计的性能参数个数不能多于可测参数个数。

2. 推进系统机载模型部分

推进系统模型包括进气道模型、发动机模型和喷管模型。为了使进气道与发动机工作更好地匹配，以使推进系统性能最优，发动机机载模型应当能描述发动机的实际工作状况，当发动机特性和性能变化时，就必须对机载发动机模型加以修正。为此，利用参数估计的结果来修正发动机相应部件的特性，这样，即可达到机载模型与发动机实际状态基本一致的目的。

DFCC 将飞行马赫数 Ma、飞行高度 H、飞行攻角 α、飞行侧滑角 β 等参数信息输入给推进系统机载模型。

3. 优化计算部分

利用修正后的发动机数学模型，针对上述三种控制模式，建立相应的目标函数，采用优化计算方法进行优化计算，得到满足最优性能指标的最优控制变量。例如，主燃烧室和加力燃烧室的供油量 $q_{m,f}$ 和 $q_{m,faf}$、尾喷管喉部面积 A_8、风扇导流叶片转角 φ_L 和压气机静子叶片转角 φ_H，以及进气道外罩偏转角 φ_I 和可调斜板转角 δ_2，将这些优化的控制量通过相应的执行机构控制在相应的位置上，即可获得发动机相应的最优性能。

8.4.2　性能寻优控制模式

飞行 / 推进系统性能寻优控制所追求的目标可以通过三种控制模式实现。

1. 最大剩余推力控制模式

剩余推力为发动机推力减去飞行阻力。当飞机爬升、加速飞行和突击时，如果飞机可以获得最大的剩余推力，则可缩短爬升、加速飞行和突击的时间，使飞机获得作战优势。为得到最大剩余推力，发动机必须产生最大可能的推力，因此最大剩余推力控制模式也称为最大推力控制模式。

最大推力控制模式是通过增加发动机空气流量 $q_{m,a}$ 和提高发动机压比 π_E 来实现的。该控制模式的 π_E 与 $q_{m,a,cor}$ 的关系如图 8.15 所示。在空气流量恒定条件下，提高发动机压比，使喷口排气速度增加，单位推力增加，又由于空气流程增加，因而推力增加。图 8.16 中折线 $a—b—c$ 表示实现这一控制模式的控制量 $q_{m,f}$ 和 A_8 的优化过程。图中，点 a 表示发动机基准工作点，由点 a 开始，首先沿 $a—b$ 线增加主燃油流量 $q_{m,f}$，同时减小喷管喉部面积 A_8，发动机压比 π_E 增加。当 A_8 减小到点 b 对应的面积 $A_{8\,min}$ 时，保持为 $A_{8\,min}$，再沿 $b—c$ 线继续增加 $q_{m,f}$，由于 $q_{m,f}$ 的增加，风扇涡轮进口温度 $T_{4.5}$ 增加，当与最大风扇涡轮进口温度限制线 2 相交时，交点 c 所对应的发动机推力为最大可能推力。在这一过程中，其他控制量如 φ_L，φ_H 以及进气道可调斜板角度 δ_2 等，也同时寻优。图中，虚线 3 表示最大换算空气流量限制线，虚线 4 表示风扇最大换算转速限制线。最大推力控制模式受最大风扇涡轮进口温度、最大换算空气流量、风扇最大换算转速和发动机喘振的限制。

图 8.16 表示性能寻优控制器从标准工作线上的工作点 a 开始寻优，达到最优工作点 b，寻优之后压比增加，推力随之增加，并达到最小喘振裕度限制或最大换算流量、转速或温度限制。

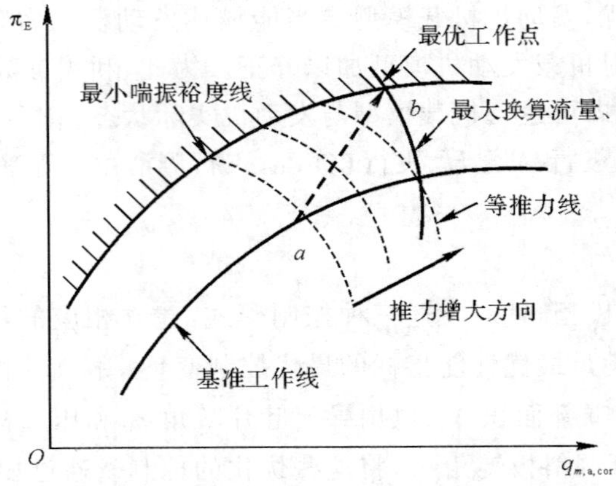

图 8.15 最大推力模式原理图

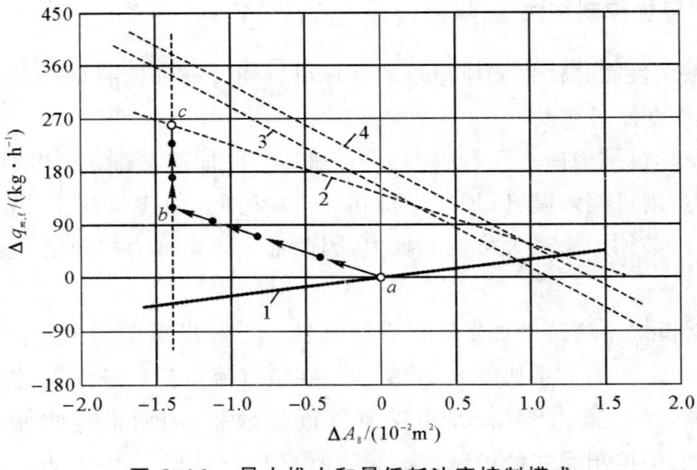

图 8.16 最大推力和最低耗油率控制模式

2. 最低耗油率控制模式

当飞机巡航飞行时，在推力恒定条件下，降低发动机耗油率，将增加巡航时间和作战半径。图 8.16 中直线 1 表示实现这一控制模式的发动机工作线。沿直线 1 减小喷管喉部面积，提高发动机压比，同时减小主燃烧室燃油流量，使发动机转速降低，空气流量减小，保持发动机推力不变。该控制模式的 π_E 与 $q_{m,a}$ 的关系如图 8.17 所示。图中，点 a 为基准工作点，沿等推力(虚线)寻优，到点 b 时耗油率为最低点。最低耗油率控制模式提高了部件效率，使得在推力恒定条件下，主燃烧室燃油流量减小，因此耗油率降低。实现这一控制模式同样需要对其他控制量同时寻优。

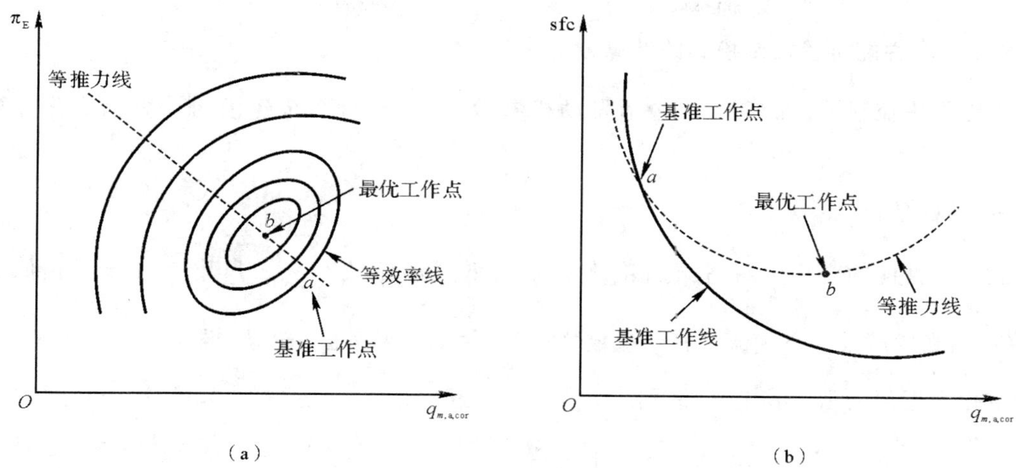

图 8.17　最低耗油模式原理图

3. 最低风扇涡轮进口温度控制模式

当巡航飞行时，在推力恒定条件下，降低风扇涡轮进口温度 $T_{4.5}$，表明降低了高压涡轮进口温度 T_4，这样可延长发动机使用寿命。

图 8.18 中曲线 1 表示发动机正常工作线，曲线 2 表示保持发动机具有一定喘振裕度的工作线，a—d 线表示恒定推力下最低风扇涡轮进口温度控制模式优化过程。点 a 表示发动机基准工作点，由点 a 开始，沿 a—d 线减小喷管喉部面积，提高发动机压比，同时减小主燃油流量，降低发动机转速，使空气流量减小，以保持推力恒定。当喷管喉部面积和主燃油流量沿 a—d 减小到与曲线 2 相交时，交点 d 即为 $T_{4.5}$ 最低的工作点。

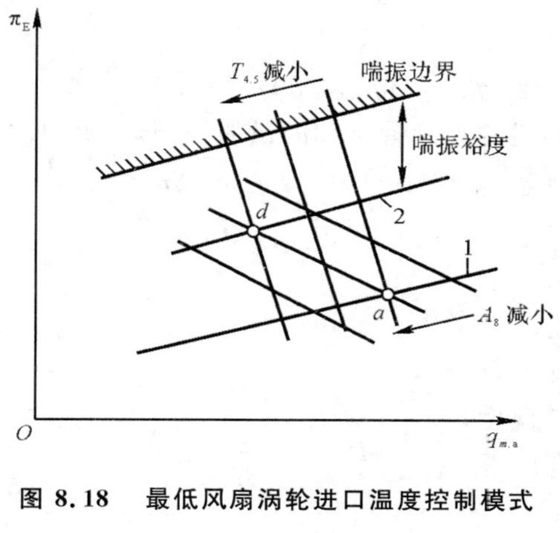

图 8.18　最低风扇涡轮进口温度控制模式

8.4.3 性能寻优控制模式的计算方法

性能寻优控制模式计算方法包括发动机参数估计、推进系统建模与计算和优化计算三部分。

一、参数估计

发动机性能的变化可用高压涡轮效率 η_{TH}、低压涡轮效率 η_{TL}、风扇空气流量相似参数 $\dfrac{q_{m,\mathrm{a}}\sqrt{T_2}}{p_2}$、高压压气机空气流量相似参数 $\dfrac{q_{m,\mathrm{aH}}\sqrt{T_{2.5}}}{p_{2.5}}$，以及高压涡轮导向器面积 $A_{\mathrm{nb,H}}$ 这5个参数的变化来近似表示。其定义如下：

$$\Delta q_{m,\mathrm{a}}=1-\left(\frac{q_{m,\mathrm{a}}\sqrt{T_2}}{p_2}\right)\Big/\left(\frac{q_{m,\mathrm{a}}\sqrt{T_2}}{p_2}\right)_{\mathrm{nor}}$$

$$\Delta q_{m,\mathrm{aH}}=1-\left(\frac{q_{m,\mathrm{aH}}\sqrt{T_{2.5}}}{p_{2.5}}\right)\Big/\left(\frac{q_{m,\mathrm{aH}}\sqrt{T_{2.5}}}{p_{2.5}}\right)_{\mathrm{nor}}$$

$$\Delta\eta_{\mathrm{TH}}=1-\eta_{\mathrm{TH}}/\eta_{\mathrm{TH,nor}},\quad \Delta\eta_{\mathrm{TL}}=1-\eta_{\mathrm{TL}}/\eta_{\mathrm{TL,nor}},\quad \Delta A_{\mathrm{nb,H}}=1-A_{\mathrm{nb,H,nor}}$$

利用以上 5 个参数来表征发动机部件性能的变化，下标“nor”表示相应的标准发动机特性。

发动机线性化状态空间模型可表示为

$$\left.\begin{aligned}\dot{\boldsymbol{x}}&=\boldsymbol{Ax}+\boldsymbol{Bu}+\boldsymbol{L\eta}\\ \dot{\boldsymbol{\eta}}&=\boldsymbol{0}\\ \boldsymbol{y}&=\boldsymbol{Cx}+\boldsymbol{Du}+\boldsymbol{M\eta}\end{aligned}\right\}\tag{8.111}$$

式中

$$\boldsymbol{x}=[n_{\mathrm{L}}\quad n_{\mathrm{H}}]^{\mathrm{T}}$$

$$\boldsymbol{y}=[n_{\mathrm{L}}\quad n_{\mathrm{H}}\quad p_4\quad T_{4.5}\quad p_6]^{\mathrm{T}}$$

$$\boldsymbol{u}=[q_{m,\mathrm{f}}\quad A_8\quad \varphi_{\mathrm{L}}\quad \varphi_{\mathrm{H}}]^{\mathrm{T}}$$

$$\boldsymbol{\eta}=[\Delta q_{m,\mathrm{a}}\quad \Delta q_{m,\mathrm{aH}}\quad \Delta\eta_{\mathrm{TH}}\quad \eta_{\mathrm{TL}}\quad \Delta A_{\mathrm{nb,H}}]^{\mathrm{T}}$$

参数估计就是根据发动机的观测量 $\boldsymbol{y}$ 和测量的控制量 $\boldsymbol{u}$ 估计参数的偏差量 $\hat{\boldsymbol{\eta}}$，即

$$\hat{\boldsymbol{\eta}}=[\Delta\hat{q}_{m,\mathrm{a}}\quad \Delta\hat{q}_{m,\mathrm{aH}}\quad \Delta\hat{\eta}_{\mathrm{TH}}\quad \Delta\hat{\eta}_{\mathrm{TL}}\quad \Delta\hat{A}_{\mathrm{nb,H}}]^{\mathrm{T}}$$

在观测量中：

n_{L}—— 低压转子转速；

n_{H}—— 高压转子转速；

p_4—— 高压涡轮进口压力；

$T_{4.5}$—— 风扇涡轮进口温度；

p_6—— 加力燃烧室进口压力。

在控制量中：

$q_{m,\mathrm{f}}$—— 主燃油流量；

A_8—— 尾喷管喉部面积；

φ_{L}—— 风扇导流叶片转角；

φ_{H}—— 高压压气机可调静子叶片转角。

在估计参数中：

$\Delta\hat{\eta}_{\mathrm{TH}}$—— 估计的高压涡轮效率偏差量；

$\Delta\hat{\eta}_{\mathrm{TL}}$—— 估计的低压涡轮效率偏差量；

$\Delta\hat{q}_{m,\mathrm{a}}$—— 估计的风扇进口空气流量偏差量；

$\Delta\hat{q}_{m,\mathrm{aH}}$—— 估计的高压压气机进口空气流量偏差量；

$\Delta\hat{A}_{\mathrm{nb,H}}$—— 估计的高压涡轮导向器面积偏差量。

发动机参数估计方法通常应用卡尔曼滤波方法和 Luen berger 观测器方法。

1. 卡尔曼滤波方法估计 $\boldsymbol{\eta}$

当采用卡尔曼滤波方法估计 $\boldsymbol{\eta}$ 时，考虑测量噪声和过程噪声，发动机状态空间模型可表示为

$$\left.\begin{aligned}\dot{\boldsymbol{x}}&=\boldsymbol{A}\boldsymbol{x}+\boldsymbol{B}\boldsymbol{u}+\boldsymbol{L}\boldsymbol{\eta}+\boldsymbol{w}_x\\ \dot{\boldsymbol{\eta}}&=\boldsymbol{w}_\eta\\ \boldsymbol{y}&=\boldsymbol{C}\boldsymbol{x}+\boldsymbol{D}\boldsymbol{u}+\boldsymbol{M}\boldsymbol{\eta}+\boldsymbol{v}\end{aligned}\right\}\tag{8.112}$$

式中，$\boldsymbol{w}_x$，$\boldsymbol{w}_\eta$ 和 $\boldsymbol{v}$ 均为白噪声，噪声方差矩阵分别为 $\boldsymbol{Q}_x$，$\boldsymbol{Q}_\eta$ 和 $\boldsymbol{R}$。

定义

$$\boldsymbol{Q}=\begin{bmatrix}\boldsymbol{Q}_x & \boldsymbol{0}\\ \boldsymbol{0} & \boldsymbol{Q}_\eta\end{bmatrix}$$

卡尔曼滤波方程为

$$\begin{bmatrix}\dot{\hat{\boldsymbol{x}}}\\ \dot{\hat{\boldsymbol{\eta}}}\end{bmatrix}=\boldsymbol{F}\begin{bmatrix}\hat{\boldsymbol{x}}\\ \hat{\boldsymbol{y}}\end{bmatrix}+\boldsymbol{G}\boldsymbol{u}+\boldsymbol{K}\left(\boldsymbol{y}-\boldsymbol{H}\begin{bmatrix}\hat{\boldsymbol{x}}\\ \hat{\boldsymbol{\eta}}\end{bmatrix}\right)$$

式中

$$\boldsymbol{F}=\begin{bmatrix}\boldsymbol{A} & \boldsymbol{L}\\ \boldsymbol{0} & \boldsymbol{0}\end{bmatrix},\quad \boldsymbol{G}=\begin{bmatrix}\boldsymbol{B}\\ \boldsymbol{0}\end{bmatrix},\quad \boldsymbol{H}=[\boldsymbol{C}\quad \boldsymbol{M}],\quad \boldsymbol{K}=\begin{bmatrix}\boldsymbol{K}_x\\ \boldsymbol{K}_\eta\end{bmatrix}=\boldsymbol{P}\boldsymbol{H}^{\mathrm{T}}\boldsymbol{R}^{-1}$$

其中，$\boldsymbol{P}$ 为 Riccati 方程

$$\boldsymbol{F}\boldsymbol{P}+\boldsymbol{P}\boldsymbol{F}^{\mathrm{T}}+\boldsymbol{Q}-\boldsymbol{P}\boldsymbol{H}^{\mathrm{T}}\boldsymbol{R}^{-1}\boldsymbol{H}\boldsymbol{P}=\boldsymbol{0}$$

的解。卡尔曼滤波的具体计算方法可参考有关资料，此处不再重复。

2. Luen berger 观测器方法估计 $\boldsymbol{\eta}$

由于发动机部件性能变化（特别是使用过程中的性能衰退）过程比较缓慢，因此可考虑：$\dot{\boldsymbol{\eta}}=\boldsymbol{0}$，$\dot{\boldsymbol{x}}=\boldsymbol{0}$。

由式(8.111)，可得

$$\boldsymbol{y}=(-\boldsymbol{C}\boldsymbol{A}^{-1}\boldsymbol{B}+\boldsymbol{D})\boldsymbol{u}+(-\boldsymbol{C}\boldsymbol{A}^{-1}\boldsymbol{L}+\boldsymbol{M})\boldsymbol{\eta}$$

定义

$$\boldsymbol{G}_y=-\boldsymbol{C}\boldsymbol{A}^{-1}\boldsymbol{B}+\boldsymbol{D},\quad \boldsymbol{H}_y=-\boldsymbol{C}\boldsymbol{A}^{-1}\boldsymbol{L}+\boldsymbol{M}$$

故有

$$\left.\begin{aligned}\boldsymbol{y}&=\boldsymbol{G}_y\boldsymbol{u}+\boldsymbol{H}_y\boldsymbol{\eta}\\ \dot{\boldsymbol{\eta}}&=\boldsymbol{0}\end{aligned}\right\}\tag{8.113}$$

设观测器状态方程为

$$\dot{\boldsymbol{z}}=\boldsymbol{P}\boldsymbol{z}+\boldsymbol{Q}\boldsymbol{u}+\boldsymbol{N}\boldsymbol{y}\tag{8.114}$$

将式(8.113)代入式(8.114)并加上、减去 $\boldsymbol{P}\boldsymbol{\eta}$，得

$$(\dot{\boldsymbol{z}}-\dot{\boldsymbol{\eta}})=\boldsymbol{P}(\boldsymbol{z}-\boldsymbol{\eta})+(\boldsymbol{N}\boldsymbol{H}_y+\boldsymbol{P})\boldsymbol{\eta}+(\boldsymbol{Q}+\boldsymbol{N}\boldsymbol{G}_y)\boldsymbol{u}$$

选取合适的 $\boldsymbol{N},\boldsymbol{Q}$，使得

$$\begin{cases}\boldsymbol{N}\boldsymbol{H}_y+\boldsymbol{P}=\boldsymbol{0}\\ \boldsymbol{Q}+\boldsymbol{N}\boldsymbol{G}_y=\boldsymbol{0}\end{cases}$$

得

$$(\dot{\boldsymbol{z}}-\dot{\boldsymbol{\eta}})=\boldsymbol{P}(\boldsymbol{z}-\boldsymbol{\eta})\tag{8.115}$$

根据误差收敛要求选取合适的 $\boldsymbol{P}$ 矩阵，得

$$\begin{cases}\boldsymbol{N}=-\boldsymbol{P}\boldsymbol{H}_y^{-1}\\ \boldsymbol{Q}=-\boldsymbol{N}\boldsymbol{G}_y=\boldsymbol{P}\boldsymbol{H}_y^{-1}\boldsymbol{G}_y\end{cases}$$

设观测器输出方程为

$$\hat{\boldsymbol{y}}=\boldsymbol{H}_y\boldsymbol{z}+\boldsymbol{G}_y\boldsymbol{u}$$

得

$$\boldsymbol{z}=\boldsymbol{H}_y^{-1}(\hat{\boldsymbol{y}}-\boldsymbol{G}_y\boldsymbol{u})$$

代入式(8.115)，得

$$\dot{\boldsymbol{z}}=\boldsymbol{P}\boldsymbol{H}_y^{-1}(\hat{\boldsymbol{y}}-\boldsymbol{y})=\boldsymbol{K}(\hat{\boldsymbol{y}}-\boldsymbol{y})$$

则 Luenberger 观测器方程可简化为

$$\left.\begin{aligned}\dot{\boldsymbol{z}}&=\boldsymbol{K}(\hat{\boldsymbol{y}}-\boldsymbol{y})\\ \hat{\boldsymbol{y}}&=\boldsymbol{H}_y\boldsymbol{z}+\boldsymbol{G}_y\boldsymbol{u}\end{aligned}\right\}\tag{8.116}$$

通过卡尔曼滤波方法或 Luenberger 观测器方法，估计 $\Delta\hat{\eta}_{\mathrm{TH}}$，$\Delta\hat{\eta}_{\mathrm{TL}}$，$\Delta\hat{q}_{m,\mathrm{aL}}$，$\Delta\hat{q}_{m,\mathrm{aH}}$ 和 $\Delta\hat{A}_{\mathrm{nb,H}}$，利用这 5 个参数偏差估计值修正发动机模型，提高发动机模型计算精度，以使发动机模型与实际工作的发动机状态一致。

二、推进系统模型及计算

1. 发动机模型及计算

在性能寻优控制中，发动机模型包括线性稳态模型和非线性稳态模型。

(1) 发动机相似条件及相似因子。 由相似理论可知，当发动机几何面积不变时，在进行适

当简化之后，可以认为在高压涡轮进口换算压力 $p_{4,\mathrm{cor}}$ 及混合室出口换算压力 $p_{6,\mathrm{cor}}$ 一定时，发动机从风扇进口到混合室出口处的工作状态是相似的。此时，全包线内所有飞行条件下的相似参数均可用与之相似的标准状况下的同名参数加以表示。

标准大气条件为

$$p_{\mathrm{st}}=101\ 325\ \mathrm{Pa},\quad T_{\mathrm{st}}=288.15\ \mathrm{K}$$

设当前飞行状态下风扇进口温度、压力为 T_2，p_2，令

$$K_p=p_2/p_{\mathrm{st}},\quad K_T=T_2/T_{\mathrm{st}}$$

则温度、压力，流量、转速、燃油流量及时间的相似参数分别为

$$T_i=K_T T_{i,\mathrm{cor}};\quad p_i=K_p p_{i,\mathrm{cor}};\quad q_{m,\mathrm{a}}=q_{m,\mathrm{a,cor}}K_p/\sqrt{K_T};$$

$$n_i=n_{i,\mathrm{cor}}\sqrt{K_T};\quad q_{m,\mathrm{f}}=q_{m,\mathrm{f,cor}}K_p\sqrt{K_T};\quad K_t=\sqrt{K_T}/K_p$$

其中，K_T，K_p，K_t，$\sqrt{K_T}$，$K_p/\sqrt{K_T}$，$K_p\sqrt{K_T}$ 等称为相似因子；下标“i”表示发动机任意截面。

(2) 发动机线性稳态变量模型(Steady State Variable Model，SSVM)。满足相似条件的部分可以用线性模型表示为

$$\Delta\boldsymbol{y}_{\mathrm{m}}=\boldsymbol{G}_{\mathrm{m}}\Delta\boldsymbol{u}_{\mathrm{m}}\tag{8.117}$$

式中
$$\Delta\boldsymbol{u}_{\mathrm{m}}=\frac{\boldsymbol{u}_{\mathrm{m}}-\boldsymbol{u}_{\mathrm{m,o}}}{\boldsymbol{u}_{\mathrm{m,o}}},\quad \Delta\boldsymbol{y}_{\mathrm{m}}=\frac{\boldsymbol{y}_{\mathrm{m}}-\boldsymbol{y}_{\mathrm{m,o}}}{\boldsymbol{y}_{\mathrm{m,o}}}$$

$\boldsymbol{u}_{\mathrm{m}}$—— 线性模型输入向量；

$\boldsymbol{y}_{\mathrm{m}}$—— 线性模型输出向量；

$\boldsymbol{G}_{\mathrm{m}}$—— 输出对于输入的灵敏度矩阵；

$\boldsymbol{u}_{\mathrm{m,o}}$—— 线性化平衡点处的输入向量；

$\boldsymbol{y}_{\mathrm{m,o}}$—— 线性化平衡点处的输出向量。

线性模型计算是利用发动机部分测量参数和卡尔曼滤波器(或 Luenberger 观测器)估计的参数偏差

$$\boldsymbol{u}_{\mathrm{m}}=[q_{m,\mathrm{f}}\quad q_{m,\mathrm{faf}}\quad p_6\quad \varphi_{\mathrm{L}}\quad \varphi_{\mathrm{H}}\quad \Delta\hat{\eta}_{\mathrm{TH}}\quad \Delta\hat{\eta}_{\mathrm{TL}}\quad \Delta\hat{q}_{m,\mathrm{aL}}\quad \Delta\hat{q}_{m,\mathrm{aH}}\quad \Delta\hat{A}_{\mathrm{nb,H}}]$$

作为模型输入量，计算模型的输出量

$$\boldsymbol{y}_{\mathrm{m}}=[n_{\mathrm{L}}\quad n_{\mathrm{H}}\quad A_8\quad p_{2.5}\quad p_4\quad T_{2.5}\quad T_3\quad T_4\quad T_{4.5}\quad T_6\quad q_{m,\mathrm{a,cor}}\quad q_{m,\mathrm{aH,cor}}]^{\mathrm{T}}$$

式中　$q_{m,\mathrm{faf}}$ —— 加力燃油流量；

$p_{2.5}$ —— 风扇出口压力；

$T_{2.5}$ —— 风扇出口温度；

T_3 —— 高压压气机出口温度；

T_4 —— 高压涡轮进口温度；

$q_{m,\mathrm{a,cor}}$—— 风扇换算空气流量；

$q_{m,\mathrm{aH,cor}}$—— 高压压气机换算空气流量。

这些变量为进行非线性运算时需要用到的变量，都能以较高精度进行相似。

在建立线性模型时，将全包线按照 $p_{4,\text{cor}}$，$p_{6,\text{cor}}$ 进行分块，在某一飞行状态建立所有的线性模型，并将其转化到标准状态保存在数据文件中，须保存的数据包括 $\boldsymbol{u}_{\text{m,o,cor}}$，$\boldsymbol{y}_{\text{m,o,cor}}$ 以及 $\boldsymbol{G}_{\text{m}}$。为便于计算，还须对 $\boldsymbol{G}_{\text{m}}$ 作归一化处理。

性能寻优时首先利用传感器测得的参数 p_4，p_6，Ma，p_H，T_H 计算 $p_{4,\text{cor}}$ 及 $p_{6,\text{cor}}$，然后根据 $p_{4,\text{cor}}$ 及 $p_{6,\text{cor}}$ 再利用数据文件中与之相邻的点，线性插值求得标准状态 $\boldsymbol{u}_{\text{m,o,cor}}$，$\boldsymbol{y}_{\text{m,o,cor}}$ 以及 $\boldsymbol{G}_{\text{m}}$，将其转化为当前飞行条件下的相应值，有

$$\boldsymbol{u}_{\text{m,o}} = \boldsymbol{K}_u \boldsymbol{u}_{\text{m,o,cor}}, \quad \boldsymbol{y}_{\text{m,o}} = \boldsymbol{K}_y \boldsymbol{y}_{\text{m,o,cor}}$$

其中，$\boldsymbol{K}_u$，$\boldsymbol{K}_y$ 分别为输入和输出量的相似因子向量，输入和输出变量的相似因子根据其量纲按相似理论获得。

(3) 发动机非线性稳态模型。对不满足相似准则的变量和发动机部件，例如风扇喘振裕度、压气机喘振裕度、加力燃烧室、尾喷管，必须用非线性模型进行计算。

风扇和压气机的换算转速和压比可确定在特性线上工作点的位置，但风扇导流叶片角度 φ_{L}、压气机可调静子叶片角度 φ_{H} 的变化，以及发动机部件性能的退化都会对特性线产生影响，并改变工作位置。因此，风扇喘振裕度 SMF 和压气机喘振裕度 SMC 用以下非线性关系进行计算：

$$\text{SMF} = f_F(n_{\text{L,cor}}, \pi_{\text{F}}, \varphi_{\text{L}}, \boldsymbol{\eta}) \tag{8.118}$$

$$\text{SMC} = f_C(n_{\text{H,cor}}, \pi_{\text{C}}, \varphi_{\text{H}}, \boldsymbol{\eta}) \tag{8.119}$$

对于加力燃烧室则利用简化的部件非线性模型计算。其输入量为主燃油流量 $q_{m,\text{f}}$、加力燃油流量 $q_{m,\text{faf}}$、风扇进口空气流量 $q_{m,\text{a}}$、混合室出口压力 p_6 和温度 T_6。根据加力燃烧室部件特性和能量平衡方程，计算加力燃烧室出口压力 p_7、出口温度 T_7，其关系可表示为

$$[p_7 \quad T_7]^{\text{T}} = \boldsymbol{f}_{\text{a}}(q_{m,\text{f}}, q_{m,\text{faf}}, q_{m,\text{a}}, p_6, T_6) \tag{8.120}$$

对于尾喷管的计算，利用第 4 章中介绍的矢量喷管数学模型，当不考虑矢量喷管偏转角 δ_{g} 时，喷管的流量系数 C_{d} 为

$$C_{\text{d}} = f_{\text{d}}(A_8, A_9, \pi_{\text{e}}) \tag{8.121}$$

式中，π_{e} 为喷管膨胀比，$\pi_{\text{e}} = p_7/p_H$

流过喷管的实际流量

$$q_{m,\text{g8}} = q_{m,\text{a}} + q_{m,\text{f}} + q_{m,\text{faf}} \tag{8.122}$$

又

$$q_{m,\text{g8}} = C_{\text{d}} q_{m,\text{gi}} \tag{8.123}$$

式中，$q_{m,\text{gi}}$ 为流过喷管的理想流量，

$$q_{m,\text{gi}} = A_8 \sqrt{\frac{k}{RT_7}}\, p_7 f(\pi_{\text{e}}) \tag{8.124}$$

发动机的理想推力

$$F_{\text{i}} = q_{m,\text{i}} \sqrt{\frac{2k}{k-1} RT_7 (1 - \pi_{\text{e}}^{-\frac{k-1}{k}})} \tag{8.125}$$

在第 4 章中还介绍了喷管数学模型中的推力系数

$$C_{th} = f_{th}(A_8, A_9, \pi_e) \tag{8.126}$$

发动机的实际推力

$$F = C_{th} F_i \tag{8.127}$$

式(8.121) 至式(8.127) 表示喷管的非线性模型。

发动机非线性稳态模型包括以上介绍的风扇及压气机喘振裕度计算式(8.118) 和式(8.119)、加力燃烧室计算模型式(8.120) 和尾喷管计算模型式(8.121) 至式(8.127)。为了保证数字控制计算机的计算速度，对上述非线性模型，在保证一定计算精度的前提下，须作适当简化。

三部分非线性模型可概括如下：

$$\boldsymbol{y}_{NL} = \boldsymbol{f}_{NL}(\boldsymbol{u}_{NL}) \tag{8.128}$$

式中　$\boldsymbol{u}_{NL}$—— 非线性模型输入向量；

$\boldsymbol{y}_{NL}$—— 非线性模型输出向量；

$\boldsymbol{f}_{NL}$—— 输出量与输入量的非线性关系。

非线性模型利用测量输入 $\boldsymbol{u}_s$ 及线性模型输出 $\boldsymbol{y}_m$，即

$$\boldsymbol{u}_{NL} = [\boldsymbol{u}_s \quad \boldsymbol{y}_m]^T$$

作为输入量，计算模型输出量

$$\boldsymbol{y}_{NL} = [p_7 \quad T_7 \quad \text{SMF} \quad \text{SMC} \quad F \quad A_8]^T$$

(4) 简化的发动机模型。简化的发动机模型由式(8.117) 表示的发动机线性稳态模型和式(8.128) 表示的发动机非线性稳态模型组成，其间关系表示为

$$[\boldsymbol{y}_E \quad q_{m,a}]^T = \boldsymbol{f}_E(\boldsymbol{\theta}_E, \boldsymbol{u}_E, \hat{\boldsymbol{\eta}}) \tag{8.129}$$

式中

$$\boldsymbol{\theta}_E = [p_2 \quad T_2]^T$$

$$\boldsymbol{u}_E = [q_{m,f} \quad q_{m,faf} \quad p_6 \quad \varphi_L \quad \varphi_H]^T$$

$$\hat{\boldsymbol{\eta}} = [\Delta\hat{q}_{m,a} \quad \Delta\hat{q}_{m,ac} \quad \Delta\hat{\eta}_{TH} \quad \Delta\hat{\eta}_{TL} \quad \Delta\hat{A}_{nb,H}]^T$$

$$\boldsymbol{y}_E = [n_L \quad n_H \quad p_3 \quad T_5 \quad T_7 \quad \text{SMF} \quad \text{SMC} \quad F \quad A_8]^T$$

发动机数学模型计算是根据输入 $\boldsymbol{\theta}_E, \boldsymbol{u}_E, \hat{\boldsymbol{\eta}}$ 来计算 $\boldsymbol{y}_E, q_{m,a}$ 的。

2. 进气道模型及计算

第 4 章式(4.13) 和式(4.14) 表示了较为简单的超声速进气道数学模型，当考虑建立更为精确的描述进气道实际工作状态的数学模型时，还需要包括激波位移系数、进气道阻力等参数，这样的模型建立仍然可以采用第 4 章介绍的超声速进气道数学模型的建模方法。

当亚声速飞行时，进气道性能已接近最优，因此，在这种情况下，性能寻优控制不包括对进气道控制量的优化计算。

当超声速飞行时，进气道计算所采用的模型可表示为

$$[\boldsymbol{y}_\mathrm{I} \quad p_2]^\mathrm{T} = \boldsymbol{f}_\mathrm{I}(\boldsymbol{\theta}_\mathrm{I}, \boldsymbol{u}_\mathrm{I}, q_{m,\mathrm{a}}) \tag{8.130}$$

式中

$$\boldsymbol{y}_\mathrm{I} = [R_\mathrm{I} \quad a_\mathrm{I} \quad q_{m,\mathrm{a,cr}}]^\mathrm{T}$$
$$\boldsymbol{\theta}_\mathrm{I} = [Ma \quad H \quad \alpha \quad \beta]^\mathrm{T}$$
$$\boldsymbol{u}_\mathrm{I} = [\delta_2 \quad \psi_\mathrm{I}]^\mathrm{T}$$

式中 R_I —— 进气道阻力；
a_I —— 进气道激波位移系数；
$q_{m,\mathrm{a,cr}}$ —— 进气道临界截面空气流量；
Ma —— 飞行马赫数；
H —— 飞行高度；
α —— 飞行攻角；
β —— 飞行侧滑角；
δ_2 —— 进气道可调斜板角度；
ψ_I —— 进气道外罩偏转角度；
p_2 —— 发动机进口压力。

根据 a_I，$q_{m,\mathrm{a,cr}}$ 可计算进气道喘振裕度、进气道出口气流畸变等性能参数。进气道计算是根据测量 $\boldsymbol{\theta}_\mathrm{I}$ 及控制量 $\boldsymbol{u}_\mathrm{I}$ 来计算输出量 $\boldsymbol{y}_\mathrm{I}$ 及 p_2 的。

3. 推进系统模型

在每一次寻优时间间隔内，由于时间很短，可认为 $\hat{\boldsymbol{\eta}}$ 和 $\boldsymbol{\theta}_\mathrm{I}$ 都不变，因此，式(8.129)和式(8.130)用于每次寻优时间间隔内的计算时，可不考虑 $\hat{\boldsymbol{\eta}}$ 和 $\boldsymbol{\theta}_\mathrm{I}$。在分别建立发动机模型和进气道模型之后，需要考虑进气道出口截面与发动机进口截面空气流量和压力之间存在的耦合关系，对于不考虑 $\hat{\boldsymbol{\eta}}$ 的发动机模型式(8.129)和不考虑 $\boldsymbol{\theta}_\mathrm{I}$ 的进气道模型式(8.130)，可表示为

$$[\boldsymbol{y}_\mathrm{E} \quad q_{m,\mathrm{a}}]^\mathrm{T} = \boldsymbol{f}_\mathrm{E}(\boldsymbol{u}_\mathrm{E}, p_2) \tag{8.131}$$
$$[\boldsymbol{y}_\mathrm{I} \quad p_2]^\mathrm{T} = \boldsymbol{f}_\mathrm{I}(\boldsymbol{u}_\mathrm{I}, q_{m,\mathrm{a}}) \tag{8.132}$$

推进系统模型为

$$\boldsymbol{y}_\mathrm{P} = \boldsymbol{G}_\mathrm{P}\boldsymbol{u}_\mathrm{P}$$
$$[\boldsymbol{y}_\mathrm{E} \quad \boldsymbol{y}_\mathrm{I}]^\mathrm{T} = \boldsymbol{f}_\mathrm{P}(\boldsymbol{u}_\mathrm{p}) \tag{8.133}$$

令
$$\boldsymbol{y}_\mathrm{P} = [\boldsymbol{y}_\mathrm{E} \quad \boldsymbol{y}_\mathrm{I}]^\mathrm{T}, \quad \boldsymbol{u}_\mathrm{P} = [\boldsymbol{u}_\mathrm{E} \quad \boldsymbol{u}_\mathrm{I}]^\mathrm{T}$$

则式(8.133)可表示为

$$\boldsymbol{y}_\mathrm{P} = \boldsymbol{f}_\mathrm{P}(\boldsymbol{u}_\mathrm{P}) \tag{8.134}$$

增量形式的模型为

$$\Delta\boldsymbol{y}_\mathrm{P} = \boldsymbol{G}_\mathrm{p}\Delta\boldsymbol{u}_\mathrm{P} \tag{8.135}$$

即

$$\begin{bmatrix}\Delta \boldsymbol{y}_{\mathrm{E}}\\ \Delta \boldsymbol{y}_{\mathrm{I}}\end{bmatrix}=\begin{bmatrix}\dfrac{\partial \boldsymbol{y}_{\mathrm{E}}}{\partial \boldsymbol{u}_{\mathrm{E}}} & \dfrac{\partial \boldsymbol{y}_{\mathrm{E}}}{\partial \boldsymbol{u}_{\mathrm{I}}}\\ \dfrac{\partial \boldsymbol{u}_{\mathrm{I}}}{\partial \boldsymbol{u}_{\mathrm{E}}} & \dfrac{\partial \boldsymbol{y}_{\mathrm{I}}}{\partial \boldsymbol{u}_{\mathrm{I}}}\end{bmatrix}\begin{bmatrix}\Delta \boldsymbol{u}_{\mathrm{E}}\\ \Delta \boldsymbol{u}_{\mathrm{I}}\end{bmatrix} \tag{8.136}$$

式中，$\boldsymbol{u}_{\mathrm{p}}$—— 推进系统模型输入向量，即

$$\boldsymbol{u}_{\mathrm{p}}=[q_{m,\mathrm{f}}\quad q_{m,\mathrm{faf}}\quad p_6\quad \varphi_{\mathrm{L}}\quad \varphi_{\mathrm{H}}\quad \psi_{\mathrm{I}}\quad \delta_2]^{\mathrm{T}}$$

$\boldsymbol{y}_{\mathrm{p}}$—— 推进系统模型的输出向量，即

$$\boldsymbol{y}_{\mathrm{p}}=[n_{\mathrm{L}}\quad n_{\mathrm{H}}\quad p_3\quad q_{m,\mathrm{a}}\quad T_5\quad T_7\quad \mathrm{SMF}\quad \mathrm{SMC}\quad A_8\quad F\quad R_{\mathrm{i}}\quad q_{m,\mathrm{a,cr}}]^{\mathrm{T}}$$

$\boldsymbol{G}_{\mathrm{p}}$—— 推进系统矩阵。

进气道出口与发动机进口的流量平衡与压力平衡可表示为

$$q_{m,\mathrm{aI}}=q_{m,\mathrm{aE}}(\boldsymbol{u}_{\mathrm{E}},p_2) \tag{8.137}$$

$$p_{2\mathrm{E}}=p_{2\mathrm{I}}(\boldsymbol{u}_{\mathrm{I}},q_{m,\mathrm{a}}) \tag{8.138}$$

将式(8.137)和式(8.138)分别对 $\boldsymbol{u}_{\mathrm{E}}$ 和 $\boldsymbol{u}_{\mathrm{I}}$ 求偏导数，可得 $\left(\dfrac{\partial q_{m,\mathrm{a}}}{\partial \boldsymbol{u}_{\mathrm{E}}}\right)_{\mathrm{I}}$，$\left(\dfrac{\partial p_2}{\partial \boldsymbol{u}_{\mathrm{E}}}\right)_{\mathrm{E}}$，$\left(\dfrac{\partial q_{m,\mathrm{a}}}{\partial \boldsymbol{u}_{\mathrm{I}}}\right)_{\mathrm{I}}$，$\left(\dfrac{\partial p_2}{\partial \boldsymbol{u}_{\mathrm{I}}}\right)_{\mathrm{E}}$，再将式(8.133)分别对 $\boldsymbol{u}_{\mathrm{E}}$ 和 $\boldsymbol{u}_{\mathrm{I}}$ 求偏导数，可得 $\left(\dfrac{\partial \boldsymbol{y}_{\mathrm{E}}}{\partial \boldsymbol{u}_{\mathrm{E}}}\right)_{\mathrm{p}}$，$\left(\dfrac{\partial \boldsymbol{y}_{\mathrm{E}}}{\partial \boldsymbol{u}_{\mathrm{I}}}\right)_{\mathrm{p}}$，$\left(\dfrac{\partial \boldsymbol{y}_{\mathrm{I}}}{\partial \boldsymbol{u}_{\mathrm{E}}}\right)_{\mathrm{p}}$，$\left(\dfrac{\partial \boldsymbol{y}_{\mathrm{I}}}{\partial \boldsymbol{u}_{\mathrm{I}}}\right)_{\mathrm{p}}$，由此得到

$$\boldsymbol{G}_{\mathrm{p}}=\begin{bmatrix}\left(\dfrac{\partial \boldsymbol{y}_{\mathrm{I}}}{\partial \boldsymbol{u}_{\mathrm{I}}}\right)_{\mathrm{I}}+\Phi\left(\dfrac{\partial \boldsymbol{y}_{\mathrm{I}}}{\partial p_2}\right)_{\mathrm{E}}\left(\dfrac{\partial p_2}{\partial q_{m,\mathrm{a}}}\right)_{\mathrm{I}}\left(\dfrac{\partial p_2}{\partial \boldsymbol{u}_{\mathrm{I}}}\right)_{\mathrm{I}} & \Phi\left(\dfrac{\partial \boldsymbol{y}_{\mathrm{E}}}{\partial p_2}\right)_{\mathrm{E}}\left(\dfrac{\partial p_2}{\partial \boldsymbol{u}_{\mathrm{I}}}\right)_{\mathrm{I}}\\ \Phi\left(\dfrac{\partial \boldsymbol{y}_{\mathrm{I}}}{\partial q_{m,\mathrm{a}}}\right)_{\mathrm{I}}\left(\dfrac{\partial q_{m,\mathrm{a}}}{\partial \boldsymbol{u}_{\mathrm{E}}}\right)_{\mathrm{E}} & \left(\dfrac{\partial \boldsymbol{y}_{\mathrm{E}}}{\partial \boldsymbol{u}}\right)_{\mathrm{E}}+\Phi\left(\dfrac{\partial \boldsymbol{y}_{\mathrm{E}}}{\partial p_2}\right)_{\mathrm{E}}\left(\dfrac{Ep_2}{\partial q_{m,\mathrm{a}}}\right)_{\mathrm{I}}\left(\dfrac{\partial q_{m,\mathrm{a}}}{\partial \boldsymbol{u}_{\mathrm{E}}}\right)_{\mathrm{E}}\end{bmatrix} \tag{8.139}$$

式中，Φ 为耦合系数，且

$$\Phi=\frac{1}{1-\left(\dfrac{\partial q_{m,\mathrm{a}}}{\partial p_2}\right)_{\mathrm{E}}\left(\dfrac{\partial p_2}{\partial q_{m,\mathrm{a}}}\right)_{\mathrm{I}}} \tag{8.140}$$

从式(8.139)可以看出，推进系统模型中已经包括了进气道控制输入量变化与发动机输出量变化之间的联系。从而可以将进气道与发动机作为一个整体加以处理。由此便得到了全推进系统数学模型。

三、性能寻优

1. 性能优化计算方法

航空推进系统必须在安全、可靠的条件下工作，为此必须对某些参数加以约束，航空推进系统的性能优化过程也必须满足这些约束，这些约束即为性能优化的可行域。这一可行域如下：

$$\text{s.t.}\begin{cases} n_{\mathrm{L}} \leqslant n_{\mathrm{L\,max}} \\ n_{\mathrm{H}} \leqslant n_{\mathrm{H\,max}} \\ n_{\mathrm{L,cor}} \leqslant n_{\mathrm{L,cor\,max}} \\ T_5 \leqslant T_{5\,\mathrm{max}} \\ \Delta T_5 \leqslant \Delta T_{5\,\mathrm{max}} \\ \mathrm{SMF} \geqslant \mathrm{SMF}_{\mathrm{min}} \\ \mathrm{SMC} \geqslant \mathrm{SMC}_{\mathrm{min}} \\ \mathrm{SMI} \geqslant \mathrm{SMI}_{\mathrm{min}} \end{cases} \qquad \begin{array}{l} T_7 \leqslant T_{7\,\mathrm{max}} \\ q_{m,\mathrm{a,cor}} \leqslant q_{m,\mathrm{a,cor\,max}} \\ q_{m,\mathrm{f\,min}} \leqslant q_{m,\mathrm{f}} \leqslant q_{m,\mathrm{f\,max}} \\ q_{m,\mathrm{faf\,min}} \leqslant q_{m,\mathrm{faf}} \leqslant q_{m,\mathrm{faf\,max}} \\ A_{8\,\mathrm{min}} \leqslant A_8 \leqslant A_{8\,\mathrm{max}} \\ \varphi_{\mathrm{L\,min}} \leqslant \varphi_{\mathrm{L}} \leqslant \varphi_{\mathrm{L\,max}} \\ \varphi_{\mathrm{H\,min}} \leqslant \varphi_{\mathrm{H}} \leqslant \varphi_{\mathrm{H\,max}} \\ \psi_{\mathrm{I\,min}} \leqslant \psi_{\mathrm{I}} \leqslant \psi_{\mathrm{I\,max}} \\ \delta_{2\,\mathrm{min}} \leqslant \delta_2 \leqslant \delta_{2\,\mathrm{max}} \end{array}$$

航空推进系统优化控制变量$\boldsymbol{u}=[q_{m,\mathrm{f}} \quad q_{m,\mathrm{faf}} \quad p_6 \quad \varphi_{\mathrm{L}} \quad \varphi_{\mathrm{H}} \quad \psi_{\mathrm{I}} \quad \delta_2]^{\mathrm{T}}$,优化的目标函数为最大推力或最低油耗或最低风扇涡轮进口温度。为描述问题方便可将上述寻优问题归结为非线性约束寻优问题,即

$$\left.\begin{array}{c} \min f(\boldsymbol{u}) \\ \text{s.t.}\begin{cases} g_i(\boldsymbol{u}) \geqslant 0, & i \in I \triangleq \{1,2,\cdots,m\} \\ h_j(\boldsymbol{u}) = 0, & j \in E \triangleq \{1,2,\cdots,l\} \end{cases} \end{array}\right\} \tag{8.141}$$

式(8.141)可以用序列线性规化方法来求解。序列线性规化能够直接使用推进系统矩阵寻优,其基本思想是对于式(8.141)假定各g_i连续可微,将它们在当前迭代点$\tilde{\boldsymbol{u}}^k$附近按泰勒定理展开到一阶项为止,即对于$\boldsymbol{u}=\boldsymbol{u}^k+\boldsymbol{d}$,近似取

$$g_i(\boldsymbol{u}) \approx g_i(\boldsymbol{u}^k) + \Delta g_i(\boldsymbol{u}^k)\boldsymbol{d} \tag{8.142}$$

由此可将问题式(8.141)转化为线性寻优问题,即

$$\left.\begin{array}{c} \min \nabla f(\boldsymbol{u})\boldsymbol{d} \\ \text{s.t.}\begin{cases} \nabla g_i(\boldsymbol{u}^k)\boldsymbol{d} \geqslant -g_i(\boldsymbol{u}^k), & i \in I \triangleq \{1,2,\cdots,m\} \\ \nabla g_j(\boldsymbol{u}^k)\boldsymbol{d} = -h_j(\boldsymbol{u}^k), & j \in E \triangleq \{1,2,\cdots,l\} \end{cases} \end{array}\right\} \tag{8.143}$$

利用线性规划得到式(8.143)的解,令以$\boldsymbol{u}^{k+1}$为新的迭代点重新求取线性模型,并进行线性规划计算,反复迭代直到$\boldsymbol{u}^k$与$\boldsymbol{u}^{k+1}$非常接近时为止,则$\boldsymbol{u}^{k+1}$可被看做非线性寻优问题的最优解。

由于式(8.142)中的一阶近似只有在增量$\boldsymbol{d}$很小时才是精确的,因此需要对式(8.143)再增加一组约束条件,即

$$-\delta_j \leqslant d_j \leqslant \delta_j$$

式中,δ_j为变量u_j增量的上界。

对于带有约束条件$-\delta_j \leqslant d_j \leqslant \delta_j$的线性优化问题,可以利用有界单纯形法快速求解,具体计算方法可参考有关资料。

2. 控制模式优化

(1) 不加力最大推力控制模式:

$$\max F$$
$$\text{s.t. } \boldsymbol{u} \in \boldsymbol{E}$$
$$\boldsymbol{u} = [q_{m,\mathrm{f}} \quad A_8 \quad \varphi_{\mathrm{L}} \quad \varphi_{\mathrm{H}} \quad \psi_{\mathrm{I}} \quad \delta_2]^{\mathrm{T}}$$

(2) 加力最大推力控制模式：

$$\max F$$
$$\text{s.t. } \boldsymbol{u} \in \boldsymbol{E}$$
$$\boldsymbol{u} = [q_{m,\mathrm{f}} \quad q_{m,\mathrm{faf}} \quad A_8 \quad \varphi_{\mathrm{L}} \quad \varphi_{\mathrm{H}} \quad \psi_{\mathrm{I}} \quad \delta_2]^{\mathrm{T}}$$

(3) 最低耗油率控制模式：

$$\min \quad \mathrm{sfc}$$
$$\text{s.t. } \begin{cases} F = \mathrm{const} \\ \boldsymbol{u} \in \boldsymbol{E} \end{cases}$$
$$\boldsymbol{u} = [q_{m,\mathrm{f}} \quad A_8 \quad \varphi_{\mathrm{L}} \quad \varphi_{\mathrm{H}} \quad \psi_{\mathrm{I}} \quad \delta_2]^{\mathrm{T}}$$

(4) 最低风扇涡轮进口温度控制模式：

$$\min \mathrm{FTIT}$$
$$\text{s.t. } \begin{cases} F = \mathrm{const} \\ \boldsymbol{u} \in \boldsymbol{E} \end{cases}$$
$$\boldsymbol{u} = [q_{m,\mathrm{f}} \quad A_8 \quad \varphi_{\mathrm{L}} \quad \varphi_{\mathrm{H}} \quad \psi_{\mathrm{I}} \quad \delta_2]^{\mathrm{T}}$$

四、性能寻优系统结构

性能寻优控制器由前台程序和后台程序组成。两者均应在单独的处理器上完成，前台程序采样周期应低于后台程序。

前台程序主要完成卡尔曼滤波和喘振保护。喘振保护是在飞机机动飞行时，发动机工作稳定性变差，为防止风扇喘振，由性能寻优监控逻辑根据飞机攻角 α 和侧滑角 β 的变化在线估计风扇喘振裕度，判断风扇是否会喘振。一旦发动机可能喘振或出现其他错误，性能寻优系统应迅速退出工作，以保证发动机安全。

后台程序包括机载模型和性能寻优计算。在获取问题的最优解后，对于发动机中按给定规律开环控制的量，例如 $\Delta q_{m,\mathrm{f}}, \Delta A_8, \Delta\varphi_{\mathrm{L}}, \Delta\varphi_{\mathrm{H}}, \Delta q_{m,\mathrm{faf}}, \Delta\psi_{\mathrm{I}}, \Delta\delta_2$ 等，可将性能寻优控制器的寻优结果直接提供给稳态控制器。而对于闭环控制器控制的量，例如，高压涡轮后温度调整量 ΔT_5 及涡轮膨胀比调整量 $\Delta\pi_{\mathrm{T}}$ 等，首先用机载计算机的机载模型计算出对稳态控制器的控制目标调整值，然后再将其提供给稳态控制器。这样就达到了综合推进系统性能寻优控制的目标。

性能寻优控制的整体结构如图 8.19 所示，具体计算步骤如下：

(1) 判断发动机是否达到稳态，如果达到稳态，则利用测量参数计算 $p_{4,\mathrm{cor}}, p_{6,\mathrm{cor}}$ 在线插值得到稳态线性模型。

(2) 根据得到的稳态线性模型建立 Luen berger 观测器，估计退化发动机性能参数 $\hat{\boldsymbol{\eta}}$。

(3) 利用测量参数、稳态线性模型以及估计的性能参数 $\hat{\boldsymbol{\eta}}$ 建立推进系统矩阵模型。

(4) 根据得到的推进系统矩阵模型,利用线性规划方法求得推进系统最优参数 $\Delta q_{m,\mathrm{f}}$,ΔA_8,$\Delta\varphi_{\mathrm{L}}$,$\Delta\varphi_{\mathrm{H}}$,$\Delta q_{m,\mathrm{faf}}$,$\Delta\psi_{\mathrm{I}}$,$\Delta\delta_2$。

(5) 当控制量变化很小或达到规定步数时转到步骤(6),否则以新的寻优结果为迭代点转到步骤(1),但不再做性能参数估计。

(6) 利用接口模块将寻优结果提供给稳态控制器。

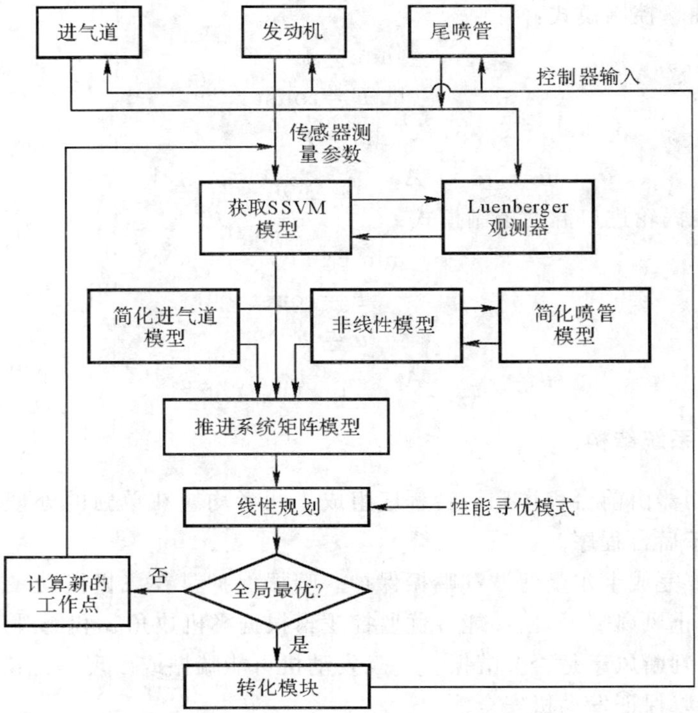

图 8.19　性能寻优控制系统总体结构图

8.4.4　性能寻优控制计算算例

下面给出不同飞行条件下的性能寻优控制仿真部分结果。其中,图 8.20 所示为当 $H=0$,$Ma=0$ 时,最大推力控制模式寻优结果;图 8.21 所示为当 $H=9$ km,$Ma=0.9$ 时,最低耗油率控制模式寻优结果;图 8.22 所示为当 $H=10$ km,$Ma=0.9$,最低风扇涡轮进口温度控制模式寻优结果。

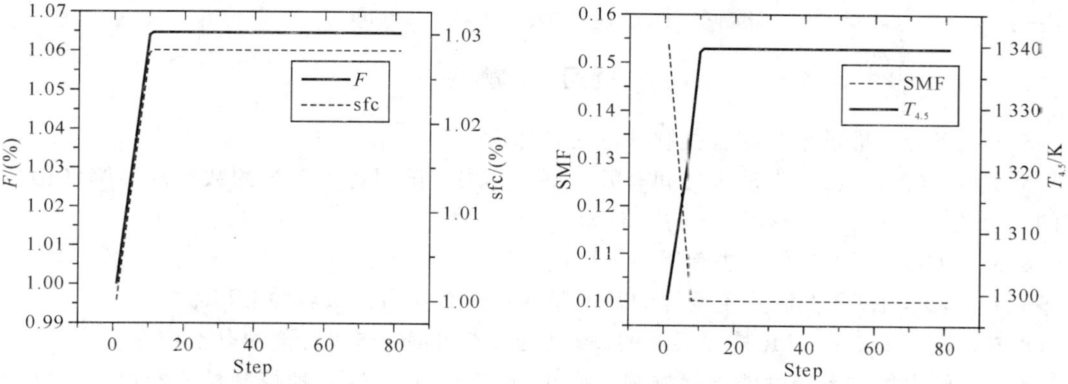

图 8.20　当 $H=0$, $Ma=0$ 时最大推力控制模式

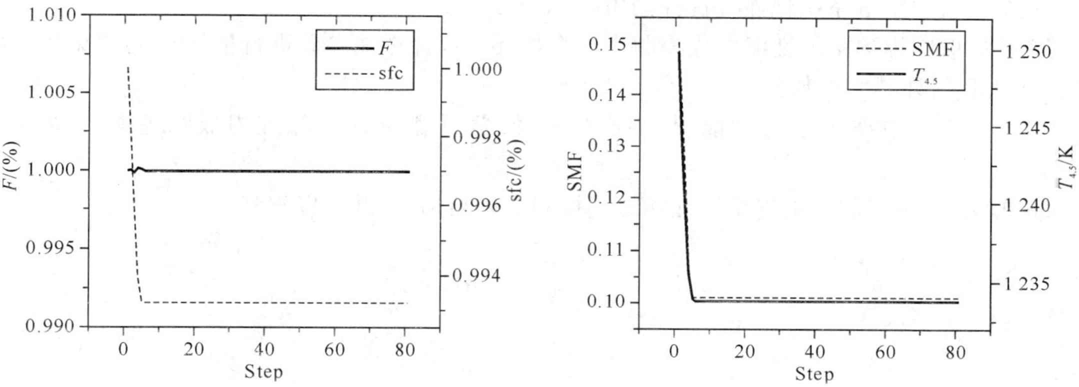

图 8.21　当 $H=9$ km, $Ma=0.9$ 时最低耗油率控制模式

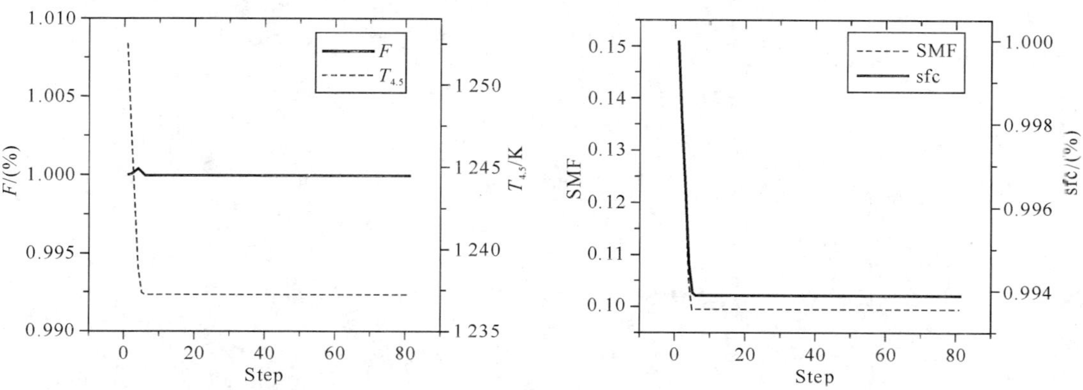

图 8.22　当 $H=10$ km, $Ma=0.9$ 时最低风扇涡轮进口温度控制模式

习　题

8.1　飞行/推进系统综合控制的意义是什么?

8.2　飞机、进气道、发动机之间有哪些耦合作用?试用各子系统的数学模型解释相互之间的耦合关系。

8.3　LQG/LTR控制方法有哪些优缺点?

8.4　LQG/LTR控制系统设计的基本原理是什么?为什么需要LTR?

8.5　试述LQG/LTR控制系统的设计步骤,说明每一步设计解决什么问题。

8.6　航空推进系统性能寻优控制有哪几种控制模式?这几种控制模式所追求的目标是什么?有何实际意义?

8.7　航空推进系统性能寻优控制由哪几部分组成?

8.8　航空推进系统性能寻优控制为什么需要对部件性能参数进行估计?可以采用哪些估计方法和估计哪些参数?

8.9　在航空推进系统性能寻优控制中,数学模型由哪几部分组成?它们是如何建立的?

8.10　试画出航空推进系统性能寻优控制总体结构图,并加以解释。

第 9 章　航空发动机电子控制技术

9.1 概　述

9.1.1 航空发动机电子控制技术发展概况

近 40 年来，许多国家都大力开展了采用电子控制装置作为航空发动机核心控制器的研究工作，并取得了巨大的进展。美国等国家的第一代航空发动机全权限数字式电子控制器（FADEC）采用了双列直插式器件；第二代采用了表面安装式器件；第三代 FADEC 系统则将发动机控制器与飞行控制器综合，或将发动机控制器与飞行控制器、武器系统控制器综合，以实现飞行／推进系统综合控制和火力／飞行／推进系统综合控制。FADEC 的研究成果已经成功地应用于型号中。例如，美国研制的 F15 飞机和 PW1128 发动机的高度综合的飞行／推进系统数字式电子控制系统。

目前，美国等国家已经完成了用 FADEC 系统取代机械液压式控制系统的换代工作，正在进行智能 FADEC 系统的研究与验证工作；俄罗斯正在进行 АЛ－31Ф 发动机的 FADEC 控制系统的定型试飞工作。表 9.1 列出了有关发动机采用电子控制器的情况。图 9.1 给出了航空发动机控制器的发展过程与趋势。

表 9.1　采用电子控制器的发动机

发动机型(代)号	飞机型(代)号	装机时间	电子控制器类型
J47		1954 年研制	模拟电子
奥林巴斯 593	协和	1976 年	模拟电子
PW2037	B－757－200	1984 年	数字电子
F100－PW－200	F15，F16	1985 年	数字电子
M88－P2	“阵风”	1986 年试车	数字电子
“飞马”	“鹞式”GR－5	1986 年	数字电子
F404－GE－400D	F18	1987 年	数字电子
PW4000	A310	已投入使用	数字电子
EJ200	EFA	20 世纪 90 年代末	数字电子

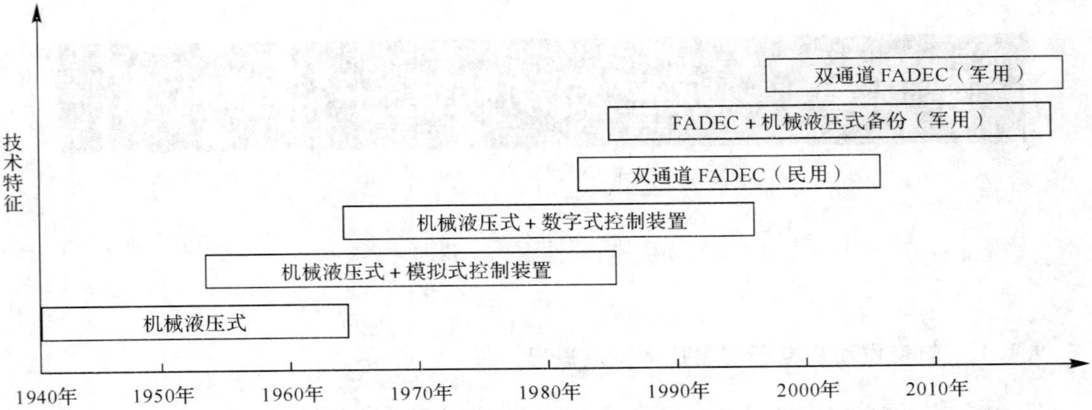

图 9.1　航空发动机控制器的发展过程与趋势

目前,国内正在进行多个型号的航空发动机 FADEC 系统研制工作。

9.1.2　航空电子控制器的类型

航空发动机电子控制器分为模拟式电子控制器和数字式电子控制器。

1. 模拟式电子控制器

模拟式电子控制器是用模拟式电子元器件按系统设计要求组成的控制计算装置,用它取代或部分取代机械液压式控制器控制发动机。20 世纪 70 年代英国与法国联合研制的协和号飞机上的奥林巴斯 593 发动机即采用了模拟式电子控制器,俄罗斯的 SU-27 飞机上的 Aл-31Φ 发动机控制系统中部分采用了模拟式电子控制器。

与机械液压式控制器比较,模拟式电子控制器可以实现更多的控制功能,从而使发动机性能得以提高;模拟式电子控制器大多数元器件具有通用性,设计时可以选择,不需要专门研制,使系统设计变得简单,而且可以缩短研制周期;模拟式电子控制器内运行的信号为连续的电信号,信号的传递比机械液压信号更容易实现,使得系统结构简化;模拟式电子控制器工作时,组成控制器的元器件都同时工作,运行是并行的,计算速度很快。因此,相对于机械液压式控制器,模拟式电子控制器在发动机控制中的应用标示了发动机控制技术的发展。

但是与数字式电子控制比较,模拟式电子控制器的电路确定后,其运行特性也就确定了,因此调整控制规律、控制算法或控制器参数需要更换电子元器件或重新设计运算电路,不便于系统调试;模拟式电子控制器电子元器件本身的误差、性能衰退与老化等因素对控制精度与控制效果有较大的影响;模拟式电子控制器不具有对运行过程中信息的记录功能,使系统维护受到很大限制,不能实现先进航空发动机控制系统可维护性要求;受电子元器件特性与功能的限制、控制器结构的限制以及控制器逻辑判断功能电路较复杂等因素的限制,模拟式电子控制器不可能实现复杂的发动机控制规律、先进的控制模式和控制算法。

模拟式电子控制器的缺点限制了它的发展，只是在 20 世纪 70 年代少数型号的航空发动机应用了这种控制技术。随着数字式电子控制器的出现和在航空发动机控制中的成功应用，模拟式电子控制器已被数字式电子控制器所取代。

2. 数字式电子控制器

数字式电子控制器具有强大的计算能力和逻辑判断与数据存储功能，控制器的控制规律、控制模式与控制算法均由程序软件实现。数字式电子控制器所具有的能力和特点，使它能满足发动机控制中的各项要求，因而，新一代航空发动机均采用了数字式电子控制器。

数字式电子控制器根据其功能分为具有发动机部分控制功能的数字式电子控制器和全权限数字式电子控制器（FADEC）。

（1）具有发动机部分控制功能的数字式电子控制器。 这类控制器是数字式电子控制器发展的初期阶段在发动机上应用的控制器。在控制系统中，机械液压式控制器承担主要的控制任务，而数字式电子控制器作为辅助控制器完成部分控制功能。

发动机尾喷口面积数字式电子控制器就是仅控制发动机尾喷口面积的控制器。它与尾喷口面积机械液压式控制器比较，增加了空中停车自动起动和半自动起动功能，降低了发动机工况转换时的空中停车率，增加了涡轮出口温度监控功能，发动机推力有所增加，耗油率有所降低。

发动机电子监控控制器可以监控发动机重要参数不超过极限值，保护发动机，使之处于安全可靠的状态下工作，还可以更为精确地保持需要的发动机推力。

具有发动机部分控制功能的数字式电子控制器，还可以记录系统运行过程中的数据，根据对数据的分析，判断发动机运行情况和故障情况，提高系统的可维护性。

应急备份控制器也是实现发动机部分控制功能的控制器。它的作用是当主控制器出现故障时，由应急备份控制器控制发动机，保证飞机安全返回。应急备份控制器可以是电子式控制器，也可以是机械液压式控制器。

（2）全权限数字式电子控制器。 全权限数字式电子控制的“权限”是指控制器的控制能力和控制范围，全权限控制就是利用数字式电子控制器的能力完成控制系统所规定的全部任务，也就是实现全功能、全过程、全工况的控制。

全权限数字式电子控制是当前发动机控制的发展方向，新一代航空发动机均采用了全权限数字式电子控制器。

9.2　全权限数字式电子控制系统

9.2.1　主要技术要求

1. 功能要求

FADEC 系统所具有的功能是在整个飞行包线范围内，在确保发动机安全工作的前提下，尽可能实现无操作限制地控制发动机，产生所需的推力或轴功率，以满足飞行要求。

全权限数字式电子控制系统对于不同类型的发动机，其功能也有所不同，一般具有的主要功能如下：

(1) 控制功能。 地面和空中起动过程控制；加速(或遭遇加速)或功率增加过程控制；稳态控制；加力接通与切断以及加力稳态控制；减速或功率减小过程控制；失速和防喘控制；矢量喷管控制；叶尖间隙控制；防冰控制；多发动机之间的协调控制等。

(2) 监控功能。 最小供油量限制；最大转速(或换算转速)限制；最高温度限制；压气机出口总压限制；输出功率限制；燃油、滑油压力监视等。

(3) 其他功能。 故障诊断与容错控制；运行参数记录与存储；与飞控计算机、火控计算机、地面检测仪的通信；与飞行员的信息交换；在多发动机飞行器中，与其他发动机控制器的信息交换；对起动机的控制及与起动机控制系统的信息交换；发动机监测数据、维护报告的输出；在分布式控制系统中，各分布节点间的相互通信等。

2. 性能要求

对 FADEC 的性能要求即稳态性能和动态性能要求。在整个飞行包线内，航空发动机在 FADEC 的控制下应具有良好的动态与稳定性品质，包括动态过程时间短、超调量小、由某一状态过渡到另一状态的过渡平稳、发动机各部件负荷变化速率在允许范围内；稳态控制精度高；抗干扰能力强；具有良好的保护功能，以避免发动机出现超温、超转、超压等情况，即使受某些因素的影响，出现了工作参数超限的危险情况也能够在最短的时间内使发动机恢复至正常工况；工作及存储环境条件符合要求；还应具有良好的操纵性。

3. 可靠性要求

航空发动机 FADEC 系统必须能承受闪电雷击、电磁干扰，能够在规定的高温、低温以及盐雾环境条件下工作，必须具有防火、防爆、防核幅射的能力和能够承受发动机的强烈的振动以及飞机机动飞行产生的离心力的作用。

在研制 FADEC 系统的全过程中，应始终把系统的可靠性要求放在首位，系统的可靠性是系统正常运行的前提。可靠性是指产品在指定的工作环境和条件下、在指定的时间内完成指定功能的能力。

可靠性指标多以平均无故障时间(Main Time Between Failure，MTBF)来描述。目前先进军用飞机发动机 FADEC 系统的 MTBF 一般为 1000 ～ 2000 h，民用飞机发动机 FADEC 系统的 MTBF 一般为 30 000 ～ 40 000h 以上。MTBF 需要积累大量的实际使用数据和通过大量的可靠性试验才能得到。

提出系统可靠性要求的目的是，在设计中，为系统中各种各类部件、组件、装置、器件及控制软件设计提供可靠性指标分配的依据和可靠性设计目标。在生产中提供检验、检测的依据；在维修中，对故障分析、故障处理方式的选择提供指导性意见。

4. 可维护性要求

FADEC 系统的可维护性是系统设计的重要要求之一，FADEC 必须便于检查，便于故障检测，便于视情维修，便于更换零部件和重新安装使用。

5. 体积和重量要求

航空发动机 FADEC 系统的装机外型尺寸必须控制在所允许的范围之内；FADEC 系统的重量不允许超过主机分配的重量指标。只有采用新原理、新结构、新材料、新工艺等新技术才能使 FADEC 系统的重量降低。

图 9.2 给出了典型航空发动机 FADEC 系统各部分重量的大体分布情况。

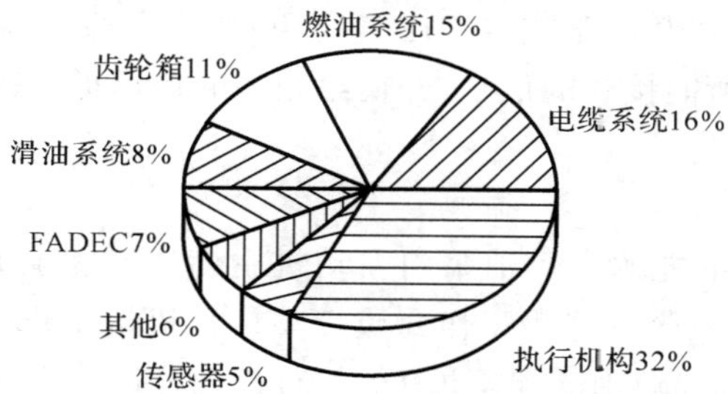

图 9.2　典型航空发动机 FADEC 系统各部分的重量分布

9.2.2　系统组成

典型航空发动机 FADEC 系统的组成如图 9.3 所示。由图可见，FADEC 系统由核心控制器、供油与能源部件、电液转换装置与执行机构及传感器等部分组成。

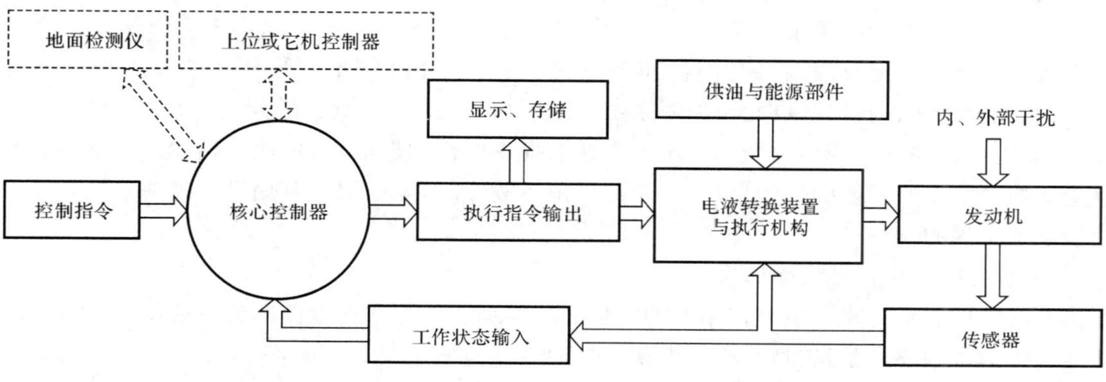

图 9.3　典型航空发动机 FADEC 系统组成

1. 核心控制器、工作状态输入、执行指令输出模块

在 FADEC 系统中，核心控制器、工作状态输入、执行指令输出这三个模块均为电子模块，

通常将它们统一放在一个特殊设计的机箱中。核心控制器的主体是高性能的数字计算机，其内部装载有航空发动机控制软件，依据飞行员所给定的控制指令完成相应的控制功能计算。

工作状态输入模块将来自传感器的信号经调理(滤波)后，与控制指令输入装置的信号一起送入A/D转换器(接受模拟量信号)或计算机通用信号接口(接受开关量或频率信号)，再在计算机的控制下，通过A/D转换器或通用接口将这些信号转变为数字计算机所能接受的数字量，输入计算机并完成所需的数据处理单位的转换，以供后续控制计算、故障分析、数据存储、数据传输、状态显示使用。

执行指令输出模块的主要功能是通过D/A转换器(将数字量信号转变为模拟量信号)或通用信号接口(输出开关量或频率量或占空比信号)或数据总线，将核心控制器给出的控制量信号转变为相关执行机构所能接受的信号，并输给相关的执行机构；或者将相关信息传输至显示、存储器，显示与存储信息。

2. 燃油及能源系统

这一系统作为发动机的能源由燃油泵向发动机主燃烧室和加力燃烧室提供所需要的燃油，同时以一定压力和流量的燃油作为工作介质带动执行机构工作。某些执行机构是以一定压力和流量的液压油或滑油为工作介质，也有的执行机构是以一定功率的电源作为动力。

航空发动机FADEC系统使用的供油装置有燃油增压泵、主燃油泵、加力燃油泵、喷管和导叶作动器油源泵等。

目前，燃油增压泵多采用离心泵，增压能力一般为0.3～0.8 MPa，稳定工作的流量范围从发动机起动流量至最大需用流量的1.2～1.5倍。主燃油泵多采用齿轮泵，但也有采用变排量高压柱塞泵的系统。采用高压柱塞泵的优点之一是，其既可以作主燃油泵，又可以作为发动机尾喷管面积作动器工作油源泵(或备份尾喷管油源泵)。加力燃油泵多采用离心泵、柱塞泵或汽心泵。尾喷管油源泵多为高压柱塞泵。

为减小传动系统及油泵自身的体积与重量，高转速油泵技术是近年重点发展的方向之一。巧妙的泵系结构，即构成冗余油源系统，这是供油系统重点研究的问题。例如，两泵三用技术，即用主燃油泵为非加力状态和小加力状态提供所需的燃油量，用加力燃油泵提供小加力以上的加力状态所需要的燃油量；当主燃油泵发生故障时，则用加力泵提供主燃油系统和加力燃油系统所需的燃油量。

3. 电液转换装置与执行机构

电液转换装置将来自数字控制器的电信号转换为工作介质的液体的流量或压力。对电液转换装置的基本要求是，转换响应速度快、过程平稳、重复性好、分辨率高，抗介质污染的能力强，具有断电定位能力，应急状态能够平滑地切换到备份系统，以及转换装置应重量轻、体积小，具有冗余结构、自检结构等。

FADEC系统常用的电液转换装置有以步进电机、高速电磁阀、电液伺服阀、力矩马达等为核心的装置。

以步进电机为核心的电液转换装置的主要特点是工作过程平稳、抗介质污染的能力强、具有断电定位能力；当采用位置反馈时，系统的重复性好。系统转换响应速度将受步进电机响应速度的制约，但一般能够满足发动机的需求。如果采用减速齿轮系提高转换分辨率的方案，则装置的体积、质量较大。通常，步进电机驱动电源的体积、重量、发热量均较大。

以高速电磁阀为核心的电液转换装置的主要特点是转换响应速度快、重复性好、抗介质污染的能力强、系统重量轻、体积小。但系统的工作平稳性、断电定位能力、应急状态能够平滑地切换到备份系统等要求需要辅助结构来保证。

电液转换装置输出一定流量和压力的液体到执行机构，带动执行机构工作。执行机构包括主燃油计量装置、加力燃油计量装置、可调风扇导流叶片角度调节机构、可调压气机静子叶片安装角调节机构、尾喷管面积作动筒等。对执行机构的要求是响应速度快、重量轻、能承受工作环境温度等。

4. 传感器

对控制系统而言，及时、准确、可靠的测量反映被控制对象运行状态的参数和环境参数是进行高质量控制的前提。因此，具有合适的工作频带、精度高、可靠性高、体积小、重量轻、耐振动、符合环境温度要求的传感器是航空发动机电子控制的关键技术。

考虑到控制系统可靠性要求，航空发动机及控制系统关键参数的传感器多采用冗余通道结构。也即，同一个参数有 2 个以上的传感器感受该参数和送出相互独立的测量信号。

航空发动机传感器的发展方向是智能化传感器和光纤传感器。

5. 地面检测仪

发动机控制系统地面检测仪用来在发动机工作之前或工作之后检测控制系统的完好性。主要是对系统的输入、输出通道的完好性、控制器工作是否正常、系统电源部分工作是否正常等进行检测。地面检测仪通过相关接口与发动机控制器构成“半物理仿真系统”，检测发动机控制器的输入和输出通道工作是否正常。

发动机控制系统地面检测仪是必不可少的发动机维护、检测设备，属于发动机配置的仪器。对导弹用航空发动机，地面检测仪更为重要。

考虑到外场工作的特殊需求，地面检测仪多为便携式结构。其电源系统也针对外场可能提供的电源类型而设计。

6. 上位或它机控制器

对飞行 / 推进系统综合控制，上位控制器往往是飞机的飞控计算机，它将当前飞机飞行姿态数据及飞行员的飞行操纵指令传送给发动机控制器，发动机控制器综合发动机当前的进口气流和工作状态数据、飞行员的控制指令、飞机的飞行姿态数据，给出控制发动机的信号。有的上位控制器还作为发动机运行数据的存储设备。对弹用发动机，上位控制器既可以将发动机控制指令传送至发动机的 FADEC，还可以用于将发动机的当前工作状态信息传送给遥测信号发送装置，向地面或其他遥测信号接收装置发送发动机的当前工作状态信息。

如果飞机装有多台发动机,则协调各发动机的工作状态也是发动机控制器的一项重要控制内容。这就需要了解各发动机的工作状态与参数,并对发动机进行协调控制。此外,获取的各发动机的相关数据,也为某一发动机控制系统的故障分析、重构控制系统、变换控制规律等提供依据。

9.2.3 发动机 FADEC 系统的优越性

与航空发动机机械液压式控制系统相比较,航空发动机全权限数字式电子控制系统具有明显的优越性。

(1) 由于数字式计算机计算能力和逻辑判断能力强、计算精度高,作为发动机控制器可以实现先进的多变量控制方法和复杂的控制模式与控制规律,从而使发动机控制系统各项性能指标得到很大的提高,使发动机性能潜力得到充分发挥。在第 6 章介绍的多变量控制方法和第 7 章介绍的先进控制模式,采用数字式计算机作为控制器,能够充分提高发动机性能。

(2) 数字式计算机的高速运算、高度综合和通信能力,使武器(火力) 控制计算机、飞行控制计算机和推进系统控制计算机构成综合系统,实现武器 / 飞行 / 推进系统一体化控制,从而可大大提高飞机的性能、作战效能和生存能力。

(3) 数字式控制器所实现的控制规律、控制模式和控制算法主要取决于控制软件,这就可以在不更换控制器硬件的情况下,通过调整控制软件来调整控制器的控制效能,满足系统的性能要求。根据发动机要求,需要改变控制模式或控制算法时,只须修正或更换控制软件即可实现,这就使得发动机控制系统的调整变得简单、方便。

由于数字式电子控制器硬件的模块化,使硬件具有一定的通用性,因而根据不同类型发动机的控制要求改变控制软件即可拓展数字控制器的应用。

由此可以看出,采用数字式电子控制器可以大大缩短发动机控制系统的研制周期、降低研制费用和研制风险。

(4) 在全权限数字式电子控制系统中,采用发动机状态监视、故障诊断及容错控制技术,可以使发动机控制系统的可靠性得到很大提高。

(5) 利用数字式计算机对数据的存储能力,可以将发动机使用过程中的信息加以存储,通过对信息的分析,判断发动机性能变化,对发动机状态进行监视,并利用存储信息进行故障诊断,实现视情维修,从而降低维修成本。

(6) 全权限数字式电子控制系统的高度智能化,可以大大减小甚至取消对驾驶员的操纵约束,从而减轻驾驶员的操纵负担。

以上所介绍的发动机全权限数字式电子控制系统的优越性是机械液压式控制系统所不具备的,但数字电子式控制器的抗电磁干扰能力比机械液压式控制器差,并且在发动机使用过程中,各种条件变化很大,相关条件的组合可能导致控制失效,从而产生严重后果。虽然如此,由于数字式电子控制器的问题完全可以解决,因而使得全权限数字式电子控制系统近 20 多年来得到迅速发展和广泛应用。

9.3　航空发动机数字式电子控制器硬件

航空发动机 FADEC 系统的电子硬件指 CPU 模块、存储器模块、信号输入和输出模块、通信模块、故障检测和切换电路、电源模块、控制器机箱等。

9.3.1　控制器组成

典型的航空发动机单通道数字式电子控制器结构如图 9.4 所示。其中虚线框部分称为数字式电子控制器(DEEC),它是发动机数字式电子控制系统的核心部件,除了完成信号采集、控制算法运算、控制信号输出等主要任务以外,还用来实现故障检测、安全保护等功能。

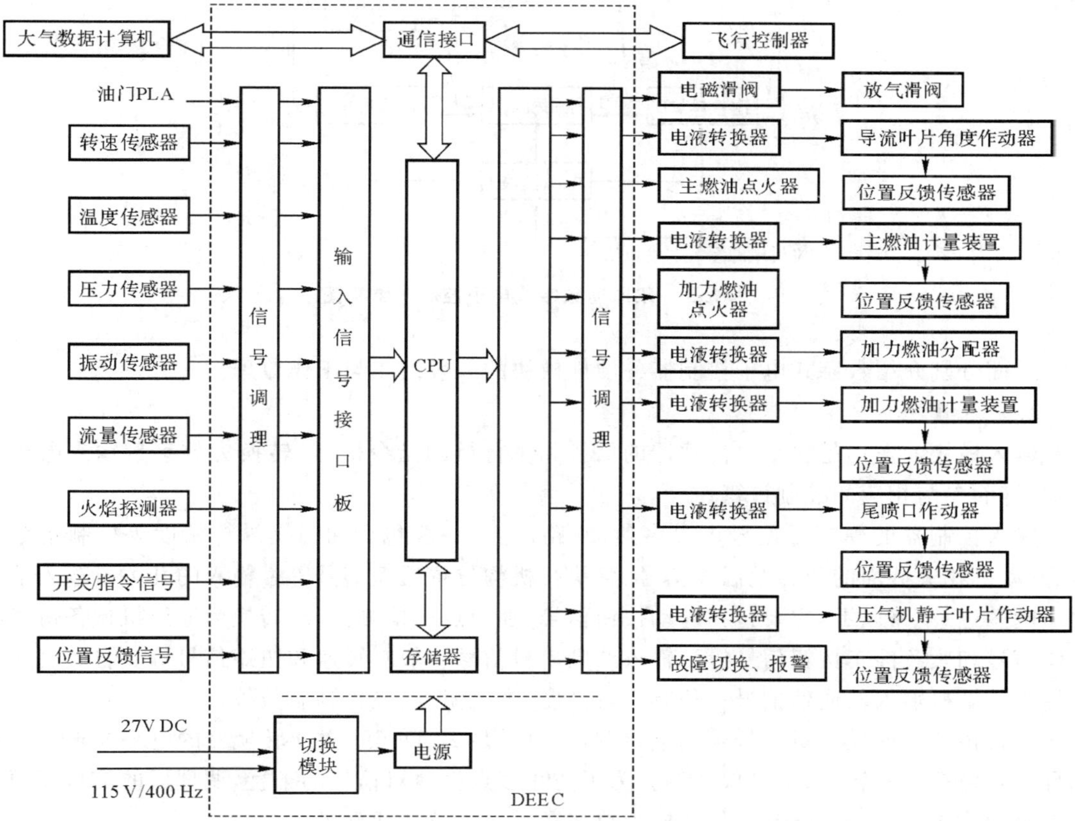

图 9.4　典型单通道航空发动机数字式电子控制系统结构图

典型的双通道航空发动机数字电子控制器结构如图 9.5 所示。该图给出了两个相互冗余的控制通道间的信息交互情况，各控制通道分别与单通道控制器在硬件结构上类似。控制器中有一个两通道共用的故障切换模块，信号来自哪个通道由故障切换模块控制。两个控制通道由各自独立的电源模块供电，并且两个控制通道以通信方式互相传递各自的工作状态信息，双通道控制器结构为模块级重组和重构控制器构筑了硬件条件。

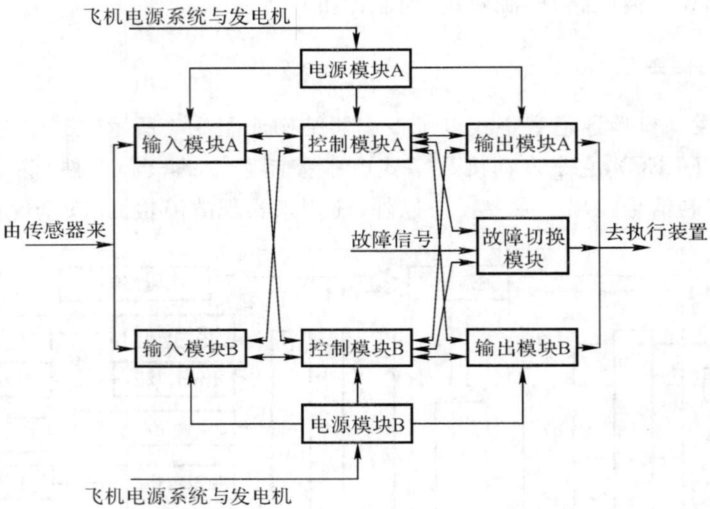

图 9.5　双通道数字式电子控制器结构图

下面分别介绍数字式电子控制器各硬件模块的一般组成与工作原理。

1. 输入模块

输入模块的作用是将来自传感器的信号和飞行员的指令信号，转换为数字量输入电子控制器，进而参与相应的控制计算。

输入控制器的模拟量信号可以多达 20 路以上，一般包括油门操纵杆角度等控制指令信号、发动机相关截面的压力及温度信号、各执行机构位置反馈信号等。输入的开关量输入信号也可能多达 20 路以上，主要包括起动按钮信号、加力点火检测信号、转换为液压机械备份时的按钮信号和紧急停车按钮信号等。输入的频率量信号一般有转速和扭矩信号等。自大气或飞行控制计算机输入的通信信号一般有飞行高度、大气温度、飞行马赫数等。

来自传感器的模拟量信号须要进行调理，以满足 A/D(模 / 数) 转换器的电平要求。信号调理一般包括信号转换、信号放大等。为了防止多点接地对信号的干扰，调理后的信号还须进行隔离后才被送入 A/D 转换器，转换为数字量后送入数字计算机。

频率输入量一般须要经过前置滤波、放大、整形等信号调理过程，再经过光电耦合隔离器和电压变换后，送至 F/D(频率 / 数字) 转换器，转换为数字量后送入数字计算机。

开关量信号的调理与频率量类似，调理后的信号经光电耦合隔离器和电压变换后由并行接口直接送入数字计算机。

2. 控制模块

控制模块在数字式电子控制器中完成最重要的工作。它根据输入模块送来的输入信号，依照一定的控制模式和某种控制算法（如 PID、自适应控制等算法）计算出发动机的控制量，并把计算结果送往输出模块。

控制模块同时把有关数据通过相关接口送往驾驶舱显示器或送往数据记录仪记录。相关的存储器必须保证一定的存储容量，并具有断电时存储数据不被丢失的能力。

3. 输出模块

输出模块一般由 D/A（数 / 模）转换器、并行通用接口（输出开关量）隔离电路和驱动电路等部分组成，其作用是将控制模块输出的控制量转换为具有一定驱动功率的信号，以驱动执行机构。

另一类常见的输出驱动信号是可变占空比（PWM）信号。这类信号是特殊的方波频率信号。该信号的频率基本不变，而信号在一个周期内的高电平与周期的比值随输出量的大小而变化。常用的技术方案是，由定时 / 计数芯片输出 TTL 电平的变占空比信号，再由功率电路对该信号进行功率放大，驱动负载。采用可变占空比输出信号有利于对信号进行隔离和故障检测，输出功率也比较大。典型的 PWM 功率放大电路原理图如图 9.6 所示。

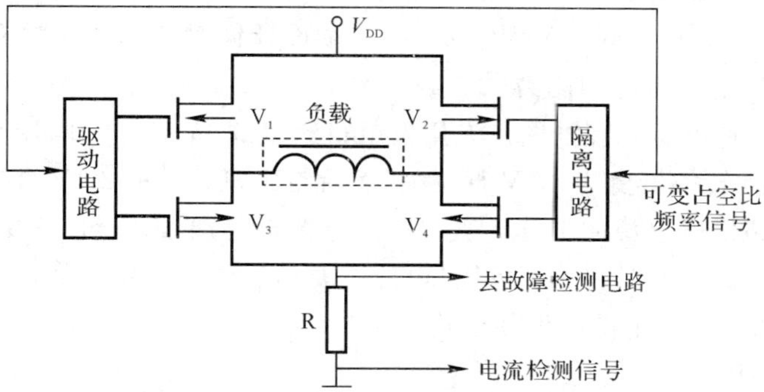

图 9.6　可变占空比信号功率放大电路原理图

图 9.6 中，R 为电流取样电阻，V_1，V_2，V_3，V_4 为功率驱动管。V_1 和 V_4，V_2 和 V_3 必须配对使用。工作时，正脉冲使 V_1 和 V_4 导通，V_2 和 V_3 必须截止，否则功率管将由于短路而被击穿；负脉冲使 V_2 和 V_3 导通，V_1 和 V_4 必须截止。在 V_1 和 V_4 导通时，流过负载的电流是从左到右（假设为正）；在 V_2 和 V_3 导通时，流过负载的电流是从右到左（假设为负）。当占空比小于 50% 时，一个周期内流过负载的平均电流为负，当占空比大于 50% 时，流过负载的平均电流为正。由于电感的作用，在一定的频率下，流过负载的电流交流成分将被电感滤除，从而在负载上可获得对应于电子控制器输出的连续的直流电流。在一定的电流下，从取样电阻上可得到相应的

电压,即使控制器输出的平均电流值为零,即 50% 的占空比时,也依然可以得到一定的电压。如果输出通路中出现驱动回路断路、驱动管损坏或负载断线等故障,则取样电阻上没有电压,据此可判断输出通路的断线或驱动管损坏故障。如果输出回路(包括 V_1,V_2,V_3,V_4 驱动管或负载)出现短路现象,则取样电阻两端出现比正常的电压大得多的电压,由此可判断输出通路的短路故障。

在数字式电子控制器中,开关量输出信号一般用来驱动指示灯、继电器、电磁阀等负载。由于计算机通用并行接口输出的多为 TTL 电平信号,所以需要设置功率放大电路,以提高驱动功率。

采用光电隔离器可对开关量与频率量输入、输出信号进行信号调理与功率放大。对于需要特别大驱动功率的执行器,也可采用光电隔离器加功率管的电路。采用光电隔离,既可以实现现场与计算机系统的电气隔离,以提高抗干扰能力,还可以达到信号调理或提升驱动功率的目的。

4. 电源模块

电源模块的作用是为数字控制器其他模块提供交、直流电源。电源一般由飞机系统的直流电源和专用发电机双路组成。发动机起动以前由飞机系统为数字控制器供电;发动机起动以后,由发动机所带来的专用发电机自动平滑切入并供电,飞机系统电源作为备份。如果发电机电源或电源模块本身出现故障,飞机系统电源自动平滑接替工作。考虑到发动机起动时,供电电压会从标准的 27 V 跌落到 8 V 甚至更低,必须设计针对性的电压提升电路,同时电源电路还要有耐 100 V 以上高压电的能力。

图 9.7 给出了一种电源原理框图。专用发电机给出的 115 V/400 Hz 交流电,经滤波后由 AC/DC(交流/直流)转换器变为 27 V 直流电,然后与飞机系统的 27 V 直流电源并联供电,电源切换装置完成两路供电电源的选择。被选择的电源再分别被转换成+5 V,±15 V,±12 V 等数字控制器需要的直流电源。+5 V DC 电源主要用于微处理器内部;±15 V DC 电源用于模拟信号处理;±12 V DC 电源一般用于通信。

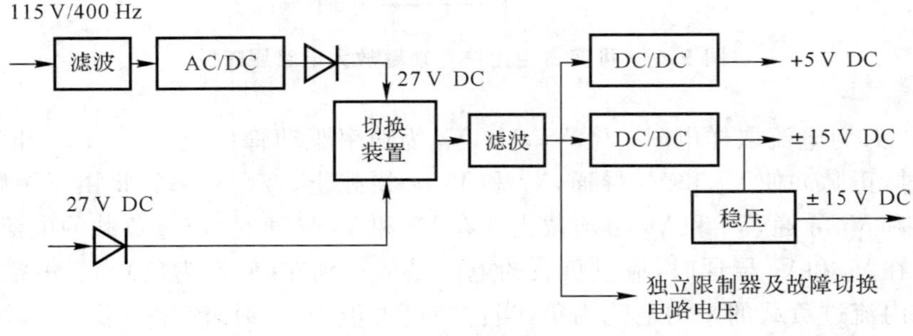

图 9.7 电源模块原理图

5. 故障切换模块

故障切换模块的功能是接收故障检测电路给出的故障信号。当任一通道的任一模块出现故障时，由与之相对应的另一热备份模块代替工作，重构系统；当两个同种功能的模块均出现故障时，数字控制器退出，由备份控制系统接替工作。

图 9.8 是一个由逻辑门电路组成的控制器模块故障切换原理框图。此图所对应的航空发动机数字控制系统由互备冗余的双通道的数字式电子控制器（见图 9.5）和机械液压备份控制器构成。图 9.8 中，SA_0，SB_0 分别是 A，B 两数字电子通道输入模块的故障信号；SA_1，SB_1 分别是 A，B 两数字电子通道控制模块的故障信号；而 SA，SB，SC 则分别表示控制信号由 A 通道输出、由 B 通道输出和转机械液压备份的控制信号。图中信号均是低电平有效。

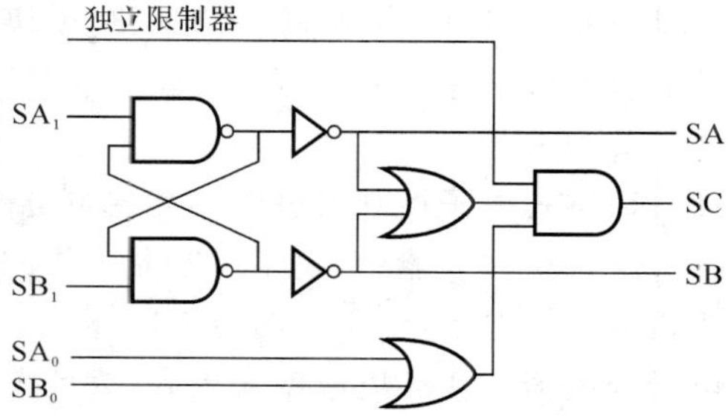

图 9.8　故障切换模块逻辑图

假定当前工作通道是数字电子 A 通道，即工作通道为输入模块 A → 控制模块 A → 输出模块 A（见图 9.5）。如果输入模块 A 出现故障，则 SA_0 变为低电平，控制模块 A 检测到此信息后立即中止由输入模块 A 获取数据，并转为由输入模块 B（若正常）输入信号；此时，两路控制模块故障信号 SA_1，SB_1 均为高电平，而输出信号 SA 为低电平，SB，SC 均为高电平，工作通道变为输入模块 B → 控制模块 A → 输出模块 A。

类似地，如果控制模块 A 出现故障，由于 SA_1 变为低电平，则转由控制模块 B 进行控制计算，组成的控制通道为输入模块 A → 控制模块 B → 输出模块 A。

如果两个通道的输入模块均出现故障，则由于 SA_0，SB_0 同为低电平，SC 会变为低电平，机械液压式备份控制器接替工作。如果两个通道的控制模块均出现故障（SA_1，SB_1 同为低电平），或独立限制器给出低电平信号，也会使 SC 变为低电平．机械液压备份系统也将接替数字控制器开始工作。

6. 通信模块

在航空发动机 FADEC 系统中，通信模块的典型作用如下：

（1）实现具有冗余控制通道的数字式电子控制器的各控制通道之间的通信，相互获得各对应模块及通道的工作状态信息，以保证故障发生后的系统重构或通道平稳切换。

（2）实现发动机数字式电子控制器与大气数据计算机、飞行控制器以及地面检测仪之间的信息交换。

基于并行、串行通信的特点，在 FADEC 系统中，一台发动机控制器的各冗余通道之间采用并行通信方式。该发动机控制器与大气数据计算机、飞行控制器、地面检测仪及其他发动机控制器之间采用串行通信方式。

9.3.2 电子控制器硬件关键设计

1. 高可靠性电子电路设计

此处的电子电路包括计算机及输入/输出电路、传感器信号调理电路、控制输出信号功率驱动电路、电源电路、故障检测电路、模块调度与切换电路以及相应的抗干扰设计等。高可靠性的电子电路是构成高可靠性电子控制器的基础。

2. 热设计

数字式电子控制器可以安装在飞机仪表舱中,也可以安装在发动机上。

在飞机仪表舱中,电子控制器工作的环境温度为-55～+70℃,短时可达+90℃;在发动机机载的情况下,电子控制器工作环境温度可达110℃以上,再考虑到电子器件自身的发热,电子控制器工作环境温度会更高,为此发动机电子控制器必须进行专门的热设计,以保证电子控制器始终处于适宜的温度场中。热设计主要考虑电路板、模块的传热措施;电子器件选择和位置安排合理;电子控制器机箱的结构、散热方式;高、低温下电路性能的变化对系统的影响等。其中,防止高、低温下电路性能的恶化或失效是热设计的主要目标。几乎所有的模拟电路在高、低温下性能都会发生漂移。如果不采取有效措施,在可能的环境温度变化范围内LVDT电路模块输出电压的变化可以达到8%,大大高于0.2%的系统要求。

如果控制器安装在发动机上,则采用燃油作为冷却介质冷却控制器机箱。如果控制器安装在飞机上,控制器机箱则采用自然冷却。

3. 电磁兼容性设计

电磁兼容性设计也是电子控制器的关键技术。发动机的电子控制器不同于其他机载电子设备,要从发动机的起动开始控制,起动机的电流高达几百安培。其他还有一些大电流的开关电器、点火器、飞机雷达的启闭以及作战时敌方的电子干扰等,使得电子控制器的电磁环境异常恶劣。在控制器设计时,需要采取综合措施来提高电子控制器的抗电磁干扰能力,这包括模块的分割、信号的隔离、滤波、接地、电源滤波器和控制器的屏蔽等多方面的措施。更重要的是所设计的电路要有一个好的结构,同时要采用合适的电子器件并采用有针对性的抗干扰措施。

4. 故障检测电路设计

故障检测或自检电路是电子控制器的重要组成部分。检测电路指所设置的专用故障检测电路或检测点或测量点。自检电路指这样一些电路:其可以在控制器工作的过程中、工作前或工作后,同步或非同步完成对相关装置工作完好性的检测或分析与判断,并将检测信号或判断结论以指定的信号方式(如电压、电流或高、低电平)输出,供系统中的分析装置或软件、切换电路及报警装置使用。因此,数控系统故障的检测与处理功能往往由硬件电路与相应软件的结合而完成,两者相辅相成缺一不可。

故障检测需要研究和解决的主要问题是根据系统的结构和工作原理,分析失效模式的机理及表征,故障检测电路设计,故障的判别准则和故障检测点位置及检测值,在此基础上提出故障处理的原理和具体的实施方案。

9.4　航空发动机数字式电子控制器软件

9.4.1　控制模式与控制算法

航空发动机控制系统设计首先根据发动机总体设计提出的性能指标(如推力指标和耗油率指标以及加、减速指标等)和控制规律，研究并确定实现性能指标和控制规律的控制模式和控制算法。控制软件为控制模式和控制算法的计算程序。

关于航空发动机控制规律已在第 2 章中作了介绍。图 9.9 表示的仅是某型双转子涡喷发动机控制模式的一部分，这部分控制模式由函数模块、低选逻辑选择器和 PID 控制算法组成。该部分控制模式通过控制发动机某一可测参数来控制发动机状态，实现如图 2.16(a) 所示的发动机组合控制规律。

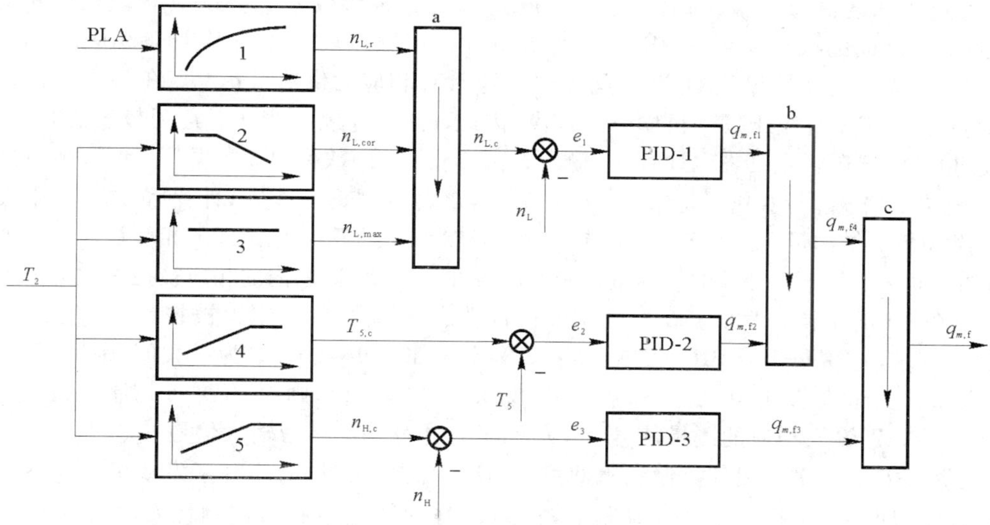

图 9.9　某型航空发动机控制模式结构图

控制模式的原理如下：

(1) 当油门操纵杆位置(PLA)一定时，控制系统通过控制发动机低压转子转速 $n_L = n_{L,r}$，来保持发动机工作状态不变。当改变油门操纵杆位置时，函数模块 1 改变转速的参考输入值(期望值)$n_{L,r}$，并给出 $n_{L,r}$ 的变化规律，以使转速按这一规律变化，则发动机也将按这一规律由一种工作状态变化到另一种工作状态。

(2) 随飞行条件变化，发动机进口温度 T_2 将变化，根据发动机单变量控制规律要求，在 T_2

不同的变化范围内，应控制相应的参数为最大值不变，这样可以在保证发动机安全可靠工作的前提下，较好地发挥发动机的性能潜力。

由图 2.16(a) 可知，当 $T_2 < T_{2a}$ 时，应控制低压转子换算转速 $n_{L,cor} = n_{L,cor,max}$；当 $T_{2a} < T_2 < T_{2b}$ 时，应控制 $n_L = n_{L\,max}$；当 $T_{2b} < T_2 < T_{2c}$ 时，应控制 $T_5 = T_{5,max}$(即控制 $T_4 = T_{4\,max}$)；当 $T_2 > T_{2c}$ 时，应控制 $n_H = n_{H\,max}$。

为控制各区间相应的被控参数为最大值，对发动机供油量 $q_{m,f}$ 应根据各区间相应的被控参数来确定。图 2.16(a) 所示的 $q_{m,f}$ 随 T_2 变化规律是根据发动机控制规律由控制器来实现的。由曲线可知，当 T_2 增加时，T_{2a}，T_{2b} 和 T_{2c} 各点的供油量变化率由大变小，因为当 $T_2 > T_{2a}$ 时，控制 $n_{L\,max}$ 的供油量小于控制 $n_{L,cor,max}$ 的供油量；当 $T_2 > T_{2b}$ 时，控制 $T_{5\,max}$ 的供油量小于控制 $n_{L\,max}$ 的供油量；当 $T_2 > T_{2c}$ 时，控制 $n_{H\,max}$ 的供油量小于控制 $T_{5\,max}$ 的供油量。当 T_2 减小时，变化规律相反。

图 9.9 所示的控制模式即可实现上述发动机控制规律要求。图中，发动机进口温度 T_2 输入到 2,3,4,5 各函数模块。其中，函数模块 2 根据 T_2 计算相应的 $n_{L,cor}$，函数模块 3 给出了 $n_{L\,max}$，通过低选逻辑选择器 a 选择 $n_{L\,max}$ 或 $n_{L,cor,max}$ 为被控参数 $n_{L,c}$，PID－1 模块根据 $n_{L,c}$ 与实际测量的 n_L 之间的误差 e_1 计算相应的供油量 $q_{m,f1}$。函数模块 4 根据 T_2 计算相应的 $T_{5,c}$，PID－2 模块根据 $T_{5,c}$ 与实际测量的 T_5 之间的误差 e_2 计算相应的供油量 $q_{m,f2}$。在 $T_{5,c}$ 没有达到最大值时，$n_{L,c}$ 与 $T_{5,c}$ 对应于发动机同一工作点，因此，$q_{m,f4} = q_{m,f1}$。当 $T_{5,c}$ 达到最大值时，$q_{m,f2} < q_{m,f1}$，这时经低选逻辑选择器 b 计算后，输出 $q_{m,f4} = q_{m,f2}$。函数模块 5 根据 T_2 计算相应的 $n_{H,c}$，PID－3 模块根据 $n_{H,c}$ 计算供油量 $q_{m,f3}$，$q_{m,f3}$ 与 $q_{m,f4}$ 经低选逻辑选择器 c 计算后，选择其中最小量作为对发动机的供油量 $q_{m,f}$。经过以上选择，$q_{m,f}$ 必然是根据 T_2 变化区间的相应被控参数来确定的供油量，也就是各 PID 计算的供油量控制发动机在不同 T_2 区间内的相应被控参数为最大值。

(3) 在 T_2 的不同区间，应以相应于该区间为最大值的参数作为被控参数，使其保持不变。这一要求由 PID－1 或 PID－2 或 PID－3 实现。如果 n_L 或 $n_{L,cor}$ 为最大值，则由 PID－1 控制；如果 $T_{5,c}$ 为最大值，则由 PID－2 控制；如果 $n_{H,c}$ 为最大值，则由 PID－3 控制。每一个 PID 模块输入端分别输入相应的测量信号 n_L，T_5 和 n_H，并分别与参考输入信号 $n_{L,c}$，$T_{5,c}$ 和 $n_{H,c}$ 比较后，根据误差信号实现闭环控制。由此可知，这一控制模式同时实现了发动机的稳态控制和过渡态控制，即由于干扰作用使发动机状态参数偏离时，经控制器控制使发动机恢复到原状态；改变 PLA 时，控制发动机由一种工作状态过渡到另一种工作状态。

以上仅介绍了典型的双转子涡喷发动机一种简单的控制模式，控制算法仅为简单的 PID 算法。随着对发动机性能要求的不断提高，所采用的控制模式与控制算法也越来越复杂，例如，第 8 章介绍的推进系统性能寻优控制，不仅控制模式比较复杂，而且控制算法也比较复杂，控制系统所实现的目标也更高。

9.4.2 软件设计与测试

控制软件除需要实现控制规律、控制模式和控制算法外，还需要完成相关信号的输入、输出、量纲转换、数据存储、参数变化、数据通信、故障诊断、余度调度和系统重构等功能。

1. 软件研制

应用软件的研制应该严格按照国军标关于软件的研制程序进行。其主要环节有软件需求分析、软件概要设计、软件详细设计、软件编程、软件检测等。

(1) 软件需求分析。软件的需求分析是将用户和数控系统的总要求转化为计算机软件逻辑的过程。在这一过程中，需要对所需求的功能进行准确无误的定义、描述；并按照软件的特点，将各种功能需求进行分解和归类，完成功能模块的划分；初步完成所有需求的软件实现方案、各部分的逻辑协调及软件的测试计划等问题；形成软件需求说明书、软件测试计划等文档资料。

(2) 软件概要设计。软件概要设计需要确定整个软件系统所具有的体系与结构，系统要求功能的具体实现方式及所达到的效果，包括控制计算结构、故障检测方法及对策、程序调度方法、人 — 机和机 — 机交互界面形式、内容、协议等。

图 9.10 给出了典型涡轮风扇发动机控制系统软件的体系与结构的设计实例。该软件分为三个层次。第一层次为执行逻辑模块，完成系统各模块的计算、执行顺序和系统信息流的方向与时序的调度与管理，是整个软件的核心。第二层次由若干功能模块构成，其中，主燃油控制、发动机几何控制、加力燃油控制等模块实现了该发动机控制规律、控制模式和相应的控制算法。输入信号管理模块实现相关输入信号的调度与管理。作动信号管理模块实现各执行机构通道、回路的调度、重构与执行。数据管理模块完成控制系统的各类数据的管理、存储与其他控制器的信息通信交互。自检(BIT) 模块为各管理、调度模块提供相关装置、通道、回路的自检信息。第三层次模块中进行的是数值换算、函数计算、滤波等各种数据处理与计算。

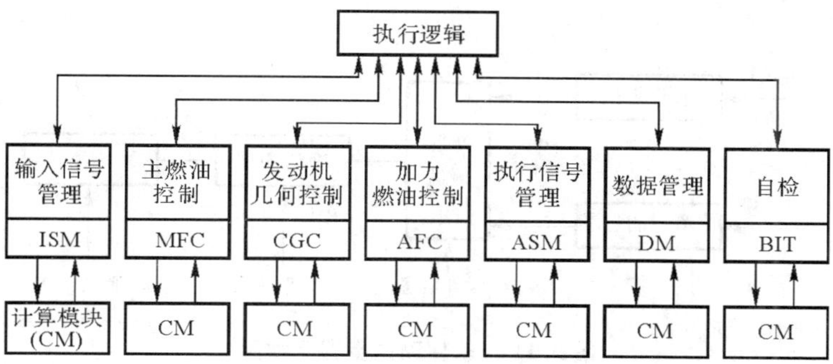

图 9.10　FADEC 软件结构设计框图

(3) 软件详细设计。软件的详细设计要产生软件流程图、各模块和装置间的详细接口信息及定义。软件的详细设计是进行软件编程(编码) 的依据，在此要具体给出各功能模块实现的方法，同时还要解决工作过程中各模块的具体的逻辑协调方式，应形成软件概要设计说明书、软件流程图、各模块间的接口定义、软件使用维护说明书(初稿)等文档资料。

(4) 软件编程。软件的编程将软件流程转化为具体的程序指令,形成应用程序。在通用计算机或开发机上,采用高级语言编程并进行仿真,然后再将高级语言软件转换成目标计算机的机器语言软件并下载至目标机中,这将获得较高的编程效率和得到可靠性较高的应用软件。在此过程中,还须进行模块级软件测试工作。

在此环节应形成软件源程序、软件模块测试分析报告等文档资料。

2. 软件测试

软件测试是软件设计过程中的最主要的环节,是保证软件正确性的主要方法。软件的测试方法是保证测试质量的前提与基础。常用的软件测试方法有静态测试、动态测试、白盒测试或黑盒测试。软件测试的基本步骤是,测试前应制定周密的测试计划;测试用输入数据应包含合理数据与非合理数据;不仅按照系统正常工作状态进行测试,还应进行"超负荷"测试;最终的测试不应由软件设计人员进行。

通常,采用的软件测试步骤是单元测试、集成测试、确认测试与系统测试。各测试步骤间的关系如图 9.11 所示。单元测试也就是模块级的测试,测试需要设计辅助测试模块来模拟被测试模块的工作环境。集成测试是对多个模块的组合体进行的测试。集成测试可以采用逐渐增加模块,多次测试的方式进行(增式集成测试法),也可以采用将各模块一次组合后,进行测试的方法(非增式集成测试法)。确认测试需要依据测试规格说明书来进行,测试规格说明书应规定测试的内容、目的、方法及测试用例、测试数据,还应规定软件的可移植性、兼容性、可维护性等方面的测试方法及要求。确认测试的另一项内容是对软件的配置(用户使用维护手册、设计说明书、测试规格说明书、测试报告、源程序等)进行审查。系统测试是在真实、完整的系统上进行的测试。

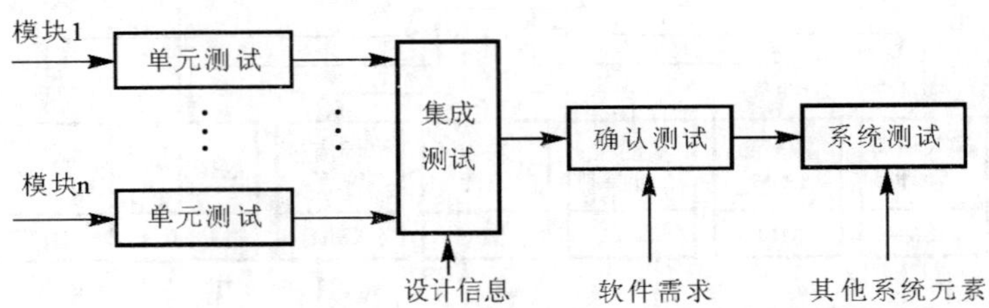

图 9.11 软件测试步骤示意图

9.4.3 容错软件

容错软件包含三个方面的内容:容错软件,冗余硬件结构的调度与控制和解析余度的调度与替代,冗余软件。

1. 容错软件

容错软件用来解决系统局部硬件故障或系统环境所带来的干扰(或错误)的抑制问题。通常采用的方法有输入信号滤波处理方法、软件陷阱与“看门狗”(Watch dog)技术、重要数据多处存储、N 版本编程(N-Version Programm ming ,NVP)、恢复块方法(Recovery-Block,RB)等。

2. 冗余结构的调度与控制

对具有硬件冗余结构的系统,容错软件用来完成冗余系统结构故障的检测和调度冗余备份系统替代故障系统的工作。对具有解析余度的装置,容错软件技术用来完成相关装置故障的检测和对故障装置的解析余度替代。

3. 冗余软件

这里所指的冗余软件是具有 2 个以上互备冗余计算机控制通道中的应用软件。

9.5　故障检测与余度技术

在控制系统运行过程中,对故障及时、准确地检测、隔离与调整是提高系统可靠性的有效措施,也是航空发动机 FADEC 系统设计最为重要的内容之一。关于故障检测、隔离与调整涉及内容很多,这里仅简要介绍其基本知识。

9.5.1　故障检测

故障检测包含故障模式分析、故障检测装置与方法设计等方面的内容。

1. 故障模式分析

故障模式包含故障的发生部位、表现形式、造成的后果等方面的内容。控制系统设计时,需要对控制系统的故障模式进行充分的分析。首先需要全面分析系统中可能发生故障的元件、部件及子系统,可能的故障表现形式及故障出现的概率;某一元件、部件或子系统的故障可能造成的后果及影响,以及多故障并发的可能模式;最后归纳出系统的故障模式。

2. 故障检测方法

故障检测方法的设计,主要依据故障模式分析所给出的故障表现形式和发动机、控制系统及元部件的工作原理及结构、工作范围、工作特点、相关参数的基本特性等,综合分析并确定相应的检测方法。

对传感器及输入通道的故障检测,常采用初值检查、变化率检查、变化范围检查及标准信号检查等方法。相关设计的主要内容是确定检测方法及判断故障的阈值。

对电子控制器输出通道的故障检测,常采用回检信号方法,即通过检测输出通道产生的回检信号来判断输出通道及执行元件的工作状态。这种方法需要设计回检信号产生电路及产生确定性的回检信号,才能做出正确判断。回检信号方法是一种有效的故障检测方法。

对电子控制器计算的中间过程,常采用容错软件技术的相关方法来处理。

9.5.2 余度技术

余度技术也称冗余技术。

余度控制系统是指实现控制任务的组成部分具有可置换的备份,当工作部分产生故障时,可由相应的备份替代,以使系统能够继续正常工作。

1.相似余度与非相似余度

冗余结构分为相似余度(同构冗余)与非相似余度(异构冗余)两类。相似余度指采用相同的结构、装置与应用软件构成的互备冗余结构。相似余度技术对解决系统工作过程中产生的随机故障是非常有效的,但难以解决与设计、工艺有关的共性故障。非相似余度系统指系统的余度通道由不同的硬件或软件组成的互备冗余结构。非相似余度技术不仅可以解决工作过程中产生的随机故障,还可以解决与设计及工艺有关的故障,但增加了系统的设计难度和复杂程度。

余度系统设计涉及系统硬件、操作系统、编程平台和应用软件等方面的内容。

2.硬件余度

(1) 传感器余度。传感器是航空发动机数字式电子控制系统中最重要的元件之一,也是最易产生故障的薄弱环节。因此,对传感器的故障检测、隔离与调整是数控系统设计的主要内容之一。常采用的传感器余度设计是对同一个被测量参数设置 2 个以上的传感器进行测量。当某一传感器发生故障时,用另一传感器的测量信号进行控制。考虑到系统的复杂性和必要性,通常对重要参数的测量采用传感器余度结构。

(2) 控制通道余度。图 9.12 为具有两个控制通道的 FADEC 系统结构图。这样的控制系统包含两个功能相同并具有自诊断能力的控制通道 A 和 B。每一个通道均有一个以上的 CPU,每个通道均接受一套完整的控制指令及发动机参数信号,并且具有单独全权限控制发动机的能力。系统无故障时,其中一个通道投入工作,另一个通道处于热备份状态,备份通道输出并不作用于后续装置。当工作的通道发生故障时,两通道输出的信号通过切换电路选择后,切换到另一热备份的通道,继续控制发动机正常工作。A,B 两通道间采用通信方式,互相访问对方的输入/输出数据。通过这种方式,控制器可以实现双通道容错控制。在此系统中,除硬件容错结构外,还设置了检测和处理硬件故障的容错软件。

3.冗余软件

冗余软件应用于互备冗余的计算机控制通道中。冗余软件技术涉及操作系统、编程平台和应用软件等方面的内容。操作系统、编程平台软件是编制应用软件的平台、基础和工具,也被称为平台软件。冗余软件也有相似余度与非相似余度的区分。相似余度软件指互备冗余的计算机控制通道的软件,均运行在相同的操作系统(或底层驱动/设备管理软件)之上;应用软件是使用同一编程平台由同一组编程人员编制的完全相同的软件。显然,相似余度软件可以解决工作过程中的偶发故障问题。冗余控制通道中的操作系统、编程平台和应用软件均不相同或有所不同，则该冗余软件称为非相似冗余软件。非相似冗余软件不仅能够解决工作过程中的偶发故障，而且还可以解决与设计、操作系统及平台软件有关的故障。典型的非相似冗余软件是由两组具有不同工程或工作背景的软件设计人员，背靠背地按照同一软件需求，各编制一个控制通道的应用软件，进而组成的发动机系统应用软件。

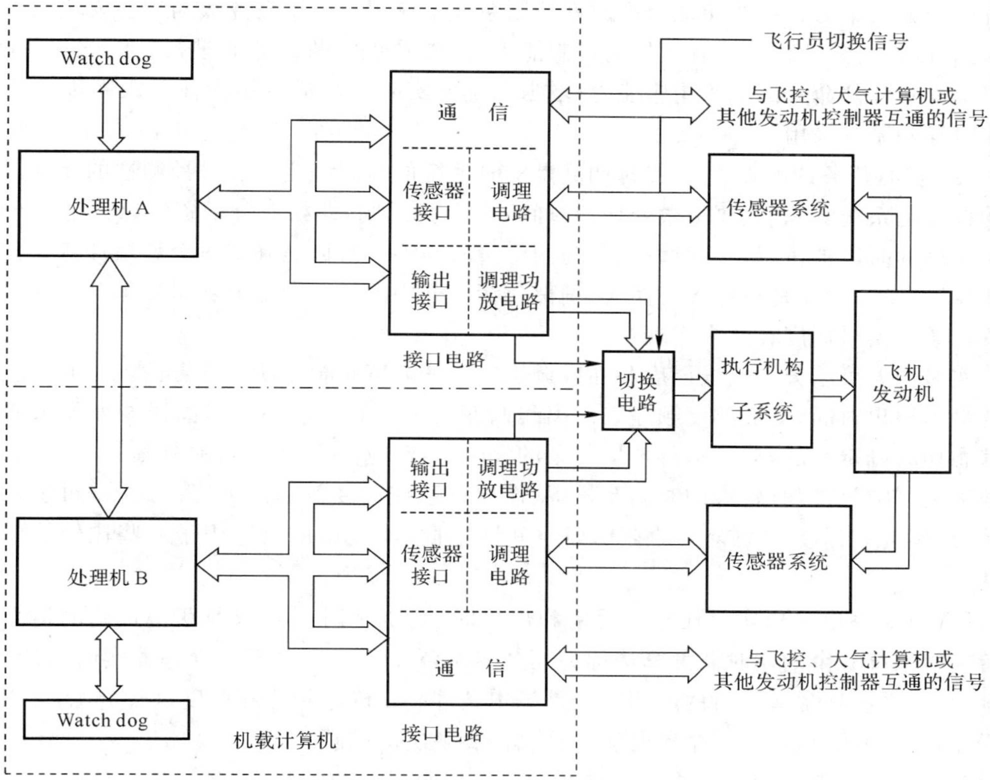

图 9.12　典型 FADEC 系统电子硬件余度结构拓扑图

(1) 冗余控制通道间的同步技术。 同步是指相应的冗余通道应在指定的时刻，同时完成相同的功能操作。冗余通道间的同步设计是容错调度与容错实现的前提。同步可分为三种类型：时钟级同步、松散同步与任务级同步。

时钟级同步是以各微处理器时钟为基础的紧密时钟同步，要求冗余模块在时钟周期内严格同步，以实现冗余系统的时钟级比较或表决。时钟级同步具有故障发现及时、容错开销小的优点，但往往需要有专门的硬件支持，且只能应用于相似软件系统。

松散同步允许各微处理器的时钟存在一定的异步。

任务级同步是以一个独立运行的、具有一定逻辑任务的一次运作，作为同步的基础。系统在任务中设立一个或多个比较点,对中间结果和最后输出进行一致性判断,并在此过程中协调各模块间的工作步调。

对于非相似余度软件,同步需要完成对冗余通道、部件间的“同态信息”的比较、判断与处理。时钟同步或松散同步并不能保证非相似余度软件运行的同步而获得“同态信息”,因此,这两种同步方式不适合在非相似余度软件控制系统中使用。由于任务级同步各模块间无时钟同步制约,因而对共性错误具有较好的抑制能力,允许异步中断任务的进行。因此,任务级同步可以提高对外部命令的实时响应能力,增强系统的实时性与灵活性。任务级同步方式比较适合实时异构系统采用。

(2) 实时任务调度算法。实时调度是实时系统的时间确定性和可预测性的保证。实时调度的核心是系统资源(主要是微处理器时间)的分配问题,即如何分配资源以保证每个实时任务在正确的时段被执行。实时调度分为两个阶段。第一阶段是确定每个就绪任务在就绪队列中的位置;第二阶段是在任务切换时,确保就绪队列中的每一个任务获得处理器。这一过程由调度器通过实时调度算法来实现。

实时调度可以分为离线调度和在线调度。离线调度是根据所有任务的就绪时间及用户确定的最迟输出时间,形成调度顺序表。离线调度的运行开销较小。但离线调度要求所有的系统状态均为确定性的,对于运行环境复杂的实时系统,这一要求是非常苛刻的,为了保证任务不被丢失,就需要留有较大的时间余量,从而导致系统调度效率的下降。此外,对于复杂的实时系统,调度表需要占用较大的存储器空间。因此,离线调度仅适用于一些比较简单的实时系统。

FADEC 系统希望实时任务在无错和出错时,均能在时限到来前获得正确的运算结果。支持实时系统冗余的实时调度算法称为冗余实时调度算法。对于单处理器实时系统,为支持冗余操作,系统正常运行时的时间冗余是基本条件。正确地管理和调度这些资源,才能达到冗余操作预期的效果,这是冗余实时调度算法需要解决的问题。

(3) 余度管理。对于具有冗余结构的冗余控制系统,余度管理是决定系统可靠性的关键因素,也是实现冗余系统正常工作的基础。系统的故障容错能力主要是通过系统的余度管理来实现的。余度管理的一般功能有故障的检测与定位、故障的记录与报警以及故障处理等。

故障的检测与定位是系统余度管理的基础,它的检测覆盖率、故障检出率及故检准确率直接影响到冗余系统的性能。元件、部件在线检测方法,依据系统运行过程数据进行故障检测的方法,多渠道数据表决方法等都是故障检测与定位技术研究的基本问题。

故障的记录多采用存储故障数据或故障代码及故障发生的时间等方式进行。数据存入 Flash 存储器,至飞机返回地面后,再通过地面检测仪提取,以便分析,或以通信方式将故障数据或故障代码及故障发生的时间送至上位控制机存储,或通过遥感装置发回地面指挥中心。

故障的处理,将依据预定的处理方式,调度相应的硬件及软件资源,完成冗余操作或性能降级或性能钝化处理。

4. 解析余度

在航空发动机 FADEC 系统中，使用解析余度技术来提高数控系统的可靠性已经得到应用。解析余度就是主要通过软件用解析计算的方法实现的余度技术。

随着发动机性能要求和可靠性要求的提高，发动机控制回路和被测量的参数越来越多。采用硬件余度将会使发动机控制系统的备份硬件装置的数量成倍增加，使发动机控制系统变得更加复杂；同时，由于硬件装置的大量加入，系统器件或模块的个数增加，整个控制系统的可靠性反而会降低。

最常见的解析余度是利用参数估计计算方法实现对传感器的故障检测、隔离，以及相关信号的解析生成，以保证控制系统能够继续安全可靠的工作。

参数估计多采用卡尔曼滤波方法。为此首先需要建立具有足够高精度的发动机机载实时数学模型，模型的精度将直接影响到故障检测的准确性。

这里仅介绍传感器解析余度方法的基本思路。关于解析余度的理论可参看有关的文献。

假设离散形式的发动机数学模型为

$$\boldsymbol{x}(k+1)=\boldsymbol{\Phi}(k+1,k)\boldsymbol{x}(k)+\boldsymbol{G}(k+1,k)\boldsymbol{u}(k)+\boldsymbol{\Gamma}(k+1,k)\boldsymbol{w}(k)$$
$$\boldsymbol{z}(k)=\boldsymbol{H}(k)\boldsymbol{x}(k)+\boldsymbol{F}(k)\boldsymbol{u}(k)+\boldsymbol{v}(k)$$

式中　$\boldsymbol{x}$ —— n 维状态向量；

$\boldsymbol{u}$ —— r 维控制向量；

$\boldsymbol{z}$ —— m 维观测向量；

$\boldsymbol{w},\boldsymbol{v}$ —— 都是均值为零的白噪声。

卡尔曼滤波递推算法如下：

状态预测估计　$\hat{\boldsymbol{x}}(k+1,k)=\boldsymbol{\Phi}(k+1,k)\hat{\boldsymbol{x}}(k)+\boldsymbol{G}(k+1,k)\boldsymbol{u}(u)$

预测方差　$\boldsymbol{P}(k+1,k)=\boldsymbol{\Phi}(k+1,k)\boldsymbol{P}(k)\boldsymbol{\Phi}^{\mathrm{T}}(k+1,k)+\boldsymbol{\Gamma}(k)\boldsymbol{Q}(k)\boldsymbol{\Gamma}^{\mathrm{T}}(k)$

状态估计　$\hat{\boldsymbol{x}}(k+1)=\hat{\boldsymbol{x}}(k+1,k)+\boldsymbol{K}(k)\boldsymbol{e}(k)$

观测量估计　$\hat{\boldsymbol{z}}(k+1,k)=\boldsymbol{H}(k)\hat{\boldsymbol{x}}(k+1,k)+\boldsymbol{F}(k)\boldsymbol{u}(k)$

残差　$\boldsymbol{e}(k+1)=\boldsymbol{z}(k+1)-\hat{\boldsymbol{z}}(k+1,k)$

滤波方差　$\boldsymbol{P}(k+1)=[\boldsymbol{I}-\boldsymbol{K}(k+1)\boldsymbol{H}(k)]\boldsymbol{P}(k+1,k)$

滤波增益　$\boldsymbol{K}(k+1)=\boldsymbol{P}(k+1,k)\boldsymbol{H}^{\mathrm{T}}(k)[\boldsymbol{H}(k)\boldsymbol{P}(k+1,k)\boldsymbol{H}^{\mathrm{T}}(k)+\boldsymbol{R}(k)]^{-1}$

初始条件　$\hat{\boldsymbol{x}}=E[\boldsymbol{x}(0)]=\mu_0$,　$\mathrm{Var}\boldsymbol{x}(0)=\boldsymbol{P}(0)$

解析余度计算的基本步骤如下：

(1) 根据状态初值及控制量，计算状态预测估计 $\hat{\boldsymbol{x}}(k+1,k)$ 及观测量估计 $\hat{\boldsymbol{z}}(k+1,k)$。

(2) 根据传感器测量值 $\boldsymbol{z}(k)$ 及观测量估计 $\hat{\boldsymbol{z}}(k+1,k)$，计算残差 $\boldsymbol{e}(k+1)$。

(3) 根据预先设定的门限值(阈值)S_i，判断传感器工作状态，若残差 $e_i<S_i(i=1,2,\cdots,m)$，则表示各传感器工作正常。若其中某一残差 $e_j\geqslant S_j$，则表示第 j 个传感器已经产生故障，应将第 j 个传感器隔离。

(4) 用$[z_1 \quad z_2 \quad \cdots \quad z_{j-1} \quad z_{j+1} \quad \cdots \quad z_m]^{\mathrm{T}}$作为新的观测量,重构卡尔曼滤波器,用新的观测量估计$\hat{z}_j$作为第j个传感器的测量值输入数字式电子控制器,使系统继续正常进行控制计算。

门限值S_i根据残差序列$\boldsymbol{e}(k)$的随机特性和一定的检测质量指标要求来确定。门限值的选择要合适,以保证既不漏报也不误报故障。

9.6 典型的涡喷发动机全权限数字式电子控制系统

9.6.1 系统总体介绍

典型的涡喷发动机全权限数字式电子控制系统,如图9.13所示。

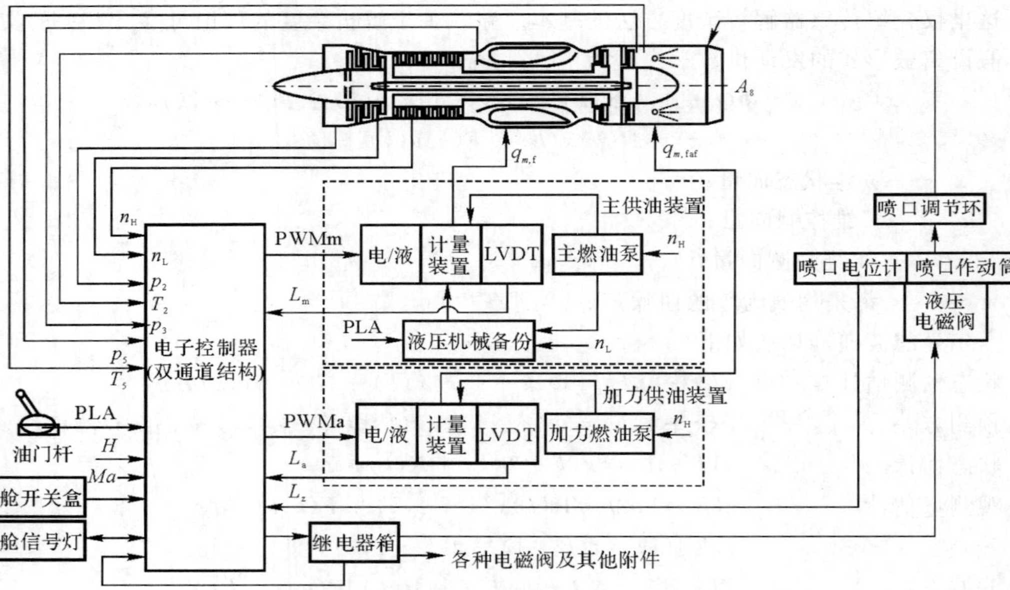

图9.13　数字式电子控制系统原理图

图9.13中,PLA表示油门操纵杆角度,PWM表示脉宽调制信号,LVDT表示线性位移传感器,L_{m}表示主燃油流量计量滑阀位移信号,L_{a}表示加力燃油流量计量滑阀位移信号,L_{e}表示尾喷口作动筒位移信号,其他符号与前述各章相同。

控制系统包括主燃油闭环控制回路、加力燃油闭环控制回路、尾喷口面积开环控制回路和机械液压式备份闭环控制回路。

控制系统的主要组成部件有数字式电子控制器,带机械液压备份的主燃油供油装置,加力燃油供油装置，尾喷口控制装置，各种传感器及压力传感器盒，继电器箱，状态操纵盒，开关控制盒，信号灯盒等。

控制系统采用了双数字电子控制通道、带机械液压备份的总体结构形式，关键传感器采用双余度设计，电液转换装置采用双线圈设计。数控系统能对传感器、执行机构及电子控制器进行故障诊断、余度管理和切换。当一个通道工作时另一个通道在热备份状态。当前通道检测到故障时能自动地或手动切换到热备份通道工作。

全飞行包线的控制模式与控制算法是总体设计技术的核心之一。由于航空发动机在不同功率状态和不同飞行条件下工作时，发动机模型参数的量值变化 20 多倍，而且呈非线性变化，为了保证在全飞行包线工作时的稳定性，采用自适应控制算法。当发动机的状态和飞行条件发生变化时，通过引入发动机换算转速、进口大气压力、进口大气温度等参数对控制算法进行修正，保证发动机在全包线有足够的鲁棒稳定性。发动机的主燃油流量控制回路和加力燃油流量控制回路是一个强耦合的系统，在设计这两个控制回路的控制算法时，采用了拉开两系统的截止频率和引入前馈控制的综合方法减小两个控制回路之间的耦合作用。为了保证发动机起动、加速和减速，加力接通和断开等状态转换过程平稳、快速且不超温、不超转、不喘振，故引入换算参数进行上述过渡过程的控制。

9.6.2　发动机控制规律

发动机要求实现如下控制规律，以保证发动机的性能。

1. 非加力状态控制规律

$$q_{m,\mathrm{f}} \longrightarrow n_{\mathrm{L}} = n_{\mathrm{L,r}}(\mathrm{PLA})$$
$$A_8 = 常数$$

即由主燃油流量 $q_{m,\mathrm{f}}$ 控制低压转子转速 n_{L} 等于参考输入量 $n_{\mathrm{L,r}}(\mathrm{PLA})$ 的单变量控制规律，A_8 不变。

2. 加速控制规律

由于 p_3 近似反映通过发动机的空气流量，因此 $q_{m,\mathrm{f}}/p_3$ 近似反映主燃烧室油气比，加速控制规律为

$$\frac{q_{m,\mathrm{f}}}{p_3} = f(n_{\mathrm{H,cor}})$$

即发动机加速时油气比$\dfrac{q_{m,\mathrm{f}}}{p_3}$随高压转子换算转速 $n_{\mathrm{H,cor}}$ 而变化，保证发动机在不同环境条件下，都具有良好的加速性。

3. 加力控制规律

$$q_{m,\mathrm{faf}} \longrightarrow \pi_{\mathrm{T}} = 常数$$
$$A_8 \longrightarrow T_{7,\mathrm{faf}}$$

即加力供油量 $q_{m,\text{faf}}$ 控制涡轮膨胀比 π_T 不变，A_8 开环控制加力温度 $T_{7,\text{faf}}$。

4. 限制要求

$$n_H = n_{H\max}, \quad \text{当 } n_H \geqslant n_{H\max} \text{ 时}$$
$$T_5 = T_{5\max}, \quad \text{当 } T_5 \geqslant T_{5\max} \text{ 时}$$

即由于飞行条件变化，使高压转子转速 n_H 或涡轮出口温度 T_5 超过相应的限制值时，调节供油量 $q_{m,f}$，使 n_H 或 T_5 等于相应的限制值 $n_{H\max}$ 或 $T_{5\max}$。

9.6.3 控制算法

控制器为PID控制器，由于其算法简单、稳定性好、可靠性高等优点，至今仍有其强大的生命力。但是PID控制器的参数整定是控制器设计的关键，传统的方法是在分析对象的数学模型的基础上，根据某一整定原则离线确定PID参数。然而，航空发动机参数变化范围大，这就要求PID参数随发动机参数的变化加以调整，为此而采用按发动机相似参数来调整PID参数的方法。图9.13所示的电子控制系统实际采用的是PI控制器。

1. 发动机数学模型

将执行机构和发动机作为被控对象，其模型为

$$G(s) = \frac{1}{T_m s + 1} \frac{K_E e^{-\tau s}}{T_E s + 1} \tag{9.1}$$

式中 T_m —— 执行机构的时间常数；

τ —— 发动机燃烧延迟时间；

T_E —— 发动机的时间常数；

K_E —— 发动机增益系数。

发动机模型为稳态点的小偏差单输入-单输出模型，输入为主燃油流量，输出为低压转子转速。

带零阶保持器的广义对象脉冲传递函数为

$$G(z^{-1}) = z\left(\frac{1 - e^{-Ts}}{s} \frac{1}{T_m s + 1} \frac{K_E e^{-\tau s}}{T_E s + 1}\right) = \frac{(b_0 + b_1 z^{-1}) z^{-d}}{1 + a_1 z^{-1} + a_2 z^{-2}} = \frac{N(z^{-1}) z^{-d}}{M(z^{-1})} \tag{9.2}$$

式中，T 为采样周期，取 $T = 0.02$ s，$d = \tau/T + 1$；

$$b_0 = T_m K_g (e^{-T/T_m} - 1) - T_E K_g (e^{-T/T_E} - 1) \tag{9.3}$$

$$b_1 = T_E K_E (e^{-T/T_m} - 1) - T_E K_g e^{-T/T_E} (e^{-T/T_E} - 1) \tag{9.4}$$

$$K_g = K_E / (T_E - T_m) \tag{9.5}$$

$$N(z^{-1}) = b_0 + b_1 z^{-1} \tag{9.6}$$

$$a_1 = -(e^{-T/T_m} + e^{-T/T_E}) \tag{9.7}$$

$$a_2 = -e^{-(T/T_m + T/T_E)} \tag{9.8}$$

$$M(z^{-1}) = 1 + a_1 z^{-1} + a_2 z^{-2} \tag{9.9}$$

被控对象模型的差分方程形式为

$$M(z^{-1})y(k)=z^{-d}N(z^{-1})u(k) \tag{9.10}$$

2. PI 控制器数学模型

PI 控制器的数学模型形式为

$$D(z^{-1})=\frac{d_0D_1(z^{-1})}{1-z^{-1}} \tag{9.11}$$

式中

$$D_1(z^{-1})=1+\frac{d_1}{d_0}z^{-1}+\frac{d_2}{d_0}z^{-2} \tag{9.12}$$

为了保证系统闭环稳定，加入一个滤波环节，即

$$F(z^{-1})=1+f_1z^{-1} \tag{9.13}$$

系统闭环结构图如图 9.14 所示。

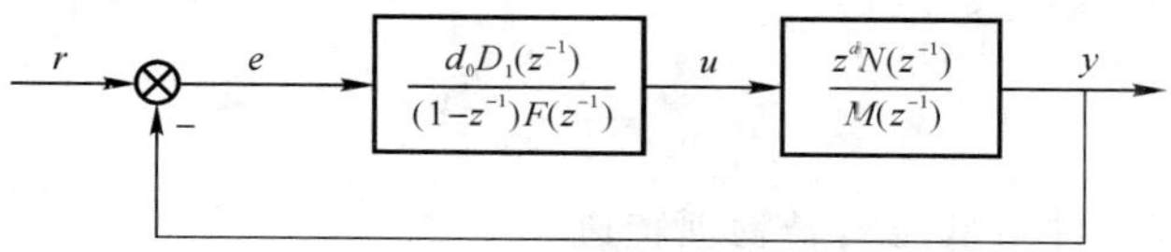

图 9.14　闭环系统结构图

由于对象是开环稳定的最小相位系统，故可对图中所示的前向通道传递函数进行零、极点对消处理，即令

$$D_1(z^{-1})=M(z^{-1})$$

$$F(z^{-1})=N(z^{-1})$$

可得

$$d_1=d_0a_1 \tag{9.14}$$

$$d_2=d_0a_2 \tag{9.15}$$

$$f_1=b_1/b_0 \tag{9.16}$$

于是，系统的闭环传递函数可简化为

$$G_B(z^{-1})=\frac{d_0b_0z^{-d}}{1-z^{-1}+d_0b_0z^{-d}} \tag{9.17}$$

PI 控制器模型变为

$$D(z^{-1})=\frac{d_0(1+a_1z^{-1}+a_2z^{-2})}{(1-z^{-1})(1+b_1/b_0z^{-1})} \tag{9.18}$$

3. 按发动机相似参数计算 PI 参数

由于发动机的时间常数 T_E 和增益系数 K_E 随飞行条件和发动机工作状态的变化而变化，因此，PI 控制器参数也须随之变化。但根据相似理论，T_E 和 K_E 的相似参数是不变的。由第 3 章

式(3.22)和式(3.23)可知,发动机时间常数的相似参数 $T_{E,re}$ 和增益系数的相似参数 $K_{E,re}$ 分别为

$$T_{E,re}=T_{E0}\frac{p_0}{\sqrt{T_0}}=T_E\frac{p_2}{\sqrt{T_2}} \tag{9.19}$$

$$K_{E,re}=K_{E0}p_0=K_E p_2 \tag{9.20}$$

式中,$p_0=101\ 325$ Pa,$T_0=288$ K,T_{E0},K_{E0} 分别为海平面标准大气条件下发动机的时间常数和增益系数,p_2,T_2 为任意环境条件下的发动机进口压力和温度,T_E,K_E 分别为相应条件下发动机的时间常数和增益系数。

发动机低压转子转速相似参数

$$n_{L,re}=\frac{n_{L0}}{\sqrt{T_0}}=\frac{n_L}{\sqrt{T_2}} \tag{9.21}$$

发动机低压转子换算转速

$$n_{L,cor}=n_L\sqrt{\frac{T_0}{T_2}}$$

式中,n_{L0} 为标准大气条件下低压转子物理转速。

首先,计算在标准大气条件下 T_{E0},K_{E0} 随 $n_{L,cor}$ 变化的规律。这一规律可表示为

$$T_{E0}=f_T(n_{L,cor}) \tag{9.22}$$

$$K_{E0}=f_K(n_{L,cor}) \tag{9.23}$$

然后,根据这一变化规律和相似参数关系,可以计算得到任意环境条件下相应转速的 T_E 和 K_E,即

$$T_E=T_{E0}\frac{p_0}{p_2}\sqrt{\frac{T_2}{T_0}} \tag{9.24}$$

$$K_E=K_{E0}\frac{p_0}{p_2} \tag{9.25}$$

最后,将 T_E 和 K_E 代入式(9.3)至式(9.8),即可得到相应的 a_1,a_2,b_0,b_1。由式(9.18)可求得PI控制器。

由以上可知,根据式(9.22)和式(9.23)以及相似参数关系,即可调整PI参数,使其随发动机状态而变化。

4. 供油量计算

根据控制器的输入参数信号 e,利用式(9.18)表示的控制器传递函数,即可计算供油量 $q_{m,f}$。

9.6.4 控制模式

为实现发动机控制规律,保证发动机控制系统性能要求,必须设计相应的控制模式来满足

这些要求。图 9.15 所示为发动机主燃油回路控制模式。主燃油控制回路包括 n_L 控制回路、n_H 和 T_4 限制回路及发动机加速回路。

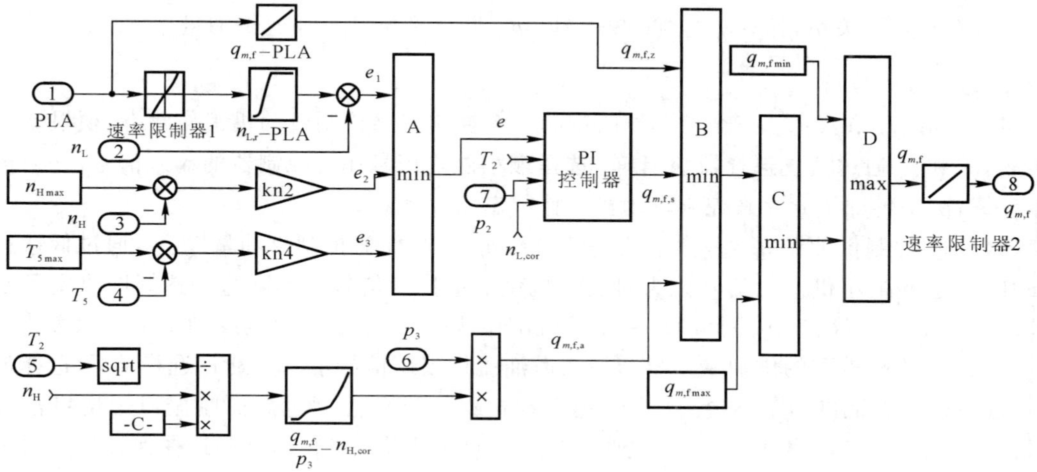

图 9.15　发动机主燃油控制回路控制模式

图中，1 ～ 8 分别表示测量 PLA，n_L，n_H，T_5，T_2，p_3，p_2 及 $q_{m,f}$ 信号的传感器。

发动机 FADEC 系统采用 PI 控制器。控制器根据输入信号 p_2，T_2，$n_{L,cor}$ 按照以上介绍的计算方法完成相应状态的 T_E，K_E 及控制器参数计算，并建立起控制器参数模型 $D(z^{-1})$，再根据输入信号 e 和 $D(z^{-1})$，完成主燃油供油量 $q_{m,f}$ 的计算。

1. 稳态控制

(1) 当油门操纵杆位置(PLA) 一定时，低压转子转速的参考输入 $n_{L,r}$ 即确定，低压转子转速控制回路保证发动机低压转子转速 $n_L = n_{L,r}$，即保证发动机为给定的工作状态和相应的推力。当由于飞行条件变化使 n_L 变化时，误差信号 $e_1 = n_{L,r} - n_L$ 通过 PI 控制器的计算，调节供油量 $q_{m,f,s}$，使 n_L 恢复到 $n_{L,r}$。

(2) 改变油门操纵杆位置，即改变参考输入 $n_{L,r}$，通过 PI 控制器计算，改变供油量 $q_{m,f}$，从而改变 n_L，也即改变了发动机工作状态和发动机推力。

(3) 当由于飞行条件变化，使高压转速达到限制值 $n_{H\max}$ 时，$n_{L,r}$ 误差信号 $e_2 = n_{H\max} - n_H$，通过 PI 控制器计算，调节供油量 $q_{m,f,s}$，使 $n_H = n_{H\max}$，而 n_L 不再保持 $n_{L,r}$ 不变。

(4) 当由于飞行条件变化，使涡轮出口温度达到限制值 $T_{5\max}$ 时，T_5 误差信号 $e_3 = T_{5\max} - T_5$，通过 PI 控制器计算，调节供油量 $q_{m,f,s}$，使 $T_5 = T_{5\max}$，而 n_L 也不再保持 $n_{L,r}$ 不变。

(5) 当 $n_L < 0.85 n_{L\max}$ 时，手动控制 PLA，由压差计量活门控制供油量 $q_{m,f,z}$，开环控制发动机工作状态。

2. 加速控制

根据 T_2 和 n_H 传感器测量信号，计算高压转子换算转速 $n_{H,cor}=n_H/\sqrt{T_2/T_0}$，根据 $q_{m,f}/p_3=f(n_{H,cor})$ 关系，计算$\frac{q_{m,f}}{p_3}$，将$\frac{q_{m,f}}{p_3}$乘以 p_3，即得到发动机加速供油量 $q_{m,f,a}$。

3. 选择器的作用

(1)n_L，$n_{H\,max}$ 和 $T_{5\,max}$ 三个控制回路中哪一个控制回路控制发动机工作状态，须根据误差信号 e_1，e_2 和 e_3 通过低选选择器 A 比较，选择最小误差信号作为控制器的输入信号，并通过控制器计算，决定供油量 $q_{m,f}$ 来控制发动机工作状态。

(2) 手动控制供油量 $q_{m,f,z}$，稳态控制供油量 $q_{m,f,s}$ 与加速控制供油量 $q_{m,f,a}$，通过低选选择器 B 比较，选择最小供油量信号作为对发动机供油量控制信号。实际这一选择即决定了是手动控制发动机工作状态，还是自动控制发动机工作状态，还是加速控制发动机工作状态。

(3) 以上比较得到的供油量信号与最大燃油流量限制信号 $q_{m,f\,max}$ 通过选择器 C，选择最小信号，这一选择保证供油量不会过大，避免发动机涡轮进口温度过高而喘振或燃烧室富油熄火，最后，与最小燃油流量信号 $q_{m,f\,min}$ 通过选择器 D，选择最大信号，这一选择保证发动机不会贫油熄火。

4. 速率限制

(1) 推油门操纵杆的速率限制器 1 的作用是驾驶员可以不受限制地以任意速度快推或快收油门，但信号按速率限制器 1 限制的速率变化。这样不但使供油量不致产生剧烈变化，而且减轻驾驶员负担。

(2) 供油量变化速率限制器 2 的作用是保证供油量不产生剧烈变化。

9.6.5 数字式电子控制器

数字式电子控制器的原理方块图如图 9.16 所示。电子控制器采用双通道、4CPU 模块化结构，每个通道由采集模块、控制模块和输出模块组成，采集模块和控制模块之间采用并行 DMA 通信，双通道之间采用并行 DMA 通信，控制模块与飞机系统或地面监测装置之间采用串行通信。

控制器中还包括独立限制器通道，以限制发动机参数不超过最大允许值。

独立切换电路模块控制双通道之间、与独立限制器之间以及与机械液压备份之间的互相切换。

控制系统的一种或多种故障使原控制模式无法实现时，控制系统须进行自动调整，采用余度控制技术进行控制，保证发动机的安全。根据故障性质，控制系统的故障对策程序分为三类。对一般故障，如测量非控制信号的传感器故障，给出提示，对双余度通道中的一个传感器故障等则切换到余度备份，并给出提示；对重要故障则改变控制模式，发动机降低性能，减少功能，闪烁故障信号灯；对严重故障则转液压机械备份。保证控制系统在各种工作状态能安全、平稳转换是余度切换的关键，控制系统采用了热备份的工作状态，并接收主控通道的工作信息，使备份通道始终跟随主控通道，从而保证控制系统平稳转换。对单余度传感器故障处理采用了解析余度技术，用非故障传感器信号的估值来替代故障传感器。

发动机机载控制器采用油冷机箱，用燃油作为冷却介质，最高环境温度下，控制器内部温度不超过介质温度以上 12 ℃。

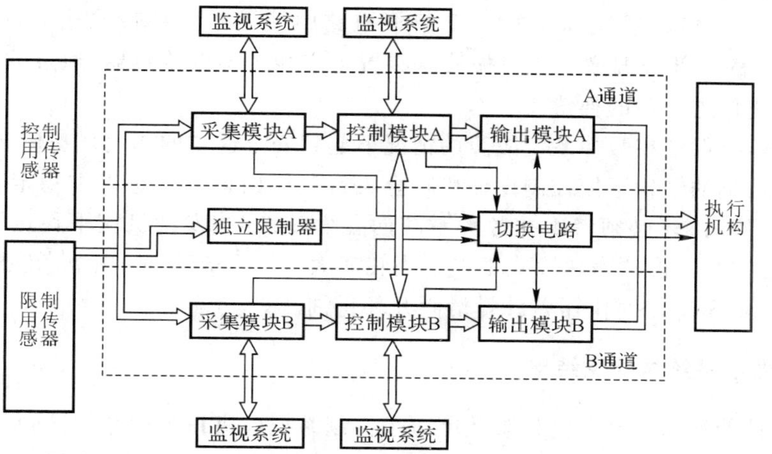

图 9.16　数字式电子控制器原理方块图

9.6.6　机械液压装置

机械液压装置包括带备份的主燃油供油装置和加力燃油供油装置，主燃油供油装置原理如图 9.17 所示。加力燃油供油装置的组成与主燃油供油装置基本相同。

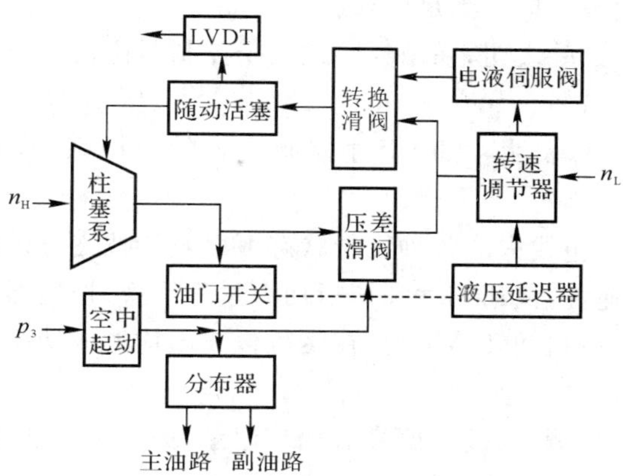

图 9.17　主燃油供油装置原理图

燃油供油装置采用电液伺服阀直接控制柱塞式燃油泵斜盘角度的方式计量燃油。这种计量方式结构简单、质量轻、可靠性高,并具有功耗小、温升低的特点。油泵斜盘角度是燃油流量内环回路的关键参数,通过线位移传感器 LVDT 来测量反映斜盘角度的随动活塞位置。由于供油装置的进口燃油是经过燃滑油热交换器后的燃油,最高温度达 120 ℃。高温下 LVDT 温漂严重,使燃油计量精度显著下降,同时高温使电液伺服阀性能降低,燃油计量回路的静差随温度变化。为了解决这些问题,在 LVDT 解调电路中使用了一种带除法运算的温度补偿电路,补偿 LVDT 的一部分温漂。在机械液压装置上安装了温度传感器,通过软件对 LVDT 温漂和静差的变化作进一步的补偿。

备份调节器要保证在数控系统故障的情况下起到安全返航的作用。备份调节器设计的关键是在尽可能简单的结构下能控制发动机在全飞行包线内最大状态以下稳定工作,并具有空中起动的能力;同时,还必须考虑在数控系统向备份转换时,发动机应平稳过渡,状态基本不变。为此,备份调节器设计为两段式工作。当转速大于 $0.85n_{max}$ 时,由 n_L 转速调节器闭环控制,当转速小于 $0.85n_{max}$ 时由压差计量滑阀开环供油。

9.6.7 数控系统试验及结果

对于所设计的涡喷发动机全权限数字电子控制系统应进行各种考核试验,包括环境试验、可靠性试验、半物理仿真试验、数控发动机台架试验、高空台试验,以及飞行试验。

半物理仿真试验是在由运行发动机实时数学模型软件的计算机以及数字式电子控制器、有关传感器、执行机构、燃油泵、相关信号转换装置等硬件组成的系统上进行的试验。该项试验是数控发动机台架试验前一项非常重要的工作。由于发动机由数学模型代替,因而试验不存在任何风险。通过该项试验后,对后续发动机台架试验会降低风险、减少试验次数。对上述所研究的涡喷发动机数控系统,通过半物理仿真试验表明所设计的数控系统,其性能与功能和系统软件与硬件的可靠性等指标均满足要求。

数控发动机地面台架试验表明,采用数字式电子控制器比机械液压式控制器,发动机推力提高了 2%,耗油率降低了 1%。

数控发动机高空台试验表明,采用上述控制模式的数控系统,可以更好地发挥发动机性能。

飞行试验表明,在飞行包线内的各种飞行状态下以及特技飞行动作中,数控发动机均能稳定工作;提高了发动机加速性;接通加力和切断加力过程平稳;控制器两通道之间转换无扰动;数字控制器与机械液压备份之间转换平稳;在飞行包线内均能成功起动;实现了多项无约束操作,减轻了驾驶员的负担。

数控系统实现了故障检测与处理、信号监视与记录,提高了发动机的使用维护性能。

习　题

9.1　航空发动机电子控制器有哪些类型？它们有何优、缺点？

9.2　试述航空发动机全权限数字式电子控制系统研究与发展的意义，全权限数字式电子控制系统有何优越性。

9.3　航空发动机全权限数字式电子控制系统有哪些技术要求？

9.4　航空发动机数字式电子控制系统由哪些部分组成？每一部分的作用是什么？

9.5　航空发动机数字式电子控制器由哪些模块组成？试述每一模块的作用和工作原理。

9.6　数字式电子控制器设计有哪些关键技术？

9.7　试分析图 9.9 所示的控制模式具有的功能，它所实现的发动机控制规律和工作原理。

9.8　如何保证数字式电子控制器软件的可靠性？对软件需要进行哪些测试？

9.9　什么是数字式电子控制系统的硬件余度？如何实现硬件余度控制？

9.10　数字式电子控制系统解析余度的意义是什么？试述其基本原理。

9.11　进行数字式电子控制系统设计为什么需要建立发动机数学模型？系统设计与研制都需要何种类型发动机数学模型？

9.12　试分析图 9.13 所示数字式电子控制系统的组成与工作原理。

9.13　在飞行包线范围内如何利用发动机数学模型相似参数对发动机 PID 控制器参数进行整定？

9.14　试分析图 9.15 所示发动机主燃油控制模式的控制原理，它实现发动机何种控制规律。

9.15　试分析图 9.17 所示主燃油供油装置的作用与工作原理。

第 10 章 超燃冲压发动机与控制

10.1 概 述

超燃冲压发动机(scramjet)是燃料在当地超声速气流中进行燃烧的一种冲压发动机(ramjet)。它是飞行马赫数 $Ma > 6$ 的高超声速飞机、单极入轨空天飞机、高超声速导弹等的动力系统,在航空航天领域内具有十分重要的作用。

世界上对超燃冲压发动机的研究已有几十年的时间了。20 世纪 70 年代美国的高超声速飞行器计划 X-15 和 80 年代的 X-30 都对超燃冲压发动机进行了大量研究,取得了很多研究成果。到 90 年代后期,美国 NASA 开始研制以氢为燃料的超燃冲压发动机作为动力的 X-43A 飞行器,并于 2004 年 3 月由 B-52 飞机将 X-43A 飞行器释放,由火箭助推器加速到飞行试验状态,然后由超燃冲压发动机推进。该项试验是世界上首次验证超燃冲压发动机产生净推力的实验,创造了高度为 30 480 m(10 万英尺)、$Ma = 6.83$、飞行时间 11 s 的吸气式飞行速度世界纪录。2004 年 11 月第二次试验,在高度为 33 223.2 m(10.9 万英尺),超燃发动机燃烧了 10 s,飞行速度达到了 $Ma = 9.6$。

美国在综合高性能涡轮发动机技术(IHPTET)计划下,Allison 公司最近几年完成了基于涡轮的组合循环(Tubine Based Com bination Cycle,TBCC)推进系统在空间与军事应用方面的概念研究;提出了高马赫数工作的涡轮发动机和双模态超燃冲压发动机组合循环的推进系统,作为飞行器 X-43B 的动力,其飞行马赫数范围为 $Ma = 0 \sim 7$ 的研究与飞行验证计划。该计划正在执行,取得了一定的进展。

20 世纪 90 年代以前,苏联在高超声速飞行器和冲压发动机技术研究领域一直处于世界领先地位。苏联中央流体动力研究所、中央航空发动机研究院等单位对亚 / 超燃冲压发动机、碳 / 氢燃料、耐高温材料、CFD 等基础理论进行了大量研究,取得了重大进展。20 世纪 90 年代,俄罗斯进行了多次双模态冲压发动机飞行试验,在世界上首次实现了由亚声速燃烧模态到超声速燃烧模态的转换。俄罗斯高超声速系统研究院(Hypersonic System Research Institute, HSRI)研究以磁性等离子体化学发动机(Mageto-Plasma Chemical Engine,MPCE)为动力的高超声速概念飞机 AJAX 以及等离子体控制研究方面的成果引起了世界的瞩目。

此外,法国、德国、日本等国家也对超燃冲压发动机进行了大量的研究,并取得了很多的研究成果。

虽然各国在超燃冲压发动机研究方面取得了很多成果,但是对于超燃冲压发动机的进一步发展仍然面临许多技术难题。其中，最大的问题是热（温度）控制；部件和系统效率的提高；燃料在燃烧室中以毫秒计量的停留时间内充分的混合和稳定的燃烧；工作模式和燃烧模态的转换与控制；进气道气流分离、气流滞止所造成的严重的壁面温升、进气道起动以及进气道激波位置控制等。

本章对超燃冲压发动机及其控制作一简要介绍，以使读者有一初步了解。

10.2 超燃冲压发动机的基本工作原理与控制

10.2.1 超燃冲压发动机的基本工作原理

对于涡轮喷气式发动机，进入发动机的空气由压气机压缩后再进入燃烧室，以使燃烧室有足够高的压力来保证高的燃烧效率。但是随着飞行速度的增加，进气道的增压作用相应地增加，当飞行马赫数达到 4 左右时，一方面进气道的增压已达到燃料在燃烧室正常燃烧所需要的压力，另一方面压气机进口温度的提高，使压气机效率降低，压气机已无益于气流的增压。因此，在这种条件下不再需要压气机和涡轮转动部件，只需要进气道、燃烧室和尾喷管 3 个部件即可实现发动机热力循环，产生所需要的推力，这就是另一种形式的吸气式发动机 —— 冲压发动机。

通常，当燃烧室进口气流 $Ma \approx 0.2$ 时，燃料在燃烧室中才能有效地组织燃烧，也就是燃料应在亚声速气流中燃烧，这就要求冲压发动机进气道必须将超声速气流滞止到 $Ma = 0.2$。伴随气流速度的降低，气流温度也随之升高，当飞行 $Ma = 6$ 时，将气流滞止到 $Ma = 0.2$，相应的燃烧室进口气流温度为 1 600 K。当飞行 $Ma = 10$ 时，相应于气流滞止到 $Ma = 0.2$ 的温度为 3 600 K。这样高的温度是进气道和燃烧室壁面不能承受的热负荷；同时进气道对气流的滞止作用越强，激波损失也越大，阻力也越大，发动机静推力就越小；而且由于燃烧室进口气流温度很高，燃料燃烧放出的热量大部分消耗于燃烧产物的分解上，使燃烧效率很低。上述表明，当飞行 $Ma > 6$ 时，不能再将超声速气流滞止到 $Ma = 0.2$，使燃料在亚声速气流中燃烧，而必须使燃料在当地超声速气流中进行燃烧。若燃烧室中的气流为超声速气流，燃料在这种条件下进行燃烧的发动机称为超燃冲压发动机。燃料在超声速气流中燃烧的工作状态称为超燃模态，而在亚声速气流中燃烧称为亚燃模态。

超燃冲压发动机结构简图如图 10.1 所示，它由进气道压缩系统、燃烧系统和尾喷管膨胀系统组成，其中燃烧系统包括隔离段和燃烧室。超燃冲压发动机的结构特点是发动机全通道没有几何喉部，在设计点的飞行状态下，全通道气流都是超声速的。

对于以超燃冲压发动机为动力的高速飞行器，如果希望飞行器可重复使用，则飞行器既要在 $4 < Ma < 6$ 的超声速条件下飞行，又要在 $Ma > 6$ 的高超声速下飞行，这就要求超燃冲压发动机既能在亚燃模态下工作，又能在超燃模态下工作。这种在两种燃烧模态下都能工作的超燃冲压发动机称为双模态超燃冲压发动机(Dual Mode Scramjet,DMSJ)。

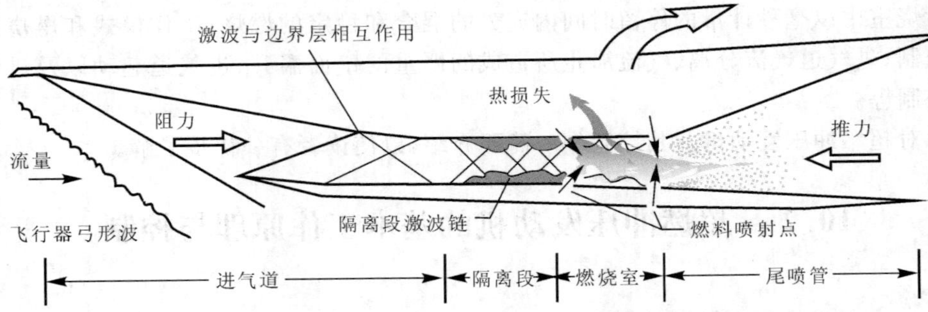

图 10.1　超燃冲压发动机结构简图

隔离段在进气道与燃烧室之间,它的作用是避免燃烧室与进气道之间的干扰。隔离段为一等截面或稍微扩张的通道。在隔离段中存在复杂的波系,称为激波链。根据隔离段进出口条件,激波链可能是斜激波链,也可能是正激波链。当为斜激波链时,隔离段出口气流为超声速($Ma>1$),相应的燃烧室为超燃模态;当为正激波链时,隔离段出口气流为亚声速($Ma<1$),相应的燃烧室为亚燃模态。

对于扩张面积的燃烧室,在燃烧室中选择不同的位置喷射不同流量的燃料,以形成一定的沿燃烧室轴向分布的加热规律 $T(x)$ 以及相应的压力变化规律 $p(x)$。在一定条件下,在燃烧室某一轴向位置将形成马赫数最小的喉部,称为热力喉部(不是几何喉部)。调节加热规律,也即调节燃烧室中不同位置的燃料喷射量时,热力喉部的气流马赫数变为 $Ma=1$,这时的热力喉部称为堵塞的热力喉部。在堵塞的热力喉部之前气流为亚声速,喉部之后为超声速,燃烧室在亚燃模态工作。当形成堵塞的热力喉部时,燃烧室进口压力相应地提高,并使隔离段形成正激波链。重新调整加热规律,堵塞的热力喉部将不再存在,整个燃烧室气流为超声速,燃烧室在超燃模态下工作。

10.2.2　超燃冲压发动机的气动热力过程与控制

超燃冲压发动机每一个部件的结构虽然简单,但其气动热力过程却比较复杂。只有对这一过程进行很好地控制,超燃冲压发动机才能正常地工作,尤其是应用于宽飞行马赫数范围($Ma=3\sim12$)可重复使用的飞行器动力的双模态超燃冲压发动机更是如此。

1. 进气道

(1) 双模态超燃冲压发动机进气道的设计点一般选择在高超声速范围,因此在低速飞行时进气道的压缩作用有限,而且在宽的飞行马赫数范围内,其进口激波变化很大,随飞行马赫数的变化,如果不对激波位置进行控制,将使进气道性能严重恶化。

(2) 进气道的激波与附面层相互作用可能引起附面层分离。高超声速下的分离将严重地使发动机性能下降，附面层厚度和速度图形的变化可能引起流动堵塞，使进气道进入不稳定状态。因此对超燃冲压发动机进气道的附面层的控制也是一个重要问题。

(3) 隔离段激波链的变化对进气道工作稳定性影响很大，隔离段反压过大，将会推出进气道进口的激波，使进气道处于不起动状态。因此隔离段与进气道工作需要通过控制使其匹配。

(4) 在高超声速气流的激波层内，部分空气明显地被电离成等离子体，对超燃冲压发动机的气动过程存在一定的影响。

2. 燃烧室

(1) 调整燃烧室通道面积 A 沿燃烧室轴线 x 的变换规律，使 $A=A(x)$，并且调整沿燃烧室轴向的加热规律 $T=T(x)$。隔离段可能有三种状态：附面层不分离，隔离段中无激波链；有附面层分离，燃烧室中无热堵塞，隔离段中有斜激波链；有附面层分离，燃烧室中有热堵塞，隔离段中有正激波链。当隔离段无激波链和有斜激波链时，燃烧室为超燃模态；当隔离段为正激波链时，燃烧室为亚燃模态。由此可知，隔离段的工作状态和燃烧室的燃烧模态以及燃烧模态的转换取决于燃烧室面积的变化规律 $A(x)$ 和加热规律 $T(x)$。

(2) 在超燃模态下，燃烧室中超声速气流使燃料不能充分混合和燃烧，燃烧室出口是一种非平衡状态，燃烧效率很低，推力会明显下降。因此，对结构一定的燃烧室，有效的组织燃烧与控制有密切关系。

(3) 高超声速飞行时，燃烧室温度和燃烧室压力很高，将超过燃烧室材料所能承受的热负荷，为此，需要采用冷却控制，并对加热量进行限制。

3. 尾喷管

超燃冲压发动机尾喷管没有几何喉部，尾喷管整个通道是扩张型的。除设计点飞行马赫数外，在宽的非设计点飞行范围，尾喷管处于不完全膨胀或过度膨胀状态，使推力有很大损失，需要对尾喷管加以控制。

由以上分析可知，只有对超燃冲压发动机的各个部件进行控制，并使各部件工作很好地匹配，才可以使各个部件具有期望的气动热力过程，发动机也才能够稳定工作。对进气道和尾喷管通常采用几何控制方法，即改变通道面积调节其工作过程。而对高超声速冲压发动机的进气道，由于气流速度高，飞行马赫数范围宽，激波与附面层相互作用非常敏感，因而通过几何控制使进气道获得满意的性能是非常困难的。

对燃烧室比较理想的控制途径是采用几何控制与热控制，并使两者相协调。只要通道面积的变化规律与不同喷射点喷射燃料的变化规律很好地协调，即可得到燃烧室所需要的温度分布、压力分布、速度分布，也即获得所期望的燃烧室工作状态。然而由于燃烧室气动热力过程非常复杂，因此通道面积变化规律同样非常复杂而无法实现。目前采用的控制方法是面积不可调的扩张型燃烧室，通过在不同的燃料喷射点按不同的流量变化规律喷射燃料来控制燃烧室的工作状态。对于这种控制方法，由于燃料喷射点总是有限的，因此很难对亚燃和超燃两种燃烧模态都能进行很好地控制。当前对这一方法也还在不断进行试验研究。

超燃冲压发动机的控制,尤其是作为可重复使用的飞行器动力的超燃冲压发动机控制是超燃冲压发动机研究中的关键问题,需要进行更为深入的理论探讨和试验研究。

10.2.3 双模态超燃冲压发动机控制系统基本原理

图 10.2 为双模态超燃冲压发动机控制系统原理图。图中,p_{I1},p_{I2} 分别表示测量的进气道进口第 1 和第 2 斜激波后的压力,它们的大小反映激波位置和飞行状态。用测量的压力 p_{I3} 和 p_{I4} 的比值 p_{I4}/p_{I3} 判断进气道是否处于起动状态,当比值小于一定的值时,表示进气道未起动,此时须进行起动控制。p_b,T_b 分别表示测量的燃烧室压力和壁面温度,它们近似反映了燃烧室的工作状态。p_7 为测量的尾喷管进口压力。K_1 和 K_2 为燃料控制阀。当打开 K_2 时燃料在喷射点 Ⅱ 和喷射点 Ⅲ 喷入燃烧室,这时燃烧室为亚燃模态。当同时打开 K_1 和 K_2 时,燃料在喷射点 Ⅰ,Ⅱ,Ⅲ 同时喷入燃烧室,这时燃烧室为超燃模态。

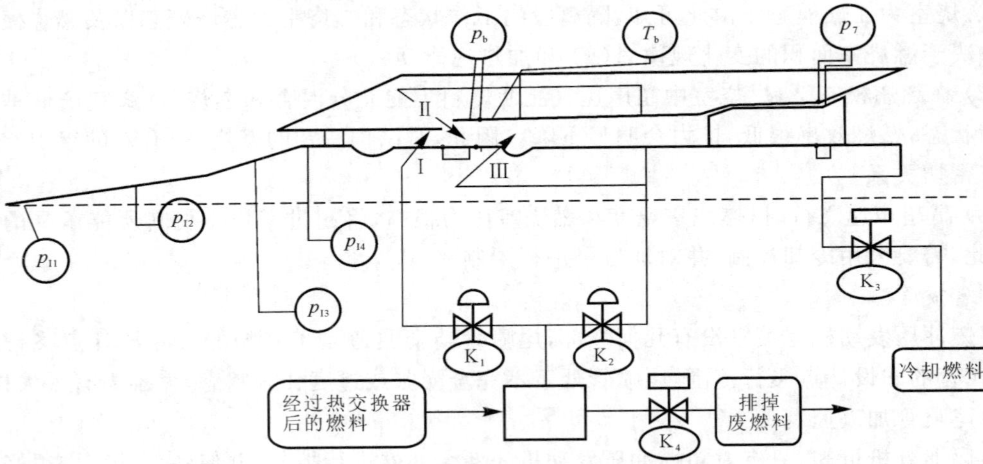

图 10.2 双模态超燃冲压发动机控制系统原理图

图 10.2 所示的控制系统包括推力控制系统、进气道激波位置监控系统、尾喷管面积控制系统、尾喷管壁面冷却系统。

推力控制系统是根据测量的飞行参数(飞行马赫数、飞行高度、飞行攻角)和飞行器加速指令经控制器综合后,给出点火信号和要求的燃料流量变化规律信号,以控制执行机构即燃料控制阀 K_1 和 K_2 的位置(亚燃模态时仅控制 K_2),使喷入燃烧室的燃料按要求的规律变化,也即控制燃烧室的温度按要求的规律变化,以使发动机推力按期望的规律变化,使飞行器加速飞行。当以一定速度巡航飞行时,根据测量的飞行参数和飞行器巡航指令,经控制器综合后,控制燃料控制阀在一定的位置,也即燃烧室一定的温度,进而保持发动机巡航推力不变。根据传感器测量的压力、温度、燃料阀位置信号反馈到控制器输入端,以形成闭环控制,提高控制精度。

尾喷管面积控制系统是根据测量的尾喷管进口压力 p_7 与外界大气压力 p_H 之比 p_7/p_H 判断尾喷管的膨胀程度，从而调整尾喷管面积的扩张比，以使尾喷管处于完全膨胀状态。

当超高速飞行时，尾喷管壁面温度很高，有可能超过尾喷管材料所能承受的温度，为此尾喷管壁面冷却系统根据飞行状态调节冷却用的燃料流量（或专用冷却剂），以保持壁面温度不超过允许值。

10.3　基于涡轮的组合循环推进系统与控制

10.3.1　基于涡轮的组合循环推进系统原理

对于可重复使用的高超声速飞行器，其推进系统必须具有使飞行器起飞、加速飞行、高超声速巡航、减速、着陆的能力。由于超燃冲压发动机不具有自起动的能力，并且低速飞行时无法产生推力，因此，将它作为可重复使用的飞行器的动力时，必须与具有自起动能力的火箭发动机或涡轮发动机（涡喷发动机或涡扇发动机）组合在一起使用。由超燃冲压发动机与涡轮发动机组合的推进系统称为基于涡轮的组合循环（TBCC）推进系统。

(a)

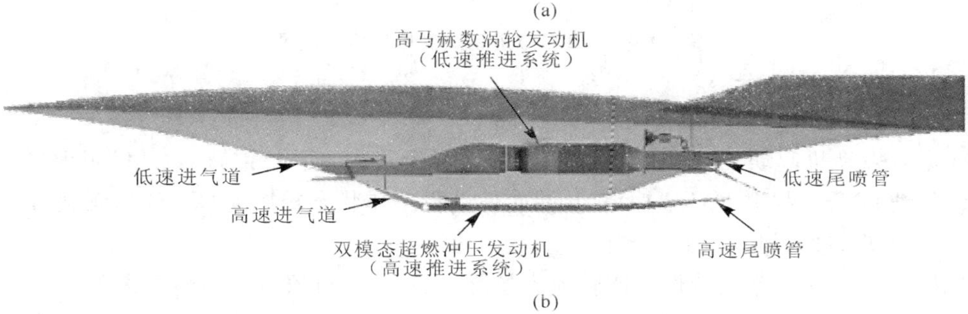

(b)

图 10.3　具有 TBCC 推进系统的飞行器示意图

(a) 剖面图；（b）结构简图

图 10.3(a) 为美国正在研究的采用 TBCC 推进系统的高超声速飞行器 X－43B 的示意图。

图 10.3(b) 为该飞行器的结构简图。由图可以看出，综合推进系统分为上、下两个气流通道。上部为低速推进系统，包括低速进气道、高马赫数涡轮发动机和低速喷管；下部为高速推进系统，包括高速进气道，双模态超燃冲压发动机和高速尾喷管。飞行器机体和推进系统共用同一个预压缩前体和机身下部的尾喷管膨胀后体。两个气流通道由进气门控制。当上部通道进气门打开而下部进气门关闭时，涡轮发动机工作，双模态超燃冲压发动机不工作；当上部通道进气门关闭而下部进气门打开时，双模态超燃冲压发动机工作，涡轮发动机不工作；当上、下通道进气门同时打开时，涡轮发动机与双模态超燃冲压发动机同时工作，此时超燃冲压发动机燃烧室在亚燃模态下工作，并且这时涡轮发动机与超燃冲压发动机进行工作转换。

10.3.2 基于涡轮的组合循环推进系统工作转换与工作过程

1. TBCC 推进系统工作转换

TBCC 综合推进系统在起飞、低马赫数加速飞行时由加力涡轮发动机提供推力，高马赫数飞行时由双模态超燃冲压发动机提供推力，两者转换工作的 $Ma=4$，实际上存在一过渡区，如图 10.4 所示。由图可以看出，涡轮发动机工作范围扩大到 $Ma=4.5$，而双模态超燃冲压发动机 DMSJ 则从 $Ma=3.5$ 即开始工作，$Ma=3.5\sim4.5$ 为过渡区，在过渡区中涡轮发动机与 DMSJ 同时工作。

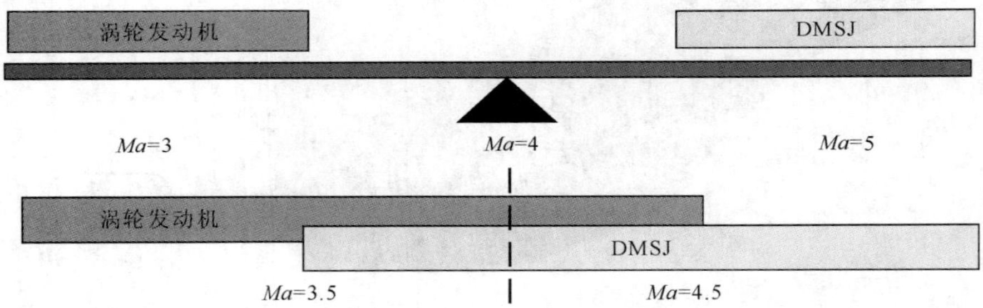

图 10.4 TBCC 推进系统工作转换过渡区

2. TBCC 推进系统工作过程

(1) 涡轮发动机起动、加速、打开加力，功率提升到最大，使飞行马赫数达到过渡区。

(2) 起动 DMSJ，提升 DMSJ 功率，从涡轮发动机工作状态转换到 DMSJ 的亚燃模态，涡轮发动机停止工作，进入风车状态，冷却发动机。

(3) 提升 DMSJ 功率由亚燃模态转换为超燃模态，使飞行器进入高超声速巡航。

(4) 降低 DMSJ 功率，由超燃模态转换为亚燃模态。

(5) 涡轮发动机重新起动、运转，由 DMSJ 工作状态转换到涡轮发动机工作状态，DMSJ 停止工作并进行冷却。

(6) 降低飞行高度，着陆。

以上工作过程的各个阶段以及各阶段的转换都需要很好的控制，才能保证 TBCC 综合推进系统稳定工作，并平稳转换工作状态，实际上这是比较困难的。

10.3.3　TBCC 推进控制系统

图 10.5 所示为 TBCC 推进控制系统。图中由虚线分开的上部为涡喷发动机，下部为双模态超燃冲压发动机。推进系统有 4 种工作模式：涡喷发动机不加力工作模式；涡喷发动机加力工作模式；推进系统工作转换模式；DMSJ 工作模式。

在主涡喷发动机不加力工作模式时，燃料由燃料箱经燃料泵增压后，通过管路 1 和燃料控制阀 ① 供往涡喷发动机主燃烧室，发动机从起动状态加速到中等功率状态。

在涡喷发动机加力工作模式时，燃料除由管路 1 供往燃烧室外，还通过控制阀 ② 和管路 2 供往加力燃烧室，发动机由中等功率状态进入加力工作状态，使涡喷发动机达到最大功率状态，并使飞行马赫数达到过渡区马赫数。在这一工作模式时，冷却燃料阀 ③ 打开，冷却燃料经管路 3 进入加力燃烧室和尾喷管外壁，对其进行冷却。冷却外壁后的燃料经管路 4 返回热交换器。

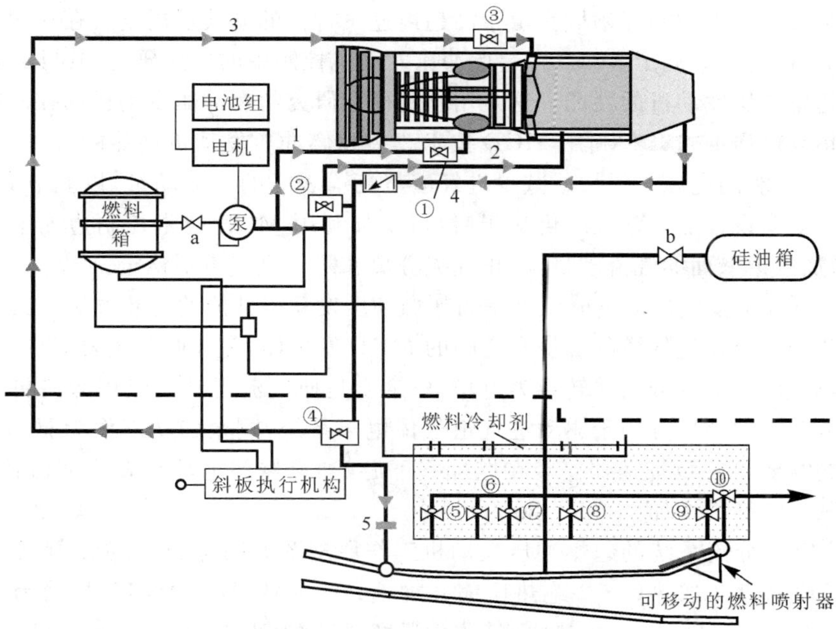

图 10.5　TBCC 推进控制系统

在 TBCC 推进系统转换模式时，燃料除供往涡喷发动机主燃烧室和加力燃烧室外，热交换器控制阀 ④ 打开，经过热交换器的燃料通过管路 5 供入 DMSJ 燃烧室，DMSJ 点火、起动，增加功率到 DMSJ 过渡区,同时开关 b 打开,利用硅油良好的导热性冷却 DMSJ 的燃烧室和尾喷管外壁。

调整可移动的燃料喷射器,增加燃料流量,提高 DMSJ 功率,使 DMSJ 由过渡区的亚燃模态过渡到超燃模态,这时 DMSJ 在超燃模态下工作。停止供向涡喷发动机的燃料,涡喷发动机停止工作。图 10.5 中 ⑤⑥…⑨ 表示燃烧室不同位置的燃料控制阀,调节通过不同位置燃料阀的燃料流量,燃烧室将有不同的加热规律,以控制 DMSJ 的工作状态,控制阀 ⑩ 为废弃燃料排放阀,打开时,废弃燃料被排放掉。

10.4 磁性气体动力学在超燃冲压发动机控制中的应用

磁性气体动力学(Magnetogasdynamics,MGD, or Magnetohydrodynamics,MHD)主要研究带电气体的特性,其基本意义是在高超声速流动的气体中存在被电离的等离子体,若气流受到外磁场的影响,则等离子体受洛伦兹力的作用,其运动方向将发生变化,利用磁性气体的这一特性可以将等离子体所具有的能量通过电极分流。电磁气体动力学的应用研究开始于电力推进系统和空气动力控制等领域。由于高超声速飞行器的激波层内空气存在明显的被电离为等离子体的事实,而推动了 MGD 在超燃冲压发动机控制中的应用研究,其目的是用电磁场的作用改善超燃冲压发动机的性能。这是用新的概念研究超燃冲压发动机的控制问题。

最近几年来已研究过几种利用 MGD 技术改善超燃冲压发动机性能的方法。例如,用电子束使气流分离,利用电磁力增加或减少进气道整流罩表面的气流动量,以调节激波位置,使进口斜激波在偏离设计点马赫数时仍交于唇口;又如利用 MGD 技术控制边界层的层流与紊流的转换,增加接近壁面的气流动量,防止气流分离和防止进气道不稳定。

利用 MGD 技术使气流能量分流是提高超燃冲压发动机性能的有效方法。其基本原理是利用一个或几个安装在进气道与燃烧室之间的 MGD 发生器,完成两项主要工作,第一是将进气道中气体热焓的一部分分离并转换为电功率;第二是使气流得到比仅用激波更为有效的压缩。分离的电功率的一部分用于驱动进气道气体电离系统,剩余的功率作为驱动 MGD 加速器机载功率的需要,MGD 加速器安装在燃烧室下游,加速器使电功率转换回流体的热焓,通过尾喷口膨胀后使推力增加。

带 MGD 能量分流系统的超燃冲压发动机工作原理图如图 10.6 所示。工作过程可概括为:a—1 空气预电离并加热;1—2 绝热压缩并加速;2—3 MGD 转换部分热焓为电功率并加速;3—4 等压无摩擦加热;4—5 绝热膨胀(防止温度超过 MGD 加速器的设计极限);5—6 电功率重新转换为热焓并加速气流;6—10 在尾喷管中绝热膨胀并加速。

MGD 能量分流技术分流了一部分进气道气流能量,使气流以更高的压力和低的马赫数进入燃烧室,使燃烧室更为有效地工作,扩大了燃烧室的工作范围和飞行包线范围。

以上介绍的几种方法均在试验研究之中,尚未达到实际应用水平。

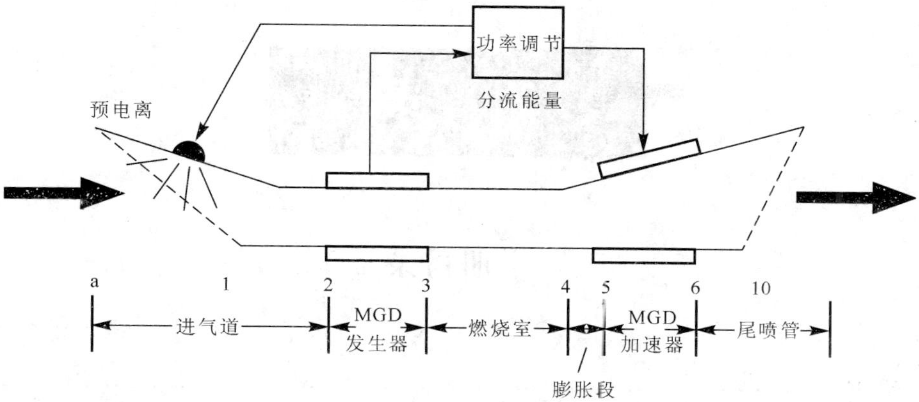

图 10.6　带 MGD 能量分流系统的超燃冲压发动机工作原理图

习　题

10.1　试述超燃冲压发动机的意义。

10.2　试述超燃冲压发动机的基本工作原理，它由哪些部件组成，说明每一部件的作用及特点。

10.3　什么是双模态超燃冲压发动机？如何控制其模态？

10.4　试述基于涡轮的组合循环推进系统的基本组成、基本工作原理、基本工作模式及控制系统的基本组成。

10.5　试述带 MGD 能量分流的超燃冲压发动机工作原理，说明能量分流的重要意义。

附 录

上册目录

参考文献

[1] 彼特洛夫 Ъ Н，等. 燃气涡轮发动机自动控制系统设计[M]. 毛可久，等，译. 北京：国防工业出版社，1988.

[2] 管彦深，张加桢. 航空动力装置控制：系统部分[M]. 北京：国防工业出版社，1985.

[3] 廉筱纯，吴虎. 航空发动机原理[M]. 西安：西北工业大学出版社，2005.

[4] 西北工业大学，南京航空学院，北京航空学院. 航空燃气涡轮发动机原理[M]. 北京：国防工业出版社，1981.

[5] 斯辽赫钦科 С М，索苏洛夫 В А. 双路式涡轮喷气发动机原理[M]. 赵振才，等，译. 北京：国防工业出版社，1986.

[6] 聂恰耶夫 Ю Н. 航空动力装置控制规律与特性[M]，单凤桐，等，译. 北京：国防工业出版社，1999.

[7] 廉筱纯，吴虎. 航空燃气轮机原理[M]. 北京：国防工业出版社，2001.

[8] 何植岱，高浩. 高等飞行动力学[M]. 西安：西北工业大学出版社，1990.

[9] 张明廉，等. 飞行控制系统[M]. 北京：航空工业出版社，1994.

[10] 绪芳胜彦. 现代控制工程[M]. 卢伯英，等，译. 北京：科学出版社，1976.

[11] 胡寿松. 自动控制原理[M]. 北京：国防工业出版社，1984.

[12] 郑大中. 线性系统理论[M]. 北京：清华大学出版社，1990.

[13] 徐和生，陈锦娣. 线性多变量系统的分析与设计[M]. 北京：国防工业出版社，1989.

[14] 冯纯伯，史维. 自适应控制[M]. 北京：电子工业出版社，1986.

[15] 解学书，钟宜生. H_∞ 控制理论[M]. 北京：清华大学出版社，1994.

[16] 多伊尔 J C，等. 反馈控制理论[M]. 北京：清华大学出版社，1993.

[17] 周克敏，多伊尔 J C，等. 鲁棒与最优控制[M]. 北京：国防工业出版社，2002.

[18] 史忠科，等. 鲁棒控制理论[M]. 北京：国防工业出版社，2003.

[19] 姜长生，等. 系统理论与鲁棒控制[M]. 北京：航空工业出版社，1998.

[20] 吴敏，桂卫华. 现代鲁棒控制理论与应用[M]. 北京：清华大学出版社，2003.

[21] 张乃尧，等. 神经网络与模糊控制[M]. 北京：清华大学出版社，1998.

[22] 楼顺天，等. 基于 MATLAB 的系统分析与设计——神经网络[M]. 西安：西安电子科技大学出版社，1999.

[23] 李人厚. 智能控制理论和方法[M]. 西安：西安电子科技大学出版社，1999.

[24] 樊思齐，徐芸华. 航空推进系统控制[M]. 西安：西北工业大学出版社，1995.

[25] 贺尔铭. 民用航空发动机控制原理及典型系统[M]. 北京：国防工业出版社，2002.

[26] 马会民，等. 带推力矢量的涡扇发动机实时数学模型研究[J]. 推进技术，2001，22(5).

[27] 卢燕，等. 轴对称矢量喷管数值模拟及数学模型研究[J]. 西安：西北工业大学学报，2002，20(3).

[28] 卢燕，等. 超音速进气道数学模型研究[J]. 推进技术，2002，23(5).

[29] 马会民. 矢量喷管非定常流场计算与动态数学模型研究[D]. 西安：西北工业大学，2003.

[30] 卢燕. 超声速进气道与矢量喷管数学模型研究[D]. 西安：西北工业大学，2002.

[31] 时瑞军.超声速进气道内外流场计算与多变量数学模型研究[D].西安:西北工业大学,2004.

[32] 孙护国.涡扇发动机多变量现代鲁棒控制研究[D].西安:西北工业大学,2006.

[33] 任新宇.航空推进系统性能寻优控制研究[D].西安:西北工业大学,2006.

[34] 张丛瑜.飞行/推进系统 LQG/LTR 控制研究[D].西安:西北工业大学,1996.

[35] 孙护国,等.航空发动机固定阶混合 μ 控制器设计方法研究[J].西安:西北工业大学学报,2004,22(6).

[36] 孙护国,等.基于 LMI 的航空发动机多变量 H_∞ 固定阶控制器研究[J].航空动力学报,2004,19(3).

[37] 王曦,等.航空发动机 H_∞/PI 输出反馈控制——非严格正则 LMI 方法[J].航空动力学报,2004,19(2).

[38] 吴丹.航空推进系统非线性性能寻优控制研究[D].西安:西北工业大学,2004.

[39] 欧阳舟.航空发动机部件性能跟踪滤波器研究[D].西安:西北工业大学,2004.

[40] 虞忠伟,等.机器人多胞变增益输出反馈 H_∞ 控制[J].控制理论与应用,2003,20(6).

[41] 俞立.鲁棒控制——线性矩阵不等式处理方法[M].北京:清华大学出版社,2002.

[42] 刘金琨.先进 PID 控制及其 MATLAB 仿真[M].北京:电子工业出版社,2003.

[43] 姚华,等.航空发动机全权限数控系统研究与试飞验证[J].航空动力学报,2004,19(2).

[44] 姚华,等.某型发动机数控系统相似参数自适应控制[J].航空动力学报,2005,20(4).

[45] 张绍基.航空发动机控制系统的研发与展望[J].航空动力学报,2004,19(3).

[46] 蒋慰孙,等.多变量控制系统分析与设计[M].北京:中国石化出版社,1997.

[47] Patel R V,Munro N. Multivariable system theory and design[M]. New York: Pergamon Press, 1982.

[48] Longenbaker W E,Leake R J. Time optimal control of a two spool turbofan jet engine[R]. Technical Report, NASA,No. EE-7714,1978.

[49] Keake R J,Sain M K. Alternatives for jet engine control[R]. NASA, CR-157578,1978.

[50] Sellers J F, Daniele C J. A program for calculating steady-state and transient performance of turbojet and turbofan engines[R]. NASA, TN. D-7901,1975.

[51] Szuch J R. Real-time simulation of the TF30-P-3 turbofan engine using a hybrid computer[R]. NASA, TM X-3106,1974.

[52] Szuch J R,Seldner K. Real-time simulation of F100-PW-100 turbofan engine using the hybrid computer[R]. NASA, TM X-3261,1975.

[53] Landau I D. Adaptive control—— the model reference approach[M]. New York: Dekker, 1979.

[54] Landau I D, Courliol B. Design of multivariable adaptive model following control system[J]. Automatica, 1974,10.

[55] Lilley J S,Pengelly S L,Fisher P. Generic developmental turbojet fuel control[J]. Journal of Propulsion and Power, 1992,8(6).

[56] Winsor C A, Roy R J. The application of specific optimal control to the design of desensitized model following control systems[J]. IEEE, 1970 AC-15(3).

[57] Burcham F, Gilyard G, Myers L. Propulsion system-Flight control integration-flight evaluation and technology transition[R]. AIAA-90-2280,1990.

[58] Johnson S. A simple dynamic engine model for use in a real-time aircraft simulation with thrust vectoring[R]. AIAA-90-2166, 1990.

[59] Fiebig D A. Full authority digital electronic engine control system provides needed reliability[R]. AIAA-90-2037, 1990.

[60] Lallman F J. Simplified off-design performance model of dry turbofan engine cycle[R]. NASA, TM-83204,1981.

[61] Burcham F W, Haering E A. Highly integrated digital engine control system on an F-15 Airplane [R]. AIAA-84-1259, 1984.

[62] Shaw P D, Blumberg K R, Joshi D S. Development and evaluation of an integrated flight and propulsion control system[R]. AIAA-85-1423, 1985.

[63] Yonke W A. Integrated flight/propulsion control: adaptive engine control system mode[R]. AIAA-85-1425, 1985.

[64] Garg S, Mattern D L. Integrated flight/propulsion control system design based on a centralized approach[J]. J. Guidance,1991, 14(1).

[65] Feuer A, Morse A S. Adaptive control of single-input single-output linear systems[J]. IEEE, 1978, AC-23(4).

[66] Myers L P, Walsh K R. Preliminary flight results of an adaptive engine control system on an F-15 Airplane[R]. AIAA-87-1847, 1987.

[67] Myers L P, Burcham F W. Propulsion control experience used in the highly integrated digital electronic control (HIDEC) program[R]. NASA, 841553, 1984.

[68] Soeder J F. F100 multivariable control synthesis program-computer implementation of the F100 multivariable control algorithm[R], NASA, TP-2231, 1983.

[69] TaldaT, Franke M. Two-dimensional confined jet thrust vector control[R]. AIAA-89-2813, 1989.

[70] Lorenzo C F. Advanced aeropropulsion controls technology[R]. NASA, N91-20103,1991.

[71] King E G, Freeman L M, Whitaker K W. Two-dimension thrust vectoring nozzle optimization techniques[J]. AIAA-91-0473, 1991.

[72] Neighbors W K, Rook S M. Integrated flight/propulsion control: subsystem specifications for performance[J]. AIAA-93-3808, 1993.

[73] Rynaski E G, Mook D J. Theoretical constraints in the design of multivariable control systems[R]. NASA, NAG-1-1361, 1993.

[74] Gilyard G B, Orme J S. Performance seeking control: program overview and future directions[R]. NASA, TM-4531, 1993.

[75] Orme J S, Schkolnik G S. Flight assessment of the onboard propulsion system model for the performance seeking control algorithm on an F-15 aircraft[R]. NASA , TM-4705, 1995.

[76] Orme J S, Conners T R. Supersonic flight test results of a performance seeking control algorithm on a NASA F-15 aircraft[J]. AIAA-94-3210,1994.

[77] Mathioudakis K, Kamboukos Ph, Stamatis A. Turbofan performance deterioration of turbomachinery [J]. Transaction of ASME, 2002,124.

[78] Torczon V. On the convergence of pattern search algorithms[J]. SIAM Journal on Optimization,

1997,7:1 - 25.

[79] Vivek Sanghi. Engine-airframe integration during conceptual design for military application[J]. Journal of Aircraft, 1998,35(3).

[80] Orme J S, et al. Initial flight test evaluation of the F - 15 active axisymmetric vectoring nozzle performance[R]. AIAA - 98 - 3871,1998.

[81] Matesanz A, Velazquez A, Rodriguez M. Performance analysis of an axisymmetric thrust-vectoring nozzle by using the FUNSIF3D code[R]. AIAA - 95 - 2743, 1995.

[82] Matesanz A, Velazquez A, Rodriguez M. Aerodynamics performance prediction of thrust vectoring nozzles[J]. Journal of propulsion and power, 1998,14(2).

[83] Adibhatla S. Tracking filter selection and control mode selection for model based control[J]. AIAA - 94 - 3204,1994.

[84] Delaat J C. The high stability engine control (HISTEC) program: flight demonstration phase[R]. AIAA - 98 - 3756,1998.

[85] Kumar K K, Kulkarni N. Inverse adaptive neuron-control of a turbofan engine[J]. AIAA - 99 - 3994, 1999.

[86] Sugiyama N. ON-line system identification of jet engine[J]. AIAA - 96 - 2590,1996.

[87] Orme J S, Gilyard G B. Preliminary supersonic flight test evaluation of performance seeking control [R]. AIAA - 93 - 1821,1993.

[88] Gilyard G. Development of a real-time transport performance optimization methodology[R]. NASA, TM - 4730, 1996.

[89] Frederick D K, et al. Turbofan engine control design using robust multivariable control technologies [J]. AIAA - 96 - 2587,1996.

[90] Melker Härefors. Application of control structure design methods to a jet engine[J]. AIAA - 99 - 2943,1999.

[91] Turner M C, Walker D J, Alford G. Design and ground-based simulation of an H_∞ limited authority flight control system for the Westland Lynx Helicopter[J]. Aerospace science and Technology,2001,5: 221 - 234.

[92] Gary J Balas, Jack Ryan. A new technique for design of controllers for turbofan engine[J]. AIAA -98 - 3751,1998.

[93] Frederick D K, Garg S, Adibhatla S. Turbofan engine control using robust control technologies[J]. IEEE, Transaction on Control System, 2000,8(6): 961 - 970.

[94] Behrooz Parhami. A taxonomy of voting schemes for data fusion and dependable computation[J]. Reliability Engineering and System Safety, 1996,52.

[95] Vivek Sanghi, Lakshmanan B K, Rajasekaran R. Aerothermal model for real-time digital simulation of a mixed-flow turbofan engine[J]. Journal of Propulsion and Power,2001,17(3).

[96] Hollmeier S, Kopp S, Herrmann O. Propulsion/aircraft integration of hypersonic vehicles with active thrust-vectoring and real-time simulation of dynamic engine behavior[J]. International Journal of Turbo

and Jet Engines, 1999,16:207 - 221.

[97] Vivek Sanghi , Sane S K. Digital Simulation of Propulsion System Performance for Cycle Optimization Studies[J]. International Journal of Turbo and Jet Engine,1999,16:27 - 37.

[98] Michael Lichtsinder, et al. Thrust vectoring: fundamental for civil and military uses[J]. International Journal of Turbo and Jet Engine, 1997,14:29 - 244.

[99] Wilson E A, et al. Thrust-vectoring turbofan jet-engine analysis[J]. International Journal of Turbo and Jet Engine,1999, 16:39 - 48.

[100] Lizarraga I, Etxebarria V. Real time adaptive neural control of a class of nonlinear systems[J]. Engineering Applications of Artificial Intelligence,1999,12:3 - 19.

[101] Süha Toprak, Erkmen A M, et al. Identification and control of a radial turbojet with neural network and fuzzy logic[J]. AIAA - 98 - 1016,1998.

[102] Lytle J K. The numerical propulsion system simulation: A multidisciplinary design system for aerospace vehicles[R]. NASA, TM - 1999 - 209194,1999.

[103] Lytle J K, et al. Numerical propulsion system simulation (NPSS)1999 industry review[R]. NASA , TM - 2000 - 209795,2000.

[104] Zhang Weider, Huang Ruichun, Hsieh J G. A Multivariable on-line adaptive PID controller using auto-tuning neurons[J]. Engineering Applications of Artificial Intelligence,2003,16(1):57 - 63.

[105] Zhang Weider, Huang Ruichun, Hsieh J G. Adaptive control of multivariable dynamic systems using independent selftuning neurons[C]//Proceeding of the Tenth International Conference on Tools with Artificial Intelligence. Taipei, Taiwan. 1998:68 - 73.

[106] Chen C T, Chang W D. A feedforward neural network with function shape autotuning[J]. Neural Networks, 1996,9(4):627 - 641.

[107] Bliman P A. Stabilization of LPV Systems[C]//Proc. of the 42nd IEEE Conference on Decision and Control. Maui, Dec. 2003.

[108] Giarre L, Bauso D, Falugi P, et al. LPV model identification for gain scheduling control: An application to rotating stall and surge control problem[J]. Control Engineering Practice,2006,14:351 - 361.

[109] Bokor J, Szabo Z, Stikkel G. Invariant subspaces for LPV systems and their applications[C]//Proc. of the 10th Mediterranean Conference on Control and Automation. Lisbon July 2002.

[110] Nobakhti A, Munro N. A simply structured multivariable control system for the rolls-royce spey engine[C]//Proc. of the IEEE International Conference on Control Applications. Glasgow September 2002.

[111] Shirder Adibhatia, Timothy J Lewis. Model-based intelligent digital engine control(MoBIDEC)[J]. AIAA - 1997 - 3192,1997.

[112] Bruzelius F, Breitholtz C, Pettersson S. LPV-based gain scheduling technique applied to a turbo fan engine model[C]//Proc. of the IEEE International Conference on Control Applications. Glasgow, September 2002.

[113] James A Turso,Jonathan S Litt. Intelligent. Robust control of deteriorated turbofan engines via linear

parameter varying quadratic lyapunov function design[R]. NASA, TM-2004-213375,2004.

[114] Gary J Balas,Jack Ryan, Shin Jong-Yeob, et al. A new technique for design of controllers for turbofan engines[J]. AIAA-98-3751,1998.

[115] Wu Fen, Stephen Prajna. A new solution approach to polynomial LPV system analysis and synthesis [C]//Proc. of ACC. 2004.

[116] Franco Blanchini, Stefano Miani. Stabilization of LPV systems: state feedback, state estimation and duality[C]//Proc. of the 42nd IEEE Conference on Decision and Control. Maui, Dec. 2003.

[117] Litchford R J and Cole J W, et al. Thermodynamic cycle analysis of magnetohydrodynamic-bypass hypersonic airbreathing engines[R]. NASA, TP-2000-210387, 2000.

[118] Lynn E Snyder, Daric W Escher. Turbine based combination cycle (TBCC) propulsion subsystem integration[R]. AIAA-2004-3649, 2004.

[119] Martin F Lindsey, Richard J Mcmullan. A thermochemistry computational model for scramjets with electromagnetic flow control/[R]. AIAA-2005-3222, 2005.